国家科学技术学术著作出版基金资助出版

雅鲁藏布江裂腹鱼类
养护体系及典型生境识别

THE MAINTENANCE SYSTEM FOR SCHIZOTHORAX FISHES DISTRIBUTED IN YARLUNG ZANGBO RIVER AND THEIR TYPICAL HABITAT IDENTIFICATION

刘海平　牟振波　曾本和　主编

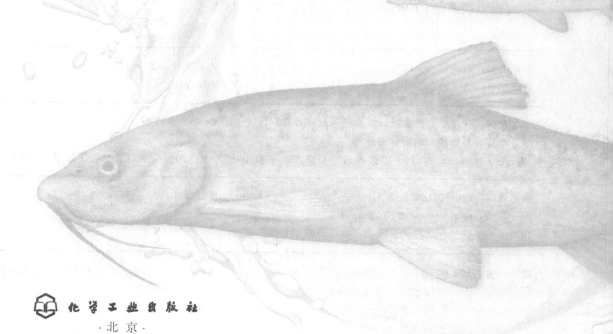

化学工业出版社
·北京·

内 容 简 介

本书系统研究雅鲁藏布江主要裂腹鱼类生物学特征、生活史类型、早期发育过程及其与高原适应性之间的关系，明确繁育、生长等过程的适宜温度，明晰了饲料蛋白质、脂肪以及维生素需求水平；重点讲解双须叶须鱼、巨须裂腹鱼、异齿裂腹鱼、拉萨裸裂尻鱼、尖裸鲤和拉萨腹鱼的人工培育和规模化繁育等技术内容；阐明尼洋河受威胁鱼类典型栖息地的水生态系统特征、水生生物群落结构时空动态及其与环境变化的关系，揭示尼洋河近十年水生态、水环境和地球化学时空演替规律，并评估尼洋河水生态系统健康状况、水资源承载力和容量及工程建设的影响。

本书可供从事相关鱼类研究的科考、研究、管理和养护人员参考使用。

图书在版编目（CIP）数据

雅鲁藏布江裂腹鱼类养护体系及典型生境识别/刘海平，牟振波，曾本和主编. —北京：化学工业出版社，2023.2
ISBN 978-7-122-38197-2

Ⅰ.①雅…　Ⅱ.①刘…②牟…③曾…　Ⅲ.①雅鲁藏布江-裂腹鱼属-鱼类资源-资源保护②雅鲁藏布江-裂腹鱼属-水生生物学　Ⅳ.①S922.5②Q959.46

中国国家版本馆 CIP 数据核字（2023）第 017428 号

责任编辑：彭爱铭　刘亚军　　　　　　　　文字编辑：林　丹
责任校对：边　涛　　　　　　　　　　　　装帧设计：张　辉

出版发行：化学工业出版社（北京市东城区青年湖南街 13 号　邮政编码 100011）
印　　装：北京建宏印刷有限公司
787mm×1092mm　1/16　印张 40¼　彩插 12　字数 1006 千字　2023 年 3 月北京第 1 版第 1 次印刷

购书咨询：010-64518888　　　　　　　　　售后服务：010-64518899
网　　址：http://www.cip.com.cn
凡购买本书，如有缺损质量问题，本社销售中心负责调换。

定　　价：298.00 元

本书编写人员

主　　　编　刘海平　牟振波　曾本和

副　主　编　杨瑞斌　刘艳超　朱挺兵　王万良　周朝伟

　　　　　　肖世俊　刘　飞

其他参编人员　（以姓氏笔画为序排列）

　　　　　　王　建　王纤纤　王金林　杨德国　何林强

　　　　　　陈美群　徐兆利　曾小理

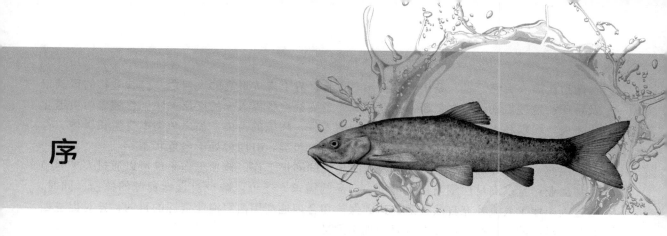

序

西藏自治区位于我国西南边疆的青藏高原,面积 120 多万平方千米,约占全国总面积的八分之一,被誉为"地球的第三极",是我国重要的生态屏障和安全屏障。这里河流纵横交错,湖泊星罗棋布,水系格局极为复杂,是我国河流数最多、湖泊面积最大、国际河流分布最广的省区。因此,西藏是我国乃至南亚最重要的水源地,也是我国极其重要的水资源安全战略基地和水能资源基地。

西藏水能资源十分丰富,理论蕴藏量 $2.055 \times 10^8 kW$,约占全国的 1/3,居全国首位,可开发的水能资源位居全国前列。西藏经济要发展,必须做好水资源这篇大文章。虽然水电在满足能源需求、改善能源结构、减少环境污染、促进经济发展等方面有着极其重要的作用,但是水电开发也可能对生态环境产生负面影响。水电站的建设将会引起下游流速形态反应的改变(Downstream Response to Imposed Flow Transformation,DRIFT),这种改变是河流生态综合反应,水流量节律变化是水电站建设过程中影响最为严重的环境因子,会对水生态系统产生四个方面影响:一是水流的变化将会严重影响河道形态和破坏平原生境;二是水生生物将会调整生活史策略;三是依赖于经纬度的生物将会由于坝站的建设破坏种群的交流;四是由于水流的变化为外来种或者入侵种创造了便利环境。

西藏鱼类资源最显著的特点是组成简单,裂腹鱼和条鳅亚科高原鳅属鱼类构成了西藏河流及湖泊鱼类区系的主体;特别是在高原腹地的藏北高原,只存在这两个类群的鱼类;其次是西藏各河流之间的鱼类组成存在着明显的种属差别,特有程度高。河流的深切和长期剥蚀,导致各河流间鱼类被长期隔离,演化出特有种甚至是特有属,例如长江水系的 22 种裂腹鱼中,18 种为西藏特有种;在雅鲁藏布江中上游及毗邻水系的 7 种中,4 种为该区所特有,另有 2 个多型种分化成 5 个亚种,均为西藏所特有。其他水系的特有种也至少占各自鱼类的 50% 以上。还有,西藏的鱼类绝大部分为适应流水或急流环境的种类,如裂腹鱼亚科裂腹鱼属、叶须鱼属、野鲮亚科、鲃亚科、裸吻鱼科以及鮡科等,均为典型的适应流水性鱼类,通常在峡谷河道的急流中生活,水电水利设施的大规模建设将直接威胁这些特有鱼类的生存和资源的可持续利用。

西藏本土冷水性土著鱼类肉质细嫩鲜美,富含不饱和脂肪酸,是优质的动物蛋白来源,也是潜在的名优养殖品系。然而,自 1965 年以来,渔业产值虽由对数增长转变为直线增长,但是渔业产值占生产总值比例最大值也没有超过 1‰,即使渔业产值占农林牧渔产值比例也未及 2.5‰,与此不相适应的是近年来西藏对水产品的消费持续增加,而当地渔业产品远远无法满足市场的需求。据不完全统计,西藏各大农贸市场销售的内地养殖鱼类占到 30%~50%,这还不包括餐饮行业直接从内地调入的各类水产品。

雅鲁藏布江位于我国西藏自治区境内,奔流于"世界屋脊"的南部,是我国第六大河,西藏地区第一大河，是一条国际性水系，也是世界上海拔最高的大河之一。其独特的风景以及特殊的地理位置，加之是研究热点区域，备受社会各界人士的广泛关注。伴随着生境退化或丧失，堤坝和水电站的建设，外来物种的入侵，环境的污染，加之鱼类本身生长缓慢、性成熟晚等特征，雅鲁藏布江分布的主要六种裂腹鱼类，有四种处于濒危状态。

因此，亟须开展雅鲁藏布江重要裂腹鱼类的养护工作。该项工作不仅可以通过人工养殖增加渔业产量以满足西藏当地对优质水产品的需求，还可以减少对自然资源的捕捞；同时，通过人工增殖放流补充自然资源，达到保护和合理地利用西藏渔业资源的目的，这对促进西藏社会经济的可持续发展具有重要的现实意义。

事实上，国家和政府对西藏渔业的养护是非常重视的。1984 年西藏颁布了《关于保护水产资源的布告》。1998 年颁发了《西藏自治区人民政府关于加快渔业发展的决定》，着重强调了"加快渔业发展的措施"。2002 年发现已开发湖泊渔业资源普遍存在过度利用的状况，西藏自治区发布主席禁令，禁止在全区湖泊从事商业渔业捕捞活动。2006 年自治区八届人大常委会第 22 次会议通过的《西藏自治区实施〈中华人民共和国渔业法〉办法》。近年来，自治区农牧厅依照《渔业法》《野生动物保护法》《环境保护法》等法律法规的有关规定，增强了对各类涉渔违法行为的监管整治。2016 年，西藏自治区"十三五"科技创新规划明确指出开展水产品种资源的收集、保护、鉴定和评价以及水产良种繁育技术研究与示范。2019 年，《农业农村部办公厅发布 2019 年渔业扶贫及援疆援藏行动方案》提出，做好渔业援疆援藏工作：开展新疆、西藏重点水域渔业资源环境调查，发挥渔业科技援藏工作组的作用，加大西藏特有鱼类增殖放流力度，支持西藏建设土著鱼类繁育保种基地。

参与本专著编写的科技工作者，有的扎根西藏多年，有的长期情系西藏，为西藏的渔业养护事业倾注了大量精力，投入了深刻的感情，堪称忠诚的"西藏守渔人"。他们构建了雅鲁藏布江主要裂腹鱼类养护技术体系，增殖放流裂腹鱼类 1596.3 万尾；同时，他们勾勒了雅鲁藏布江一级支流尼洋河（也是主要裂腹鱼类分布区域）近十年水生态时空演替特征；他们通过建立裂腹鱼类养护基地、国家级保护区、鱼类保护立法以及示范推广等手段，架构了雅鲁藏布江主要裂腹鱼类立体保护网雏形。

2016 年 8 月 22 日至 24 日习近平总书记在青海考察时强调"尊重自然、顺应自然、保护自然，坚决筑牢国家生态安全屏障"。在《国务院办公厅关于加强长江水生生物保护工作的意见》（国办发 [2018] 95 号）和《西藏自治区人民政府办公厅关于加强长江水生生物保护工作的实施意见》（藏政办发 [2019] 32 号）文件指导下，本专著的出版可为西藏冷水鱼种质资源保护和开发提供数据基础和技术支撑，有利于渔业生物资源的循环利用，有利于促进人与自然的和谐相处，符合建设环境友好型社会的要求。

桂建芳
中国科学院院士、中国科学院水生生物研究所研究员
2021 年 12 月

前言

　　青藏高原以其高海拔、低温、强辐射、众多河湖、冰川冻土、丰富的生物多样性的自然环境形成了鲜明的特征，明显区别于其他地区，也是世界上水系分布最为复杂的地区之一，同时青藏高原的隆起形成了独特的鱼类区系和分布格局，以青藏高原为中心进行演化的裂腹鱼亚科鱼类逐渐适应了高寒、高海拔、低温、强紫外线的高原环境，呈现出由高原边缘向腹地特化的分布格局。特殊的地形和高寒的气候条件影响了生存在这里的鱼类，表现出明显的区域性。

　　裂腹鱼类，作为青藏高原重要的鱼类种群，成名于在其肛门至臀鳍两侧各有一列特化的臀鳞，并且在两列臀鳞之间的腹中线形成一道裂缝，共有11个属，97个种和亚种。裂腹鱼在我国分布有全部的属，有78个种和亚种，占所有种类的80%，主要分布于雅鲁藏布江、伊洛瓦底江、澜沧江、怒江、元江、珠江、乌江、长江、黄河及附属水体，以及新疆、西藏、青海和甘肃等地的内陆水体与湖泊，尤以青藏高原分布最为集中，有9个属，48个种和亚种，其中以裂腹鱼属、裸裂尻属和裸鲤属分布较为广泛。

　　雅鲁藏布江是我国西藏最大的河流，又是世界上海拔最高的大河。它发源于我国西藏自治区南部、喜马拉雅山北麓的杰马央宗冰川。该河自河源大体由西向东流，在米林县派镇附近折向东北方向，之后又改向南流，经巴昔卡之后进入印度。该河在印度被称为布拉马普特拉河。布拉马普特拉河流经孟加拉国，被改称为贾木纳河。在孟加拉国戈阿隆多市附近，贾木纳河与恒河相汇，最后注入印度洋的孟加拉湾。

　　近几十年来，西藏鱼类资源也面临着国内其他水域渔业发展所出现的一些共性问题，如部分流域过度捕捞、水利设施建设导致的大坝阻隔、栖息地丧失、生境片段化等。而且由于西藏特殊的地理位置和社会经济特点，它还面临着更为严峻的生态环境问题和挑战，如外来物种入侵、全球气候变化等，加之高原生态环境脆弱、生态系统结构简单、生产力低下以及鱼类生长缓慢、资源补充周期长、对生境高度适应和依赖等特点，西藏水生生态更容易受到外界的影响。雅鲁藏布江主要裂腹鱼类处于这种生存环境中，本身的种群结构是不容乐观的，对这种生态系统产生的任何扰动，都将对鱼类资源造成不同程度的破坏，其恢复过程都将是十分缓慢的，甚至无法恢复。

　　青藏高原生态环境极为脆弱，高原鱼类自身生长缓慢、繁殖能力较差，近年来还存在过多的人为干扰。事实上，由于生境丧失或者过度捕捞等原因，在162种青藏高原鱼类中，处于极危、濒危、易危或野外灭绝的鱼类就有35种，超过了20%。西藏地区鱼类60个种和13个亚种，其中，裂腹鱼类和鮡科鱼类居多，极危、濒危、易危、近危的鱼类有23种，近32%。雅鲁藏布江重要裂腹鱼类资源现状业已敲响了警钟，比如分布于雅鲁藏布江中游主要的六种裂腹鱼类，仅有拉萨裂腹鱼和异齿裂腹鱼，开发程度并不高，处于可持续利用状况；

其他四种裂腹鱼开发现状不容乐观，尖裸鲤种群资源正在被过度开发和利用；双须叶须鱼、巨须裂腹鱼雌性群体已为过度捕捞状态，雄性群体处于充分开发状态（自然死亡率较大时）；拉萨裸裂尻鱼雄鱼处于完全开发状态（繁殖潜力比接近目标参考点 $F_{40\%}$），雌鱼处于过度捕捞状态（繁殖潜力比均低于下限参考点 $F_{25\%}$）。因此，必须加快推动雅鲁藏布江主要裂腹鱼类的养护工作。

值得一提的是，20 世纪 90 年代及之前，青海湖渔业资源严重衰退的主要原因是青海湖裸鲤的产卵场遭到破坏，繁殖期亲鱼被大量捕杀以及多年来对该鱼的过度捕捞。为了抢救性保护青海湖裸鲤，政府以及社会齐心协力，推动一系列举措，多管齐下，取得了显著成效，包括封湖育鱼、打击违法加工销售行为、增殖放流以及发展水产养殖业等。青海湖资源蕴藏量已从 2001 年的 2592t 增加到 2010 年的 30120t，10 年增长了 10.6 倍，达到了原始蕴藏量的 9.4%，但这种趋势还处于慢速增长期。

青藏高原渔业资源养护任重而道远，而青海湖裸鲤作为从 20 世纪的濒危物种到如今修复较好的物种，采取的修复和保护措施值得借鉴和学习，从而更好地服务于青藏高原裂腹鱼类渔业资源的修复和推广，值得推崇。

因此，笔者团队自 2008 年以来，便开始孜孜不倦地探究雅鲁藏布江重要裂腹鱼类的养护技术。在这个过程中，得到了农业农村部物种资源保护项目（171721301354052036）、西藏自治区科技厅地区自然基金重点研发项目［2009～2010 年，2018～2019 年（XZ201801NB12）］、西藏自治区财政厅农业技术推广项目（2013NMXY-SFTG01，2015NMXY-SFTG01）、西藏自治区农业农村厅农业科技推广项目（2018SFTG01）、西藏自治区人社厅地方引智示范推广项目（542108SF03）等多项科研项目持续支持。在系统整理、总结这些项目技术资料的基础上撰写了本专著。

本专著针对雅鲁藏布江主要裂腹鱼类资源衰退现状和养护难题，研究了主要裂腹鱼类生物学特征、生活史类型和早期发育过程及其与高原适应性之间的关系，明确了主要裂腹鱼类繁育、生长等过程的适宜温度，明晰了其对饲料蛋白质、脂肪以及维生素需求水平，实现了双须叶须鱼、巨须裂腹鱼、异齿裂腹鱼、拉萨裸裂尻鱼、尖裸鲤和拉萨裂腹鱼规模化人工繁育。

本专著阐明了尼洋河主要裂腹鱼类典型栖息地的水生态系统特征、水生生物群落结构时空动态及其与环境变化的关系；揭示了尼洋河近十年水生态、水环境和地球化学时空演替规律；评估了尼洋河水生态系统健康状况及工程建设对其产生的影响，为裂腹鱼类物种保护和栖息地修复提供了技术支撑。

参加相关研究工作的有刘海平研究员、牟振波研究员、曾本和助理研究员、杨瑞斌副教授、朱挺兵副研究员、王万良助理研究员、周朝伟副教授、肖世俊博士、王金林助理研究员、陈美群助理研究员、杨德国研究员、刘艳超研究实习员，以及硕士研究生徐兆利、何林强、曾小理、王建和王纤纤。

本书撰写分工：刘海平和刘艳超共同完成第一章；牟振波和曾本和共同完成第二十一章、第二十二章和第二十四章；曾本和和杨瑞斌完成第十七章第五节、第六节和第十节，第十八章第一节到第三节，第十九章第四节到第十节，第二十三章第二节；曾本和和朱挺兵共同完成第二十五章第二节；王万良和朱挺兵共同完成第二十五章第一节第二小节到第四小节；刘海平完成第二章到第十六章，第十七章的第一节到第四节、第八节，第十九章第二节，第二十章第二节到第五节，第四部分和第五部分；刘艳超完成第十七章第七节、第九节，第十八章第四节和第五节，第二十五章第一节第一小节；朱挺兵完成第二十五章第三节；王金林完成第十九章第一节，第二十章第一节，第二十三章第一节，陈美群完成第十九章第三节；周朝伟、肖世俊、刘飞、徐兆利、何林强、曾小理、王建、王纤纤对实验数据进行核对，同时对参考文献进行补充完善。

这些年来，国内外专家学者对青藏高原本土鱼类养护工作做了大量的研究工作和技术积累工作，这些研究思路和成果给了我们很多启发。本专著能够得以出版，还得益于西藏自治区农牧科学院、西藏自治区农业农村厅以及西藏农牧学院提供完善、开放的科研平台和水产养殖平台，以及各养殖示范基地热心联动推动雅鲁藏布江本土鱼类养护事业。最好的保护就是让更多人在这些物种上投入更多的精力。世界屋脊鱼翔浅底，亚洲水塔守护精灵。让我们恪守"生态红线"，努力担当高原渔业的"守护者"。

感谢国家科学技术学术著作出版基金、财政专项《西藏鱼类种质资源保护和开发》（ZXNKY-2019-C-053）、西藏自治区科技厅地区自然基金重点研发项目《拉萨裂腹鱼生长发育规律及人工繁育技术集成示范》（XZ201801NB12）对本书的出版资助。

西藏，高原净土，亚洲水塔，生物资源库，旅游胜地，当其被冠以如此多美誉的时候，也承受着巨大的压力，如雅鲁藏布江上第一座水电站藏木水电站已经蓄水发电，尼洋河多布水电站也开始蓄水发电，拉萨林芝高速公路全线通车，有充分的证据证明这些工程的建设改变了河流地理化学多样性。青藏高原本土鱼类、水体里的其他生灵，其资源现状和面临的威胁，其生境的可塑性以及重塑性，均是需要直视的科学问题和社会问题。希望本书的出版能够对青藏高原鱼类养护工作有所启示和帮助。限于作者的学识水平，书中难免存在一些不足，诚望读者批评指正。

刘海平

2021 年 11 月

目录

第一部分　引言

第二部分　尼洋河水生态时空演替特征

第三部分　雅鲁藏布江重要裂腹鱼类养护技术

第四部分　雅鲁藏布江重要裂腹鱼类养护工作"路在何方"

第五部分　附录

第一部分
引言

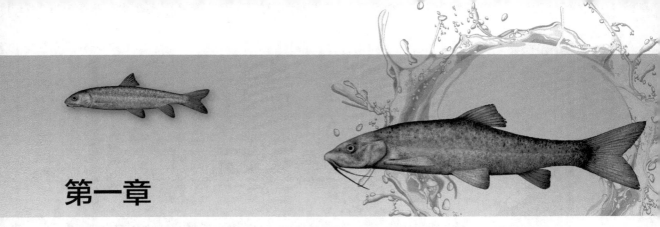

第一章

裂腹鱼类系统发育和生物学特点研究进展

青藏高原是世界上水系分布最为复杂的地区之一，同时青藏高原的隆起形成了独特的鱼类区系和分布格局，以青藏高原为中心进行演化的裂腹鱼亚科鱼类逐渐适应了高寒、高海拔、低温、强紫外线的高原环境，呈现出由高原边缘向腹地特化的分布格局（陈宜瑜，1998）。特殊的地形和高寒的气候条件影响了生存在这里的鱼类，使其表现出明显的区域性（张春光等，1996）。

裂腹鱼类的系统发育关系可以反映水系之间和地质历史的联系（何德奎等，2007）。研究裂腹鱼类的地理分布，可以探索青藏高原的地质活动和地理演变过程（黄顺友等，1986）。通过鱼类间的系统发育关系还可以判断其区域水系发育和类群分化（何舜平等，2001）、隔离进化模式的形成（赵凯等，2005）、遗传多样性和结构（海萨•艾也力汗等，2016），从而结合不同的地理分布挖掘水系间的时空变化和物种分布格局的演化。裂腹鱼类在高海拔冷水环境中生存表现出极广泛的适应性并且对高原环境的适应性随着海拔的升高越来越特化（曹文宣等，1981）。探索物种如何适应极端环境是进化生物学的核心目的（Smith & Eyre-Walker，2002）。青藏高原本土生物通过形成独特的形态、生理和遗传特征来适应严峻的外界环境（Wen，2014）。摸索高原动物适应高海拔生活的遗传基础，从而可以更好地保护其遗传多样性（Tong et al，2017a）。

近年来，青藏高原及邻近地区裂腹鱼类的系统发育、进化生物学适应机制一直是研究的热点和重点。随着全球气候的变化，研究青藏高原自然环境和地理变化的意义将越来越凸显。

第一节 裂腹鱼类的分布和组成

裂腹鱼类共有 11 个属，97 个种和亚种，在我国分布基本全部的属，78 个种和亚种，占全部的 80%。其中青藏高原分布 9 个属，48 个种和亚种（曹文宣等，1981），因其在肛门至臀鳍两侧有一列特化的臀鳞，并且在两列臀鳞之间的腹中线形成一道裂缝，所以将其称之为裂腹鱼（伍献文等，1964）。裂腹鱼属鱼类的物种数在海拔梯度上呈现先上升后下降的变化趋势，物种数的峰值出现在 1700~2200m 海拔段，属于物种多样性海拔分布的中海拔高峰格局（李隽，2011）。裂腹鱼类分布西以喀喇昆仑山山脉、北以昆仑山和祁连山山脉、东以横断山脉、南以喜马拉雅山脉为界。竺可桢等（1979）认为横断山脉及其附近在第四纪各个冰期中，受冰川和寒冷气候的影响较小，所以横断山地区可能曾经是动物的"避难所"。张春光等（1996）将西藏划分为3个一级区和5个亚区：藏北区（阿里亚区、那曲亚区、羌塘亚区）、雅鲁藏布江中上游区、藏东南区（雅鲁藏布江下游亚区、藏东三江峡谷亚区）。裂腹鱼亚科和高原鳅属鱼类组成了青藏高原现生的鱼类区系（陈宜瑜，1998），它们属于同一个鱼类动物区系复合体，即中亚高原山区复合体（伍献文等，1964）。

西藏是雅鲁藏布江水系、印度河水系、伊洛瓦底江水系、长江水系、黄河水系、澜沧江水系、怒江水系和众多高原湖泊的发源地。裂腹鱼类在中国主要分布于雅鲁藏布江、伊洛瓦底江、澜沧江、怒江、元江、珠江、乌江、长江、黄河及附属水体，以及新疆、西藏、青海和甘肃等地的内陆水体与湖泊（代应贵，肖海，2011），尤以青藏高原分布最为集中（曹文宣等，1981），其中以裂腹鱼属、裸裂尻鱼属和裸鲤属分布较为广泛。按照裂腹鱼亚科鱼类种数分类依次为：长江水系31种，塔里木河11种，伊洛瓦底江水系10种，澜沧江水系10种，雅鲁藏布江水系8种，黄河水系6种，怒江水系7种，珠江水系3种，元江水系1种，柴达木水系1种，伊犁河4种，准噶尔水系1种，印度河水系6种，其他为地区湖泊河流的特有种。这些水系均发源于青藏高原，其鱼类区系都明显存在一些高原鱼类区系的特征，尤其体现在对高寒、高海拔环境的高度适应（陈小勇，2013）。

在原始等级中，裂腹鱼属鱼类有54种，广泛分布于除黄河、柴达木、准噶尔水系以外的青藏高原的主要流域；扁吻鱼属鱼类有1种，是仅分布在新疆塔里木河流域的我国特有鱼类，也是单型属种（马燕武等，2010）；裂鲤属鱼类有2种，分布在阿富汗和伊朗的赫尔曼德河。在特化等级中，重唇鱼属鱼类有1种，分布在青藏高原北部的塔里木河和伊犁河流域；叶须鱼属鱼类有5种，分布在雅鲁藏布江、长江、澜沧江、怒江、印度河流域；裸重唇鱼属有3种，分布在伊洛瓦底江、黄河、怒江、塔里木河、伊犁河、准噶尔水系流域。在高度特化等级中，裸鲤属鱼类有14种，分布在长江、黄河、澜沧江流域和青藏高原的湖泊；高原鱼属鱼类有1种，分布在长江水系；尖裸鲤属鱼类有1种，分布在雅鲁藏布江水系；扁咽齿鱼属和黄河鱼属鱼类各1种，分布在黄河水系；裸裂尻鱼属鱼类有10种，分布在雅鲁藏布江、长江、黄河、怒江、柴达木水系、塔里木河、印度河流域和玛旁雍错（表1-1）。

最早期裂腹鱼亚科根据其骨骼系统特征被归于鲃亚科内（乔慧莹，2014）。早在第三纪类群中裂腹鱼类的物种分化明显受到了晚第三纪青藏高原隆起的影响（王绪祯，2005）。在第三纪末期，青藏高原的急剧隆起产生显著的环境变化，比如湖泊分离和气候骤降，使得原始的鲃亚科鱼类因地理隔离或者生境急剧变化由适应气候温暖的静水或缓流水环境而逐步演化为适应寒冷气候和急流水环境的原始裂腹鱼类，并随着青藏高原的进一步隆起而演化为如今的裂腹鱼类（武云飞等，1984；曹文宣等，1981；陈宜瑜，1998）。由此，裂腹鱼类随着青藏高原的隆升而发生特化（陈宜瑜，1998）。曹文宣等（1981）根据裂腹鱼类的性状变化将其划分为三个等级——原始等级、特化等级和高度特化等级，这同时反映出裂腹鱼类在演化过程中的三个阶段。

表 1-1　裂腹鱼亚科鱼类的地理分布文献报道

属	物种	A1	A2	A3	A4	A5	A6	A7	A8	A9	A10	A11	A12	A13	A14	A15	A16	A17	A18	A19	A20	A21	A22	A23	A24	A25	A26	文献引用
	小裂腹鱼 *Schizothorax parvus* Tsao			+																								He et al., 2011
	云南裂腹鱼 *Schizothorax yunnanensis yunnanensis* Norman					+																						Chen et al., 2016
	威宁裂腹鱼 *Schizothorax yunnanensis weiningensis* Chen			+																								He et al., 2011
	宁蒗裂腹鱼 *Schizothorax ninglangensis* Wang, Zhang et Zhuang			+																								He et al., 2011
	小口裂腹鱼 *Schizothorax microstomus* Huang			+																								He et al., 2011
	大理裂腹鱼 *Schizothorax taliensis* Regan				+	+																						费骥慧等, 2012
裂腹鱼属 *Schizothorax* Heckel	厚唇裂腹鱼 *Schizothorax labrosa* Wang			①								②																①He et al., 2011; ②海萨·艾也力汗等, 2014
	长须裂腹鱼 *Schizothorax longibarbus* Fang			+																								He et al., 2011
	重口裂腹鱼 *Schizothorax davidi* Sauvage						+																					李荷慧等, 2009
	灰裂腹鱼 *Schizothorax griseus* Pellegrin			①	②			③																				①王思宇等, 2018; ②郭祖锋等, 2014; ③陈小勇, 2013
	鳞胸裂腹鱼 *Schizothorax lepidothorax* Yang				+																							陈小勇, 2013
	澜沧裂腹鱼 *Schizothorax lantsangensis* Tsao				+																							Chen et al., 2016
	拉萨裂腹鱼 *Schizothorax waltoni* Regan		+																									周贤君, 2014
	中甸裂腹鱼 *Schizothorax intermedia* McClelland										+																	Nie et al., 2014

续表

属	物种	A1	A2	A3	A4	A5	A6	A7	A8	A9	A10	A11	A12	A13	A14	A15	A16	A17	A18	A19	A20	A21	A22	A23	A24	A25	A26	文献引用
裂腹鱼属 *Schizothorax* Heckel	西藏裂腹鱼 *Schizothorax labiatus* McClelland														+													Mir *et al*, 2014
	巨须裂腹鱼 *Schizothorax macropogon* Regan		+																									刘洁雅, 2016
	塔里木裂腹鱼 *Schizothorax biddulphi* Günther											+																杨天燕等, 2014
	重唇裂腹鱼 *Schizothorax barbatus* Mcclelland											+																李国刚等, 2017
	银色裂腹鱼 *Schizothorax argentatus* Kessler												+															海萨·艾也力汗等, 2014
	伊犁裂腹鱼 *Schizothorax pseudaksaiensis* Herzenstein												+															李国刚等, 2017
	扁嘴裂腹鱼 *Schizothorax esocinus* Heckel											①		②														①马燕武等, 2009; ②Mir *et al*, 2014
	宽口裂腹鱼 *Schizothorax eurystomus* Kessler											+																李国刚等, 2017
	光唇裂腹鱼 *Schizothorax lissolabiatus* Tsao					+	+	+		+																		陈小勇, 2013
	中华裂腹鱼 *Schizothorax sinensis* Herzenstein			+																								He *et al*, 2011
	齐口裂腹鱼 *Schizothorax prenanti* Tchang			+																								He *et al*, 2011
	昆明裂腹鱼 *Schizothorax grahami* Regan			+																								He *et al*, 2011
	长丝裂腹鱼 *Schizothorax dolichonema* Herzenstein			①		②																						①He *et al*, 2011; ②陈小勇, 2013
	隐鳞裂腹鱼 *Schizothorax cryptolepis* Fu et Ye			+																								He *et al*, 2011
	异唇裂腹鱼 *Schizothorax hetero chilus* Ye et Fu			+																								He *et al*, 2011

续表

属	物种	A1	A2	A3	A4	A5	A6	A7	A8	A9	A10	A11	A12	A13	A14	A15	A16	A17	A18	A19	A20	A21	A22	A23	A24	A25	A26	文献引用
	细鳞裂腹鱼 Schizothorax chongi Fang			+																								He et al.，2011
	异齿裂腹鱼 Schizothorax o'connori Llord		+																									马宝珊，2011
	全唇裂腹鱼 Schizothorax intergrilabiatus Wu et al.																					+						Li et al.，2016
	弧唇裂腹鱼 Schizothorax curvilabiatus Wu et Tsao		+																									Wang et al.，2016
	厚唇裂腹鱼 Schizothorax labrosus Wang, Zhuang et Gao			①								②																① He et al.，2011；②马燕武等，2009
	怒江裂腹鱼 Schizothorax nukiangensis Tsao					+																						He et al.，2015
	贡山裂腹鱼 Schizothorax gongshanensis				+																							陈小勇，2013
裂腹鱼属 Schizothorax Heckel	保山裂腹鱼 Schizothorax yunnanensis paoshanensis					+																						陈小勇，2013
	软刺裂腹鱼 Schizothorax malacacthus Huang	+																										杨剑等，2013
	长须裂腹鱼 Schizothorax longibarbus Fang			+																								He et al.，2011
	少鳞裂腹鱼 Schizothorax oligolepis Huang	+																										杨剑等，2013
	独龙裂腹鱼 Schizothorax dulongensis Huang	+																										杨剑等，2013
	细身裂腹鱼 Schizothorax elongatus Huang	+																										杨剑等，2013
	白体裂腹鱼 Schizothorax leukus sp. nov.	+																										杨剑等，2013
	奇异裂腹鱼 Schizothorax heteri sp. nov.	+																										杨剑等，2013

续表

属	物种	A1	A2	A3	A4	A5	A6	A7	A8	A9	A10	A11	A12	A13	A14	A15	A16	A17	A18	A19	A20	A21	A22	A23	A24	A25	A26	文献引用
	南方裂腹鱼 Schizothorax merudioualis Tsao	+																										杨剑等，2013
	圆诺裂腹鱼 Schizothorax ratundimaxillaris Wu et Wu, sp.nov.	+																										杨剑等，2013
	吸口裂腹鱼 Schizothorax myzostomus Tsao	+																										杨剑等，2013
	墨脱裂腹鱼 Schizothorax molesworthi Chaudhuri		+																									Wang et al，2016
裂腹鱼属 Schizothorax Heckel	岭口裂腹鱼 Schizothorax plagiostomus Heckel														+													Mir et al，2013
	Schizopyge curvifrons Heckel														+													Mir et al，2013
	短须裂腹鱼 Schizothorax wangchiachii Fang			+																								He et al，2011
	四川裂腹鱼 Schizothorax kozlovi Nikolsky			+																								He et al，2011
	裸腹裂腹鱼 Schizothorax nudiventris Yang, Chen et Yang					+																						陈小勇，2013
	Schizothorax zarudnyi								+			+																Zare et al，2011
扁吻鱼属 Aspiorhynchus Kessler	新疆扁吻鱼 Aspiorhynchus laticeps Day							+																				马燕等，2009
裂鲤属 Schizocypris	Schizocypris brucei							+																				Abbaspour et al，2013
	Schizocypris altidorsalis		+																									Zare et al，2011
叶须鱼属 Ptychobarbus	双须叶须鱼 Ptychobarbus dipogon Regan		+																									杨鑫，2015
	锥吻叶须鱼 Ptychobarbus conirostris Steindachner													+														何德奎等，2003
	裸腹叶须鱼 Ptychobarbus kaznakovi Nikolskii				①　②																							①李柯懋等，2009；②He et al，2015

续表

属	物种	A1	A2	A3	A4	A5	A6	A7	A8	A9	A10	A11	A12	A13	A14	A15	A16	A17	A18	A19	A20	A21	A22	A23	A24	A25	A26	文献引用
叶须鱼属 Ptychobarbus	中甸叶须鱼 Ptychobarbus chungtienensis Tsao		+																									陈小勇，2013
	格咱叶须鱼 Ptychobarbus chungtienensis gezaensis Huang et Chen		+																									陈小勇，2013
重唇鱼属 Diptychus Steindachner	斑重唇鱼 Diptychus maculatus Steindachner											+																李国刚等，2017
裸重唇鱼属 Gymnodiptychus Herzenstein	厚唇裸重唇鱼 Gymnodiptychus pachycheilus Herzenstein				+																							李柯懋等，2009
	新疆裸重唇鱼 Gymnodiptychus dybowskii Kessler											+	+	+														李国刚等，2017
	全裸裸重唇鱼 Gymnodiptychus integrigymnatus Huang	+																										陈小勇，2013
裸鲤属 Gymnocypris Günther	花斑裸鲤 Gymnocypris eckloni Herzenstein						+																					李柯懋等，2009
	青海湖裸鲤 Gymnocypris przewalskii Kessler																				+							Tong et al，2017a
	斜口裸鲤 Gymnocypris scolistomus Wu et Chen			+																								李柯懋等，2009
	祁连山裸鲤 Gymnocypris chilianensis Li et Chang															+												李思忠等，1974
	松潘裸鲤 Gymnocypris potanini Herzenstein			+																								吴青等，2001
	硬刺松潘裸鲤 Gymnocypris potanini firmispinatus Wu et Wu			+																								聂媛媛，2017
	硬刺裸鲤 Gymnocypris firmispinatus Wu et Wu			+		+																						陈小勇，2013
	拉孜裸鲤 Gymnocypris scleracanthus Tsao; Wu, Chen & Zhu																						+					Li et al，2016

续表

属	物种	A1	A2	A3	A4	A5	A6	A7	A8	A9	A10	A11	A12	A13	A14	A15	A16	A17	A18	A19	A20	A21	A22	A23	A24	A25	A26	文献引用
	高原裸鲤 *Gymnocypris waddellii* Regan																	+										杨汉运等，2011
	软刺裸鲤 *Gymnocypris dobula* Günthe																							①		②		①俞梦超，2017 ②Zhang *et al.*，2016
裸鲤属 *Gymnocypris* Günther	兰格湖裸鲤 *Gymnocypris chui* Tchang，Yueh & Hwang																						+					Li *et al.*，2016
	纳木错裸鲤 *Gymnocypris namensis* Ren et Wu																+											何德奎等，2001
	色林错裸鲤 *Gymnocypris selincuoensis*																		+									Tao *et al.*，2018
	错鄂裸鲤 *Gymnocypris cuoensis*																			+								杨军山等，2002
尖裸鲤属 *Oxygymno-cypris* Tsao	尖裸鲤 *Oxygymnocypris stewartii* Lloyd		+																									霍斌，2014
	嘉陵裸裂尻鱼 *Schizopygopsis kia lingensis* Tsao et Tun			+																								He *et al.*，2011
	黄河裸裂尻鱼 *Schizopygopsis pylzovi* Kessler				+																							李柯懋等，2009
	大渡裸裂尻鱼 *Schizopygopsis malacanthus chengi* Fang			+																								He *et al.*，2011
裸裂尻鱼属 *Schizopygopsis* Steindachner	软刺裸裂尻鱼 *Schizopygopsis malacanthus* Herzenstein			+																								He *et al.*，2011
	宝兴裸裂尻鱼 *Schizopygopsis malacanthus baoxingensis* Fu，Ding et Ye				+																							He *et al.*，2011
	前腹裸裂尻鱼 *Schizopygopsis anteroventris* Wu & Tsao					+																						Zhu *et al.*，2017
	拉萨裸裂尻鱼 *Schizopygopsis younghusbandi younghusbandi* Regan		+																									段友健，2015

续表

属	物种	A1	A2	A3	A4	A5	A6	A7	A8	A9	A10	A11	A12	A13	A14	A15	A16	A17	A18	A19	A20	A21	A22	A23	A24	A25	A26	文献引用
裸裂尻鱼属 Schizopygopsis Steindachner	热裸裂尻鱼 Schizopygopsis thermalis Herzenstein			①			②																					①李柯懋 等, 2009; He et al., 2015
	高原裸裂尻鱼 Schizopygopsis stoliczkai stoliczkai Steindachner											①			②										③		③	②李国刚等, 2017; Li et al., 2016; ③Zhang et al. 2016
	柴达木裸裂尻鱼 Schizopygopsis kessleri Herzenstein									+																		李柯懋等, 2009
黄河鱼属 Chuanchia Herzenstein	骨唇黄河鱼 Chuanchia labiosa Herzenstein				+																							李柯懋等, 2009
扁咽齿鱼属 Platypharodon Herzenstein	极边扁咽齿鱼 Platypharodon extremus Herzenstein				+																							李柯懋等, 2009
高原鱼属 Herzensteinia Chu	小头高原鱼 Herzensteinia microcephalus Herzenstein			+																								李柯懋等, 2009

注: 伊洛瓦底江, A1; 雅鲁藏布江, A2; 长江, A3; 黄河, A4; 澜沧江, A5; 怒江, A6; 珠江, A7; 秣尔曼德河, A8; 元江, A9; 柴达木水系, A10; 塔里木河, A11; 伊犁河, A12; 准噶尔水系, A13; 印度河, A14; 黑河、疏勒河和石羊河, A15; 羊卓雍错, A16; 色林错, A17; 错鄂, A18; 青海湖, A19; 布格湖, A20; 兰错湖, A21; 多庆湖, A22; 玛旁雍错, A23; 佩枯错, A24; 班公错, A25; A26。

第二节　裂腹鱼类系统发育研究概况

　　系统发育学以共同离征为判别依据，并以某种标准构建一个最接近自然类元间亲缘关系的谱系，来确立物种间或类群间的相互关系，以单系群作为分类单元，展现出系统发育关系的性状树或基因树（杨金权，2005）。通过系统发育关系可以确认同种鱼是否形成独立的分支甚至是形成遗传分化的地理种群及其演化历史（海萨·艾也力汗等，2016）。对于裂腹鱼类来说，我们通过线粒体和核基因 DNA 序列构建系统发育关系可以追溯裂腹鱼类多倍体的起源及其物种分化、倍性水平的祖先状态以及裂腹鱼类物种分化速率和青藏高原隆升之间的关系（王绪祯等，2016）。常见的推断方法有距离矩阵法、最大简约法、最大似然法、贝叶斯推断法等（Kong 等，2008）。距离矩阵法倾向于应用在分子生物和遗传方面，最大简约法应用在系统方面，最大似然法和贝叶斯推断法运用在分子生物进化方面（Hoder 和 Lewis，2003）。

一、形态学研究

　　通过寻找形态学性状的异同来区分不同亚科，更多的是分类学上的实用意义（王绪祯，2005）。通过形态学和骨骼特征进行鱼类系统发育的研究在 20 世纪 70 年代末 80 年代初期较多。曹文宣等（1981）、武云飞（1984）、陈毅峰等（2000）根据形态特征认为裂腹鱼亚科是一个单系群。黄顺友等（1986）将中甸叶须鱼划分为分布在纳帕海、小中甸河和碧塔海的指名亚种和分布在格咱河的格咱亚种，后者与中甸重唇鱼指名亚种分离的时间要比裸腹重唇鱼迟得多，中甸重唇鱼和裸腹重唇鱼的系统发育关系反映出横断山区在第四纪高原急剧隆升过程中的地学变化。

二、分子系统发育

　　分子系统学方法的广泛应用解决了一些用传统形态学方法长期悬而未解的疑问（杨金权，2005）。分子系统发育根据分子生物学数据构建系统树来揭示种内或种间的系统发生情况（宁平，2012）。青藏高原地质活跃的历史和丰富的生境多样性可能导致在鱼类分类学中一些形态特征的平行和逆转演变（Qi 等，2007）。青藏高原特有的多倍体化裂腹鱼类包含了两个独立起源的类群，裂腹鱼类的物种分化与晚第三纪以来的青藏高原隆升密切相关（王绪祯等，2016）。俞梦超（2017）通过四种裂腹鱼的系统发生树显示出裂腹鱼亚科鱼类的共同祖先随着青藏高原的隆起发生了分化。塔里木盆地裂腹鱼属鱼类的分布格局可能与第四纪喜马拉雅运动使盆地形成西高东低的地势，罗布泊成为塔里木盆地周边高山发源河流的汇水中心相关（海萨·艾也力汗等，2014）。研究裂腹鱼类的分子系统发育和地理格局的关系可以揭示鱼类在特定时期避难所的分布以及地理隔离给鱼类带来的进化和演变，比如狮泉河是高原裸裂尻鱼的主要避难所（Wanghe 等，2017），色林错是在青藏高原让鱼类度过末次冰盛期的避难所（Liang 等，2017）；黄河上游峡谷对裸鲤的基因交流有一定的限制，暗示出生态隔离可能已经使柴达木裸鲤独立进化，柴达木裸鲤很可能在历史上遭受过严重的"瓶颈效应"（赵凯，2005）。此外，分子系统发育还可以验证营养形态的演变，裂腹鱼亚科鱼类通过改变营养形态和摄食行为来适应不同的营养生态位（Qi 等，2012）。

　　杨天燕等（2011）依据分子进化速率推测两个类群间发生分歧的时间约在上新世晚期到

中新世间。高度特化等级裂腹鱼类的起源演化与晚新生代青藏高原阶段性抬升导致的环境变化相关（何德奎等，2007）。利用线粒体细胞色素 b 基因全序列分析 9 种裂腹鱼亚科鱼类的系统发育关系，依据分子进化速率推测三个类群间发生分歧的时间约在上新世晚期到更新世，并伴随青藏高原隆升这一地质事件（张艳萍等，2013）。祁得林等（2006）使用 Cytb 序列技术推断形态趋同进化导致了南门峡河流裂腹鱼亚科鱼类形态相似种的共存，而小生境自然选择压力是引发适应性形态趋同进化的主要原因。分子钟揭示了地理分隔促使裂腹鱼属鱼类进化的两个地质时期分别是距目前约一千万年的晚中新世和上新世（4.0 Myr BP）（Yang et al，2012）。特化等级裂腹鱼分子钟数据不支持青藏高原在渐新世或中新世整体隆起已接近现在高度或更高的假设（何德奎等，2003）。分子证据和校准的分子钟把裸裂尻属鱼类的物种分化事件与青藏高原隆升期间（≈4.5Mya）的构造事件引起的古水系连接的形成和分离联系起来（Qi 等，2015）。校正的分子钟推测黄河和托索湖裸裂尻鱼群体分歧时间为距今 7 万年左右的更新世末期（赵凯等，2006）。

　　通过分子系统发育研究将鲤科鱼类划分为八个亚科，而裂腹鱼类属于其中的鲤亚科，并且鲤类、裂腹鱼类和鲃类为一个单系群（王绪祯，2005）。裂腹鱼亚科的分类是有争议的，第一种观点是裂腹鱼亚科鱼类不是一个单系群，细胞色素 b 基因序列的研究支持其三个等级的划分（杨天燕等，2011；张艳萍等，2013）；第二种观点是裂腹鱼亚科鱼类严格意义上不是一个单系群，而是被划分为两个分支——Schizothoracini 和 Schizopygopsini（Shu et al，2018），其中 Schizothoracini 包括原始等级裂腹鱼和鲈鲤属，Schizopygopsini 包括特化等级和高度特化等级裂腹鱼类（Yang 等，2015a）。李亚莉（2012）通过拉萨裸裂尻鱼、异齿裂腹鱼和拉萨裂腹鱼的线粒体基因组确定了裂腹鱼亚科与鲤亚科、鲃亚科亲缘关系较近，原始等级的裂腹鱼和特化等级的裂腹鱼是单系群并且互为姐妹群。

　　原始等级中的裂腹鱼属鱼类，系统发育关系反映了地理与江河之间的联系，地理隔离促使物种进化形成目前的裂腹鱼属分布格局，从而将裂腹鱼属划分为七个谱系，分别为中亚流域、塔里木河、印度河、雅鲁藏布江、伊洛瓦底江、长江、湄公河和萨尔温江（He 和 Chen，2006）。Yang 等（2012）通过线粒体 DNA 细胞色素 b 序列重新构建了云贵高原 98 种裂腹属鱼类并将其分为三个地理分支：雅鲁藏布江-伊洛瓦底江，湄公河-萨尔温江和跨金沙江水系（包括金沙江、红河、南盘江和北盘江）。特化等级裂腹鱼类不是一个单系群，特化等级裂腹鱼类的主要分支发生事件与青藏高原的地质构造事件及气候重大转型时期相吻合（何德奎等，2003）。陈自明等（2000）用 RAPD 技术建立的系统发育树表明将特化等级裂腹鱼类划分为 3 个属级分类单元较为合适。高度特化等级裂腹鱼类也不是单系群，高度特化等级裂腹鱼类的系统发育关系反映出来自相同和相邻水系的物种通常具有更近的亲缘关系（何德奎等，2007）。其中裸裂尻鱼属形成了一个由 5 个主要分支组成的单系群，分子标定显示长江中游的裸裂尻鱼属鱼类产生分歧（≈4.5 Mya）早于印度河（≈3.0 Mya）、湄公河（≈2.8 Mya）和雅鲁藏布江＋萨尔温江（≈2.5 Mya），最近裸裂尻鱼属鱼类的演化和分化发生在长江上游和下游、黄河和柴达木盆地，在 0.3～1.8 Mya 之间（Qi 等，2015）。乔慧莹（2014）通过线粒体全基因组序列分析了除了裸鲤属外的 13 种鱼，发现 13 种裂腹鱼类基本上按各自的属进行分支，支持特化等级学说，但高度特化等级与特化等级两个类群未在第一级分支中单独分开。

　　近年来，很多学者利用线粒体序列研究裂腹鱼类物种遗传多样性。怒江裂腹鱼最近的扩张事件表明，其在温暖的间冰期经历了快速增长并且经历了在最后的冰期为了抵御寒冷而显著扩张并急剧收缩（Chen 等，2015）。拉萨裸裂尻鱼基于 Cytb 基因的单体型网络分析显示有两个群，中性检测和歧点分布表明这个物种可能已经经历了群体扩张并且估计扩张时间为 0.25～0.46Ma BP（Guo 等，2014）。厚唇裸重唇鱼最近两组群体扩张是基于几个物种进化史的补充分析来确定的（0.096 Mya 和 0.15 Mya）（Su 等，2014）。极边扁咽齿鱼种群表现出较低的核苷酸多样性，表明其经历过严重的历史瓶颈事件；较高的单倍型多样性，说明其近期的种群扩张（Su 等，2015）。

三、形态比较和分子系统发育比较

　　研究鱼类的形态异同、生理比较、化石历史等系统发育间的关系形成了鱼类分类系统，但有时候在明确分类单元与最近祖先等关键问题上存在分歧。所以说，仅仅依靠特征分析有时不能真实地揭示物种的系统发育关系和进化过程（赵凯，2005）。利用形态学方法鉴别物种时可能存在由于经验不足而致使鉴定失误或遗漏隐存种的现象（宁平，2012）。与以骨骼性状为依据的形态学判断相比，分子系统发育的研究可以尽量排除主观因素造成的失误，由此得到的基因树比其他的性状树更有说服力（杨金权，2005）。此外，近年来一些分子系统关系的研究结果都不支持基于形态学的裂腹鱼类分类学关系（Yang 等，2015a；Yonezawa 等，2014；Qi 等，2015，2014；Shu 等，2018）。

第三节　裂腹鱼类生物学特点研究进展

　　青藏高原以其高海拔、低温、强辐射、众多河湖、冰川冻土、丰富的生物多样性的自然环境形成了鲜明的特征，明显区别于其他地区（郑度等，2017），而其强紫外线、低氧、低温的环境因子显著影响了高原土著生物，使之形成了独特的适应策略和机制（李亚莉，2012）。某些可能受到正面选择的基因是由于高海拔引起进化和功能适应性分析的候选者，这些基因还有可能与对低温、低氧和由高海拔造成的强紫外线有关辐射的适应性有关（Chi 等，2017）。

一、生物学特点

1. 繁殖力

　　繁殖力体现了物种或种群对环境变动的适应特征，有助于正确估测种群数量变动（殷名称，1995）。水域的栖息环境和营养条件在一定程度上影响了鱼类的性腺发育（马燕武等，2009），加之裂腹鱼资源的过度衰竭，其种群偏小型化，从而导致其绝对繁殖力下降（张信等，2005）。不同水域和处于不同世代的鱼群，其食物丰度、摄食时间以及外界水温变化等因素均可能引起繁殖力的差异（周翠萍，2007）。同一水域的不同生态群，繁殖时间不同，繁殖力也存在明显差异（殷名称，1995）。在过度捕捞的情况下，物种繁殖策略的调节必然缩短个体性成熟前营养生长的周期，降低性成熟后营养生长的速度，导致个体小型化（张艳萍等，2010）。

　　裂腹鱼类绝对繁殖力为 1284～77772 粒。通常，裂腹鱼类的绝对繁殖力随着体长、体重的增加而呈现相应的增长，与年龄无显著性关系（周贤君，2014；周翠萍，2007；马宝珊，2011；霍斌，2014）。裂腹鱼类较大的卵可为子代胚胎发育提供良好的内源性营养，从而保持较高的孵化率和存活率，这是裂腹鱼类在长期进化过程中对高原环境的繁殖适应策略（马宝珊，2011；周贤君，2014；周翠萍，2007）。

　　裂腹鱼类繁殖群体中雌鱼明显较雄鱼多，这种现象有利于弥补繁殖力低、缓解高原环境下饵料生物缺乏造成的生存压力以及提高卵的受精率（周翠萍，2007）。在高原水域中饵料生物缺乏、生存压力大，种群中雌鱼占优势是维持和增加种群数量的手段，更有利于种群的繁衍（胡华锐，2012）。

2. 性成熟和繁殖期

　　初次性成熟年龄是生活史长短的决定因素，也是鱼类生活史重大转折点的标志。初次性成熟时间通过影响鱼类繁殖持续的时间和繁殖群体的数量而决定其种群的繁殖潜力（Sinovcic et al，2008）。性成熟年龄和大小是物种的属性之一，性成熟早的鱼类繁殖时距短，但世代更新快，性成熟晚的鱼类繁殖时距长，但世代更新慢，鱼类以不同的性成熟年龄，保证物种获得最大数量的后代，体现出物种的适应特性（殷名称，1995）。同样，裂腹鱼类以其特有的性成熟延迟和繁殖模式等繁殖策略适应高海拔、低温、急流、食物水平低的生态环境（李秀启等，2008；周翠萍，2007；周贤君，2014）。裂腹鱼类通常在3～6龄发育至性成熟，且雄性裂腹鱼类比雌性裂腹鱼类性成熟早（表1-2），而个别裂腹鱼类需10龄以上才能达到性成熟，比如异齿裂腹鱼（马宝珊，2011）、宝兴裸裂尻鱼（周翠萍，2007）、双须叶须鱼（李秀启等，2008）等。恶劣的高原水域环境使得生活于此的裂腹鱼类的生长缓慢，从而导致其初次性成熟年龄较晚（马宝珊，2011；霍斌，2014）。

　　特定的繁殖季节是鱼类对外界环境长期适应选择的结果，特别是食饵条件的季节繁殖。通常在春季和初夏繁殖（4～6月），鱼类仔鱼摄食期会和水域浮游生物的丰盛期相近。高原地区鱼类胚胎发育因较低的水温需要较长时间，较早的产卵时间为后代的早期发育提供了有利的外部条件，有利于其仔鱼的正常生长发育，进而有利于种群的繁衍（唐文家等，2006）。裂腹鱼类受水温、海拔等环境因素的影响导致性成熟年龄较晚，繁殖时间大多在上半年，个别物种繁殖期在夏秋季节，比如裸裂尻鱼属的宝兴裸裂尻鱼和大渡裸裂尻鱼及裸鲤属的高原裸鲤和色林错裸鲤。黄河流域裂腹鱼类繁殖期在4～6月；澜沧江流域的云南裂腹鱼繁殖期在2～4月；雅鲁藏布江流域大部分裂腹鱼类繁殖期在3～4月，如：双须叶须鱼、异齿裂腹鱼、拉萨裸裂尻鱼、拉萨裂腹鱼等；长江流域鱼类的繁殖期较为分散，繁殖期在12月至次年3月、3～5月、5～10月；高原湖泊水系的裂腹鱼类繁殖期较晚，一般在4～8月（表1-2）。总之，不同水系之间的裂腹鱼类有着不同的繁殖期。

二、高原适应性

1. 环境特点

（1）紫外线

　　紫外线强烈的生物和化学效应及对大气环境和人类健康的影响，使紫外辐射成为目前生态学及其环境效应研究的热点（肖冰霜等，2015）。我国年均地表紫外线指数在相同的纬度上从东往西呈现增强的特征，青藏高原年均紫外线指数显著高于其东部低海拔地区（罗燕萍等，2017）。青藏高原太阳总辐射强，直接辐射值高，有效辐射值大（武荣盛等，2010），在西南部分地区最强，在东南局部区域最弱（余志康，2015）。藏北高原紫外辐射的强度随海拔高度的增加而加速增长（江灏等，1998）。紫外线照射严重影响DNA的复制和转录，引起基因突变和染色体畸变，使生物产生各种各样的变异（张跃群等，2009）。此外，紫外辐射还对眼睛、皮肤以及免疫系统有严重影响（肖冰霜等，2015）。紫外线穿透力较强，还可以使海洋中的浮游生物大量减少（周殿凤，2005）。

表1-2　裂腹鱼亚科鱼类繁殖特征

属	物种	采集水系	绝对繁殖力/粒	雌性初次性成熟/龄	雄性初次性成熟/龄	雌性最小性成熟/龄	雄性最小性成熟/龄	繁殖期	雌雄比	文献来源
裂腹鱼属 Schizothorax Heckel	云南裂腹鱼 Schizothorax yunnanensis yunnanensis Norman	澜沧江 (弥苴河)	10980				2	2~4月	1:5	徐伟毅等, 2006
	重口裂腹鱼 Schizothorax davidi Sauvage	长江 (青衣江)					3			彭进等, 2013
	拉萨裂腹鱼 Schizothorax waltoni Regan	雅鲁藏布江	21693	13.5	10.2	6	5	3~4月	1.19:1	周贤君, 2014
	巨须裂腹鱼 Schizothorax macropogon Regan	雅鲁藏布江	9749.01	7.2	5.3			2~3月	1.13:1	刘洁雅, 2016
	塔里木裂腹鱼 Schizothorax biddulphi Günther	塔里木河 (阿克苏河)	3784①			4+②	3+②	4~6月②	1.0:1.4①	①马燕武等, 2009 ②魏杰等, 2011
	光唇裂腹鱼 Schizothorax lissolabiatus Tsao	珠江 (北盘江)	4049							肖海, 2010
	中华裂腹鱼 Schizothorax sinensis Herzenstein	长江 (嘉陵江)	7563			5	4	3~4月		冷永智等, 1984
	齐口裂腹鱼 Schizothorax prenanti Tchang	长江 (玉泉河、长坊河)	4259						1.79:1	张金平等, 2015
	昆明裂腹鱼 Schizothorax grahami Regan	水产站养殖	9263					2~4月		詹会祥等, 2017
	异齿裂腹鱼 Schizothorax o'connori Llord	雅鲁藏布江	21190	16.2	12.5	10	6	3~5月	1.2:1	马宝珊, 2011
	短须裂腹鱼 Schizothorax wangchiachii Fang	长江 (雅砻江)	11270					12月至 次年3月		颜文斌, 2016
	四川裂腹鱼 Schizothorax kozlovi Nikolsky	长江 (乌江)	8681.4							陈永祥等, 1995
扁吻鱼属 Aspiorhynchus Kessler	新疆扁吻鱼 Aspiorhynchus laticeps Day	塔里木河 (渭干河)	77772							任波等, 2007
叶须鱼属 Ptychobarbus	双须叶须鱼 Ptychobarbus dipogon Regan	雅鲁藏布江	4597.35	13	13	11	8	3~4月		李秀启等, 2008
裸重唇鱼属 Gymnodiptychus Herzenstein	厚唇裸重唇鱼 Gymnodiptychus pachycheilus Herzenstein	黄河	3043~42158			6	6	4~6月		娄忠玉等, 2012

续表

属	物种	采集水系	绝对繁殖力/粒	雌性初次性成熟/龄	雄性初次性成熟/龄	雌性最小性成熟/龄	雄性最小性成熟/龄	繁殖期	雌雄比	文献来源
裸重唇鱼属 Gymnodiptychus Herzenstein	新疆裸重唇鱼 Gymnodiptychus dybowskii Kessler	伊犁河	3087	3.4	2.5	2	1	4~6月	1.14:1	牛玉娟, 2015
	花斑裸鲤 Gymnocypris eckloni Herzenstein	黄河	23521			4	3	4~5月		鄢思利, 2016
	青海湖裸鲤 Gymnocypris przewalskii Kessler	青海湖	4337.81			5	4	5~7月	1:1.66	张信等, 2005
	祁连山裸鲤 Gymnocypris chilianensis Li et Chang	黑河和疏勒河水域	4236							王万良, 2014
裸鲤属 Gymnocypris Günther	硬刺松潘裸鲤 Gymnocypris potanini firmispinatus Wu et Wu	长江(雅砻江)	1284	6.79	2.51			3~5月	0.97:1	裴媛媛, 2017
	高原裸鲤 Gymnocypris waddellii Regan	羊卓雍错	4446			5+	5+	5~8月	1:1.16	杨汉运等, 2011
	色林错裸鲤 Gymnocypris selincuoensis	色林错	12607	9	8	8	7	4~8月		Chen et al., 2004
尖裸鲤属 Oxygymnocypris Tsao	尖裸鲤 Oxygymnocypris stewartii Lloyd	雅鲁藏布江	34211	7.3	5.1			3~4月		霍斌, 2014
	大渡裸裂尻鱼 Schizopygopsis malacanthus chengi Fang	长江(绰斯甲河)	2659			4+	2+	5~10月	1.11:1	胡华锐, 2012
裸裂尻鱼属 Schizopygopsis Steindachner	宝兴裸裂尻鱼 Schizopygopsis malacanthus baoxingensis Fu, Ding et Ye	长江(宝兴河)	2311			10	5	5~9月	0.76:1	周翠萍, 2007
	拉萨裸裂尻鱼 Schizopygopsis younghusbandi younghusbandi Regan	雅鲁藏布江	18682	7	4.4	5	3	3~4月		段友健, 2015
	高原裸裂尻鱼 Schizopygopsis stoliczkai stoliczkai Steindachner	狮泉河	19380							万法江, 2004
扁咽齿鱼属 Platypharodon Herzenstein	极边扁咽齿鱼 Platypharodon extremus Herzenstein	黄河	12630~40470					5~6月		张艳萍等, 2010

（2）溶氧

水中溶氧量的高低直接影响到水体生物的生长、发育以及水体的自净能力（陈毅峰等，2001），溶氧因子与水生生物的关系较为密切（刘海平等，2015）。雅鲁藏布江各江段溶氧量年平均值在 7.58～9.05mg/L（李红敬等，2010）；帕隆藏布江水体溶氧在 5.18～12.2mg/L，符合 I 类（≥7.5mg/L）水质标准（张强英等，2018）；拉萨河流域主干流和支流的溶氧范围为 6.71～10.39mg/L（龚晨，2015）；拉萨河流域甲玛湿地溶氧均值为 8.07mg/L（布多等，2010）；拉萨河流域巴嘎雪湿地水的溶氧平均值为 7.01mg/L（布多等，2016）；玛旁雍错溶氧在表层至 30m 水深之间变化不大，约为 10.6mg/L，溶氧随着深度的增加呈现显著的阶梯型降低趋势，底层水的溶氧为 8.5mg/L，拉昂错溶氧从表层到底层变化不大，在 10.9～11.1mg/L（王君波等，2013）；色林错流域不同水体中的溶氧受水温、水体生物活动和水流的速度的影响，溶氧值在 4.62～5.12mg/L（陈毅峰等，2001）。尼洋河流域水温与溶氧呈显著的负相关关系（刘海平等，2015）。

（3）温度

青藏高原是地球上同纬度最寒冷的地区，高海拔所导致的低温和寒冷相对突出（郑度等，2017）。近年来，全球变暖体现在地球表面气温和海洋温度的上升、海平面的上升、冰盖消融和冰川退缩、极端气候事件频率的增加等方面（沈永平等，2013）。青藏高原的增温效应非常突出（姚永慧等，2013），加速增温导致了积雪迅速融化，降水明显增多（段安民等，2016），变冷的程度越来越弱而变暖的程度越来越强，北部变暖过程比南部更强烈（德吉等，2013）。

雅鲁藏布江流域的气温呈现逐渐升高的趋势，而且其增温幅度高于整个高原的平均增幅，流域中游地区的增温较下游地区更为显著（宋敏红等，2011）。1971～2010 年雅鲁藏布江中游地区各界限温度气候生长期以 5～8 d/(10a) 的速率增加，水热条件显著地向暖湿变化（余忠水等，2015）。从长期来看，相对于其他因素，气候变化效应对生物多样性的影响会显得越来越重要（刘洋等，2009）。

2. 高原适应性

（1）水体溶氧适应性

Yu 等（2017）对不同海拔的怒江裂腹鱼和软刺裸鲤的转录组研究发现心血管发育、血液发生以及能量代谢相关的基因的进化明显加快，不同种裂腹鱼类在进化过程中可能采取了不同的进化机制来适应青藏高原的极端环境。Yang 等（2015b）通过研究厚唇裸重唇鱼转录组分析得出：相对于斑马鱼来说，在厚唇裸重唇鱼中，很多与缺氧和能量代谢有关的功能类别表现出快速的进化，并且在厚唇裸重唇鱼谱系中显示出快速进化和积极选择特征的基因也丰富了与能量代谢和缺氧有关的功能。Tong 等（2017a）通过研究青海湖裸鲤转录组分析确定了与能量代谢，运输和发育相关的基因家族的潜在扩张功能可能是适应高原环境压力的基础，控制线粒体、离子平衡、酸碱平衡和先天免疫的基因传递出积极选择的重要信号，与之前高原鱼类的研究相比，该研究未能确定青海湖裸鲤任何与缺氧反应有关的正向选择的基因。mRNA 和 miRNA 表达谱的功能注释分析证明双须叶须鱼通过减缓代谢和增强转录来适应更高的海拔环境（Feng 等，2017）。在花斑裸鲤转录组测序中发现，为了抵御由缺氧引起的组织损伤或者生理变化，TLRs 的组织特异性表达在调解先天免疫应答中发挥着重要作用（Qi 等，2017a）。

Qi 等（2017b）研究了四种裂腹鱼的肌红蛋白分子进化，发现高度特化裂腹鱼的肌红蛋白基因经历了正面选择，同斑马鱼和金鱼相比，缺氧情况下黄河裸裂尻鱼的肌红蛋白基因在 mRNA 和蛋白质水平的表达差异显著，严重缺氧诱发肌红蛋白在黄河裸裂尻鱼心脏组织的 mRNA 和蛋白质水平的显著表达。在中度缺氧条件下，黄河裸裂尻鱼有着独特的血红蛋白转录调控反应，这与其他鱼种是不同的（Xia 等，2016）。裂腹鱼在适应青藏高原环境过程中 hif-1αB 可能是其中最重要的调节因子（Guan 等，2014），高原裂腹鱼为了适应长期低氧环境，机体会下调 hifα 亚型表达量（姜华鹏等，2015）。在软刺裸鲤中，EPO 和 EPOR 中潜在的阳性选择位点的存在意味着在 EPO 信号的配体-受体结合活性级联中的可能适应性进化，高海拔裂腹鱼类的 EPO 通过减少毒性效应或提高细胞存活率显现出缺氧适应的特征（Xu 等，2016）。

（2）其他适应性

Barat 等（2016）通过研究位于喜马拉雅地区的 *Schizothorax richardsonii* 转录组来确定其热应激反应基因，大约 65 个基因被鉴定为在热休克和控制组中差异表达。分泌型蛋白在黄河裸裂尻鱼通过调节能量代谢适应冷环境方面存在着不同于哺乳动物的机制（赵兰英，2013）。热应激改变了齐口裂腹鱼的非特异性免疫力，导致鱼体出现炎症和细胞损伤，待气温恢复到适温后，鱼体各项机制可以逐渐恢复（黄正澜懿等，2016）。

基于青海湖裸鲤（甘子河亚种）转录组数据的比较基因组分析，揭示了西藏裂腹鱼种群谱系为了适应青藏高原的极端环境而不断加速进化的基因组特征，分子进化分析表明在裂腹鱼亚科鱼类中涉及能量代谢、运输和免疫应答功能的基因经历了正选择，特别是在先天免疫，包括 toll-like 受体信号传导途径的基因（Tong 等，2017b）。成纤维细胞生长因子受体基因在青藏高原辐射方面对裂腹鱼类的适应进化起着重要作用，裂腹鱼类适应性的皮肤、骨骼变异与斑马鱼突变体 spd 和镜鲤涉及的共同遗传途径有着类似的方式（Guo 等，2014）。

第四节　裂腹鱼类资源养护

增殖放流作为鱼类资源养护的一种有效手段，广泛运用于水生生物资源养护、生态修复和渔业增效等领域，鱼类增殖放流属于迁地保护的范畴。加大投放由人工繁殖而获得的苗种或经人工培育后的天然苗种，来增加土著鱼种的数量，进一步保护和修复渔业生态环境（Han 等，2015），尤其是对珍稀濒危鱼类的保护发挥着重要的作用。

一、青海湖裸鲤养护进展

青海湖渔业资源严重衰退的主要原因是青海湖裸鲤的产卵场遭到破坏，繁殖期亲鱼被大量捕杀以及多年来对该鱼的过度捕捞（史建全等，1995）。通过实施限捕青海湖裸鲤、产卵区禁捕、人工繁殖苗种流放、开发鱼类养殖等措施恢复土著鱼类资源（陈燕琴等，1995）。

为有效地保护青海湖裸鲤这一国家重要和名贵的水生经济动物，1986 年青海省人民政府决定对青海湖实行封湖育鱼三年。2000 年青海省人民政府决定继续对青海湖实行封湖育鱼（青政〔2000〕113 号），封湖期为 10 年。2004 年和 2007 年青海省人民政府进一步推进做好青海湖封湖育鱼和水生生物资源养护和渔业水域生态环境保护工作（青政办〔2004〕15

号和青政办［2007］65 号）。2011 年青海湖第五次封湖育鱼（青政［2010］110 号），封湖期为 10 年（安世远等，2011）。

一方面，青海湖景区查办违法加工、销售青海湖裸鲤工作取得了显著成效，查处非法收购、加工、销售青海湖裸鲤等行为并处罚及没收非法所得，有力打击了违法行为（梁中秋，2010）。青海开展了冬季和夏季保护青海湖裸鲤的执法专项活动，通过在青海湖区、重点河道、重点路段及市场、餐馆的执法行动，对违法捕鱼人员、非法贩销青海湖裸鲤活动进行了有效打击，对销售青海湖裸鲤的餐饮点、饭馆重新进行了整治（嘎玛，2007）。

另一方面，青海省通过人工增殖放流修复青海湖裸鲤资源。2003 年，青海湖 600 万尾人工繁育青海湖裸鲤鱼苗被放流在青海湖北岸的青海省海北藏族自治州刚察县沙柳河中（邵文杰，2003）。2010 年，300 万尾青海湖裸鲤苗种放归青海湖（邵秀芳，2010）。

此外，青海省通过大力发展水产养殖业和持续加强设施渔业建设满足人民对水产品的需要，自力更生。2015 年，青海省鲑鳟鱼网箱养殖场发展到 27 家，水产品总产量达到 9037.3t，比去年增长 50%，渔业总产值达到 3.8 亿元，比去年增长 72%。青海省同时扩大优良苗种繁育规模，通过鱼苗的自繁自育满足了苗种需求，苗种自给率和水产良种覆盖率全面提升（贾翔涛等，2015）。

青海实施封湖育鱼成效大，青海湖裸鲤资源量 10 年增长 13.5 倍（缪翼，2012）。青海湖连续 10 年"零捕捞"，其资源蕴藏量已从 2001 年的 2592t 增加到 2010 年的 30120t，10 年增长了 10.6 倍，达到了原始蕴藏量的 9.4%（蒙景辉，2011）。青海湖裸鲤群体数量正逐步恢复，据推算青海湖裸鲤资源量还处于慢速增长期（安世远等，2011）。

二、西藏裂腹鱼类增殖放流

关于西藏鱼类增殖放流的文献多见于网络新闻。西藏有记录的公益性增殖放流活动始于 2009 年，随后每年都会组织多次增殖放流活动。放流的种类均为西藏特有的土著鱼类，包括黑斑原鮡、亚东鲑、尖裸鲤、双须叶须鱼、拉萨裸裂尻鱼、拉萨裂腹鱼、巨须裂腹鱼、异齿裂腹鱼等。放流活动的组织单位主要有西藏自治区农牧厅、西藏自治区农牧科学院、林芝市农牧局、西藏农牧学院、西藏自治区亚东县政府、藏木水电站等机构。通过对网络报道数据的统计发现，西藏地区 2009～2016 年累计增殖放流的土著鱼类总数量超过 828 万尾，已经形成了一定的规模（朱挺兵等，2017）。

西藏鱼类增殖放流活动一般选择在 6～8 月进行。放流地点比较集中，比如亚东鲑只放流于亚东河，林芝市举办的放流活动集中在尼洋河巴宜区附近河段，拉萨市举办的放流活动集中在拉萨河的拉萨市至曲水县段，藏木水电站举办的放流活动集中在电站坝下和库区。综合分析，这些放流地点的水流较缓，饵料资源丰富，是理想的放流地点。

第五节　展　望

青藏高原素有"世界第三极"之称，地质构造复杂，具有独特的自然地理和生物区系，是研究生物多样性和地学变化中众多重大理论问题的关键性地区。研究裂腹鱼类的种类划分和地理分布有助于探讨青藏高原的地质形成、演化和隆起进程以及水系间的发育关系。

分子系统学的研究对裂腹鱼亚科 3 个等级的系统发育关系重建做出了很大贡献，并且促进和延伸了其系统发育关系与物种水域区系分布格局的形成。但是关于裂腹鱼亚科各属的分子系统学研究有待深入开展，近缘种和隐存种的鉴别、种群的遗传分化、进化历史、群体扩张和迁移等方面有待完善。因此，需要利用先进的生物技术，联合分析线粒体基因、核基因与基因组，结合形态学数据和生物地理学数据，重建支持度较高的系统发育关系。

裂腹鱼类的演化是对高原隆起事件的直接反应，并因此获得了较大的发展。目前，裂腹鱼类个体生物学研究大都体现在年龄、生长、摄食、繁殖特性、种群动态和生活史，以及各种环境因子的影响等方面。分子生物学较多地从转录组水平研究的功能基因、血红蛋白相关基因、缺氧诱导途径等方面研究青藏高原裂腹鱼类的适应性进化。裂腹鱼类高原适应性相关的分子生物学研究揭示了高原自然环境选择的独特性，特别是与抗低氧、低温等性状相关的功能基因，有利于从物种进化学的角度深入挖掘裂腹鱼类高原适应性的形成机制。因此，迫切需要结合裂腹鱼类个体生物学和现代分子生物学特点，开展有关裂腹鱼类高原适应性的研究和种质资源的保护研究。

青藏高原生态环境极为脆弱，高原鱼类自身生长缓慢、繁殖能力较差，加之近年来过多的人为干扰（外来种携带、水利交通建设、捕捞强度大等），事实上由于生境丧失或者过度捕捞等原因，在 162 种青藏高原鱼类中（武云飞，吴翠珍，1991），处于极危、濒危、易危或野外绝灭的鱼类就有 35 种（汪松，解焱，2009；蒋志刚等，2016），超过了 20％。青藏高原渔业资源养护任重而道远，而青海湖裸鲤作为从 20 世纪的濒危种到如今修复较好的物种，采取的修复和保护措施值得借鉴和学习，从而更好地服务于青藏高原裂腹鱼类渔业资源的修复和推广。

第二章
人类干扰对高原大型水生动物的影响

一、高原底栖动物

　　研究已发现农业活动和城镇化的非点源污染是影响溪流大型底栖动物群落的重要因素，造成水体的恶化、流失、富营养化，沿岸植被破坏，污染物和杀虫剂输入，溪流（特别是城镇溪流）渠道化，导致水文变化。此外，物理栖境退化（如底质多样性降低）等过程，是流域底栖动物完整性下降的重要原因（Walsh 等，2005；Stewart 等，2011）。

　　新疆额尔齐斯河流域内以农牧业为主，大量的人类活动干扰也会对其造成一定的影响。例如：盐池水体流速变缓，底质退化，有机质含量增加，摇蚊幼虫和寡毛纲动物的数量增加，其他敏感种类的水生昆虫逐渐减少甚至消失，这是由于该断面岸边有放牧，牛羊的粪便会排入河中，同时上游附近有铜矿的影响，加上河道里有人类挖石，破坏了河床结构而导致的（王军等，2014）。

　　随着经济的发展，人类对湿地的干扰也越来越大，各类工程和生产生活都会对底栖动物的群落结构及其赖以生存的湿地环境造成各种影响。水产养殖只是人为干扰的一个方面，而一系列的工程建设如引水工程、电站建设、河道疏浚、滩涂围垦等对底栖动物群落结构的影响也许更大（胡知渊等，2009）。

　　西藏尼洋河巴河口以下河段梯级水电站建成运行后，水流变缓，有机质和泥沙在水库底层沉积，大量农田和村庄淹没，营养盐类增加，静水区域、浅水面积相对增大，为底栖动物提供了较好的生存条件。在库岸浅水处，底栖动物的种类和数量将有所增加。但由于区内底层溶解氧减少，库区底层底栖动物的种类将发生变化。在原来河流型水体中需氧量较大的种类，如蜉蝣目、双翅目等水生昆虫将显著减少或消失，取而代之是需氧量较低的寡毛纲，如水丝蚓属（*Limnodrilus* sp.）等以及摇蚊幼虫将成为底栖动物种类的优势种（Rasmussen，1985）。

　　杨玉霞等（2012）研究表明，引大济湟调水总干渠工程使青海大通河库区水量增加，有利于浮游生物和底栖动物生物量的增加，可改善库区鲤科（Cyprinidae）鱼类的索饵条件。

　　贵州乌江梯级水电站的开发改变了河流水文循环与河床底质，对底栖动物的群落组成和分布产生了重要影响，表现为水库内底栖动物的丰度、多样性、密度、群落类型等不及自然河段丰富，优势类群不明显，动物以耐污、耐低氧的种类集中分布为主。水库建成的时间越久，对底栖动物的影响就越大（陈浒等，2010）。

　　四川甘洛县格古河中游修建水电站后，原来较宽阔的河道将变成小水沟，流速、流量和流态亦因此而改变，对水生生物的影响将是长期的、深远的。该河段原有较为丰富的水生生物皆因河道缩水、干涸进而消失，原有的水域生态系统亦将受到破坏（丁瑞华等，2010）。

　　岷江上游天然河道受引水式工程影响后，其水生无脊椎动物区系类群趋向减少，生物量呈下降趋势，很不利于水生生物的繁衍（吉光荣，虞泽荪，1992）。

二、青藏高原鱼类

　　青藏高原有 162 种鱼类，它们的演化与生存备受关注。通过查阅知网和 Web of Science 数据库发现，从 1964 年至 2015 年，共有相关青藏高原鱼类中文文献 870 篇、英文文献 273 篇。将这些文献按照年代、研究领域和文献类型进行整理，包括鱼类资源养护、鱼病、个体生物学、分子遗传地理系统发育、耳石化学生物学、渔业资源、污染累积等方面的研究性论文及研究综述。结果表明，青藏高原鱼类的研究大致可以分为两个阶段 [图 1-1（a）（c）（e）；表 1-3；图 1-2（a）]：第一阶段从 1964 年到 2007 年，这一阶段主要在鱼类资源和个体生物学方面开展研究；第二阶段从 2008 年到 2015 年，这一阶段则是多方面多层次的综合研究阶段，如耳石化学生物学（Liu 等，2012；周玲等，2012；Tao 等，2015）和污染累积（Yang 等，2011；Jacobsen 等，2013；Yang 等，2013）。贯穿整个研究历史的、不变的主题是以青藏高原鱼类为研究材料，如青海湖裸鲤、裂腹鱼类和西藏鱼类 [图 1-1（b）（d）（f）；表 1-3；图 1-2（b）]，详尽地阐述了青藏高原隆起与物种演化的关系。近几年，更侧重于通过耳石化学演绎历史地理演变（Wang 等，2014；王玉娇等，2014）以及鱼类资源养护（吴晓春，史建全，2014；许静等，2011）等方面。

表 1-3　基于 SOM 分析青藏高原鱼类发表的文章

SOM 聚类	代表类别	特点	n°
P1	IR，MGR，FR	文献主要集中在个体生物学、分子遗传地理系统发育和渔业资源方面	7
P2	FDR，MGR，IR	文献主要集中在分子遗传地理系统发育、个体生物学和鱼病方面	5
P3	FDR，MGR，IR，FR，FPR，OCR，PAR	文献主要集中在分子遗传地理系统发育、渔业资源、鱼病和个体生物学，接下来是鱼类资源养护、耳石化学生物学和污染累积方面	6
F1	IR，MGR	文献主要集中在个体生物学和分子遗传地理系统发育方面	24
F2	MGR，FR，ROR，PAR	文献主要集中在分子遗传地理系统发育、渔业资源、污染累积方面以及研究综述	3
F3	FPR，IR	文献主要集中在鱼类资源养护和个体生物学方面	6
F4	MGR，FR	文献主要集中在分子遗传地理系统发育和渔业资源方面	3

　　注：数字 n° 代表每一个 SOM 聚类的样本量。SOM 聚类、代表类别字母详见图 1-1 解释。

　　但是，伴随着生境退化或丧失，如堤坝和水电站的建设，外来物种的入侵，环境的污染，加之青藏高原鱼类本身生长缓慢、性成熟晚等特征（Ma 等，2010；Ma 等，2012；Duan 等，2014），在 162 种青藏高原鱼类中（武云飞，吴翠珍，1991；西藏自治区水产局，1995），处于极危、濒危、易危或野外绝灭的鱼类有 35 种（附录 1），所占比例超过了 20%。对此当地政府采取了积极的保护措施，比如通过采取政策性保护行动，通过沟通和教育，生

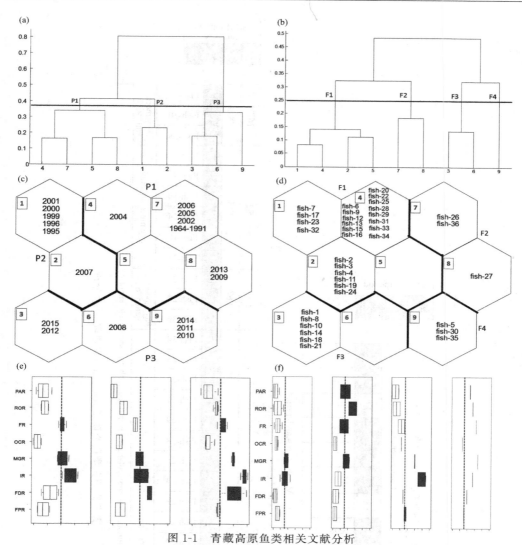

图 1-1　青藏高原鱼类相关文献分析

（a）（b）根据欧氏距离聚类分析，分别聚为三类和四类；（c）（d）研究青藏高原鱼类相关文献
聚类；（e）（f）基于 SOM 分析研究青藏高原鱼类阶段或者研究内容，深色区域表示突出
研究领域；（a）（c）（e）代表文献发表年代，（b）（d）（f）代表文献所关注的内容

注：1.鱼类简称代表。fish-1：代表与亚东鲑相关的文献；fish-2：代表与双须叶须鱼相关的文献；fish-3：代表与厚唇裸重唇鱼相关的文献；fish-4：代表与花斑裸鲤相关的文献；fish-5：代表与青海湖裸鲤相关的文献；fish-6：代表与祁连裸鲤相关的文献；fish-7：代表与纳木错裸鲤相关的文献；fish-8：代表与尖裸鲤相关的文献；fish-9：代表与黄河裸裂尻鱼相关的文献；fish-10：代表与拉萨裸裂尻鱼相关的文献；fish-11：代表与极边扁咽齿鱼相关的文献；fish-12：代表与平鳍裸吻鱼相关的文献；fish-13：代表与无斑褶鮡相关的文献；fish-14：代表与黑斑原鮡相关的文献；fish-15：代表与东方高原鳅相关的文献；fish-16：代表与贝氏高原鳅相关的文献；fish-17：代表与西藏墨头鱼相关的文献；fish-18：代表与拉萨裂腹鱼相关的文献；fish-19：代表与巨须裂腹鱼相关的文献；fish-20：代表与长丝裂腹鱼相关的文献；fish-21：代表与异齿裂腹鱼相关的文献；fish-22：代表与怒江裂腹鱼相关的文献；fish-23：代表与鲫鱼相关的文献；fish-24：代表与色林错裸鲤相关的文献；fish-25：代表与达里湖高原鳅相关的文献；fish-26：代表与高原鳅属鱼类相关的文献；fish-27：代表与高原鱼类相关的文献；fish-28：代表与黄河班多段鱼类相关的文献；fish-29：代表与黄河裂腹鱼类相关的文献；fish-30：代表与裂腹鱼类相关的文献；fish-31：代表与裸裂尻鱼属相关的文献；fish-32：代表与怒江鱼类相关的文献；fish-33：代表与青海省扎陵湖及大通河鱼类相关的文献；fish-34：代表与上新世纪鲤科鱼类相关的文献；fish-35：代表与西藏鱼类相关的文献；fish-36：代表与中国鱼类（含青藏高原鱼类）相关的文献。

2.FPR：鱼类资源养护相关文献；FDR：鱼病相关文献；IR：个体生物学；MGR：分子遗传地理系统发育；OCR：耳石化学生物学；FR：渔业资源；ROR：研究综述；PAR：污染累积。

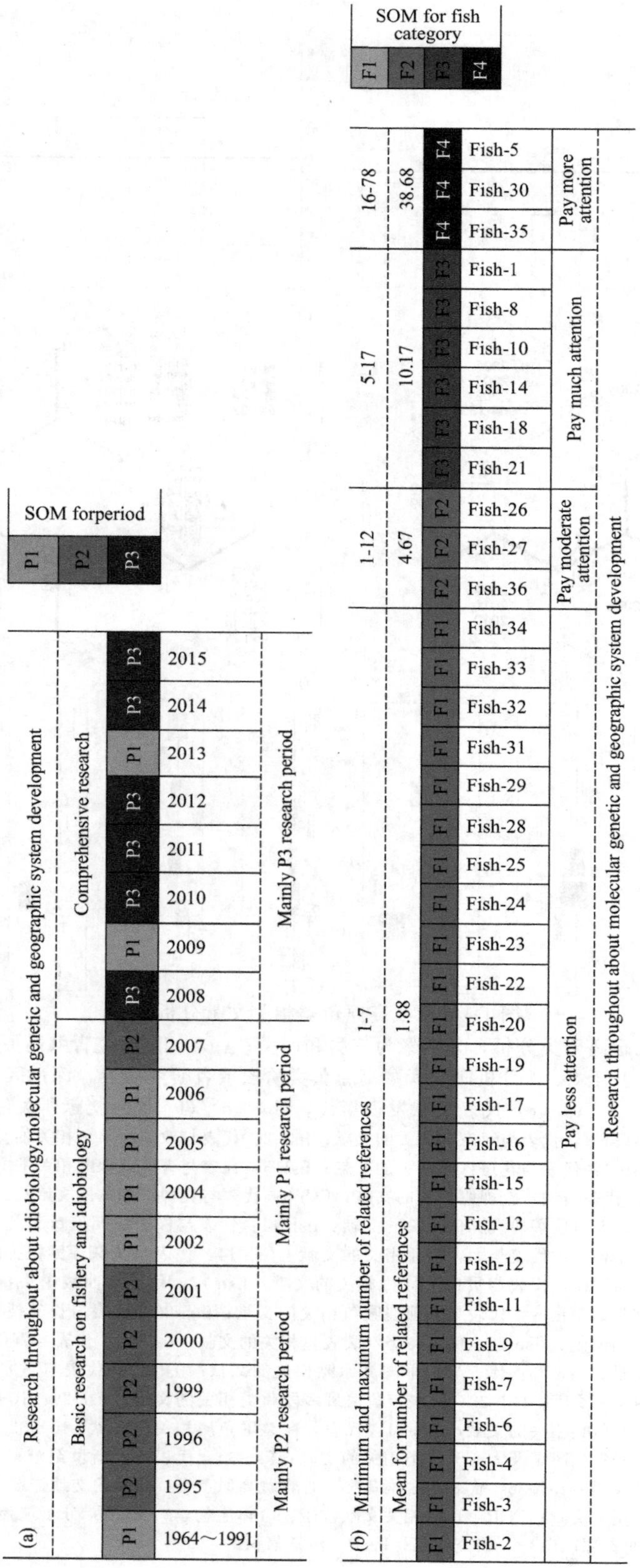

图 1-2　青藏高原鱼类研究阶段（a）和研究领域（b）分析

境与实地保护行动，人工繁育等方式。青藏高原鱼类拥有独特的生物学特性和特有的科研价值，一定要得到广大科研工作者和当局者的重视。目前野外绝灭鱼类一种，小裂腹鱼 *Schizothorax parva* Tsao。保护鱼类，从保护鱼类的生存环境开始，开展长期的青藏高原水生态跟踪检测，科学评估水生态健康，防微杜渐，努力保存几千万年沉淀下来的宝贵的鱼类生物进化信息则显得尤为重要。

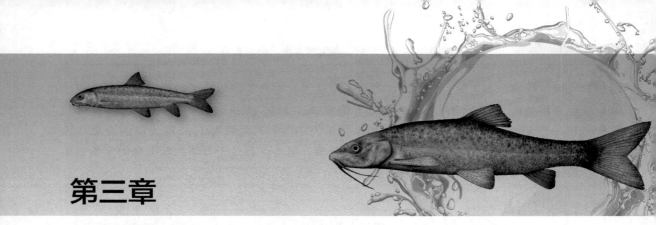

第三章
雅鲁藏布江一级支流尼洋河的重要性

尼洋河，雅鲁藏布江五大一级支流之一，位于我国西藏林芝地区西部，地处东经 $92°22'\sim$ $94°27'$，北纬 $29°26'\sim29°55'$，全长 286 km，流域面积为 17535 km^2，河流大体由西偏北往东偏南流。其中，上游为东西流向，到中下游尼西附近转为东南流向。尼洋河全干流的落差为 2080 m，平均坡降为 7.27 ‰（关志华，陈传友，1984）。

青藏高原的隆升，对高原河流湖泊水系的演化起到了积极的推动作用（秦大河等，2005a），因而其独特的生态位以及科研价值愈发凸显。由于高原湖泊沉积物中储存的信息折射了矿物学（Wu 等，2011）、同位素地球化学（Wu et al，2012）、重金属学（Bai 等，2009）等方面的内容，所以得到了科研工作者的关注。不容忽视的是，青藏高原气温在逐年上升（谢虹，2012；张云红等，2011），预计到 2100 年青藏高原气温将上升 $2\sim3.6$℃（沈永平等，2002），随着海拔的升高，气候变暖效应愈发突出，同时高山地区往往比低海拔区域将显示出更为显著的气候变化特征（Pepin et al，2015），这种海拔依赖性气候变暖现象（Elevation-dependent warming）将会加速改变山地生态系统、水生态系统和生物多样性（Pepin 等，2015）。通常情况下，青藏高原湖泊对温度的变化比较敏感（贺桂芹，2007；Ju et al，2012），加之人类干扰程度的不断加剧（黄琦，2012），对高原河流生态系统产生了巨大的冲击，水资源脆弱性发生了改变（秦大河等，2005b），地表径流减少，湖泊萎缩，湿地退化。同时，由于高原河流蕴藏着巨大的水能资源，水电站的开发和建设不可避免地踊跃出现，河流的生态系统完整性迎来了挑战（翟红娟，2009）。生态系统完整性不仅要求生态系统结构的完整以及结构的合理，还要求生态系统功能的健全以及功能的正常发挥。相比较而言，高原河流水资源较为脆弱，水资源承载能力与区域经济、社会发展和生态环境保护方面容易发生错位（段顺琼等，2011），所以促进高原河流流域的可持续发展则显得尤为重要（胡元林，郑文，2011；洛桑·灵智多杰，2005）。

但是随着社会的发展，人类活动对西藏水环境的影响愈发突出。王洪亮（2011）通过农业生产中的化肥、农药，养殖业发展增加的牲畜养殖量以及生活污水的增加量、排放量、污染负荷贡献量分析，指出尼洋河流域面临着农业面源污染、畜禽养殖污染和生活污水污染问题。拉萨河流域部分水体未达到地表水环境质量标准（GB3838—2002）Ⅲ类水域标准（周丹，黄川友，2007），拉萨河流域拉鲁湿地以下河段，COD 污染超标严重，最大倍数达 17.5 倍（丁海容，2005）。据资料显示，1996 年和 2010 年比较，拉萨河流域非点源污染发生高风险区域面积减少、低风险区域面积增加，但是中等和较高风险区域面积有增加的趋势

（方广玲等，2015）。西藏农村社会经济发展水平相对较低，公共基础设施建设相对落后，农民收入相对较低，农民环保意识较差，西藏农村水环境呈现日益恶化的趋势（汪艳青等，2007）。另外，生活垃圾的填埋场也会对西藏水环境产生影响（罗文等，2013），矿山开发可能对区域西藏水环境产生影响（张林，2011；布多等，2009）。大量资料表明，在人类干扰下，西藏水环境现状不容乐观。

2011年多布水电站开始建设，于2014年底开始蓄水发电。2013年拉萨到林芝的高速公路沿着尼洋河和拉萨河也相继开工，并于2015年9月建成并通车。这些工程的开展，是否会影响尼洋河水生生物群落结构，以及生态系统健康状态是否发生变化，是人们应予以持续关注的社会问题和科学问题。自2008年以来，我们一直坚持全面、系统地搜集尼洋河水生态系统基础数据，历经了工程建设前、中和后期，通过本专著第二部分，具体技术路线如图1-3所示，揭示如下问题：

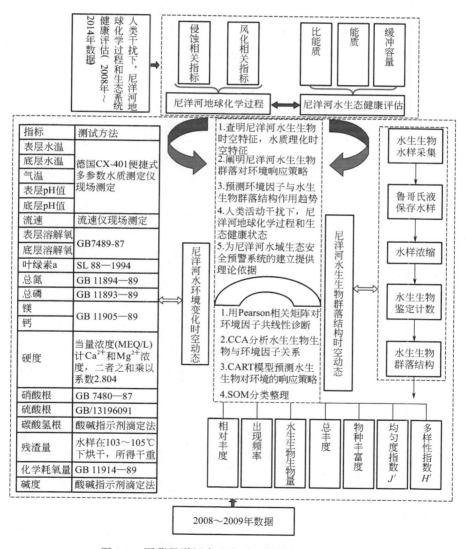

图 1-3　西藏尼洋河水生态时空异质性及演替特征

（1）工程建设前，尼洋河水生生物群落结构时空动态及其与环境的关系，水生生物包括浮游植物、浮游动物、着生藻类、周丛原生动物、大型底栖动物；

（2）工程建设前，尼洋河水环境特征，地球化学时空演替规律；

（3）工程建设过程中，基于生态能质和地球化学过程，对尼洋河进行水生态系统健康评估；

（4）揭示尼洋河地球化学过程和水生生物群落结构之间的关系。

第四章

雅鲁藏布江重要裂腹鱼资源现状

雅鲁藏布江发源于我国西藏自治区南部、喜马拉雅山北麓的杰马央宗冰川。该河自河源大体由西向东流，在米林县派镇附近折向东北，之后又改向南流，经我国的巴昔卡之后进入印度。该河在印度被称为布拉马普特拉河。布拉马普特拉河流经孟加拉国，被改称为贾木纳河。在孟加拉国戈阿隆多市附近，贾木纳河与恒河相汇，最后注入印度洋的孟加拉湾。

雅鲁藏布江的支流众多，其中流域面积在 2000～10000km^2 的一级支流就有 9 条，流域面积大于 10000km^2 的一级支流有 5 条（表 1-4），按支流的流域面积大小排列，依次为拉萨河、帕隆藏布、多雄藏布、尼洋曲和年楚河。上述 5 条支流，统称雅鲁藏布江五大支流。支流中，拉萨河最长，帕隆藏布水量最大。年楚河位于干流右岸，其余 4 条大支流均在左岸。

表 1-4　雅鲁藏布江各主要支流的河长、流域面积特征值

支流名称	河长/km	流域面积/km^2	占全流域/%	备注
库比藏布	78	1011	0.4	
加柱藏布	99	3734	1.6	
来乌藏布	291	3724	1.5	
柴曲	128	5630	2.3	
加塔藏布	160	6264	2.6	
多雄藏布	303	19697	8.2	又称拉喀藏布
下布曲	195	5474	2.3	又称夏曲
年楚河	217	11130	4.6	
香曲	173	7346	3.1	又称商曲
尼木玛曲	91	2314	1	又称尼木曲
拉萨河	551	32471	13.5	
尼洋曲	286	17535	7.3	又称尼洋河
帕隆藏布	266	28631	11.9	
金珠曲	74	2010	0.8	又称金珠藏布
锡约尔河	197	4825	2	又称锡约母河

上述 5 条大支流的流域面积之和为 109464km², 占雅鲁藏布江全流域面积的 45.5%, 其余较大的支流, 也多从干流左侧汇入。因此, 雅鲁藏布江两岸的面积分布很不对称, 左岸为 168338km², 右岸为 72142km², 左岸的流域面积为右岸的 2.3 倍, 流域不对称系数 β 值为 0.800 (关志华, 陈传友, 1984)。

查阅历史资料, 西藏地区鱼类包括 60 个种和 13 个亚种, 分属于 3 个目、5 个科和 4 个亚科, 22 个属。其中鲑科 1 种, 占 1.4%; 鲤科 42 种, 占 58%; 裸吻鱼科 1 种, 占 1.4%; 鳅科 16 种, 占 22%; 鲱科 13 种, 占 18%。其中, 裂腹鱼类和鲱科鱼类居多, 极危、濒危、易危、近危的鱼类有 23 种, 超过了 35% (图 1-4)。

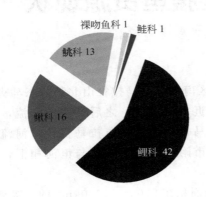

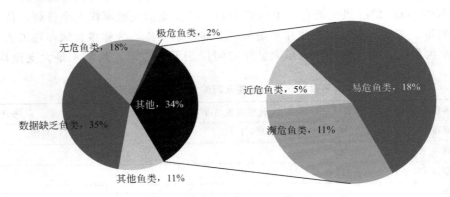

图 1-4　西藏地区鱼类组成及存在状态

自 2014 年以来, 我们对雅鲁藏布江各江段鱼类的分布情况进行了调查分析 (表 1-5, 表 1-6)。雅鲁藏布江流域共有 28 种鱼类, 隶属 2 目 4 科 (亚科), 主要裂腹鱼类有 6 种, 即拉萨裂腹鱼、巨须裂腹鱼、异齿裂腹鱼、尖裸鲤、双须叶须鱼以及拉萨裸裂尻鱼。

尖裸鲤分布区域最小, 拉萨裂腹鱼次之。尼洋河, 雅鲁藏布江的一级支流, 该支流也包含了雅鲁藏布江六种裂腹鱼类的三种, 即双须叶须鱼、拉萨裸裂尻鱼以及异齿裂腹鱼 (Liu 等, 2016) (表 1-7)。

近几十年来, 随着西藏经济社会的快速发展, 西藏鱼类资源也面临着国内其他水域渔业发展所出现的一些共性问题, 如部分流域过度捕捞 (杨汉运, 黄道明, 2011; 马宝珊, 2011; 周贤君, 2014; 霍斌, 2014; 杨鑫, 2015)、水利设施建设导致的大坝阻隔、栖息地丧失、生境片段化 (汪松, 解焱, 2009) 等。而且由于西藏特殊的地理位置和社会经济特点, 西藏鱼类资源还面临着更为严峻的生态环境问题和挑战, 如外来物种入侵 (陈锋, 陈毅峰,

表 1-5　雅鲁藏布江鱼类简表

鲤形目 Cypriniformes	尖裸鲤 *Oxygymnocypris stewartii* Lloyd
条鳅亚科 Noemacheilinae	裸裂尻鱼属 *Schizopygopsis*
条鳅属 *Nemacheilus*	拉萨裸裂尻鱼 *Schizopygopsis younghusbandi* Regan
浅棕条鳅 *Nemacheilus subfuscus* McClelland	裸鲤属 *Gymnocypris*
高原鳅属 *Triplophysa*	软刺裸鲤 *Gymnocypris dobula* Günther Tsao
东方高原鳅 *Triplophysa orientalis* Herzenstein	兰格湖裸鲤 *Gymnocypris chui* Tchang et al.
西藏高原鳅 *Triplophysa tibetana* Regan	硬刺裸鲤 *Gymnocypris scleracanthus* Tsao，Wu and Chen
斯氏高原鳅 *Triplophysa stoliczkai* Steindachner	裸吻鱼科 Psilorhynchidae
细尾高原鳅 *Triplophysa stenura* Herzenstein	裸吻鱼属 *Psilorhynchu*
鲃亚科 Barbinae	平鳍裸吻鱼 *Psilorhynchus homaloptera* Hora et Mukerji
四须鲃属 *Barbodes*	鲇形目 Siluriformes
墨脱四须鲃 *Barbodes hexagonolepis* McClelland	鮡科 Sisoridae
墨头鱼属 *Garra*	纵纹鮡属 *Glyptothorax*
西藏墨头鱼 *Garra kempi* Hora	墨脱纹胸鮡 *Glyptothorax annandalei* Hora
野鲮亚科 Labeoninae	细体纹胸鮡 *Glyptothorax gracilis* Günther
华鲮属 *Bangana*	褶鮡属 *Pseudecheneis*
墨脱华鲮 *Sinilabeo dero* Hamilton	黄斑褶鮡 *Pseudecheneis sulcata* McClelland
裂腹鱼亚科 Schizothoracinae	平唇鮡属 *Parachiloglanis*
裂腹鱼属 *Schizothorax*	平唇鮡 *Parachiloglanis hodgarti* Hora
墨脱裂腹鱼 *Schizothorax molesworthi* Chaudhuri	原鮡属 *Glyptosternon*
异齿裂腹鱼 *Schizothorax o'connori* Lloyd	黑斑原鮡 *Glyptosternon maculatum* Regan
弧唇裂腹鱼 *Schizothorax curvilabiatus* Wu et Tsao	鮡属 *Pareuchiloglanis*
拉萨裂腹鱼 *Schizothorax waltoni* Regan	扁头鮡 *Creteuchiloglanis kamengensis* Jayaram
巨须裂腹鱼 *Schizothorax macropogon* Regan	凿齿鮡属 *Glaridoglanis*
叶须鱼属 *Ptychobarbus*	凿齿鮡 *Glaridoglanis andersoni* Day
双须叶须鱼 *Ptychobarbus dipogon* Regan	鰋属 *Exostoma*
尖裸鲤属 *Oxygymnocypris*	藏鰋 *Exostoma labiatum* McClelland

表 1-6　雅鲁藏布江各江段裂腹鱼分布

江段	异齿裂腹鱼	巨须裂腹鱼	拉萨裸裂尻鱼	拉萨裂腹鱼	双须叶须鱼	尖裸鲤
仲巴	+	+	+	+	+	+
萨嘎	+	+	+	+	+	+
拉孜	+	+	+	-	+	+
谢通门	+	+	+	+	+	+
日喀则	+	-	+	+	+	+
仁布	+	+	+	+	+	+
曲水	+	+	+	+	-	-
桑日	+	+	+	+	+	+
朗县	+	+	+	+	+	+
米林	-	+	+	-	+	+
派镇	+	+	+	-	+	+

注："+"表示有分布，"-"表示无分布。

表1-7 尼洋河3种裂腹鱼类体长-体重关系

鱼类名称	数据来源	分布区域	n	体长范围/cm	平均体长/cm	体重范围/g	平均体重/g	a	a (±95%CI)	b	b (±95%CI)	r^2
异齿裂腹鱼	Huo et al., 2015	雅鲁藏布江	192	6.70~59.60	—	—	—	0.0125	0.00995~0.01570	2.88	2.81~2.94	0.98
	Liu et al., 2016	尼洋河	53	15.10~43.90	32.08	27.2~900.2	369.8	0.00175	0.00072~0.00421	3.51	3.25~3.76	0.94
双须叶须鱼	Huo et al., 2015	雅鲁藏布江	102	12.30~50.00	—	—	—	0.00370	0.00279~0.00492	3.19	3.10~3.27	0.98
	Liu et al., 2016	尼洋河	260	18.10~48.30	26.33	40.2~932.0	163.0	0.00507	0.00406~0.00634	3.12	3.05~3.19	0.97
拉萨裸裂尻	Liu et al., 2016	尼洋河	35	17.20~48.70	35.18	47.2~1294.6	483.4	0.00573	0.00308~0.01067	3.14	2.97~3.32	0.98
	Huo et al., 2015	雅鲁藏布江	120	7.50~49.60	—	—	—	0.00441	0.00366~0.005210	3.16	3.11~3.21	0.99

注: 依据公式 $W=aL^b$，其中，W 指体重，L 指体长。n 为测量鱼的数量，r^2 指判定系数，CI 指置信区间。

2010；沈红保，郭丽，2008；范丽卿等，2011；丁慧萍，2014）、全球气候变化（秦大河等，2005；谢虹，2012）等，加之高原生态环境脆弱、生态系统结构简单、生产力低下（安宝晟，程国栋，2014）以及鱼类生长缓慢、资源补充周期长、对生境高度适应和依赖等特点（李秀齐等，2008；马宝珊，2011；周贤君，2014；霍斌，2014；杨鑫，2015），西藏水生生态更容易受到外界的影响。雅鲁藏布江主要裂腹鱼类处于这种生存环境中，本身的种群结构是不容乐观的，而这种生态系统的扰动，都将对鱼类资源造成不同程度上的破坏，且恢复过程都将是十分缓慢的，甚至无法恢复（安宝晟，程国栋，2014）。

拉萨裸裂尻鱼（*Schizopygopsis younghusbandi younghusbandi* Regan）（图 1-5）属鲤形目（Cypriniformes），鲤科（Cyprinidae），裂腹鱼亚科（Schizothoracinae），裸裂尻鱼属（*Schizopygopsis*），俗称土鱼。有关拉萨裸裂尻鱼的研究，早期多见于分类学（武云飞，1984）、起源和演化（武云飞和陈宜瑜，1980；曹文宣等，1981）的研究，近年来多集中在年龄、生长、食性（杨鑫，2015），早期发育（许静，2011），饲料蛋白需求（曾本和等，2018）。

异齿裂腹鱼（*Schizothorax o'connori* Lloyd）（图 1-5）隶属于鲤形目（Cypriniformes），鲤科（Cyprinidae），裂腹鱼亚科（Schizothoracinae），裂腹鱼属（*Schizothorax*），俗称欧氏弓鱼、横口四列齿鱼、副裂腹鱼和异齿弓鱼，地方名棒棒鱼。异齿裂腹鱼为高原冷水性鱼类，仅分布于雅鲁藏布江中上游干支流及附属水体中，为我国的特有种（西藏自治区水产局，1995）。有关异齿裂腹鱼的研究，早期多见于分类学（武云飞，1984）、起源和演化（武云飞，陈宜瑜，1980；曹文宣等，1981）的研究，近年来多集中在分子系统发育（陈毅峰，1998；陈毅峰，2000；何德奎等，2003）。此外，武云飞等（1999）对异齿裂腹鱼染色体核型进行了初步分析。He 和 Chen（2009）研究了间冰期生境的改变对不同时空分布的异齿裂腹鱼遗传结构产生的变化；Guo 等（2014）开发了多态性微卫星位点。异齿裂腹鱼生物学方面的研究包括年龄与生长（贺舟挺，2005；Yao 等，2009）、食性组成分析（季强，2008）、早期发育（许静，2011），以及个体生物学和种群动态（马宝珊，2011）、适宜养殖水温（曾本和，2018）、麻醉方法（刘艳超，2018）、驯化（张驰，2014）、养殖生物学（邵俭，2016）。

拉萨裂腹鱼（*Schizothorax waltoni*）（图 1-5）俗称拉萨弓鱼、贝氏裂腹鱼、尖嘴鱼，隶属于鲤形目（Cypriniformes），鲤科（Cyprinidae），裂腹鱼亚科（Schizothoracinae），裂腹鱼属（*Schizothorax*），仅分布于西藏地区雅鲁藏布江中上游干、支流及附属水体，资源量少，生长速度缓慢，性成熟年龄较迟，为我国的特有种，也是西藏地区主要的经济鱼类之一（西藏自治区水产局，1995）。现有的研究报道仅见于其分类学（曹文宣等，1981；武云飞，1980）、起源和演化（曹文宣等，1981；武云飞，陈宜瑜，1980）的研究。后来随着西藏地区的经济发展，对拉萨裂腹鱼的研究开始增多，但也只是集中在分子系统发育与生物地理学方面的研究（陈毅峰，1998；陈毅峰，2000），其生物学研究资料仅见于年龄与生长（郝汉舟，2005）、食性组成分析（季强，2008）和人工驯养（王万良等，2016）。

双须叶须鱼（*Ptychobarbus dipogon* Regan）（图 1-5），隶属于裂腹鱼亚科，叶须鱼属，为雅鲁藏布江中游的特有鱼类（杨汉运，黄道明，2011），俗称双须重唇鱼，地方名花鱼。双须叶须鱼为高原底栖冷水性鱼类，仅分布在青藏高原雅鲁藏布江中游干支流中，常见于以砾石为底、水流较为平缓的清澈水域中（武云飞，吴翠珍，1992）。其肌肉中含有丰富的多不饱和脂肪酸，肉质鲜美、营养丰富（洛桑等，2009），是西藏主要的经济鱼类之一。目前，有关双须叶须鱼的研究报道，见于渔业资源调查（陈锋，陈毅峰，2010）、营养价值评定（洛桑等，2009）、摄食器官与食性（季强，2008）、繁殖策略（李秀齐等，2008）、染色体多样性（武云飞等，1999）、年龄和生长及种群动态（杨鑫，2015）、年龄和生长及死亡率的关系（Li 和 Chen，2009）、年龄鉴定（Li 等，2009）、染色体数目（Havelka 等，2016）、体长-体重关系（Huo 等，2015；Liu 等，2016）、线粒体序列（Zhang 等，2015）。

巨须裂腹鱼（*Schizothorax macropogon*）（图 1-5）隶属于鲤形目、鲤亚目、鲤科、裂腹鱼亚科、裂腹鱼属，地方名胡子鱼，以摇蚊幼虫和纹石蛾幼虫以及有机碎屑为主要摄食对

图 1-5　雅鲁藏布江重要裂腹鱼类（刘海平　摄）

象的广食性鱼类（刘洁雅，2016），分布于青藏高原雅鲁藏布江中游干、支流（西藏自治区水产局，1995）。雌鱼初次性成熟 7.2 龄，雄鱼初次性成熟 5.3 龄，绝对繁殖力为（9749.01±114.2）粒，相对繁殖力为（7.96±0.75）粒/g（刘洁雅，2016）。涂志英等（2012）以过鱼设施的设计为目的研究了亚成体巨须裂腹鱼的游泳能力及活动代谢状态，指出在流速逐渐增加的过程中，为实现降低能量消耗，巨须裂腹鱼采用了 3 种不同的游泳方式；朱秀芳和陈毅峰（2009）指出巨须裂腹鱼属于匀速生长类型；季强（2008）通过计算饵料重叠系数和食物多样性指数，指出巨须裂腹鱼和双须叶须鱼、拉萨裂腹鱼食物竞争比较严重；Shao 等（2016）指出拉萨河巨须裂腹鱼肌肉中甲基化汞含量较高，Guo 等（2014）通过微卫星位点评估了巨须裂腹鱼基因多样性及群落基因结构特征，还有一些研究是集中在体长体重关系（Huo 等，2015；Liu 等，2016；Shao *et al*，2016），以及线粒体序列（Zhu *et al*，2013）。

近年来，随着西藏地区的发展，人们对水产品的需求日益增加，由于过度捕捞和生物入侵等诸多因素的影响，雅鲁藏布江主要裂腹鱼类的种群数量急剧下降，特别是大型个体逐渐减少。雅鲁藏布江主要裂腹鱼类资源现状已敲响了警钟，比如分布于雅鲁藏布江中游主要的六种裂腹鱼类中，拉萨裂腹鱼（周贤君，2014）和异齿裂腹鱼（马宝珊，2011）开发程度并不高，但处于可持续利用状态，其他四种裂腹鱼开发现状不容乐观；尖裸鲤种群资源正在被过度开发和利用（霍斌，2014）；双须叶须鱼（杨鑫，2015）、巨须裂腹鱼（刘洁雅，2016）雌性群体已为过度捕捞状态，雄性群体处于充分开发状态（自然死亡率较大时）；拉萨裸裂尻鱼雄鱼处于完全开发状态（繁殖潜力比接近目标参考点 $F_{40\%}$），雌鱼处于过度捕捞状态（繁殖潜力比均低于下限参考点 $F_{25\%}$）（段友健，2015）。随着西部大开发战略的实施，以及西藏地区经济发展及资源保护和可持续利用的需要，有关雅鲁藏布江主要裂腹鱼类科学养护的研究迫在眉睫。因此，必须加快推动雅鲁藏布江主要裂腹鱼类的养护工作（刘海平等，2018）。

雅鲁藏布江主要裂腹鱼类的社会关注度、生物学特性以及资源现存量，警示我们亟须开展雅鲁藏布江主要裂腹鱼类的养护工作，积极推动这些鱼类的保护工作。

因此，通过本书的第三部分，具体技术路线如图 1-6 所示，集成如下养护技术：

（1）识别裂腹鱼类生活史，阐述裂腹鱼类早期发育特征，归纳演绎胚胎发育规律与高原适应性之间的关系，以双须叶须鱼为案例，研究总结裂腹鱼类个体生物学特点，进而为高原鱼类资源管理提供精准服务。

（2）在微观层面和宏观层面研究温度对雅鲁藏布江主要裂腹鱼类的影响。通过案例，研究不同规格和不同种类裂腹鱼类温度的耐受性。以裂腹鱼类早期发育作为突破口，温度为环境因子，采用转录组学的方法来深入揭示两种裂腹鱼通过自身调节适应温度梯度环境的微观机理，探索胚胎调节适应的基因特性和不同表达模式，挖掘早期发育温度和生长发育的相关基因和功能通路，为进一步探索和研究气候变暖趋势下高原鱼类胚胎如何适应水环境这一科学问题奠定理论基础。

（3）研究雅鲁藏布江主要裂腹鱼类营养价值及需求。通过案例，研究裂腹鱼类肌肉营养价值特点，解析裂腹鱼类肌肉营养价值特点以及与环境之间的关系，积累和完善裂腹鱼类饲料蛋白质水平研发技术，为其规模化生产奠定扎实的基础。

（4）完善和优化雅鲁藏布江主要裂腹鱼类人工繁育技术。通过案例，不断熟化裂腹鱼类人工繁殖技术、苗种培育技术、产后护理技术、疾病防治技术，以及增殖放流评估技术。增殖放流健壮的裂腹鱼类苗种，以期对雅鲁藏布江渔业资源进行科学养护。

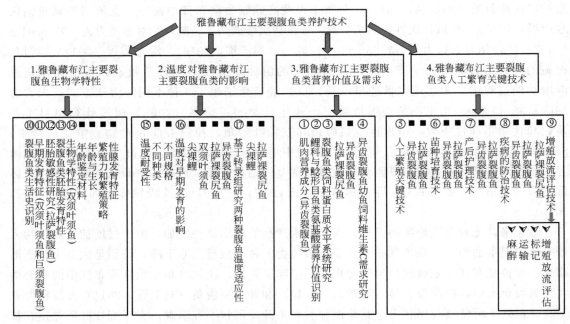

图 1-6　雅鲁藏布江主要裂腹鱼类养护技术

第二部分
尼洋河水生态时空演替特征

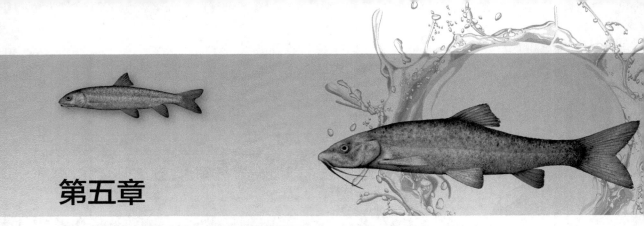

第五章
需要持续关注西藏水域生态系统

自 1939 年 Hutchinson 发表关于"克什米尔高原鱼类生态学研究"以来，西藏水域生态系统逐渐得到关注。资料显示，可以将关于西藏水域生态的关注分为初始期和发展期，其中1939～1999 年，称为初始期，这一阶段，关注点主要集中在水生生物物种的调查、分类、分布等，也是这个时期，奠定了水域生态系统研究的基础。中国科学院在 20 世纪 50～60 年代，先后组织了四次综合科学考察，对青藏高原基本水生态特征建立了初步的认识。1973年，"中国科学院青藏高原综合科学考察队"正式组成并开始了新阶段的考察工作，考察内容囊括了地理、生物等与水生态相关的方面，并形成了与水生态相关的系统报告，如西藏河流与湖泊、西藏鱼类、西藏水生无脊椎动物等。2000 至今，称为发展期，这一阶段，西藏水域生态研究的基础和应用并举，就在这个时期，国家也陆续提出了"生态西藏""高原生态屏障"等概念和政策。

围绕"生态西藏"基础数据积累，广大研究工作者在西藏水域生态研究方面开展了广泛而又深入的研究，主要集中在底栖动物和浮游植物方面，着生藻类和浮游动物亦有零星报道。在底栖动物方面，赵伟华和刘学勤（2010）对西藏雅鲁藏布江雄村河段及其支流底栖动物进行了初步的研究，马宝珊等（2012）对雅鲁藏布江谢通门江段底栖动物资源进行了初步研究，徐梦珍等（2012）对雅鲁藏布江流域底栖动物多样性进行了分析及生态评价，刘海平等（2014）对尼洋河大型底栖动物群落时空动态及与环境因子的关系进行了分析，李斌等（2015）对怒江西藏段大型底栖动物群落结构及多样性进行了研究，简东等（2015）围绕拉萨河中下游开展了底栖动物群落结构特征分析。在浮游植物方面，杨菲（2014）对西藏盐湖浮游植物群落结构特征开展了研究，刘海平等（2013a）对尼洋河浮游植物群落时空动态及与环境因子的关系进行了研究，裴国凤等（2012）对尼洋河不同河段浮游植物群落多样性差异进行了研究，刘海平等（2013b）对尼洋河着生藻类群落时空动态及与环境因子的关系进行了研究。

与此同时，在西藏开展水生态文明，也逐渐被提上了日程（巩同梁，2008）。水生态文明建设，既需要具体的操作措施，如重要生态保护区、水源涵养区、江河源头区的保护，强化水环境监测，建立健全水质预警预报系统，加强水污染防治和水环境保护，确保饮用水源、水质和水生态安全，按照水功能区的水环境承载能力，监督控制排污量，严禁超标排污，建立健全水土保持、建设项目占用水利设施和水域等补偿制度（巩同梁，2007），还需要标准化的补偿机制（王志强等，2015），如补偿范围、主体、对象、标准、方式、程序等的建立，这些补偿机制的建立，是生态文明建设的重要内容，也是区域协调发展的重要举措（王志强等，2015）。

但是，零星的研究亦不能作为客观评价河流生态文明的基础数据，系统化的水生生物数据库亟须建立，详尽阐述某一水生生物种群与高原环境的关系有待补充和完善，西藏河流生态系统健康科学评价体系尚未建立，探索河流健康评价理论和方法，努力积累恪守"生态红线"的背景资料，则显得尤为重要。

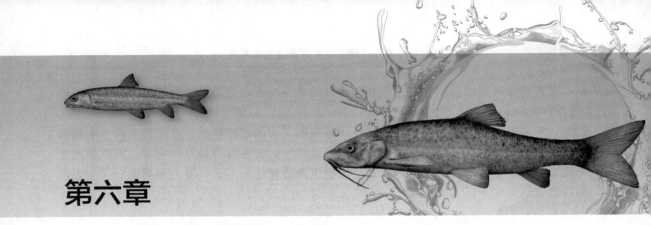

第六章
流域环境监测相关的水生生物群落

第一节　浮游植物

　　海拔决定了一个地区的温度和光照等环境因素的变化，属于宏观尺度的环境因子，通常情况下，由于海拔的升高，水域温度降低，冰冻期延长（Rundle 等，1993；Ao 等，1984），物种的丰富度也随之降低（Suren，1994），浮游植物的总丰度呈现下降趋势（张军燕，2009）。李芳（2009）指出，尼洋河浮游植物总丰度与海拔呈负相关。海拔升高，水温则随之降低，一般认为，水温在浮游植物的最适温度以下降低时，浮游植物的生长逐渐减缓直至停止生长，甚至消失，其光合作用的强度也随之逐渐降低（Talling，1995）。

　　一方面，水温是影响浮游植物种类组成及生物量的关键因子（代龚圆等，2012），随着水温的升高，大量浮游植物得以快速地生长和繁殖（张才学等，2012）。也有资料表明，水温与浮游植物的丰度呈负相关（郭术津等，2012），原因在于研究区域（长江近海岸）的固定优势种［具槽帕拉藻（*Paralia sulcata*）］易聚集于透明度＜10m、温度＜15℃的水体之中，合适的较低水温，使得优势种在水体上部得以生长和繁殖。由于浮游植物物种丰富度、总丰度以及多样性指数所阐述的生物学意义有所不同，对水温的响应有所区别，吴卫菊等（2012）指出，水温变化与浮游植物生物量呈极显著正相关关系，与浮游植物物种丰富度呈极显著负相关关系，与浮游植物生物多样性呈显著负相关关系。

　　另一方面，随着气候变暖，浮游植物群落的演替表现出物种对温度的生态适应性，这种演替对水域生态系统结构和功能有着深远的意义（Winder 和 Sommer，2012）。当水温高于14℃时，微囊藻生物量迅速增加；束丝藻生物量随温度升高而增加，高于 22℃时迅速减少（代龚圆等，2012）；平均温度低于 20℃时，蓝藻没有大规模生长，硅藻门、绿藻门生物量急剧减少，温度超过 25℃时，蓝藻迅速增长并很快成为绝对优势种（蔡琳琳等，2012）。

　　不容忽视的是，营养盐在影响浮游植物生物量的同时，对浮游植物的群落结构也产生影响，不同浮游植物类群对营养盐的敏感性不同（赖俊翔等，2012）。值得强调的是，N、P含量及其组成与浮游植物关系较为密切，是影响浮游植物演替的重要因子。不同氮磷比对浮游植物群落的多样性指数、物种组成及演替过程均有显著影响（Huang 等，2012）。还有，在同一季节中，硅藻和甲藻利用不同层次的氮盐，能有效减少两者间的竞争压力（袁骐等，2005）。不同的硅藻藻类对环境因子敏感性有所差异（宋书群，2010），如运动型（motile ecological guild）的硅藻对温度较为敏感，而喜静水型（low profile guild）以及喜流水型（high profile guild）的硅藻则对总氮、总磷等理化因子较为敏感（Stenger 等，2013）。

第二节　浮游动物

　　研究表明，随着温度的升高，枝角类较桡足类更易适应温度的变化，这意味着气候变暖将改变浮游动物的群落结构（Ekvall，2012），水温对浮游动物群落结构的影响不容忽视。小江回水区浮游动物群落现存量与水温呈显著正相关（陈小娟等，2012）；上海崇明明珠湖原生动物密度和生物量均与水温呈正相关关系（陈立婧等，2010）；温瑞塘河的水温是影响浮游动物密度变化最主要的因素（肖佰财等，2012）；乐清湾海域浮游动物物种数与水温呈极显著正相关，丰度与水温呈极显著正相关，生物量与水温呈极显著正相关（徐晓群等，2012）。这些资料一致显示，水温对浮游动物的密度和生物量存在着正相关关系。

　　另外，浮游动物群落结构对营养盐的响应也值得关注，营养盐（C）来源有流域内岩石风化产物（C_w）、人为因素贡献（C_{anth}）、大气降水（C_{dry}）、大气干沉降（C_{wet}）、生物圈贡献（C_{bio}）和物质再循环过程中的净迁移量（C_{exch}）（何敏，2009），可表示如下：

$$C = C_w + C_{anth} + C_{dry} + C_{wet} + C_{bio} + C_{exch}$$

　　研究表明，由于营养盐的输入，丰水季的原生动物多样性指数与种类数大于枯水季（吴生桂，2000）。同时，营养盐能够积极推动浮游动物群落结构的组成和演变。如：上海崇明明珠湖的原生动物密度和生物量与总氮、总磷、叶绿素 a 呈正相关（陈立婧等，2010）；温瑞塘河的高锰酸钾指数（COD_{Mn}）、总氮和氨氮对浮游动物密度的分布也有重要影响，但总氮的变化趋势由氨氮的多少决定（肖佰财等，2012）；乐清湾海域浮游动物物种数与盐度、叶绿素 a 质量浓度、浮游植物细胞密度均呈极显著正相关，丰度与叶绿素 a 质量浓度、浮游植物细胞密度呈极显著正相关，生物量与叶绿素 a 质量浓度呈极显著正相关（徐晓群等，2012）。需要强调的是，不同的季节，浮游动物群落结构的相关环境因子有可能发生变化，如崇明东滩潮沟盐度是影响冬、春季涨潮时浮游动物总丰度分布的主要因子，水温则是影响夏、秋季涨潮时总丰度分布的主要因子（李强等，2010）。

第三节　着生藻类

　　随着海拔的上升，水温对着生藻类群落结构的影响愈发重要（Eli-Anne 等，2004），通常情况下，着生藻类物种丰富度与水温呈正相关（Stancheva，2012），不同着生藻类群落对温度的响应机制有所区别，如运动型（motile ecological guild）的硅藻对温度较为敏感，而喜静水型（low profile guild）以及喜流水型（high profile guild）的硅藻则受总氮、总磷等理化因子的驱动作用更多一些（Stenger，2013）。

　　随着水温的降低，尤其到了冬季，较雨季而言，着生藻类生物量呈现增加趋势（Kohler，2012），加之在这段时间，降水量或者融雪量极大地减少，河流处于枯水期，流速降低，流速会直接影响到着生藻类的群落结构，由于水体的冲刷作用，流速快的地方，着生藻类生物量较低（刘建康等，1999），某些硅藻门着生藻类，如 *Didymosphenia geminata* 更偏好于生存在具有稳定水流的环境之中（Kirkwood 等，2007）。

第四节　周丛原生动物

　　水温是影响水生态系统重要的指标之一（Segura 等，2015），受到很多影响因子的作用。流域形态和融雪控制着河流对气温的热效应（Lisi 等，2015），海拔和平均河床落差对平均水温起到负面作用（Segura 等，2015），水温影响着河流生态系统水生生物的分布和丰度（Sarah 等，2013）。不容乐观的是，青藏高原气温逐年升高（谢虹，2012；张云红等，2011），到 2100 年，将升高 2～3.6℃（沈永平等，2002），而通常情况下，气温的升高将促使水温的升高（Sarah 等，2013）。海拔依赖性气候变暖现象（Elevation-dependent warming）将会加速改变山地生态系统、水生态系统和生物多样性（Pepin 等，2015），气候变暖将使原生动物捕食者和它们的猎食者以物质和能量的形式体现在高营养层次（Aberle 等，2012）。Yang 等（2015）指出，纤毛虫群落与水温呈正相关，在 20℃ 比在 7℃ 出现的自由游动的原生动物（free-living protozoa，FLP）多，相反，在高温情况下（53.1℃ ± 5.7℃）比在低温情况下（27.8℃ ± 5.8℃）自由游动的原生动物少了 38%（Canals 等，2015）。分布在热带的河流，高的物种丰富度、密度和生物量往往出现在低温的冬季（Camargo 和 Velho，2011）。据试验，附着在石头上的 *Difflugia* 与水温有极大的关联，基于 CART 模型，在 12.29℃ 以上时，周丛原生动物总丰度较高。

　　外源水补给会极大地扰动水域离子平衡。试验证明，雪融水里携带着大量的离子和营养盐（王平等，1988），伴随着涓涓细流汇入江河湖海，在内华达山脉（Sierra Nevada）高海拔流域有着明显的时空特征，特别是硝酸盐和硫酸盐最为突出（Sickman 和 Melack，1998）。通常情况下，雪融水通过改变水生态系统物理和化学特征进而影响生境，包括推动初级生产者行为和多样性，通过食物网推动级联效应（Slemmons 等，2013）。Shi 等（2012）指出，原生动物群落空间分布与化学特征变化紧密相关，尤其是 COD，抑或是总磷、总氮或二者共同作用。砂壳纤毛虫（tintinnid）群落季节变化则受到叶绿素 a、硝酸盐和盐度的影响；纤毛虫（ciliate）则与叶绿素 a 呈正相关，与无机氮呈负相关（Yang 等，2015）；*Testate amoebae* 的香农指数和物种丰富度明显与营养层次相关（$P < 0.05$）（Ju 等，2014）。

第五节　大型底栖动物

　　许多研究表明，海拔不仅对溪流的理化状态，还对溪流中的生物有较大的影响，一般认为，物种的丰富度随着海拔的升高而降低（Rundle 等，1993；Ao 等，1984；Arunachalam 等，1991）。渠晓东等（2007）指出水域海拔与底栖动物群落结构组成呈负相关。澜沧江中上游海拔较高、温度较低、人为干扰少、底质多为卵石和砾石，这种急流、富氧、冷水和贫营养的生境适宜于喜洁净流水物种（如蜉蝣目、襀翅目、毛翅目和钩虾属等）生存（王川等，2013）。雅鲁藏布江流域内底栖动物群落组成与高程有关，高程在 3500～3800m 内的断面物种丰度普遍高于 2900～3500m 及 3800m 以上的断面。且随着高程降低，新物种逐渐出现，区域内累计出现的物种数逐渐增加，在高程为 3800～4100m 范围内，增加速率最快（徐梦珍等，2012）。Mishra 等（2013）对印度喜马拉雅冰川河流的底栖无脊椎动物分布格局进行了研究，指出在高海拔河流中，蜉蝣目、毛翅目、双翅目（Diptera）、襀翅目和鞘翅目（Coleoptera）占底栖无脊椎动物总量的比例大于 80%。

底栖动物属变温动物，温度是制约底栖动物生理学特征的重要环境要素，其生长、发育和繁殖等一切生命活动极大地受到温度的控制，从而影响底栖动物的种类数量、生物量和分布范围（Humpesch，1979）。Ward 和 Stanford（1979）认为温度格局影响昆虫生命周期，从而导致昆虫密度增加。大部分底栖动物种类都适宜在较高的温度中生长，如一些摇蚊幼虫在夏季等温暖的季节中生长迅速，而到寒冷的月份完全停止生长（Bergstrom *et al*，2002；Kajak，1980）；但温度过高会对底栖动物产生不良影响，如当温度到 36℃时青蛤（*Cyclina sinensis*）稚贝停止生长，39℃时就会死亡（Mcaulife，1984）。当然也有适宜在低温条件下生长的底栖动物种类，如大红德永摇蚊（*Tokunagayusurika akamusi*）幼虫，当水温高于20℃时开始钻到底泥深处休眠，并一直到深秋水温下降到 20℃时才开始大量出现在表层底泥中，其主要生长季节在冬季（Rasmussen，1985）。全球气候变化对河流底栖动物群落的影响一直也是研究者关注的重点。Hughes（2000）认为群落结构和组成的变化可被作为生物结构对气候变化的一种信号，气候变化的结果将影响生物的生理机能、物候关系和分布等。Floury 等（2013）对河流底栖动物和气候变化进行了 30 年（1979～2008）的数据统计，结果显示，相对于 30 年前，温度升高了 0.9℃，流速缓慢或者静止的水域中的大型底栖动物逐渐转向耐污种和广适种。

第七章

科学评估河流健康

第一节　河流健康的概念和理论

　　Karr（1999）将河流生态完整性当作健康；Simpson 等（1997）认为河流生态系统健康是指河流生态系统支持与维持主要生态过程，以及具有一定种类组成、多样性和功能组织的生物群落尽可能接近未受干扰前状态的能力，把河流原始状态当作健康状态；Norris 和 Thoms（1999）则认为，河流生态系统健康依赖于社会系统的判断，应考虑人类福利要求；Meyer（1997）对此阐述最为全面，认为健康的河流生态系统不但要维持生态系统的结构与功能，且应包括其人类与社会价值，在健康的概念中涵盖了生态完整性与人类价值。

　　与仅考虑生态标准的生态系统健康定义比较，河流健康的判断必须包括来自于系统的人类价值、用途和设施（Steedman，1994；Meyer，1997；Karr，1999）。生态标准包括强调可持续发展，对干扰的适应力以及生态系统完整性，一种支持和维持平衡、完整以及适应生物系统的能力应该包括某一个区域自然生境的全部因素和过程（Karr，1996）。Karr（1996）所提出来的生态完整性观点与澳大利亚河流评价系统（Australian Rive Assessment System）提出的通过附近自然站点来衡量河流健康的项目策略相一致（图 2-1）。

　　将人类的尺度作为河流健康评估的一部分给河流生态系统研究注入了强大的动力（Meyer，1997）。绝大多数人认为河流是饮用水和清洁用水的来源，或者出于工业和农业目的，如控制污染物、休闲娱乐的场所的需求以及渔业等其他用途。"不健康"的河流可能只能满足其中若干用途。通常情况下，人类的需求与河流的用途有矛盾，因为一些标准而使河流未达到健康标准（Karr，1999）。虽然生态学家可以帮助区分矛盾所在，但解决这些问题需要有很好信息背景的管理者以及政策制定者进行商讨（Meyer，1997）（图 2-1）。

　　许多人认为应该认可河流是"高级有机集合体"（superorganisms）这种简约化观点（Suter，1993；Callicott，1995；Jamieson，1995；Simberloff，1998）。更有甚者，认为这种尝试定义生态健康的可操作性会导致变量的异质性，没有任何生态意义和监测权威（Suter，1993）。然而，这也意味着选择性较差而不是比喻的错误（Karr，1999）。或许，因为很难确定河流健康或者生态系统健康中人类价值的组成（Lackey，1997），因此河流健康的政策发展是面临的最大挑战（Jamieson，1995；Ross 等，1997），还有政策通常决定着经费的优先

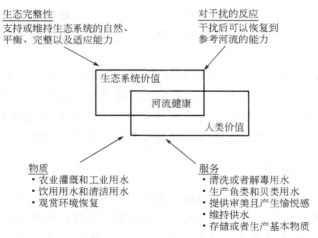

图 2-1 河流健康概念框架 (Karr, 1996; Meyer, 1997)

权。普遍意义上，虽然这种改变进程很慢，但是科学家很难应用它们，只是有效地控制和影响政策和管理 (Cullen, 1998)。

第二节 河流健康评估的方法

一、综合评价法

多指标综合评价法通过运用一系列水文、生物、物理、化学等多种类型指标从不同角度、不同深度反映水环境质量信息、评价河流生态健康状况，有利于全方位地揭示河流生态系统存在的问题，是未来河流健康评估的发展方向 (杨海军，2010)。综合评价法的多元化有直观的吸引力。从许多角度变量的集合或一个面向流程的方法，重点是一个生态过程，可能涉及多个元素。Ladson 等 (1999) 开发了一个河流条件指数 (index of stream condition, ISC) 来评估水文特征、物理形式、河岸植被、水质和大型无脊椎动物在澳大利亚维多利亚州河流中的组合成分。关于这一点，其结果是多指标综合评价法有作为测量工具和航道管理业绩报告的价值。它也在制定国家的优先事项、鼓励河流管理综合办法、向公众提供关于河流管理成功的反馈中起作用 (Ladson 等，1999)。

以类似的方式，Townsend 和 Riley (1999) 在新西兰河流测量了大量的物理、化学和生物学特性，但扩展了包括其在一些时间和空间的尺度扰动作用结果的解释。这种做法不仅是综合性的，也试图衡量生态变量，说明生态变量对河流健康的干扰和避难所的重要性。更重要的是，它明确地认识到湿地之间的联系的价值及包括保护这些联系的完整性在内的流域健康保护的价值。

迈尔 (1997) 认为一些生态进程可能是河流健康的良好指标，并注意到河流从干扰中恢复比从健康河流中恢复更慢。然而，几乎没有针对这些线索的经验证据 (Townsend 和 Riley, 1999)。同时，使用模型来预测流域内土地利用对生态过程的影响 (Townsend 和 Riley, 1999) 可能需要有关综合性指标。

随着这些变量快速测量技术的进步，多指标综合评价法是一个富有成效的研究方向。一个很好的例子就是 Bunn、Davies 和 Mosisch (1999) 的研究，他们表示，生态模式的测量在河流生态进程中只提供很少的信息，相反，他们使用总初级生产力（GPP）技术方法和呼吸加上稳定同位素的分析来评估河流健康状况，并找到与河岸覆盖及在较小的程度上的流域间距的关系。

然而，仅仅 GPP 和呼吸的综合比率被认为是不可靠的，因为河流健康指标（Bunn 等，1999）在单独的指标上可能是有用的，但它们组合成多指标方法时并不总是成功的。

因此，需要尝试探索河流健康评估的模型和方法，从而有效监测河流的"量变到质变"的演替过程。地球化学过程和生态能质为河流健康评估提供了新的思路。

二、地球化学过程演变

气候变化，从某种程度上讲，影响着风化和侵蚀过程（Raymo 等，1988），会随着全球地势隆升、硅酸岩风化日益突出，也会在全球地势削弱的过程中显得较为稳定，这样气温的变化就会依赖于全球地势起伏和山系的分布（Maher 和 Chamberlain，2014）。河床的花岗岩类岩石风化（White 和 Blum，1995）或者硅酸岩风化（Brady 和 Caroll，1994）研究表明，温度和降雨是控制风化速度的主要因素，Gaillardet 等（1999）指出，温度每升高 5℃ 风化速度将增加 5 倍，也有科学家指出，在中国北部吕梁山，风化的强度受降雨的控制程度较温度控制强（Liu 等，2014）。事实上，全世界降水量对河水离子贡献率在 3% 左右（Gaillardet 等，1995），在东江和赣江这些以降雨为主的区域，贡献率也仅在 5.0% 左右（姚冠荣，高全洲，2005）。

然而，由于风化速度受到多方面因素的影响，当前对气候和化学风化过程潜在的反馈机制还是了解甚微（White 和 Blum，1995；Dupre 等，2003；Riebe 等，2001；West 等，2005）。不容忽视的是，人类活动在化学风化过程中起到了重要作用，比如在人类活动的影响下，通过叠加效应，沿着喜马拉雅山脉的河流砷元素（As）含量高达 $30\mu g/L$（Zhang 等，2015），在龙川江人类贡献了溶解物质的 10.4%，在大同站和长江盆地则贡献了 15%（Chetelat 等，2008）。必须强调的是，在长江盆地，过去的三十年内人类活动推动了化学风化 40%，30% 的溶解物质汇聚入洋（Guo 等，2015）。

另外，侵蚀对农业和人类可持续发展有着重要作用，该种作用不仅仅体现在地理时间尺度上，反映着景观演替，也折射出重要的土壤信息和稳定的重要过程（Chetelat 等，2008）。更好地理解风化和侵蚀的动态关系，将会对理解长期的碳循环搭建清晰的框架纽带（Goudie 和 Viles，2012）。Ollivier 等（2010）指出在法国罗纳河（Rhone River）化学风化和物理侵蚀之间存在强烈的正相关关系，在印度纳尔默达河（Narmada River）剥蚀速率主要受到物理侵蚀的影响，化学风化的影响则仅仅占了很小的一部分（10%）（Gupta 等，2011）。

因此，地球化学过程能够清楚地演绎气候变化、人类活动以及降雨对流域基本化学成分的贡献。

三、生态能质整体健康评估

生态系统里，生物、物理、化学共同演绎着非平衡耗散过程（Schneider 和 Kay，1994），因此不能够通过简单的实验反映这些因素的相互关系（Jørgensen，1992，2002）。生态系统作为复杂的系统，以开放性热力学和复杂的生物组成为特点，并且组成之间以非线性关系呈现，在空间和时间上呈现高度异质性（Wu 和 Marceau，2002）。生态系统的复杂性包括主观和客观方面，以及复杂参数高度（Patten 等，2002）。另外，这种等级层次还包括组织性、时间和空间形式。因此，生态系统的复杂性不能够仅仅通过物种多样性来衡量，还应该包括时空分布的异质性，另外应该对待生态系统整体而不是某一简单组成成分（Dolan 等，2000）。Odum（1969）指出，一个发展中的生态系统应该拥有较高的生物量和效率，群落结构组织合理，生命周期较长并且更为复杂，以质取胜，内部信息丰富。在过去的三十多年，关于生态系统的研究从复杂性研究转变到了系统性研究方面。如果想了解生态系统的发展过程，必须有整体研究的方法，也就是说，考虑整个系统特征而不是某一个成分，因此，生态适应和演替可以作为生态系统研究的目标导向（Ulanowicz，1986）。

生态能质已被广泛引用到生态系统健康评估、参数估计、参数矫正和诊断，且为深入了解生态系统动态和扰动机制提供了方法和工具。生态能质和基于能量的能量反馈调查（energy return on energy investment，EROI）作为综合测量工具可以清晰地阐述人类、能量以及食品之间的关系，结果显示，食品制造因子和国家的生态印记存在高度相关性，但是与每一个生物容量没有任何关系（Perryman 和 Schramski，2015）。根据相关研究（Jørgensen，1995b；Xu 等，1999；Xu 等，2010b），作为生态健康评估的分析指标，首推能质、比能质以及生态缓冲容量。

能质（eco-exergy，E_x），在生物群落里蕴藏着化学能值，其基本公式描述如下（Jørgensen，1995a，1995b）：

$$E_x = \sum_{i=1}^{n} \beta_i C_i \tag{1}$$

式中，β_i 是组分 i 的权重转换因子，$\beta_i = 1 + $ 核苷酸数量 $\times (1 - $ 重复基因数$)/(7.34 \times 10^5)$；C_i 是组分 i 在生态系统中的浓度，g/m^3。

这种方法可以应用在相关领域，如生态系统健康评估，或者在一个时间机构模型中的权衡因子（Marques 等，1997；Jørgensen 和 Marques，2001）（表 2-1），可以计算出储存在有机体里的信息（Jørgensen 等，1995a）或者个体基因组规模（Fonseca 等，2000）。

表 2-1　结构中各个类群中的权衡因子（Jørgensen 等，2005）

有机物	β_i
有机碎屑	1
浮游植物（藻类）	20
浮游动物	
原生动物	39
轮虫类	163
甲壳类（枝角类和桡足类）	232
底栖动物	
环节动物	133
软体动物	310
昆虫类	167
大型水生植物	
无籽维管束植物	158
有花植物	393

　　通常情况下，在营养系统里，比能质可以通过很多方法计算出来，可以选择范围较大的组建类群，或者个别物种的类群。对有机体测算出来的自由能，这些有机体里有氨基酸、酶类，可以决定或者控制生命过程，所以，它们代表了有机体信息和生命控制过程（Jørgensen et al，2010）。当然，将相关控制因子考虑进来，以反映最为真实的状态，一直是大家关注的焦点（Jørgensen 等，1995a；Marques 等，1997；Fonseca 等，2000）。Libralato 等（2006）比较了三种不同的计算方法和效率，包括营养级组成，广泛类别的类群组成，通过生态类群直接估算类别大小，从而估算能值，相关性分析得出了相似的结果。

　　比能质（structural eco-exergy，$E_{x_{st}}$），利用现有资源表示生态系统能力。用总的生物量表示，其具体计算公式如下（Jørgensen，1995a，1995b）：

$$E_{x_{st}} = RT \sum_{i=1}^{n} \beta_i \frac{C_i}{C_t} \tag{2}$$

　　式中，C_t 是总的生物量，即所有生物量之和，g/m^3；R 为气体常数，$kJ/(g \cdot K)$；T 为绝对温度，K。

　　生态缓冲容量（ecological buffer capacity，BC），该参数是用来反映生态系统对外界干扰的应答能力，例如营养、污染、光照、温度等，它是一个综合衡量的思维，可以根据任何一个变量或者功能进行组合，通过浮游植物和总磷的变化来计算生态缓冲容量，其具体计算公式如下：

$$\beta_{TP-A} = \frac{\partial TP}{\partial A} \tag{3}$$

　　式中，∂TP 为 TP（总磷）浓度变化的绝对值；∂A 为浮游植物生物量变化的绝对值。生态能质可用于生态系统健康评价和生态系统修复评估等方面。

　　(1) 生态系统健康评价方面

　　Jørgensen（1995b）对 15 个湖泊进行了生态评估，结果显示能质、比能质以及缓冲容量与水体富营养化之间有明确的相关性。Xu（1996）对中国巢湖建立了生态能质相关参数与水体富营养化状态的关系。Xu 等（1999）指出健康的生态系统一般能质、比能质和缓冲容量较高。Jørgensen（2000）通过对墨西哥、地中海、法国等 12 个近海系统的研究，指出能质可以反映系统维持所需的能量，而比能质反映了系统的复杂性。Xu 等（1999）指出能质和比能质与试验湖泊受化学干扰产生的结构和功能改变之间高度相关。Fonseca 等（2002）指出能质对富营养化环境具有指示作用，比能质可以反映群落的定性改变以及指示系统的发展方向。Fabiano 等（2004）指出比能质对环境条件和营养状态敏感，可以作为研究海洋底栖动物的有用工具。Silow 和 Oh（2004）指出比能质在污染海域明显降低。Vassallo 等（2006）指出在有人类活动的区域比能质表现出了较低值。Salas 等（2006）指出能质能够反映系统的发展方向，但不能单一、明确地指示有机污染物污染区域。Austoni 等（2007）指出比能质同现有分类框架具有一致性。Zhai 等（2010）应用生态能质成功指示出太湖调水工程前后以及不同季节的生态系统健康状况。Xu 等（2011，2012）评估了白洋淀生态系统健康状况，标示出了白洋淀不同区域的健康状态，并且提出了不同区域应该采用的保护手段，从而促使白洋淀可持续发展。Zhang 等（2013）评估了白洋淀生态系统的健康状况，结果显示水体营养物质和陆地使用呈现显著相关，人类干扰是生态需水缺乏和营养物质与有机物质重度污染的主要原因。Tang 等（2015）评估了海岸水域生态系统的健康状况，结果显示，生态能质因子与营养盐、重金属以及群落结构存在显著相关，通常情况下，生态能质因子随着富营养化、重金属污染以及较低的物种丰富度呈下降趋势。

（2）生态系统修复评估方面

Marques 等（2003）指出能质和比能质能够描述系统的不同状态，为区域生态恢复提供指导。Pranovi 等（2005）发现能质显示出渔场底栖群落仍处于演替的早期阶段。Patrício 等（2006）指出生物多样性对系统网络和信息有效，但不能反映生物量增长，能质能够反映结构的发展，比能质反映了系统信息较生物量先恢复。Libralato 等（2006）从热力学角度反映扰动后底栖群落的动态变化，证明能质是有效的生态恢复指标。章飞军等（2007）指出能质较生物量和丰度指标更能系统综合地反映底栖群落的恢复状况，直观反映底栖群落的复杂动态性。

应用生态能质对生态系统评估有三个优点：①生态能质虽然是一种以能量形式表现生态特征的方式，却可以体现环境相关的热力学平衡；②因为生态能质与总丰度以及种类信息相关，因此计算相对比较方便（Patten 等，2002）；③生态能质能够量化系统变化，比如适应和变化（Jørgensen，2002）。储存较高的生态能质意味着物种组成成分较为复杂以及在环境中物种的存活概率较高（Jørgensen，2002）。当然，较高的生态能质也表示系统自我组织能力以及维持系统复杂性较高（Bastianoni 和 Marchettini，1997），这种观点与 Odum（1969）和 Odum、Pinkerton（1955）提出的关于连续体的理论相一致，通过增加基础代谢产生能量流的功能转变。

生态能质不仅能够反映群落的物种丰度、营养结构信息、生态系统的完整性和健康状况，还能够指示在外界环境干扰条件中生态系统的发展方向，反映生态系统中物种的进化程度，进而能够指示生态系统的复杂性。

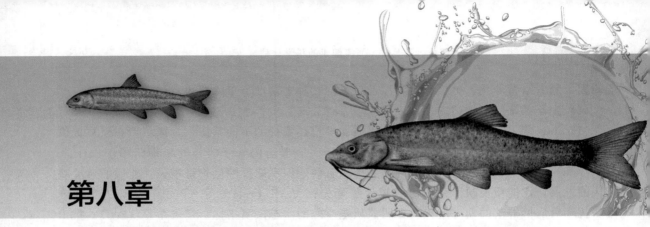

第八章

西藏尼洋河浮游植物群落时空动态及与环境因子的关系

浮游植物（phytoplankton）是一个生态学单位，它包括所有生活在水中营浮游生活方式的微小植物，通常就指浮游藻类，而不包括细菌和其他植物（刘建康等，1999）。浮游植物可作为渔产潜力估算的重要依据（胡莲等，2012），在水域生态系统的上行效应和下行效应中发挥着重要的作用，很有必要对浮游植物进行功能类群划分（刘足根等，2012），以便更好地理解浮游植物群落，控制水域生态系统的能量流和物质流，从而保障水域生态系统的可持续发展。研究表明，气候变暖促进了浮游植物春季的繁殖，浮游植物最大生物量以及个体大小呈现减小的趋势（Sommer et al，2012），浮游植物群落结构的演替从耐温性上表现出冷水性物种减少而暖水性物种增多的演替趋势，而在营养结构上表现出嗜氮性物种增多的演替趋势（刘东艳，2004）。由于海拔和环境的因素，高原河流浮游植物群落比较稳定，种类分布较为均匀，表现为贫营养型河流的特征，水域环境表现良好（吴卫菊等，2012）。在全球气候变暖和人类活动对自然影响的框架之下，尼洋河水域生态安全屏障的作用愈发突出，通过有效检测浮游植物群落，旨在：①补充尼洋河浮游植物名录；②描述浮游植物群落动态和优势种；③分析浮游植物群落与环境之间的可能关系；④建立尼洋河生态系统可持续发展预警系统。

一、试验设计和数据处理

1. 采样站设置及区域介绍

根据河流形态特征设置四个采样站（图 2-2），采样范围北纬 $29°26'\sim30°00'$、东经 $93°16'\sim94°27'$，海拔由 3391m 降至 2919m，落差接近 500m。每个采样站采集三个点的样本进行分析。采样点设置原则应满足如下条件之一：①河道较为平直，100m 设置一个采样点；②弯曲河道，在拐弯处和洄水湾各设置一个采样点，同时在拐弯处和洄水湾补加一个采样点；③有较多弯道的河道，在两拐弯处各设置一个采样点，在两拐弯处之间追加一个采样点。

采样站Ⅰ，尼洋河中上游，$29°53'N$，$93°16'E$，海拔3391m，巴村附近，位于318国道右侧300m左右处，附近建有水文站。此处河道底质为鹅卵石，流速较快。

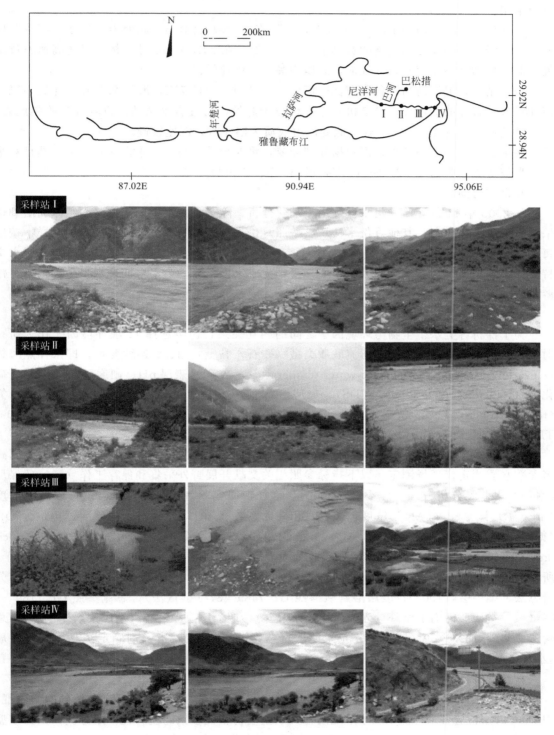

图 2-2　尼洋河采样点分布

　　采样站Ⅱ，尼洋河中游，29°40′N，93°54′E，海拔 3225m，位于尼洋河和巴河的交汇处，在 318 国道左侧 2km 左右处，2012 年此处建起了采砂制砂厂。此处河道底质为鹅卵石，流速最快。

采样站Ⅲ，尼洋河中下游，29°31′N，94°27′E，海拔 2946m，此处为"尼洋河河谷"风景区，位于去米瑞乡方向道路的右侧 100m 左右处，在 2015 年 10 月，林芝机场高速通过此处，此采样站已不复存在。此处河道底质为黏土，流速缓慢。

采样站Ⅳ，尼洋河与雅鲁藏布江交汇处，29°26′N，94°27′E，海拔 2919m，此处为尼洋河和雅鲁藏布江的交汇处，林芝机场指挥台位于此处，附近有水文站，机场高速跨越此处，去往林芝机场省道左侧 200m 处。此处河道底质为鹅卵石，流速较慢。

在第九章至第十一章里，因数据处理需要，将四个采样站Ⅰ、采样站Ⅱ、采样站Ⅲ和采样站Ⅳ依次更名为 S1、S2、S3 和 S4，或 A、B、C 和 D。

2. 采样时间

从 2008 年 11 月开始采集水样，用于理化分析，除 2 月份水样因部分路面结冰无法到达采样点完成采样任务，其他月份水样均已按照月份进行采集和分析，各类水生生物样本按照每个季节采集一次，即春（3 月份）、夏（6 月份）、秋（9 月份）、冬（12 月份），按照水文特征，可以把冬季和春季合并为枯水期，夏季为丰水期，秋季为平水期。水生生物包括：浮游植物、着生藻类、大型底栖动物、浮游动物、周丛原生动物。

3. 环境因子的采集和分析

为了探析各类水生生物与环境因子之间的相互关系，初步选择 11 项环境因子作为研究对象，包括 1 个分组变量，即河流底质类型（砂石，黏土），10 个连续变量，即采样点海拔（elevation）、表层水温（surface water temperature，WT）、表层 pH、硬度（hardness）、矿化度（total dissolved solids，TDS）、表层溶解氧（surface dissolved oxygen，DO）、总氮（total nitrogen，TN）、铵态氮（ammoniacal nitrogen，$N-NH_4$）、总磷（total phosphorus，TP）、总碱度（alkalinity）。

尼洋河水体理化样品的采集和分析方法如下：表层水温和 pH，用德国 CX-401 便携式多参数水质测定仪现场测定。以下指标参照相关文献开展野外采集和保存工作（国家环保局《水和废水监测分析方法》编委会，2002），水样带回实验室分析测定。硬度，以当量浓度（mEq/L）计 Ca^{2+} 和 Mg^{2+} 浓度，二者之和乘以系数 2.804，即为水体的硬度，单位为°DH（德国度），其中镁（magnesium，Mg）参照 GB 11905—89（原子吸收分光光度法），钙（calcium，Ca）参照 GB 11905—89（原子吸收分光光度法）；矿化度，水样在 103～105℃下烘干，所得为残渣量，在没有污染的水体中，残渣量等同为矿化度（国家环保局《水和废水监测分析方法》编委会，2002）；表层溶解氧参照 GB 7489—87（碘量法）；总氮参照 GB 11894—89（碱性过硫酸钾消解紫外分光光度法）；铵态氮参照 GB 7479—87（钠氏试剂比色法）；总磷参照 GB 11893—89（钼酸铵分光光度法）；总碱度参照酸碱指示剂滴定法（国家环保局《水和废水监测分析方法》编委会，2002）。

4. 数据统计和分析

用主成分分析方法（principal component analysis，PCA）分析尼洋河浮游植物时空特征，用 Duncan 法检验各采样点以及季节之间各类水生生物相关参数的差异性，用分类回归树模型（classification and regression tree model，CART）、典范对应分析方法（canonical correlation analysis，CCA）分析尼洋河各类水生生物与环境因子之间的关系，分析前须对按照月份采集的水体理化指标根据季节归类整理，即春季（1～3 月份），夏季（4～6 月份），秋季（7～9 月份），冬季（10～12 月份），在 CCA 分析前对各类水生生物数据和环境因子数据进行 lg($x+1$) 对数转化的标准化处理，用 R 语言（版本号：2.14.1）对数据进行分析。

5. 浮游植物的采集和分析

用 300 目的浮游生物网过滤 20 L 水，得浮游植物定量样品，用鲁哥氏液保存并带回实验室，静置 48 h 后浓缩。计数时，将浓缩样充分摇匀后吸取 0.1mL 置于计数框内，在 10×40 倍显微镜下观察，每片有 46 行，每片计数框计数 N 行，每个样品计数 2 次，取其平均值。两次计数结果与其平均数之差小于 10% 结果为有效，否则须计数第三片，鉴定到种或属（朱蕙忠，陈嘉佑，2000；胡鸿钧，1980）。

按照如下公式对浮游植物进行定量分析：

$$浮游植物密度=\frac{每片计数框行数}{每片观察的行数}\times\frac{两片计数框某个藻类的个数}{2}\times\frac{浓缩样品体积}{分析样品体积\times取样样品体积}$$

使用香农指数（Shannon-Wiener diversity index，SH）、均匀度指数（pielou evenness index，PI）、物种丰富度（species richness，SR）、总丰度（total abundance，TA）来判别尼洋河浮游植物的多样性。

其中：

① Shannon-Wiener 多样性指数 H'（Shannon-Wiener，1949）

$$H'=-\sum_{i=1}^{s}p_i\ln p_i$$

式中，s 为浮游植物种类数；p_i 为浮游植物 i 占所有浮游植物的比例（$N\%$）。

② 物种丰富度，指某一采样点或者季节出现的物种个数。

③ 总丰度，指某一采样点或者季节单位体积出现的浮游植物个体数量，个/L。

④ Pielou（1975）均匀度指数 J'。

$$J'=H'/H'_{max}=H'/\ln s$$

式中，H' 为 Shannon-Wiener 多样性指数；H'_{max} 是指在理论上的最大多样性指数；s 为浮游植物种类数。

⑤ 出现频率，指某一浮游植物出现的次数占所有调查样点数的百分比。

⑥ 相对丰度，指某一浮游植物个体数占所有物种个体数的百分比。

二、结果分析

1. 尼洋河浮游植物种类以及优势种

尼洋河共有浮游植物 7 门 29 科 48 属，包括硅藻门（Bacillariophyta）、蓝藻门（Cyanophyta）、绿藻门（Chlorophyta）、隐藻门（Cryptophyta）、黄藻门（Xanthophyta）、甲藻门（Pyrrophyta）、裸藻门（Euglenophyta），其中硅藻门 8 科 20 属，蓝藻门 6 科 8 属，绿藻门 10 科 13 属，甲藻门 2 科 2 属，裸藻门 1 科 3 属，隐藻门和黄藻门各 1 科 1 属，详见附录 2。

将浮游植物出现频率在 90% 以上的定义为优势种，以此可知，尼洋河浮游植物优势类群以硅藻为主，如附录 2 所示，脆杆藻科（Fragilariaceae）有 2 属，包括脆杆藻（Fragilaria）、等片藻（Diatoma），舟形藻科（Naviculaceae）的舟形藻（Navicula），桥弯藻科（Cymbellaceae）的桥弯藻（Cymbella），异极藻科（Gomphonemaceae）的异极藻（Gomphonema），曲壳藻科（Achnanthaceae）的曲壳藻（Achnanthes），菱板藻科（Nitzschiaceae）的菱形藻（Nitzschia），以上 7 属硅藻的相对丰度之和达 79.25%，其中以桥弯藻的相对丰度最大，达 19.70％，其次是曲壳藻和舟形藻，分别达 18.54％、10.62％。

2. 尼洋河浮游植物时空变化特征

尼洋河浮游植物主要的三大类藻类包括硅藻、绿藻和蓝藻，将其总丰度自然对数化，缩小其数量级差距，分析尼洋河三大藻类的时空演替特征，如图 2-3 所示。在尼洋河沿程以及季节方面，硅藻的数量占有绝对的优势，为尼洋河的优势藻类。就尼洋河沿程方面而言，绿藻总丰度在尼洋河下游出现一个峰值，以此为分界，尼洋河其他河段绿藻总丰度处于减少趋势，硅藻总丰度与绿藻的变化趋势一致，蓝藻总丰度变化趋势与绿藻有所不同，尼洋河中游蓝藻总丰度出现最低值，低于绿藻的总丰度，在下游略有上升，但也未及绿藻的总丰度。

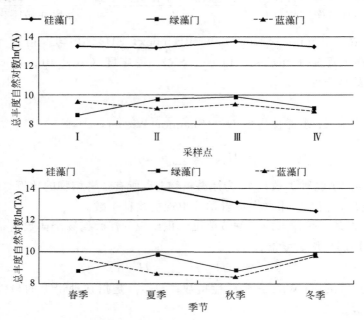

图 2-3 尼洋河浮游植物硅藻、绿藻、蓝藻时空演替特征

在季节方面，硅藻和绿藻总丰度在夏季均出现最大值，不同的是，在冬季，硅藻总丰度达到了最低值，而绿藻则有所回升，但未及夏季时的总丰度，蓝藻总丰度在秋季出现最低值，以此为界，尼洋河其他河段的蓝藻总丰度呈增加趋势，最大值出现在冬季。

用 PCA 方法分析尼洋河沿程、季节以及河道底质方面浮游植物群落的结构特征，如图 2-4 所示，尼洋河下游浮游植物群落较尼洋河其他河段囊括的范围更大一些，尼洋河中游浮游植物群落囊括的范围最小。尼洋河夏季的浮游植物群落结构与其他季节的分离，说明夏季的浮游植物群落较为独特，秋季的浮游植物群落囊括范围较春季和冬季大，春季囊括的浮游植物群落范围最小。尼洋河底质为黏土的河段浮游植物群落囊括的范围远远大于底质为砂石的河段，可见底质为黏土的河道对浮游植物群落结构有着很重要的影响。

为了更进一步反映尼洋河浮游植物群落的时空演替特征，我们选择了物种丰富度、总丰度、香农指数以及均匀度指数，分析以上四个指标在尼洋河沿程四个季节浮游植物群落的变化情况，结果如图 2-5 所示。尼洋河沿程浮游植物群落四个指标不存在显著差异（$P >$ 0.05），浮游植物物种丰富度、总丰度以及香农指数呈现一致的趋势，即尼洋河下游（采样点Ⅲ）最高，中上游以及交汇处呈现下降趋势，物种丰富度平均值在 20 左右，总丰度在

200000 个/L 左右，香农指数在 2.2 左右，较如上所述三个指标，均匀度指数则以尼洋河中游出现峰值，其他河段呈下降趋势，均匀度指数平均值在 0.75 左右，交汇处的香农指数以及均匀度指数较其他河段均为最低。

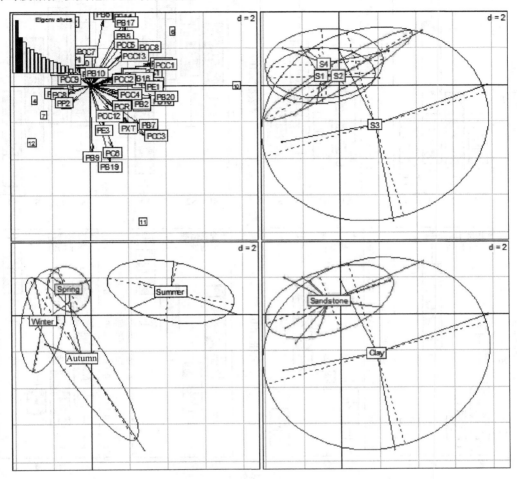

图 2-4　基于 PCA 分析尼洋河浮游植物的时空演替特征

图中数字为样点标记，其中 1、2、3、4 分别为采样点 Ⅰ 的春、夏、秋、冬；5、6、7、8 分别为采样点 Ⅱ 的春、夏、秋、冬；9、10、11、12 分别为采样点 Ⅲ 的春、夏、秋、冬；13、14、15、16 分别为采样点 Ⅳ 的春、夏、秋、冬。S1 为采样点 Ⅰ，S2 为采样点 Ⅱ，S3 为采样点 Ⅲ，S4 为采样点 Ⅳ；Clay 指底质为黏土，Sandstone 指底质为砂石。第一主成分解释率为 18.5%（图中左上图第一条黑色柱所示），第二主成分解释率为 12.5%（图中左上图第二条黑色柱所示），前两个主成分解释率和达 31.0%

相对尼洋河沿程四个指标而言，浮游植物四个指标在季节之间则有较大的变化幅度。夏季的浮游植物物种丰富度与其他季节存在显著差异（$P < 0.05$），这个季节的总丰度与秋冬季存在显著差异（$P < 0.05$），物种丰富度与总丰度在该季节均为最大值，分别近 25 和 300000 个/L，物种丰富度最小值出现在春季，刚刚超过 15，总丰度最小值出现在冬季，在 100000 个/L 以下。冬季的浮游植物香农指数与春季的存在显著差异（$P < 0.05$），这个季节的均匀度指数与其他三个季节存在显著差异，香农指数与均匀度指数在该季节均为最大值，香农指数近 2.4，均匀度指数刚逾 0.85，香农指数最低值出现在春季，在 2.0 以下，均匀度指数最低值出现在夏季，在 0.70 以上。

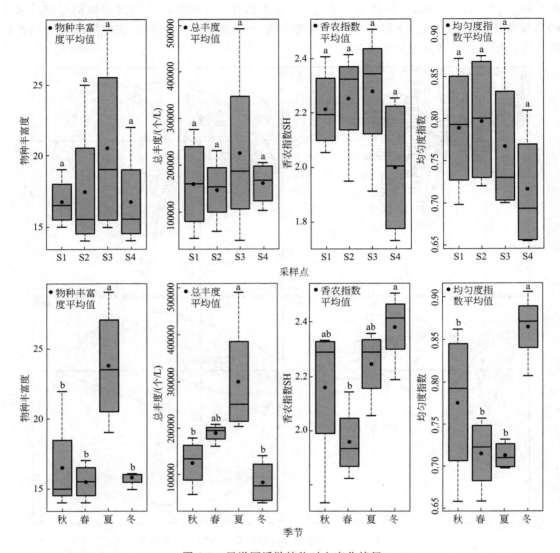

图 2-5　尼洋河浮游植物时空变化特征

用 Duncan 法检验各采样点以及季节之间浮游植物相关参数的差异性，不同字母表示差异达显著水平（$P < 0.05$）

3. 尼洋河浮游植物与环境因子的关系及关键预测因子

为了更加清晰地表达尼洋河浮游植物与环境因子之间的关系，将浮游植物主要的三个类群与 9 项环境指标进行了 CCA 分析，浮游植物群落包括硅藻、蓝藻和绿藻，9 项环境指标包括表层水温、表层 pH、硬度、矿化度、表层溶解氧、总氮、氨氮、总磷、总碱度，如图 2-6 所示。结果显示，硅藻门部分藻类与环境因子存在较大的关联，如：舟形藻科（Naviculaceae）的美壁藻（*Caloneis*）以及羽纹藻（*Pinnularia*），双菱藻科（Surirellaceae）的双菱藻（*Surirella*），这些藻类的密度与理化因子氨氮、表层 pH、表层水温有着很大的关联，曲壳藻科（Achnanthaceae）的卵形藻（*Cocconeis*）的密度与表层溶解氧以及总碱度有着很大的关联。蓝藻门的部分藻类与环境因子存在着较大的关联，如色球藻科（Chroococcaceae）的微囊藻（*Microcystis*）的密度以及颤藻科（Osicillatoriaceae）的束藻

（*Trichodesmium*）的密度与总碱度、总磷相关联，管孢藻科（Chamaesiphonaceae）的管孢藻（*Chamaesiphon*）的密度与氨氮有着较大的关联，念珠藻科（Nostocaceae）的念珠藻（*Nostoc*）的密度与表层 pH 值以及表层水温有着较大的关联。绿藻门仅有卵囊藻科（Oocystaceae）的卵囊藻（*Oocystis*）的密度与氨氮存在较大的关联，鼓藻科（Desmidiaceae）的新月藻（*Closterium*）的密度与表层水温存在较大的关联。

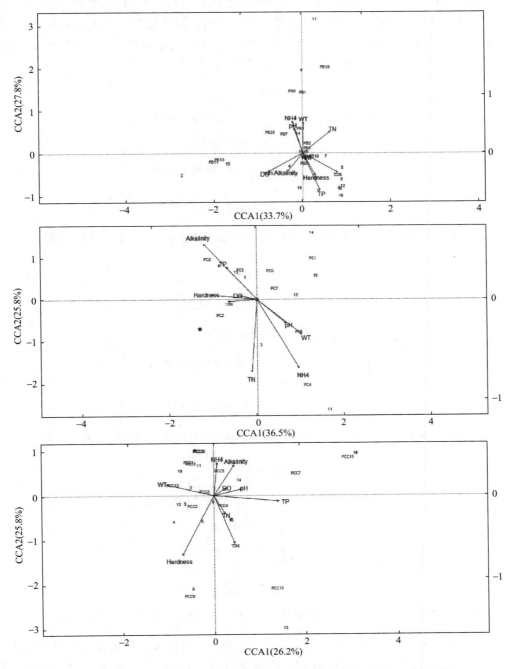

图 2-6　基于 CCA 方法分析尼洋河浮游植物、环境因子、样点之间的关系

选择浮游植物总丰度、香农指数、均匀度指数等三项指标，采用 CART 模型预测浮游植物群落与环境因子的相互作用关系，如图 2-7～图 2-9 所示。结果显示，尼洋河浮游植物总丰度受到表层 pH、季节以及河道底质等因素的影响，具体来讲，当 pH 值≥8.0 且为夏季和冬季时，浮游植物总丰度为 102541.66 个/L；当 pH 值≥8.0 且为秋季时，浮游植物总丰度为 145666.65 个/L；当 pH 值＜8.0 且河道底质为黏土时，浮游植物总丰度为 37950 个/L；当 pH 值＜8.0 且河道底质为砂石同时为秋季时，浮游植物总丰度为 57499.98 个/L；当 pH 值＜8.0 且河道底质为砂石同时为夏季和冬季时，浮游植物总丰度为 43700.03 个/L；当 pH 值＜8.0 且河道底质为砂石同时为春季时，浮游植物总丰度为 161766 个/L。综上所述，尼洋河浮游植物群落总丰度受到表层 pH 和底质影响较大。

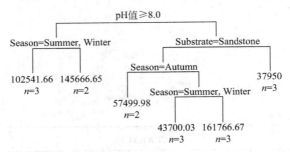

图 2-7　基于分类回归树模型分析尼洋河浮游植物总丰度与环境因子之间的关系

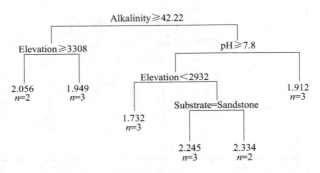

图 2-8　基于分类回归树模型分析尼洋河浮游植物香农指数与环境因子之间的关系

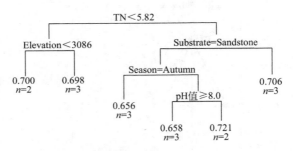

图 2-9　基于分类回归树模型分析尼洋河浮游植物均匀度指数与环境因子之间的关系

尼洋河浮游植物香农指数受到总碱度、表层 pH、海拔以及底质的影响，具体来讲，当总碱度≥42.22mg/L 且海拔≥3308m 时，香农指数为 2.056；当总碱度≥42.22mg/L 且海拔＜3308m 时，香农指数为 1.949；当总碱度＜42.22mg/L 且 pH 值＜7.8 时，香农指数为

1.912；当总碱度＜42.22mg/L 且 pH 值≥7.8，同时海拔＜2932m 时，香农指数为 1.732；当总碱度＜42.22mg/L、pH 值≥7.8、海拔≥2932m 同时河道底质为砂石时，香农指数为 2.245；当总碱度＜42.22mg/L、pH 值≥7.8、海拔≥2932m 同时河道底质为黏土时，香农指数为 2.334。综上所述，尼洋河浮游植物香农指数受到河道底质的影响较大，底质为黏土的水域浮游植物香农指数较底质为砂石的大。

尼洋河浮游植物均匀度指数受到总氮、海拔、河道底质、季节以及表层 pH 的影响，具体来说，当总氮＜5.82mg/L 且海拔＜3086 时，均匀度指数为 0.700；当总氮＜5.82mg/L 且海拔＞3086 时，均匀度指数为 0.698；当总氮≥5.82mg/L 且河道底质为砂石时，均匀度指数为 0.706；当总氮≥5.82mg/L、河道底质为黏土且季节为秋季时，均匀度指数为 0.656；当总氮≥5.82mg/L、河道底质为黏土且季节为春、夏、冬季，同时 pH 值≥8.0 时，均匀度指数为 0.658；当总氮≥5.82mg/L、河道底质为黏土且季节为春、夏、冬季，同时 pH 值＜8.0 时，均匀度指数为 0.721。综上所述，尼洋河浮游植物均匀度指数受到表层 pH 影响较大，pH 值＜8.0 的水域浮游植物均匀度指数比 pH 值＞8.0 的大。

三、讨论

演替（succession）是一个特定水体内的物理（如光、温度）、化学（如营养物、水质、毒素）和生物（如竞争、捕食）因素的改变所引致的种类变化（刘建康等，1999）。浮游植物群落存在季节演替（Romanov & Kirillov，2012），外界环境条件的改变较之群落初始物种组成对浮游植物群落的演替顺序更具决定性作用（黄伟等，2012），温度、氮磷比和水体稳定性是影响浮游植物群落演替的主要因子（岳强等，2012）。

中间高度膨胀（mid-altitude bulge）理论指出，往往在中间海拔区域内，物种的多样性较高，在低海拔或者高海拔区域内，物种的多样性较低（Zhao et al，2005）。本研究中，尼洋河浮游植物多样性（香农指数和均匀度指数）符合中间高度膨胀理论，表现为尼洋河沿程浮游植物多样性变化特点基本一致，即尼洋河中下游（中游）浮游植物香农指数（均匀度指数）最大，其他河段香农指数呈下降趋势。也有资料表明，海拔与浮游植物香农指数和均匀度指数呈正相关（刘艳，2011），初步推断出现这一矛盾在于海拔的梯度未能达到浮游植物多样性峰值转折点。

实际上，浮游植物群落结构往往是多维环境因子综合作用的结果，如本研究中，硅藻门舟形藻科的美壁藻以及羽纹藻，双菱藻科的双菱藻，这些藻类与理化因子氨氮、表层 pH、表层水温有着很大的关联，硅藻门曲壳藻科的卵形藻与表层溶解氧以及总碱度有着很大的关联。蓝藻门色球藻科的微囊藻以及颤藻科的束藻与总碱度、总磷相关联，管孢藻科的管孢藻与氨氮有着较大的关联，念珠藻科的念珠藻与表层 pH 以及表层水温有着较大的关联。绿藻门仅有卵囊藻科的卵囊藻与氨氮存在较大的关联，鼓藻科的新月藻与表层水温存在较大的关联。

研究结果表明，尼洋河浮游植物类群以硅藻占有绝对优势，绿藻和蓝藻伴随存在，这主要取决于尼洋河一年四季均以冷水为主，较为适合喜冷水的硅藻生长与繁殖（沈韫芬等，1990）。在尼洋河沿程方面，这三类藻类演替受到河流形态特征的影响，尼洋河下游较其他河段平缓，形成了独特的"尼洋河河谷"风景区，其河道底质以泥沙和黏土为主，具有较大的比表面积，更容易为浮游植物的生长和繁殖提供各类营养盐（张智等，2006）。同时由于河谷河段水流较其他河段平缓，减少了因水流给浮游植物带来的生存威胁（Stenger et al，

2013）。与海拔因素比较，尼洋河浮游植物物种丰富度或者总丰度对底质的响应更多一些，即底质为泥沙和黏土的河道浮游植物物种丰富度及总丰度较砂石为底质的河道更大。在季节方面，这三类藻类演替主要受到外源性补给水的影响，包括冰雪融水和降水，这些气候因素是水体营养盐，如硅磷比，发生改变的主要驱动因子（Morabito *et al*，2012），导致在夏季硅藻和绿藻总丰度上升为最大值，同时，由于受到环境同质性的影响，蓝藻呈下降趋势；在冬季，由于外源性补给水的减少，尼洋河水体受外界干扰因素的影响减弱，浮游植物多样性，包括香农指数和均匀度指数，均达到了最大值。

第九章

西藏尼洋河着生藻类群落时空动态及与环境因子的关系

　　着生藻类（periphytic algae）又称为周丛藻类，是一种微型级的、复合的群落，在物质循环过程中发挥着重要的作用（刘建康等，1999）。着生藻类种类和数量与其黏附的介质以及水体深度有着很大的关系（Yang & Flower，2012），一般来说，附植藻类和附石藻类的种类较附泥藻类丰富（刘建康等，1999），硅藻门着生藻类与大型水生植物存在着密切的联系，非硅藻门着生藻类与大型水生植物联系较为微弱（Schneider & Lawniczak，2012）。着生藻类群落会随着光线和水质理化因素（pH值、水温、离子组成、氯离子浓度、总氮、总磷等）的变动表现出较为明显的时空异质性（Stenger-Kovacs et al，2013），因而可以利用着生藻类密度来判别河流的水质状况（凌旌瑾等，2008），这在水体富营养化方面值得推崇。马沛明（2005）探索性地证明了以丝状藻类为主的着生藻类对氮、磷具有较高的吸收率和良好的去除效果；孙巍（2008）指出藻类的初始投加量与氮、磷营养物的去除呈现正相关性，磷元素可以成为着生藻类生长的限制性因子，总磷值过低时藻类生长速率降低；况琪军等（2007）指出刚毛藻（*Cladophora oligoclona*）在净化污染水体、修复受损湖泊及防治水体富营养化等方面具有潜在的应用前景。鉴于着生藻类对水体生态环境响应的差异性和敏感性，不同水域须筛选出不同的生态敏感指示着生藻类（袁信芳等，2006）。本节选择着生藻类作为研究对象，旨在：①补充尼洋河着生藻类名录；②描述着生藻类群落动态和优势种；③分析着生藻类群落与环境之间的可能关系；④建立尼洋河生态系统可持续发展预警系统。

一、试验设计和数据处理

　　关于研究区域概况、采样站设置、采样时间、环境因子的采集和分析、数据统计和分析等内容在第八章已进行了介绍。

　　预先放置20cm×20cm的玻璃板于采样点的河道中，14d后，用毛刷清洗玻璃板，收集附着在其上的着生藻类，用鲁哥氏液保存带回实验室进行定量分析，每个样品看2片，每片看30个视野，鉴定到种或属（朱蕙忠，陈嘉佑，2000；胡鸿钧等，1980）。

　　按照如下公式对着生藻类进行定量分析：

$$着生藻类密度 = \frac{计数框面积}{显微镜视野面积 \times 观察视野个数} \times \frac{保存样品体积}{分析样品的体积} \times \frac{分析样品藻类的个数}{采集样品的面积}$$

使用香农指数（Shannon-Wiener diversity index，SH）、物种丰富度（species richness，SR）、总丰度（total abundance，TA）、出现频率（occurrence frequency）、相对丰度（relative abundance）来判别尼洋河着生藻类的多样性。

其中：

① Shannon-Wiener 多样性指数 H'（Shannon-Wiener，1949）

$$H' = -\sum_{i=1}^{s} p_i \ln p_i$$

式中，s 为着生藻类种类数；p_i 为着生藻类 i 占所有着生藻类的比例（$N\%$）。

② 物种丰富度，指某一采样点或者季节出现的物种个数。

③ 总丰度，指某一采样点或者季节单位面积出现的着生藻类个体数量，个/L。

④ 出现频率，指某一着生藻类出现的次数占所有调查样点数的百分比。

⑤ 相对丰度，指某一着生藻类个体数占所有物种个体数的百分比。

二、结果分析

1. 尼洋河着生藻类种类以及优势种

尼洋河共有着生藻类 6 门 33 科 49 属，包括硅藻门（Bacillariophyta）、蓝藻门（Cyanophyta）、绿藻门（Chlorophyta）、隐藻门（Cryptophyta）、黄藻门（Xanthophyta）、裸藻门（Euglenophyta），其中硅藻门 10 科 21 属，绿藻门 14 科 17 属，蓝藻门 5 科 7 属，裸藻门 2 科 2 属，黄藻门和隐藻门各出现 1 科 1 属，详见附录 3。

将着生藻类出现频率在 90% 以上的定义为优势种，以此可知，尼洋河着生藻类优势类群以硅藻为主，如附录 3 所示，脆杆藻科（Fragilariaceae）有 4 属，包括脆杆藻（Fragilaria）、等片藻（Diatoma）、针杆藻（Synedra）、蛾眉藻（Ceratoneis），舟形藻科（Naviculaceae）的舟形藻（Navicula），桥弯藻科（Cymbellaceae）的桥弯藻（Cymbella），异极藻科（Gomphonemaceae）的异极藻（Gomphonema），曲壳藻科（Achnanthaceae）的曲壳藻（Achnanthes），菱板藻科（Nitzschiaceae）的菱形藻（Nitzschia），如上几种硅藻相对丰度之和达 97.35%，其中以曲壳藻相对丰度最大，达 49.60%，接下来是桥弯藻和菱形藻，分别占 18.38%、6.65%。

2. 尼洋河着生藻类时空变化特征

用 PCA 方法分析尼洋河着生藻类的时空特征，如图 2-10 所示，采样点 Ⅳ 囊括的着生藻类最多，接下来依次为采样点 Ⅲ、采样点 Ⅱ 和采样点 Ⅰ，可以初步判断，随着海拔的升高，着生藻类的物种丰富度和总丰度呈递减趋势。季节方面，以冬季囊括的着生藻类最多，接下来是春季、夏季和秋季。在底质方面，砂石底质较黏土底质囊括的着生藻类较多。

为了更好地区分尼洋河各个采样点和季节着生藻类群落的时空特征以及差异性，我们采用 Duncan 检验法对各采样点以及季节之间着生藻类物种丰富度、总丰度和香农指数进行了差异性分析，如图 2-11 所示。结果显示，尼洋河着生藻类物种丰富度、总丰度和香农指数在各个采样点之间均无显著性差异（$P > 0.05$），尼洋河中下游较中上游着生藻类物种丰富度大，交汇处（采样点 Ⅱ，为巴河和尼洋河交汇处；采样点 Ⅳ，为尼洋河和雅鲁藏布江交汇处）的着生藻类总丰度较其他河段（采样点 Ⅰ 和采样点 Ⅲ）大，以尼洋河中游为分界，中上游河段和中下游河段着生藻类香农指数均呈下降趋势。

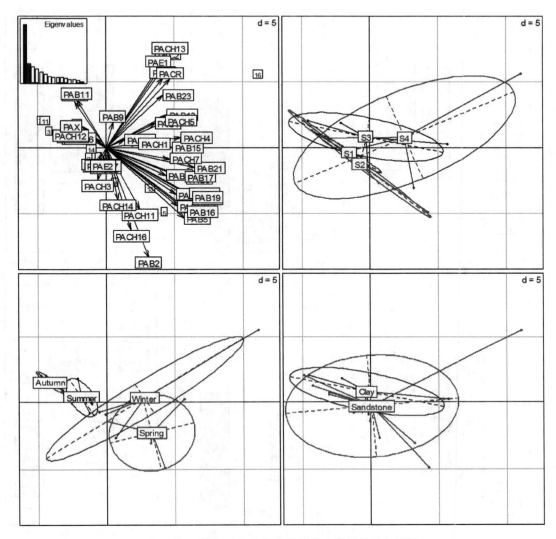

图 2-10 基于 PCA 分析尼洋河着生藻类的时空特征

图中数字为样点标记，其中 1、2、3、4 分别为采样点Ⅰ的春、夏、秋、冬；5、6、7、8 分别为采样点Ⅱ的春、夏、秋、冬；9、10、11、12 分别为采样点Ⅲ的春、夏、秋、冬；13、14、15、16 分别为采样点Ⅳ的春、夏、秋、冬。S1 为采样点Ⅰ，S2 为采样点Ⅱ，S3 为采样点Ⅲ，S4 为采样点Ⅳ；Clay 指底质为黏土，Sandstone 指底质为砂石。第一主成分解释率为 34.6 %（图中左上图第一条黑色柱所示），第二主成分解释率为 11.5 %（图中左上图第二条黑色柱所示），前两个主成分解释率和达 46.1 %

秋季和冬季着生藻类物种丰富度存在显著性差异（$P < 0.05$），并且以秋季、春季、夏季和冬季的顺序物种丰富度逐渐递增，着生藻类总丰度在各个季节之间不存在显著性差异（$P > 0.05$），以冬季和春季的总丰度最高，夏、秋季与冬、春季着生藻类香农指数存在显著性差异（$P < 0.05$），以夏季和秋季的着生藻类香农指数较高，在 1.8 以上，以冬季和春季的着生藻类香农指数较低，在 1.8 以下。

3. 尼洋河着生藻类与环境因子的关系及关键预测因子

为了更加清晰地阐释尼洋河着生藻类与环境因子之间的关系，我们将着生藻类分为三个类群与 9 项环境指标并进行了 CCA 分析，这三个类群是硅藻、绿藻以及以蓝藻、隐藻、裸

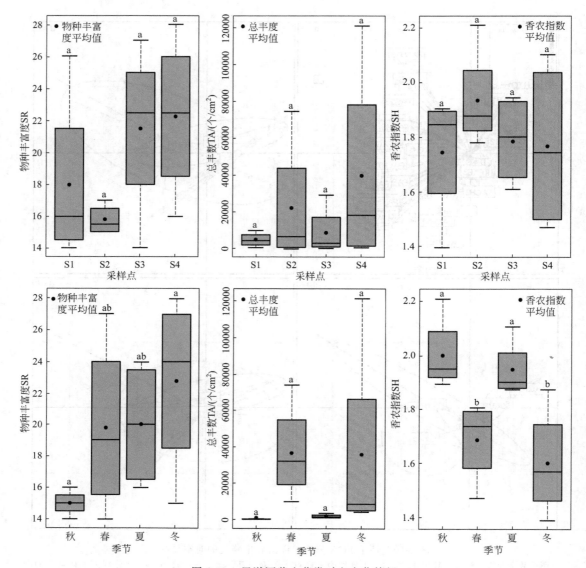

图 2-11　尼洋河着生藻类时空变化特征

　　用 Duncan 法检验各采样点以及季节之间着生藻类相关参数的差异性，包括总丰度、物种丰富度和香农指数，不同字母表示差异达显著水平（$P < 0.05$）

藻、黄藻为一类的藻类，9 项环境指标包括表层水温、表层 pH、硬度、矿化度、表层溶解氧、总氮、铵态氮、总磷、总碱度，如图 2-12 所示。对于硅藻门，尼洋河部分硅藻与理化因子相关联，如双壁藻（*Diploneis*）的密度与总磷相关联，窗纹藻（*Epithemia*）的密度与氨氮相关联，双菱藻（*Surirella*）的密度与表层 pH 相关联。绿藻门部分藻类与理化因子相关联，如小球藻（*Chlorella*）、栅藻（*Scenedesmus*）、溪菜（*Prasiola*）的密度与表层水温相关联，小椿藻（*Characium*）的密度与硬度相关联，转板藻（*Mougeotia*）的密度与表层溶解氧、矿化度相关联，新月藻（*Closterium*）的密度与总碱度相关联。蓝藻门、隐藻门、裸藻门、黄藻门的藻类分布与尼洋河各河段以及理化因子三者之间关联性均较弱。

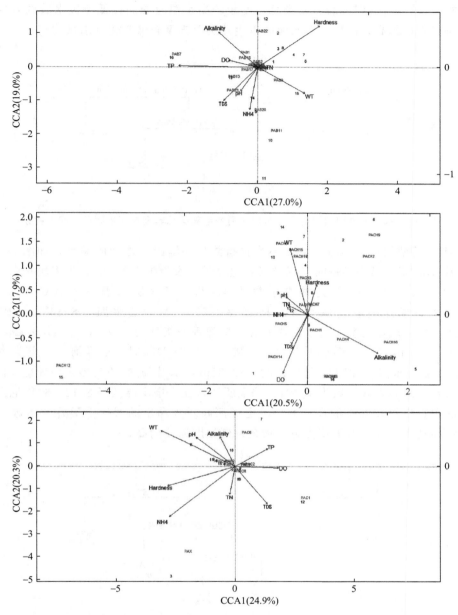

图 2-12　基于 CCA 方法分析尼洋河着生藻类的密度、环境因子、样点之间的关系

用 CART 模型预测尼洋河着生藻类总丰度与环境因子之间的关系，如图 2-13 所示，当表层水温≥12.98℃时，尼洋河着生藻类总丰度为 266.66 个/cm²；当表层水温介于 12.98℃和 12.4℃之间时，尼洋河着生藻类总丰度为 967.28 个/cm²；当表层水温＜12.4℃且为冬季时，尼洋河着生藻类总丰度为 4442.41 个/cm²；当表层水温＜12.4℃且非冬季，同时海拔＜3068m 时，尼洋河着生藻类总丰度为 29127.25 个/cm²；当表层水温＜12.4℃且非冬季，同时海拔≥3068m、矿化度≥92.06mg/L 时，尼洋河着生藻类总丰度为 363.63 个/cm²；当表层水温＜12.4℃且非冬季，同时海拔≥3068m、矿化度＜92.06mg/L 时，尼洋河着生藻类总丰度为 203.02 个/cm²。综上所述，在一定的表层水温范围之内（12.98℃≥表层水

温≥12.4℃），较低水温时的着生藻类总丰度较较高水温时的高；低海拔水域的着生藻类总丰度较高海拔水域的高，高矿化度水域的着生藻类总丰度较低矿化度水域的高。

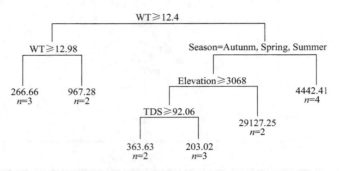

图 2-13　基于分类回归树模型分析尼洋河着生藻类总丰度与环境因子之间的关系

用 CART 模型预测尼洋河着生藻类香农指数与环境因子之间的关系，如图 2-14 所示，当表层水温 <8.12℃ 且为冬季时，尼洋河着生藻类香农指数为 1.529；当表层水温 <8.12℃ 且为春季时，尼洋河着生藻类香农指数为 1.471；当表层水温 ≥8.12℃ 且矿化度 <83.35mg/L 时，尼洋河着生藻类香农指数为 1.878；当表层水温 ≥8.12℃ 且矿化度 ≥83.35mg/L，同时底质为黏土时，尼洋河着生藻类香农指数为 1.918；当表层水温 ≥8.12℃ 且矿化度 ≥83.35mg/L，同时底质为砂石、硬度 ≥2.57°DH 时，尼洋河着生藻类香农指数为 1.780；当表层水温 ≥8.12℃ 且矿化度 ≥83.35mg/L，同时底质为砂石、硬度 <2.57°DH 时，尼洋河着生藻类香农指数为 1.391。综上所述，在表层水温低于 8.12℃ 时，尼洋河着生藻类冬季的香农指数较春季的高；另外，尼洋河底质为黏土的着生藻类香农指数较砂石的高；尼洋河高硬度河段的着生藻类香农指数较低硬度河段的高。

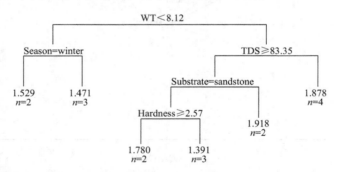

图 2-14　基于分类回归树模型分析尼洋河着生藻类香农指数与环境因子之间的关系

三、讨论

1. 影响着生藻类种类和数量的因子

海拔决定了一个地区的温度和光照等环境因素及其变化，属于宏观尺度的环境因子，通常情况下，由于海拔的升高，水域温度降低，冰冻期延长（Rundle et al，1993；Ao et al，1984），物种的丰富度降低（Suren，1994），优势种群也随之发生改变。本研究中，尼洋河中下游较中上游（低海拔）着生藻类物种丰富度大，交汇处（低海拔）的着生藻类总丰度较其他河段大。

另外，水流速度与河床的底质存在着相关性，就尼洋河而言，但凡流速快的地方，底质都为砂石，流速慢的地方，底质则为黏土或者细砂，往往粗糙的基质上着生的着生藻类物种丰富度较光滑的大，而总丰度则没有明显的区别（Schneck et al，2011）。本研究中，尼洋河底质为黏土河段的着生藻类物种丰富度和总丰度较底质为砂石的河段大。

值得注意的是，鱼类的习性以及摄食行为也会对着生藻类群落结构产生影响。资料表明，西藏不乏以着生藻类为食的本土鱼类，如异齿裂腹鱼（季强，2008）、拉萨裸裂尻鱼（杨学峰，2011）等，以及以着生藻类为食的外来鱼，如鲫鱼（陈锋，陈毅峰，2010），从一定程度上讲，着生藻类的丰度是以其为食的西藏鱼类的种群数量较为关键的生物因子（季强，2008）。不容忽视的是，随着水温的降低，鱼类的摄食行为也在减弱，以着生藻类为食的鱼类所生存的水域，着生藻类群落结构在冬季也会因此产生响应。

本试验中，矿化度是根据水体的残渣量而得来，总氮和总磷是残渣重要的组成成分，也是影响着生藻类群落结构重要的水环境因子（文航等，2011），总磷浓度迅速上升会导致叶绿素 a 含量和着生藻类数量急剧增加（王朝晖等，2009），在较高的照度、较高的氮磷浓度的水体中，着生藻类总丰度也比较高（Sanches et al，2011），部分非硅藻门着生藻类与总氮或者总磷存在负相关关系（Stancheva，2012），当总氮和总磷浓度均较高时，无法明确判断其与着生藻类生物量的关系（Kohler，2012），鉴于一些着生藻类自身具有固氮作用，磷元素可以成为着生藻类生长的限制性因子，总磷值过低时藻类生长速率会降低（孙巍，2008）。本研究中，尼洋河高矿化度河段的着生藻类总丰度较低矿化度的高。

残渣量还与水体的浑浊度有着密切的联系，4～7 月为尼洋河涨水期，水体较其他时间浑浊，光线变弱。有资料表明，光线对着生藻类的生物量有着重要的影响，随着光线的减弱，着生藻类的生物量也在减弱（Bowes，2012）。本研究中，在冬季，以着生藻类为食的西藏本土鱼类以及外来鱼类摄食行为减弱，同时，此阶段尼洋河水体能够沐浴充足的阳光，着生藻类总丰度和物种丰富度有所增加。

2. 影响着生藻类多样性的因子

影响着生藻类多样性的因子包括水流、水深、浊度、溶解氧、水温等（Sharma，2008）。值得强调的是，由于空间的异质性，导致了环境条件的多样化，生态系统中着生藻类多样性主要依存于空间的异质性（Saravia，2012），流域上游的着生藻类香农指数较其他河段低（Mihalic，2008），中间高度膨胀（mid-altitude bulge）理论指出，往往在中间海拔区域内，物种的香农指数较高，在低海拔或者高海拔区域内，物种的香农指数较低（贺金生，陈伟烈，1996）。本研究中，尼洋河着生藻类香农指数符合中间高度膨胀理论，即尼洋河中游河段着生藻类香农指数最大，中上游河段和中下游河段着生藻类香农指数呈下降趋势。

另外，着生藻类的香农指数也可以折射出流域的污染情况以及季节的差异性等信息，如夏季着生藻类的香农指数较低（Morin，2008），往往随着生藻类生物量增加，着生藻类的香农指数有降低的趋势（Saravia，2012）。鉴于此，为了更清楚地阐释香农指数和总丰度之间的关系，拟合了对数函数，即

$$Y = a + b\ln X$$

其中，a、b 为常量；Y 和 X 是变量。结果如图 2-15 所示，拟合效果较好。同时，因拟合的函数为对数函数，尼洋河着生藻类总丰度与香农指数之间不存在线性相关，而是与香农指数的自然对数呈线性负相关，说明不能用影响着生藻类种类和数量的因子来解释着生藻类

的多样性。

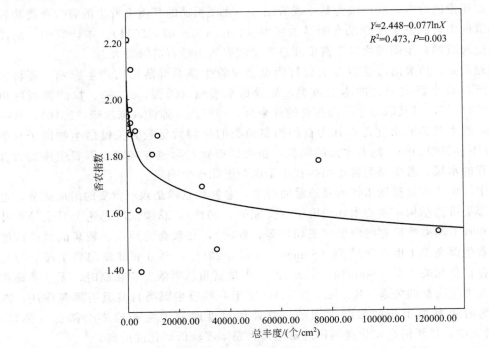

图 2-15　尼洋河着生藻类香农指数与总丰度关系拟合曲线

第十章
西藏尼洋河大型底栖动物群落时空动态
及与环境因子的关系

底栖动物在水域生态系统中扮演着重要的角色，可用于环境监测（王宗兴，2007），比如可作为环境污染的指示种（刘志刚等，2012）、判别水体污染类型（陈凯等，2012）、评价水质（熊晶等，2010）。底栖软体动物也对富营养化水体具有明显的净化作用（刘保元等，1997），对河口沉积物具有扰动作用（覃雪波等，2010）。通过对底栖动物功能摄食类群空间动态的分析可以得出各监测点的生态特征（丛明，2011）。另外，底栖动物还可以作为水电站干扰（渠晓东等，2007）和生物入侵（王睿照，2010）的监测因子。由于底栖动物可以作为鱼类的饵料（张波等，2009），通过食物链产生上行效应（黄孝锋等，2012）和下行效应（杨明生，2009），同时由于部分底栖动物对落叶具有分解作用（颜玲等，2007），在能量流动和物质循环中起着承上启下的作用（刘学勤，2006）。鉴于底栖动物在水域生态系统中的重要性，开展尼洋河大型底栖动物群落结构特征及其与环境的关系的工作则显得尤为重要，旨在：①描述大型底栖动物群落动态和优势种；②分析大型底栖动物群落与环境之间的可能关系；③建立尼洋河生态系统可持续发展预警系统。

一、试验设计和数据处理

关于研究区域概况、采样站设置、采样时间、环境因子的采集和分析、数据统计和分析等内容在第八章已进行了介绍。

每个采样点选择三个样方，每个样方大小为 25cm×25cm×20cm。底质为泥沙的河道用改良型彼得森采泥器采集；底质为卵石的河道，用手拾取样方里的石块，冲刷石块，将冲刷物收集于事先准备好的塑料桶中，用 40 目过滤网淘洗采集物（泥沙或冲刷物），获得大型底栖动物样品，用 5% 甲醛和 75% 乙醇保存，保存液体体积为动物身体体积的 10 倍以上，带回实验室分析。

使用解剖镜观察，鉴定到科或属，并计数，最终结果折算为单位面积的数量，使用密度百分比、总丰度（total abundance，TA）来分析尼洋河大型底栖动物的群落结构。

二、结果分析

1.尼洋河大型底栖动物优势种时空变化情况

尼洋河中下游（采样点Ⅲ和采样点Ⅳ）春季的优势种是萝卜螺，采样点Ⅱ和采样点Ⅲ夏季的优势种是短尾石蝇，尼洋河中上游（采样点Ⅰ和采样点Ⅱ）秋季的优势种是扁蜉，尼洋河中下游（采样点Ⅲ和采样点Ⅳ）冬季的优势种是石蚕幼虫，采样点Ⅰ秋冬季的优势种是扁蜉，采样点Ⅱ和采样点Ⅲ的优势种各个季节不尽相同，采样点Ⅳ除春季的优势种为萝卜螺之外，其他三个季节优势种均为石蚕幼虫，如表2-2所示。

表 2-2　尼洋河大型底栖动物群落各个季节各个采样点优势种分布情况

季节	采样点Ⅰ	采样点Ⅱ	采样点Ⅲ	采样点Ⅳ
春季	蜉蝣 *Ephemeroptera*	摇蚊幼虫 *Chironomidae* larvae	萝卜螺 *Radix* sp.	萝卜螺 *Radix* sp.
夏季	纹石蛾幼虫 *Hydropsychidae* larvae	短尾石蝇 *Nemoura*	短尾石蝇 *Nemoura*	石蚕幼虫 *Phryganea* larvae
秋季	扁蜉 *Heptageniidae*	扁蜉 *Heptageniidae*	摇蚊幼虫 *Chironomidae* larvae	石蚕幼虫 *Phryganea* larvae
冬季	扁蜉 *Heptageniidae*	无 None	石蚕幼虫 *Phryganea* larvae	石蚕幼虫 *Phryganea* larvae

尼洋河前四种出现率较高的大型底栖动物分别是石蚕幼虫、萝卜螺、扁蜉、摇蚊幼虫，总丰度则与出现率在物种以及排序上略有不同，前四种分别是石蚕幼虫、萝卜螺、纹石蛾幼虫以及摇蚊幼虫，比较尼洋河大型底栖动物的出现率和总密度，发现石蚕幼虫、萝卜螺以及摇蚊幼虫不管是在出现率还是在总密度方面，均排在较前的位置，可以认为这三类大型底栖动物是尼洋河主要的底栖动物，如图2-16所示。

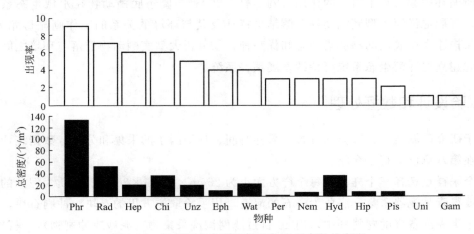

图 2-16　尼洋河各大型底栖动物出现率及总密度

图 2-16 中简写大型底栖动物的中英文全称见表 2-2

2.尼洋河大型底栖动物群落结构的时空变化特征

为了判断尼洋河各个季节各个采样点大型底栖动物的优势种，我们比较分析大型底栖动物的密度百分比，如附录4所示。对于采样点Ⅰ，春季以蜉蝣为主，密度百分比超过了

60％，夏季以纹石蛾幼虫为主，密度百分比超过了40％，秋季以扁蜉为主，密度百分比超过了80％，冬季仅为扁蜉一种大型底栖动物；对于采样点Ⅱ，春季以摇蚊幼虫为主，密度百分比接近40％，夏季以短尾石蝇为主，密度百分比超过了60％，秋季以扁蜉为主，密度百分比接近60％，冬季未采集到大型底栖动物；对于采样点Ⅲ，春季以萝卜螺为主，密度百分比接近60％，夏季则蜉蝣、短尾石蝇、摇蚊幼虫、萝卜螺各占四分之一，秋季仅为摇蚊幼虫一种大型底栖动物，冬季以石蚕幼虫为主，密度百分比接近40％；对于采样点Ⅳ，春季以萝卜螺为主，密度百分比超过了50％，夏、秋、冬季均以石蚕幼虫为主，密度百分比分别超过了80％、40％和70％。

对尼洋河大型底栖动物总丰度差异性进行判别，如图2-17所示。四个采样点之间以及季节之间在 $P=0.05$ 水平上均不存在显著性差异。其中，采样点Ⅰ、采样点Ⅱ、采样点Ⅲ大型底栖动物总丰度在10个/m³左右，而采样点Ⅳ大型底栖动物总丰度在60个/m³左右，平均值最小值出现在采样点Ⅱ；四个季节中，总丰度最大值出现在秋季，在40个/m³以上，接下来依次为夏季、春季和冬季，总丰度最小值出现在冬季，在10个/m³以下。

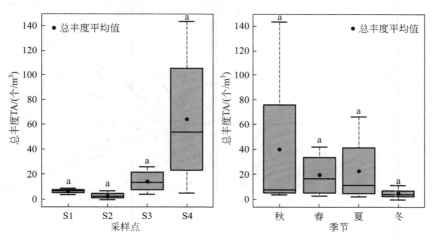

图2-17　尼洋河大型底栖动物总丰度的时空特征
用 Duncan 法检验各采样点的差异性，不同字母表示差异达显著水平（$P<0.05$）

3. 基于 PCA 分析尼洋河大型底栖动物的时空特征

用 PCA 方法分析尼洋河大型底栖动物的时空分布特征，如图2-18所示，14种大型底栖动物除第二象限内没有分布之外，其他三个象限均有分布。第一象限主要是钩虾属、尺蠖鱼蛭、石蚕幼虫、水蚯蚓、萝卜螺等五种大型底栖动物，可解释为尼洋河中下游（采样点Ⅲ和采样点Ⅳ）的主要大型底栖动物；圆扁螺属、纹石蛾幼虫、扁蜉、摇蚊幼虫等四种大型底栖动物，可解释为尼洋河下游（采样点Ⅳ）的主要大型底栖动物；其他大型底栖动物则解释为尼洋河中上游（采样点Ⅰ和采样点Ⅱ）的主要大型底栖动物。

同时，采样点方面，大型底栖动物分布情况可大体概括为：尼洋河下游与其他三个采样点有较大分离，囊括了第一象限和第四象限的大部分大型底栖动物，可认为该采样点大型底栖动物数量较多，采样点Ⅱ所囊括的大型底栖动物范围最小，可认为该采样点大型底栖动物丰富度较少。季节方面，大型底栖动物分布情况可大体概括为：秋季较其他三个季节有较大分离，同时囊括的大型底栖动物范围较小，囊括大型底栖动物范围最大

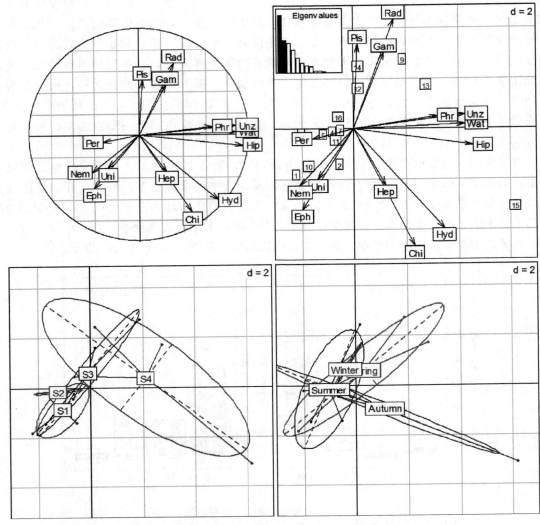

图 2-18　基于 PCA 分析尼洋河大型底栖动物的时空特征

1、2、3、4 分别为采样点Ⅰ的春、夏、秋、冬；5、6、7、8 分别为采样点Ⅱ的春、夏、秋、冬；9、10、11、12 分别为采样点Ⅲ的春、夏、秋、冬；13、14、15、16 分别为采样点Ⅳ的春、夏、秋、冬。S1 为采样点Ⅰ，S2 为采样点Ⅱ，S3 为采样点Ⅲ，S4 为采样点Ⅳ。第一主成分解释率为 31.0%（图中右上图第一条黑色柱所示），第二主成分解释率为 17.6%（图中右上图第二条黑色柱所示），前两个主成分解释率和达 48.6%

的是夏季，接下来是春季，最小的是冬季，可认为大型底栖动物总丰度最高值出现在夏季，最低值出现在冬季。

4. 尼洋河大型底栖动物与环境因子关系探析

用 CCA 方法对尼洋河大型底栖动物与环境因子之间的关系进行了分析，如图 2-19 所示。其中第一象限和第四象限主要解释的是尼洋河中下游（样点 9、样点 12～样点 16）的大型底栖动物与环境因子之间的相互关系，第二象限和第三象限主要解释的是尼洋河中上游（样点 1～样点 8）的大型底栖动物与环境因子之间的相互关系。尼洋河中下游主要的大型底栖动物包括钩虾属、萝卜螺、圆扁螺属、水蚯蚓、尺蠖鱼蛭、石蚕幼虫，这些大型底栖动物主要与水体的总磷、矿化度、底层溶解氧以及总氮等理化性质关联性较大；尼洋河中上游主要的大型底栖动物包括扁蜉、纹石蛾幼虫、摇蚊幼虫、石蝇、蜉蝣、短尾石蝇，这些大型底栖动物主要与水体的 pH 值、氨氮、底层水温、硬度、碱度等理化性质关联性较大。

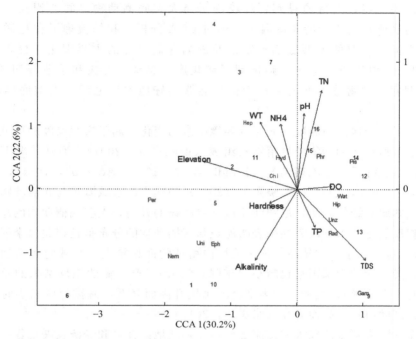

图 2-19　基于 CCA 方法分析尼洋河大型底栖动物的密度、环境因子、样点之间的关系

用 CART 模型分析了尼洋河大型底栖动物与环境因子之间的关系，如图 2-20 所示。当矿化度 < 79.41mg/L 时，大型底栖动物总丰度则等于 7 个/m^3，当矿化度 ≥ 79.41mg/L 且总磷 < 0.035mg/L 时，大型底栖动物总丰度则等于 4 个/m^3，当矿化度 ≥ 79.41mg/L 且总磷 ≥ 0.035mg/L 且海拔 ≥ 3086m 时，大型底栖动物总丰度则等于 0 个/m^3，在秋季和冬季这两个季节里，在海拔 < 3086m，同时矿化度 ≥ 79.41mg/L 且总磷 ≥ 0.035mg/L 时，大型底栖动物总丰度为 4.67 个/m^3，在春季和夏季这两个季节里，在海拔 < 3086m，同时矿化度 ≥ 79.41mg/L 且总磷 ≥ 0.035mg/L 时，大型底栖动物总丰度则等于 16 个/m^3。

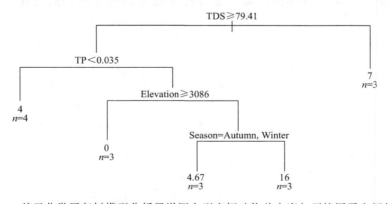

图 2-20　基于分类回归树模型分析尼洋河大型底栖动物总丰度与环境因子之间的关系

三、讨论

由于环境因子的异质性，使底栖动物产生了生态位的分化（王宗兴等，2012），这也是我们工作的关注点，期待通过判别环境因子与大型底栖动物之间的相互关系，寻找影响尼洋河大型底栖动物丰度的关键因子。通过 CCA 分析，我们梳理了在尼洋河中上游以及中下游两个河段主要的大型底栖动物以及影响它们丰度的主要理化指标，通过 CART 模型，我们从 11 项环境指标中，筛选到了矿化度、总磷、海拔和季节等四项环境指标，作为判别大型底栖动物总丰度的关键指标，能够很好地解释尼洋河大型底栖动物与环境之间的关系。

海拔决定了一个地区的温度和光照等环境因素的变化，属于宏观尺度的环境因子，因此从根本上决定了河流底栖动物的群落结构组成（渠晓东等，2007）。通常情况下，由于海拔的升高，水域温度降低，冰冻期延长（Rundle *et al*，1993；Ao *et al*，1984），物种的丰富度也随之降低（Suren，1994），渠晓东等（2007）同样指出水域海拔与底栖动物群落结构组成呈负相关。本研究结果表明，尼洋河流域随着海拔的升高，大型底栖动物的总丰度呈现降低的趋势。相反的是，部分研究结果表明海拔与底栖动物的分布呈正相关（李强，2007；张勇等，2012），这归结于海拔越高，加之流域内植被的面积越大，水域的底栖动物丰富度和完整性越好，受人为的干扰因素也越小（李强，2007）。产生截然相反结果的原因在于：海拔梯度较大时（上千米），底栖生物丰富度随海拔升高而降低，海拔梯度较小时（几百米），底栖生物丰富度随海拔升高而升高（张勇等，2012）。

尼洋河作为雅鲁藏布江较大的支流之一，在林芝地区社会和经济发展过程中发挥着重要的作用，但水电站的建设和开发，对尼洋河水域生态可持续发展提出了很大的挑战。

在这样的背景下，如何建立有效的尼洋河水域生态安全预警系统，应该是当局重要的任务，鉴于底栖动物在水域生态中扮演着重要的角色，底栖动物功能群多样性是对环境梯度和生境质量的综合反映（袁兴中等，2002），筛选和关注关键环境因子，对发挥底栖动物的生态多样性有着重要的作用。CART 模型指出，用矿化度、总磷、海拔以及季节四项环境因子，能很好地演绎尼洋河大型底栖动物与环境之间的关系。结果显示，矿化度 $\geqslant 79.41$ mg/L 时，大型底栖动物总丰度总是在低海拔时（海拔小于 3086 m）较高，同时春夏季节比秋冬季节的大型底栖动物总丰度高。建议加强大型底栖动物和水体理化指标的监测与控制，在保证尼洋河流域生态可持续发展的前提下，推动社会和经济的区域发展。

第十一章
西藏尼洋河浮游动物群落时空动态及与环境因子的关系

　　浮游动物是一个生态学范畴的概念，是依据其生活方式而划分的一类生物类群，包括原生动物、轮虫、枝角类和桡足类（刘建康等，1999）。因其独特的生活方式，在水域生态系统中发挥着重要的作用。一方面浮游动物以食物链为纽带，发挥着上行效应和下行效应，如以浮游植物为食的浮游动物可降低浮游植物的生物量（Pogozhev，2011），通过原生动物的捕食作用调节水细菌的数量，推动水生态系统的物质循环（周可新等，2003），因此将原生动物称为水中"清道夫"也在情理之中，同时水体中滤食杂食性鱼类能够显著影响浮游动物群落结构，导致浮游动物群落的小型化（陈炳辉，刘正文，2012），多元营养捕食和被捕食模型（multi-nutrient predator-prey model）指出，有害蓝藻水华（harmful algal bloom，HAB）会以牺牲藻类物种丰富度为代价来获取自身的生长，以对抗浮游动物对其的捕食作用，这一点也须引起注意（Mitra & Flynn，2006）。另一方面由于原生动物在不同的污染带指示种有所不同，因此在水质监测中扮演着重要的角色（沈韫芬等，1990）。同时在全球变暖背景下，温带海域北黄海浮游动物暖水种种类增加、分布北移，暖温种丰度升高，与之不同的是，亚热带海域东海浮游动物暖水种丰度升高、暖温种丰度降低，这种差异反映了不同生态类群浮游动物对气候变化响应不同，从而不同温度区系浮游动物对气候变化的响应也不同（杨青等，2012）；由于气候的变暖，Aleknagik Lake 的 *Daphnia* 和 *Bosmina* 这两种浮游动物的生产力和密度得到了显著的提高（Carter & Schindler，2012），气候的变暖也会缩小浮游植物和食藻性浮游动物生物量高峰之间的时间间隔（Aberle，2012）。在全球气候变暖和人类活动对自然影响的框架之下，高原水域生态安全屏障作用愈发突出，通过有效检测浮游动物群落，旨在：①补充尼洋河浮游动物名录；②描述浮游动物群落动态和优势种；③分析浮游动物群落与环境之间的可能关系；④建立尼洋河生态系统可持续发展预警系统。

一、试验设计和数据处理

　　关于研究区域概况、采样站设置、采样时间、环境因子的采集和分析、数据统计和分析等内容在第八章已进行了介绍。

　　用 25♯ 浮游生物网过滤 200L 水，得浮游动物定量样品，鲁哥氏液保存带回实验室，静置 48h 后浓缩。原生动物计数时，将浓缩样充分摇匀后吸取 1mL 置于计数框内，在 10×20 倍显微镜下观察，全片观察，每个样品计数 2 次。两次计数结果与其平均数之差小于 10% 结果为有效，否则须计数第三片。轮虫、枝角类、桡足类须对采集样品瓶全瓶观察并计数，根据相关参考文献，将浮游动物鉴定到种或属（王家楫，1961；中国科学院动物研究所甲壳动物研究组，1979；沈韫芬等，1990）。

按照如下公式对原生动物进行定量分析：

$$原生动物＝两片计数框某个原生动物的个数\times\frac{浓缩样品体积}{分析样品体积\times取样样品体积}$$

使用香农指数（Shannon-Wiener diversity index，SH）、均匀度指数（pielou evenness index，PI）、物种丰富度（species richness，SR）、总丰度（total abundance，TA）、浮游动物生物量来判别尼洋河浮游动物的多样性。

其中：

① Shannon-Wiener 多样性指数 H'（Shannon-Wiener，1949）

$$H'=-\sum_{i=1}^{s}p_i\ln p_i$$

式中，s 为浮游动物种类数；p_i 为浮游动物 i 占所有浮游动物的比例（$N\%$）。

② Pielou 均匀度指数 J'（Pielou，1975）

$$J'=H'/H'_{max}=H'/\ln s$$

式中，H' 为 Shannon-Wiener 多样性指数；H'_{max} 是指在理论上最大多样性指数；s 为浮游动物种类数。

③ 物种丰富度，指某一采样点或者季节出现的物种个数。

④ 总丰度，指某一采样点或者季节单位体积出现的浮游动物个体数量，个/L。

⑤ 浮游动物生物量，指某一区域浮游动物的重量，mg/L。

⑥ 出现频率，指某一浮游动物出现的次数占所有调查样点数的百分比。

⑦ 相对丰度，指某一浮游动物个体数占所有物种个体数的百分比。

二、结果分析

1. 尼洋河浮游动物种类以及优势种

尼洋河原生动物（protozoa）9 目 13 科 14 属，轮虫（rotifera）1 目 7 科 17 属，枝角类（cladocera）仅 1 目 1 科 1 属，桡足类（copepoda）2 目 2 科 2 属，详见附录 5。原生动物以砂壳虫（*Difflugia*）和瞬目虫（*Glaucoma*）为主，出现频率分别为 43.75%、43.75%，相对丰度分别为 21.70%、23.80%，合计超过了 45%，轮虫则以橘轮虫（*Rotaria*）和单趾轮虫（*Monostyla*）为主，出现频率分别为 37.50%、25.00%，但相对丰度均未超过 1%。

2. 尼洋河浮游动物时空变化特征

尼洋河浮游动物以原生动物和轮虫为主（附录 5），两者总丰度在季节方面存在相似的演替规律（图 2-21），即出现两个波峰和两个低谷，两个波峰分别出现在春季和秋季，两个低谷分别出现在夏季和冬季；两者生物量在季节方面的演替则有所不同，原生动物生物量只有一个低谷，出现在夏季，而轮虫生物量则有两个低谷，分别出现在夏季和冬季。在尼洋河沿程方面，随着海拔的升高，原生动物总丰度和生物量基本呈现下降趋势，轮虫的总丰度和生物量均在秋季出现一个波峰。

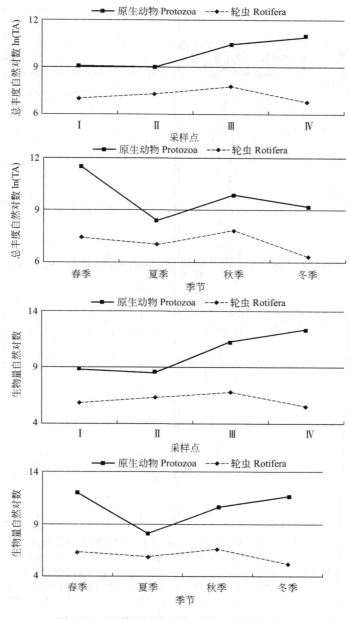

图 2-21　尼洋河原生动物、轮虫时空演替特征

　　用 PCA 方法探究了尼洋河浮游动物时空演替特征，如图 2-22 所示，尼洋河下游较其他河段浮游动物丰富，夏季、秋季与其他两个季节浮游动物有较大的不同，底质为砂石的河段浮游动物较底质为黏土的河段丰富，可见底质为砂石的河道对浮游动物群落结构有着很重要的影响。

　　为了更进一步反映尼洋河浮游动物群落的时空演替特征，我们选择了物种丰富度、总丰度、香农指数、均匀度指数以及生物量，分析以上五个指标在尼洋河沿程四个季节浮游动物群落的变化情况，结果如图 2-23 所示。

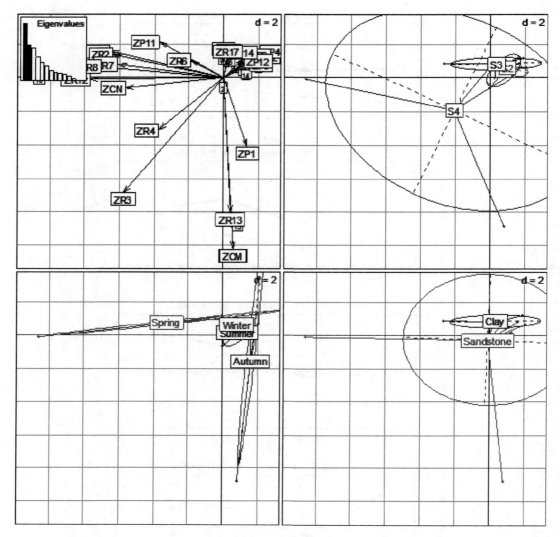

图 2-22　基于 PCA 分析尼洋河浮游动物的时空演替特征

图中数字为样点标记，其中 1、2、3、4 分别为采样点 I 的春、夏、秋、冬；5、6、7、8 分别为采样点 II 的春、夏、秋、冬；9、10、11、12 分别为采样点 III 的春、夏、秋、冬；13、14、15、16 分别为采样点 IV 的春、夏、秋、冬。S1 为采样点 I，S2 为采样点 II，S3 为采样点 III，S4 为采样点 IV；Clay 指底质为黏土，Sandstone 指底质为砂石。第一主成分解释率为 25.4 %（图中左上图第一条黑色柱所示），第二主成分解释率为 15.8%（图中左上图第二条黑色柱所示），前两个主成分解释率和达 41.2%

　　尼洋河浮游动物沿程变化方面，浮游动物群落四个指标不存在显著差异（$P > 0.05$）。随着海拔的升高，尼洋河浮游动物丰富度和生物量呈现减小的趋势，丰富度最大值为 7，最小值也超过了 2，生物量最大值超过了 2000×10^{-4} mg/L，最小值则维持在 200×10^{-4} mg/L 左右。香农指数和均匀度指数呈现相似的变化规律，即均出现两个波峰和两个低谷，两个波峰分别出现在尼洋河中上游和中下游，两个低谷则出现在河流交汇处（尼洋河中游和下游），香农指数介于 0.5~1.0 之间，均匀度指数则介于 0.4~0.9 之间。尼洋河浮游动物总丰度波峰出现在尼洋河中下游，超过了 600 个/L，最小值则在 200 个/L 以上。

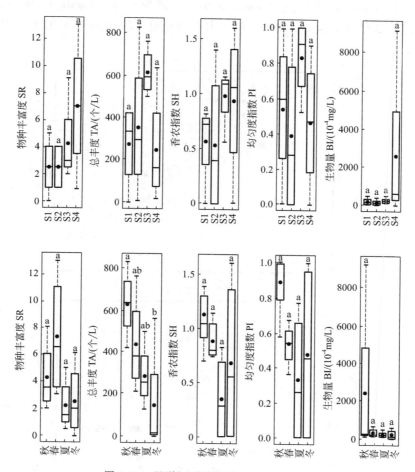

图 2-23　尼洋河浮游动物时空变化特征

"·"表示尼洋河浮游动物评价参数的平均值，用 Duncan 法检验各采样点以及季节之间浮游动物参数差异性，不同字母表示处理间差异达显著水平（$P < 0.05$）

尼洋河浮游动物季节变化方面，仅总丰度秋季和冬季之间存在显著差异（$P < 0.05$），其他四个指标在各个季节之间均不存在显著差异（$P < 0.05$）。浮游动物总丰度和生物量变化趋势相似，即以秋季、春季、夏季、冬季顺序，这两个指标呈现减小的趋势，总丰度最大值超过了 600 个/L，最小值则低于 200 个/L，生物量最大值超过了 2000×10^{-4} mg/L，最小值则低于 200×10^{-4} mg/L。浮游动物香农指数和均匀度指数表现为相似的变化趋势，即均在夏季出现一个低谷，最大值出现在秋季，香农指数介于 0.4～1.2 之间，均匀度指数介于 0.3～0.9 之间。浮游动物物种丰富度最大值出现在春季，在 7 左右，最小值出现在夏季，在 2 左右（图 2-23）。

3. 尼洋河浮游动物与环境因子的关系及关键预测因子

为了更加清晰地阐释尼洋河浮游动物与环境因子之间的关系，我们将浮游动物主要的两个类群与 9 项环境指标进行了 CCA 分析，这两个类群是原生动物和轮虫，9 项环境指标包括表层水温、表层 pH、硬度、矿化度、表层溶解氧、总氮、铵态氮、总磷、总碱度，如图 2-24 所示。结果显示，原生动物类群里，砂壳虫的丰度受到水体溶解氧的影响较大，前管虫（*Prorodon*）、袋座虫（*Bursellopsis*）、肾形虫（*Colpoda*）、瞬目虫和斜口虫（*Enchelys*）的丰度受到水体矿化度的影响较大，鳞壳虫（*Euglypha*）的丰度则主要与水体中氨氮关联较大。

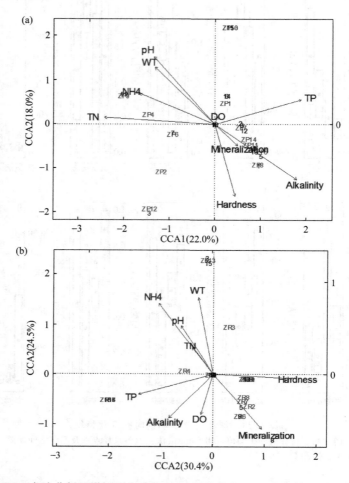

图 2-24　基于 CCA 方法分析尼洋河原生动物（a）以及轮虫（b）与环境因子、样点之间的关系

　　轮虫类群里，单趾轮虫、无柄轮虫（*Ascomorpha*）、枝胃轮虫（*Enteroplea*）、囊足轮虫（*Asplanchnopus*）的丰度与水体的矿化度关联较大，龟甲轮虫（*keratella*）的丰度则与总磷有着较大的关联。

　　选择浮游动物总丰度、香农指数、均匀度指数等三项指标，采用 CART 模型预测浮游动物群落与环境因子的相互作用关系，如图 2-25 所示。结果显示，尼洋河浮游动物总丰度受到硬度、季节、海拔以及河道底质等因素的影响。具体来讲，在春季和冬季里，在硬度≥2.305°DH 的水体中，浮游动物总丰度为 1.67 个/L；在夏季和秋季里，在硬度≥2.305°DH 的水体中，浮游动物总丰度为 256 个/L；在海拔高于 3086m 的水域里，当硬度＜2.305°DH 时，浮游动物总丰度为 0 个/L；冬季里，在海拔低于 3086m 的水域中，当硬度＜2.305°DH 时，浮游动物总丰度为 16.68 个/L；在春季、夏季和秋季里，在海拔低于 3086m 的水域中，当硬度＜2.305°DH，同时底质为砂石时，浮游动物总丰度为 125 个/L；在春季、夏季和秋季里，在海拔低于 3086m 的水域中，当硬度＜2.305°DH，同时底质为黏土时，浮游动物总丰度为 500 个/L。综上所述，CART 模型显示，冬季的浮游动物总丰度较低，高海拔时，浮游动物总丰度也比较低。

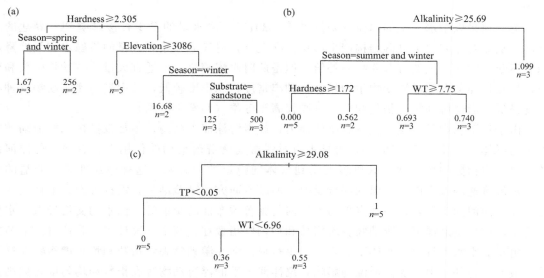

图 2-25　基于分类回归树分析尼洋河浮游动物总丰度（a）、香农指数（b）、均匀度指数（c）与环境因子之间的关系

尼洋河浮游动物香农指数受到碱度、季节、硬度和水温的影响较大。具体来讲，当碱度＜25.69mg/L 时，浮游动物香农指数为 1.099；在冬季和夏季里，在碱度≥25.69mg/L 的水体中，同时硬度≥1.72°DH 时，浮游动物香农指数为 0；在冬季和夏季里，当碱度≥25.69mg/L，同时硬度＜1.72°DH 时，浮游动物香农指数为 0.562；在春季和秋季里，水温≥7.75℃的水体中，当碱度≥25.69mg/L 时，浮游动物香农指数为 0.693；在春季和秋季里，水温＜7.75℃的水体中，当碱度≥25.69mg/L 时，浮游动物香农指数为 0.740。综上所述，CART 模型显示，低碱度、低硬度的水体中，浮游动物香农指数较高，春季和秋季的浮游动物香农指数也比较高。

尼洋河浮游动物均匀度指数受到碱度、总磷和水温的影响较大。具体来讲，当碱度＜29.08mg/L 时，浮游动物均匀度指数为 1；当碱度≥29.08mg/L 且总磷＜0.05mg/L 时，浮游动物均匀度指数为 0；在水温＜6.69℃的水体中，同时碱度≥29.08mg/L 和总磷＜0.05mg/L 时，浮游动物均匀度指数为 0.36；在水温≥6.69℃的水体中，同时碱度≥29.08mg/L 和总磷＜0.05mg/L 时，浮游动物均匀度指数为 0.55。综上所述，CART 模型显示，低碱度的水体中浮游动物均匀度指数较高，高碱度低总磷的水体中浮游动物均匀度指数较低，水温较高的水体中浮游动物均匀度指数也较高。

三、讨论

海拔决定了一个地区的温度和光照等环境因素的变化，属于宏观尺度的环境因子，通常情况下，由于海拔的升高，水域温度降低，冰冻期延长（Rundle *et al*，1993；Ao *et al*，1984），物种的丰富度也随之降低（Suren，1994）。由此可见，海拔通过对水温的直接影响，间接影响水生生物的群落结构。回顾本研究的试验结果，随着尼洋河海拔高度的不断提升（自采样点Ⅳ到采样点Ⅰ），浮游动物的物种丰富度和生物量呈现递减的趋势，关于浮游动物总丰度，以尼洋河下游（采样点Ⅲ）为转折点，这个河段以上，总丰度与海拔呈负相关，尼洋河与雅鲁藏布江交汇处浮游动物总丰度回落幅度较大，原因有待进一步探讨。

尼洋河是以融水为主的河流（刘海平等，2013），融水量的多少直接影响到营养盐的丰富度，从而对浮游生物群落结构产生影响。在夏季，尼洋河开始有大量的雪融水和天然降水源源不断地输入，虽然有营养盐的补给，但是此时水流较急，不适宜大量浮游动物生长和繁殖，导致尼洋河夏季浮游动物生物量、物种丰富度、总丰度较低，其中夏季浮游动物物种丰富度最低，而浮游动物生物量和总丰度则仅高于冬季（归咎于低温）。

由于浮游动物是一类完全没有游泳能力，或者游泳能力微弱，不足以抵抗水的流动的一类生物群体（刘建康等，1999），可见水流对浮游动物群落结构的作用不容忽视。尼洋河浮游动物香农指数和均匀度指数更多地受到水体的稳定性的影响，这种稳定性是营养盐的输入、水流流速的大小以及水温的综合反映。回顾本研究的试验结果，沿程方面，采样点Ⅱ为巴河和尼洋河的交汇处，采样点Ⅳ为尼洋河与雅鲁藏布江的交汇处，河水的交汇导致了水体不稳定，结果是尼洋河浮游动物香农指数和均匀度指数在这两个河段处于低谷位置。季节方面，由于夏季水流较急，水体不稳定，结果是尼洋河浮游动物香农指数和均匀度指数在这个季节最低，另外，由于受到低温的影响，尼洋河冬季的浮游动物香农指数和均匀度指数则仅高于夏季。

但是随着人为干扰因素的不断增加，如水库、水坝、水电站的建设，特别需要强调的是，水电站的建设改变了自然河流的水文节律，导致河流的流量特征发生改变，引起河流中各类物种发生演替（IUCN-International Union for the Conservation of Nature, 2000），成为影响河流流量的三大原因之一（Brian, 2003），同时还会减少淡水生态系统服务和产品价值（Collier, 1997），改变了天然水体的水流和水质理化状况，导致浮游动物群落结构也随之改变，如长江上游随着水库水文情势的变化，原生动物种类组成也由以有壳肉足虫为主的河流型种类逐渐转变为以纤毛虫占优势的静水型种类（郑金秀等，2009），加强对尼洋河浮游动物的连续性动态监测则显得尤为重要，从而为尼洋河水域生态可持续发展提供依据。

第十二章

西藏尼洋河周丛原生动物群落时空动态及与环境因子的关系

原生动物在评估水质、维持水生态安全中起到重要作用（沈韫芬等，1990；Tan et al，2010）。一方面，原生动物通过食物链发挥着下行效应，比如原生动物通过摄食作用控制蓝藻水华（Xu et al，2010a），通过捕食作用控制细菌丰度（Zhang et al，2014），以及在改进物质在水循环系统中的流动方面都起到了积极的作用（周可新等，2003；Wey et al，2012）；另外，原生动物受水质理化性质影响，比如高浓度的 Cl^- 会降低自由游动性原生动物（free-living protozoa，FLP）的出现率，同时在高温情况下的 FLP 群落少于在低温情况下的（Canals et al，2015），另外，叶绿素 a 和氮含量影响着砂壳纤毛虫的季节变动（Rakshit et al，2014），这一类别同样也强烈受到食物来源的限制（Yang，2015）。

周丛原生动物是一类随着底质变化的原生动物（刘建康等，1999；沈韫芬，1980；马徐发等，2005；Vaerewijck et al，2011）。具体来说，周丛原生动物群落受到两个重要因子的影响：一是生物膜的组成成分和出现场合（Papadimitriou et al，2011），二是温度、溶解氧和水体的有机质（Puigagut et al，2012）。它可以作为高原水环境里对气候变暖积极响应的生物因子，在高营养级层次里，控制着捕食者和被捕食者的能量流动和物质循环，同样也对人类活动对水生态系统的作用起到了积极的响应效应（Aberle et al，2012），因此，开展高原周丛原生动物群落结构调查是促进高原水生态系统健康持续发展的有效手段。通过本节，旨在：①补充尼洋河周丛原生动物名录；②描述周丛原生动物群落动态和优势种；③分析周丛原生动物群落与环境之间的可能关系；④建立尼洋河生态系统可持续发展预警系统。

一、试验设计和数据处理

关于研究区域概况、采样站设置、采样时间、环境因子的采集和分析、数据统计和分析等内容在第八章已进行了介绍。

现场收集浸没在水体中的较为规整的石块，用毛刷刮洗附着在其上的周丛原生动物，用方格法计算石块的面积，用鲁哥氏液保存带回实验室进行定量分析，每个样品看 2 片，每片看 30 个视野，鉴定到种或属（沈韫芬等，1990）。

按照如下公式对周丛原生动物进行定量分析：

$$周丛原生动物 = \frac{计数框面积}{显微镜视野面积 \times 观察视野个数} \times \frac{保存样品体积}{分析样品的体积} \times$$

$$\frac{分析样品原生动物的个数}{采集样品的面积}$$

使用香农指数（Shannon-Wiener diversity index，SH）、均匀度指数（pielou evenness index，PI）、物种丰富度（species richness，SR）、总丰度（total abundance，TA）、周丛原生动物生物量来判别尼洋河周丛原生动物的多样性。

其中：

① Shannon-Wiener 多样性指数 H'（Shannon-Wiener，1949）

$$H' = -\sum_{i=1}^{s} p_i \ln p_i$$

式中，s 为周丛原生动物种类数；p_i 为周丛原生动物 i 占所有周丛原生动物的比例（$N\%$）。

② Pielou 均匀度指数 J'（Pielou，1975）

$$J' = H'/H'_{max} = H'/\ln S$$

式中，H' 为 Shannon-Wiener 多样性指数；H'_{max} 是指在理论上最大多样性指数；S 为周丛原生动物种类数。

③ 物种丰富度，指某一采样点或者季节出现的物种个数。

④ 总丰度，指某一采样点或者季节单位区域出现的周丛原生动物个体数量，个/m²。

⑤ 周丛原生动物生物量，指某一区域周丛原生动物的质量，mg/m²。

⑥ 出现频率，指某一周丛原生动物出现的次数占所有调查样点数的百分比。

⑦ 相对丰度，指某一周丛原生动物个体数占所有物种个体数的百分比。

二、结果分析

1. 尼洋河周丛原生动物种类以及优势种

尼洋河共有周丛原生动物 12 目 14 科 15 属，主要的原生动物包括有壳目（Arcellinida）砂壳科（Difflugiidae）的砂壳虫（*Difflugia*）和全毛目（Holotricha）瞬目科（Glaucomidae）瞬目虫（*Glaucoma*），出现率分别为 81.25%、37.50%，相对丰度分别为 19.60%、20.33%，这两种原生动物相对丰度合计近 40%（详见附录 6）。

2. 尼洋河周丛原生动物时空变化特征

用 PCA 方法分析尼洋河周丛原生动物的时空特征，如图 2-26 所示，尼洋河各个河段周丛原生动物存在交集，但各有不同。季节方面，冬季的周丛原生动物群落结构与其他季节有较大的分离；底质方面，以砂石为底质的河段浮游动物群落囊括以黏土为底质的河段。

为了更好地区分尼洋河各个采样点和季节周丛原生动物群落的时空特征以及差异性，我们采用方差分析和 Duncan 多重比较对各采样点以及季节之间周丛原生动物物种丰富度、总丰度和香农指数进行了差异性分析，如图 2-27 所示。结果显示，在沿程方面，尼洋河周丛原生动物物种丰富度、总丰度、香农指数、均匀度指数、生物量在各个采样点之间均无显著差异（$P > 0.05$），自尼洋河中上游至尼洋河与雅鲁藏布江交汇处，尼洋河周丛原生动物以上五个参数呈 "V" 字形分布，最低值均出现在尼洋河中游，此处的物种丰富度未达 2 个，

总

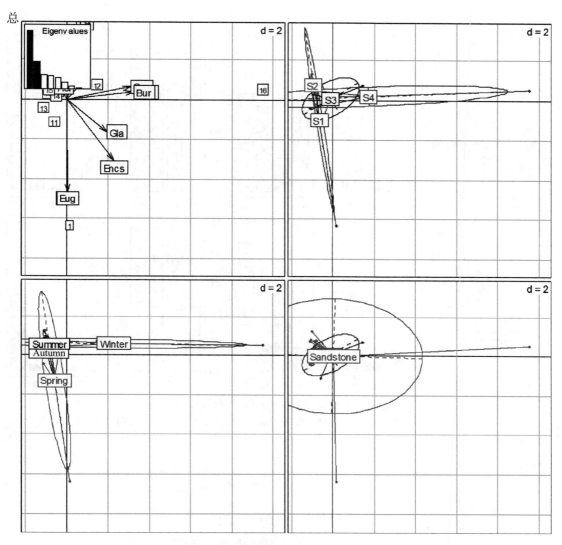

图 2-26　基于 PCA 分析尼洋河周丛原生动物的时空特征

　　图中数字为样点标记，其中 1、2、3、4 分别为采样点 I 的春、夏、秋、冬；5、6、7、8 分别为采样点 II 的春、夏、秋、冬；9、10、11、12 分别为采样点 III 的春、夏、秋、冬；13、14、15、16 分别为采样点 IV 的春、夏、秋、冬。S1 为采样点 I，S2 为采样点 II，S3 为采样点 III，S4 为采样点 IV；Clay 指底质为黏土，Sandstone 指底质为砂石。第一主成分解释率为 30.0 %（图中左上图第一条黑色柱所示），第二主成分解释率为 24.2%（图中左上图第二条黑色柱所示），前两个主成分解释率和达 54.2%

　　丰度在 1000 个/m² 左右，香农指数在 0.25 左右，均匀度指数未达 0.4，生物量在 1000 ×10⁻⁴ mg/m²，最大值出现的河段有所区别，其中物种丰富度、总丰度以及生物量出现在尼洋河与雅鲁藏布江交汇处，分别在 3 个、15000 个/m²、5000×10⁻⁴ mg/m² 左右，香农指数和均匀度指数则出现在尼洋河中上游，均在 0.8 左右。基于 CCA 方法分析尼洋河周丛原生动物与环境因子、样点之间的关系见图 2-28。

　　在季节方面，仅冬季的香农指数与夏、秋季的存在显著差异（$P<0.05$），尼洋河周丛原生动其他四个指标在各个季节之间均无显著差异（$P>0.05$），以冬、春、夏、秋为序，尼洋河周丛原生动物物种丰富度、总丰度、香农指数、均匀度指数、生物量均呈递减趋势，

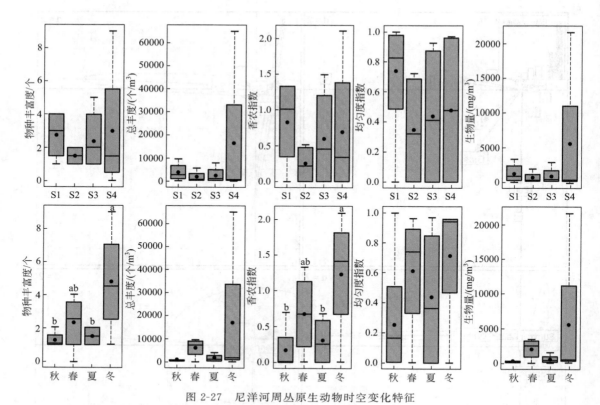

图 2-27　尼洋河周丛原生动物时空变化特征

"·"表示尼洋河周丛原生动物评价参数的平均值，用 Duncan 法检验各采样点以及季节之间周丛原生动物的参数差异性，不同字母表示处理间差异达显著水平（$P<0.05$）

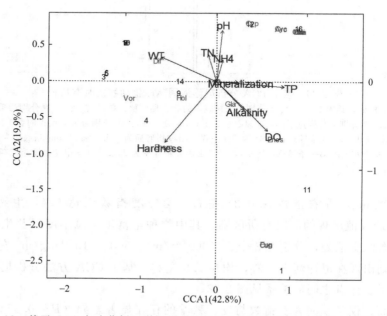

图 2-28　基于 CCA 方法分析尼洋河周丛原生动物与环境因子、采样点之间的关系

周丛原生动物物种丰富度、总丰度、香农指数、均匀度指数、生物量最低值分别在 2、1000 个/m²、0.2、0.3、500×10⁻⁴ mg/m² 左右，以上五个参数最大值依次分别在 6、16000 个/m²、1.3、0.7、5000×10⁻⁴ mg/m² 左右。

3. 尼洋河周丛原生动物与环境因子的关系及关键预测因子

为了更加清晰地阐释尼洋河周丛原生动物与环境因子之间的关系，我们将周丛原生动物与 9 项环境指标进行了 CCA 分析，9 项环境指标包括表层水温、表层 pH、硬度、矿化度、表层溶氧、总氮、铵态氮、总磷、总碱度，如图 2-28 所示，砂壳虫的丰度与表层水温相关联，瞬目虫与碱度相关联，斜吻虫（*Enchelydium*）的丰度与硬度相关联，曲颈虫（*Cyphoderia*）的丰度与表层 pH 相关联，斜口虫（*Enchelys*）的丰度与表层溶氧相关联，尼洋河周丛原生动物以及所选择的 9 项环境指标与采样点没有明显的对应关系。

用 CART 模型预测尼洋河周丛原生动物总丰度与环境因子之间的关系，如图 2-29（a）所示，影响尼洋河周丛原生动物总丰度的主要环境因子有季节、水温和海拔。具体来说，当在秋季的时候，尼洋河周丛原生动物总丰度为 500 个/m²；当非秋季且水温≥12.29℃时，尼洋河周丛原生动物总丰度为 750 个/m²；春季里，当水温＜12.29℃时，尼洋河周丛原生动物总丰度为 0 个/m²；夏季或者冬季，在海拔高于 3308m 的河段，当水温＜12.29℃时，尼洋河周丛原生动物总丰度为 1500 个/m²；夏季或者冬季，在海拔低于 3308m 的河段，当水温＜12.29℃时，尼洋河周丛原生动物总丰度为 275 个/m²。综上所述，CART 模型显示，尼洋河在海拔 3308m 以上的河段，周丛原生动物总丰度较高。

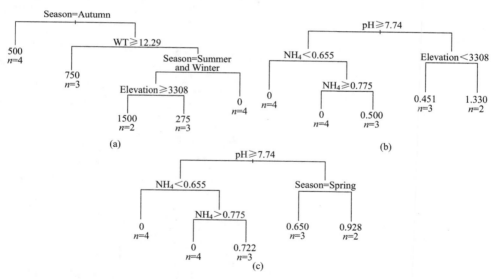

图 2-29 　基于分类回归树模型分析尼洋河周丛原生动物总丰度（*a*）、香农指数（*b*）、均匀度指数（*c*）与环境因子之间的关系

用 CART 模型预测尼洋河周丛原生动物香农指数与环境因子之间的关系，如图 2-29（b）所示，影响尼洋河周丛原生动物总丰度的主要环境因子有 pH 值、氨氮和海拔。具体来说，当 pH 值≥7.74 且氨氮浓度＜0.655mg/L 时，尼洋河周丛原生动物香农指数为 0；当 pH 值≥7.74 且氨氮浓度≥0.775mg/L 时，尼洋河周丛原生动物香农指数也为 0；当尼洋河水体 pH 值≥7.74 同时 0.655mg/L≤氨氮浓度＜0.775mg/L 时，尼洋河周丛原生动物香农指数为 0.5；在海拔低于 3308m 的水域里，当 pH 值＜7.74 时，尼洋河周丛原生动物香农

指数为 0.451；在海拔高于 3308m 的水域里，同时 pH 值＜7.74 时，尼洋河周丛原生动物香农指数为 1.330。综上所述，CART 模型显示，尼洋河在海拔 3308m 以上的河段，周丛原生动物香农指数较高，香农指数的大小由水体 pH 值和氨氮共同来决定，过低或者过高的氨氮水平均会导致尼洋河周丛原生动物香农指数极低。

　　用 CART 模型预测尼洋河周丛原生动物均匀度指数与环境因子之间的关系，如图 2-29(c) 所示，影响尼洋河周丛原生动物总丰度的主要环境因子有 pH 值、氨氮和季节。具体来说，当 pH 值≥7.74 且氨氮＜0.655mg/L 时，尼洋河周丛原生动物均匀度指数为 0；当 pH 值≥7.74 且氨氮＞0.775mg/L 时，尼洋河周丛原生动物均匀度指数为 0；在水体 pH 值≥7.74 时，同时 0.655mg/L≤氨氮≤0.775mg/L 时，尼洋河周丛原生动物均匀度指数为 0.722；在春季里，pH 值＜7.74 的水体中，尼洋河周丛原生动物均匀度指数为 0.650；在夏季、秋季以及冬季里，在 pH 值＜7.74 的水体中，尼洋河周丛原生动物均匀度指数为 0.928。综上所述，CART 模型显示，尼洋河周丛原生动物春季的均匀度指数较低，均匀度指数的大小由水体 pH 值和氨氮共同来决定，过低或者过高的氨氮水平均会导致尼洋河周丛原生动物均匀度指数极低。

第十三章
西藏尼洋河水环境特征多元统计分析

　　青藏高原素有"亚洲水塔"之誉，是亚洲十大河流之源，这里湖泊星罗棋布，河流纵横交错。由于受到强烈的地质条件的影响以及独特的气候作用，特别是高原地区，高海拔区域对气候变暖效应较低海拔区域效果明显，高海拔所引起的气候变暖效应能够加速改变高山生态系统、水生态系统的生物多样性改变进程（Pepin *et al*，2015）。随着全球气候的变暖，青藏高原冰雪融量以及降水量都在发生着改变，导致湖面水位升高和河流径流量增大（Bookhagen & Burbank，2010），这些水源的补给，将影响和改变水体的水环境特征（Zhang *et al*，2012），从而间接影响水生生物群落结构，影响水体的生态服务功能。同时，随着水温的升高，将影响河流水生生物的分布、数量以及水体的健康（Sarah *et al*，2013）。除此之外，社会发展和人为干扰因子的存在，高原河流湖泊正在遭受着一系列现实的问题，如流域用水总量不断上升、污染排放总量持续增加、流域主要水体水质不断恶化（李中杰等，2012），丁海容（2005）在对拉萨市城区段水环境进行监测的过程中发现，由于拉萨市区内大量未经处理的生活污水及工业废水直接排到中干渠，再由中干渠在拉鲁湿地出口全部汇入流沙河，导致流沙河水质现状较差，部分水质超过了《地表水环境质量标准》（GB 3838—2002）Ⅲ类水域标准，COD 污染超标严重，最大倍数达 17.5 倍。可见，长期坚持开展高原河流湖泊的水环境监测工作，不论是从科学研究价值还是社会现实意义角度，都显得尤为重要。本节通过对尼洋河水环境特征的分析，旨在：①分析判断尼洋河各类水质理化因子之间的相关性；②建立水温与相关水质理化因子的一元回归方程、海拔与相关理化因子的一元回归方程；③为尼洋河水环境的监测提供科学的理论依据；④为尼洋河水域生态的可持续发展提供理论基础，也为鱼类保护、水电站建设评估提供科学依据。

一、试验设计和数据处理

　　关于研究区域概况、采样站设置、采样时间等内容第八章已进行了介绍，水体理化指标采集内容和分析方法具体参见表 2-3。

　　基于 SPSS 18.0，建立尼洋河水质理化指标 Pearson 相关性矩阵，用析因分析方法，探析尼洋河水质理化主要解释指标，构建海拔、底层水温与相关理化因子的一元回归方程。基于 R 语言（版本号：2.14.1），用 PCA 方法（principal component analysis）对尼洋河水质理化时空特征进行分析。

表 2-3   尼洋河水体水质理化指标及代码、单位、保存方法和分析方法

水体理化指标	代码	单位	保存方法	分析方法
表层水温	WT_S	℃	—	CX-401 现场测定
底层水温	WT_B	℃	—	CX-401 现场测定
气温	T	℃	—	CX-401 现场测定
pH 值	pH			CX-401 现场测定
硬度	TH	°DH	MEPPRC，2002	$CaCO_3$ 计算
镁离子	Mg^{2+}	mmol/L	MEPPRC，2002	GB 11905—1989
钙	Ca	mmol/L	MEPPRC，2002	GB 11905—1989
钠离子	Na^+	mmol/L	MEPPRC，2002	GB 11904—1989
钾离子	K^+	mmol/L	MEPPRC，2002	GB 11904—1989
铁	Fe	mg/L	MEPPRC，2002	MEPPRC，2002
硝酸根离子	NO_3^-	mmol/L	MEPPRC，2002	GB 7480—1987
硫酸根离子	SO_4^{2-}	mmol/L	MEPPRC，2002	GB/13196—1991
碳酸氢根离子	HCO_3^-	mmol/L	MEPPRC，2002	MEPPRC，2002
氯离子	Cl^-	mmol/L	MEPPRC，2002	HJ/T 84—2001
硅酸根离子	SiO_3^{2-}	mg/L	MEPPRC，2002	MEPPRC，2002
矿化度	TDS	mg/L	MEPPRC，2002	MEPPRC，2002
化学耗氧量	COD	mg/L	MEPPRC，2002	GB 11914—1989
表层溶氧	DO_S	mg/L	MEPPRC，2002	GB 7489—1987
底层溶氧	DO_B	mg/L	MEPPRC，2002	GB 7489—1987
叶绿素 a	Chl. a	mg/L	MEPPRC，2002	SL 88—1994
总氮	TN	mg/L	MEPPRC，2002	GB 11894—1989
总磷	TP	mg/L	MEPPRC，2002	GB 11893—1989
硫化物	S^{2-}	mg/L	MEPPRC，2002	GB/T 16489—1996
总碱度	TA		MEPPRC，2002	MEPPRC，2002
铵态氮	NH_4^+-N	mg/L	MEPPRC，2002	GB 7479—1987

注：MEPPRC 为国家环境保护总局《水和废水监测分析方法》编委会。

二、结果分析

1. 尼洋河水体理化指标相关性分析

选择 25 项水体理化指标，还有采样点海拔信息，采用 Pearson 相关性矩阵，探析尼洋河水体理化因子之间的相关性，结果（表 2-4）显示，在 26 项水体指标信息中，显著相关项（$P<0.05$）在 10 项以下的指标有 11 项，包括氨氮、硬度、铁、pH 值、镁离子、海拔、钙、底层溶氧、总氮、矿化度和表层溶氧，可以将它们称为低度影响尼洋河水体理化性质相

表 2-4　尼洋河水质理化分析指标 Pearson 相关性矩阵

	海拔	WT_S	WT_B	T	pH	TH	Mg^{2+}	Ca	Na^+	K^+	Fe	NO_3^-	SO_4^{2-}	HCO_3^-	Cl^-	SO_3^{2-}	TDS	COD	DO_S	DO_B	Chl.a	TN	TP	S^{2-}	TA	$NH_4\text{-}N$
海拔	1.000																									
WT_S	−0.156	1.000																								
WT_B	−0.031	0.951**	1.000																							
T	0.140	0.751**	0.788**	1.000																						
pH	0.024	0.414**	0.446**	0.232	1.000																					
TH	0.407**	−0.245	−0.137	−0.161	0.260*	1.000																				
Mg^{2+}	0.097	0.243	0.296*	0.201	0.035	0.291*	1.000																			
Ca	0.373**	−0.387**	−0.277	−0.262*	0.251*	0.891**	−0.175	1.000																		
Na^+	0.044	0.481**	0.479**	0.281*	0.174	−0.002	0.329**	−0.253*	1.000																	
K^+	0.037	0.279*	0.314*	0.153	−0.001	0.117	0.416**	−0.077	0.775**	1.000																
Fe	−0.102	0.247	0.263*	0.026	−0.006	0.652	0.200	−0.042	0.519**	0.320*	1.000															
NO_3^-	0.229	0.319*	0.357*	0.337*	0.094	−0.094	0.041	−0.117	0.661**	0.716**	0.204	1.000														
SO_4^{2-}	0.146	0.723**	0.723**	0.639**	0.216	−0.146	0.249	−0.269*	0.429**	0.277*	0.193	0.390**	1.000													
HCO_3^-	0.292*	−0.347*	−0.339*	−0.110	0.117	0.097	−0.231	0.210	−0.456**	−0.720**	−0.194	−0.466**	−0.338**	1.000												
Cl^-	0.206	0.407**	0.377**	0.445**	0.234	−0.220	0.008	−0.230	0.062	−0.367**	0.087	−0.024	0.525**	0.310*	1.000											
SO_3^{2-}	0.305*	0.452**	0.486**	0.386**	0.251	0.198	0.111	0.151	0.387**	0.338*	0.182	0.366**	0.499**	−0.323*	0.186	1.000										
TDS	−0.247	−0.505**	−0.542**	−0.521**	−0.300*	0.030	−0.359**	0.202	−0.190	−0.119	0.133	−0.215	−0.450**	0.009	−0.287*	−0.207	1.000									
COD	0.084	0.506**	0.498**	0.383**	0.133	−0.195	0.176	−0.294	0.494**	0.562**	0.075	0.587**	0.557**	−0.473**	0.167	0.398**	−0.313*	1.000								
DO_S	−0.035	−0.478**	−0.465**	−0.524**	−0.187	0.106	−0.101	0.138	−0.206	−0.025	−0.008	−0.188	−0.650**	0.015	−0.454**	−0.355*	0.385**	−0.245	1.000							
DO_B	0.027	−0.470**	−0.438**	−0.432**	−0.270*	−0.017	−0.042	0.002	−0.091	0.062	−0.045	−0.007	−0.674**	0.072	−0.450**	−0.396**	0.230	−0.210	0.585**	1.000						
Chl.a	0.320*	0.565**	0.540**	0.521**	0.135	−0.067	0.202	−0.165	0.194	0.272*	−0.072	0.358**	0.774**	−0.335*	0.294*	0.403**	−0.434**	0.694**	−0.320*	−0.376**	1.000					
TN	0.126	0.202	0.216	0.126	0.017	−0.163	0.018	−0.177	0.506**	0.575**	0.043	0.734**	0.209	−0.445**	−0.083	0.211	−0.125	0.542**	0.084	0.161	0.279*	1.000				
TP	−0.198	−0.223	−0.252*	−0.196	0.364**	−0.100	−0.343*	0.060	−0.354*	−0.273*	−0.280*	−0.217	−0.300*	0.424**	−0.161	−0.376**	0.097	−0.180	0.087	0.021	−0.218	−0.280*	1.000			
S^{2-}	0.049	0.337*	0.371**	0.200	0.122	0.048	0.304*	−0.095	.722**	0.775**	0.492**	0.399**	0.364**	−0.510**	−0.096	0.462**	−0.147	0.389**	−0.268*	−0.069	0.217	0.331*	−0.263	1.000		
TA	0.258*	−0.375**	−0.365**	−0.131	0.035	0.086	−0.172	0.170	−0.482**	−0.718**	−0.167	−0.491**	−0.361**	0.949**	0.289*	−0.383**	−0.015	−0.506**	0.040	0.138	−0.348*	−0.464**	0.386**	−0.535**	1.000	
$NH_4\text{-}N$	−0.071	0.449**	0.399**	0.252	0.248	−0.189	0.024	−0.206	0.112	0.137	0.062	0.100	0.513**	−0.213	0.130	0.249	−0.214	0.424**	−0.138	−0.293	0.621**	0.301*	0.064	0.164	−0.229	1.000

注：**表示在 0.01 水平（单侧）上显著相关；*表示在 0.05 水平（单侧）上显著相关。

关因子，其中，与海拔相关的指标有硬度、钙、碳酸氢根离子、硅酸盐、叶绿素 a 以及总碱度 6 项。显著相关项（$P < 0.05$）在 10~15 项的理化因子有 9 项，包括氯离子、总磷、气温、硝酸根离子、硫化物、化学耗氧量、钠离子、碳酸氢根离子和碱度，可以将它们称为中度影响尼洋河水体理化性质相关因子。显著相关项（$P < 0.05$）在 15 项以上的理化因子有 6 项，包括硅酸根离子、钾离子、叶绿素 a、表层水温、底层水温以及硫酸根离子，可以将它们称为高度影响尼洋河水体理化性质相关因子，显著相关项最多的是底层水温，达 22 项。

2. 尼洋河水体理化指标析因分析

用析因分析的方法分析尼洋河水质理化指标特征，经最大四次方值法旋转平方和之后，前 7 个主成分累计贡献率达 80.021%，可将 26 项水质理化分析指标归纳为 4 类：第一类为尼洋河水体常规监测的理化指标，如主成分 1 和主成分 2 所展示，包括水体的底层水温、表层水温、气温、钠离子、钾离子、硝酸根离子、硫酸根离子、碳酸氢根离子、氯离子、化学耗氧量、硅酸根离子、表层溶氧、底层溶氧、叶绿素 a、总氮、硫化物、碱度和铵态氮等 18 项理化指标；第二类如主成分 3 所展示，为尼洋河水体的硬度相关指标，包括硬度和钙；第三类为海拔，即主成分 4；第四类为影响水生生物生长的水质理化指标，如主成分 5、主成分 6 和主成分 7 所示，包括 pH 值、总磷、矿化度、镁离子和铁等 5 项理化指标（表 2-5、表 2-6）。

表 2-5　尼洋河水质理化指标总方差分解

指标	初始特征值			提取平方和载入			旋转平方和载入		
	合计	方差/%	累积/%	合计	方差/%	累积/%	合计	方差/%	累积/%
海拔	8.258	31.761	31.761	8.258	31.761	31.761	6.146	23.638	23.638
WT_S	3.936	15.140	46.902	3.936	15.140	46.902	5.457	20.987	44.625
WT_B	2.562	9.853	56.755	2.562	9.853	56.755	2.422	9.314	53.939
T	1.775	6.828	63.583	1.775	6.828	63.583	1.873	7.204	61.143
pH	1.610	6.194	69.777	1.610	6.194	69.777	1.738	6.684	67.828
TH	1.425	5.481	75.258	1.425	5.481	75.258	1.623	6.244	74.072
Mg^{2+}	1.238	4.763	80.021	1.238	4.763	80.021	1.547	5.949	80.021
Ca	0.975	3.750	83.771						
Na^+	0.850	3.270	87.040						
K^+	0.590	2.270	89.310						
Fe	0.496	1.907	91.217						
NO_3^-	0.451	1.733	92.950						
SO_4^{2-}	0.388	1.492	94.442						
HCO_3^-	0.334	1.283	95.725						
Cl^-	0.321	1.236	96.961						
SiO_3^{2-}	0.188	0.725	97.686						
TDS	0.145	0.558	98.244						
COD	0.117	0.451	98.695						
DO_S	0.099	0.381	99.076						
DO_B	0.079	0.304	99.381						

续表

指标	初始特征值			提取平方和载入			旋转平方和载入		
	合计	方差/%	累积/%	合计	方差/%	累积/%	合计	方差/%	累积/%
Chl. a	0.059	0.226	99.606						
TN	0.038	0.146	99.752						
TP	0.027	0.105	99.857						
S^{2-}	0.023	0.090	99.947						
TA	0.014	0.053	100.000						
NH_4^+-N	0.000	0.000	100.000						

表 2-6　尼洋河水质理化指标旋转主成分矩阵

指标	主成分						
	1	2	3	4	5	6	7
海拔	0.097	0.131	0.469	0.736	−0.207	−0.210	0.049
WT_S	0.813	0.260	−0.198	−0.172	0.089	0.172	0.188
WT_B	0.806	0.293	−0.094	−0.100	0.080	0.165	0.240
T	0.764	0.134	−0.133	0.156	−0.044	0.027	0.185
pH	0.377	0.037	0.296	0.025	0.039	0.778	0.062
TH	−0.133	−0.038	0.930	0.057	0.056	0.038	0.250
Mg^{2+}	0.163	0.174	0.101	−0.062	0.129	−0.168	0.866
Ca	−0.214	−0.122	0.910	0.088	−0.003	0.119	−0.154
Na^+	0.262	0.726	−0.049	0.037	0.450	0.012	0.290
K^+	0.020	0.892	0.109	−0.191	0.132	−0.033	0.238
Fe	0.128	0.263	0.018	−0.089	0.744	−0.076	0.015
NO_3^-	0.182	0.868	−0.043	0.248	0.062	0.032	−0.120
SO_4^{2-}	0.889	0.265	−0.021	−0.035	−0.060	−0.136	0.006
HCO_3^-	−0.118	−0.669	0.019	0.620	0.047	0.272	−0.064
Cl^-	0.675	−0.270	−0.185	0.414	0.128	−0.086	−0.114
SiO_3^{2-}	0.554	0.373	0.423	−0.007	0.091	−0.144	−0.143
TDS	−0.514	−0.100	0.073	−0.276	0.259	−0.160	−0.527
COD	0.441	0.653	−0.129	−0.006	−0.281	−0.003	−0.009
SDO	−0.729	0.054	0.019	−0.077	−0.158	0.028	0.048
BDO	−0.767	0.171	−0.181	0.211	−0.039	0.010	0.180
Chl	0.648	0.345	0.055	0.013	−0.525	−0.136	0.049
TN	−0.009	0.818	−0.161	0.169	−0.199	−0.003	−0.109
TP	−0.210	−0.280	−0.101	−0.017	−0.148	0.777	−0.192
S^{2-}	0.216	0.696	0.111	−0.097	0.423	0.022	0.099
TA	−0.162	−0.688	−0.024	0.603	0.042	0.216	0.016
NH_4^+-N	0.459	0.229	−0.087	−0.246	−0.399	0.219	−0.104

注：取解释率绝对值最大的作为每一个主成分解释程度较高的水质理化指标，并用加粗来表示。

3. 尼洋河水体理化性质时空特征分析

通过 PCA 方法解释尼洋河水体理化性质时空特征，前两个主成分解释率之和达48.7%。尼洋河沿程方面，水体的理化性质较为相似；河道底质方面，流经砂石和黏土的尼洋河水体理化性质也较为相似；但是在季节方面，出现了较大的变动，主要表现在冬季和春季（枯水期）的尼洋河水体理化性质归为一类，夏季（丰水期）和秋季（平水期）的尼洋河水体理化性质各为一类，尼洋河水体理化性质与季节存在极大的关联性（图 2-30）。

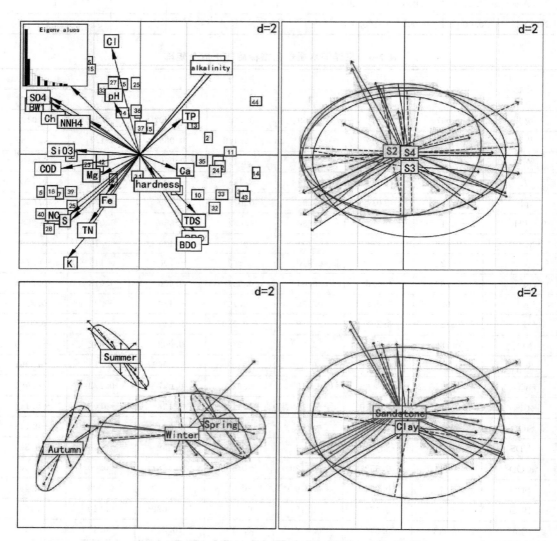

图 2-30　基于 PCA 方法分析尼洋河水体理化时空特征

图中数字为样点标记，其中 1、2、3、4 分别为采样点 I 的春、夏、秋、冬季；5、6、7、8 分别为采样点 II 的春、夏、秋、冬季；9、10、11、12 分别为采样点 III 的春、夏、秋、冬季；13、14、15、16 分别为采样点 IV 的春、夏、秋、冬季。S1 为采样点 I，S2 为采样点 II，S3 为采样点 III，S4 为采样点 IV；Clay 指底质为黏土，Sandstone 指底质为砂石。第一主成分解释率为 33.0%（图中左上图第一条黑色柱所示），第二主成分解释率为 15.7%（图中左上图第二条黑色柱所示），前两个主成分解释率和达 48.7%

4. 尼洋河水体海拔、底层水温与相关理化因子一元回归方程构建

海拔决定了一个地区的温度和光照等环境因素的变化，属于宏观尺度的环境因子，通常情况下，由于海拔的升高，水域温度降低，冰冻期延长（Rundle *et al*，1993；Ao *et al*，1984），物种的丰富度也随之降低（Suren，1994），可见，海拔和温度对水环境的影响较大，但尼洋河水体的海拔与温度不存在显著性相关，如表 2-4 所示，同时，为了探究尼洋河海拔和其他相关理化因子的具体关系，我们构建了尼洋河海拔与相关理化因子的一元回归方程，可与海拔构建一元回归方程的理化因子有水体硬度、钙、碳酸氢根离子、硅酸根离子和叶绿素 a，且均为正相关，所构建的一元回归方程关系显著（$P<0.05$）（图 2-31）。选择底层水温与相关理化因子构建一元回归方程，这些相关理化因子有表层水温、气温、pH 值、钠离子、钾离子、硝酸根离子、硫酸根离子、碳酸氢根离子、氯离子、硅酸根离子、矿化度、化学耗氧量、表层溶氧、底层溶氧、叶绿素 a、硫化物、总碱度和铵态氮等 18 项理化指标，所构建的一元回归方程关系显著（$P<0.05$），其中，与底层水温负相关的理化因子有碳酸氢根离子、矿化度、表层溶氧、底层溶氧、总碱度等 5 项，其余 13 项理化因子与底层水温均呈正相关（图 2-32）。

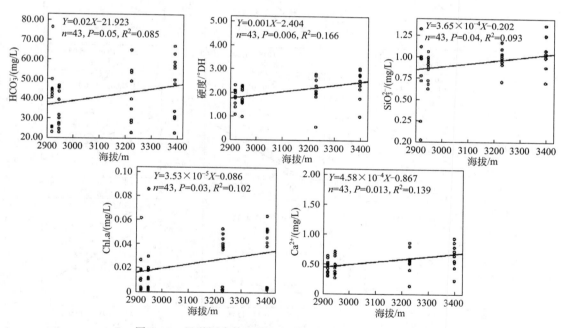

图 2-31　尼洋河水体海拔与相关理化因子一元回归方程

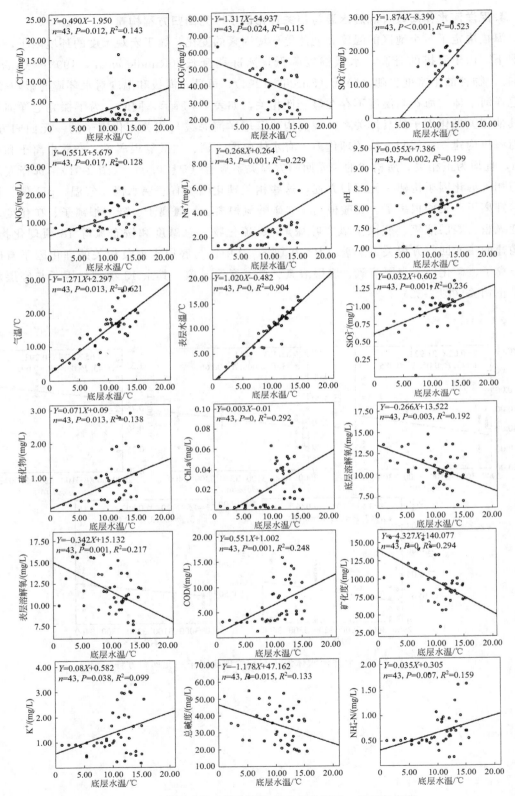

图 2-32　尼洋河水体底层水温与相关理化因子一元回归方程

第十四章
西藏尼洋河风化和侵蚀变化规律及相互关系

西藏及喜马拉雅周边的河流，因为其独特的化学岩石风化，引起了人们的广泛关注（Galy & France-Lanord，1999；Dalai et al，2002；Jacobson et al，2002；Singh et al，2005；Wu et al，2008；Tipper et al，2006；Hren et al，2007；Moon et al，2007；Noh et al，2009；Wilson et al，2015），在印度洋深海底部 Pb 的同位素也是来自于喜马拉雅通过季风产生的化学风化（Wilson et al，2015），同时，在青藏高原季节之间显著的化学风化映射了强烈的空间景观异质性（Galy & France-Lanord，1999；Gaillardet et al，1999；Wu et al，2008）。事实上，随着社会和经济的发展，包括多布水电站的建设，拉萨到林芝的高速公路和拉萨到林芝的铁路的建设，以及在沿途到处散布着的大大小小的采砂场，有证据证明，在河流流域建设各种水坝将会导致河滩沙洲的逐渐形成，也会打破瞬间侵蚀状态（transient erosion regime）平衡（Ollivier et al，2010）。在这种情况下，维持尼洋河水生态系统是当前面临的一大挑战，因此，我们利用 Langelier Saturation Index 分析了尼洋河侵蚀趋势，这种方法可以诊断水环境里的侵蚀和沉淀趋势（Imran et al，2005；Prisyazhniuk，2007；Mainali et al，2014）；同时我们也关注了风化程度及其与侵蚀之间的关系，从而积累侵蚀和风化基本数据，为尼洋河水生态可持续发展提供理论依据。

一、材料和方法

1. 研究区域和采样方法

关于研究区域概况、采样站设置、采样时间等内容在第八章已进行了介绍。四大阴离子（NO_3^-、SO_4^{2-}、HCO_3^-、Cl^-）、四大阳离子（Mg^{2+}、Ca^{2+}、Na^+、K^+）、总溶解固体以及硬度详细采样方法参见表 2-7。

2. 碳酸盐风化指数（carbonate rock weathering，CRW）

碳酸盐风化指数首次应用在化学稳定性判别上，其基本理念是从研究的数值里选择特征值，比如平均值、最大值和最小值，然后设置置信区间，保证每一个区间具有一定的统计学意义。具体来说，选择 $2 \times (Ca^{2+} + Mg^{2+}) / (Na^+ + K^+)$ 作为碳酸盐风化指数，每一个离子的单位是 mmol/L，然后选择平均值（u）、最大值（max）和最小值（min）作为特征值，表达式 1.25min、0.75u、1.25u、0.75max 表示保证 75% 的置信区间。按照这样处理，有五组置信区间，详见表 2-8。

表 2-7　测定指标、代码、单位、测试方法、保存方法以及平均值

测定指标	单位	保存方法	分析方法	S1 IL±Std. D	S2 IL±Std. D	S3 IL±Std. D	S4 IL±Std. D	春季 IL±Std. D	夏季 IL±Std. D	秋季 IL±Std. D	冬季 IL±Std. D	合计 IL±Std. D
Mg^{2+}	mg/L	MEPPRC, 2002	GB11905-1989	2.49±1.58	2.2±1.45	2.13±1.39	2.12±1.31	2.64±2.18	2.9±0.93	1.85±0.56	1.18±0.2	2.23±1.39
Ca^{2+}	mg/L	MEPPRC, 2002	GB11905-1989	13.08±3.88	13.16±7.62	9.66±2.86	9.02±2.36	9.98±4.56	10.38±3.22	10.49±2.54	15.48±7.88	11.23±4.89
Na^{+}	mg/L	MEPPRC, 2002	GB11904-1989	3.19±2.04	2.99±2.01	2.95±2.08	2.95±2.12	2.32±0.76	5.63±2.02	2.22±0.42	1.36±0.03	3.02±1.99
K^{+}	mg/L	MEPPRC, 2002	GB11904-1989	1.43±0.94	1.45±0.92	1.4±0.96	1.34±0.93	0.82±0.4	2.18±1.21	1.62±0.45	0.79±0.2	1.4±0.91
NO_3^{-}	mg/L	MEPPRC, 2002	GB7480-1987	12.2±4.31	13.44±8.09	9.35±4.32	10.43±4.09	7.65±3.05	16.54±5.62	12.01±5	8.15±0.75	11.36±5.5
SO_4^{2-}	mg/L	MEPPRC, 2002	GB/13196-1991	13.32±11.2	10.68±8.91	10.32±9.48	9.3±7.95	9.8±8.04	18.59±6.46	11.58±8.68	0.01±0	10.91±9.25
HCO_3^{-}	mg/L	MEPPRC, 2002	MEPPRC, 2002	47.21±15.09	43.23±13.15	35.05±9.36	40.03±15.76	49.19±7.48	35.91±12.3	31.41±9.89	52.83±14.88	41.38±13.84
Cl^{-}	mg/L	MEPPRC, 2002	HJ/T 84-2001	3.74±4.67	4.56±7.21	2.6±3.33	1.47±1.1	5.07±5.21	5.2±6.05	0.65±0.11	0.64±0.07	3.09±4.63
TDS [a]	mg/L	MEPPRC, 2002	MEPPRC, 2002	87.83±27.52	88.5±23.92	107.18±30.46	98.6±30.82	84.48±34.48	89.08±19.83	98.05±25.82	117.98±24.09	95.53±28.48
HD [b]	°DH	MEPPRC, 2002	MEPPRC, 2002	2.41±0.59	2.36±1.05	1.85±0.42	1.76±0.37	2.02±0.79	2.13±0.46	1.9±0.4	2.45±1.13	2.1±0.71
pH	—	In situ measure	CX-401	7.82±0.34	7.98±0.51	7.79±0.45	8.13±0.42	7.93±0.21	8.23±0.19	7.62±0.4	7.93±0.7	7.93±0.44

注：a 表示总溶解固体，即 TDS；b 表示水体硬度；c 表示国家环境保护总局《水和废水监测分析方法》编委会。

表 2-8　尼洋河碳酸盐风化指数变化范围及水平

CRW 等级	计算依据	变化范围	碳酸盐风化水平
1	CRW<1.25min	CRW<3.63	非常轻微
2	1.25min≤CRW<0.75u	3.63≤CRW<8.83	轻微
3	0.75u≤CRW<1.25u	8.83≤CRW<14.71	中等
4	1.25u≤CRW<0.75max	14.71≤CRW<32.35	严重
5	CRW≥0.75max	CRW≥32.35	非常严重

注：1. 碳酸盐风化指数简写 CRW；2. u，最大值和最小值均指的是平均值，最大值和最小值分别是 $2\times(Ca^{2+}+Mg^{2+})$、$(Na^{+}+K^{+})$，单位 mmol/L；3. 1.25min，0.75u，1.25u 和 0.75max 的表达方式都是为了保证每个值的 75% 置信区间。

3. 水化学稳定性指数

（1）Langelier 饱和指数（Langelier saturation index）

Langelier 饱和指数即 LSI，记作 I_L。（Langelier，1936）

$$I_L=pH-pH_s \tag{1}$$

式中，pH 是水体真实 pH 值；

pH_s 是水体达到碳酸盐饱和时的 pH 值，应用如下方法计算（APHA *et al*，1995）

$$pH_s=pK_2-pK_s+p[Ca^{2+}]+p[HCO_3^-]+5pmf \tag{2}$$

$$pmf=A\times\left(\frac{\sqrt{I}}{1+\sqrt{I}}-0.3I\right) \tag{3}$$

$$I=\frac{TDS}{40000} \tag{4}$$

pK_2 在 15℃时等于 10.43；

pK_s 在 15℃时等于 8.43；

pmf 是一价离子负的常用对数；

$[Ca^{2+}]$、$[HCO_3^-]$ 单位是 mol/L；

A 是常数，在 15℃时等于 0.502；

I 是离子强度，与盐度相关；

总溶解固体是总的溶解盐，单位为 mg/L。

LSI 判断标准详见表 2-9（Strauss & Puckorius，1984；Puckorius & Brooke，1991）。

表 2-9　侵蚀判别指数判别标准

判别指标	范围	水化学稳定性	等级
	3.0 以上	极度严重	1
	3.0~2.0	非常严重	2
	2.0~1.0	严重	3
	1.0~0.5	温和	4
	0.5~0.2	轻度	5
Langelier 饱和指数（LSI）	0.2~0.0	稳定	6
	0.0~-0.2	没有沉淀，非常轻度溶解趋势	7
	-0.2~-0.5	没有沉淀，轻度溶解趋势	8
	-0.5~-1.0	没有沉淀，适度溶解趋势	9
	-1.0~-2.0	没有沉淀，强烈溶解趋势	10
	-2.0 以下	没有沉淀，非常强烈溶解趋势	11

续表

判别指标	范围	水化学稳定性	等级
Ryznar 饱和指数（RSI）	3.0 以下	极度严重	1
	3.0~4.0	非常严重	2
	4.0~5.0	严重	3
	5.0~5.5	温和	4
	5.5~5.8	适度	5
	5.8~6.0	稳定水体	6
	6.0~6.5	没有沉淀，非常轻度溶解趋势	7
	6.5~7.0	没有沉淀，轻度溶解趋势	8
	7.0~8.0	没有沉淀，适度溶解趋势	9
	8.0~9.0	没有沉淀，强烈溶解趋势	10
	9.0 以上	没有沉淀，非常强烈溶解趋势	11

（2）Ryznar 稳定指数

Ryznar 稳定指数即 RSI，记作 I_R（Ryznar，1944）

$$I_R = 2pH_s - pH \tag{5}$$

RSI 判断标准详见表 2-9（Puckorius & Brooke，1991）。

4. 数据处理

应用 SOM（self-organizing maps）区分不同类别，应用 R 语言 "rpart" 包建立分类回归树模型（classification and regression tree model，CART）。

二、结果与讨论

1. 尼洋河侵蚀时空变化特征

尼洋河 pH 值缓冲体系可以由以下离子来表示：

$$C_{Ca^{2+}} + C_{Mg^{2+}} + C_{NH_4^+} - C_{HCO_3^-} \tag{6}$$

表达式如下：

$$y = ax + b \tag{7}$$

这个公式用来表示尼洋河 pH 值和缓冲体系之间的关系，y 是 pH 值；a 是水体缓冲容量，绝对值越小代表缓冲容量越强；b 是没有任何外源水补给下的水体自身 pH 值。这个公式与 $y = 1.4155x + 6.5793$ 类似，这里的 y 是 pH 值，x 是碱性物质 $C_{Ca^{2+}} + C_{Mg^{2+}} + C_{NH_4^+}$，只是省略了 $C_{HCO_3^-}$（郝瑞霞等，2007）。

结果显示，尼洋河四个季节和尼洋河与巴河的交汇处之间存在明显的线性回归关系（$P < 0.05$）。当没有外源水补给时，尼洋河 pH 值维持在 7.4 以上，到了夏季，pH 值最高值达到了 8.54。对于缓冲能力，除了夏季之外，pH 值和缓冲体系之间存在正相关，由于大量外源水的补给导致水体非常不稳定，春季尼洋河水体的缓冲容量最弱，相反，到了秋季，水体相对稳定，缓冲能力显示最强。对于整条尼洋河，缓冲能力最差的河段出现在尼洋河和巴河交汇处，这里水流相对较快，另外，在尼洋河河谷地带，出现了最强缓冲能力，因为这里植被丰富，溪流纵横交错（表 2-10）。

表 2-10　尼洋河 pH 值和缓冲容量关系

参数	春季	夏季	秋季	冬季	S1	S2	S3	S4	合计
a	0.572	−0.458	0.105	0.572	0.315	0.655	0.168	0.413	0.355
b	7.464	8.547	7.541	7.464	7.624	7.525	7.6	7.853	7.677
p	0.139	0.134	0.745	0.139	0.345	0.029	0.621	0.207	0.018
$n°$	12	12	12	8	11	11	11	11	44

注：(1) 适合的表达式为 $y=ax+b$，其中，x 是缓冲化学品的正负值，如 $C_{Ca^{2+}}+C_{Mg^{2+}}+C_{NH_4^+}-C_{HCO_3^-}$；$y$ 为 pH 值；a 为水的缓冲能力，其值越低，缓冲能力越强；b 是水的 pH 值本身，不含任何来自外界的水补充剂。

(2) p 表示 pH 值与缓冲关系拟合的程度，数字 $n°$ 表示参与线性回归的样本数。

另外，尼洋河阴阳离子平衡关系可以表示为 $X^{2^{(1)}} < X^{2^{(1)}_{0.05}}$（表 2-11）：

$$C_{Na^+}+C_{K^+}+C_{2Ca^{2+}}+C_{2Mg^{2+}}=C_{HCO_3^-}+C_{NO_3^-}+C_{2SO_4^{2-}}+C_{Cl^-} \tag{8}$$

表 2-11　阴阳离子平衡时空变化

参数	S1	S2	S3	S4	春季	夏季	秋季	冬季
总阳离子/mmol/L	1.037	1.008	0.825	0.790	0.841	1.062	0.817	0.952
总阴离子/mmol/L	1.355	1.278	1.015	1.060	1.279	1.391	0.968	1.016
理论值/mmol/L	1.196	1.143	0.920	0.925	1.060	1.227	0.893	0.984
卡方值（X^2）	0.042	0.032	0.020	0.039	0.090	0.044	0.013	0.002

注：根据 $C_{Na^+}+C_{K^+}+C_{2Ca^{2+}}+C_{2Mg^{2+}}=C_{HCO_3^-}+C_{NO_3^-}+C_{2SO_4^{2-}}+C_{Cl^-}$，采用卡方检验，其中 $X^{2^{(1)}}_{0.05}=3.84$。

2. 尼洋河沉淀和溶解趋势变化

根据 LSI 和 RSI 判别指数，季节因素对尼洋河沉淀或者溶解影响较大，这一研究结果与其他研究结果类似（Bum *et al*，2015；Ferencz & Dawidek，2015）。具体来讲，尼洋河和巴河交汇处，冬季与其他三个季节之间侵蚀程度差异显著（$P<0.05$），在冬季，由于较为稳定的外源水补给，仅有非常轻微的溶解沉淀趋势，相反，由于大量的外源水补给，比如雪融水、降雨（Bates *et al*，2013），其他三个季节则呈现出适度或者强烈溶解趋势。对于尼洋河河谷，夏季和秋季之间的侵蚀程度存在显著差异（$P<0.05$），当秋季来临的时候，外源水补给量开始下降，河岸收缩，砂石河床代替了以前的黏土或者细砂河床，所以较强的侵蚀也发生在这个季节［表 2-12、表 2-14（b）、表 2-14（c）］，这与 Ferencz & Dawidek（2015）的观点相反，他们指出，大量的降雨，较高的水温，这些都有利于 CO_2 和钙、镁的溶解，所以夏季是侵蚀程度最强的季节（Billett & Moore 2008；Bates *et al*，2013）。

水体硬度方面，尼洋河中上游硬度较下游高，在夏季和秋季，上游（S1）和下游（S3、S4）存在显著差异（$P<0.05$）。另外，中上游（S1、S2）和下游（S4）之间也存在显著差异（$P<0.05$）（表 2-12）。

我们还关注了硬度、总溶解固体和 LSI 之间的关系。四个季节之间，LSI 和总溶解固体存在负相关关系（$P>0.05$），另外，S1 和 S3 也存在负相关关系，S2 和 S4 存在正相关关系。总体上，LSI 和硬度之间总是以正相关关系出现，值得强调的是，夏季或者 S2 采样点存在显著差异，这验证了：水体中决定 LSI 因子的顺序为 pH 值>硬度>碱度>水温>总溶解固体（Bum *et al*，2015）（表 2-13）。

表 2-12　LSI、RSI、硬度、总溶解固体差异性分析

(a)

指标	采样点	冬季（u±Std. D）	春季（u±Std. D）	夏季（u±Std. D）	秋季（u±Std. D）
LSI	S1	−1.143±0.349	−0.782±0.434	−0.695±0.363	−1.22±0.145
	S2	0.173±1.211[a]	−1.017±0.308[b]	−0.782±0.176[ab]	−1.419±0.123[b]
	S3	−1.185±0.416[ab]	−1.16±0.048[ab]	−0.731±0.189[a]	−1.711±0.37[b]
	S4	−1.185±0.416	−1.16±0.048	−0.731±0.189	−1.711±0.37
RSI	S1	9.689±0.227	9.568±0.684	9.491±0.636	10.056±0.291
	S2	8.268±1.425[b]	9.862±0.73[a]	9.713±0.34[a]	10.378±0.204[a]
	S3	9.974±0.337[b]	10.083±0.272[b]	9.795±0.338[b]	10.833±0.378[a]
	S4	9.974±0.337	10.083±0.272	9.795±0.338	10.833±0.378
HD	S1	2.278±0.683	2.191±1.047	2.688±0.448[(a)]	2.455±0.108[(a)]
	S2	3.759±1.687	2.05±1.281	2.049±0.242[(ab)]	2.039±0.061[(b)]
	S3	2.149±0.054	1.851±0.748	1.894±0.359[(b)]	1.614±0.039[(c)]
	S4	1.599±0.728	1.976±0.122	1.906±0.394[(b)]	1.506±0.093[(c)]
TDS	S1	110.75±13.506	64.933±32.435	96.7±30.585	86.57±16.643
	S2	112.93±0.608	69.957±15.013	80.15±20.916	99.1±28.509
	S3	128.005±39.888	103.327±44.89	101.29±6.125	103.05±35.476
	S4	120.225±43.848	99.687±38.448	78.187±11.984	103.503±32.189

(b)

指标	采样点	u±Std. D	季节	u±Std. D
LSI	S1	−0.943±0.371	春	−0.708±0.788[a]
	S2	−0.846±0.701	夏	−0.932±0.309[a]
	S3	−1.198±0.444	秋	−0.738±0.274[a]
	S4	−1.198±0.444	冬	−1.377±0.433[b]
RSI	S1	9.702±0.503	春	9.974±0.337[a]
	S2	9.672±0.947	夏	10.083±0.272[a]
	S3	10.189±0.511	秋	9.795±0.338[b]
	S4	10.189±0.511	冬	10.833±0.378[a]
HD	S1	2.415±0.591[a]	春	2.017±0.787
	S2	2.358±1.051[a]	夏	2.135±0.463
	S3	1.852±0.417[ab]	秋	1.904±0.398
	S4	1.76±0.366[b]	冬	2.446±1.131
TDS	S1	87.828±27.524	春	84.476±34.483[b]
	S2	88.498±23.923	夏	89.082±19.828[b]
	S3	107.183±30.464	秋	98.056±25.817[ab]
	S4	98.598±30.822	冬	117.978±24.092[a]

注：采用 Duncan 检验方法，用不同的字母表示不同采样点和季节之间的显著差异，用无括号行或有括号列表示 $P=0.05$ 的水平。

表 2-13 尼洋河硬度、总溶解固体和 LSI 之间的 Pearson 相关性

(a)

	T_{S1}	H_{S1}	I_{S1}		T_{S2}	H_{S2}	I_{S2}		T_{S3}	H_{S3}	I_{S3}		T_{S4}	H_{S4}	I_{S4}
T_{S1}	1.000			T_{S2}	1.000			T_{S3}	1.000			T_{S4}	1.000		
H_{S1}	−0.017	1.000		H_{S2}	0.231	1.000		H_{S3}	0.273	1.000		H_{S4}	0.231	1.000	
I_{S1}	−0.205	0.455	1.000	I_{S2}	0.197	0.847**	1.000	I_{S3}	−0.263	0.208	1.000	I_{S4}	0.014	0.081	1.000

(b)

	T_{Sp}	H_{Sp}	I_{Sp}		T_{Su}	H_{Su}	I_{Su}		T_{Au}	H_{Au}	I_{Au}		T_{Wi}	H_{Wi}	I_{Wi}
T_{Sp}	1.000			T_{Su}	1.000			T_{Au}	1.000			T_{Wi}	1.000		
H_{Sp}	−0.005	1		H_{Su}	−0.171	1		H_{Au}	0.383	1		H_{Wi}	−0.219	1	
I_{Sp}	−0.332	0.671	1.000	I_{Su}	−0.015	0.663*	1.000	I_{Au}	−0.178	0.192	1.000	I_{Wi}	−0.112	0.215	1.000

注：1. 表 (b) 中，T_{Sp}、H_{Sp} 和 I_{Sp} 分别表示在春季的总溶解固体度、硬度和 Langelier 饱和指数，Su、Au 和 Wi 分别代表夏、秋、冬。

2. 采用 Pearson 相关性检验，* 表示在 $P=0.05$ 水平上有显著差异，** 表示在 $P=0.01$ 水平上有显著差异。

3. 风化时空动态以及受影响的理化因子

（1）水化学类型变化

根据 Shu card Lev taxonomy （Piper，1944），总体上，尼洋河水化学类型为 $Ca(HCO_3)_2$ 类型，这与 Tian et al.（2014）的结论一致，具体来说，除了 S2 采样点的秋季，即从 8～10 月为 $CaSO_4$ 水体类型，另外，S1 采样点的 7 月份和 S3 采样点的 6 月份为 $CaSO_4$ 水体类型。

（2）碳酸盐风化趋势

$2\times(Ca^{2+}+Mg^{2+})/(Na^++K^+)$（简称 CRW）经常用在风化强度的判断方面，值越大则风化越强烈（Zhu & Yang，2007；吕婕梅等，2015），具体信息参见表 2-8。除了 S1 采样点 6 月份有强烈的风化趋势外，其他采样点从 4～10 月风化趋势均为适度以下，同样，在春季、夏季和秋季也是适度风化，但是均高于世界河流平均水平（CRW＝2.2）。相反，在 12 月、1 月和 3 月，或者在冬季，风化程度都很强烈，仅 S4 采样点 12 月份或者在冬季风化程度适度 [表 2-14（e）]。

（3）地球化学变化过程和离子变化

中国河流化学组成主要受碳酸盐风化和蒸发岩风化控制（Hu et al，1982）。由于季风性降雨能够快速溶解物质，风化过程对降雨更为敏感，在枯水期，硅酸盐风化更为突出，这种特性的出现可能与水岩交融界面的时间有很大关系（Tipper et al，2006）。值得强调的是，化学组成以及风化程度主要依赖于地理形态以及水体动力学（Esmaeili-Vardanjani et al，2015），比如河床上累积的黏土对化学风化贡献多些，并且金属离子（Na^+、K^+）和碱性物质（Ca^{2+}、Mg^{2+}）在风化过程中，更容易从河床剥离出来（Qiu et al，2014），结果，风化过程随着离子的变化而变化（Dalai et al，2002），一般情况下，水体中的 Ca^{2+} 主要来自碳酸盐风化，K^+ 主要来自硅酸盐风化。

在本研究的试验中，选择 $2(Ca^{2+}+Mg^{2+})/HCO_3^-$（简称 CMC）、$2SO_4^{2-}/HCO_3^-$（简称 SC）、$NO_3^-$ 和 Cl^- 来判别风化类型和离子来源，SOM 方法将样品划分成三类（图 2-33 和表 2-15）。

表 2-14　尼洋河水化学特征

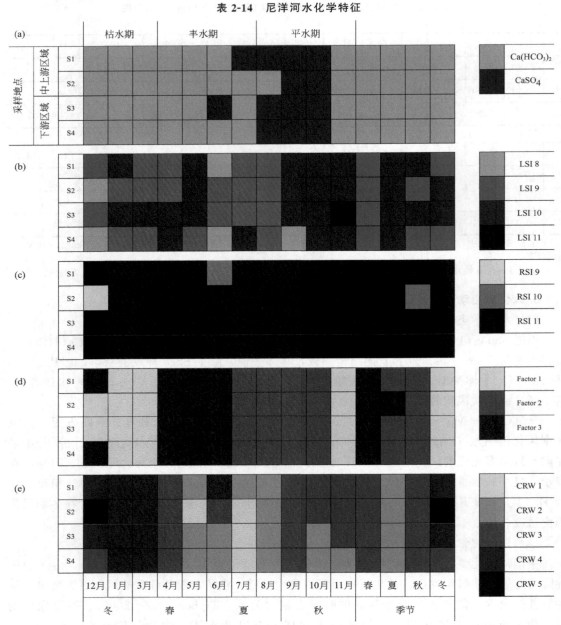

注：表（a）代表水化学品类型；表（b）和表（c）为水的化学稳定性；表（d）为铁源及其影响，更多信息参见图 2-33 和表 2-10；表（e）为碳酸盐风化程度。

表 2-15　基于 SOM 判断离子来源和风化类型

SOM 聚类	离子来源	离子特征	n°
F1	碳酸盐风化	CMC 贡献最为突出，SC、NO_3^- 和 Cl^- 贡献最少	18
F2	人类活动干扰	SC、NO_3^- 最为强烈，Cl^- 贡献适度，CMC 贡献最少	23
F3	雪融水补给	Cl^- 贡献最强，SC、NO_3^- 和 CMC 贡献适中	19

注：（1）n° 表示每个 SOM 聚类中涉及的样本数；
（2）更多信息请参考图 2-33。

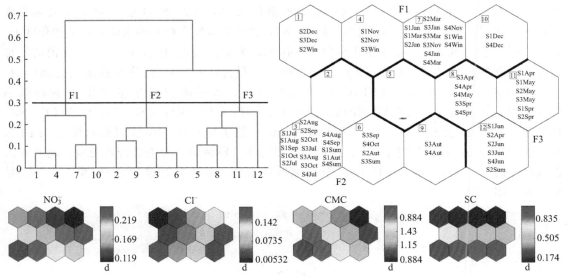

图 2-33　尼洋河离子来源和风化类型

(1) 根据 ward 联系方法，采用欧氏距离进行聚类分析，分为四类；

(2) 根据四个变量 $2(Ca^{2+}+Mg^{2+})/HCO_3^-$（简写 CMC）、$2SO_4^{2-}/HCO_3^-$（简写 SC）、$NO_3^-$ 和 Cl^-，对尼洋河进行 SOM 分类，单位为 mmol/L；

(3) SOM 聚类中使用的四个变量的分布模式，不同颜色单位的水平不同。

第一类，是以碳酸盐风化为特点，CMC 贡献最为突出，SC、NO_3^- 和 Cl^- 贡献最少，集中在 11 月、12 月、1 月和 3 月，个别例外，如 12 月的 S1 采样点和 S4 采样点，根据碳酸盐风化指数得出的结论也是一致的。

第二类，以人类活动干扰为主导，SC、NO_3^- 最为强烈，Cl^- 贡献适度，CMC 贡献最少。主要集中在 7 月、8 月、9 月和 10 月。换言之，在夏季和秋季，在这一阶段，大量的外源水补给，如降雨，导致河流地理形态和河流动力学暂时性发生改变，从而河流水化学过程发生了变化（Esmaeili-Vardanjani et al，2015），同时，SO_4^{2-} 对人类活动更为敏感（Chetelat et al，2008），另外一方面，大量的雨水混杂着农田里的泥土，一并汇入尼洋河，结果导致较高的 NO_3^-（图 2-33、表 2-15）。

第三类，以雪融水补给为基本特征，Cl^- 贡献最强，SC、NO_3^- 和 CMC 贡献适中，主要集中在 4 月、5 月和 6 月，也包括 S2 采样点的夏季，陈静生等（2006）指出长江上游高的 Cl^- 主要是由于蒸发岩补充而不是来自海洋演化，这主要是因为在冰雪之下覆盖着蒸发岩，蒸发岩含有大量的 Cl^-，雪融水就会携带大量的 Cl^- 汇聚入河，也有证据显示冰雪带和冰雪带内部强烈控制着盆地风化过程（Wilson et al，2015；Zhang et al，2015）。

所有的阳离子，Mg^{2+}、Ca^{2+}、Na^+、K^+ 和一种阴离子 SO_4^{2-} 的浓度沿着尼洋河自上而下呈现下降趋势，但是对于 NO_3^- 浓度和 pH 值，最大值出现在两个河口汇合处，上游的 HCO_3^- 和 Cl^- 浓度较下游高，相反，总溶解固体下游较高（表 2-7）。

Ca^{2+} 浓度和总溶解固体随着春季、夏季、秋季和冬季逐渐上升，对于 Cl^- 和 Mg^{2+} 浓度，春夏季较秋冬季高。另外，Na^+、K^+、NO_3^-、SO_4^{2-} 浓度在冬春季较夏秋季高。相反，HCO_3^- 浓度在夏秋季比冬春季高（表 2-7）。

Cl^-/Na^+ 比值，是反映河流或者湖泊风化过程的重要指标，较低的 Cl^-/Na^+ 比值主要受到碳酸盐风化影响，较高的 Cl^-/Na^+ 比值则可能受到蒸发岩作用或者农业活动影响（陈静生等，2006）。全世界河流 Cl^-/Na^+ 比值均值是 0.68，太湖 20 世纪 50 年代主要是受碳酸盐风化作用，至今，Cl^-/Na^+ 比值高达 0.85，转变为蒸发岩控制的水体，在某种程度上，Cl^-/Na^+ 比值达到 5.0 主要是由于排放农业用水，大量的证据表明，Cl^-/Na^+ 比值的增加是人类活动的直接结果（Chetelat et al，2008；代丹等，2015），最终导致水质受到影响，水体安全和人类健康恶化（Khan et al，2011），对水环境和水生态产生了不利影响（Kaushal et al，2005）。值得强调的是，在 4 月、5 月、6 月，采样点 S1、S2、S3 的 Cl^-/Na^+ 比值超过了 1.0，更有甚者，5、6 月份 Cl^-/Na^+ 比值还超过了 2.0，尤其是采样点 S2 的 5、6 月份，Cl^-/Na^+ 比值超过了 4.0，这可能是因为在这段时间，泥土混合着肥料，随着降雨汇入尼洋河，导致这一阶段 Cl^-/Na^+ 比值暂时性增高（表 2-9），这与 SOM 聚类第三类结果一致（图 2-34、表 2-15）。

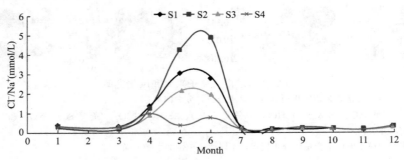

图 2-34　尼洋河逐月 Cl^-/Na^+ 比值

4. 侵蚀和风化关系

用 CART 模型预测侵蚀（根据 LSI）和离子来源的关系，包括五类指标：$2（Ca^{2+} + Mg^{2+}）/HCO_3^-$（简称 CMC）、$2SO_4^{2-}/HCO_3^-$（简称 SC）、$NO_3^-$、$Cl^-$ 和 Cl^-/Na^+，见图 2-35。

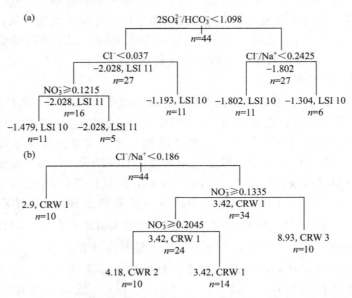

图 2-35　基于 CART 模型预测侵蚀或风化与 5 种离子来源判别指标的关系

① $2SO_4^{2-}/HCO_3^-$ 是最重要的预测变量，当该值低于 1.098 时，表现出非常强烈的溶解沉淀趋势，相反，当该值在 1.098 以上时，则表现出强烈的溶解沉淀趋势。

② Cl^-/Na^+ 和 Cl^- 是第二重要的预测因子，阈值分别为 0.2425 和 0.037，在 NO_3^- 低于 0.1215mmol/L 时，表现出非常强烈的溶解沉淀趋势，这也是第三个重要的预测因子，与 Tang et al.（2011）的研究结果相反，高浓度的 NO_3^-，则与 LSI 正相关，$CaCO_3$ 溶解。

用 CART 模型预测风化程度和离子来源的关系，包括五类指标：$2(Ca^{2+}+Mg^{2+})/HCO_3^-$（简称 CMC）、$2SO_4^{2-}/HCO_3^-$（简称 SC）、$NO_3^-$、$Cl^-$ 和 Cl^-/Na^+。

① Cl^-/Na^+ 扮演着第一重要的预测角色，该值在 0.186 以上时，风化程度较强烈。

② NO_3^- 扮演着第二重要的预测角色，当该值在 0.1335mmol/L 以下时，风化程度适中；当该值在 0.1335mmol/L 以上时，有轻微的或者非常轻微的风化程度。

5. 全世界主要流域地球化学规律

本研究选择了全世界 52 个案例（附录 7），包括河流、水域，研究了离子浓度特征，包括 Ca^{2+}、Mg^{2+}、K^++Na^+、HCO_3^-、SO_4^{2-}、Cl^-，应用 SOM 分析了 52 个案例的风化规律，聚为四类：

第一类，地球化学特征较为稳定的系统，这一类别，碳酸盐风化和人类干扰最弱，离子浓度适中，Ca^{2+} 在 32mg/L 左右，Mg^{2+} 和 K^++Na^+ 在 8mg/L 左右，HCO_3^- 在 126mg/L 左右，SO_4^{2-} 在 16mg/L 左右，Cl^- 在 4mg/L 左右。该类别包括长江流域大部分、雅鲁藏布江拉萨到林芝段、刚果盆地区域以及麦肯基（Mekenzie）流域（图 2-36、图 2-37 和表 2-16）。

第二类，较为稳定的地球化学系统，碳酸盐风化和人类干扰适度，Ca^{2+}、HCO_3^- 浓度较高，其余离子浓度适中（图 2-36、图 2-37 和表 2-16）。

第三类，不稳定的地球化学系统，人类干扰最强，浓度较高的离子有 Mg^{2+}、K^++Na^+、SO_4^{2-}、Cl^-，其余离子浓度适中（图 2-36、图 2-37 和表 2-16）。

第四类，地球化学系统极不稳定，具有较强的碳酸盐风化，所有离子浓度均较低，全世界河流整体状态在此系列，也包括西藏尼洋河（图 2-36、图 2-37 和表 2-16）。

在 52 个案例中，有四个是来自西藏，其中西藏地区（Tian et al, 2014）属于第三类别，雅鲁藏布江拉萨到林芝段（刘昭，2011）属于第一类别，色季拉山脉区域（任青山等，2002）和尼洋河流域属于第四类别，至于为何有所区别，需要更加深入的研究。

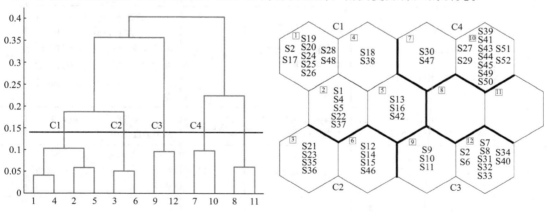

图 2-36　全世界 52 个案例离子浓度特征 SOM 聚类

（1）根据 ward 联系方法，采用欧氏距离进行聚类分析，分为四类；

（2）根据六个变量（Ca^{2+}，Mg^{2+}，K^++Na^+，HCO_3^-，SO_4^{2-}，Cl^-）对全世界的河流进行 SOM 分类，单位为 mg/L，数据来源于附录 1。

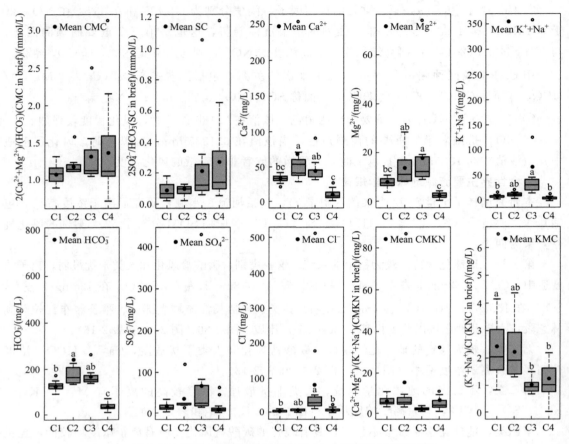

图 2-37　基于 SOM 聚类类别分析 52 个案例离子浓度特征

表 2-16　基于 SOM 分析全世界 52 个案例离子浓度特征

SOM 聚类	涉及的河流	风化特征	系统稳定性	离子特征	$n°$
C1	S1，S2，S4，S5，S13，S16，S17，S18，S19，S20，S22，S24，S25，S26，S28，S37，S38，S42，S48	碳酸盐风化和人类干扰最弱	稳定	离子浓度适中，Ca^{2+} 在 32mg/L 左右，Mg^{2+} 和 $K^+ + Na^+$ 在 8mg/L 左右，HCO_3^- 在 126mg/L 左右，SO_4^{2-} 在 16mg/L 左右，Cl^- 在 4mg/L 左右	19
C2	S12，S14，S15，S21，S23，S35，S36，S46	碳酸盐风化适度，人类干扰适度	较稳定	Ca^{2+}，HCO_3^- 较高，其余离子浓度适中	8
C3	S3，S6，S7，S8，S9，S10，S11，S31，S32，S33，S34，S40	人类干扰最强	不稳定	较高的 Mg^{2+}，$K^+ + Na^+$，SO_4^{2-}，Cl^-，其余离子浓度适中	12
C4	S27，S29，S30，S39，S41，S43，S44，S45，S47，S49，S50，S51，S52	碳酸盐风化最强	不稳定	所有离子浓度均较低	13

注：（1）$n°$ 表示每个 SOM 聚类中涉及的河流数量；
（2）更多信息参见图 2-36 和附录 1。

第十五章

人类干扰对西藏尼洋河生态系统的健康评估

河流的热力学状态在水生态系统中起到了非常重要的作用，它会影响到水体质量以及水体中水生生物的分布，水温的变化因素之一，就是人类的扰动，如热污染、森林采伐、河流流动改性以及气候变化（Caissie，2006）。大量证据表明，随着人类活动的不断加剧，生物状况将不断恶化（Norris R H & Thoms，1999；Quinn，2000；Allan，2004）。生物多样性和生境特征强烈受到河流周围的地理形态和土地使用规模的影响（Richards et al，1996；Allan，2004），当河岸生境遭受破坏的时候，河流健康也将面临威胁（Bunn et al，1999），当岸边植物受到干扰的时候，河流底部初级生产力（benthic gross primary production，GPP）较低（Bunn et al，1999）。农业营养物质排放到地表径流而引起的河流污染应该得到足够的重视（Withers & Lord，2002），Zhang 等（2013）评估了白洋淀生态系统健康状况，结果显示水体营养物质和陆地使用呈现显著相关。

我国陆地水生态系统分为河流、水库、湖泊、沼泽 4 种类型，结合基础数据的可获得性，赵同谦等（2003）建立了由生活及工农业供水、水力发电、内陆航运、水产品生产、休闲娱乐 5 个直接使用价值指标和调蓄洪水、河流输沙、蓄积水分、保持土壤、净化水质、固定碳、维持生物多样性 7 个间接使用价值指标构成的评价指标体系。必须强调，正确认识河流生态系统服务功能，研究其与人类活动之间的影响机制，并维持河流生态系统服务功能，以促进河流及其流域的经济社会和环境的可持续发展，已经是一个全球性的挑战（郝弟等，2012）。赵同谦等（2003）以 2000 年为基准评价年份，对全国陆地水生态系统生态经济价值进行了评价，结果表明，陆地地表水生态系统直接使用价值和间接使用价值相当于 2000 年我国国内生产总值的 10.97%。

多指标综合评价法通过运用一系列水文、生物、物理化学等多种类型指标从不同角度、不同深度反映水环境质量信息，评价河流生态健康状况，有利于全方位地揭示河流生态系统存在的问题（杨海军，2010）。王欢等（2006）指出香溪河河流生态系统服务功能：贮水功能＞发电＞旅游＞调蓄洪水＞水供给＞水产品＞输沙＞净化＞大气组分调节＞控制侵蚀。肖建红等（2007）评价了水坝对河流生态系统服务功能的影响，指出水库泥沙淤积、水库淹没对生态系统影响方面以及河流生态系统方面都具有负面效应，产生庞大的损失值。魏国良等（2008）评价了水电开发对河流生态系统服务功能的影响，指出正面影响以水力发电产生的经济效益为主，负面影响以河流输沙和维持生物多样性服务功能减弱的价值损失为主。漫湾水电开发生态环境效益与生态环境成本的比值为 1∶5.56。朱卫红等（2014）评估了图们江流域河流生态系统，指出水生生物的生存环境遭到严重破坏、水体污染严重，河岸带生态退化、城市化影响严重。Meyer（1997）指出健康的河流应该是可持续、自净功能稳定的生态系统，在满足社会发展和需要的同时，同时具有合理的结构和功能，能够经得起时间的考验。

由于高原河流蕴藏着巨大的水能资源，水电站的开发和建设不可避免，河流的生态系统完整性迎来了挑战（翟红娟，2009）。生态系统完整性不仅要求生态系统结构的完整以及结构的合理，也要求生态系统功能的健全以及功能的正常发挥，比较而言，高原河流水资源较为脆弱，水资源承载能力与区域经济、社会发展和生态环境保护方面容易发生错位（段顺琼等，2011），促进高原河流流域的可持续发展则显得尤为重要（胡元林，郑文，2011；洛桑·灵智多杰，2005）。

尼洋河正在经历着人类的干扰。2011年多布水电站开始建设，于2014年底开始蓄水发电。2013年拉萨到林芝高速公路沿着尼洋河和拉萨河也相继开工，并于2015年9月建成段通车。那么，这些工程的开展，是否会影响生态系统的健康状态，以及地球化学过程是否也会经历演替，这是第十一章和第十二章已经探讨的科学问题。我们采用参照状态法，该法是通过生态系统的现状（结构、组分、功能、多样性）与参照状态进行对比，判断其与参照状态的偏离程度，作为生态系统健康程度的度量。该方法在水生态健康评价及其他区域水环境的评价中均有相关应用（Xu *et al*，2012；郑丙辉等，2013；Zhai *et al*，2010；Vassallo *et al*，2006；Bastianoni & Marchettini，1997）。

一、材料和方法

1. 样品采集和数据搜集

关于研究区域概况、采样站设置等内容在前文已进行了介绍，涉及水质理化指标（见表2-17）、浮游植物、浮游动物、周丛原生动物、底栖动物和着生藻类。本研究从2008年开始搜集数据，在工程建设之前搜集了一周年数据，工程建设过程中搜集了一周年数据，具体如下：枯水期（11月到次年4月，采样时间为2009年3月和2014年4月），丰水期（5～8月，采样时间为2009年6月和2013年7月），以及平水期（9月和10月，采样时间为2009年9月和2013年10月）

表 2-17　理化指标代码、单位、分析方法和保存方法

类别	理化指标	代码	单位	分析方法	保存方法
水体质量指标	流速	Flow	m/s	LS1206B 现场测定	—
	pH 值	pH		CX-401 现场测定	—
	水温	WT	℃	CX-401 现场测定	—
	化学耗氧量	COD	mg/L	GB 11914-1989	MEPPRC，2002
	表层溶氧	SDO	mg/L	GB 7489-1987	MEPPRC，2002
	底层溶氧	BDO	mg/L	GB 7489-1987	MEPPRC，2002
	总氮	TN	mg/L	GB 11894-1989	MEPPRC，2002
	总磷	TP	mg/L	GB 11893-1989	MEPPRC，2002
	总硬度	TH	mg/L	$CaCO_3$ 计算	MEPPRC，2002
	叶绿素 a	Chl	mg/L	SL88-1994	MEPPRC，2002
	总溶解固体	TDS	mg/L	MEPPRC，2002	MEPPRC，2002

续表

类别	理化指标	代码	单位	分析方法	保存方法
主要离子	氨氮	NH_4N	mg/L	GB 7479-1987	MEPPRC，2002
	硝态氮	NO_3N	mg/L	MEPPRC，2002	MEPPRC，2002
	碳酸氢根离子	HCO_3^-	mg/L	MEPPRC，2002	MEPPRC，2002
	总碱度	TA	mg/L	MEPPRC，2002	MEPPRC，2002
	铁	Fe	mg/L	MEPPRC，2002	MEPPRC，2002
	钙	Ca	mg/L	GB 11905-1989	MEPPRC，2002
	镁	Mg^{2+}	mg/L	GB 11905-1989	MEPPRC，2002
	钾	K^+	mg/L	GB 11904-1989	MEPPRC，2002
	钠	Na^+	mg/L	GB 11904-1989	MEPPRC，2002
	硫酸根离子	SO_4^{2-}	mg/L	GB/T 13196-1991	MEPPRC，2002
	硅酸根离子	SiO_3^{2-}	mg/L	MEPPRC，2002	MEPPRC，2002
	硝酸根离子	NO_3^-	mg/L	GB 7480-1987	MEPPRC，2002
	氯离子	Cl^-	mg/L	HJ/T 84-2001	MEPPRC，2002
	硫化物	S^{2-}	mg/L	GB/T 16489-1996	MEPPRC，2002

2. 评估指标

（1）水体质量评估

流速、pH 值、水温、化学耗氧量、表层溶氧、底层溶氧、总氮、总磷、硬度、叶绿素 a 以及总溶解固体，称为水体质量参数，另外一类是主要离子参数，包括：氨氮、硝态氮、碳酸氢根离子、总碱度、铁、钙、镁、钾、钠、硫酸根离子、硅酸根离子、硝酸根离子、氯离子和硫化物（表 2-17）。

（2）生物群落分析指标

在本研究中，生物群落是生态系统中主要的组成成分，我们用香农指数、均匀度指数以及总丰度分析了每一个水生生物群落的多样性，包括浮游植物、浮游动物、周丛原生动物、底栖动物和着生藻类，具体计算过程参见第八章至第十三章对应部分。

（3）整体分析指标

根据相关研究（Xu et al，1999；Xu et al，2010b），选择能质、比能质以及浮游植物对应总磷的缓冲容量作为尼洋河生态健康评估的分析指标。具体计算过程参见第七章。

（4）数据分析和建模

基于 R 语言（R programme，R Development Core Team，2011），用"ade4"包，进行 PCA（principal component analysis）分析，研究水体质量参数、离子相关参数、生态能质指示因子、水生生物群落多样性指数。基于 Matlab 10.0，进行 SOM 分析，研究尼洋河 2013～2014 年整个水环境特征，以及评估人类干扰的程度，包括多布水电站、拉萨到林芝的高速公路建设和拉萨到林芝的铁路建设，尼洋河水环境生态环境演变特征。建模过程详见图 2-38。

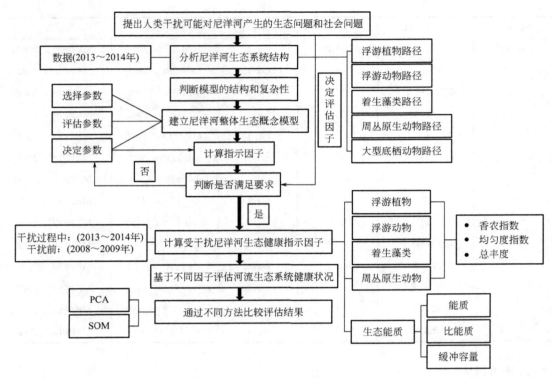

图 2-38   人类干扰对尼洋河生态系统健康评估的模型建立

二、结果与讨论

1. 水体质量和相关离子时空变化特征

关于水体质量参数,在平水期,四个采样区域明显地分离开来,另外,在雨季,出现了轻微的差异,尼洋河下游两个采样点,由于大量的外源水补给,采样点 C 和采样点 D 有较大重叠。枯水期来临之际,尼洋河沿程没有显著差异,虽然采样点 C、采样点 D 以及尼洋河中上游(包括采样点 A 和采样点 B)很明显地分离开来(图 2-39)。关于水体相关离子,虽然在丰水期、枯水期、平水期尼洋河沿程没有明显的差异,但是如果不考虑采样区域,这三个季节却很容易地分离出来(图 2-39)。在受到多布水电站建设的影响后,尼洋河下游(库下区)和上游(库上区)水体相关离子特征差异显著。

2. 生物群落时空变化特征

五种生物类群,包括浮游植物、浮游动物、周丛原生动物、底栖动物和着生藻类,参考了三种多样性指数,有香农指数、多样性指数和总丰度,分析了生物群落的时空变化特征。在丰水期,尼洋河沿程生物群落不存在明显差异,相反,到了枯水期,尼洋河上游和下游生物群落则明显地区分了出来,平水期与之相似,仅有采样点 C、采样点 D 以及尼洋河中上游存有微弱的差异。

尼洋河下游,五种水生生物的总丰度高于上游,样本量占 80%,不包括浮游动物和着生藻类,这两类水生生物总丰度最大值出现在上游。在丰水期,尼洋河下游水生生物群落多样性指数较上游高,样本量占 80%,特别是在尼洋河河谷(采样点 C)最为突出,样本量

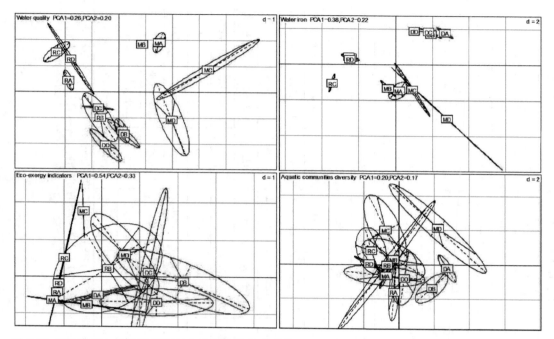

图 2-39　基于 PCA 分析尼洋河三个季节水体质量参数（2013 年 6 月至 2014 年 4 月）、水体相关离子、
能质相关参数，以及水生生物多样性参数

左上角图代表水体质量相关参数 PCA；右上角图代表水体离子相关参数 PCA；左下角图代表生态能质相关参数
PCA；右下角图代表水生生物群落多样性参数 PCA

占 60%；在平水期，尼洋河上游和下游在水生生物多样性方面平分秋色。还有，在平水期，浮游植物、底栖动物、着生藻类香农指数最大值出现在尼洋河上游，浮游动物和周丛原生动物则出现在尼洋河下游。在枯水期，浮游植物和着生藻类香农指数最大值出现在尼洋河河谷，浮游动物在采样点 B，大型底栖动物出现在尼洋河上游。总体上，某一水生生物群落总丰度适中时，才可能达到高的多样性。换言之，群落多样性取决于总丰度是否达到环境容量（表 2-18）。

3. 尼洋河生态系统整体评估

尼洋河河谷拥有较高的生态缓冲容量，占所有样本的 100%，同时，河流交汇处，包括采样点 B 和采样点 D，拥有较高的能质和比能质，占所有样本的 83.3%，也就是说，在交汇处，生物量储存着较高的化学能，类群里拥有更多的生物信息，资源性状更容易获取（表 2-18）。

应用 SOM 对尼洋河水生态系统时空特征进行分类整理，区分出来四大类（图 2-40、表 2-19 和表 2-20）：

第一类（简称 C1），代表尼洋河下游平水期，水生态系统拥有较高的生态缓冲容量，生物量储存信息适度，资源性状获取能力适度。第二类（简称 C2），代表尼洋河上游平水期，水生态系统拥有较低的生态缓冲容量，生物量储存信息适度，资源性状获取能力较低。第三类（简称 C3），代表尼洋河丰水期，水生态系统拥有适度的生态缓冲容量，生物量储存信息较低，资源性状获取能力适度。第四类（简称 C4），代表尼洋河枯水期，水生态系统拥有适度的生态缓冲容量，生物量储存信息较高，资源性状获取能力较高，见图 2-41。

表2-18　尼洋河三个季节在2013～2014年能质相关参数以及生物多样性相关参数比较

Sample	Rain-A	Rain-B	Rain-C	Rain-D	Medium-A	Medium-B	Medium-C	Medium-D	Dry-A	Dry-B	Dry-C	Dry-D
EX (×10^4)	2.03±1.84	35.24±29.15	3.00±1.52	1.77±0.58	0.90±0.44	35.88±59.18	36.26±31.84	68.94±41.40	18.06±28.95	204.78±184.26	85.57±21.97	189.28±127.98
StEX	42.5±5.07	153.84±103.38	46.79±14.44	42.68±3.46	32.67±10.1	104.88±94.39	52.36±18.22	167.81±67.44	150.68±67.43	229.91±1.78	231.75±9.52	173.32±24.22
BC	0.23±0.08	0.71±0.64	0.81±1.07	0.38±0.17	0.09±0.01	0.08±0.01	1.63±0.34	0.99±0.5	0.25±0.19	0.7±0.31	0.74±1.17	0.31±0.22
PHY-A	3118±2042	2491±2943	16901±10423	11043±3986	13736±2989	1778±915	12793±8866	40243±26008	38650±8640	4713±955	10504±1726	89441±63245
PHY-S	2.12±0.11	1.66±0.91	2.17±0.16	2.04±0.15	1.99±0.19	1.97±0.14	1.79±0.18	1.11±0.27	1.63±0.17	1.8±0.31	1.98±0.22	1.95±0.15
PHY-P	0.84±0.04	0.66±0.36	0.86±0.06	0.81±0.06	0.79±0.08	0.78±0.06	0.71±0.07	0.44±0.11	0.65±0.07	0.72±0.12	0.79±0.09	0.78±0.06
PPL-A (×10^5)	30.34±1.81	12.44±7.45	43.88±73.60	8.82±10.04	331.86±73.10	10.50±12.17	579.02±502.40	366.35±121.63	1860.90±221.20	2048.04±245.00	12.07±5.32	938.90±579.72
PPL-S	1.5±0.23	2.07±0.24	1.97±0.08	2.16±0.12	1.95±0.21	1.57±0.26	1.85±0.07	1.38±0.12	1.59±0.11	1.59±0.14	2.11±0.04	1.84±0.12
PPL-P	0.65±0.1	0.89±0.1	0.85±0.03	0.93±0.05	0.88±0.1	0.71±0.12	0.84±0.03	0.63±0.05	0.72±0.05	0.72±0.07	0.95±0.02	0.83±0.05
ZP-A	933.33±1165.73	281.47±483.71	373.33±161.66	466.67±161.66	187.4±322.68	94.43±163.56	187.4±161.34	380.67±167.74	8.43±11.86	10.63±6.63	201.33±146.76	564.4±282.75
ZP-S	0.36±0.35	0.58±0.55	0.19±0.32	0.23±0.4	0.23±0.4	0.03±0.04	0.01±0.01	0.33±0.44	0.71±0.62	1.46±0.07	0.71±1.01	0.49±0.4
ZP-P	0.19±0.18	0.31±0.29	0.1±0.17	0.12±0.21	0.12±0.21	0.01±0.02	0±0.01	0.18±0.23	0.44±0.38	0.9±0.04	0.38±0.54	0.3±0.25
PPR-A	104.33±93.08	270.21±166.26	1125.2±1429.85	347.5±241.05	0±0	229.5±205.43	2553.1±2037.31	3966.97±3591.18	0±0	0±0	181.41±157.1	7191.84±3668.81
PPR-S	0±0	0.23±0.4	0.53±0.48	0.23±0.4	0±0	0.23±0.4	0.4±0.36	0.46±0.8	0±0	0±0	0±0	0±0
PPR-P	0±0	0.11±0.19	0.25±0.23	0.11±0.19	0±0	0.11±0.19	0.19±0.17	0.22±0.38	0±0	0±0	0±0	0±0
MII-A	12.89±8.7	1.11±1.02	24.01±10.35	36.01±8	7.56±3.67	30.68±21.44	37.8±27.34	83.79±29.97	14.24±6.15	12.67±6.93	67.57±31.68	52.46±51.41
MII-S	3.05±1.35	2.44±1.34	3.59±0.7	3.13±1.19	3.29±0.92	3.19±1.31	3.23±0.69	3.13±1.51	4.19±1.14	3.15±1.85	2.99±1.14	2.95±1.5
MII-P	0.57±0.25	0.53±0.29	0.8±0.16	0.7±0.27	0.61±0.17	0.7±0.28	0.72±0.15	0.7±0.11	0.78±0.21	0.7±0.19	0.67±0.25	0.66±0.33

注：EX代表能质；StEX代表比能质；BC代表生态缓冲容量；PHY-A代表浮游植物总丰度；PHY-S代表浮游植物总丰度；PHY-P代表浮游植物均匀度指数；PPL-S代表着生藻类香农指数；PPL-P代表着生藻类总丰度；ZP-A代表浮游动物总丰度；ZP-S代表浮游动物均匀度指数；ZP-P代表浮游动物香农指数；PPL-A代表着生藻均匀度指数；MII-S代表大型底栖动物香农指数；MII-A代表大型底栖动物总丰度；PPR-S代表周丛原生动物香农指数；PPR-P代表周丛原生动物总丰度；PPR-A代表周丛原生动物均匀度指数；MII-P代表大型底栖动物均匀度指数。

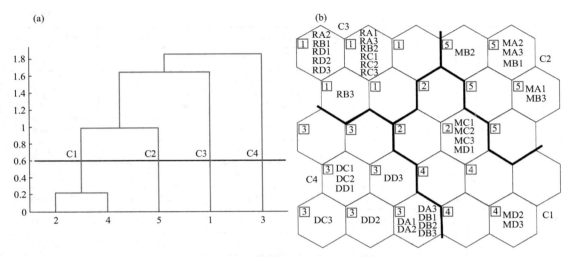

图 2-40　尼洋河水生态系统 SOM 分析

(1) 根据 ward 联系方法，采用欧氏距离进行聚类分析，分为四类；

(2) 根据尼洋河的水体质量参数、水体相关离子、生态能质相关指标、群落多样性对尼洋河的总体水文生态分类。

表 2-19　基于 SOM 分析尼洋河各个类别特征

SOM 聚类	代表内容	特点	$n°$
C1	尼洋河下游平水期	水生态系统拥有较高的生态缓冲容量，生物量储存信息适度，资源性状获取能力适度	6
C2	尼洋河上游平水期	水生态系统拥有较低的生态缓冲容量，生物量储存信息适度，资源性状获取能力较低	6
C3	尼洋河丰水期	水生态系统拥有适度的生态缓冲容量，生物量储存信息较低，资源性状获取能力适度	12
C4	尼洋河枯水期	水生态系统拥有适度的生态缓冲容量，生物量储存信息较高，资源性状获取能力较高	12

注：$n°$ 表示每个 SOM 聚类所涉及的样本数。

表 2-20　尼洋河 2013～2014 年水体质量参数、水体相关离子、生态能质相关指标、群落多样性比较分析

Cluster	C1 （u±Std.）	C2 （u±Std.）	C3 （u±Std.）	C4 （u±Std.）	Total （u±Std.）
EX	526006.89±375704[ab]	183868.84±420464[b]	105098.5±194491[b]	1244200±1256840[a]	568084.52±899786
StEX	110.08±77.14[ab]	68.78±71.9[b]	71.45±66.78[b]	196.42±48.09[a]	119.1±83.62
BC	1.31±0.52[a]	0.09±0.01[b]	0.53±0.59[b]	0.5±0.58[b]	0.58±0.62
PHY-A	26518.11±22979.34	7756.75±6841.89	8388.12±7982.26	35826.94±44346.01	20450.83±29750.56
PHY-S	1.45±0.42[b]	1.98±0.15[a]	2±0.45[a]	1.84±0.24[ab]	1.85±0.38
PHY-P	0.58±0.17[b]	0.79±0.06[a]	0.79±0.18[a]	0.73±0.09[ab]	0.74±0.15
PPL-A	47268000±34705600[ab]	17118000±18214600[ab]	2387000±3509720[b]	73997000±82124600[a]	36192000±57517400
PPL-S	1.62±0.27	1.76±0.3	1.93±0.31	1.78±0.24	1.8±0.29
PPL-P	0.73±0.12	0.8±0.14	0.83±0.13	0.81±0.11	0.8±0.12
ZP-A	284.03±181.31	140.92±234.4	513.7±606.49	196.2±272.9	307.46±418.61

续表

Cluster	C1 (u±Std.)	C2 (u±Std.)	C3 (u±Std.)	C4 (u±Std.)	Total (u±Std.)
ZP-S	0.17 ± 0.33^b	0.13 ± 0.28^b	0.34 ± 0.39^{ab}	0.84 ± 0.66^a	0.44 ± 0.55
ZP-P	0.09 ± 0.18^b	0.07 ± 0.15^b	0.18 ± 0.21^{ab}	0.51 ± 0.39^a	0.26 ± 0.32
PPR-A	13462.53 ± 17936.57^a	114.75 ± 180.78^b	461.81 ± 746.55^b	1843.31 ± 3575.03^b	3031.25 ± 8544.92
PPR-S	0.43 ± 0.56	0.12 ± 0.28	0.25 ± 0.37	0 ± 0	0.17 ± 0.35
PPR-P	0.21 ± 0.26	0.06 ± 0.13	0.12 ± 0.18	0 ± 0	0.08 ± 0.17
MII-A	60.79 ± 35.95^a	19.12 ± 18.7^b	18.51 ± 15.1^b	36.74 ± 36.07^{ab}	31.73 ± 30.92
MII-S	3.18 ± 0.55	3.24 ± 1.01	3.05 ± 1.09	3.32 ± 1.14	3.19 ± 0.99
MII-P	0.71 ± 0.12	0.65 ± 0.21	0.65 ± 0.24	0.7 ± 0.22	0.68 ± 0.21
Flow	0.21 ± 0.18	0.33 ± 0.13	0.33 ± 0.28	0.24 ± 0.18	0.28 ± 0.21
pH	7.2 ± 0.63^b	7.89 ± 0.01^a	8.04 ± 0.14^a	8.28 ± 0.44^a	7.95 ± 0.51
WT	6.67 ± 0.99^c	4.12 ± 2.18^b	13.84 ± 1.42^a	11.96 ± 1.67^a	10.4 ± 4.05
COD	3.04 ± 1.8^b	5.73 ± 0.94^b	24.22 ± 14.86^a	3.18 ± 1.4^b	10.59 ± 12.92
SDO	10.01 ± 0.65	9.35 ± 0.49	8.18 ± 2.24	9.87 ± 2.92	9.24 ± 2.23
BDO	10.41 ± 3.3	8.55 ± 0.33	8.16 ± 2.25	9.7 ± 1.32	9.11 ± 2.12
TN	3.27 ± 2.26^a	4.5 ± 0.81^a	1.71 ± 0.69^b	0.68 ± 0.21^b	2.09 ± 1.72
TP	0.02 ± 0.01^{ab}	0.01 ± 0^b	0.16 ± 0.19^a	0.05 ± 0.01^{ab}	0.07 ± 0.12
TH	0.81 ± 0.07	0.99 ± 0.04	1.1 ± 0.37	0.98 ± 0.04	0.99 ± 0.23
Chl	0.05 ± 0.02^c	0.57 ± 0.02^a	0.31 ± 0.11^b	0.07 ± 0.03^c	0.23 ± 0.2
TDS	359 ± 285.97^a	96.5 ± 51.8^b	79.5 ± 20.5^b	115.08 ± 25.3^b	140.78 ± 149.71
NH_4N	0.35 ± 0.16^c	1.75 ± 0.55^a	0.9 ± 0.45^b	0.35 ± 0.11^c	0.76 ± 0.61
NO_3N	2.92 ± 2.38^a	2.75 ± 0.71^a	0.81 ± 0.34^b	0.33 ± 0.16^b	1.33 ± 1.46
HCO_3^-	43.91 ± 1.83^b	47.12 ± 6.49^b	30.01 ± 3.16^c	57.35 ± 7.03^a	44.29 ± 12.45
TA	38.29 ± 1.5^c	55.28 ± 5.33^a	29.1 ± 3.27^d	47.05 ± 5.77^b	40.98 ± 10.75
Fe	0.07 ± 0.05^b	0.02 ± 0.01^b	0.9 ± 0.37^a	0.11 ± 0.05^b	0.35 ± 0.45
Ca	5.08 ± 0.46^{ab}	6.36 ± 0.3^a	6.43 ± 2.54^a	4.15 ± 0.23^b	5.43 ± 1.78
Mg^{2+}	0.58 ± 0.01^{ab}	0.61 ± 0.01^{ab}	1.18 ± 0.24^b	5.17 ± 0.47^a	2.31 ± 2.08
K^+	2.38 ± 2.55^a	0.75 ± 0.05^b	0.88 ± 0.28^b	1.32 ± 0.53^{ab}	1.25 ± 1.16
Na^+	16.67 ± 22.19^a	2.65 ± 0.06^b	1 ± 0.24^b	5.17 ± 0.47^{ab}	5.28 ± 10.01
SO_4^{2-}	22.04 ± 1.73^b	32.53 ± 5.72^a	15.47 ± 6.7^b	23.87 ± 8.87^{ab}	22.21 ± 8.87
SiO_3^{2-}	7.2 ± 1.03^b	7 ± 0.82^b	11.37 ± 0.5^a	0.54 ± 0.04^c	6.34 ± 4.55
NO_3^-	14.74 ± 15.68^a	6.48 ± 0.56^{ab}	2.52 ± 0.34^{ab}	7.62 ± 0.61^b	6.91 ± 7.26
Cl^-	6.61 ± 3.82^a	2.99 ± 0.86^{bc}	1.87 ± 0.5^c	4.87 ± 1.43^{ab}	3.85 ± 2.46
S^{2-}	3.46 ± 0.58^a	2.86 ± 0.56^b	0.76 ± 0.21^c	1.88 ± 0.22^d	1.93 ± 1.07

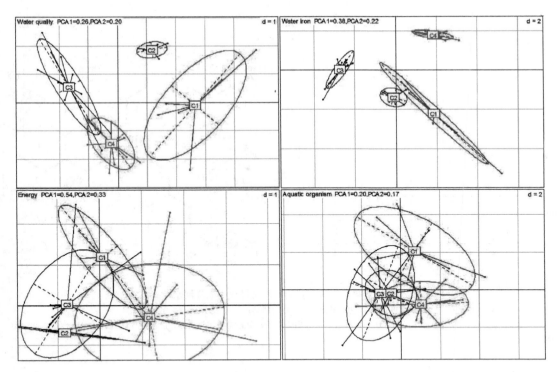

图 2-41　基于 SOM 分析尼洋河 2013～2014 年水体质量参数、
水体相关离子、生态能质相关指标、群落多样性
C1、C2、C3、C4 代表不同 SOM 聚类，详见表 2-19

另外，与丰水期比较，除了浮游动物之外，水生生物总丰度最大值均出现在枯水期，还包括 pH、SDO、BDO、TDS、HCO_3^-、TA、Mg^{2+}、K^+、Na^+、SO_4^{2-}、NO_3^-、Cl^-、S^{2-}，其余指标则出现在丰水期（表 2-20）。

简言之，尼洋河水生态系统，枯水期生产力较高，系统更为稳定，另外，下游较上游生态系统更为优越，通过 SOM 聚类出来的四大类生态系统，水体质量参数和水体相关离子存在显著差异，尽管第三类和第四类有些许重叠；同时，考虑到生态能质相关参数和水生生物群落多样性指数，第一类和第二类也存在较大差异。

4. 人类活动对尼洋河生态系统影响评估

近几年，尼洋河主要的人类活动有多布水电站的建设，以及拉萨到林芝高速公路的建设，这些工程的建设是否会影响到尼洋河生态系统，这也是我们关注的另外一个科学问题和社会问题，本研究应用 SOM 分析了人类活动干扰前（2008～2009 年）和人类活动干扰期间（2013～2014 年）尼洋河水生态系统被动演替规律（图 2-42、图 2-43 和表 2-21）。

第一类（简称 C1），代表了人类干扰前尼洋河水生态系统，这个阶段，生物量储存信息适度，资源性状获取能力适度，生态缓冲容量较高。

第二类（简称 C2），代表了人类干扰过程中，枯水期的尼洋河水生态系统，这个阶段，生物量储存信息较高，资源性状获取能力较高，生态缓冲容量较高。

第三类（简称 C3），代表了人类干扰过程中，平水期的尼洋河水生态系统，这个阶段，生物量储存信息较低，资源性状获取能力较低，生态缓冲容量适度。

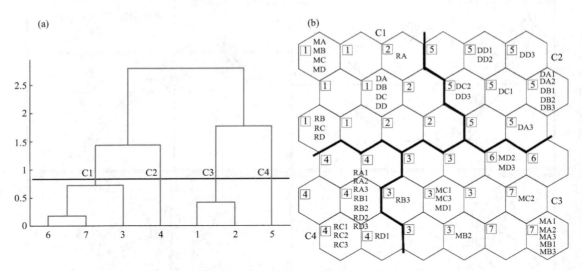

图 2-42 SOM 聚类人类干扰前和干扰过程中尼洋河水生态系统

（1）根据 ward 联系方法，采用欧氏距离进行聚类分析，分为四类；

（2）根据 2008～2014 年尼洋河的水体质量参数、水体相关离子、生态能质相关指标、群落多样性对尼洋河的总体水文生态分类。

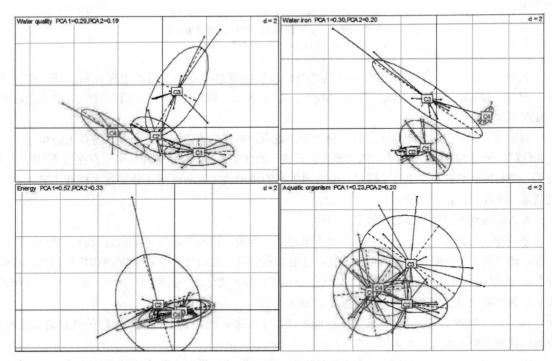

图 2-43 PCA 分析人类干扰对尼洋河生态系统的影响

图中 C1、C2、C3、C4 代表 SOM 聚类，见表 2-21 和表 2-22。对水生生物群落多样性进行 SOM 聚类，表 2-21 和表 2-22 为在尼洋河沿岸拉萨至林芝公路沿线施工前和多布水电站施工中使用 PCA 分析的情况

表 2-21　基于 SOM 聚类出的四个类别生态系统特征分析

SOM 聚类	代表内容	特点	$n°$
C1	人类干扰前水生态系统	生物量储存信息适度，资源性状获取能力适度，生态缓冲容量较高	12
C2	人类干扰过程中，枯水期	生物量储存信息较高，资源性状获取能力较高，生态缓冲容量较高	12
C3	人类干扰过程中，平水期	生物量储存信息较低，资源性状获取能力较低，生态缓冲容量适度	13
C4	人类干扰过程中，丰水期	生物量储存信息适度，资源性状获取能力适度，生态缓冲容量较低	11

注：$n°$ 表示每个 SOM 聚类中涉及的样本数。

第四类（简称 C4），代表了人类干扰过程中，丰水期的尼洋河水生态系统，这个阶段，生物量储存信息适度，资源性状获取能力适度，生态缓冲容量较低。

在人类活动干扰之前，水生生物群落多样性较高，包括总丰度、香农指数和均匀度指数，占总样本的 75%，其余的均表现为适度的多样性。另外，水体质量参数和水体相关离子方面，表现为适中的数值，占总样本的 76%，除了叶绿素 a 以最小值形式出现之外，剩余的 24% 则以最大值形式出现。值得强调的是，在人类活动干扰的过程中，季节之间的差异变得更为显著，丰水期、平水期和枯水期的水生态系统更容易区分，水体质量参数和水体相关离子最小值常常在雨季出现，占第二类别、第三类别和第四类别的总样本近 50%（表 2-22）。

表 2-22　尼洋河 2008～2014 年水体质量参数、水体相关离子、生态能质相关指标、群落多样性比较分析

Cluster	C1（u±Std.）	C2（u±Std.）	C3（u±Std.）	C4（u±Std.）
EX	354784.33±598295	830201.65±1132750	241108.15±338170	550609.34±1007610
StEX	80.68±78.02	157.68±91.66	80.24±81.46	84.61±78.14
BC	0.64±0.57	1.48±3.04	0.56±0.65	0.5±0.64
PHY-A	204061.11±106686[a]	35826.95±44346.01[b]	15850.24±18683.2[b]	9113.95±7945.69[b]
PHY-S	2.12±0.22[a]	1.84±0.24[ab]	1.64±0.48[b]	2.11±0.2[a]
PHY-P	0.84±0.09[a]	0.73±0.09[ab]	0.65±0.19[b]	0.84±0.08[a]
PPL-A	130980000±227947000	73997000±82124600	29776000±30713600	2534000±3642040
PPL-S	1.88±0.19	1.78±0.24	1.74±0.32	1.89±0.3
PPL-P	0.87±0.1	0.81±0.11	0.78±0.14	0.82±0.13
ZP-A	447.64±227.78	196.2±272.9	196.38±212.31	560.1±613.35
ZP-S	0.78±0.43[ab]	0.84±0.66[a]	0.22±0.38[c]	0.27±0.32[bc]
ZP-P	0.48±0.27[a]	0.51±0.39[a]	0.12±0.21[b]	0.14±0.17[b]
PPR-A	2547.22±3359.22	1843.31±3575.03	6301.44±13479.26	462.43±782.99
PPR-S	0.38±0.45	0±0	0.31±0.45	0.21±0.36
PPR-P	0.18±0.21	0±0	0.15±0.21	0.1±0.17
pH	8.03±0.2[a]	8.28±0.44[a]	7.58±0.56[b]	8.03±0.15[a]
WT	10.58±3.47[b]	11.96±1.67[ab]	6±2.97[a]	13.89±1.47[a]

Cluster	C1（u±Std.）	C2（u±Std.）	C3（u±Std.）	C4（u±Std.）
COD	7.04 ± 3.79^b	3.18 ± 1.4^b	4.36 ± 1.88^b	26.05 ± 14.1^a
SDO	11.48 ± 2^a	9.87 ± 2.92^{ab}	9.77 ± 0.7^{ab}	7.94 ± 2.17^b
BDO	10.66 ± 1.38^a	9.7 ± 1.32^{ab}	9.59 ± 2.37^{ab}	7.91 ± 2.18^b
TN	6.25 ± 1.57^a	0.68 ± 0.21^c	3.68 ± 1.82^b	1.75 ± 0.7^c
TP	0.06 ± 0.04^b	0.05 ± 0.01^b	0.02 ± 0.03^b	0.17 ± 0.2^a
TH	2.13 ± 0.34^a	0.98 ± 0.04^b	0.9 ± 0.11^b	1.12 ± 0.38^b
Chl	0.06 ± 0.05^b	0.07 ± 0.03^b	0.3 ± 0.26^a	0.32 ± 0.11^a
TDS	95.71 ± 28.5	115.08 ± 25.3	214.38 ± 233.97	81.82 ± 19.79
NH_4N	0.69 ± 0.2^{ab}	0.35 ± 0.12^b	1.03 ± 0.8^a	0.91 ± 0.47^a
NO_3N	2.57 ± 1.17^a	0.33 ± 0.16^b	2.65 ± 1.74^a	0.85 ± 0.33^b
HCO_3^-	42.69 ± 12.17^b	57.35 ± 7.03^a	44.22 ± 6.59^b	30.13 ± 3.28^c
TA	35.56 ± 9.91^b	47.06 ± 5.77^a	45.45 ± 10.4^a	29.07 ± 3.43^b
Fe	0.25 ± 0.15^b	0.11 ± 0.05^b	0.12 ± 0.27^b	0.89 ± 0.39^a
Ca	22.66 ± 6.42^a	4.15 ± 0.23^b	5.67 ± 0.75^b	6.55 ± 2.63^b
Mg^{2+}	4.6 ± 1.55^a	5.17 ± 0.47^a	0.63 ± 0.12^b	1.2 ± 0.25^b
K^+	1.42 ± 0.9	1.32 ± 0.53	1.5 ± 1.85	0.88 ± 0.3
Na^+	3.16 ± 1.67	5.17 ± 0.47	8.98 ± 16.14	1.02 ± 0.24
SO_4^{2-}	23.03 ± 17.77	23.87 ± 8.87	26.58 ± 6.99	15.23 ± 6.98
SiO_3^{2-}	0.98 ± 0.13^b	0.54 ± 0.04^b	7.4 ± 1.38^a	11.4 ± 0.51^a
NO_3^-	11.4 ± 5.19^a	7.62 ± 0.61^{ab}	9.99 ± 11.16^a	2.51 ± 0.36^b
Cl^-	3.68 ± 4.63	4.87 ± 1.43	4.57 ± 3.22	1.88 ± 0.53
S^{2-}	0.81 ± 0.66^c	1.88 ± 0.21^b	2.97 ± 0.92^a	0.77 ± 0.22^c

注：表中 cluster 竖列项详见表 2-18。

　　总之，在多布水电站和拉萨至林芝的高速公路修建之前，尼洋河水生态系统主要表现为适中的生产力，生态系统较为稳定和健康。同时，基于 SOM 区分出来的四大生态系统类别，对于水体质量参数和水体相关离子，四个类别存在明显的差异，尽管在水体质量参数方面，第一类别、第二类别和第三类别有些许重叠；另外，水体相关离子方面，第一类别和第二类别是完全重叠的。然而，在生态能质相关指标和水生生物多样性指数方面，四个类别是没有显著差异的（图 2-43）。

三、讨论

1. 坝站的建设对水生态系统的影响

　　在 20 世纪后半叶，每天平均新增 2 座坝站（WCD，2000），到 2000 年，全世界大型水电站达到了47000座，另外还有800 000座小型水电站（McCully，1996；Rosenberg et al，2000；WCD，2000）。在未来的30～50年，随着长江盆地大坝成倍地增长，将会引起盆地和江河交汇处营养物质的波动，这也将给河流健康管理带来挑战（Li et al，2007）。据不完全统计，青藏高原流域已建设完成、在建以及规划中的水电站超过了120座。

肖建红等（2007）指出，防洪、水力发电、供水、减少有害气体排放、内陆航运是水坝的主要功能，水库泥沙淤积、水坝对河流生态系统的占据会对水生生态系统产生负面影响。魏国良等（2008）评价了水电开发对河流生态系统服务功能的影响，正面影响以水力发电产生的经济效益为主，负面影响以河流输沙和维持生物多样性服务功能减弱的价值损失为主。漫湾水电开发生态环境效益与生态环境成本的比值为1：5.56。

水流是坝站建设过程中影响最为严重的环境因子（Poff et al，1997；Postel & Richter，2003），从而对水生态系统产生四个方面的影响（Bunn & Arthington，2002）：一是水流的变化将会严重影响河道形态和泛滥平原生境；二是水生生物将会调整生活史策略；三是坝站的建设会破坏依赖于经纬度的生物的种群交流；四是由于水流的变化为外来种或者入侵种创造了便利环境。

大坝的建设将会引起下游流速形态反应的改变（downstream response to imposed flow transformation，DRIFT），这种改变是河流生态综合反应（King et al，2002），这种DRIFT理念，应该在河流生态健康评估中予以体现和执行（King et al，2002；Richter et al，2006）。由于大坝的建设，来自库区的污染物会顺势而下，汇至长江下游甚至中国东部海域，从而影响这里的生态系统健康（Muller et al，2008）。大坝的建设，可能会导致库上区富营养化的发生，磷酸盐将会演变为限制性因子，固碳能力仅有建坝前的10%～20%，如果考虑到在过去10～20年的溶解性无机氮，预计到2010年氮磷比值将达到300～400（Zhang et al，1999）。

在本研究中，坝站的建设使得尼洋河下游（库下区）和上游（库上区）水体相关离子特征差异显著，Fabiano等（2004）指出能质的时空变化对环境状况较为敏感，我们也发现，在坝站的建设过程中，季节之间的差异变得更为显著。另外，坝站建设前，水生生物群落多样性指数较高，水体质量参数和水体相关离子方面，表现为适中的数值，Zhai等（2010）应用生态能质成功指示出太湖调水工程前后以及不同季节的生态系统健康状况，可见，由于坝站的建设，水生态系统正在发生着改变，健康状况有所区别。

2. 水生生物群落和水生态系统演替

当生态系统受到干扰的时候，是水生生物群落先受到影响，还是生态系统结构和功能先发生转变？至少在理论上，在环境监测中，所有生态指示因子对群落的组成和丰度都有重要的贡献，但是在实际操作过程中，由于个体特质的差异，缺乏普遍性，还有就是这些环境因子依赖于特定的环境，由于环境压力的差异，不具有预测性（Patrício等，2006）。因此不建议单独使用某一个环境因子来评估受干扰的复杂的水生态系统，当然如果可能的话，尽可能将不同因子结合到一块统一考虑。生态系统的发展有六个基本导向和需求，即存在、效率、行为自由、安全、适应和共存（Bossel，1992）。水生生物群落结构的改变，如总丰度、物种丰富度和种类组成的改变，并不意味着整个生态系统的改变，这样的话，如果我们仅仅是为了从整体上评估河流的生态状况，必须谨慎使用预测的模型和单个生物指示因子（Bunn & Davies，2000）。

通常情况下，物种的演替趋向于大型的、生长缓慢的、生产力较小、拥有复杂的形态结构以及特别的需求。适度干扰理论（intermediate disturbance hypothesis，IDH）（Grime，1973；Connell，1978）指出，在适度干扰程度下生物多样性最高。如果干扰过于温和或者太少，生态斑块将接近平衡并且只有少数种类有能力与其他种类抗衡；如果干扰过于强烈或者过于频繁，仅有少数种类可以与这种干扰抗衡并且生存下来。

在研究人类对尼洋河的干扰过程中，季节之间的差异更为突出，尤其是在枯水期，以较高的生态能质为特点。一个健康的生态系统表现为高的能质、比能质和缓冲容量，如果一个系统有高的能质、较低的比能质和缓冲容量，通常意味着有富营养化趋势（Jørgensen，1995b）。因此，高能质的生态系统群落更为稳定（Fonseca et al，2002）。那么，我们可以认为尼洋河在人工干扰下，枯水期的生态系统最为优越，另外，在平水期，尼洋河下游较上游更为健康。适度的干扰，生物状况会有所改善（Allan，2004）。而在丰水期，能质最低，呈现出较差的健康状态。但是，这仅是人工干扰过程中尼洋河的健康状态，不可否认，在多布水电站建成后蓄水发电过程中，如果没有做好洄游索饵通道，鱼类无法完成相应行为，这个时候，本土鱼类将会面临生存的威胁。

另外，尽管在实践操作过程中，生长表示为可以测量的定量指标，比如生物量或者多样性指数，但是群落的生长还是可以理解为有机集合体有序结构和信息的增加（Marques & Jørgensen，2002）。Jørgensen 等（2000）提出群落生长的三种形式，即存储型生长（Form Ⅰ，growth-to-storage）、流通型生长（Form Ⅱ，growth-to-throughflow）和组织型生长（Form Ⅲ，growth-to-organization）。存储型生长以生态结构为特点，主要用来增加捕获的能量，热力熵值较低；流通型生长以增殖存储的有机体相互交流为特点；组织型生长则是以群落在网络系统的循环为主要特征，表现出较高等级的组织性（Jørgensen et al，2000）。

那么，回归到问题，当生态系统受到干扰的时候，是水生生物群落先受到影响，还是生态系统结构和功能先发生转变？这是一个哲学问题，众所周知，运动是绝对的，静止是相对的，人类的干扰，只是促进生态系统演变的外因，生态能质是从整体上评估河流的生态状况，它的变化是由于组成生态系统的每一个生物因子和非生物因子的共同作用、累加效应所产生的结果，是一个从量变到质变的自然过程。尼洋河在人类干扰前水生生物总丰度较干扰过程中高，多样性也较高，这暗示了在干扰过程中，在较大空间尺度范围内，水生生物群落至少在经历着适应期，从干扰前的流通型生长或者组织型生长转变为存储型生长，并且经过一段时间的适应，在较大空间尺度范围内，会扭转到流通型生长或者组织型生长阶段，同时生态能质反映人类干扰使生态系统时间异质性产生了较大的分歧。Zhang 等（2013）也指出人类干扰是生态需水缺乏和营养物质与有机物质重度污染的主要原因。

第十六章

人类活动对西藏尼洋河地球化学的影响

通过本章，旨在：①阐述人类干扰过程中尼洋河的地球化学过程；②评估人类干扰对尼洋河地球化学的影响；③地球化学过程的被动演替对水生生物群落多样性的影响。

一、材料和方法

1. 样品采集和数据搜集

关于研究区域概况、采样站设置等内容在前文已进行了介绍，涉及水质理化指标、浮游植物、浮游动物、周丛原生动物、底栖动物和着生藻类。本研究从 2008 年开始搜集数据，历时六年，在工程建设之前搜集了一周年数据，工程建设过程中搜集了一周年数据，具体如下：枯水期（11 月到次年 4 月，采样时间为 2009 年 3 月和 2014 年 4 月），丰水期（5～8月，采样时间为 2009 年 7 月和 2013 年 7 月），以及平水期（9 月和 10 月，采样时间为 2009年 9 月和 2013 年 10 月）。水化学稳定性参数，包括四大阴离子（NO_3^-、SO_4^{2-}、HCO_3^-、Cl^-）、四大阳离子（Mg^{2+}、Ca^{2+}、Na^+、K^+）、总溶解固体以及硬度，详见第十四章表 2-7。

2. 分析指标、数据统计和模型建立

水化学稳定性参数包括 Langelier 饱和指数（Langelier saturation index，LSI）、Ryznar饱和指数（Ryznar stability index）和碳酸盐风化指数（carbonate rock weathering，CRW），详见第十四章。水生生物群落多样性指数包括香农指数（Shannon-Wiener diversity index）、均匀度指数（pielou evenness index）和总丰度（total abundance），计算过程参见前文。

数据统计详见第十五章"人类干扰对西藏尼洋河生态系统的健康评估"，建模过程见图 2-44。

二、结果与讨论

1. 侵蚀和风化时空动态

尼洋河河谷，丰水期溶解固体趋势最弱，相反，在枯水期和平水期溶解固体趋势最强，另外，在丰水期和枯水期，碳酸盐风化趋势最强，在平水期则适中，还有，在平水期，Cl^-和 Cl^-/Na^+ 比值较高（表 2-23）。

表 2-23　尼洋河 2013~2014 年平水期、丰水期和枯水期侵蚀、风化特征

Sample	Rain-A	Rain-B	Rain-C	Rain-D	Medium-A	Medium-B	Medium-C	Medium-D	Dry-A	Dry-B	Dry-C	Dry-D
LSI	-1.02 ± 0.06	-1.2 ± 0.12	-0.95 ± 0.13	-1.59 ± 0.13	-1.09 ± 0.02	-1.21 ± 0.03	-2.51 ± 0.11	-1.38 ± 0.13	-0.72 ± 0.09	-0.82 ± 0.13	-1.44 ± 0.42	-0.41 ± 0.12
RSI	10.21 ± 0.11	10.49 ± 0.14	9.94 ± 0.16	11.03 ± 0.24	10.06 ± 0.03	10.31 ± 0.05	11.65 ± 0.15	10.54 ± 0.23	9.8 ± 0.1	9.91 ± 0.14	10.6 ± 0.4	9.59 ± 0.17
CMC	0.88 ± 0.16	0.68 ± 0.03	1.2 ± 0.13	0.65 ± 0.06	0.44 ± 0.02	0.52 ± 0.02	0.42 ± 0.03	0.42 ± 0.04	0.63 ± 0.02	0.64 ± 0.01	0.74 ± 0.02	0.74 ± 0.01
SC	0.81 ± 0.23	0.66 ± 0.19	0.69 ± 0.18	0.42 ± 0.36	0.91 ± 0.03	0.84 ± 0.02	0.67 ± 0.03	0.6 ± 0.01	0.64 ± 0.02	0.53 ± 0	0.57 ± 0.18	0.34 ± 0.22
NO_3^-	0.04 ± 0	0.04 ± 0	0.04 ± 0	0.03 ± 0	0.11 ± 0.01	0.1 ± 0.01	0.1 ± 0.01	0.37 ± 0.32	0.14 ± 0.01	0.12 ± 0	0.12 ± 0.01	0.11 ± 0
Cl^-	0.05 ± 0.01	0.06 ± 0.01	0.06 ± 0.02	0.04 ± 0.01	0.08 ± 0.01	0.09 ± 0.04	0.21 ± 0.12	0.16 ± 0.12	0.17 ± 0.04	0.14 ± 0.03	0.14 ± 0.03	0.1 ± 0.03
CN	1 ± 0.08	1.46 ± 0.09	1.45 ± 0.34	0.99 ± 0.21	0.68 ± 0.05	0.78 ± 0.3	1.87 ± 0.76	0.41 ± 0.53	0.67 ± 0.15	0.65 ± 0.13	0.62 ± 0.09	0.47 ± 0.12

注：LSI 和 RSI 详见第九章 "材料与方法"，2* $(Ca^{2+}+Mg^{2+})$ /HCO_3^- 简称 CMC，2SO_4^{2-} /HCO_3^- 简称 SC，Cl^- /Na^+ 简称 CN。

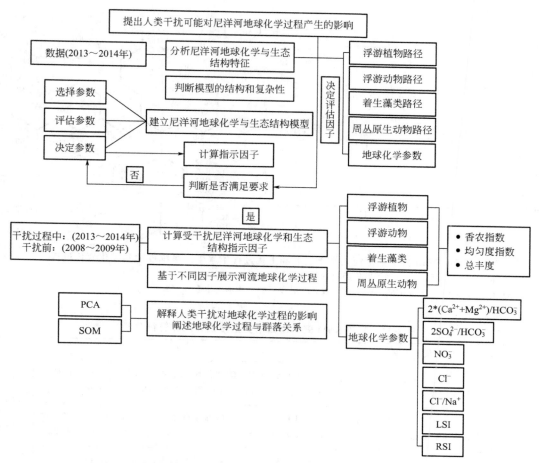

图 2-44 人类干扰对尼洋河地球化学过程和生态结构影响的模型建立

一般而言，沿着尼洋河自上而下 $2SO_4^{2-}/HCO_3^-$ 贡献逐渐下降。尼洋河枯水期，Cl^-/Na^+ 比值适中，也是在这个阶段，NO_3^-、Cl^- 和 Cl^-/Na^+ 比值沿着尼洋河自上而下呈现下降趋势。

应用 PCA 分析侵蚀和风化的时空变化规律，侵蚀方面，平水期的尼洋河河谷，枯水期的尼洋河与雅鲁藏布江交汇处，与其他采样区域存在较为显著的差异。风化方面，在下游，包括采样点 C 和采样点 D，与上游特征差异较为明显，在平水期，尼洋河河谷存在些许差异，还有，在枯水期尼洋河和雅鲁藏布江交汇处与其他三个采样点特征差异较为明显。

2. 人类活动对水生态系统侵蚀和风化的影响

人类活动的干扰，包括多布水电站和拉萨至林芝的高速公路的修建，这些活动是否会影响尼洋河水生态系统的侵蚀和风化过程，是值得关注的，应用 SOM 聚类，对 2008～2014 年的生态数据进行归类，区分出四类（图 2-45 和表 2-24）：

第一类（简称 C1），代表人类活动干扰之前的尼洋河水生态系统，溶解趋势适中，碳酸盐风化强烈，$2SO_4^{2-}/HCO_3^-$ 贡献最大，NO_3^- 贡献最大，Cl^- 贡献适中，Cl^-/Na^+ 比值贡献适中。

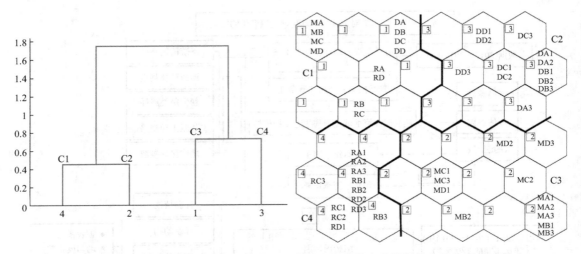

图 2-45　SOM 聚类尼洋河人类干扰前和干扰过程中水生态系统侵蚀和风化变化过程

(1) 根据 ward 联系方法，采用欧氏距离进行聚类分析，分为四类；

(2) 根据 2008～2014 年尼洋河四个类别数据对尼洋河的总体水文生态分类。

表 2-24　基于 SOM 聚类出四个类别侵蚀和风化特征分析

SOM 聚类	代表类别	特点	$n°$
C1	人类活动干扰之前的尼洋河水生态系统	溶解趋势适中，碳酸盐风化强烈，$2SO_4^{2-}/HCO_3^-$ 贡献最大，NO_3^- 贡献最大，Cl^- 贡献适中，Cl^-/Na^+ 比值贡献适中	12
C2	人类活动干扰过程中枯水期的尼洋河水生态系统	溶解趋势强烈，碳酸盐风化适中，$2SO_4^{2-}/HCO_3^-$ 贡献较弱，NO_3^- 贡献适度，Cl^- 贡献最大，Cl^-/Na^+ 比值贡献较弱	12
C3	人类活动干扰过程中平水期的尼洋河水生态系统	溶解趋势强烈，碳酸盐风化较弱，$2SO_4^{2-}/HCO_3^-$ 贡献适度，NO_3^- 贡献适度，Cl^- 贡献适度，Cl^-/Na^+ 比值贡献适度	12
C4	人类活动干扰过程中丰水期的尼洋河水生态系统	溶解趋势较为强烈，碳酸盐风化适中，$2SO_4^{2-}/HCO_3^-$ 贡献适中，NO_3^- 贡献较弱，Cl^- 贡献较弱，Cl^-/Na^+ 比值贡献较强	12

注：$n°$ 表示每个 SOM 聚类中涉及的样本数。

第二类（简称 C2），代表人类活动干扰过程中枯水期的尼洋河水生态系统，溶解趋势强烈，碳酸盐风化适中，$2SO_4^{2-}/HCO_3^-$ 贡献较弱，NO_3^- 贡献适度，Cl^- 贡献最大，Cl^-/Na^+ 比值贡献较弱。

第三类（简称 C3），代表人类活动干扰过程中平水期的尼洋河水生态系统，溶解趋势强烈，碳酸盐风化较弱，$2SO_4^{2-}/HCO_3^-$ 贡献适度，NO_3^- 贡献适度，Cl^- 贡献适度，Cl^-/Na^+ 比值贡献适度。

第四类（简称 C4），代表人类活动干扰过程中丰水期的尼洋河水生态系统，溶解趋势较为强烈，碳酸盐风化适中，$2SO_4^{2-}/HCO_3^-$ 贡献适中，NO_3^- 贡献较弱，Cl^- 贡献较弱，Cl^-/Na^+ 比值贡献较强。

另外，伴随着多布水电站和拉萨到林芝的高速公路的修建，尼洋河侵蚀和风化在逐渐地发生改变。干扰前侵蚀程度适度，而干扰过程中侵蚀程度转为强烈，Cl^- 和 Cl^-/Na^+ 比值可以反映雪融水补给程度，干扰前以上参数的值是适度的，干扰过程中在丰水期转为较高，在枯水期较低。还有，与干扰过程中相比，在干扰前，碳酸盐风化、$2SO_4^{2-}/HCO_3^-$ 贡献以及 NO_3^- 值均较高。值得强调的是，伴随着人类干扰，基于侵蚀和风化分析尼洋河水生态系统四个类别是没有显著差异的，虽然干扰前的信息包括干扰过程中的信息，这也折射出人类活动缩小了尼洋河地理化学多样性（图 2-45、图 2-46、表 2-25）。

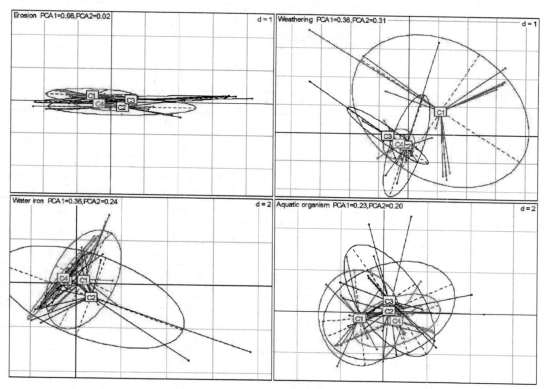

图 2-46　PCA 分析人类干扰对尼洋河生态系统侵蚀和风化的影响

表 2-25　尼洋河 2008～2014 年侵蚀和风化相关指标以及水体质量参数、水体相关离子、群落多样性不同 SOM 类别特征比较

Cluster	C1（u±Std.）	C2（u±Std.）	C3（u±Std.）	C4（u±Std.）
LSI	-1.02 ± 0.32^b	-0.85 ± 0.44^b	-1.55 ± 0.6^a	-1.19 ± 0.28^{ab}
RSI	9.96 ± 0.38^b	9.97 ± 0.44^b	10.64 ± 0.64^a	10.42 ± 0.45^{ab}
CMC	2.31 ± 0.67^a	0.68 ± 0.06^{bc}	0.45 ± 0.05^c	0.85 ± 0.25^b
SC	0.81 ± 0.66	0.52 ± 0.17	0.76 ± 0.13	0.65 ± 0.26
NO_3^-	0.18 ± 0.08^a	0.12 ± 0.01^{ab}	0.17 ± 0.18^a	0.04 ± 0.01^b
Cl^-	0.1 ± 0.13	0.14 ± 0.04	0.13 ± 0.09	0.05 ± 0.01
CN	0.83 ± 1.06	0.6 ± 0.14	0.93 ± 0.71	1.22 ± 0.3
EX	354784.33 ± 598295	830201.65 ± 1132750	217939.66 ± 342261	547986.06 ± 960763
StEX	80.68 ± 78.02	157.68 ± 91.66	69.15 ± 74.13	95.33 ± 83.25
BC	0.64 ± 0.57	1.48 ± 3.04	0.58 ± 0.67	0.48 ± 0.62

Cluster	C1 （u±Std.）	C2 （u±Std.）	C3 （u±Std.）	C4 （u±Std.）
PHY-A	204061.11±106686[a]	35826.95±44346.01[b]	17137.43±18902.32[b]	8388.12±7982.26[b]
PHY-S	2.12±0.22[a]	1.84±0.24[ab]	1.71±0.41[b]	2±0.45[ab]
PHY-P	0.84±0.09[a]	0.73±0.09[ab]	0.68±0.16[b]	0.79±0.18[ab]
PPL-A	130980000±227947000	73997000±82124600	32193000±30760700	2387000±3509720
PPL-S	1.88±0.19	1.78±0.24	1.69±0.28	1.93±0.31
PPL-P	0.87±0.1	0.81±0.11	0.77±0.13	0.83±0.13
ZP-A	447.64±227.78	196.2±272.9	212.48±213.31	513.7±606.49
ZP-S	0.78±0.43[ab]	0.84±0.66[a]	0.15±0.29[c]	0.34±0.39[bc]
ZP-P	0.48±0.27[a]	0.51±0.39[a]	0.08±0.16[b]	0.18±0.21[b]
PPR-A	2547.22±3359.22	1843.31±3575.03	6788.64±13958.56	461.81±746.55
PPR-S	0.38±0.45	0±0	0.27±0.45	0.25±0.37
PPR-P	0.18±0.21	0±0	0.13±0.21	0.12±0.18
pH	8.03±0.2[a]	8.28±0.44[a]	7.54±0.56[b]	8.04±0.14[a]
WT	10.58±3.47[b]	11.96±1.67[ab]	5.39±2.09[c]	13.84±1.42[a]
COD	7.04±3.79[ab]	3.18±1.4[ab]	4.38±1.96[ab]	24.22±14.86[a]
SDO	11.48±2	9.87±2.92	9.68±0.65	8.18±2.24
BDO	10.66±1.38[a]	9.7±1.32[ab]	9.48±2.44[ab]	8.16±2.25[b]
TN	6.25±1.57[a]	0.68±0.21[c]	3.89±1.74[b]	1.71±0.69[c]
TP	0.06±0.04[b]	0.05±0.01[b]	0.01±0.01[b]	0.16±0.19[a]
TH	2.13±0.34[a]	0.98±0.04[b]	0.9±0.11[b]	1.1±0.37[b]
Chl	0.06±0.05[b]	0.07±0.03[b]	0.31±0.27[a]	0.31±0.11[a]
TDS	95.71±28.5[ab]	115.08±25.3[ab]	227.75±239.13[a]	79.5±20.5[b]
NH_4N	0.69±0.2[ab]	0.35±0.12[b]	1.05±0.83[a]	0.9±0.45[a]
NO_3N	2.57±1.17[a]	0.33±0.16[b]	2.84±1.68[a]	0.81±0.34[b]
HCO_3^-	42.69±12.17[b]	57.35±7.03[a]	45.52±4.85[b]	30.01±3.16[c]
TA	35.56±9.91[b]	47.06±5.77[a]	46.79±9.62[a]	29.1±3.27[b]
Fe	0.25±0.15[b]	0.11±0.05[b]	0.04±0.05[b]	0.9±0.37[a]
Ca	22.66±6.42[a]	4.15±0.23[b]	5.72±0.76[b]	6.43±2.54[b]
Mg^{2+}	4.6±1.55[a]	5.17±0.47[a]	0.6±0.02[b]	1.18±0.24[b]
K^+	1.42±0.9	1.32±0.53	1.56±1.92	0.88±0.28
Na^+	3.16±1.67	5.17±0.47	9.66±16.66	1±0.24
SO_4^{2-}	23.03±17.77	23.87±8.87	27.29±6.8	15.47±6.71
SiO_3^{2-}	0.98±0.13[c]	0.54±0.04[c]	7.1±0.9[b]	11.37±0.5[a]
S^{2-}	0.81±0.66[c]	1.88±0.21[b]	3.16±0.63[a]	0.76±0.21[c]

表 2-26　离子来源、水生生物群落多样性以及侵蚀相关参数 Pearson 相关分析

	LSI	RSI	CMC	SC	NO₃⁻	Cl⁻	CN	PHY-A	PHY-S	PHY-P	PPL-A	PPL-S	PPL-P	ZP-A	ZP-S	ZP-P	PPR-A	PPR-S	PPR-P
LSI	1																		
RSI	−0.944**	1																	
CMC	0.312*	−0.419**	1																
SC	0.023	0.04	0.380**	1															
NO₃⁻	0.042	−0.103	0.282	0.209	1														
Cl⁻	−0.181	0.142	−0.223	0.11	0.307*	1													
CN	−0.308*	0.292*	−0.206	0.097	−0.357*	0.603**	1												
PHY-A	0.300*	−0.430**	0.592**	0.056	0.195	0.219	0.113	1											
PHY-S	0.115	−0.16	0.354*	0.114	−0.334*	−0.109	0.212	0.271	1										
PHY-P	0.117	−0.162	0.355*	0.117	−0.335*	−0.113	0.211	0.272	1.000**	1									
PPL-A	0.196	−0.358*	0.189	−0.492**	0.032	−0.121	−0.244	0.269	−0.094	−0.101	1								
PPL-S	−0.137	0.173	0.206	0.154	−0.257	−0.174	0.175	0.059	0.313*	0.318*	−0.21	1							
PPL-P	−0.099	0.123	0.330*	0.253	−0.15	−0.151	0.087	0.142	0.308*	0.314*	−0.182	0.967**	1						
ZP-A	0.063	−0.042	0.239	0.017	0.088	−0.173	−0.086	0.134	0.262	0.264	−0.034	−0.031	−0.046	1					
ZP-S	0.340*	−0.338*	0.357*	0	0.290*	−0.037	−0.312*	0.163	−0.104	−0.104	0.18	0.013	0.076	0.104	1				
ZP-P	0.363*	−0.369*	0.391**	0.001	0.295*	−0.038	−0.324*	0.195	−0.088	−0.088	0.204	−0.005	0.066	0.095	0.996**	1			
PPR-A	−0.482**	0.380**	−0.105	−0.167	−0.046	0.24	0.284	0.013	−0.033	−0.039	0.187	0.015	0.031	−0.057	−0.171	−0.16	1		
PPR-S	−0.146	0.011	0.172	−0.131	−0.117	−0.107	0.171	0.12	−0.023	−0.026	0.115	0.129	0.092	0.025	−0.077	−0.081	0.360*	1	
PPR-P	−0.147	0.012	0.172	−0.13	−0.117	−0.106	0.172	0.121	−0.023	−0.026	0.113	0.13	0.093	0.025	−0.077	−0.08	0.360*	1.000**	1

注：* 表示在 $P=0.05$ 水平上差异显著，** 表示在 $P=0.01$ 水平上差异显著。

3. 侵蚀、风化和水生生物群落之间的关系

(1) 侵蚀和风化关系

侵蚀和碳酸盐风化存在显著正相关关系 ($P<0.05$)，然而，侵蚀和 Cl^-/Na^+ 比值存在显著负相关关系 ($P<0.05$)，另外，碳酸盐风化和 $2SO_4^{2-}/HCO_3^-$ 贡献之间存在显著正相关 ($P<0.05$)，NO_3^- 和 Cl^- 之间存在显著正相关 ($P<0.05$)，NO_3^- 和 Cl^-/Na^+ 比值之间存在显著负相关 ($P<0.05$)（表 2-26）。

(2) 侵蚀和风化影响水生生物群落结构

侵蚀方面，侵蚀强度与浮游植物总丰度存在显著正相关关系 ($P<0.05$)，相反，侵蚀强度与周丛原生动物总丰度之间存在显著负相关关系 ($P<0.05$)，还有，侵蚀与浮游动物香农指数和均匀度指数之间存在显著正相关关系 ($P<0.05$)。

碳酸盐风化对水生生物群落，包括浮游植物、着生藻类和浮游动物，起到了正面效应，以周丛原生动物总丰度为例外，尤其是，浮游植物的香农指数、均匀度指数和总丰度，着生藻类的均匀度指数，浮游动物的香农指数和总丰度与碳酸盐风化程度呈显著正相关 ($P<0.05$)，值得强调的是，$2SO_4^{2-}/HCO_3^-$ 贡献对着生藻类总丰度发挥着显著的正面效应 ($P<0.05$)（表 2-26）。

一般情况下，NO_3^- 以负面效应影响着水生生物群落多样性，包括浮游植物、着生藻类和周丛原生动物，相反，浮游动物则受到 NO_3^- 的正面效应。另外，水生生物群落多样性，包括浮游植物、着生藻类、浮游动物和周丛原生动物，受到 Cl^- 的负面作用，而 Cl^-/Na^+ 比值以显著的负面效应影响着浮游动物的多样性 ($P<0.05$)（表 2-26）。

第三部分
雅鲁藏布江重要裂腹鱼类养护技术

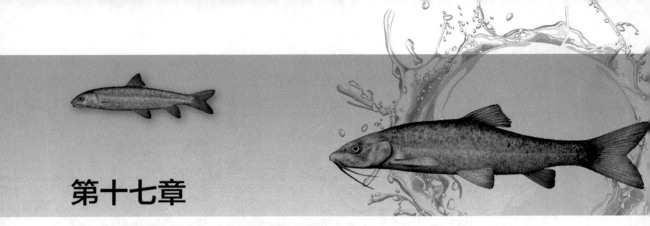

第十七章

雅鲁藏布江主要裂腹鱼类生物学特性

第一节　基于 SOM 模糊识别裂腹鱼类生活史及对高原渔业管理的启示

作为高等水生脊椎动物类群，鱼类的生活史比恒温动物有更强的可塑性，通常会随着环境压力的变化来适当调整生活史对策以维持其种群适合度（Nelson，2016）。环境异质性和稳定性是影响鱼类生活史特征的重要因素之一（Pianka，1970；Stearns，1976）。

Adams（1980）提出了 r-选择和 K-选择两类生活史类型的学说，r-选择的种群，其固有种群增长率大、个体小、成熟快，把可以获得的食物资源或能量尽量用于生殖机能，产生大量后代，以便接受残酷的环境变化，在较高死亡率条件下，仍可保存种族；K-选择的种群，一般个体大、成熟慢，把可以获得的食物资源或能量分配于增强个体竞争力，甚至装备防卫或进攻器官以及抚育子代的复杂机制，以少数子代取得最大存活率。

裂腹鱼类，在肛门至臀鳍两侧有一列特化的臀鳞，在两列臀鳞之间的腹中线形成一道裂缝（伍献文等，1964）。裂腹鱼类共有 11 个属，97 个种和亚种，在我国分布有基本全部的属，78 个种和亚种，占全部的 80%，其中青藏高原分布有 9 个属，48 个种和亚种（曹文宣等，1981）。事实上，由于生境丧失或者过度捕捞等原因，在 162 种青藏高原鱼类中（武云飞，吴翠珍，1991），处于极危、濒危、易危或野外绝灭的鱼类就有 35 种（汪松，解焱，2009；蒋志刚等，2016），超过了 20%。相关学者指出，青藏高原裂腹鱼类，如异齿裂腹鱼（马宝珊，2011）、拉萨裂腹鱼（周贤君，2014）、色林错裸鲤（刘军，2006）、青海湖裸鲤（刘军，2006），这些裂腹鱼均为 K-选择类型，尖裸鲤为偏向 K-选择类型（霍斌，2014）。分布于雅鲁藏布江中游主要的六种裂腹鱼类，仅有拉萨裂腹鱼（周贤君，2014）和异齿裂腹鱼（马宝珊，2011），开发程度并不高，处于可持续利用状况，其他四种裂腹鱼开发现状不容乐观，尖裸鲤种群资源正在被过度开发和利用（霍斌，2014），双须叶须鱼（杨鑫，2015）、巨须裂腹鱼（刘洁雅，2016）雌性群体已为过度捕捞状态，雄性群体处于充分开发状态（自然死亡率较大时），拉萨裸裂尻鱼雄鱼处于完全开发状态（繁殖潜力比接近目标参考点 F40%），雌鱼处于过度捕捞状态（繁殖潜力比均低于下限参考点 F25%）（段友健，2015）。

特定鱼类种群的生活史特征不仅与生态环境密切相关，而且也是各生活史变量之间的权衡结果（Roff，1992）。鱼类的性成熟没有特定的年龄或者体长，但是与受到环境压力影响的年龄与体长有关，诸如食物供给等环境压力，会导致其生长缓慢，同时成熟个体小型化（Saunders & McFarlane，1993）。初次性成熟年龄反映了一个种群在理论上最大生命范围中繁殖输出的水平（Saunders & McFarlane，1993），而早熟的代价将会是寿命的缩短（Roff，1992）；尽管多数鱼类的雌性个体往往趋于延迟性成熟获得繁殖投入的提高，但机体生长受环境因素限制时，鱼类就往往通过早熟而使得繁殖损失降至最低（Stearns *et al*，1984）。

　　因此，很有必要通过搜集到的青藏高原裂腹鱼类生态参数，分析和推演其生活史时空格局特征，从而为科学动态保护高原鱼类资源提供参考依据。

一、材料和方法

1. 模型建立工作流程

以已知生活史鱼类作为参照物，尽可能搜集生存环境或者分类学较为接近的鱼类作为模型构建的备选种，同时进入模型的鱼类基础生态学数据须是完整的，不允许存有空缺数据。在本研究中，搜集了 27 种（类群）鱼类的 7 个类别生活史生态学数据（表 3-1），其中，19种（类群）生活史已知，8 种（类群）生活史未知，生态学数据包括：L_∞（mm）、W_∞（g）、K、瞬时自然死亡率、最大年龄、初次性成熟年龄、种群繁殖力系数。采用神经网络的聚类算法（self organizing maps，SOM）对 27 个种进行模糊聚类。基于已经确认的生活史类型的种，判断未知鱼类生活史类型。结合改变起捕年龄和瞬时捕捞死亡系数，验证鱼类生活史类型判别情况，同时提高已知鱼类生活史识别精准度。在此基础之上，针对裂腹鱼类，依据本模型得出的生活史类型，以及年龄参数，包括拐点年龄、初次性成熟年龄以及渔业补充最大年龄，说明不同种（类群）裂腹鱼类开发现状，提出不同种（类群）裂腹鱼类保护对策（图 3-1）。

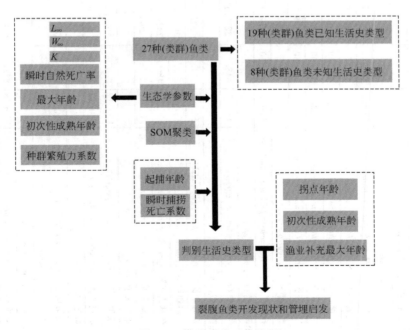

图 3-1　模型建立工作流程

表 3-1　27 种鱼类的生态参数

鱼类	代码	L_∞/mm	W_∞/g	K	M	T_{max}	T_m	PF	文献中生活史类型	SOM 聚类生活史类型	参考文献
鲤科 Cyprinidae											
裂腹鱼亚科 Schizothoracinae											
裂腹鱼属 Schizothorax											
异齿裂腹鱼 Schizothorax o'connori	Fish-1	576.90	2666.78	0.08	0.09	36.09	16.20	2.30	K-选择	偏向 K-选择	马宝珊 (2011)
光唇裂腹鱼 Schizothorax lissolabiatus	Fish-2	475.50	1424.93	0.14	0.18	20.60	3.00	22.99	偏向 r-选择	偏向 r-选择	肖海、代应贵 (2010, 2011)
拉萨裂腹鱼 Schizothorax waltoni	Fish-3	644.30	3289.85	0.08	0.09	35.47	13.50	2.67	K-选择	偏向 K-选择	周贤君 (2014)
巨须裂腹鱼 Schizothorax macropogon	Fish-4	523.00	2405.63	0.12	0.13	24.37	7.20	5.30	—	偏向 K-选择	刘治雅 (2016)
巨须裂腹鱼 Schizothorax macropogon	Fish-5	656.80	3495.86	0.05	0.07	53.30	7.20	4.84	—	偏向 K-选择	朱秀芳 (2009)、刘浩雅 (2016)
裸裂尻鱼属 Schizopygopsis											
拉萨裸裂尻鱼 Schizopygopsis younghusbandi	Fish-6	433.90	1154.19	0.19	0.18	15.07	7.00	5.66		偏向 r-选择	段友健 (2015)
尖裸鲤属 Oxygymnocypris											
尖裸鲤 Oxygymnocypris stewartii	Fish-7	618.20	3243.16	0.11	0.11	27.99	7.30	6.20	偏向 r-选择	偏向 K-选择	霍斌 (2014)
裸鲤属 Gymnocypris											
青海湖裸鲤 Gymnocypris przewalskii	Fish-8	551.93	1237.34	0.07	0.09	41.89	4.00	13.20	—	偏向 K-选择	熊飞 (2003)
青海湖裸鲤 Gymnocypris przewalskii	Fish-9	590.00	3099.00	0.07	0.07	42.72	6.00	2.90	K-选择	偏向 K-选择	刘军 (2005)
色林错裸鲤 Gymnocypris selincuoensis	Fish-10	485.00	1410.00	0.07	0.14	43.60	9.00	1.93	K-选择	偏向 K-选择	刘军 (2006)
松潘裸鲤 Gymnocypris potanini	Fish-11	258.00	268.90	0.11	0.14	27.51	6.79	3.76		偏向 K-选择	聂媛媛 (2017)
叶须鱼属 Ptychobarbus											
双须叶须鱼 Ptychobarbus dipogon	Fish-12	606.90	2538.40	0.11	0.12	26.15	9.00	3.34		偏向 K-选择	杨鑫 (2015)、刘海平等 (2018)
双须叶须鱼 Ptychobarbus dipogon	Fish-13	431.80	767.40	0.19	0.18	14.60	13.00	2.47		偏向 K-选择	刘海平等 (2018)
结鱼属 Tor											
藏结鱼 Tor brevifilis brevifilis	Fish-14	704.30	5961.50	0.22	0.26	13.42	3.00	34.72	—	r-选择	谢恩义 (1999a, 1999b)
雅罗鱼亚科 Leuciscinae											
草鱼属 Ctenopharyngodon											
草鱼 Ctenopharyngodon idellus	Fish-15	872.00	14489.20	0.31	0.56	9.50	3.00	87.30	偏向 r-选择	r-选择	叶富良、陈刚 (1998)
鲤亚科 Cyprininae											
鲤属 Cyprinus											
鲤鱼 Cyprinus carpio	Fish-16	851.00	19171.50	0.18	0.38	17.00	1.80	964.20	r-选择	r-选择	叶富良、陈刚 (1998)
鲫鱼属 Carassius											

续表

鱼类	代码	L_∞/mm	W_∞/g	K	M	T_{max}	T_m	PF	文献中生活史类型	SOM聚类生活史类型	参考文献
鲫 Carassius auatus	Fish-17	258.00	687.70	0.16	0.50	16.70	0.90	58388.00	r-选择	偏向r-选择	叶富良、陈刚 (1998)
青鱼属 Mylopharygnodon											
青鱼 Mylopharygnodon piceus	Fish-18	1161.00	28090.00	0.22	0.51	13.60	4.00	45.70	偏向r-选择	r-选择	叶富良、陈刚 (1998)
鲢亚科 Hypophthalmichthyinae											
鳙属 Aristichthys											
鳙 Aristichthys nobilis	Fish-19	1142.00	26335.60	0.29	0.45	7.10	3.00	114.50	偏向r-选择	r-选择	叶富良、陈刚 (1998)
鲢属 Hypophthalmichthys											
鲢鱼 Hypophthalmichthys molitris	Fish-20	1007.00	19264.90	0.56	0.42	11.30	4.00	41.50	偏向r-选择	r-选择	叶富良、陈刚 (1998)
鮈亚科 Gobioninae											
鮈鱼属 Coreius											
铜鱼 Coreius heterodon	Fish-21	570.00	2745.00	0.18	0.39	16.00	3.00	83.16	r-选择	r-选择	杨严鸥等 (1998)
鲟科 Acipenseridae											
鳇属 Huso											
达氏鳇 Huso dauncus	Fish-22	4770.00	756800.00	0.40	0.07	73.80	16.00	1.24	K-选择	K-选择	叶富良、陈刚 (1998)
鲟属 Acipenser											
中华鲟 Acipenser sinensis	Fish-23	3459.00	529700.00	0.07	0.12	43.70	14.00	1.24	K-选择	K-选择	叶富良、陈刚 (1998)
施氏鲟 Acipenser schrenckii	Fish-24	4134.00	540600.00	0.06	0.09	51.20	15.00	1.28	K-选择	K-选择	叶富良、陈刚 (1998)
狗鱼科 Esocidae											
狗鱼属 Esox											
白斑狗鱼 Esox lucius	Fish-25	1082.20	12658.30	0.14	0.22	20.80	3.00	86.07	偏向r-选择	r-选择	霍堂斌等 (2009)
鮨科 Serranidae											
鳜属 Sinioerca											
大眼鳜 Sinioerca kneri	Fish-26	547.00	4179.90	0.18	0.43	16.80	2.10	371.70	r-选择	r-选择	叶富良、陈刚 (1998)
塘鳢科 Eleotridae											
塘鳢属 Eleotris											
尖头塘鳢 Eleotris oxycephaoa	Fish-27	260.00	387.30	0.28	0.71	1.00	10.70	49300.00	r-选择	r-选择	叶富良、陈刚 (1998)

2. 模型建立参数处理

(1) 鱼类生活史的生态参数的获得

包括基于 Von Bertalanffy 生长方程得出的渐近体长（L_∞）、渐近体重（W_∞）以及生长系数（K），初次性成熟年龄（T_m）、瞬时自然死亡率（M）、最大年龄（T_{max}）和种群繁殖力系数（PF），其中，M、T_{max} 和 PF 由经验公式求得（Pauly，1980）。

① 根据公式计算 M

$$\lg M = -0.0066 - 0.2791 \times \lg L_\infty + 0.65431 \times \lg K + 0.4634 \times \lg T$$

其中，L_∞、K 为 Von Bertalanffy 生长方程中的参数；T 为分布区域平均水温或者试验温度，本文中裂腹鱼亚科鱼类若文献中明确指出温度条件则采纳文献中数据，若无，则取经验值 10℃。

② 由公式求出 T_{max}

$$T_{max} = \frac{3}{K} + t_0$$

其中，K 和 t_0 为 Von Bertalanffy 生长方程中的参数。

③ 由公式计算 PF

$$PF = \gamma \times x^{\frac{1}{p \times j}}$$

其中，p 为相邻 2 次产卵之间的时间间隔；j 为初次性成熟年龄；γ 为一次产卵量，绝对繁殖力；x 为一生产卵次数，基于公式

$$x = \frac{T_{max} - j}{p + 1}$$

(2) 死亡系数的估算

① 年总死亡系数（Z）的估算（Hoenig，1983）

$$Z = 1.44 - 0.984 \times \ln t_A$$

t_A 为最大年龄，即渔获物中的最大年龄。

② 自然死亡系数（M）的估算（詹秉义，1986）

$$M = -0.0021 + \frac{2.5912}{t_A}$$

③ 捕捞死亡系数（F）的估算

$$F = Z - M$$

④ 开发比（E）的估算

$$E = \frac{F}{Z}$$

参照 Gulland（1970）的建议，最适开发的种群，捕捞死亡系数应当等于自然死亡系数，开发比应该为 0.5/年。

(3) 平衡产量估算（Beverton-Holt 模式）（Ricker，1975）

$$Y = F N_0 \, e^{-Mr} W_\infty \left(\frac{1}{z} - \frac{3e^{-Kr}}{Z+K} + \frac{3e^{-2Kr}}{Z+2K} - \frac{e^{-3Kr}}{Z+3K} \right)$$

式中　Y——以重量表示的产量，kg；

　　　F——瞬时捕捞率，文章中在改变起捕年龄时，该值固定在 0.3（叶富良，1988）；

N_0——每年达到年龄 t_0 时的个体假设数量，假设 t_0 时的个体数为 1000 尾（叶富良，1988）；

M——瞬时自然死亡率；

r——$t_c - t_0$；

t_c——进入渔业的补充年龄，文章中在改变瞬时捕捞率的时候，参考霍斌（2014），本文裂腹鱼亚科鱼类参考 t_c 为 3 龄；

t_0——鱼体体长为 0 时的假设性年龄，Von Bertalanffy 生长方程中的参数；

W_∞——渐进体重；

Z——瞬时总死亡率（叶富良，1988），$Z = F + M$；

K——生长系数，为 Von Bertalanffy 生长方程中的参数。

（4）神经网络的聚类算法（self organizing maps，SOM）

采用 Matlab 7.11.0 ann7 软件包，基于 MLP-BP 的预测方法，对搜集到的 27 种鱼类生活史生态参数进行聚类。

二、结果和讨论

1. 27 种鱼类 SOM 聚类生活史描述

基于 SOM 对包括 7 种生态参数的 27 种鱼类进行聚类，结果聚为四类（图 3-2）。这四类 K1、K2、K3、K4 分别对应着 r-选择、偏向 r-选择、偏向 K-选择以及 K-选择。这种生活史连续图谱反映了 27 种鱼类对各自独特生境的适应。

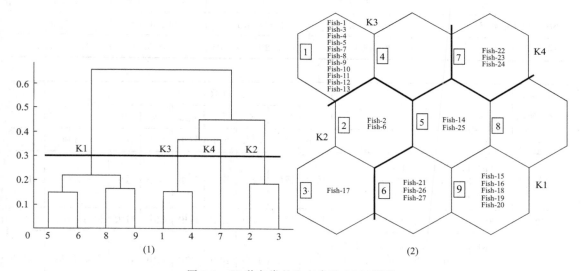

图 3-2　27 种鱼类的生态参数 SOM 聚类

图（1）根据 ward 联系方法，采用欧氏距离进行聚类分析，分为三类；图（2）根据渐近体长、渐近体重、K 值、瞬时自然死亡率、最大年龄、初次性成熟年龄、种群繁殖力系数对 27 种鱼类的生态参数进行 SOM 聚类；Fish-1～Fish-27 参见表 3-1

四类鱼类生活史特征在于：r-选择（K1）类型渐近体长和渐近体重均适中，分别在 819.65 mm 和 13328.32 g 左右，与其他三个类别的生活史存在显著差异（$P < 0.05$），K 值和初次性成熟年龄均较大，分别在 0.26 龄和 0.43 龄左右，最大年龄和瞬时自然死亡率均较小，分别在 12.65% 和 3.76%，种群繁殖力系数适中，在 5112.88 左右；偏向 r-选

择（K2）类型渐近体长和渐近体重均较小，分别在 389.13mm 和 1088.94g 左右，而 K 值和初次性成熟年龄则适中，分别在 0.16 龄和 0.29 龄左右，最大年龄与瞬时自然死亡率适中，但较偏向 K-选择类型小，分别在 17.46% 和 3.63% 左右，种群繁殖力系数最大，在 19472.22 左右；偏向 K-选择（K3）类型，渐近体长和渐近体重适中，但较偏向 r-选择要大，分别在 540.26mm 和 2220.21g 左右，K 值和初次性成熟年龄较小，分别在 0.1 龄和 0.11 龄左右，最大年龄和瞬时自然死亡率较大，在 33.97% 和 9.02% 左右，但较 K-选择类型小，种群繁殖力系数较小，在 4.45 左右；K-选择（K4）类型，渐近体长和渐近体重均较大，K 值较小，但较偏向 K-选择大，初次性成熟年龄最低，在 0.09 龄左右，最大年龄和瞬时自然死亡率较大，在 56.23% 和 15% 左右，种群繁殖力系数最低，在 1.25 左右（表 3-2）。

表 3-2　基于 SOM 聚类出四个类别鱼类的生态参数分析

(1)

生态参数	K1	K2	K3	K4
渐近体长/mm	819.65±296.53[b]	389.13±115.45[c]	540.26±115.61[c]	4121±655.6[a]
渐近体重/g	13328.32±9864.18[b]	1088.94±372.92[c]	2220.21±1116.51[c]	609033.33±128086[a]
K 值	0.26±0.12[a]	0.16±0.03[ab]	0.1±0.04[b]	0.18±0.19[ab]
瞬时自然死亡率/%	0.43±0.14[a]	0.29±0.19[b]	0.11±0.03[c]	0.09±0.03[c]
最大年龄/年	12.65±5.71[d]	17.46±2.84[c]	33.97±11.04[b]	56.23±15.67[a]
初次性成熟年龄/年	3.76±2.53[c]	3.63±3.1[d]	9.02±3.69[b]	15±1[a]
种群繁殖力系数	5112.88±15528.4[ab]	19472.22±33702.06[a]	4.45±3.2[b]	1.25±0.02[b]

(2)

SOM 聚类或文献	涉及的鱼类	生态参数特征							生活史类型	$n°$
		L_∞	W_∞	K	T_m	T_{max}	M	PF		
文献	—	较小	较小	较大	较小	较小	较大	较大	r-选择	—
K1	Fish-14，Fish-15，Fish-16，Fish-18，Fish-19，Fish-20，Fish-21，Fish-25，Fish-26，Fish-27	适中	适中	较大	较大	较小	较小	适中	r-选择	10
K2	Fish-2，Fish-6，Fish-17	较小	较小	适中	适中	适中	较小	较大	偏向 r-选择	3
K3	Fish-1，Fish-3，Fish-4，Fish-5，Fish-7，Fish-8，Fish-9，Fish-10，Fish-11，Fish-12，Fish-13	较小	较小	较小	较小	适中	适中	较小	偏向 K-选择	11
K4	Fish-22，Fish-23，Fish-24	较大	较大	适中	较小	较大	较大	较小	K-选择	3
文献	—	较大	较大	较小	较大	较大	较小	较小	K-选择	—

注：K1、K2、K3、K4 参见图 3-2；Fish-1~Fish-27 参见表 3-1；$n°$ 表示统计样本数。文献：Pianka（1970），Adams（1980）.

关于生活史类型特征，Pianka（1970）和 Adams（1980）指出，r-选择类型和 K-选择类型比较而言，渐近体长、渐近体重、初次性成熟年龄、最大年龄均较小，而 K 值、瞬时自然死亡率以及种群繁殖力系数均较大。通过 SOM 聚类得出的四种连续生活史类型，依次

为 r-选择、偏向 r-选择、偏向 K-选择以及 K-选择，7 个生活史生态参数与 Pianka（1970）和 Adams（1980）指出的参数特点不尽相同。Adams（1980）指出：判断物种是 r-选择还是 K-选择本身是没有绝对含义的，而与其他参考物种有着很大的关系，只有对该物种的群落动态有了很好的理解，方能定论。因此，本文搜集了已有生活史类型确认的主要淡水鱼类，同时特别搜集青藏高原裂腹鱼类基础生态参数，在扩大样本量基础上，提高了鱼类生活史识别的精准度。Adams（1980）指出从极端的 r-选择到极端的 K-选择之间有一个连续的谱系，一部分生物种群特征更多地倾向 r-选择类型，另一部分生物种群特性则更多地倾向 K-选择类型，两者调和的结果，决定其排列 r-选择和 K-选择类型之间的位置。较之 Pianka（1970）和 Adams（1980）指出的 r-选择和 K-选择，本文细化了从 r-选择和 K-选择之间的连续生活史，增加了偏向 r-选择和偏向 K-选择类型，以便准确区分鱼类生活史类型，从而为渔业资源的管理提供相对精准式模式。

　　种群繁殖力系数是判断生活史类型的最重要的参数之一（叶富良，陈刚，1998；霍堂斌等，2009）。叶富良和陈刚（1998）指出，PF 在 10 以下，属 K-选择；PF 在 11～100 之间，偏向 r-选择；PF 在 100 以上为 r-选择。在本文中，更加精细区分了 PF 在四种生活史的分布情况，PF 在 10 以下为 K-选择阈值范围，SOM 聚类的 K-选择其值在 1.25 左右，以及偏向 K-选择，其值在 4.45 左右；而 PF 在 10 以上为 r-选择判别区域，SOM 聚类的 r-选择 PF 值在 5112 左右，偏向 r-选择 PF 值在 19472 左右，由于 PF 在 10 以上值域跨度较大，在后期工作开展过程中将扩充选择物种，以弥补 PF 数据离散的缺点（表 3-2）。

　　同时，通过 SOM 聚类出来的四类生活史，对已有文献报道的鱼类生活史进行了修正。通过 27 种鱼类生态参数的比较，对 K-选择类型的异齿裂腹鱼（马宝珊，2011）、拉萨裂腹鱼（周贤君，2014）、青海湖裸鲤（刘军，2005）、色林错裸鲤（刘军，2006），修正为偏向 K-选择，生态参数变化情况如下，渐近体长、渐近体重、最大年龄、瞬时自然死亡率从相对较大变为相对较小。对偏向 r-选择的草鱼（叶富良，陈刚，1998）、青鱼（叶富良，陈刚，1998）、鳙鱼（叶富良，陈刚，1998）、鲢鱼（叶富良，陈刚，1998）、白斑狗鱼（霍堂斌等，2009），修正为 r-选择，生态参数变化情况如下，渐近体长、渐近体重、K 值、初次性成熟年龄从相对较小变为相对较大，而最大年龄以及种群繁殖力系数从相对较大变为相对较小。对 r-选择的鲫鱼（叶富良，陈刚，1998），修正为偏向 r-选择。生态学参数变化情况与偏向 r-选择修正为 r-选择正好相反（表 3-1）。

2. 基于生活史对裂腹鱼类渔业管理的启示

　　我们对青藏高原主要裂腹鱼类渔业管理生态指标进行了汇总（表 3-3），基于表 3-1 得出的 SOM 聚类生活史类型（表 3-2），进一步对青藏高原裂腹鱼类生活史进行梳理，以期为高原渔业管理提供思路。图 3-3（a）、图 3-3（c）、图 3-3（e）、图 3-3（g）表示在一定的捕捞强度下（$F=0.3$），改变起捕年龄的渔获物情况，鉴于在已知文献报道中异齿裂腹鱼的年龄最大，达到了 50 岁（马宝珊，2011），因此通过改变起捕年龄（$t_c=1, 2, 3, \cdots, 50$）来判别渔获物情况；图 3-3（b）、图 3-3（d）、图 3-3（f）、图 3-3（h）表示在一定的起捕年龄（$t_c=3$）情况下，变更瞬时捕捞率（$F=0.1, 0.2, 0.3, \cdots, 6.5$）的渔获物情况。其中，图 3-3（a）和图 3-3（b）表示根据 SOM 聚类为 K2 类的裂腹属的鱼类，图 3-3（c）和图 3-3（d）表示根据 SOM 聚类为 K2 类的尖裸鲤属鱼类和裸鲤属鱼类，图 3-3（e）和图 3-3（f）表示根据 SOM 聚类为 K2 类的叶须鱼属鱼类，图 3-3（g）和图 3-3（h）表示根据 SOM 聚类为 K4 类的裂腹鱼亚科鱼类。

表 3-3　裂腹鱼类渔业管理生态指标

鱼类	代码	拐点年龄	T_m	T	Z	M	F	E	t_{cmax}	建议捕捞体长	建议捕捞体重	参考文献
裂腹鱼属 Schizothorax												
异齿裂腹鱼 Schizothorax o'connori	Fish-1-2	12.4	16.2	50	-2.41	0.05	-2.46	1.02	12	433.04	1147.22	马宝珊 (2011)
异齿裂腹鱼 Schizothorax o'connori	Fish-1-1	10.5	12.5	40	-2.19	0.06	-2.25	1.03	10	359.74	665.2	马宝珊 (2011)
异齿裂腹鱼 Schizothorax o'connori	Fish-2-0	10.1	—	23	-1.65	0.11	-1.76	1.07	10	357.19	524.9	贺舟挺 (2005)
光唇裂腹鱼 Schizothorax lissolabiatus	Fish-3-0	6.37	3	6	-0.32	0.43	-0.75	2.33	5	312.7	414.07	肖海 (2011)，(青海和代应贵, 2010)
拉萨裂腹鱼 Schizothorax waltoni	Fish-4-2	13.3	13.5	40	-2.19	0.06	-2.25	1.03	13	432.65	1003.17	周贤君 (2014)
拉萨裂腹鱼 Schizothorax waltoni	Fish-4-1	10.8	10.2	37	-2.11	0.07	-2.18	1.03	11	393.59	750.34	周贤君 (2014)
拉萨裂腹鱼 Schizothorax waltoni	Fish-5-0	11.52	—	11	-0.92	0.23	-1.15	1.25	6	379.72	720.02	郝汉舟 (2005)
巨须裂腹鱼 Schizothorax macropogon	Fish-6-2	8.9	7.2	24	-1.69	0.11	-1.79	1.06	8	353.77	714.88	刘洁雅 (2012)
巨须裂腹鱼 Schizothorax macropogon	Fish-6-1	12	5.3	19	-1.46	0.13	-1.59	1.09	12	437.97	1356.35	刘洁雅 (2012)
巨须裂腹鱼 Schizothorax macropogon	Fish-7-2	7.6	7.2	23	-1.65	0.11	-1.76	1.07	5	351.66	744.26	刘洁雅 (2012)
巨须裂腹鱼 Schizothorax macropogon	Fish-7-1	5.6	5.3	15	-1.22	0.17	-1.4	1.14	5	307.96	484.03	刘洁雅 (2012)
巨须裂腹鱼 Schizothorax macropogon	Fish-8-2	16.6	7.2	16	-1.29	0.16	-1.45	1.12	17	432.87	1347.2	朱秀芳 (2009) /刘洁雅 (2012)
巨须裂腹鱼 Schizothorax macropogon	Fish-8-1	10.7	—	16	-1.29	0.16	-1.45	1.12	10	329.23	603.51	朱秀芳 (2009)
裸裂尻属 Schizopygopsis												
拉萨裸裂尻鱼 Schizopygopsis younghusbandi	Fish-9-2	5.9	7	17	-1.35	0.15	-1.5	1.11	5	313.38	405.69	段友健 (2015)
拉萨裸裂尻鱼 Schizopygopsis younghusbandi	Fish-9-1	5.1	4.4	12	-1.01	0.21	-1.22	1.21	4	225.12	153.39	段友健 (2015)
尖裸鲤属 Oxygymnocypris												
尖裸鲤 Oxygymnocypris stewartii	Fish-10-2	11.1	7.3	25	-1.73	0.1	-1.83	1.06	10	421.12	923.39	霍斌 (2014)
尖裸鲤 Oxygymnocypris stewartii	Fish-10-1	8.4	5.1	17	-1.35	0.15	-1.5	1.11	7	354.08	555.67	霍斌 (2014)

续表

鱼类	代码	拐点年龄	T_m	T	Z	M	F	E	t_{cmax}	建议捕捞体长	建议捕捞体重	参考文献
裸鲤属 Gymnocypris												
青海湖裸鲤 Gymnocypris przewalskii	Fish-11-2	13	4	10	−0.83	0.26	−1.08	1.31	25	460.62	787.48	熊飞 (2003)
青海湖裸鲤 Gymnocypris przewalskii	Fish-11-1	—	6	11	−0.92	0.23	−1.15	1.25	14	364.94	386.88	熊飞 (2003)
青海湖裸鲤 Gymnocypris przewalskii	Fish-12-0	6	—	13	−1.08	0.2	−1.28	1.18	20	509	—	张武学 (1993)
青海湖裸鲤 Gymnocypris przewalskii	Fish-13-0	—	6	13	—	—	—	—	16	—	—	刘军 (2005)
色林错裸鲤 Gymnocypris selincuoensis	Fish-14-0	—	9	—	—	—	—	—	11	—	—	刘军 (2006)
松潘裸鲤 Gymnocypris potanini	Fish-15-2	9.26	6.79	13	−1.08	0.2	−1.28	1.18	8	170.68	79.32	聂媛媛 (2017)
松潘裸鲤 Gymnocypris potanini	Fish-15-1	7.13	2.51	9	−0.72	0.29	−1.01	1.4	5	124.39	31.13	聂媛媛 (2017)
叶须鱼属 Ptychobarbus												
双须叶须鱼 Ptychobarbus dipogon	Fish-16-2	11.6	—	44	−2.28	0.06	−2.34	1.02	11	598.66	1585.38	李秀启 (2008)
双须叶须鱼 Ptychobarbus dipogon	Fish-16-1	8.5	—	44	−2.28	0.06	−2.34	1.02	8	494.23	948.8	李秀启 (2008)
双须叶须鱼 Ptychobarbus dipogon	Fish-17-2	9.1	9	24	−1.69	0.11	−1.79	1.06	9	395.79	741.1	杨鑫 (2015)、本研究
双须叶须鱼 Ptychobarbus dipogon	Fish-17-1	6.5	6.1	13	−1.08	0.2	−1.28	1.18	6	320.89	405.94	杨鑫 (2015)
双须叶须鱼 Ptychobarbus dipogon	Fish-18-0	6.7	—	15	−1.22	0.17	−1.4	1.14	8	326.88	424.5	王强 (2017)
双须叶须鱼 Ptychobarbus dipogon	Fish-19-2	3.3	13	49	−2.39	0.05	−2.44	1.02	4	402.67	651.34	刘海平等 (2018)
双须叶须鱼 Ptychobarbus dipogon	Fish-19-1	—	13.5	33	−2	0.08	−2.08	1.04	—	367.29	543.72	刘海平等 (2018)

注：T 表示渔获物中最大年龄。

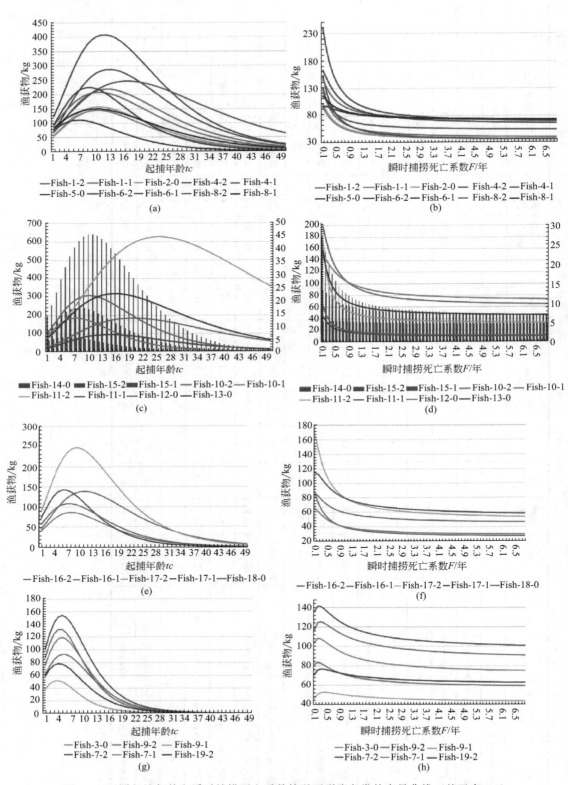

图 3-3　不同起捕年龄和瞬时捕捞死亡系数情况下裂腹鱼类的产量曲线（基于表 3-3）

　　青藏高原裂腹鱼类主要是偏向 K-选择群体，随着起捕年龄的增加，渔获物开始呈现增加趋势，当到了一定年龄阶段（t_{cmax} 一般大于 10）（详见表 3-3），其渔获物便开始急速下降；同时，当变更瞬时捕捞率时，其渔获物一直处于急速下降状态，瞬时捕捞系数在 2 以上时，其渔获物从 1000 尾维持在仅有 30 尾左右。段友健（2015）指出，裂腹鱼类分布区域狭小，生长速度缓慢，性成熟年龄晚，种质资源十分脆弱，属于 K-选择生活史对策者，对于这类生活史鱼类资源，保护显得尤为重要。刘军（2005）指出，在渔业管理上，对 K-选择鱼类的对策是：①适当提高起捕年龄；②采取较低的捕捞强度；③群体对捕捞强度很敏感，因捕捞引起资源量下降，资源很难恢复，对这类鱼的捕捞强度要加强管理。

　　而另外一部分青藏高原裂腹鱼类则是偏向 r-选择的群体，该部分群体包括裸裂尻属鱼类，分布海拔较低的光唇裂腹鱼（曹文宣，1981），2012 年采集的雅鲁藏布江巨须裂腹鱼，以及双须叶须鱼雌鱼，该类群随着起捕年龄的增加，渔获物在开始呈现增加趋势，但在较小年龄阶段（t_{cmax} 一般小于 7）（表 3-3），其渔获物就开始急速下降；同时，当变更瞬时捕捞率时，其渔获物在低捕捞水平出现高的产量，当瞬时捕捞死亡系数在 0.5 左右时，达到高峰，而后随着瞬时捕捞系数的增加，渔获物处于缓慢下降过程，当瞬时捕捞系数在 2 以上时，与偏向 K-选择青藏高原裂腹鱼类群体一样，其渔获物从 1000 尾维持在仅有 30 尾左右。

　　特别注意的是，青藏高原裂腹鱼类不能一概而论为某一选择类群，比如裸裂尻属鱼类，该属鱼类——拉萨裸裂尻鱼，拐点年龄、初次性成熟年龄以及 t_{cmax} 均较小；光唇裂腹鱼虽是裂腹鱼属鱼类，但与我们统计到的其他裂腹鱼属鱼类比较，其分布水域海拔较低，生活史亦作了调整，从偏向 K-选择转为偏向 r-选择；随着时间的推移，雅鲁藏布江巨须裂腹鱼为了适应变化的渔业环境，其生活史也在逐渐地发生改变，从 2008～2009 年的偏向 K-选择类型逐渐地转为 2012 年的偏向 r-选择类型；不同水域双须叶须鱼其生活史类型不尽相同，双须叶须鱼随着时间的推移，其生活史类型也在从偏向 K-选择类型转为偏向 r-选择类型（图 3-3）。罗秉征等（1993）指出，当大黄鱼和小黄鱼面临环境压力时（如过度捕捞），其生活史类型会偏离原来的选择位置，向着 r-选择型的方向演变。

　　青藏高原裂腹鱼类生活史类型的特点以及动态变化，给予了渔业管理警示。其生活史时空格局的变化，提示我们在引入河长制后，要对特定水域的渔业管理区分对待，特别是对海拔所致的裂腹鱼类分布差异应予以重视，以裂腹鱼属鱼类为例，其主要分布在海拔 1250～2500m 的水域范围之内（曹文宣，1981），气候较为温和，鱼类生长快，适当的捕捞强度有利于裂腹鱼类种质的保护，根据"适度干扰理论"（Intermediate Disturbance Hypothesis, IDH）(Grime，1973；Connell，1978)，这样既不损害资源，又有稳定的产量。以裸裂尻属鱼类和裸鲤属鱼类为例，其主要分布在海拔 3750～4750m 的水域范围内（曹文宣，1981），该区域气候较为恶劣，鱼类生长慢，即使是少量的扰动，其渔业资源也会急剧减少。Gulland（1970）建议，最适开发的种群，捕捞死亡系数应当等于自然死亡系数，开发比应该为 0.5/年。目前，已公布的青藏高原裂腹鱼类开发比（E）均在 1.0 以上（表 3-3，图 3-4），有部分类群在 1.2 以上，如光唇裂腹鱼、松潘裸鲤（雄性）、青海湖裸鲤（雌性开发现状较雄性严重）、拉萨裸裂尻鱼（雄性）。由此可见，青藏高原裂腹鱼类开发现状不容乐观，过度捕捞现象不容忽视。因此，必须严格控制捕捞强度，建议综合初次性成熟年龄、拐点年龄以

及 t_{cmax} 等年龄参数，为了最大程度降低渔业安全风险，可以取以上参数的最大值，作为捕捞年龄的最低阈值，根据相关文献（表 3-3）中 Von Bertalanffy 生长方程推算建议捕捞体长和捕捞体重。第一，要区分对待雌性和雄性鱼类的捕捞，建议雌性捕捞规格较雄性大，如异齿裂腹鱼、拉萨裂腹鱼、巨须裂腹鱼、拉萨裸裂尻鱼、尖裸鲤、青海湖裸鲤、松潘裸鲤以及双须叶须鱼（表 3-3）；第二，要凸显空间格局差异性捕捞，如拉萨河的异齿裂腹鱼的捕捞规格较雅鲁藏布江的小，拉萨河的拉萨裂腹鱼的捕捞规格较雅鲁藏布江的小，拉萨河的双须叶须鱼的捕捞规格较雅鲁藏布江的大，以分布在尼洋河的捕捞规格最小（表 3-3）；第三，要推动渔业动态管理，如巨须裂腹鱼，在 2004～2012 年近 10 年的时间里，每一个阶段其捕捞规格都有差异，应在渔业管理上加以区分对待，方能科学保护青藏高原独特的渔业资源（表 3-3）。

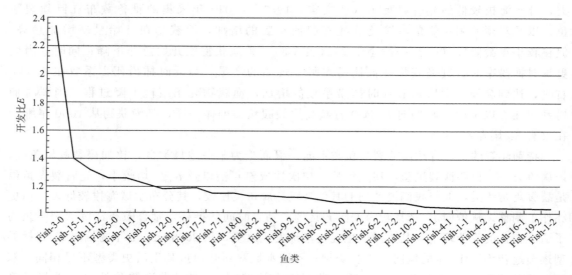

图 3-4　裂腹鱼类开发比（基于表 3-3）

第二节　双须叶须鱼早期发育特征

　　鱼类的早期发育研究，一方面为鱼类的繁殖生物学、鱼类资源保护利用提供了科学依据和理论基础。有早期发育研究的裂腹鱼类主要有四川裂腹鱼（陈永祥等，1997）、青海湖裸鲤（史建全等，2000）、松潘裸鲤（吴青等，2001）、齐口裂腹鱼（吴青等，2004）、小裂腹鱼（冷云等，2006）、新疆扁吻鱼（任波等，2007；张人铭等，2008）、塔里木裂腹鱼（张人铭等，2008）、宝兴裸裂尻鱼（周翠萍，2007）、昆明裂腹鱼（赵海涛，2008）、细鳞裂腹鱼（陈礼强等，2008）、黄河裸裂尻鱼（申志新等，2009；邓思红等，2014）、伊犁裂腹鱼（蔡林钢等，2011）、异齿裂腹鱼（张良松，2011）、尖裸鲤（许静等，2011）、光唇裂腹鱼（申安华等，2013）、厚唇裸重唇鱼（张艳萍，2013）、祁连山裸鲤（王万良，2014）、短须裂腹鱼（左鹏翔等，2015；刘阳等，2015；甘维熊等，2016）等，暂未见双须叶须鱼早期发育的研究报道。

　　另一方面，鱼类早期发育研究为鱼类的规模化生产提供了技术支持。比如鱼类的受精卵在不同的发育时期对外界环境的反应也不一样，在生产实践过程中，应该密切关注外界环境，规避风险，减少损失。陈礼强等（2008）指出细鳞裂腹鱼的早期发育过程中，原肠期对外界环境变化最为敏感。事实上，在原肠期，由于细胞的分裂迅速和流动量大，代谢旺盛，耗氧多，对环境要求高，处在这个时期的胚胎如果遇到水温突变等异常情况都可能导致细胞重排时间和空间程序的混乱，容易造成胚胎的死亡或器官出现畸形（刘筠，1993）。

因此，开展双须叶须鱼胚胎和仔稚鱼发育的时序与特点的观察研究就显得尤为重要，进而为双须叶须鱼的人工繁育技术、资源保护和增殖提供科学依据。

一、材料和方法

1. 双须叶须鱼亲鱼获取及孵化

本试验所用繁殖亲鱼为野外捕捞，临产或者待产，活鱼运输车运至西藏农牧学院藏鱼繁育基地，雌性体重在 430g 以上，体长在 338mm 以上，雄性体重在 327g 以上，体长在 310mm 以上。湿法授精，将受精卵移入孵化筐（55cm×33cm×9cm），孵化框置于塑料缸（85cm×65cm×75cm）中，采用恒温流水系统控制水温在 10℃左右，溶氧 8mg/L 以上。用吸管及时剔除死卵、死鱼苗。

2. 双须叶须鱼的早期发育观察

使用 Nikon SMZ1500 体式显微镜（生产商：日本尼康株式会社）进行观察，ScopePhoto 3.0 图像测量软件进行测量，Adobe Photoshop CS6 软件处理图片。因达到各发育期的时间存在个体差异，将半数以上个体出现新的特征作为发育时期的划分标准，依据相关文献对双须叶须鱼的胚胎发育过程进行判别（陈永祥等，1997；许静等，2011）。

二、结果

1. 双须叶须鱼的胚胎发育过程

双须叶须鱼的胚胎发育过程见表 3-4、图 3-5～图 3-7。

表 3-4　双须叶须鱼胚胎发育特征描述

阶段	发育时期	时间记录	发育累计时间/h	特征描述
前期	受精卵	3.24（23：29）		圆形，淡黄色或橙色，具有半透明光泽，沉性卵，遇水后失黏，富含卵黄且分布均匀，卵径 3.7～3.9mm，卵黄极性明显，卵在受精 75min 后，膨胀至最大，卵膜直径 5.1～5.3mm，卵直径 3.7～4.3mm，胶膜弹性非常强（图 3-5-1）
	胚盘隆起	3.25（04：57）	4.47	原生质丝向动物极靠拢，并随着时间推移逐渐变大、变高，形成的边缘轮廓并不完整，呈星射、辐射状，此刻胚盘的最大高度占卵径的 1/5，宽度占卵径的 2/3（图 3-5-3）
卵裂期	2 细胞期	3.25（07：24）	6.92	胚盘顶部出现一条纵沟，将动物极分成两个大小相等的分裂球，卵径约 4.94mm，卵黄直径约 3.72mm，卵膜平均厚度约 0.5mm，分裂球高度平均约 0.8mm（图 3-5-4）
	4 细胞期	3.25（10：57）	10.47	出现第二次分裂，分裂沟与第一次分裂沟垂直，形成四个大小相等的分裂球（图 3-5-5）
	8 细胞期	3.25（13：15）	13.77	出现第三次分裂，形成 2 排 8 个分裂球，胚盘逐渐向植物极延伸（图 3-5-6）

阶段	发育时期	时间记录	发育累计时间/h	特征描述
卵裂期	16 细胞期	3.25 (17: 05)	17.60	出现第四次分裂，形成 16 个分裂球，4 排 4 列整齐排列（图 3-5-7）
	32 细胞期	3.25 (20: 24)	20.92	完成第五次分裂，有四个经裂面，且与第三次分裂面平行，4 排 8 列整齐地排在同一个平面上（图 3-5-8）
	64 细胞期	3.25 (21: 54)	22.42	完成第六次分裂，因细胞分裂速度不一致，故分裂球的大小、形态差异明显，64 个细胞排列在一个分裂球面上（图 3-5-9）
	多细胞期	3.25 (23: 41)	24.20	出现水平分裂和切线分裂，分裂球越来越小，卵裂的速度加快，形态、体积差异明显，细胞排列无规律，细胞界限模糊，无法计数细胞的个数（图 3-5-10）
	桑葚期	3.26 (04: 26)	28.95	细胞分裂不同步，细胞数目不断增加，细胞体积逐渐变小，多层细胞叠加如同桑葚，高度占卵黄直径的 1/3（图 3-5-11）
囊胚期	囊胚早期	3.26 (08: 50)	33.52	细胞界限模糊，分裂球组成的囊胚层隆起，位于卵黄之上，高度达卵黄的 1/5（图 3-5-12）
	囊胚中期	3.26 (14: 51)	39.52	囊胚层细胞向动物极移动，变低，变薄，胚体高度下降，约为卵黄的 1/4（图 3-6-13）
	囊胚晚期	3.27 (06: 42)	56.52	囊胚细胞向卵黄部位下包，约占整个细胞的 1/3，动物极色彩较植物极暗，去掉卵膜卵黄破裂，该期末受精卵开始裂解（图 3-6-14）
原肠期	原肠早期	3.28 (19: 01)	92.84	胚层细胞约占卵黄的 1/3，背唇呈新月状，出现光亮明黄的胚环，胚胎外形呈蘑菇朵状（图 3-6-15）
	原肠中期	3.29 (08: 49)	106.64	胚层细胞占卵黄的 1/2，帽状胚层细胞覆盖在卵黄囊上，在胚胎的背唇处出现箭头似的隆起即是胚盾（16-1）（图 3-6-16）
	原肠晚期	3.29 (16: 27)	114.27	胚层下包 3/4，胚盾加厚加长，胚盾向动物极发展，胚体的雏形逐渐形成（图 3-6-17）
胚胎期	神经胚期	3.29 (20: 06)	117.92	胚体下包 4/5，能清晰看到胚体的轮廓，胚盾前端出现神经板，胚胎外露很小部分卵黄，细胞内卷内陷形成神经沟，侧面观察，胚体背面增厚隆起，胚体靠近卵黄部形成一条可见的模糊透明圆柱形脊索（18-1）（图 3-6-18）
	体节出现期	3.30 (02: 30)	124.32	胚体中部出现 2～3 对体节（19-1），胚体占卵黄囊周长的 1/2～2/3，神经板头端隆起加大，尾部也逐渐变大，头部、尾部厚于胚体背部，卵膜可剥，从顶看胚体不平整（图 3-6-19）
	胚孔封闭期	3.30 (12: 18)	134.12	背唇、腹唇、侧唇在胚孔处汇合，将胚孔封闭，背部颜色较深的条纹为神经沟，中间凸起明显，脊索逐渐清晰向尾部延长，以胚孔方向为正，左面少于右面，头部开始膨大隆起的为脑泡原基（20-1）（图 3-6-20）
器官分化期	眼原基出现期	3.30 (20: 09)	143.97	脑泡两侧出现椭圆形的隆起即眼原基（21-1），体节从背部开始向头尾两边增加至 6 对，此时胚体绕卵黄 4/5（图 3-6-21）
	眼囊期	3.31 (07: 28)	155.29	眼基中央出现像"I"形的横凹，并逐渐扩大变深，脑泡已经开始分化为前、中、后三脑模型，体节 9～10 对，头部出现的铭文皱褶开始变深，卵黄囊的韧性开始变强，体节 14～15 对（图 3-6-22）
	听囊期	3.31 (11: 30)	159.29	胚体后脑出现椭圆的透明形囊腔，即为听囊（23-1），体节 17～18 对，此时尾牙模型已基本形成，呈箭头状，脑部铭文状的纹路开始延伸到眼囊后部，胚体环绕卵黄约 5/8，脊索已成细线条状（图 3-6-23）
	耳石出现期	3.31 (23: 36)	171.39	体节 19～24 对，听囊增大且清晰，耳囊内出现两颗透明的小斑即是耳石（24-1）（图 3-6-24）

续表

阶段	发育时期	时间记录	发育累计时间/h	特征描述
器官分化期	尾芽期	4.2（04：12）	199.99	体节 28 对，胚体后端膨大隆起，卵黄囊椭圆形，胚体首尾逐步靠近，尾牙游离于胚体，靠近尾部的卵黄出现凹陷（图 3-7-25）
	眼晶体形成期	4.2（09：08）	204.92	体节 30 对，极少数个体已经开始有轻微的抽动，眼囊中出现透明、圆形的晶体即是眼晶体（26-1）（图 3-7-26）
	肌肉效应期	4.2（11：05）	204.87	胚体中部出现轻微的收缩，抽动的频率、幅度很小，3～4 次/min，随着时间的延长，频率、幅度逐渐稳定，尾牙呈短棒状，体节 31～32 对（图 3-7-27）
	心脏原基出现期	4.3（00：24）	220.19	在耳囊腹面偏前方、眼的后下方，卵与卵黄之间形成半透明的围心腔（28-1），在围心腔内可见到短直管状的心脏原基（28-2），可清晰看到头骨模型。胚体扭动的频率为 11～12 次/min，胚体腹面向上，体节 40～41 对（图 3-7-28）
	嗅囊期	4.3（07：52）	227.66	体节 42～43 对，眼囊上前方出现椭圆形的囊状突起为嗅囊（29-1），围心腔变大，心脏逐渐向头部移动（图 3-7-29）
	心搏期	4.3（20：39）	240.66	体节 47～48 对，心率为 40～50 次/min，心脏进一步发育，已经分化为心房、心室两部分，位于眼囊的下方，并发生轻微的搏动，剖开卵膜的胚体，呈小蝌蚪式游动的摆动，尾部摆动剧烈的时候，能打圈（图 3-7-30）
	胸鳍原基出现期	4.4（07：33）	251.56	体节 48～49 对，耳囊后下方出现月牙状的轮廓，即是胸鳍原基（31-1），胚体与卵黄接触的腹部形成模糊的管状结构，即消化道（31-2），卵膜逐渐变薄，胚体呈淡黄色的透明状（图 3-7-31）
	肛板期	4.4（14：30）	258.51	体节 51～52 对，心率 53 次/min，体节宽度从头部至尾部逐渐变小，卵黄囊末端有细胞加厚形成的管状条棒即肛板（32-1）（图 3-7-32）
	血液循环	4.4（17：47）	262.05	体节 53～54 对，心率 55 次/min，血液循环开始，心脏、躯干和尾部出现血液循环，沿后主静脉，经卵黄囊后端前行，血液半透明，无血细胞，头部未观察到血液循环，心室、心房进一步分化，尾部出现规律性摆动、旋转运动，频率 8～12 次/min（图 3-7-33）
	尾部鳍褶期	4.5（07：25）	275.68	体节 55～56 对，尾部出现褶状结构，血液循环明显，心脏出现红色，血细胞形成，血管中颜色不明显（图 3-7-34）
出膜期		4.7（17：00）	333.49	体节 55～60 对，在孵化酶和胚体的运动作用下，胚体尾部先击破卵膜而出。卵黄静脉可以观察到红色，心脏已移至头部的正下方，出膜后的鱼苗侧卧、静息在水底，能靠尾部摆动正卧或者原地转圈，胚体前端出现大量的黑色颗粒，并集中在眼晶体的周围（图 3-7-35）

2. 双须叶须鱼仔稚鱼发育过程

双须叶须鱼仔稚鱼发育过程见表 3-5、图 3-8。

表 3-5 双须叶须仔稚鱼发育特征描述

器官出现时期	时间记录	特征描述
体色素出现 胸鳍上翘 鳃盖骨出现 下颌原基出现	1d	全长（12.44±0.15mm），肛前长 9.39mm，肛后长 2.78mm，心率 55～60 次/min，体节 60 对，初孵仔鱼颜色透明，胸鳍上翘，头部游离卵黄囊，身体呈"S"形，卵黄囊前部呈椭圆形，后部呈短棒形。心脏由心房（图 3-8-1d-2）、心室（图 3-8-1d-3）和静脉窦（图 3-8-1d-5）组成，位于头部之下，卵黄囊前方，血液从心脏发出沿着背大动脉向前颈动脉流向脑眼等部位，向后流向尾动脉，在尾的中部折向，下入尾静脉，在脊索下方入主静脉，在脑部方向与来自头部的前主静脉汇合，通过居维氏管进入静脉窦返回心脏，卵黄囊前端腹部存有血窦（图 3-8-1d-4）。头部靠后 1/3 处可见食道（图 3-8-1d-7）雏形，泄殖孔（图 3-8-1d-8）和鳃盖骨（图 3-8-1d-6）均清晰可见，耳石上方出现环状耳蜗（图 3-8-1d-9），下颌原基（图 3-8-1d-1）出现。鱼侧卧静息在水底，扭动频繁，此时仔鱼为内源营养需要

续表

器官出现时期	时间记录	特征描述
鳃弓原基出现	2d	全长 14.81mm，肛前长 11.14mm，眼睛的直径 0.40mm，心率 62 次/min，鳃部鳃弓原基（图 3-8-2d-1）出现且有血液流过，脊柱内血液循环明显，尾部稍显平直
消化道出现 肝胰脏原基出现	3d	心率 60～65 次/min，消化道（图 3-8-3d-3）明显，下方出现肝胰脏原基（图 3-8-3d-2），泄殖孔处凹陷，下颌（图 3-8-3d-1）形成，卵黄囊上的色素斑点变深，能清晰看到卵黄囊上的血管（图 3-8-3d-4），仔鱼趋于平直，胸鳍牙增大呈圆扇形，活动能力进一步加强
鳃耙出现 体表色素细胞带出现	4d	全长 15.48mm，肛前长 11.39mm，肛后长 3.91mm，心率 60～65 次/min，眼晶体向外凸出，鳃弓有 4 对，鳃弓内出现凸起，为鳃耙（图 3-8-4d-1），口凹加深，头向前伸，鳃盖伸长，心脏靠近胸腔，仔鱼躯体已有明显的体表色素细胞带（图 3-8-4d-2），尾鳍的辐射状条纹下叶多于上叶
口凹、鳃丝形成	5d	口凹（图 3-8-5d-1）形成但未形成口裂，口不能张合，下颌开始微微抽动，鳃丝（图 3-8-5d-2）形成，围心腔收缩，仔鱼集群静息于池角或池边底
胸鳍褶、背鳍褶、腹鳍褶出现弹性丝	6d	下颌上下抽动回缩频率加大，口裂（图 3-8-6d-1）清晰，眼前缘的嗅窝加深，鱼体腹部出现鳍褶且逐渐增大，尾椎微微上翘，尾鳍鳍褶加大，卵黄囊继续收缩形成哑铃或者棒状的结构，头部、背部零星地出现黑色素，星芒状，鳃盖伸长，下部可盖住鳃丝，胸鳍褶、背鳍褶、腹鳍褶出现弹性丝
鼻凹出现 星芒状色素团出现	7d	鼻凹（图 3-8-7d-1）出现，位于眼前方，鳃丝血流量加大加快，鳃盖透明可略微张合，腹部出现星芒状黑色素（图 3-8-7d-2），头骨进一步隆起，胸鳍进一步变大，脊索与卵黄囊接触处出现星芒状黑色素（图 3-8-7d-2），脊椎模型成型，仔鱼可以上下游动，鱼苗进入混合营养期
鳔前原基出现	9d	头部色素斑点增多增大，眼睛可转动，胸鳍后部卵黄囊中间有一突起，为鳔前原基（图 3-8-9d-1），消化道前端变粗且有皱褶，血液循环延伸至最末脊椎骨，下颌开闭自如。胸鳍摆动以便平衡，鳃丝数量增多
尾鳍鳍条开始出现	11d	尾鳍中间间质细胞形成了鳍条，下颌运动伴随着围心腔的斜上方向的收张，毛细血管呈网状分布在卵黄囊上
鳔一室出现 半规管形成	13d	鳔一室（图 3-8-13d-1）出现，色素细胞呈片状相连布满体表，伴随着下颌的张合鳃盖开闭，卵黄囊呈棒状，胸鳍末端呈圆弧状，位于胸位，消化道有褶皱且增粗，充塞有饵料，清晰可见上颌、下颌、上唇、下唇，耳囊内半规管形成
背鳍原基出现	17d	背鳍原基（图 3-8-17d-1）出现，透明无鳍条。胸鳍的鳍条明显，可见胸鳍支鳍骨。尾鳍圆弧形，尾鳍鳍条数目增多且有黑色素。肌节清晰，腹鳍变宽，腹部有点状色素，眼脉络膜、晶状体、视网膜清晰可见，肝胰脏增大，有排泄物排出
胸鳍鳍条出现 鳔二室出现	19d	鳔二室出现（图 3-8-19d-1），鳃盖骨可见清晰横状纹路
腹部鳍褶变大	21d	卵黄消失，背鳍透明无鳍条，仔鱼体色呈褐色，舌颌骨（图 3-8-21d-1）出现，围心腔不透明
臀鳍原基出现 脾脏出现 腹鳍原基出现	28d	吻部较尖，鳔室增大明显，鳔前室变大，仍未充气，胸鳍透明，鳔前端腹部有一黑褐色圆饼状组织为脾脏（图 3-8-28d-1），尾鳍鳍条 20 条左右，背鳍较小，外缘呈锯齿状，背鳍原基出现 3 根辐射状纹，泄殖孔前方出现腹鳍原基（图 3-8-28d-2），泄殖孔后方出现臀鳍原基（图 3-8-28d-3）。鳃盖上具有一条纹路
侧线出现	29d	鳔二室充气明显，体侧中央可见一条黑色细线，为侧线（图 3-8-29d-1）
腹鳍出现	33d	腹部中央可见呈辐射状的腹鳍鳍条（图 3-8-33d-1），尾部鳍条清晰，尾鳍边缘呈锯齿状，背部的肌肉增厚
鳞片出现	34d	两鳔室下方可见闪光质的鳞片（图 3-8-34d-1），消化道前端膨大，后端渐小，鳞片逐渐由腹部下方向上方覆盖，由鳔向泄殖孔方向覆盖
	38d	泄殖孔附近出现两条白色的管道，并在泄殖孔口汇合，臀鳍有模糊不清的条纹
	76d	尾鳍后缘呈叉形，鱼体体色近成鱼，呈黄褐色，鳞片覆盖体表

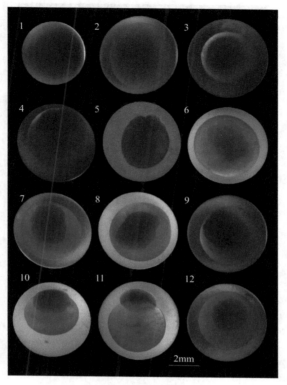

图 3-5　双须叶须鱼胚胎发育特征（1）

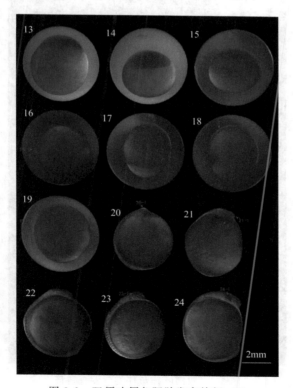

图 3-6　双须叶须鱼胚胎发育特征（2）

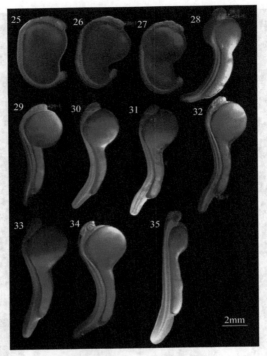

图 3-7　双须叶须鱼胚胎发育特征（3）

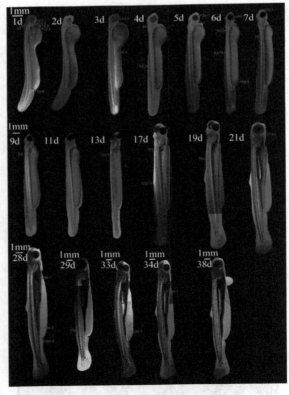

图 3-8　双须叶须鱼仔稚鱼发育特征

图 3-5～图 3-7 中代码含义

1：受精卵；2：卵黄周隙最大；3：胚盘隆起；4：2 细胞期；5：4 细胞期；6：8 细胞期；7：16 细胞期；8：32 细胞期；9：64 细胞期；10：多细胞期；11：桑葚期；12：囊胚早期；13：囊胚中期；14：囊胚晚期；15：原肠早期；16：原肠中期；17：原肠晚期；18：神经胚期；19：体节出现期；20：胚孔封闭期；21：眼原基出现期；22：眼囊期；23：听囊期；24：耳石出现期；25：尾牙期；26：眼晶体形成期；27：肌肉效应期；28：心脏原基出现期；29：嗅囊期；30：心搏期；31：胸鳍原基出现期；32：肛板期；33：血液循环；34：尾部鳍褶期；35：出膜

胚盾（16-1）；脊索（18-1）；体节（19-1）；脑泡原基（20-1）；眼原基（21-1）；听囊（23-1）；耳石（24-1）；眼晶体（26-1）；围心腔（28-1）；心脏原基（28-2）；嗅囊（29-1）；胸鳍原基（31-1）；消化道（31-2）；肛板（32-1）；尾部出现褶状结构（34-1）

图 3-8 中代码含义：

1d-1：下颌原基；1d-2：心房；1d-3：心室；1d-4：血窦；1d-5：静脉窦；1d-6 鳃盖骨；1d-7：食道；1d-8：泄殖孔；1d-9：耳蜗；2d-1：鳃弓原基；3d-1：下颌；3d-2：肝胰脏原基；3d-3：消化道；3d-4：血管；4d-1：鳃耙；4d-2：体表色素细胞带；5d-1：口凹；5d-2：鳃丝；6d-1：口裂；6d-2：胸鳍褶　6d-3：背鳍褶；6d-4：腹鳍褶；7d-1：鼻凹；7d-2：星芒状色素团；9d-1：鳔前原基；13d-1：鳔一室；17d-1：背鳍原基；17-2：胸鳍鳍条；19d-1：鳔二室；21d-1：舌颌骨；28d-1：脾脏；28d-2：腹鳍原基；28d-3：臀鳍原基；29d-1：侧线；33d-1：腹鳍鳍条；34d-1：鳞片

第三节　西藏巨须裂腹鱼早期发育特征

暂未见巨须裂腹鱼早期发育的研究报道。因此，对巨须裂腹鱼胚胎和仔稚鱼发育的时序与特点进行观察研究就显得尤为重要，进而为巨须裂腹鱼的人工繁育技术、资源保护和增殖提供科学依据。

一、材料与方法

1. 巨须裂腹鱼亲鱼获取及鱼苗孵化

本试验所用繁殖亲鱼为野外捕捞，临产或者待产，活鱼运输车运至西藏农牧学院藏鱼繁育基地，雌性体重在 430g 以上，体长在 338mm 以上，雄性体重在 327g 以上，体长在 310mm 以上。湿法授精，将受精卵移入孵化筐（55cm×33cm×9cm），孵化筐置于塑料缸（85cm×65cm×75cm）中，采用恒温流水系统控制水温在 10℃ 左右，溶氧 8mg/L 以上。

2. 巨须裂腹鱼的早期发育观察

使用 Nikon SMZ1500 体式显微镜（生产商：日本尼康株式会社）进行观察，ScopePhoto 3.0 图像测量软件进行测量，Adobe Photoshop CS 6 软件处理图片。因达到各发育期的时间存在个体差异，将半数以上个体出现新的特征作为发育时期的划分标准，依据相关文献对巨须裂腹鱼的胚胎发育过程进行判别（陈永祥等，1997；许静等，2011）。

二、结果

1. 巨须裂腹鱼胚胎发育特征描述

巨须裂腹鱼胚胎发育特征见表 3-6、图 3-9～图 3-12。

2. 巨须裂腹鱼仔稚鱼发育特征描述

巨须裂腹鱼仔稚鱼发育特征见表 3-7、图 3-13。

表 3-6　巨须裂腹鱼胚胎发育特征

阶段	发育时期	时间记录	发育累计时间/h	特征描述
前期	胚盘前期	2.21 (09:26)		受精卵呈圆形，具有半透明光泽，不含有油球，沉性卵。颜色为米黄色，动物极与植物极区分明显。卵富有黏性，遇水后失黏。富含卵黄且分布比较均匀，遇水膨胀，出现无色透明的卵周隙，胶膜有弹性。初始卵径3.0～3.2mm，富含卵黄在受精65min后膨胀为4.3～4.5mm，卵黄的直径为3.1～3.5mm（图3-9-1）
	胚盘期	2.22 (00:00)	14.57	动物极颜色加深，胚盘变大。变厚；占卵径的1/4左右，细胞在纺锤丝牵引下向动物极靠拢（图3-9-2，3-9-3）
	2细胞期	2.22 (03:33)	18.02	胚盘顶部出现一条纵沟，将动物极分成两个大小相等的分裂球，此时卵径约4.4～4.6mm，卵黄直径约3.3～3.4mm，分裂球高度平均约1.13～1.16mm（图3-9-4）
卵裂期	4细胞期	2.22 (05:07)	19.59	第二次分裂，分裂沟与第一次分裂垂直，形成四个大小相等的分裂球，卵径4.5～4.6mm，卵黄直径3.50～3.59mm，细胞高度1.21～1.30mm（图3-9-5）
	8细胞期	2.22 (07:30)	21.97	第三次分裂，形成2排8个分裂球，中间四个分裂球靠上。两侧的四个分裂球靠上。（图3-9-6）卵黄直径3.34～3.60mm
	16细胞期	2.22 (09:23)	23.85	第四次分裂，形成16个分裂球，排列为4排4列，总卵径4.54～4.90mm，卵黄直径3.60～3.73mm（图3-9-7）
	32细胞期	2.22 (11:03)	25.52	第五次分裂，有四个经裂面，且与第三次分裂面平行，细胞大小不等，排成4排，卵径4.67～4.85mm，卵黄直径3.60～3.73mm（图3-9-8）
	64细胞期	2.22 (14:03)	28.52	完成第六次分裂，但各个细胞的分裂速度不一致，故分裂球的形态、体积差异明显，64个细胞排列在一个分裂面上。卵径3.36～3.69mm（图3-9-9）
	多细胞期	2.22 (16:02)	30.50	出现水平分裂和切线分裂，分裂细胞越来越小，卵裂的速度加快，分裂球速度不一致，形态、体积差异明显，细胞排列不整齐，细胞界限模糊无法计数，动物极的卵黄向植物极下沉，总卵径4.52～4.74mm，卵黄直径3.82mm，细胞高度继续上升（图3-9-10）
桑葚期	桑葚期	2.22 (18:36)	33.07	细胞分裂不同步，细胞数目不断增加，细胞体积逐渐变小，多层细胞叠加如同桑葚，高度占卵黄直径的1/3，总卵径4.66～4.77mm，卵黄直径3.45～3.87mm（图3-9-11）

续表

阶段	发育时期	时间记录	发育累计时间/h	特征描述
囊胚期	囊胚早期	2.23（00：08）	38.60	囊胚层高度大约达卵黄的1/4，卵黄直径3.67～3.81mm，囊胚高度1.18～1.36mm（图3-9-12）
	囊胚中期	2.23（12：03）	50.52	卵黄直径3.49～3.62mm，囊胚高度1.09～1.58mm，囊胚层细胞向动物极移动，逐渐变低、变薄，胚体高度下降约为卵黄的1/4～1/3，动物极与植物极交界处界限明显，边缘平滑（图3-10-13）
	囊胚晚期	2.23（20：05）	58.55	囊胚表面细胞向卵黄部位下包，约占整个细胞的1/3，囊胚层变扁，动物极与植物极相接处，平整光滑，卵黄直径3.36～3.54mm，囊胚高度1.30～1.45mm（图3-10-14）
原肠期	原肠早期	2.23（14：17）	76.75	卵黄直径3.10～3.28mm，胚层细胞约占卵黄的1/2，伴随有胚层细胞的内卷，形成光亮明黄的模糊胚环（图3-10-15）
	原肠中期	2.25（21：00）	83.47	卵黄直径2.87～3.09mm，胚层细胞约占卵黄的1/2，胚层细胞在下包和内卷的过程中，下包的速度不一致，逐渐向一定部位集中，在胚胎的背唇处出现箭头似的隆起即是胚盾（16-1），从原肠中期开始，胚胎开始转向侧卧（图3-10-16）
	原肠晚期	2.26（13：04）	99.53	卵黄直径3.31～3.56mm，胚层下包3/4，胚盾加厚加长，胚盾向动物极发展，胚胎平躺，胚体的雏形开始渐渐显现出来（图3-10-17）
神经胚期	神经胚期	2.26（16：12）	102.67	卵黄直径3.21～3.29mm，胚体下包4/5，能清晰观看到胚体的轮廓，胚盾的前端出现神经板，胚胎外露很小部分卵黄，胚胎侧卧，胚体明显较卵黄长，神经管逐渐形成（图3-10-18）
	体节出现期	2.27（09：17）	119.75	卵黄直径3.23～3.40mm，胚体中部出现2～3对体节（19-1），神经板头端隆起加大，尾部也逐渐有隆起，胚体占卵黄囊周长的1/3～1/2左右，随着体节的增多，胚体长度逐增，胚体的雏形明显，胚孔未完全封闭（图3-10-19）
	胚孔封闭期	2.27（15：16）	125.74	胚体直径为3.29～3.36mm，体节4～5对，背唇、腹唇、侧唇在胚孔处汇合，胚孔封闭并逐渐消失，胚体延长，胚体的头部侧面可以看到一白色透明的空腔，为围心腔（20-1），侧面背部可看到颜色较深的条纹，为神经沟（20-2），中间凸起越来越明显，脊索向尾部延长，胚体首尾两端颜色较深，头部开始膨大，隆起的为脑泡原基（20-3）（图3-10-20）
器官分化期	眼原基出现期	2.28（01：02）	135.50	胚体直径为3.63～3.85mm，体节6对，脑泡两侧出现椭圆形的隆起即眼原基（21-1）（图3-10-21）
	眼囊期	2.28（06：22）	140.84	胚体直径为3.45～3.64mm，体节7～8对，眼基中央出现“I”形的横凹，脑泡已经开始分化为前、中、后三个脑模型（图3-10-22）
	听囊期	3.1（16：37）	175.09	胚体直径为3.51～3.65mm，体节14～15对，胚体后脑出现椭圆的透明囊腔，即为听囊（23-1），尾牙模型基本形成，胚体环绕卵黄约3/4，体节中间形成一条脊索（23-2）（图3-10-23）

阶段	发育时期	时间记录	发育累计时间/h	特征描述
	耳石出现期	3.2 (03: 20)	185.80	胚体直径 3.49～3.69mm，体节 17～18 对，听囊内出现两颗透明的小斑即是耳石 (24-1)，眼囊椭圆形，有小沟，胚体头部开始收缩，顶端逐渐隆起 (图 3-10-24)
	尾芽期	3.2 (12: 14)	194.70	胚体直径约 3.72～3.74mm，体节 20～21 对，尾牙开始游离于胚体 (图 3-11-25)
	眼晶体形成期	3.2 (16: 25)	198.89	胚体直径为 3.61～3.91mm，体节 23～24 对，眼囊中出现透明、圆形的晶体即为眼体 (26-1)，胚体绕卵黄大约 3/4，头部进一步收缩隆起 (图 3-11-26)
	肌肉效应期	3.3 (02: 27)	208.92	胚体直径为 3.98～4.09mm，体节 27～28 对，胚体中部开始出现轻微的收缩抽动，抽动的频率很小，大约 3～4 次/min，随着时间的延长，形成比较稳定的肌肉效应特征，尾芽呈短棒状，眼囊的上前方出现无色透明点即为嗅囊原基 (27-1) (图 3-11-27)
	心脏原基出现期	3.3 (19: 31)	225.99	体节 31～32 对，分在耳囊腹面偏前方，眼的后下方，在围心腔内出现短棒状的心脏原基 (28-1)，从顶端观察可以清晰看到头部分化，胚体搏动的频率为 6～7 次/min，从大脑前部侧面观察几乎呈圆形，此时前部的隆起高于中部与后部 (图 3-11-28)
器官分化期	嗅囊期	3.3 (23: 21)	229.82	胚体搏动频率 10～11 次/min，体节 34～35 对，眼囊上前方出现圆形的囊状突起，围心腔变大，心脏逐渐清晰并向头部移动，胚体抽动加剧，眼晶体周围的凹陷增加大，眼基本成型，胚体的头部开始向上抬，胚体头部中部的隆起明显高于前部和后部 (图 3-11-29)
	心搏期	3.4 (03: 29)	233.55	摆动频率为 12～13 次/min，体节 37～38 对，心脏进一步发育，已经分化为心房、心室两部分，位于眼囊的下方，并发生轻微的搏动 (30-1) (图 3-11-30)，心脏的搏动越来越剧烈，胚体随卵黄后摆动，尾部出现了尾鳍雏形
	胸鳍原基出现期	3.4 (05: 24)	235.47	摆动频率 11～12 次/min，体节 38～39 对，耳囊后下方出现胸鳍原基 (31-1)，摆动时胚体倾时针方向旋转，卵膜逐渐变薄，心室、心房逐渐清晰，即消化道形成梭形断断续续的管状结构 (32-1)，胚体头部逐渐曲—弯曲的管状条棒 (图 3-11-31)
	肛板期	3.4 (08: 28)	236.54	体节 40～41 对，胚体摆动的频率 7～8 次/min，摆动的幅度加大，卵黄囊末端有一群细胞加厚形成，即肛板 (32-1)，胚体头部宽度从头部向尾部逐渐变小，经卵黄末端弯曲，胚体头部近于平滑弯曲 (图 3-11-32)
	血液循环	3.4 (11: 21)	239.42	体节 45～46 对，血液循环开始，心脏、躯干和尾部出现血液循环，躯干和尾囊前端行，沿后主静脉，头后囊后端向前流动，能观察到半透明的血液缓缓流动 (图 3-11-34-0)
	眼色素出现期	3.5 (14: 19)	266.39	体节 49～50 对，胚体摆动 11～12 次/min，眼色素出现，头部末观察到半透明的血液循环 (图 3-11-34-1)

续表

阶段	发育时期	时间记录	发育累计时间/h	特征描述
孵化期	孵化期	3.5（18：00）	425.67	心脏已经开始移向头部下方，血液循环明显，已经开始在脊椎间循环（图 3-11-35）。
		3.9（7：00）		心脏出现了血细胞，体节 54～55 对，头部上翘，胚体进行翻转摆动，眼囊近乎圆形，眼晶体外凹陷明显，头部顶端形成凹陷，眼囊上的色素堆积，体色变深，透明中带有深黄色。
		3.9（15：00）		胸鳍开始上翘，尾部摆动频率加大，卵膜变得模糊（图 3-12-36）。
		3.10（9：00）		尾鳍出现褶皱，尾部的脊椎已经开始成型（图 3-12-37）。
		3.11（2：00）		耳石颜色加深，眼晶体色素集中，尾鳍变宽、变长，胸鳍呈椭圆形，卵膜周围有絮状分解物（图 3-12-38）。
		3.12（23：00）		卵黄囊的腹部出现血窦，颜色并不统一，椎体和腹部都出现血脉，内有大量的红细胞流动，尾椎的血脉颜色较深。
		3.13（6：00）		卵黄囊前部与胚体相接触的地方，前端膨大，后端形成断断续续的盘结，即为食道的原基，尾部的鳍褶进一步变宽、变长。
		3.14（3：00）		卵黄膜周围的絮状物越来越多，与水中的杂质接触并吸附，形成了大大小小的斑点
出膜期	出膜期	3.14（17：00）～3.18（02：00）	460.67	体节 57 对，在孵化酶和胚体的运动作用下，胚体尾部先击破卵膜而出，出膜后的鱼苗侧卧、静息在水底，能靠尾部摆动正卧或者原地转圈，初孵仔鱼眼睛颜色呈淡褐色，卵黄囊呈橙黄色，胚体呈淡黄色，肛门的末端出现透明的圆斑，胚体孵出后胚体微拱，随着时间的延长逐渐伸直，心率 30～35 次/min（图 3-12-39、图 3-12-40）

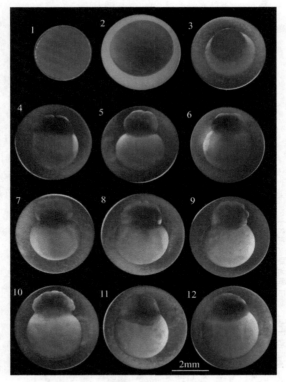

图 3-9　巨须裂腹鱼胚胎发育（1）

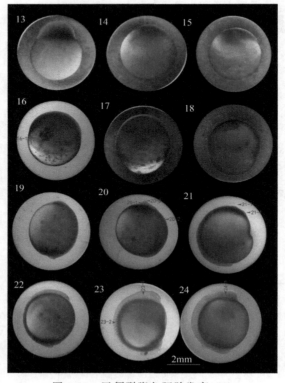

图 3-10　巨须裂腹鱼胚胎发育（2）

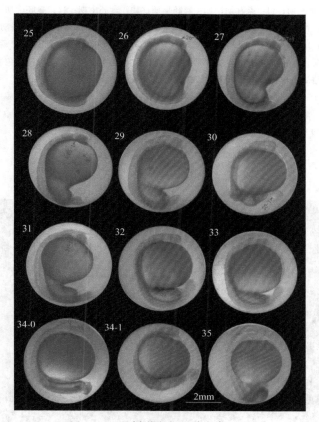

图 3-11　巨须裂腹鱼胚胎发育（3）

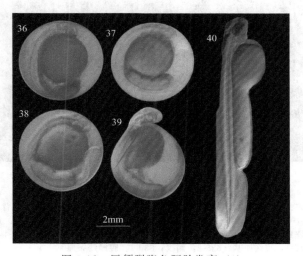

图 3-12　巨须裂腹鱼胚胎发育（4）

图 3-9～图 3-12 中代码含义

1：受精卵；2：卵黄周隙最大；3：胚盘隆起；4：2 细胞期；5：4 细胞期；6：8 细胞期；7：16 细胞期；8：32 细胞期；9：64 细胞期；10：多细胞期；11：桑葚期；12：囊胚早期；13：囊胚中期；14：囊胚晚期；15：原肠早期；16：原肠中期；17：原肠晚期；18：神经胚期；19：体节出现期；20：胚孔封闭期；21 眼原基出现期；22：眼囊期；23：听囊期；24：耳石出现期；25：尾牙期；26：眼晶体形成期；27：肌肉效应期；28：心脏原基出现期；29：嗅囊期；30：心搏期；31：胸鳍原基出现期；32：肛板期；33：血液循环；34-0：眼色素出现期；34-1：眼色素加深；35：出现血细胞；36：胸鳍上翘；37：尾鳍鳍褶出现；38：耳石斑点的颜色加深；39：出膜；40：出膜的仔鱼

胚盾（16-1）；体节（19-1）；围心腔（20-1）；神经沟（20-2）；脑泡原基（20-3）；眼原基（21-1）；听囊（23-1）；脊索（23-2）；耳石（24-1）；眼晶体（26-1）；嗅囊原基（27-1）；心脏原基（28-1）；尾鳍褶皱（30-1）；胸鳍原基（31-1）；消化道（31-2）；肛板（32-1）；眼色素（34-0-1）

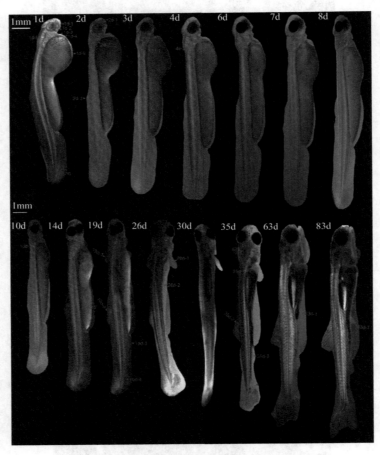

图 3-13　巨须裂腹鱼仔稚鱼发育特征

1d-1：口凹；1d-2：下颌原基；1d-3：心房；1d-4：心室；1d-5：半规管原基；1d-6：鳃盖骨；1d-7：鳃弓原基；1d-8：静脉窦；1d-9：血窦；1d-10：尾鳍下骨原基；2d-1：鼻凹；2d-2：鳃弓；2d-3：背鳍原基；3d-1：肝胰脏原基；4d-1：鳃耙；4d-2：肩带原基；10d-1：肩带；14d-1：鳔一室；14d-2：体侧色素带；19d-1：胸鳍条原基；19d-2：背鳍条原基；19d-3：臀鳍；19d-4：尾鳍条；26d-1：胸鳍条；26d-2：肋骨原基；35d-1：鳔二室；35d-2：背鳍鳍条；35d-3：臀鳍原基；63d-1：腹鳍原基；63d-2：侧线；83d-1：腹鳍鳍条原基

表3-7　巨须裂腹鱼仔稚鱼发育特征

发育时期	时间记录	特征描述
血窦形成 (Blood sinus) 鳃盖骨成型 (Suboperculum) 下颌原基出现 (Underjaw primordial) 口凹出现 (Stomatodeum) 半规管原基出现 (Semicircular canal primordia) 尾鳍骨原基出现 (Radial of tail fin primordia)	1d	初孵仔鱼呈"S"形，全长9.93~11.19mm，肛前长7.05~7.61mm，肛后长2.92~3.59mm，体节57对。心率48~50次/min。头部眼囊周围色素细胞聚集。心脏由心房（图3-13-1d-3）、心室（图3-13-1d-4）和静脉窦（图3-13-1d-8）组成，位于头部之下，卵黄囊腹部前端存有血窦（图3-13-1d-9），鳃盖骨（图3-13-1d-6）清晰可见，内侧有月牙形结构，为鳃弓原基（图3-13-1d-7），鳃盖后缘成游离的鳃盖膜，下颌原基（图3-13-1d-2）出现，口凹（图3-13-1d-1）清晰，耳石上方有圆环，为半规管原基（图3-13-1d-5），尾部有条纹星状细胞群带，即尾鳍下骨原基（图3-13-1d-10）。仔鱼侧卧静息于水池底
鼻凹出现 (Nose concave) 背鳍原基出现 (Dorsal fin primordia)	2d	全长11.37~11.76mm，肛前长7.87~8.02mm，肛后长3.58~4.05mm，眼囊直径0.69~0.76mm。眼囊前方的嗅囊凹陷，为鼻凹（图3-13-2d-1），背鳍原基（图3-13-2d-2），其上有血液流过，能较清晰观察到头骨雏形，眼囊前方的嗅囊凹陷，为鼻凹。心率45~50次/min，出现4个鳃弓（图3-13-2d-3）。尾部边缘成栉齿
肝胰脏原基出现 (Hepatopancreas primordial) 尾鳍分化 (Tail fin differentiation) 腹鳍分化 (Pelvic fin differentiation)	3d	体长12.46~12.71mm，肛前长8.47~8.70mm，肛后长4.01~4.21mm，在卵黄囊前段内侧存有黄褐色斑状结构，为肝胰脏原基（图3-13-3d-1），尾鳍鳍褶变窄，变宽。尾椎精晰可见，尾鳍鳍褶变宽，变长，下颌已具雏形，泄殖孔处成型
鳃耙出现 (Gill raker) 肩带原基出现 (Shoulder strap primordium)	4d	全长12.28~12.39mm，体长11.98~11.92mm，肛前长8.99~9.01mm，心率44~46次/min。口凹加深，伴有颤动。鳃弓内出现凸起，为鳃耙（图3-13-4d-1）。胸鳍周围出现缺褶，为肩带原基（图3-13-4d-2）。吻端呈钝圆形
下颌凑合 (Underjaw movement)	6d	全长12.93~13.25mm，体长12.06~12.72mm，肛前长8.98~9.04mm，心率44~46次/min，泄殖孔处有两根细管与外界相通。下颌清晰，口裂清晰，体节间的间隔加大，鳃盖延伸覆盖鳃弓。仔鱼集中成堆堆静息在池角或池边角底
心血管分化结束 (End of cardiovascular differentiation)	7d	全长12.43~12.65mm，体长12.05~12.12mm，肛前长8.63~8.81mm，心率50~51次/min。下颌张合频率4~5次/min。进入混合营养期，可以上下游动
	8d	全长13.26~13.73mm，体长12.71~13.16mm，肛前长9.15~9.35mm，心率54~55次/min。下颌张合频率24~25次/min，胸鳍开始微微颤动，鳃丝数量增多，背鳍从背部鳍褶分化出来。眼睛可转动，消化道前端变粗，仔鱼受刺激后能迅速游散，再缓慢聚合
肩带分化结束 (End of shoulder strap differentiation)	10d	全长14.71~15.16mm，体长14.12~14.38mm，肛前长9.96~10.23mm，心率57~58次/min。下颌张合频率39~41次/min，胸鳍的振幅频率4~5次/min。心率加成型
肠道贯通 (Intestinal passage) 体侧色素带形成 (Pigment zone) 鳔一室出现 (Swim bladder one room)	14d	心率57~60次/min，下颌张合频率66~68次/min，鳃盖开闭，可区分上颌，下颌、上唇、下唇、腹鳍裂出现色素斑点。围心腔紧贴卵黄囊上方，有星芒状色素细胞堆积成的一条直线，为体侧色素线（图3-13-14d-2）。出现鳔一室（图3-13-14d-1），肠道贯通，胸鳍摆动保证身体平衡

续表

发育时期	时间记录	特征描述
胸鳍条原基（Pectoral fins primordia） 背鳍条原基（Dorsal fin primordial） 臀鳍分化（Anal fin differentiation） 尾鳍条出现（Caudal fins）	19d	全长13.20~13.49mm，体长12.67~12.85mm，肛前长8.47~9.02mm，肛后长4.6~4.91mm，心率70~71次/min，胸鳍条原基（图3-13-19d-1），背鳍条原基（图3-13-19d-2）出现，尾鳍条（图3-13-19d-3）开始分化，臀鳍（图3-13-19d-4）4条，鳔充气
胸鳍鳍条形成（Pectoral fins） 肋骨原基（Rib primordia）	26d	全长16.17~16.30mm，体长15.27~15.37mm，肛前长10.58~10.79mm，肛后长5.39~5.59mm，腹部出现肋骨原基（图3-13-26d-2），胸鳍出现明显的鳍条（图3-13-26d-1）
卵黄囊耗尽（Yolk volume depletion）	30d	全长15.36~16.16mm，体长14.46~16.16mm，肛前长10.10~10.32mm，肛后长5.35~5.82mm，卵黄囊消失，胸鳍能前后煽动，仔鱼可通过尾部摆动向前运动
鳔二室出现（Swim bladder two room） 背鳍鳍条出现（Dorsal fin） 臀鳍原基出现（Anal fin primordia）	35d	全长15.04~15.95mm，体长14.24~15.00mm，肛前长9.81~10.48mm，肛后长5.27~5.47mm，头部顶端的隆起略有下降。背鳍呈旗状有5条鳍条（图3-13-35d-2），其上色素明显，尾鳍后缘呈锯齿状，尾鳍有20条清晰可见的鳍条，臀鳍原基（图3-13-35d-3）开始出现，色素斑点主要集中在脊椎上，下两侧以及头部，鳔二室（图3-13-35d-1）出现
腹鳍原基出现（Pelvic fin primordia） 侧线形成（Lateral line）	63d	全长16.77~17.27mm，体长15.18~15.24mm，肛前长10.88~10.90mm，肛后长5.92~6.53mm，背鳍11条，尾鳍21条，尾鳍开叉明显，属于正尾形尾鳍，尾部上顶明显长于下页。侧线（图3-13-63d-2）形成，腹鳍原基（图3-13-63d-1）出现
臀鳍分化结束（End of anal fin differentiation） 腹鳍鳍条原基出现（Pelvic fins primordia）	83d	全长17.76~19.63mm，体长15.38~17.24mm，肛前长10.92~12.18mm，肛后长6.99~7.36mm，尾鳍和背鳍的鳍条数目没有变化，依然分别是21条和11条，臀鳍条原基，出现腹鳍鳍条分化（图3-13-83d-1）

第四节 裂腹鱼类胚胎发育特征

裂腹鱼类在肛门至臀鳍两侧有一列特化的臀鳞，在两列臀鳞之间的腹中线形成一道裂缝（伍献文等，1964）。裂腹鱼类共有 11 个属，97 个种和亚种，在我国分布有基本全部的属，78 个种和亚种，占全部的 80%，其中青藏高原分布有 9 个属，48 个种和亚种（曹文宣等，1981）。事实上，由于生境丧失或者过度捕捞等原因，在 162 种青藏高原鱼类中（武云飞，吴翠珍，1991），处于极危、濒危、易危或野外绝灭的鱼类就有 35 种（汪松，解焱，2009；蒋志刚等，2016），超过了 20%。增殖放流作为鱼类资源养护的一种有效手段，广泛运用于水生生物资源养护、生态修复和渔业增效等领域，属于迁地保护的范畴。加大投放由人工繁殖而获得的苗种或经人工培育的天然苗种来增加土著鱼种的数量，进一步保护和修复渔业生态环境（Han et al，2015），尤其是对珍稀濒危鱼类的保护发挥着重要的作用。事实上，西藏地区 2009～2016 年累计增殖放流的土著鱼类总数量超过 828 万尾，已经形成了一定的规模（朱挺兵等，2017），青海湖裸鲤通过实施限捕、产卵区禁捕、人工繁殖苗种放流、开发鱼类养殖等措施，其鱼类资源得到了有效的恢复（陈燕琴等，1995；安世远等，2011；缪翼，2012）。

为了有效推动裂腹鱼类资源养护进程，科研工作者对裂腹鱼类的早期发育开展了大量研究，主要有四川裂腹鱼（陈永祥，罗泉笙，1997）、青海湖裸鲤（史建全等，2000）、松潘裸鲤（吴青等，2001）、齐口裂腹鱼（吴青等，2004）、小裂腹鱼（冷云等，2006）、新疆扁吻鱼（任波等，2007；张人铭等，2008）、塔里木裂腹鱼（张人铭等，2007）、宝兴裸裂尻鱼（周翠萍，2007）、昆明裂腹鱼（赵海涛等，2008）、细鳞裂腹鱼（陈礼强等，2008）、黄河裸裂尻鱼（申志新等，2009；邓思红等，2014）、伊犁裂腹鱼（蔡林钢等，2011）、异齿裂腹鱼（张良松，2011）、尖裸鲤（许静等，2011）、光唇裂腹鱼（申安华等，2013）、厚唇裸重唇鱼（张艳萍等，2013）、祁连山裸鲤（王万良，2014）、短须裂腹鱼（左鹏翔等，2015；刘阳等，2015；甘维熊等，2016）等。

那么，裂腹鱼类早期发育阶段，尤其是胚胎发育阶段，有何规律或者特征可循？如何有效地指导鱼类养护实践过程？这是一个值得探讨和深究的科学问题和技术问题。比如，鱼类的受精卵在不同的发育时期对外界环境的反应也不一样，在生产实践过程中，应该密切关注外界环境，规避风险，减少损失。陈礼强等（2008）指出，细鳞裂腹鱼的早期发育过程中，原肠期对外界环境变化最为敏感。事实上，在原肠期，由于细胞的分裂迅速和流动量大，代谢旺盛，耗氧多，对环境要求高，处在这个时期的胚胎如果遇到水温突变等异常情况都可能导致细胞重排时间和空间程序的混乱，容易造成胚胎的死亡或器官出现畸形（刘筠，1993）。

气候变化已经或正在对全球的生态系统和生物多样性产生着显著影响（Walther et al，2002）。而青藏高原对全球的气候变化更为敏感（Liu et al，2000）。由于适宜生存环境的破坏，气候变暖可能使高山带的生物或优势物种濒临灭绝或被其他物种所代替（Klanderud et al，2005），生物物候期和物种繁殖行为也因此而发生改变（Root et al，2003）。从 20 世纪 70 年代到 2000 年，气候变暖使青藏高原裸鲤的繁殖物候发生了显著变化，其幼鱼的生长季节共增加了约 17d（Tao et al，2018）。温度在生物个体发育中扮演着重要的角色，新陈代谢的速率受到生物个体大小以及外界温度的影响（Brown et al，2004），生物个体发育时间是其个体大小以及温度综合作用的结果（Gillooly et al，2002）。在气候变化和裂腹鱼类资源现状不容乐观的背景下，很有必要探究裂腹鱼类的胚胎发育特征，包括裂腹鱼类胚胎发育时期与累积时间的关系，裂腹鱼类胚胎发育参数特点，裂腹鱼类胚胎发育时序，裂腹鱼类胚胎发育分期特征，从而为裂腹鱼类养护进程提供科学的技术支撑。

一、胚胎发育时期与累积时间的关系

易伯鲁（1982）根据胚胎发育阶段的形态特征和器官发生的时序把鲤科鱼类的胚胎发育期划分为 30 个时期；刘筠（1993）根据胚胎发育过程中形态特征和器官发生的时序和特点，将草鱼胚胎发育划分为 6 个发育阶段和 32 个时期。为了探析裂腹鱼类胚胎发育与累积时间之间的关系，需尽可能全面搜集已报道的裂腹鱼类胚胎发育数据。本文依据相关文献（许静，2011；刘海平等，2018a；刘海平等，2018b），将胚胎发育分为 35 个阶段，包括受精卵（简称 P1）、卵黄周隙最大（简称 P2）、胚盘隆起（简称 P3）、2 细胞期（简称 P4）、4 细胞期（简称 P5）、8 细胞期（简称 P6）、16 细胞期（简称 P7）、32 细胞期（简称 P8）、64 细胞期（简称 P9）、多细胞期（简称 P10）、桑葚期（简称 P11）、囊胚早期（简称 P12）、囊胚中期（简称 P13）、囊胚晚期（简称 P14）、原肠早期（简称 P15）、原肠中期（简称 P16）、原肠晚期（简称 P17）、神经胚期（简称 P18）、体节出现期（简称 P19）、胚孔封闭期（简称 P20）、眼原基出现期（简称 P21）、眼囊期（简称 P22）、听囊期（简称 P23）、耳石出现期（简称 P24）、尾牙期（简称 P25）、眼晶体形成期（简称 P26）、肌肉效应期（简称 P27）、心脏原基出现期（简称 P28）、嗅囊期（简称 P29）、心搏期（简称 P30）、胸鳍原基出现期（简称 P31）、肛板期（简称 P32）、血液循环（简称 P33）、尾鳍鳍褶出现（简称 P34）、出膜（简称 P35）。搜集裂腹鱼类 35 个胚胎发育阶段以及对应的发育累积时间，由于文献报道胚胎发育数据的不整齐，暂根据文献报道已有数据进行模型建立，文献可参考胚胎发育阶段数量参见表 3-8 中的 n 值。

对胚胎发育阶段和累积时间，拟合如下方程：

$$y = be^{ax}$$

式中　y——从受精卵到第 i 期所经历的时间；

　　　x——各个胚胎发育阶段；

　　　a——胚胎分化参数，该值越大，进入各细胞期所需的时间越长；

　　　b——胚胎分裂起始值，该值越大，从受精卵到细胞开始分裂所经历的时间越长。

该方程对所搜集到的裂腹鱼类以及其他鲤科鱼类早期发育拟合程度较好，P 值均小于0.01，绝大部分 R^2 都大于 0.85（表 3-8），该拟合方程反映了鱼类早期胚胎发育的特征规律，具有如下特点：

① 种间以及区域群落的特异性。不同裂腹鱼类 a 值和 b 值均有所差异，a 值差异较小，绝大部分裂腹鱼类 a 值在 0.1 左右，有部分 a 值偏小（<0.1）的裂腹鱼类，b 值则较大，如四川裂腹鱼、巨须裂腹鱼等。a 值较小且差异不大，说明裂腹鱼类在胚胎发育阶段，各个阶段过渡平稳，保证了稳定的胚胎发育，为各个阶段胚胎的器官形成奠定了良好的基础。b 值则有较大差异，除塔里木裂腹鱼（其 b 值为 1.549）外，绝大多数裂腹鱼类 b 值在 2.0 以上。b 值越大，从受精卵到细胞开始分裂所经历的时间越长。在青藏高原腹心区域，雅鲁藏布江分布的主要裂腹鱼类，其 b 值均较大，都在 4.0 以上，如拉萨裂腹鱼 b 值为 6.287，巨须裂腹鱼 b 值为 15.056，异齿裂腹鱼（张良松，2011）b 值为 4.482，拉萨裸裂尻鱼 b 值为 4.696，尖裸鲤 b 值为 6.137，其中巨须裂腹鱼 b 值最大，这可能与该鱼在 1~2 月份产卵有

关，此时产卵区域水温较低，进入胚胎分裂需要很长的准备时间，Laurel et al.（2018）指出，温度影响鱼卵以及卵黄苗的发育和存活，阿拉斯加狭鳕相对于北极鳕在食物缺乏和低温下，生存时间更长。

② 该拟合方程具有较为广泛的应用领域，如鱼类繁育和保种方面，可根据有限的胚胎发育阶段试验数据，判断其出膜时间或者某个敏感发育阶段所处时间，从而有的放矢地采取有效手段，进行生产管理和预警系统构建。在有限的胚胎发育数据前提下，如何高效推动鱼类的养护管理，是每个鱼类养护工作者极为关注的技术环节。在本模型中，有个别鱼类胚胎发育参数仅为个位数，但是拟合出来的指数函数，无论是 P 值还是残差均较小，拟合效果较好，如昆明裂腹鱼、鲢等（表3-8）。所以，鱼类胚胎发育的指数函数在鱼类养护实践中是值得推崇的。

Blood（1994，2002）建立了精确的狭鳕鱼卵发育阶段随孵化水温变化的关系方程。可见，温度在鱼类胚胎发育过程中，起到了非常重要的作用。那么，鱼类胚胎发育的指数函数对不同温度下裂腹鱼类的胚胎发育有何启示作用？为此，我们对雅鲁藏布江分布的主要裂腹鱼类进行了不同温度胚胎发育的试验，设置5℃、8℃、11℃、14℃、17℃等5个温度梯度，选择了异齿裂腹鱼、双须叶须鱼、拉萨裸裂尻鱼和尖裸鲤等四种裂腹鱼类。随着温度的升高，异齿裂腹鱼、拉萨裸裂尻鱼和尖裸鲤的 b 值和 a 值均呈下降趋势（图3-14），也就是说，随着温度的上升，从受精卵到细胞开始分裂所经历的时间和进入各细胞期所需的时间均缩短，这将有利于胚胎的发育，降低保种风险。（Martell et al，2005），Pauly & Pullin（1988）和 Pepin（1991）通过海产鱼类鱼卵孵化时间与孵化水温之间的关系，指出低温能延迟孵化时间，高温能缩短孵化时间。玫瑰无须鲃胚胎孵化时间与温度之间呈幂函数相关，随着温度的升高，玫瑰无须鲃胚胎的孵化速率加快，且温度对胚胎发育后期的影响比前期更加显著（陈凤梅等，2013）。许静（2011）在文献报道中指出，异齿裂腹鱼胚胎发育水温为12.1～13.8℃，张良松（2011）在文献报道中指出，异齿裂腹鱼胚胎发育水温为13.0～14.5℃，试验水温的不同，导致从受精卵到细胞开始分裂所经历的时间和进入各细胞期所需的时间存在差异（表3-8）。但是同时，由于温度的升高，可能会导致畸形率和死亡率升高等一系列生产事故（任波等，2007；齐遵利等，2010；陈凤梅等，2013）。因此，在适宜的水温范围内，水温的提高将有利于鱼类胚胎的发育。双须叶须鱼就是极好的案例，从5℃提高到11℃，其 b 值呈明显的下降趋势，从15.038降到4.3894，a 值则从5℃的0.1203降到0.1052，后又升到11℃的0.1329，说明在此温度范围内，水温的提高可以明显缩短从受精卵到细胞开始分裂所经历的时间，但是进入各细胞期所需的时间在不断地进行调整；从11℃到17℃，b 值在增加，a 值在逐渐下降（图3-14），说明在此温度范围内，水温的提高反而增加了从受精卵到细胞开始分裂所经历的时间，进入各细胞期所需的时间却在缩短，以适应变化的环境。事实上，流速和温度调节下的溶氧限制是鱼类胚胎发育的温度耐受性机制（Martin et al，2017）。

表 3-8　鲤科鱼类胚胎发育时期与发育累积时间的关系

鱼类	数据来源	a	b	R^2	残差	P	n
裂腹鱼亚科 Schizothoracinae							
裂腹鱼属 Schizothorax							
小裂腹鱼 Schizothorax parvus	冷云等（2006）	0.138	3.849	0.861	7.190	0.000	27
光唇裂腹鱼 Schizothorax lissolabiatus	申安华等（2013）	0.134	2.815	0.760	12.853	0.000	25
昆明裂腹鱼 Schizothorax grahami	赵海涛等（2008）	0.118	4.320	0.909	1.165	0.000	9

续表

鱼类	数据来源	a	b	R^2	残差	P	n
齐口裂腹鱼 *Schizothorax prenanti*	吴青等（2004）	0.125	3.308	0.953	1.387	0.000	19
四川裂腹鱼 *Schizothorax Kozlovi*	陈永祥等（1997）	0.098	4.359	0.899	1.353	0.000	13
塔里木裂腹鱼 *Schizothorax（Racoma）biddulphi*	张人铭等（2007）	0.144	1.549	0.897	4.228	0.000	20
伊犁裂腹鱼 *Schizothorax pseudaksaiensis*	蔡林钢等（2011）	0.136	2.522	0.919	2.798	0.000	23
细鳞裂腹鱼 *Schizothorax chongi*	陈礼强等（2008）	0.125	3.481	0.937	1.876	0.000	24
拉萨裂腹鱼 *Schizothorax waltoni*	许静（2011）	0.120	6.287	0.926	3.319	0.000	31
巨须裂腹鱼 *Schizothorax macropogon*	刘海平等（2018）	0.098	15.056	0.952	1.494	0.000	33
异齿裂腹鱼 *Schizothorax o'connori*	许静（2011）	0.119	3.984	0.887	3.667	0.000	24
异齿裂腹鱼 *Schizothorax o'connori*	张良松（2011）	0.122	4.482	0.918	3.695	0.000	30
裸重唇鱼属 *Gymnodiptychus*							
厚唇裸重唇鱼 *Gymnodiptychus pachycheilus*	张艳萍等（2013）	0.104	7.938	0.887	2.427	0.000	17
裸裂尻鱼属 *Schizopygopsis*							
黄河裸裂尻鱼 *Schizopygopsis pylzovi*	申志新等（2009）	0.128	4.431	0.927	2.071	0.000	22
拉萨裸裂尻鱼 *Schizopygopsis younghusbandi*	许静（2011）	0.130	4.696	0.914	4.686	0.000	30
尖裸鲤属 *Oxygymnocypris*							
尖裸鲤 *Oxygymnocypris stewartii*	许静（2011）	0.123	6.137	0.921	3.650	0.000	31
裸鲤属 *Gymnocypris*							
青海湖裸鲤 *Gymnocypris przewalskii*	史建全等（2000）	0.106	4.332	0.939	0.582	0.000	10
松潘裸鲤 *Gymnocypris potanini*	吴青等（2001）	0.129	2.719	0.952	1.249	0.000	17
叶须鱼属 *Ptychobarbus*							
双须叶须鱼 *Ptychobarbus dipogon*	刘海平等（2018）	0.118	9.338	0.895	4.951	0.000	33
扁吻鱼属 *Aspiorhynchus*							
新疆扁吻鱼 *Aspiorhynchus laticeps*	张人铭等（2008）	0.127	2.184	0.900	3.125	0.000	23
鲢亚科 Hypophthalmichthyinae							
鲢属 *Hypophthalmichthys*							
鲢 *Hypophthalmichthys molitris*	郭永灿（1982）	0.085	1.688	0.848	0.493	0.003	7
鳙属 *Aristichthys*							
鳙鱼 *Aristichthys nobilis*	吴鸿图等（1964）	0.117	0.681	0.891	3.778	0.000	25
鲤亚科 Cyprininae							
鲤属 *Cyprinus*							
鲤鱼 *Cyprinus carpio*	陈少莲（1960）	0.130	1.248	0.878	2.877	0.000	15
雅罗鱼亚科 Leuciscinae							
草鱼属 *Ctenopharyngodon*							
草鱼 *Ctenopharyngodon idellus*	文兴豪等（1991）	0.111	1.296	0.897	3.261	0.000	24

注：1. 根据文献中的数据情况，尽可能全面搜集胚胎发育 35 个时期的特征参数，包括胚胎发育期以及对应的累积时间。

2. 35 个时期包括如下。1：受精卵（简称 P1）；2：卵黄周隙最大（简称 P2）；3：胚盘隆起（简称 P3）；4：2 细胞期（简称 P4）；5：4 细胞期（简称 P5）；6：8 细胞期（简称 P6）；7：16 细胞期（简称 P7）；8：32 细胞期（简称 P8）；9：64 细胞期（简称 P9）；10：多细胞期（简称 P10）；11：桑葚期（简称 P11）；12：囊胚早期（简称 P12）；13：囊胚中期（简称 P13）；14：囊胚晚期（简称 P14）；15：原肠早期（简称 P15）；16：原肠中期（简称 P16）；17：原肠晚期（简称 P17）；18：神经胚期（简称 P18）；19：体节出现期（简称 P19）；20：胚孔封闭期（简称 P20）；21：眼原基出现期（简称 P21）；22：眼囊期（简称 P22）；23：听囊期（简称 P23）；24：耳石出现期（简称 P24）；25：尾牙期（简称 P25）；26：眼晶体形成期（简称 P26）；27：肌肉效应期（简称 P27）；28：心脏原基出现期（简称 P28）；29：嗅囊期（简称 P29）；30：心搏期（简称 P30）；31：胸鳍原基出现期（简称 P31）；32：肛板期（简称 P32）；33：血液循环（简称 P33）；34：尾鳍鳍褶出现（简称 P34）；35：出膜（简称 P35）。

3. 对所搜集到的胚胎发育特征参数，进行方程 $y = be^{ax}$ 拟合，每种鱼胚胎发育参数个数为 n。

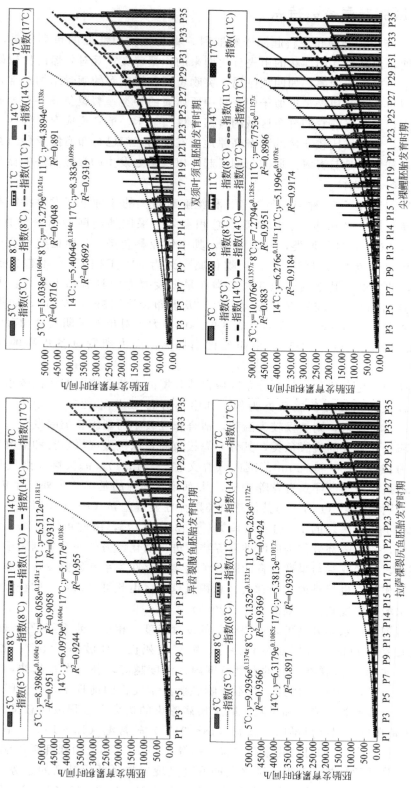

图 3-14　不同温度对雅鲁藏布江中游主要裂腹鱼类胚胎发育胎发育时期与累积时间的影响（横坐标 P1～P35 详见表 3-8 注）

二、裂腹鱼类胚胎发育参数特点

Hora（1937）指出，裂腹鱼亚科起源于鲃亚科，喜马拉雅山北面的鱼类区系，可能是在一个较早的时期，由具有共同性状的祖先分化而来的。据曹文宣等对骨骼的比较研究，裂腹鱼类的鲃亚科中一些原始的属，如四须鲃属、突吻鱼属和鲃属等的颅骨结构非常相似。这进一步证实了，裂腹鱼类的祖先是近似于鲃亚科中原始属的种类。裂腹鱼亚科和鲃亚科鱼类在生态学上的区别，正如目前它们分布区域的自然条件所显示，前者适应寒冷气候，后者适应温暖气候。但是，在气候比较寒冷的青藏高原地区在晚第三纪已分布有鲃亚科鱼类，这说明裂腹鱼类的出现和发展是与青藏高原的急剧隆起，以及随之发生的自然条件的显著改变息息相关的（曹文宣等，1981）。

因此，本研究组统计了 24 种裂腹鱼类和 3 种鲃亚科鱼类的 5 种早期发育特征参数，包括卵径、初孵仔鱼长度、吸水卵径、卵周隙、总积温等。采用神经网络的聚类算法（Self Organizing Maps，SOM）进行聚类，分为四类，其中鲃亚科鱼类（3 种鱼类）及与之演化较为接近的裂腹鱼亚科鱼类（裂腹鱼属、扁吻鱼属）聚为 F1、F2 两类（不包括裸鲤属鱼类）（表 3-10-2），此类群较其他裂腹鱼亚科鱼类在早期发育方面具有如下特点：卵径较小（2mm 左右），初孵仔鱼长度较短（8mm 左右），吸水卵径小（3mm 左右），卵周隙较大（>1mm），总积温较少（2000h·℃左右）（表 3-9）。卵径大小对鱼的早期发育和存活具有重要的生物学意义（潘晓赋等，2011），小卵死亡率更高，而大卵则具备更高的生存潜力（Hora，1937）。

裂腹鱼类卵径的变化和演化，是对分布区域自然环境的不断适应。卵径比较小的裂腹鱼类，其分布海拔较低，以裂腹鱼属鱼类为例，其主要分布海拔在 1250~2500m 范围之内（曹文宣等，1981），海拔低，则气候较为温和，适合卵径较小的裂腹鱼类的发育，能够保证物种的延续。而卵径比较大的裂腹鱼类，其分布海拔较高，以裸裂尻属鱼类和裸鲤属鱼类为例，其主要分布海拔在 3750~4750m 范围内（曹文宣等，1981），海拔高，则气候较为恶劣，大的卵径可以提供较多的卵黄等营养物质，从而保证物种的延续。另外一个佐证就是，卵径最大的一个类别的鱼类（F3），与其他三个类别存在显著差异（$P<0.05$），其初孵仔鱼长度不是最大，小于卵径次之的 F4 的裂腹鱼类［表 3-10（1）］，由此可以推断，为了适应高海拔的恶劣环境，卵黄一部分作为内源性营养物质进行消化，另外一部分则用于适应环境的能量消耗。那么，卵径究竟与早期发育的哪些关键参数存在关系？研究发现，卵径与总积温对数值存在线性相关，也就是说卵径越大，总积温越大。由此可以认定，卵径大的裂腹鱼类，其自然分布水域的温度较低（刘海平等，2018）。

在一定温度范围内，水温升高可以加快胚胎的发育速度，相反，水温降低会减缓胚胎发育速度，超过温度范围可能引起胚胎发育停滞、畸形或死亡（任波等，2007；齐遵利等，2010；陈凤梅等，2013）。通常在一定的温度范围内，温度越高，胚胎发育越快，但并非总是呈线性增加（许静等，2011）。因此，在不影响胚胎正常发育的前提下，提高孵化的温度对于提高生产效率、降低管理成本和风险、减少疾病感染的机会有着积极的意义（吴青等，2004）。新疆扁吻鱼在适宜温度范围内，高温（18~21℃）较常温（13~19℃）不仅胚胎发育快（发育速度 4 倍有余），而且孵化率高（张人铭等，2008）。祁连山裸鲤孵化率随水温升高呈现出先升高后降低的趋势，畸形率随水温的升高呈现出先降低后升高的趋势（王万良，2014）。吴青等（2001，2004）认为裂腹鱼亚科中的松潘裸鲤的孵化和幼鱼饲养水温不宜超

表3-9　裂腹鱼亚科与鲃亚科鱼类胚胎发育比较

鱼类	代码	卵径 ED/mm	初孵仔鱼长度 LNH/mm	吸水卵径 EDI/mm	卵周腺 PA/mm	总积温 AT/(h·℃)	数据来源
裂腹鱼亚科 Schizothoracinae							
裂腹鱼属 Schizothorax							
光唇裂腹鱼 Schizothorax lissolabiatus	Fish1	2.20	8.50	3.20	1.00	2189.76	申安华等（2013）
齐口裂腹鱼 Schizothorax prenanti	Fish2	2.95	11.00	4.20	1.25	2211.00	吴青等（2004）
四川裂腹鱼 Schizothorax kozlovi	Fish3	2.65	8.30	3.70	1.05	2125.50	陈永祥等（1997）
塔里木裂腹鱼 Schizothorax（Racoma）biddulphi	Fish4	1.75	7.50	2.75	1.00	1656.20	张人铭等（2007）
细鳞裂腹鱼 Schizothorax chongi	Fish5	2.80	10.00	3.75	1.45	2108.00	陈礼强等（2008）
伊犁裂腹鱼 Schizothorax pseudaksaiensis	Fish6	1.75	7.90	3.03	1.28	2510.00	蔡林钢等（2011）
异齿裂腹鱼 Schizothorax o'connori	Fish9	2.92	8.97	3.72	0.80	2656.80	张良松（2011）
异齿裂腹鱼 Schizothorax o'connori	Fish10	2.40	9.84	3.67	1.27	2451.00	许静（2011）
拉萨裂腹鱼 Schizothorax waltoni	Fish13	2.95	10.67	4.03	1.08	2904.00	许静（2011）
昆明裂腹鱼 Schizothorax grahami	Fish14	2.70	11.10	4.01	1.31	2556.00	赵海涛（2008）
小裂腹鱼 Schizothorax parvus	Fish19	1.90	7.50	3.00	1.10	2495.37	冷云（2006）
短须裂腹鱼 Schizothorax wangchiachii	Fish20	2.70	11.36	3.68	0.92	2539.98	甘维熊等（2016）
短须裂腹鱼 Schizothorax wangchiachii	Fish21	2.36	8.70	3.68	1.32	3565.30	左鹏翔等（2015）
短须裂腹鱼 Schizothorax wangchiachii	Fish22	3.18	10.88	3.96	0.78	2633.68	刘阳等（2015）
裸重唇鱼属 Gymnodiptychus							
厚唇裸重唇鱼 Gymnodiptychus pachycheilus		2.50	—	4.41	1.91	1962.00	张艳萍等（2013）
裸裂尻鱼属 Schizopygopsis							
黄河裸裂尻鱼 Schizopygopsis pylzovi	Fish7	2.30	10.10	3.20	0.90	2727.50	邓思红等（2014）
黄河裸裂尻鱼 Schizopygopsis pylzovi	Fish8	2.20	11.20	3.20	1.00	3880.80	蔡林钢等（2011）
宝兴裸裂尻鱼 Schizopygopsis malacanthus baoxingensis		3.41	8.99	—	—	4006.15	周翠祥（2007）
拉萨裸裂尻鱼 Schizopygopsis younghusbandi	Fish12	2.50	10.86	3.54	1.04	3038.50	许静（2011）

续表

鱼类	代码	卵径 ED/mm	初孵仔鱼长度 LNH/mm	吸水卵径 EDI/mm	卵周隙 PA/mm	总积温 AT/(h·℃)	数据来源
尖裸鲤属 Oxygymnocypris							
尖裸鲤 Oxygymnocypris stewartii	Fish11	2.57	10.27	3.22	0.65	2726.40	许静 (2011)
裸鲤属 Gymnocypris							
祁连山裸鲤 Gymnocypris chilianensis	Fish15	1.94	8.20	3.24	1.30	2429.15	王万良 (2014)
松潘裸鲤 Gymnocypris potanini	Fish16	2.80	8.00	4.00	1.15	2520.00	吴青等 (2001)
青海湖裸鲤 Gymnocypris przewalskii	Fish17	2.10	9.05	4.00	1.90	2574.00	史建全等 (2000)
叶须鱼属 Ptychobarbus							
双须叶须鱼 Ptychobarbus dipogon	Fish18	3.80	12.50	5.17	1.37	3360.20	刘海平等 (2018)
扁吻鱼属 Aspiorhynchus							
新疆扁吻鱼 Aspiorhynchus laticeps	Fish23	1.87	7.50	3.37	1.50	2511.04	任波等 (2007)
新疆扁吻鱼 Aspiorhynchus laticeps	Fish24	1.60	7.50	2.70	1.10	2000.00	张人铭 (2008)
鲃亚科 Barbinae							
光唇鱼属 Acrossocheilus							
云南光唇鱼 Acrossocheilus yunnanensis	Fish25	1.93	7.50	4.05	2.12	2019.00	唐安华和何学福 (1982)
结鱼属 Tor							
瓣结鱼 Tor brevifilis brevifilis	Fish26	1.80	6.60	2.60	0.80	1514.80	谢恩义等 (2002)
倒刺鲃属 Spinibarbus							
黑脊倒刺鲃 Spinibarbus caldwelli	Fish27	2.00	7.40	3.00	1.00	1199.10	苏敏等 (2002)

注：表格中数据是平均值。

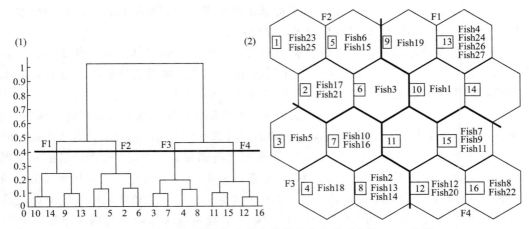

图 3-15　裂腹鱼亚科与鲃亚科鱼类胚胎发育重要参数 SOM 聚类

图（1）根据 Ward 联系方法，采用欧氏距离进行聚类分析，分为四类；图（2）根据卵径、初孵仔鱼长度、吸水卵径、卵周隙、总积温对裂腹鱼亚科与鲃亚科鱼类胚胎发育进行 SOM 聚类；Fish1～Fish27 参见表 3-1

表 3-10　基于 SOM 聚类出四个类别鱼类胚胎发育特征分析

（1）

	F1	F2	F3	F4
卵径/mm	1.88 ± 0.21^{b}	2.09 ± 0.32^{b}	2.91 ± 0.43^{a}	2.62 ± 0.34^{a}
初孵仔鱼长度/mm	7.5 ± 0.6^{b}	8.16 ± 0.58^{b}	10.44 ± 1.39^{a}	10.52 ± 0.82^{a}
吸水卵径/mm	2.88 ± 0.23^{c}	3.58 ± 0.38^{b}	4.12 ± 0.5^{a}	3.5 ± 0.3^{b}
卵周隙/mm	1 ± 0.11^{b}	1.5 ± 0.38^{a}	1.27 ± 0.13^{a}	0.87 ± 0.14^{b}
总积温/(h·℃)	1842.54 ± 474.91^{b}	2533.43 ± 501.56^{a}	2587.17 ± 426.83^{a}	2886.24 ± 465.37^{a}

（2）

SOM 聚类	涉及的鱼类	涉及的属	胚胎发育特征	n°
F1	Fish1，Fish4，Fish19，Fish24，Fish26，Fish27	裂腹鱼属，扁吻鱼属，结鱼属，倒刺鲃属	卵径小，初孵仔鱼长度小，吸水卵径小，卵周隙适中，总积温少	6
F2	Fish3，Fish6，Fish15，Fish17，Fish21，Fish23，Fish25	裂腹鱼属，裸鲤属，扁吻鱼属，光唇鱼属	卵径适中，初孵仔鱼长度适中，吸水卵径适中，卵周隙大，总积温适中	7
F3	Fish2，Fish5，Fish10，Fish13，Fish14，Fish16，Fish18	裂腹鱼属，叶须鱼属，尖裸鲤属，裸裂尻鱼属	卵径大，初孵仔鱼长度适中，吸水卵径大，卵周隙适中，总积温适中	7
F4	Fish7，Fish8，Fish9，Fish11，Fish12，Fish20，Fish22	裂腹鱼属，裸裂尻鱼属	卵径适中，初孵仔鱼长度大，吸水卵径适中，卵周隙小，总积温多	7

注：F1、F2、F3、F4 参见图 3-15；Fish1～Fish27 参见表 3-1；n° 表示统计样本数。

过 23 ℃，而齐口裂腹鱼的孵化水温可高达 24 ℃而不出现异常和畸形。细鳞裂腹鱼（陈礼强等，2008）在水温 10.4～22.8 ℃的条件下能够正常发育。伊犁裂腹鱼自然产卵孵化水温在 18～22 ℃左右，平均为 20 ℃（蔡林钢等，2011）。

双须叶须鱼卵径在已报道的裂腹鱼类中最大，海拔 2900m（林芝市）到 4700m（萨嘎县）的水域均有分布。调查数据显示，在水温高于 15℃的水域没有该鱼类的分布，这也是控制双须叶须鱼繁殖水温在 10℃的原因所在（刘海平等，2018）。

Lake（1967）和 Matsuura（1972）认为在一些鱼类受精卵吸水膨胀后有较大的卵周隙，可以更好地抗击外界环境的冲击，提高受精卵的成活率。而卵周隙的大小，直接决定卵的性质，即沉性卵或者漂浮性卵。据统计发现，虽然第二类别和第三类别的卵周隙较第一类别和第四类别大，存在显著差异（$P < 0.05$），但是裂腹鱼类和鲃亚科鱼类的卵周隙未超过 2.0 mm，而"四大家鱼"卵周隙均超过了 2.0 mm。这也从另外一个角度说明，裂腹鱼类的卵属沉性卵，而"四大家鱼"的卵则属于漂浮性卵。裂腹鱼亚科与鲃亚科的主要形态差异在于，裂腹鱼亚科肛门和臀鳍基部的两侧各具有一列变形的大鳞片，称为臀鳞，其产生与裂腹鱼类适应流水环境繁殖的习性有关（曹文宣等，1981）。裂腹鱼类产卵前，雄鱼通过尾部的摆动，以臀鳍和尾鳍在河底掘出小坑，产出的沉性卵粒便聚集在小坑内进行胚胎发育，从而避免被水流冲到河流下游的不适宜环境中去（Matsuura，1971）。除裸鲤属鱼类外，大部分裂腹鱼类产卵集中在 3～5 月份，如试验对象双须叶须鱼产卵集中在 3 月中下旬，鱼类的分布水域在这个时期恰逢枯水期，水体较为温和，沉积在小坑里的裂腹鱼类受精卵在较为稳定的水体中发育，极大地减少了鱼卵被水冲刷、紫外线直射的可能性。而"四大家鱼"繁殖期正值涨水季节，受水流的冲击，大的卵周隙对于卵的保护起着至关重要的作用。Duarte & Alcaraz（1989）指出产漂浮性卵的鱼类会产大量卵径较小的鱼卵，而底栖鱼类则产少量卵径较大的鱼卵。

三、裂腹鱼类胚胎发育时序

在裂腹鱼亚科中，同鲃亚科祖先性状最接近的是裂腹鱼属（曹文宣等，1981），而这个属的巨须裂腹鱼保持了祖先鲃亚科 ［结鱼属（*Tor*）和倒刺鲃属（*Spinibarbus*）的鱼类］ 体节出现于胚孔封闭期之前的胚胎发育特性，在裂腹鱼类演化系统中较为特化的裸重唇鱼属（*Gymnodiptychus*）鱼类和尖裸鲤属（*Oxygymnocypris*）鱼类（曹文宣等，1981）也具有这种特性。而其他 9 种已报道的裂腹鱼属鱼类体节出现于胚孔封闭期之后，其他裂腹鱼亚科鱼类、草鱼（*Ctenopharyngodon idellus*）、鳙鱼（*Aristichthys nobilis*）、鲤鱼（*Cyprinus carpio*）体节均出现于胚孔封闭期之后（表 3-11）。体节的出现，意味着器官分化的开始。本研究组调查发现，巨须裂腹鱼产卵集中在农历的腊月 ［不同于刘洁雅（2016）3～5 月］，此时，巨须裂腹鱼繁殖群体从深水区域游弋到存有鹅卵石的浅水区域或者砂心洲附近产卵，虽说有较其他水域丰富的供鱼苗摄取的饵料，但是于较为寒冷的胚胎发育水域而言，必须形成独特的胚胎发育特征，体节的出现先于胚孔封闭期，加快器官的形成和完善，以抗衡恶劣的自然环境，从而保证物种的延续。而尖裸鲤属鱼类仅见尖裸鲤，裸重唇鱼属鱼类仅见厚唇裸重唇鱼，这两种鱼类均为肉食性鱼类，主食鱼类或者大型无脊椎动物，为了确保其顶端食物链的地位，须在胚胎发育期间就要做好准备，体节出现于胚孔封闭期之前，较其他同水域鱼类的器官形成和完善快，从而为出膜后摄取的第一口"干粮"做好了铺垫。因此，体节出现于胚孔封闭期之前，是对自然环境适应以及物种演化的具体展示。

耳石是存在于硬骨鱼类内耳的膜迷路内，主要由碳酸钙构成，起平衡和听觉作用的硬组织（张治国，王卫民，2001）。耳石记录了 *Stephanolepis hispidus* 从仔鱼到幼鱼的年龄、生长以及个体发生等过程（Rogers *et al*，2001）。心搏期是器官分化的关键节点，耳石的出现应该与心搏期存在如何的时序关系，对于推断胚胎感受外界的扰动能力带来了启示：心搏期之前形成耳石，说明该物种胚胎感应外界环境的扰动能力尤为重要，大部分裂腹亚科鱼类、鲃亚科鱼类在心搏期之前便开始形成耳石，以适应生存的水域，进入心搏期，也就意味着器官分化基本结束，心搏期出现以后卵黄的缩减速率逐渐变快，眼囊、耳囊、尾牙、嗅囊、心脏逐渐清晰完善；心搏期之后形成耳石，说明该物种通过器官的快速形成和完善，以适应不稳定的水体，如部分裂腹鱼亚科鱼类——异齿裂腹鱼、拉萨裂腹鱼、新疆扁吻鱼。作为鱼类嗅觉雏形的嗅囊，其与耳石出现的先后顺序也反映了物种胚胎发育演化策略。大部分裂腹鱼亚科鱼类、鲃亚科鱼类、草鱼及鲤鱼都采用了嗅囊出现在先、耳石出现在后的演化策略，可以用较长的时间来完善嗅觉系统，以便适应生存水域的营养特征；还有一部分裂腹鱼亚科鱼类则采用了耳石出现在先、嗅囊出现在后的策略，说明该物种胚胎感应外界环境的扰动较嗅觉系统的完善更为优先，这些物种往往分布在青藏高原的腹心地带，如雅鲁藏布江流域分布的物种异齿裂腹鱼、尖裸鲤以及双须叶须鱼（表3-11）。

眼晶体的出现，意味着胚胎开始对光产生感应，进入肌肉效应期，胚胎便进入了动的世界。大部分裂腹鱼亚科鱼类以及鲃亚科鱼类（光唇鱼属和结鱼属）眼晶体出现在先，进入肌肉效应期在后（表3-11）。裂腹鱼亚科鱼类主要集中分布在青藏高原，该区域分布的物种（48个种或者亚种）占裂腹鱼亚科种数（97个种或者亚种）的一半（曹文宣等，1981）。而青藏高原又是我国生物有效紫外线辐射强度的高值区域（1月份）（廖永丰等，2007），因此分布在这里的裂腹鱼亚科鱼类通过长期适应和进化，在胚胎发育阶段通过眼晶体出现先于肌肉效应期这种进化策略，不断强化眼晶体光感应系统，从而最大程度适应因高原隆起所致的特殊环境。

裂腹鱼亚科鱼类胚胎发育时序的差异性，是对高原环境的一种适应和进化。当然，已报道的裂腹鱼亚科鱼类中，也有同种鱼类其发育时序不同的情况，如新疆扁吻鱼，甘维熊等（2016）指出听囊出现于尾芽期前，而左鹏翔等（2015）报道的则是在尾芽期后；甘维熊等（2016）指出肌肉效应期发生在眼晶体之前，而左鹏翔等（2015）报道的则是在眼晶体之后。具体原因值得探讨。

四、裂腹鱼类胚胎发育分期特征

鱼类受精卵完成某一发育阶段所需要的热量近似一个常数，或者说受精卵完成某一发育阶段所需要的时间和温度的乘积近似一个常数，即有效积温（thermal constant）（殷名称，1995）。可将鱼类胚胎发育分为前期、卵裂期、囊胚期、原肠期、神经胚期、器官分化期以及孵化期等7个时期（许静，2011；刘海平等，2018a；刘海平等，2018b）。鱼类胚胎发育各个时期有效积温、所占比例以及各个时期累积时间占总的胚胎发育时间的比例是判断鱼类胚胎发育的特征性参数。

表3-11　鲤科裂腹鱼亚科鱼类与其他亚科鱼类胚胎发育时序特征

鱼类	顺序1	顺序2	顺序3	顺序4	顺序5	顺序6	顺序7	顺序8	参考文献
裂腹鱼亚科 Schizothoracinae									
裂腹鱼属 Schizothorax									
光唇裂腹鱼 Schizothorax lissolabiatus	■								申安华等 (2013)
齐口裂腹鱼 Schizothorax prenanti	■						■	■	吴青等 (2004)
四川裂腹鱼 Schizothorax kozlovi	■						■		陈永祥，罗泉笙 (1997)
塔里木裂腹鱼 Schizothorax (Racoma) biddulphi	■								张人铭等 (2007)
细鳞裂腹鱼 Schizothorax chongi	■						■		陈礼强等 (2008)
伊犁裂腹鱼 Schizothorax pseudaksaiensis	■								蔡林钢等 (2011)
异齿裂腹鱼 Schizothorax o'connori	■		■			■			张良松 (2011)
异齿裂腹鱼 Schizothorax o'connori	■								许静 (2011)
拉萨裂腹鱼 Schizothorax waltoni	■								许静 (2011)
小裂腹鱼 Schizothorax parvus	■		■	■	■	■	■	■	冷云等 (2006)
短须裂腹鱼 Schizothorax wangchiachii	■			■			■		甘维熊等 (2016)
短须裂腹鱼 Schizothorax wangchiachii	■			■			■	■	左鹏翔等 (2015)
短须裂腹鱼 Schizothorax wangchiachii	■			■					刘阳等 (2015)
巨须裂腹鱼 Schizothorax macropogon	■	■			■				刘海平等 (2018)
裸重唇鱼属 Gymnodiptychus									
厚唇裸重唇鱼 Gymnodiptychus pachycheilus		■							张艳萍等 (2013)
裸裂尻鱼属 Schizopygopsis									
黄河裸裂尻鱼 Schizopygopsis pylzovi				■		■			邓思红等 (2014)
宝兴裸裂尻鱼 Schizopygopsis malacanthus baoxingensis					■	■			周翠萍 (2007)
拉萨裸裂尻鱼 Schizopygopsis younghusbandi				■	■				许静 (2011)
尖裸鲤属 Oxygymnocypris									
尖裸鲤 Oxygymnocypris stewartii		■							许静等 (2011)
裸鲤属 Gymnocypris									
青海湖裸鲤 Gymnocypris przewalskii				■					史建全等 (2000)
祁连山裸鲤 Gymnocypris chilianensis		■							王万良 (2014)
松潘裸鲤 Gymnocypris potanini	■								吴青等 (2001)

续表

鱼类	顺序 1	顺序 2	顺序 3	顺序 4	顺序 5	顺序 6	顺序 7	顺序 8	参考文献
叶须鱼属 Ptychobarbus									
双须叶须鱼 Ptychobarbus dipogon	■			■	■	■	■		刘海平等 (2018)
扁吻鱼属 Aspiorhynchus									
新疆扁吻鱼 Aspiorhynchus laticeps		■	■		■				任波等 (2007)
新疆扁吻鱼 Aspiorhynchus laticeps									张人铭等 (2008)
鲃亚科 Barbinae									
光唇鱼属 Acrossocheilus									
云南光唇鱼 Acrossocheilus yunnanensis	■						■		唐安华等 (1982)
结鱼属 Tor									
藏结鱼 Tor brevifilis brevifilis		■		■			■		谢恩义等 (2002)
倒刺鲃属 Spinibarbus									
黑脊倒刺鲃 Spinibarbus caldwelli	■	■						■	苏敏等 (2002)
雅罗鱼亚科 Leuciscinae									
草鱼属 Ctenopharyngodon									
草鱼 Ctenopharyngodon idellus	■				■				文兴豪等 (1991)
鲢亚科 Hypophthalmichthyinae									
鳙属 Aristichthys									
鳙鱼 Aristichthys nobilis									吴鸿图·施有琦 (1964)
鲤亚科 Cyprininae									
鲤属 Cyprinus									
鲤鱼 Cyprinus carpio	■				■				陈少莲 (1960)

注：1. 表格中黑色区域表示该顺序的出现，空白文献中暂未显示。

2. 顺序 1：胚孔封闭在先，体节出现在后；顺序 2：体节出现在先，胚孔封闭在后；顺序 3：心搏期在先，耳石出现在后；顺序 4：耳石出现在先，心搏期在后；顺序 5：嗅囊出现在先，体节出现在后；顺序 6：耳石出现在先，眼晶体出现在后；顺序 7：眼晶体出现在先、耳石出现在后；顺序 8：肌肉效应期出现在先、眼晶体出现在后。

本研究组搜集了 32 种鱼类（群落）7 个胚胎发育时期的有效积温、各个胚胎发育时期有效积温占总积温的比例，以及各个时期累积时间占总的胚胎发育时间的比例，共计 21 个参数作为判断裂腹鱼类胚胎发育的特征性参数（表 3-12），以期分析裂腹鱼类胚胎发育各时期的特征，揭示裂腹鱼类在进化和高原适应方面的胚胎发育规律。

基于 SOM 将 32 种鱼类（群落）进行聚类，聚为 4 类（图 3-16、表 3-13），裂腹鱼属和裸裂尻鱼属在 4 类聚类里均存在，与裂腹鱼亚科鱼类较为接近的鲃亚科鱼类（曹文宣等，1981），分属于 F1 类和 F2 类。在 F1 类里，还包括特化的裸鲤属和扁吻鱼属（曹文宣等，1981）以及鲃亚科的倒刺鲃属，该类别的特点是，卵裂期和孵化期需要较大的积温比例和累积时间比例，神经胚期和器官分化期需要较小的积温比例和累积时间比例，具体来说：卵裂期和孵化期积温占总积温的比例较大，卵裂期和孵化期累积时间占总的胚胎发育时间的比例较大，孵化期的绝对积温较大，同时，神经胚期和器官分化期积温占总积温的比例较小，神经胚期和器官分化期累积时间占总的胚胎发育时间的比例较大。在 F2 类里，还包括特化的裸重唇鱼属以及鲃亚科的光唇鱼属和结鱼属，还有鲤亚科的草鱼属、鳙属以及鲤属，该类别的特点是，前期、原肠期以及神经胚期需要较大的积温比例和累积时间比例，前期、卵裂期、囊胚期、器官分化期以及孵化期需要需要较小的积温绝对值。在 F3 类里，还包括尖裸鲤属和裸鲤属这两类特化的裂腹鱼类，该类别的特点是，囊胚期、神经胚期以及器官分化期需要较大的积温比例、积温绝对值以及累积时间比例，同时，卵裂期、原肠期以及孵化期需要较小的积温比例以及累积时间比例。在 F4 类里，还包括叶须鱼属这类特化的裂腹鱼类，该类别的特点是，囊胚期需要较大积温比例和累积时间比例，前期和原肠期需要较小的积温比例和累积时间比例，同时，前期、卵裂期、囊胚期以及孵化期积温绝对值较大。

分布在雅鲁藏布江流域的主要裂腹鱼类，有异齿裂腹鱼（Fish7、Fish8）、拉萨裂腹鱼（Fish9）、巨须裂腹鱼（Fish14）、拉萨裸裂尻鱼（Fish19）、尖裸鲤（Fish20）、双须叶须鱼（Fish24），其中异齿裂腹鱼（Fish7）和巨须裂腹鱼（Fish14）归为 F1 类，拉萨裸裂尻鱼归为 F2 类，异齿裂腹鱼（Fish8）、拉萨裂腹鱼（Fish9）和尖裸鲤（Fish20）归为 F3 类，双须叶须鱼归为 F4 类。同一流域不同鱼类胚胎发育特征的差异性，映射了鱼类对自然环境和竞争的适应。从产卵季节来看，本研究调查结果显示，巨须裂腹鱼在 1 月底 2 月初，双须叶须鱼在 3 月中旬到 3 月底，尖裸鲤和拉萨裸裂尻鱼在 3 月底到 4 月初，异齿裂腹鱼和拉萨裂腹鱼在 4 月中旬到 4 月底，产卵季节的交错，避免了物种之间的相互竞争，另外，一些种类因产卵季节和生境的相互重叠，导致在自然界存有杂交种，如尖裸鲤和拉萨裸裂尻鱼，异齿裂腹鱼和拉萨裂腹鱼，在野外调查过程中均发现了杂交种。除了在产卵季节上的错位，其胚胎发育分期特征的相异性，也保证了物种之间的相互独立性，如巨须裂腹鱼和异齿裂腹鱼虽同为 F1 类，但是产卵季节却不同；异齿裂腹鱼（Fish7）（张良松，2011）和异齿裂腹鱼（Fish8）（许静，2011），同一鱼类归为不同类别的胚胎发育特征，其原因在于，异齿裂腹鱼（Fish7）（张良松，2011）与异齿裂腹鱼（Fish8）（许静，2011）胚胎发育温度有所不同，无独有偶，黄河裸裂尻鱼（Fish16）（申志新等，2009）归为 F1 类，黄河裸裂尻鱼（Fish17）（邓思红等，2014）归为 F4 类，胚胎发育特征的不同是因为孵化温度有所不同，前者孵化水温是 8.6～14.5℃，后者孵化水温是 16.5℃。陈凤梅等（2013）指出，随着温度的升高，玫瑰无须鲃（Puntius conchonius）胚胎发育各阶段的持续时间均缩短，原肠胚阶段和出膜阶段与其他阶段相比缩短的时间更加明显；尖裸鲤和拉萨裸裂尻鱼，以及异齿裂腹鱼和拉萨裂腹鱼虽属同域同时期繁殖鱼类，但是其胚胎发育特征不尽然相同，从而在自然适应和进化方面保证了物种的独立性和延续性。

表3-12　鲤科裂腹鱼亚科鱼类与其他亚科鱼类胚胎发育分期比较

鱼类	代码	WT (h·℃)	ESAP /%	CSAP /%	BSAP /%	GSAP /%	NSAP /%	OSAP /%	HSAP /%	ESA (h·℃)	CSA (h·℃)	BSA (h·℃)	GSA (h·℃)	NSA (h·℃)	OSA (h·℃)	HSA (h·℃)	ESP /%	CSP /%	BSP /%	GSP /(h·℃)	NSP /%	OSP /%	HSP /%	数据来源
裂腹鱼亚科 Schizothoracinae																								
裂腹鱼属 Schizothorax																								
光唇裂腹鱼 Schizothorax lissolabiatus	Fish1	16	0.03	0.07	0.09	0.08	0.02	0.27	0.45	74.40	203.52	246.56	212.48	51.68	749.60	1250.24	0.03	0.07	0.09	0.08	0.02	0.27	0.45	申安华等(2013)
齐口裂腹鱼 Schizothorax prenanti	Fish2	16.8	0.04	0.05	0.05	0.14	0.01	0.43	0.27	84.00	117.60	117.60	319.20	33.60	974.40	604.80	0.04	0.05	0.05	0.14	0.01	0.43	0.27	吴青等(2004)
四川裂腹鱼 Schizothorax kozlovi	Fish3	16.35	0.03	0.06	0.10	0.13	0.05	0.30	0.34	61.31	118.54	196.20	261.60	98.10	621.30	686.70	0.03	0.06	0.10	0.13	0.05	0.30	0.34	陈永祥,罗泉笙(1997)
塔里木裂腹鱼 Schizothorax (Racoma) biddulphi	Fish4	17.5	0.03	0.06	0.11	0.10	0.03	0.39	0.28	43.75	96.25	178.50	164.50	42.00	642.25	460.25	0.03	0.06	0.11	0.10	0.03	0.39	0.28	张人铭等(2007)
细鳞裂腹鱼 Schizothorax chongi	Fish5	17	0.02	0.08	0.06	0.14	0.03	0.45	0.22	42.50	161.50	124.10	300.90	59.50	954.89	464.61	0.02	0.08	0.06	0.14	0.03	0.45	0.22	陈礼强等(2008)
伊犁裂腹鱼 Schizothorax pseudaksaiensis	Fish6	20	0.02	0.06	0.09	0.23	0.03	0.40	0.16	54.00	140.00	192.00	504.00	76.00	874.00	356.00	0.02	0.06	0.09	0.23	0.03	0.40	0.16	蔡林钢等(2011)
异齿裂腹鱼 Schizothorax o'connori	Fish7	13.5	0.02	0.06	0.05	0.11	0.02	0.19	0.54	50.22	157.41	139.59	290.25	54.00	501.66	1415.34	0.02	0.06	0.05	0.11	0.02	0.19	0.54	张良松(2011)
异齿裂腹鱼 Schizothorax o'connori	Fish8	12.8	0.02	0.05	0.12	0.06	0.03	0.58	0.12	58.50	133.50	302.72	152.58	80.13	1405.06	299.52	0.02	0.05	0.12	0.06	0.03	0.58	0.12	许静(2011)
拉萨裂腹鱼 Schizothorax waltoni	Fish9	11	0.02	0.05	0.13	0.08	0.04	0.59	0.09	64.13	139.37	383.68	227.70	106.15	1717.87	265.10	0.02	0.05	0.13	0.08	0.04	0.59	0.09	许静(2011)
小裂腹鱼 Schizothorax parvus	Fish10	13	0.02	0.08	0.15	0.14	0.04	0.44	0.13	49.40	192.40	371.80	339.30	96.20	1062.10	313.30	0.02	0.08	0.15	0.14	0.04	0.44	0.13	冷云等(2006)

续表

鱼类	代码	WT (h·℃)	ESAP /%	CSAP /%	BSAP /%	GSAP /%	NSAP /%	OSAP /%	HSAP /%	ESA (h·℃)	CSA (h·℃)	BSA (h·℃)	GSA (h·℃)	NSA (h·℃)	OSA (h·℃)	HSA (h·℃)	ESP /%	CSP /%	BSP /%	GSP /%	NSP /%	OSP /%	HSP /%	数据来源
短须裂腹鱼 Schizothorax wangchiachii	Fish1	14	0.03	0.06	0.16	0.07	0.01	0.42	0.26	91.00	201.74	554.26	239.26	47.74	1504.02	927.36	0.03	0.06	0.16	0.07	0.01	0.42	0.26	甘维熊等 (2016)
短须裂腹鱼 Schizothorax wangchiachii	Fish2	13.68	0.03	0.06	0.16	0.07	0.03	0.48	0.18	66.07	152.81	424.08	187.01	66.07	1255.14	482.22	0.03	0.06	0.16	0.07	0.03	0.48	0.18	左鹏翔等 (2015)
短须裂腹鱼 Schizothorax wangchiachii	Fish3	14	0.03	0.09	0.09	0.08	0.03	0.26	0.44	68.60	218.40	224.00	193.62	70.00	653.38	1106.00	0.03	0.09	0.09	0.08	0.03	0.26	0.44	刘阳等 (2015)
巨须裂腹鱼 Schizothorax macropogon	Fish4	10	0.04	0.04	0.08	0.06	0.05	0.31	0.42	180.20	205.80	381.50	259.20	230.70	1406.50	1942.80	0.04	0.04	0.08	0.06	0.05	0.31	0.42	刘海平等 (2018)
裸重唇鱼属 Gymnodiptychus																								
厚唇裸重唇鱼 Gymnodiptychus pachycheilus	Fish5	9	0.04	0.06	0.04	0.17	0.02	0.55	0.12	81.00	130.50	85.50	342.00	45.00	1116.00	234.00	0.04	0.06	0.04	0.17	0.02	0.55	0.12	张艳萍等 (2013)
裸裂尻鱼属 Schizopygopsis																								
黄河裸裂尻鱼 Schizopygopsis pylzovi	Fish6	11.6	0.01	0.05	0.04	0.11	0.03	0.35	0.41	34.80	197.20	139.20	406.00	116.00	1334.00	1531.20	0.01	0.05	0.04	0.11	0.03	0.35	0.41	申志新等 (2009)
黄河裸裂尻鱼 Schizopygopsis pylzovi	Fish7	16.5	0.02	0.10	0.06	0.05	0.07	0.53	0.16	66.00	273.90	158.90	136.46	201.80	1454.31	436.10	0.02	0.10	0.06	0.05	0.07	0.53	0.16	邓思红等 (2014)
宝兴裸裂尻鱼 Schizopygopsis malacanthus baoxingensis	Fish8	10.5	0.01	0.03	0.12	0.08	0.03	0.63	0.10	45.47	105.11	362.15	232.79	78.75	1954.05	319.20	0.01	0.03	0.12	0.08	0.03	0.63	0.10	周翠萍 (2007)
拉萨裸裂尻鱼 Schizopygopsis younghusbandi	Fish9	14.16	0.02	0.03	0.04	0.20	0.02	0.67	0.02	51.12	72.78	114.41	503.81	56.64	1728.94	48.14	0.02	0.03	0.04	0.20	0.02	0.67	0.02	许静等 (2011)
尖裸鲤属 Oxygymnocypris																								
尖裸鲤 Oxygymnocypris stewartii	Fish20	10.5	0.02	0.04	0.14	0.09	0.03	0.58	0.10	55.13	123.38	383.25	246.75	73.50	1612.80	287.70	0.02	0.04	0.14	0.09	0.03	0.58	0.10	许静等 (2011)

续表

鱼类	代码	WT (h·℃)	ESAP /%	CSAP /%	BSAP /%	GSAP /%	NSAP /%	OSAP /%	HSAP /%	ESA (h·℃)	CSA (h·℃)	BSA (h·℃)	GSA (h·℃)	NSA (h·℃)	OSA (h·℃)	HSA (h·℃)	ESP /%	CSP /%	BSP /%	GSP /%	NSP /%	OSP /%	HSP /%	数据来源
裸鲤属 *Gymnocypris*																								
青海湖裸鲤 *Gymnocypris przewalskii*	Fish21	19	0.03	0.06	0.13	0.05	0.08	0.58	0.08	70.30	138.70	323.00	133.00	209.00	1444.00	190.00	0.03	0.06	0.13	0.05	0.08	0.58	0.08	史建全等 (2000)
祁连山裸鲤 *Gymnocypris chilianensis*	Fish22	12.5	0.02	0.08	0.16	0.17	0.01	0.25	0.31	40.00	196.25	380.00	405.00	21.25	611.25	746.25	0.02	0.08	0.16	0.17	0.01	0.25	0.31	王万良 (2014)
松潘裸鲤 *Gymnocypris potanini*	Fish23	16.6	0.02	0.06	0.05	0.13	0.03	0.41	0.30	58.10	141.10	116.20	315.40	83.00	1029.20	747.00	0.02	0.06	0.05	0.13	0.03	0.41	0.30	吴青等 (2001)
叶须鱼属 *Ptychobarbus*																								
双须叶须鱼 *Ptychobarbus dipogon*	Fish24	10	0.02	0.08	0.18	0.08	0.05	0.42	0.17	69.20	266.00	593.20	250.80	162.00	1415.60	578.10	0.02	0.08	0.18	0.08	0.05	0.42	0.17	刘海平等 (2018)
扁吻鱼属 *Aspiorhynchus*																								
新疆扁吻鱼 *Aspiorhynchus laticeps*	Fish25	19	0.02	0.10	0.04	0.13	0.00	0.33	0.38	41.23	190.76	83.41	257.83	9.50	639.54	734.73	0.02	0.10	0.04	0.13	0.00	0.33	0.38	任波等 (2007)
新疆扁吻鱼 *Aspiorhynchus laticeps*	Fish26	17	0.02	0.11	0.07	0.12	0.01	0.42	0.26	34.00	170.00	119.00	189.89	8.50	668.61	412.25	0.02	0.11	0.07	0.12	0.01	0.42	0.26	张人铭等 (2008)
鲃亚科 *Barbinae*																								
光唇鱼属 *Acrossocheilus*																								
云南光唇鱼 *Acrossocheilus yunnanensis*	Fish27	21	0.03	0.08	0.08	0.15	0.02	0.48	0.16	42.00	111.93	115.50	203.07	21.00	672.00	220.50	0.03	0.08	0.08	0.15	0.02	0.48	0.16	唐安华等 (1982)
结鱼属 *Tor*																								
藏结鱼 *Tor brevifilis brevifilis*	Fish28	22	0.02	0.06	0.05	0.18	0.03	0.50	0.15	31.02	100.98	77.00	282.48	47.52	781.00	242.00	0.02	0.06	0.05	0.18	0.03	0.50	0.15	潜铝义等 (2002)

续表

鱼类	代码	WT (h·℃)	ESAP /%	CSAP /%	BSAP /%	GSAP /%	NSAP /%	OSAP /%	HSAP /%	ESA (h·℃)	CSA (h·℃)	BSA (h·℃)	GSA (h·℃)	NSA (h·℃)	OSA (h·℃)	HSA (h·℃)	ESP /%	CSP /%	BSP /%	GSP /%	NSP /%	OSP /%	HSP /%	数据来源
倒刺鲃属 Spinibarbus																								
黑脊倒刺鲃 Spinibarbus caldwelli	Fish29	26.5	0.02	0.08	0.09	0.09	0.04	0.38	0.31	22.00	99.38	104.68	106.00	47.70	452.89	366.50	0.02	0.08	0.09	0.09	0.04	0.38	0.31	苏敏等（2002）
雅罗鱼亚科 Leuciscinae																								
草鱼属 Ctenopharyngodon																								
草鱼 Ctenopharyngodon idellus	Fish30	23	0.03	0.06	0.07	0.25	0.03	0.49	0.08	23.00	46.00	52.90	194.35	23.00	380.65	62.10	0.03	0.06	0.07	0.25	0.03	0.49	0.08	文兴豪等（1991）
鲢亚科 Hypophthalmichthyinae																								
鳙属 Aristichthys																								
鳙 Aristichthys nobilis	Fish31	26	0.03	0.07	0.13	0.14	0.05	0.37	0.22	16.12	40.30	78.00	80.08	27.30	215.28	127.92	0.03	0.07	0.14	0.14	0.05	0.37	0.22	吴鹏图，庞有萼（1964）
鲤亚科 Cyprininae																								
鲤属 Cyprinus																								
鲤鱼 Cyprinus carpio	Fish32	18.5	0.03	0.05	0.01	0.16	0.19	0.35	0.20	30.90	47.73	13.88	152.63	175.75	323.75	189.63	0.03	0.05	0.01	0.16	0.19	0.35	0.20	陈少莲（1960）

注：1. 前期·比例（Earlier stage, ESP, %）；卵裂期·比例（Cleavage stage, CSP, %）；囊胚期·比例（Blastula stage, BSP, %）；原肠期·比例（Gastrul stage, GSP, %）；神经胚期·比例（Neurula stage, NSP, %）；器官分化期·比例（Organ differentiation stage, OSP, %）；孵化期·比例（Hatching stage, HSP, %）；前期·积温（Earlier stage accumulated temperature, ESA, h·℃）；卵裂期·积温（Cleavage stage accumulated temperature, CSA, h·℃）；囊胚期·积温（Blastula stage accumulated temperature, BSA, h·℃）；原肠期·积温（Gastula stage accumulated temperature, GSA, h·℃）；神经胚期·积温（Neurula stage accumulated temperature, NSA, h·℃）；孵化期·积温（Hatching stage accumulated temperature, HSA, h·℃）；前期·积温比例（Earlier stage accumulated temperature, ESAP, %）；卵裂期·积温比例（Cleavage stage accumulated temperature, CSAP, %）；囊胚期·积温比例（Blastula stage accumulated temperature, BSAP, %）；原肠期·积温比例（Gastrul stage accumulated temperature, GSAP, %）；神经胚期·积温比例（Neurula stage accumulated temperature, NSAP, %）；器官分化期·积温比例（Organ differentiation stage accumulated temperature, OSAP, %）；孵化期·积温比例（Hatching stage accumulated temperature, HSAP, %）。

2. WT 指文献报道的平均孵化水温，积温（h·℃）。

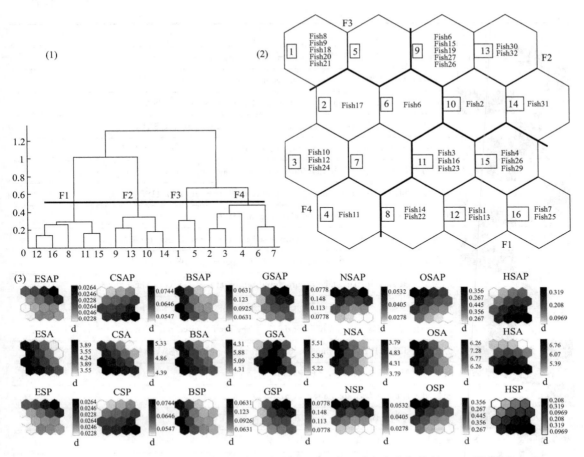

图 3-16　鲤科和裂腹鱼亚科鱼类与其他亚科鱼类胚胎发育分期特征 SOM 聚类

图（1）根据 Ward 联系方法，采用欧氏距离进行聚类分析，分为四类；图（2）为胚胎发育分期参数的 SOM 聚类；图（3）为胚胎发育分期参数分布特征。Fish1～Fish32 参见表 3-12

表 3-13　基于 SOM 聚类鲤科裂腹鱼亚科与其他亚科鱼类胚胎发育分期特征分析

(1)

SOM 聚类	涉及的鱼类	涉及的属	胚胎发育分期特征	n°
F1	Fish1，Fish3，Fish4，Fish7，Fish13，Fish14，Fish16，Fish22，Fish23，Fish25，Fish26，Fish29	裂腹鱼属，裸裂尻鱼属，裸鲤属，扁吻鱼属，倒刺鲃属	见表 3-10-(2)	12
F2	Fish2，Fish6，Fish15，Fish19，Fish27，Fish28，Fish30，Fish31，Fish32	裂腹鱼属，裸裂尻鱼属，裸重唇鱼属，光唇鱼属，结鱼属，草鱼属，鲴属，鲤属	见表 3-10-(2)	9
F3	Fish8，Fish9，Fish18，Fish20，Fish21	裂腹鱼属，裸裂尻鱼属，尖裸鲤属，裸鲤属	见表 3-10-(2)	5
F4	Fish5，Fish10，Fish11，Fish12，Fish17，Fish24	裂腹鱼属，裸裂尻鱼属，叶须鱼属	见表 3-10-(2)	6

续表

(2)

F1	F2	F3	F4	
	L		S	前期·积温比例（Earlier stage accumulated temperature，ESAP，%）
L		S		卵裂期·积温比例（Cleavage stage accumulated temperature，CSAP，%）
	S	L	L	囊胚期·积温比例（Blastula stage accumulated temperature，BSAP，%）
	L		S	原肠期·积温比例（Gastrul stage accumulated temperature，GSAP，%）
S	L	L		神经胚期·积温比例（Neurula stage accumulated temperature，NSAP，%）
S		L		器官分化期·积温比例（Organ differentiation stage accumulated temperature，OSAP，%）
L		S		孵化期·积温比例（Hatching stage accumulated temperature，HSAP，%）
	S	L	L	前期·积温（Earlier stage accumulated temperature，ESA，h·℃）
	S		L	卵裂期·积温（Cleavage stage accumulated temperature，CSA，h·℃）
	S	L	L	囊胚期·积温（Blastula stage accumulated temperature，BSA，h·℃）
				原肠期·积温（Gastrul stage accumulated temperature，GSA，h·℃）
S		L		神经胚期·积温（Neurula stage accumulated temperature，NSA，h·℃）
	S	L		器官分化期·积温（Organ differentiation stage accumulated temperature，OSA，h·℃）
L	S		L	孵化期·积温（Hatching stage accumulated temperature，HSA，h·℃）
	L		S	前期·比例（Earlier stage，(ESP)，%）
L		S		卵裂期·比例（Cleavage stage，(CSP)，%）
	S	L	L	囊胚期·比例（Blastula stage，(BSP)，%）
	L	S	S	原肠期·比例（Gastrul stage，(GSP)，%）
S	L	L		神经胚期·比例（Neurula stage，(NSP)，%）
S		L		器官分化期·比例（Organ differentiation stage，(OSP)，%）
L		S		孵化期·比例（Hatching stage，(HSP)，%）

注：F1、F2、F3、F4 参见图 3-16；Fish1~Fish32 参见表 3-12；$n°$表示统计样本数。表 3-13-（2）根据图 3-16-（3）进一步整理。阴影的深浅代表各参数的定性数值的大小。

在西藏，每年的萨嘎达瓦节期间，全区的藏族同胞都会从市场上购买鱼类，并将其放到河流中，但由于受到当地捕捞量的限制，以及鱼贩子对经济利益的追求，绝大多数市场销售的鱼类为内地养殖的品种。多年大量重复引入，导致这些外来鱼类在西藏人口相对密集的城镇附近水域形成了一定规模的外来鱼种群。在尼洋河鱼类的调查（沈红保，郭丽，2008）中发现有鲫鱼、麦穗鱼、泥鳅、大鳞副泥鳅和黄黝鱼 5 种外来鱼类种群。拉萨市拉鲁湿地（范丽卿等，2011）共发现 7 种外来鱼类，其中外来的麦穗鱼和鲫鱼已成为绝对优势种，而 5 种本土鱼类的数量极少。拉萨河流域（陈锋，陈毅峰，2010）外来的鲫鱼、麦穗鱼、泥鳅、鲤鱼、黄黝鱼、草鱼和银鲫已占总渔获量的 42.5%。那么，外来鱼类在胚胎发育特征方面是否在入侵领域具备建群的本领？就草鱼、鲤鱼这两种常见的雅鲁藏布江外来鱼类来说，其胚胎发育特征归为 F2 类（表 3-13），同在此类别的就有雅鲁藏布江本土鱼类拉萨裸裂尻鱼，外来鱼类和本土鱼类胚胎发育特征的相似性，映射了外来鱼类有可能会适应与其胚胎发育特征相似的本土鱼类的生境，从而建群，进而可能导致本土鱼类成鱼或者幼鱼的饵料资源匮乏，间接导致其种群数量下降（丁慧萍，2014）。

海洋鱼类早期生活史阶段固有的特征在不同群落和（或）不同生境中有所区别（Peck et al，2012），鱼卵的异率孵化被认为是大头鳕等鱼类应对外界环境变动的一种进化的生态策略（Pepin et al，1997；While & Wapstra，2008），在本案例中，短须裂腹鱼（Fish11）（甘维熊等，2016）和短须裂腹鱼（Fish12）（左鹏翔等，2015）均为野生鱼类（归为 F4 类），一个采集自雅砻江，一个采集自金沙江，而短须裂腹鱼（Fish13）（刘阳等，2015）则为驯养条件下的鱼类（归为 F1 类）。Alderdice & Forresrer（1971）和 Sakurai（2007）指出，大头鳕胚胎发育速率在不同地理群体间也存在差异。

第五节　拉萨裂腹鱼鱼卵三种孵化模式比较研究

开展人工繁育技术研究是拉萨裂腹鱼资源保护及合理利用的一项重要举措。西藏自治区农业农村厅、西藏自治区农牧科学院、林芝市农牧局、西藏大学农牧学院、西藏自治区亚东县政府、藏木水电站等相关单位自 2010 年便开始开展拉萨裂腹鱼相关繁育工作（朱挺兵等，2017），但目前拉萨裂腹鱼类繁育还处于比较粗放的状态，许多基础研究都还未开展；目前拉萨裂腹鱼孵化一般采用原始孵化方法（水泥池＋孵化框模式）孵化，孵化过程中水霉严重，且挑取死卵的过程耗费大量人力，导致苗种生产能力弱等问题，严重阻碍了拉萨裂腹鱼规模化生产，是其资源合理保护及利用的主要阻碍之一。本试验以同一批繁殖的三条鱼受精卵（受精率分别为 91.23%、64.26% 和 45.65%）为试验对象，分别平均分为三份，于平列槽、立式孵化器、圆柱形孵化器三种孵化器（非黏性、沉性卵常见的孵化模式）中孵化，每天对鱼卵拍照，通过照片计算死卵数，直到出膜，统计出膜率。探索拉萨裂腹鱼适宜孵化模式，为其孵化方式选择及优选提供理论依据，对其规模化生产具有指导意义。

一、材料和方法

1. 受精卵来源及质量

拉萨裂腹鱼受精卵取自 2018 年 5 月在西藏自治区拉萨市曲水县西藏土著鱼类增殖育种场繁殖的受精卵（沉性卵、非黏性鱼卵）。实验用的三条鱼受精卵的受精率分别为 91.32%、64.26% 和 45.66%。

2. 鱼卵孵化模式试验设计

将 3 条鱼的受精卵（分别为 2.5 万粒、2.7 万粒、2.8 万粒）随机平均分为 3 份（体积法），分别于平列槽、立式孵化器及圆柱形孵化器中孵化。孵化期间，平列槽、立式孵化器、圆柱形孵化器三种孵化器用水均为曝气后的井水，水温 13.3±0.5 ℃，溶解氧为 8.5~9.9mg/L。

平列槽长 2.7m×宽 0.5m×高 0.25m，孵化盘规格为长 49cm×宽 35cm×高 3.5cm，从一端进水，另一端排水。水体交换速度为 6~8min/次。孵化盘中采用微流水，水流速 0.013±0.001m/s。每天人工挑出死卵，并记录。

立式孵化器长 0.8m×宽 0.8m×高 1m，分为 8 层，每层孵化盘规格为长 35cm×宽 30cm×高 1cm，水从最上层流进，最下层流出，每 2min 交换一次。孵化盘中采用微流水，水流速为 0.018±0.006m/s。每天拍照，通过照片统计每天鱼卵死亡率。

圆柱形孵化器直径 25cm，高度 60cm，底部为倒扣的半圆形，水从下端进，最上端出，每 1min 交换 1 次，水流速 0.385±0.177m/s。每天拍照，通过照片统计每天鱼卵死亡率。圆柱形孵化器孵化鱼卵两次，第一次 5 月 2 日，进水口水流速过大，第 5 天鱼卵全部死亡；第二次 5 月 22 日，水流速调节到 0.385±0.177m/s，能使鱼卵刚飘浮起来，不会重叠，结果有部分鱼苗出膜。表 3-14 中数据为第二次孵化数据。

3. 计算公式

$$受精率/(\%)=100\%×原肠中期时活卵数/总卵数$$

$$死卵率/(\%)=100\%×死卵数/孵化总卵数$$

$$孵化率/(\%)=100\%×出膜鱼苗数/总卵数$$

4. 统计方法

试验结果采用 Excel 2010 进行数据录入和初步统计；采用 SPSS19.0 统计软件中 one-way ANOVA 进行单因子方差分析，若差异显著，则采用 Duncan 多重比较法进行多重比较，差异显著水平为 $P<0.05$。图 3-17 采用 SPSS19.0 "图形-高低图"制作。

三、结果

三种孵化模式对拉萨裂腹鱼三种受精率鱼卵孵化的影响见表 3-14 及图 3-17。孵化率，平列槽＞立式孵化器＞圆柱形孵化器，受精率，91.23％鱼卵＞受精率 64.26％鱼卵＞受精率 45.66％鱼卵。受精率为 91.23％的鱼卵，在平列槽孵化模式下孵化率最高，可达 81.74％，死卵主要集中在第 1、2、11 天，占总死卵数的 74.64％；立式孵化器模式孵化率次之，为 40.30％，死卵主要集中在第 1、2、7～11 天，占总死卵数的 90.95％；圆柱形孵化器孵化模式下孵化率最低，为 6.08％，每天死卵数均较多。受精率为 64.26％的鱼卵，在平列槽孵化模式下死卵主要集中在第 1～5、9～11 天，占总死卵数的 96.52％；立式孵化器模式下死卵主要集中在第 1、2、6～11 天，占总死卵数的 95.20％；圆柱形孵化器孵化模式下死卵主要集中在第 1～3 天，占总死卵数的 89.11％，孵化第 5 天之后鱼卵全部死亡。受精率为 45.66％的鱼卵，在平列槽孵化模式下死卵主要集中在第 1～5、9～11 天，占总死卵数的 93.51％；立式孵化器模式下前 7 天鱼卵死亡率均较高，7 天之后鱼卵全部死亡；圆柱形孵化器孵化模式下死卵主要集中在第 1～3 天，占总死卵数的 96.81％，孵化第 4 天之后鱼卵全部死亡。

表 3-14　三种孵化模式下拉萨裂腹鱼三种受精率鱼卵孵化率　　　　　　％

孵化模式	不同受精率鱼卵		
	91.23％受精率	64.26％受精率	45.66％受精率
平列槽	81.74	40.30	6.08
立式孵化器	32.77	2.59	0.00
圆柱形孵化器	5.42	0.00	0.00

四、讨论

目前冷水性鱼沉性、非黏性卵常见的孵化方法有水泥池＋孵化框孵化、平列槽＋孵化框孵化、立式孵化器孵化、圆柱形孵化器孵化。本试验研究结果表明，拉萨裂腹鱼鱼卵在平列

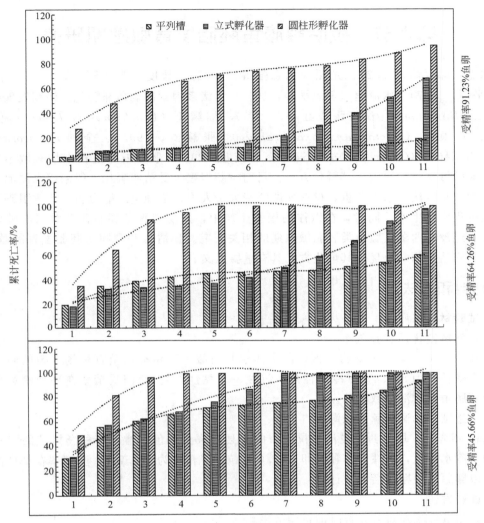

图 3-17　不同孵化模式下拉萨裂腹鱼不同受精率鱼卵各孵化天数累积死亡率

槽中孵化效果最好，立式孵化器次之，圆柱形孵化器最差。平列槽水流速 0.013m/s，鱼卵基本没有震动，同时每天挑取死卵，防止水霉感染，因此孵化率最高；但人工挑取死卵需要耗费大量的人力和财力，同时，平列槽孵化方式占地面积大。立式孵化器占地面积小，可批量孵化鱼苗；在孵化前期立式孵化器鱼卵死亡率和平列槽差异不大，第 5~7 天开始暴发水霉，鱼卵开始大量死亡，因此，采用立式孵化器孵化还需要研究鱼卵孵化过程中水霉的防控方法。圆柱形孵化器占地面积小，水流使鱼卵不会重叠，因此没有水霉感染；但圆柱形孵化器鱼卵在前 3 天基本死完。拉萨裂腹鱼产卵场一般在浅水区，底质多是鹅卵石，淤泥较少，且河流的周围多是鹅卵石和石块，表层水流速 0.2m/s，卵产出受精后吸水膨胀，沉落于鹅卵石缝中发育孵化，石缝中水流速更低。可能是因为圆柱形孵化器进水口平均水流速 0.385m/s，高流速水对鱼卵刺激很大，而拉萨裂腹鱼鱼卵在前 3 天中前期、卵裂期、桑葚期、囊胚期和原肠期均对震动非常敏感，因此，鱼卵在前 3 天基本死完。因此，圆柱形孵化器需要调控进水口水流速和方向，降低对鱼卵的冲击力，从而使鱼卵能正常孵化。

第六节　拉萨裂腹鱼胚胎发育敏感期研究

水温（郭永灿，1982）、光照（戈志强等，2003）、盐度（张寒野等，1998）、溶解氧（郝思平等，1997）、水流速（郝思平等，1997）等诸多因素影响鱼卵孵化。研究发现，七彩鲑（*Salvelinus fontinalis*）（张耀红等，2015）、细鳞鱼（*Brachymystax lenok*）（葛京等，2015）、大银鱼（*Protosalanx hyalocranius*）（张耀红，1997）、金鳟（*Oncorhynchus mykiss*）和虹鳟（*Oncorhynchus mykiss*）（王庆龙，2013）胚胎发育过程中均有敏感期。胚胎对水流的敏感性，决定了其孵化方式。目前拉萨裂腹鱼受精卵孵化一般采用水泥池＋孵化框的原始孵化方法，水霉严重，挑取死卵耗费大量人力，苗种生产能力弱，严重阻碍了拉萨裂腹鱼的规模化生产。同时，在以往的繁殖生产中，发现裂腹鱼胚胎存在对水流敏感的现象，目前还没有西藏裂腹鱼类胚胎敏感期的相关研究。摸清拉萨裂腹鱼胚胎发育的敏感期，对丰富其繁殖生物学及优化其孵化方式具有重要意义。

一、材料和方法

1. 试验材料来源

（1）间歇性扰动试验鱼卵来源

2018年5月，取自西藏自治区拉萨市曲水县西藏土著鱼类增殖育种场繁殖的同一条鱼的鱼卵，受精率为88.54%（冷水性鱼，沉性、非黏性卵）。鱼卵受精率在平列槽孵化方式下以卵原肠中期时活卵数计算。

（2）连续扰动试验鱼卵来源

2019年4月，取自西藏自治区拉萨市曲水县西藏土著鱼类增殖育种场繁殖的同一条鱼的鱼卵（冷水性鱼，沉性、非黏性卵），2.6万粒，受精率为99.57%。受精率在平列槽孵化方式下以卵原肠中期时活卵数计算。

2. 试验方法

（1）间歇性扰动对各发育时期鱼卵的影响

选取同一条鱼的鱼卵（受精率88.54%）3.2万粒，于平列槽中孵化，孵化盘规格为长49cm×宽35cm×高3.5cm，孵化密度为18.66粒/cm²，从受精到出膜，每一个发育时期随机捞取鱼卵540粒，平均分为6个试验组，每组150粒卵，于水浴恒温振荡器（SHZ-A）中振荡5min，扰动频率分别为0r/min、50r/min、100r/min、150r/min、200r/min和250r/min（换算为水流速分别为0m/s、0.157m/s、0.314m/s、0.471m/s、0.628m/s和0.785m/s），水温13℃，扰动结束后转移到平列槽20cm×20cm的孵化盘中继续孵化，直到发育到下一个时期，统计死卵数。其中前期、桑葚期、胚孔封闭期、肌节出现期及出膜期统计死卵时，将鱼卵分为两份统计，即有两个平行。

（2）连续扰动对各发育时期鱼卵的影响

于平列槽中孵化，孵化盘规格为48cm×35cm×4cm。从受精到出膜，每一个发育时期随机捞取鱼卵300粒，平均分为2个组，每组3个平行。一组为试验组，置于水浴恒温振荡器（SHZ-A）中振荡，扰动频率为100 r/min（换算为水流速为0.314m/s），水温12℃，直到下一个发育时期，解剖镜下统计鱼卵死亡数量；另一组为对照组，置于长21cm×宽7cm×高4cm的孵化盘中孵化，孵化盘置于长2.8m×宽0.5m×深25cm的平列槽中，从一端进入曝气后的井水，水交换量为 3 次/h，平列槽中水流速 0.01～0.02m/s，溶解氧≥8mg/L，水温 12.0±0.2℃，发育到下一个时期后，统计死卵数量。

3.计算公式

受精率/(%)＝100%×平列槽孵化方式鱼卵原肠中期时活卵数/总卵数

死亡率/(%)＝100%×死卵数/总卵数

扰动致死率(%)＝扰动组死亡率－空白组死亡率

4.统计方法

试验结果采用 Excel 2010 进行数据录入和初步统计；采用 SPSS 19.0 统计软件中 one-way ANOVA 进行单因子方差分析，若差异显著，则采用 Duncan 多重比较法进行多重比较，差异显著水平为 $P < 0.05$。

二、结果

1.间歇性扰动对拉萨裂腹鱼鱼卵的影响

（1）不同发育时期鱼卵敏感期

不同发育时期受精卵敏感情况见表 3-15。扰动频率为 0 r/min 时，胚胎原肠期死亡率最高，为 (2.23±1.93)%，显著高于其余试验组 ($P < 0.05$)。扰动频率为 50r/min 时，胚胎桑葚期死亡率最高，为 (6.67±0.00)%，显著高于其余试验组 ($P < 0.05$)；其次为前期，同原肠期差异不显著 ($P > 0.05$)；卵裂期、囊胚期、胚孔封闭、肌节出现期、器官分化期、出膜期最低，均为 0。扰动频率为 100 r/min 时，胚胎原肠期死亡率最高，为 (11.11±3.84)%，显著高于其余试验组 ($P < 0.05$)；前期、卵裂期、肌节出现期最低，与桑葚期、囊胚期、器官分化期、出膜期差异不显著 ($P > 0.05$)，显著低于其余发育时期。扰动频率为 150 r/min 时，胚胎桑葚期、原肠期、胚孔封闭期死亡率最高，均为 (3.33±0.00)%，显著高于其余试验组 ($P < 0.05$)；前期、卵裂期、肌节出现期最低，与桑葚期、囊胚期、器官分化期、出膜期差异不显著 ($P > 0.05$)，显著低于其余发育时期。扰动频率为 200r/min 时，胚胎卵裂期死亡率最高，为 (18.33±5.06)%，与囊胚期差异不显著 ($P > 0.05$)，显著高于其余试验组 ($P < 0.05$)；肌节出现期最低，与前期、桑葚期、原肠期、胚孔封闭期、器官分化期差异不显著 ($P > 0.05$)，显著低于其余发育时期。扰动频率为 250 r/min 时，胚胎囊胚期死亡率最高，为 (80.00±6.67)%，与卵裂期、桑葚期差异不显著 ($P > 0.05$)，显著高于其余试验组 ($P < 0.05$)；肌节出现期最低，与器官分化期差异不显著 ($P > 0.05$)，显著低于其余发育时期。

将每个发育时期 6 个扰动频率胚胎进行 F 检验，结果如表 3-16 和表 3-17。肌节出现期死亡率最低，为 (0.5±0.36)%，显著低于其余发育时期 ($P < 0.05$)；其次为器官分化期，与出膜期差异不显著 ($P > 0.05$)；卵裂期死亡率最高，为 (4.97±0.21)%，同桑葚期、囊胚期差异不显著 ($P > 0.05$)，显著高于其余发育时期 ($P < 0.05$)。各发育时期 F 值见表 3-17。

（2）不同扰动频率下鱼卵死亡率

不同扰动频率下拉萨裂腹鱼鱼卵死亡率见表 3-18。胚胎前期、桑葚期、胚孔封闭期、肌节出现期，在扰动频率 0～200r/min 时，鱼卵死亡率均较低，且差异不显著 ($P > 0.05$)；扰动频率 250r/min 时，鱼卵死亡率显著升高 ($P < 0.05$)。卵裂期、囊胚期在扰动频率 0～150r/min 时，鱼卵死亡率均较低，且差异不显著 ($P > 0.05$)；扰动频率超过 200r/min 后，

表 3-15　不同扰动频率下各发育时期鱼卵死亡情况　单位：%

发育阶段	扰动频率/(r/min)						样本数 N/个
	0	50	100	150	200	250	
前期	0.00 ± 0.00^a	1.67 ± 2.36^b	0.00 ± 0.00^a	0.00 ± 0.00^a	3.33 ± 4.71^{ab}	50.00 ± 4.71^c	2
卵裂期	0.00 ± 0.00^a	0.00 ± 0.00^a	0.56 ± 1.36^a	2.22 ± 1.72^{ab}	18.33 ± 5.06^d	78.33 ± 11.87^d	6
桑葚期	0.00 ± 0.00^a	6.67 ± 0.00^c	1.67 ± 2.35^{ab}	3.33 ± 0.00^b	3.33 ± 4.71^{ab}	78.33 ± 16.50^d	2
囊胚期	0.00 ± 0.00^a	0.00 ± 0.00^a	1.11 ± 1.92^{ab}	0.00 ± 0.00^a	13.33 ± 5.77^{cd}	80.00 ± 6.67^d	3
原肠期	2.23 ± 1.93^b	1.10 ± 1.92^{ab}	11.11 ± 3.84^c	3.33 ± 0.00^b	5.56 ± 1.92^{ab}	42.22 ± 7.70^{bc}	3
胚孔封闭期	0.00 ± 0.00^a	0.00 ± 0.00^a	5.00 ± 2.36^b	3.33 ± 0.00^b	5.00 ± 2.36^{ab}	40.00 ± 9.43^{bc}	2
肌节出现期	0.00 ± 0.00^a	0.00 ± 0.00^a	0.00 ± 0.00^a	0.00 ± 0.00^a	0.00 ± 0.00^a	10.00 ± 4.71^a	2
器官分化期	0.00 ± 0.00^a	0.00 ± 0.00^a	1.82 ± 2.29^{ab}	1.51 ± 1.74^{ab}	3.94 ± 2.96^{ab}	25.15 ± 7.51^{ab}	11
出膜期	0.00 ± 0.00^a	0.00 ± 0.00^a	1.67 ± 2.36^{ab}	0.00 ± 0.00^a	8.33 ± 2.36^{bc}	38.33 ± 7.07^{bc}	2

注：表格中同列肩标相同小写字母或无字母表示差异不显著（$P>0.05$），不同小写字母表示差异显著（$P<0.05$）。

表 3-16　不同发育时期鱼卵死亡率

发育阶段	前期	卵裂期	桑葚期	囊胚期	原肠期
平均死亡率/%	9.17 ± 1.20^C	16.57 ± 0.70^D	15.57 ± 1.20^D	15.73 ± 0.97^D	10.93 ± 0.97^C
样本数 N/个	12	36	12	18	18
发育阶段	胚孔封闭期	肌节出现期	器官分化期	出膜期	
平均死亡率/%	8.90 ± 1.20^C	1.67 ± 1.20^A	5.40 ± 0.50^B	8.07 ± 1.20^{BC}	
样本数 N/个	12	12	66	12	

注：表格中同行肩标相同大写字母或无字母表示差异不显著（$P>0.05$），不同大写字母表示差异显著（$P<0.05$）。

表 3-17　不同发育时期鱼卵死亡率 F 检验 P 值

发育阶段	前期	卵裂期	桑葚期	囊胚期	原肠期	胚孔封闭期	肌节出现期	器官分化期	出膜期
前期	—	0.000	0.000	0.000	0.255	0.869	0.000	0.004	0.511
卵裂期	0.000	—	0.461	0.486	0.000	0.000	0.000	0.000	0.000
桑葚期	0.000	0.461	—	0.904	0.030	0.000	0.000	0.000	0.000
囊胚期	0.000	0.486	0.904	—	0.001	0.000	0.000	0.000	0.000
原肠期	0.255	0.000	0.003	0.001	—	0.188	0.000	0.000	0.064
胚孔封闭期	0.869	0.000	0.000	0.000	0.188	—	0.000	0.008	0.622
肌节出现期	0.000	0.000	0.000	0.000	0.000	0.000	—	0.005	0.000
器官分化期	0.004	0.000	0.000	0.008	0.000	0.008	0.005	—	0.043
出膜期	0.511	0.000	0.000	0.000	0.064	0.622	0.000	0.043	—

注："—"同个发育时期不做 F 检验。

鱼卵死亡率显著升高（$P<0.05$）；扰动频率 250r/min 时死亡率最高，显著高于其余扰动组（$P<0.05$）。原肠期在扰动频率为 50r/min 时，鱼卵死亡率最低，与 0r/min、150r/min、200r/min 扰动组差异不显著（$P>0.05$），显著低于 100r/min、250r/min 扰动组（$P<0.05$）；250r/min 扰动组死亡率最高，显著高于其余实验组（$P<0.05$）。器官分化期在 0r/min、50r/min 扰动组死亡率最低，与 100r/min、150r/min 扰动组差异不显著（$P>$

0.05），显著低于 200r/min、250r/min 扰动组（$P<0.05$）；250r/min 扰动组死亡率最高，显著高于其余试验组（$P<0.05$）。出膜期在 0r/min、50r/min、150r/min 扰动组死亡率最低，与 100r/min 扰动组差异不显著（$P>0.05$），显著低于 200r/min、250r/min 扰动组（$P<0.05$）；250r/min 扰动组死亡率最高，显著高于其余试验组（$P<0.05$）。

对不同扰动频率各个发育时期鱼卵进行 F 检验，结果如表 3-19 和表 3-20。随着扰动频率的升高，拉萨裂腹鱼鱼卵死亡率整体呈逐渐升高的变化趋势。0r/min 扰动组死亡率最低，为（0.23±0.87）%，与 50r/min、100r/min、150r/min 扰动组差异不显著（$P>0.05$），显著低于 200r/min、250r/min 扰动组；250r/min 扰动组死亡率最高，显著高于其余试验组（$P<0.05$）。各扰动频率 F 值见表 3-20。

表 3-18　各发育时期鱼卵在不同扰动频率下的死亡率　　单位：%

扰动频率/(r/min)	前期 $N=2$	卵裂期 $N=6$	桑葚期 $N=2$	囊胚期 $N=3$	原肠期 $N=3$
0	0.00±0.00[a]	0.00±0.00[a]	0.00±0.00[a]	0.00±0.00[a]	2.23±1.93[a]
50	1.67±2.36[a]	0.00±0.00[a]	6.67±0.00[a]	0.00±0.00[a]	1.10±1.92[a]
100	0.00±0.00[a]	0.56±1.36[a]	1.67±2.35[a]	1.11±1.92[a]	11.11±3.84[b]
150	0.00±0.00[a]	2.22±1.72[a]	3.33±0.00[a]	0.00±0.00[a]	3.33±0.00[a]
200	3.33±4.71[a]	18.33±5.06[b]	3.33±4.71[a]	13.33±5.77[b]	5.56±1.92[ab]
250	50.00±4.71[b]	78.33±11.87[c]	78.33±16.50[b]	80.00±6.67[c]	42.22±7.70[c]

扰动频率/(r/min)	胚孔封闭期 $N=2$	肌节出现期 $N=2$	器官分化期 $N=11$	出膜期 $N=2$
0	0.00±0.00[a]	0.00±0.00[a]	0.00±0.00[a]	0.00±0.00[a]
50	0.00±0.00[a]	0.00±0.00[a]	0.00±0.00[a]	0.00±0.00[a]
100	5.00±2.36[a]	0.00±0.00[a]	1.82±2.29[ab]	1.67±2.36[ab]
150	3.33±0.00[a]	0.00±0.00[a]	1.51±1.74[ab]	0.00±0.00[a]
200	5.00±2.36[a]	0.00±0.00[a]	3.94±2.96[b]	8.33±2.36[b]
250	40.00±9.43[b]	10.00±4.71[b]	25.15±7.51[c]	38.33±7.07[c]

注：表格中同列肩标相同小写字母或无字母表示差异不显著（$P>0.05$），不同小写字母表示差异显著（$P<0.05$）。

表 3-19　不同扰动频率鱼卵死亡率（$N=33$）

扰动频率/(r/min)	0	50	100	150	200	250
平均死亡率/%	0.23±0.87[A]	1.07±0.87[A]	2.53±0.87[A]	1.53±0.87[A]	6.80±0.87[B]	49.17±0.87[C]

注：表格中同行肩标相同大写字母或无字母表示差异不显著（$P>0.05$），不同大写字母表示差异显著（$P<0.05$）。

表 3-20　不同扰动频率鱼卵死亡率 F 检验 P 值

扰动频率/(r/min)	0	50	100	150	200	250
0	—	0.692	0.039	0.166	0.000	0.000
50	0.692	—	0.093	0.322	0.000	0.000
100	0.039	0.093	—	0.488	0.000	0.000
150	0.166	0.322	0.488	—	0.000	0.000
200	0.000	0.000	0.000	0.000	—	0.000
250	0.000	0.000	0.000	0.000	0.000	—

注："—"同个发育时期不做 F 检验。

2. 连续扰动对拉萨裂腹鱼鱼卵的影响

连续扰动对拉萨裂腹鱼鱼卵的影响见表 3-21。扰动组死亡率在器官分化期最低，为 $(0.20\pm0.81)\%$，与囊胚期、肌节出现期、出膜期差异不显著（$P>0.05$），显著低于其余发育时期（$P<0.05$）；前期、原肠期死亡率最高，显著高于其余发育时期（$P<0.05$）。空白组死亡率在肌节出现期最高，为 $(2.22\pm1.92)\%$，显著高于其余发育时期（$P<0.05$）。扰动致死率在器官分化期、出膜期最低，均为 0，与囊胚期、肌节出现期差异不显著（$P>0.05$），显著低于其余发育时期（$P<0.05$）；前期、原肠期死亡率最高，显著高于其余发育时期（$P<0.05$）。

表 3-21　连续扰动情况下各发育时期胚胎死亡率

发育阶段	前期	卵裂期	桑葚期	囊胚期	原肠期
扰动组死亡率/%	51.11 ± 15.03^{e}	14.92 ± 13.15^{bc}	31.11 ± 10.18^{d}	5.56 ± 6.89^{ab}	50.37 ± 17.28^{e}
空白组死亡率/%	0.00 ± 0.00^{a}	0.00 ± 0.00^{a}	0.00 ± 0.00^{a}	0.00 ± 0.00^{a}	0.00 ± 0.00^{a}
扰动致死率/%	51.11 ± 15.03^{e}	14.92 ± 13.15^{bc}	31.11 ± 10.18^{d}	5.56 ± 6.89^{ab}	50.37 ± 17.28^{e}
样本量 N/个	3	21	3	6	9

发育阶段	胚孔封闭期	肌节出现期	器官分化期	出膜期
扰动组死亡率/%	26.67 ± 13.33^{cd}	4.44 ± 5.09^{ab}	0.20 ± 0.81^{a}	0.00 ± 0.00^{a}
空白组死亡率/%	0.00 ± 0.00^{a}	2.22 ± 1.92^{b}	0.20 ± 0.81^{a}	0.00 ± 0.00^{a}
扰动致死率/%	26.67 ± 13.33^{cd}	2.22 ± 3.85^{ab}	0.00 ± 0.00^{a}	0.00 ± 0.00^{a}
样本量 N/个	3	3	33	3

注：表格中同行肩标相同小写字母或无字母表示差异不显著（$P>0.05$），不同小写字母表示差异显著（$P<0.05$）。

三、讨论

1. 扰动对拉萨裂腹鱼胚胎的影响

在自然界中，拉萨裂腹鱼选择水流相对平缓或静水流域产卵孵化，卵产出受精后吸水膨胀，沉落于鹅卵石缝中发育孵化（周贤君，2014），水流冲击鱼卵是间歇性的，且水流经过鹅卵石等阻碍，冲击鱼卵的流速已极为缓慢。本研究采用恒温振荡仪间歇性振荡鱼卵，模拟自然水域中的间歇性水流。发现除原肠期外，扰动频率 0～150r/min（换算为水流速为 0～0.471m/s）时死亡率最低，且差异不显著；扰动频率超过 200r/min（水流速 0.628m/s）后，鱼卵死亡率显著升高。原肠期 0r/min、50r/min、150r/min 扰动组（水流速为 0m/s、0.157m/s、0.471m/s）死亡率最低，100r/min、200r/min、250r/min 扰动组（水流速为 0.314m/s、0.628m/s、0.785m/s）死亡率显著升高。因此，拉萨裂腹鱼鱼卵喜欢水流速较低的孵化环境，其孵化过程中间歇性水流流速应不超过 0.471m/s。

2. 拉萨裂腹鱼胚胎发育过程中敏感期探讨

目前已发现多种冷水性鱼类胚胎存在敏感期现象，包括七彩鲑（张耀红等，2015）、细鳞鱼（葛京等，2015）、大银鱼（张耀红，1997）、金鳟和虹鳟（王庆龙，2013）。本试验中，采用间歇性扰动发现，扰动频率为 0r/min 时，鱼卵原肠期死亡率最高；扰动频率为 50r/min 时，胚胎敏感期为桑葚期、前期、原肠期；扰动频率为 100r/min 时，胚胎敏感期为原肠期、胚孔封闭期；扰动频率为 150r/min 时，胚胎敏感期为桑葚期、原肠期、胚孔封闭期；扰动频率为 200r/min 时，胚胎敏感期为卵裂期、囊胚期、出膜期；扰动频率为 250r/min 时，胚胎敏感期为除肌节出现期、器官分化期以外的所有时期。各扰动频率下，胚胎肌节出现期、器官分化期死亡率均最低。采用连续扰动发现，拉萨裂腹鱼胚胎敏感期为前期、卵裂期、桑葚期、原肠期、胚孔封闭期。

　　胚胎在胚盘期吸水膨胀，卵裂期进行细胞分裂，桑葚期细胞叠加，囊胚期囊胚层细胞下包，原肠期细胞内卷并下包，神经胚期形成神经板，胚孔封闭期胚孔封闭，肌节出现期胚体出现肌节，器官分化期形成眼基、听囊、耳石、心脏等器官，出膜期鱼苗出膜。在胚孔封闭期以前，拉萨裂腹鱼胚体很不稳定，容易受外界影响，扰动可造成其胚体死亡。肌节出现期以后，胚体基本稳定，可承受一定流速的扰动。因此，拉萨裂腹鱼胚胎敏感期集中在前期至胚孔封闭期。

3. 拉萨裂腹鱼鱼卵孵化方法探讨

　　拉萨裂腹鱼鱼卵敏感期集中在前期至胚孔封闭期，占总孵化时间的 27.93%，非敏感期集中在肌节出现期至出膜期，占总孵化时间的 72.07%（见表 3-22）。在敏感期尽量不要有水流扰动，可采用水泥池＋孵化框、平列槽＋孵化框、立式孵化器等无水流扰动的孵化方法孵化；为节约孵化空间，加快鱼卵孵化周转速度，肌节出现期至出膜期的非敏感期，可采用圆柱形溢水孵化器孵化。

表 3-22　12℃ 孵化水温条件下鱼卵各发育阶段用时

发育阶段	前期	卵裂期	桑葚期	囊胚期	原肠期	胚孔封闭期	肌节出现期	器官分化期	出膜期
发育用时/h	5	14	4	6	39	13	14	170	25
发育用时百分比/%	1.72	4.83	1.38	2.07	13.45	4.48	4.83	58.62	8.62

第七节　西藏双须叶须鱼八种年龄鉴定材料的比较研究

　　年龄鉴定是研究鱼类生物学和生态学特性的重要组成部分，也是分析和评价鱼类种群数量变动的基本依据之一（王晓辉，代应贵，2006）。鱼类年龄鉴定最普遍的方法是钙化组织分析法（Devries & Frie，1996）。对于裂腹鱼类而言，受特定生长环境的影响，不同种类、不同阶段个体的鉴定材料年轮特征各不相同，呈现出多样化的特点（熊飞等，2006）。由于遗传和生存环境的差异，鱼类的生长呈现出不同特点，不同钙化组织上的年轮特征也表现各异。因此需要对不同的年龄鉴定材料进行对比，最终选出最佳的年龄鉴定材料（Polat et al，2001）。

　　杨鑫（2015）主要研究雅鲁藏布江中游双须叶须鱼的耳石和脊椎骨两种年龄鉴定材料，Li 等（2009）主要研究雅鲁藏布江及其支流流域双须叶须鱼三对耳石年龄鉴定材料和微耳石的微结构特征及日增量。而本文主要是研究拉萨河流域双须叶须鱼八种年龄鉴定材料的年轮特征和年龄鉴定。

　　年龄鉴定结果可以阐明鱼类生长、性成熟年龄，直接关系到鱼类种群分析与资源评估现状（窦硕增，2007）。因此，评估和比较每个物种所使用的年龄鉴定材料的研究是最基础和必要的内容（Ihde & Chittenden，2002）。本文对双须叶须鱼的微耳石、星耳石、脊椎骨、鳃盖骨、臀鳞、胸鳞、侧线鳞和背鳞等八种年龄鉴定材料的年轮特征进行了描述，并对八种材料鉴定年龄的准确性和精确性进行了比较研究，旨在为其生长特征、种群动态和资源变动提供可靠的年龄依据。

一、材料与方法

1. 样本采集

样本于 2014 年 2～12 月在拉萨河上游采集双须叶须鱼 193 尾。全部测量全长、体长和体重，长度精确到 1mm，重量精确到 0.1g。取出左、右微耳石，左、右星耳石，鳃盖骨和 6～8 枚脊椎骨以及四种鳞片。样品用清水清洗，晾干后放入封口袋冷冻保存。

2. 年龄鉴定材料处理

（1）微耳石

将微耳石远极面朝上，用指甲油包埋，固定在载玻片上，静置，让其凝固，然后先用 1500♯ 的砂纸打磨，再用 2000♯ 的砂纸抛光，打磨期间时刻加水，并随时在显微镜下观察，直至微耳石核区年轮清晰为止，最后放在显微镜下拍照保存。

（2）星耳石

将星耳石内侧面朝上，用指甲油包埋，固定在载玻片上，静置，让其凝固。首先用 1500♯ 的砂纸打磨。再用 2000♯ 的砂纸抛光，打磨期间时刻加水，并在显微镜下拍照保存。

（3）脊椎骨

将脊椎骨放入开水中浸泡 1～2min，用牙刷轻轻刷去附着的肌肉和结缔组织，剪去多余的骨棘，从中间将脊椎骨剪断，静置，让其干燥。调整好角度后在显微镜下拍照保存。

（4）鳃盖骨

将鳃盖骨放入开水中 1min，用牙刷剔除附着的肌肉和结缔组织，让其自然干燥，然后放在体视显微镜下用透射光观察，并拍照保存。

（5）鳞片

将鳞片放入清水中，用牙刷轻轻刷去附着的黏膜，取其中 6 片放在载玻片上，后盖上盖玻片，用胶带固定并用记号笔编号。最后放在显微镜下拍照保存。

3. 年龄鉴定

根据殷名称（1995）《鱼类生态学》的年轮鉴别特点及鉴定和分析鱼类年龄的方法，在不清楚样本大小、性别的情况下对八种年龄鉴定材料进行年龄鉴定。每个年龄鉴定材料的年龄由同一观察者进行两次独立鉴定，时间间隔不少于一周。以体长大小为依据，划分低龄、中龄和高龄三个年龄段（马宝珊，2011），并根据每一年龄段的同一样本，描述八种年龄鉴定材料的年轮特征。

4. 八种年龄鉴定材料的比较

采用平均百分比误差（IAPE）来计算不同观察者年龄鉴定结果的精确性，公式如下：

$$\text{IAPE}_j = \frac{1}{N} \sum_{j=1}^{N} \left(\frac{1}{R} \sum_{i=1}^{R} \frac{|X_{ij} - X_j|}{X} \right) \times 100\%$$

式中　　N——进行年龄鉴定的鱼尾数；

　　　　R——每尾鱼进行年龄鉴定的次数；

　　　X_{ij}——第 j 尾鱼进行的第 i 次年龄鉴定结果；

　　　X_j——第 j 尾鱼的平均年龄。

为了更好地对不同年龄鉴定材料进行比较，前后鉴定结果最终必须一致。若结果不一致，则重新对该年龄鉴定材料进行年龄鉴定，直到最终结果统一为止。若再次鉴定后，结果差距较大，则将其除去。由于微耳石的年轮比较清晰，故以微耳石鉴定的年龄为准，将星耳石、脊椎骨、鳃盖骨、臀鳞、胸鳞、侧线鳞和背鳞七种年龄鉴定材料分别和微耳石计算所得 IAPE 来进行比较。

对八种年龄鉴定材料的平均年龄读数采用单因素方差分析（ANOVA）和多重比较进行统计检验和分析，来解释八种年龄鉴定材料鉴定结果的差异性。统计分析采用 SPSS 21 和 Excel 2003，数据采用平均数±标准差表示，当 $P < 0.05$ 时，表明存在显著差异。

二、结果

总共采集 193 尾双须叶须鱼，体长为 155～550mm，体重为 46.5～1704.5g。

1. 年轮特征

（1）微耳石

微耳石为不规则的椭圆形，近极面前端膨大，后端似铲形；远极面微微隆起，前端似由许多晶体组成，从前端到后端逐渐变薄（图 3-18-d1、图 3-18-d2、图 3-18-d3、图 3-18-d4）。中心核靠近前端，在入射光下，从微耳石核心向外边缘颜色逐渐变淡。在年轮排列区域，年轮间距呈现有规律的缩短，靠近中心核的年轮间距较大，到 10 龄年轮间距明显变窄，在 20 龄后年轮间距显著变窄（图 3-19-f、图 3-20-f、图 3-21-g）。

（2）星耳石

星耳石为星状，轮纹不明显，边缘为锯齿状，内侧面中间长轴处为凹槽，外侧面微微隆起，具有辐射状脊（图 3-18-h1、图 3-18-h2）。到 12 龄间距明显变窄，而到 20 龄后年轮间距显著变窄（图 3-19-e、图 3-20-e、图 3-21-f）。

（3）脊椎骨

脊椎骨为双凹形，中心有一小孔，前后凹面呈现出宽窄交替的同心圆轮纹，在入射光下，呈明暗交替分布。小孔的周围较为透明，轮纹很少很细，很难确认起始轮的位置。脊椎骨的边缘有较厚的结缔组织，难以辨认末轮（图 3-18-g）。脊椎骨的年轮宽度不会随着年龄的增加而显著变窄（图 3-19-h、图 3-20-g、图 3-21-h）。

（4）鳃盖骨

鳃盖骨为不规则的四边形，基部内侧有许多小孔，表面轮纹平行排列，边缘为锯齿状。基部较厚，且呈黄色，难以辨认首轮位置（图 3-18-f）。低龄鱼的鳃盖骨轮纹间隔大且稀疏，不易分辨年轮；高龄鱼轮纹排列紧密，容易辨认。年轮间距呈现有规律的缩短，到 12 龄年轮间距明显变窄（见图 3-19-g、图 3-20-h、图 3-21-e）。

（5）臀鳞

臀鳞取自肛门至臀鳍的两侧，大多数臀鳞形态特征特化，下侧区向内弯曲，呈"L"形。前区轮纹密集，很难有效辨识年轮；后区各年轮间隙较明显，但夹杂副轮。有少部分鳞片上后区内的副轮与年轮十分相似，较难区别，需依靠侧区辅助观察（图 3-18-e、图 3-19-d、图 3-20-d、图 3-21-d）。

（6）胸鳞、侧线鳞和背鳞

胸鳞取自侧线下方，胸鳍基部（图 3-18-c）。侧线鳞取自鱼体两侧的侧线部位，中央有一条透明的管道（图 3-18-b）。背鳞取自侧线上方，背鳍附近（图 3-18-a）。这三种环片疏密不明显，但在入射光下可见到明亮的脊高出相邻环片，脊的外缘即为年轮。前区、上侧区和下侧区均可作为年龄读取区。

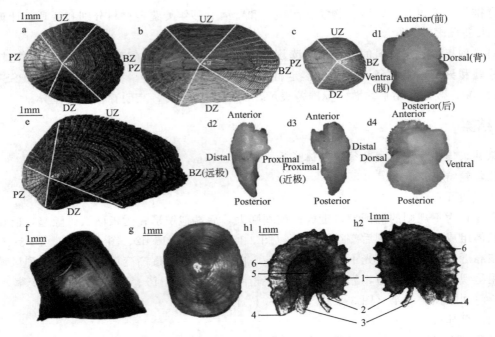

图 3-18　双须叶须鱼背鳞（a）、侧线鳞（b）、胸鳞（c）、微耳石（d1，d2，d3，d4）、
臀鳞（e）、鳃盖骨（f）、脊椎骨（g）、星耳石（h1，h2）的形态特征

　　PZ 为前区，UZ 为上侧区，DZ 为下侧区，BZ 为后区，d1 为远极面，d2 为背面，d3 为腹面，d4 为近极面，h1 为内侧面，h2 为外侧面，1 为脊突，2 为翼叶，3 为主间沟，4 为基叶，5 为中央听沟，6 为叶突

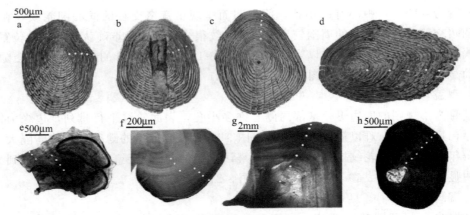

图 3-19　低龄双须叶须鱼（体长 215mm）背鳞（a）、侧线鳞（b）、胸鳞（c）、臀鳞（d）、星耳石（e）、
微耳石（f）、鳃盖骨（g）、脊椎骨（h）的年轮特征（圆点示年轮）

　　背鳞 5 龄（a），侧线鳞 4 龄（b），胸鳞 5 龄（c），臀鳞 5 龄（d），星耳石 7 龄（e），微耳石 7 龄（f），鳃盖骨 7 龄（g），脊椎骨 7 龄（h）

2. 八种年龄鉴定材料的比较

　　共采集 193 尾样本，体长范围为 155～550mm，体重范围为 46.5～1704.5g。其中耳石鉴定年龄范围在 4～49 龄；星耳石鉴定年龄范围在 4～35 龄；脊椎骨鉴定年龄范围在 4～34龄；鳃盖骨鉴定年龄范围在 4～34 龄；臀鳞鉴定年龄范围在 4～22 龄；胸鳞鉴定年龄范围在4～19 龄；侧线龄鉴定年龄范围在 4～16 龄；背鳞鉴定年龄范围在 4～17 龄。不同年龄组的样本数和体长信息见表 3-23。

图 3-20　中龄双须叶须鱼（体长 400mm）背鳞（a）、侧线鳞（b）、胸鳞（c）、臀鳞（d）、星耳石（e）、
微耳石（f）、脊椎骨（g）、鳃盖骨（h）的年轮特征（圆点示年轮）

背鳞 9 龄（a），侧线鳞 9 龄（b），胸鳞 8 龄（c），臀鳞 10 龄（d），星耳石 17 龄（e），微耳石 17 龄（f），脊椎骨
15 龄（g），鳃盖骨 15 龄（h）

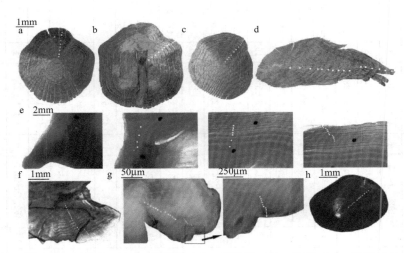

图 3-21　高龄双须叶须鱼（体长 488mm）背鳞（a）、侧线鳞（b）、胸鳞（c）、臀鳞（d）、鳃盖骨（e）、
星耳石（f）、微耳石（g）、脊椎骨（h）的年轮特征（圆点示年轮）

背鳞 11 龄（a），侧线鳞 12 龄（b），胸鳞 12 龄（c），臀鳞 16 龄（d），鳃盖骨 23 龄（e），星耳石 26 龄（f），微耳
石 34 龄（g），脊椎骨 21 龄（h）

3. 八种年龄鉴定材料的平均年龄比较

双须叶须鱼不同年龄鉴定材料所鉴定的平均年龄见表 3-24。八种年龄鉴定材料所鉴定的平均年龄存在显著差异（$P<0.05$）。用微耳石作为年龄鉴定材料所鉴定的平均年龄最高（20.05 龄），显著高于星耳石（16.84 龄）、脊椎骨（16.56 龄）、鳃盖骨（16.70 龄）、臀鳞（11.34 龄）、胸鳞（9.58 龄）、侧线鳞（9.33 龄）和背鳞（9.33 龄）所鉴定的平均年龄（$P<0.05$）。23 龄以下和 23 龄以上样本分开统计时，4～23 龄样本中，微耳石鉴定的平均年龄与星耳石和脊椎骨鉴定的平均年龄较为接近，分别为 14.39 龄、13.13 龄、13.20 龄，显著高于鳃盖骨（12.96 龄）、臀鳞（9.93 龄）、胸鳞（8.49 龄）、侧线鳞（8.30 龄）和背鳞

表3-23　双须叶须鱼八种年龄材料所鉴定的各个年龄组的样本数和体长

年龄	微耳石		星耳石		脊椎骨		鳃盖骨		臀鳞		胸鳞		侧线鳞		背鳞	
	N	Mean±SD/mm	N	Mean±SD/mm	N	Mean±SD/mm	N	Mean±SD/mm	N	Mean±SD/mm	N	Mean±SD/mm	N	Mean±SD/mm	N	Mean±SD/mm
4	1	155.0	1	155.0	1	155.0	2	182.5±38.9			4	201.3±11.1	1	210	2	197.5±17.7
5	6	211.7±25.4	4	211.7±25.4	4	198.8±8.5	6	198.3±10.3	3	203.3±47.5	5	207.0±41.0	8	199.4±29.3	7	211.4±35.1
6	11	222.1±23.9	11	224.6±23.4	11	225.0±23.4	11	232.7±22.2	8	211.3±25.3	11	245.9±41.9	9	261.4±51.7	8	240.5±52.7
7	12	248.8±25.9	4	231.3±33.8	6	238.3±33.0	6	250.8±28.5	11	251.4±87.1	11	296.9±95.4	11	260.2±48.6	17	295.3±77.3
8	4	268.3±7.6	3	268.3±7.6	4	258.8±20.2	1	270.0	7	299.1±49.0	13	331.9±34.9	20	341.6±57.6	18	349.1±49.7
9	3	287.0±9.9	2	272.5±10.6	2	295.5±21.9	1	280.0	8	314.1±46.3	14	354.4±59.0	22	369.2±47.7	23	363.9±48.1
10	2	294.3±20.7	6	299.5±20.7	10	282.7±12.1	6	326.7±42.8	19	343.9±31.6	35	389.6±58.5	28	403.4±61.7	31	400.4±57.1
11	4	342.0	1	342.0	8	335.0±11.0	9	341.2±35.0	16	364.0±43.8	22	405.2±51.4	27	402.7±56.5	34	417.2±57.4
12	5	335.3±9.6	4	342.6±23.4	10	360.3±39.3	8	329.6±21.9	29	399.8±65.4	28	424.5±55.4	24	438.2±62.7	22	442.05±60.3
13	8	338.2±19.5	5	352.8±36.6	7	339.3±22.0	11	355.2±50.0	22	424.7±53.2	21	436.9±57.4	24	451.0±53.0	16	440.2±56.9
14	11	342.3±33.0	8	358.6±38.1	13	364.1±46.5	16	364.9±31.4	21	424.2±51.5	18	438.0±64.2	9	431.9±54.5	10	474.7±53.2
15	12	344.9±31.2	11	350.7±36.4	13	380.0±53.0	12	361.3±35.7	14	415.2±59.8	5	482.6±24.9	6	445.2±75.2	2	480.5±12.0
16	10	365.0±43.5	12	363.4±49.6	17	388.1±55.7	7	367.6±35.1	14	448.6±43.0	4	481.0±17.2	4	469.0±54.7	2	431.0±97.6
17	8	376.3±34.5	14	402.5±39.2	17	406.2±36.8	12	405.9±48.5	7	487.3±39.8	1	510.0			1	510.0
18	11	386.5±49.6	5	411.6±31.3	17	403.8±55.4	13	437.5±45.3	9	450.8±49.3						
19	6	402.9±36.0	6	420.0±26.4	5	416.4±44.2	6	410.3±55.5	1	490.0	1	490.0				
20	8	414.6±60.7	8	415.6±58.5	7	423.0±53.0	7	379.3±17.0	2	476.0±33.9						
21	10	406.7±44.9	10	457.8±49.3	9	446.3±66.9	9	453.1±36.9	1	490.0						
22	10	380.6±61.8	10	443.1±50.0	10	452.4±43.1	10	481.1±21.8	1	550.0						
23	7	432.5±29.0	7	451.7±26.9	12	470.3±27.2	7	460.8±33.4								
24	11	433.6±16.9	11	469.5±43.6	5	448.8±36.6	5	443.4±27.3								
25	6	445.0±49.4	6	488.7±29.6	6	486.8±51.4	5	470.8±56.3								

续表

年龄	微耳石		星耳石		脊椎骨		鳃盖骨		臀鳞		胸鳞		侧线鳞		背鳞	
	N	Mean±SD/mm	N	Mean±SD/mm	N	Mean±SD/mm	N	Mean±SD/mm	N	Mean±SD/mm	N	Mean±SD/mm	N	Mean±SD/mm	N	Mean±SD/mm
26	4	459.8±49.1	5	452.0±64.5	1	452.0	5	480.8±11.7								
27	9	447.0±41.4	2	453.5±50.2	4	497.3±16.8	2	485.0±0.0								
28	9	450.2±33.1	2	451.0±1.4	1	450.0	3	451.7±42.5								
29	5	472.0±35.0	2	525.0±35.4	2	467.0±7.1	3	475.3±49.8								
30	3	459.3±44.5			1	550.0	2	520.0								
31	2	451.0±1.4	2	492.5±10.6	2	510.0±14.1	1	510.0								
32	3	482.0±55.8	1	500.0			2	511.0±15.6								
33	3	439.7±54.0	1	520.0												
34	2	490.5±0.7			1	500.0	1	550.0								
35	4	489.5±14.7	1	500.0												
36	2	471.0±26.9														
37	2	515.0±7.1														
39	1	462.0														
40	1	550.0														
41	1	508.0														
42	1	522.0														
43	1	500.0														
44	1	500.0														
49	1	500.0														
总计	193		193		193		193		193		193		193		193	

表 3-24　不同年龄鉴定材料所鉴定的平均年龄的比较

年龄鉴定材料	平均年龄			
	总计	4～14	4～23	＞23
微耳石	20.05±9.32[a]	9.32±3.51[a]	14.39±5.26[a]	30.23±5.59[a]
星耳石	16.84±6.52[b]	9.11±3.25[ab]	13.13±4.44[ab]	23.52±3.71[b]
脊椎骨	16.56±6.18[b]	9.06±3.05[ab]	13.20±4.39[ab]	22.61±3.92[b]
鳃盖骨	16.70±6.70[b]	8.98±3.28[ab]	12.96±4.62[b]	23.42±4.10[b]
臀鳞	11.34±3.47[c]	7.74±2.49[bc]	9.93±3.04[c]	13.87±2.68[c]
胸鳞	9.58±2.85[d]	6.62±2.26[c]	8.49±2.65[d]	11.54±2.03[d]
侧线鳞	9.33±2.67[d]	6.49±1.85[c]	8.30±2.51[d]	11.17±1.81[d]
背鳞	9.33±2.68[d]	6.47±1.90[c]	8.13±2.41[d]	10.65±1.82[d]
N	193	53	124	69

注：表中同列数字肩标不同字母表示有显著差异性（$P < 0.05$）。

（8.13 龄）所鉴定的平均年龄（$P < 0.05$）；大于 23 龄时，星耳石（23.52 龄）、脊椎骨（22.61 龄）和鳃盖骨（23.42 龄）所鉴定的平均年龄较为接近，星耳石、脊椎骨、鳃盖骨、臀鳞、胸鳞、侧线鳞和背鳞七种年龄鉴定材料都显著低于微耳石所鉴定的平均年龄 30.23 龄（$P < 0.05$）。

4. 八种年龄鉴定材料的平均百分比误差比较

用微耳石鉴定年龄时，多次读数的平均百分比误差（IAPE）最低（3.31%），从小到大依次为：星耳石（4.72%）、脊椎骨（4.79%）、臀鳞（5.11%）、鳃盖骨（5.17%）、胸鳞（5.19%）、背鳞（5.86%）、侧线鳞（5.88%）。其他七种年龄鉴定材料和微耳石比较的 IAPE 从小到大依次为星耳石（12.28%）、脊椎骨（15.67%）、鳃盖骨（17.81%）、臀鳞（41.63%）、侧线鳞（50.50%）、胸鳞（51.26%）、背鳞（51.74%）。从星耳石、脊椎骨、鳃盖骨、臀鳞、胸鳞、侧线鳞和背鳞分别与耳石作比较的 IAPE 值（图 3-22）可以看出，星耳石、脊椎骨、鳃盖骨鉴定的年龄结果比四种鳞片准确。但仅从 IAPE 值来看，并不能确定星耳石、脊椎骨和鳃盖骨做鉴定的年龄结果哪个更精确。但是统计分析表明（表 3-24），星耳石和脊椎骨的年龄读数与微耳石的年龄读数在低于 23 龄时没有显著差异（$P > 0.05$），而

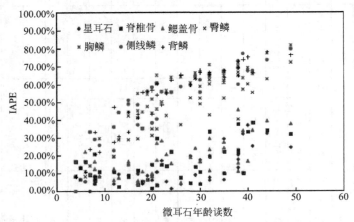

图 3-22　星耳石、脊椎骨、鳃盖骨、臀鳞、胸鳞、侧线鳞和背鳞分别与
微耳石比较的平均百分比误差（IAPE）分布图

鳃盖骨所鉴定的年龄无论是在低龄还是高龄都显著低于耳石所鉴定的年龄（$P < 0.05$）。随着年龄增加，IAPE 值基本上呈现上升趋势，差异也逐渐增大，鉴定高龄鱼时所产生的差异越来越大。

5. 八种年龄鉴定材料的清晰度评分比较

由于四种鳞片年龄读数在高于 14 龄组内都与微耳石有显著差异，因此在清晰度评分中分为低于 14 龄组和高于 14 龄组。微耳石上的年龄较清晰，在低于 14 龄组和高于 14 龄组内被评为"非常好"和"好"的都较其他材料多，故微耳石在进行年龄鉴定时准确性最好（表 3-25、表 3-26）。

表 3-25　双须叶须鱼不同年龄鉴定材料的清晰度评分（4～14 龄）

年龄鉴定材料	清晰度评分比例				
	1	2	3	4	5
微耳石	9.43	66.04	18.87	5.66	
星耳石	1.89	43.40	35.85	16.98	1.89
脊椎骨	3.77	43.40	45.28	3.77	3.77
鳃盖骨	1.89	64.15	30.19	1.89	1.89
臀鳞	16.98	56.60	24.53	1.89	
胸鳞	9.43	50.94	30.19	9.43	
侧线鳞	11.32	56.60	28.30	1.89	1.89
背鳞	11.32	60.38	24.53	3.77	

表 3-26　双须叶须鱼不同年龄鉴定材料的清晰度评分（14 龄以上）

年龄鉴定材料	清晰度评分比例				
	1	2	3	4	5
微耳石	4.29	57.86	29.29	6.43	2.14
星耳石	2.14	49.29	35.00	11.43	2.14
脊椎骨	4.29	50.00	34.29	8.57	2.86
鳃盖骨	2.86	51.43	36.43	6.43	2.86

三、讨论

1. 年龄鉴定的准确性比较

鱼类年轮特征的研究是进行鱼类年龄鉴定的前提（王晓辉，代应贵，2006），而年龄鉴定的准确性直接关系到鱼类生长参数估算的可靠程度（华元渝等，2005），这对于渔业的管理和资源的合理开发尤为重要；低估年龄的结果将导致对鱼类生长估计过快和自然死亡率估计过高，因而对产量做出过于乐观的估计，往往会造成资源的过度开发（陈毅锋等，2002）。

就同一种鱼而言，不同的年龄鉴定材料轮纹的清晰度和数目不一定相同，所以可能导致不同年龄段的最适材料也有所不同（李强等，2010）。本文微耳石鉴定所得的最大年龄为 49 龄，星耳石为 35 龄，脊椎骨为 34 龄，鳃盖骨为 34 龄，臀鳞为 22 龄，胸鳞为 19 龄，侧线鳞为 16 龄，背鳞为 17 龄。在低于 23 龄时，微耳石与星耳石和脊椎骨鉴定的平均年龄之间无显著差异（$P > 0.05$），相差年龄在 1 龄以内，显著高于鳃盖骨和四种鳞片鉴定的平均年龄

（$P<0.05$）。反映出在鉴定低龄个体时，微耳石、星耳石和脊椎骨作为年龄鉴定材料是可行的。分析原因为，鳃盖骨仅在边缘可观察到明暗相间排列的环纹，鳃盖骨基部变厚（李霄等，2015），中心轮纹判别能力差，不易确定年龄（华元渝等，2005）；鳞片随年龄增长易出现磨损或者停滞现象（杨军山等，2002），通常会低估高龄和生长速率慢的个体年龄（华元渝等，2005），只适用于对低龄、生长较快的鱼类进行年龄鉴定（沈建忠等，2001），特别是裂腹鱼类特有的臀鳞与其繁殖行为密切相关，致使鳞片的磨损很难避免（朱秀芳等，2009），裂腹鱼类的鳞片在长期进化过程中为适应高原寒冷的水域环境而存在着不同程度的退化（周贤君，2014）。

然而高于 23 龄时，微耳石鉴定的平均年龄显著高于其余七种年龄鉴定材料（$P<0.05$）。星耳石高龄个体年轮特征不明显，杂纹较多（胡少迪等，2015）；脊椎骨首轮较难辨认（聂媛媛，2017），轮纹较为密集，增加了高龄鱼年龄鉴定的误差（马宝珊，2011），生活的地理环境特殊、环境条件恶劣，脊椎骨上年轮的形成和排列可能受到环境条件的影响（马宝珊，2011；周贤君，2014）。而耳石年轮标志明显，可判读力高（李宗栋等，2017）。耳石生长与机体生长相对独立，在慢生长和高龄个体中比其他骨质材料生长更快，从而能更真实地记录周期性季节生长和年龄（Casselman，1990），所以采用耳石估计生长缓慢和相对长寿命群体或种类的年龄更为准确（裘海雅等，2009）。此外，与微耳石比较的平均百分比误差结果显示，星耳石、脊椎骨、鳃盖骨与之相差不大，四种鳞片与之差别较大。并且 IAPE 值随着年龄增加基本上呈现上升趋势，反映出在高龄个体年龄鉴定水平上所产生的差异越来越大。

从国内许多学者对裂腹鱼不同年龄鉴定材料的比较研究中得出，耳石年龄读数较其他年龄材料准确。马宝珊（2011）、周贤君（2014）分别通过研究异齿裂腹鱼和拉萨裂腹鱼的三种年龄鉴定材料（耳石、脊椎骨和鳃盖骨）发现耳石是年龄鉴定的最合适材料；霍斌（2014）研究尖裸鲤年龄鉴定材料发现采用耳石作为年龄鉴定材料的准确性和精确性要优于脊椎骨；并且耳石还是伊犁裂腹鱼（蔡林钢等，2011）、色林错裸鲤（陈毅峰等，2002）、软刺裸裂尻鱼（沈丹舟等，2007）、青海湖裸鲤（熊飞等，2006）的最佳年龄鉴定材料。

总而言之，双须叶须鱼八种年龄鉴定材料均为每年形成一个年轮，本研究通过不同年龄鉴定材料的比较发现，在进行年龄鉴定时微耳石所鉴定的最大年龄较其他年龄鉴定材料大，而其他的几种年龄鉴定材料均有不同程度的年龄阶段性差异。在鉴定低龄个体时，微耳石是双须叶须鱼年龄鉴定的最佳材料，星耳石和脊椎骨次之，鳃盖骨较差，鳞片不宜作为年龄鉴定材料；在鉴定高龄个体时，微耳石是双须叶须鱼年龄鉴定的最佳材料。

2. 双须叶须鱼年龄结构与年龄鉴定探讨

杨鑫（2015）研究发现雅鲁藏布江中游的双须叶须鱼群体的年龄结构为 3~24 龄，反映出雅鲁藏布江双须叶须鱼群体年龄结构趋于简单。Li 等研究了雅鲁藏布江及其支流的双须叶须鱼，其种群的年龄结构为 2~44 龄，与本文研究结果类似，反映出双须叶须鱼在雅鲁藏布江中游流域年龄趋向低龄化，而双须叶须鱼在拉萨河流域的年龄结构群体尚未受到严重干扰。究其原因，采样点环境和人为干扰强度等差异是导致种群结构产生差异的主要因素（杨鑫，2015）。而且在 3~6 月，双须叶须鱼正处于繁殖期，加之浮游生物在此季节繁殖生长，易捕捞较大个体。

不同水域中双须叶须鱼（杨鑫，2015）两种年龄鉴定材料的比较显示，脊椎骨与耳石鉴定的结果无显著差异，耳石鉴定 10 龄以上个体的年龄大于脊椎骨鉴定的年龄。而本文研究仅是在鉴定低龄个体（小于 23 龄）时，微耳石、星耳石和脊椎骨作为年龄鉴定材料是可行的。分析其原因，可能是由于不同水域资源现状的差异和人为干扰的程度不同所致。交叉水域中双须叶须鱼三种耳石年龄鉴定材料的比较显示，核心模棱两可的星耳石导致难以辨别年龄，矢耳石易脆并经常破裂（Li 等，2009），所以微耳石是双须叶须鱼的最佳年龄鉴定材料。

总而言之，不管是不同水域或者交叉水域，微耳石一直是双须叶须鱼最好的年龄鉴定材料，这与杨鑫（2015）、Li 等（2009）的研究结果一致。

第八节　　西藏双须叶须鱼繁殖群体年龄与生长特点研究

开展鱼类养护工作，推动鱼类生物学和生态学特性的研究，年龄与生长作为其中的重要组成部分，是分析和评价鱼类种群数量变动的基本依据之一（Beamish & Mcfarlane，1983），是评估鱼类种群资源状况的重要依据（刘洁雅，2016）。通过对分布于雅鲁藏布江中游主要的六种裂腹鱼类群落结构特征进行分析，仅有拉萨裂腹鱼（周贤君，2014）和异齿裂腹鱼（马宝珊，2011）开发程度不高，处于可持续利用状态；其他四种裂腹鱼开发现状不容乐观，尖裸鲤种群资源正在被过度开发和利用（霍斌，2014）；双须叶须鱼（杨鑫，2015）、巨须裂腹鱼（刘洁雅，2016）雌性群体已为过度捕捞状态，雄性群体处于充分开发状态（自然死亡率较大时）；拉萨裸裂尻鱼雄鱼处于完全开发状态（繁殖潜力比接近目标参考点 F40%），雌鱼处于过度捕捞状态（繁殖潜力比低于下限参考点 F25%）（段友健，2015）。因此，对雅鲁藏布江中游裂腹鱼类的保护和合理开发迫在眉睫。

李秀启等（2008）、杨鑫（2015）、王强（2017）等均对双须叶须鱼年龄与生长展开了研究，所采集样本区域有所区别，李秀启等（2008）的鱼类样本采集于拉萨河，杨鑫（2015）的鱼类样本采集于雅鲁藏布江，王强（2017）的鱼类样本则采集于尼洋河，所分析数据未能囊括双须叶须鱼分布区域，结果受到特定的水域限制。因此，本研究扩大了双须叶须鱼样本采集范围，包括了雅鲁藏布江和拉萨河，以期达到：①较大程度反映雅鲁藏布江中游双须叶须鱼种群年龄与生长特点；②熊飞（2014）通过对青海湖裸鲤历史数据（1963～2002年）的比较，指出该个体已出现小型化，同时同龄级出现生长加快现象，因此比较分析分布在不同区域的双须叶须鱼年龄与生长特征值，以期为不同河段双须叶须鱼的保护和合理开发提供针对性建议是值得推崇的。

一、材料和方法

1. 样本采集

2013 年 2～3 月份和 2014 年 2～6 月份，在雅鲁藏布江中游谢通门段（A1）与拉萨河上游段（A2）（图 3-23）共采集了 1030 尾双须叶须鱼样本，包括雌鱼 444 尾、雄鱼 550 尾、性别未辨个体 36 尾，带回西藏农牧学院牧场进行取样实验。对样本进行常规生物学数据测量及性别鉴定，测量鱼体体长、体重，长度精确到 1mm，重量精确到 0.1g；摘取第 6～10 节脊椎骨，编号保存。

2. 试验方法

（1）年龄鉴定

本研究以脊椎骨作为年龄鉴定材料，取鱼体中段脊椎骨第 6～10 节，置于沸水中 5min，配合使用尖镊子和毛刷将脊椎骨表面附着的肌肉和结缔组织等清洗干净，自然晾干后用剪刀将脊椎骨从中间剪开，体视解剖镜（型号 SMZ1500）下用透射光照射观察进行年龄鉴定，最终年龄读数取 6 次读数的平均值（图 3-24）。

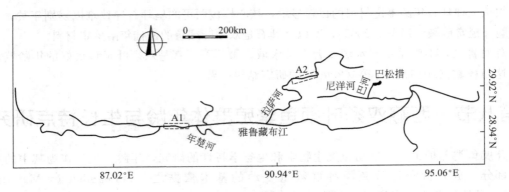

图 3-23　双须叶须鱼采样点分布

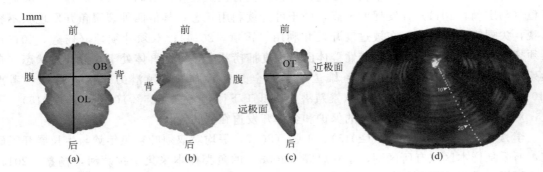

图 3-24　双须叶须鱼耳石近极面（a）、远极面（b）、背面（c）和脊椎骨（d）

来自 26 龄（体长 510mm）双须叶须鱼耳石近极面（a）、远极面（b）、背面（c）及脊椎骨（d），比例尺为 1000μm

（2）数据分析

数据的统计分析使用 SPSS 21.0 和 Excel2007，图片用 Photoshop 处理。

二、结果

1. 样本组成

样本总计 1030 尾，包括雄鱼 550 尾，雌鱼 444 尾，性别未辨个体 36 尾；群体性比为雄：雌：未辨＝1：0.81：0.07，雄鱼较雌鱼多；体长分布范围为 155～596mm，体重分布范围为 46.5～1704.5g；年龄分布范围为 4～49 龄，12～22 龄为群体的优势年龄组（75%），小于 12 龄、大于 22 龄个体数仅占群体总数的 25%（表 3-27）。

2. 体长分布

如图 3-25，性别未辨个体体长分布趋势线近乎平行于体长轴；雄鱼趋势线呈正态分布，体长优势区间为 350～410mm；雌鱼趋势线稍平滑，体长优势区间为 370～470mm；雄鱼与雌鱼体长之间存在显著差异（$P<0.05$）。

3. 体重分布

如图 3-26，性别未辨个体体重分布趋势线近乎平行于体重轴；雄鱼趋势线呈正态分布，体重优势区间为 400～700g；雌鱼体重趋势线稍平滑，体重优势区间为 450～1050g；雄鱼与雌鱼体重之间存在显著差异（$P<0.05$）。

表 3-27　双须叶须鱼样本组成

年龄	雌鱼			雄鱼			性别未辨个体		
	n	SL/mm	BW/g	n	SL/mm	BW/g	n	SL/mm	BW/g
4	1	190	75						
5	1	210	109.5				3	185~210	67.5~112.5
6	3	200~235	96.5~149.5	1	260	222	4	155~230	26.5~141.5
7	1	195	87				2	250~284	176~287.5
8	5	260~402	194~659.5	4	265~345	241.5~489.5	1	270	202.5
9	3	210~260	95~166.5	8	310~371	327~543	2	250~326	191.5~360.5
10	3	332~422	486.5~756	9	322~467	316~816.5	1	195	137.5
11	11	285~531	229.5~1075.5	4	336~365	370~653	1	260	199
12	14	280~490	248~1233.5	28	289~500	299~885	1	331	417.5
13	25	312~492	325~1281	31	297~401	266~772	1	319	357
14	26	306~477	333.5~1070	43	292~430	324~798	1	327	380.5
15	26	332~508	425.5~1474	64	292~455	281.5~698.5	5	315~347	334~802.5
16	29	341~550	447~1704.5	66	310~464	312.5~1075	3	361~385	489.5~716
17	39	320~492	369~1109.5	39	315~407	379~761.5	1	332	412
18	29	324~508	393.5~1437	56	320~460	353.5~846	2	345~346	376.5~545
19	25	362~503	101.5~1296	48	306~461	300.5~789.5	1	332	484.5
20	36	298~520	326.5~1353.5	35	315~411	319~380.5	2	338~466	503~1023
21	27	346~520	517~1526.5	14	342~405	413.5~727	1	347	456.5
22	23	340~500	525~1329	31	330~433	387~836	1	400	536
23	18	360~505	496.5~1268.5	14	331~410	419.5~792			
24	8	378~471	567~917.5	18	325~425	396.5~669			
25	31	340~522	414.5~1566.5	7	332~418	396~748.5			
26	11	360~520	480.5~1458.5	7	350~386	445.5~599.5	1	390	736
27	12	354~486	441.5~1095.5	8	340~447	436~1065.5			
28	3	393~500	601~1196.5	6	346~483	475.5~917.5			
29	6	386~500	644~1366.5	1	369	483			
30	7	372~490	294.5~1199	3	330~357	408.5~537.5	1	395	6475
31	2	342~402	501.5~681.5						
32	2	491~508	1168.5~1482						
33	3	370~510	576~1251.5	1	350	471			
34	2	336~520	1212~1622						
36	2	452~486	783.5~1076.5						
37	1	430	928						
38	2	435~586	961.5~1173						
39	2	485~522	1171.5~1413						
43	2	484~500	1101~1380.5						
49	1	500	1182.5						
总计	444	190~596	75~1704.5	550	260~500	222~1075	36	155~466	46.5~980

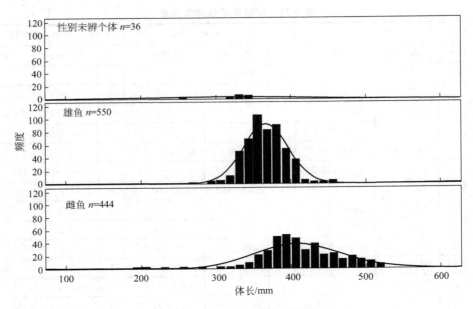

图 3-25　双须叶须鱼体长频度分布

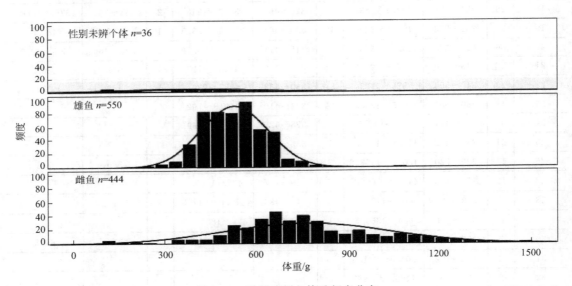

图 3-26　双须叶须鱼体重频率分布

4. 年龄分布

1030 尾样本中，成功鉴定年龄的样本有 1023 尾，年龄鉴定成功率为 99.3%。群体中最大为 49 龄，最小年龄为 4 龄；雌鱼年龄范围为 4～49 龄，雄鱼年龄范围为 6～33 龄，性别未辨个体年龄范围为 5～30 龄；性别未辨个体年龄分布趋势线近乎平行于年龄轴；雄鱼年龄趋势线呈正态分布规律，年龄峰值为 16 龄；雌鱼年龄趋势线稍平滑，年龄峰值为 17 龄；小于 12 龄、大于 22 龄个体数量占到总体的 25%（图 3-27）；双须叶须鱼雄鱼与雌鱼年龄存在显著性差异（$P < 0.05$）。

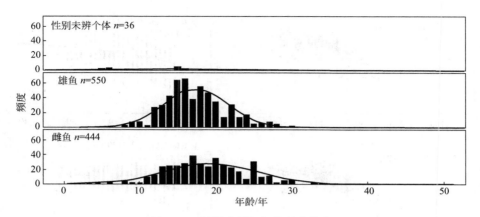

图 3-27 双须叶须鱼年龄频率分布

5. 体长与体重关系

对双须叶须鱼样本总体、雌鱼、雄鱼、性别未辨个体的体长与体重关系分别进行拟合。经拟合，体长与体重关系均符合幂函数关系，见图 3-28。

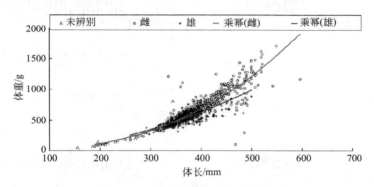

图 3-28 双须叶须鱼体长与体重关系

$$Total: W = 4.4 \times 10^{-5} L^{2.7688} (R^2 = 0.8843, N = 1030)$$

$$F: W = 5.0 \times 10^{-4} L^{2.3474} (R^2 = 0.6912, N = 444)$$

$$M: W = 2.8 \times 10^{-5} L^{2.8414} (R^2 = 0.8963, N = 550)$$

$$Un: W = 5.5 \times 10^{-5} L^{2.7295} (R^2 = 0.8497, N = 36)$$

体长 $L \leqslant 360mm$ 时，雄鱼和雌鱼的体长-体重关系保持同步型增长；体长 $L > 360mm$ 时，随着体长增加，雌鱼体重增长速度超过雄鱼。单因素方差分析（Turkey 检验），雌鱼、雄鱼的体长与体重关系存在显著差异（$P < 0.05$）。

经协方差分析（ANCOVA），双须叶须鱼体长和体重关系无显著差异，即 $P > 0.05$，双须叶须鱼体长和体重关系符合匀速生长特性。

6. 耳石规格与体长/年龄关系

如图 3-29，耳石的长度、宽度与体长呈对数出数关系；耳石的厚度与体长呈线性关系且相关性最大（$R^2 = 0.4973$）；耳石重量与体长最佳的拟合函数关系为指数函数。

耳石的长度、宽度、厚度和重量与年龄拟合后的函数为对数函数，且在相关性比较中耳石长度与年龄的相关性较高（$R^2 = 0.1879$）。

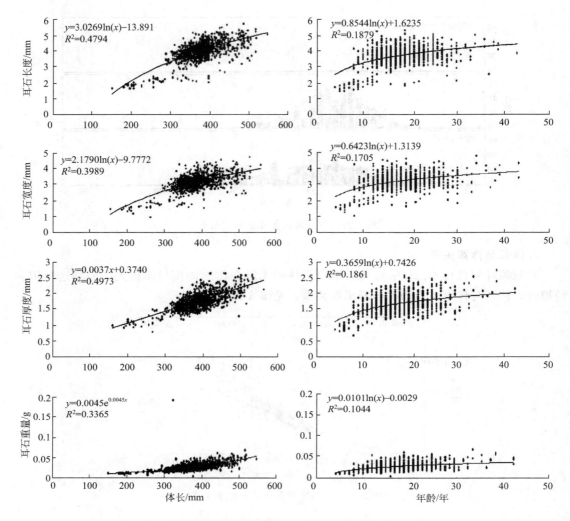

图 3-29　双须叶须鱼耳石规格与鱼体体长/年龄关系（$n=1023$）

7. 各年龄组体长分布情况

如表 3-28，各年龄组双须叶须鱼体长分布范围为 155～596mm；雌鱼体长范围为 190～596mm，优势年龄组为 12～22 龄；雄鱼体长范围为 260～550mm，优势年龄组为 13～21 龄；性别未辨个体体长范围 155～550mm。

8. 生长方程

（1）生长曲线

如图 3-30，用逻辑斯蒂生长方程来描述双须叶须鱼繁殖群体生长过程，年龄与体长生长曲线符合幂函数关系。12 龄以前，雌鱼和雄鱼体长增长都较快；12 龄以后，雌鱼和雄鱼体长增长都缓慢下来，体长都接近于渐进体长（L_∞）。结果显示，雌鱼渐进体长为 431.8mm，雄鱼渐进体长为 367.6mm。

逻辑斯蒂体长生长方程：

♀：$L_t = 431.8 \left[1 - e^{-0.19(t+1.19)} \right]$

♂：$L_t = 367.6 \left[1 - e^{-0.42(t+3.37)} \right]$

表 3-28　双须叶须鱼不同年龄组样本量和平均体长±标准误　　　　　　　单位：mm

年龄/年	雌鱼			雄鱼			性别未辨个体		
	n	Mean±SD	范围	n	Mean±SD	范围	n	Mean±SD	范围
4	1	190							
5	1	195					3	178.3±12.0	155～195
6	3	206.7±3.3	200～210	1	260.0	260.0	4	208.5±2.4	205～215
7	1	195	195.0				2	267.0±17.0	250～284
8	5	316.2±31.6	260～402	4	293.5±18.3	265～345	1	270.0	270.0
9	3	233.3±14.5	210～260	8	334.4±7.6	310～371	2	288±38.0	250～326
10	3	383±26.7	332～422	9	368.6±14.4	322～467	1	195.0	195.0
11	11	385.3±19.0	285～510	4	353.8±6.3	336～365	1	260.0	260.0
12	14	396.6±19.9	280～542	28	361.0±7.7	289～500	1	331.0	331.0
13	25	396.4±10.0	312～492	31	363.3±5.2	297～401	1	319.0	319.0
14	26	409±7.7	306～477	43	364.0±4.2	292～430	1	327.0	327.0
15	26	405.8±9.7	332～508	64	364.8±3.4	292～455	5	332.4±5.9	315～347
16	29	398.3±7.5	341～550	66	367.3±3.5	310～404	3	372.7±6.9	361～385
17	39	398.4±4.5	320～492	39	393.0±5.1	315～492	1	332.0	332.0
18	29	412.6±9.1	324～508	56	369.8±4.1	320～460	2	345.5±0.5	345～346
19	25	417.8±8.1	362～503	48	370.8±4.2	306～492	1	332.0	332.0
20	36	410.5±7.2	298～520	35	365.3±3.3	315～520	2	402±68	338～466
21	27	415.9±8.0	346～520	14	376.6±5.8	342～405	1	347.0	347.0
22	23	420.1±7.8	340～500	31	374.4±4.6	340～433	1	400.0	400.0
23	18	424.7±10.3	360～505	14	370.1±6.6	331～440			
24	8	418.1±11.7	378～471	18	374.0±6.4	325～425			
25	31	432.9±7.4	340～522	7	374.7±12.7	332～418			
26	11	440.8±16.2	360～520	7	372±5.2	350～386	1	390.0	390.0
27	12	420.4±10.6	354～486	8	380.8±12.8	340～447			
28	3	449.3±31.0	393～500	6	389.8±24.7	346～483			
29	6	436.2±20.2	386～500	1	369.0	369.0			
30	7	451.6±15.5	372～490	3	343±7.8	330～357	1	395.0	395.0
31	2	372±30.0	342～402						
32	2	499.5±8.5	495～508						
33	3	444.3±40.6	370～510	1	350.0	350.0			
34	2	428±92.0	336～520						
36	2	469±17.0	452～486						
37	1	430.0	430.0						
38	2	515.5±80.5	435～596						
39	2	503.5±18.5	485～522						
43	2	492±8.0	482～500						
49	1	500.0	500.0						
总计	444		190～596	550		260～500	36		155～466

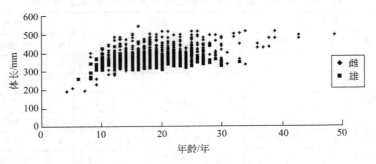

图 3-30　双须叶须鱼年龄与体长关系

体重生长方程：

♀：$W_t = 767.40 \left[1 - e^{-0.19(t+1.19)}\right]^{2.3474}$

♂：$W_t = 545.02 \left[1 - e^{-0.42(t+3.37)}\right]^{2.8414}$

（2）速度与加速度

雌鱼与雄鱼体长生长速度和加速度以及雄鱼体重生长加速度变化趋势基本一致，曲线平滑，不具有生长拐点；雌鱼与雄鱼体长生长速度随着年龄的增加逐渐放缓，生长加速度虽然缓慢增加，但一直都小于 0，说明双须叶须鱼繁殖群体体长生长速度在出生时最高，随着年龄的增加，速度逐渐放缓；雌鱼体重生长速度先升后降，加速度先降后升，当加速度趋近于 0 时，体重生长速度达到最大值，此时估算出的拐点年龄为 3.3 龄，对应的体长和体重分别为 247.8mm 和 208.4g，见图 3-31。

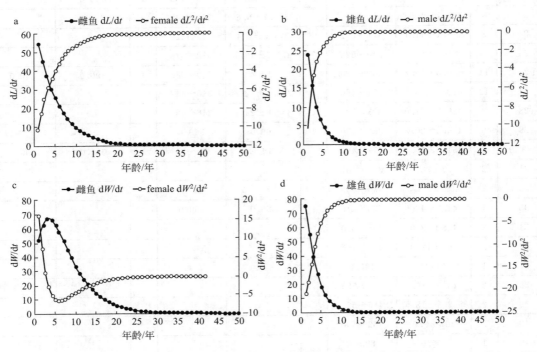

图 3-31　双须叶须鱼雌鱼、雄鱼生长速度和生长加速度

雌鱼：

$$dl/dt = 82.04e^{-0.19(t+1.19)}$$

$$dl^2/dt^2 = -15.59e^{-0.19(t+1.19)}$$

$$dW/dt = 342.265\left[1-e^{-0.19(t+1.19)}\right]^{1.3474}e^{-0.19(t+1.19)}$$

$$dW^2/dt^2 = 87.62\left[1-e^{-0.19(t+1.19)}\right]^{0.3474}e^{-0.38(t+1.19)} - 65.03\left[1-e^{-0.19(t+1.19)}\right]^{1.3474}e^{-0.19(t+1.19)}$$

雄鱼：

$$dl/dt = 154.39e^{-0.42(t+3.37)}$$

$$dl^2/dt^2 = -64.84e^{-0.42(t+3.37)}$$

$$dW/dt = 650.42\left[1-e^{-0.42(t+3.37)}\right]^{1.8414}e^{-0.42(t+3.37)}$$

$$dW^2/dt^2 = 503.03\left[1-e^{-0.42(t+3.37)}\right]^{0.8414}e^{-0.84(t+3.37)} - 273.18\left[1-e^{-0.42(t+3.37)}\right]^{1.8414}e^{-0.42(t+3.37)}$$

三、讨论

鱼类的生长是鱼类体长、体重的增加，研究鱼类的年龄与生长关系、了解鱼类的生长规律有助于理解鱼类如何保证物种有最长的时间繁殖后代，以及如何利用鱼类生长规律开发生产力，提高渔业利用效率（刘建康等，1999）。鱼类生长受内在遗传基因和外源环境因素共同调控，内在遗传基因决定鱼类生长发育的代谢类型，外源环境因素如食物、温度等作用于代谢进程和强度，进而影响鱼类生长（殷名称，1995）。

Wootton（1973）指出，即使同一物种，由于地理分布不同也可能存在个体增长率差异，栖息地水域环境的差异性可能导致不同水域鱼类生长特征的不同。这也是各地理区域同一种鱼类生长参数差异的原因所在。那么，相关的研究表明，雅鲁藏布江中游分布的裂腹鱼类年龄与生长存在差异（表3-29），包括异齿裂腹鱼（马宝珊，2011；贺舟挺，2005）、巨须裂腹鱼（刘洁雅，2016；朱秀芳，陈毅峰，2009）、双须叶须鱼（杨鑫，2015；李秀启等，2008；王强等，2017），这种差异如何区分，又对渔业资源养护有何启示作用，这些研究为本次探析提供了很好的基础资料。因此，本研究组搜集了22组鲤科裂腹鱼亚科鱼类与其他亚科鱼类年龄与生长特征参数数据，包括渐进体长、K值、t_0值、拐点年龄，采用神经网络的聚类算法（Self Organizing Maps，SOM）进行聚类，聚为3个类别（图3-32）。

不同时期评估鱼类种群对高死亡率的潜在敏感性时，生长系数是一个非常重要的参考指标（Musick，2004）。一般来说，L_∞越大，其生长系数K值越小（Pauly，1984）。裂腹鱼类生长系数K值较低，渐进体长L_∞较高，生长较为缓慢，其生长系数一般在0.1/年左右（马宝珊，2011；霍斌，2014）。拉萨河2003年与雅鲁藏布江2008～2009年异齿裂腹鱼生长特征暂无差异，且雌性和雄性之间也没有差异，均聚到C1类（表3-30、图3-32），说明其种群结构在这一段时间保持得较为稳定。马宝珊（2011）指出，雌鱼的最大体长虽比雄鱼大，但还未达显著水平。自2004年以来，到2012年，雅鲁藏布江巨须裂腹鱼年龄生长特点不尽相同，随着时间的推移，渐进体长变化不大，但生长系数K值从0.09增加到了0.18，且存在显著差异（$P<0.05$），说明该鱼通过每年生长速度加快的方式以应对外界环境的改变（因素待定）；另外，在2008～2009年采集的巨须裂腹鱼，雌雄鱼的生长特点也存在差异，雌鱼较雄鱼渐进体长大，但未达显著差异（$P<0.05$），但雌鱼较雄鱼K值大，且达到了显著差异水平（$P<0.05$）（表3-30）。分布在雅鲁藏布江、拉萨河以及尼洋河的双须叶须

表3-29　鲤科裂腹鱼亚科鱼类与其他亚科鱼类年龄与生长特征参数

鱼类	代码	分布水域	年龄鉴定材料	性别	L_∞	K	t_0	ϕ	拐点年龄	参考文献
裂腹鱼亚科 Schizothoracinae										
裂腹鱼属 Schizothorax										
异齿裂腹鱼 Schizothorax o'connori	Fish-1-2	A1	AM1	2	576.9	0.081	-0.946	4.4	12.4	马宝珊 (2011)
异齿裂腹鱼 Schizothorax o'connori	Fish-1-1	A1	AM1	1	499.7	0.095	-0.896	4.4	10.5	马宝珊 (2011)
异齿裂腹鱼 Schizothorax o'connori	Fish-2-0	A2	AM1	0	554	0.0943	-0.8749	4.4615	10.1	贺舟挺 (2005)
光唇裂腹鱼 Schizothorax lissolabiatus	Fish-3-0	—	AM3	0	475.5	0.138	-1.1397		6.37	肖海 (2011)
四川裂腹鱼 Schizothorax kozlovi	Fish-4-0	—	AM3	0	598.39	0.0929	-3.3636		8.3	李忠利 (2015)
伊犁裂腹鱼 Schizothorax pseudaksaiensis	Fish-5-0	—	AM3	0	425.859	0.0643	-0.063		16.8563	林楠 (2006)
拉萨裂腹鱼 Schizothorax waltoni	Fish-6-2	A1	AM3	2	644.3	0.084	-0.247		13.3	周贤君 (2014)
拉萨裂腹鱼 Schizothorax waltoni	Fish-6-1	A1	AM3	1	586.2	0.084	-2.250		10.8	周贤君 (2014)
拉萨裂腹鱼 Schizothorax waltoni	Fish-7-0	A2	AM1	0	465.998	0.120	-2.5231		11.52	郝汉舟 (2005)
巨须裂腹鱼 Schizothorax macropogon	Fish-8-2	A1	AM1	2	523.0	0.121	-0.425		8.9	刘洁雅 (2016), 2008~2009 数据
巨须裂腹鱼 Schizothorax macropogon	Fish-8-1	A1	AM1	1	648.0	0.090	-0.518		12.0	刘洁雅 (2016), 2008~2009 数据
巨须裂腹鱼 Schizothorax macropogon	Fish-9-2	A1	AM1	2	446.0	0.190	-0.576		7.6	刘洁雅 (2016), 2012 数据
巨须裂腹鱼 Schizothorax macropogon	Fish-9-1	A1	AM1	1	428.5	0.218	-0.218		5.6	刘洁雅 (2016), 2012 数据
巨须裂腹鱼 Schizothorax macropogon	Fish-10-2	A1	AM3	2	656.8	0.053	-3.305		16.6	朱秀芳 (2009)
巨须裂腹鱼 Schizothorax macropogon	Fish-10-1	A1	AM3	1	496.2	0.074	-4.017		10.7	朱秀芳 (2009)
裸裂尻鱼属 Schizopygopsis										
拉萨裸裂尻鱼 Schizopygopsis younghusbandi	Fish-11-2	A1	AM1	2	433.9	0.194	-0.397		5.9	段友健 (2015)
拉萨裸裂尻鱼 Schizopygopsis younghusbandi	Fish-11-1	A1	AM1	1	338.4	0.233	-0.403		5.1	段友健 (2015)
尖裸鲤属 Oxygymnocypris										
尖裸鲤 Oxygymnocypris stewartii	Fish-12-2	A1	AM1	2	618.2	0.106	-0.315		11.1	翟斌 (2014)
尖裸鲤 Oxygymnocypris stewartii	Fish-12-1	A1	AM1	1	526.8	0.141	-0.491		8.4	翟斌 (2014)
裸鲤属 Gymnocypris										
青海湖裸鲤 Gymnocypris przewalskii	Fish-13-0	—	AM3	0	885.0	0.04	-1.4		6	张武学 (1993)
松潘裸鲤 Gymnocypris potanini	Fish-14-2	—	AM1	2	258.0	0.105	-1.058		9.26	聂媛媛 (2017)

续表

鱼类	代码	分布水域	年龄鉴定材料	性别	L_∞	K	t_0	$\varnothing$	拐点年龄	参考文献
松潘裸鲤 Gymnocypris potanini	Fish-14-1	—	AM1	1	188.0	0.102	-3.494		7.13	聂媛媛 (2017)
叶须鱼属 Ptychobarbus										
双须叶须鱼 Ptychobarbus dipogon	Fish-15-2	A2	AM1	2	598.66	0.0898	-0.7261	4.5	11.6	李秀启 (2008)
双须叶须鱼 Ptychobarbus dipogon	Fish-15-1	A2	AM1	1	494.23	0.1197	-0.7296	4.5	8.5	李秀启 (2008)
双须叶须鱼 Ptychobarbus dipogon	Fish-16-2	A1	AM1	2	606.9	0.114	-0.163	4.6	9.1	杨鑫 (2015)
双须叶须鱼 Ptychobarbus dipogon	Fish-16-1	A1	AM1	1	496.3	0.162	-0.118	4.6	6.5	杨鑫 (2015)
双须叶须鱼 Ptychobarbus dipogon	Fish-17-0	A3	AM3	0	489.938	0.119	-1.245		6.697	王强 (2017)
双须叶须鱼 Ptychobarbus dipogon	Fish-18-2	A1、A2	AM2	2	431.8	0.19	-1.19		3.3	本研究
双须叶须鱼 Ptychobarbus dipogon	Fish-18-1	A1、A2	AM2	1	367.6	0.42	-3.37			本研究
鲃亚科 Barbinae										
结鱼属 Tor										
藏结鱼 Tor brevifilis brevifilis	Fish-19-0	—	AM3	0	704.3	0.2231	-0.0224		4.95	谢恩义 (1999)
雅罗鱼亚科 Leuciscinae										
草鱼属 Ctenopharyngodon										
草鱼 Ctenopharyngodon idellus	Fish-20-0	—	AM3	0	1029.2	0.1682	-0.2325	5.25	6.28	熊飞 (2014)
鲢亚科 Hypophthalmichthyinae										
鳙属 Aristichthys										
鳙鱼 Aristichthys nobilis	Fish-21-0	—	AM3	0	783.316	0.2089	-1.497		3.76	江辉 (2004)
鲤亚科 Cyprininae										
鲤属 Cyprinus										
鲤鱼 Cyprinus carpio	Fish-22-2	—	AM1	2	782.0	0.1530	-0.741		5.9	李菁 (2015)
鲤鱼 Cyprinus carpio	Fish-22-1	—	AM1	1	692.0	0.1618	-0.915		5.3	李菁 (2015)

注：1. 分布水域（仅列举西藏自治区内流域）：A1 为雅鲁藏布江；A2 为拉萨河；A3 为尼洋河；—为非西藏自治区内流域。
2. 年龄鉴定材料：AM1 为 otolith（耳石）；AM2 为 vertebra（脊椎骨）；AM3 为 scale（鳞片）。
3. 性别：雄性为 1；雌性为 2；未明确表示为 0。

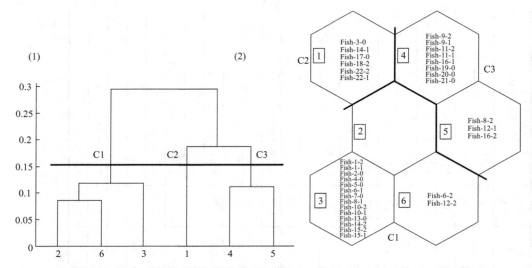

图 3-32　鲤科裂腹鱼亚科鱼类与其他亚科鱼类年龄与生长特征参数 SOM 聚类

图（1）根据 Ward 联系方法，采用欧氏距离进行聚类分析，分为三类；图（2）根据渐进体长、K 值、t_0 值、拐点年龄对鲤科裂腹鱼亚科鱼类与其他亚科鱼类年龄与生长特征参数进行 SOM 聚类；Fish1～Fish22 参见表 3-29

表 3-30　基于 SOM 聚类出三个类别鱼类年龄与生长特征分析

（1）

参数	C1	C2	C3
渐进体长/mm	562.9 ± 133.45	509.87 ± 209.05	574.24 ± 198.15
K 值	0.09 ± 0.02^{b}	0.14 ± 0.03^{c}	0.18 ± 0.04^{a}
t_0 值	-1.45 ± 1.24^{b}	-1.45 ± 1.02^{b}	-0.41 ± 0.4^{a}
拐点年龄/年	11.22 ± 2.79^{a}	5.78 ± 1.37^{b}	6.55 ± 1.74^{b}

（2）

SOM 聚类	涉及的鱼类	年龄与生长特征	n°
C1	Fish-1-1，Fish-1-2，Fish-2-0，Fish-4-0，Fish-5-0，Fish-6-1，Fish-6-2，Fish-7-0，Fish-8-1，Fish-10-2，Fish-10-1，Fish-12-2，Fish-13-0，Fish-14-2，Fish-15-1，Fish-15-2	渐进体长适中，K 值、t_0 值较小，拐点年龄最大	16
C2	Fish-3-0，Fish-14-1，Fish-17-0，Fish-18-2，Fish-22-1，Fish-22-2	渐进体长较小，K 值较大，t_0 值适中，拐点年龄较小	6
C3	Fish-8-2，Fish-9-1，Fish-9-2，Fish-11-1，Fish-11-2，Fish-12-1，Fish-16-1，Fish-16-2，Fish-19-0，Fish-20-0，Fish-21-0	渐进体长、K 值、t_0 值较大，拐点年龄适中	11

注：C1、C2、C3 参见图 3-32；Fish1～Fish22 参见表 3-29；n° 表示统计样本数。

鱼生长特征有所不同，拉萨河的双须叶须鱼渐进体长偏小，K 值较小，雅鲁藏布江的双须叶须鱼渐进体长较大，K 值较大，尼洋河的双须叶须鱼渐进体长和 K 值居中，而本研究组的研究在混合雅鲁藏布江和拉萨河的双须叶须鱼样本后，发现双须叶须鱼渐进体长和 K 值也是居中（表 3-30）。

t_0 是理论上生长起点年龄（殷名称，1995）。以 Von Bertalanffy（VBF）方程采用的假设，即同化作用与有机体有效吸收面积 A 呈正比，在食物不充足的条件下并不成立（Ricker，1975）。VBF 方程有其不足之处，理论上 $t_0 < 0$，这意味着 $t_0 = 0$ 时生长量为负值，

用来拟合生长初期的数据吻合度较差，VBF 方程可能只适用于阶段性拟合，不适合于拟合整个生长过程（郝汉舟，2005）。Cailliet & Goldman（2004）指出，如果缺乏低龄鱼或者高龄鱼，鱼类生长模型的建立会受到影响。由于捕捞工具网目的限制，未采集到低龄鱼，所以拟合的生长方程中生长参数 t_0 偏低（Qiu & Chen，2009）。鉴于此，SOM 聚类的 C3 类别较其他两个类别 t_0 值更接近于 0（表 3-30），与其他两个类别存在显著差异（$P < 0.05$），该类别所搜集样本更能反映群体的真实情况。

拐点年龄是对生活史从早期到老龄阶段可信的理论解释，不仅与性成熟年龄有关，而且还与衰老期以及其他原因，如水温变化及饲料基础等相关（郝汉舟，2005）。拐点年龄对于确定起捕规格有一定的实践指导意义（朱秀芳，陈毅峰，2009）。霍斌（2014）指出，渔获物大多数个体年龄若低于其对应的拐点年龄，说明该水域渔业开发方法不恰当，可能导致种群数量衰减。拉萨河 2003 年与雅鲁藏布江 2008～2009 年异齿裂腹鱼拐点年龄较大，在 11 龄左右，但它们之间没有差异，都在 C1 类（表 3-30、图 3-32）。2004～2012 年近 10 年的时间里，随着时间的推移，雅鲁藏布江巨须裂腹鱼拐点年龄呈现减小趋势，从 11 龄左右降到 6.5 龄左右，说明巨须裂腹鱼低龄化趋势严重，应该在政策引导上加大对巨须裂腹鱼的保护；同时，巨须裂腹鱼雌、雄鱼的拐点年龄存在显著差异（$P < 0.05$），雌鱼拐点年龄大，雄鱼拐点年龄小。分布在雅鲁藏布江、拉萨河以及尼洋河的双须叶须鱼拐点年龄迥异，拉萨河的双须叶须鱼拐点年龄较大，在 11 龄左右；雅鲁藏布江的双须叶须鱼拐点年龄在 6.5 龄左右；尼洋河的双须叶须鱼拐点年龄以及本研究组研究结果的拐点年龄较小，在 6 龄左右。说明雅鲁藏布江和尼洋河的双须叶须鱼出现了低龄化，同时，随着时间的推移，2013～2014年双须叶须鱼调查数据，较之前该河段发生了低龄化现象。

另外，通过 SOM 聚类，拉萨裂腹鱼与青海湖裸鲤、色林错裸鲤聚为一类（C1 类）（图 3-32、表 3-30），这与郝汉舟（2005）通过新复极差法指出拉萨裂腹鱼与青海湖裸鲤、色林错裸鲤之间生长指标不存在差异的结果是一致的。该类别具有 K 值较小、拐点年龄较大等特征，说明其生长速度较为缓慢，同时在捕捞过程中一定要注意对拐点年龄之下的渔获物予以限制。

基于渐进体长、K 值、t_0 值、拐点年龄等年龄生长特征参数，通过 SOM 对 22 组鲤科裂腹鱼亚科鱼类与其他亚科鱼类进行聚类，结合本文研究结果，给渔业管理方面带来了一定的启示：①应该对不同河段的双须叶须鱼进行差异性的政策引导，特别在近几年，双须叶须鱼的低龄化应该得到充分关注；②为了保证双须叶须鱼繁殖和种群生长，根据本文研究成果，建议起捕年龄为 12 龄，雌鱼起捕体长为 396.4mm，体重为 627.8g，雄鱼体长为 366.9mm，体重为 542.0g；③巨须裂腹鱼也存在低龄化现象，同时巨须裂腹鱼种群一直在积极应对变化的环境，如 K 值的增加，须予以高度重视。

第九节　西藏双须叶须鱼繁殖群体繁殖力与繁殖策略研究

国内诸多学者在裂腹鱼类与青藏高原隆起和气候变化之间的关系方面，开展了广泛而深入的科学研究。曹文宣等系统地论证了裂腹鱼类性状变化与高原隆起的自然环境条件改变相关，是整个亚科鱼类的演化方向（中国科学院青藏高原综合科学考察队，1981）；何德奎等通过对特化等级裂腹鱼类的分子系统和生物地理研究反映出裂腹鱼类的起源和演化与青藏高原阶段性隆起导致的环境变化密切相关，特化等级裂腹鱼类的演化过程和分布格局是适应高原阶段性隆起和气候重大转型所引起的高原自然环境条件改变的直接结果（何德奎等，2003）；王绪祯对东亚鲤科鱼类的分子系统发育研究发现东亚特有鲤科类群分支发生事件最早是在青藏高原隆起过程中伴随着东亚季风气候的出现而开始的（王绪祯，2005）；杨天燕等人通过对裂腹鱼类线粒体 DNA 序列片段比较分析得出新疆裂腹鱼类的进化一定程度上受到青藏高原隆起这一地质事件的影响（杨天燕等，2011）。青藏高原鱼化石见证了柴达木盆地的干旱化，推算古高度，生物演化与高原隆起并进（张弥曼，Miao Desui，2016）。西藏北部新第三纪鲤科鱼类化石证明鱼类逐步适应高原隆起过程中出现的高寒气候，向裂腹鱼类特化的方向发展（武云飞，陈宜瑜，1980）。目前生活在青藏高原的裂腹鱼类仍处于物种分化阶段，很多分类性状仍不稳定，映射了青藏高原的生态环境仍处于较剧烈的变化之中（张春光等，1995）。

近年来，雅鲁藏布江干支流均出现了资源下降、鱼类个体小型化、外来物种入侵日趋严重（洛桑等，2009）、栖息环境不断恶化等一系列生态问题（杨汉运，黄道明，2011）。由于高原湖泊河流水温很低，鱼类生长缓慢、性成熟晚、繁殖力低（张春光等，1995；Chen & Cao，2000），其种群一旦受到破坏，短时间内很难恢复。不容忽视的是，水生态的形势恶化和工程建设将使其失去栖息、摄食和繁殖的场所，致使鱼类资源衰退（武云飞，吴翠珍，1991），大坝修建将阻遏其上下洄游通道，导致索饵、越冬、产卵等各项生命活动不能正常完成，进而直接影响其繁殖活动（唐文家等，2006）。双须叶须鱼处于这种生存环境中，本身的繁殖情势是不容乐观的。这种生态系统的扰动，都将造成鱼类资源不同程度上被破坏，恢复过程都将是十分缓慢的，甚至无法恢复（陈毅峰，2000）。

因此，开展双须叶须鱼繁殖生物学和繁殖策略的研究工作显得尤为重要。本文通过研究双须叶须鱼性比、繁殖力、繁殖期、初次性成熟和繁殖策略，从而为双须叶须鱼的科学保护和合理开发提供理论依据。

一、材料与方法

1. 试验材料

采用网捕和电捕方式，2013 年 2～3 月日喀则市雅鲁藏布江干流谢通门段（图 3-33 中 A1 区域），海拔在 4000m 左右，共采集Ⅳ、Ⅴ期 19 尾雌鱼；2014 年 2～6 月雅鲁藏布江支流拉萨河上游（图 3-33 中 A2 区域），海拔在 3800m 左右，共采集 1030 尾鱼，除了 6 月采集 33 尾，2 月采集 37 尾外，其他月份采集都在 130 尾以上。采集到的双须叶须鱼由活鱼运输车送往西藏大学农牧学院藏鱼繁育基地进行取样分析。

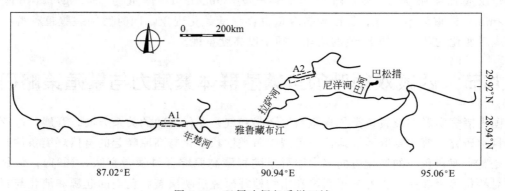

图 3-33　双须叶须鱼采样区域

2. 试验方法

对双须叶须鱼样本进行常规生物学解剖，测量体长和卵径，称量体重、去内脏重和性腺重，长度精确到 1mm，重量精确到 0.1g。每尾鱼取 6 枚脊椎骨作为年龄鉴定材料。

3. 脊椎骨的处理及观察

剔除脊椎骨上的肌肉，在沸水中浸泡片刻，用毛刷清除余下的肌肉等杂质，待干燥后，用剪刀小心剪去脊椎骨周边刺棘，编号保存。在体视解剖镜下进行年龄鉴定（李红敬，2008）。

4. 性比

采用 χ^2 检验来判断雌雄比例是否符合 1:1。将体长按组距 50mm 分组，来区分双须叶须鱼在不同生长阶段的性比。

5. 繁殖季节

根据不同月份不同性腺发育期、不同月份卵径分布和性体指数的月份变化来确定繁殖季节，到了繁殖季节，样本中会出现一定比例的 Ⅳ、Ⅴ 期性腺。

用性体指数来描述双须叶须鱼繁殖周期，公式如下：

$$K = W/L^3 \times 100$$
$$GSI = W_1/W_0 \times 100$$

式中，W 为体重；W_0 为去内脏重；W_1 为性腺重；K 为肥满度，GSI 为性体指数。

6. 产卵类型

以黄海水产研究所（1981）的六期划分标准来判断性腺的发育期，目测法对性腺的形态特征进行分期，用罗马数字 Ⅰ～Ⅵ 表示（殷名称，1995）。以卵径分布来判断双须叶须鱼的产卵类型。选择 Ⅳ、Ⅴ 期基本成熟的卵巢来测量卵径。

7. 初次性成熟大小

按照体长 10mm 的间距分别对雌雄鱼进行划分，采用 $SL_{50\%}$ 的方法来确定初次性成熟的体长和年龄。

$$P = 1/\{1 + \exp[-k(SL_{Tmid} - SL_{50\%})]\}$$

其中　P——性成熟的个体在体长 SL 范围中所占的百分比；

　　　　k——常数；

SL_{Tmid}——体长区段的中间值；

$SL_{50\%}$——初次性成熟的平均体长。

8. 繁殖力

抽取一定数量的 Ⅳ、Ⅴ 期雌鱼，立即称取卵巢重和取样卵巢重（精确到 0.1g），用 10% 福尔马林溶液固定。计数取样卵粒，计算绝对和相对怀卵量。计算公式如下：

绝对繁殖力＝（样品卵粒数/取样卵重）×卵巢重

相对体重繁殖力＝绝对繁殖力/去内脏重

相对体长繁殖力＝绝对繁殖力/体长

9. 数据处理与分析

采用 Excel 2007 和 SPSS 21 软件对数据进行整理，用单因素方差分析法进行分析。

二、结果与分析

1. 副性征

非繁殖季节，双须叶须鱼的雌雄鱼在外观上没有明显的区别。在繁殖季节，成熟雄鱼背部、尾柄和各个鳍条分布珠星，以臀鳍最为明显，摸起来有粗糙感；成熟雌鱼不具有珠星，腹部膨大柔软，泄殖孔处突起且发红。

2. 性比

采集到 1030 尾双须叶须鱼，不能识别雌雄的有 68 尾，雌鱼 432 尾，雄鱼 530 尾，雄雌比为 1.23 : 1，经 χ^2 检验，与 1 : 1 存在显著差异（$\chi^2 = 4.99$，$P < 0.05$）。体长范围为 155～550mm，体重范围为 46.5～1704.5g，雄鱼体长主要集中在 325～400mm，雌鱼体长主要集中在 375mm 以上（图 3-34）。分析不同体长组种群雌雄比例，体长小于 350mm 时，双须叶须鱼的雌雄比例越来越小；随着体长的逐渐增加，双须叶须鱼的雌雄比例逐渐增大，当体长超过 500mm 时，渔获物中没有雄鱼的存在（图 3-35）。

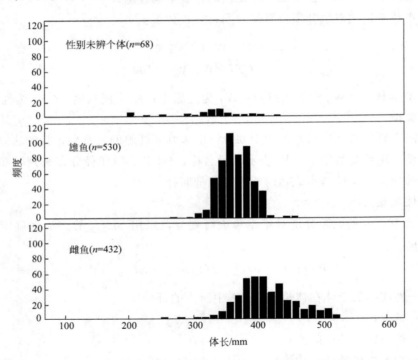

图 3-34　双须叶须鱼不同体长组的雌雄分布

3. 不同月份不同性腺发育期个体的比例

双须叶须鱼的性腺发育特点见表 3-31，Ⅱ期性腺个体在 2～6 月均有出现，Ⅲ期性腺个体出现在 2 月、3 月和 5 月，Ⅳ期性腺个体出现在 2～5 月，其中以 2 月最高（45%），Ⅴ期性腺个体出现在 2～4 月，3 月份比例最高为 36.43%，Ⅵ期性腺个体出现在 4～6 月 [图 3-36（a）]。雄鱼Ⅳ期性腺个体在 2～6 月均占较大比例，Ⅴ期性腺个体出现在 2～4 月 [图 3-36（b）]。综上所述，根据性腺不同发育期所占比例，双须叶须鱼的繁殖季节从 2 月持续到 4 月，3 月为繁殖高峰期。

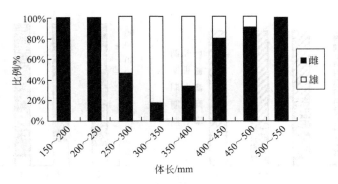

图 3-35　双须叶须鱼不同体长组雌雄比例

表 3-31　双须叶须鱼性腺的发育特点

性腺发育期	卵巢	精巢
Ⅰ期	性腺未发育个体。性腺紧贴鳔腹两侧，呈透明细线状，用肉眼不能分辨雌雄，看不到卵粒，表面无血管	特征与Ⅰ期卵巢相似
Ⅱ期	性腺开始发育的个体。卵巢多呈扁半透明状。在灯光的照射下，略显浅黄色。肉眼看不到卵粒但可以分辨雌雄，开始有少量的血管分布但不明显	性腺开始发育，呈细带半透明状。在灯光的照射下，略显浅白色，肉眼可以分辨雌雄
Ⅲ期	性腺正在成熟的个体。性腺较发达，卵巢中端呈圆柱状，两端呈厚扁带状，外表呈淡黄色，肉眼可以看到已沉积卵黄粒具白色或浅黄色的卵粒，切开卵巢挑取卵粒时，卵粒不大也不圆，且很难从卵巢膜上剥离下来	性腺正在成熟的个体。精巢后端呈灰白色厚扁带状，前端和中端略呈圆杆状，精巢表面分有小叶，轻压腹部，无精液流出
Ⅳ期	性腺即将成熟的个体。卵巢约占整个体腔的 1/3，卵粒明显，呈橙黄色，圆形，切开卵巢挑取卵粒时，卵粒容易从卵巢膜上剥离下来，卵粒之间彼此分离	性腺即将成熟的个体。精巢约占整个体腔的 1/3，呈乳白色，轻压腹部，无精液流出
Ⅴ期	性腺完全成熟的个体。卵巢约占整个体腔的 1/3~1/2，卵粒明显，呈橘黄色，切开卵巢挑取卵粒时，卵粒饱满而圆润，已自觉从卵巢膜上脱离，游离在卵巢腔中。提起鱼头，轻压腹部，有卵粒自觉从泄殖孔处流出	性腺完全成熟的个体。精巢呈乳白色，内充满乳白色精液，约占体腔的 1/3~1/2，表面有明显的血管分布。提起鱼头，轻压腹部，有乳白色精液自觉从泄殖孔处流出
Ⅵ期	产卵后的个体。卵巢萎缩，呈液体流出，暗红色，卵巢膜松弛、增厚，切开卵巢观看，大部分是白色的小卵，少量是成熟卵。轻压腹部，有很少卵粒和黄色的黏稠状液体流出，卵粒圆形扁状	排精后的个体。精巢萎缩，体积变小，轻压腹部，有透明的黏液流出，无白色精液流出

4. 性体指数与肥满度的季节变化

2013 年在日喀则市雅鲁藏布江干流谢通门段采集的雌鱼性体指数，明显高于 2014 年同月份拉萨河上游采集的雌鱼性体指数。在 2014 年 2~6 月期间，性体指数以 3 月最高，4~6 月之间的变化不大。3 月谢通门段雌鱼性体指数与拉萨河上游 2~6 月雌鱼性体指数存在显著差异（$P<0.05$）；而拉萨河 2~5 月之间雌鱼性体指数差异不显著（$P>0.05$），2~5 月雌鱼性体指数与 6 月雌鱼性体指数差异显著（$P<0.05$）[表 3-32（a）]。

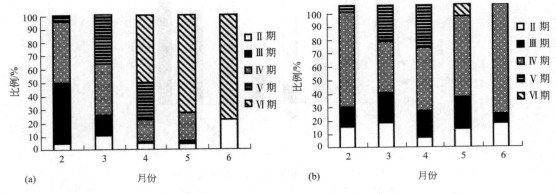

图 3-36　双须叶须鱼雌鱼（a）和雄鱼（b）在不同性腺发育期的比例

　　双须叶须鱼雌鱼平均肥满度明显比雄鱼大，反映出雌鱼身体状况比雄鱼好。拉萨河上游 6 月雌鱼肥满度与 2～5 月雌鱼肥满度存在显著差异（$P<0.05$），而雄鱼肥满度 2 月、6 月和 3～5 月相互之间呈显著性差异（$P<0.05$），反映出从 2 月到 4 月，双须叶须鱼的性腺一直处在不断发育成熟的过程中［表 3-32（b）］。

表 3-32　双须叶须鱼雌鱼性体指数 GSI（a）和雌雄肥满度 K（b）的月份变化

（a）

名称	数目	性体指数 GSI
A1-Feb.	12	7.862 ± 3.047^{ab}
A1-Mar.	6	8.313 ± 2.687^{a}
A2-Feb.	49	5.162 ± 4.517^{bc}
A2-Mar.	62	5.269 ± 4.970^{bc}
A2-Apr.	205	2.574 ± 1.758^{cd}
A2-May	38	2.66 ± 1.747^{cd}
A2-June	9	1.985 ± 1.043^{d}

（b）

月份	雌鱼肥满度/K		雄鱼肥满度/K	
	N	Mean±SD	N	Mean±SD
Feb.	58	1.038 ± 0.100^{b}	57	1.019 ± 0.129^{c}
Mar.	89	1.095 ± 0.122^{b}	144	1.110 ± 0.113^{b}
Apr.	218	1.120 ± 0.193^{b}	190	1.101 ± 0.118^{b}
May	43	1.101 ± 0.231^{b}	85	1.095 ± 0.131^{b}
June	9	1.258 ± 0.375^{a}	47	1.162 ± 0.100^{a}

注：表中标有不同字母肩标表示有显著差异（$P<0.05$）。

5. 繁殖力

　　对 60 尾 Ⅳ、Ⅴ 期雌鱼的怀卵量进行计数，体长范围为 320～500mm，体重范围为 507.0～1566.0g，绝对繁殖力为 1078～9590（3487±1731）粒，相对体长繁殖力为 3.2～13.9（7.2

±2.5) 粒/mm，相对体重繁殖力为 1.6～7.6（4.3±1.4）粒/g，其中，在计算绝对繁殖力过程中，补充 106 尾用于繁殖的数据（表 3-33）。

表 3-33　双须叶须鱼的繁殖力

繁殖力	平均值±标准差	数目	范围
绝对繁殖力/粒	3 487.3±1 730.5	166	1078.4～9589.6
相对体长繁殖力/（粒/mm）	7.2±2.5	60	3.2～13.9
相对体重繁殖力/（粒/g）	4.3±1.4	60	1.6～7.6

双须叶须鱼绝对繁殖力随着体长的增加基本上呈增加趋势 ［图 3-37 (a)］，最适拟合方程为 $F=11.4SL-1717.3$，$R^2=0.139$，$n=60$（$P<0.01$）；绝对繁殖力随着体重的增加基本上呈增加趋势 ［图 3-37 (b)］，最适拟合方程为 $F=4.5WT-360.7$，$R^2=0.313$，$n=166$（$P<0.01$）。绝对繁殖力与年龄无显著相关性（$P>0.05$）［图 3-37 (c)］。

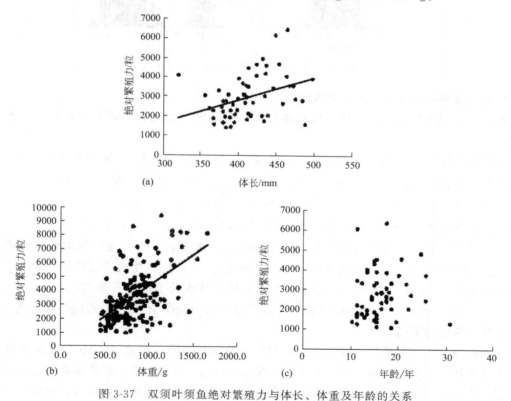

图 3-37　双须叶须鱼绝对繁殖力与体长、体重及年龄的关系

6. 卵径

测量Ⅳ、Ⅴ期 7749 枚卵粒卵径，平均卵径（3.63±0.25）mm。无论是日喀则市谢通门段的雌鱼还是拉萨河上游的雌鱼，在 2～3 月的卵径峰值都在 3.6mm 左右；而拉萨河上游 4 月的雌鱼卵径峰值在 4.2mm 左右，部分卵径 2.3mm 左右，反映出从 4 月起，拉萨河双须叶须鱼的繁殖趋向结束。卵径的峰值出现于 3 月，所有月份的卵径分布均呈现单峰，推测其应属于同步产卵类型（图 3-38）。

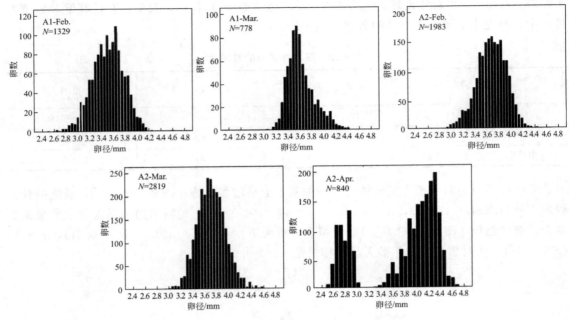

图 3-38　双须叶须鱼不同月份卵径分布

7. 初次性成熟和最小性成熟个体大小

将双须叶须鱼雌雄成熟个体比例对体长和年龄分别进行逻辑斯蒂方程回归，方程分别如下：

雌性群体体长：$p = 1/\{1 + \exp[-0.042(SL_{Tmid} - 360.9000)]\}$，$R^2 = 0.937$

雄性群体体长：$p = 1/\{1 + \exp[-0.030(SL_{Tmid} - 354.530)]\}$，$R^2 = 0.780$

雌性群体年龄：$p = 1/\{1 + \exp[-0.252(A - 13)]\}$，$R^2 = 0.829$

雄性群体年龄：$p = 1/\{1 + \exp[-0.099(A - 13.5)]\}$，$R^2 = 0.461$

双须叶须鱼雌鱼初次性成熟体长为 360.90mm，体重为 503.41g，初次性成熟年龄为 13.0 龄；雄鱼初次性成熟体长为 354.53mm，体重为 491.75g，初次性成熟年龄为 13.5 龄。在所解剖的 1030 尾渔获物中，双须叶须鱼雌鱼最小性成熟个体体长为 338.0mm，体重为 429.5g，年龄 18 龄；雄鱼最小性成熟个体体长为 310.0mm，体重为 327.0g，年龄为 9 龄。

8. 生存环境与繁殖习性

从渔获物的水域和地理位置上来看，双须叶须鱼常生活在海拔 3580～4000m 的雅鲁藏布江中游流域，大个体双须叶须鱼主要生活在水流较急、水层较深、底质多为大石头的河流中下层，小个体双须叶须鱼主要生活在水面宽阔、水速平缓、底质多为鹅卵石的浅水层，大都以底栖动物和浮游藻类为食。每年 2 月中旬到 4 月初，双须叶须鱼游到水域宽阔而平静、鹅卵石较多、淤泥较少、藻类和浮游生物较多的浅水区产卵。

三、讨论

1. 初次性成熟

近年来，许多学者（周贤君，2014；熊飞，2003；霍斌，2014；马宝珊，2011；陈永祥，罗泉笙，1995；万法江，2004；胡安等，1975；冷永智，1984；周翠萍，2007）对西藏各种裂腹鱼繁殖生物学进行了研究。武云飞等（1991）指出，因海拔造成气候和环境差异，不同生存地域的裂腹鱼类表现出不同的产卵特性，但繁殖群体性比随着年龄、体长和栖息地的变化而各有不同（史建全等，2000）。

初次性成熟时间通过影响鱼类繁殖持续的时间和繁殖群体的数量而决定其种群的繁殖潜力（Sinovcic et al，2008）。性成熟年龄和大小是物种的属性之一，由鱼类生活史特点、遗传基因及环境因素相互作用决定，并随着捕捞压力、捕食者和饵料生物丰度、种群组成以及其他生物和非生物环境因子而变化（徐伟毅等，2006）；食物供应以及其他能引起生长率发生变化的环境因子，均能影响鱼类的初次性成熟（殷名称，1995）。裂腹鱼类通常在3～6龄已发育至性成熟，且雄性裂腹鱼类比雌性裂腹鱼类性成熟早（武云飞，吴翠珍，1992；熊飞，2003；陈永祥，罗泉笙，1995；胡安等，1975；周翠萍，2007），而个别裂腹鱼类需10龄以上才能达到性成熟（马宝珊，2011）。

在西藏裂腹鱼亚科中，除异齿裂腹鱼外，双须叶须鱼初次性成熟年龄最晚。本文双须叶须鱼达到初次性成熟的年龄与李秀启等（2008）对拉萨河双须叶须鱼的研究结果基本吻合。鱼类初次性成熟与体长的关系较年龄更密切。双须叶须鱼雌雄鱼初次性成熟体长分别是360.90mm和354.53mm，年龄分别为13.0龄和13.5龄，这与高原恶劣环境有着密切的关系，如食物来源少、低温等环境因素，使得双须叶须鱼个体较小，性成熟晚，生长速度缓慢。这种结果与拉萨裂腹鱼（周贤君，2014）、尖裸鲤（霍斌，2014）、异齿裂腹鱼（马宝珊，2011）、青海湖裸鲤（胡安等，1975）、宝兴裸裂尻鱼（周翠萍，2007）所得出结果相似（表3-34）。因此，可根据双须叶须鱼50%初次性成熟体长和年龄来实施鱼类生长监测和制定鱼类管理措施。

表 3-34　冷水性裂腹鱼亚科初次性成熟对比

种类	雌性初次性成熟/龄	雄性初次性成熟/龄	文献来源
云南裂腹鱼（Schizothorax yunnanensis Norman）	3	2	徐伟毅（2006）
重口裂腹鱼（Schizothorax davidi Sauvage）	5	3	彭淇（2013）
拉萨裂腹鱼（Schizothorax waltoni Regan）	13.5	10.2	周贤君（2014）
塔里木裂腹鱼（Schizothorax biddulphi Günther）	4+	3+	聂竹兰（2011）
中华裂腹鱼（Schizothorax sineusis Herzenstein）	5	4	冷永智（1984）
异齿裂腹鱼（Schizothorax o'connori Llord）	16.2	12.5	马宝珊（2011）
双须叶须鱼（Ptychobarbus dipogon Regan）	13	13	李秀齐（2008）
双须叶须鱼（Ptychobarbus dipogon Regan）	13.0	13.5	本文中
新疆裸重唇鱼（Gymnodiptychus dybowskii Kessler）	3.4	2.5	牛玉娟（2015）
祁连裸鲤（Gymnocypris chilianensis Li et Chang）	5	5	王万良（2014）
色林错裸鲤（Gymnocypris selincuoensis）	9	8	陈毅峰（2000）
尖裸鲤（Oxygymnocypris stewartii Lloyd）	7.3	5.1	霍斌（2014）

2. 个体繁殖力与繁殖策略

（1）繁殖力

繁殖力体现了物种或种群对环境变动的适应特征，有助于正确估测种群数量变动。环境因子、种群丰度、栖息水域鱼类种群数量以及水质等因子都会对鱼类的繁殖力产生影响。相同年龄的亲鱼表现出不同的怀卵量，这可能是因为该种群生存环境中食物贫乏，个体间摄取的营养有差异（马宝珊，2011）；同一水域的不同生态群，繁殖时间不同，繁殖力常有明显差异（殷名称，1995）。

裂腹鱼类的卵多为沉性卵，黄色，卵直径约为 1.54～4.0mm，绝对繁殖力约 2300～16000 粒，平均相对繁殖力约 10～45 粒/g（胡安等，1975；周翠萍，2007）。一般来讲，裂腹鱼类的绝对繁殖力随着体长、体重的增加而呈现相应增长（殷名称，1995）。双须叶须鱼的绝对繁殖力与体长和体重呈正相关，与年龄无显著性关系，这与宝兴裸裂尻鱼（周翠萍，2007）、异齿裂腹鱼（马宝珊，2011）、尖裸鲤（霍斌，2014）所报道的结果类似。

通过与其他冷水性裂腹鱼亚科鱼类的绝对繁殖力相比（表 3-35），双须叶须鱼的繁殖力较小，但卵径较大，这种繁殖策略为后代在较长的孵化期胚胎发育过程中提供了良好的内源性营养物质，保证相对较高的孵化率和存活率，有利于仔鱼建立初次摄食，这与异齿裂腹鱼（马宝珊，2011）的研究结果相一致。

表 3-35　裂腹鱼亚科鱼类绝对繁殖力对比

物种	绝对繁殖力/粒	采样点	文献来源
云南裂腹鱼（Schizothorax yunnanensis Norman）	10980	弥苴河	徐伟毅（2006）
拉萨裂腹鱼（Schizothorax waltoni Regan）	21693	雅鲁藏布江	周贤君（2014）
塔里木裂腹鱼（Schizothorax biddulphi Günther）	1983～11894	渭干河	聂竹兰（2011）
光唇裂腹鱼（Schizothorax lissolabiatus Tsao）	4049	珠江水系北盘江	肖海（2010）
中华裂腹鱼（Schizothorax sineusis Herzenstein）	7563	嘉陵江水系上游	冷永智（1984）
齐口裂腹鱼（Schizothorax prenanti Tchang）	25600	四川雅安雅鱼养殖公司	周波（2013）
昆明裂腹鱼（Schizothorax grahana Regan）	10000～15000	乌江和赤水河上游	詹会祥（2011）
异齿裂腹鱼（Schizothorax o'connori Llord）	21190	雅鲁藏布江	马宝珊（2011）
四川裂腹鱼（Schizothorax kozlovi Nikolsky）	8681.4	乌江上游	陈永祥（1995）
双须叶须鱼（Ptychobarbus dipogon Regan）	4597.35	拉萨河	李秀齐（2008）
双须叶须鱼（Ptychobarbus dipogon Regan）	3487.3	拉萨河	本文中
厚唇裸重唇鱼（Gymnodiptychus pachycheilus Herzenstein）	3043～42158	黄河上游	娄忠玉（2012）
新疆裸重唇鱼（Gymnodiptychus dybowskii Kessler）	3087	伊犁河支流	牛玉娟（2015）
青海湖裸鲤（Gymnocypris przewalskii Kessler）	4337.81	青海湖	张信（2005）
祁连裸鲤（Gymnocypris chilianensis Li et Chang）	4236	祁连雪良种繁育中心	王万良（2014）
高原裸鲤（Gymnocypris waddelli Regan）	4446	羊卓雍错	杨汉运（2011）
色林错裸鲤（Gymnocypris selincuoensis）	12607.29	色林错	陈毅峰（2000）
尖裸鲤（Oxygymnocypris stewartii Lloyd）	34211	雅鲁藏布江	霍斌（2014）
大渡裂裸尻鱼（Schizopygopsis chengi Fang）	2659	绰斯甲河	胡华锐（2012）
高原裸裂尻鱼（Schizopygopsis stoliczkae Steindachner）	19380	狮泉河	万法江（2004）
极边扁咽齿鱼（Platypharodon extremus Herzenstein）	12630	黄河上游玛曲段	张艳萍（2010）

双须叶须鱼的绝对繁殖力为 3487.3 粒，在已有研究的西藏裂腹鱼亚科鱼类中排名较靠后，反映出双须叶须鱼繁殖力较低、怀卵量较少。与李秀启等（2008）的研究相比，同一水域的不同群体双须叶须鱼的绝对繁殖力有所下降，警示双须叶须鱼在今后的种群后代繁衍的

局面将更加严峻。究其原因，可能是双须叶须鱼长期过度捕捞影响而致。

（2）繁殖策略

鱼类繁殖的季节以及持续时间是种群在长期进化过程中形成的繁殖策略，保证后代具有最大的存活率（徐伟毅等，2006）。鱼类在内源繁殖周期和外源环境提示（如温度、光周期和水流等）的同步作用，在特定季节开始产卵（殷名称，1995），其中，水温和昼长可能是最关键的环境信号（Lam，1983；ShPigel，2004）。双须叶须鱼的繁殖期较短，集中在 3 月份，于 4 月上旬结束，高原地区水体的水温相对较低，胚胎发育需要较长时间，较早的产卵时间可以保证其后代在早期发育阶段有一个最佳的外部条件，有利于其仔鱼的正常生长发育（周翠萍，2007）。

肥满度体现出鱼体丰满程度、营养状况和外界环境条件（殷名称，1995）；双须叶须鱼的雌鱼肥满度高于雄鱼。在冬末春初繁殖前期，双须叶须鱼肥满度稍微上升；繁殖后由于产卵排精消耗大量体能，肥满度下降；经历一段时间的产后恢复，双须叶须鱼肥满度略微上升。

双须叶须鱼是一种繁殖力低、性成熟晚、繁殖期短的冷水性西藏土著鱼类。这些繁殖特征使得双须叶须鱼群体对不合理的资源开发和生境的破坏非常敏感，其种群一旦遭到破坏，在很长的时间内将难以恢复。因此，非常有必要重视保护其栖息地，加强并推进渔业管理保护措施。

3. 产卵类型

作为鱼类最重要的繁殖特征之一，鱼类的产卵类型确定对估算鱼类繁殖力、探讨种群补充和鱼类生活史对策等至关重要。施琅芳（1991）根据卵母细胞在卵巢中的发育形态，将产卵类型分为完全同步型、分批同步型和分批非同步型三种类型。

鱼类产卵类型可以通过性腺组织学观察法、性体指数的周年变化和卵径频率分布法来判断（周翠萍，2007），从不同月份卵径分布不同上来看，双须叶须鱼的卵径在 3 月份只有一个峰值，并且在 4 月份出现明显的"双峰型"，进一步证明其卵为同步发育类型，并在 4 月上旬繁殖趋向结束。这说明双须叶须鱼的产卵类型与尖裸鲤（霍斌，2014）、拉萨裂腹鱼（周贤君，2014）、异齿裂腹鱼（马宝珊，2011）、高原裸裂尻鱼（万法江，2004）相似。

4. 渔业资源保护建议

西藏水电站（胡运华，2009）、水库（肖长伟等，2013）、矿石场（张林，2011）等的兴建，对双须叶须鱼栖息地、产卵场、索饵场、越冬场和洄游等的影响越来越明显。因此，针对西藏双须叶须鱼的繁殖力低、性成熟晚、繁殖期短等生物学特征，笔者有几个方面的建议，以供参考。

① 建立健全监督检查和治理体系，对过度捕捞、无照采石和采砂以及排放工业废水和生活垃圾等行为严肃处理，切实维护双须叶须鱼种群良好的生境。

② 在水电站和水库等封闭水域，积极开展鱼类增殖放流工作，保证双须叶须鱼种群得以繁衍。

③ 设立禁渔期，尤其是在繁殖期内，通过禁渔来保护幼龄鱼苗和繁殖群体，以使双须叶须鱼渔业资源可持续发展和利用。

④ 禁止投放外来物种。与西藏本土鱼类相比，外来物种无论是在繁殖后代还是在生存空间上，都有着绝对的优势。通过科学宣讲等活动疏导老百姓科学放生，共同维护一个健康循环的生态系统。

第十节　西藏双须叶须鱼性腺发育的组织学观察

本试验采用组织切片显微观测的方法对双须叶须鱼性腺发育进行了研究，以期为双须叶须鱼生物学研究及其资源增殖和保护等积累基础资料，同时进一步丰富高原地区鱼类性腺发育的组织学内容。

一、材料与方法

1. 试验材料

2013 年 2～3 月日喀则市雅鲁藏布江干流谢通门段（图 3-33 中 A1 区域），海拔在 4000m 左右，采用网捕和电捕方式，共采集 Ⅳ、Ⅴ 期 50 尾雌鱼，65 尾雄鱼；采集到的双须叶须鱼由活鱼运输车送往西藏大学农牧学院藏鱼繁育基地进行取样分析。

2. 组织学研究

试验鱼解剖后将性腺完整取出并称重，将性腺切割成约 $0.5\ cm^3$ 左右的组织块固定于 Bouin 氏液中，24 h 后转移至 70% 乙醇溶液中保存。在脱水机中完成脱水、透明、浸蜡后于石蜡包埋机中包埋。使用 Elex 切片机进行组织切片，厚度 $5\mu m$ 连续切片，HE 染色，加拿大树胶封片。显微镜观察，并在 Olympus 显微镜下拍照。

3. 统计分析

性腺分期及生殖细胞的时相划分主要参考已报道的分期方法（楼允东，1999；刘筠，1993）。采用 Motic 2.0 软件测量生殖细胞及细胞核直径。实验数据先采用 SPSS 19.0 统计软件中 one-way ANOVA 进行单因子方差分析，若差异显著，则采用 Duncan 多重比较法进行多重比较；雄性生殖细胞直径采用 SPSS19.0 中 General Linear Model-Univariate 进行双因素方差分析，显著性水平设为 0.05。实验结果采用"平均值±标准差"表示。

二、结果与分析

1. 卵巢不同发育阶段生殖细胞的形态

第 1 时相卵母细胞为卵母细胞发育的最早时相，是处于卵原细胞阶段或由卵原细胞向初级卵母细胞过渡的细胞。该时相卵母细胞内原生质开始生长，细胞核明显，在同一切面上核中部有 5～19 个核仁。第 1 时相卵母细胞直径约为正常细胞的 1/2，85～148μm，核径为 35～110μm（图 3-39：1，2）。

第 2 时相卵母细胞处于初级卵母细胞的生长和分裂期，早期呈不规则的多角圆形，晚期变为圆形或椭圆形。在早期，由于原生质的增加，细胞体积显著增大，核相应增大，卵巢开始出现板层状结构，即产卵板（图 3-39：4），它们是产生卵子的地方。在晚期，卵母细胞进一步增大，在同一切面上核内核仁减少，为 3～16 个。第 2 时相卵母细胞直径 101～142μm，核径 39～79μm（图 3-39：3，4）。

第 3 时相卵母细胞处于次级卵母细胞的生长和分裂期。第 3 时相卵母细胞比第 2 时相卵母细胞大。核仁向细胞核中心移动，数目急剧增多，12～26 个，分散在核中（图 3-39：5，7）；核周细胞质中开始出现卵黄颗粒，并向细胞质外周扩散（图 3-39：6），皮质层中的滤泡出现并逐渐增加（图 3-39：5）；第 3 时相卵母细胞显著增大，直径可达 148～341μm，核径 55

～173μm。

第 4 时相卵母细胞处于卵细胞的生长期，细胞体积继续增大、卵黄迅速积累、液泡被积压到卵母细胞周边的细胞质中（图 3-39：7）。此时，卵细胞膜外的辐射带增厚，清晰可见。在晚期，卵黄颗粒充满核外空间，细胞质仅分布在卵膜的周围和细胞核的周围，细胞质及细胞核向动物极移动，抵达卵膜孔正下方动物极的原生质盘内（图 3-39：8）。第 4 时相卵母细胞直径 202～351μm，核径 61～210μm。

第 5 时相卵母细胞处于卵细胞成熟期。细胞质中充满粗大的卵黄颗粒，卵细胞与滤泡膜分离并游离于卵巢腔中（图 3-39：9），第 5 时相卵母细胞直径 251～418μm，核径 63～217μm。

2. 卵巢发育的分期

Ⅰ期卵巢呈透明的细线状，紧贴鳔腹两侧，肉眼难以分辨雌雄。生殖细胞主要由卵原细胞和处于第 1 时相的卵母细胞组成，卵原细胞占有主要地位，卵母细胞相对数量较少，该期是卵原细胞向卵母细胞过渡的阶段（图 3-39：1，2）。

Ⅱ期卵巢半透明，扁带状，略带淡黄色，肉眼难以分辨雌雄。对再次性成熟的个体，卵巢松软，较宽大，有较多粗大的分支血管。在这个时期，卵原细胞较Ⅰ期减少，第 1 时相和第 2 时相卵母细胞变多，占卵巢的主要部分，卵巢开始细胞质液泡化（图 3-39：3，4）。

Ⅲ期卵巢扩大，布满粗大的血管，卵巢两端呈厚扁带状，中端呈圆柱状，呈浅黄色，卵粒开始沉积卵黄，雌雄易鉴别。卵巢中以第 3 时相的卵母细胞为主，也有部分第 1、2 时相的卵母细胞；其中第 3 时相卵母细胞在数量上占 34.13%～58.42%，切片总面积占 61.22%～85.63（图 3-39：5，6）。

Ⅳ期卵巢继续膨大，约占整个体腔的 1/3，卵粒大量沉积卵黄，饱满，呈橘黄色。Ⅳ期卵巢中的生殖细胞主要由第 4 时相卵母细胞和少量的第 2、3 时相卵母细胞组成。其中第 4 时相卵母细胞在数量上占 51.33%～68.44%，切片总面积占 76.85%～91.66%（图 3-39：7，8）。

Ⅴ期卵巢继续膨大，约占整个体腔的 1/3～1/2。卵巢松软，提起鱼头或轻压腹部，卵子会自动流出体外。卵透明，圆形，游离在卵腔中。Ⅴ期卵巢中的生殖细胞主要由第 5 时相卵母细胞和少量的第 2、3、4 时相卵母细胞组成。其中第 5 时相卵母细胞在数量上占 62.48%～76.25%，切片总面积占 89.29%～94.37%（图 3-39：9）。

Ⅵ期成熟卵已排出，卵巢松弛、萎缩，深红色，大量充血，卵巢中大部分是白色的小卵，有少量的成熟卵。该时期的细胞切片显示，双须叶须鱼卵巢中成熟的卵母细胞很少，有部分小卵及少量未排出的成熟卵母细胞、空滤泡和大量的第 2、3 时相卵母细胞和少量第 1 时相卵母细胞，而且形状大小都不规则，多数呈圆形或梭形（图 3-39：10，11）。

3. 双须叶须鱼各发育时期卵巢生殖细胞、细胞核直径以及核仁变化情况

如表 3-36 所示，双须叶须鱼卵巢从Ⅰ期到Ⅴ期，生殖细胞、细胞核直径以及同一切面核仁数均呈逐渐升高的变化趋势（$P<0.05$），从Ⅴ期到Ⅵ期呈降低趋势（$P<0.05$）。

表 3-36　双须叶须鱼卵巢各时期生殖细胞直径及核仁数量（$N=30$）

时期	Ⅰ期	Ⅱ期	Ⅲ期	Ⅳ期	Ⅴ期	Ⅵ期
细胞直径/μm	120.48±35.07[a]	121.77±19.68[a]	242.69±101[b]	270.27±76.92[bc]	334.78±83.4[c]	284.63±94.91[bc]
细胞核直径/μm	59.87±23.83[a]	53.84±11.14[a]	101.98±38.83[b]	101.08±44.72[b]	150.35±34.88[c]	142.34±50.68[c]
同一切面核仁数/个	12.8±7.79[a]	10.13±7.91[a]	26.32±6.16[bc]	38.76±5.44[d]	52.54±7.16[e]	19.06±11.78[b]

注：同行相同字母肩标表示差异不显著（$P>0.05$），不同字母肩标表示差异显著 $P<0.05$。

4. 精巢不同发育阶段生殖细胞的形态

精原细胞（spermatogonia）是由原始生殖细胞（primary germ cell）产生的。体积较大，平均直径约 $13\sim23\mu m$，细胞核中位，直径 $9\sim16\mu m$，呈圆形或梭形，弱碱性，精原细胞与细胞核一起被染成紫色，细胞核的染色较深（图 3-39：12）。

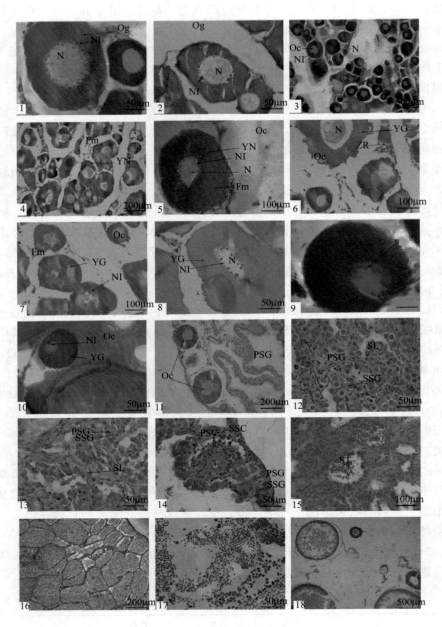

图 3-39　双须叶须鱼性腺组织切片

1，2：Ⅰ期卵巢；3，4：Ⅱ期卵巢；5，6：Ⅲ期卵巢；7，8：Ⅳ期卵巢；9：Ⅴ期卵巢；10，11：Ⅵ期卵巢；12：Ⅰ期精巢；13：Ⅱ期精巢；14：Ⅲ期精巢；15：Ⅳ期精巢；16：Ⅴ期精巢；17，18：Ⅵ期精巢

Fm：滤泡；N：细胞核；PSC：初级精母细胞；PSG：初级精原细胞；SSC：次级精母细胞；SSG：次级精原细胞；ST：精子细胞；NI：细胞核仁；YG：卵黄颗粒；Oc：卵母细胞；Og：卵原细胞；SL：精小叶；ZR：辐射带

初级精母细胞（primary spermatocyte）由精原细胞分裂而成，体积较精原细胞小，直径 11～15μm；细胞核染色深，直径 7～10μm；呈圆形或椭圆形，没有明显的核仁（图 3-39：14）。

次级精母细胞（secondary spermatocyte）由初级精母细胞分裂而来，直径 7～11μm，细胞核直径约 3～6μm，细胞呈圆形（图 3-39：14）。

精子细胞（spermatid）由次级精母细胞发育而来，直径 4～5μm，较前期小，呈圆形或方形，染色较前期深，无明显的细胞质（图 3-39：15）。

精子由精子细胞变态而来，为精巢中最小的一种细胞，精子头部直径为 2～3μm，细胞之间的界线很清楚（图 3-39：16）。

5. 精巢发育的分期

Ⅰ期精巢呈透明的细线状，肉眼无法分辨雌雄。该时期精巢中绝大多数为精原细胞，占据了精巢的 2/3，有少数的初级精母细胞。

Ⅱ期精巢呈细带状，浅白色，半透明。该时期精巢中精原细胞减少，初级精母细胞增加，占 70% 以上（图 3-39：14）。

Ⅲ期精巢呈带状，灰白色。该时期精巢的染色较深，精原细胞较少，主要为初级精母细胞和次级精母细胞，开始出现少量精子细胞（图 3-39：14）。

Ⅳ期精巢呈乳白色，横断面为椭圆形或圆形，表面血管增多。该时期精巢中主要为精子细胞和精子。到Ⅳ期末，部分精小囊破裂，精子开始充满小叶腔（图 3-39：15）。

Ⅴ期精巢呈乳白色，柔软而膨胀，提起鱼头或轻压腹部，乳白色的精液会自动流出体外。切片观察，该时期染色很深，被染成紫色。各精小叶空腔显著扩大，大量精子充满其中（图 3-39：16）。

Ⅵ期精巢体积大大缩小，呈萎缩状态，大量充血并呈淡红色，轻压腹部，有透明的黏液流出，无白色精液流出。精巢被染成浅蓝色，精巢壁增厚，精小叶和精小囊变小，为不规则中空状，有少量残留精子和进入增殖期的精原细胞（图 3-39：17）。

6. 双须叶须鱼精巢各发育时期及各种类型生殖细胞直径变化情况

如表 3-37 所示，双须叶须鱼精巢从Ⅰ期到Ⅵ期，生殖细胞直径呈先减小后趋于稳定的变化趋势（$P<0.05$）；从初级精原细胞到精子，生殖细胞及细胞核直径呈逐渐减小的变化趋势（$P<0.05$）。发育时期和细胞类型对生殖细胞直径影响的交互效应不显著（$P>0.05$）。

表 3-37　双须叶须鱼精巢各发育时期及各种类型生殖细胞直径变化情况　　　单位：μm

细胞类型	发育时期					
	Ⅰ 期	Ⅱ 期	Ⅲ 期	Ⅳ 期	Ⅴ 期	Ⅵ 期
初级精原细胞	18.51±3.38[j]	15.65±2.97[hi]	18.39±2.31[j]	19.06±2.92[j]	18.07±1.83[j]	16.38±2.72[i]
次级精原细胞	15.12±1.53[ghi]	13.16±2.16[ef]	14.48±1.85[fgh]	13.70±1.61[fg]	14.75±0.90[fghi]	\
初级精母细胞	\	\	11.68±2.09[de]	9.37±1.10[bc]	10.42±1.69[cd]	9.04±1.18[bc]
次级精母细胞	\	\	\	8.10±0.73[b]	8.81±1.41[bc]	\
精细胞	\	\	\	5.00±0.71[ab]	4.83±0.68[ab]	\
精子	\	\	\	\	2.35±0.22	2.56±0.37
发育时期与细胞直径关系						
发育时期	Ⅰ 期	Ⅱ 期	Ⅲ 期	Ⅳ 期	Ⅴ 期	Ⅵ 期
细胞直径	16.81±0.41[C]	14.41±0.41[B]	14.85±0.34[B]	11.04±0.26[A]	10.3±0.24[A]	10.33±0.34[A]

续表

细胞类型	发育时期					
	Ⅰ期	Ⅱ期	Ⅲ期	Ⅳ期	Ⅴ期	Ⅵ期
细胞类型与细胞直径关系						
细胞类型	初级精原细胞	次级精原细胞	初级精母细胞	次级精母细胞	精细胞	精子
细胞直径	17.68 ± 0.24^F	14.24 ± 0.26^E	10.13 ± 0.29^D	8.46 ± 0.41^C	4.92 ± 0.61^B	2.46 ± 0.21^A
发育时期和细胞类型对细胞直径影响的交互效应						
项目	发育时期 P_1	$P_1 = 0.000$	细胞类型 P_2	$P_2 = 0.000$	发育时期 * 细胞类型 $P_1 * P_2$	$P_1 * P_2 = 0.000$

注："\"代表该时期没有此类细胞。表格同行肩标中相同小写字母表示差异不显著（$P > 0.05$），不同小写字母表示差异显著（$P < 0.05$）。表格同行肩标相同大写字母表示差异不显著（$P > 0.05$），不同大写字母表示差异显著（$P < 0.05$）。

7. 双须叶须鱼各时期卵巢生殖细胞数目及大小卵比例

如表3-38和表3-39所示，在Ⅲ期前，随着卵巢的发育，双须叶须鱼各时期卵巢生殖细胞数目显著增加（$P < 0.05$），第Ⅲ期后，显著减少（$P < 0.05$）。性成熟双须叶须鱼卵巢中小卵和大卵数量比为1.38：1，重量比为0.21：1。

表3-38　双须叶须鱼卵巢各时期生殖细胞数量（100ind）（$N = 30$）

时期	Ⅰ期	Ⅱ期	Ⅲ期	Ⅳ期	Ⅴ期	Ⅵ期
生殖细胞数量/个	19.52 ± 3.48^a	31.13 ± 5.17^b	54.32 ± 8.94^d	36.44 ± 6.61^{bc}	30.31 ± 5.44^b	20.14 ± 4.81^a

表3-39　双须叶须鱼大卵和小卵比例

大卵/粒	直径/μm	N	小卵/粒	直径/μm	N	小卵数：大卵数	N	小卵重：大卵重	N
208.54 ± 52.99	3699.48 ± 252.71	17	312.2 ± 92.05	1386.33 ± 390.68	17	1.38 ± 0.31	17	0.21 ± 0.06	17

注：取卵量为5g。

三、讨论

1. 双须叶须鱼卵黄物质及核仁特点

鱼类卵母细胞的成熟过程中有3种不同类型的卵黄，分别为皮质液泡（含碳水化合物卵黄）、蛋白卵黄颗粒和脂质卵黄滴（Mayer et al，1988）。本试验中，双须叶须鱼的卵黄物质主要是皮质液泡、蛋白卵黄颗粒，未发现有脂质卵黄颗滴。皮质液泡比蛋白卵黄粒出现早，可认为双须叶须鱼卵黄积累方式为先皮质液泡后卵黄球的顺序。这和崔丹等（2013）对金钱鱼（Scatophagus argus）的研究存在差异。双须叶须鱼卵母细胞在第3时相时出现卵黄颗粒，在随后的发育中，卵黄颗粒数量增多。这与金钱鱼（Scatophagus argus）（崔丹等，2013）、刀鲚（Coilia nasus）（徐钢春等，2011）、黑鲷（Sparus macrocephalus）（施兆鸿，1996）、鳓（Ilisha elongata）（倪海儿等，2001）等鱼类相同。而龚启祥等（1989）对东海银鲳（Stromateoides argenteus）卵巢周年变化的研究中发现，其鱼卵卵黄颗粒出现在第2时相中后期。

对硬骨鱼类卵母细胞中核仁的研究已有报道（唐洪玉等，2006；Malhotra，1963）。双须叶须鱼在第1时相，卵母细胞核中核仁物质不断积累，在核膜内缘形成几个到几十个粗大、圆形、被碱性染料染成深色的核仁。到第2时相中后期，这些核仁物质逐渐脱离卵核进入核周围的细胞质中，核仁排出物开始出现的时间要晚于卵黄颗粒出现的时间。龚启祥等（1982）则认为进入细胞质中的核仁排出物可能就是核周卵黄物质前身，或者与卵黄物质形成有关。唐洪玉等（2006）对青海湖裸鲤的研究发现，核仁排出物与蛋白卵黄形成有关。本试验切片观察得出，核仁排出物也应该与卵黄排出物有关，与上述研究结果一致。

2. 双须叶须鱼产卵类型

根据卵母细胞的发育情况，大多数硬骨鱼类的卵巢发育模式可分为同步发育、分组同步发育和非同步发育3种类型（Wallace & Selman，1981）。随之产卵类型也可分为3种类型：完全同步型、分批同步型及分批非同步型。本试验中，V期卵巢切片中，有一定比例第2、3、4时相卵母细胞；第2、3、4时相和第5时相细胞比例分别为2.94%、5.38%、21.83%和69.85%。同时产后卵巢切片中，大部分为第2、3时相卵母细胞以及少数第1时相卵母细胞，并没有第4时相卵母细胞，这些第2、3时相卵母细胞不可能在当年就发育成熟，也不可能进行第2次排卵。说明双须叶须鱼卵巢一年只成熟一次，但并不是一次产完所有的成熟卵，而是断续进行几次产卵，因而双须叶须鱼属于分批同步产卵类型。这与大部分鲤科鱼类相似（表3-40）。这可能是西藏高原水域营养缺乏，导致双须叶须鱼部分鱼卵发育不同步，且少量非同步发育的鱼卵Ⅵ期后逐渐被鱼体吸收，重新产生第1和第2时相卵母细胞。

表 3-40　部分鲤科鱼类产卵类型

鱼名	文献来源	分类地位	产卵类型
纳木错裸鲤 *Gymnocypris namensis*（Wu et Ren）	何德奎等（2001）	鲤科	分批同步
似刺鳊鮈 *Paracanthobrama guichenoti* Bleeker	徐钢春等（2014）	鲤科	分批同步
青海湖裸鲤 *Gymnocypris przewalskii*	YR（1970）	鲤科	分批同步
尼日尔裂腹鱼 *Schizothorax niger* Hechel	Malhotra（1965）	鲤科	分批同步
大鳞鲃鱼 *Barbus capito*	姜爱兰等（2016）	鲤科	分批同步
鲮鱼 *Cirrhinus molitorella*	李有广等（1965）	鲤科	同步产卵
光唇鱼 *Acrossocheilus fasciatus*	姚子亮等（2013）	鲤科	分批同步
卡拉白鱼 *Chalcalburnus chalcoides aralensis*	姜爱兰（2016）	鲤科	分批同步

3. 双须叶须鱼精巢组织学结构

硬骨鱼类的精巢结构和精子发生在国内已有许多报道（崔丹等，2013；章龙珍等，2009），但是未见有关于双须叶须鱼方面的研究。本试验结果表明，在精子发生过程中，双须叶须鱼精巢生殖细胞主要经历了3个阶段，即精原细胞分化成精母细胞，精母细胞转化成精子细胞，精子细胞转化为精子，该结论与其他硬骨鱼类相似（徐钢春等，2014；黄福江等，2013）。根据生精细胞在精巢内分布的特点，一般认为硬骨鱼类的精巢有两种类型，即小叶型（lobular type）和小管型（tubular type）（Oren，1981；Crier *et al*，1980）。这两种类型精巢的主要区别在于：小叶型的精巢其精原细胞在精小叶的所有部位都可存在，而小管型精巢的精原细胞只在精小管的前端分布。双须叶须鱼属于小叶型，同大部分鲤科鱼类一样（表3-41）。

表 3-41　部分鱼类精巢类型

鱼名	文献来源	分类地位	精巢类型
似刺鳊鮈 *Paracanthobrama guichenoti* Bleeker	徐钢春等（2014）	鲤科	小叶型
中国结鱼 *Tor（Tor）sinensis* Wu	黄福江等（2013）	鲤科	小叶型
四川裂腹鱼 *Schizothorax kozlovi* Nikolsky	陈永祥等（1996）	鲤科	小叶型
北方须鳅 *Barbatula nuda*	魏洪祥等（2016）	鳅科	小叶型
七彩神仙鱼 *Symphysodon* spp.	徐亚飞等（2015）	慈鲷科	小叶型

4. 双须叶须鱼性腺生殖细胞分化特征及卵的败育

鱼类精子的发育通常要经历精原细胞、初级精母细胞、次级精母细胞、精子细胞和精子几个阶段（何德奎等，2001；徐钢春等，2014）。精原细胞为性腺发育的第一时期，即增殖期，该期是生殖干细胞通过不断的有丝分裂使细胞数量增加成为精原细胞（王瑞霞，1994）。精原细胞经过联会形成初级精母细胞，初级精母细胞经过第一次减数分裂阶段，形成次级精母细胞；次级精母细胞再次减数分裂后变为一个精子细胞，精子细胞经过变态发育转变为精子（陈文银等，2006）。本研究在双须叶须鱼精巢各时期切片中也发现，从Ⅰ期到Ⅵ期，生殖细胞直径呈先降低后趋于稳定的变化趋势，与大部分鱼类雄性生殖细胞变化一致（表 3-42）。这可能是精子形成过程包括了前期有丝分裂和后期两次减数分裂，生殖细胞在减数分裂过程中逐渐变小。

表 3-42　4 种鲤科鱼类生殖细胞及细胞核直径　　　　　　　　　　　单位：μm

鱼名	精原细胞	初级精母细胞	次级精母细胞	精子细胞	精子	文献来源
青海湖裸鲤 *Gymnocypris przewalskii*	8～10	3.3～4.7	2.7	1.7	0.99	唐洪玉等（2006）
色林错裸鲤 *Gymnocypris selincuoensis*	6～9	10～14	4～5	2～3	1	何德奎等（2001）
似刺鳊鮈 *Paracanthobrama guichenoti* Bleeker	8～10	3～4	3	1.5	0.99	徐钢春等（2014）
四川裂腹鱼 *Schizothorax kozlovi* Nikolsky	11～15	6～8	4～4.5	2.5～3	2～2.5	陈永祥等（1996）

鱼类卵细胞的发育通常要经历卵原细胞、初级卵母细胞、次级卵母细胞和卵子几个阶段（徐钢春等，2011；倪海儿，杜立勤，2001；唐洪玉等，2006）。卵原细胞通过生殖干细胞不断的有丝分裂使细胞数量增加成为卵原细胞（王瑞霞，1994）。卵原细胞经过联会形成初级卵母细胞，初级卵母细胞经过第一次减数分裂阶段，形成一个极体和一个次级卵母细胞；次级卵母细胞经过第二次减数分裂后变为一个卵细胞和三个极体（王瑞霞，1994）。本研究双须叶须鱼卵巢中Ⅲ期生殖细胞数量最多，为Ⅰ期的 2.8 倍，说明双须叶须鱼在Ⅲ期前已经完成了两次减数分裂。在整个卵巢发育过程中，部分极体被吸收，而未被吸收的极体成为了小卵，不能通过受精形成受精卵，因而此部分小卵称为败育。本研究在双须叶须鱼卵巢各时期切片中也发现，从第 1 时相到第 5 时相，生殖细胞及细胞核直径呈逐渐升高的变化趋势，与

大部分鱼类雄性生殖细胞变化一致（表 3-43）。经过两次减数分裂后形成的卵细胞可积累足够的能源、细胞器、各种酶、核酸，后组装成内质网、核糖体、线粒体等参与蛋白合成的细胞器，为卵细胞进入卵黄形成期做各种物质准备，随后卵细胞进入快速生长的卵黄形成期，在卵黄形成期，不仅合成和积累卵黄，还合成和积累各类 RNA、糖原颗粒、核糖体、脂质及线粒体等物质，为卵受精后进一步发育做准备（陈文银等，2006）。在营养物质积累过程中，生殖细胞逐渐变大。

表 3-43　7 种鲤科鱼类各时相卵母细胞及细胞核直径变化情况　　　　　单位：μm

鱼名	项目	第 1 时相卵母细胞	第 2 时相卵母细胞	第 3 时相卵母细胞	第 4 时相卵母细胞	第 5 时相卵母细胞	文献来源
青海湖裸鲤 *Gymnocypris przewalskii*	细胞	27～38	49～154	189～478	2200～2614	\	唐洪玉等 （2006）
	细胞核	17～25	17～49	84～154	\	\	
斑马鱼 *Danio rerio*	细胞	7～140	140～340	340～690	690～730	730～750	王晶 （2011）
	细胞核	\	\	\	\	\	
纳木错裸鲤 *Gymnocypris namensis*（Wu et Ren）	细胞	30～36	80～90	340～460	500～860	900～1100	何德奎等 （2001）
	细胞核	23～26	36～42	100～120	100～210	\	
色林错裸鲤 *Gymnocypris selincuoensis*	细胞	4～7	115～190	285～450	850～1320	1800～2500	何德奎等 （2001）
	细胞核	3～5.5	32～41	120～165	140～195	\	
似刺鳊鮈 *Paracanthobrama guichenoti* Bleeker	细胞	10～20	50～80	125～385	552～736	1209～2109	徐钢春等 （2014）
	细胞核	5～12	28～38	65～185	182～239	\	
四川裂腹鱼 *Schizothorax kozlovi* Nikolsky	细胞	6～10	40～60	100～200	500～1200	1200～2500	陈永祥等 （1996）
	细胞核	\	\	\	\	\	
光唇鱼 *Acrossocheilus fasciatus*	细胞	14～39	67～186	443～776	1027～1108	1010～1406	姚子亮 （2013）
	细胞核	10～22	29～109	139～227	139～227	核膜消失	

注："\" 代表没有数据。

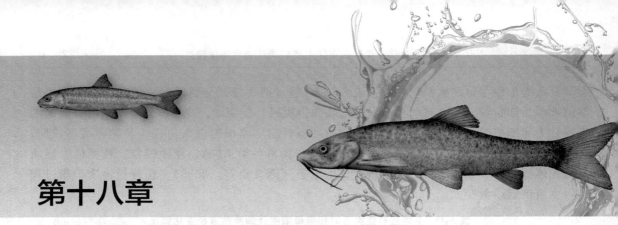

第十八章

温度对雅鲁藏布江重要裂腹鱼类的影响

　　鱼类是变温动物，体温随水温而变化，因此水温是影响鱼类代谢、生存、摄食和生长最重要的环境因子之一（薛美岩等，2012）。水温可影响鱼类消化酶活性，进而影响食物消化吸收速度、血糖含量、摄食率和生长率（牟振波等，2011）。在一定的温度范围内，鱼类的摄食率和生长率随温度的升高而增加（牟振波等，2011）；当温度高于一临界值（最适温度）时，鱼类的摄食率和生长率随温度的升高而下降（李修峰等，2004）。幼鱼阶段正是鱼类生长发育阶段，摄食量的下降将会影响其存活率（张进军，2017）。

　　早在 1942 年，国外学者就开展了鱼类致死温度方面的研究（Fry et al，1942），此后随着水产养殖业的发展，我国在 20 世纪 80 年代中期开始有鱼类温度耐受性相关的报道出现（汪锡钧等，1994）。Elliott（1995）研究发现在鱼类生长过程中，温度会影响其生长率、代谢率和其他生理活动，因此温度是鱼类养殖最重要的考量指标之一，是鱼类人工增养殖中的重要参数。获取鱼类生存的适温范围对于指导科学养殖具有重要的现实意义。有学者探讨、研究了红鳍东方鲀（Takifugu rubripes）（于晓明等，2017）、篮子鱼（Siganus guttatus）（王妤等，2015）幼鱼、叶尔羌高原鳅（Triplophysa yarkandensis）（陈生熬等，2011）、白氏文昌鱼（Branchiostoma belcheri）（方琦等，2010）对水温的热耐受性。

　　青藏高原以其高海拔、低温、强辐射、众多河湖、冰川冻土、丰富的生物多样性的自然环境形成了鲜明的特征，明显区别于其他地区（郑度，赵东升，2017），同时是全球气候变化最敏感的地区之一。强紫外线、低氧、低温的环境因子显著影响了高原土著生物，使之形成独特的适应策略和机制（李亚莉，2012）。在高海拔脊椎动物（藏鸡、藏猪、藏羊、藏山羊和牦牛）转录组中缺氧的反应、心血管系统、能量代谢和免疫反应可能参与高海拔适应过程中形成的表型分歧（Tang et al，2017）。

　　如今，气候变化已经或正在对全球的生态系统和生物多样性产生显著影响（Walther et al，2002）。在过去的 58 年里，全球变暖使黄河、长江和珠江流域的平均变暖率接近全球陆地表面（Tian et al，2017）。相关研究表明，海水变暖导致南极鱼类死亡率急剧上升，但南极鱼类能够应对南极温度的适度增加（Navarro et al，2018）。而青藏高原对全球的气候变化高度敏感（Liu et al，2000）。自 20 世纪 50 年代以来，青藏高原气候的变暖趋势超过北半球及同纬度地区，高原冰冻圈对近代气候变化的响应非常明显（郑度等，2002）。青藏高原地表气温远低于同纬度平原地区，高海拔所导致的相对低温和寒冷环境比较明显（郑度，赵东升，2017）。不容忽视的是，由于适宜生存环境的破坏，气候变暖可能使高山带的生物或优势物种濒临灭绝或被其他物种所代替（Klanderud et al，2005），生物物候期和物种繁殖行为也因此而发生改变（Root et al，2003）。例如，从 20 世纪 70 年代到 2000 年，气候变暖使青藏高原色林错裸鲤（*Gymnocypris selincuoensis*）的繁殖物候发生了显著变化，平均每 10 年提前了 2.9d（Tao et al，2018）。

全球气候变暖还加剧了生物多样性的波动，特别是耐低温的物种会受到威胁（刘洋等，2009）。裂腹鱼类作为分布在青藏高原的主要类群，为了适应高原环境，进化显著加快，表现在心血管发育、血液发生以及能量代谢相关基因的进化（俞梦超，2017）。尖裸鲤属于裂腹鱼类中演化程度最高的鱼类，并且生长速度较为缓慢（霍斌，2014），体重达到 100g 一般需要 4～5 年的时间，并且其胚胎发育历时长，然而胚胎发育过程中器官发育相对较快（许静，2011）。胚胎和仔鱼阶段是个体形态发育中最敏感的时期，在早期发育过程中，胚胎和仔鱼容易受到外界环境压力出现畸形个体、发育停滞、生长缓慢、死亡（Miller et al，1988）。个体在内源性营养的仔鱼阶段逐步发育到外源性营养的稚鱼阶段过程中的形态分化是非常重要的（Hardy & Litvak，2004），主要表现在较多的器官和组织发育、不同生理功能的形成和免疫系统的建立（Ferraresso et al，2013）。温度会对胚胎细胞体酶系统的活动产生影响，继而影响胚胎发育。研究孵化期水温对鱼类胚胎发育的影响，是人工繁殖和人工驯化的重要环节（韦正道等，1997）。水温还对鱼卵和仔稚鱼自身的变态发育有较大的影响（朱鑫华等，1999；张甲珅等，2004）。在早期发育阶段，环境温度胁迫易使鱼类胚胎成活率与孵化率下降，仔鱼畸形率升高，生存活力下降（Liu et al，2004），从而导致其补充群体数量减少以及资源量下降（冯广朋等，2009）。早期发育阶段成活率直接关系到鱼类补充群体资源量的多少，是导致种群数量和结构变化的主要原因，并与渔业资源开发利用程度息息相关（Chambers & Trippel，1997）。

同时，通过将转录组学方法与生物个体的环境因素相互作用相结合，从基因水平研究有机体响应环境变化的遗传学机制，阐明物种和种群适应环境变化的能力（施永彬等，2012）。转录组技术可以进行深度测序并记录每个基因的表达频率，对其进行定位和定量（Mortazavi et al，2008），并能鉴定不同发育阶段优先表达的差异基因和早期发育过程中的相关生理变异（Song et al，2015），以及评估转录本在特定时期的基因表达模式（Sarropoulou et al，2014），确定适应性基因参与差异表型表达的分子机制（Smith et al，2013）。目前，在许多物种中都发现了参与温度胁迫的适应性基因。在低温环境中，鱼类能够抵抗低温环境与机体抗冻糖蛋白的表达密切相关（吕绘倩等，2017）。抗冻糖蛋白表达的高低与鱼体所处环境直接相关，温度越低，抗冻糖蛋白的浓度越高（许强华等，2014）。在热应激反应中，热激蛋白 HSP 蛋白家族在鱼类的耐低温机制中发挥关键作用，HSP70 蛋白和 HSP90 蛋白对冷应激更敏感（Peng et al，2016）。温度升高与蛋白质折叠、氧化应激和免疫功能相关的基因有关（Lewis et al，2010）。分子伴侣热激蛋白基因的表达增加可以修复热诱导的细胞损伤（Newton et al，2013）。此外，狭温性的冷水鱼类更易受全球变暖的影响，可以作为研究热耐受性的特异性变化的指示物种，精确揭示它们的温度适应机制（Yu et al，2018）。

通过转录组测序技术，在青藏高原裂腹鱼类中发现与低氧和能量代谢有关的功能类别表现出快速进化（Yang et al，2014）、心血管系统发育（Yu et al，2017）、免疫相关基因家族和 Toll 样受体信号通路（Tong et al，2015）等，而目前尚未发现裂腹鱼类早期发育和温度适应性调控表达的相关研究报道。

因此，从全球气候变化的出发点考虑，识别气候因子的影响并探索温度变化对青藏高原鱼类早期发育的影响机制是非常有前瞻性的和必要的。

本章研究温度对雅鲁藏布江四种裂腹鱼类胚胎发育、仔稚鱼及成鱼等养殖生物学特性以及分子生物学特性的影响，包括：

① 拉萨裸裂尻鱼、异齿裂腹鱼及双须叶须鱼等三种裂腹鱼类幼鱼的水温耐受性（本章第一节）；

② 不同规格裂腹鱼类（以拉萨裂腹鱼为例）温度耐受性的研究（本章第二节）；

③ 水温对裂腹鱼类（以异齿裂腹鱼为例）幼鱼存活、摄食和生长的影响（本章第三节）；

④ 概述温度对雅鲁藏布江主要裂腹鱼类早期发育的影响（本章第四节）；

⑤ 基于转录组研究雅鲁藏布江两种裂腹鱼（尖裸鲤和拉萨裸裂尻鱼）的温度适应性（本章第五节）。

通过以上研究旨在掌握其早期发育阶段对温度因子的响应机制，为评估青藏高原温度变化对雅鲁藏布江四种裂腹鱼类早期发育的影响效应提供基础数据，并为后续的人工规模化繁殖和苗种培育提供基础参考资料。

第一节　三种雅鲁藏布江裂腹鱼类幼鱼水温耐受性

一、材料与方法

1. 试验鱼及分组

2017 年 3 月，繁殖得到拉萨裸裂尻鱼幼鱼，体长（20.43±2.03）mm，体重（0.08±0.03）g，3 月龄鱼苗；2017 年 4 月，繁殖得到异齿裂腹鱼幼鱼，体长（13.58±0.53）mm，体重（0.02±0.001）g，2 月龄鱼苗；2017 年 3 月，繁殖得到双须叶须鱼幼鱼，体长（21.79±2.06）mm，体重（0.1±0.01）g，3 月龄鱼苗。选取体格健壮、无病的拉萨裸裂尻鱼、异齿裂腹鱼、双须叶须鱼各 90 尾，分为三个试验组，每个试验组分为三个平行。其中一个试验组用于升温实验，一个试验组用于降温试验，一个试验组用于对照试验。

2. 试验时间、地点

试验于 2017 年 6 月在西藏自治区农牧科学院水产科学研究所西藏土著鱼类增殖育种场中进行。

3. 试验方法

（1）耐高温试验　选取试验鱼 30 尾，分为三个平行，置于带充氧装置的大圆盆内（直径 50cm，高度 30cm），静养 24h 以上，使试验鱼适应环境。从试验鱼原来饲养水温（12℃）开始，用自动恒温加热器升温，并用水银温度计校正恒温加热器和记录温度值误差。升温按照每 1h 上升 1℃（Baker & Heidinger et al，1996），适应 3h，观察并记录鱼的死亡率、摄食情况、活动情况及鳃呼吸频率等。以出现 50% 死亡数的水温作为临界水温（Fry et al，1942）。

（2）耐低温试验　选取试验鱼 30 尾，分为三个平行，置于带充氧装置的小盆内（直径 20cm，高度 15cm），静养 24h 以上，使试验鱼适应环境。从试验鱼原来饲养水温（12℃）

开始，用恒温培养箱降温，并用水银温度计校正恒温培养箱和记录温度值误差。降温按照每1h降低1℃，试验鱼适应3h（Baker & Heidinger et al，1996），观察并记录鱼的死亡率、摄食情况、活动情况及鳃呼吸频率等。以出现50%死亡数的水温作为临界水温（Fry et al，1942）。

　　整个试验过程中，每天投喂6次（2：00、6：00、10：00、14：00、18：00、22：00），按照体重1%～2%少量投喂，投喂0.5h后吸出残饵。每天换水2次（使用和试验水温相同的水），pH保持在8.0～8.5，溶解氧保持在6.0mg/L以上。

二、试验结果

1. 三种西藏土著鱼高温耐受性

　　对照组三种西藏土著鱼均无死亡，活动正常。试验组拉萨裸裂尻鱼在水温低于27℃时活动正常，极少出现死亡，死亡率6.7%；高于28℃后不摄食；29～30℃时，少部分活动减少，出现少量死亡，死亡率16.7%；31～33℃时，部分鱼侧游，呼吸加快，部分鱼反应急躁，死亡率73.33%；34℃时，鱼间歇性上蹿，呼吸急促，剩余鱼全部死亡，死亡率100%；极限最高温度为32℃。异齿裂腹鱼在水温低于25℃时活动正常，极少出现死亡，死亡率10.0%；高于26℃后不摄食；27～31℃时，少部分活动减少，呼吸加快，出现少量死亡，死亡率16.7%；32～33℃时，部分鱼侧游，呼吸急促，部分鱼反应急躁，死亡率56.67%；34℃时，鱼间歇性上蹿，呼吸急促，剩余鱼全部死亡，死亡率100%；极限最高温度为32℃。双须叶须鱼在水温低于26℃时活动正常，极少出现死亡，死亡率3.3%；高于27℃后不摄食；28～31℃时，部分鱼侧游，呼吸急促，部分鱼间歇性上蹿，反应急躁，死亡率96.7%；极限最高温度为30℃，见表3-44和表3-45。

表3-44　随着温度升高试验鱼死亡情况

时间	温度/℃	死亡鱼数量/尾		
		拉萨裸裂尻鱼	异齿裂腹鱼	双须叶须鱼
7月6日10：00	13	0	0	0
7月6日14：00	14	0	0	0
7月6日18：00	15	0	0	0
7月6日22：00	16	0	0	0
7月7日2：00	17	0	0	0
7月7日6：00	18	0	0	0
7月7日10：00	19	0	0	0
7月7日14：00	20	0	0	0
7月7日18：00	21	0	0.33±0.47	0
7月7日22：00	22	0	0.33±0.47	0
7月8日2：00	23	0.33±0.47	0	0.33±0.47
7月8日6：00	24	0	0	0
7月8日10：00	25	0	0.33±0.47	0
7月8日14：00	26	0.33±0.47	0.67±0.47	0
7月8日18：00	27	0	0	0

续表

时间	温度/℃	死亡鱼数量/尾		
		拉萨裸裂尻鱼	异齿裂腹鱼	双须叶须鱼
7月8日22：00	28	0	0	0
7月9日2：00	29	0	0	0.67±0.47
7月9日6：00	30	1.00±0.00	0.33±0.47	2.33±0.47
7月9日10：00	31	1.33±0.47	0.33±0.47	5.33±1.25
7月9日14：00	32	1.00±0.00	1.33±0.47	1.33±0.94
7月9日18：00	33	3.33±0.47	2.67±0.94	0
7月9日22：00	34	2.67±0.47	3.67±0.47	0
合计		10.00±0.00	10.00±0.00	10.00±0.00

表 3-45　随着温度升高试验鱼表现情况

时间	温度/℃	特征		
		拉萨裸裂尻鱼	异齿裂腹鱼	双须叶须鱼
7月6日10：00	13	正常	正常	正常
7月6日14：00	14	正常	正常	正常
7月6日18：00	15	正常	正常	正常
7月6日22：00	16	正常	正常	正常
7月7日2：00	17	正常	正常	正常
7月7日6：00	18	正常	正常	正常
7月7日10：00	19	正常	正常	正常
7月7日14：00	20	正常	正常	正常
7月7日18：00	21	正常	正常	正常
7月7日22：00	22	正常	正常	正常
7月8日2：00	23	正常	正常	正常
7月8日6：00	24	正常	正常	正常
7月8日10：00	25	正常	正常	正常
7月8日14：00	26	正常	不摄食	正常
7月8日18：00	27	正常	不摄食，少部分鱼活动减少，呼吸加快	不摄食
7月8日22：00	28	不摄食	不摄食，少部分鱼活动减少，呼吸加快	不摄食，部分鱼活动减少，呼吸加快
7月9日2：00	29	不摄食，少部分鱼活动减少，呼吸加快	不摄食，少部分鱼活动减少，呼吸加快	不摄食，部分鱼侧游，呼吸加快，反应急躁
7月9日6：00	30	不摄食，部分鱼活动减少，呼吸加快	不摄食，少部分鱼活动减少，呼吸加快	不摄食，部分鱼侧游，呼吸加快，反应急躁
7月9日10：00	31	不摄食，部分鱼侧游，呼吸急促，部分鱼反应急躁	不摄食，部分鱼侧游，呼吸急促，反应急躁	不摄食，鱼侧游，部分鱼乱蹿，反应急躁，呼吸加快

续表

时间	温度/℃	特征		
		拉萨裸裂尻鱼	异齿裂腹鱼	双须叶须鱼
7月9日14：00	32	不摄食，部分鱼侧游，呼吸急促，部分鱼反应急躁	不摄食，部分鱼侧游，呼吸急促，反应急躁	不摄食，鱼间歇性上蹿，呼吸加快
7月9日18：00	33	不摄食，鱼侧游，部分鱼乱蹿，反应急躁，呼吸急促	不摄食，鱼侧游，部分鱼乱蹿，反应急躁，呼吸加快	
7月9日22：00	34	不摄食，鱼间歇性上蹿，呼吸急促	不摄食，鱼间歇性上蹿，呼吸加快	

2. 三种西藏土著鱼低温耐受性

对照组三种西藏土著鱼均无死亡，活动正常。试验组拉萨裸裂尻鱼在水温高于8℃时活动正常；低于7℃时不摄食；3～4℃时，部分活动缓慢；0～2℃时，鱼基本不活动，呼吸微弱；0～11℃均没出现死亡。异齿裂腹鱼在水温高于8℃时活动正常；低于7℃时不摄食；3～6℃时，部分活动缓慢；1～2℃时，鱼基本不活动，呼吸微弱；0℃时呼吸微弱，部分鱼休克；1～11℃均没出现死亡，0℃时死亡率60.0%。双须叶须鱼在水温高于7℃时活动正常；低于7℃时不摄食；3～5℃时，部分活动缓慢；0～2℃时，鱼基本不活动，呼吸微弱；0～11℃均没出现死亡，见表3-46、表3-47。

表3-46 随着温度降低试验鱼死亡情况

时间	温度/℃	死亡鱼数量/尾		
		拉萨裸裂尻鱼	异齿裂腹鱼	双须叶须鱼
7月6日10：00	11	0	0	0
7月6日14：00	10	0	0	0
7月6日18：00	9	0	0	0
7月6日22：00	8	0	0	0
7月7日2：00	7	0	0	0
7月7日6：00	6	0	0	0
7月7日10：00	5	0	0	0
7月7日14：00	4	0	0	0
7月7日18：00	3	0	0	0
7月7日22：00	2	0	0	0
7月8日2：00	1	0	0	0
7月6日10：00	0	0	6.00 ± 0.82	0
合计		0	6.00 ± 0.82	0

表3-47 随着温度降低试验鱼表现情况

时间	温度/℃	特征		
		拉萨裸裂尻鱼	异齿裂腹鱼	双须叶须鱼
7月6日10：00	11	正常	正常	正常
7月6日14：00	10	正常	正常	正常

续表

时间	温度/℃	特征		
		拉萨裸裂尻鱼	异齿裂腹鱼	双须叶须鱼
7月6日18：00	9	正常	正常	正常
7月6日22：00	8	正常	正常	正常
7月7日2：00	7	不摄食	不摄食	正常
7月7日6：00	6	不摄食	不摄食，部分鱼活动缓慢	不摄食
7月7日10：00	5	不摄食	不摄食，部分鱼活动缓慢	不摄食，部分鱼活动缓慢
7月7日14：00	4	不摄食，部分鱼活动缓慢	不摄食，部分鱼活动缓慢	不摄食，部分鱼活动缓慢
7月7日18：00	3	不摄食，部分鱼活动缓慢	不摄食，部分鱼活动缓慢	不摄食，部分鱼活动缓慢
7月7日22：00	2	不摄食，部分鱼活动缓慢，呼吸频率减慢	不摄食，部分鱼活动缓慢，呼吸频率减慢	不摄食，部分鱼活动缓慢，呼吸频率减慢
7月8日2：00	1	不摄食，鱼基本不活动，呼吸微弱	鱼基本不活动，呼吸微弱	鱼基本不活动，呼吸微弱
7月8日6：00	0	不摄食，鱼基本不活动，呼吸微弱	呼吸微弱，部分鱼休克，出现较多死亡	鱼基本不活动，呼吸微弱

三、讨论

1. 三种西藏土著鱼温度耐受性

水温是鱼类养殖重要的生态因子之一。鱼类属于变温动物，其体温随着环境温度的变化而变化，从而直接影响其摄食和代谢等（黄良敏等，2005）。实验通过对比各温度下西藏三种土著鱼类幼鱼摄食情况、活动情况及鳃呼吸频率等各种行为特征，推断出拉萨裸裂尻鱼幼鱼、异齿裂腹鱼幼鱼和双须叶须鱼幼鱼摄食水温分别为8~27℃、8~25℃和7~26℃，极限最高温度分别为32℃、32℃和30℃，极限最低温度分别为0℃、1℃和0℃。极限温度与光唇裂腹鱼（*Schizothorax lissolabiatus* Tsao）（金方彭等，2016）、虹鳟（*Oncorhynchus mykiss*）（Currie *et al*，1998）及齐口裂腹鱼（*Sclizothorax prenanti*）（吴青等，2001）等大部分冷水性鱼类接近，与日本黄姑鱼（*Nibea japonica*）（柴学军等，2007）、鲫鱼（*Carassius auratus*）（汪锡钧，吴定安，1994）等温水性鱼类及南亚野鲮（*Labeo rohita*）（Chatterjee *et al*，2004）等热带鱼类相比，其高温耐受性低、低温耐受性高（表3-48）。因此推断在青藏高原、中国北方及中部拥有高山流水的地方的水温适合该三种西藏土著鱼类。在青藏高原，冬天气温可低至零下十几度，养殖水面长期结冰，建议异齿裂腹鱼鱼苗在深水环境或者室内温室越冬。

2. 三种西藏土著鱼温度耐受幅特征

鱼类具有一个温度耐受的下限和上限，它们的差值被称为温度耐受幅。它是评价鱼类热耐受特征的重要指标。拉萨裸裂尻鱼幼鱼、异齿裂腹鱼幼鱼和双须叶须鱼幼鱼温度耐受幅分别为32℃、31℃和30℃，较大部分冷水性鱼类大（Currie *et al*，1998；金方彭等，2016；刘春胜等，2011），这可能与青藏高原特殊的水域生态有关。经检查，拉萨河曲水段昼夜温差最大可达7℃，雅鲁藏布江周年水温温差可达24℃（李红敬等，2010）。西藏三种土著鱼温度耐受幅大正是由于其对高原环境的适应性。

表 3-48　几种鱼类温度耐受极限值

分类	鱼种类	极限最高温度/℃	极限最低温度/℃	文献来源
冷水性鱼	光唇裂腹鱼 (Schizothorax lissolabiatus Tsao)	31.0	3.0	金方彭等 (2016)
	狼鳗 (Anarrhichthys ocellatus)	24.0	0.5	刘春胜等 (2011)
	虹鳟 (Oncorhynchus mykiss)	29.1	0.2	Currie et al. (1998)
	齐口裂腹鱼 (Sclizothorax prenanti)	33.5	0.8	吴青等 (2001)
温水性鱼	日本黄姑鱼 (Nibea japonica)	34.0	8.0	柴学军等 (2007)
	叶尔美高原鳅 (Triplophysa yarkandensis)	37.4	6.7	方琦等 (2010)
	鲫鱼 (Carassius auratus)	35.3	2.0	汪锡钧，吴定安 (1994)
热带鱼	南亚野鲮 (Labeo rohita)	41.6	14.2	Chatterjee et al (2004)
	金钱鱼 (Scatophagus argus)	39.0	16.0	宋郁等 (2012)

第二节　不同规格拉萨裂腹鱼温度耐受性的研究

一、材料与方法

1. 试验材料

试验鱼均于 2018 年 8 月 5 日从雅鲁藏布江日喀则段捕获，低温充氧运输至西藏自治区农牧科学院水产科学研究所西藏土著鱼类增殖育种场中，经过 2% 食盐水消毒 30min 后，暂养在 4.7m×3m×0.6m 的车间养殖水泥池中，并充气增氧，保持溶解氧在 7mg/L 以上，流水培育，每 2h 循环换水一次，养殖水温为 (13±1)℃，试验过程未投喂饲料。

2. 试验方法

（1）试验分组

从养殖水泥池中挑选三种规格的拉萨裂腹鱼作为试验材料，分别是大规格 (100.93±13.12) g，(19.71±1.04) cm；中规格 (15.11±5.03) g，(10.05±1.19) cm；小规格 (1.37±0.32) g，(4.51±0.35) cm。试验鱼无病无伤、活力旺盛，其中大规格需要 48 尾，中规格需要 60 尾，小规格需要 92 尾，每种规格分三组，分别为升温试验试验组、降温试验试验组和空白对照组，每组分 3 个平行且均设有一个空白对照组。

（2）高温耐受试验

实验在平列槽 (200cm×50cm×25cm) 中进行，每个平列槽用 60 目网片隔开，分 3 个平行试验区，每个平行试验区规格为 50 cm×50 cm×25 cm，容积为 40 L。每个平行大、中、小规格试验鱼分别为 8 尾、10 尾和 15 尾，每个规格另设一个对照试验，转入平列槽中。试验水体提前充气增氧 24h，水体溶解氧保持在 7mg/L 以上，以减少溶解氧对试验鱼的影响，再经过静养 24h，使其熟悉试验环境。以车间水温 (13℃) 作为起始温度，试验从 2018 年 8 月 10 日 8：00 开始，用恒温加热棒进行加热，并用精确度为 0.1℃ 的水银温度计进行校正，升温以每 4h 升温 1℃，其中升温 1h，平衡 3h (Baker et al, 1996)，试验期间每 12h 换水一次，每次换水量约占总水量的 1/3，换水之前先预加热，并加热至该时段下试验所需温度。试验中观察并记录鱼的活动情况和呼吸频率变化等，直到试验鱼全部死完为止，以出现 50%死亡数的水温作为临界水温（Fry *et al*，1942）。

（3）低温耐受试验

试验在玻璃缸中进行，试验容器的规格为 40cm×25cm×25cm，容积为 20L，每种规格拉萨裂腹鱼设 3 个平行，每个平行大规格试验鱼 4 尾、中规格 5 尾和小规格 8 尾，各规格另设一个对照试验，转入玻璃缸中，试验水体提前充气增氧 24h，水体溶解氧保持在 7mg/L 以上，以减少溶解氧对试验鱼的影响，再经过静养 24h，使其熟悉试验环境。以车间水温（13℃）作为起始温度，用恒温培养箱进行降温，并用精确度为 0.1℃的水银温度计进行校正，降温以每 4h 降温 1℃，其中降温 1h，平衡 3h（Baker *et al*，1996），试验期间每 12h 换水一次，每次换水量约占总水量的 1/3，换水之前预先降温，并降至该时段下试验所需温度。试验中观察并记录鱼的形态、活动情况和呼吸频率变化情况等，直到试验鱼全部死完或者水温降到 0℃为止，以出现 50%死亡数的水温作为临界水温（Fry *et al*，1942）。

（4）呼吸频率测定

在某一温度条件下，测定每条鱼每分钟鳃盖闭合次数，即为每分钟鱼的呼吸频率，每一温度测定三条鱼，每条鱼测定 3 次，计算每分钟的平均呼吸频率，作为该温度下的呼吸频率。

（5）试验数据处理与分析

数据分析利用 SPSS18.0 进行，采用单因素方差分析对不同温度条件下拉萨裂腹鱼的呼吸频率变化以及不同规格拉萨裂腹鱼呼吸频率进行差异分析，$P<0.05$ 为显著差异，$P<0.01$ 为极显著差异，并对其作 Duncan 多重比较，选定 R^2 最大值的函数关系式来作为最佳曲线。

二、结果与分析

1. 三种规格拉萨裂腹鱼高温耐受试验

试验结果（表 3-49、表 3-50）表明，三种规格拉萨裂腹鱼对高温的耐受程度存在差异，对水温变化的敏感度也不完全相同。试验组中大规格拉萨裂腹鱼在温度低于 23℃的条件下，活动正常，且无死亡个体，在 24℃及以上的温度条件下，陆续有鱼开始死亡；在 25～27℃时，部分鱼开始离群独游，反应强烈并频繁游动，死亡率为 29.1%；在 28～29℃时，部分鱼长时间停留在水面并抽搐，呼吸加快，死亡率为 45.8%；在 30～31℃时，部分鱼失去平衡，身体僵直，时而沉入水底，时而浮出水面，死亡率为 58.3%；在 32℃时，鱼间歇性上蹿，失去平衡，呼吸加快，不久后全部死亡。试验组中中规格拉萨裂腹鱼在温度低于 24℃的条件下，活动正常，集群明显，但在 22～23℃时，均有个体死亡，死亡率为 10.0%；在 24～27℃时，部分鱼反应激烈，频繁游动，间歇性地探出水面，死亡率为 43.4%；在 28～29℃时，集群消失，部分鱼间歇性地在水面活动，死亡率为 46.7%；在 30～32℃时，鱼失去平衡并侧游，呼吸加快，死亡率为 96.7%；在 33℃时，鱼间歇性上蹿，失去平衡，呼吸加快，不久后全部死亡。试验组中小规格拉萨裂腹鱼在温度低于 26℃的条件下，活动正常，集群明显，但在 20～21℃时，均有个体死亡，死亡率为 8.9%，死亡的原因可能是运输过程中相互挤压引起试验鱼的体表黏液脱落或内脏受伤等人为伤害，又或者是试验过程操作不当。在 26～29℃时，部分鱼离群独游，反应激烈，频繁游动，死亡率为 17.9%；在 30～31℃时，部分鱼在水面活动，呼吸加快，死亡率为 24.5%；在 32～33℃时，部分鱼失去平衡，间歇性探出水面，呼吸加快，死亡率为 51.1%；在 34～35℃时，部分鱼失去平衡并侧游，另有部分鱼在水面中上层游动，时而缓慢游动，时而加速，时而上下乱蹿，并间歇性回正，呈僵直状，死亡率为 80%；在 36℃时，大部分鱼间歇性上蹿，而后沉入水底，间歇性往复，并失去平衡，呼吸加快，不久后全部死亡。试验过程中空白对照组均未出现死亡。

表 3-49 温度升高三种规格拉萨裂腹鱼死亡情况

时间	温度/℃	各组死亡尾数/尾		
		大规格	中规格	小规格
16：00	13	0	0	0
20：00	14	0	0	0
0：00	15	0	0	0
4：00	16	0	0	0
8：00	17	0	0	0
12：00	18	0	0	0
16：00	19	0	0	0
20：00	20	0	0	0.67±1.15
0：00	21	0	0	0.67±1.15
4：00	22	0	0.33±0.58	0
8：00	23	0	0.67±0.58	0
12：00	24	0.67±0.58	1.00±0.00	0
16：00	25	0.33±0.58	0.67±0.58	0
20：00	26	1.00±0.00	1.00±0.00	0
0：00	27	0.33±0.58	0.67±0.58	0
4：00	28	0.67±0.58	0.33±0.58	0.67±1.15
8：00	29	0.67±1.15	0	0.67±1.15
12：00	30	0.33±0.58	2.67±1.54	0.33±0.58
16：00	31	0.67±0.58	1.33±0.58	0.67±0.58
20：00	32	3.33±1.53	1.00±0.00	0.67±0.58
0：00	33		0.33±0.58	3.33±2.08
4：00	34			3.00±0.00
8：00	35			1.33±0.58
12：00	36			3.00±2.00
合计		8.00±0.00	10.00±0.00	15.00±0.00

表 3-50 三种规格拉萨裂腹鱼对温度升高的耐受情况

时间	温度/℃	活动状态		
		大规格	中规格	小规格
16：00	13	活动正常	活动正常	活动正常
20：00	14	活动正常	活动正常	活动正常
0：00	15	活动正常	活动正常	活动正常
4：00	16	活动正常	活动正常	活动正常
8：00	17	活动正常	活动正常	活动正常
12：00	18	活动正常	活动正常	活动正常
16：00	19	活动正常	活动正常	活动正常

时间	温度/℃	活动状态		
		大规格	中规格	小规格
20：00	20	活动正常	活动正常	活动正常
0：00	21	活动正常	活动正常	活动正常
4：00	22	活动正常	活动正常	活动正常
8：00	23	活动正常	活动正常	活动正常
12：00	24	活动正常	部分鱼反应激烈，游动频繁	活动正常
16：00	25	部分鱼间歇性在水面中上层游动，离群独游	部分鱼间歇性探出水面，游动频繁	活动正常
20：00	26	部分鱼反应强烈，开始频繁游动	部分鱼反应激烈，游动频繁	部分鱼反应激烈，频繁游动
0：00	27	部分鱼在乱蹿，反应激烈，频繁游动	部分鱼在水底乱蹿，反应激烈，游动频繁	部分鱼反应激烈，成群乱蹿
4：00	28	部分鱼长时间停留水面，呼吸加快	集群消失，部分鱼间歇性地在水面活动	部分鱼开始离群，在水底乱蹿
8：00	29	部分鱼开始抽搐，呼吸加快	部分鱼开始在水面活动，并间歇性乱蹿	部分鱼反应激烈，分散乱蹿
12：00	30	部分鱼失去平衡，并侧游，间歇性将头探出水面	部分鱼开始失去平衡，并侧游	部分鱼间歇性探出水面，呼吸加快
16：00	31	部分鱼身体僵直，时而沉入水底，时而浮出水面	部分鱼失去平衡，并侧游，呼吸加快	部分鱼在水面活动，呼吸加快
20：00	32	鱼间歇性上蹿，失去平衡，呼吸加快，而后全部死亡	部分鱼翻白肚沉入水底，并间歇性侧游，呼吸急促	部分鱼开始失去平衡，呼吸加快
0：00	33		鱼间歇性上蹿，失去平衡，呼吸加快，而后全部死亡	部分鱼间歇性地探出水面，并侧游，呼吸加快
4：00	34			部分鱼失去平衡并不时探出水面，间歇性回正，而后沉入水底，另有部分鱼长时间静卧水底
8：00	35			大部分鱼在水面中上层游动，时而缓慢游动，时而加速，时而上下乱蹿，并侧游，部分鱼呈僵直状
12：00	36			鱼间歇性上蹿，而后沉入水底，并失去平衡，呼吸加快，而后全部死亡

2. 三种规格拉萨裂腹鱼低温耐受试验

试验结果（表 3-51、表 3-52）表明，三种规格拉萨裂腹鱼对低温的耐受程度存在种间差异，对水温变化的敏感度也不完全相同。试验组中大规格拉萨裂腹鱼在温度高于 6℃ 的条

表 3-51　温度降低三种规格拉萨裂腹鱼死亡情况

时间	温度/℃	各组死亡尾数/尾		
		大规格	中规格	小规格
20：00	12	0	0	0
0：00	11	0	0	0
4：00	10	0	0	0
8：00	9	0	0	0
12：00	8	0	0	0
16：00	7	0	0	0
20：00	6	0	0	0
0：00	5	0	0	0
4：00	4	0	0	0
8：00	3	0	0	0
12：00	2	0	0	0
16：00	1	0	0	0.33 ± 0.58
20：00	0	0	0	0.33 ± 0.58
合计		0	0	2.00 ± 0.00

表 3-52　三种规格拉萨裂腹鱼对温度降低的耐受情况

时间	温度/℃	活动状态		
		大规格	中规格	小规格
20：00	12	活动正常	活动正常	活动正常
0：00	11	活动正常	活动正常	活动正常
4：00	10	活动正常	活动正常	活动正常
8：00	9	活动正常	活动正常	活动正常
12：00	8	活动正常	活动正常	活动正常
16：00	7	活动正常	活动正常	活动正常
20：00	6	部分鱼活动缓慢	活动正常	活动正常
0：00	5	游动有些僵硬	部分鱼活动缓慢	活动正常
4：00	4	游动有些僵硬	游动有些僵硬	部分鱼活动缓慢
8：00	3	部分鱼呼吸不规律，反应迟缓	游动有些僵硬，呼吸不规律，反应迟缓	部分鱼开始失去平衡，并侧游，活动缓慢
12：00	2	反应迟缓，间歇性摆动尾部，呼吸不规律	反应迟缓，呼吸减缓，静卧水底，呼吸不规律	部分鱼失去平衡，呼吸不规律，活动缓慢
16：00	1	鱼躯体柔软，静卧水底，反应迟缓，无激烈反应，呼吸不规律	鱼躯体柔软，部分鱼身体失去平衡，无激烈反应	部分鱼斜着身体静卧水底，呼吸不规律，反应迟缓，不时探出水面
20：00	0	鱼躯体柔软，并斜着身体静卧水底，几乎不活动	鱼躯体柔软，反应迟缓，部分鱼身体失去平衡，	呼吸不规律，反应迟缓，基本不活动

件下，活动正常；在 4～6℃时，部分鱼活动缓慢，游动有些僵硬；在 2～3℃时，呼吸不规律，反应迟缓；在 0～1℃时，鱼躯体柔软，反应迟缓，并有部分鱼斜着身体静卧水底，几乎不动，实验过程中均无死亡。试验组中中规格拉萨裂腹鱼在温度高于 5℃条件下，活动正常；在 4～5℃时，活动缓慢；在 2～3℃时，呼吸不规律，反应迟缓，部分鱼静卧水底；0～1℃时，鱼躯体柔软，部分鱼身体失去平衡，试验过程中均无死亡。试验组中小规格拉萨裂腹鱼在温度高于 4℃的条件下，活动正常；在 4～12℃均无死亡个体；在 3～4℃时，活动缓慢，无死亡个体；在 0～2℃时，部分鱼失去平衡，呼吸不规律，反应迟缓，基本不活动，但在 0～1℃时，均有个体死亡，死亡率为 13.3%。试验过程中空白对照组均未出现死亡。

3. 温度对三种规格拉萨裂腹鱼呼吸频率的影响

（1）升温试验对三种规格拉萨裂腹鱼呼吸频率的影响

试验结果（表 3-53）显示，各温度下拉萨裂腹鱼呼吸频率不同，随着水温的升高，其呼吸频率呈现增大的趋势，且不同规格拉萨裂腹鱼间呼吸频率存在着显著差异（$P < 0.05$）。

表 3-53　温度升高对三种规格拉萨裂腹鱼呼吸频率的影响

时间	温度/℃	呼吸频率/（次/min）		
		大规格	中规格	小规格
16：00	13	43.3±1.5[a]	92.7±7.6[b]	126.7±14.2[c]
20：00	14	57.7±4.2[a]	98.0±5.0[b]	133.7±12.0[c]
0：00	15	64.3±3.2[a]	120.3±3.8[b]	133.3±8.4[c]
4：00	16	68.0±5.3[a]	124.0±1.0[b]	138.3±12.5[b]
8：00	17	90.3±3.1[a]	130.7±7.2[b]	145.7±7.2[c]
12：00	18	96.3±4.5[a]	127.7±2.1[b]	146.3±5.9[c]
16：00	19	96.0±8.7[a]	125.3±3.8[b]	148.7±3.5[c]
20：00	20	110.0±20.0[a]	138.3±3.5[b]	156.0±3.0[b]
0：00	21	106.3±16.0[a]	140.7±1.5[b]	153.0±3.0[b]
4：00	22	123.0±2.6[a]	152.0±4.6[b]	162.0±3.0[c]
8：00	23	121.3±7.0[a]	150.0±3.0[b]	162.0±3.0[c]
12：00	24	120.0±3.0[a]	154.7±5.1[b]	163.7±8.1[b]
16：00	25	119.7±0.6[a]	154.0±3.5[b]	166.0±3.5[c]
20：00	26	121.3±2.9[a]	148.7±6.4[b]	171.0±7.9[c]
0：00	27	127.0±1.7[a]	150.7±6.8[b]	173.0±7.5[c]
4：00	28	127.7±5.1[a]	145.7±3.8[b]	161.0±4.6[c]
8：00	29	145.3±2.3[a]	149.0±7.5[a]	147.3±3.1[a]
12：00	30	152.3±2.0[a]	163.0±1.7[a]	152.7±8.5[a]
16：00	31	163.7±9.0[a]	166.3±1.5[ab]	155.0±1.7[b]
20：00	32		161.0±5.6[A]	160.0±4.6[A]
0：00	33			157.0±1.7[A]
4：00	34			164.7±5.5[A]
8：00	35			164.7±10.8[A]

注：同列及同行数字肩上大写字母相同时为差异不显著（$P > 0.05$）；同行数字肩上小写字母不同为差异显著（$P < 0.05$）；同行数字肩上小写字母相同为差异不显著（$P > 0.05$），下同。

在 13～31℃逐渐升高的温度下，大规格拉萨裂腹鱼呼吸频率变化范围为 43.3～163.7 次/min，且呈现波动上升趋势，其中呼吸频率增加的最大量为 278.1%，并且在水温为 31℃时呼吸急促，呼吸频率可达 163.7 次/min；在 13～32℃逐渐升高的温度下，中规格拉萨裂腹鱼呼吸频率变化范围为 92.7～166.3 次/min，且呈现波动上升趋势，其中呼吸频率增加的最大量为 79.4%，并且在水温为 31℃时呼吸急促，呼吸频率可达 166.3 次/min；在 13～35℃逐渐升高的温度下，小规格拉萨裂腹鱼呼吸频率变化范围为 126.7～173.0 次/min，且呈现波动上升趋势，其中呼吸频率增加的最大量为 36.5%，并且在 27℃时呼吸急促，呼吸频率可达 173.0 次/min。

（2）降温试验对三种规格拉萨裂腹鱼呼吸频率的影响

试验结果（表 3-54）显示，各温度下拉萨裂腹鱼呼吸频率不同，随着水温的降低，其呼吸频率呈现逐渐减小的趋势，且不同规格拉萨裂腹鱼间呼吸频率存在着显著差异（$P<0.05$）。在 0～12℃范围内，大规格拉萨裂腹鱼呼吸频率变化范围为 12～46 次/min，且呈波动下降趋势，其中呼吸频率减小的最大量为 383.3%；中规格拉萨裂腹鱼呼吸频率变化范围为 16～101.7 次/min，且呈波动下降趋势，呼吸频率减小的最大量为 635.6%；小规格拉萨裂腹鱼呼吸频率变化范围为 11.7～118.7 次/min，且呈波动下降趋势，呼吸频率减小的最大量为 1014.5%。其中在水温为 0℃时，大规格拉萨裂腹鱼平均呼吸频率降为 12.0 次/min；中规格拉萨裂腹鱼平均呼吸频率降为 16.0 次/min；小规格拉萨裂腹鱼平均呼吸频率降为 11.7 次/min。

表 3-54　温度降低对三种规格拉萨裂腹鱼呼吸频率的影响

时间	温度/℃	呼吸频率/(次/min)		
		大规格	中规格	小规格
20：00	12	43.0±3.0[a]	92.3±8.1[b]	118.7±4.5[c]
0：00	11	44.0±3.0[a]	101.7±3.5[b]	106.7±14.0[b]
4：00	10	45.0±1.0[a]	68.0±7.5[b]	88.7±7.5[b]
8：00	9	46.3±3.1[a]	64.0±4.6[b]	82.7±3.8[c]
12：00	8	44.0±1.7[a]	68.0±6.2[b]	84.0±5.2[c]
16：00	7	42.3±0.6[a]	67.0±6.2[b]	72.0±3.0[b]
20：00	6	42.0±3.0[a]	58.7±1.5[b]	69.7±5.0[c]
0：00	5	38.0±3.5[a]	47.0±6.2[ab]	58.0±9.2[b]
4：00	4	32.7±6.5[a]	45.0±5.2[a]	43.0±11.4[a]
8：00	3	28.7±2.1[a]	26.0±4.6[a]	42.3±9.8[b]
12：00	2	22.3±5.1[a]	17.0±3.5[a]	32.7±3.5[b]
16：00	1	22.7±2.3[a]	18.0±3.0[ab]	26.7±3.1[b]
20：00	0	12.0±3.0[a]	16.0±1.7[ab]	11.7±0.6[b]

三、讨论

1. 三种规格拉萨裂腹鱼对温度的耐受性

谢尔福德耐受性定律（Shelford's law of tolerance）表明生物对其生存环境的适应有一

个生态最小量和生态最大量的界限，生物只有处于这两个限度范围之间才能生存，这个最小到最大的限度称为生物的耐受性范围。鱼类属于变温动物，环境温度是其最为重要的外界因素之一，它影响着鱼类的生命活动（林浩然等，2006）。鱼类的生存温度有其耐受的上限和下限，它们的差值被称为温度耐受幅，这是评价鱼类温度耐受特征的重要指标。

在冷水性鱼类中，水温为 8～20℃ 是适宜养殖范围，在一定范围内，较高的温度可以促进鱼类的生长，较低的温度会减缓鱼类的生长；倘若温度骤变，鱼类因不能马上适应环境的变化，而会导致鱼类的死亡（刘艳超等，2018）。试验通过对比各温度条件下拉萨裂腹鱼的游动姿势、活跃状态等行为特征，可以得出大规格拉萨裂腹鱼的适宜生长温度为 7～24℃，中规格拉萨裂腹鱼的适宜生长温度为 6～23℃，小规格拉萨裂腹鱼的适宜生长温度为 5～25℃。故不同规格的拉萨裂腹鱼的适宜生长温度随着体重的变化而变化，这与 Kling（2007）研究的大西洋鳕鱼结果较为一致；并且可判断大规格、中规格和小规格拉萨裂腹鱼的极限最高温度分别为 30℃、30℃ 和 33℃，极限最低温度均为 0℃。极限温度与温水性鱼类（柴学军等，2007；王云松等，2005）和热带鱼类（Chatterjer et al，2004；宋郁等，2012）相比，呈现高温耐受性低、低温耐受性高的特点，但与齐口裂腹鱼（*Sclizothorax prenanti*）（吴青等，2001）及虹鳟（*Oncorhynchus mykiss*）（Currie et al，1998）等部分冷水性鱼类接近。而大规格、中规格和小规格拉萨裂腹鱼的温度耐受幅分别是 30℃、30℃ 和33℃，但较大部分冷水性鱼类温度耐受幅大（Currie et al，1998；金方彭等，2016；刘春胜等，2011）。这是由于生物的适应温度与其生活方式和栖息地的季节性温度变化相关联，即生活于变化较大环境的生物比生活于变化相对稳定环境的狭温生物具有较大的广温性（Cossins et al，1987），加之西藏地区环境气候变化较大，如雅鲁藏布江周年水温最大温差为 16℃（李红敬等，2010），这就使得作为土著鱼类的拉萨裂腹鱼较其他冷水性鱼类具有较大的广温性。相关研究显示，鱼类所表现出的活力状态可能与乙酰胆碱酯酶（AchE）在温度胁迫下的活性变化相关。乙酰胆碱酯酶是一种分解酶，可水解乙酰胆碱，保证神经兴奋与抑制协调统一（冯祖强等，1984），而三种规格拉萨裂腹鱼体内乙酰胆碱酯酶（AchE）行使正常功能的温度耐受范围及其影响鱼体活动状态的情况还有待进一步研究。

2. 三种规格拉萨裂腹鱼在不同温度下呼吸频率变化规律

（1）升温试验下呼吸频率变化规律

当水体溶解氧饱和度达 65% 以上，温度是影响鱼类呼吸频率的主要因素（陈松波等，2006）。水温升高 1℃，其代谢速率增加 10%；水温升高 10℃，其代谢速率增加 1 倍（尾崎久雄，1982；卞小宇等，1985），与此同时用来维持代谢的重要组织器官活性增强，机体内相应酶的活性也会随之提高，机体的活动强度增大，基础代谢旺盛，表现出耗氧率上升（杨凯等，2017）。在升温试验中，呼吸频率随温度的上升呈现规律性增加。分析其原因：首先是在一定溶解氧饱和状态下，温度高的水比温度低的水的溶解氧相对要少，鱼体在温水中为了达到与在低温水中等量的氧气，其鳃部就要过滤更多的温水，就必须加快呼吸频率，使更多的温水通过鳃部（Schurmann et al，1997），所以在一定温度范围内，呼吸频率随温度上升而增加；其次，水温升高时，通过增加呼吸频率来摄取更多的氧气，是维持较高代谢速率的有效途径（陈松波等，2006）。通过比较发现，在相同温度及相似溶解氧条件下，规格越大的拉萨裂腹鱼，其呼吸频率越低，即大规格＜中规格＜小规格，这与陈松波（2006）和曹维勤（1989）的相关研究结果相一致。

通过比较拉萨裂腹鱼呼吸频率增加最大量，发现其规格越大，呼吸频率增加量越大，即大规格＞中规格＞小规格，说明规格越小，在高温环境中，鱼适应能力越强，水温变化对鱼影响越小，即代谢速率增加量越小（陈松波等，2006）。因此，随着温度的升高，拉萨裂腹鱼体内代谢增强，通过增加呼吸频率获取更多的氧气，以维持体内较高的代谢速率，而鱼的规格越大，体内代谢越强，呼吸频率变化量越大，对高温环境适应性越差。

（2）降温试验下呼吸频率变化规律

在降温试验中，呼吸频率随温度的降低呈现规律性的减小。陈松波（2006）等认为鱼类呼吸频率逐渐下降，鱼体的生理活动能力随之逐渐下降，其代谢速率也随之减小，这与试验中所观察到的行为活动一致。在低温条件下，水体中的溶解氧相对高温的溶解氧要多，并且杨凯（2017）等认为低温条件下，鱼类耗氧率可能会低于高温下的耗氧率，这就使得鱼体不需要提高呼吸频率来获取更多的氧气参与到代谢中，故呼吸频率下降。通过比较其呼吸频率减小最大量，发现规格越小，其呼吸频率减小最大量越大，即大规格＜中规格＜小规格，说明规格越小，鱼适应能力越弱，水温变化对鱼影响越大；规格越大，鱼适应能力越强，水温变化对鱼影响越小，这与神仙鱼（陈进树，2007）的研究结果一致。尾崎久雄（1982）认为鱼类有其耐受生存的温度，但不是其最适生理温度。通过比较分析拉萨裂腹鱼的活力状态和呼吸频率，对于冷水性鱼类拉萨裂腹鱼来说，温度越低对其生长不一定有益，但是在西藏寒冷季节水温低的条件下，鱼体规格越大，更容易通过调节自身体内生理生化速率，减缓代谢速度，使其耗能减慢，避免由于食物短缺而造成饥饿死亡，能够更好地度过低温的季节。

（3）拉萨裂腹鱼呼吸频率与温度的变化关系

由图 3-40 可知，利用线性回归方法，将所得到的所有数据进行拟合，得到大规格、中规格和小规格拉萨裂腹鱼的 R^2 值分别为 0.9519、0.9729 和 0.9686，拟合效果好，可信度高，且在众多因素中，温度对呼吸频率的影响是最大的，试验效果明显。由此说明，当试验水体中溶解氧适宜时，影响呼吸频率的主要因素是温度，不同规格间的拉萨裂腹鱼的呼吸频率数值均不相同，但均表现为温度高呼吸频率总体加快，温度低呼吸频率总体下降，即温度与鱼体的呼吸频率呈正相关，由此可通过养殖水体的温度，来预测此时鱼体的活动状态。这对于养殖条件下为鱼提供适宜的活动温度具有一定的参考价值，可以有效避免鱼体应激反应的发生。

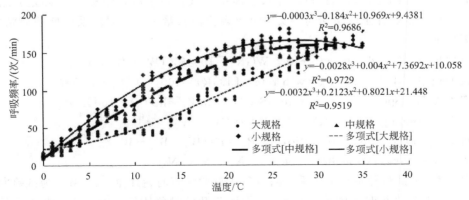

图 3-40　三种规格拉萨裂腹鱼呼吸频率与温度的变化关系

第三节　水温对异齿裂腹鱼存活、摄食和生长的影响

一、材料与方法

1.试验鱼及试验条件

异齿裂腹鱼亲本为 2017 年从雅鲁藏布江中游捕获的野生种试验鱼经人工繁殖、培育所得，为同一批繁殖鱼苗，5 月龄。初始体长（48.37±0.58）mm，体重（1.13±0.05）g。实验前，异齿裂腹鱼在西藏农科院水产所西藏土著鱼类增殖育种场进行养殖，微流水，水温（12.5±1.1）℃，溶解氧（6.7±0.4）mg/L，pH（8.0±0.1）。试验在室内水族缸（长40cm×宽25cm×高30cm）内进行。试验用水为增氧后的地下水。试验饲料为智利公司生产的鱼苗料，粒径 0.6mm。每天投喂四次（8：30、12：30、16：30、22：30），按体重3%～6%饱食投喂，投饵前 0.5h 吸出粪便，投饵 0.5h 后吸出残饵，并于 70℃恒温干燥箱中烘干，校正摄食量。试验期间，高温组试验水族缸水温由恒温加热棒控制，温度波动控制在±0.4℃；低温组试验水族缸水温通过加冰块控制，温度波动控制在±1.0℃。水族缸底部有增氧装置，24h 工作，使水上下翻滚，保证水族缸内各层水温一致。每天换水一次，每次换水 1/3，换水前后温差控制在 0.5℃以内。试验期间各试验组溶解氧（8.1±0.2）mg/L，pH（8.0±0.1），氨氮＜0.2mg/L，亚硝酸盐＜0.005mg/L。

2.试验设计

试验设 6 个温度处理组，分别为 7℃、12℃、17℃、22℃、27℃、32℃，每组三个平行，每个平行 30 尾异齿裂腹鱼。试验前将体质健壮、无病伤的异齿裂腹鱼放入试验水族缸，水温与原始生活温度（12.5℃）一致，以 24h/1℃升温或降温至试验温度，升温前停食一天。另取 300 尾体质健壮、无病伤的异齿裂腹鱼，分为 6 个补充组（温度调整到指定温度后，试验开始前补充因升温造成的死鱼数），每组 50 尾，同试验组实验鱼一同升温或降温。待水温调整到设定值并适应 7d 后，将各平行组试验鱼补充到 30 尾，正式试验。试验期间每隔 6d 测量一次体重，用 125mg/L 的 MS-222 将鱼快速麻醉，每个平行试验鱼带水一齐称重，并记录试验鱼尾数，计算均重。实验周期为 36d。

3.指标测定

试验开始时，测定各组试验鱼的体长、体重，试验结束后，停食 1d，测定各组试验鱼的体长、体重，依据养殖试验期间各实验组鱼摄食饲料量，饲养时间及试验前后鱼的体长、体重计算如下：

体重增长率（Weight growth rate，WGR）$=100\% \times (W_t - W_0)/W_0$

体长增长率（Body length growth rate，BLGR）$=100\% \times (L_t - L_0)/L_0$

特定生长率（Specific growth rate，SGR）$=(\ln W_t - \ln W_0) \times 100\%/t$

摄食率（Feeding ratio，FR）$=200 \times F/[(W_t + W_0) \times t]$

饲料系数（Feed conversion ratio，FCR）$=F/(W_t + W_x - W_0)$

存活率（Survival rate，SR）$=100\% \times (N_t - N_0)/N_0$

式中：W_0 为试验开始时鱼体重，g；W_t 为试验结束时鱼体重，g；W_x 为试验期间死鱼体重，g；L_t 为验结束时鱼体长，cm；L_0 为试验开始时鱼体长，cm；N_0 为试验开始时鱼的尾数；N_t 为试验结束时鱼的尾数；F 为饲料摄入量，g；t 为养殖天数，d。

4. 数据处理方法

试验结果用"平均值±标准差"表示。试验数据采用 SPSS 19.0 统计软件中 One-way ANOVA 来检验温度对异齿裂腹鱼存活、摄食和生长的影响，并对其作 Duncan 多重比较，差异显著水平为 $P < 0.05$。

二、结果

1. 水温对异齿裂腹鱼存活率的影响

水温与异齿裂腹鱼存活率的关系见图 3-41，水温对异齿裂腹鱼存活率有显著影响（$P < 0.05$）。温度低于 22℃ 时，各试验组存活率差异不显著（$P > 0.05$），通过线性回归得出 $y = -0.9111x + 80.156$，$R^2 = 0.9062$（图 3-41）。温度高于 22℃ 后，存活率显著降低（$P < 0.05$）；当温度为 32℃ 时，存活率为 0，通过线性回归得出 $y = -6.1111x + 190.93$，$R^2 = 0.9356$（图 3-41）。两条直线交汇处为 21.30℃。

2. 水温对异齿裂腹鱼摄食和饲料利用的影响

水温对异齿裂腹鱼摄食和饲料利用的影响见图 3-42、图 3-43，水温对异齿裂腹鱼摄食和饲料利用率有显著影响（$P < 0.05$）。温度低于 22℃ 时，随着水温的升高，异齿裂腹鱼摄食量显著升高（$P < 0.05$），通过线性回归拟合水温（x）与异齿裂腹鱼摄食率（y）的关系得出回归方程 $y = 0.0632x + 0.8786$，$R^2 = 0.996$（图 3-42）。温度高于 22℃ 时，随着水温的升高，异齿裂腹鱼摄食率显著降低（$P < 0.05$），通过线性回归得出 $y = -0.15x + 5.55$，$R^2 = 1.00$（图 3-42）。两条直线交汇处为 22.00℃。随着温度升高，异齿裂腹鱼饲料系数呈先降低后升高的变化趋势（$P < 0.05$），且在水温为 17℃ 时最低（$P < 0.05$），为 1.18。以二次曲线来拟合水温（x）与异齿裂腹鱼饲料系数（y）的关系（图 3-43），得到回归方程 $y = 0.0063x^2 - 0.1909x + 2.6047$，$R^2 = 0.936$，则饲料系数最低时水温为 15.07℃。

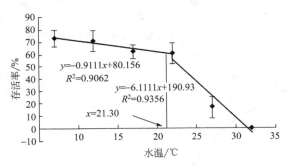

图 3-41　水温与异齿裂腹鱼存活率的关系

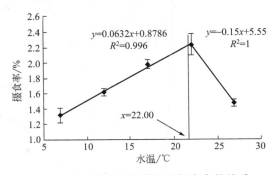

图 3-42　水温与异齿裂腹鱼摄食率的关系

3. 水温对异齿裂腹鱼生长的影响

水温对异齿裂腹鱼生长的影响见图 3-44，水温对异齿裂腹鱼终末体重、终末体长、体重增长率、体长增长率和特定增长率均有显著影响（$P < 0.05$）。试验鱼初始体长、体重差异不显著（$P > 0.05$）。终末体重、终末体长、体重增长率和体长增长率均随水温的增加而呈先升高后降低的变化趋势，且均在水温为 17℃ 时取得最大值，分别为 2.13g、59.61mm、86.91% 和 23.01%。特定增长率随水温的增加而呈先升高后降低的变化趋势，且在水温为 22℃ 时取得最大值，为 1.75%/d。以指数函数来拟合不同水温条件下养殖时间（x）与异齿裂腹鱼体重的关系（图 3-44），得出回归方程。以二次曲线来拟合水温（x）与异齿裂腹鱼体重增长率、体长增长率及特定生长率（y）的关系（图 3-45～图 3-47），得到回归方程分别为 $y = -0.5238x^2 + 18.141x - 71.265$，$R^2 = 0.8259$；$y = -0.1156x^2 + 4.1272x - 14.308$，$R^2 = 0.9946$；$y = -0.0093x^2 + 0.3207x - 1.0301$，$R^2 = 0.8411$。则异齿裂腹鱼幼鱼体重增长率、体长增长率及特定生长率最高时水温分别为 17.32℃、17.85℃、17.18℃。

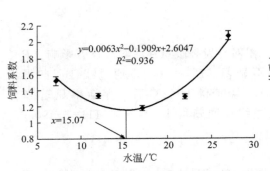

图 3-43 水温与异齿裂腹鱼饲料系数的关系

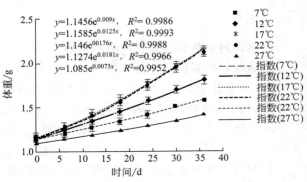

图 3-44 不同水温条件下异齿裂腹鱼增长情况

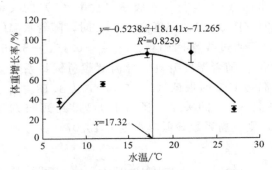

图 3-45 水温与异齿裂腹鱼体重增长率的关系

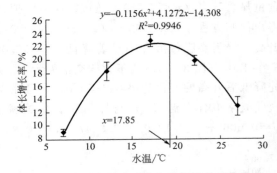

图 3-46 水温与异齿裂腹鱼体长增长率的关系

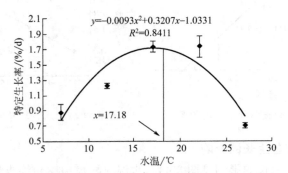

图 3-47 水温与异齿裂腹鱼体特定生长率的关系

三、讨论

1. 异齿裂腹鱼耐温性及适宜规模化培育区域分析

在养殖过程中，幼鱼阶段是各种器官形成、发育和完善的关键时期，对环境因子的变化非常敏感（孙志景等，2013）。其中水温是一个重要的环境因子，它一方面通过改变幼鱼体内酶的活性影响代谢率，进而影响发育；另一方面通过影响幼鱼代谢过程中的能量收支影响发育，进而影响存活率（张进军，2017）。孙志景等（2013）对东星斑（*Plectropomus leopardus*）幼鱼、李勇等（2011）对大菱鲆（*Psetta maxima*）的研究结果表明，水温对试验幼鱼的存活率具有重要的影响，其存活率随水温的增加表现出先升高后降低的趋势。在本试验中，水温低于 22℃时，各试验组存活率差异不显著，这与孙志景等（2013）、李勇等（2011）等研究结果存在差异，这可能是因为异齿裂腹鱼长期生活的水环境——雅鲁藏布江水温低（李红敬等，2010），异齿裂腹鱼幼鱼为适应环境，因此具备了耐低温的能力；同时，本试验最低温度设置为 7℃，没有达到异齿裂腹鱼极限最低温度。因此，本试验中低温组与中间水温组试验鱼存活率没有表现出显著差异。温度高于 22℃后，存活率显著降低，这与上述学者的研究结果（孙志景等，2013；李勇等，2011）一致。

鱼类具有一个温度耐受的上限，被称为极限最高温度（陈全震等，2004），通常人们以 50%死亡率对应的温度作为极限温度（川本信之，1997），它是评价鱼类可养殖区域的一项重要指标。本试验中，通过线性回归得出，异齿裂腹鱼极限最高温度为 23.06℃，低于热带鱼（Chatterjee *et al*，2004；宋郁等，2012）和温水性鱼（柴学军，徐君卓，2007；陈生熬等，2011；汪锡钧等，1994）的极限最高水温，同时也低于大部分冷水性鱼（Currie *et al*，1998；金方彭等，2016；吴青等，2001）的极限最高温度，但与狼鳗（*Anarrhichthys ocellatus*）（刘春胜等，2011）极限最高温度相近（表 3-55）。这可能是本试验的方法和其他研究试验方法存在差异造成的。鱼苗在试验开展前培育水温较低，为 12.5℃，同时各试验组是在不同水温环境中养殖 36 d；而吴青（2011）等研究的冷水性鱼极限最高温度是同一组试验鱼通过逐渐升温观察死亡率得出来的，在一个温度停留时间只有 4～24h。通过鱼苗温度耐受上限，推断异齿裂腹鱼幼鱼适宜在常年拥有低温水源区域规模化培育，中国青藏高原及中国北方、中部拥有高山流水的地方水质清澈、水温低，可满足异齿裂腹鱼幼鱼规模化培育条件。

表 3-55　几种鱼类极限最高温度

分类	鱼名称	极限最高温度/℃	文献来源
冷水鱼	虹鳟（*Oncorhynchus mykiss*）	29.1	Currie *et al*（1998）
	光唇裂腹鱼（*Schizothorax lissolabiatus* Tsao）	31.0	金方彭等（2016）
	齐口裂腹鱼（*Sclizothorax prenanti*）	33.5	吴青等（2001）
	狼鳗（*Anarrhichthys ocellatus*）	24.0	刘春胜等（2011）
温水性鱼	日本黄姑鱼［*Nibea japonica*（Temminck et Schlegel）］	34.0	柴学军等（2007）
	叶尔羌高原鳅（*Triplophysa yarkandensis*）	37.4	陈生熬等（2011）
	鲫鱼（*Carassius auratus*）	35.3	汪锡钧，吴定安（1994）
热带鱼	南亚野鲮（*Labeo rohita*）	41.6	Chatterjee *et al*（2004）
	金钱鱼（*Scatophagus argus*）	39.0	宋郁等（2012）

2. 异齿裂腹鱼幼鱼适宜培育水温分析

幼鱼阶段摄食量受到内在遗传因素和外在环境因子影响。其中，水温是影响其摄食率极其重要的一个环境因子。水温可影响鱼体内消化酶活性，在一定范围内，水温越高，鱼体消化酶活性就越高，从而其消化道内食物的排空速度就越快，摄食就较多。但当温度升高超过某一极限温度时，鱼体就会发生代谢紊乱，消化酶的活性也会随着温度的升高而逐渐降低（刘红等，1998），从而幼鱼摄食率降低。在本实验中，随着水温升高，异齿裂腹鱼幼鱼摄食率呈先升高后降低的变化趋势，这与牟振波等（2011）对细鳞鱼（*Brachymystax lenok*）、李大鹏等（2005）对史氏鲟（*Acipenser schrenckii* Brandt）的研究结果一致。本试验中异齿裂腹鱼最大摄食率对应的温度为 22℃，同细鳞鱼（牟振波等，2011）、史氏鲟（李大鹏等，2005）等冷水性鱼接近。

鱼类的生长取决于鱼类的摄食量、对饲料的消化和吸收以及满足了鱼类基础代谢和活动代谢需要后剩余能量的多少。一般鱼类的生长会随着摄食量的增加而增加，当鱼类的摄食不受限制时，其生长的最适水温要低于其最大摄食水温。当水温超过生长最适温度后，鱼类的摄食率虽然仍会继续增加，达到最大摄食率，但此时摄入的能量中用于鱼类生长的那部分已经开始减少，而用于维持基础代谢的能量部分却增加了，导致饲料利用率降低，最终导致生长效率开始下降（杨发群等，2003）。在本试验中，最大体重增长水温为 17.85℃，而最大摄食温度为 22℃，较最大生长温度高出了 4.72℃，这与李大鹏等（2005）对史氏鲟的研究结果一致。本试验异齿裂腹鱼幼鱼最适生长水温为 17.18℃，显著低于温水性鱼类、大部分冷水性鱼如史氏鲟（李大鹏等，2005）等，同北极江鳕（*Lota lota*）（杨发群等，2003）相近。这可能是因为异齿裂腹鱼长期生存的水环境——雅鲁藏布江水温低（李红敬等，2010），异齿裂腹鱼为适应环境造成的。因此，在一定范围内提高异齿裂腹鱼幼鱼培育水温，可提高其摄食率和生长，但过高的培育水温不仅不利于试验鱼的生长，还会造成饲料浪费和水质污染。目前，青藏高原雅鲁藏布江流域是异齿裂腹鱼的主要养殖区域，1 月、2 月、3 月、11 月、12 月水温均低于 10℃（李红敬等，2010），建议异齿裂腹鱼幼鱼通过升温措施（如温室）培育，从而保证其摄食率和生长；6 月雅鲁藏布江流域水温最高，为 20℃（李红敬等，2010），对其生长速度有轻微影响，但对其摄食和成活影响不大。

第四节　温度对雅鲁藏布江主要裂腹鱼类早期发育的影响

一、材料与方法

1. 材料

2015 年 3～6 月在西藏农牧学院教学实习牧场将自然成熟的四种裂腹鱼类雌雄亲鱼进行干法人工授精。为了消除不同母体之间的差异，同一种鱼的所有卵进行混合授精。然后将受精卵分别放入已设定的 5 个温度（5℃、8℃、11℃、14℃、17℃）的孵化框中，每个孵化框中有 2000 粒左右，孵化框（高 25.1cm、长 44.2cm、宽 30.1cm）容积为 33.39L。在整个试验期间，保持水质干净和水温的相对稳定。

2. 胚胎和仔稚鱼的培育

孵化过程中，用增氧泵持续向水槽充气，每天更换经过过滤、充分曝气、沉淀后的地下水，每隔 1d 换一次水，每次换去原来的 1/2，水体溶氧为 8.4mg/L。使用设备为上海海圣控温养殖系统装置，并且每次更换的试验用水均由已经调温的蓄水池提供。每隔 2h 记录温度变化和发育情况。使用 Nikon SMZ1500 体视解剖镜进行观察并拍照，观察胚胎发育的各期发育特征，并记录观察胚胎发育至各发育期的时间，用 ToupView 软件测量全长（total length，TL）和卵黄囊体积（yolk volume，YV）等性状。每天 9：00 和 18：00 对仔稚鱼饲以鸡蛋黄和黏性沉性饲料，并统计胚胎或者仔稚鱼的死亡数。将半数以上个体出现同一发育特征作为该时期的划分标准（许静等，2011）。

3. 有效积温和温度系数的计算

胚胎发育有效积温计算公式为 $K = NT$，其中，N 为某一阶段发育所经历的时间，h；T 为平均温度，℃。胚胎发育的总积温为各个发育阶段的积温之和。

温度系数 Q_{10} 是温度每升高 10℃时胚胎发育速度加快的倍数，该值能够定量表示某温度范围内水温变化对胚胎发育时间的影响（Tazawa et al，1991），其表达式如下：

$$Q_{10} = \left(\frac{t_0}{t_a}\right)^{\frac{10}{T_a - T_0}}$$

式中，T_0 和 T_a 表示胚胎发育的温度；t_0 表示在温度为 T_0 时孵化所需的时间；t_a 表示在温度为 T_a 时孵化所需的时间。当 Q_{10} 值是或者接近 2 时，其温度范围为胚胎发育的最适范围（黄贤克等，2017）。Q_{10} 的定义是温度每升高 10℃时胚胎发育速度加快的倍数，事实上，相关研究显示，董根等（2013）对短蛸（Octopus ocellatus）胚胎发育研究其温度变化幅度为 5℃（21～25℃），黄贤克等（2017）对黄姑鱼（Nibea albiflora）胚胎发育研究其温度变化幅度为 11℃（18～28℃），张鑫磊（2006）对半滑舌鳎（Cynoglossus semilaevis）胚胎发育研究其温度变化幅度为 11℃（18～28℃），钟全福（2014）对黑莓鲈（Pomoxis nigromacufastus）胚胎发育研究其温度变化幅度为 13℃（18～30℃），冯广朋等（2009）对纹缟虾虎鱼（Tridentiger trigonocephalus）胚胎发育研究其温度变化幅度为 9℃（17～25℃），这些研究温度变化幅度不是 10℃，而本研究温度变化幅度为 13℃（5～17℃）。因此为了探寻更为灵活的衡量温度变化幅度的温度系数，本研究重新定义了 Q_n，具体表达如下：

$$Q_n = \left(\frac{t_0}{t_a}\right)^{\frac{n}{T_a - T_0}}$$

式中，n 表示实验所设温度梯度的差值，其他参数描述详见 Q_{10}。判断依据与 Q_{10} 相似，当 Q_n 值是或者接近 2 时，其温度范围为胚胎发育的最适范围。

4. 数据分析与处理

采用 SPSS 21.0 软件和 Excel 2007 对不同温度下四种裂腹鱼类的胚胎发育总孵化时间、有效积温进行方差分析和作图，对胚胎发育各发育期和发育时间的关系进行回归分析，对水温与仔鱼生长性状的相关关系进行回归运算和单因素方差分析（$P < 0.05$），并进行非线性分析和作图。

孵化率＝（孵出仔鱼数/受精卵数）× 100%；受精率＝（受精卵数/投入总卵数）× 100%；卵黄囊体积＝(4/3) $\pi \cdot (R/2) \cdot (r/2)^2$，其中，$r$ 为卵黄囊短径，R 为卵黄囊长径（骆豫江等，2008）。

二、结果

1. 温度对四种裂腹鱼类胚胎各阶段发育时间的影响

从表 3-56 中可以明确看出尖裸鲤 5 个温度下胚胎发育各时期的发育时间。在 17℃发育到原肠期的时间最短。在高温下，胚胎发育过程中多有畸形个体出现；在低温下，个别受精卵发育出现停滞不前以致死亡的现象。通过回归分析发现不同温度下尖裸鲤胚胎的发育各时期（x）与相对应的发育时间（y）均呈现显著性的指数函数（$P<0.01$），并且拟合方程的相关系数（R^2 值）较大（表 3-60）。其中，水温 5℃组指数函数系数最大，为 11.54，水温 11℃组和 14℃组指数函数系数相差不大，水温 17℃组指数函数系数最小，为 5.79。尖裸鲤各发育时期见图 3-48。

表 3-56 不同温度下尖裸鲤胚胎发育各时期的发育时间

时期	不同温度下胚胎的发育时间/h				
	5℃	8℃	11℃	14℃	17℃
卵黄周隙最大	3.63	4.08	8.54	7.88	6.45
胚盘形成期	8.62	10.70	3.72	3.85	7.19
2 细胞期	11.27	8.30	10.76	9.91	3.93
4 细胞期	15.52	10.95	8.17	7.87	8.91
8 细胞期	18.72	15.74	10.87	10.60	9.93
16 细胞期	24.05	15.73	15.27	13.95	11.06
32 细胞期	36.83	19.18	17.10	15.63	7.52
64 细胞期	34.17	23.14	19.19	17.52	10.25
多细胞期	39.14	21.63	18.35	19.64	13.92
桑葚期	39.33	26.78	21.87	17.25	16.62
囊胚早期	41.57	36.53	24.22	21.92	18.96
囊胚中期	64.63	41.62	27.22	31.38	20.80
囊胚晚期	122.70	50.75	41.87	31.00	27.07
原肠早期	147.47	75.55	58.52	44.02	31.23
原肠中期	173.13	93.13	68.17	58.32	42.05
原肠晚期	199.60	109.68	75.65	68.00	47.18
神经胚期	221.45	118.03	83.85	73.35	51.18
体节出现期	241.65	129.88	87.08	75.38	58.07
胚孔封闭期	249.65	147.08	97.47	83.65	62.13
眼原基期	258.92	108.15	108.43	93.03	67.87
眼囊期	282.72	162.02	110.65	99.95	70.37
听囊期	289.32	186.62	118.92	109.43	73.00
耳石出现期	313.68	199.15	130.95	97.04	83.45
尾芽出现期	366.43	213.57	136.18	129.90	86.52
眼晶体出现期	333.20	220.93	155.28	136.50	89.15
肌肉效应期	389.28	232.47	162.97	146.58	96.67
心原基期	437.50	249.03	168.25	154.23	99.45
嗅囊期	449.57	256.92	179.27	161.80	106.98
心搏期	464.22	295.12	217.95	166.87	121.68
血液循环期	482.98	312.68	194.85	178.15	134.72
肛板期	774.73	328.43	274.69	193.20	136.18
尾鳍褶期	487.82	505.49	199.93	198.78	140.47
胸鳍原基期	515.85	358.62	202.83	212.92	146.35
孵化	530.78	366.12	214.22	220.63	153.95

注：表中阴影部分的时间是通过拟合方程计算所得，其他数据均是通过试验观测所得。

拉萨裸裂尻鱼受精卵呈黄色，圆形，沉性卵，卵质较为均匀，极性不明显。发育过程基本可分为8个阶段：受精卵、胚盘期、卵裂期、囊胚期、原肠期、神经胚期、器官分化和孵化期。初孵仔鱼身体透明，淡黄色。从表3-57中可以明确看出拉萨裸裂尻鱼5个温度下胚胎发育各时期的发育时间。通过回归分析发现，各温度下胚胎发育各时期（x）与相对应的发育时间（y）均呈现显著性的指数函数（$P<0.01$），并且拟合方程的相关系数较高，均在0.88以上。其中，水温17℃组指数函数系数最小，为5.8945，水温8℃组、11℃组和14℃组指数函数系数相差不大，水温5℃组指数函数系数最大，为12.848（表3-61）。拉萨裸裂尻鱼各发育时期见图3-49。

表3-57　不同温度下拉萨裸裂尻鱼胚胎发育各时期的发育时间

时期	不同温度下胚胎的发育时间/h					时期	不同温度下胚胎的发育时间/h				
	5℃	8℃	11℃	14℃	17℃		5℃	8℃	11℃	14℃	17℃
卵黄周隙最大	8.17	4.07	4.15	8.35	6.53	胚孔封闭期	213.39	134.96	86.47	83.05	51.25
胚盘形成期	16.66	7.90	9.27	4.23	4.30	体节出现期	248.97	136.66	89.30	56.46	41.01
2细胞期	18.96	12.36	10.41	10.32	7.03	眼原基期	258.15	146.81	92.67	89.00	57.62
4细胞期	15.42	14.00	7.47	7.27	8.87	眼囊期	281.90	116.19	96.70	92.40	62.47
8细胞期	18.90	15.85	10.20	12.76	9.82	听囊期	295.35	161.71	106.80	99.20	67.37
16细胞期	21.75	15.49	14.72	14.19	10.88	耳石出现期	254.32	186.28	117.37	108.72	72.57
32细胞期	24.25	20.33	14.33	15.79	12.05	尾芽出现期	357.98	201.53	129.40	117.10	74.67
64细胞期	36.26	23.03	18.54	17.55	13.34	眼晶体出现期	329.70	213.31	134.60	106.77	82.97
多细胞期	40.23	26.08	17.18	13.98	9.75	肌肉效应期	399.37	220.76	136.16	121.32	86.15
桑葚期	41.56	24.30	24.40	21.71	13.50	心原基期	420.82	232.18	140.40	129.25	88.78
囊胚早期	53.57	27.20	27.32	22.33	16.18	嗅囊期	436.60	248.93	146.28	135.87	96.38
囊胚中期	50.74	36.23	35.89	26.84	24.50	心搏期	463.32	258.15	201.33	140.12	99.06
囊胚晚期	73.17	43.81	43.92	30.73	22.23	血液循环期	514.87	295.28	212.70	146.04	106.48
原肠早期	99.80	62.84	47.10	41.95	27.41	肛板期	530.47	312.78	220.50	147.21	108.66
原肠中期	134.92	89.66	62.27	57.67	39.61	尾鳍褶期	561.72	327.75	231.70	161.11	121.23
原肠晚期	178.04	99.81	67.47	62.34	41.98	胸鳍原基期	600.75	365.57	239.83	166.21	135.73
神经胚期	198.92	109.33	74.92	72.72	44.05	孵化	721.15	388.37	288.26	220.01	166.06

注：表中阴影部分的时间是通过拟合方程计算所得，其他数据均是通过试验观测所得。

双须叶须鱼5个温度下胚胎发育各时期的发育时间（表3-58），通过回归分析，两者间均呈现显著性的指数函数（$P<0.01$），并且拟合方程的相关系数（R^2值）较大。其中，水温5℃组指数函数系数最大，为15.038，水温11℃组指数函数系数最小，为4.3894（表3-62）。从整体上来看，不考虑个别时期的缺失，双须叶须鱼5个温度下的胚胎发育各时期的发育时间与发育时期呈现指数函数，且相关系数较大。双须叶须鱼各发育时期见图3-50。

异齿裂腹鱼5个温度下胚胎发育各时期的发育时间（表3-59），通过回归分析，两者间均呈现显著性的指数函数（$P<0.01$），并且拟合方程的相关系数（R^2值）较大。其中，水温5℃组指数函数系数最大，为9.8594，水温17℃组指数函数系数最小，为6.3425（表3-63）。水温在5℃时，异齿裂腹鱼胚胎只发育至心原基期，停滞不前，未能孵化出膜。从整体上来看，不考虑个别时期的缺失，异齿裂腹鱼5个温度下的胚胎发育各阶段的发育时间与发育时期呈现指数函数，且相关系数较大。异齿裂腹鱼各发育时期见图3-51。

表 3-58　不同温度下双须叶须鱼胚胎发育各时期的发育时间

时期	不同温度下胚胎的发育时间/h				
	5℃	8℃	11℃	14℃	17℃
卵黄周隙最大	8.13	14.75	1.30	6.12	9.26
胚盘形成期	19.13	8.08	3.88	1.60	10.22
2 细胞期	21.57	18.21	6.56	8.87	7.83
4 细胞期	24.33	20.23	6.77	11.02	12.46
8 细胞期	23.43	23.37	10.17	10.07	13.75
16 细胞期	30.95	24.96	9.80	11.40	15.18
32 细胞期	32.00	27.73	11.21	12.91	16.76
64 细胞期	39.37	30.81	12.81	14.63	18.51
多细胞期	44.40	34.23	16.13	16.56	20.43
桑葚期	55.27	32.03	21.82	15.03	22.56
囊胚早期	56.48	42.24	23.98	24.95	23.77
囊胚中期	75.57	46.93	34.80	30.00	27.50
囊胚晚期	79.52	55.30	42.88	36.17	32.15
原肠早期	80.90	75.62	59.85	48.27	33.52
原肠中期	172.33	104.08	81.95	62.10	55.40
原肠晚期	176.95	128.97	37.40	80.60	40.86
神经胚期	194.82	79.41	95.25	44.81	67.27
体节出现期	215.07	88.22	48.88	91.95	49.81
胚孔封闭期	221.57	144.92	105.27	94.20	76.03
眼原基期	265.72	172.37	65.08	111.42	79.73
眼囊期	310.63	177.02	73.70	116.33	86.57
听囊期	212.13	202.65	128.28	126.82	74.01
耳石出现期	239.24	149.27	132.12	130.85	81.71
尾芽出现期	359.22	221.65	172.43	137.70	104.25
眼晶体出现期	304.32	184.23	124.80	144.37	99.61
肌肉效应期	383.75	241.43	195.07	146.82	111.10
心原基期	408.13	227.37	201.08	159.63	145.42
嗅囊期	436.58	266.58	202.77	165.55	153.03
心搏期	492.39	280.62	202.85	176.48	148.00
血液循环	555.34	287.40	215.35	199.47	172.55
肛板期	626.33	310.68	221.78	216.50	177.22
尾鳍褶期	454.32	334.83	241.53	225.50	199.18
胸鳍原基期	796.70	359.35	242.93	327.92	219.91
出膜	458.48	383.83	287.47	236.30	178.28

注：表中阴影部分的时间是通过拟合方程计算所得，其他数据均是通过试验观测所得。

表 3-59 不同温度下异齿裂腹鱼胚胎发育各时期的发育时间

时期	不同温度下胚胎的发育时间/h				
	5℃	8℃	11℃	14℃	17℃
卵黄周隙最大	7.67	10.33	5.15	5.20	5.32
胚盘形成期	9.67	11.69	9.28	8.58	7.81
2 细胞期	15.95	5.07	7.35	6.97	8.66
4 细胞期	16.05	14.99	8.98	10.77	6.53
8 细胞期	22.32	16.97	13.22	8.92	10.66
16 细胞期	27.18	16.00	14.88	13.52	11.82
32 细胞期	30.30	21.75	16.75	15.14	13.12
64 细胞期	35.57	24.62	18.85	16.97	14.55
多细胞期	32.45	22.05	21.21	19.01	16.14
桑葚期	49.03	26.78	23.87	21.30	17.91
囊胚早期	63.72	32.23	15.91	15.75	15.82
囊胚中期	84.58	40.45	32.06	21.53	25.35
囊胚晚期	99.50	45.79	39.46	25.80	31.23
原肠早期	134.63	84.28	46.99	46.80	27.13
原肠中期	143.92	98.72	63.41	57.37	38.83
原肠晚期	181.07	66.45	79.01	63.15	33.38
神经胚期	213.45	126.12	84.14	71.18	46.47
胚孔封闭期	251.30	142.08	86.87	78.43	51.48
体节出现期	207.69	96.42	98.55	83.80	45.58
眼原基期	274.12	167.10	105.97	98.08	62.87
眼囊期	285.18	198.20	117.23	105.70	70.35
听囊期	306.57	139.91	98.47	83.35	62.23
耳石出现期	394.50	158.40	110.82	93.39	69.04
尾芽出现期	355.73	179.32	125.55	117.13	77.82
眼晶体出现期	543.72	238.12	134.05	124.97	83.63
肌肉效应期	415.58	229.84	141.32	133.97	97.38
心原基期	460.30	243.27	166.95	147.17	105.35
嗅囊期		273.72	180.10	146.33	116.98
心搏期		306.17	197.72	184.74	124.83
血液循环期		348.47	212.94	166.80	133.82
肛板期		367.55	243.14	180.02	158.39
尾鳍褶期		372.32	250.72	197.53	175.72
胸鳍原基期		400.30	361.01	212.87	141.15
出膜		414.82	273.45	250.65	166.50

注：表中阴影部分的时间是通过拟合方程计算所得，其他数据均是通过试验观测所得。

表 3-60　不同温度下尖裸鲤胚胎发育各时期 (x) 和发育时间 (y) 的回归方程

温度/℃	拟合指数方程	R^2	F	P
5	$y = 11.5400e^{0.1357x}$	0.8830	218.87	<0.01
8	$y = 8.2774e^{0.1285x}$	0.9351	446.66	<0.01
11	$y = 7.6061e^{0.1157x}$	0.8986	230.49	<0.01
14	$y = 7.0343e^{0.1141x}$	0.9184	270.17	<0.01
17	$y = 5.7917e^{0.1078x}$	0.9174	288.74	<0.01

表 3-61　不同温度下拉萨裸裂尻鱼胚胎发育各时期 (x) 和发育时间 (y) 的回归方程

温度/℃	拟合指数方程	R^2	F	P
5	$y = 12.848e^{0.1298x}$	0.9362	334.29	<0.01
8	$y = 8.5057e^{0.1245x}$	0.9235	495.63	<0.01
11	$y = 7.363e^{0.1154x}$	0.9403	635.94	<0.01
14	$y = 7.5058e^{0.1062x}$	0.8882	244.27	<0.01
17	$y = 5.8945e^{0.1021x}$	0.9384	501.15	<0.01

表 3-62　不同温度下双须叶须鱼胚胎发育各时期 (x) 和发育时间 (y) 的回归方程

温度/℃	拟合指数方程	R^2	F	P
5	$y = 15.038e^{0.1203x}$	0.8716	115.38	<0.01
8	$y = 13.279e^{0.1052x}$	0.9048	161.47	<0.01
11	$y = 4.3894e^{0.1339x}$	0.891	187.93	<0.01
14	$y = 5.4064e^{0.1244x}$	0.8692	159.42	<0.01
17	$y = 8.3831e^{0.099x}$	0.9319	177.81	<0.01

表 3-63　不同温度下异齿裂腹鱼胚胎发育各时期 (x) 和发育时间 (y) 的回归方程

温度/℃	拟合指数方程	R^2	F	P
5	$y = 9.8594e^{0.1604x}$	0.951	349.24	<0.01
8	$y = 9.123e^{0.1241x}$	0.9058	173.08	<0.01
11	$y = 7.3272e^{0.1181x}$	0.9312	297.61	<0.01
14	$y = 6.8324e^{0.1137x}$	0.9244	256.83	<0.01
17	$y = 6.3425e^{0.1038x}$	0.955	360.72	<0.01

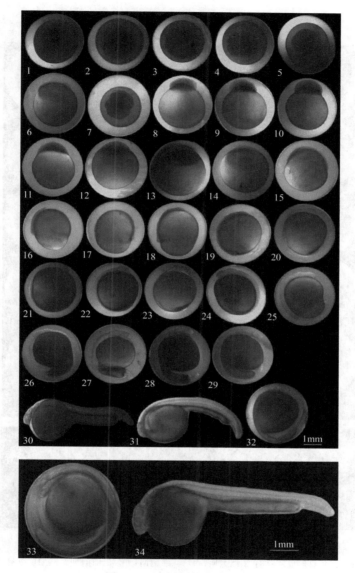

图 3-48　尖裸鲤的胚胎发育

　　1：卵黄周隙最大；2：胚盘形成期；3：2 细胞期；4：4 细胞期；5：8 细胞期；6：16 细胞期；7：32 细胞期；8：64 细胞期；9：多细胞期；10：桑葚期；11：囊胚早期；12：囊胚中期；13：囊胚晚期；14：原肠早期；15：原肠中期；16：原肠晚期；17：神经胚期；18：体节出现期；19：胚孔封闭期；20 眼原基期；21：眼囊期；22：听囊期；23：耳石出现期；24：尾芽出现期；25：眼晶体出现期；26：肌肉效应期；27：心原基期；28：嗅囊期；29：心搏期；30：血液循环期；31：肛板期；32：尾鳍褶期；33：胸鳍原基期；34：孵化；缺失受精卵发育图

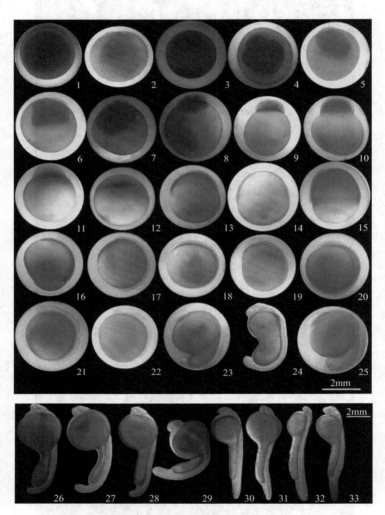

图 3-49　拉萨裸裂尻鱼的胚胎发育

1：卵黄周隙最大；2：胚盘形成期；3：2 细胞期；4：4 细胞期；5：8 细胞期；6：16 细胞期；7：64 细胞期；8：多细胞期；9：桑葚期；10：囊胚早期；11：囊胚中期；12：囊胚晚期；13：原肠早期；14：原肠中期；15：原肠晚期；16：神经胚期；17：胚孔封闭期；18：体节出现期；19：眼原基期；20：眼囊期；21：听囊期；22：耳石出现期；23：尾芽出现期；24：眼晶体出现期；25：肌肉效应期；26：心原基期；27：嗅囊期；28：心搏期；29：血液循环期；30：肛板期；31：尾鳍褶期；32：胸鳍原基期；33：孵化

其中，图 3-49-24、图 3-49-26 至图 3-49-33 均为剥去卵膜所拍，缺失受精卵时期和 32 细胞期图片

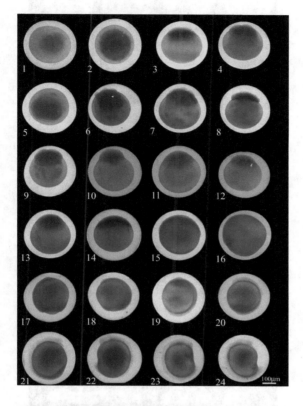
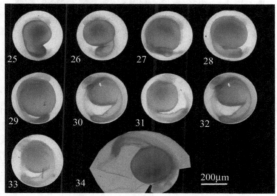

图 3-50　双须叶须鱼的胚胎发育

1：卵黄周隙最大；2：胚盘形成期；3：2 细胞期；4：4 细胞期；5：8 细胞期；6：16 细胞期；7：32 细胞期；8：64 细胞期；9：多细胞期；10：桑葚期；11：囊胚早期；12：囊胚中期；13：囊胚晚期；14：原肠早期；15：原肠中期；16：原肠晚期；17：神经胚期；18：胚孔封闭期；19：体节出现期；20 眼原基期；21：眼囊期；22：听囊期；23：耳石出现期；24：尾牙出现期；25：眼晶体出现期；26：肌肉效应期；27：心脏原基期；28：嗅囊期；29：心搏期；30：血液循环期；31：肛板期；32：尾鳍褶期；33：胸鳍原基期；34：出膜

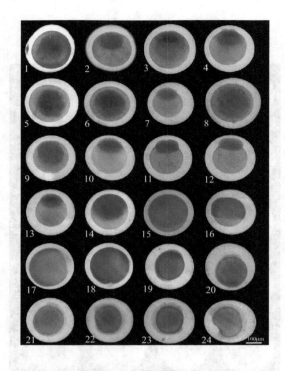

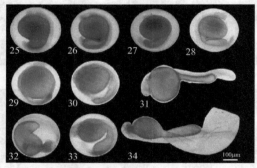

图 3-51 异齿裂腹鱼的胚胎发育

1：卵黄周隙最大；2：胚盘形成期；3：2 细胞期；4：4 细胞期；5：8 细胞期；6：16 细胞期；7：32 细胞期；8：64 细胞期；9：多细胞期；10：桑葚期；11：囊胚早期；12：囊胚中期；13：囊胚晚期；14：原肠早期；15：原肠中期；16：原肠晚期；17：神经胚期；18：胚孔封闭期；19：体节出现期；20 眼原基期；21：眼囊期；22：听囊期；23：耳石出现期；24：尾芽出现期；25：眼晶体出现期；26：肌肉效应期；27：心原基期；28：嗅囊期；29：心搏期；30：血液循环期；31：肛板期；32：尾鳍褶期；33：胸鳍原基期；34：出膜

2. 温度和孵化时间的关系

随着温度的升高，尖裸鲤胚胎的孵化时间缩短，发育速度加快（图 3-52）。在平均水温 5℃、8℃、11℃、14℃ 和 17℃ 下，尖裸鲤的胚胎孵化时间分别为 530.78h、366.12h、214.22h、220.63h、153.95h。尖裸鲤胚胎发育的孵化时间（H，h）和孵化水温（T，℃）呈非线性负相关，回归方程式为：$H = 2655.5T^{-0.99}$，$R^2 = 0.9539$（$P < 0.01$，$F = 62.07$）。其中，水温 5℃ 组孵化时间最长，为 530.78h，水温 11℃ 和 14℃ 组孵化时间相差不大，水温 17℃ 组孵化时间最短，为 153.95h。

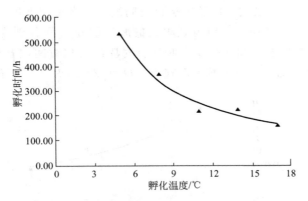

图 3-52　尖裸鲤胚胎的孵化时间和孵化温度的关系

随着温度的升高，拉萨裸裂尻鱼胚胎的孵化时间缩短，发育速度明显加快（图 3-53）。在平均水温 5℃、8℃、11℃、14℃ 和 17℃ 下，拉萨裸裂尻鱼的胚胎孵化时间分别为 721.15h、388.37h、288.26h、220.01h、166.06h。根据温度和胚胎发育时期所对应的孵化时间拟合回归方程，求得孵化时间（H）和温度（T）的幂函数关系式为：$H = 4627.1T^{-1.167}$，$R^2 = 0.996$，$P < 0.01$。

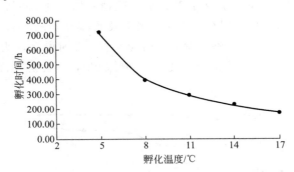

图 3-53　拉萨裸裂尻鱼胚胎的孵化时间和孵化温度的关系

随着温度的升高，双须叶须鱼胚胎的孵化时间缩短，发育速度加快（图 3-54）。在平均水温 5℃、8℃、11℃、14℃ 和 17℃ 下，双须叶须鱼的胚胎孵化时间分别为 458.48h、383.83h、287.47h、236.30h、178.28h。根据温度和胚胎发育时期所对应的孵化时间拟合回归方程，求得孵化时间（H）和温度（T）的指数函数递减关系式为：$H = 697.91e^{-0.079T}$，$R^2 = 0.9945$。

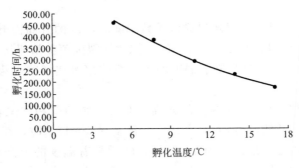

图 3-54　双须叶须鱼胚胎的孵化时间和孵化温度的关系

随着温度的升高，异齿裂腹鱼胚胎的孵化时间缩短，发育速度加快（图 3-55）。在平均水温 8℃、11℃、14℃ 和 17℃ 下，异齿裂腹鱼的胚胎孵化时间分别为 414.82h、273.45h、250.65h、166.50h。根据温度和胚胎发育时期所对应的孵化时间拟合回归方程，求得温度（H）和孵化时间（T）的幂函数递减关系式为：$H = 4243.1T^{-1.119}$，$R^2 = 0.9443$。

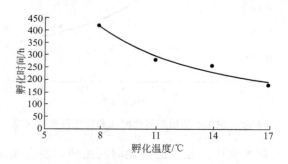

图 3-55　异齿裂腹鱼胚胎的孵化时间和孵化温度的关系

3. 水温对孵化率和受精率的影响

平均温度在 5～17℃ 时，随着温度的升高，尖裸鲤受精率呈现先降低后升高的趋势，在 5℃ 时，受精率最低，为 96.69%；在 11℃ 以后，受精率均达到 100%。平均温度在 5～17℃ 时，尖裸鲤受精卵均可以孵化，但在 8℃ 时孵化率最低，为 77.35%，然后随着温度的上升孵化率呈递增的趋势（图 3-56）。整体看来，孵化率在 5℃ 时最高，为 93.12%；分析看来，可能是由于在温度为 5℃ 下受精率最低致使受精卵数较少，单位孵化面积密度较低，从而导致孵化率提高。

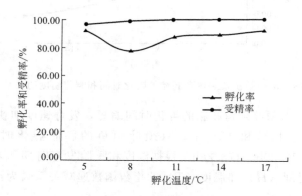

图 3-56　不同温度下尖裸鲤的孵化率和受精率

平均温度在 5～17℃ 时，拉萨裸裂尻鱼受精率随着温度的升高而升高，在 5℃ 时，受精率最低，为 73.88%。平均温度在 5～17℃ 时，拉萨裸裂尻鱼受精卵均可以孵化，但在 11℃ 时孵化率最低，为 76.01%，然后随着温度的上升孵化率呈递增的趋势，孵化率在 8℃ 时最高，为 95.79%（图 3-57）。

平均温度在 5～17℃ 时，随着温度的升高，双须叶须鱼受精率呈现先降低后升高的趋势，在 11℃ 时，受精率最低，为 87.71%。平均温度在 5～17℃ 时，双须叶须鱼受精卵均可以孵化，但在 14℃ 时孵化率最低，为 49.52%，然后随着温度的上升孵化率呈递增的趋势（图 3-58）。

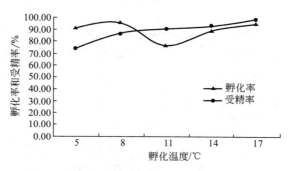

图 3-57　不同温度下拉萨裸裂尻鱼的孵化率和受精率

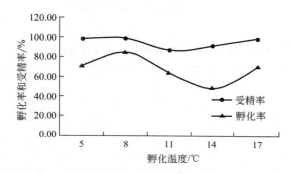

图 3-58　不同温度下双须叶须鱼的孵化率和受精率

平均温度在 5～17℃时，异齿裂腹鱼受精率随着温度的升高而升高，在 5℃时，受精率最低，为 99.21%。平均温度在 5～17℃时，异齿裂腹鱼胚胎在 5℃时不能孵化出膜，孵化率在 17℃时最大，为 89.63%（图 3-59）。

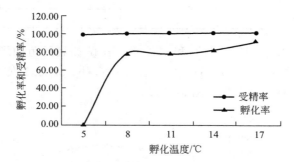

图 3-59　不同温度下异齿裂腹鱼的孵化率和受精率

4. 温度和孵化积温的关系及温度系数 Q_{10}

在平均温度 5℃、8℃、11℃、14℃和 17℃下，尖裸鲤的胚胎发育过程中所需要的积温分别为 2 653.9℃·h、2 928.9℃·h、2 356.4℃·h、3 088.9℃·h、2 617.2℃·h，并且总积温在 8℃和 14℃出现两个峰值，在 11℃出现一个最低值（图 3-60）。为了更好地衡量尖裸鲤胚胎发育温度范围的温度系数，依据相关文献资料计算了 Q_{10} 和 Q_{13}。在水温 11～17℃范围内，Q_{13} 值最接近 2，为 2.05，在此温度范围内，而 Q_{10} 值为 1.73，与 2 相差甚远。因此，在本文中，应用 Q_{13} 值更能准确表达在温度变化幅度为 13℃时尖裸鲤胚胎发育的温度系数（表 3-64）。

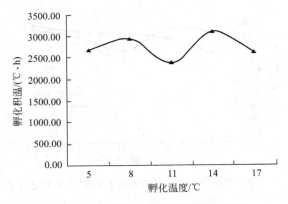

图 3-60　不同温度下尖裸鲤的孵化积温

表 3-64　尖裸鲤发育温度范围的温度系数 Q_{10} 和 Q_{13}

温度 T_a/℃	温度 T_0/℃	温度为 T_a 时孵化所需的时间 t_a/h	温度为 T_0 时孵化所需的时间 t_0/h	Q_{10}	Q_{13}
17	14	153.95	220.63	3.32	4.76
17	11	153.95	214.22	1.73	2.05
17	8	153.95	366.12	2.62	3.50
17	5	153.95	530.78	2.81	3.82
14	11	220.63	214.22	0.91	0.88
14	8	220.63	366.12	2.33	3.00
14	5	220.63	530.78	2.65	3.55
11	8	214.22	366.12	5.97	10.20
11	5	214.22	530.78	4.54	7.14
8	5	366.12	530.78	3.45	5.00

　　在平均温度 5℃、8℃、11℃、14℃ 和 17℃ 下，拉萨裸裂尻鱼的胚胎发育过程中所需要的积温分别为 3605.75℃·h、3106.96℃·h、3170.86℃·h、3080.14℃·h、2823.02℃·h，并且总积温随着温度的升高逐渐下降（图 3-61）。

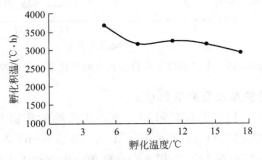

图 3-61　不同温度下拉萨裸裂尻鱼的孵化积温

　　为了更好地衡量拉萨裸裂尻鱼胚胎发育温度范围内的温度系数，依据相关文献资料计算了 Q_{10} 和 Q_{13}，在水温 11~14℃ 范围内，Q_{13} 值最接近 2，为 3.22；并且在此温度范围内，Q_{10} 值也最接近 2，为 2.46（表 3-65）。

表 3-65　拉萨裸裂尻鱼发育温度范围的温度系数 Q_{10} 和 Q_{13}

温度 T_a/℃	温度 T_0/℃	温度为 T_a 时孵化所需的时间 t_a/h	温度为 T_0 时孵化所需的时间 t_0/h	Q_{10}	Q_{13}
17	14	166.06	220.01	2.55	3.38
17	11	166.06	288.26	2.51	3.30
17	8	166.06	388.37	2.57	3.41
17	5	166.06	721.15	3.40	4.91
14	11	220.01	288.26	2.46	3.22
14	8	220.01	388.37	2.58	3.43
14	5	220.01	721.15	3.74	5.56
11	8	288.26	388.37	2.70	3.64
11	5	288.26	721.15	4.61	7.29
8	5	388.37	721.15	7.87	14.61

在平均温度 5℃、8℃、11℃、14℃ 和 17℃ 下，双须叶须鱼的胚胎发育过程中所需要的积温分别为 2292.42℃·h、3070.67℃·h、3162.13℃·h、3308.20℃·h、3030.82℃·h，并且总积温随着温度的升高先升高后下降，在 14℃ 处出现积温最大值 3308.20（图 3-62）。水温在 5~17℃ 范围内，不同发育温度范围的 Q 值不同。水温范围在 11~14℃ 时，Q_{10} 值最接近2；而水温范围在 5~8℃ 时，Q_{13} 值最接近 2（表 3-66）。

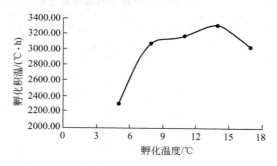

图 3-62　不同温度下双须叶须鱼的孵化积温

表 3-66　双须叶须鱼发育温度范围的温度系数 Q_{10} 和 Q_{13}

温度 T_a/℃	温度 T_0/℃	温度为 T_a 时孵化所需的时间 t_a/h	温度为 T_0 时孵化所需的时间 t_0/h	Q_{10}	Q_{13}
17	14	178.28	236.30	2.56	3.39
17	11	178.28	287.47	2.22	2.82
17	8	178.28	383.83	2.34	3.03
17	5	178.28	458.48	2.20	2.78
14	11	236.30	287.47	1.92	2.34
14	8	236.30	383.83	2.24	2.86
14	5	236.30	458.48	2.09	2.60
11	8	287.47	383.83	2.62	3.50
11	5	287.47	458.48	2.18	2.75
8	5	383.83	458.48	1.81	2.16

在平均温度5℃、8℃、11℃、14℃和17℃下，异齿裂腹鱼的胚胎发育过程中所需要的积温分别为3318.53℃·h、3007.95℃·h、3509.1℃·h、3088.9℃·h、2830.5℃·h，并且总积温在8℃和14℃出现两个峰值，在17℃下出现一个最低值，为2830.5℃·h（图3-63）。为了更好地衡量异齿裂腹鱼胚胎发育温度范围的温度系数，依据相关文献资料计算了Q_{10}和Q_{13}。在水温11~14℃范围内，Q_{13}值最接近2，为1.46；在水温11~17℃范围内，Q_{10}值最接近2，为2.29（表3-67）。

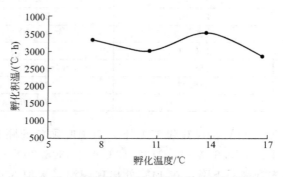

图3-63　不同温度下异齿裂腹鱼的孵化积温

表3-67　异齿裂腹鱼发育温度范围的温度系数Q_{10}和Q_{13}

温度T_a/℃	温度T_0/℃	温度为T_a时孵化所需的时间t_a/h	温度为T_0时孵化所需的时间t_0/h	Q_{10}	Q_{13}
17	14	166.50	250.65	3.91	5.89
17	11	166.50	273.45	2.29	2.93
17	8	166.50	414.82	2.76	3.74
14	11	250.65	273.45	1.34	1.46
14	8	250.65	414.82	2.32	2.98
11	8	273.45	414.82	4.01	6.08

5. 初孵仔鱼全长、卵黄囊体积差异性

水温在5~14℃范围内，尖裸鲤初孵仔鱼全长和体长随着温度的升高而增长，但在水温17℃时，全长长度下降。水温14℃组和5℃组、8℃组、11℃组均有显著性差异（$P<0.05$），水温17℃组和5℃组、8℃组均存在显著性差异（$P<0.05$）。水温在5~14℃范围内，尖裸鲤初孵仔鱼卵黄囊体积随着温度的升高呈现下降趋势，在水温17℃时最小，与5℃组、8℃组、11℃组均存在显著性差异，其余各组间无显著性差异（表3-68）。在水温14℃和17℃时，初孵仔鱼全长大于其他3个温度组，而卵黄囊体积小于其他3个温度组，表明水温在14℃和17℃时，卵黄营养物质能够较好地用于尖裸鲤初孵仔鱼的生长发育。此外，尖裸鲤初孵仔鱼全长（L，mm）与温度（T，℃）间呈现三次多项式函数，拟合方程为$L=-0.0161T^3+0.5179T^2-4.8429T+21.135$，$R^2=0.9978$（$P=0.06$），全长与温度之间不存在显著性关系；而初孵仔鱼卵黄囊体积（V，mm^3）与温度（T，℃）间呈现显著性的二次多项式函数（$P<0.01$），拟合方程为$V=-0.041T^2+0.6917T+3.5527$，$R^2=0.9971$。

表 3-68　不同温度下尖裸鲤初孵仔鱼生长性状比较

温度/℃	全长/mm	体长/mm	肛前长/mm	肛后长/mm	肛前长/肛后长	卵黄囊体积/mm³
5	7.84 ± 0.19^{bc}	7.76 ± 0.19^{bc}	6.18 ± 0.12^{b}	1.26 ± 0.18^{cd}	4.90	6.00 ± 0.20^{a}
8	7.35 ± 0.66^{c}	7.24 ± 0.65^{c}	6.25 ± 0.62^{b}	1.13 ± 0.10^{d}	5.53	6.40 ± 0.24^{a}
11	9.00 ± 1.25^{bc}	8.83 ± 1.14^{b}	7.21 ± 0.74^{ab}	1.77 ± 0.53^{bc}	4.07	6.29 ± 0.97^{a}
14	10.70 ± 0.25^{a}	10.54 ± 0.22^{b}	8.31 ± 0.14^{a}	2.37 ± 0.06^{a}	3.51	5.13 ± 0.89^{ab}
17	9.32 ± 0.63^{ab}	9.11 ± 0.59^{a}	7.34 ± 0.57^{ab}	2.02 ± 0.18^{ab}	3.63	3.47 ± 1.13^{b}

注：同一列中不同字母之间有显著性差异（$P<0.05$）。

　　拉萨裸裂尻鱼初孵仔鱼全长之间无显著性差异（$P>0.05$），但是初孵仔鱼全长在水温 8℃组时最大，为 10.02 mm。水温在 5～17℃范围内，拉萨裸裂尻鱼初孵仔鱼卵黄囊体积在水温 5℃时有最大值，为 6.76mm³，在水温 11℃时有最小值，为 1.93 mm³，与水温 17℃组无显著性差异，与其他各组间均存在显著性差异（$P<0.05$），反映出在水温 11℃时，拉萨裸裂尻鱼胚胎在孵化期间可能过多地利用卵黄营养物质（表 3-69）。

表 3-69　不同温度下拉萨裸裂尻鱼初孵仔鱼生长性状比较

温度/℃	全长/mm	肛前长/mm	肛后长/mm	肛前长/肛后长	卵黄囊体积/mm³
5	8.91 ± 0.11^{a}	7.06 ± 0.45^{a}	1.89 ± 0.40^{b}	3.74	6.76 ± 0.21^{a}
8	10.02 ± 0.12^{a}	7.90 ± 0.14^{a}	2.43 ± 0.04^{ab}	3.25	4.27 ± 0.76^{bc}
11	9.56 ± 0.35^{a}	7.21 ± 0.33^{a}	2.35 ± 0.02^{ab}	3.07	1.93 ± 0.02^{d}
14	9.15 ± 0.08^{a}	7.26 ± 0.03^{a}	2.06 ± 0.06^{ab}	3.52	6.14 ± 0.21^{ab}
17	9.23 ± 1.38^{a}	6.67 ± 1.21^{a}	2.58 ± 0.20^{a}	2.59	3.20 ± 1.14^{cd}

注：同一列中不同字母之间有显著性差异（$P<0.05$）。

　　双须叶须鱼初孵仔鱼全长随着温度的升高呈现先降低后升高的趋势，在水温 11℃时，全长有最小值，为 8.98mm，水温各组间无显著性差异（$P>0.05$）。水温在 5～17℃范围内，双须叶须鱼初孵仔鱼卵黄囊体积随着温度的升高呈现先下降后增长趋势，在水温 11℃时初孵仔鱼卵黄囊体积最小，为 6.86mm³，各组间无显著性差异（表 3-70）。

表 3-70　不同温度下双须叶须鱼初孵仔鱼生长性状比较

温度/℃	全长/mm	肛前长/mm	肛后长/mm	肛前长/肛后长	卵黄囊体积/mm³
5	12.27 ± 3.35^{a}	9.61 ± 2.24^{a}	2.73 ± 1.14^{a}	3.52	7.38 ± 1.37^{a}
8	10.92 ± 0.05^{a}	8.10 ± 0.13^{a}	2.85 ± 0.06^{a}	2.84	7.90 ± 0.64^{a}
11	8.98 ± 1.25^{a}	6.63 ± 0.43^{a}	2.48 ± 0.93^{a}	2.67	6.86 ± 3.84^{a}
14	10.88 ± 0.89^{a}	8.63 ± 0.33^{a}	2.33 ± 0.73^{a}	3.70	8.65 ± 1.56^{a}
17	11.40 ± 0.80^{a}	8.93 ± 0.43^{a}	2.56 ± 0.64^{a}	3.49	8.68 ± 1.04^{a}

注：同一列中不同字母之间有显著性差异（$P<0.05$）。

　　水温在 8℃、11℃和 17℃时，异齿裂腹鱼初孵仔鱼全长相差不大（$P>0.05$），但在水温 14℃时，全长有最大值，为 11.45mm（$P<0.05$）。水温在 8～17℃范围内，异齿裂腹鱼初孵仔鱼卵黄囊在水温 11℃时有最大值，为 5.60mm³，在水温 17℃时有最小值，为 1.84mm³（表 3-71）。

表 3-71　不同温度下异齿裂腹鱼初孵仔鱼生长性状比较

温度/℃	全长/mm	肛前长/mm	肛后长/mm	肛前长/肛后长	卵黄囊体积/mm³
8	8.35±0.08[b]	6.37±0.07[b]	2.35±0.12[ab]	2.71	3.26±0.28[ab]
11	8.82±0.50[b]	6.78±0.08[b]	2.26±0.39[b]	3.00	5.60±1.15[a]
14	11.45±0.10[a]	8.36±0.02[a]	3.20±0.14[a]	2.61	2.24±0.09[b]
17	9.19±0.64[b]	6.82±0.89[b]	2.12±0.17[b]	3.22	1.84±1.09[b]

注：同一列中不同字母之间有显著性差异（$P<0.05$）。

6. 仔稚鱼全长与日龄的关系

通过拟合尖裸鲤仔鱼全长（L）和日龄（D）的三次多项式函数（表 3-72），尖裸鲤仔鱼全长观测值与拟合模型之间的相关系数值 R^2 均达到 0.95 以上，表明 Cubic 生长模型能够很好地估计尖裸鲤仔鱼全长在不同温度下随着日龄增加而展现的生长趋势。尖裸鲤初孵仔鱼全长在水温 5℃ 和 8℃ 相差不大，随着生长天数的增加，水温 8℃ 和 11℃ 下的尖裸鲤仔鱼全长生长速度趋向一致。同这两个温度相比，水温 5℃ 下仔鱼全长生长速度相对缓慢；水温 17℃ 下仔鱼全长在 54d 之前一直保持较快的生长趋势，在 54d 后，稍慢于水温 14℃ 下仔鱼的生长（图 3-64）。

表 3-72　尖裸鲤仔鱼全长（L）与日龄（D）的回归方程

温度/℃	拟合 Cubic 模型方程	R^2
5	$L=0.0006D^3-0.0297D^2+0.6025D+8.2305$	0.9556
8	$L=0.0005D^3-0.0231D^2+0.6186D+7.9691$	0.9696
11	$L=-0.0002D^3+0.0054D^2+0.3443D+9.1358$	0.9941
14	$L=0.0007D^3-0.031D^2+0.7576D+9.1655$	0.9657
17	$L=0.0004D^3-0.0236D^2+0.844D+8.9224$	0.9906

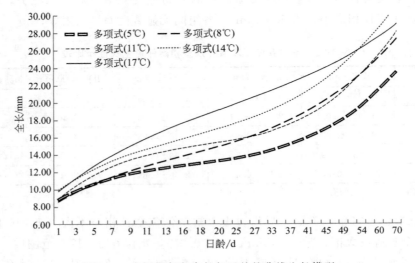

图 3-64　尖裸鲤仔鱼全长与日龄的曲线生长模型

通过拟合双须叶须鱼仔鱼全长（L）和日龄（D）的三次多项式函数（表 3-73），双须叶须鱼仔鱼全长观测值与拟合模型之间的相关系数值 R^2 均达到 0.92 以上，表明 Cubic 生长模型能够很好地估计双须叶须鱼仔鱼全长在不同温度下随着日龄增加而展现的生长趋势。双须叶须鱼初孵仔鱼全长在水温 5℃ 和 8℃ 相差不大，随着生长天数的增加，水温 8℃ 和 11℃ 下的双须叶须鱼仔鱼全长生长速度趋向一致，水温 11℃ 和 14℃ 下的双须叶须鱼仔鱼全长生长速度趋向一致。同这 4 个温度相比，水温 17℃ 下仔鱼全长在 20d 之前和 50d 后一直保持较快的生长趋势（图 3-65）。

表 3-73 双须叶须鱼仔鱼全长与日龄的回归方程

温度/℃	拟合 Cubic 模型方程	R^2
5	$L=-0.0002D^3+0.0146D^2+0.1847D+11.449$	0.9681
8	$L=-0.0004D^3+0.0315D^2-0.085D+13.231$	0.9449
11	$L=0.0002D^3-0.0132D^2+0.4677D+13.159$	0.9532
14	$L=0.0004D^3-0.039D^2+1.08D+9.9971$	0.9202
17	$L=0.0002D^3-0.0164D^2+0.68D+12.382$	0.9313

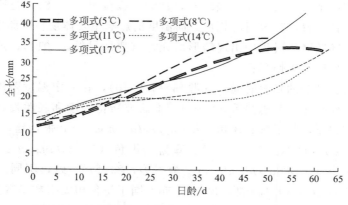

图 3-65 双须叶须鱼仔鱼全长与日龄的曲线生长模型

通过拟合异齿裂腹鱼仔鱼全长（L）和日龄（D）的多项式函数（表 3-74），异齿裂腹鱼仔鱼全长观测值与拟合模型之间的相关系数值 R^2 均达到 0.80 以上，表明拟合生长模型能够很好地估计异齿裂腹鱼仔鱼全长在不同温度下随着日龄增加而展现的生长趋势。在 5 个水温组中，14℃ 水温组异齿裂腹鱼仔鱼生长速度最快，而 17℃ 水温组在 45d 前生长较其他 3 个水温组快，45d 后，水温 11℃ 组仔鱼生长速度超过了 17℃ 水温组（图 3-66）。

表 3-74 异齿裂腹鱼仔鱼全长（L）与日龄（D）的回归方程

温度/℃	拟合 Cubic 模型方程	R^2
8	$L=0.0153D^2-0.1881D+11.075$	0.8138
11	$L=0.0039D^2+0.0502D+9.557$	0.956
14	$L=1.265D+7.695$	0.9
17	$L=0.0007D^2+0.2016D+9.3402$	0.9116

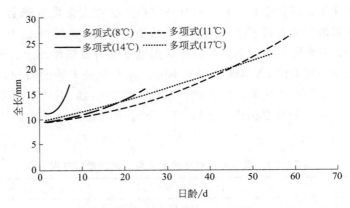

图 3-66　异齿裂腹鱼仔鱼全长与日龄的曲线生长模型

三、讨论

1. 温度对四种裂腹鱼类胚胎发育的影响

鱼类胚胎发育需要在适宜的温度条件下进行，不同的鱼种胚胎发育需要的温度条件不同，对温度的适应范围有很大差异（张培军，1999；强俊等，2008），过高或过低的温度往往会抑制鱼类的生长发育，甚至引起死亡。而温度的影响主要体现在胚胎发育早期停滞不前（张鑫磊，2006），胚胎孵化过程中出现畸形而死亡（唐丽君等，2014），或者畸形个体勉强孵化出膜，最终在出膜后很快死亡。

水温直接影响到胚胎的发育时间（许源剑等，2010），在一定温度范围内，鱼类胚胎孵化时间随温度升高而缩短（戈志强等，2003）。本研究所得温度和胚胎发育的孵化时间呈显著的负相关幂函数关系，与云纹石斑鱼（*Epinephelus moara*）（张廷廷，2016）、日本黄姑鱼（*Nibea japonica*）（许源剑等，2010）、寡齿新银鱼（*Neosalanx oligodontis*）（龚世园等，1996a）、泰国斗鱼（*Betta splendens*）（李岑等，2011）一致，不同于呈负相关线性函数的白斑狗鱼（*Esox lucius*）（韩叙，2010），亦不同于呈负相关指数函数的大头鳕（*Gadus macrocephalus*）（卞晓东，2010）。此外，尖裸鲤卵不同发育时期在各孵化温度下的持续时间表能够清晰反映出受精卵在各个发育时期持续时间随水温的变化趋势，均呈现指数函数关系。在水温 5℃组孵化时间达 530.78h，而水温 17℃组孵化时间为 153.95h，反映出尖裸鲤在不同温度下孵化时间差异较大。

低温造成了胚胎细胞代谢和分裂速度的阻滞（戈志强等，2003），从而延迟胚胎的成熟（韦正道等，1997），最终影响到孵化率；温度过高则会影响胚胎细胞的正常分裂（许源剑等，2010）。水温在 5～17℃，随着温度的升高，尖裸鲤胚胎孵化率呈现先降低后升高的趋势。在水温 5℃时，受精率最低，为 96.69%；在水温 11℃以上，受精率均达到 100%。对于孵化率来说，尖裸鲤胚胎在水温 5～17℃均可以孵化，但孵化率在 5℃时最高，为 93.12%，在 8℃时最低，为 77.35%，然后随着温度的上升孵化率呈递增的趋势。分析看来，可能是由于在温度 5℃下受精率最低致使受精卵数较少，以及低温抑制某些细菌类病害或者传染病的发生，从而导致孵化率增加。拉萨裸裂尻鱼在较高水温 17℃时胚胎的孵化率和受精率不是实验温度范围的最低水平，没有限制拉萨裸裂尻鱼的受精能力和孵化能力，反映出水温 17℃没有超出拉萨裸裂尻鱼孵化温度的耐受范围。而胚胎的受精率在较低水温 5℃

时最低，这可能是低温限制了某些孵化酶的活性，从而降低了拉萨裸裂尻鱼胚胎的受精率。孵化率在 11～17℃ 范围内随着水温的升高而增加。

通过研究温度对尖裸鲤胚胎孵化时间、孵化率和受精率以及 Q_{10} 和 Q_{13} 值的影响结果来看，尖裸鲤胚胎的适宜孵化水温为 11～17℃，拉萨裸裂尻鱼胚胎的适宜孵化水温为 11～14℃，双须叶须鱼胚胎的适宜孵化水温为 5～8℃，异齿裂腹鱼胚胎的适宜孵化水温为 11～17℃。这与云纹石斑鱼的最适孵化温度为 22～24℃（张廷廷，2016）、日本黄姑鱼适宜孵化水温为 17～22℃（许源剑等，2010）等均不同。

2. 温度对四种裂腹鱼类仔稚鱼全长的生长影响

（1）温度对初孵仔鱼全长和卵黄囊体积的影响

在鱼类早期发育过程中，物质营养的转换是一个重大的临界点。卵黄囊作为初孵仔鱼生长发育的重要营养物质和能量来源，其消耗和转化对仔鱼的成活及早期形态的正常发育起着关键性作用（油九菊等，2014）。

温度不同，仔鱼卵黄囊的利用效率也不同（张晓华等，1999；李孝珠等，2011）。温度越高，鱼体维持生存消耗能量的速率越快（Xie et al，1993）。早期仔鱼的体长与其发育程度密切相关（张晓华等，1999；曹振东等，2002）。在一定范围内，初孵仔鱼体长随发育温度的升高而降低，较高孵化温度下初孵仔鱼体长较短（甘小平，2012），虽然低温使胚胎发育速率降低并延长了孵化时间，但低温下孵出的初孵仔鱼体长较长（Otterlei et al，1999）。相应地，当水温接近受精卵耐温极限时，卵黄囊由于胚体利用效率低下而导致损失部分增多，从而用于组织生长发育的能量减少，致使孵化出体长较短的仔鱼（Jordaan et al，2006）。

本小节尖裸鲤仔鱼全长与水温之间有着较高相关性的一元三次曲线关系，从 5℃ 到 8℃，仔鱼全长下降，从 8℃ 到 14℃，仔鱼全长呈现上升趋势，在 14℃ 有最大值（$P<0.05$）。通过分析卵黄囊体积与水温之间显著的一元二次曲线关系，从 5℃ 到 8℃，仔鱼卵黄囊体积随之增加，从 8℃ 到 17℃，仔鱼卵黄囊体积逐渐下降而全长也相应地增加，说明尖裸鲤仔鱼卵黄囊的利用效率水平并未下降，17℃ 不是其极限温度；反而在水温 5℃ 时，尖裸鲤仔鱼全长显著低于水温 11℃、14℃ 和 17℃ 三组，其卵黄囊体积显著高于 17℃ 组，与其他三组无显著性差异，说明水温 5℃ 限制了尖裸鲤初孵仔鱼对卵黄囊的利用和生长。拉萨裸裂尻鱼初孵仔鱼尽管全长之间无显著性差异（$P>0.05$），但在 11～17℃ 时的全长相对较大。初孵仔鱼卵黄囊体积在 11℃ 时最小，所含营养物质相对较少，不利于仔鱼从内源性营养阶段发育转至外源性营养阶段；此外，还反映出在水温 11℃ 组相对低温的环境，需要消耗过多的营养物质维持生存和发育，而在水温 5℃ 组和 8℃ 组，可能是由于低温限制了酶活性从而致使卵黄囊相对利用较少。

（2）尖裸鲤仔稚鱼全长不同温度水平随日龄的变化

不同鱼类生长的适温范围有所不同，这与其自身遗传特性以及对生活环境的长期适应有关（谢忠明，1993）。尖裸鲤仔稚鱼全长和日龄呈现三次多项式函数关系，这种函数关系与四指马鲅（*Eleutheronema tetradactylum*）（油九菊等，2014）、美洲黑石斑（*Centropristis striata*）（张廷廷，2016）等一致。尖裸鲤早期发育阶段的各种器官系统、生理机能均处于形成、发育和完善过程中，此时对环境因子的变化非常敏感（邓思平等，2000）。本研究中，尖裸鲤各水温组仔稚鱼的全长均随日龄增加而增加。随着日龄的增加，水温 5℃ 下仔鱼全长生长速度相对缓慢，水温 14℃ 组和 17℃ 组均保持较快的生长趋势，说明水温 14～17℃ 是尖裸鲤仔稚鱼的适宜生长水温。

3. 基于四种裂腹鱼类早期发育特点对资源增殖保护的建议

许静等（2011）针对尖裸鲤的胚胎发育、仔稚鱼的发育时序和形态学性状等发育特点进行了详细的研究和阐述。许静等（2011）研究胚胎发育阶段的温度范围是 9.8～11.8℃，仔稚鱼阶段的温度范围是 11.6～16.8℃，并没有通过设置固定的温度梯度来研究温度因子对其早期发育的影响。而本文是通过设置 5 个温度梯度来研究温度因子对尖裸鲤胚胎发育及其仔稚鱼生长的影响，进而确定胚胎的适宜孵化温度和仔稚鱼的适宜生长温度。

在一定范围内，水温急剧升高 2～3℃不会给人工繁殖造成明显损失，相反，水温急剧下降 3～6℃会给人工繁殖带来严重损失（唐丽君等，2014）。因此，选择控制温度的孵化和育苗场所对受精卵的孵化至关重要（戈志强等，2003）。在增殖放流时，鱼苗所生活的环境温度必须与放流水域的水温相一致，温差过大会不同程度地影响增殖放流效果（龚世园等，1996a，1996b）。

因此，在人工规模化培育苗种活动或者科学研究中，建议在尖裸鲤、拉萨裸裂尻鱼、双须叶须鱼以及异齿裂腹鱼等四种裂腹鱼的仔稚鱼期苗种培育阶段温度分别控制在 14～17℃、11～14℃、5～8℃、11～17℃，能够较大幅度缩短孵化时间，节省成本。而雅鲁藏布江中游 3 月份平均水温是 6℃左右，水温逐渐上升，7 月份平均水温是 15℃左右，8 月份水温开始下降（魏希等，2015）。所以在增殖放流活动中，苗种培育应考虑到江河相应季节的水温范围，从而避免温度剧烈变化对仔稚鱼的影响。

第五节　基于转录组研究雅鲁藏布江两种裂腹鱼温度适应性

第一小节　尖裸鲤早期发育转录组的表达谱

本文通过 Illumina HiSeq 测序研究尖裸鲤早期发育的转录组谱，有助于解析尖裸鲤早期发育过程的功能分类和通路富集，为挖掘其生长发育和温度适应调控的基因提供十分宝贵的资源。

一、材料与方法

1. 试验动物

尖裸鲤胚胎和仔稚鱼的培育过程见本章第四节。选取 5 个温度（5℃、8℃、11℃、14℃、17℃）下原肠期、初孵仔鱼和 30 日龄仔鱼，将发育为同一时期的样品（3～5 个）保存在去 RNA 酶的 EP 管中，吸取高于样品卵粒 5 倍体积的 RNAlater 溶液加入 EP 管中，轻微振荡，置于－80℃冰箱中保存，每组做 3 个生物学重复试验。

2. 胚胎和仔稚鱼的总 RNA 提取和建库

（1）尖裸鲤胚胎和仔稚鱼的总 RNA 提取

尖裸鲤胚胎和仔稚鱼的总 RNA 提取采用 Trizol 法。

（2）cDNA 的构建和测序

① 提取样品总 RNA 后，用带有 Oligo（dT）的磁珠富集真核生物 mRNA。

② 加入 fragmentation buffer 将 mRNA 打断成短片段，以 mRNA 为模板，用六碱基随

机引物（random hexamers）合成第一条 cDNA 链。

③ 然后加入缓冲液、dNTPs、RNase H 和 DNA polymerase I 合成第二条 cDNA 链。

④ 经过 QiaQuick PCR 试剂盒纯化并加 EB 缓冲液洗脱之后做末端修复、加 poly A 并连接测序接头，然后用琼脂糖凝胶电泳进行片段大小选择。

⑤ 最后进行 PCR 扩增，建好的测序文库用 Illumina HiSeqTM 2000 进行测序。

3. 数据质控

原始的 clean reads 包含带接头的、重复的和低质量的 reads。这些 reads 会影响组装和后续分析，所以需要对下机的 clean reads 再进行严格的过滤，去除含 adaptor 的 reads，去除 N 的比例大于 10% 的 reads，去除低质量 reads，得到 High quality clean reads。

4. 组装结果评估

（1）组装质量统计

使用 N50 评估组装结果质量可靠度和效果。将 All-Unigene 按照长度排序，并且依次累加长度。当累加片段长度达到 All-Unigene 长度的 1/2 时，对应的那个片段长度和数量，即为 Unigene N50 长度和数量。Unigene N50 越长，数量越少，说明数据组装的整体长度越长，组装效果越好。

（2）比对参考序列

使用短 reads 比对软件 Bowtie2，将 high quality clean reads 比对参考基因序列或者测序片段的自身比对（从头组装）得到比对率。

（3）测序饱和度分析

测序饱和度分析是用来衡量一个样品的测序量是否达到饱和的标准，反映测序量与检测到的基因量之间的关系。随着测序量的增多，检测到的基因数也随之增长。当测序量达到某个值时，其检测到的基因数增长速度趋于平缓，说明检测到的基因数趋于饱和。

（4）测序随机性分析

以 reads 在参考基因上的分布情况来评价 mRNA 打断的随机程度。由于不同参考基因有不同的长度，把 reads 在参考基因上的位置标准化到相对位置，然后统计基因的不同位置比对上的 reads 数。reads 在基因上分布比较均匀说明随机性较好。

5. 基因表达统计和差异分析

（1）基因覆盖统计

基因覆盖度指比对到靶标基因组上特定碱基位点上的 read 数，即基因中 unique mapping reads 覆盖的碱基数和基因编码区所有碱基数的比值。根据同一物种或者相似物种的已知参考基因序列集合，将组装序列与其进行比较，来估计组装序列在参考序列集合中的覆盖率。

（2）总体表达量统计

使用 RPKM 法（Mortazavi et al，2008）计算基因表达量，RPKM 法能消除基因长度和测序量差异对计算基因表达的影响，计算得到的基因表达量可直接用于比较不同样品间的基因表达差异。其计算公式为：

$$RPKM = (1000000 \times C)/(N \times L/1000)$$

设 RPKM 为 Unigene A 的表达量，C 是比对到的 Unigene A 的 reads 数，N 是比对到的所有 Unigene 的 reads 数，L 是 Unigene A 的碱基数。

（3）表达量丰度分布

表达量丰度分布作为评估某个样本跟其他样本在建库、测序、比对或定量中的差异。

（4）主成分分析（PCA）

主成分分析是将多个指标化为几个综合指标的一种统计分析方法。RNA 组学研究利用主成分分析，将样本所包含的上万个基因的表达量，降维为数个维度的综合指标，尽可能地反映出原始数据包含的信息量。以各个样本在第一主成分（PC1）和第二主成分（PC2）两个综合指标中的数值大小为依据做二维坐标图。

（5）重复性检验

对两次平行试验的结果相关性分析可获得对试验结果可靠性和操作稳定性的评估。同一样本两次平行试验之间的相关性越接近 1，说明可重复性越高。

6. All-Unigene 功能注释

通过 blastx 软件将 Unigene 序列比对到蛋白数据库 Nr、SwissProt、KEGG 和 COG/KOG，得到跟给定 Unigene 具有最高序列相似性的蛋白，从而得到该 Unigene 的蛋白功能注释信息。

KEGG 是系统分析基因产物在细胞中的代谢途径以及这些基因产物的功能的数据库，用 KEGG 可以进一步研究基因在生物学上的复杂行为。KEGG 的注释需要通过序列比对进行预测。

根据 Nr 注释信息来得到 GO 功能注释。利用 Blast2GO 软件得到 Unigene 的 GO 注释信息，然后使用 WEGO 软件对所有 Unigene 进行 GO 功能分类统计，从而研究该物种的基因功能分布特征。Blast2GO 将高通量分析、统计评估和生物框架可视化与用户交互高度结合，并进一步扩展到多种注释类型和新型统计分析（Conesa *et al*，2005）。

二、结果分析

1. 总 RNA 的检测

经过 Agilent 2100 与 NanoDrop 2000 仪器对总 RNA 各个质量指标进行检测，发现样品浓度均≥100ng/μL，RIN 值≥7.0，28S/18S>0.7（见表 3-75），反映出样品测序质量较好，能够满足建库需求。

表 3-75　样品 RNA 的质量分析

样品名称	浓度/(ng/μL)	体积/μL	总量/μg	RIN 值
O5H1	465	28	13.02	9.3
O8G	193	43	8.3	7.1
O11G	127	92	11.68	7
O11H1	280	64	17.92	8.6
O11H30	687	60	41.22	9.6
O14H1	292	48	14.02	7.1
O14H30	510	36	18.36	9.8
O17H1	363	83	30.13	9.5
O17H30	633	34	21.52	9.1

注：O5H1 为尖裸鲤 5℃出膜 1d；O8G 为尖裸鲤 8℃原肠期；O11G 为尖裸鲤 11℃原肠期，O11H1 为尖裸鲤 11℃出膜 1d；O11H30 为尖裸鲤 11℃出膜 30d；O14H1 为尖裸鲤 14℃出膜 1d；O14H30 为尖裸鲤 14℃出膜 30d；O17H1 为尖裸鲤 17℃出膜 1d；O17H30 为尖裸鲤 17℃出膜 30d。

2. 测序产量

（1）测序原始数据产量

原始序列过滤。测序得到的原始图像数据经 base calling 转化为序列数据，我们称之为原始序列（raw reads），这些原始序列并不能直接用于后续的分析中，还要对其进行以下处理：①去除含接头的序列；②去除未知核酸序列超过 5% 的原始序列；③去除低质量序列（质量值 $Q \leqslant 10$ 的碱基数占整个 reads 的 20% 以上）。经过上述步骤后，获得 clean reads。

表 3-76 中统计了下机原始数据每个样本的 reads 数以及总数据量，总共大约有 138473433600 bp raw reads，raw reads 数目约为 923156224 条。9 个样品的 Q20 百分比均在 97% 以上，GC 含量所占比例在 48% 左右，反映出各样品的测序质量较好。

表 3-76 5 个温度条件处理下原始数据产出及质量评估

样品	raw reads	raw reads data/bp	Q20/%	Q30/%	GC/%
O5H1-1	35263084	5289462600	97.67	94.30	48.08
O5H1-2	30025402	4503810300	97.64	94.20	47.80
O5H1-3	31459366	4718904900	97.48	93.90	47.93
O8G-1	29560642	4434096300	97.51	93.98	47.47
O8G-2	40445676	6066851400	97.64	94.24	47.57
O8G-3	40513568	6077035200	97.25	93.45	47.41
O11G-1	35719650	5357947500	97.65	94.24	47.69
O11G-2	36947626	5542143900	97.50	93.95	47.80
O11G-3	43766324	6564948600	97.67	94.27	47.82
O11H1-1	37834646	5675196900	97.81	94.57	47.98
O11H1-2	34901354	5235203100	97.60	94.09	48.06
O11H1-3	34409534	5161430100	97.72	94.41	47.99
O11H30-1	30774366	4616154900	97.62	94.18	47.71
O11H30-2	36169312	5425396800	97.52	93.98	47.70
O11H30-3	38769730	5815459500	97.65	94.25	48.10
O14H1-1	35124066	5268609900	96.46	91.90	48.33
O14H1-2	34843748	5226562200	97.57	94.08	48.13
O14H1-3	31459188	4718878200	97.51	93.96	47.93
O14H30-1	33887032	5083054800	97.43	93.79	48.06
O14H30-2	30961598	4644239700	97.45	93.86	47.63
O14H30-3	29303350	4395502500	97.45	93.86	47.45
O17H1-1	25858636	3878795400	97.56	94.04	48.08
O17H1-2	30267894	4540184100	97.53	93.98	48.59
O17H1-3	33116132	4967419800	97.66	94.27	48.31
O17H30-1	29099720	4364958000	97.61	94.13	48.67
O17H30-2	34822148	5223322200	97.59	94.12	48.21
O17H30-3	37852432	5677864800	97.62	94.18	48.77

（2）原始数据的过滤

根据数据过滤标准对得到的 raw reads 进行过滤，去除接头序列、空的 reads 和低质量序列，最终得到的 clean reads 数目约为 908613234 条，占 raw reads 的 96.97％以上。9 个组样品的 Q20 百分比都在 97.33％以上，满足数据质量分析标准（表 3-77）。

表 3-77　5 个温度条件处理下过滤数据产出及质量评估

样品	clean reads（%）	clean reads data/bp	Q20/%	Q30/%
O5H1-1	34774260（98.61%）	5198100469	98.11	94.99
O5H1-2	29594948（98.57%）	4426246041	98.09	94.91
O5H1-3	30942424（98.36%）	4627835967	97.99	94.70
O8G-1	29096972（98.43%）	4351662058	98.00	94.76
O8G-2	39885818（98.62%）	5959525521	98.09	94.94
O8G-3	39755952（98.13%）	5944110546	97.83	94.36
O11G-1	35211292（98.58%）	5263996366	98.10	94.95
O11G-2	36363512（98.42%）	5436471361	98.00	94.73
O11G-3	43173008（98.64%）	6454792096	98.10	94.95
O11H1-1	37346764（98.71%）	5583974455	98.22	95.21
O11H1-2	34396312（98.55%）	5145426345	98.04	94.79
O11H1-3	33918400（98.57%）	5073864900	98.17	95.11
O11H30-1	30313504（98.5%）	4534599667	98.08	94.91
O11H30-2	35584392（98.38%）	5322129136	98.01	94.76
O11H30-3	38210264（98.56%）	5716055039	98.10	94.96
O14H1-1	34058494（96.97%）	5097015871	97.33	93.25
O14H1-2	34310028（98.47%）	5134525444	98.04	94.83
O14H1-3	30952698（98.39%）	4632186396	98.00	94.74
O14H30-1	33305012（98.28%）	4978633066	97.96	94.62
O14H30-2	30444560（98.33%）	4554467050	97.97	94.68
O14H30-3	28821740（98.36%）	4312889763	97.96	94.66
O17H1-1	25473202（98.51%）	3811825299	98.02	94.77
O17H1-2	29791928（98.43%）	4457904027	98.01	94.74
O17H1-3	32643820（98.57%）	4884556088	98.10	94.96
O17H30-1	28664166（98.5%）	4289460757	98.07	94.86
O17H30-2	34285002（98.46%）	5128609225	98.06	94.87
O17H30-3	37294762（98.53%）	5579685265	98.08	94.90

3. 测序质控

（1）比对参考基因

质量控制是转录组高质量的保证，对于判断其是否适合后续分析具有重要意义。通过分析序列的质量分布箱线图、碱基质量分布图、碱基和 GC 含量分布图可全面评估 RNA-Seq 结果质量，以保障后续数据分析的可靠性。本研究中，通过参考基因的比对进行质量过滤质控分析。

然后，使用短 reads 比对软件 Bowtie2 将上述过滤后的数据比对到参考基因序列得到比对率。通过先跟参考基因序列比对，然后把去核糖体后总的 reads 跟参考基因做比对。Mapping Rate：82.64 %～92.69 %（表 3-78）。综上，可确定本次研究中测序结果质量较高，可用于继续下游注释分析。

表 3-78　各样品与参考基因比对结果

样品	all reads num.	unmapped reads	unique mapped reads	multiple mapped reads	mapping ratio
O5H1-1	34771114	3224547	30816124	730443	90.73%
O5H1-2	29591936	2771224	26207897	612815	90.64%
O5H1-3	30939868	2894043	27414360	631465	90.65%
O8G-1	29068582	2671128	25761853	635601	90.81%
O8G-2	39844266	3705576	35222094	916596	90.70%
O8G-3	39715294	3661705	35189275	864314	90.78%
O11G-1	35197072	2983902	31450630	762540	91.52%
O11G-2	36348380	3052330	32511860	784190	91.60%
O11G-3	43155498	3591716	38596904	966878	91.68%
O11H1-1	37340116	2777895	33769539	792682	92.56%
O11H1-2	34389986	2558555	31134604	696827	92.56%
O11H1-3	33912536	2509660	30717662	685214	92.60%
O11H30-1	30309138	2719277	26902433	687428	91.03%
O11H30-2	35579670	3199620	31542473	837577	91.01%
O11H30-3	38204294	3318916	34005773	879605	91.31%
O14H1-1	34052612	2490039	30865473	697100	92.69%
O14H1-2	34305948	2523062	31078937	703949	92.65%
O14H1-3	30948878	2331151	27994334	623393	92.47%
O14H30-1	33296032	3127907	29221559	946566	90.61%
O14H30-2	30437092	2978155	26665338	793599	90.22%
O14H30-3	28813344	2740410	25276605	796329	90.49%
O17H1-1	25470324	1932824	23024691	512809	92.41%
O17H1-2	29788064	2204145	26979860	604059	92.60%
O17H1-3	32639418	2446698	29518573	674147	92.50%
O17H30-1	28659002	2366824	25605651	686527	91.74%
O17H30-2	34278990	2965327	30454727	858936	91.35%
O17H30-3	37284756	6472827	29219848	1592081	82.64%

注：all reads num. 为去核糖体后总的 reads 数量。

（2）测序饱和度分析

测序饱和度分析是用来衡量一个样品的测序量是否达到饱和的标准。随着测序量（reads 数量）的增多，检测到的基因数也随之上升。

本研究统计 clean reads 比对到参考基因上的比例，获得对总体情况的认识，并进一步通过测序饱和度来衡量各样本测序的质量，随着测序量（reads 数量）的增多，检测到的基因数也随之上升，当测序量达到某个值时，检测到的基因数增长速度趋于平缓，说明检测到的基因数趋于饱和，可以满足后续转录组数据的分析（图 3-67）。

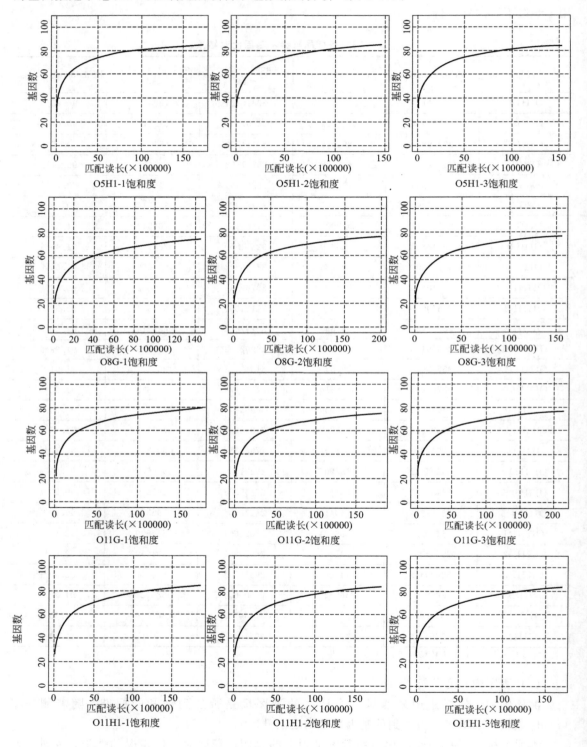

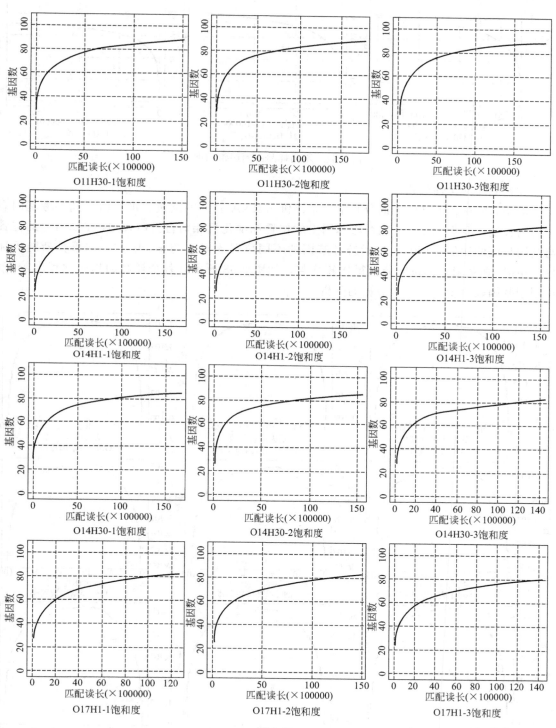

图 3-67

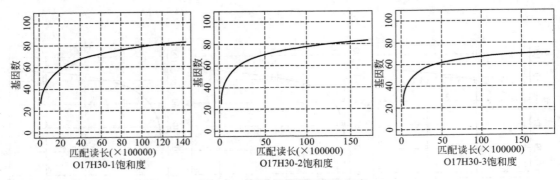

图 3-67　不同样品的测序饱和度

（3）测序随机性分析

以 reads 在参考基因上的分布情况来评价 mRNA 打断的随机程度。由于同参考基因有不同的长度，我们把 reads 在参考基因上的位置标准化到相对位置（reads 在基因上的位置与基因长度的比值×100），然后统计基因的不同位置比对上的 reads 数。如果打断随机性好，reads 在基因各部位应分布得比较均匀。如图 3-68 所示，各个样品的均一化程度较高，可用于基因表达量和下一步数据的分析。

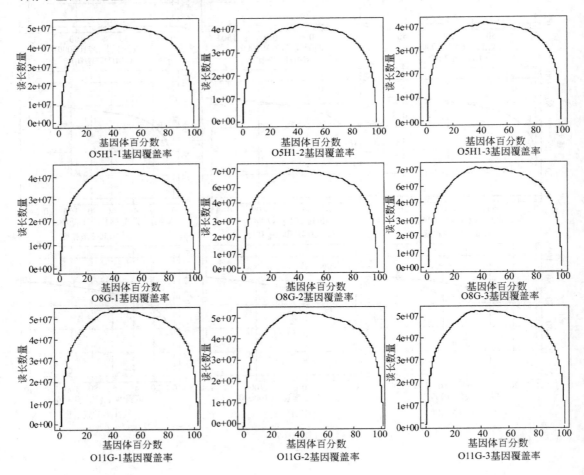

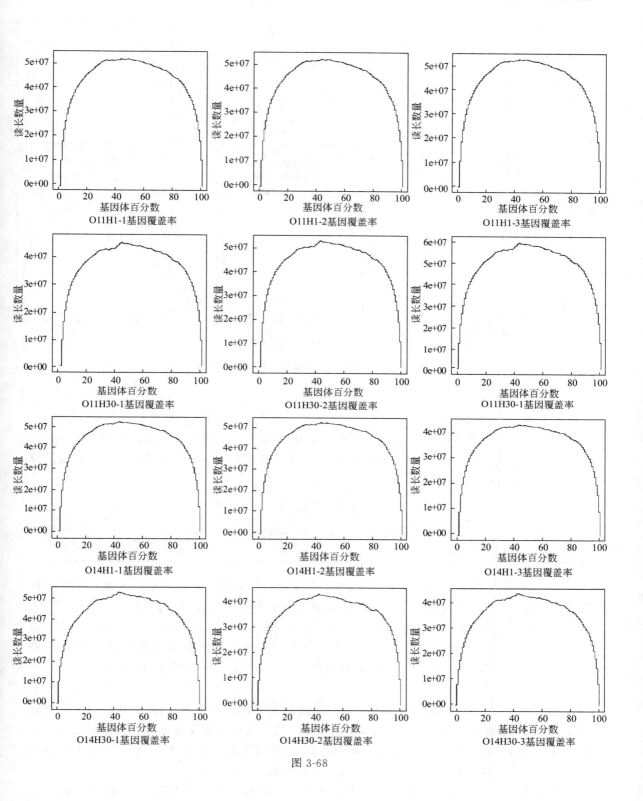

图 3-68

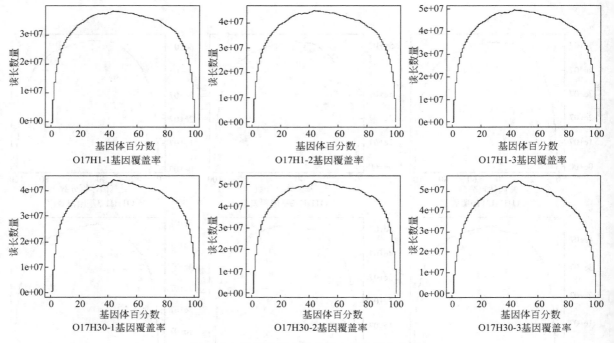

图 3-68　各样品在参考基因上均匀分布曲线

4. 组装结果统计

（1）组装质量统计

Unigene N50 越长，数量越少，说明组装质量越好。尖裸鲤 Unigene 序列总数 61934 条，最大长度为 130887nt，最小长度为 201nt，平均长度 1237nt，N50 长度 2382nt，总的核苷酸数为 76627844nt（见表 3-79）。

表 3-79　尖裸鲤早期发育的组装质量

序列总数	GC/%	N50/nt	最大长度/nt	最小长度/nt	平均长度/nt	总的核苷酸数
61934	44.9782	2382	130887	201	1237	76627844

图 3-69 是尖裸鲤的 Unigene 长度与累计频率分布统计图，图中显示大于等于不同最低长度阈值的 Unigene 总数目的分布关系：尖裸鲤分布在 0～500nt 达 27729 条，占 44.77%；分布在 500～1000nt 有 11787 条，占 19.03%；分布在 1000～2000nt 有 10789 条，占 17.42%；分布在 2000～3000nt 有 5742 条，占 9.27%；分布在 3000nt 以上有 5887 条，占 9.51%。这些数据表明原始数据的组装质量很高，完全可以用于后续基因注释。

（2）组装覆盖统计

基因测序覆盖度指每个基因被 reads 覆盖的百分比，其值等于基因中 Unigene 中有 reads 覆盖的碱基数和 Unigene 序列长度的比值。测序深度是测序质量评价的指标之一，是测序碱基总数与基因组大小的比值。测序深度与基因组覆盖度呈正相关。测序中的假阳性和错误率也随着测序深度呈负相关。尖裸鲤的基因覆盖度为 99.94%。

在覆盖 reads 数范围分布方面，尖裸鲤的 reads 在 11～100 的范围内最多，数量为 14556；而 reads 在 801～900 的范围内最少，数量为 696，如图 3-70 所示。

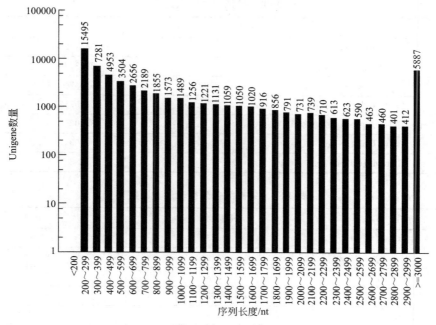

图 3-69　尖裸鲤的组装序列长度分布图

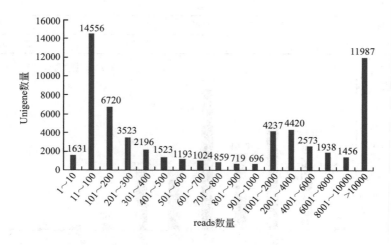

图 3-70　尖裸鲤的 reads 在 Unigene 上的覆盖统计图

（3）基因表达统计和基因表达定量分析

通过对尖裸鲤的转录组测序，总共得到 908613234 个 reads，unique mapped ratio 为 89.02%，此结果正常，可以继续下游注释分析。使用 unique mapped reads 注释基因的表达量，基因表达定量用 RPKM 值表示。

RPKM（Reads Per Kilobases per Million mapped reads）是每百万 reads 中来自某一基因每千碱基长度的 reads 数目。在 RPKM 方面，尖裸鲤在 1.0～5.0 的范围内分布最多，为 15833；在 500～1000 的范围内分布最少，为 87；其中低表达 reads（<1）占比 51.45%，中表达 reads（1～10）占比 34.70%，高表达 reads（>10）占比 13.85%，如表 3-80、表 3-81、图 3-71 所示。

表 3-80 尖裸鲤总体表达统计

序列组装	数量
总 reads 数量	908613234
比对上的 reads 数	828387637
比对率	91.17%
唯一比对上的 reads 数	808807889
唯一比对上的 reads 数的比例	89.02%
总 Unigene 数	61934
RPKM=0 Unigenes	683

表 3-81 尖裸鲤各分组表达基因数

分组	基因数	比例
O11G	49025	79.16%
O11H1	52082	84.09%
O11H30	54293	87.66%
O14H1	51767	83.58%
O14H30	54008	87.20%
O17H1	51727	83.52%
O17H30	55105	88.97%
O5H1	51985	83.94%
O8G	49108	79.29%

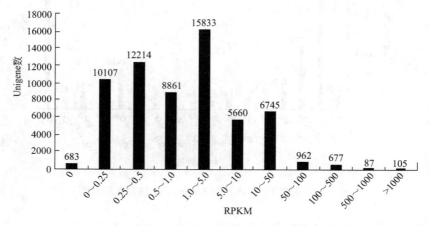

图 3-71 不同表达量（RPKM）范围的 Unigene 数

5. 差异分析

（1）重复性检验

评估试验结果的可靠性和操作稳定性的依据是平行试验两次结果的相关性。如图 3-72 所示，同一样本两次平行试验之间的相关性越接近 1，说明可重复性越高。虽然样品 O17H30-3 与样品 O17H30-1 和 O17H30-2 的皮尔森相关系数分别为 0.75 和 0.70，但是样品 O17H30-1 和 O17H30-2 的重复性为 0.99，重复率较高，其他样品组间皮尔森相关系数均在 0.90 以上，彼此之间存在极强相关关系，重复性较高。

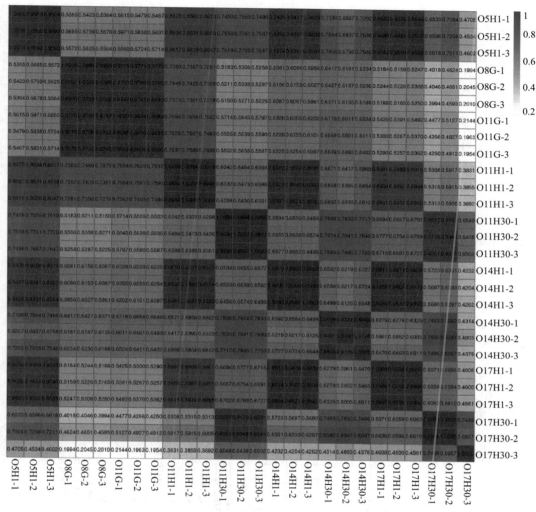

图 3-72　尖裸鲤早期发育样品相关性分析

（2）主成分分析（PCA）

使用 R 语言进行主成分分析。根据各个样本在第一主成分（PC1）和第二主成分（PC2）两个综合指标中的数值大小，做二维坐标图（图 3-73），PC1 可以解释原所有变量（所有基因的表达量）总体方差的 44.1%，PC1 与 PC2 共可以解释总体方差的 73.0%。第一个因子主要和 O11G、08G 有很强的正相关，而第二个因子主要和 O11H30、O14H30、O17H30 有很强的正相关，第三个因子主要和 O5H1、O11H1、O14H1、O17H1 有很强的正相关。因此可以给第一个因子起名为"原肠期因子"，而给第二个因子起名为"出膜 1 天因子"，给第三个因子起名为"出膜 30 天因子"。分层聚类将胚胎样本进行聚类，发现所有的样本聚为两个大支，原肠期和出膜 1 天仔鱼聚为一支，出膜 30 天仔稚鱼聚为一支，表明在早期发育阶段孵化出膜后早期发育的变化最为明显。

（3）样品聚类分析

基于全体基因表达量，对样本的关系进行层级聚类（图 3-74）。从样品的聚类结果来看，基于尖裸鲤的发育时期，将 3 个发育时期的样品划分为 3 个分支，即原肠期（包含 O8G 和

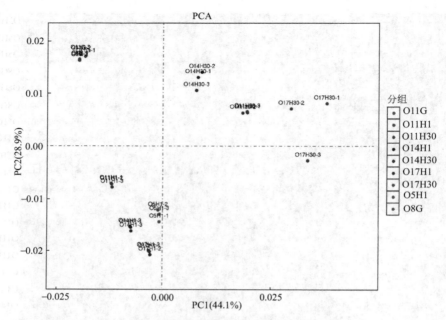

图 3-73　尖裸鲤早期发育样品主成分分析

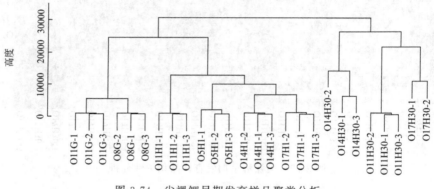

图 3-74　尖裸鲤早期发育样品聚类分析

O11G)、出膜 1 天（包含 O5H1、O11H1、O14H1 和 O17H1）和出膜 30 天（包含 O11H30、O14H30 和 O17H30），其中原肠期和出膜 1 天聚为一支。此结果和 PCA 主成分分析所得结果一致。

（4）各试验组之间差异表达基因分析

采用负二项分布的 DESeq 方法将 9 个组两两之间进行差异表达基因分析。本研究利用 FDR 与 $\log_2 FC$ 来筛选差异基因，筛选条件为 FDR <0.05 且 $|\log_2 FC|>1$。

不同的组合之间差异表达基因的分布情况如下。

不同发育组中，O11G 和 O11H1 之间有 19421 个差异基因，其中基因上调表达有 13530 个，基因下调表达有 5891 个；O11G 和 O11H30 之间有 33188 个差异基因，其中基因上调表达有 23182 个，基因下调表达有 10006 个；O11H1 和 O11H30 之间有 21460 个差异基因，其中基因上调表达有 14891 个，基因下调表达有 6569 个。

不同水温处理组中，O11H30 和 O14H30 之间有 5431 个差异基因，其中基因上调表达有 2702 个，基因下调表达有 2729 个；O11H30 和 O17H30 之间有 1169 个差异基因，其中基因上调表达有 683 个，基因下调表达有 486 个；O14H30 和 O17H30 之间有 1636 个差异基因，其中基因上调表达有 745 个，基因下调表达有 891 个，见图 3-75。

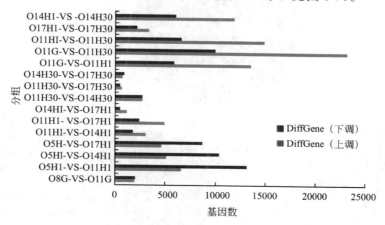

图 3-75　分组间差异基因统计

6. All-Unigene 的功能注释

（1）四大数据库注释汇总

由于尖裸鲤没有全基因组背景，所以首先将组装后得到的 61934 条 All-Unigene 通过 blastx 将 Unigene 序列比对到蛋白数据库 Nr、SwissProt、KOG 和 KEGG（E-value＜0.00001），得到跟给定 Unigene 具有最高序列相似性的蛋白，从而得到该 Unigene 的蛋白功能注释信息。

对比以上四个数据库，能够获得同源比对信息的 All-Unigene 分别有 34835 条、27810 条、22031 条、19135 条，分别占总量的 56.25%、44.90%、35.57%、30.90%；总的 All-Unigene 获得注释信息有 34877 条，占总量的 56.31%；没有获得注释的序列有 27057 条，占总量的 43.69%，如表 3-82 所示。

表 3-82　四大数据库注释统计

项目	Nr	SwissProt	KOG	KEGG	annotation genes	without annotation gene
注释数目/个	34835	27810	22031	19135	34877	27057
注释比例/%	56.25	44.90	35.57	30.90	56.31	43.69

对注释到 Nr 数据库的序列的 E-value、物种分布情况作统计，结果见图 3-76。

对在 Nr 数据库上获得比对结果的 E 值分布进行分析，发现获得注释的 34835 条序列中，有 17264 的 E 值分布在 $0 \sim 10^{-150}$ 之间，3566 条位于 $10^{-150} \sim 10^{-100}$ 之间，5174 条位于 $10^{-100} \sim 10^{-50}$ 之间，5699 条位于 $10^{-50} \sim 10^{-20}$ 之间，3122 条位于 $10^{-20} \sim 10^{-5}$ 之间。

根据 Blastx 的结果，显示有 28.21% 的序列相似性在 60%～80%，58.38% 匹配序列的相似度在 80% 以上，而其余的 13.06% 匹配序列的相似度在 15%～60% 之间，如图 3-76 所示。

从匹配的物种来源分析，有 30.90% 的 All-Unigene 注释到犀角金线鲃中，27.81% 注释到安水金线鲃中，剩余分别为滇池金线鲃 22.37%、斑马鱼 6.46%、锦鲤 1.73%、大黄鱼 0.96%、大西洋鲑 0.58%，剩余 9.19% 注释到其他物种中，如图 3-76 所示。

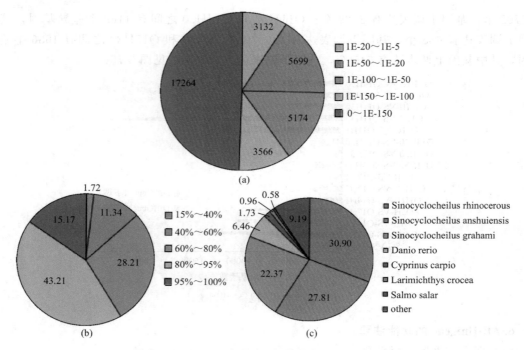

图 3-76　Unigene 在 Nr 蛋白数据库中的注释分析
(a) 为 E 值分布图；(b) 为序列与 Nr 相似性分布图；(c) 为物种相似性分布图

（2）KOG 数据库注解

KOG 划分为 25 个功能分类，将 All-Unigene 比对到 KOG 数据库中，结果显示有 22031 条序列共获得 49669 个 KOG 功能注释信息。从基因功能分布特征中，发现信号传导机制功能基因分布最多，共 11575 条 Unigene（23.30%）；其次是一般功能预测的功能基因，有 8682 条 Unigenes（17.48%），翻译后修饰、蛋白翻转、分子伴侣的功能基因（4020，8.09%），转录的功能基因（3139，6.32%），胞内运输、分泌和囊泡运输（2510，5.05%）的功能基因，细胞骨架的功能基因（2457，4.95%）等也较为丰富，而涉及细胞能动性和核结构的功能基因最少，仅分别有 148 条 Unigene 和 164 条 Unigene，详见图 3-77。

（3）GO 功能注释

GO 功能分析一方面给出差异表达基因的 GO 功能分类注释，另一方面给出差异表达基因的 GO 功能显著性富集分析。根据 Nr 注释信息，使用 Blast2GO 软件得到 Unigene 的 GO 注释信息。得到每个 Unigene 的 GO 注释后，用 WEGO 软件对所有 Unigene 作 GO 功能分类统计，从宏观上认识该物种的基因功能分布特征。根据 GO 分类表对 Unigene 的 GO 注释进行分析，横坐标代表 GO 三个大类，即参与的生物过程（biological process）、细胞组分（cellular component）、分子功能（molecular function），共得到 92693 个 GO 功能注释并对其分类。

从图 3-78 可以看出，这三个大的功能分类可详细分为 56 个功能亚类，其中生物学过程分为 22 个亚类，细胞组分 17 个亚类，分子功能 16 个亚类。生物学过程功能注释最多，有 44084 个基因，占总体比例的 47.56%；其次是细胞组分的注释数量，有 29354 个基因，占总体比例的 31.67%；最少的是分子功能的注释数量，有 19255 个基因，占总体比例的 20.77%。在生物学过程中，涉及细胞过程（cellular process）、单一有机体进程（single-organism process）和代谢过程（metabolic process）的基因较多，分别有 8570 个、7957 个和 6062 个；在细胞组分

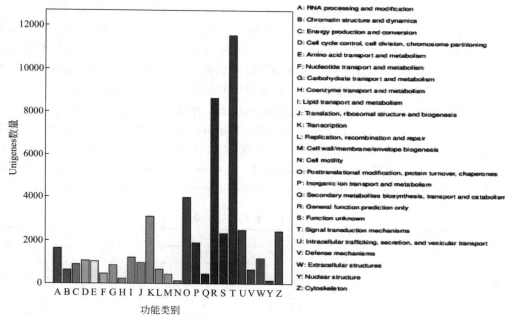

图 3-77　KOG 功能注释分布

A：RNA 加工和修饰；B：染色体结构和动力学；C：能源产生与转化；D：细胞周期调控、细胞分裂、染色体分离；E：氨基酸转运和代谢；F：核酸转运和代谢；G：碳水化合物转运和代谢；H：辅酶转运和代谢；I：脂类转运和代谢；J：翻译、核糖体结构和生物发生；K：转录；L：复制、重组和修饰；M：细胞壁/细胞膜生物发生；N：细胞活性；O：翻译后修饰、蛋白翻转、分子伴侣；P：无机离子转运和代谢；Q：次生代谢物生物合成、转运和代谢；R：只有一般功能预测；S：未知功能；T：信号传递机制；U：细胞间运输、分泌物和膜泡运动；V：防御机制；W：细胞外结构；Y：核结构；Z：细胞骨架

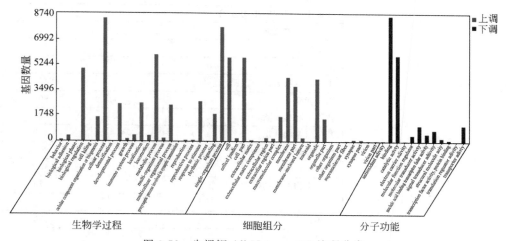

图 3-78　尖裸鲤 All-Unigene GO 注释分类

中，涉及细胞（cell）和细胞部分（cell part）的基因较多，均为 5865 个；在分子功能中，涉及结合（binding）和催化活性（catalytic activity）的基因较多，分别有 8738 个和 5989 个。

（4）KEGG 功能注释

KEGG 是系统分析基因产物在细胞中的代谢途径以及这些基因产物的功能的数据库，利用 KEGG 可以进一步研究基因在生物学上的复杂行为。根据 KEGG 注释信息可以进一步得到 Unigene 的 Pathway 注释。

共有 8627 条 Unigene 得到 KEGG Pathway 的注释，共涉及 225 个代谢类别。对这 225 条代谢途径中的 All unigene 进行概括，总共分为五类，其中 20.17% 的基因注释到细胞过程 (Cellular Processes)，主要为细胞免疫 (Cellular commiunity，1255)、转运和分解代谢 (Transport and catabolism，1206)；注释到环境信息处理 (Environmental Information Processing) 的基因占总体比例的 25.29%，主要为信号转导 (Signal transduction，2883)；注释到遗传信息处理 (Genetic Information Processing) 的基因占总体比例的 11.57%，主要为转录 (Transcription，964)；注释到代谢 (Metabolism) 途径的基因占总体比例的 25.89%，主要为脂质代谢 (Lipid metabolism，904) 和碳水化合物代谢 (Carbohydrate metabolism，815)；另外，17.08% 的基因注释到有机体系 (Organismal Systems)，主要为内分泌系统 (Endocrine system，1196) 和循环系统 (Circulatory system，935)，见表 3-83。

表 3-83　KEGG Pathway 分类

KEGG 类别		基因数目/个
细胞过程	细胞生长与死亡	621
	细胞运动	433
	细胞联盟	1255
	转运与分解代谢	1206
环境信息处理	膜运输	85
	信号转导	2883
	信号分子与相互作用	1439
遗传信息处理	折叠、分类与降解	732
	复制与修复	320
	转录	964
代谢	氨基酸代谢	618
	其他次生代谢的生物合成	10
	碳水化合物代谢	815
	能量代谢	241
	全面和概述	380
	多糖的生物合成与代谢	423
	脂质代谢	904
	辅因子和维生素代谢	282
	其他氨基酸代谢	179
	萜类和聚酮化合物代谢	25
	核苷酸代谢	459
	外来生物的生物降解和代谢	176
有机系统	老化	9
	循环系统	935
	发育	64
	消化系统	43
	内分泌系统	1196
	环境适应	17
	排泄系统	15
	免疫系统	540
	神经系统	81
	感觉系统	76

基因注释数量排名前 10 位的 KEGG 通路主要为：神经活性配体-受体相互作用（Neuroactive ligand-receptor interaction，609）、MAPK 信号通路（MAPK signaling pathway，549）、细胞内吞作用（Endocytosis，526）、钙信号通路（Calcium signaling pathway，515）、黏着斑（Focal adhesion，466）、肌动蛋白细胞骨架调节（Regulation of actin cytoskeleton，433）、心肌细胞中的肾上腺素能信号传导（Adrenergic signaling in cardiomyocytes，394）、紧密连接（Tight junction，348）、细胞因子受体相互作用（Cytokine-cytokine receptor interaction，326）、细胞黏附分子（Cell adhesion molecules，326）等（图 3-79）。上述 KEGG 通路的发现为深入研究尖裸鲤对外界生物因素和非生物因素的适应机制指明了方向。

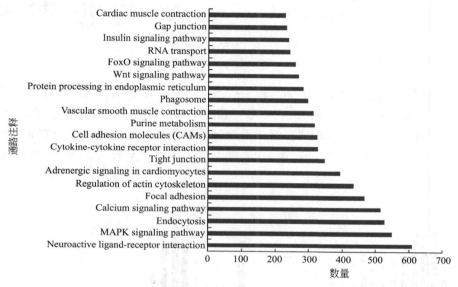

图 3-79　基因数量排名前 20 位的 KEGG 通路

7. 预测编码蛋白框（CDS）

用 Trinity 对尖裸鲤的转录组测序结果进行 de novo 组装，将 Unigene 序列与四大蛋白库做比对，总共得到 35774 条 CDS，其中通过 blast 比对得到的 CDS 有 34425 条，通过 ESTscan 预测得到的 CDS 有 1349 条。表 3-84 为得到的 CDS 的数量统计。

表 3-84　CDS 数量统计

名称	条数
通过 blast 得到的 CDS	34425
通过 ESTscan 预测得到的 CDS	1349
所有的 CDS	35774

在公共数据库上比对的核酸序列较长，分布在 200～500bp 的序列有 10184 条，占总量的 29.58%；分布在 600～1000bp 的有 5924 条，占 17.21%；分布在 1000bp 以上的有 13734 条，占 39.92%。而通过 ESTScan 预测获得的核酸序列长度较短，绝大部分集中在 200～400bp，有 818 条，占 60.64%，大于 1400bp 的序列仅 2 条。图 3-80 为得到的 CDS 序列长度分布。

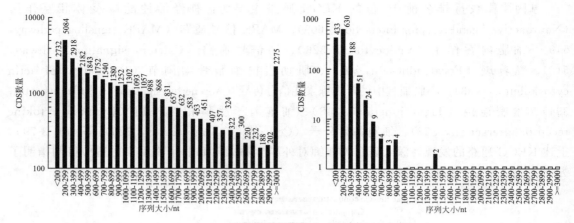

图 3-80 CDS 序列长度分布

左为通过 blast 得到的 CDS；右为通过 ESTscan 预测得到的 CDS

在公共数据库上比对的氨基酸序列，分布在 50～99aa 的序列有 6554 条，占总量的 19.04%；分布在 100～149aa 的有 4021 条，占 11.68%；分布 150aa 以上的有 22588 条，占 65.62%。而通过 ESTscan 软件预测获得的氨基酸序列，绝大部分集中在 50～59aa，有 782 条，占 57.97%，剩余共 567 条，占 42.03%。图 3-81 为得到的氨基酸序列长度分布。

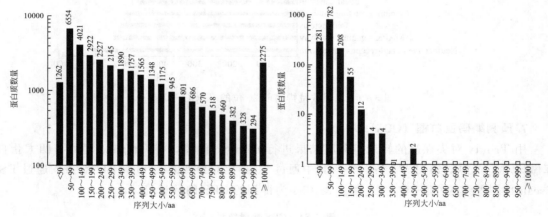

图 3-81 氨基酸序列长度分布

左为通过 blast 得到的氨基酸序列；右为通过 ESTscan 预测得到的氨基酸序列

8. 串联重复单元（SSR）分析

SSR 作为分子标记的一种，被广泛用于杂交育种、种群遗传多样性、遗传连锁图谱的构建等研究领域。目前关于尖裸鲤的分子标记十分有限，本研究通过 MicroSatellite（MISA）软件，在 61936 个 Unigenes 中找出全部的 SSR，总计 8081 个，包含 6573 个 Unigenes，1137 条序列含有 1 条以上 SSR。将检测到的 SSR 按照短串联重复单元的类型分类并作图，发现其中最多的 SSR 是二核苷酸，有 5397 个，占总量的 66.79%；其他类型依次为：三核苷酸 1972 个，占 24.40%；四核苷酸 580 个，占 7.18%；五核苷酸 84 个，占 1.04%；六核苷酸 48 个，占 0.59%，见表 3-85。

表 3-85　SSR 类型统计

检索项目	数量
序列总数	61936
序列的总大小/bp	76628205
SSRs 总数	8081
含有 SSR 序列的数量	6573
含有 1 个以上 SSR 的序列的数量	1137
在化合物形成中存在的 SSR 数量	675
二核苷酸	5397
三核苷酸	1972
四核苷酸	580
五核苷酸	84
六核苷酸	48

出现频率最高的前五种基序为：AC/GT（34.9%），AT/AT（17.7%），AG/CT（14%），AAT/ATT（5.5%），ATC/ATG（5.1%），见图 3-82。

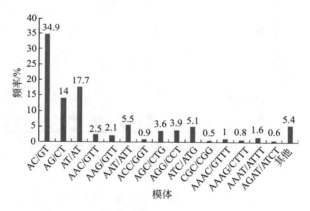

图 3-82　不同类型串联重复单元的频率分布

在所有的 SSR 重复单元数目上，重复最多的为 6 次，有 2674 个，占所有单元的 33.09%；其次为 7 次和 5 次，分别有 1439 个和 1351 个，分别占比 17.81% 和 16.72%；最少的重复单元为 12 次和 13 次，分别有 20 个和 8 个，分别占比例 0.25% 和 0.10%（表 3-86）。对尖裸鲤 SSR 的研究，将为尖裸鲤的遗传标记研究提供非常重要的物质资源和依据。

9. TF 家族因子

本研究统计了尖裸鲤早期发育的家族转录因子，总共有 68 种家族转录因子，共计 2134 条 Unigenes。其中，锌指蛋白家族 zf-C2H2 数量最多，有 780 个基因，占注释数量的 36.55%；其次是 Homeobox 家族，有 270 个基因，占注释数量的 12.65%；bHLH 家族因子有 142 个基因，占注释数量的 6.65%；比较重要的基因家族还有 Fork-head，即 FOX 基因家族，共有 66 个基因，占注释数量的 3.09%，见图 3-83。

表 3-86　SSR 重复单元数和分类

重复单元数量/bp	Di-	Tri-	Tetra-	Penta-	Hexa	总和	占比/%
4	0	0	418	60	33	511	6.32
5	0	1227	97	17	10	1351	16.72
6	2192	460	21	1	0	2674	33.09
7	1230	182	24	2	1	1439	17.81
8	725	45	1	1	1	773	9.57
9	484	19	1	0	3	507	6.27
10	310	19	1	0	0	330	4.08
11	133	6	0	1	0	141	1.74
12	15	2	2	1	0	20	0.25
13	2	4	1	1	0	8	0.10
14	27	0	4	0	0	31	0.38
≥15	279	8	9	0	0	296	3.66
总和	5397	1972	580	84	48	8081	100.00
占比%	66.79	24.40	7.18	1.04	0.59	100.00	

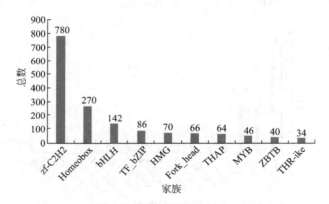

图 3-83　不同家族转录因子的数量分布（前十位）

三、讨论

本研究通过尖裸鲤不同发育期转录组测序得到 908613234 个 reads，Unigene 序列总数 61934 条，最大长度为 130887 nt，最小长度为 201 nt，平均长度 1237 nt，N50 长度 2382 nt，GC 百分比为 44.98%，反映出尖裸鲤早期发育组装质量较好。注释到四大蛋白库，显示与犀角金线鲃的序列注释比例最高，为 30.9%，且主要集中在鲃亚科鱼类，反映了裂腹鱼类与鲃亚科鱼类具有较强的相似性，在进化上较为接近，验证了裂腹鱼类起源于鲃亚科鱼类的理论；注释比例为 56.31%，反映出尖裸鲤基因功能的研究仍需不断完善。

KEGG 功能注释在细胞免疫、信号转导、脂质代谢和碳水化合物代谢通路中较多，这与厚唇裸重唇鱼（Yang *et al*，2015b）、怒江裂腹鱼和软刺裸鲤（Yu *et al*，2017）的转录组研究结果相似，这可能是尖裸鲤早期发育适应青藏高原环境的表现。而基因注释较为集中的通路主要为神经活性配体-受体相互作用、MAPK 信号通路、细胞内吞作用、钙信号通路、黏着斑、肌动蛋白细胞骨架调节，体现了基因较多地参与到尖裸鲤不同阶段的生长发育环节。

ZFPIP/Zfp462 基因在非洲爪蟾胚胎发育的细胞分裂过程中发挥作用，锌指蛋白可能作用于染色质结构，是脊椎动物发育中遗传程序控制的决定因素（Laurent et al，2009）。锌指转录因子家族被证明在骨髓早期 B 细胞发育的许多阶段中起着关键作用（Chevrier et al，2014）。C2H2 锌指基因在海胆不同的胚胎组织中表达，可能在发育中执行重要的调节功能（Materna et al，2006）。在视网膜形成阶段，由 Homeobox 基因编码的同源域转录因子在视神经上皮的区域化和模式化、视网膜前体细胞的大小和所有的视网膜细胞种类的分化中发挥重要作用（Zagozewski et al，2014）。Homeobox 转录因子 Nkx5.3 和 SOHo 均在非洲爪蟾胚胎的眼、耳、侧线神经和颅神经元发育中表达（Kelly et al，2016）。本试验在 TF 家族分析上，锌指蛋白家族共有 780 个基因，占注释比例最高（36.55%），其突变往往会导致尖裸鲤严重的发育障碍；Homeobox 基因家族共有 270 个基因参与，占注释比例的 12.65%，其功能常与生物早期胚胎发育中的调节作用相关，引导尖裸鲤的生长发育过程。

第二小节　尖裸鲤早期发育不同发育期转录组和功能分析

本节通过对尖裸鲤早期发育的三个代表时期的注释以及特异性基因表达和通路分析，旨在掌握尖裸鲤早期发育的分子机制，评估其生长发育过程中的关键因素，从转录组水平进一步为青藏高原裂腹鱼类早期发育的功能基因组研究提供宝贵的资源。

一、材料与方法

尖裸鲤胚胎和仔稚鱼的培育过程见本章第四节，RNA 的提取见本章第五节第一小节。对水温 11℃下的尖裸鲤原肠期、初孵仔鱼和 30 日龄仔鱼共 3 个时期的样品进行转录组分析。

采用负二项分布的 DESeq 方法将不同组合两两之间进行差异表达基因分析，利用 FDR 与 $\log_2 FC$ 来筛选差异基因，筛选条件为 $FDR < 0.05$ 且 $|\log_2 FC| > 1$。计算得到的 P 值通过 FDR 校正之后，以 $Q \leqslant 0.05$ 为阈值，统计差异基因数目并对其进行 GO 功能显著注释和 KEGG 通路显著富集分析。

二、结果和分析

1. 不同发育期差异基因 GO 功能显著性富集分析

（1）O11G 与 O11H1 实验组之间差异表达显著富集基因分析

通过差异基因 GO 功能富集分析，在生物学过程分组中，单一的多细胞生物体过程（single-multicellular organism process，1153）、多细胞生物过程（multicellular organismal process，1249）、单一生物发育过程（single-organism developmental process，1177）是最为显著富集的类型，与两个时期相关的生物学过程有细胞生物过程（multicellular organismal process，1249）、多细胞生物发育（multicellular organism development，965）、动物器官发育（animal organ development，544）、细胞分化（cell differentiation，481）；在细胞组分分组中，显著富集的类型主要是胞外区（extracellular region，141）、细胞外基质（extracellular matrix，65）、胞外区域部分（extracellular region part，120）；在分子功能分组中，显著富

集的类型主要是 DNA 的结合（DNA binding，366）、核酸结合转录因子活性（nucleic acid binding transcription factor activity，272）（图 3-84）。表明从原肠期发育至孵化过程中需要尖裸鲤胚胎细胞的分裂分化作用形成相应的器官组织。

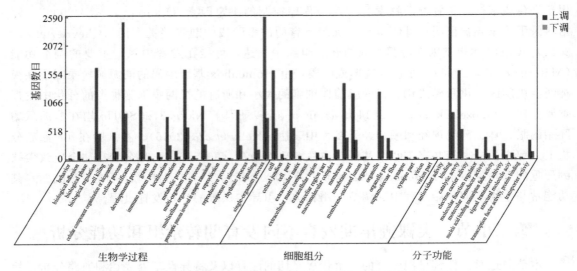

图 3-84　原肠期与初孵仔鱼差异基因的 GO 功能注释分类统计

（2）O11G 与 O11H30 试验组之间差异表达显著富集基因分析

通过差异基因 GO 功能富集分析，在生物学过程分组中，单一生物过程（single-organism process，5103）、生物调节（biological regulation，3304）、多细胞生物过程（multicellular organismal process，1706）是最为显著富集的类型，与两个时期相关的生物学过程有动物器官发育（animal organ development，706）、细胞对内源性刺激的反应（cellular response to endogenous stimulus，109）、细胞对激素刺激的反应（cellular response to hormone stimulus，94）、脂质运输（lipid transport，47）；在细胞组分分组中，显著富集的类型主要是膜固有成分（intrinsic component of membrane，2353）、膜部分（membrane part，2497）、膜的整体组成（integral component of membrane，313）；在分子功能分组中，显著富集的类型主要是受体活性（receptor activity，646）、分子转导活性（molecular transducer activity，786）、转运活性（transporter activity，799）等，见图 3-85。

（3）O11H1 与 O11H30 试验组之间差异表达显著富集基因分析

通过差异基因 GO 功能富集分析，在生物学过程分组中，离子转运（ion transpor，504）、单一的生物转运（single-organism transport，708）、单一的生物定位（single-organism localization，719）、光刺激感觉知觉（sensory perception of light stimulus，72）是最为显著富集的类型，与两个时期相关的生物学过程有光刺激感觉知觉（sensory perception of light stimulus）、丙酮酸代谢过程（pyruvate metabolic process）、感官知觉（sensory perception）、谷氨酸受体信号通路（glutamate receptor signaling pathway）；在细胞组分分组中，显著富集的类型主要是膜固有成分（intrinsic component of membrane，1620）、突触膜（synaptic membrane，68）、膜部分（membrane part，1711）；在分子功能分组中，显著富集的类型主要是跨膜转运蛋白活性（transmembrane transporter activit，569）、转运活性（transporter activity，621）、离子跨膜转运活性（ion transmembrane transporter activity，

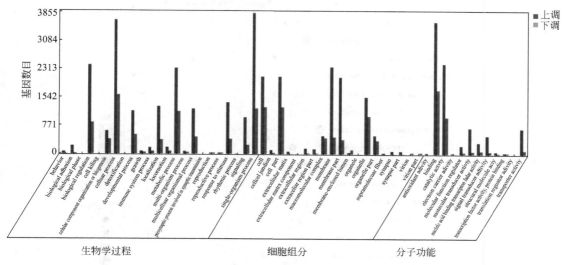

图 3-85 原肠期与 30 日龄仔鱼差异基因的 GO 功能注释分类统计

455)、底物特异性跨膜转运蛋白活性（substrate-specific transmembrane transporter activity，477）和被动跨膜转运活性（passive transmembrane transporter activity，289）等。表明从初孵仔鱼发育至 30 日龄仔鱼过程中感觉器官分化、能量物质代谢作用参与更多，见图 3-86。

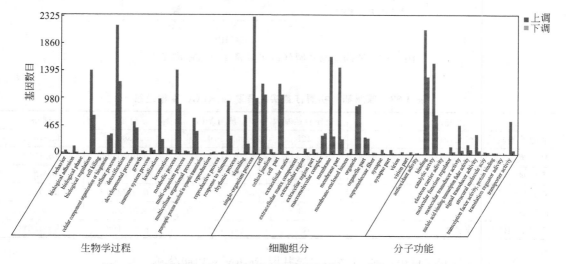

图 3-86 初孵仔鱼与 30 日龄仔鱼差异基因的 GO 功能注释分类统计

2. 不同发育期差异基因 Pathway 显著性富集分析

（1）O11G 与 O11H1 试验组之间差异基因 Pathway 功能分析

共有 3346 个差异表达基因参与了共 218 个 KEGG 代谢通路，其中 O11G 与 O11H1 实验组之间显著富集的 Pathway 有 6 个，按照显著富集水平分别为细胞外基质受体相互作用（ECM-receptor interaction，125）、黏着斑（Focal adhesion，235）、碳代谢作用（Carbon metabolism，85）、WNT 信号通路（Wnt signaling pathway，132）、丙酮酸代谢（Pyruvate metabolism，33）、心肌细胞的肾上腺素能信号（Adrenergic signaling in cardiomyocytes，182）等代谢途径和信号传导途径，见图 3-87、表 3-87。

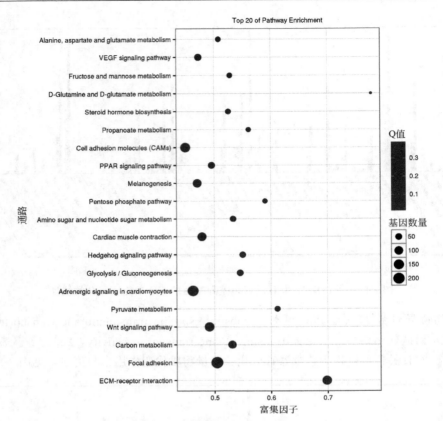

图 3-87　原肠期与初孵仔鱼实差异基因 KEGG 富集

表 3-87　原肠期与初孵仔鱼实差异基因 KEGG 富集通路

通路	差异表达基因	所有基因	Q 值	通路
细胞外基质受体相互作用	125	179	0.000000	ko04512
黏着斑	235	466	0.000011	ko04510
碳代谢	85	160	0.010433	ko01200
Wnt 信号通路	132	269	0.017245	ko04310
丙酮酸代谢	33	54	0.031232	ko00620
心肌细胞的肾上腺素能信号	182	394	0.047158	ko04261

（2）O11G 与 O11H30 试验组之间差异基因 Pathway 功能分析

共有 5248 个差异表达基因参与了共 222 个 KEGG 代谢通路，其中 O11G 与 O11H30 试验组之间显著富集的 Pathway 有 14 个，按照显著富集水平分别为心脏肌肉收缩（Cardiac muscle contraction，183）、剪接体（Spliceosome，154）、细胞外基质受体相互作用（ECM-receptor interaction，140）、光信号转导（Phototransduction，52）、心肌细胞的肾上腺素能信号（Adrenergic signaling in cardiomyocytes，275）、ABC 转运蛋白（ABC transporters，68）、真核生物核糖体的生物合成（Ribosome biogenesis in eukaryotes，81）、碳代谢作用（Carbon metabolism，119）、MAPK 信号通路（MAPK signaling pathway，372）、神经活性的配体-受体相互作用（Neuroactive ligand-receptor interaction，410）、氧化磷酸化作用（Oxidative phosphorylation，141）、色氨酸代谢（Tryptophan metabolism，52）、钙信号通

路（Calcium signaling pathway，347）、丙酮酸代谢（Pyruvate metabolism，44）等代谢途径和信号传导途径，见图 3-88、表 3-88。

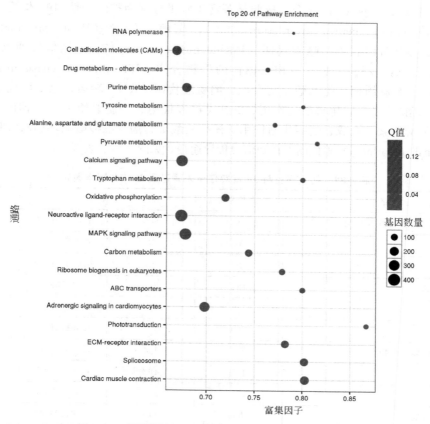

图 3-88　原肠期与 30 日龄仔鱼差异基因 KEGG 富集

表 3-88　原肠期与 30 日龄仔鱼差异基因 KEGG 富集通路

通路	差异表达基因	所有基因	Q 值	通路
心脏肌肉收缩	183	228	3.32436E-08	ko04260
剪接体	154	192	5.34767E-07	ko03040
细胞外基质受体相互作用	140	179	0.000032544	ko04512
光信号转导	52	60	0.000570473	ko04744
心肌细胞的肾上腺素能信号	275	394	0.004188254	ko04261
ABC 转运	68	85	0.004404376	ko02010
真核生物核糖体的生物合成	81	104	0.004927813	ko03008
碳代谢	119	160	0.005362912	ko01200
MAPK 信号通路	372	549	0.007525844	ko04010
神经活性的配体-受体相互作用	410	609	0.00765521	ko04080
氧化磷酸化	141	196	0.01344791	ko00190
色氨酸代谢	52	65	0.0139417	ko00380
钙信号通路	347	515	0.01475541	ko04020
丙酮酸代谢	44	54	0.01475541	ko00620

（3）O11H1 与 O11H30 试验组之间差异基因 Pathway 功能分析

注释的差异表达基因共参与了 219 个 KEGG 代谢通路，其中 O11G 与 O11H30 实验组之间显著富集的 Pathway 有 25 个，按照显著富集水平分别为神经活性的配体-受体相互作用（Neuroactive ligand-receptor interaction，330）、光信号转导（Phototransduction，51）、DNA 复制、心脏肌肉收缩、嘌呤代谢（Purine metabolism，171）、钙信号通路（Calcium signaling pathway，260）、真核生物核糖体的生物合成（Ribosome biogenesis in eukaryotes，63）、剪接体、细胞周期、氨基酸生物合成、酪氨酸代谢、RNA 转运、色氨酸代谢、碳代谢作用、苯丙氨酸代谢、氧化磷酸化作用、2-氧代羧酸代谢、细胞黏附分子、糖酵解途径、错配修复、类固醇激素的合成、嘧啶代谢作用、核糖核酸聚合酶、三羧酸循环、MAPK 信号通路（MAPK signaling pathway）等代谢途径和信号传导途径，见图 3-89、表 3-89。

表 3-89　初孵仔鱼与 30 日龄仔鱼差异基因 KEGG 富集通路

通路	差异表达基因	所有基因	Q 值	通路
神经活性的配体-受体相互作用	330	609	1.32805E-10	ko04080
光信号转导	51	60	1.32805E-10	ko04744
DNA 复制	38	43	6.09954E-09	ko03030
心脏肌肉收缩	131	228	6.41985E-06	ko04260
嘌呤代谢	171	317	2.41645E-05	ko00230
钙信号通路	260	515	4.96174E-05	ko04020
真核生物核糖体的生物合成	63	104	0.000778624	ko03008
剪接体	105	192	0.00104066	ko03040
细胞周期	103	188	0.00104066	ko04110
氨基酸生物合成	65	110	0.001223646	ko01230
酪氨酸代谢	31	45	0.001971684	ko00350
RNA 转运	127	243	0.001971684	ko03013
色氨酸代谢	41	65	0.003104055	ko00380
碳代谢	87	160	0.003605695	ko01200
苯丙氨酸代谢	15	18	0.003605695	ko00360
氧化磷酸化	102	196	0.008283186	ko00190
2-氧代羧酸代谢	19	26	0.009777741	ko01210
细胞黏附分子（CAMs）	159	325	0.0123253	ko04514
糖酵解/糖异生	50	88	0.01526089	ko00010
错配修复	18	25	0.01526089	ko03430
类固醇激素的合成	35	59	0.02682144	ko00140
嘧啶代谢作用	74	142	0.03050701	ko00240
RNA 聚合酶	24	38	0.03690888	ko03020
三羧酸循环	28	46	0.0369148	ko00020
MAPK 信号通路	251	549	0.04923126	ko04010

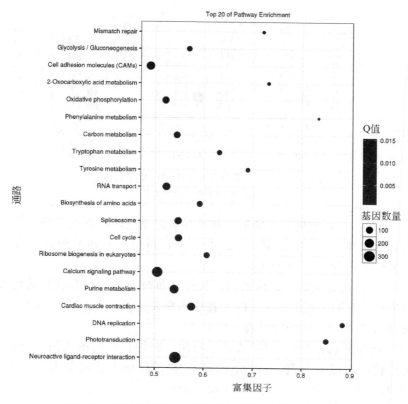

图 3-89　初孵仔鱼与 30 日龄仔鱼差异基因 KEGG 富集

3. 差异基因 APO 蛋白的表达

30 日龄仔鱼与原肠期、初孵仔鱼时期相比，APOEB 基因均为显著上调，上调倍数分别为 14.18 倍和 19.18 倍；原肠期与初孵仔鱼时期相比，APOEB 基因显著下调，下调倍数为 5 倍。

30 日龄仔鱼时期、初孵仔鱼时期与原肠期相比，APOC2、APOA1、APOB 基因均为显著上调，APOC2 基因的上调倍数分别为 10.54 倍和 11.32 倍，APOA1 基因的上调倍数分别为 12.12 倍和 10.62 倍，APOB 基因的上调倍数分别为 8.26 倍和 7.76 倍；APOC2、APOA1、APOB 基因在 30 日龄仔鱼时期与初孵仔鱼时期的表达水平无显著性差异，反映出 APOC2、APOA1、APOB 在这两个时期表达量相当。

30 日龄仔鱼时期与原肠期、初孵仔鱼时期相比，APOD 基因均为显著上调，上调倍数分别为 13.2 倍和 14.44 倍；原肠期与初孵仔鱼时期相比，APOD 基因表达无显著性差异，见图 3-90。

4. 其他差异基因的表达

DDB2 在原肠期、初孵仔鱼时期之间均存在显著性差异，基因表达组间比较均为显著下调，其他各组间无显著性差异。其中，DDB2 在 30 日龄仔鱼时期表达量最大，为 7.48；DDB2 在 O11G 时期表达量最小，为 2.70（表 3-90）。

MSH 共有 2 个基因，分别是 MSH6 和 MSH2，在 3 个时期的表达均呈现先增长后降低的趋势（表 3-90）。

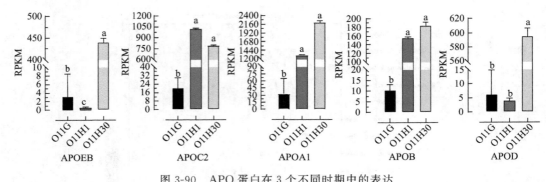

图 3-90　APO 蛋白在 3 个不同时期中的表达
同一基因组间字母代表显著水平

FGF12 在 30 日龄仔鱼时期、原肠期、初孵仔鱼时期之间均存在显著性差异，基因表达组间比较均为显著上调。其中，FGF12 在 30 日龄仔鱼时期表达量最大，为 9.04；FGF12 在原肠期表达量最小，为 1.10（表 3-90）。

WNT8A 在 30 日龄仔鱼时期、原肠期、初孵仔鱼时期之间均存在显著性差异，基因表达组间比较均为显著下调。其中，WNT8A 在原肠期表达量最大，为 67.66；WNT8A 在 30 日龄仔鱼时期表达量最小，为 0.03（表 3-90）。

SOX17 在原肠期的表达量与 30 日龄仔鱼时期、初孵仔鱼时期之间均存在显著性差异，基因表达组间比较均为显著下调。其中，SOX17 在原肠期表达量最大，为 17.15；SOX17 在 30 日龄仔鱼时期表达量最小，为 0.13（表 3-90）。

表 3-90　差异基因 DDB2、MSH、WNT8A、SOX17、FGF12 在 3 个时期的表达

基因名称	O11G rpkm	O11H1 rpkm	O11H30 rpkm	log₂ Ratio (O11H1/O11G)	log₂ Ratio (O11H30/O11G)	log₂ Ratio (O11H30/O11H1)
DDB2	2.70[b]	7.48[a]	4.97[ab]	1.47	—	—
MSH6	18.29[a]	24.60[a]	7.36[b]	—	−1.31	−1.74
MSH2	12.88[ab]	25.03[a]	6.82[b]			−1.88
FGF12	1.10[c]	2.53[b]	9.04[a]	1.20	3.03	1.84
WNT8A	67.66[a]	1.52[b]	0.03[c]	−5.48	−11.29	−5.81
SOX17	17.15[a]	0.14[b]	0.13[b]	−6.99	−7.00	—

注：同一行不同字母代表显著水平。

三、讨论

1. APO 蛋白基因在生长发育阶段脂质调节、抗氧化应激和免疫功能的表达

在斑马鱼外胚层/皮肤附属物的形态发育的起始位点的表皮中观察到 APOEB 的诱导和雌激素受体 2a 转录物的上调，该表达维持在形成鳞片的后缘表皮中（Tingaud-Sequeira *et al*，2006）。本文中，APOEB 基因在原肠期和 30 日龄仔鱼时期显著表达，表达倍数分别为初孵仔鱼时期的 5 倍和 19.18 倍，反映出 APOEB 在尖裸鲤原肠期的胚层发育和 30 日龄仔鱼时期的表皮发育有着十分重要的作用。

APOC-Ⅱ作为脂蛋白脂肪酶的辅助因子在富含甘油三酯的脂蛋白代谢中起关键作用，脂蛋白脂肪酶是在富含甘油三酯的脂蛋白上水解血浆中甘油三酸酯的主要酶（Wolska et al，2017）。在南亚野鲮感染嗜水气单胞菌后观察到的 APOA-Ⅰ 的高表达反映了它参与针对多种感染的免疫反应，包括细菌、病毒以及寄生病原体，表明 APOA-Ⅰ 可以作为一种免疫增强药（Mohapatra et al，2016）。斜带石斑鱼 APOA-Ⅰ 可以抑制 SGIV 的复制，说明 ApoA-Ⅰ 可能参与应对细菌和病毒的免疫反应（Wei et al，2015）。ApoA-Ⅰ 和 ApoA-II mRNA 的表达在虹鳟鱼生殖道及其对抗大肠杆菌的抗菌性能表明载脂蛋白在虹鳟鱼生殖道的先天免疫中起着重要作用，虹鳟精液的 APOA 功能可能与保护精子和生殖组织免受微生物的攻击和维持精子膜的完整性有关（Dietrich et al，2015）。在塞内加尔鳎（Solea senegalensis）幼鱼开口后，APOA-Ⅰ 主要在肝脏和肠表达，并且 APOA-Ⅰ 受发育调节而不是饮食成分，在一些神经组织中的定位表明 ApoA-Ⅰ 在胆固醇稳态的局部调节中发挥作用（Román-Padilla et al，2016）。具有高水平 APOB-100 自身抗体的受试者具有较低的冠状动脉事件风险，这些自身抗体在心血管疾病、动脉粥样硬化斑块炎症中起着保护作用（Björkbacka et al，2016；Asciutto et al，2016）。本文中，30 日龄仔鱼时期、初孵仔鱼时期与原肠期 3 个时期相比，APOC-Ⅱ、APOA-Ⅰ、APOB 基因均为显著上调表达，30 日龄仔鱼、初孵仔鱼之间 3 个基因表达无显著差异，反映出 3 个基因在孵化后的大量表达可能与尖裸鲤机体在孵化出膜以后的生长发育过程中脂蛋白的代谢、应对外界病毒和细菌的自身免疫反应、心血管疾病和动脉粥样硬化斑块炎症保护相关。

硬骨鱼特异性 APOD 基因的聚类扩增为研究基因复制、聚类维持和新基因功能的出现提供了理想的发育进化模型（Gu et al，2019）。APOD 在小鼠神经细胞中的过度表达基本消除了对氧化应激的早期转录反应，反映 APOD 是在神经系统应对处于生理和病理状态的氧化应激的适当反应（Bajo-Grañeras et al，2011）。文昌鱼 APOD 蛋白质具有清除羟基自由基的能力，是 APOD 的抗氧化作用的生化证据，并且 APOD 是调节机体对氧化应激的保护机制的重要部分（Zhang et al，2011）。而紫外线诱导的 DNA 损伤和氧化应激在皮肤干细胞衰老过程中发挥作用（Panich et al，2016）。本节中，尖裸鲤 APOD 在 30 日龄仔鱼中大量表达，表达量上调倍数分别为原肠期和初孵仔鱼的 13.2 倍和 14.44 倍，这可能与机体在无卵膜保护后，尖裸鲤为了适应西藏高原的独特环境而产生抗氧化应激和抗紫外线辐射损伤及有着较长的寿命密切相关。

2. 差异基因 DDB2 和 MSH 对紫外线辐射的适应

DDB2 以一种依赖于 cFLIP（细胞 FLICE 抑制蛋白）的方式防止紫外线胁迫，并且在不同的生物体中，如人类和果蝇，DDB2 对紫外线的保护作用是保守的（Sun et al，2010）。DDB2 和 MSH 还与青藏高原裂腹鱼类对紫外线辐射的适应性相关（Yu et al，2017）。

本试验中，DDB2、MSH2 和 MSH6 的表达在原肠期、初孵仔鱼时期和 30 日龄仔鱼时期之间均呈现先升高后降低的趋势，这可能是在原肠期的胚胎出膜后受紫外线辐射应激影响较大致使表达量较高，而随着适应时间的延长，表达量降低，并且 DDB2、MSH2 和 MSH6 基因在 3 组间的表达是对西藏高原紫外线的适应性响应。

3. 生长发育关键通路分析

在原肠期向初孵仔鱼时期的过渡阶段（胚胎发育），GO 功能注释显示差异表达基因依次显著富集在细胞生物过程（multicellular organismal process）、多细胞生物发育（multicellular organism development）、动物器官发育（animal organ development）、细胞分化（cell differentiation），表明在这两个时期的发育过程中，细胞分化程度加剧，尖裸鲤胚胎处于各项器官和组织不断分化和形成的过程中。差异基因富集在和发育相关的生物学过程中也进一步证明了发育因子通过影响这些差异基因的表达来实现尖裸鲤胚胎的组织器官完善。已有研究表明，WNT 信号通路在胚胎发育过程中发挥着决定细胞命运、增殖分化、自我更新和凋亡的调控作用（Tepekoy *et al*，2015），调节早期胚胎轴向模式，经典 WNT 通路中 β-catenin 信号的丧失使海胆胚胎动物化并阻止整个 A-V 轴形成模式（Kumburegama *et al*，2009）。其中 WNT 家族基因主要参与了早期神经系统的发育过程（韩琳等，2008），WNT 基因家族编码分泌的糖蛋白，涉及多种类型生物过程，包括胚胎发育、细胞增殖和分化、组织再生（Du *et al*，2018）；转录因子 SOX17 初期可诱导胚胎干细胞内胚层分化，促进原始内胚层分化，后期影响内胚层起源的器官形成（Qu *et al*，2008）。缺失 SOXl7 导致小鼠胚胎的原肠发育发生缺陷（Kanai-Azurna *et al*，2002）。WNT8a 是一种背部决定因子。WNT8a 形成在斑马鱼早期发育 filopodial 供体细胞和信号接收时细胞膜上发现的动态聚类，证明 Wnt8a 蛋白在神经外胚层发育过程中细胞分化及接收组织和信号传导活性的分布有着十分重要的作用（Luz *et al*，2014）。小鼠早期体节阶段 WNT8a 和 WNT3a 合作维持 FGF8 表达并防止轴向干细胞生态位中过早的 SOX2 上调，这对于以后的生长至关重要（Cunningham *et al*，2015）。本试验中，SOX17 基因在 WNT 通路中极显著高表达（$P < 0.01$），SOX17 在原肠期中有 2 个显著下调基因，其表达量约为初孵仔鱼时期的 22.71 倍和 13.96 倍。WNT8a 在原肠期有 2 个显著下调基因（$P < 0.01$），其表达量分别为初孵仔鱼时期的 11 倍和 10.8 倍，SOX17 和 WNT8a 显著下调表达可能调控胚胎发育的细胞分化和器官形成以及背腹轴线发育，见图 3-91。

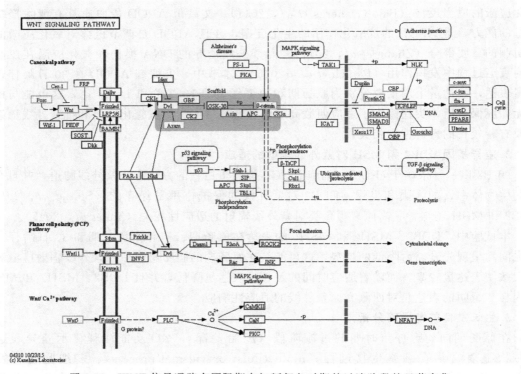

图 3-91   WNT 信号通路在原肠期向初孵仔鱼时期的过渡阶段的显著富集

在原肠期和 30 日龄仔鱼两个时期比较，GO 功能注释显示差异表达基因依次显著富集在动物器官发育（animal organ development）、细胞对内源性刺激的反应（cellular response to endogenous stimulus）、细胞对激素刺激的反应（cellular response to hormone stimulus）、脂质运输（lipid transport），表明在这两个时期的发育过程中，细胞分化程度加剧，消化酶类的分泌和能量物质转运较多地参与到此阶段发育过程。本试验中，神经活性的配体-受体相互作用、MAPK 信号是原肠期和 30 日龄仔鱼两个时期中差异基因显著富集的两条主要代谢通路（差异基因分别为 410 个、372 个）

在初孵仔鱼向 30 日龄仔鱼的过渡阶段（仔稚鱼发育），GO 功能注释显示与其生物学相关的差异表达基因主要显著富集在光刺激感觉知觉（sensory perception of light stimulus）、丙酮酸代谢过程（pyruvate metabolic process）、感官知觉（sensory perception）、谷氨酸受体信号通路（glutamate receptor signaling pathway）。光刺激感觉知觉通过接收光刺激并且转换为分子信号来识别，谷氨酸受体对中枢神经细胞的功能起增强和保护作用。反映出在此过程中，差异基因较多地参与到中枢神经和感官系统的发育。本试验中，神经活性的配体-受体相互作用、MAPK 信号是初孵仔鱼向 30 日龄仔鱼的过渡阶段（仔稚鱼发育）中差异基因显著富集的两条主要代谢通路（差异基因分别为 330 个、251 个）。FGF 12 强烈诱导 VSMC 表型静息和收缩，并直接促进 VSMC 谱系分化，可能是对再狭窄和动脉粥样硬化的新治疗靶点（Song et al，2016）。FGF 12 是小鼠正常听觉、前庭器官和平衡功能所必需的（Hanada et al，2018）。FGF 12 在肥厚型心肌病（HCM）患者心肌组织中表达明显下调，提示可能参与了心肌功能调节和 HCM 病理进程（Li et al，2016）。小鼠经 γ 射线照射后施用 FGF12 可显著促进肠再生，隐窝细胞增殖和上皮分化，导致辐射诱导的细胞凋亡减少。FGF12 可以通过内化而保护肠免受辐射诱导的损伤，细胞 FGF12 的摄取是用于癌症放射疗法的替代信号传导途径（Nakayama et al，2014）。本试验中，30 日龄仔鱼 FGF 12 在 MAPK 信号通路中极显著高表达（$P<0.01$），FGF 12 显著上调表达，总共 3 个基因参与，其表达量分别为初孵仔鱼的 26.18 倍、8.56 倍、3.68 倍，这可能是由于 FGF 12 显著上调表达调控着仔稚鱼心血管发育、耳蜗平衡能力和抗辐射能力。Trypsin 在小鼠体内诱导表皮增生和炎症（Meyer-Hoffert et al，2004）。冷水鱼鳕鱼 PMS-胰蛋白酶具有比牛 PMS-胰蛋白酶显著更低的构象稳定性（Amiza et al，1996）。本试验中，神经活性配体-受体相互作用是极显著（$P<0.01$）且差异基因数量最多的途径，并且涉及胰蛋白酶的基因是高度上调表达。30 日龄仔鱼 trypsin 3 在神经活性配体-受体相互作用通路中极显著高表达（$P<0.01$），trypsin 3 显著上调表达，共有 5 个基因参与，其表达量分别为初孵仔鱼的 25.26 倍、20.12 倍、15.8 倍、10.48 倍和 7.22 倍，trypsin 3 的大量上调表达反映出其可能参与尖裸鲤表皮发育和机体抗炎性能，见图 3-92。

综上，在不同生长发育阶段，尖裸鲤机体通过调节大量基因和生物过程来建立与之相适应的生理状态。本文对由不同发育阶段的尖裸鲤以该阶段特异性诱导的基因表达调控和生物学功能的研究揭示尖裸鲤早期发育的分子机制，但所涉及的胁迫通路的作用以及与这些通路相关的基因具体表达需要更进一步的试验验证和功能研究。

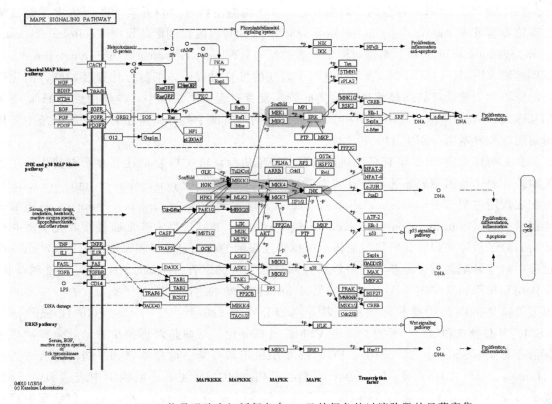

图 3-92　MAPK 信号通路在初孵仔鱼向 30 日龄仔鱼的过渡阶段的显著富集

第三小节　尖裸鲤温度适应性转录组测序和差异分析

本节通过对尖裸鲤 30 日龄仔鱼温度应激的转录组学研究，旨在比较与温度胁迫相关的转录组水平变化，以期更好地理解在高原高寒气候和全球气候变暖环境下与尖裸鲤机体的生理适应性相关的基因和关键通路及预测高原鱼类适应气候变暖的能力。

一、材料与方法

尖裸鲤胚胎和仔稚鱼的培育过程见本章第四节，RNA 的提取见本章第五节第一小节。对水温 11℃、14℃和 17℃下尖裸鲤 30d 仔鱼进行转录组分析。

二、结果和分析

1. 差异基因 GO 功能显著性富集分析

（1）O11H30 和 O14H30 实验组之间差异表达显著富集基因分析

在生物学过程分组中，蛋白水解调节（regulation of proteolysis）、调节水解酶活性（regulation of hydrolase activity）所占比例最大，均为 56 个；在细胞组分分组中，细胞外区域（extracellular region）、细胞外区域部分（extracellular region part）所占比例最大，分别为 80 个和 73 个；在分子功能分组中，氧化还原酶活性（oxidoreductase activity）和分子功能调节剂（molecular function regulator）所占比例最大，分别为 112 个和 81 个，见图 3-93。

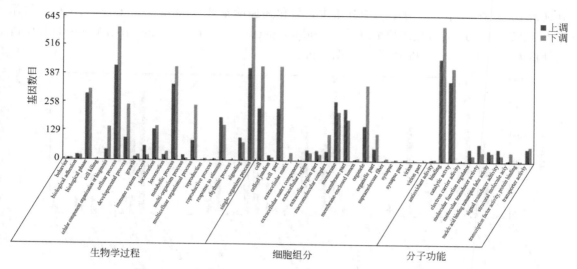

图 3-93　11℃ 与 14℃ 30 日龄仔鱼差异基因的 GO 功能注释

（2）O11H30 和 O17H30 实验组之间差异表达显著富集基因分析

在生物学过程分组中，单一生物代谢过程（single-organism metabolic process）、调节细胞代谢过程（regulation of cellular metabolic process）所占比例最大，分别为 76 个和 45 个；在细胞组分分组中，细胞外区域（extracellular region）、细胞外区域部分（extracellular region part）所占比例最大，分别为 29 个和 27 个；在分子功能分组中，多肽酶活性（peptidase activity）与作用于 L-氨基酸肽的肽酶活性（peptidase activity，acting on L-amino acid peptides）所占比例最大，分别为 39 个和 35 个，图 3-94。

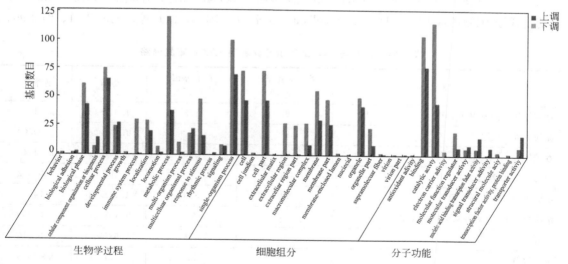

图 3-94　11℃ 与 17℃ 30 日龄仔鱼差异基因的 GO 功能注释

（3）O14H30 和 O17H30 实验组之间差异表达显著富集基因分析

在生物学过程分组中，单一生物代谢过程（single-organism metabolic process）、小分子代谢过程（small molecule metabolic process）所占比例最大，分别为 123 个和 54 个；在细胞组分分组中，细胞外围（cell periphery）、质膜（plasma membrane）所占比例最大，

分别为 24 个和 23 个；在分子功能分组中，氧化还原酶活性（oxidoreductase activity）与作用于 NAD（P）H 的氧化还原酶活性 [oxidoreductase activity，acting on NAD(P)H] 所占比例最大，分别为 48 个和 13 个，见图 3-95。

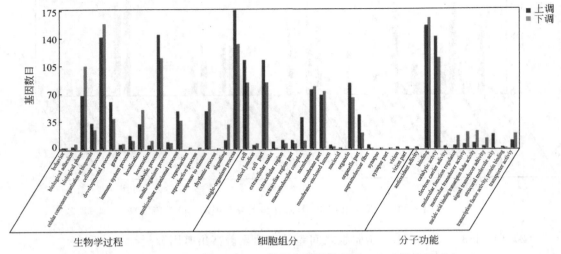

图 3-95　14℃与 17℃30 日龄仔鱼差异基因的 GO 功能注释

2. 差异基因 KEGG pathway 功能显著性富集分析

（1）O11H30 与 O14H30 试验组之间差异基因 Pathway 功能分析

对差异表达基因进行 KEGG 通路分析，结果显示差异表达基因共富集到 186 条信号通路中，其中共有 24 个通路显著富集，依次显著富集在 ECM-受体相互作用（ECM-receptor interaction，67）、淀粉和蔗糖代谢（Starch and sucrose metabolism，31）、吞噬体（Phagosome，74）和药物代谢-细胞色素 P450（Drug metabolism-cytochrome P450，21）等，见表 3-91、图 3-96。

表 3-91　11℃与 14℃试验组差异基因 KEGG 富集通路

通路	差异表达基因（1172）	所有基因（8627）	Q 值	通路 ID
细胞外基质受体相互作用	67	179	1.01E-13	ko04512
淀粉和蔗糖代谢	31	80	1.49E-06	ko00500
吞噬体	74	296	3.90E-06	ko04145
药物代谢-细胞色素 P450	21	54	1.19E-04	ko00982
细胞因子受体相互作用	74	326	1.19E-04	ko04060
细胞色素 P450 对外来生物的代谢	23	63	1.19E-04	ko00980
黏着斑	97	466	1.68E-04	ko04510
糖酵解/糖异生	28	88	1.83E-04	ko00010
视黄醇代谢	22	68	1.05E-03	ko00830
药物代谢-其他酶	20	59	1.05E-03	ko00983
脂肪细胞因子的信号通路	36	148	4.71E-03	ko04920
FoxO 信号通路	55	259	6.04E-03	ko04068
类固醇激素的生物合成	18	59	8.21E-03	ko00140

续表

通路	差异表达基因 （1172）	所有基因 （8627）	Q 值	通路 ID
芳香族化合物的降解	5	7	1.01E-02	ko01220
类固醇生物合成	11	29	1.14E-02	ko00100
Jak-STAT 信号通路	47	223	1.38E-02	ko04630
戊糖和葡萄糖醛酸的相互转化	15	49	1.70E-02	ko00040
花生四烯酸的代谢	24	96	1.82E-02	ko00590
酪氨酸代谢	14	45	1.82E-02	ko00350
p53 信号通路	25	103	2.17E-02	ko04115
碳代谢	35	160	2.23E-02	ko01200
PPAR 信号通路	26	111	2.77E-02	ko03320
嘧啶代谢	31	142	3.60E-02	ko00240
抗坏血酸和醛酸代谢	10	30	3.64E-02	ko00053

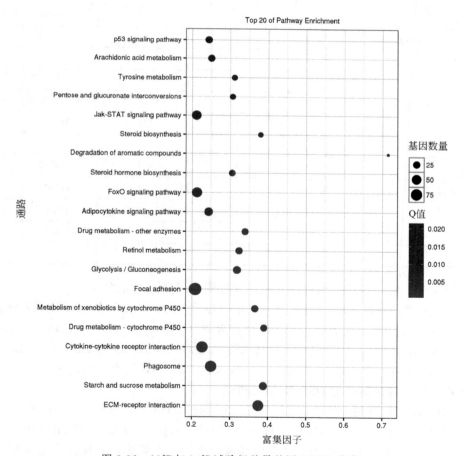

图 3-96　11℃与 14℃试验组差异基因 KEGG 富集

（2）O11H30 与 O17H30 试验组之间差异基因 Pathway 功能分析

对差异表达基因进行 KEGG 通路分析，结果显示差异表达基因共富集到 119 条信号通路中，其中共有 19 个通路显著富集：类固醇生物合成（Steroid biosynthesis，13）、吞噬体（Phagosome，31）、氧化磷酸化（Oxidative phosphorylation，21）、淀粉和蔗糖代谢（Starch and sucrose metabolism，11）和 α-亚麻酸代谢（alpha-Linolenic acid metabolism，7）等，见表 3-92、图 3-97。

表 3-92　11℃与 17℃试验组差异基因 KEGG 富集通路

通路	差异表达基因（251）	所有基因（8627）	Q 值	通路 ID
类固醇生物合成	13	29	4.20E-11	ko00100
吞噬体	31	296	2.53E-08	ko04145
氧化磷酸化	21	196	8.90E-06	ko00190
淀粉和蔗糖代谢	11	80	5.36E-04	ko00500
α-亚麻酸代谢	7	41	3.73E-03	ko00592
丁酰苷菌素和新霉素的生物合成	3	5	4.62E-03	ko00524
PPAR 信号通路	11	111	5.52E-03	ko03320
脂肪酸代谢	9	77	5.52E-03	ko01212
萜类化合物骨干的生物合成	5	25	8.73E-03	ko00900
丙酮酸代谢	7	54	1.06E-02	ko00620
半乳糖代谢	7	56	1.21E-02	ko00052
IgA 生成的肠道免疫网络	7	58	1.32E-02	ko04672
氨基糖和核苷酸糖的代谢	8	75	1.32E-02	ko00520
亚油酸代谢	6	50	2.64E-02	ko00591
糖酵解/糖异生	8	88	3.03E-02	ko00010
不饱和脂肪酸的生物合成	5	37	3.03E-02	ko01040
花生四烯酸的代谢	8	96	4.44E-02	ko00590
碳代谢	11	160	4.44E-02	ko01200
蛋白酶体	6	59	4.44E-02	ko03050

（3）O14H30 与 O17H30 试验组之间差异基因 Pathway 功能分析

对差异表达基因进行 KEGG 通路分析，结果显示差异表达基因共富集到 137 条信号通路中，其中共有 18 个通路显著富集：类固醇生物合成（Steroid biosynthesis，14）、ECM-受体相互作用（ECM-receptor interaction，25）、氧化磷酸化（Oxidative phosphorylation，22）、碳代谢（Carbon metabolism，19）和黏着斑（Focal adhesion，39）等，见表 3-93、图 3-98。

3. 温度应激下的差异基因 HSP 和 AFP 表达

通过 KEGG 通路分析，筛选出 HSP70、H90A1、HSPB2、HSPBB、HSPB1、HSPB2、HSBP1、HSP30、AHSA1、CH10、CH60 等与温度胁迫适应性相关的差异基因。

其中，在 11℃组与 14℃组中，热蛋白基因均为显著下调表达，反映出尖裸鲤为了适应低温环境而促进机体表达出更多的热蛋白基因种类；热蛋白基因在 14℃与 17℃两组之间呈两种形式表达，大部分基因均为显著上调表达，反映出在较高温度环境中，尖裸鲤通过热蛋白基因的上调表达来适应外界环境。

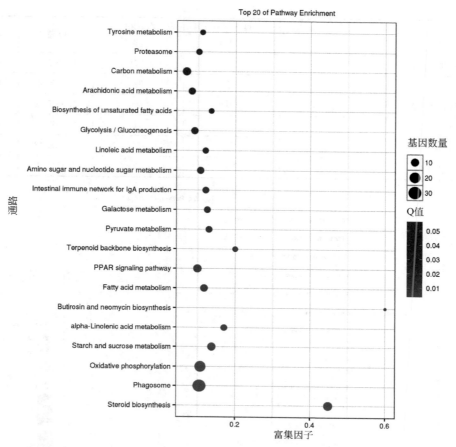

图 3-97　11℃与17℃试验组差异基因 KEGG 富集

表 3-93　14℃与17℃30日龄仔鱼差异基因 KEGG 富集通路

通路	差异表达基因 （397）	所有基因 （8627）	Q 值	通路 ID
类固醇生物合成	14	29	8.62E-10	ko00100
细胞外基质受体相互作用	25	179	4.05E-05	ko04512
氧化磷酸化	22	196	4.23E-03	ko00190
碳代谢	19	160	4.51E-03	ko01200
黏着斑	39	466	5.21E-03	ko04510
胰岛素信号通路	24	239	5.84E-03	ko04910
糖酵解/糖异生	12	88	1.05E-02	ko00010
丙酮酸代谢	9	54	1.05E-02	ko00620
脂肪酸代谢	11	77	1.05E-02	ko01212
萜类化合物骨干的生物合成	6	25	1.05E-02	ko00900
丁酰苷菌素和新霉素的生物合成	3	5	1.12E-02	ko00524
淀粉和蔗糖代谢	11	80	1.16E-02	ko00500

续表

通路	差异表达基因 （397）	所有基因 （8627）	Q 值	通路 ID
不饱和脂肪酸的生物合成	7	37	1.36E-02	ko01040
赖氨酸降解	12	97	1.54E-02	ko00310
氨基糖和核苷酸糖的代谢	10	75	1.98E-02	ko00520
丙酸盐代谢	7	41	2.05E-02	ko00640
FoxO 信号通路	22	259	3.22E-02	ko04068
谷胱甘肽代谢物	10	83	3.49E-02	ko00480

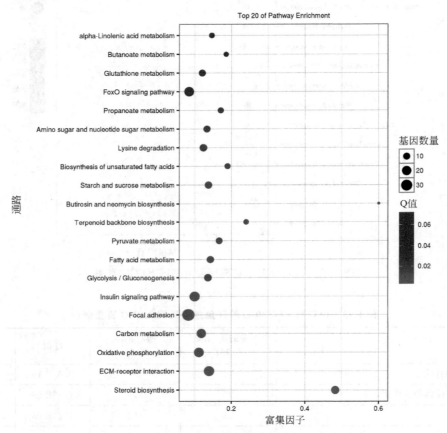

图 3-98　14℃与 17℃ 30 日龄仔鱼差异基因 KEGG 富集

在 11℃与 17℃两组之间，HSP70 基因（Unigene0031173）显著下调表达，但是在 14℃时表达量最高，反映 HSP70 活性在受适当温度刺激条件下表达量上升，过多的热刺激使 HSP70 的表达量不再增加。而 H90A1 基因（Unigene0011519）在 11℃组与 17℃组的表达量相当，但是在 14℃组表达量较少，反映出 H90A1 基因可能是尖裸鲤适应极端环境的特殊基因；HS12A 基因为显著上调表达，并且在 11℃组中表达量极低，其蛋白功能是一种类似斑马鱼 HS12A 基因的新型蛋白，具体蛋白结构尚需考证，但是其结果反映出 HS12A 基因可能是在较高温度刺激下尖裸鲤机体产生的一种新的蛋白来适应外界环境的改变，见图 3-99。

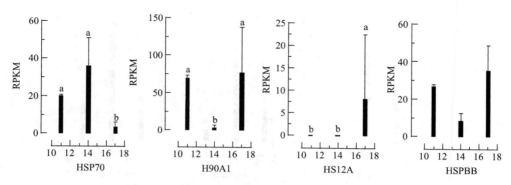

图 3-99　差异基因 HSP 蛋白在 3 个温度下的表达

抗冻蛋白基因 AFP4 在温度 11℃ 和 14℃ 下的仔鱼中表达量 RPKM 均超过 100，说明在这两个阶段抗冻蛋白表达量很高，AFP4 基因显著下调表达，下调倍数为 4.5 倍，说明低温环境促使尖裸鲤机体产生更多的抗冻蛋白来适应不利的外部环境。AFP4 基因在 GO 功能分类中注释到生物学过程的 ameboidal 型细胞迁移（GO：0001667）、细胞迁移（GO：0016477）和单生物过程（GO：0044699）等类别，见图 3-100。

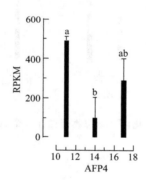

图 3-100　差异基因 AFP4 在 3 个温度下的表达

4. 不同温度下缺氧诱导因子 HIF1A 的表达

通过 KEGG 通路分析，筛选出 HIF1N 基因（HIF 1α inhibitor）、HIF1A（HIF 3α subunit、HIF 2αB、HIF 1αA、HIF 1α subunit、HIF 1αB）等 6 个与氧胁迫适应性相关的基因。其中在 3 组中差异表达的有 3 个基因，分别是属于 HIF1A 的 HIF 2αB、HIF 3α subunit 和 HIF 1 αB。

3 个基因在 O14H30 组中的表达量最高，除了 HIF 2αB 仅在 14℃ 组和 17℃ 组之间有表达差异，其他两个基因在 14℃ 组与其他两组均有差异，这反映出在 14℃ 下尖裸鲤更需要表达大量的 HIF1A 基因来适应这种温度环境，其他两种温度下，3 个基因也有一定的表达量，但是相对于 14℃ 组，表达量较少，见图 3-101。

5. 不同温度下氧化应激标志物蛋白的表达

将尖裸鲤置于 11℃、14℃ 和 17℃ 的水体中，其氧化应激标志物蛋白在 17℃ 下表达量最高。Cu/Zn SOD 在 17℃ 的表达量显著高于 14℃ 的表达量（$P < 0.01$），而与 11℃ 的表达量无显著性差异。GPX7 在 17℃ 的表达量与 11℃ 的表达量无显著性差异，均显著高于 14℃ 的表达量（$P < 0.01$），见图 3-102。

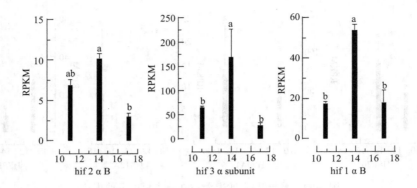

图 3-101   差异基因 HIF1A 在 3 个温度下的表达

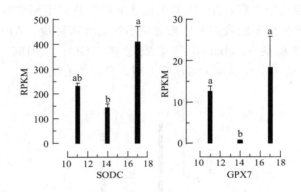

图 3-102   氧化应激标志物蛋白在 3 个温度中下表达

三、讨论

1. 热应激蛋白家族 HSP 基因

在长牡蛎温度胁迫抗应激系统中热激蛋白基因（HSP20、HSP90、HSP70）和凋亡相关蛋白的作用暗示了该物种的适应性进化（竺奇慧，2015）。在高温下，HSP 基因的广泛上调是一种有效的保护，以防止热损伤（Han et al，2017）。橘小实蝇 9 个小分子热激蛋白（sHSP）的不同发育阶段表达模式说明了分子热激蛋白在橘小实蝇抗热胁迫过程中起着至关重要的分子伴侣作用（田怡，2015）。在低温时，黄脊竹蝗的基因 HSP70 和 HSP90 明显的表达上调是蝗虫应对低温压力的重要分子适应选择（王羿廷，2014）。

Etroplus suratensis 的热休克同源 71（HSC71）和热休克蛋白 90（HSP90）是参与鱼类应激反应的候选基因（Sebastian et al，2018）。波纹巴非蛤在热休克后 4h 后内收肌、鳃和血细胞的最大表达水平上调而 HSP90 在消化腺和性腺中持续下调，表明 HSP90 在波纹巴非蛤响应温度应激时发挥重要作用（Lin et al，2018）。相对于对照（15℃），通过温度处理（0℃、5℃、25℃和35℃）显著诱导嗜水气单胞菌的 HcHSP90 mRNA 表达，这是 HSP90 在帮助嗜水气单胞菌应对温度压力变化（Wang et al，2017）。棘胸蛙皮肤和肾脏中的表达在热休克 3h 或 6h 后 HSP90 表达显著上调，而皮肤对这种热应激表现出迅速和持久的反应，HSP90 可能在热应激的应对机制中起关键作用，并且参与免疫应答（Shu et al，2017）。甜

菜夜蛾 Se-HSP90 和 Se-HSP70 两种基因在热应激下均显著上调，Se-HSP70 对温度的响应强度比 Se-HSP90 更强（Jiang et al，2012）。本研究中，低温和高温均显著刺激尖裸鲤机体的热应激蛋白表达，这可能与机体适应温度环境的改变而表达相关，但是在低温环境中，尖裸鲤热应激蛋白表达的基因数量和种类更多，反映出这些基因可能在尖裸鲤适应青藏高原低温环境的历史过程中发挥重要作用。HSP70 基因（Unigene0031173）在受适当热刺激后表达量升高，热休克蛋白可能不再与较高的热应激反应相关，在低温环境中蛋白质的折叠比较缓慢，发生错误折叠的可能性会加大，而 HSP70 的组成性表达能够帮助新生多肽正确折叠，从而适应寒冷的环境（Place & Hofmann，2001）。H90A1 基因（Unigene0011519）在 11℃组与 17℃组的表达量相当，而在 14℃组表达量较少，反映出 H90A1 基因可能是尖裸鲤适应两极环境的特殊基因。在 17℃组中 HS12A 基因为显著上调表达，并且在 11℃组、14℃组中表达量极低，其蛋白功能还是一种类似斑马鱼 HS12A 基因的新型蛋白，反映出 HS12A 基因很有可能是在较高温度刺激下促使尖裸鲤机体产生一种新的蛋白来适应外界环境的改变。

2. 抗冻蛋白家族 AFP 基因

抗冻蛋白（AFP）可防止冰晶的生长，从而使某些生物能够在零度以下的温度环境中生存。抗冻蛋白基因 AFP1 和高速迁移蛋白家族蛋白基因 HMGB1 在低温胁迫下的红鳍东方鲀对冷刺激的调节中发挥着显著的作用（孙建华，2017）。重组 AFP4 的产生及其活性表征已确认 Glaciozyma antarctica 的 AFP4 为一种抗冻蛋白，AFP4 和冰之间的相互作用可能是由疏水相互作用和 IBS 的表面平整度驱动的（Hashim et al，2014）。冷水性底层鱼类太平洋鳕发现有抗冻蛋白基因 AFP4，其抗冻作用也较显著（吕绘倩等，2017）。AFP 二级和三级结构层面的深入研究可以解释其复杂功能特征，进一步促进对 AFPs 冰结合和冰抑制机制的理解（Nath et al，2013）。本研究中，11℃和 14℃组间抗冻蛋白 AFP4 表达量较高，下调倍数为 4.5 倍，这可能与低温环境诱导尖裸鲤机体产生更多的抗冻蛋白从而使尖裸鲤提高了适应外界低温环境的能力。

3. 不同温度下缺氧诱导因子 HIF1A 的表达

硬骨鱼特异性重复的 HIF-α 基因在缺氧条件下发挥重要的作用，HIF-1αB 可能是在裂腹鱼类对青藏高原环境的适应性中最重要的调节因子（Guan et al，2014），急性和慢性缺氧都可以明显影响 HIF-1 的 mRNA 水平，并且该基因已被认为是缺氧暴露的可靠鱼类生物标志物（Terova et al，2008）。

热处理介导大西洋鲑肝脏中 HIF1A 转录在中等热应激（15℃）下受到刺激而上升，但在更严重的热应激（17~19℃）下显著降低（Olsvik et al，2013）。鲫鱼 HIF-1 活性随温度下降而增加，HIF-1α 蛋白在正常含氧量下随着缺氧时间的增长呈现先升高后降低，甚至低于正常含氧量的表达，并且 HIF-1 对温度的降低比对本身缺氧更加敏感（Rissanen et al，2006）。本研究中，3 个基因（HIF 2αB、HIF 3αsubunit 和 HIF 1αB）在 14℃时表达量上升，反映出在 14℃下尖裸鲤处于一种缺氧状态，致使 HIF1A 基因的显著大量表达，从而产生对缺氧症状的适应性反应，而在更高温度 17℃时显著下降，很有可能是过高热刺激使得 HIF1A 活性受损。

4. 不同温度下氧化应激标志物的表达

当鱼类发生应激反应时，吞噬细胞的活动增强，能量代谢加强，导致氧气消耗和 ROS 大量产生（Haugland et al，2012），从而增加鱼类的氧化应激（Heise et al，2006），给机体造成损伤。超氧化物歧化酶 SOD 专用于清除和歧化超氧阴离子，以通过建立氧化还原稳态来保护细胞免受氧化应激（Umasuthan et al，2014），谷胱甘肽过氧化物酶 GPX7 作为抗氧化酶系统的一部分，也参与对这些氧化应激的反应（Liu et al，2018）。

随着温度降低，大西洋鲑 CuZn-SOD、GPX 表现出较高的表达，这是由于在较高温度下整体代谢减少导致线粒体减少活性氧（ROS）的产生（Olsvik et al，2013）。本研究在较低温度和较高温度均使尖裸鲤产生应激反应，能量代谢活动和耗氧量增加，产生过量的活性氧（ROS），从而促使机体大量地表达 CuZn-SOD、GPX7 蛋白来避免受损。

5. 差异基因功能表达分析

（1）在 O11H30 时期和 O14H30 时期比较

各种低分子量化合物在冷冻耐受动物中起到冷冻保护剂的作用，包括海藻糖和葡萄糖等糖类、甘油和山梨糖醇等多羟基醇、脯氨酸和丙氨酸等氨基酸以及尿素（Wharton，2011）。鲶鱼胚胎对零下温度敏感，丙二醇和蔗糖的组合可用于保护鲶鱼胚胎免受低温（0℃ 和 −20℃）造成的损害（Hong et al，2013）。

本研究在 11℃ 组和 14℃ 组比较中，尖裸鲤体内有大量蛋白水解酶，水解酶基因表达水平提高，比如蛋白水解调节（regulation of proteolysis，GO：0030162）、水解酶活性调节（regulation of hydrolase activity，GO：0051336）在 GO 生物学过程中所占比例最大；相对应的 KEGG 差异富集通路中，尖裸鲤有较多的氨基酸和糖类等分子化合物参与的代谢通路，比如淀粉和蔗糖代谢（Starch and sucrose metabolism，ko00500）、戊糖和葡萄糖醛酸的相互转化（Pentose and glucuronate interconversions，ko00040）、酪氨酸代谢（Tyrosine metabolism，ko00350）、类固醇生物合成（Steroid biosynthesis，ko00100）、果糖和甘露糖代谢（Fructose and mannose metabolism，ko00051）、精氨酸和脯氨酸代谢（Arginine and proline metabolism，ko00330），这些通路意味着这些酶和氨基酸的合成、糖类的转化可能促进尖裸鲤细胞内高分子化合物发生降解，让更多的小分子物质合成来参与低温胁迫的生物学过程，以低温保护剂的形式来适应逆境（陆雪莹，2015）。

（2）在 O14H30 时期和 O17H30 时期比较

从低环境温度转变为更高的宿主温度时诱导某些细菌中毒力基因的转录，而宿主温度通常对应于这些致病细菌生长的最佳温度值（Guijarro et al，2015）。水温和生物因子之间的复杂相互作用决定了寄生虫群落结构，而寄生虫群落直接响应宿主的非生物环境，比如水质和水温（Karvonen et al，2013）。环境温度的升高有利于寄生虫而不是宿主，宿主耐受性取决于寄生虫感染和温度之间的相互作用（Franke et al，2017）。此外，热应激改变了齐口裂腹鱼机体非特异性免疫力，导致鱼体出现炎症，损伤细胞（黄正澜懿等，2016）。

本研究在 14℃ 组和 17℃ 组比较中，尖裸鲤较多的差异基因参与某些响应途径，有胁迫响应方面，比如生物刺激的响应（response to biotic stimulus，GO：0009607）、外部生物刺激的响应（response to external biotic stimulus，GO：0043207）、对其他生物的响应（response to other organism，GO：0051707）、对氧化合物的响应（response to oxygen-containing compound，GO：1901700）；有免疫响应方面，比如调节炎症响应（regulation of inflammatory response，GO：0050727）、对受伤调节响应（regulation of response to wounding，GO：1903034）。注释得到的这些功能类群中的基因为研究尖裸鲤适应较高温度环境以及体内信号转导等生物学过程提供了大量可参考的信息。这些因适应外界环境和外界生物而产生的胁迫响应和免疫响应在一定程度上反映了尖裸鲤在基因水平上对较高温度环境适应的超强能力。

综上，在温度两极胁迫下，尖裸鲤机体通过调节大量基因和生物过程来建立与之相适应的生理状态。本文对由冷应激或热应激特异性诱导的基因表达调控和生物学功能的研究揭示了尖裸鲤的冷适应和热适应的分子机制，但所涉及的胁迫通路的作用以及与这些通路相关的基因具体表达需要更进一步的试验验证和功能研究。

第四小节　拉萨裸裂尻鱼早期发育转录组的表达谱

一、材料与方法

拉萨裸裂尻鱼胚胎和仔稚鱼的试验处理过程见本章第四节，RNA 的提取见本章第五节第一小节。

二、结果分析

1. 总 RNA 的检测

经过 Agilent2100 与 NanoDrop2000 仪器对总 RNA 各个质量指标进行检测，发现样品浓度均大于≥100ng/uL，RIN 值≥7.0，28S/18S＞0.7，反映出样品测序质量较好，能够满足建库需求，表 3-94。

表 3-94　样品 RNA 的质量分析

样品	浓度/(ng/μL)	体积/μL	总量/μg	RIN 值
Y5H30	313	57	17.86	9
Y8G	165	36	5.94	＞7.0
Y11G	156	54	8.42	7.9
Y11H1	172	74	12.73	8.5
Y11H30	366	61	22.32	7.8
Y14H1	675	115	77.63	9.7
Y14H30	581	60	34.84	9.8
Y17H1	543	42	22.81	8.7
Y17H30	364	93	33.88	7.67

注：Y5H30 为拉萨裸裂尻鱼 5℃出膜 30d；Y8G 为拉萨裸裂尻鱼 8℃原肠期；Y11G 为拉萨裸裂尻鱼 11℃原肠期；Y11H1 为拉萨裸裂尻鱼 11℃出膜 1d；Y11H30 为拉萨裸裂尻鱼 11℃出膜 30d；Y14H1 为拉萨裸裂尻鱼 14℃出膜 1d；Y14H30 为拉萨裸裂尻鱼 14℃出膜 30d；Y17H1 为拉萨裸裂尻鱼 17℃出膜 1d；Y17H30 为拉萨裸裂尻鱼 17℃出膜 30d。

2. 测序产量

（1）测序原始数据产量

统计了下机原始数据每个样本的 reads 数以及总数据量，总共大约有 139878242100 bp raw reads，raw reads 数目约为 932521614 条。9 个样品的 Q20 百分比均在 97％以上，Q20 百分比均在 93％以上，GC 含量所占比例在 48％左右，反映出各样品的测序质量较好，见表 3-95。

表 3-95 5 个温度条件处理下原始数据产出及质量评估

样品	raw reads	raw reads data/bp	Q20/%	Q30/%	GC 含量/%
Y5H30-1	31641900	4746285000	97.47	93.88	48.05
Y5H30-2	31670470	4750570500	97.46	93.86	48.47
Y5H30-3	32860588	4929088200	97.92	94.78	47.56
Y8G-1	38033690	5705053500	97.40	93.74	48.82
Y8G-2	43661012	6549151800	97.54	94.06	48.66
Y8G-3	39446312	5916946800	97.48	93.93	48.44
Y11G-1	39606712	5941006800	97.66	94.25	48.16
Y11G-2	49041288	7356193200	97.69	94.33	48.16
Y11G-3	47936850	7190527500	97.70	94.35	48.11
Y11H1-1	35241432	5286214800	97.80	94.52	48.51
Y11H1-2	34919172	5237875800	97.77	94.45	48.65
Y11H1-3	34932650	5239897500	97.52	93.93	48.84
Y11H30-1	30392702	4558905300	97.60	94.14	47.22
Y11H30-2	36949006	5542350900	97.79	94.52	47.54
Y11H30-3	31674318	4751147700	97.90	94.74	47.30
Y14H1-1	42114980	6317247000	96.74	92.07	48.20
Y14H1-2	30287036	4543055400	97.52	93.99	48.05
Y14H1-3	27416122	4112418300	97.71	94.36	47.62
Y14H30-1	27266338	4089950700	97.81	94.57	46.95
Y14H30-2	27160216	4074032400	97.43	93.80	47.58
Y14H30-3	33474932	5021239800	97.70	94.34	47.32
Y17H1-1	28187626	4228143900	97.88	94.70	48.40
Y17H1-2	26376288	3956443200	97.79	94.52	48.75
Y17H1-3	28814802	4322220300	97.66	94.27	48.26
Y17H30-1	27768544	4165281600	97.84	94.62	47.93
Y17H30-2	30369854	4555478100	97.84	94.61	47.86
Y17H30-3	45276774	6791516100	97.83	94.59	48.35

（2）原始数据的过滤

根据数据过滤标准对得到的 raw reads 进行过滤，去除接头序列、空的 reads 和低质量序列，最终得到的 clean reads 数目约为 919139496 条。9 个组样品的 Q20 百分比都在 97%以上，Q30 百分比都在 92%以上，满足数据质量分析标准，见表 3-96。

3. 测序质控

（1）比对参考基因

通过参考基因的比对进行质量过滤质控分析。然后，本研究使用短 reads 比对软件 Bowtie2 将上述过滤后的数据比对到参考基因序列得到比对率。通过先跟参考基因序列比对，然后把去核糖体后总的 reads 跟参考基因做比对。mapping ratio：82.87%～88.71%。综上，可确定本次研究中测序结果质量较高，可继续用于下游注释分析，见表 3-97。

表 3-96　5 个温度条件处理下过滤数据产出及质量评估

样品	clean reads（%）	clean reads data/bp	Q20/%	Q30/%
Y5H30-1	31116352（98.34%）	4655964406	97.98	94.68
Y5H30-2	31136842（98.32%）	4659349466	97.98	94.67
Y5H30-3	32478216（98.84%）	4858578214	98.28	95.36
Y8G-1	37386782（98.3%）	5593322178	97.94	94.58
Y8G-2	42978046（98.44%）	6429393280	98.04	94.84
Y8G-3	38798370（98.36%）	5804720189	98.00	94.75
Y11G-1	39045042（98.58%）	5839389239	98.11	94.95
Y11G-2	48358842（98.61%）	7231932711	98.13	95.03
Y11G-3	47270606（98.61%）	7070381340	98.14	95.04
Y11H1-1	34805994（98.76%）	5205907287	98.19	95.12
Y11H1-2	34461176（98.69%）	5154111003	98.17	95.09
Y11H1-3	34383556（98.43%）	5142841718	98.00	94.69
Y11H30-1	29941120（98.51%）	4478152641	98.06	94.86
Y11H30-2	36456710（98.67%）	5453022330	98.20	95.18
Y11H30-3	31304860（98.83%）	4683259772	98.27	95.32
Y14H1-1	41348696（98.18%）	6187578519	97.28	92.91
Y14H1-2	29792732（98.37%）	4456894856	98.02	94.78
Y14H1-3	27036504（98.62%）	4044419700	98.14	95.04
Y14H30-1	26929050（98.76%）	4028045376	98.20	95.19
Y14H30-2	26698448（98.3%）	3993998772	97.95	94.62
Y14H30-3	33018076（98.64%）	4939925162	98.13	95.02
Y17H1-1	27844364（98.78%）	4164025530	98.26	95.31
Y17H1-2	26032098（98.7%）	3894115986	98.20	95.16
Y17H1-3	28392426（98.53%）	4247076105	98.12	94.98
Y17H30-1	27414874（98.73%）	4099697933	98.23	95.25
Y17H30-2	29993690（98.76%）	4485211821	98.23	95.22
Y17H30-3	44716024（98.76%）	6693474720	98.22	95.20%

（2）测序饱和度分析

测序饱和度分析是用来衡量一个样品的测序量是否达到饱和的标准。随着测序量（reads 数量）的增多，检测到的基因数也随之上升。

本研究统计了 clean reads 比对到参考基因上的比例，获得对总体情况的认识，并进一步通过测序饱和度来衡量各样本测序的质量，随着测序数据量（reads 数量）的增多，检测到的基因数也随之上升，当测序量达到某个值时，其检测到的基因数增长速度趋于平缓，说明检测到的基因数趋于饱和，可以满足后续转录组数据的分析，见图 3-103。

表 3-97　各样品与参考基因比对结果

样品	all reads num.	unmapped reads	unique mapped reads	multiple mapped reads	mapping ratio
Y5H30-1	31035598	4073596	26254666	707336	86.87%
Y5H30-2	31054780	3894024	26451876	708880	87.46%
Y5H30-3	32247668	4315736	27135873	796059	86.62%
Y8G-1	37077122	4321806	31956263	799053	88.34%
Y8G-2	42753816	5027339	36781123	945354	88.24%
Y8G-3	38598292	4632675	33100893	864724	88.00%
Y11G-1	38574154	4582637	33064563	926954	88.12%
Y11G-2	47865154	5677772	41033258	1154124	88.14%
Y11G-3	46734130	5540714	40074853	1118563	88.14%
Y11H1-1	34334988	5882068	27620104	832816	82.87%
Y11H1-2	34006286	5739524	27446307	820455	83.12%
Y11H1-3	33859004	5705636	27342700	810668	83.15%
Y11H30-1	29891592	3858605	25210043	822944	87.09%
Y11H30-2	36397070	4486755	30926398	983917	87.67%
Y11H30-3	31189718	3885475	26424027	880216	87.54%
Y14H1-1	41300132	6184995	34219605	895532	85.02%
Y14H1-2	29718088	4519941	24561378	636769	84.79%
Y14H1-3	26982134	4206525	22175705	599904	84.41%
Y14H30-1	26882692	3725378	22440462	716852	86.14%
Y14H30-2	26640326	3621993	22366258	652075	86.40%
Y14H30-3	32947244	4444014	27670140	833090	86.51%
Y17H1-1	27614246	3256560	23698509	659177	88.21%
Y17H1-2	25721276	3046365	22084605	590306	88.16%
Y17H1-3	28209298	3447077	24090644	671577	87.78%
Y17H30-1	27259212	3183412	23365153	710647	88.32%
Y17H30-2	29848346	3369233	25681565	797548	88.71%
Y17H30-3	42856270	4972766	36793605	1089899	88.40%

注：all reads num.——去核糖体后总的 reads 数量。

（3）测序随机性分析

以 reads 在参考基因上的分布情况来评价 mRNA 打断的随机程度。由于同参考基因有不同的长度，本研究把 reads 在参考基因上的位置标准化到相对位置（reads 在基因上的位置与基因长度的比值×100），然后统计基因的不同位置比对上的 reads 数。如果打断随机性好，reads 在基因各部位应分布得比较均匀。如图 3-104 所示，各个样品的均一化程度较高，可用于基因表达量和下一步数据的分析。

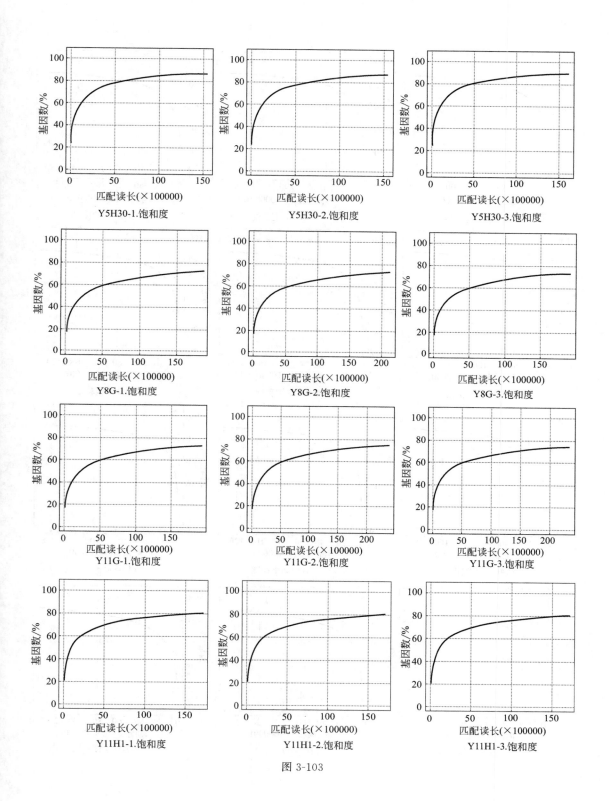

图 3-103

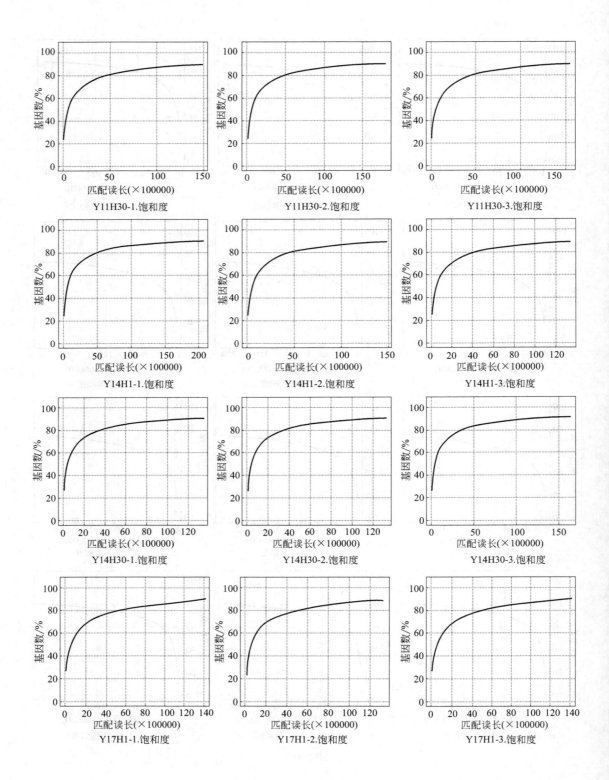

Y11H30-1.饱和度　　　　Y11H30-2.饱和度　　　　Y11H30-3.饱和度

Y14H1-1.饱和度　　　　Y14H1-2.饱和度　　　　Y14H1-3.饱和度

Y14H30-1.饱和度　　　　Y14H30-2.饱和度　　　　Y14H30-3.饱和度

Y17H1-1.饱和度　　　　Y17H1-2.饱和度　　　　Y17H1-3.饱和度

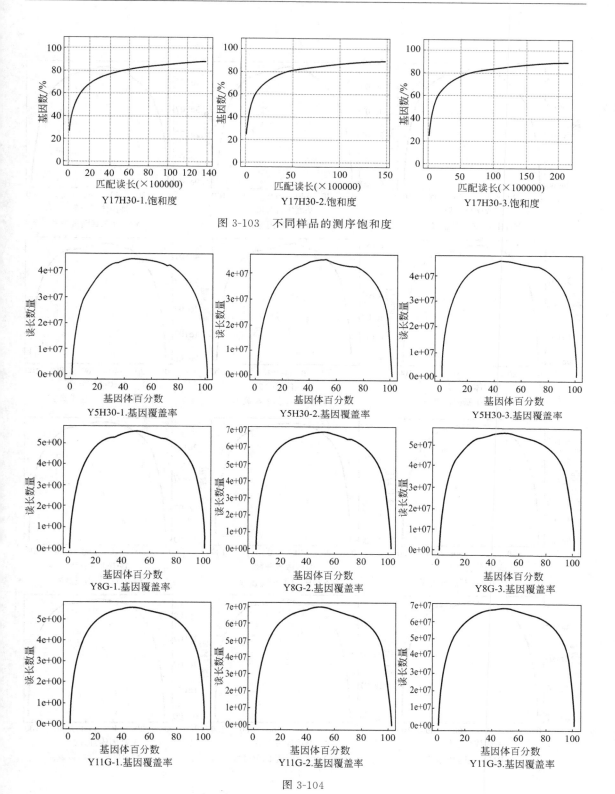

图 3-103 不同样品的测序饱和度

图 3-104

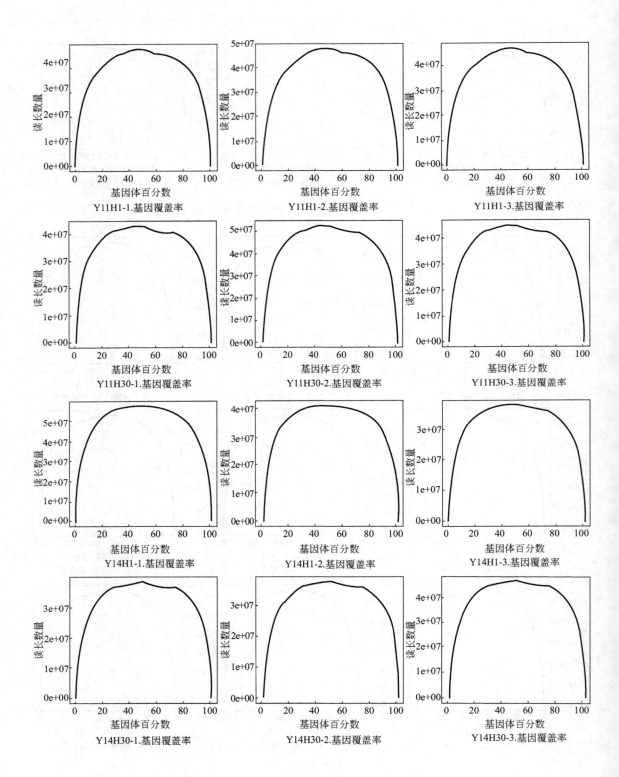

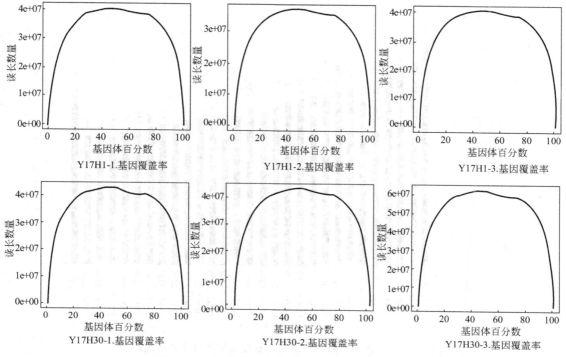

图 3-104　各样品在参考基因上的均匀分布曲线

4. 组装结果统计

（1）组装质量统计

Unigene N50 越长，数量越少，说明组装质量越好。拉萨裸裂尻鱼 Unigene 序列总数 87900 条，GC 含量为 45.36%，最大长度为 15715nt，最小长度为 156nt，平均长度 832nt，N50 长度 1317nt；总的核苷酸数为 73168432，见表 3-98。

表 3-98　拉萨裸裂尻鱼早期发育的组装质量

序列总数	GC 含量/%	N50 长度/nt	最大长度/nt	最小长度/nt	平均长度/nt	总的核苷酸数
87900	45.3644	1317	15715	156	832	73168432

图 3-105 是拉萨裸裂尻鱼的 Unigene 长度与累计频率分布统计图。图中显示了大于等于不同最低长度阈值的 Unigene 总数目分布关系。拉萨裸裂尻鱼分布在 0～500nt 的达 43742 条，占 49.76%；分布在 500～1000nt 的有 21223 条，占 24.14%；分布在 1000～2000nt 的有 15382 条，占 17.50%；分布在 2000～3000nt 的有 4836 条，占 5.50%；分布在 3000nt 以上的有 2717 条，占 3.09%。这些数据表明原始数据的组装质量很高，完全可以用于后续基因注释。

（2）组装覆盖统计

测序深度与基因组覆盖度呈正相关。测序中的假阳性和错误率也随着测序深度呈负相关。拉萨裸裂尻鱼的基因覆盖度达 99.97%。

在覆盖 reads 数范围分布方面，拉萨裸裂尻鱼的 reads 在 11～100 的范围最多，为 14176；而 reads 在 901～1000 的范围内最少，为 1518，如图 3-106 所示。

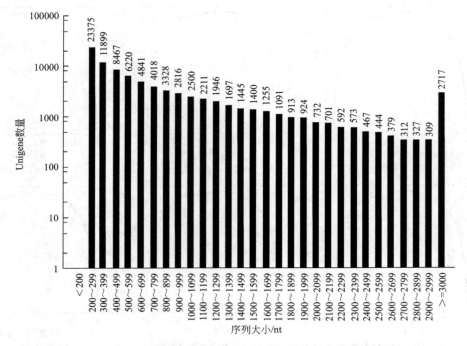

图 3-105　拉萨裸裂尻鱼 Unigeme 长度与累计频率分布统计图

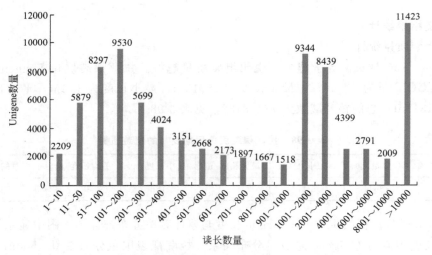

图 3-106　拉萨裸裂尻鱼的 reads 在 Unigene 上的覆盖统计

（3）基因表达统计和基因表达定量分析

通过对拉萨裸裂尻鱼的转录组测序，总共得到 919139496 个 reads，unique mapped ratio 为 84.70%，此结果正常，可以继续用于下游注释分析。使用 unique mapped reads 注释基因的表达量，基因表达定量用 RPKM 值表示，见表 3-99、表 3-100。

RPKM 是每百万 reads 中来自某一基因每千碱基长度的 reads 数目。在 RPKM 方面，拉萨裸裂尻鱼在 1.0～5.0 的范围内分布最多，为 30624；在 500～1000 的范围内分布最少，为 99。其中低表达 reads（<1）占比 41.06%，中表达 reads（1～10）占比 45.43%，高表达 reads（>10）占比 13.51%，如图 3-107 所示。

表 3-99　总体表达统计

序列组装	拉萨裸裂尻鱼
总 reads 数量	919139496
比对上的 reads 数	799684298
比对率	87.00%
唯一比对上的 reads 数	778527839
唯一比对上的 reads 数的比例	84.70%
总 Unigene 数	87900
RPKM＝0 Unigenes	783

表 3-100　各分组表达基因数

分组	基因数	比例/%
Y11G	66368	75.51
Y11H1	73035	83.09
Y11H30	74941	85.26
Y14H1	76389	86.91
Y14H30	75323	85.69
Y17H1	73663	83.81
Y17H30	74880	85.19
Y5H30	75016	85.34
Y8G	66051	75.15

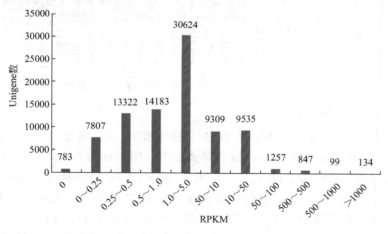

图 3-107　不同表达量（RPKM）范围分布 Unigene 数

5. 差异分析

（1）重复性检验

评估试验结果的可靠性和操作稳定性的依据是平行试验两次结果的相关性。如图 3-108 所示，同一样本两次平行试验之间的相关性越接近 1，说明可重复性越高。

样品组内皮尔森相关系数在 0.80 以上，表明极强相关关系，重复率较高；样品组间皮尔森相关系数均在 0.80 以上，彼此之间存在差异。

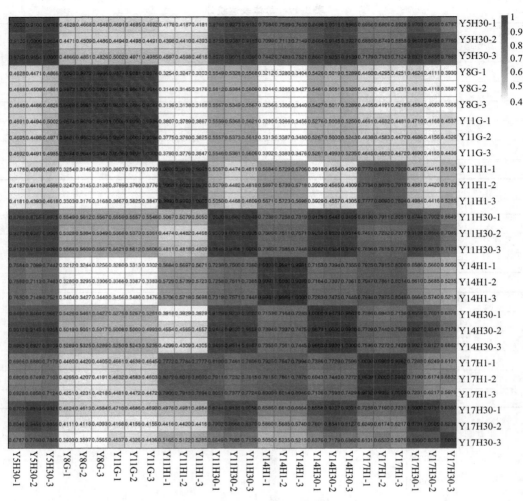

图 3-108　拉萨裸裂尻鱼早期发育样品相关性分析

（2）主成分分析（PCA）

使用 R 语言进行主成分分析。根据各个样本在第一主成分（PC1）和第二主成分（PC2）两个综合指标中的数值大小，做二维坐标图（图 3-109），PC1 可以解释原所有变量（所有基因的表达量）总体方差的 36.3%，PC1 与 PC2 共可以解释总体方差的 67.7%。第一个因子主要和 Y11G、Y8G 有很强的正相关；而第二个因子主要和 Y5H30、Y11H30、Y14H30、Y17H30 有很强的正相关，第三个因子主要和 Y11H1、Y14H1、Y17H1 有很强的正相关。因此可以给第一个因子起名为"原肠期因子"，而给第二个因子起名为"出膜1 天因子"，给第三个因子起名为"出膜 30 天因子"。分层聚类将胚胎样本进行聚类，发现所有的样本聚为两个大支，原肠期聚为一支，初孵仔鱼和 30 日龄仔鱼聚为一支，表明在早期发育阶段孵化出膜后早期发育的变化最为明显。

（3）样品聚类分析

基于全体基因表达量，对样本的关系进行层级聚类（图 3-110）。从样品的聚类结果来看，基于拉萨裸裂尻鱼的发育时期，将 3 个发育时期的样品划分为 3 类分支，即原肠期（包含 Y8G 和 Y11G）、初孵仔鱼（包含 Y11H1、Y14H1 和 Y17H1）和 30 日龄仔鱼（包含

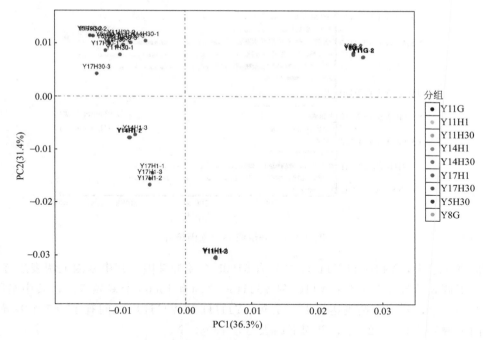

图 3-109 拉萨裸裂尻鱼早期发育样品主成分分析

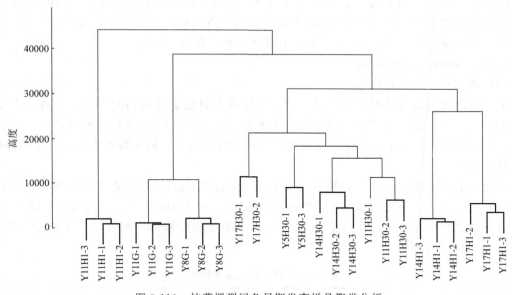

图 3-110 拉萨裸裂尻鱼早期发育样品聚类分析

Y5H30、Y11H30、Y14H30 和 Y17H30)。其中初孵仔鱼和 30 日龄仔鱼聚为一支。此结果和 PCA 主成分分析所得结果一致。

（4）各试验组之间差异表达基因分析

采用负二项分布的 DESeq 方法将 9 个组两两之间进行差异表达基因分析。本研究利用 FDR 与 $\log_2$FC 来筛选差异基因，筛选条件为 FDR＜0.05 且｜$\log_2$FC｜＞1。

不同的组合之间的差异表达基因的分布情况见图 3-111。

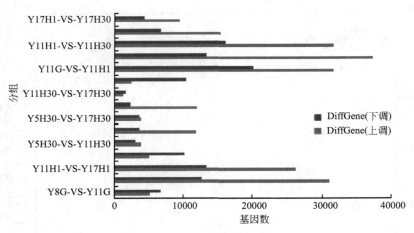

图 3-111　分组间差异基因统计

不同发育组中，Y11G 和 Y11H1 之间有 51905 个差异基因，其中基因上调表达有 31748 个，基因下调表达有 20157 个；Y11G 和 Y11H30 之间有 50666 个差异基因，其中基因上调表达有 37341 个，基因下调表达有 13325 个；Y11H1 和 Y11H30 之间有 47767 个差异基因，其中基因上调表达有 31724 个，基因下调表达有 16043 个。

不同水温处理组中，Y11H30 和 Y14H30 之间有 14272 个差异基因，其中基因上调表达有 11866 个，基因下调表达有 2406 个；Y11H30 和 Y17H30 之间有 3141 个差异基因，其中基因上调表达有 1379 个，基因下调表达有 1762 个；Y14H30 和 Y17H30 之间有 12979 个差异基因，其中基因上调表达有 2565 个，基因下调表达有 10414 个。

6. All-Unigene 的功能注释

（1）四大数据库注释汇总

由于拉萨裸裂尻鱼没有全基因组背景，所以首先将组装后得到的 87900 条 All-Unigene 通过 blastx 将 Unigene 序列比对到蛋白数据库 Nr、SwissProt、KOG 和 KEGG（E 值 < 0.00001），得到跟给定 Unigene 具有最高序列相似性的蛋白，从而得到该 Unigene 的蛋白功能注释信息。

对比以上四个库，能够获得同源比对信息的 All-Unigene 分别有 47870 条、38644 条、29917 条、26572 条，分别占总量的 54.46%、43.96%、34.04%、30.23%；总的 All-Unigene 获得注释信息有 48222 条，占总量的 54.86%；没有获得注释的序列有 39678 条，占总量的 45.14%，如表 3-101 所示。

表 3-101　四大数据库注释统计

项目	Nr	SwissProt	KOG	KEGG	annotation genes	without annotation gene
注释数目/个	47870	38644	29917	26572	48222	39678
注释比例/%	54.46	43.96	34.04	30.23	54.86	45.14

本研究对注释到 Nr 数据库的序列的 E 值、物种分布情况作了统计。在 Nr 数据库上获得比对结果的 E 值分布进行分析，发现获得注释的 47870 条序列中，有 19303 的 E 值分布在 $0 \sim 10^{-150}$ 之间，6404 条位于 $10^{-150} \sim 10^{-100}$ 之间，9293 条位于 $10^{-100} \sim 10^{-50}$ 之间，8972 条位于 $10^{-50} \sim 10^{-20}$ 之间，3898 条位于 $10^{-20} \sim 10^{-5}$ 之间。

从匹配的物种来源分析，有 30.88% 的 All-Unigene 注释到犀角金线鲃中，26.75% 注释到安水金线鲃中，其余分别为滇池金线鲃 22.57%、斑马鱼 5.93%、锦鲤 1.36%、大黄鱼 0.76%，剩余 11.75% 注释到其他物种中，如图 3-112 所示。

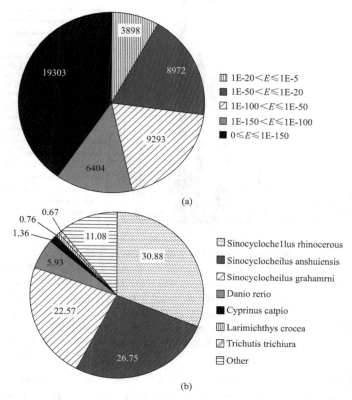

图 3-112　Unigene 在 Nr 数据库中的注释分析
(a) 为 E 值分布图；(b) 为物种相似性分布图

（2）KOG 数据库注解

KOG 划分为 25 个功能分类，将 All-Unigene 比对到 KOG 数据库中，结果显示有 64521 条序列得到注释。从基因功能分布特征中，发现信号传导机制功能基因分布最多，共 15216 条 Unigene（23.58%）；其次是一般功能预测的功能基因，有 10705 条 Unigenes（16.59%），翻译后修饰、蛋白翻转、分子伴侣（5086，7.88%），转录（3922，6.08%），胞内运输、分泌和囊泡运输（3249，5.04%）、细胞骨架（3175，4.92%）的功能基因也较为丰富，而涉及细胞能动性和核结构的功能基因最少，仅有 175 条 Unigene 和 191 条 Unigene，详见图 3-113。

（3）GO 功能注释

GO 功能分析一方面给出差异表达基因的 GO 功能分类注释，另一方面给出差异表达基因的 GO 功能显著性富集分析。根据 Nr 注释信息，使用 Blast2GO 软件得到 Unigene 的 GO 注释信息。得到每个 Unigene 的 GO 注释后，用 WEGO 软件对所有 Unigene 作 GO 功能分类统计，从宏观上认识该物种的基因功能分布特征。根据 GO 分类表对 Unigene 的 GO 注释进行分析，横坐标代表 GO 三个大类，即参与的生物过程（biological process）、细胞组分（cellular component）、分子功能（molecular function），共得到 115632 个 GO 功能注释并对其分类。

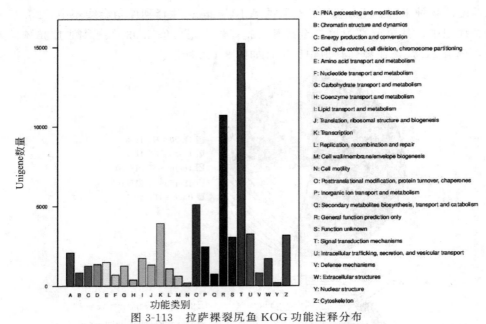

图 3-113 拉萨裸裂尻鱼 KOG 功能注释分布

A：RNA 加工和修饰；B：染色体结构和动力学；C：能源产生与转化；D：细胞周期调控、细胞分裂、染色体分离；E：氨基酸转运和代谢；F：核酸转运和代谢；G：碳水化合物转运和代谢；H：辅酶转运和代谢；I：脂类转运和代谢；J：翻译、核糖体结构和生物发生；K：转录；L：复制、重组和修饰；M：细胞壁/细胞膜生物发生；N：细胞活性；O：翻译后修饰、蛋白翻转、分子伴侣；P：无机离子转运和代谢；Q：次生代谢物生物合成、转运和代谢；R：只有一般功能预测；S：未知功能；T：信号传递机制；U：细胞间运输、分泌物和膜泡运动；V：防御机制；W：细胞外结构；Y：核结构；Z：细胞骨架

从图 3-114 可以看出，这三个大的功能分类又可详细分为 54 个功能亚类，其中生物学过程分为 22 个亚类，细胞组分 20 个亚类，分子功能 12 个亚类。生物学过程功能注释最多，有56606 个基因，占总体比例的 30.64%；其次是细胞组分的注释数量，有 35425 个基因，占总体比例的 48.95%；最少的是分子功能的注释数量，有 23601 个基因，占总体比例的 20.41%。在生物学过程中，涉及细胞过程（cellular process）、单一有机体进程（single-organism process）和代谢过程（metabolic process）的基因较多，分别有 11559 个、10425 个和 9017 个；

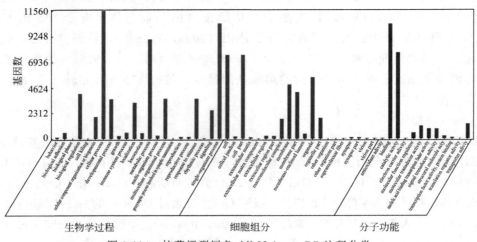

图 3-114 拉萨裸裂尻鱼 All-Unigene GO 注释分类

在细胞组分中，涉及细胞（cell）和细胞部分（cell part）的基因较多，均为 7594 个；在分子功能中，涉及结合（binding）和催化活性（catalytic activity）的基因较多，分别有 10417 个和 7832 个。

（4）KEGG 功能注释

KEGG 是系统分析基因产物在细胞中的代谢途径以及这些基因产物的功能的数据库，利用 KEGG 可以进一步研究基因在生物学上的复杂行为。根据 KEGG 注释信息可以进一步得到 Unigene 的 Pathway 注释。

表 3-102　KEGG Pathway 分类

KEGG A 类	KEGG B 类	基因数	通路 ID
细胞过程	细胞生长和死亡	909	ko04110
	细胞运动	590	ko04810
	细胞联盟	1692	ko04510
	转运和分解代谢	1562	ko04144
环境信息处理	膜运输	166	ko02010
	信号转导	3754	ko04020
	信号分子与相互作用	1798	ko04080
遗传信息处理	折叠、分类和降解	997	ko04141
	复制与修复	495	ko03460
	转录	357	ko03040
	翻译	880	ko03013
代谢	氨基酸代谢	1022	ko00310
	其他次生代谢的生物合成	17	ko00524
	碳水化合物代谢	1404	ko00562
	能量代谢	302	ko00190
	全面和概述	672	ko01200
	多糖的生物合成与代谢	646	ko00510
	脂质代谢	1231	ko00564
	辅因子和维生素代谢	402	ko00830
	其他氨基酸代谢	275	ko00480
	萜类和聚酮化合物的代谢	38	ko00900
	核苷酸代谢	607	ko00230
	核苷酸代谢		ko00240
	外来生物的生物降解和代谢	232	ko00983
有机系统	老化	17	ko04213
	循环系统	1186	ko04261
	发育	92	ko04320
	消化系统	79	ko04970
	内分泌系统	1571	ko04910
	环境适应	23	ko04713
	排泄系统	24	ko04961
	免疫系统	588	ko04620
	神经系统	122	ko04728
	感觉系统	96	ko04744

如表 3-102 所示，共有 23846 条 Unigene 得到 KEGG Pathway 注释，共涉及 232 个代谢类别。将这 232 条代谢途径中的 All Unigene 概括，总共分为五类，其中 19.93% 的基因注释到细胞过程（cellular processes），主要为细胞免疫（cellular commiunity，1692）、转运和分解代谢（transport and catabolism，1562）；注释到环境信息处理（environmental information processing）的基因占总体比例的 23.98%，主要为信号转导（signal transduction，3754）；注释到遗传信息处理（genetic information processing）的基因占总体比例的 11.44%，主要为折叠、分类和降解（folding，sorting and degradation，997）；注释到代谢（metabolism）途径的基因占总体比例的 28.72%，主要为碳水化合物代谢（carbohydrate metabolism，1404）和脂质代谢（lipid metabolism，1231）；另外 15.93% 的基因注释到有机体系（organismal systems），主要为内分泌系统（endocrine system，1571）和循环系统（circulatory system，1186）。

基因注释数量排名前 10 位的 KEGG 通路主要为：细胞内吞作用（Endocytosis，710）、神经活性配体-受体相互作用（Neuroactive ligand-receptor interaction，693）、钙信号通路（Calcium signaling pathway，682）、黏着斑（Focal adhesion，671）、MAPK 信号通路（MAPK signaling pathway，669）、肌动蛋白细胞骨架调节（Regulation of actin cytoskeleton，590）、心肌细胞中的肾上腺素能信号传导（Adrenergic signaling in cardiomyocytes，495）、紧密连接（Tight junction，472）、血管平滑肌收缩（Vascular smooth muscle contraction，417）、嘌呤代谢（Purine metabolism，410）等。上述 KEGG 通路的发现为深入研究拉萨裸裂尻鱼对外界生物因素和非生物因素的适应机制指明了方向，见图 3-115。

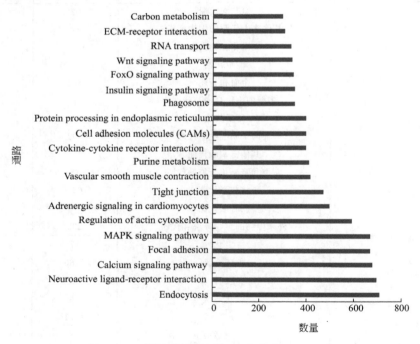

图 3-115　基因数量排名前 20 位的 KEGG 通路

7. 预测编码蛋白框（CDS）

用 Trinity 对拉萨裸裂尻鱼的转录组测序结果进行 De Novo 组装，将 Unigene 序列与四大蛋白库做比对，总共得到 49049 条 CDS，其中通过 blast 比对得到的 CDS 有 47631 条，通过 ESTScan 预测得到的 CDS 有 1418 条。表 3-103 为得到的 CDS 的长度分布。

表 3-103　CDS 数量统计

名称	条数
通过 blast 得到的 CDS	47631
通过 ESTScan 预测得到的 CDS	1418
所有的 CDS	49049

在公共数据库上比对的核酸序列较长，分布在 200～500nt 的序列有 17059 条，占总量的 35.82%；分布在 600～1000nt 的有 9778 条，占 20.53%；分布 1000nt 以上的有 13604 条，占 28.56%。而通过 ESTScan 预测获得的核酸序列长度较短，绝大部分集中在 200～400nt，有 843 条，占 59.45%，大于 1400nt 的序列仅 1 条。图 3-116 为得到的 CDS 序列长度分布。

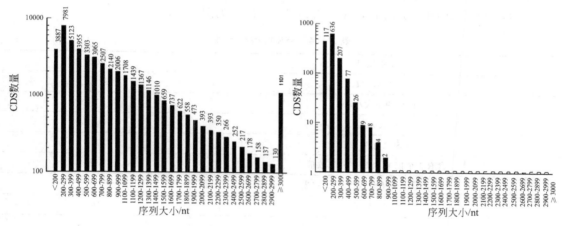

图 3-116　CDS 序列长度分布
左为通过 blast 得到的 CDS；右为通过 ESTScan 预测得到的 CDS

在公共数据库上比对的氨基酸序列，分布在 50～99aa 的序列有 10233 条，占总量的 21.48%；分布在 100～149aa 有 7118 条，占 14.94%；分布 150aa 以上有 28645 条，占 60.14%。而通过 ESTScan 软件预测获得氨基酸序列，绝大部分集中在 50～59aa 之间，有 810 条，占 57.12%，剩余共 608 条，占 42.88%。图 3-117 为得到的氨基酸序列长度分布。

8. 串联重复单元（SSR）分析

SSR 作为分子标记的一种，被广泛用于杂交育种、种群遗传多样性、遗传连锁图谱的构建等研究领域。目前关于拉萨裸裂尻鱼分子标记的研究十分有限，本研究通过 MicroSatellite（MISA）软件，在 87900 个 Unigenes 中找出全部的 SSR，总计 6663 个，包含 5977 个 Unigenes，含 1 条以上 SSR 的序列有 568 条。将检测到的 SSR 按照短串联重复单元的类型分类并作图，发现其中最多的 SSR 是二核苷酸，有 4167 个，占总量的 62.54%；其他类型依次为：三核苷酸 1899 个，占 28.50%；四核苷酸 484 个，占 7.26%；五核苷酸 65 个，占 0.98%；六核苷酸 48 个，占 0.72%（表 3-104）。

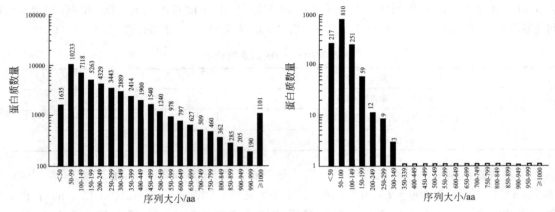

图 3-117　氨基酸序列长度分布

左为通过 blast 得到的氨基酸序列；右为通过 ESTScan 预测得到的氨基酸序列

出现频率最高的前五种基序为：AC/GT（31.2%），AT/AT（16.9%），AG/CT（14.2%），AAT/ATT（6.3%），ATC/ATG（6%），见图 3-118。

表 3-104　SSR 类型统计表

检索项目	数量
序列总数	87900
序列的总大小/bp	73168432
SSR 总数	6663
含有 SSR 序列的数量	5977
含有 1 个以上 SSR 序列的数量	568
在化合物形成中存在的 SSR 数量	260
二核苷酸	4167
三核苷酸	1899
四核苷酸	484
五核苷酸	65
六核苷酸	48

在所有的 SSR 重复单元数目上，重复最多的为 6 次，有 2280 个，占所有单元的 34.22%；其次为 5 次和 7 次，分别有 1351 个和 1176 个，分别占 20.28% 和 17.65%；最少的重复单元为 13 和 14 次，分别有 0 个和 5 个，分别占 0% 和 0.08%（表 3-105）。对拉萨裸裂尻鱼 SSR 的研究，将为拉萨裸裂尻鱼的遗传标记研究提供非常重要的物质资源和依据。

9. TF 家族因子

本研究统计了拉萨裸裂尻鱼早期发育的家族转录因子（图 3-119），总共有 68 种家族转录因子，共计 2134 条 Unigenes。其中，锌指蛋白家族 zf-C2H2 数量最多，有 880 个基因，占注释数量的 37.34%；其次是 Homeobox 家族，有 282 个基因，占注释数量的 11.96%；bHLH 家族因子有 142 个基因，占注释数量的 6.02%；比较重要的基因家族还有 Forkhead，即 FYX 基因家族，共有 67 个基因，占注释数量的 2.84%。

表 3-105　SSR 重复单元数和分类

重复单元数量/bp	Di-	Tri-	Tetra-	Penta-	Hexa	合计	占比/%
4	0	0	372	49	34	455	6.83
5	0	1252	79	10	10	1351	20.28
6	1845	424	10	1	0	2280	34.22
7	1002	164	7	1	2	1176	17.65
8	609	36	2	0	0	647	9.71
9	393	10	0	1	0	404	6.06
10	191	7	2	1	1	202	3.03
11	48	2	1	1	0	52	0.78
12	5	2	2	0	0	9	0.14
13	0	0	0	0	0	0	0.00
14	4	1	0	0	0	5	0.08
≥15	70	1	9	1	1	82	1.23
总和	4167	1899	484	65	48	6663	100.00
占比/%	62.54	28.50	7.26	0.98	0.72	100.00	

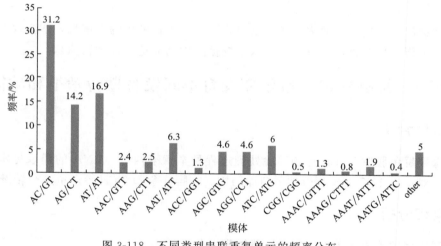

图 3-118　不同类型串联重复单元的频率分布

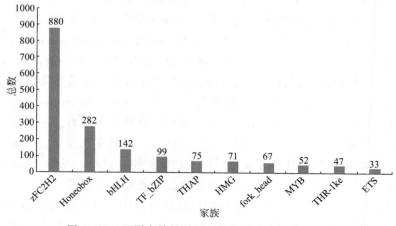

图 3-119　不同家族转录因子的数量分布（前十位）

三、讨论

本研究通过拉萨裸裂尻鱼不同发育期转录组测序得到 73168432 个 reads，Unigene 序列总数 87900 条，最大长度为 15715 nt，最小长度为 156 nt，平均长度 832 nt，N50 长度 1317 nt，GC 百分比为 45.36%，反映出拉萨裸裂尻鱼早期发育组装质量较好。注释到四大蛋白库，显示与犀角金线鲃的序列注释比例最高，为 30.88%，且 80.2% 注释到鲃亚科鱼类，反映了裂腹鱼类与鲃亚科鱼类具有较强的相似性，在进化上较为接近，验证了裂腹鱼类起源于鲃亚科鱼类的理论；注释比例为 54.86%，反映出拉萨裸裂尻鱼基因功能的研究仍需不断完善。

KEGG 功能注释在细胞免疫（ko04510），信号转导（ko04020），折叠、分类和降解（ko04141），碳水化合物代谢（ko00562）和内分泌系统通路（ko04910）中较多，这与厚唇裸重唇鱼（Yang et al，2014）、怒江裂腹鱼和软刺裸鲤（Yu et al，2017）的转录组研究结果相似，这可能是拉萨裸裂尻鱼早期发育适应西藏高原环境的表现。而基因注释较为集中的通路主要为细胞内吞作用、神经活性配体-受体相互作用、钙信号通路、黏着斑、MAPK 信号通路、肌动蛋白细胞骨架调节，体现了基因较多地参与到拉萨裸裂尻鱼不同阶段的生长发育环节。

拉萨裸裂尻鱼早期发育的表达谱数据包含了非常丰富的生物学信息，本文仅对这些数据进行了初步分析，后续仍需要进一步深入地挖掘其中高原适应性生物信息。

第五小节　拉萨裸裂尻鱼早期发育不同发育期转录组和功能分析

一、材料与方法

拉萨裸裂尻鱼胚胎和仔稚鱼的试验处理过程见本章第四节，RNA 的提取见本章第五节第一小节。对水温 11℃下拉萨裸裂尻鱼原肠期、初孵仔鱼和 30 日龄仔鱼进行转录组分析。

二、结果和分析

1. 不同发育期差异基因 GO 功能显著性富集分析

（1）Y11G 与 Y11H1 实验组之间差异表达显著富集基因分析

通过差异基因 GO 功能富集分析，在生物学过程分组中，单一生物过程（single-organism process，6493）、多细胞生物过程（multicellular organismal process，2486）、发育过程（developmental process，2433）、单一生物发育过程（single-organism developmental process，2330）是最为显著富集的类型；在细胞组分分组中，显著富集的类型主要是胞外区（extracellular region，203）、胞外区域部分（extracellular region part，187）、细胞外基质（extracellular matrix，110）；在分子功能分组中，显著富集的类型主要是离子结合（ion binding，2404）、阳离子结合（cation binding，2244）。表明在从原肠期发育至孵化过程中需要拉萨裸裂尻鱼胚胎细胞的分裂分化作用形成相应的器官组织，见图 3-120。

（2）Y11H1 与 Y11H30 试验组之间差异表达显著富集基因分析

通过差异基因 GO 功能富集分析，在生物学过程分组中，单一生物过程（single-organism process，4466）、单一生物定位（single-organism localization，774）、单一生物转运

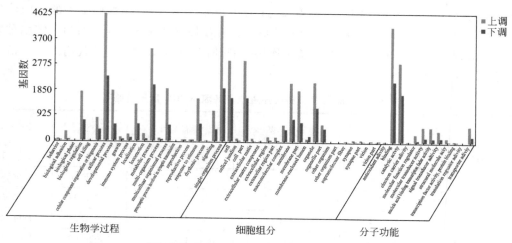

图 3-120　原肠期与初孵仔鱼差异基因的 GO 功能注释分类统计

（single-organism transport，761）、离子转运（ion transport，546）是最为显著富集的类型；在细胞组分分组中，显著富集的类型主要是膜（membrane，2216）、膜部分（membrane part，1927）、膜的内在组成部分（intrinsic component of membrane，1802）；在分子功能分组中，显著富集的类型主要是转运活性（transporter activity，633）、跨膜转运蛋白活性（transmembrane transporter activity，577）、分子传感活性（molecular transducer activity，556）、底物特异性转运蛋白活性（substrate-specific transporter activity，526）和底物特异性跨膜转运蛋白活性（substrate-specific transmembrane transporter activity，487）等。表明在从初孵仔鱼发育至 30 日龄仔鱼过程中感觉器官神经分化、能量物质代谢作用参与更多，见图 3-121。

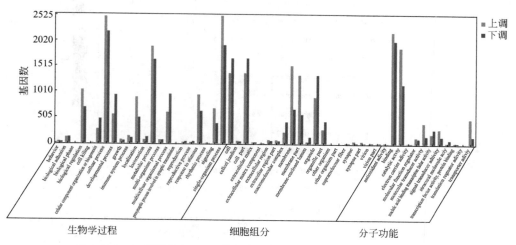

图 3-121　初孵仔鱼与 30 日龄仔鱼差异基因的 GO 功能注释分类统计

2. 不同发育期差异基因 Pathway 显著性富集分析

（1）Y11G 与 Y11H1 试验组之间差异基因 Pathway 功能分析

共有 51905 个差异表达基因共参与了 226 个 KEGG 代谢通路，其中 Y11G 组与 Y11H1 组之间显著富集的 Pathway 有 6 个，按照显著富集水平分别为细胞外基质受体相互作用

（ECM-receptor interaction，243）、黏着斑（Focal adhesion，476）、真核生物的核糖体生物发生（Ribosome biogenesis in eukaryotes，115）、吞噬体（Phagosome，244）、细胞黏附分子（Cell adhesion molecules，270）、紧密连接（Tight junction，316）等代谢途径和信号传导途径，见表 3-106、图 3-122。

表 3-106　原肠期与初孵仔鱼差异基因 KEGG 富集通路

通路	差异表达基因	所有基因	Q 值	通路 ID
细胞外基质受体相互作用	243	310	1.36E-10	ko04512
黏着斑	476	671	1.34E-08	ko04510
真核生物的核糖体生物发生	115	150	4.34E-04	ko03008
吞噬体	244	348	9.88E-04	ko04145
细胞黏附分子（CAMs）	270	396	7.02E-03	ko04514
紧密连接	316	472	1.33E-02	ko04530

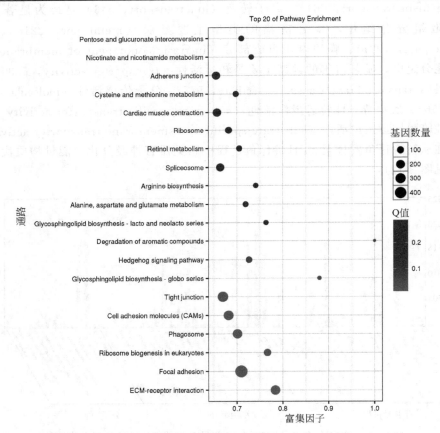

图 3-122　原肠期与初孵仔鱼差异基因 KEGG 富集

（2）Y11H1 与 Y11H30 试验组之间差异基因 Pathway 功能分析

注释的差异表达基因共参与了 222 个 KEGG 代谢通路，其中 Y11G 组与 Y11H30 组之间显著富集的 Pathway 有 20 个，按照显著富集水平分别为神经活性的配体-受体相互作用（Neuroactive ligand-receptor interaction，347）、细胞黏附分子（Cell adhesion molecules，

210)、细胞因子-细胞因子受体相互作用（Cytokine-cytokine receptor interaction，201)、心肌收缩（Cardiac muscle contraction，152)、ABC 转运（ABC transporters，101)、PPAR 信号通路（PPAR signaling pathway，76）等代谢途径和信号传导途径，见表 3-107、图 3-123。

表 3-107　初孵仔鱼与 30 日龄仔鱼差异基因 KEGG 富集通路

通路	差异表达基因	所有基因	Q 值	通路 ID
光信号转导	58	73	2.44E-08	ko04744
ABC 转运	101	166	1.43E-04	ko02010
药物代谢-细胞色素 P450	47	68	4.70E-04	ko00982
心脏肌肉收缩	152	274	4.70E-04	ko04260
细胞黏附分子	210	396	5.17E-04	ko04514
神经活性的配体-受体相互作用	347	693	7.89E-04	ko04080
花生四烯酸的代谢	69	113	1.61E-03	ko00590
α-亚麻酸代谢	34	50	6.54E-03	ko00592
亚油酸代谢	36	54	7.04E-03	ko00591
不饱和脂肪酸的生物合成	36	55	1.09E-02	ko01040
细胞色素 P450 对外来生物的代谢	49	80	1.09E-02	ko00980
类固醇生物合成	19	25	1.29E-02	ko00100
细胞因子受体相互作用	201	399	1.31E-02	ko04060
类固醇激素的合成	47	78	1.84E-02	ko00140
脂肪酸伸长	44	73	2.41E-02	ko00062
视黄醇代谢	55	95	2.41E-02	ko00830
初级胆汁酸生物合成	21	30	2.80E-02	ko00120
PPAR 信号通路	76	139	3.00E-02	ko03320
鞘脂类代谢	73	134	3.88E-02	ko00600
谷胱甘肽的代谢	59	106	4.65E-02	ko00480

3. 生长发育差异基因的表达（图 3-124）

与初孵仔鱼时期相比，原肠期和 30 日龄仔鱼时期 Wnt8A 基因均为显著下调，下调倍数分别为 16.26 倍和 3.22 倍。

与初孵仔鱼时期相比，原肠期和 30 日龄仔鱼时期 CDK1C 基因均为显著下调，下调倍数分别为 9.7 倍和 4.36 倍；原肠期 CCNA1、CCNA2、CCNE1 基因均为显著下调，下调倍数分别为 19.28 倍、7.28 倍和 9.1 倍，30 日龄仔鱼时期这 3 个基因表达无显著性差异；原肠期和 30 日龄仔鱼时期 CCNE2 基因均为显著下调，下调倍数分别为 6.54 倍和 4.64 倍。

与初孵仔鱼时期相比，原肠期和 30 日龄仔鱼时期 FGF8 基因均为显著下调，下调倍数分别为 7 倍和 4.32 倍；原肠期 FGF18 基因为显著下调，下调倍数为 6.36 倍，30 日龄仔鱼时期 FGF18 基因表达无显著性差异。初孵仔鱼时期 FGFP1 基因与原肠期相比为显著上调，上调倍数为 11.14 倍；30 日龄仔鱼时期 FGFP1 基因与初孵仔鱼时期相比为显著上调，上调倍数为 2.08。与初孵仔鱼时期相比，30 日龄仔鱼时期 FGFP2 基因为显著上调，上调倍数为 13.22 倍；原肠期 FGFP2 基因无显著性差异。

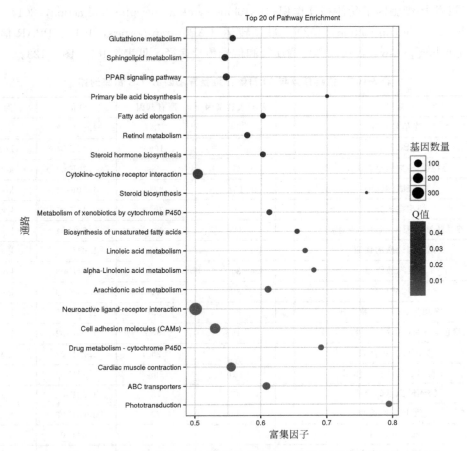

图 3-123　初孵仔鱼与 30 日龄仔鱼差异基因 KEGG 富集

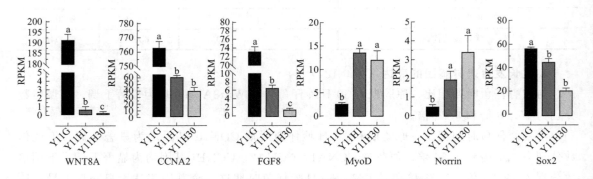

图 3-124　差异基因在 3 个发育时期的表达情况

初孵仔鱼时期 MyoD 基因与原肠期相比为显著上调,上调倍数为 4.78 倍;30 日龄仔鱼时期 MyoD 基因与初孵仔鱼时期相比无显著性差异。

初孵仔鱼时期 Norrin 基因与原肠期相比为显著上调,上调倍数为 4 倍;30 日龄仔鱼时期 Norrin 基因与初孵仔鱼时期相比无显著性差异。

与初孵仔鱼时期相比,原肠期 Sox2 基因为显著下调,下调倍数为 2.22 倍,30 日龄仔鱼时期 Sox2 基因表达无显著性差异。

三、讨论

1. 差异基因功能注释

（1）差异基因功能 GO 注释

在原肠期向初孵仔鱼的过渡阶段（胚胎发育），其中在显著富集至 GO 数据库生物学过程的基因中，部分基因参与的功能与胚胎发育阶段密切相关，比如多细胞生物发育（multicellular organism development，GO：0007275）、动物器官发育（animal organ development，GO：0048513）、器官形态发生（organ morphogenesis，GO：0009887）、细胞分化（cell differentiation，GO：0030154）、解剖结构形态发生（anatomical structure morphogenesis，GO：0009653）、胚胎发育（embryo development，GO：0009790）、中枢神经系统发育（central nervous system development，GO：0007417），这些功能可能参与拉萨裸裂尻鱼胚胎的器官发育和分化过程。

在初孵仔鱼向 30 日龄仔鱼的过渡阶段（仔稚鱼发育），其中在显著富集至 GO 数据库生物学过程的基因中，部分基因参与的功能与仔稚鱼阶段密切相关，比如光刺激的感觉知觉（sensory perception of light stimulus，GO：0050953）、感官知觉（sensory perception，GO：0007600）、神经系统过程（neurological system process，GO：0050877）、神经系统发育（nervous system development，GO：0007399）、细胞对激素刺激的反应（anatomical structure morphogenesis，GO：0032870）、对外部刺激的反应（response to external stimulus，GO：0009605）、对异生素刺激的反应（response to xenobiotic stimulus，GO：0009410），这些功能可能参与拉萨裸裂尻鱼仔稚鱼的神经发育和免疫调节过程。

（2）差异基因功能 KEGG 注释

在原肠期向初孵仔鱼的过渡阶段，ECM-受体相互作用、黏着连接、真核生物中的核糖体生物发生、细胞黏附分子、Hedgehog 信号通路等显著富集通路参与胚胎发育中蛋白质的合成和转运、维持组织结构和细胞极性以及细胞增殖分化等过程。其中，Hedgehog 信号通路在胚胎发育过程中对胚胎期的器官分化、神经发育和骨骼发育起重要的调节作用，并且调控着多种生物学行为，进化上呈高度保守状态（刘美娟，龙鼎新，2017），促进细胞增殖、分化、迁移和控制轴突的靶向生长（王苏平等，2015）。本文中 Hedgehog 信号通路差异基因 Ptc 相对下调表达量来说，显著上调表达（图 3-125），促进原肠胚层细胞向体节分化，Ci 基因显著上调表达，其同源基因 Gli 和基因 Ptc 可在口前窝、杯状腺体、咽鳃区和脑泡其他器官中表达（蔡召平，2009）；Hh 基因的同源基因 Ihh 显著上调表达，主要在软骨内成骨的不同时期调控软骨细胞分化发育，维持骨稳定生长（肖良，徐宏光，2016）；Smo 基因表达微弱，既不上调也不下调；与进化多样性相关的 Sufu 基因下调表达，在孵化后的表达量相对较低。

在初孵仔鱼向 30 日龄仔鱼的过渡阶段（仔稚鱼发育），显著富集通路主要有光转换、细胞色素 P450、神经活性配体-受体相互作用、花生四烯酸代谢、类固醇生物合成、谷胱甘肽代谢、PPAR 信号通路等。其中参与仔稚鱼发育的视觉神经、花生四烯酸代谢通路可以促进鱼体的存活、提高其逆境抗性能力、调节免疫作用以及促进神经细胞生长发育（丁兆坤等，2007）；细胞色素 P450 家族成员在进化过程中不断增加，进化趋势主要体现在增加了单种酶类对多种底物的适应性（Varadarajan et al，2008）；PPAR 信号通路可能是动物肌内脂肪沉积的重要信号通路（王红杨，2015）。

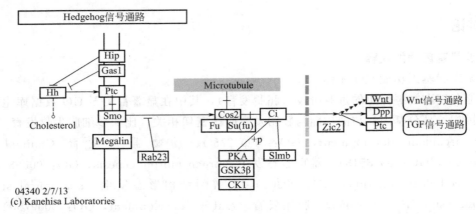

图 3-125　Hedgehog 信号通路在原肠期向初孵仔鱼的过渡阶段的显著富集

2. 生长发育关键基因

Wnt8a 定位于斑马鱼卵母细胞中的植物极并诱导背轴分化，促进腹外侧和后部组织形成（Hino *et al*，2018）。Wnt8a.1 和 Wnt8a.2 的相互作用调节斑马鱼胚胎发育期间神经和中胚层模式、形态发生以及大脑各分区之间的模式，Wnt8 基因功能失调或功能缺失均可导致严重的轴向畸形（Wylie *et al*，2014）。本文中 Wnt8 基因在拉萨裸裂尻鱼原肠期的大量表达反映 Wnt8 基因较多地参与到原肠胚层的背轴发育分化过程。

细胞周期蛋白 A1（Cyclin A1）和细胞周期蛋白 A2（Cyclin A2）均在生殖细胞或早期胚胎中表达，Cyclin A1 的缺失会破坏精子形成从而导致雄性不育，Cyclin A2 缺乏的特征是早期胚胎致死情况（Wolgemuth，2011）。在非洲爪蟾的早期胚胎发育中，Cyclin A1 和 Cyclin A2 在不同的时期以不同的方式改变非洲爪蟾胚胎中发生的凋亡程序（Carter *et al*，2006）。本文中 Cyclin A1 在原肠期的表达量最高，其他两个时期表达量较少，而 Cyclin A2 同样在原肠期表达量最高，其他两个时期仍有较高的表达量，Cyclin A1 与 Cyclin A2 在不同时期转录组中不同的表达形式，暗示它们在拉萨裸裂尻鱼早期发育的细胞分裂和凋亡过程中的不同的功能作用。对 Cyclin E2 表达的充分抑制导致非洲爪蟾晚期原肠胚大量死亡，非洲爪蟾 Cyclin E1 和 Cyclin E2 的作用不同，但是 Cyclin E2 是非洲爪蟾胚胎形成的绝对要求，不能通过 Cyclin E1 进行补偿（Gotoh *et al*，2007）。本文中 Cyclin E1 和 Cyclin E2 在原肠期的表达均显著高于其他两个时期，并且 cyclin E2 在原肠期的表达量高于 Cyclin E1。

Fgf8 信号因子表达在斑马鱼心脏前体细胞的发育中具有直接作用，特别是在心脏基因表达的起始阶段（Reifers *et al*，2000）。墨西哥丽脂鲤胚胎发育过程中 sonic hedgehog 信号的增加会导致早期 Fgf8 表达，从而导致 Lhx2 表达和视网膜形态形成产生缺陷（Pottin *et al*，2011）。本文 Wnt8 基因在拉萨裸裂尻鱼原肠期的大量表达反映其可能参与诱导心肌前体的形成过程。

比目鱼 MyoD 基因高度保守，MyoD 转录物存在于产生缓慢肌的近轴细胞和产生快速肌的侧体细胞孵化阶段，MyoD 基因在其他肌肉细胞和尾部体节中表达（Zhang *et al*，2006），MyoD 是在成鱼中快肌中表达的主要基因（Macqueen *et al*，2006）。本文中 MyoD 基因表达在胚胎发育中体节肌肉的生长，在孵化后主要作用于仔鱼早期肌肉生成。

非洲爪蟾母源 Norrin 分子在其早期胚胎发育中是通过激活 β-catenin 来使其背部外胚层细胞发育为中枢神经系统的关键母源基因（Xu *et al*，2012）。而本文中 Norrin 基因在 3

个时期中均有表达，但主要表达在 30 日龄仔鱼时期，可能其表达主要用于仔鱼神经发育形成。

Sox2 基因是非洲爪蟾早期发育中最早表达的神经系统特异性基因之一，SoxB1 基因家族在脊椎动物神经系统发生过程中起着十分重要的作用（马莉，2008）。本文中 Sox2 基因在胚胎发育阶段的原肠期显著表达，可能参与早期胚胎阶段神经系统的初步建立过程。

综上，在不同生长发育阶段下，拉萨裸裂尻鱼机体通过调节大量基因和生物过程来建立与之相适应的生理状态。本文由不同发育阶段的拉萨裸裂尻鱼以该阶段特异性诱导的基因表达调控和生物学功能的研究揭示拉萨裸裂尻鱼早期发育的分子机制，但所涉及的胁迫通路的作用以及与这些通路相关的基因具体表达需要更进一步的试验验证和功能研究。

第六小节 拉萨裸裂尻鱼温度适应性转录组测序和差异分析

一、材料与方法

拉萨裸裂尻鱼胚胎和仔稚鱼的试验处理过程见本章第四节，RNA 的提取见本章第五节第一小节。对 4 个温度（5℃、11℃、14℃、17℃）下拉萨裸裂尻鱼 30 日龄仔鱼进行转录组分析。

二、结果和分析

1. 差异基因 GO 功能显著性富集分析

（1）Y5H30 和 Y11H30 试验组之间差异表达显著富集基因分析

在生物学过程分组中，代谢过程（metabolic process，GO：0008152）、单一生物代谢过程（single-organism metabolic process，GO：0044710）所占比例最大，分别为 516 个和 217 个；在细胞组分分组中，细胞外区域（extracellular region，GO：0005576）、细胞外区域部分（extracellular region part，GO：0044421）所占比例最大，分别为 44 个和 41 个；在分子功能分组中，催化活性（catalytic activity，GO：0003824）和水解酶活性（hydrolase activity，GO：0016787）所占比例最大，分别为 498 个和 210 个，见图 3-126。

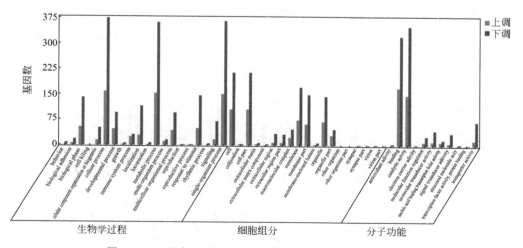

图 3-126 5℃与 11℃ 30 日龄仔鱼差异基因的 GO 功能注释

（2）Y11H30 和 Y14H30 试验组之间差异表达显著富集基因分析

在生物学过程分组中，单一细胞过程（single-organism cellular process，GO：0044763）、对刺激的反应（response to stimulus，GO：0050896）所占比例最大，分别为 1480 个和 732 个；在细胞组分分组中，膜（membrane，GO：0016020）、膜部分（membrane part，GO：0044425）所占比例最大，分别为 1059 个和 950 个；在分子功能分组中，运输活性（transporter activity，GO：0005215）和跨膜转运蛋白活性（transmembrane transporter activity，GO：0022857）所占比例最大，分别为 334 个和 216 个，见图 3-127。

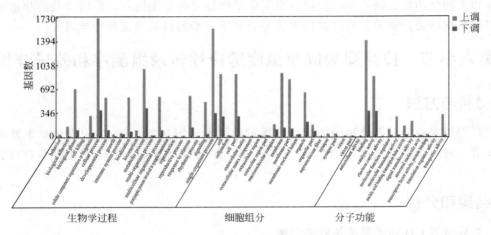

图 3-127　11℃与 14℃30 日龄仔鱼差异基因的 GO 功能注释

（3）Y14H30 和 Y17H30 试验组之间差异表达显著富集基因分析

在生物学过程分组中，阳离子运输（cation transport，GO：0006812）、金属离子传输（metal ion transport，GO：0030001）所占比例最大，分别为 132 个和 109 个；在细胞组分分组中，膜（membrane，GO：0016020）、膜部分（membrane part，GO：0044425）所占比例最大，分别为 756 个和 674 个；在分子功能分组中，运输活性（transporter activity，GO：0005215）和跨膜转运蛋白活性（transmembrane transporter activity，GO：0022857）所占比例最大，分别为 241 个和 224 个，见图 3-128。

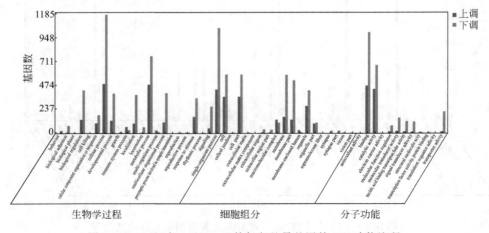

图 3-128　14℃与 17℃30 日龄仔鱼差异基因的 GO 功能注释

2. 差异基因 KEGG Pathway 功能显著性富集分析

（1）Y5H30 与 Y11H30 试验组之间差异基因 Pathway 功能分析

对差异表达基因进行 KEGG 通路分析，结果显示差异表达基因共富集到 183 条信号通路中，其中共有 12 个通路显著富集，其中基因数量排名靠前的代谢途径有吞噬体（Phagosome，46）、碳代谢（Carbon metabolism，37）、PPAR 信号通路（PPAR signaling pathway，19）、乙醛酸和二羧酸代谢（Glyoxylate and dicarboxylate metabolism，18）、淀粉和蔗糖代谢（Starch and sucrose metabolism，17）及花生四烯酸代谢（Arachidonic acid metabolism，16）等，见表 3-108、图 3-129。

表 3-108　5℃与 11℃试验组差异基因 KEGG 富集通路

通路	差异表达基因	所有基因	Q 值	通路 ID
类固醇生物合成	14	25	3.61E-09	ko00100
吞噬体	46	348	4.28E-05	ko04145
乙醛酸和二羧酸代谢	18	86	1.93E-04	ko00630
碳代谢	37	299	1.28E-03	ko01200
α-亚麻酸代谢	10	50	2.24E-02	ko00592
PPAR 信号通路	19	139	2.24E-02	ko03320
花生四烯酸代谢	16	113	3.09E-02	ko00590
亚油酸代谢	10	54	3.09E-02	ko00591
淀粉和蔗糖代谢	17	127	3.51E-02	ko00500
类固醇激素的生物合成	12	78	4.54E-02	ko00140
甘氨酸、丝氨酸和苏氨酸代谢	14	100	4.67E-02	ko00260
细胞色素 P450 对外来生物的代谢	12	80	4.70E-02	ko00980

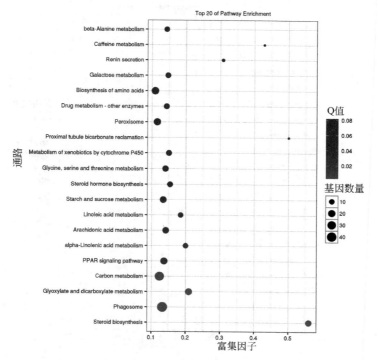

图 3-129　5℃与 11℃试验组差异基因 KEGG 富集

（2）Y11H30 与 Y14H30 试验组之间差异基因 Pathway 功能分析

对差异表达基因进行 KEGG 通路分析，结果显示差异表达基因共富集到 178 条信号通路中，其中共有 13 个通路显著富集：钙信号通路（Calcium signaling pathway，222）、神经活性配体-受体相互作用（Neuroactive ligand-receptor interaction，190）、MAPK 信号通路（MAPK signaling pathway，189）、心肌细胞中的肾上腺素能信号传导（Adrenergic signaling in cardiomyocytes，133）、细胞黏附分子（Cell adhesion molecules，127）和紧密连接（Tight junction，115）等，见表 3-109、图 3-130。

表 3-109　11℃ 与 14℃ 试验组差异基因 KEGG 富集通路

通路	差异表达基因	所有基因	Q 值	通路 ID
钙信号通路	222	682	5.28E-19	ko04020
细胞黏附分子（CAMs）	127	396	8.37E-11	ko04514
MAPK 信号通路	189	669	5.13E-10	ko04010
神经活性的配体-受体相互作用	190	693	6.25E-09	ko04080
ABC 转运	56	166	2.91E-06	ko02010
心肌细胞的肾上腺素能信号	133	495	4.12E-06	ko04261
类固醇生物合成	15	25	5.88E-06	ko00100
背腹轴的形成	27	74	0.000249661	ko04320
赖氨酸降解	57	205	0.000943632	ko00310
紧密连接	115	472	0.001244318	ko04530
胰岛素信号通路	88	348	0.001407966	ko04910
脂肪细胞因子的信号通路	54	198	0.002026269	ko04920
FoxO 信号通路	85	343	0.003102993	ko04068

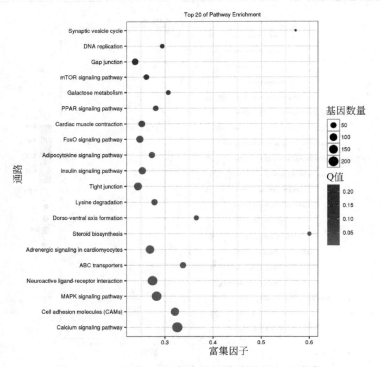

图 3-130　11℃ 与 14℃ 实验组差异基因 KEGG 富集

（3）Y14H30 与 Y17H30 试验组之间差异基因 Pathway 功能分析

对差异表达基因进行 KEGG 通路分析，结果显示差异表达基因共富集到 183 条信号通路中，其中共有 10 个通路显著富集：钙信号通路（Calcium signaling pathway，155）、心肌细胞中的肾上腺素能信号传导（Adrenergic signaling in cardiomyocytes，105）、FoxO 信号通路（FoxO signaling pathway，81）、吞噬体（Phagosome，76）和心肌收缩（Cardiac muscle contraction，69）等，见表 3-110、图 3-131。

表 3-110　14℃与 17℃试验组差异基因 KEGG 富集通路

通路	差异表达基因	所有基因	Q 值	通路 ID
DNA 复制	33	68	1.21E-10	ko03030
ABC 转运	56	166	2.71E-09	ko02010
类固醇生物合成	17	25	4.36E-09	ko00100
钙信号通路	155	682	1.15E-07	ko04020
心脏肌肉收缩	69	274	1.36E-05	ko04260
FoxO 信号通路	81	343	3.20E-05	ko04068
错配修复	17	41	5.19E-05	ko03430
心肌细胞的肾上腺素能信号	105	495	0.000249732	ko04261
脂肪细胞因子的信号通路	48	198	0.000670178	ko04920
吞噬体	76	348	0.000725639	ko04145

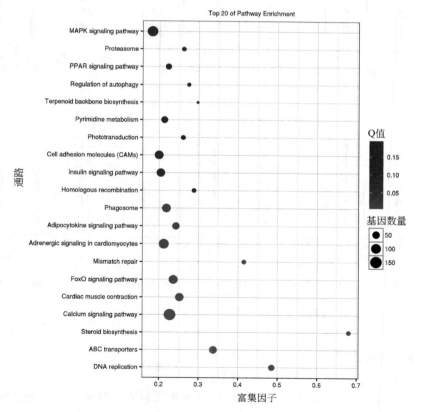

图 3-131　14℃与 17℃试验组差异基因 KEGG 富集

3. 温度应激下的差异基因表达

通过 KEGG 通路分析，筛选出 HSP70、HSP90A1 与温度胁迫适应性相关的差异基因。HSP70 基因在 4 个温度中依次显著下调，在 5℃组基因表达量最高，反映出 HSP70 基因较多地参与机体抵御寒冷环境的过程；而 HSP90A1 基因在 4 个温度中的表达先显著降低再显著升高，在 5℃组和 17℃组有两个极值，反映出 HSP90A1 基因较多地参与机体在冷胁迫和热胁迫下的反应过程，见图 3-132。

缺氧诱导因子 HIF3A 在 14℃组中的表达量最高，均显著高于其他温度组。谷胱甘肽过氧化物酶 GPX1 基因和 GPX7 基因均在 14℃组的表达量最低，其中 GPX1 基因表达量显著低于 5℃组，GPX7 基因表达量显著低于其他 3 个温度组。

抗冻蛋白基因 AFP4 在 11℃组和 14℃组表达量均超过 500，说明低温环境促使尖裸鲤机体产生更多的抗冻蛋白来适应不利的外部环境。AFP 基因在 GO 功能分类中注释到生物学过程的有机物质代谢过程（GO：0071704）、代谢过程（GO：0008152）、脂质定位（GO：0010876）、蛋白质代谢过程（GO：0019538）、大分子代谢过程（GO：0043170）等类别，见图 3-132。

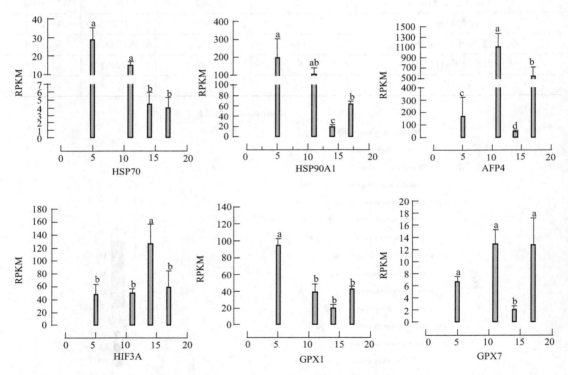

图 3-132　差异基因 HSP、AFP4、HIF3A，氧化应激标记基因 GPX 在 4 个温度的表达

三、讨论

1. 差异基因功能注释

（1）在 Y5H30 时期和 Y11H30 时期比较

本研究在 5℃组和 11℃组比较中，拉萨裸裂尻鱼代谢活动加剧，差异表达的基因参与许多关键过程和途径，比如代谢过程（metabolic process，GO：0008152）在 GO 生物学过程

中所占比例最大，免疫效应过程（immune effector process，GO：0002252）、小分子生物合成过程（small molecule biosynthetic process，GO：0044283）、对氧化应激的反应（response to oxidative stress，GO：0006979）；相对应的 KEGG 差异富集通路中，拉萨裸裂尻鱼有较多的氨基酸和糖类等分子化合物参与的代谢通路，比如乙醛酸和二羧酸代谢（Glyoxylate and dicarboxylate metabolism，ko00630），淀粉和蔗糖代谢（Starch and sucrose metabolism，ko00500），花生四烯酸代谢（Arachidonic acid metabolism，ko00590），类固醇生物合成（Steroid biosynthesis，ko00100），甘氨酸、丝氨酸和苏氨酸代谢（Glycine，serine and threonine metabolism，ko00260），免疫和抗炎相关的通路有 PPAR 信号通路（PPAR signaling pathway，ko03320）、细胞色素 P450 对异生素的代谢（Metabolism of xenobiotics by cytochrome P450，ko00980），这些通路意味着这些小分子的合成和代谢、糖类的转化以及免疫活性物质的合成可能促进拉萨裸裂尻鱼细胞内大量糖原分解为葡萄糖，以低分子量的冷冻保护剂的形式在拉萨裸裂尻鱼仔鱼中建立耐寒性的分子机制（Long et al，2013）。机体长时间处于应激状态可能会激活机体基因的免疫功能（Smith et al，2013），在低温环境中，拉萨裸裂尻鱼机体细胞色素 P450 表达对于调节内环境稳态系统和药物代谢（狄军艳等，2002）、免疫反应（Zhang et al，2019）等活动有十分重要的作用；PPAR 信号通路与动物免疫防御和抗炎方面有关，调控脂质代谢（Adeghate et al，2011）。

（2）在 Y11H30 时期和 Y14H30 时期比较

本研究在 11℃组和 14℃组比较中，拉萨裸裂尻鱼较多的差异基因参与离子运输和代谢过程的负调节响应途径，比如单一细胞过程（single-organism cellular process，GO：0044763）、蛋白质修饰过程（protein modification process，GO：0006464）、离子传输（ion transport，GO：0006811）、对刺激的反应（response to stimulus，GO：0050896）。相对应的 KEGG 差异富集通路有钙信号通路（Calcium signaling pathway，ko04020）、神经活性配体-受体相互作用（Neuroactive ligand-receptor interaction，ko04080）、细胞黏附分子（Cell adhesion molecules，ko04514）、胰岛素信号通路（Insulin signaling pathway，ko04910）、类固醇生物合成（Steroid biosynthesis，ko00100），注释得到的这些功能类群中的基因为研究拉萨裸裂尻鱼适应相应季节的水温环境以及体内信号转导等生物学过程提供了大量可参考的信息。

（3）在 Y14H30 时期和 Y17H30 时期比较

本研究在 14℃组和 17℃组比较中，拉萨裸裂尻鱼较多的差异基因参与离子运输和代谢过程的负调节响应途径，比如阳离子运输（cation transport，GO：0006812）、蛋白质代谢过程的负调控（negative regulation of protein metabolic process，GO：0051248）、水解酶活性的负调节（negative regulation of hydrolase activity，GO：0051346）。相对应的 KEGG 差异富集通路有钙信号通路（Calcium signaling pathway，ko04020）、吞噬体（Phagosome，ko04145）、ABC 运输（ABC transporters，ko02010）、类固醇生物合成（Steroid biosynthesis，ko00100），注释得到的这些功能类群中的基因为研究拉萨裸裂尻鱼适应较高温度环境以及体内信号转导等生物学过程提供了大量可参考的信息。这些因适应较高温度的环境而表现出的负调节作用在一定程度上反映了拉萨裸裂尻鱼机体较强的适应能力。

2. 差异基因表达分析

热休克可以导致线鳢 HSP70 蛋白的高度表达，是鱼类应对气候变暖的进化适应，并可用作环境监测和鱼类生态变化的生物标志物（Eid et al，2016）。当暴露于超过 HSP70 诱导的最佳温度的温度中时，在 Horabagrus brachysoma 的所有组织中发现 HSP70 水平降低（Dalvi et al，2012）。而低温中，HSP70 的表达升高，在保护鹌鹑脾脏组织免受由冷应激引起的氧化应激和炎性损伤中发挥作用（Ren et al，2018）。皱纹盘鲍 HSP70 在高温（30℃）组中表达量最高，低温（8℃）组次之，中间温度最低（Li et al，2012）。故根据本文 HSP70 表达的结果，认为水温 17℃不属于拉萨裸裂尻鱼的高温范围，但是 HSP70 蛋白在 5℃的大量表达说明其可能参与机体的氧化应激反应过程。热激蛋白 HSP90 受高温胁迫时大量表达的现象，可以使大黄鱼避免高温带来的伤害，防止蛋白质聚集和错误折叠（邓素贞等，2018）。

　　水温超过鱼体的最适水温时，鱼体会产生应激反应保护其正常代谢作用，这是一种保护性反应（王文博，李爱华，2002），主要体现在环境温度升高会导致氧气消耗和 ROS 产生增加，从而增加鱼类的氧化应激（Heise et al，2006）。GPX1 和 GPX7 基因在 14℃组表达量最低，在 5℃和 17℃时均有较高的表达，说明温度应激致使拉萨裸裂尻鱼仔鱼能量消耗加剧，耗氧量升高，从而产生过量的活性氧自由基，也反映出水温 14℃为拉萨裸裂尻鱼仔鱼的适宜温度。

　　南极鱼抗冻蛋白浓度随着温度升高而大幅度降低（Jin et al，2006）。美洲拟鲽在秋季和冬季抗冻蛋白以高水平表达（11月至次年2月），但在夏季水平低或无法检测其表达（Price et al，1990）。本文 AFP4 在低温中的大量表达来保护机体免受低温损伤，而其在 17℃的较高表达所代表的生理功能机制有待进一步研究和探讨。

　　综上，本文通过转录组学分析揭示了拉萨裸裂尻鱼仔鱼许多蛋白质的温度调节基因，这些蛋白质是一些关键生物过程和信号通路的关键组分，在拉萨裸裂尻鱼的温度适应过程中进行特异性调节。这些发现为进一步研究拉萨裸裂尻鱼温度适应性的分子机制提供了新的线索。

第七小节　两种裂腹鱼类对温度适应性的趋同趋异性

一、两种裂腹鱼早期发育转录组的表达谱

　　① 拉萨裸裂尻鱼的组装序列条数多于尖裸鲤，但是尖裸鲤的 N50 值大于拉萨裸裂尻鱼，说明尖裸鲤的组装质量较好于拉萨裸裂尻鱼。

　　② 两种裂腹鱼的转录本与四大蛋白库比对结果相差不大，注释比例在 54%～57%，说明两种裂腹鱼的基因信息仍需不断地补充和完善。注释比例最高的物种均为犀角金线鲃，说明相对于其他物种，两者间可能存在较大的亲缘关系。

　　③ 拉萨裸裂尻鱼转录本比对已知的或预测的蛋白数量大于尖裸鲤，说明拉萨裸裂尻鱼可以得到更多的蛋白信息。两种裂腹鱼最多的串联重复单元均为二核苷酸，见表 3-111。

二、两种裂腹鱼早期发育不同发育期转录组和功能分析

　　在胚胎发育阶段，两种裂腹鱼均显著富集相关的器官形成，如多细胞生物发育、动物器官发育、细胞分化；在仔稚鱼发育阶段，两种裂腹鱼均侧重于感觉器官分化、能量物质代谢、中枢神经等过程，但拉萨裸裂尻鱼还侧重于免疫效应和适应能力，如对外部刺激的反

应、对异生素刺激的反应、花生四烯酸代谢等过程（表 3-112）。这些生物学过程和代谢通路暗示着这些基因在裂腹鱼亚科鱼类早期发育阶段适应青藏高原气候环境的过程中可能发挥了重要的作用。

表 3-111　两种裂腹鱼早期发育转录组的表达谱信息比较

类别	尖裸鲤 *O. stewartii*	拉萨裸裂尻鱼 *S. younghusbandi*
reads	908613234 个	73168432 个
所有的 Unigene	61934 条	87900 条
N50	2382 nt	1317 nt
注释情况	56.31%	54.86%
注释匹配最多比例的物种：犀角金线鲃	30.90%	30.88%
预测编码蛋白框	35774 个（57.76%）	49049 个（55.80%）
SSR 数量	8081 个	6663 个
最多的串联重复单元：二核苷酸	5397 个（66.79%）	4167 个（62.54%）
最多的 TF 转录因子：锌指蛋白家族	780 个（36.55%）	880 个（37.34%）

表 3-112　两种裂腹鱼早期发育不同发育期转录组注释功能比较

阶段	GO 注释			KEGG 注释		
	相同过程	尖裸鲤 *Oxygemnocypris stewartii*	拉萨裸裂尻鱼 *Schizopygopsis younghusbandi*	相同途径	尖裸鲤 *Oxygemnocypris stewartii*	拉萨裸裂尻鱼 *Schizopygopsis younghusbandi*
胚胎发育	器官形成、细胞分化	√	√	胚胎发育、细胞增殖和分化	√	√
仔稚鱼发育	感觉器官分化、能量物质代谢	√	细胞对激素刺激的反应、对外部刺激的反应、对异生素刺激的反应	细胞的增殖、分化、凋亡	√	抗性能力、免疫调节、单种酶类对多种底物的适应性

三、两种裂腹鱼温度胁迫转录组测序和差异分析

在低温胁迫过程中，两种裂腹鱼主要分布在有关的水解酶调节等生物学过程、氨基酸和糖类等分子化合物的代谢通路。这样，两种裂腹鱼通过使更多的小分子物质合成来参与低温胁迫的生物学过程，以低温保护剂的形式来适应逆境。在热应激胁迫过程中，尖裸鲤有关的生物响应和受伤免疫调节响应，如生物刺激的响应、调节炎症响应、对受伤调节响应；拉萨裸裂尻鱼相关的参与离子运输和代谢过程的负调节响应途径，如阳离子运输、水解酶活性的负调节等，两种裂腹鱼通过不同的生物学过程和代谢途径来适应热应激过程。这些结果可以预测裂腹鱼亚科鱼类在应对不同海拔的环境温度变化过程中通过氨基酸和糖类等分子化合物的合成、能量代谢、免疫稳态调节的紧密联合来面对不同的选择压力（表 3-113）。

表 3-113　两种裂腹鱼温度胁迫转录组注释功能比较

条件	GO 注释			KEGG 注释		
	相同过程	尖裸鲤 *Oxygyemnocypris stewartii*	拉萨裸裂尻鱼 *Schizopygopsis younghusbandi*	相同途径	尖裸鲤 *Oxygyemnocypris stewartii*	拉萨裸裂尻鱼 *Schizopygopsis younghusbandi*
低温胁迫	代谢	蛋白水解调节、水解酶活性调节	代谢过程、免疫效应过程	氨基酸和糖类等分子化合物参与的代谢通路	√	√
热应激	×	生物响应，如生物刺激的响应、外部生物刺激的响应、对其他生物的响应、对氧化合物的响应；免疫响应，如调节炎症响应、对受伤调节响应	离子运输和代谢过程的负调节响应：阳离子运输、蛋白质代谢过程的负调控、水解酶活性的负调节	类固醇生物合成	√	√

第十九章

雅鲁藏布江主要裂腹鱼类营养价值及需求

　　不同于畜禽，鱼类对饲料中的蛋白质需求量较高（Tacon A G J et al，1985），鱼体成分中蛋白质占干物质组成的 65%～75%（叶文娟等，2014），且在鱼类养殖过程中，蛋白质也是饲料中最为主要和昂贵的营养成分，鱼类饲料的蛋白质水平常为 25%～55%（NRC，1993），可占饲料总成本的 50%以上（叶文娟等，2014）。故研究者都将水产饲料最适蛋白质需求量的确立，作为研究鱼类营养需求量的首要课题（宋理平，2009）。因此，水产动物饲料中，蛋白质是必需的核心营养物质，能够为鱼体提供合成蛋白质所需的氨基酸，是细胞、组织和机体的重要组成部分，同时还能为鱼体提供生长和代谢所需的能量（Abdel-Tawwab et al，2010）。

　　当鱼类摄入低蛋白质含量的饲料时，会限制其生长，降低存活率（Eguia et al，2000），扰乱上市时间，损害水产养殖的经济效益；摄入高蛋白质含量的饲料时，并不能进一步提高鱼类的生长性能，反而会通过氧化脱氨基作用把过量的蛋白质分解，用于机体供能而非储积体蛋白，在加重鱼类代谢负担的同时产生更多的氨氮排泄物，污染水体，并且还会增加饲料成本，造成渔业资源的不必要浪费，不利于鱼类的生长和生态的可持续发展（Engin & Carter，2001），不利于水产行业的可持续发展（Sá R et al，2010；Shyong W J et al，1998；Yang S D et al，2002）。因此，为保持稳定高效的水产养殖效益，应该按照养殖鱼类的实际蛋白质需求，对鱼类饲料进行科学合理的最适蛋白质需求量的设定，这在减少蛋白源的浪费、降低养殖成本、改善饲料的品质、减少水环境污染、保证鱼体健康等方面有着重要的生态意义，同时亦可促进鱼类饲料工业及养殖业的发展，为人们提供优质水产动物蛋白，并推动社会经济的发展。所以，为了保证良好的养殖效益及生态效益，人工配合饲料中的蛋白质水平必须根据养殖鱼类的实际蛋白质需求来进行合理的设定。

　　饲料中的蛋白质经鱼体消化吸收后以氨基酸的形式进入体内，能为鱼体提供合成自身蛋白所需的氨基酸，氨基酸将参与鱼体内绝大多数酶、含氮激素（如生长激素、胰岛素）与含氮维生素（绝大多数 B 族维生素）等物质的合成（Wilson R P，1986），是鱼体细胞、组织和机体的重要组成部分，同时在维持鱼体新陈代谢、促进鱼体生长、发育和繁殖等阶段中都发挥着非常重要的作用，是决定鱼类生长发育速度的关键性因素（钱雪桥等，2002）。

　　研究发现，消化道中的蛋白酶、脂肪酶和淀粉酶活性在一定范围内，受饲料蛋白质水平影响（黄峰等，2003；邵庆均等，2004；Wang et al，2006），故可通过测定消化酶的活性变化，以评估饲料蛋白质水平是否过高。此外，消化道是直接接触饲料并且敏感的器官，饲料蛋白水平可对消化道组织结构产生影响，如高蛋白质水平可导致刺参的消化道外层细胞和黏膜细胞的轮廓模糊（吴永恒等，2012）；高蛋白质水平的植物蛋白质饲料还可造成大黄鱼（张帆等，2012）、异育银鲫（王永玲等，2011）、黄颡鱼（宋霖等，2013）等鱼类出现肠壁厚度降低、绒毛高度降低等现象。故研究鱼体消化道中的肠壁厚度、绒毛高度变化是评价鱼类对饲料蛋白质吸收情况的重要指标。因此，研究饲料蛋白质水平对消化酶活性及消化道组织结构的影响，有助于了解鱼体对蛋白质的消化吸收情况，掌握其对蛋白质的需求量（吴永恒等，2012），为其人工配合饲料的研制提供参考依据。

　　适宜的蛋白质水平可以促进鱼类快速生长（Lee *et al*，2002）。较低的饲料蛋白质水平会导致鱼体生长减缓甚至停滞，长期投喂蛋白质不足的饲料会导致鱼类体质变弱，降低对环境的适应力和对疾病的抵抗力而导致较高的发病率和死亡率等（汪益峰等，2010）；而过高的蛋白质水平则会导致多余的蛋白质以氨氮等形式留在水环境中，既造成了能量浪费，还对养殖水体环境造成污染（Singh *et al*，2009），影响鱼类健康生长（Catacutan & Coloso，1995；Tibbetts *et al*，2000；Cho *et al*，1985）。研究表明，当饲料中过高的蛋白质被作为能量物质消耗时，有大约16%的氮以氨、尿素等形式排出体外（汪益峰等，2010），水体中过高的氨氮、尿素会使鱼类处于氨氮胁迫状态中。当动物体受到各种营养不良或不良胁迫时，其血清生化指标及免疫酶活性必定表现出与之相应的异同（Barcellos *et al*，2004；Barton & Iwama，1991），比如高浓度氨氮暴露引起的过量 NMDA（*N*-甲基-D-天冬氨酸）具有神经毒性，可引起氧化应激反应，造成神经元变形和死亡（Minnana et al，1996），降低鱼类抗氧化能力。大量的氨生成还会导致细胞内碱中毒，引起一系列的鱼类病理反应（Lemarie *et al*，2004）。众多研究也已证明营养和免疫之间密切相关，通过营养调控来提高鱼类的免疫力，既克服传统方法存在的缺陷，又更有利于鱼类的健康养殖（艾庆辉，麦康森，2007）。蛋白质又是鱼类合成各种酶类和抗体蛋白所必需的原料，因此蛋白质和机体免疫力密切相关（Wu *et al*，1999）。

　　在一定范围内，饲料蛋白质含量提高可提高机体转氨酶活性，从而促进从饲料分解而来的氨基酸组装到细胞、组织中，促进蛋白质在鱼体的沉积，增强鱼体免疫力，提高饲料蛋白质利用率（Melo *et al*，2006；Kim *et al*，1992）。然而，饲料蛋白质水平过高，可提高硬骨鱼类鱼体血氨水平（Yang *et al*，2002；Ballestrazzi *et al*，1994），增加蛋白质作为能源被消耗的比例，降低饲料蛋白质利用率，同时产生大量的氨氮代谢产物，对鱼类有毒害作用（NRC，1993）。因此，研究鱼类适宜饲料蛋白质需求量对其养殖、饲料制备和选择具有重要意义。

　　另外，水产动物在生长过程中主要依靠脂肪来提供能量维持其正常生命活动（Chou *et al*，1996）。当饲料脂肪水平偏低时，饲料蛋白质将作为能量物质被分解，使其用于合成代谢的量减少（Huang *et al*，2005），从而影响鱼类的生长。因此，适量的脂肪水平可提高饲料蛋白质的利用效率，促进鱼类生长（Hillestad *et al*，1994）。但饲料中脂肪含量过高时，则会抑制鱼类的生长（Borges *et al*，2009），导致鱼体的脂肪沉积增加，严重时甚至会导致大量脂肪在肝细胞内堆积，引起肝细胞变性、坏死，导致肝功能下降甚至衰竭（Huang 1989）。李坚明等（2008）认为，饲料脂肪含量大于或等于6%时，奥尼罗非鱼（*Oreochromis niloticus×O. aureus*）幼鱼的肝胰脏肿大，呈油腻状，颜色发黄，部分胆囊肿大且颜色变深，肠系膜有过量的白色脂肪沉积，严重时脂肪几乎覆盖整个肠器官。冯健等（2004）研究表明，红姑鱼（*Sciaenops ocellatus*）肝胰脏脂肪含量和发生营养性脂肪肝病的程度均与饲料脂肪水平成正相关；饲料中 n-3HUFA-n-3 多不饱和脂肪酸的含量大于 0.92% 将使黑鲷（*Spams macrocephalus*）幼鱼脂肪酸合成酶（FAS）活性显著下降（马晶晶，2009）；Gaylord 等（2000）研究发现，杂交条文鲈（*Morone chrysops* × *M. saxatilis*）肝体指数（HSI）随着饲料脂肪水平的增加而显著增加。

　　不容忽视的是，在高密度集约化养殖中，水产养殖动物残饵和排泄物等氨化作用会产生大量氨态氮，这是诱发疾病的主要环境因子。大多数硬骨鱼类对氨氮毒性非常敏感（Handy *et al*，1993）。水体中过高的氨氮能干扰生物体抗氧化系统，使部分抗氧化物质含量和酶活性下降（Romano *et al*，2007；Ching *et al*，2009），机体清除自由基的能力降低，脂质过氧化产物增多，导致机体非特异性免疫防御系统遭到破坏（李文祥等，2011；洪美玲，2007），对外源病菌的易感性增加（Liu *et al*，2004；Jiang *et al*，2004；邱德全等，2008），鳃、肾、肝等组织结构病变，呼吸和排泄系统受损（洪美玲，2007；Bucher *et al*，1993；姜令绪等，2004；Romano *et al*，2011）。近年来，通过营养学调控理论提高水产动物免疫机能来缓解外界环境应激越来越受到关注。维生素 C 作为水生动物重要的维生素，直接参与体内的氧化还原反应，参与叶酸、钙等的代谢及类激素的合成（许梓荣，1998），具有解毒、保护活性巯基（-SH）、促进铁吸收和造血等功能（Dabrowski *et al*，1994），从而促进水生动物生长，提高饲料转化率和蛋白质利用率。在防病抗应激方面，维生素 C 可促使水生动物适应胁迫的养殖环境，提高对疾病和水域某些化学污染的抵抗力（Oliman *et al*，1994；Amoudi *et al*，1992），并促进伤口愈合，增强对细菌感染的抵抗力（Naggar *et al*，1990；石文雷，1998；文华等，1996），是动物生长和维持正常生理机能所必需的营养物质。与大多数脊椎动物不同，多数鱼类体内缺乏 L-古洛内酯氧化酶，不能自行合成维生素 C，必须从食物中获取（Chen *et al*，2004；Wang *et al*，2003；Eo *et al*，2008）。

　　因此，针对雅鲁藏布江重要裂腹鱼类资源现状（详见第一部分第四章），亟需推动裂腹鱼类人工养殖营养需求研究和技术积累。本章系统阐述了：

　　① 野生和驯化裂腹鱼类营养价值特点（以异齿裂腹鱼为例）（本章第一节）；

　　② 裂腹鱼类氨基酸营养价值特点（本章第二节）；

　　③ 裂腹鱼类鱼肉质构特征（以巨须裂腹鱼和双须叶须鱼为例）（本章第三节）；

　　④ 不同饲料蛋白质水平对裂腹鱼类（以拉萨裸裂尻鱼为例）生长、组织结构、生理生化的影响（本章第四节至第七节）；

　　⑤ 饲料蛋白质水平、脂肪水平、维生素 C 水平对异齿裂腹鱼的影响（本章第八节至第十节）。

　　从而为确定雅鲁藏布江裂腹鱼类的营养标准和开发低成本、高效益的科学饲料配方提供基础资料，为苗种的大规模生产和人工增殖放流活动提供技术支持，也为西藏本土鱼类资源养护提供参考。

第一节　野生和驯化异齿裂腹鱼营养价值比较

　　本小节对野生与驯养异齿裂腹鱼肌肉的常规营养成分、氨基酸和脂肪酸组成等进行分析评价，旨在为养殖异齿裂腹鱼的营养需求、饲料配方及其进一步加工和利用提供基础理论依据，从而推动异齿裂腹鱼养殖产业的可持续发展。

一、材料与方法

1. 试验设计

试验共设计两个处理组（野生组 Y 和驯养组 C），于 2018 年 7 月 14 日在西藏自治区拉萨市现代农业产业园区进行，野生组试验鱼采集于拉萨市药王山农贸市场，驯养组试验鱼采集于拉萨市现代农业产业园区人工驯养超过 3 年的异齿裂腹鱼。驯养条件为室外水泥池微流水驯养，水温 5～15℃，养殖密度 6 尾/m²。每组各采集 5 尾，体重为 (1.50±0.23)kg。

2. 常规营养成分测定

分别采集野生组和驯养组异齿裂腹鱼各 5 尾，取背部肌肉 150g，用于氨基酸、脂肪酸及其他常规营养指标的测定。粗脂肪含量采用 GB 5009.6—2016《食品安全国家标准 食品中脂肪的测定》规定的方法测定，蛋白质含量采用 GB 5009.5—2016《食品安全国家标准 食品中蛋白质的测定》规定的方法测定，灰分含量采用 GB 5009.4—2016《食品安全国家标准 食品中灰分的测定》规定的方法测定，水分含量采用 GB 5009.3—2016《食品安全国家标准 食品中水分的测定》规定的方法测定。

3. 氨基酸组成测定

其中 17 种氨基酸，包括天冬氨酸（Asp）、苏氨酸（Thr）、丝氨酸（Ser）、谷氨酸（Glu）、甘氨酸（Gly）、丙氨酸（Ala）、缬氨酸（Val）、蛋氨酸（Met）、异亮氨酸（Ile）、亮氨酸（Leu）、酪氨酸（Tyr）、苯丙氨酸（Phe）、组氨酸（His）、赖氨酸（Lys）、精氨酸（Arg）、脯氨酸（Pro）、色氨酸（Trp）均采用 GB/T 5009.124—2003《食品中氨基酸的测定》规定的方法测定。

4. 脂肪酸组成测定

23 种脂肪酸，包括豆蔻酸（C14：0）、豆蔻一烯酸（C14：1）、十五烷酸（C15：0）、棕榈酸（C16：0）、棕榈一烯酸（C16：1）、十七烷酸（C17：0）、十七碳一烯酸（C17：1）、硬脂酸（C18：0）、油酸（C18：1）、亚油酸（C18：2）、亚麻酸（C18：3）、十八碳四烯酸（C18：4）、花生酸（C20：0）、花生一烯酸（C20：1）、花生二烯酸（C20：2）、花生三烯酸（C20：3）、ARA（C20：4）、EPA（C20：5）、芥酸（C22：1）、二十二碳二烯酸（C22：2）、二十二碳四烯酸（C22：4）、DPA（C22：5）、DHA（C22：6）均采用 GB/T 17377-2008《动植物油脂 脂肪酸甲酯的气相色谱分析》规定的方法测定。

5. 营养价值评价

根据联合国粮食与农业组织（Food and Agriculture Organization，FAO）、世界卫生组织（World Health Organization，WHO）1973 年制定的人体必需氨基酸均衡模式（FAO/WHO，1973）和全鸡蛋蛋白质模式（中国预防医学科学院营养与食品卫生研究所，1991）对摄食不同饵料的大口黑鲈肌肉营养价值进行评价，氨基酸评分（Amino acid score，AAS）、化学评分（Chemical score，CS）和必需氨基酸指数（EAAI）按下式计算：

$$ASS = \frac{测试蛋白质氨基酸含量(mg/g\ N)}{FAO/WHO\ 评分标准模式氨基酸含量(mg/g\ N)} \times 100$$

$$CS = \frac{测试蛋白质氨基酸含量(mg/g\ N)}{鸡蛋蛋白质相应氨基酸含量(mg/g\ N)} \times 100$$

$$EAAI = \sqrt[n]{\frac{t_1 \times t_2 \times \cdots \times t_n}{s_1 \times s_2 \times \cdots \times s_n}} \times 100$$

式中，$1 \sim n$ 为不同种氨基酸；$t_1 \sim t_n$ 分别为异齿裂腹鱼肌肉蛋白质不同种必需氨基酸含量，mg/g N；$s_1 \sim s_n$ 分别为鸡蛋蛋白质相应氨基酸含量，mg/g N。

6. 数据分析

利用 Excel 数据处理软件进行数据处理，使用 SPSS 18.0 软件中的独立样本 t 检验对数据进行分析；试验数据用平均值±标准差（mean±SD）表示，$0.01 \leqslant P < 0.05$ 为差异显著，$P < 0.01$ 为差异极显著。

二、结果与分析

1. 常规营养成分分析

野生组与驯养组异齿裂腹鱼肌肉中粗蛋白质、粗脂肪、粗灰分及水分的测定结果列于表 3-114。如表 3-114 所示，对肌肉常规营养成分的测定结果进行独立样本 t 检验分析，驯养组肌肉粗脂肪含量极显著低于野生组（$P < 0.01$），粗蛋白质、粗灰分及水分含量没有显著差异（$P > 0.05$）。

表 3-114　野生组与驯养组异齿裂腹鱼肌肉中常规营养成分质量分数（$n = 5$，鲜重）

营养成分/%	驯养组 C	野生组 Y	显著性
粗脂肪	1.08±0.14	2.70±0.14	＊＊
粗蛋白质	19.00±1.25	19.10±0.95	
粗灰分	1.30±0.26	1.37±0.06	
水分	76.00±2.10	75.47±3.53	

注："＊＊"表示同一行数据差异极显著（$P < 0.01$）。

2. 氨基酸组成分析

野生组与驯养组异齿裂腹鱼肌肉氨基酸含量列于表 3-115。

如表 3-115 所示，从氨基酸种类看，鱼肉中所含氨基酸种类齐全，均检测到 17 种氨基酸，野生组和驯养组总氨基酸（TAA）含量分别为（18.70±1.25）%、（18.60±0.85）%，必需氨基酸（EAA）含量分别为（7.10±0.55）%、（7.00±0.38）%，EAA/TAA 值分别为 37.97、37.63。对鱼肉中 17 种氨基酸质量分数的测定结果进行独立样本 t 检验分析，发现野生组和驯养组之间，17 种氨基酸之间没有显著差异（$P > 0.05$），EAA、TAA、EAA/TAA 值之间均没有显著差异（$P > 0.05$）。

3. 肌肉营养价值评价

根据 WHO 建议的成人必需氨基酸模式和全鸡蛋蛋白质的氨基酸模式，计算出野生和驯养异齿裂腹鱼氨基酸评分（AAS）、化学评分（CS）和必需氨基酸指数（EAAI），列于表 3-116。由表 3-116 可知，野生和驯养异齿裂腹鱼必需氨基酸总量低于 WHO 建议的成人必需氨基酸模式和全鸡蛋蛋白质中必需氨基酸总量。根据氨基酸评分与化学评分，野生和驯养异齿裂腹鱼第一限制性氨基酸均为色氨酸。野生和驯养异齿裂腹鱼必需氨基酸指数分别为 61.10 和 58.63。

4. 脂肪酸组成分析

由表 3-117 可知，野生组异齿裂腹鱼共检测出 22 种脂肪酸，驯养组异齿裂腹鱼共检测出 24 种脂肪酸。其中，野生组异齿裂腹鱼以棕榈酸（C16：0）、棕榈一烯酸（C16：1）、油酸（C18：1）、EPA（C20：5）为主要脂肪酸组成，质量分数分别为 15.40%、18.57%、

表 3-115　野生组与驯养组异齿裂腹鱼肌肉中氨基酸质量分数（$n=5$）　　　g/100g

类别	氨基酸	驯养组 C	野生组 Y
必需氨基酸	亮氨酸 Leu	1.55 ± 0.08	1.56 ± 0.12
	异亮氨酸 Ile	0.83 ± 0.05	0.86 ± 0.07
	苯丙氨酸 Phe	0.78 ± 0.05	0.80 ± 0.08
	苏氨酸 Thr	0.86 ± 0.04	0.87 ± 0.05
	缬氨酸 Val	0.93 ± 0.05	0.95 ± 0.08
	赖氨酸 Lys	1.89 ± 0.11	1.90 ± 0.16
	色氨酸 Tsp	0.15 ± 0.00	0.16 ± 0.01
	蛋氨酸 Met	0.61 ± 0.03	0.60 ± 0.05
半必需氨基酸	组氨酸 His	0.52 ± 0.07	0.45 ± 0.03
非必需氨基酸	精氨酸 Arg	1.23 ± 0.07	1.22 ± 0.06
	天冬氨酸 Asp	2.02 ± 0.12	2.05 ± 0.15
	丝氨酸 Ser	0.86 ± 0.04	0.86 ± 0.05
	谷氨酸 Glu	3.12 ± 0.12	3.13 ± 0.20
	甘氨酸 Gly	0.89 ± 0.02	0.93 ± 0.13
	丙氨酸 Ala	1.20 ± 0.06	1.21 ± 0.09
	酪氨酸 Tyr	0.63 ± 0.04	0.65 ± 0.06
	脯氨酸 Pro	0.66 ± 0.05	0.65 ± 0.07
总氨基酸（TAA）		18.60 ± 0.85	18.70 ± 1.25
必需氨基酸（EAA）		7.00 ± 0.38	7.10 ± 0.55
EAA/TAA		37.63	37.97

表 3-116　不同处理组肌肉蛋白质营养价值评价

必需氨基酸	必需氨基酸总量/(mg/g)				野生组 Y		驯养组 C	
	WHO 模式	全鸡蛋模式	野生组 Y	驯养组 C	AAS	CS	AAS	CS
异亮氨酸 Ile	250	379	280.19	274.27	0.84	0.56	0.80	0.53
亮氨酸 Leu	440	568	511.56	510.96	0.87	0.67	0.85	0.65
赖氨酸 Lys	340	442	620.64	620.61	1.37	1.05	1.33	1.03
蛋氨酸 Met	220	258	196.34	199.56	0.67	0.57	0.67	0.57
苯丙氨酸 Phe+ 酪氨酸 Tyr	380	662	474.48	463.82	0.94	0.54	0.89	0.51
苏氨酸 Thr	250	315	284.69	283.99	0.85	0.68	0.83	0.66
色氨酸 Trp	60	105	51.27	49.34	0.65	0.37	0.60	0.34
缬氨酸 Val	310	368	311.95	307.02	0.75	0.63	0.72	0.61
必需氨基酸指数 EAAI					61.10		58.63	

12.60%、11.70%；驯养组异齿裂腹鱼以棕榈酸（C16：0）、棕榈一烯酸（C16：1）、油酸（C18：1）、亚油酸（C18：2）为主要脂肪酸组成，质量分数分别为 14.53%、13.33%、23.97%、11.37%。野生和驯养异齿裂腹鱼脂肪酸质量分数差异较小，驯养组硬脂酸（C18：0）、花生一烯酸（C20：1）质量分数极显著高于野生组（$P<0.01$），ARA（C20：4）

质量分数显著高于野生组（0.01≤P<0.05），十七碳一烯酸（C17：1）质量分数显著低于野生组（0.01≤P<0.05）。异齿裂腹鱼脂肪酸组成中，饱和脂肪酸（SFA）总量、单不饱和脂肪酸（MUFA）总量、多不饱和脂肪酸（PUFA）总量在野生组与驯养组之间均没有显著差异（P>0.05）。其中，饱和脂肪酸均以棕榈酸（C16：0）为主，单不饱和脂肪酸均以棕榈一烯酸（C16：1）和油酸（C18：1）为主，多不饱和脂肪酸均以亚油酸（C18：2）、亚麻酸（C18：3）、EPA（C20：5）、DPA（C22：5）、DHA（C22：6）为主。

表 3-117　野生组与驯养组异齿裂腹鱼肌肉中脂肪酸质量分数（n=5）　　　　g/100g

类别	脂肪酸	驯养组 C	野生组 Y	显著性
饱和脂肪酸 SFA	豆蔻酸（C14：0）	3.00±0.75	4.80±1.04	
	十五烷酸（C15：0）	0.39±0.16	0.47±0.30	
	棕榈酸（C16：0）	14.53±1.37	15.40±1.22	
	十七烷酸（C17：0）	0.33±0.09	0.31±0.17	
	硬脂酸（C18：0）	2.07±0.12	1.20±0.10	＊＊
	花生酸（C20：0）	0.24±0.02	—	
单不饱和脂肪酸 MUFA	豆蔻一烯酸（C14：1）	0.36±0.19	0.47±0.18	
	棕榈一烯酸（C16：1）	13.33±5.03	18.57±4.62	
	十七碳一烯酸（C17：1）	1.80±0.66	3.30±0.46	＊
	油酸（C18：1）	23.97±8.38	12.60±1.47	
	花生一烯酸（C20：1）	2.93±0.55	1.30±0.20	＊＊
	芥酸（C22：1）	0.53±0.20	0.23±0.17	
	二十四碳一烯酸（C24：1）	0.20±0.04	—	
多不饱和脂肪酸 PUFA	亚油酸（C18：2）	11.37±6.41	2.80±1.21	
	亚麻酸（C18：3）	4.03±0.38	5.57±3.70	
	十八碳四烯酸（C18：4）	1.13±0.50	2.87±1.03	
	花生二烯酸（C20：2）	0.58±0.11	0.40±0.23	
	花生三烯酸（C20：3）	0.72±0.12	1.16±0.82	
	ARA（C20：4）	0.75±0.12	0.44±0.07	＊
	EPA（C20：5）	6.40±3.18	11.70±2.11	
	二十二碳二烯酸（C22：2）	0.47±0.30	0.85±0.21	
	二十二碳四烯酸（C22：4）	0.32±0.12	0.51±0.06	
	DPA（C22：5）	3.33±1.66	3.63±0.50	
	DHA（C22：6）	2.80±0.20	2.43±0.59	

注："＊"表示同一行数据差异显著（0.01≤P<0.05）；"＊＊"表示同一行数据差异极显著（P<0.01）。

三、讨论

1. 野生与驯养异齿裂腹鱼常规营养成分差异

就常规营养成分而言，本次研究中，驯养组异齿裂腹鱼肌肉粗脂肪质量分数极显著低于野生组（P<0.01），粗蛋白质、粗灰分及水分质量分数没有显著差异（P>0.05）。曹静等（2015）对养殖和野生长吻鮠肌肉营养成分比较分析时，发现养殖长吻鮠肌肉脂肪含量极显著低于野生长吻鮠（P<0.01）；唐雪等（2011）对养殖和野生刀鲚肌肉营养成分比较分析时，发现野生刀鲚肌肉粗脂肪含量极显著高于养殖刀鲚（P<0.01），是养殖刀鲚的1.81倍；黄泉等（2010）对野生和养殖花羔红点鲑肌肉营养成分比较分析时，发现野生花羔红点鲑群体肌肉粗脂肪含量显著高于养殖群体（P<0.05）。这些均与本研究结果相似。综合各

种因素，造成这种差异的原因可能与养殖对象的生活环境、食物组成及易得性、生长季节等多种因素相关。驯养异齿裂腹鱼主要以人工配合饲料为主，而野生异齿裂腹鱼主要以附生藻类、有机碎屑、水蚯蚓、水生节肢动物等为主（季强，2008）。

2. 野生与驯养异齿裂腹鱼氨基酸组成差异

野生与驯养异齿裂腹鱼均检测到 17 种氨基酸，野生组和驯养组总氨基酸（TAA）质量分数分别为（18.70±1.25）%、（18.60±0.85）%，必需氨基酸（EAA）质量分数分别为（7.10±0.55）%、（7.00±0.38）%，17 种氨基酸之间没有显著差异（$P>0.05$），必需氨基酸（EAA）质量分数、总氨基酸（TAA）质量分数之间均没有显著差异（$P>0.05$），说明人工驯养方式不影响异齿裂腹鱼的肌肉营养价值，二者肌肉营养价值相差不大。食物的营养价值由必需氨基酸种类及比例决定（陈涛，于丹，2016），本研究中，野生组和驯养组必需氨基酸（EAA）与总氨基酸（TAA）质量比分别为 37.97、37.63。目前，在已有的研究报道中，云南裂腹鱼肌肉 EAA/TAA 值为 46.96（李国治等，2009），鳙鱼肌肉 EAA/TAA 值为 43.31（梁银铨等，1998），野生和养殖草鱼肌肉 EAA/TAA 值分别为 44.98、42.99（程汉良等，2013），野生和养殖岩原鲤肌肉 EAA/TAA 值分别为 40.03、39.47（朱成科等，2017），野生和养殖江鳕肌肉 EAA/TAA 值分别为 38.20、40.85（黄文等，2015），均高于异齿裂腹鱼，说明异齿裂腹鱼肌肉在必需氨基酸含量方面劣于所述的其他鱼类。就必需氨基酸指数而言，野生和驯养异齿裂腹鱼必需氨基酸指数分别为 61.10 和 58.63，差异不显著，再次说明野生和驯养异齿裂腹鱼肌肉蛋白质营养价值相差不大。以 AAS 和 CS 进行评价时，野生和驯养异齿裂腹鱼肌肉中的第一限制性氨基酸均为色氨酸，且仅有赖氨酸评分大于 1。赖氨酸是主食大米、面粉人群的第一限制性氨基酸（冀德伟等，2009），异齿裂腹鱼肌肉中赖氨酸含量丰富，可以食用，用于补充人体赖氨酸含量不足。

3. 野生与驯养异齿裂腹鱼脂肪酸组成差异

本研究中，野生组异齿裂腹鱼共检测出 22 种脂肪酸，驯养组异齿裂腹鱼共检测出 24 种脂肪酸，其中，野生组异齿裂腹鱼以棕榈酸（C16：0）、棕榈一烯酸（C16：1）、油酸（C18：1）、EPA（C20：5）为主要脂肪酸组成，平均含量分别为 15.40%、18.57%、12.60%、11.70%；驯养组异齿裂腹鱼以棕榈酸（C16：0）、棕榈一烯酸（C16：1）、油酸（C18：1）、亚油酸（C18：2）为主要脂肪酸组成，质量分数分别为 14.53%、13.33%、23.97%、11.37%。

野生和驯养异齿裂腹鱼脂肪酸质量分数差异较小，驯养组硬脂酸（C18：0）、花生一烯酸（C20：1）质量分数极显著高于野生组（$P<0.01$），ARA（C20：4）质量分数显著高于野生组（$0.01{\leqslant}P<0.05$），十七碳一烯酸（C17：1）质量分数显著低于野生组（$0.01{\leqslant}P<0.05$）。许多研究表明，鱼体的脂肪酸组成受饲料中的脂肪酸组成和生存环境的影响，且以不饱和脂肪酸影响较大，饱和脂肪酸次之。刘兴旺等（2007）在研究饲料中不同水平 n-3HUFA 对军曹鱼生长及脂肪酸组成的影响时发现，军曹鱼肌肉中的 C18：1n-9 含量与饲料中的 n-3 高度不饱和脂肪酸含量呈反比关系，在银鲳（彭士明等，2012）、青石斑（林永贺等，2010）、凡纳滨对虾（刘穗华等，2010）等的研究中也得到类似的结果。

从脂肪酸组成来看，野生和驯养异齿裂腹鱼在饱和脂肪酸、单不饱和脂肪酸、多不饱和脂肪酸之间均没有显著差异（$P>0.05$）。野生和驯养异齿裂腹鱼肌肉中的不饱和脂肪酸分别占脂肪酸总量的 74.50% 和 68.59%。在不饱和脂肪酸中，单不饱和脂肪酸所占比例较大，特别富含油酸和棕榈一烯酸，多不饱和脂肪酸质量分数为 32.13%，以亚油酸、亚麻酸、EPA、DPA、DHA 为主。和其他鱼类相比，七带石斑鱼多不饱和脂肪酸质量分数为

32.45%，其中 EPA 与 DHA 的质量分数分别为 6.11% 和 12.78%（程波等，2009）；吉富罗非鱼肌肉脂肪酸中多不饱和脂肪酸质量分数为 24.56%，高于其他优质鲤科鱼类，其中 EPA 与 DHA 的总质量分数为 11.9%（缪凌鸿等，2010）；美洲鲥的肌肉脂肪酸中多不饱和脂肪酸质量分数为 21.69%（顾若波等，2007）；大刺鳅肌肉脂肪酸中多不饱和脂肪酸的质量分数为 24.33%（伍远安等，2010）；异齿裂腹鱼作为西藏主要经济鱼类之一，其肌肉中丰富的不饱和脂肪酸含量优于多种经济鱼类，具有较高的保健价值和良好的开发利用前景。

第二节　基于 SOM 模糊识别裂腹鱼类营养价值特点

一、种间氨基酸组分差异情况

裂腹鱼类之间氨基酸组分差异较大。主要体现在分布在海拔 3000m 以上的三种裂腹鱼类（C1 类）（图 3-133、表 3-118），如尖裸鲤属鱼类、叶须鱼属鱼类以及裸裂尻属鱼类（曹文宣，1981）与其他分布在 1250～2500m 的裂腹鱼属鱼类（C2）（图 3-133、表 3-118）的氨基酸组分差异较大，分布在 3000m 以上的裂腹鱼类较之分布在 1250～2500m 的裂腹鱼类，因其生存水域水温较低，饵料生物偏少（马宝珊，2011），为了更大程度适应恶劣的生存环境，导致其机体 16 种氨基酸含量及总必需氨基酸、总氨基酸、呈味氨基酸、必需氨基酸指数均较低，均达到了显著差异水平（$P<0.05$）。

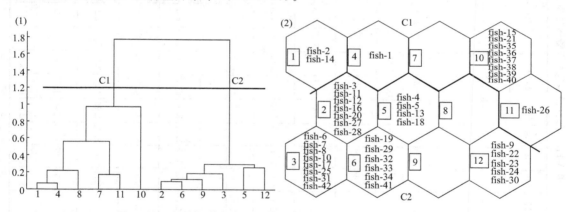

图 3-133　部分鲤科鱼类与鲶形目鱼类氨基酸营养价值 SOM 聚类

图（1）根据 ward 联系方法，采用欧氏距离进行聚类分析，分为两类；图（2）根据 16 种氨基酸以及五种氨基酸评价指标对部分鲤科鱼类与鲶形目鱼类氨基酸营养价值进行 SOM 聚类；Fish1～Fish42 参见表 3-118

鲶形目鱼类之间氨基酸组分差异较大。鮠科（瓦氏黄颡鱼和黄颡鱼）、鳠科（长吻鮠和粗唇鮠）（C1 类）（图 3-133、表 3-118）与鲇科、鮡科的鱼类（C2 类）（图 3-133、表 3-118）氨基酸组分差异较大。鲇科、鮡科的鱼类较之鮠科、鳠科的鱼类，16 种氨基酸含量及总必需氨基酸、总氨基酸、呈味氨基酸、必需氨基酸指数均较高，均达到了显著差异水平（$P<0.05$）。

"四大家鱼"与裂腹鱼类、鲶形目鱼类氨基酸组分差异较大。"四大家鱼"（鳙属鱼类除外）较之搜集到营养成分的大部分（90%）裂腹鱼类（除分布在海拔 3000m 以上的裂腹鱼类），以及大部分（78%）鲶形目鱼类，16 种氨基酸含量及总必需氨基酸、总氨基酸、呈味氨基酸、必需氨基酸指数均较低，均达到了显著差异水平（$P<0.05$）。其中，同是分布在海拔 3000m 以上的同域物种，黑斑原鮡与尖裸鲤属鱼类、叶须鱼属鱼类以及裸裂尻属鱼类，

表 3-118　部分鲤科鱼类与鲶形目鱼类氨基酸营养价值

鱼类	代码	His	Arg	Pro	Asp	Ser	Glu	Gly	Ala	Tyr	Thr	Val	Ile	Leu	Lys	Met	Phe	TEAA	TAA	TEAA/TAA	TEAA/TNEAA	DAA	文献来源
鲶形目 Siluriformes																							
鲿科 Bagridae																							
黄颡鱼属 Pelteobagrus																							
瓦氏黄颡鱼 Pelteobagrus vachelli	fish-1	0.74	4.94	1.99	8.51	2.21	11.34	3.64	4.81	1.76	2.47	3.52	3.19	6.48	4.93	1.91	3.93	26.43	66.37	39.82	66.17	25.48	邵韦涵 (2018)
黄颡鱼 Pelteobagrus fulvidraco	fish-2	1.06	4.46	1.58	8.06	2.5	12.01	3.84	5.42	2.16	2.54	3.98	2.49	5.95	4.99	1.77	3.22	24.94	66.03	37.77	60.7	25.49	邵韦涵 (2018)
黄优 1 号 Pelteobagrus vachelli ♀ × Pelteobagrus fulvidraco	fish-3	1.25	4.94	2.04	8.64	2.24	12.32	4.34	5.75	4.34	3.02	4.32	2.89	6.38	4.96	2.49	3.43	27.49	73.35	37.48	59.94	27.34	邵韦涵 (2018)
黄颡鱼（野生）Pelteobagrus fulvidraco (uncultivated)	fish-4	2.08	3.92	3.13	5.38	3.65	8.01	1.92	5.28	2.28	2.95	4.28	3.89	6.83	4.98	1.11	2.51	26.55	62.2	42.68	74.47	18.44	梁阿弼 (2016)
黄颡鱼（养殖）Pelteobagrus fulvidraco (cultivated)	fish-5	2.17	4.16	3.4	5.65	3.92	8.65	2.02	5.69	2.43	3.19	4.67	4.18	7.37	5.21	1.57	2.66	28.88	66.97	43.12	75.82	19.72	梁阿弼 (2016)
鲇科 Siluridae																							
鲇属 Silurus																							
鲇（黄河白银段）Silurus asotus (Yellow River Baiyin section)	fish-6	2.85	5.59	3.95	8.91	3.89	12.92	3.65	5.36	4.03	4.25	3.95	3.63	7.13	9.64	3.07	4.91	36.58	87.73	41.7	71.52	29.43	孙海坤 (2016)
鲇（黄河郑州段）Silurus asotus (Yellow River Zhenzhou section)	fish-7	2.48	6.09	4	9.08	4.07	12.89	4.12	5.82	3.89	4.44	3.95	3.71	7.25	9.3	3.03	4.48	36.16	88.6	40.81	68.95	30.09	孙海坤 (2016)
鲇（大洋河东港段）Silurus asotus (Dayang River Donggang section)	fish-8	2.68	5.51	4	8.64	3.79	12.5	3.62	5.27	4.24	4.11	3.77	3.54	6.84	9.37	2.91	5.11	35.65	85.9	41.5	70.95	28.76	孙海坤 (2016)
鲇（松花江哈尔滨段）Silurus asotus (Songhua River Harbin section)	fish-9	2.74	6.04	3.97	9.13	3.89	1.71	3.63	5.38	4.36	4.18	4.09	3.67	7.12	10.06	3.27	5.35	37.74	78.59	48.02	92.39	18.44	孙海坤 (2016)
大口鲇 Silurus meriordinalis	fish-10	1.99	5.58	2.62	8.83	3.33	15.33	3.56	4.9	2.76	4.12	4.01	3.78	7.46	8.38	2.37	3.5	33.62	82.52	40.74	68.75	30.34	黄二春 (1998)

续表

鱼类	代码	His	Arg	Pro	Asp	Ser	Glu	Gly	Ala	Tyr	Thr	Val	Ile	Leu	Lys	Met	Phe	TEAA	TAA	TEAA/TAA	TEAA/TNEAA	DAA	文献来源
土鲇 native catfish	fish-11	2.1	5.37	2.55	8.52	3.29	15.01	3.38	4.66	2.71	3.94	3.82	3.64	7.24	7.97	2.32	3.33	32.26	79.85	40.4	67.79	29.46	黄一春 (1998)
革胡子鲇 Clarias leather	fish-12	2.09	5.28	2.47	8.46	2.86	14.56	3.32	4.62	2.62	3.18	3.77	3.57	7.11	7.93	2.28	3.34	31.18	77.46	40.25	67.37	28.81	黄一春 (1998)
兰州鲇 Silurus lanzhouensis	fish-13	1.94	5.03	2.76	6.8	3.11	10.43	3	4.4	2.93	3.62	3.77	3	5.35	7.85	2.35	3.52	29.45	69.85	42.17	72.92	22.98	杨元昊 (2009)
鲿科 Bagridae																							
鮠属 Leiocassis																							
长吻鮠 Leiocassis longirostris	fish-14	1.35	4.16	2.33	6.86	2.86	10.2	3.05	3.78	2.21	3.11	2.86	2.6	5.54	6.16	2	2.74	25.01	61.81	40.46	67.96	22.44	张升利 (2013)
粗唇鮠 Leiocassis crassilabris	fish-15	0.39	1	0.57	1.43	0.67	2.39	0.77	0.84	0.53	0.74	0.64	0.67	1.23	1.18	0.41	0.66	5.53	14.12	39.16	64.38	5.16	刘新轶 (2008)
九江长鳍鮠 Cranoglanis bouderius (Jiujiang River)	fish-16	1.65	4.32	2.56	8.16	3.88	11.7	3.29	5.12	2.72	3.55	3.51	3.18	6.43	7.11	2.15	3.17	29.1	72.5	40.14	67.05	25.71	谢少林 (2014)
鮡科 Sisoridae																							
石爬鮡属 Euchiloglanis spp.	fish-17	2	5.43	3.1	10.03	3.63	14.95	4.2	6	3.14	4.43	4.52	4.83	8.77	8.54	2.69	4.18	37.96	90.44	41.97	72.33	32.28	潘艳云 (2009)
原鮡属 Glyptosternum																							
黑斑原鮡 Glyptosternum maculatum	fish-18	1.49	4.29	2.6	6.88	2.94	9.88	3.89	4.25	2.29	3.24	3.02	3.2	5.6	6.8	1.78	3.18	26.82	65.33	41.05	69.64	23.25	周建设 (2018)
鲤形目 Cypriniformes																							
鲤科 Cyprinidae																							
裂腹鱼亚科 Schizothoracinae																							
裂腹鱼属 Schizothorax																							
灰裂腹鱼 Schizothorax griseus	fish-19	3.05	4.52	2.73	8.29	3.33	12.05	3.58	4.79	2.54	3.45	3.91	3.57	6.67	7.76	2.43	3.48	31.27	76.15	41.06	69.67	26.65	王思宇 (2018)
小裂腹鱼 Schizothorax parvus	fish-20	2.01	4.4	2.57	8.12	3.3	11.8	3.55	4.72	2.57	3.39	3.8	3.59	6.59	7.64	2.38	3.34	30.73	73.77	41.66	71.4	26.04	印江平 (2017)

续表

鱼类	代码	His	Arg	Pro	Asp	Ser	Glu	Gly	Ala	Tyr	Thr	Val	Ile	Leu	Lys	Met	Phe	TEAA	TAA	TEAA/TAA	TEAA/TNEAA	DAA	文献来源
短须裂腹鱼 Schizothorax wangchiachii	fish-21	0.35	0.69	0.44	1.2	0.57	1.71	0.71	0.71	0.34	0.54	0.54	0.44	0.84	0.94	0.31	0.39	4	10.72	37.31	59.52	4.06	王崇 (2017)
云南裂腹鱼 Schizothorax yunnanensis	fish-22	1.99	4.2	0.54	8.05	1.07	10.86	3.25	4.11	2.22	2.22	4.12	3.77	6.41	7.74	2.21	4.55	31.02	67.31	46.09	85.48	22.7	邓君明 (2013)
澜沧裂腹鱼 Schizothorax lissolabiatus	fish-23	2.1	4.55	0.54	8.57	0.97	11.76	3.16	3.85	2.08	2.21	4.18	3.8	6.69	8.11	2.09	3.61	30.69	68.27	44.95	81.67	24.03	邓君明 (2013)
光唇裂腹鱼 Schizothorax lissolabiatus	fish-24	2.2	4.11	0.57	8.58	0.91	11.14	3.17	3.89	1.78	2.14	4.11	3.67	6.5	7.96	2.05	3.83	30.26	66.61	45.43	83.25	23.46	邓君明 (2013)
四川裂腹鱼 (喀斯特地区) Schizothorax kozlovi (karst region)	fish-25	2.77	5.39	2.63	9.18	3.69	14.24	3.84	4.65	3.04	3.89	4.43	4.1	7.43	8.84	1.78	3.89	34.36	83.79	41.01	69.51	29.89	周贤君 (2013)
塔里木裂腹鱼 Schizothorax biddulphi	fish-26	1.68	2.64	1.86	3.42	0.96	3.75	3.48	2.96	2.07	5.64	3.51	5.86	4.86	3.43	2.39	3.71	29.4	52.22	56.3	128.83	12.51	魏杰 (2013)
四川裂腹鱼 (乌江) Schizothorax kozlovi (Wujiang River)	fish-27	2.03	4.95	2.44	8.42	3.36	12.93	3.99	4.69	2.69	3.52	4.05	3.72	6.7	7.6	1.94	3.56	31.09	76.59	40.59	68.33	27.78	陈永祥 (2009)
昆明裂腹鱼 Schizothorax grahami	fish-28	2.12	5	2.47	8.51	3.46	13.03	4.1	4.77	2.77	3.58	4.14	3.77	6.81	7.62	2.09	3.62	31.63	77.86	40.62	68.42	28.11	陈永祥 (2009)
云南裂腹鱼 Schizothorax yunnanensis	fish-29	2.58	4.34	3.26	7.86	3.51	11.1	4.02	4.97	3.12	3.92	4.33	3.85	6.68	8.66	2.39	3.58	33.41	78.17	42.74	74.64	26.24	李国治 (2009)
重口裂腹鱼 Schizothorax davidi	fish-30	2.46	4.62	2.24	7.08	2.1	10.79	6.41	5.84	3.05	3.65	4.67	4.08	6.55	8.34	2.25	3.64	33.18	77.77	42.66	74.41	26.52	周兴华 (2006)
齐口裂腹鱼 Schizothorax prenanti	fish-31	2.49	4.87	3.23	7.56	3.54	12.19	4.55	5.14	3.42	3.97	4.88	4.21	7.07	9.06	2.53	3.99	35.71	82.7	43.18	75.99	27.53	周兴华 (2006)
齐口裂腹鱼 (天然鱼种) Schizothorax prenanti (Natural fingerling)	fish-32	2.44	5.07	2.6	7.61	3.6	12.17	3.95	5.22	3.4	4.07	4.9	4.27	7.58	9.33	2.58	4.08	36.8	82.84	44.43	79.94	26.32	温安祥 (2003)
齐口裂腹鱼 (天然成鱼) Schizothorax prenanti (Natural adult fish)	fish-33	2.43	4.61	4.34	7.08	3.39	10.75	4.05	4.84	3.09	3.68	4.62	4.06	6.39	8.29	2.24	3.63	32.91	77.49	42.47	73.84	26.22	温安祥 (2003)
齐口裂腹鱼 (人工成鱼) Schizothorax prenanti (Cultured adult fish)	fish-34	2.73	4.02	2.19	8.65	3.63	11.45	3.99	5.11	3.15	4.16	4.04	3.64	6.97	9.04	2.55	3.53	33.92	78.83	43.03	75.52	26.28	温安祥 (2003)
叶须鱼属 Ptychobarbus																							

续表

鱼类	代码	His	Arg	Pro	Asp	Ser	Glu	Gly	Ala	Tyr	Thr	Val	Ile	Leu	Lys	Met	Phe	TEAA	TAA	TEAA/TAA	TEAA/TNEAA	DAA	文献来源
双须叶须鱼 Ptychobarbus dipogon	fish-35	0.47	1.15	0.47	2.06	0.88	3.07	0.88	1.14	0.68	0.88	0.81	0.69	1.66	1.83	0.41	0.8	7.08	17.88	39.58	65.5	6.49	本论文团队
尖裸鲤属 Oxygymnocypris																							
尖裸鲤 Oxygymnocypris stewartii	fish-36	0.48	1.05	0.46	1.84	0.78	2.71	0.77	1.01	0.65	0.79	0.78	0.64	1.49	1.65	0.45	0.74	6.53	16.26	40.15	67.09	5.77	本论文团队
裸裂尻鱼属 Schizopygopsis																							
拉萨裸裂尻鱼 Schizopygopsis younghusbandi	fish-37	0.56	1.1	0.45	1.98	0.84	2.95	0.83	1.08	0.66	0.85	0.8	0.68	1.6	1.77	0.46	0.77	6.93	17.38	39.87	66.32	6.21	本论文团队
青鱼属 Mylopharyngodon																							
青鱼 Mylopharyngodon piceus	fish-38	0.46	0.99	0.53	1.61	0.67	2.27	0.79	0.95	0.37	0.73	0.72	0.65	1.29	1.55	0.4	0.65	5.99	14.63	40.94	69.33	5.2	蔡宝玉（2004）
草鱼属 Cenopharyngodon																							
草鱼 Cenopharyngodon idellus	fish-39	0.41	1.13	0.63	1.82	0.71	2.96	0.89	1.11	0.61	0.79	0.89	0.8	1.45	1.76	0.54	0.74	6.97	17.24	40.43	67.87	6.3	毛东东（2018）
鲢属 Hypophthalmichthys																							
鲢 Hypophthalmichthys molitris	fish-40	0.5	1	1.11	1.79	0.72	2.42	0.86	1.04	0.67	0.76	0.73	0.62	1.39	1.57	0.48	0.71	6.26	16.37	38.24	61.92	6.18	于琴芳（2012）
鳙属 Aristichthys																							
黑花鳙 Aristichthys（Black-spot Bighead carp）	fish-41	2.16	4.52	4.72	8.38	3.39	12.26	3.8	4.69	1.78	3.77	4.93	4.09	6.52	8.19	1.71	4.16	33.37	79.07	42.2	73.02	29.16	杨品红（2010）
白花鳙 Aristichthys（White-spot Bighead carp）	fish-42	2.35	5.17	5.67	8.79	3.6	12.91	4.77	5.11	1.62	4.01	4.79	4.24	6.83	8.53	1.81	4.31	34.52	84.51	40.85	69.05	32.14	杨品红（2010）

注：1. TEAA 为总必需氨基酸（total essential amino acid）；TAA 为总氨基酸（total amino acids）；TNEAA 为总非必需氨基酸（total unessential amino acid）；TEAA/TAA 为总必需氨基酸/总氨基酸，%；TEAA/TNEAA 为总必需氨基酸/总非必需氨基酸；DAA 为呈味氨基酸（delicious amino acid），包括天冬氨酸、谷氨酸、甘氨酸、丙氨酸（孙海坤等，2016）。

2. 因部分参考文献缺少色氨酸和胱氨酸，必需氨基酸暂未统计色氨酸。非必需氨基酸暂未统计色氨酸。阴影部分表示必需氨基酸。

氨基酸组分有着本质差别，相比而言，黑斑原鮡16种氨基酸含量及总必需氨基酸、总氨基酸、呈味氨基酸，必需氨基酸指数均较高，均达到了显著差异水平（$p<0.05$），这可能与黑斑原鮡为肉食性，且为食物链顶端生物（李红敬，2008）有关。

二、其他因素对鱼类氨基酸组成的影响

分布在不同区域的物种，氨基酸组成存有差异。如：分布在黄河白银段、黄河郑州段、大洋河东港段、松花江哈尔滨段的鮎，孙海坤等（2016）指出，必需氨基酸指数，松花江哈尔滨段群体最高，大洋河东港段群体最低，但是本研究基于 SOM 聚类，把四个区域的鮎聚为了一类（C2）（图 3-133、表 3-119）。采集于乌江上游总溪河的四川裂腹鱼（陈永祥等，2009）与采集于乌江上游的六冲河的四川裂腹鱼（周贤君，代应贵，2013）在某些氨基酸存有差异，但是本研究基于 SOM 聚类，把分布在两个区域的四川裂腹鱼聚为了一类（C2）（图 3-133、表 3-119）。

表 3-119　基于 SOM 聚类出两个类别鱼类氨基酸营养价值特征分析

(1)

指标	C1	C2	指标	C1	C2
His	0.7±0.43[b]	2.25±0.4[a]	Leu	2.82±2.18[b]	6.84±0.61[a]
Arg	2.03±1.59[b]	4.86±0.59[a]	Lys	2.65±1.77[b]	8.03±1.25[a]
Pro	1.04±0.71[b]	2.86±1.14[a]	Met	0.96±0.79[b]	2.28±0.46[a]
Asp	3.38±2.75[b]	8.13±1.01[a]	Phe	1.59±1.37[b]	3.78±0.65[a]
Ser	1.2±0.82[b]	3.18±0.86[a]	TEAA	12.92±10.08[b]	32.48±3.14[a]
Glu	4.82±3.89[b]	11.74±2.56[a]	TAA	30.92±23[b]	77.1±7.33[a]
Gly	1.71±1.34[b]	3.74±0.8[a]	TEAA/TAA	40.84±5	42.17±2.08
Ala	2.07±1.71[b]	4.96±0.56[a]	TEAA/TNEAA	70.47±18.63	73.13±6.41
Tyr	1.06±0.75[b]	2.9±0.74[a]	DAA	10.94±8.45[b]	26.47±3.6[a]
Thr	1.65±1.54[b]	3.6±0.62[a]	EAAI	29.32±26.55[b]	80.64±9.54[a]
Val	1.65±1.37[b]	4.18±0.44[a]	F	2.27±0.18	2.27±0.39
Ile	1.61±1.65[b]	3.77±0.4[a]			

(2)

SOM 聚类	涉及的鱼类	氨基酸营养价值特征	n°
C1	fish-1，fish-2，fish-14，fish-15，fish-21，fish-26，fish-35，fish-36，fish-37，fish-38，fish-39，fish-40	16 种氨基酸含量较低，总必需氨基酸较低，总氨基酸较低，呈味氨基酸较低，必需氨基酸指数较低	12
C2	fish-3，fish-4，fish-5，fish-6，fish-7，fish-8，fish-9，fish-10，fish-11，fish-12，fish-13，fish-16，fish-17，fish-18，fish-19，fish-20，fish-22，fish-23，fish-24，fish-25，fish-27，fish-28，fish-29，fish-30，fish-31，fish-32，fish-33，fish-34，fish-41，fish-42	16 种氨基酸含量较高，总必需氨基酸较高，总氨基酸较高，呈味氨基酸较高，必需氨基酸指数较高	30

注：C1、C2 参见图 3-133；fish1～fish42 参见表 3-118；n° 表示统计样本数；C1 和 C2 列的不同字母表示相应指标存在显著差异（$P<0.05$）；F 为支链氨基酸与芳香族氨基酸质量的比值（Fischer et al，1976），$F=(m_{Val}+m_{Leu}+m_{Ile})/(m_{Phe}+m_{Tyr})$。

采样时间的不同也会对鱼类肌肉氨基酸组成产生差异。如：分布在大理市洱海上游的弥苴河的云南裂腹鱼，邓君明等（2013）采集于 2011 年，李国治等采集于 2006 年，部分氨基酸存在一定差异，但是本研究基于 SOM 聚类，把两个时间段采集的云南裂腹鱼聚为了一类（C2）（图 3-133、表 3-119）。张本和陈国华（1996）也指出石斑鱼肌肉氨基酸组成也存有月际变化现象。

野生和养殖的同一物种，氨基酸组成存有差异。如：梁琍等（2016）指出野生黄颡鱼鱼卵的氨基酸总量、必需氨基酸总量、呈味氨基酸总量显著低于养殖黄颡鱼鱼卵（$P<0.05$），但是本研究基于 SOM 聚类，把不同条件下饲养的黄颡鱼聚为了一类（C2）（图 3-133、表 3-119）；同样，由于养殖的条件不同，导致黄颡鱼（梁琍等，2016；邵韦涵等，2018）肌肉的氨基酸组成存有显著差异（$P<0.05$）（图 3-133、表 3-119）。温安祥等（2003）指出人工饲养的成鱼与天然成鱼相比，粗蛋白质水平、粗灰分含量、氨基酸总量和呈味氨基酸含量都有所增加，而必需氨基酸与粗脂肪含量比天然成鱼低，但是本研究基于 SOM 聚类，把不同条件下饲养的黄颡鱼聚为了一类（C2）（图 3-133、表 3-119）。

第三节　两种裂腹鱼鱼肉质构特征比较分析

质构特征是食品结构及其对施加外力反应方式的物理学感官特质表现，包括硬度、凝聚性、黏附性、咀嚼性等方面，是食品开发利用的重要特征指标（Ayala et al，2011；朱丹实等，2014），可提高食品原料的利用率、减少资源的浪费及增加食品原料的经济价值。例如质构可影响产品的加工过程，如开发脂肪替代的低脂产品时，需构建合适的黏度来获得合理的口感。有关巨须裂腹鱼和双须叶须鱼鱼肉质构特征的研究未见报道。

目前，西藏裂腹鱼主要以鲜销为主，极少有加工产品，为保护巨须裂腹鱼和双须叶须鱼资源、提高其资源利用率等，迫切需要对其开展质构研究，分析其原料的特性。本研究采用质构仪探究雅鲁藏布江不同江段巨须裂腹鱼和双须叶须鱼鱼肉的质构特征，以确定雅鲁藏布江不同地理水域两种裂腹鱼质构特征差异，对于后续合理开发利用雅鲁藏布江不同江段的裂腹鱼类具有重要的意义，为西藏裂腹鱼类加工产品的研究开发提供科学数据。

一、材料与方法

1. 材料与仪器

2013 年 4 月，采集雅鲁藏布江日喀则江段的巨须裂腹鱼和双须叶须鱼各 5 尾，采集雅鲁藏布江林芝江段的巨须裂腹鱼和双须叶须鱼各 5 尾，鱼体健康无疾病。采用质构分析仪（TMS-Pro）进行内质质构分析。

2. 方法

（1）样品处理

将实验鱼暂养 1h 后，对其解剖取样，去除内脏、鳃盖、鳞片，自来水清洗干净。以胸鳍的背部为起点，向尾部方向，取长约 15cm、宽约 2cm 的两侧背肌，切除背肌表面的红肌，制取 1cm×1cm×0.6cm（长×宽×厚）的待测样品，两侧共 8 片，将样品用封口袋独立密封，−20℃保藏备用。

（2）测定方法

① 质构仪参数设定　质构分析仪（TMS-Pro），实验前测试速度为 20mm/min；实验测试

速度为 40mm/min；输入起始力为 0.1N；测试最大距离为 7mm；回程速度为 60mm/min；输入变形量为 30%；循环次数为 Auto，2 次；间隔时间为 Auto，0s。

② 样品测定方法　将一组待测样品放于测试台的一侧，肌肉背部朝上放置，排列整齐，按顺序逐一进行快速检测，样品不宜与探头表面接触，然后运行程序进行检测，同时记录各样品的特征数。

③ 试验设计　TPA 试验：试验采用单因素实验法，采用圆柱形探头，探头直径 75mm。每尾鱼用于 TPA 的平行样为 4 块，试验时每尾鱼按照采样编号进行记录。剪切力试验：试验采用单因素实验法，采用刀片剪切探头，模拟牙齿的形状进行测定，样品处理如前 TPA 试验。

④ 数据处理　基于 SPSS 18.0，用析因分析方法，探析西藏两种裂腹鱼鱼肉质构特征主要解释指标；用单因素方差分析，采用 LSD 方法，分析两种鱼类不同河段各肉质指标之间的差异性；基于 R 语言（版本号：2.14.1），用 PCA 方法（Principal Component Analysis）对西藏两种裂腹鱼鱼肉质构特征进行分析。

二、结果与分析

1. 数据统计与分析

（1）质地多面剖析法（TPA）试验结果

雅鲁藏布江日喀则江段巨须裂腹鱼第一次平均硬度值最大，为 2.31N，雅鲁藏布江林芝江段双须叶须鱼第一次平均硬度值最小，为 1.11N。质构分析结果表明同一江段中巨须裂腹鱼与双须叶须鱼的平均硬度值之间存在显著差异（$P<0.05$），巨须裂腹鱼的硬度明显大于双须叶须鱼，表明巨须裂腹鱼肉质更有硬度和嚼劲。不同江段的巨须裂腹鱼平均硬度值之间也存在显著差异（$P<0.05$），日喀则江段巨须裂腹鱼的硬度明显大于林芝江段巨须裂腹鱼，表明不同的地理水域环境可影响裂腹鱼的硬度特征。

日喀则江段双须叶须鱼弹性平均值最大，为 0.98m，林芝江段双须叶须鱼弹性平均值最小，为 0.71m，两个江段的双须叶须鱼弹性存在显著差异（$P<0.05$），两个江段的巨须裂腹鱼弹性也存在显著差异（$P<0.05$），同种裂腹鱼之间日喀则江段的裂腹鱼弹性明显大于林芝江段，说明不同的地理水域环境可影响裂腹鱼的弹性质构特征。

日喀则江段和林芝江段的双须叶须鱼黏附性平均值均为 0.03J，日喀则江段和林芝江段的巨须裂腹鱼黏附性平均值均为 0.02J，说明双须叶须鱼比巨须裂腹鱼较黏，表明品种是其黏附性差异的主要因素。

日喀则江段的双须叶须鱼内聚性平均值为 0.58，林芝江段双须叶须鱼内聚性平均值为 0.46，两个江段的双须叶须鱼内聚性存在显著差异（$P<0.05$），林芝江段双须叶须鱼与两个江段的巨须裂腹鱼内聚性都存在显著差异（$P<0.05$），表明裂腹鱼的内聚性差异与其品种及其生存环境都有关系。

日喀则江段巨须裂腹鱼胶黏性值最大，为 1.21N，林芝江段双须叶须鱼胶黏性值最小，为 0.50N。两个江段的巨须裂腹鱼胶黏性存在显著差异（$P<0.05$），日喀则江段巨须裂腹鱼胶黏性明显大于林芝江段巨须裂腹鱼；同一江段的双须叶须鱼和巨须裂腹鱼胶黏性存在显著差异（$P<0.05$），巨须裂腹鱼胶黏性明显大于双须叶须鱼。综上表明，这两种裂腹鱼的胶黏性差异与其品种及其生存环境可能都有关系。

日喀则江段巨须裂腹鱼咀嚼度平均值最大，林芝江段双须叶须鱼咀嚼度平均值最小，分别为 1.13J 和 0.36J，巨须裂腹鱼的咀嚼度明显大于双须叶须鱼，表明巨须裂腹鱼肉质更富有嚼劲。不同江段的同种裂腹鱼的咀嚼度存在显著差异（$P<0.05$），同一江段的不同裂腹鱼间咀嚼度也存在显著差异（$P<0.05$），表明这两种裂腹鱼的咀嚼度与其生存环境和品种都有关系。

（2）剪切力试验结果

最大力量峰值测试结果说明不同江段的双须叶须鱼最大力量峰值存在显著差异（$P<0.05$），表明不同的生境可影响这两种裂腹鱼的最大力量峰值。林芝江段的双须叶须鱼和两个江段的巨须裂腹鱼最大力量峰值都存在显著差异（$P<0.05$），巨须裂腹鱼的最大力量峰值大于双须叶须鱼（表 3-120）。

表 3-120　西藏两种裂腹鱼鱼肉质构特征差异性分析

单因素指标	PD_S1 u± Std. D	PD_S2 u± Std. D	SM_S1 u± Std. D	SM_S2 u± Std. D
HD1	1.26±0.68^{bc}	1.11±0.41^{c}	2.31±1.02^{a}	1.70±1.02^{b}
HD2	1.12±0.59^{bc}	0.88±0.37^{c}	2.05±0.84^{a}	1.49±0.89^{b}
SN	0.98±0.18^{a}	0.71±0.17^{c}	0.93±0.10^{a}	0.82±0.18^{b}
AN	0.03±0.01^{b}	0.03±0.01^{b}	0.02±0.01^{b}	0.02±0.01^{b}
CN	0.58±0.06^{a}	0.46±0.10^{c}	0.54±0.06^{a}	0.53±0.07^{ab}
GN	0.73±0.38^{bc}	0.50±0.20^{c}	1.21±0.43^{a}	0.89±0.52^{b}
CHN	0.72±0.45^{b}	0.36±0.21^{c}	1.13±0.44^{a}	0.77±0.51^{b}
MH	5.13±3.15^{b}	2.60±2.43^{b}	5.85±3.02^{a}	6.16±2.70^{a}
DH	5.10±0.71^{b}	6.09±2.70^{a}	5.50±0.78^{ab}	5.53±1.72^{a}
WH	9.23±5.57^{a}	4.27±3.20^{b}	12.10±5.56^{a}	10.83±4.58^{a}
IF	1.20±2.33^{ab}	0.73±1.48^{b}	2.24±2.70^{a}	1.85±3.04^{ab}
DF	8.39±3.62^{a}	6.55±4.43^{b}	8.08±3.17^{ab}	8.02±3.75^{b}

注：1. 同行中不同字母表示处理间差异达显著水平（$P<0.05$）。

2. PD_S1 代表雅鲁藏布江日喀则江段双须叶须鱼；PD_S2 代表雅鲁藏布江林芝江段双须叶须鱼；SM_S1 代表雅鲁藏布江日喀则江段巨须裂腹鱼；SM_S2 代表雅鲁藏布江林芝江段巨须裂腹鱼。

3. HD1 代表第一次硬度值，N（牛顿）；HD2 代表第二次硬度值，N（牛顿）；SN 代表弹性，m（米）；AN 代表黏附性，J（焦耳）；CN 代表内聚性，无量纲；GN 代表胶黏性，N（牛顿）；CHN 代表咀嚼度或适口度，J（焦耳）；MH 代表最大力量峰值，N（牛顿）；DH 代表最大硬度时的位移，mm（毫米）；WH 代表最大硬度时的做功，mJ（毫焦耳）；IF 代表起始破坏力，N（牛顿）；DF 代表起始破坏力时的位移，mm（毫米）。

4. 图 3-134、表 3-121 以及表 3-122 的相关简写同此注。

林芝江段和日喀则江段的双须叶须鱼最大硬度时的位移平均值分为别 6.09mm、5.10mm，分别为最大值和最小值。不同江段的双须叶须鱼最大硬度时的位移存在显著差异（$P<0.05$），表明双须叶须鱼的生存环境可影响其最大硬度时的位移。

最大硬度时的做功测试结果表明巨须裂腹鱼最大硬度时的做功大于双须叶须鱼，林芝江段双须叶须鱼与日喀则江段双须叶须鱼以及与两个江段的巨须裂腹鱼之间的最大硬度时的做功均存在显著差异（$P<0.05$），表明生存环境及其品种都有可能影响这两种裂腹鱼最大硬度时的做功。

日喀则江段巨须裂腹鱼起始破坏力平均值最大，为 2.24N，林芝江段双须叶须鱼起始破坏力平均值最小，为 0.73N，巨须裂腹鱼起始破坏力大于双须叶须鱼，表明不同品种是这两种裂腹鱼起始破坏力差异的主要因素。

日喀则江段和林芝江段的双须叶须鱼起始破坏力时的位移平均值分别为 8.39mm、6.55mm，分别为最大值和最小值。日喀则江段与林芝江段的双须叶须鱼之间的起始破坏力时的位移存在显著差异（$P < 0.05$），表明不同的生存环境是其起始破坏力时的位移差异的主要因素。

2. 西藏两种裂腹鱼鱼肉质构特征分析

采用 PCA 方法对雅鲁藏布江日喀则江段和林芝江段两种裂腹鱼鱼肉的总体指标差异分析表明：雅鲁藏布江林芝江段双须叶须鱼与雅鲁藏布江日喀则江段双须叶须鱼、雅鲁藏布江日喀则江段巨须裂腹鱼以及雅鲁藏布江林芝江段巨须裂腹鱼有较大的差异（见图 3-134）。日喀则江段的双须叶须鱼、巨须裂腹鱼质构特征指标与林芝江段的双须叶须鱼、巨须裂腹鱼相比较，其肌肉弹性好，肌肉组织结构紧密，内聚性强，有嚼劲；雅鲁藏布江日喀则江段的双须叶须鱼鱼肉的弹性、黏附性和内聚性等特征指标优于巨须裂腹鱼，巨须裂腹鱼鱼肉的硬度、胶黏性和咀嚼性优于双须叶须鱼，表明双须叶须鱼肉质嫩度好，富有弹性，口感柔嫩，但巨须裂腹鱼更有嚼劲；雅鲁藏布江林芝江段，巨须裂腹鱼鱼肉除黏附性外的其他特性指标均优于双须叶须鱼，其肌肉的组织结构紧密，弹性和嫩度较好，肌肉更具咀嚼力。

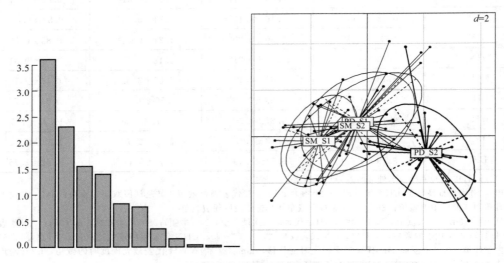

图 3-134　基于 PCA 分析的西藏两种裂腹鱼鱼肉质构特征图谱

PD _ S1代表雅鲁藏布江日喀则江段双须叶须鱼；PD _ S2代表雅鲁藏布江林芝江段双须叶须鱼；SM _ S1代表雅鲁藏布江日喀则江段巨须裂腹鱼；SM _ S2代表雅鲁藏布江林芝江段巨须裂腹鱼

用析因分析方法对西藏雅鲁藏布江水系中两种裂腹鱼鱼肉质构特征指标分析表明：经最大四次方值法旋转平方和之后，前四个主成分累计方差贡献率达 81.472%（见表 3-121、表 3-122）。12 项鱼肉质构特征指标可归纳为 3 类：第一类为质构分析中硬度的相关指标，包括第一次硬度值、第二次硬度值、胶黏性和咀嚼性等 4 项相关指标（主成分 1）；第二类为克服鱼肉表面与接触物吸引力的相关指标，包括黏附性、最大力量峰值、最大硬度时的做功、起始破坏力、最大硬度时的位移和起始破坏力的位移（主成分 2、主成分 4）；第三类为鱼肉收缩性的相关指标，包括内聚性和弹性（主成分 3）。可将这 3 大类 4 个主成分指标作为雅鲁藏布江裂腹鱼鱼肉质构特征的主要判定参数。

表 3-121　西藏两种裂腹鱼鱼肉质构特征指标总方差分解

成分	初始特征值			提取平方和载入			旋转平方和载入		
	合计	方差/%	累积/%	合计	方差/%	累积/%	合计	方差/%	累积/%
HD1	4.156	34.630	34.630	4.156	34.630	34.630	3.968	33.066	33.066
HD2	2.566	21.383	56.013	2.566	21.383	56.013	2.334	19.446	52.513
SN	1.680	13.999	70.012	1.680	13.999	70.012	1.881	15.672	68.185
AN	1.375	11.461	81.472	1.375	11.461	81.472	1.594	13.287	81.472
CN	0.890	7.417	88.889						
GN	0.813	6.775	95.663						
CHN	0.283	2.362	98.025						
MH	0.148	1.230	99.256						
DH	0.045	0.376	99.631						
WH	0.030	0.249	99.880						
IF	0.012	0.098	99.979						
DF	0.003	0.021	100.000						

表 3-122　西藏两种裂腹鱼鱼肉质构特征指标旋转主成分矩阵

指标	主成分			
	1	2	3	4
HD1	0.984	−0.021	−0.114	−0.010
HD2	0.986	0.015	−0.051	0.000
SN	0.331	0.223	0.837	0.109
AN	0.034	−0.440	−0.132	0.299
CN	−0.037	0.235	0.899	−0.087
GN	0.987	0.034	0.109	−0.025
CHN	0.943	0.080	0.287	0.015
MH	−0.040	0.893	0.166	−0.091
DH	−0.045	−0.176	0.213	0.706
WH	0.106	0.911	0.216	0.038
IF	0.191	0.605	−0.325	0.445
DF	0.007	−0.055	0.140	−0.882

三、结果与讨论

　　质构是食品组织特性的一项重要指标，与食品外观、风味、营养共同构成食品的四大品质要素（Wan et al，2009）。本文研究表明硬度、弹性和黏附性是雅鲁藏布江双须叶须鱼和巨须裂腹鱼主要的特征性质构指标。硬度测试表明雅鲁藏布江日喀则江段 2 种裂腹鱼鱼肉较林芝江段 2 种裂腹鱼鱼肉硬度大、肌肉组织结构紧密，同一江段巨须裂腹鱼鱼肉较双须叶须鱼鱼肉硬度大，可能是由于日喀则江段较高海拔、较低水温及其他较为恶劣的水文环境条件导致该江段裂腹鱼产生适应性机制，肌肉组织较林芝江段裂腹鱼更加紧实、肌肉硬度较大。弹性测试表明日喀则和林芝 2 个江段的同种裂腹鱼存在显著性差异，同时不同江段的同种裂腹鱼之间也存在显著性差异，这可能与日喀则江段特殊的较为恶劣的水文条件相关。黏附性测试表明林芝江段的双须叶须鱼较巨须裂腹鱼的鱼肉黏附性较大，表明品种是其黏附性差异的主要因素。综合雅鲁藏布江双须叶须鱼和巨须裂腹鱼硬度、弹性和黏附性测试分析表明，品种是其质构特征差异的主要因素，同时海拔、水温及其他水文条件也是裂腹鱼质构参数差异的重要因素（表 3-123）。

表 3-123 影响鱼肉质构特征的主要因素

质构影响因素	鱼类	模式	质构特征变化	文献来源
养殖模式	斑石鲷	网箱和水泥池 2 种养殖模式	网箱养殖模式较水泥池养殖模式的斑石鲷具有较好的肌肉质构和鱼肉硬度特点	钟鸿干等（2017）
	牙鲆	野生、池塘及工厂化养殖模式	工厂化养殖牙鲆肌肉具有较好的持水能力，池塘养殖牙鲆肌肉的理化品质和质构特性与野生牙鲆相近	胡盼（2015）
海拔	双须叶须鱼和巨须裂腹鱼	不同海拔地理水域模式	雅鲁藏布江林芝江段双须叶须鱼较雅鲁藏布江日喀则江段双须叶须鱼、雅鲁藏布江日喀则江段巨须裂腹鱼以及雅鲁藏布江林芝江段巨须裂腹鱼有较大差异，表明不同海拔地理水域也可对鱼肉质构特征有着较大影响	本研究
压力	鳙鱼	150MPa、300MPa、450MPa 超高压条件，保压 15min	300MPa 和 450MPa 处理可以显著提高鱼肉的黏着性和咀嚼性（$P<0.05$），超高压处理有利于鳙鱼肉质改良	雒莎莎等（2012）
	金鲳鱼	100～1000MPa 压力模式下	金鲳鱼样品随着处理压力增大，其剪切力、硬度、恢复性、弹性和咀嚼性等各项质构指标均呈上升趋势	王安琪等（2017）
储藏温度	草鱼	冰温和冷冻 2 种贮藏模式	冰温贮藏较冷冻贮藏可以保持良好的弹性、黏聚性、咀嚼性以及适度的剪切力，保证草鱼鱼糜良好的质构特性	孙卫青等（2013）
	鲤鱼	0℃冰温贮藏模式	在 0℃冰温贮藏模式鲤鱼的硬度、弹性和咀嚼性呈现先上升后下降的变化趋势	刘丽荣等（2015）
	鲢鱼	冰温（−1.50±0.03）℃、冷却（1±1）℃和冷冻（−18±1）℃等 3 种贮藏模式	3 周内冰温贮藏模式较其他 2 种贮藏模式可使鲢鱼鱼糜保持良好的弹性、黏聚性以及适度的剪切力和咀嚼性	孙卫青等（2013）
	鲐鱼	−18℃、−25℃和−35℃等 3 种模式	在不同冻藏温度下，鲐鱼肌肉质构（硬度、弹性、内聚性）均随时间延长呈下降的趋势，但冻藏温度越低，质构特征下降越慢	梁锐等（2012）
储藏时间	三文鱼	0℃环境中贮藏 12d 模式	生鲜三文鱼在零度的温度环境中贮藏 12d 样品的咀嚼性和硬度均呈下降趋势	张奎等（2011）
	臭鳜鱼	室温储藏 15d 模式	臭鳜鱼经过 8d 的处理，鱼肉的硬度、弹性、黏着性、黏聚性和咀嚼度显著提高，鱼肉的质构特征达到最优	杨培周等（2014）
	大黄鱼	−18℃和−50℃条件下储藏 50d	随着冷冻贮藏期的延长，养殖大黄鱼的各个质构参数都在下降，−50℃冷冻贮藏条件下大黄鱼的硬度、弹性、咀嚼性、胶黏性、凝聚性和恢复性这些参数均高于−18℃冷冻贮藏条件下的大黄鱼	戴志远等（2008）

水产品非常容易腐败变质，因此许多研究都倾向于通过水产品的质构研究来选择最佳的贮藏条件。杨培周等（杨培周等，2014）研究表明臭鳜鱼经过 8d 的处理，鱼肉的硬度、弹性、黏着性、黏聚性和咀嚼度显著提高，鱼肉的质构特征达到最优；Ayala et al.（2011）研究了真空包装冷藏和直接冷藏对乌颊鱼海鲷切片质构的影响，表明随着贮藏时间的延长，真空处理和非真空处理的冷藏鱼片质构参数都在显著下降；王俏仪等（2011）采用 TPA 模式对冷冻贮藏罗非鱼肌肉的硬度、黏附性、弹性、咀嚼性、胶黏性、凝聚性和恢复性等进行测试，表明罗非鱼在冷冻贮藏过程中口感特征在不断下降，贮藏温度越低，越有利于保持罗非鱼肌肉的质构特征；雒莎莎等（2012）研究了不同超高压条件（150MPa、300MPa、450MPa）对鲟鱼质构特性的影响，表明 300MPa 和 450MPa 处理可以显著提高鱼肉的黏着性和咀嚼性（$P < 0.05$），鲟鱼的感官品质得到优化（表 3-123）。上述研究表明高压、贮藏时间、贮藏温度及不同养殖模式等对鱼肉质构特征具有较大的影响，可为鱼类的冷冻保鲜提供理论依据，以更好地延长鱼肉的保鲜时间及货架期（Subramanian et al，2007），而不同海拔对鱼肉质构特征影响的研究未见报道。本文首次对雅鲁藏布江日喀则江段和林芝江段的 2 种裂腹鱼开展了详细的鱼肉质构特征分析，质构特征分析结果表明雅鲁藏布江林芝江段双须叶须鱼较雅鲁藏布江日喀则江段双须叶须鱼、雅鲁藏布江日喀则江段巨须裂腹鱼以及雅鲁藏布江林芝江段巨须裂腹鱼有较大差异，表明不同海拔地理水域也可对鱼肉质构特征产生较大影响，这对于后续合理开发研究雅鲁藏布江不同海拔地理水域的裂腹鱼类系列加工产品具有重要意义。同时样品的采集季节及储藏条件、时间对其质构特征也具有较大的影响（Ali & Mohammad et al，2012）。有关雅鲁藏布江不同季节及不同储藏条件、时间的裂腹鱼鱼肉质构特征有待进一步研究探讨。

第四节　饲料蛋白质水平对拉萨裸裂尻鱼幼鱼消化酶及消化道组织结构的影响

本节通过不同蛋白质水平饲料对拉萨裸裂尻鱼幼鱼饲养 60d，探究饲料蛋白质水平对其消化酶及消化道组织结构的影响，为拉萨裸裂尻鱼幼鱼人工养殖过程中配合饲料的研制提供基础数据，为其合理保护及利用提供参考。

一、材料和方法

1. 试验饲料

以白鱼粉、酪蛋白、南极磷虾粉为蛋白源，以鱼油为脂肪源，玉米淀粉、糊化淀粉为糖源，设计出蛋白质水平分别为 20％、25％、30％、35％、40％、45％ 的六种等脂等能试验饲料。饲料原料经粉碎后过 60 目筛，按照配比称重，采用逐级混匀法混合均匀，用制粒机做成直径 2mm 的饲料，置于 －4℃ 冰箱中保存备用。基础试验饲料配方及营养组成见表 3-124。

2. 试验用鱼及饲养管理

试验用拉萨裸裂尻鱼幼鱼为 2017 年于雅鲁藏布江日喀则段捕获，在水泥池（长 4.0m×宽 3.0m×高 0.6m）中驯养 60d。待野生拉萨裸裂尻鱼能正常抢食后，选择大小均匀、健康、无伤病，体重为（22.42±0.56）g 的拉萨裸裂尻鱼 540 尾，随机分为 6 个组，每组 3 个

表 3-124　基础饲料配方及营养组成（风干基础）

原料	蛋白质含量					
	20%	25%	30%	35%	40%	45%
白鱼粉/%	20.00	24.80	25.00	25.00	25.00	26.80
酪蛋白/%	3.80	5.60	11.40	17.20	22.80	27.00
糊化淀粉/%	9.00	9.00	9.00	9.00	9.00	6.00
玉米淀粉/%	37.50	31.00	21.00	12.00	3.00	0.00
鱼油/%	5.10	4.65	4.48	4.32	4.20	4.00
南极磷虾粉/%	2.00	2.00	2.00	2.00	2.00	2.00
多维/%	0.50	0.50	0.50	0.50	0.50	0.50
多矿/%	5.00	5.00	5.00	5.00	5.00	5.00
纤维素/%	14.10	14.45	18.62	21.98	25.50	25.70
羧甲基纤维素/%	3.00	3.00	3.00	3.00	3.00	3.00
合计/%	100.00	100.00	100.00	100.00	100.00	100.00
营养成分						
粗蛋白质 CP/%	20.06	25.16	30.35	35.81	40.37	45.68
粗脂肪 EE/%	7.05	7.01	7.01	7.00	7.03	7.08
粗灰分 Ash/%	5.26	5.86	5.17	5.4	5.76	5.88
总能/(MJ/kg)	15.10	15.26	15.10	15.07	15.01	15.39
水分/%	11.09	11.65	11.5	11.12	11.52	11.47

注：1. 饲料营养成分为实测值。

2. 多矿为每 1kg 饲料提供多矿预混料（mg/kg diet）：六水氯化钴（1%）50，五水硫酸铜（25%）10，一水硫酸亚铁（30%）80，一水硫酸锌（34.5%）50，一水硫酸锰（31.8%）45，七水硫酸镁（15%）1200，亚硒酸钠（1%）20，碘酸钙（1%）60，沸石粉 8485。

3. 多维（mg/kg diet）：盐酸硫胺素（98%）25，维生素 B_2（80%）45，盐酸吡哆醇（99%）20，维生素 B_{12}（1%）10，维生素 K（51%）10，肌醇（98%）800，泛酸钙（98%）60，烟酸（99%）200，叶酸（98%）20，生物素（2%）60，维生素 A（500000IU/g）32，维生素 D（500000IU/g）5，维生素 E（50%）240，维生素 C（35%）2000，抗氧化剂（克氧灵，100%）3，稻壳粉 1470。

重复，每个重复 30 尾鱼，并分别放入 18 个水族缸（长 0.6m×宽 0.5m×高 0.4m），分别投喂蛋白质水平不同的 6 种试验饲料，每天按试验鱼体重 3%～5% 表观饱食投喂 3 次（07：00、12：00、17：00），投饵 1h 后将残饵捞出烘干称重并记录，整个试验持续 60d。试验用水为曝气后的井水，试验用水族缸内水 24h 循环，循环量为 120L/h，水温 12.0～13.0℃，pH 8.0～8.5，溶氧≥6.0mg/L，氨氮≤0.01mg/L，亚硝酸≤0.02mg/L。

3. 样品采集及指标测定方法

试验结束后，每个平行随机抽取 10 尾试验鱼，解剖，取肠道和肝胰脏，保存于 −20℃ 冰箱中，用于测定消化酶活性；消化酶活性均采用江苏省南京建成生物工程研究所试剂盒测定，按照说明书进行操作。酶活性单位定义：在 37℃ 条件下，每分钟酶解 1μmol 底物为 1 个活力单位（U）。组织匀浆液中蛋白浓度采用考马斯亮蓝法测定（李娟等，2000），以牛血清白蛋白为基准物。

4. 消化道组织固定及切片制作方法

试验结束后，每个平行随机抽取 6 尾试验鱼，解剖，取肠道及肝胰脏，肠道从前至后均分为三段（前、中、后肠），分别固定于 Bouin′s 液中，24h 后转移至 70% 酒精中保存。

在脱水机中完成脱水、透明、浸蜡后于石蜡包埋机中包埋。使用 Elex 切片机进行组织切片，厚度 5μm 连续切片，H. E 染色，加拿大树胶封片。显微观察，并在 Nikon 显微镜下拍照。

5. 数据统计

试验结果采用"平均值±标准差"（means±SD）表示。采用 SPSS 19.0 统计软件中 one-way ANOVA 进行单因素方差分析，若差异显著，则采用 Duncan 多重比较法进行多重比较，差异显著水平为 $P < 0.05$。

二、结果

1. 饲料蛋白质水平对拉萨裸裂尻鱼消化酶活性的影响

由表 3-125 可知，随着蛋白质水平的升高，各组肝脏蛋白酶、肠蛋白酶活性先升高后降低，且各组之间活性差异显著（$P < 0.05$），在 35％蛋白质水平活性最高，20％蛋白质水平活性最低。在饲料蛋白质水平低于 30％时，肠脂肪酶和肝脏脂肪酶活性差异不显著（$P > 0.05$）；高于 35％时显著降低（$P < 0.05$）。肠淀粉酶和肝淀粉酶活性同样随蛋白质水平升高而降低，在 20％蛋白质水平时最高，显著高于 30％及以上的蛋白质水平组（$P < 0.05$）。

表 3-125　饲料蛋白质水平对拉萨裸裂尻鱼幼鱼消化酶活性的影响

$n = 10；\bar{x} \pm SD$

蛋白质水平/%	肝脏蛋白酶 /(U/mg)	肠蛋白酶 /(U/mg)	肠脂肪酶 /(U/g)	肝脏脂肪酶 /(U/g)	肠淀粉酶 /(U/g)	肝淀粉酶 /(U/g)
20	48.23±8.6[a]	428.06±86.56[a]	48.39±2.04[b]	8.1±0.33[c]	1.97±0.04[c]	0.49±0.02[c]
25	105.89±6.73[c]	941.01±123.74b[c]	47.4±3.95[b]	7.72±0.41[c]	1.86±0.12[c]	0.47±0.03[bc]
30	139.09±15.89[d]	1248.78±146.72[d]	44.74±2.89[b]	7.57±0.39b[c]	1.78±0.1[b]	0.45±0.04[bc]
35	190.01±5.22[e]	1710.12±46.97[e]	38.9±2.49[a]	6.82±0.59[ab]	1.61±0.04[b]	0.43±0.02[b]
40	114.68±6.12[c]	1032.13±100.06[c]	36.75±2.1[a]	6.4±0.51[a]	1.42±0.09[a]	0.36±0.02[a]
45	89.45±4.37[b]	835.01±28.79[b]	36.59±2.26[a]	6.42±0.37[a]	1.39±0.17[a]	0.35±0.04[a]

注：同列不同上标字母表示指标间存在显著差异（$P < 0.05$），下表同。

2. 饲料蛋白质水平对拉萨裸裂尻鱼幼鱼消化组织结构的影响

由表 3-126 可知，随蛋白质水平升高，各组前、中、后肠管壁厚度均先升高后降低。前肠管壁厚度在 35％蛋白质水平时最高，显著高于其他蛋白质水平组（$P < 0.05$）；中肠管壁厚度在 30％蛋白质水平时最高，显著高于其他各组（$P < 0.05$）；后肠管壁厚度在 35％蛋白质水平时最高，除与 30％蛋白质水平组差异不显著（$P > 0.05$），与其他各蛋白质水平组差异显著（$P < 0.05$）。

由表 3-127 可知，随蛋白质水平升高，各组前、中、后肠道绒毛高度同样先升高后降低。前肠绒毛高度在 30％蛋白质水平时最高，显著高于其他蛋白质水平组（$P < 0.05$）；中肠和后肠绒毛高度在 30％蛋白质水平时最高，除与 35％蛋白质水平组差异不显著外（$P > 0.05$），显著高于其他蛋白质水平组（$P < 0.05$）。

切片结果显示，随蛋白质水平升高，各组的前、中、后肠都出现管壁厚度增加，绒毛褶皱增多，绒毛高度增加，纹状缘结构逐渐清晰完整，杯状细胞逐渐增多（图 3-135：1～9），在 30％蛋白质水平时达到最值。但随着蛋白质水平的继续升高，各组的前、中、后肠

表 3-126　饲料蛋白质水平对拉萨裸裂尻鱼幼鱼肠道管壁厚度的影响

$n=6；\bar{x}\pm SD$

蛋白质水平/%	前肠/μm	中肠/μm	后肠/μm
20	77.33±3.88[a]	67.99±2.56[a]	38.93±4.81[a]
25	118.9±12.07[c]	82.57±1.82[cd]	47.97±2.63[b]
30	166.71±9.4[e]	88.59±4.74[d]	55.18±1.73[cd]
35	133.02±8.91[d]	78.96±5.43[bc]	59.86±6.55[d]
40	115.61±4.23[c]	73.06±3.23[ab]	50.69±3.12[bc]
45	94.5±3.11[b]	68.43±8.75[a]	35.33±1.78[a]

表 3-127　饲料蛋白质水平对拉萨裸裂尻鱼幼鱼肠道绒毛高度的影响

$n=6；\bar{x}\pm SD$

蛋白质水平/%	前肠/μm	中肠/μm	后肠/μm
20	286.9±8.86[a]	214.11±12.45[a]	180.13±8.72[c]
25	368.69±13.36[b]	251.62±13.76[b]	193.1±5.3[c]
30	485.67±55.61[c]	343.89±19.89[d]	236.72±17.49[d]
35	397.04±13.13[b]	338.78±16.67[cd]	230.7±7.17[d]
40	309.88±25.19[a]	305.01±29.15[c]	159.87±5.67[b]
45	258.11±33.08[a]	242.91±18.55[ab]	128.15±5.03[a]

都开始出现管壁厚度降低，绒毛褶皱开始减少，绒毛高度降低，纹状缘结构开始模糊，出现断裂缺刻，甚至溶解，空泡和淋巴细胞逐渐增多（图 3-135：10～18），尤以在 45％蛋白质水平时最明显。

同时肝脏组织的切片结果也显示，蛋白质水平低于 35％时，肝脏组织结构正常（图 3-135：19～22），当蛋白质水平高于 35％时，肝脏组织开始出现肝细胞索不明显，肝细胞排列不规则，肝细胞核从细胞中央移向边缘，肝细胞内有脂肪空泡积累，甚至在 45％蛋白质水平时，出现肝细胞溶解、空泡面积明显增大的现象（图 3-135：22～24）。

三、讨论

1. 饲料蛋白质水平对拉萨裸裂尻鱼消化酶活性的影响

鱼体蛋白酶活性在一定范围内，随蛋白质水平升高而相应升高（王常安等，2017；黄金凤等，2013）。当蛋白质水平超过一定限度后，蛋白质吸收达到上限，蛋白酶活性不再显著增加（尾崎久雄，1983；Debnath *et al*，2007；López-López *et al*，2015），并且会加重肠道消化负担，积累有毒的含氮物质，对消化酶分泌产生负反馈调节（Das & Tripathi，1991），导致其消化道消化酶活力降低。

本试验中，随着饲料蛋白质水平升高，拉萨裸裂尻鱼幼鱼肝脏和肠中的蛋白酶活性呈先升高后降低的变化趋势。这与对光倒刺鲃（*Spinibarbus hollandi* Oshima）（李成等，2018）、半刺厚唇鱼（*Acrossocheilius hemispinus*）（梁萍等，2018）、方正银鲫（Fang zheng Caucian carp）（桑永明等，2018）的研究结果相似。随着饲料蛋白质水平升高，鱼体摄食进入消化道的蛋白质含量增加，鱼体为了有效消化及吸收消化道内饲料蛋白质，消化道

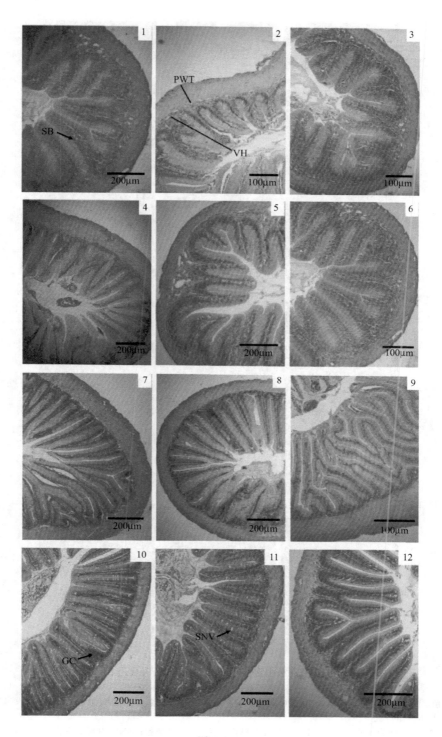

图 3-135

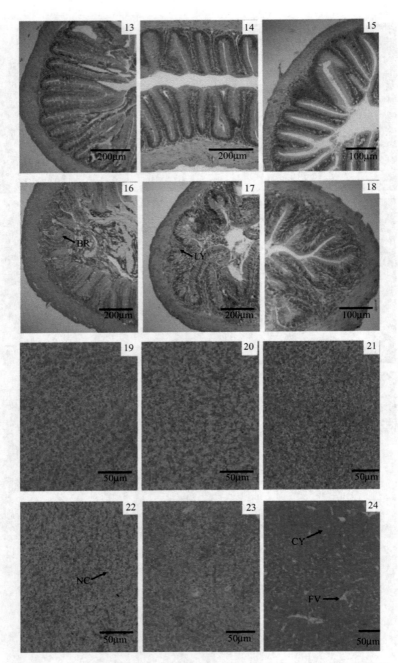

图 3-135   饲料蛋白质水平对拉萨裸裂尻鱼幼鱼消化道组织结构的影响

1～3：20％蛋白组前、中、后肠；4～6：25％蛋白组前、中、后肠；7～9：30％蛋白组前、中、后肠；10～12：35％蛋白组前、中、后肠；13～15：40％蛋白组前、中、后肠；16～18：45％蛋白组前、中、后肠；19～24：依次为 20％～45％蛋白组肝脏

SB 为纹状缘；VH 为肠绒毛高度；PWT 为管壁厚度；GC 为淋巴细胞；SNV 为核上空泡；BR 为断裂状纹状缘；LY 为溶解状纹状缘；NC 为细胞核；CY 为溶解细胞；FV 为脂肪空泡

内分泌的蛋白酶含量增加。当饲料蛋白质水平超过其需要量后，会加重肠道及肝脏消化负担，积累有毒物质，引起负反馈调节，最终导致蛋白酶活力降低。但是，拉萨裸裂尻鱼幼鱼肝脏和肠中蛋白酶活性的最高值与齐口裂腹鱼（*Schizothorax prenanti*）（向枭等，2012）、草鱼（*Ctenopharyngodon idella*）（蒋湘辉等，2013）幼鱼肝脏和肠中蛋白酶活性的最高值有较大差异。同时，最适蛋白质水平相近的瓦氏黄颡鱼（*Pelteobagrus vachelli*）（孙翰昌等，2010；李芹，刁晓明，2009）、齐口裂腹鱼（向枭等，2012）和光倒刺鲃（李成等，2018），其肝脏和肠道中的蛋白酶活力值也有显著差异（最适蛋白质水平分别为 43%、42%、42.06%，详见表 3-128。说明不同种鱼类在同一饲料蛋白质水平下，蛋白酶活性也不同。

表 3-128 几种鱼类在最适蛋白质水平下肠道、肝脏中消化酶活力值

种类	规格/g	最适蛋白质水平/%	肝脏			肠道			文献
			蛋白酶/(U/mg)	淀粉酶/(U/g)	脂肪酶/(U/g)	蛋白酶/(U/mg)	淀粉酶/(U/g)	脂肪酶/(U/g)	
光倒刺鲃	4.33	42.06	—	—	—	21.70	13.55	84.25	李成（2018）
半刺厚唇鱼	12.51	38				1283.60		219.02	梁萍（2018）
方正银鲫	3.10	35.29~37.07				5145.14	0.33	68.26	桑永明（2018）
齐口裂腹鱼	11	42	199.39	63.99	176.27	453.4	68.92	179.14	向枭（2012）
草鱼	20	30	15.34	226.6	254	28.25	125.2	144.6	蒋湘辉（2013）
瓦氏黄颡鱼	10	43	27.43	69.44	24.36	66.97	86.78	69.72	李芹（2009）
拉萨裸裂尻鱼	22	30~35	190.01	0.43	6.82	1710.12	1.61[d]	38.9	本研究

对鲤鱼（*Cyprinus carpio*）（邹师哲等，1998）、异育银鲫（*Carassius auratus gibelio*）（吴本丽等，2018）、方正银鲫（*Carassius auratus gibelio*）（桑永明等，2018）以及亚东鲑（*Salmotrutta fario*）（王常安等，2017）的研究结果都表明，饲料蛋白质水平对淀粉酶、脂肪酶活性均无显著影响。但对瓦氏黄颡鱼（孙翰昌等，2010；李芹，刁晓明，2009）的研究结果认为：饲料蛋白质水平升高可在一定范围内对脂肪酶和淀粉酶活性有一定的限制作用。本试验中，随饲料蛋白质水平升高，拉萨裸裂尻鱼幼鱼肝脏和肠中的脂肪酶和淀粉酶活性都在不断降低，与上述观点基本一致。这进一步说明饲料蛋白质水平升高对拉萨裸裂尻鱼幼鱼肝脏和肠道中的脂肪酶和淀粉酶均有抑制作用。推测其原因：随着饲料蛋白质水平的升高，拉萨裸裂尻鱼幼鱼机体会优先吸收利用蛋白质，抑制机体利用糖分、脂肪的途径，进而导致与糖分、脂肪代谢有关的淀粉酶及脂肪酶活性随饲料蛋白质水平升高不断降低。

2. 饲料蛋白质水平对拉萨裸裂尻鱼消化幼鱼道组织结构的影响

消化道是消化吸收的重要场所，鱼类肠道的杯状细胞、纹状缘、皱襞的形态是衡量消化吸收能力的重要指标（Jouni *et al*，2006）。目前已有研究表明：青海湖裸鲤（*Gymnocypris przewalskii*）可能通过增加肠壁厚度提高肠道的消化吸收功能（Chen & Wang，2013）；饲料蛋白水平有促进大菱鲆（*Scophthalmus maximus* L.）幼鱼肠道黏膜皱襞数量及高度增加的作用（Wei *et al*，2014）。

在本试验中，饲料蛋白质水平从 20％增加到 30％过程中，拉萨裸裂尻鱼幼鱼肠道组织出现管壁增厚、绒毛褶皱增多、绒毛高度增加等情况。说明在一定范围内升高饲料蛋白质水平可对拉萨裸裂尻鱼幼鱼肠道组织形态产生积极影响。但当饲料蛋白质水平高于 35％时，拉萨裸裂尻鱼幼鱼肠道组织出现管壁厚度降低，绒毛褶皱减少，绒毛高度降低，纹状缘结构模糊、出现断裂缺刻，空泡和淋巴细胞增多等现象。这与对仔猪（顾宪红等，2004）和刺参（*Apostichopus japonicus*）（吴永恒等，2012）的研究结果类似。其原因是：饲料蛋白质水平过高可促进肠道上皮细胞过度生长和分化，致使细胞体积较小（侯水生，1999），未成熟的新生细胞在肠上皮中所占比例增加，进而导致肠上皮细胞长度显著降低；同时饲料蛋白质水平超过鱼体自身消化吸收的上限后，过高的饲料蛋白质水平会降低鱼体 Nrf_2 基因表达量（徐静，2016），导致与鱼体抗氧化能力相关的物质［如还原性谷胱甘肽（GSH）、超氧化物歧化酶（SOD）等］的合成量降低（Martínez-Álvarez *et al*，2005），进而使肠道组织抗氧化能力降低，肠道细胞因氧化损伤而凋亡。以上原因最后共同作用，最终导致了拉萨裸裂尻鱼幼鱼肠道组织结构损伤。

第五节　饲料蛋白质水平对拉萨裸裂尻鱼幼鱼免疫酶活性及抗氧化能力的影响

本节研究了饲料蛋白质水平对萨裸裂尻鱼幼鱼血清、肝脏免疫酶和抗氧化酶指标的影响，以期为该鱼饲料蛋白质的适宜配比提供理论依据，补充拉萨裸裂尻鱼的人工增殖技术中饲料营养方面的技术数据。

一、材料与方法

1. 试验饲料

以白鱼粉、酪蛋白、南极磷虾粉为蛋白源，以鱼油为脂肪源，玉米淀粉、糊化淀粉为糖源，设计出蛋白质水平分别为 20％、25％、30％、35％、40％、45％的六种等脂等能试验饲料。饲料原料经粉碎后过 60 目筛，按照配比称重，采用逐级混匀法混合均匀，制粒机做成直径 2mm 的饲料，置于－4℃冰箱中保存备用。基础试验饲料配方及营养组成见表 3-124。

2. 试验设计及饲养管理

试验用拉萨裸裂尻鱼为 2017 年于雅鲁藏布江日喀则段捕获，在水泥池（长 4.0m×宽 3.0m×高 0.6m）中驯养 60d。待野生拉萨裸裂尻鱼能正常抢食后，选择大小均匀、健康、无伤病、体重为（22.42±0.56）g 的拉萨裸裂尻鱼 540 尾，随机分为 6 个组，每组 3 个重复，每个重复 30 尾鱼，并分别放入 18 个水族缸（长 0.6m×宽 0.5m×高 0.4m），分别投喂蛋白质水平不同的 6 种试验饲料，每天按试验鱼体重 3％～5％表观饱食投喂 3 次（07：00、12：00、17：00），投饵 1h 后将残饵捞出烘干称重并记录，整个试验持续 60d。试验用水为曝气后的井水，试验用水族缸内水 24h 循环，循环量为 120L/h，水温 12.0～13.0℃，pH 8.0～8.5，溶氧≥6.0mg/L，氨氮≤0.01mg/L，亚硝酸≤0.02mg/L。

3. 样品采集及指标测定方法

养殖试验结束后对试验鱼饥饿 24h，然后对每个重复组进行计数、称重［增重率＝100×

（末重－初重）/初重]。分别在各平行组中随机取 10 尾实验鱼用 50mg/L 的 MS-222 溶液麻醉，无菌注射器静脉取血，然后解剖取出肝胰脏保存于－80℃冰箱中，用于测定血清理化指标和抗氧化指标。

血清生化指标及免疫酶活性均采用江苏省南京建成生物工程研究所试剂盒测定，按照说明书进行操作。酶活性单位定义：在 37℃条件下，每分钟酶解 $1\mu mol$ 底物为 1 个活力单位（U）。组织匀浆液中蛋白浓度采用考马斯亮蓝法测定（Bradford et al，1976），以牛血清白蛋白为基准物。

4. 数据统计

试验结果采用"平均值±标准差"（means±SD）表示。采用 SPSS 19.0 统计软件中 one-way ANOVA 进行单因素方差分析，若差异显著，则采用 Duncan 多重比较法进行多重比较，差异显著水平为 $P < 0.05$。用 Excel 2010 绘制图表。

二、结果

1. 饲料蛋白质水平对拉萨裸裂尻鱼幼鱼生长的影响

由表 3-129 可知，试验中，随着饲料蛋白质水平的逐渐升高，拉萨裸裂尻鱼幼鱼生长速度呈先升后降的趋势。当蛋白质水平 30%、35% 时，拉萨裸裂尻鱼幼鱼末重和增重率显著高于其他组（$P < 0.05$），但彼此差异不显著（$P > 0.05$）。35% 蛋白质水平时试验鱼增重率最大，为（57.96±6.88）%。20% 蛋白质水平组生长速度最慢，为（29.57±2.46）%，与 25% 蛋白质水平组差异不显著（$P > 0.05$），显著低于其余试验组（$P < 0.05$）。25%、40%、45% 三组蛋白质水平组间末重和增重率均差异不显著（$P > 0.05$），三组中自 40% 蛋白质水平组后，末重和增重率开始下降，到蛋白水平 45% 时与 25% 蛋白质水平组的末重和增重率接近。

表 3-129 不同蛋白质水平对拉萨裸裂尻鱼幼鱼生长的影响

组别 （蛋白质水平）	初始体重/g	终末体重/g	体重增长率/%
20%	22.70±0.26	29.42±0.71[a]	29.57±2.46[a]
25%	22.37±0.93	31.10±1.03[ab]	39.06±1.72[ab]
30%	22.37±0.68	35.01±2.53[cd]	56.48±9.56[c]
35%	22.30±0.56	35.24±2.09[d]	57.96±6.88[c]
40%	22.37±0.67	32.41±0.57[bc]	44.99±4.93[b]
45%	22.40±0.62	31.41±0.87[ab]	40.24±1.63[b]

注：同列不同上标字母表示指标间存在显著差异（$P < 0.05$），下同。

2. 饲料蛋白质水平对拉萨裸裂尻鱼幼鱼血清免疫指标的影响

不同蛋白质水平饲料对拉萨裸裂尻鱼幼鱼血清溶菌酶（LZM）和免疫球蛋白 M（IgM）的影响见图 3-136。LZM 活力值在蛋白质水平 30% 及 35% 时差异不显著（$P > 0.05$），但显著高于其他组（$P < 0.05$），最高值为（46.460±2.481）$\mu g/mL$，蛋白质水平 45% 时 LZM 酶活力值最低，为（31.393±2.375）$\mu g/mL$，与 20% 蛋白质水平组组间差异不显著（$P > 0.05$），显著低于其余试验组（$P < 0.05$）。其他各饲料组之间，20%、45% 蛋白质水平组组间差异不显著（$P > 0.05$），25%、40% 蛋白质水平组组间差异不显著（$P > 0.05$），总体表现出 LZM 酶活力值随蛋白质水平的逐渐升高呈先升高后降低的趋势。

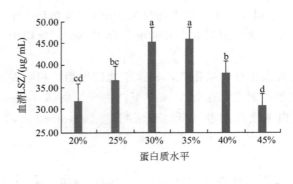

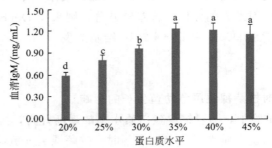

图 3-136　不同蛋白质水平对拉萨裸裂尻鱼幼鱼血清 LZM 和 IgM 活力的影响

不同字母表示指标间存在显著差异（$P<0.05$），下同

IgM 活力值在饲料蛋白质水平 35%～45% 时差异不显著（$P<0.05$），显著高于其他组，最高值为（1.267 ± 0.057）mg/mL；蛋白质水平 20% 时 IgM 活力值最低，为（0.617 ± 0.031）mg/mL，显著低于其余试验组（$P<0.05$）。其他各饲料组之间，35%、40%、45% 蛋白质水平组组间差异不显著（$P>0.05$），20%、25%、30% 蛋白质水平组组间差异显著（$P<0.05$），但 20%、25%、30% 蛋白质水平组各组均与 35%、40%、45% 蛋白质水平组各组组间差异显著（$P<0.05$）。总体表现出 IgM 活力值随蛋白质水平的逐渐升高先升高后降低，但与 LZM 比较，IgM 酶活力值在 35% 蛋白质水平组之后下降缓慢，均差异不显著（$P>0.05$）。

3. 饲料蛋白质水平对拉萨裸裂尻鱼幼鱼肝脏和血清 ACP 的影响

不同蛋白质水平饲料对拉萨裸裂尻鱼幼鱼血清和肝脏酸性磷酸酶（ACP）酶活力的影响见图 3-137。肝脏 ACP 酶活力值在蛋白质水平 35% 时最高，为（187.387 ± 7.750）U/gprot，显著高于其他组（$P<0.05$）。蛋白质水平 20% 时，ACP 酶活力值最低，为（123.519 ± 6.850）U/gprot，与 25%、45% 蛋白质水平组差异不显著（$P>0.05$），与其他组均差异显著（$P<0.05$）。其他各饲料组之间，30%、40% 蛋白质水平组差异不显著（$P>0.05$），20%、25%、45% 蛋白质水平组组间差异不显著（$P>0.05$），总体表现出肝脏 ACP 酶活力值随饲料蛋白质水平的升高呈先升高后降低的趋势。

血清 ACP 酶活力值在蛋白质水平 30% 时最高，为（8.129 ± 0.879）U/100mL，显著高于其他试验组（$P<0.05$）；蛋白质水平 20% 时血清 ACP 酶活力值最低，为（5.382 ± 0.677）U/100mL，显著低于 30% 蛋白质水平组（$P<0.05$），与其他蛋白质水平组均差异不显著（$P>0.05$）。其他各饲料组之间，20%、25%、35%、40%、45% 蛋白质水平组组间均差异不显著（$P>0.05$），总体表现出血清 ACP 酶活力值随蛋白质水平的逐渐升高呈先缓慢升高后缓慢降低的趋势，与肝脏 ACP 酶比较，血清 ACP 酶活力值改变随蛋白质水平高低变化不敏感。

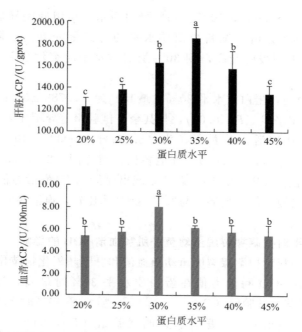

图 3-137 不同蛋白质水平对拉萨裸裂尻鱼幼鱼肝脏和血清 ACP 酶活力的影响

4. 饲料蛋白质水平对拉萨裸裂尻鱼幼鱼肝脏和血清 AKP 的影响

由图 3-138 可知，不同蛋白质水平饲料对拉萨裸裂尻鱼幼鱼血清和肝脏碱性磷酸酶（AKP）酶活力具有显著影响（$P<0.05$）。肝脏 AKP 酶活力值在蛋白质水平 30％时最高，为（31.139±2.707）U/gprot，显著高于其他组（$P<0.05$）。蛋白质水平 20％时 AKP 酶活力值最低，为（18.840±1.207）U/gprot，显著低于 30％和 35％蛋白质水平组（$P<0.05$），与其他组均差异不显著（$P>0.05$）。其他各饲料组之间，20％、25％、40％、45％蛋白质水平

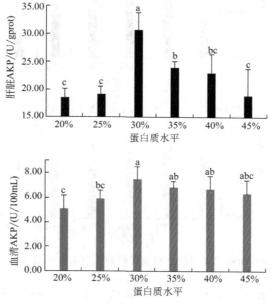

图 3-138 不同蛋白质水平对拉萨裸裂尻鱼幼鱼肝脏和血清 AKP 酶活力的影响

组组间差异不显著（$P>0.05$），30％、35％蛋白质水平组组间差异显著（$P<0.05$），总体表现出肝脏 AKP 酶活力值随饲料蛋白质水平的升高呈先升高后降低的趋势，具体为20％～25％蛋白质水平间缓慢升高，到 30％蛋白质水平时突然显著地升高，之后显著降低（$P<0.05$）。

血清 AKP 酶活力值在蛋白质水平 30％时最高，为（7.788±0.881）U/100mL，显著高于 20％、25％蛋白质水平组（$P<0.05$），与其余各试验组差异不显著（$P>0.05$）。蛋白质水平 20％时血清 AKP 酶活力值最低，为（5.237±1.003）U/100mL，显著低于 30％、35％、40％蛋白质水平组（$P<0.05$）。其他各饲料组之间，25％、35％、40％、45％蛋白水平组组间均差异不显著（$P>0.05$）。总体表现出血清 AKP 酶活力值随饲料蛋白质水平的升高呈先缓慢升高后缓慢降低的趋势，与肝脏 AKP 酶比较，血清 AcP 酶活力值改变随蛋白质水平高低变化不敏感。

5. 饲料蛋白质水平对拉萨裸裂尻鱼幼鱼肝脏和血清 SOD 的影响

不同蛋白质水平饲料对拉萨裸裂尻鱼幼鱼血清和肝脏超氧化物歧化酶（SOD）酶活力的影响见图 3-139。肝脏 SOD 酶活力值在蛋白质水平 30％时最高，为（135.465±6.932）U/mgprot，显著高于其他试验组（$P<0.05$）。蛋白质水平 45％时 SOD 酶活力值最低，为（67.037±4.010）U/mgprot，显著低于其他试验组（$P<0.05$）。其他各饲料组之间，25％、35％蛋白质水平组组间差异不显著（$P>0.05$），20％、40％蛋白质水平组组间差异不显著（$P>0.05$），但 25％、35％蛋白水平组与 20％、40％蛋白质水平组组间差异显著（$P>0.05$）。总体表现出肝脏 SOD 酶活力值随饲料蛋白质水平的升高呈先升高后降低的趋势，在 30％蛋白质水平组之后显著下降（$P>0.05$）。

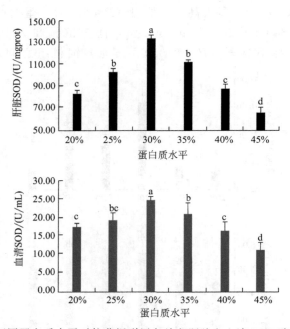

图 3-139　不同蛋白质水平对拉萨裸裂尻鱼幼鱼肝脏和血清 SOD 酶活力的影响

血清 SOD 酶活力值在蛋白质水平 30％时最高，为（24.689±1.295）U/mL，显著高于其他试验组（$P<0.05$），蛋白质水平 45％时血清 SOD 酶活力值最低，为（11.840±1.550）

U/mL，显著低于其他试验组（$P<0.05$）。其他各饲料组之间，25％、35％蛋白质水平组组间差异不显著（$P>0.05$），20％、25％、40％蛋白水平组组间差异不显著（$P>0.05$）。总体表现出血清 SOD 酶活力值随蛋白质水平的升高呈先升高后降低的趋势，与肝脏 SOD 酶比较，均在 30％蛋白质水平组之后显著下降（$P<0.05$）。

6. 饲料蛋白质水平对拉萨裸裂尻鱼幼鱼肝脏和血清 CAT 的影响

由图 3-140 可知，不同蛋白质水平组试验鱼血清和肝脏过氧化氢酶（CAT）酶活力具有显著差异（$P<0.05$）。肝脏 CAT 酶活力值在蛋白质水平 35％时最高，为（22.948±2.723）U/mgprot，同 30％蛋白质水平组差异不显著（$P>0.05$），显著高于其他试验组（$P<0.05$）。蛋白水平 45％时 CAT 酶活力值最低，为（11.647±1.690）U/mgprot，与 40％蛋白质水平组组间差异不显著（$P>0.05$），与其他组均差异显著（$P<0.05$）。其他各饲料组之间，20％、25％蛋白质水平组组间差异不显著（$P>0.05$），20％、40％蛋白质水平组组间差异不显著（$P>0.05$），总体表现出肝脏 CAT 酶活力值随蛋白质水平的升高呈先升高后降低的趋势，在 35％蛋白质水平组之后显著降低（$P<0.05$）。

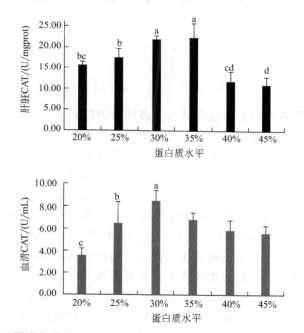

图 3-140　不同蛋白质水平对拉萨裸裂尻鱼幼鱼肝脏和血清 CAT 酶活力的影响

血清 CAT 酶活力值在蛋白质水平 30％时最高，值为（8.854±0.903）U/mL，显著高于其他试验组（$P<0.05$），但与 35％蛋白质水平组组间差异不显著（$P>0.05$）。蛋白质水平 20％时血清 CAT 酶活力值最低，为（3.726±0.631）U/mL，显著低于其他试验组（$P<0.05$）。其他各饲料组之间，25％、35％、40％、45％蛋白质水平组组间均差异不显著（$P>0.05$），总体表现出血清 CAT 酶活力值随蛋白质水平的升高呈先升高后缓慢降低的趋势，与肝脏 CAT 酶比较，血清 CAT 酶活力值在峰值之后改变随蛋白质水平高低变化不敏感。

7. 饲料蛋白质水平对拉萨裸裂尻鱼幼鱼肝脏 MDA 的影响

由图 3-141 可知，实验中，随饲料蛋白质水平的升高，拉萨裸裂尻鱼幼鱼肝脏丙二醛酶

（MDA）酶活力值呈降低的趋势。蛋白质水平在 20％、25％时，拉萨裸裂尻鱼幼鱼肝脏 MDA 酶活力值显著高于其他组（$P<0.05$），20％蛋白质水平时试验鱼肝脏 MDA 酶活力值最高，为（2.137±0.163)nmol/gprot，但彼此差异不显著（$P>0.05$）。45％蛋白水平时试验鱼肝脏 MDA 活力值最低，为（1.450±0.080）nmol/gprot。其他各饲料蛋白质水平中，30％蛋白质水平组试验鱼肝脏 MDA 酶活力值居中，为（1.853±0.071)nmol/gprot，与其他各蛋白质水平组差异显著（$P<0.05$）。35％、40％、45％三组蛋白质水平组间试验鱼肝脏 MDA 酶活力值均差异不显著（$P>0.05$），三组中试验鱼肝脏 MDA 酶活力值很接近。

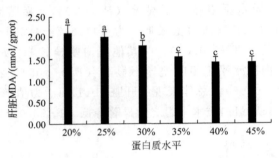

图 3-141　不同蛋白质水平对拉萨裸裂尻鱼幼鱼肝脏 MDA 酶活力的影响

三、讨论

1. 饲料蛋白质水平对拉萨裸裂尻鱼幼鱼免疫酶活力的影响

鱼体为适应不同的饲料蛋白质水平，其血清生化指标和免疫酶活性也将发生与之对应的改变（Barton & Iwama，1991）。血清和肝脏中免疫酶各指标数值的相应变化，直观表现出鱼体的免疫能力，间接反映该饲料蛋白质水平下鱼体的健康状况。LZM 和 IgM 是鱼体免疫能力最简单而易检测的指示性酶（陈庆凯，2014；Andrade et al，2007），分别是重要的非特异性和特异性免疫酶，都对侵害鱼体的外源物进行识别、破坏和清除（Becerril et al，2014；Tian et al，2010）。AKP 和 ACP 均为磷酸单酯酶，不仅能催化磷酸单酯水解，还直接参与磷酸基团的转移，并且在动物机体的骨化过程及磷化物和其他营养物质的消化、吸收和转运过程中起着重要作用，是动物体内重要的解毒体系（Yukio et al，1982；张辉，张海莲，2003）。AKP 作为细胞膜标志酶，主要位于细胞膜上（孙虎山，李光友，1999），是生物体内一种重要的代谢调控酶，属非特异性磷酸单酯酶，直接参与磷酸基团的转移，加速物质的生成与转运（江晓路等，1999），为 ADP 磷酸化形成 ATP 提供有机磷酸，产生能量（刘树青等，1999）。ACP 作为溶酶体的标志酶，主要位于细胞的溶酶体中（王春梅等，2004），与溶酶体生理功能的正常发挥密切相关，是吞噬溶酶体的重要组成部分，在血细胞进行的吞噬和包囊反应中，释放 ACP（刘岩等，2000）。

本研究中以不同蛋白质水平饲喂后的拉萨裸裂尻鱼幼鱼血清中，LZM 和 IgM 均表现出随蛋白质水平升高呈先升高后降低的趋势，都在蛋白质水平 35％时活力最强，之后 IgM 下降不显著，LZM 下降显著。说明适宜的饲料蛋白质水平有利于提高鱼体 LZM 和 IgM 免疫酶的活性。这与肖温温等（2012）对大口黑鲈（Micropterus salmoides）、杨兰等（2018）对洛氏鲹和 Hgang 等（2015）对镜鲤幼鱼的研究结果一致。而乐贻荣等（2013）对奥尼罗非鱼（O. niloticus × O. aureus）和蔡春芳等（2001）对异育银鲫的研究则显示，饲料蛋白质水平并未显著影响 LZM 和 IgM 的活性，上述差异可能与试验鱼种类、养殖环境、蛋白质水平、蛋白源等因素不同有关。

　　本研究中发现拉萨裸裂尻鱼幼鱼不仅血清中 LZM 和 IgM 均表现出随蛋白质水平升高呈先升高后降低的趋势，肝脏 AKP、ACP 和血清 AKP、ACP 也表现出类似的趋势。肝脏 AKP、ACP 分别在蛋白质水平 30%、35% 时最高，血清 AKP、ACP 均在蛋白质水平 30% 时最高。说明适宜的饲料蛋白质水平有利于体高鱼提肝脏 AKP、ACP 和血清 AKP、ACP 酶的活性。就血清 AKP、ACP 而言，与黄金风等（2013）对松浦镜鲤幼鱼、强俊等（2013）对吉富罗非鱼和杨兰等（2018）对洛氏鲹的研究结果一致。而张宝龙等（2015）对鲤鱼和王常安等（2014）对大鳞鲃的研究显示饲料蛋白质水平并未显著影响血清 AKP、ACP。推测上述差异可能与试验鱼种类、养殖环境、蛋白质水平、蛋白源等因素不同有关。就肝脏 AKP、ACP 而言，强俊等（2013）对吉富罗非鱼和朱仙龙（2014）对两种石斑鱼研究均显示过高的蛋白质水平会对肝脏造成一定程度的不可逆的损伤，本研究也显示出同样的结果：随着蛋白质水平增高，超过 30%、35% 时，肝脏 AKP、ACP 活性显著降低，影响鱼体对蛋白质的吸收，与鱼体生长指标显示结果一致。

　　李金亭等（2004）研究认为，位于细胞膜上的 AKP 可能通过转磷酸化作用，水解有机磷酸，参与细胞信号的传导，同时在肝脏也参与脂类的水解。而且目前由于 AKP 活性和脂类的吸收存在正相关这一关系，因此外界普遍把 AKP 的活性作为脂类吸收强度的指示物（Tengjaroenkul et al，2000）。当动物体在满足基本营养需要后，摄入的剩余能量将转化为脂肪储能。本试验研究结果显示，肝脏中的 AKP 随蛋白质水平升高，先显著升高，蛋白质水平 30% 时达到最大值，之后显著下降，推测与肝细胞膜上 AKP 的信号传导有关，即蛋白质水平逐渐升高，AKP 释放吸取更多能量的信号，增强其酶活性，在达到峰值之后，AKP 释放信号及维持其活性峰值，或稍有降低。而后由于过高的蛋白质水平导致肝细胞受损，肝细胞膜通透性增强，AKP 渗出到血液中。这与在血清中 AKP 达到峰值之后检测到其活性未显著降低的结果吻合。

　　孙静秋等（2007）研究发现肝脏中 ACP 参与虾体脂类的水解，本研究发现在蛋白质水平 30% 时，肝脏中作为脂类吸收强度指示物的 AKP 达到峰值，而紧随其后的 35% 蛋白质水平下，肝脏中参与脂类水解的 ACP 便达到峰值，之后肝脏中 ACP 又显著下降，血清中 ACP 则显著回归。推测肝脏中 ACP 显著下降与肝细胞受损有关，血清中 ACP 显著回归，从数据上看血清 ACP 对高蛋白质水平表现出一定的适应性调节，但长期看不利于鱼体健康。孙静秋等（2007）研究认为 AKP、ACP 在对虾的生长和免疫反应中发挥着积极的作用，本研究也认为适宜的饲料蛋白质水平下 AKP、ACP 对拉萨裸裂尻鱼幼鱼的生长和免疫反应同样发挥着积极的作用。

　　综上，合理的饲料蛋白质水平对拉萨裸裂尻鱼幼鱼的生长和免疫酶活性有一定的促进作用。

2. 饲料蛋白质水平对拉萨裸裂尻鱼幼鱼抗氧化能力的影响

　　生物在受到外界胁迫时，可促使机体细胞内线粒体、微粒体和胞浆的酶系统和非酶系统反应，还原产生活性氧和氧自由基，不及时清除会造成生物体活性氧损伤（孙静秋等，2007）。鱼类抗氧化防御系统同样分为酶促与非酶促两大部分，其中 SOD 和 CAT 就是两个重要的抗氧化酶，SOD 与 CAT 能有效清除体内的超氧阴离子自由基（$O_2^- \cdot$）、游离氧（O）、氢自由基（H·）和 H_2O_2 等活性氧物质（鲁双庆等，2002；Kanak et al，2014）。生物体内多不饱和脂肪酸等抗氧化脂类与氧化自由基反应时，会引发脂质过氧化，经分子内的环化、裂解等步骤作用，最终降解产生丙二醛，当丙二醛和体内脂质、蛋白质、核酸等大分子进行交错联结反应时，鱼体清除自由基的能力降低，进而对机体造成伤害（王奇等，2010）。丙二醛水平既可判定机体脂质过氧化程度，也可间接反映自由基产生侵害的程度、生物活性及其抗氧化能力的强弱（Viarengo et al，1995），被广泛用作氧化应激中细胞膜氧化损伤的评价指标（Lepage et al，1991）。

　　本研究结果显示，在不同饲料蛋白质水平营养胁迫条件下，拉萨裸裂尻鱼幼鱼肝脏 SOD、CAT、MDA 酶活和血清 SOD、CAT 酶活均受到显著影响。肝脏和血清 SOD 均在蛋白质水平 30% 时显著高于其他组，肝脏和血清 CAT 分别在蛋白质水平 35%、30% 时活性最高，但彼此间均差异不显著，总体都随蛋白质水平升高表现出先升高后降低的趋势。而肝脏 MDA 则随蛋白质水平升高显著降低，在蛋白质水平 30% 之后趋于稳定。这与孙金辉等（2017）对鲤幼鱼和张晨捷等（2016）对云纹石斑鱼幼鱼的研究结果一致。而唐媛媛等（2013）对卵形鲳鲹的研究结果则显示肝脏 SOD、CAT 酶活性与蛋白质水平呈正相关，并未出现下降的趋势，但其余结果与本研究一致。造成上述差异的原因，可能是唐媛媛等设置的蛋白质水平仅有 3 个，蛋白质水平刚好处于肝脏 SOD、CAT 酶活性下降之前的梯度，未设置到超鱼体承受限度蛋白质水平梯度造成的。

　　综上，合理的饲料蛋白质水平对拉萨裸裂尻鱼幼鱼的抗氧化酶活性有一定的促进作用。

第六节　饲料蛋白质水平对野生拉萨裸裂尻鱼幼鱼生长、形体指数和肌肉生化组成的影响

　　本节设置一系列蛋白质水平梯度饲料养殖拉萨裸裂尻鱼 60d，旨在研究其饲料蛋白质的最适需求量，并探讨不同蛋白质水平饲料对拉萨裸裂尻鱼幼鱼生长性能、形体指标及肌肉营养成分的影响，为拉萨裸裂尻鱼人工配合饲料的科学配制提供理论依据，以期为拉萨裸裂尻鱼人工养殖打下基础，为拉萨裸裂尻鱼资源合理开发及保护奠下基础。

一、材料与方法

1. 试验饲料

　　以白鱼粉、酪蛋白、南极磷虾粉为蛋白源，以鱼油为脂肪源，玉米淀粉、糊化淀粉为糖源，设计出蛋白质水平分别为 20%、25%、30%、35%、40%、45% 的六种等脂等能试验饲料。饲料原料经粉碎后过 60 目筛，按照配比称重，采用逐级混匀法混合均匀，用制粒机做成直径 2mm 的饲料，置于 −4℃ 冰箱中保存备用。基础试验饲料配方及营养组成见表 3-124。

2. 试验设计及饲养管理

　　试验用拉萨裸裂尻鱼为 2017 年于雅鲁藏布江日喀则段捕获，在水泥池（长 4.0m × 宽 3.0m × 高 0.6m）中驯养 60d。待野生拉萨裸裂尻鱼能正常抢食后，选择大小均匀、健康、无伤病、体重为 (22.42±0.56)g 的拉萨裸裂尻鱼 540 尾，随机分为 6 个组，每组 3 个重复，每个重复 30 尾鱼，并分别放入 18 个水族缸（长 0.6m × 宽 0.5m × 高 0.4m），分别投喂蛋白质水平不同的 6 种试验饲料，每天按试验鱼体重 3%～5% 表观饱食投喂 3 次（07：00、12：00、17：00），投饵 1 h 后将残饵捞出烘干称重并记录，整个试验持续 60d。试验用水为曝气后的井水，试验用水族缸内水 24h 循环，循环量为 120L/h，水温 12.0～13.0℃，pH 8.0～8.5，溶氧≥6.0mg/L，氨氮≤0.01mg/L，亚硝酸≤0.02mg/L。

3. 样品采集及指标测定方法

养殖试验结束后对试验鱼饥饿 24 h，然后对每个重复组进行计数、称重。分别在各平行组中随机取 10 尾试验鱼用 50mg/L 的 MS-222 溶液麻醉，分别测定其体长和体重后解剖取出内脏、肝胰脏、肠道，分别称重用于计算脏体比、肝体比、肠体比；另外每个平行组试验鱼取肌肉累计不少于 50g，保存于 -80℃ 冰箱中，用于测定肌肉营养成分。

饲料及肌肉中水分、粗蛋白质、粗脂肪和粗灰分的质量分数测定参照 AOAC（Horwitz W，1995）的方法。粗蛋白质的质量分数采用凯氏定氮法测定；粗脂肪的质量分数采用索氏抽提法（乙醚为溶剂）测定；水分的质量分数采用冷冻干燥法测定；粗灰分的质量分数，将样品在电炉上碳化后，在马福炉中灼烧（550℃）12h 后测定。

4. 计算公式

增重率（Weight gain rate，WGR，%）$=(W_t - W_0) \times 100/W_0$；

特定生长率（specific growth rate，SGR，%/d）$=(\ln W_t - \ln W_0) \times 100/d$

摄食率（Feeding ratio，FR，%）$=200 \times F/[(W_t + W_0) \times d]$

饲料系数（Feed conversion ratio，FCR）$=F/(W_t - W_0)$。

蛋白质效率（protein efficiency ratio，PER）$=(W_t - W_0)/(F \times P)$

成活率（Survival rate，SR，%）$=100 \times N_f/N_i$

肥满度（Condition factor，CF，g/cm^3）$=100 \times W_t/L^3$

脏体比（Viscerasomatic index，VSI，%）$=100 \times W_v/W_t$

肝体比（Hepaticsomatic index，HSI，%）$=100 \times W_h/W_t$

肠体比（viserosomatic index，VI，%）$=100 \times W_{vi}/W_t$

式中：W_0、W_t 分别为试验鱼的初始体重和终末体重，g；d 为养殖天数，d；F 为饲料摄入量，g；P 为饲料粗蛋白质含量，%；N_f、N_i 分别为试验开始和结束时试验鱼的尾数；L 为体长，cm；W_v、W_h、W_{vi} 分别为试验鱼内脏团、肝脏、肠道的质量，g。

5. 数据统计

试验结果采用"平均值±标准差"（means±SD）表示。采用 SPSS 19.0 统计软件中 one-way ANOVA 进行单因素方差分析，若差异显著，则采用 Duncan 多重比较法进行多重比较，差异显著水平为 $P < 0.05$。

二、结果

1. 饲料蛋白质水平对拉萨裸裂尻鱼生长及饲料利用的影响

饲料蛋白质水平对拉萨裸裂尻鱼生长性能的影响见表 3-130。随着饲料蛋白质水平的增加，拉萨裸裂尻鱼末重（FW）、增重率（WGR）、特定生长率（SGR）、蛋白质效率（PER）均呈先升高后降低的变化趋势。FW、WGR、SGR 均在饲料蛋白质水平为 35% 时达到最大，分别为 35.24g、57.96% 和 0.76%/d，与饲料蛋白质水平为 30% 的试验组差异不显著（$P > 0.05$）。PER 在饲料蛋白质水平为 30% 时达到最大，为 1.29，与饲料蛋白质水平为 30% 的试验组差异不显著（$P > 0.05$）。摄食率（FR）在饲料蛋白质水平为 35% 的试验组最大，为 1.95%；与饲料蛋白质水平为 20%～30% 的试验组差异不显著（$P > 0.05$），显著高于饲料蛋白质水平为 40%～45% 的试验组。饲料系数（FCR）随着饲料蛋白质水平的升高呈先降低后升高的变化趋势，且在饲料蛋白质水平为 30% 时最低，为 2.57，与饲料蛋白质水平为 35% 的试验组差异不显著（$P>0.05$）。以二次曲线来拟合饲料蛋白质水平（x）与 WGR（y_1）、SGR（y_2）、FCR（y_3）、PER（y_4）的关系，得回归方程 $y_1 = -1376.9x^2 + 936.45x - 104.16 (R^2 = 0.8696)$，$y_2 = -15.857x^2 + 10.81x - 1.1127 (R^2 = 0.894)$，$y_3 = 80.429x^2 - 56.799x + 12.576 (R^2 = 0.9572)$，$y_4 = -17.571x^2 + 9.5471x - 0.0887 (R^2 = 0.9282)$。则 WGR、SGR、FCR、PER 最优时饲料蛋白质水平分别为 34.01%、34.09%、35.31% 和 27.17%（图 3-142～图 3-145）。各试验组成活率差异不显著（$P>0.05$）。

表 3-130　饲料蛋白质水平对拉萨裸裂尻鱼生长性能的影响（平均值±标准差）

蛋白质水平/%	初重/g	末重/g	摄食率/%	增重率 WGR/%	特定生长率 SGR /(%/d)	饲料系数 FCR	蛋白质效率 PER	成活率 SR /%
20	22.70±0.26	29.42±0.71^a	1.93±0.13^b	29.57±2.46^a	0.43±0.03^a	4.49±0.03^e	1.11±0.01^c	70.00±10.00
25	22.37±0.93	31.10±1.03^{ab}	1.85±0.02^{ab}	39.06±1.72^{ab}	0.55±0.02^b	3.40±0.08^d	1.17±0.03^{cd}	73.22±8.95
30	22.37±0.68	35.01±2.53^{cd}	1.86±0.04^{ab}	56.48±9.56^c	0.74±0.10^c	2.57±0.27^a	1.29±0.14^d	74.44±13.88
35	22.30±0.56	35.24±2.09^d	1.95±0.03^b	57.96±6.88^c	0.76±0.07^c	2.62±0.23^{ab}	1.07±0.09^c	76.67±8.82
40	22.37±0.67	32.41±0.57^{bc}	1.79±0.05^a	44.99±4.93^b	0.62±0.06^b	2.93±0.21^{bc}	0.85±0.06^b	49.00±36.98
45	22.40±0.62	31.41±0.87^{ab}	1.78±0.01^a	40.24±1.63^b	0.56±0.02^b	3.18±0.12^{cd}	0.69±0.03^a	72.22±3.85

注：1. 表格中所给数据为平均数及 3 个重复标准差。
　　2. 表格中同列肩标相同小写字母或无字母表示差异不显著（$P>0.05$），不同小写字母表示差异显著（$P<0.05$）。下表同。

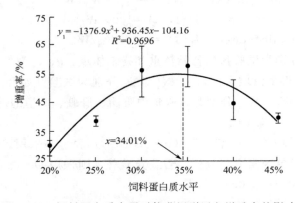

图 3-142　饲料蛋白质水平对拉萨裸裂尻鱼增重率的影响

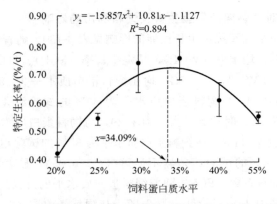

图 3-143　饲料蛋白质水平对拉萨裸裂尻鱼特定生长率的影响

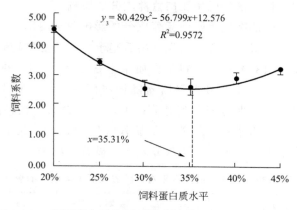

图 3-144　饲料蛋白质水平对拉萨裸裂尻鱼饲料系数的影响

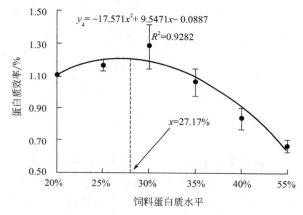

图 3-145　饲料蛋白质水平对拉萨裸裂尻鱼蛋白质效率的影响

2. 饲料蛋白质水平对拉萨裸裂尻鱼形体指标的影响

饲料蛋白质水平对拉萨裸裂尻鱼形体指标的影响见表 3-131。拉萨裸裂尻鱼肥满度（CF）在饲料蛋白质水平为 30% 时最高，显著高于其余各试验组，脏体比（VSI）、肝体比（HSI）、肠体比（VI）均呈先降低后升高的变化趋势，且均在饲料蛋白质水平为 35% 时取得最小值，分别为 11.41%、1.86%、1.83%；VSI 在饲料蛋白质水平为 35% 和 40% 的试验组差异不显著（$P > 0.05$）；HSI、VI 在饲料蛋白质水平为 30%～40% 的试验组差异不显著（$P > 0.05$）。

表 3-131　饲料蛋白质水平对拉萨裸裂尻鱼形体指标的影响

蛋白水平/%	肥满度 CF/(g/cm³)	脏体比 VSI/%	肝体比 HSI/%	肠体比 VI/%
20	0.82±0.02ᵃ	15.51±0.61ᶜ	2.24±0.03ᶜ	2.45±0.09ᵇ
25	0.84±0.01ᵃ	14.82±0.96ᶜ	2.07±0.06ᵇ	2.26±0.09ᵇ
30	0.87±0.01ᵇ	13.12±0.55ᵇ	1.94±0.09ᵃᵇ	2.01±0.26ᵃ
35	0.85±0.01ᵃ	11.41±0.05ᵃ	1.86±0.08ᵃ	1.83±0.07ᵃ
40	0.84±0.01ᵃ	11.52±0.47ᵃ	1.95±0.09ᵃᵇ	1.88±0.03ᵃ
45	0.83±0.01ᵃ	14.91±0.31ᶜ	2.27±0.07ᶜ	2.27±0.10ᵇ

3. 饲料蛋白质水平对拉萨裸裂尻鱼肌肉营养成分的影响

饲料蛋白质水平对拉萨裸裂尻鱼肌肉营养成分的影响见表 3-132。随着饲料蛋白质水平的升高拉萨裸裂尻鱼肌肉粗蛋白质含量呈先升高后趋于稳定的变化趋势，且在饲料蛋白质水平为 40% 时达到最高，为 18.97%；饲料蛋白质水平在 30%～45% 的试验组肌肉粗蛋白质含量差异不显著（$P>0.05$）。肌肉粗脂肪含量随饲料蛋白质水平的升高呈先降低后趋于稳定的变化趋势，且在蛋白质水平为 35% 时达到最低，为 1.68%。饲料蛋白质水平≥35% 后，各试验组拉萨裸裂尻鱼肌肉粗脂肪含量差异不显著（$P>0.05$）。随着饲料蛋白质水平的升高，各试验组鱼肌肉冻干水分、水分、粗灰分差异不显著（$P>0.05$）。

表 3-132　饲料蛋白质水平对拉萨裸裂尻鱼体成分的影响

蛋白质水平/%	冻干水分/%	水分/%	粗蛋白质/%	粗灰分/%	粗脂肪/%
20	77.40±0.12	1.78±0.17	17.37±0.43[a]	1.31±0.04	2.56±0.10[c]
25	77.84±0.94	1.84±0.08	18.20±0.75[b]	1.27±0.06	2.19±0.14[b]
30	77.22±0.01	1.90±0.10	18.92±0.14[c]	1.31±0.04	2.08±0.09[b]
35	77.41±0.52	1.94±0.25	18.87±0.10[c]	1.38±0.12	1.68±0.08[a]
40	77.40±0.50	1.69±0.07	18.97±0.06[c]	1.31±0.04	1.73±0.10[a]
45	77.31±0.43	1.76±0.03	18.89±0.07[c]	1.29±0.01	1.79±0.14[a]

三、讨论

1. 饲料蛋白质水平对拉萨裸裂尻鱼幼鱼生长及饲料利用的影响

蛋白质最适需要量是指满足鱼体最大生长或鱼体蛋白质最大增加量所必需的最经济的摄食量（林鼎等，1980）。养殖效果主要包括鱼体的生长速率和鱼体对饲料的利用率（如饲料系数和蛋白质效率等）(叶元土等，1999）。蛋白质是鱼体重要组成部分，在一定范围内提高饲料蛋白质水平能满足鱼体的营养需求，可促进鱼类的生长和饲料利用率（曾本和等，2017）。但过量的饲料蛋白质会通过肝脏脱氨基作用转化为能源被消耗掉，同时由于蛋白源价格昂贵，导致饲料的成本提高（Martínez-Palacios et al，2007）。Santiago 等（1991）研究发现等能的高蛋白质水平饲料含有的非蛋白能量不足，使部分饲料蛋白质被鱼体分解转化为能量，导致蛋白质效率下降。而 Lee 等（2000）对牙鲆（Paralichthys olivaceus）、Kim 等（2005）对黄颡鱼（Pelteobagrus fulvidraco）研究发现，蛋白质效率随饲料蛋白质水平的增加显著降低；张磊等（2016）对达氏鲟（Acipenser dabryanus）研究发现，饲料蛋白质水平在 30%～40% 时，蛋白质效率并无显著差异，但当饲料蛋白质水平从 40% 增加到 50% 时，蛋白质效率显著下降；在本试验中拉萨裸裂尻鱼幼鱼生长和蛋白质效率均呈先升高后降低的变化趋势，饲料利用率呈先降低后升高的变化趋势，进一步佐证了以上观点。

在本试验中，以生长性能及蛋白质效率为指标，得出拉萨裸裂尻鱼幼鱼最适饲料添加量为 34.01%～35.31%。较岩原鲤（Procypris rabaudi）（钱前等，2013）、大鳞鲃（Barbus capito）（王常安等，2014）、齐口裂腹鱼 [Schizothorax (schizothorax.) prenanti]（向枭等，2012）、中华倒刺鲃 [Spinibarbus sinensis (Bleeker，1871)]（林小植等，2009）等大部分鲤科鱼类低（表 3-133），这可能与试验鱼有关。本试验试验鱼为雅鲁藏布江日喀则段捕获的野生拉萨裸裂尻鱼，在野外环境下拉萨裸裂尻鱼食物组成主要为藻类，数量百分比为99.9%，小型无脊椎动物占0.1%（杨学峰等，2011），试验拉萨裸裂尻鱼适应了长期摄食的低蛋白质饲料，因此对蛋白质需求量较低。较草鱼（*Ctenopharyngodon idellus*）（田娟等，2016）高，同松浦镜鲤（*Songpu mirror carp*）（黄金凤等，2013）、异育银鲫（*Carassius auratus gibelio*）（何吉祥等，2014）、鲤鱼（*Cyprinus carpio*）（伍代勇等，2011）、刺鲃[*Barbodes（spinibarbus）caldwel*]（吕耀平等，2009）相近。因此，在没有拉萨裸裂尻鱼养殖专用饲料情况下，建议驯化及养殖拉萨裸裂尻鱼采用鲤鱼及异育银鲫饲料。

表 3-133　鲤科鱼类最适蛋白质需求量

名称	拉丁名	分类	规格/%	食性	最适蛋白质需求量/%
松浦镜鲤	*Songpu mirror carp*	鲤科	10.11±1.07	杂食性	32～34
岩原鲤	*Procypris rabaudi*	鲤科	7.93±0.16	杂食性	38.57～40.25
大鳞鲃	*Barbus capito*	鲤科	11.07±2.42	杂食性	43.09～44.15
草鱼	*Ctenopharyngodon idellus*	鲤科	16.85±0.29	草食性	30
异育银鲫	*Carassius auratus gibelio*	鲤科	2.85±0.09	杂食性	35.05～37.15
齐口裂腹鱼	*Schizothorax（schizothorax.）prenanti*	鲤科	11.45±0.39	杂食性	39.94～42.54
刺鲃	*Barbodes（spinibarbus）caldwel*	鲤科	1.26±0.02	杂食性	34
中华倒刺鲃	*Spinibarbus sinensis*（Bleeker，1871）	鲤科	10.34±1.60	杂食性	39.6～42.2
鲤鱼	*Cyprinus carpio*	鲤科	75.39±0.18	杂食性	30～32

2. 拉萨裸裂尻鱼生长速度及原因分析

本试验中，拉萨裸裂尻鱼最大增重率为（57.96±6.88）%，最大特定生长率为（0.76±0.01）%/d。刺鲃特定生长率为（2.14～2.91）%/d（吕耀平等，2009），异育银鲫（1.82～2.67）%/d（何吉祥等，2014），齐口裂腹鱼（1.66～2.43）%/d（向枭等，2012），大菱鲆[*Scophthalmus maximus*（Linnaeus，1758）]（1.08～1.27）%/d（蒋克勇等，2005），罗非鱼（*Oreochromis mossambicus*）2.56～3.57%/d（胡国成等，2006）。以上养殖品种生长速度均显著高于试验拉萨裸裂尻鱼，这可能有两个原因：其一，野生拉萨裸裂尻鱼1龄鱼体长2.6～3.1cm，2龄鱼7.8～14.7cm，3龄鱼13.7～23.6cm，4龄鱼16.1～30.6cm，5龄鱼20.4～35.0cm，6龄鱼22.8～34.9cm（段友建，2015），在野生环境下拉萨裸裂尻鱼生长也极为缓慢，这可能是鱼体生长基因决定，为生长缓慢型鱼类；其二，本试验发现，试验拉萨裸裂尻鱼最大摄食率为1.95%，最低饲料系数为2.57，说明拉萨裸裂尻鱼摄食率低，饲料利用率低，从而导致其生长缓慢。因此，开发拉萨裸裂尻鱼养殖品种还需要在筛选种质资源、研究全价饲料、提高其摄食率和饲料利用率上做突破。

3. 饲料蛋白质水平对拉萨裸裂尻鱼形体指标及体成分的影响

低蛋白质饲料的能量蛋白质比较高，鱼类在摄食低蛋白质饲料的同时，摄进了较高水平的碳水化合物，使鱼类某些组织的脂肪合成酶的活性提高，促进了糖源转变为脂肪，并转运贮存于肝、腹腔内的脂肪组织等部位（Mohanty & Samantaray，1996），从而增加内脏团和肝脏重量；肝、腹腔内的脂肪经过血液循环运输到鱼体肌肉，一部分分解用于供能，多余的脂肪便存储在肌肉中（马国军等，2012）从而增加肌肉脂肪含量。随着饲料中蛋白质水平的提高，鱼体对饲料蛋白质的摄入量也逐渐提高，更多摄入并消化吸收的蛋白质可作为鱼体的构件蛋白质，用于鱼体的组织修复和新的组织形成（Page & Andrews，1973），从而提高鱼体蛋白质含量；同时能量蛋白比降低，存储在内脏团、肝脏及肌肉的脂肪降低（Mohanty & Samantaray，1996；Yang et al，2003）。因此适量增加饲料蛋白质含量能提高鱼体粗蛋白质含量，降低鱼体粗脂肪含量，降低鱼体脏体比。丁立云等（2010）对星斑川鲽 [Platichthys stellatus（Pallas，1788）] 幼鱼研究表明，肝体比和脏体比随着饲料蛋白质水平的增加呈现下降的趋势；田娟等（2016）对草鱼、陈壮等（2014）对鲈鱼（Lateolabrax japonicus）的研究均发现，全鱼粗蛋白质含量随着饲料蛋白质水平的升高而显著升高。陈建明等（2014）对青鱼（Mylopharngodon piceus）的研究发现，在摄食低蛋白质饲料后，全鱼粗脂肪含量较高。本试验中，随着饲料蛋白质水平升高，肌肉粗蛋白质呈先升高后趋于稳定的变化趋势，粗脂肪呈先降低后趋于稳定的变化趋势；饲料蛋白质水平从 20% 升到 35%，鱼体脏体比从 15.51% 降到 11.41%，说明在一定范围内提高饲料蛋白质水平能增加鱼体粗蛋白质含量，降低粗脂肪含量，降低鱼体脏体比。

第七节　饲料蛋白质水平对野生拉萨裸裂尻鱼幼鱼肌肉氨基酸及蛋白质代谢酶的影响

本节以拉萨裸裂尻鱼为研究对象，探讨不同蛋白质水平饲料对拉萨裸裂尻鱼幼鱼肌肉氨基酸及蛋白质代谢酶的影响，以期为拉萨裸裂尻鱼人工配合饲料的科学配制及选择提供理论依据，为拉萨裸裂尻鱼人工养殖及其资源的保护及合理开发奠定基础。

一、材料与方法

1. 试验饲料

以白鱼粉、南极磷虾粉、酪蛋白为蛋白源，以鱼油为脂肪源，糊化淀粉、玉米淀粉为糖源，设计出 20%、25%、30%、35%、40%、45% 六个蛋白质水平梯度的等脂等能试验饲料。饲料原料经粉碎后过 60 目筛，按照配比称重，采用逐级混匀法混合均匀，用制粒机压成直径 2mm 的饲料，自然风干后置于 −4℃ 冰箱中保存备用。基础试验饲料配方及营养组成见表 3-124。

2. 试验设计及饲养管理

试验用拉萨裸裂尻鱼于 2017 年在雅鲁藏布江日喀则段捕获，在水泥池（长 4.0m×宽 3.0m×高 0.6m）中驯养 60d。待野生拉萨裸裂尻鱼能正常抢食后，选择 540 尾大小均匀、无伤病、体重为（22.42±0.56）g 的拉萨裸裂尻鱼，随机分为 6 个组，每组 3 个重复，每个重复 30 尾鱼，并分别放入 18 个水族缸（长 0.6m×宽 0.5m×高 0.4m），分别投喂蛋白质水平不同的 6 种试验饲料，每天按试验鱼体重 3%～5% 表观饱食投喂 3 次（07：00、12：00、17：00），投饵 1h 后将残饵捞出烘干称重并记录，整个试验持续 60d。试验用水为曝气后的井水，试验用水族缸内水 24h 循环，循环量为 120L/h，水温 12.0～13.0℃，pH 8.0～8.5，溶氧≥6.0mg/L，氨氮≤0.01mg/L，亚硝酸≤0.02mg/L。

3. 样品采集及指标测定方法

试验开始前，取 5 尾鱼置于－80℃冰箱保存，60d 养殖试验结束后对试验鱼饥饿 24h，分别在各平行组中随机取 13 尾试验鱼用 50mg/L 的 MS-222 溶液麻醉，其中 3 尾置于－80℃冰箱保存，用于检测鱼体粗蛋白质含量，10 尾无菌注射器静脉取血，然后解剖，在背部相同位置取肌肉，－80℃冰箱保存，用于检测肌肉氨基酸含量。解剖取肝脏，－80℃冰箱保存，用于检测转氨酶活性。将采集的血液样品在 37℃下凝血 1～2h（不加抗凝剂），4℃冰箱过夜（让血块凝固），4℃、3000r/min 条件下离心 10min，小心吸取上层血清，－80℃保存，用于检测转氨酶及蛋白质代谢相关血清指标。

饲料水分、粗蛋白质、粗脂肪、粗灰分、总能及鱼体粗蛋白质测定参照 AOAC（Horwitz W，1995）的方法；粗蛋白质的质量分数采用凯氏定氮法测定（GB/T6432-2018）；粗脂肪的质量分数采用索氏抽提法（乙醚为溶剂）测定（GB/T6433-2006）；水分的质量分数采用冷冻干燥法测定（GB/T6435-2014）；粗灰分的质量分数，将样品在电炉上炭化后，在马弗炉中灼烧（550℃）12h 后测定（GB/T6438-2007）；总能采用燃烧法弹式测热计（Bomb Calorimeter）测定。肌肉氨基酸含量的检测使用酸解法，由氨基酸自动分析仪（L-8900）测得。血清谷丙转氨酶（ALT）、谷草转氨酶（AST）、总蛋白（TP）、白蛋白（ALb）、血氨（ammonia）、尿素氮（urea），肝脏 ALT、AST 均采用江苏省南京建成生物工程研究所试剂盒测定，按照说明书进行操作。酶活性单位定义：在 37℃条件下，每分钟酶解 $1\mu mol$ 底物为 1 个活力单位（U）。组织匀浆液中蛋白浓度采用考马斯亮蓝法测定（Bradford，1976），以牛血清白蛋白为基准物。

4. 计算公式

氮摄入量（NI）＝摄食量×蛋白质含量×16％

绝对氮摄入量（ANI）＝摄食量×蛋白质含量×16％/[（初始重＋末重）/2]/天数

氮沉积（ND）＝末重×终末鱼体蛋白质含量－初始重×初始鱼体蛋白质含量×16％

蛋白质效率（PER）＝增重/蛋白质摄入量

净蛋白质利用率（NPU）＝体蛋白质增量×100/蛋白质摄入量

5. 数据统计

试验结果采用"平均值±标准差"（means±SD）表示。采用 SPSS 19.0 统计软件中 one-way ANOVA 进行单因素方差分析，若差异显著，则采用 Duncan 多重比较法进行多重比较，差异显著水平为 $P<0.05$。

二、结果

1. 饲料蛋白质水平对拉萨裸裂尻鱼幼鱼蛋白质利用的影响

饲料蛋白质水平对拉萨裸裂尻鱼幼鱼蛋白质利用的影响见表 3-134。随着饲料蛋白质水平的增加，拉萨裸裂尻鱼幼鱼氮摄入量（NI）、绝对氮摄入量（ANI）均呈逐渐升高的变化趋势，且均在饲料蛋白质水平为 45％的试验组最大，分别为 (2.10±0.07)g/fish、(1.30±0.01)g/BW/d，显著高于其余各试验组（$P<0.05$）。氮沉积（ND）、蛋白质效率（PER）、净蛋白质利用率（NPU）均呈先升高后降低的变化趋势：ND 在饲料蛋白质水平为 35％的试验组取得最大值，为 (0.42±0.05)g/fish，与饲料蛋白质水平为 30％的实验组差异不显著（$P>0.05$），显著高于其余各试验组（$P<0.05$）；PER、NPU 均在饲料蛋白质水平为 30％的试验组取得最大值，分别为 1.29±0.14、26.31±2.56。

表 3-134　饲料蛋白质水平对拉萨裸裂尻鱼幼鱼蛋白质利用的影响（平均值±标准差）

蛋白质水平/%	氮摄入量 NI /(g/fish)	绝对氮摄入量 ANI /[g/(kg·d)]	氮沉积 ND /(g/fish)	蛋白质效率 PER	净蛋白质利用率 NPU
20	0.97 ± 0.08^a	0.62 ± 0.04^a	0.16 ± 0.02^a	1.11 ± 0.01^c	16.25 ± 0.34^{ab}
25	1.20 ± 0.04^b	0.75 ± 0.01^b	0.26 ± 0.01^b	1.17 ± 0.03^{cd}	21.56 ± 0.53^c
30	1.56 ± 0.11^c	0.91 ± 0.02^c	0.41 ± 0.07^d	1.29 ± 0.14^d	26.31 ± 2.56^d
35	1.93 ± 0.10^d	1.12 ± 0.01^d	0.42 ± 0.05^d	1.07 ± 0.09^c	21.90 ± 1.64^c
40	1.90 ± 0.07^d	1.15 ± 0.03^d	0.34 ± 0.03^c	0.85 ± 0.06^b	17.73 ± 1.14^b
45	2.10 ± 0.07^e	1.30 ± 0.01^e	0.30 ± 0.01^{bc}	0.69 ± 0.03^a	14.57 ± 0.48^a

注：1. 表格中所给数据为平均数及 3 个重复标准差。
2. 表格中同列肩标相同小写字母或无字母表示差异不显著（$P>0.05$），不同小写字母表示差异显著（$P<0.05$）。下表同。

2. 饲料蛋白质水平对拉萨裸裂尻鱼幼鱼肌肉氨基酸含量的影响

饲料蛋白质水平对拉萨裸裂尻鱼幼鱼肌肉氨基酸含量的影响见表 3-135。随着饲料蛋白质水平升高，拉萨裸裂尻鱼幼鱼肌肉必需氨基酸中的苏氨酸（Thr）、蛋氨酸（Met）、苯丙氨酸（Phe）、总必需氨基酸（TEAA）均呈先升高后趋于稳定的变化趋势。各试验组差异不显著（$P>0.05$）；总呈味氨基酸（TFAA）、总非必需氨基酸（TNEAA）、总氨基酸（TAA）均呈先升高后趋于稳定的变化趋势，且在饲料蛋白质水平为 45% 时取得最大值，显著高于饲料蛋白质水平为 20%、25% 的试验组（$P<0.05$），与饲料蛋白质水平为 30%～40% 的试验组差异不显著（$P>0.05$）。

3. 饲料蛋白质水平对拉萨裸裂尻鱼幼鱼血清理化指标的影响

饲料蛋白质水平对拉萨裸裂尻鱼幼鱼血清理化指标的影响见表 3-136。血氨（ammonia）、尿素氮（urea）、白蛋白（ALB）在饲料蛋白质水平为 20%、25% 时差异不显著（$P>0.05$），饲料蛋白质水平超过 30% 后显著升高（$P<0.05$）。血氨在饲料蛋白质水平为 45% 试验组取得最大值，与饲料蛋白质水平为 40% 的试验组差异不显著（$P>0.05$），显著高于其余各试验组（$P<0.05$）。尿素氮在饲料蛋白质水平为 45% 的试验组取得最大值，与饲料蛋白质水平为 35%、40% 的试验组差异不显著（$P>0.05$），显著高于其余各试验组（$P<0.05$）。ALB 在饲料蛋白质水平为 40% 的实验组取得最大值，与饲料蛋白质水平为 35% 和 45% 的试验组差异不显著（$P>0.05$），显著高于其余各试验组（$P<0.05$）。总蛋白（TP）在饲料蛋白质水平低于 35% 时呈显著升高（$P<0.05$），饲料蛋白质水平高于 35% 后各试验组差异不显著（$P>0.05$）。

4. 饲料蛋白质水平对拉萨裸裂尻鱼幼鱼蛋白质代谢关键酶活性的影响

饲料蛋白质水平对拉萨裸裂尻鱼幼鱼蛋白质代谢关键酶活性的影响见表 3-137。随着饲料蛋白质水平的升高，拉萨裸裂尻鱼幼鱼肝脏谷丙转氨酶（ALT）、谷草转氨酶（AST）均呈先升高后趋于稳定的变化趋势，且均在饲料蛋白质水平为 45% 时取得最大值，显著高于饲料蛋白质水平为 20%～25% 的试验组（$P<0.05$），与饲料蛋白质水平为 30%、35% 的试验组差异不显著（$P>0.05$）。血清 ALT 呈先降低后升高的变化趋势，在饲料蛋白质水平为 30% 的试验组最低，与饲料蛋白质水平为 25%、35% 的试验组差异不显著（$P>0.05$），显著低于饲料蛋白质水平为 20%、40%、45% 的试验组（$P<0.05$）。血清 AST 在饲料蛋白质

表 3-135　饲料蛋白质水平对拉萨裸裂尻鱼幼鱼肌肉氨基酸含量的影响（平均值±标准差）（干样）

氨基酸		蛋白质水平/%					
		20	25	30	35	40	45
必需氨基酸 （EAA）	苏氨酸（Thr）	3.63 ± 0.04^a	3.71 ± 0.06^{ab}	3.68 ± 0.04^{ab}	3.73 ± 0.04^{ab}	3.71 ± 0.07^{ab}	3.76 ± 0.10^b
	缬氨酸（Val）	4.18 ± 0.02	4.27 ± 0.10	4.25 ± 0.10	4.22 ± 0.03	4.31 ± 0.02	4.31 ± 0.10
	蛋氨酸（Met）	2.34 ± 0.02^a	2.38 ± 0.02^{ab}	2.41 ± 0.04^{ab}	2.43 ± 0.05^b	2.44 ± 0.08^b	2.43 ± 0.03^b
	异亮氨酸（Ile）	3.67 ± 0.10	3.65 ± 0.09	3.64 ± 0.03	3.69 ± 0.05	3.71 ± 0.03	3.68 ± 0.09
	亮氨酸（Leu）	6.69 ± 0.14	6.74 ± 0.15	6.68 ± 0.07	6.80 ± 0.08	6.84 ± 0.05	6.78 ± 0.16
	苯丙氨酸（Phe）	3.48 ± 0.02^a	3.55 ± 0.06^{ab}	3.61 ± 0.11^b	3.63 ± 0.03^b	3.55 ± 0.02^{ab}	3.59 ± 0.04^{ab}
	赖氨酸（Lys）	7.74 ± 0.13	7.80 ± 0.19	7.82 ± 0.14	7.81 ± 0.12	7.85 ± 0.06	7.70 ± 0.10
半必需氨基酸（HEAA）	组氨酸（His）	2.52 ± 0.16	2.40 ± 0.11	2.41 ± 0.04	2.53 ± 0.04	2.51 ± 0.04	2.53 ± 0.12
	精氨酸（Arg）	4.86 ± 0.12	4.81 ± 0.10	4.78 ± 0.03	4.84 ± 0.07	4.81 ± 0.11	4.73 ± 0.02
非必需氨基酸（NEAA）	天冬氨酸（Asp）*	8.34 ± 0.07^a	8.42 ± 0.16^{ab}	8.56 ± 0.21^{ab}	8.58 ± 0.08^b	8.64 ± 0.06^b	8.59 ± 0.09^b
	丙氨酸（Ala）*	4.74 ± 0.01^a	4.80 ± 0.05^{ab}	4.81 ± 0.05^{ab}	4.82 ± 0.14^{ab}	4.81 ± 0.11^{ab}	4.90 ± 0.03^b
	谷氨酸（Glu）*	11.81 ± 0.04^a	11.86 ± 0.07^a	12.08 ± 0.35^{ab}	12.21 ± 0.03^b	12.09 ± 0.05^{ab}	12.25 ± 0.13^b
	甘氨酸（Gly）*	3.91 ± 0.14	3.90 ± 0.03	4.01 ± 0.10	4.08 ± 0.02	4.06 ± 0.09	4.07 ± 0.17
	丝氨酸（Ser）	3.40 ± 0.04^{ab}	3.39 ± 0.02^a	3.45 ± 0.05^{abc}	3.47 ± 0.04^{bc}	3.50 ± 0.03^{cd}	3.57 ± 0.05^d
	半胱氨酸（Cys）	0.28 ± 0.03^a	0.30 ± 0.02^a	0.31 ± 0.02^{ab}	0.34 ± 0.02^{bc}	0.31 ± 0.01^{abc}	0.35 ± 0.01^c
	酪氨酸（Tyr）	2.71 ± 0.01	2.78 ± 0.11	2.79 ± 0.06	2.80 ± 0.05	2.76 ± 0.03	2.82 ± 0.04
	脯氨酸（Pro）	2.74 ± 0.03	2.81 ± 0.03	2.73 ± 0.06	2.76 ± 0.03	2.81 ± 0.09	2.77 ± 0.02
总必需氨基酸量（W_{TEAA}）		31.73 ± 0.29^a	32.10 ± 0.53^{ab}	32.07 ± 0.28^{ab}	32.31 ± 0.24^{ab}	32.41 ± 0.20^b	32.24 ± 0.40^{ab}
总半必需氨基酸量（W_{HEAA}）		7.38 ± 0.1	7.21 ± 0.13	7.18 ± 0.07	7.36 ± 0.03	7.32 ± 0.13	7.26 ± 0.11
总非必需氨基酸量（W_{TNEAA}）		37.93 ± 0.20^a	38.25 ± 0.21^{ab}	38.73 ± 0.67^{bc}	39.06 ± 0.22^c	38.97 ± 0.21^c	39.30 ± 0.26^c
总呈味氨基酸量（W_{TFAA}）		28.8 ± 0.16^a	28.97 ± 0.2^{ab}	29.45 ± 0.63^{bc}	29.69 ± 0.23^c	29.59 ± 0.09^c	29.79 ± 0.2^c
总氨基酸量（W_{TAA}）		77.04 ± 0.35^a	77.57 ± 0.80^{ab}	77.98 ± 0.41^{bc}	78.73 ± 0.47^c	78.70 ± 0.39^c	78.80 ± 0.26^c
W_{EAA}/W_{TAA}/%		50.77 ± 0.12	50.68 ± 0.26	50.33 ± 0.61	50.39 ± 0.09	50.48 ± 0.23	50.13 ± 0.47
W_{TNEAA}/W_{TAA}/%		37.38 ± 0.04	37.35 ± 0.23	37.76 ± 0.65	37.71 ± 0.08	37.6 ± 0.2	37.81 ± 0.37

注：表中 * 为呈味氨基酸。

表 3-136　饲料蛋白质水平对拉萨裸裂尻鱼幼鱼血氨、尿素氮、血清总蛋白、白蛋白的影响（平均值±标准差）

蛋白质水平/%	血氨/（μmol/L）	尿素氮/（mmol/L）	总蛋白 TP/（μg/L）	白蛋白 ALB/（μg/L）
20	27.58 ± 0.70^a	0.44 ± 0.04^a	15.60 ± 0.38^a	7.44 ± 0.08^a
25	28.07 ± 1.47^a	0.48 ± 0.04^{ab}	17.10 ± 0.26^b	7.66 ± 0.21^{ab}
30	30.92 ± 1.35^b	0.54 ± 0.04^{bc}	17.82 ± 0.17^c	7.73 ± 0.11^{bc}
35	31.73 ± 1.64^b	0.57 ± 0.03^{cd}	18.27 ± 0.21^d	7.91 ± 0.11^{cd}
40	34.91 ± 1.90^c	0.61 ± 0.03^d	18.47 ± 0.19^d	8.02 ± 0.10^d
45	35.38 ± 1.11^c	0.62 ± 0.03^d	18.46 ± 0.17^d	8.01 ± 0.13^d

表 3-137　饲料蛋白质水平对拉萨裸裂尻鱼幼鱼蛋白质代谢关键酶活性的影响（平均值±标准差）

蛋白质水平/%	肝谷丙转氨酶 ALT /(U/gprot)	肝谷草转氨酶 AST /(U/gprot)	血清谷丙转氨酶 ALT /(U/gprot)	血清谷草转氨酶 AST /(U/gprot)
20	32.47 ± 1.93^a	83.21 ± 7.42^a	7.15 ± 0.90^b	17.32 ± 0.79^a
25	33.87 ± 2.22^{ab}	95.64 ± 3.76^b	6.14 ± 0.62^{ab}	16.36 ± 1.11^a
30	35.48 ± 0.85^{abc}	100.10 ± 3.31^{bc}	5.64 ± 0.46^a	16.08 ± 1.36^a
35	36.75 ± 0.48^{bc}	102.50 ± 5.38^{bc}	6.30 ± 0.90^{ab}	16.66 ± 1.64^a
40	37.05 ± 1.81^c	104.19 ± 1.63^c	9.10 ± 0.35^c	20.08 ± 0.88^b
45	37.98 ± 1.88^c	104.84 ± 2.49^c	10.07 ± 0.75^c	22.32 ± 1.30^c

水平低于 35％ 的试验组差异不显著（$P>0.05$），饲料蛋白质水平高于 40％ 后显著升高（$P<0.05$）。

三、讨论

1. 拉萨裸裂尻鱼幼鱼肌肉氨基酸特征及饲料蛋白质水平对其含量的影响

拉萨裸裂尻鱼幼鱼肌肉总氨基酸量（W_{TAA}）为 77.04％～78.80％。其中：总必需氨基酸含量（W_{TEAA}）为 31.73％～32.41％，较鲫鱼（*Carassius auratus* L.）（吕宪禹等，1988）、草鱼（*Ctenopharyngodon idellus*）（程汉良等，2013）、江鳕（*Lota lota*）（魏冬梅等，2017）、河鲈（*Perca fluviatilis*）（魏冬梅等，2017）等鱼高，较鲤鱼（*Cyprinus carpio* L.）（吕宪禹等，1988）、丁鱥（*Tincaeus*）（魏冬梅等，2017）、白斑狗鱼（*Esox lucius*）（王咏星等，2010）、斑尾复虾虎鱼（*Synechogobius ommaturus*）（黄薇等，2014）低，同云南裂腹鱼（*Schizothorax yunnanensis*）（李国治等，2009）相近；总呈味氨基酸含量（W_{TFAA}）为 28.8％～29.79％，较北极茴鱼（*Thymallus arcticus arctions*）（魏冬梅等，2017）、草鱼（程汉良，2013）、中国鲳（*Pampus chinensis*）幼鱼（Li *et al*，2009）和成鱼（赵峰等，2010）高，较青石斑鱼（*Epinephelus awoara*）（张本等，1991）、河鲈（魏冬梅等，2017）、花点石斑鱼（*Epinephelus maculatus*）（张本等，1991）、江鳕（魏冬梅等，2017）、泉水鱼［*Semilabeo prochilus*（Sauvage et Dabry，1874）］（朱成科等，2013）、白斑狗鱼（王咏星等，2010）、斑尾复虾虎鱼（黄薇等，2014）低，同多鳞铲颌鱼（*Varicorhinus macrolepis*）（李正伟，郑曙明，2014）、云南裂腹鱼（李国治等，2009）、丁鱥（魏冬梅等，2017）等相近（表 3-138）。因此拉萨裸裂尻鱼幼鱼具有较高的必需氨基酸营养价值及开发价值。试验发现，随饲料蛋白水平提高，拉萨裸裂尻鱼幼鱼肌肉总氨基酸含量逐渐升高，其中必需氨基酸和呈味氨基酸总量在一定程度上也有所提高。因此，在一定范围内提高饲料中蛋白质水平，可以提高拉萨裸裂尻鱼的营养价值，改善其风味。卓立应（2006）对黑鲷（*Acanthopagrus schlegelii*）研究也发现，随着饲料蛋白质水平的升高，鱼体背肌必需脂肪酸和呈味氨基酸含量显著升高。

2. 饲料蛋白水平对拉萨裸裂尻鱼幼鱼氮摄入及氮沉积的影响

本试验中，随着蛋白质水平的提高，氮摄入量（NI）、绝对氮摄入量（ANI）均显著提高，这与鲤鱼（Ogino & Saito，1970）、幼建鲤（*Cyprinus carpio* var. jian）（刘勇，2008）、中华倒刺鲃（*Spinibarbus sinensis*）（Yang *et al*，2003）、银鲈（*Bidyanus bidyanus*）（Meyer & Fracalossi，2004）上的研究结果一致。在摄食量变化不大的情况下，随着饲料蛋

表 3-138　部分鱼肌肉总氨基酸量、总必需氨基酸量、总呈味氨基酸量（干重）

鱼种类	拉丁名	总氨基酸量（W_{TAA}）/%	总必需氨基酸含量（W_{TEAA}）/%	总呈味氨基酸含量（W_{TFAA}）/%	参考文献
北极茴鱼	*Thymallus arcticas arcticus*	59.37	23.72	26.37	魏冬梅等（2017）
鲫鱼	*Carassius auratus* L.	65.98	26.14	/	吕宪禹等（1988）
草鱼	*Ctenopharyngodon idellus*	66.22	27.61	21.86	程汉良等（2013）
中国鲳幼鱼	*Pampus chinensis*	72.90	42.58	26.44	Li et al（2009）
多鳞铲颌鱼	*Varicorhinus macrolepis*	73.91	30.56	28.05	李正伟，郑曙明（2014）
青石斑鱼	*Epinephelus awoara*	74.38	41.99	44.37	张本等（1991）
鳡鱼	*Elopichthys bambusa*	75.87	—	28.91	王苗苗等（2014）
河鲈	*Perca fluviatilis*	75.89	38.15	32.54	魏冬梅等（2017）
花点石斑鱼	*Epinephelus maculatus*	76.50	40.87	45.03	张本等（1991）
江鳕	*Lota lota*	76.71	31.74	34.64	魏冬梅等（2017）
云南裂腹鱼	*Schizothorax yunnanensis*	78.50	36.86	27.95	李国治等（2009）
中国鲳成鱼	*Pampus chinensis*	78.68	42.28	26.44	赵峰等（2010）
泉水鱼	*Semilabeo prochilus*	79.83	33.95	35.69	朱成科等（2013）
鲤鱼	*Cyprinus carpio* L.	80.70	31.7	—	吕宪禹等（1988）
丁鲑	*Tincaeus*	80.92	43.31	28.44	魏冬梅等（2017）
白斑狗鱼	*Esox lucius*	82.65	43.58	30.51	王咏星等（2010）
斑尾复虾虎鱼	*Synechogobius ommaturus*	83.36	31.40	31.79	黄薇等（2014）

白质水平的提高，NI 和 ANI 随之升高。蛋白质效率比（PER）和净蛋白利用率（NPU）是指鱼摄入单位重量蛋白质体重和体蛋白的增加量。本研究发现，拉萨裸裂尻鱼幼鱼 PER 和 NPU 随着饲料蛋白质水平增加呈先升高后降低的变化趋势。随着饲料蛋白质水平的提高，有更多的蛋白质用于构建体蛋白，从而促进鱼体健康，增加蛋白质沉积率（刘勇，2008）。而且在高蛋白质水平下由于蛋白质不再表现为缺乏，使得鱼类优先利用蛋白质供能（刘勇，2008），因而此时的蛋白质被用于供能的比例就更大，从而降低了饲料蛋白质的沉积率。可见，在一定范围内饲料蛋白质水平的增加，可增加蛋白质的沉积率和利用率，但当蛋白质水平过量时，其沉积率和利用率显著降低。Lee 等（2001）对日本黄姑鱼 [*Nibea japonica* (Temminck et Schlegel, 1843)]、Zeitoun 等（1973）对虹蹲（*Salmo gairdneri*）、Jauncey 等（1982）对罗非鱼（*Sarotherodon mossambicus*）的研究均发现 PER 和 NPU 均随饲料蛋白质水平的升高而升高，但饲料蛋白质水平超过需要量后便显著下降，同本试验研究结果一致，进一步验证了以上观点。

3. 饲料蛋白质水平对拉萨裸裂尻鱼幼鱼蛋白质代谢的影响

血清总蛋白（TP）在一定程度上可以代表饲料中蛋白质的营养水平及动物对蛋白质的消化吸收程度。在本试验中随着饲料中蛋白质水平的增加，TP 浓度升高，当饲料蛋白质水平大于 35% 后，TP 不再显著升高。这说明在一定范围内随着饲料蛋白质水平的升高，鱼体吸收的蛋白质随之升高，但蛋白质水平超过最适需求量时，鱼体不能对其有效地消化吸收，多余的蛋白质被浪费掉。这可能是适宜蛋白质水平范围内拉萨裸裂尻鱼幼鱼可以吸收饲料蛋白质进入血液，而蛋白质水平过高时鱼体不能有效地吸收饲料蛋白质。赵书燕等（2007）对石斑鱼、李彬等（2014）对大规格草鱼研究均得出类似的结果。

蛋白质代谢酶能反映鱼类的蛋白质代谢状态，与营养状况密切相关，蛋白质代谢酶活性的变化可以阐明饲料蛋白质在机体蛋白质代谢变化的作用机制。肝脏谷丙转氨酶（ALT）、谷草转氨酶（AST）是氨基酸代谢关键酶，ALT、AST 活性大小可反映氨基酸代谢强度的大小，在鱼体蛋白质代谢中起着重要作用（刘勇，2008）。ALT、AST 一般在肝细胞的胞质中，在血清中含量低，当肝细胞损伤时，血清转氨酶浓度增加（赵书燕等，2017）。本试验中，随着饲料蛋白质水平的升高，拉萨裸裂尻鱼幼鱼肝脏 ALT、AST 均呈先升高后趋于稳定的变化趋势，这说明在一定范围内随着饲料蛋白质水平的升高，鱼体蛋白质合成和分解代谢逐渐增强；血清 ALT 呈先降低后升高的变化趋势，AST 在饲料蛋白质水平低于 35％ 的试验组差异不显著，饲料蛋白质水平高于 40％ 后显著升高，这说明当饲料蛋白质水平超过一定量后，会加重拉萨裸裂尻鱼肝脏负担，造成肝细胞损伤。杨磊（2011）对鳡鱼幼鱼、刘勇（2008）对幼建鲤、李彬等（2014）对大规格草鱼研究均发现，高蛋白质饲料可提高鱼体肝脏 ALT、AST 活性；强俊等（2013）对吉富罗非鱼研究发现，摄食高蛋白质饲料鱼体血清 ALT、AST 含量升高，同本试验研究结果一致。

血氨（ammonia）和尿素氮（urea）是硬骨鱼蛋白质代谢的主要产物（Elliott，1976），可以较准确反映动物体内蛋白质的代谢情况（赵书燕等，2017）。在本试验中随着饲料蛋白质水平的升高，血清尿素氮的含量增加，说明随着饲料蛋白质含量升高，鱼体摄食进入血液的蛋白质更多用于分解供能，这与 Preston 等（1965）和 Bibiano Melo 等（2006）的研究结果一致。这可能是因为高蛋白质饲料可以加快鱼体肌肉蛋白质周转速度，从而加快蛋白质降解速度（罗莉等，2002）。

第八节　饲料蛋白质水平对异齿裂腹鱼幼鱼生长、饲料利用及形体指数的影响

本节设置一系列蛋白质水平梯度饲料饲养异齿裂腹鱼，旨在研究其饲料蛋白质的最适需求量，并探讨不同蛋白质水平饲料对异齿裂腹鱼生长性能、饲料利用及形体指标的影响，为确定异齿裂腹鱼的营养标准和开发低成本、高效益的科学饲料配方提供基础资料，这将为其苗种的大规模生产和西藏异齿裂腹鱼的人工增殖放流活动提供技术支持，为异齿裂腹鱼资源的合理保护与开发奠定基础，亦为西藏的鱼类资源保护提供参考。

一、材料与方法

1. 试验饲料设计

本试验饲料以白鱼粉、酪蛋白和南极磷虾粉为蛋白源，鱼油为脂肪源，糊化淀粉和玉米淀粉为糖源，羧甲基纤维素为黏合剂。配制 6 组等脂等能不同蛋白质水平的试验饲料，饲料中蛋白质理论水平为 20％、25％、30％、35％、40％、45％，实测水平为 20.01％、25.00％、30.19％、35.24％、40.12％、45.10％（下文表述为：20％、25％、30％、35％、40％、45％），试验饲料配方及营养成分见表 3-139。饲料原料从河南中偌生物科技有限公司购买，饲料原料过 60 目筛，严格按照表 3-139 配比称重，采用逐级混匀法混合均匀，混合后的粉状饲料经制粒机制成粒径 0.3cm、长度 1cm 左右的颗粒饲料，自然风干至含水分约 10％，放入密封袋于冰柜（－4℃）中保存备用。

表 3-139　异齿裂腹鱼实验饲料配方及营养成分（以干物质计）

原料	蛋白质含量					
	20%	25%	30%	35%	40%	45%
白鱼粉/%	20.00	24.80	25.00	25.00	25.00	26.80
酪蛋白/%	3.80	5.60	11.40	17.20	22.80	27.00
糊化淀粉/%	9.00	9.00	9.00	9.00	9.00	6.00
玉米淀粉/%	37.50	31.00	21.00	12.00	3.00	0.00
鱼油/%	5.10	4.65	4.48	4.32	4.20	4.00
南极磷虾粉/%	2.00	2.00	2.00	2.00	2.00	2.00
多维/%	0.50	0.50	0.50	0.50	0.50	0.50
多矿/%	5.00	5.00	5.00	5.00	5.00	5.00
纤维素/%	14.10	14.45	18.62	21.98	25.50	25.70
羧甲基纤维素/%	3.00	3.00	3.00	3.00	3.00	3.00
合计/%	100.00	100.00	100.00	100.00	100.00	100.00
营养成分						
粗蛋白质 CP/%	20.01	25.00	30.19	35.24	40.12	45.10
粗脂肪 EE/%	7.05	7.01	7.01	7.00	7.03	7.08
粗灰分 Ash/%	5.14	5.26	5.23	5.41	5.26	5.36
总能/(MJ/kg)	15.10	15.26	15.10	15.07	15.01	15.39
水分/%	11.13	11.15	11.25	11.16	11.22	11.17

注：1. 饲料营养成分为实测值。

2. 多矿为每 1kg 饲料提供多矿预混料（mg/kg diet）：六水氯化钴（1%）50，五水硫酸铜（25%）10，一水硫酸亚铁（30%）80，一水硫酸锌（34.5%）50，一水硫酸锰（31.8%）45，七水硫酸镁（15%）1200，亚硒酸钠（1%）20，碘酸钙（1%）60，沸石粉 8485。

3. 多维（mg/kg diet）：盐酸硫胺素（98%）25，维生素 B_2（80%）45，盐酸吡哆醇（99%）20，维生素 B_{12}（1%）10，维生素 K（51%）10，肌醇（98%）800，泛酸钙（98%）60，烟酸（99%）200，叶酸（98%）20，生物素（2%）60，维生素 A（500000IU/g）32，维生素 D（500000IU/g）5，维生素 E（50%）240，维生素 C（35%）2000，抗氧化剂（克氧灵，100%）3，稻壳粉 1470。

2. 试验设计及养殖管理

试验所用异齿裂腹鱼为 2018 年采自雅鲁藏布江日喀则河段，试验前期试验用鱼暂养于水泥池（长 5m×宽 3m×高 0.6m）中，投喂与正式试验规格一样的商品颗粒饲料驯食 60d，待野生异齿裂腹鱼能正常抢食后，开始试验。试验开始前，停食 24h，用 MS-222 溶液麻醉后称重，随机挑选 540 尾规格相似、体重为（115.46±16.20）g、健康无伤病的异齿裂腹鱼，随机分成 6 组，每组 3 个重复，每个重复 30 尾鱼，并分别放入 6 个长 3.0m×宽 0.5m×高 0.3m 的平列槽（每个平列槽用网孔为 1.5mm 制作的隔板分成 3 个平行的养殖空间），分组后停食 24h，然后给予不同蛋白质水平的配合饲料进行 94d 的饲养试验。每天按试验鱼体重 3%～5% 表观饱食投喂 3 次（8：30、13：30 和 18：30），投饵 1h 后吸出残饵和粪便，残饵置于恒温箱中（55℃）烘干称重并记录。前一周内各组死亡的鱼可进行补充替换，在此之后每天记录死鱼的数量，计算死亡率；每隔一天配制浓度为 2% 的盐水用于鱼体消毒，浸泡时间由鱼的耐受能力而定，一般大于 20min，并结合药物（美婷Ⅱ）防止水霉病对鱼类造成危害，以保试验的顺利进行。试验水体为 24h 循环曝气后的地下水，每天对试验水体进行 3 次监测，保持水体的水温变化范围 12.1～12.3℃，溶氧≥6mg/L，pH 值变化范围 7.8～8.2，氨氮≤0.01mg/L，亚硝酸≤0.02mg/L。试验于西藏自治区农牧科学院水产科学研究所西藏土著鱼类增殖育种场内进行。

3. 样品采集与分析方法

养殖试验结束时，将鱼停食 24h，用 MS-222 溶液麻醉后确认每个平列槽内鱼的数量并将全部试验鱼逐一称重、测体长和全长，以分别计算异齿裂腹鱼的增重率、特定生长率、摄食率、饲料系数、蛋白质效率和成活率。

每个平列槽随机取 5 尾鱼，用干布吸干鱼体外表水分后，在冰盘上迅速解剖取其内脏并称重，然后分离出内脏、肝胰脏和肠道，再分别称重，以分别计算肥满度、脏体比、肝体比、肠体比。

各组试验配合饲料的水分（H_2O）、粗蛋白质（CP）、粗脂肪（EE）、粗灰分（Ash）均参照 AOAC（1995）（HORWITZ W，1995）的方法进行测定：饲料水分含量采用常压干燥法，于鼓风烘箱 105℃下烘干至恒重测定；饲料粗蛋白质含量采用凯氏自动定氮仪测定；饲料粗脂肪含量采用索氏抽提器测定（乙醚为溶剂）；饲料粗灰分的测定，先将样品在电炉上碳化至无烟后，再在马弗炉中灼烧 12h 后测定。

4. 计算与统计分析

异齿裂腹鱼的增重率、特定生长率、摄食率、饲料系数、蛋白质效率、成活率、肥满度、脏体比、肝体比和肠体比参照以下公式计算：

增重率（Weight growth rate，WGR，%）$=100\times(W_t-W_0)/W_0$

特定生长率（Specific growth rate，SGR，%/d）$=(\ln W_t-\ln W_0)\times100/d$

摄食率（Feeding ratio，FR，%）$=200\times F/[(W_t+W_0)\times d]$

饲料系数（Feed conversion ratio，FCR）$=F/(W_t-W_0)$

蛋白质效率（Protein efficiency ratio，PER，%）$=100\times(W_t\times N_t-W_0\times N_0)/I_p$

成活率（Survival rate，SR，%）$=100\times(N_t-N_0)/N_0$

肥满度（Condition factor，CF，g/cm^3）$=100\times W_t/L^3$

脏体比（Viscerasomatic index，VSI，%）$=100\times W_v/W_t$

肝体比（Hepaticsomatic index，HSI，%）$=100\times W_h/W_t$

肠体比（viserosomatic index，VI，%）$=100\times W_{vi}/W_t$

式中：W_0 为试验开始时鱼体重，g；W_t 为试验结束时鱼体重，g；d 为养殖天数，d；L 为鱼体长，cm；N_0 为试验开始时鱼的尾数；N_t 为试验结束时鱼的尾数；F 为饲料摄入量，g；W_v、W_h、W_{vi} 分别为试验鱼内脏团、肝脏、肠道的质量，g；I_p 为粗蛋白质摄入量（以干重计），$I_p=F\times P$（P 为饲料中粗蛋白质含量，%）。

5. 统计分析方法

试验结果表示为"平均值±标准差"（means±SD）。采用 SPSS 19.0 统计软件中 one-way ANOVA 对所得数据进行单因素方差分析，若差异显著，则采用 Duncan 多重比较法进行多重比较，差异显著水平为 $P<0.05$。

二、结果

1. 饲料蛋白质水平对异齿裂腹鱼生长及饲料利用的影响

饲料蛋白质水平对异齿裂腹鱼生长性能的影响见表 3-140。随着饲料蛋白质水平的增加，异齿裂腹鱼末重（FW）、增重率（WGR）、特定生长率（SGR）、蛋白质效率（PER）、成活率（SR）均呈先升高后降低的变化趋势。FW、WGR、SGR 均在饲料蛋白质水平为 40% 时达到最大，分别为 140.55g、28.20％和 0.41％/d，FW 与饲料蛋白质水平为 30％～35％的试验组差异不显著（$P > 0.05$），显著高于其余试验组（$P < 0.05$），WGR、SGR 均与饲料蛋白质水平为 30％的试验组差异不显著（$P > 0.05$），显著高于其余试验组（$P < 0.05$）。PER、SR 均在饲料蛋白质水平为 25％时达到最大，分别为 1.19％和 74.44％，均与饲料蛋白质水平为 30％的试验组差异不显著（$P > 0.05$），显著高于其余试验组（$P < 0.05$）。摄食率（FR）随饲料蛋白质水平的升高呈先降低后趋于稳定的变化趋势，在饲料蛋白质水平为 20％时最高，为 0.74％，显著高于其余试验组（$P < 0.05$）。饲料系数（FCR）随着饲料蛋白质水平的升高呈先降低后升高的变化趋势，且在饲料蛋白质水平为 40％时最低，为 2.36，与饲料蛋白质水平为 30％、35％的试验组差异不显著（$P > 0.05$），显著低于其余试验组（$P < 0.05$）。以二次曲线来拟合饲料蛋白质水平（x）与 WGR（y_1）、SGR（y_2）、FCR（y_3）、PER（y_4）的关系，得回归方程：$y_1 = -1026.3x^2 + 683.26x - 85.957$（$R^2 = 0.8611$）；$y_2 = -14.643x^2 + 9.7293x - 1.2069$（$R^2 = 0.8681$）；$y_3 = 260.29x^2 - 177.09x + 32.232$（$R^2 = 0.9031$）；$y_4 = -39.571x^2 + 24.693x - 2.6436$（$R^2 = 0.8507$）。则 WGR、SGR、FCR、PER 最优时饲料蛋白质水平分别为 33.29％、33.22％、34.02％和 31.20％（图 3-146～图 3-149）。以一次方程来拟合饲料蛋白水平（x）与 FR（y_5），得回归方程 $y_5 = -0.4971x + 0.8332$（$R^2 = 0.9583$）（图 3-150）。

表 3-140　饲料蛋白质水平对异齿裂腹鱼生长性能的影响（平均值±标准差）

项目	饲料蛋白质水平					
	20％	25％	30％	35％	40％	45％
初重 IW/g	109.17±3.41	105.54±1.21	108.02±1.07	110.22±3.27	109.66±2.09	107.95±7.36
末重 FW/g	119.63±3.72[a]	128.65±3.29[b]	135.59±0.72[c]	137.11±2.02[c]	140.55±1.00[c]	120.46±6.09[a]
摄食率 FR/％	0.74±0.02[d]	0.70±0.00[c]	0.69±0.04[bc]	0.66±0.01[ab]	0.62±0.00[a]	0.62±0.02[a]
增重率 WGR/％	9.58±0.25[a]	21.89±1.71[b]	25.52±0.59[cd]	24.44±2.28[bc]	28.20±2.12[d]	11.67±1.93[a]
特定生长率 SGR/(％/d)	0.15±0.00[a]	0.33±0.02[b]	0.38±0.01[cd]	0.36±0.03[bc]	0.41±0.03[d]	0.18±0.03[a]
饲料系数 FCR	7.58±0.32[d]	3.35±0.25[b]	2.86±0.20[ab]	2.84±0.20[ab]	2.36±0.14[a]	5.41±0.71[c]
蛋白质效率 PER/％	0.66±0.03[b]	1.19±0.09[e]	1.16±0.09[de]	1.00±0.07[c]	1.06±0.06[cd]	0.41±0.05[a]
成活率 SR/％	38.89±6.94[a]	74.44±10.72[b]	68.89±20.09[b]	65.56±7.70[b]	68.89±5.09[b]	46.67±3.33[a]

注：1. 表格中所给数据为平均数及 3 个重复标准差。
2. 表格中同列肩标相同小写字母或无字母表示差异不显著（$P > 0.05$），不同小写字母表示差异显著（$P < 0.05$）。下表同。

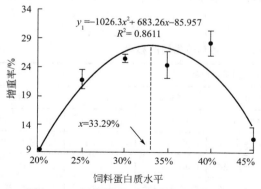

图 3-146　饲料蛋白质水平对异齿裂腹鱼增重率的影响

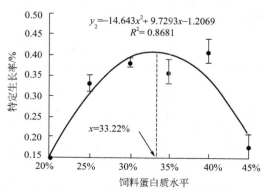

图 3-147　饲料蛋白质水平对异齿裂腹鱼特定生长率的影响

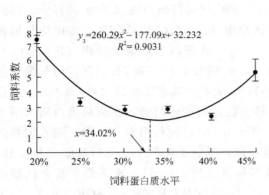

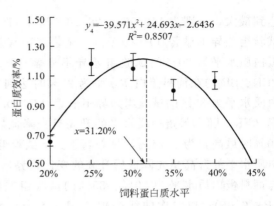

图 3-148　饲料蛋白质水平对异齿裂腹鱼　　　　　图 3-149　饲料蛋白质水平对异齿裂腹鱼
　　　　　　饲料系数的影响　　　　　　　　　　　　　　　　蛋白质效率的影响

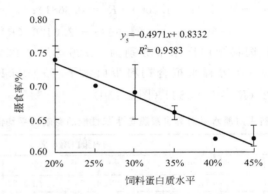

图 3-150　饲料蛋白质水平对异齿裂腹鱼摄食率的影响

2. 饲料蛋白质水平对异齿裂腹鱼形体指标的影响

饲料蛋白质水平对异齿裂腹鱼形体指标的影响见表 3-141。异齿裂腹鱼肥满度（CF）随饲料蛋白质水平升高呈先升高后降低的变化趋势，在饲料蛋白质水平为 35% 时最高，显著高于其余各试验组（$P < 0.05$）。脏体比（VSI）、肠体比（VI）均随饲料蛋白质水平升高呈逐渐降低的变化趋势，均在饲料蛋白质水平为 45% 时取得最小值，分别为 8.71% 和 1.88%。肝体比（HSI）随饲料蛋白质水平升高呈先降低后升高的变化趋势，在饲料蛋白质水平为 40% 时最低，与饲料蛋白质水平为 35% 的试验组差异不显著（$P > 0.05$），显著低于其余试验组（$P < 0.05$）。

表 3-141　饲料蛋白质水平对异齿裂腹鱼形体指标的影响

项目	饲料蛋白质水平					
	20%	25%	30%	35%	40%	45%
肥满度 CF/(g/cm³)	1.44 ± 0.04^a	1.55 ± 0.03^b	1.59 ± 0.02^b	1.93 ± 0.09^c	1.59 ± 0.02^b	1.55 ± 0.06^b
脏体比 VSI/%	10.08 ± 0.79^{ab}	10.37 ± 0.52^b	9.59 ± 1.08^{ab}	9.27 ± 0.61^{ab}	9.15 ± 0.83^{ab}	8.71 ± 0.27^a
肝体比 HSI/%	5.37 ± 0.32^c	4.42 ± 0.30^b	4.38 ± 0.26^b	4.05 ± 0.55^{ab}	3.53 ± 0.42^a	4.51 ± 0.42^b
肠体比 VI/%	2.98 ± 0.06^d	2.53 ± 0.08^c	2.43 ± 0.03^c	2.19 ± 0.14^b	2.14 ± 0.12^b	1.88 ± 0.22^a

三、讨论

1. 影响异齿裂腹鱼对饲料中蛋白质需求量的因素

鱼类为变温动物，体温极低，所需基础代谢极少，不能很好地利用碳水化合物供能，为维持正常的生长发育和繁殖，故鱼类对易于利用的蛋白质要求极高。有研究表明，鱼体干物质中，蛋白质含量在65%左右（叶文娟等，2014），而鱼类的全价配合饲料中蛋白质水平为25%～55%（NRC，1993）。鱼类对蛋白质的需求与鱼类的种类、食性、生长阶段以及水温等因素密切相关（见表3-142）。根据食性的不同，鱼类可分为肉食性鱼类、杂食性鱼类、草食性鱼类，有研究表明，鱼类对蛋白质的需求：肉食性＞杂食性＞草食性。如青鱼（杨国华等，1981）夏花蛋白质需求量为41%，江黄颡鱼（王武等，2003）蛋白质需求量为39.73%，鲤鱼（李爱杰等，1999）蛋白质需求量为35%，草鱼（林鼎等，1980；廖朝兴等，1987）蛋白质需求量为22.77%～29.64%；真鲷（赵兴文等，1995）蛋白质需求量为35.8%～53.7%，团头鲂（邹志清等，1987）蛋白质需求量为21.05%～30.83%；南方大口鲶（吴江等，1996）蛋白质需求量为41.1%～45.1%，鲤鱼（伍代勇等，2011）蛋白质需求量为30%～32%；鳜鱼（吴遵霖等，1995）蛋白质需求量为44.7%～45.8%，彭泽鲫（方之平等，1998；王胜林等，2000）蛋白质需求量为30%。根据生长阶段的不同鱼类对蛋白质的需求：仔鱼＞稚鱼＞成鱼。如规格为0.2～2g、2～20g、20～80g的黄颡鱼（邹祺，2005；王爱英，2006）的蛋白质需求量分别为45%、40.00%、38.78%，虹鳟（杨清华等，2006）的仔鱼、稚鱼和成鱼的蛋白质需求量分别为45%～50%、40%～45%和35%～40%。根据鱼类生长环境水温的不同，鱼类对蛋白质的需求：冷水性鱼＞温水性鱼。如黄颡鱼（余连渭，2003）蛋白质需求量为37.49%，施氏鲟（陈声栋，1996）蛋白质需求量为39.00%；斑点叉尾鲴（Wilson R P，1991）蛋白质需求量为25%，高首鲟（Moore B J *et al*，1988）蛋白质需求量为40.05%。本试验中研究对象的天然生活环境仅限于青藏高原，海拔可能也会对其蛋白质需求量产生某些影响，由于现存裂腹鱼类蛋白质需求量的研究、海拔对鱼类蛋白质需求量是否有影响（Ding R H，1994）的可供参考的资料较少，故本文暂未对海拔进行深入的讨论，但海拔是否会对鱼类营养需求量产生影响，还需继续进行探索。本试验鱼是体重为（115.46±16.20）g、杂食性的高原冷水性鱼类，经查阅文献，本研究的蛋白质水平梯度设置为20%～45%（表3-142）。

2. 异齿裂腹鱼饲料中蛋白质需要量的确定

最适蛋白质需要量是指符合鱼体最大生长或鱼体蛋白质最大增加量而必需的最为经济的摄食量（林鼎等，1980）。鱼类营养需求研究中常常以生长速率（SGR、WGR等）（何雷，2008；宁毅，2013；曾本和等，2019）和饲料及其营养物质利用效率（FCR、PER等）（叶元土等，1999）来衡量营养物质含量对鱼类的养殖效果。本试验选择增重率（WGR）、特定生长率（SGR）、饲料系数（FCR）和蛋白质效率（PER）等作为评定指标，得出异齿裂腹鱼最适蛋白质添加量为33.22%～34.02%。较相似规格的虹鳟（杨清华等，2006）、高首鲟（Moore B J *et al*，1988）等大部分冷水性鱼类低，这可能与试验鱼在自然环境中的摄食习性有关。本试验鱼为雅鲁藏布江日喀则段捕获的野生异齿裂腹鱼，有研究（季强，2008）表明，自然环境中异齿裂腹鱼主要以着生藻类为食，其中硅藻占比最大，食物组成中仅有少量水蚯蚓和节肢动物附肢等，表明试验鱼已经适应采食低蛋白质含量的饵料，所以降低了对饲料中蛋白质的需求量，同相似规格鲤鱼（伍代勇等，

表 3-142　影响鱼类饲料中适宜蛋白质需求量的因素

科	属	种	食性	适宜蛋白质需求量/%	鱼类规格/g	海拔信息/m	生长指标	环境水温	文献来源
鲤科 雅罗鱼亚科 Cyprinidae Leuciscinae	青鱼属 Mylopharyngodon	青鱼 Mylopharyngodon piceus	肉食性	41	1~1.6		WGR, FCR		杨国华等，1981
	草鱼属 Ctenopharyngodon	草鱼 Ctenopharyngodon idellus	草食性	22.77~29.64	2.4~10		WGR, PER		林鼎等，1981；廖朝兴等，1987
鲤科 鲌亚科 Cyprinidae Culterinae	鲂属 Megalobrama	团头鲂 Megalobrama amblycephala Yih		21.05~30.83	21.4~30.0		WGR	温水性鱼类	邹志清等，1987
鲤科 鲤亚科 Cyprinidae Cyprininae	鲤属 Cyprinus	鲤鱼 Cyprinus carpio		35	7		WGR		李爱杰等，1999
	鲤属 Cyprinus	鲤鱼 Cyprinus carpio		30~32	75.39±0.18		WGR, SGR, FCR		伍代勇等，2011
	鲫属 Carassius	彭泽鲫 Carassius auratus var. Pengze		30	28~30		WGR, FCR		方之平等，1998；王胜林等，2000
鲤科 裂腹鱼亚科 Cyprinidae Schizothoracinae	裂腹鱼属 Schizothorax	齐口裂腹鱼 Schizothorax prenanti Tchang	杂食性	42~48	2	1000~1500	SGR		何雷，2008
		重口裂腹鱼 Schizothorax (Racoma) davidi		45	2.0±0.1	1000~1500	SGR		宁毅，2013
		异齿裂腹鱼 Schizothorax o'connori		33.22~34.02	115.46±16.20	3000~4500	FW, WGR, SGR, FCR, PER, HSI	冷水性鱼类	本研究
	裸裂尻鱼属 Schizopygopsis	拉萨裸裂尻鱼 Schizopygopsis younghusbandi younghusbandi Regan		34.01~35.31	22.42±0.56	3000~4500	FW, WGR, SGR		曾本和等，2019

续表

科	属	种	食性	适宜蛋白质需求量/%	鱼类规格/g	海拔信息/m	生长指标	环境水温	文献来源
鲿科 Bagride	黄颡鱼属 Pelteobagrus	江黄颡鱼 Pelteobagrus vachelli (Richardson)		39.73	2.65±0.07		WGR, FCR		王武等, 2003
		黄颡鱼 Pelteobagrus fulvidraco Rich		45	0.2~2		WGR, FCR		邹琪, 2005
		黄颡鱼 Pelteobagrus fulvidraco Rich		40	2~20		WGR, FCR		王爱英, 2006
				38.78	12~80		WGR		余连渭, 2003
鲷科 Sparidae	真鲷属 Pagrosomus	真鲷 Pagrus major		37.49	2		WGR	温水性鱼类	
				35.8~53.7	34.0~37.3		日投饵量 (%)		赵兴文, 1995
鲶科 Siluridae	鲶属 Silurus	南方大口鲶 Silurus meridionalis Chen	肉食性	41.1~45.1	35.0~77.0		SGR, FCR, PER		吴江等, 1996
鮨科 Serranidae	鳜属 Siniperca	鳜鱼 Siniperca chuatsi		44.7~45.8	15.9±2.2		WGR, FCR, PER		吴遵霖等, 1995
鲴科 Ictaluridae	鲴属 Ictalurus	斑点叉尾鲴 Ictalurus punctatus		25	114		WGR		Wilson R P, 1991
鲑科鲑亚科 Salmonidae Salmoninae	大麻哈鱼属 Oncorhynchus	虹鳟 Oncorhynchus mykiss		45~50	仔鱼				
				40~45	稚鱼		WGR, FR		杨清华等, 2006
				35~40	成鱼				
鲟科鲟亚科 Acipenseridae Acipenserini	鲟属 Acipenser	施氏鲟 Acipenser schrenckii		39	3~12		SR, WGR, FCR	冷水性鱼类	陈声栋等, 1996
		高首鲟 Acipenser transmontanus		40.05	145~300		BWI		Moore B J et al, 1988

注：表格中仅比较裂腹鱼类的海拔信息。

2011）相近。因此，在没有异齿裂腹鱼的全价配合饲料生产时，建议使用鲤鱼饲料对异齿裂腹鱼进行驯食及养殖。

3. 饲料蛋白质水平对异齿裂腹鱼摄食率及形体指标的影响

本试验鱼摄食率（FR）在低蛋白质组（20%）最高（$P < 0.05$），在高蛋白质组（40%）最低，与30%、35%蛋白质水平组差异不显著（$P > 0.05$），与叶文娟等（2014）对泥鳅幼鱼蛋白质需求量的研究类似。这可能与鱼类的摄食补偿性调节（Wilson R P，1986）有关，即当摄入的饵料中蛋白质含量过低时，鱼类就会增加对饵料的摄入量，以满足自身对能量及营养物质的需求，摄食率由此增大，因此，适当地提高饲料中的蛋白质含量，可以相应地降低鱼类养殖中饲料的用量，节约养殖成本。

本试验中随饲料蛋白质水平升高，异齿裂腹鱼脏体比（VSI）、肠体比（VI）呈逐渐降低的变化趋势，肝体比（HSI）在低蛋白质组（20%）最高（$P < 0.05$），与曾本和等（叶元土等，1999）所报道的蛋白质需求量对拉萨裸裂尻鱼形体指数的影响相类似。鱼类摄食低蛋白质水平饲料时，摄食率往往会增加，这相对于摄食高蛋白质饲料组的鱼类，摄入了较高水平的糖类和脂肪。有研究表明，鱼类摄入过多碳水化合物，会使鱼体糖代谢增强（Harare K A et al，2003），同时提高某些组织脂肪合成酶的活性，加快糖类向脂肪的转变，并与摄入的脂肪共同促进肝脏、腹腔内脏等脂肪组织的脂肪沉积（Mohanty S S et al，1996；Yang S D et al，2003），从而增加肝脏、内脏团和肠系膜的质量，鱼体的肝体比（HSI）、脏体比（VSI）和肠体比（VI）也随之增加，因此，适当地增加饲料中的蛋白质含量，可以减少鱼体内脏脂肪比例，并提高养殖鱼类的品质（Zhao Q E，2011）。

第九节　饲料脂肪水平对异齿裂腹鱼幼鱼生长、饲料利用及形体指数的影响

本节设置一系列脂肪梯度饲料养殖异齿裂腹鱼幼鱼60 d，旨在研究其饲料脂肪的最适需求量，并探讨不同脂肪水平饲料对异齿裂腹鱼幼鱼生长性能、饲料利用及形体指标的影响，为异齿裂腹鱼幼鱼人工配合饲料的科学配制提供理论依据，以期为异齿裂腹鱼人工集约化养殖打下基础，为异齿裂腹鱼资源合理开发及保护奠定基础。

一、材料与方法

1. 试验饲料

本试验饲料以白鱼粉、酪蛋白和南极磷虾粉为蛋白源，鱼油为脂肪源，糊化淀粉和玉米淀粉为糖源，羧甲基纤维素为黏合剂。配制6组等氮等能试验饲料，饲料脂肪水平分别为2.5%、5.0%、7.5%、10.0%、12.5%、15.0%，实测水平为2.56%、5.00%、7.53%、10.02%、12.50%、14.91%。（下文表述为：2.5%、5.0%、7.5%、10.0%、12.5%、15.0%），试验饲料组成及营养水平见表3-143。饲料原料从河南中偌生物科技有限公司购买，饲料原料过60目筛，严格按照表3-143配比称重，采用逐级混匀法混合均匀，混合后的粉状饲料经制粒机制成粒径0.3cm、长度1cm左右的颗粒饲料；自然风干至含水分约10%，放入密封袋中于-4℃冰柜中保存待用。

表 3-143　基础饲料配方及营养组成（风干基础）

原料	脂肪含量/%					
	2.5	5.0	7.5	10.0	12.5	15.0
白鱼粉	25.00	31.40	35.70	37.40	38.80	40.90
酪蛋白	12.50	7.50	4.00	2.70	1.80	0.00
糊化淀粉	10.00	10.00	10.00	10.00	10.00	10.00
玉米淀粉	30.00	25.00	20.00	15.00	8.00	5.00
鱼油	0.00	2.10	4.40	6.80	9.20	11.50
南极磷虾粉	2.00	2.00	2.00	2.00	2.00	2.00
多维	0.50	0.50	0.50	0.50	0.50	0.50
多矿	5.00	5.00	5.00	5.00	5.00	5.00
纤维素	12.00	13.50	15.40	17.60	21.70	22.10
羧甲基纤维素	3.00	3.00	3.00	3.00	3.00	3.00
合计	100.00	100.00	100.00	100.00	100.00	100.00
营养成分						
粗蛋白质 CP	31.34	31.42	31.33	31.31	31.41	31.27
粗脂肪 EE	2.56	5.00	7.53	10.02	12.50	14.91
粗灰分 Ash	5.14	5.26	5.23	5.41	5.26	5.36
总能/（MJ/kg）	15.25	15.21	15.23	15.36	15.21	15.57
水分	11.13	11.15	11.25	11.16	11.22	11.17

注：1. 饲料营养成分为实测值。

2. 多矿为每 1kg 饲料提供多矿预混料（mg/kg diet）：六水氯化钴（1%）50、五水硫酸铜（25%）10、一水硫酸亚铁（30%）80、一水硫酸锌（34.5%）50、一水硫酸锰（31.8%）45、七水硫酸镁（15%）1200、亚硒酸钠（1%）20、碘酸钙（1%）60、沸石粉 8485。

3. 多维（mg/kg diet）：盐酸硫胺素（98%）25、维生素 B_2（80%）45、盐酸吡哆醇（99%）20、维生素 B_{12}（1%）10、维生素 K（51%）10、肌醇（98%）800、泛酸钙（98%）60、烟酸（99%）200、叶酸（98%）20、生物素（2%）60、维生素 A（500000IU/g）32、维生素 D（500000IU/g）5、维生素 E（50%）240、维生素 C（35%）2000、抗氧化剂（克氧灵，100%）3、稻壳粉 1470。

2. 试验设计及饲养管理

试验所用异齿裂腹鱼于 2018 年采自雅鲁藏布江日喀则河段（29°15′55.47″N，88°56′50.90″E），试验前期试验用鱼暂养于长 5m×宽 3m×高 0.6m 的水泥池中，投喂与正式试验规格一样的商品颗粒饲料驯食 60d，待野生异齿裂腹鱼能正常抢食后，开始试验。试验开始前停食 24h，用 MS-222 溶液麻醉后称重，随机挑选 540 尾规格相似、体重为（115.46±16.20)g、健康无伤病的异齿裂腹鱼，随机分成 6 组，每组 3 个重复，每个重复 30 尾鱼，并分别放入 6 个长 3.0m×宽 0.5m×高 0.3m 的平列槽中（每个平列槽用网孔为 1.5mm 的隔板分成 3 个平行养殖空间），分组后停食 24h，然后给予不同脂肪水平的配合饲料进行 60d 的养殖试验。每天按试验鱼体重 3%～5% 表观饱食投喂 3 次（8：30、13：30 和 18：30），投饵 1h 后吸出残饵和粪便，残饵置于恒温箱（55℃）中烘干称重并记录。前一周内各组死亡的鱼可进行补充替换，在此之后每天记录死鱼的数量，计算死亡率；每隔一天配制浓度为 2% 的盐水用于鱼体消毒，浸泡时间由鱼的耐受能力而定，一般大于 20min，并结合药物（美婷Ⅱ）防止水霉病对鱼类的危害，以确保试验的顺利进行。试验水体为 24h 循环曝气后的井水，每天对试验水体进行 3 次监测，保持水体的水温变化范围 12.1～12.3℃，溶氧≥6mg/L；pH 值变化范围 7.8～8.2，氨氮≤0.01mg/L，亚硝酸≤0.02mg/L。试验于西藏自治区农牧科学院水产科学研究所西藏土著鱼类增殖育种场内进行。

3. 样品采集及指标测定方法

养殖试验结束时，将鱼停食 24h，用 MS-222 溶液麻醉后确认每个平列槽内鱼的数量并将全部试验鱼逐一称重、测体长和全长，以分别计算异齿裂腹鱼的增重率、特定生长率、摄食率、饲料系数、蛋白质效率和成活率。

每个平列槽随机取 5 尾鱼，用干布吸干鱼体外表水分后，在冰盘上迅速解剖取其内脏并称重，然后分离出内脏、肝胰脏和肠道，再分别称重，以分别计算肥满度、脏体比、肝体比、肠体比。

各组试验配合饲料的水分（H_2O）、粗蛋白质（CP）、粗脂肪（EE）、粗灰分（Ash）均参照 AOAC（1995）的方法进行测定：饲料水分含量采用常压干燥法，于鼓风烘箱 105℃下烘干至恒重测定；饲料粗蛋白质含量采用凯氏自动定氮仪测定；饲料粗脂肪含量采用索氏抽提器测定（乙醚为溶剂）；饲料粗灰分的测定，先将样品在电炉上碳化至无烟后，再在马福炉中灼烧 12h 后测定。

4. 计算公式

异齿裂腹鱼的增重率、特定生长率、摄食率、饲料系数、蛋白质效率、成活率、肥满度、脏体比、肝体比和肠体比参照以下公式计算：

增重率（Weight gain rate，WGR，%）$= (W_t - W_0) \times 100 / W_0$

特定生长率（specific growth rate，SGR，%/d）$= (\ln W_t - \ln W_0) \times 100 / d$

摄食率（Feeding ratio，FR，%）$= 200 \times F / [(W_t + W_0) \times d]$

饲料系数（Feed conversion ratio，FCR）$= F / (W_t - W_0)$

蛋白质效率（protein efficiency ratio，PER）$= (W_t - W_0) / (F \times P)$

成活率（Survival rate，SR，%）$= 100 \times N_f / N_i$

肥满度（Condition factor，CF，g/cm^3）$= 100 \times W_t / L^3$

脏体比（Viscerasomatic index，VSI，%）$= 100 \times W_v / W_t$

肝体比（Hepaticsomatic index，HSI，%）$= 100 \times W_h / W_t$

肠体比（viserosomatic index，VI，%）$= 100 \times W_{vi} / W_t$

式中，W_0、W_t 分别为试验鱼的初始体重和终末体重，g；d 为养殖天数，d；F 为饲料摄入量，g；P 为饲料粗蛋白质含量，%；N_f、N_i 分别为试验开始和结束时试验鱼的尾数；L 为体长，cm；W_v、W_h、W_{vi} 分别为试验鱼内脏团、肝脏、肠道的质量，g。

5. 数据统计

试验结果采用"平均值±标准差"（means±SD）表示。采用 SPSS 19.0 统计软件中 one-way ANOVA 进行单因素方差分析，若差异显著，则采用 Duncan 多重比较法进行多重比较，差异显著水平为 $P < 0.05$。

二、结果

1. 饲料脂肪水平对异齿裂腹鱼生长及饲料利用的影响

饲料脂肪水平对异齿裂腹鱼生长性能的影响见表 3-144。随着饲料脂肪水平的增加，异齿裂腹鱼末重（FW）、摄食率（FR）、增重率（WGR）、特定生长率（SGR）、蛋白质效率（PER）均呈先升高后降低的变化趋势。FW、FR、WGR、SGR 均在饲料脂肪水平为 10% 时达到最大，分别为 149.34 g、0.88%、40.19% 和 0.56%/d，显著高于其余试验组（$P<$ 0.05）。蛋白质效率在饲料脂肪水平为 7.5% 的试验组中最高，为 1.15，与饲料脂肪水平为 10.0% 的试验组差异不显著（$P>0.05$），显著高于其余试验组（$P<0.05$）。随着饲料脂肪水平的升高，异齿裂腹鱼幼鱼饲料系数（FCR）呈先降低后升高的变化趋势，且在饲料脂肪水平为 10.0% 时最低，与饲料脂肪水平为 7.5% 的试验组差异不显著（$P>0.05$），显著高于其余试验组（$P<0.05$）。饲料脂肪水平低于 12.5% 时，各试验组异齿裂腹鱼幼鱼成活率（SR）差异不显著（$P>0.05$）；高于 12.5% 后，试验鱼成活率显著降低（$P<0.05$）。

表 3-144　饲料脂肪水平对异齿裂腹鱼生长性能的影响（平均值±标准差）

脂肪水平/%	初重/g	末重/g	摄食率/%	增重率 WGR /%	特定生长率 SGR/(%/d)	饲料系数 FCR	蛋白质效 率 PER	成活率 SR /%
2.50	103.24±1.99	112.78±1.93[a]	0.76±0.01[b]	9.25±0.26[ab]	0.15±0.01[ab]	8.13±0.08[d]	0.61±0.01[c]	63.33±6.67[b]
5.00	106.13±2.79	126.48±4.46[b]	0.81±0.03[cd]	19.19±3.56[c]	0.29±0.05[c]	4.45±0.70[b]	0.91±0.13[d]	71.11±13.88[b]
7.50	105.36±2.79	138.57±7.78[c]	0.83±0.02[d]	31.46±3.99[d]	0.46±0.05[d]	2.92±0.39[a]	1.15±0.15[e]	72.22±15.75[b]
10.00	106.55±2.59	149.34±3.43[d]	0.88±0.01[e]	40.19±3.24[e]	0.56±0.04[e]	2.49±0.20[a]	1.14±0.09[e]	65.56±7.70[b]
12.50	103.66±0.64	117.35±2.30[a]	0.78±0.03[bc]	13.20±1.68[b]	0.21±0.02[b]	5.95±0.79[c]	0.42±0.06[b]	61.11±8.39[ab]
15.00	103.62±1.16	111.11±1.61[a]	0.64±0.03[a]	7.23±1.10[a]	0.12±0.02[a]	8.69±0.97[d]	0.26±0.03[a]	43.33±3.33[a]

注：1. 表格中所给数据为平均数及 3 个重复标准差。
　　2. 表格中同列肩标相同小写字母或无字母表示差异不显著（$P>0.05$），不同小写字母表示差异显著（$P<0.05$）。下表同。

　　以折线方程来拟合饲料脂肪水平与 WGR、SGR、FR 的关系，则 WGR、SGR、FR 最优时饲料脂肪水平分别为 9.62%、9.6% 和 10.15%（图 3-151、图 3-152、图 3-153）。以二次方程来拟合饲料脂肪水平（x）与 FCR（y）的关系，得回归方程 $y=1487.4\,x^2-252.45x+13.428$（$R^2=0.9662$）（图 3-154），则在异齿裂腹鱼摄食最佳时饲料脂肪水平为 8.49%。

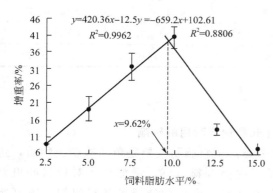

图 3-151　饲料脂肪水平对异齿裂腹鱼
增重率的影响

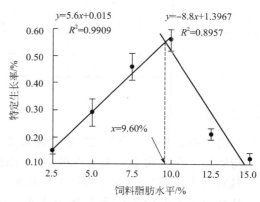

图 3-152　饲料脂肪水平对异齿裂腹鱼
特定生长率的影响

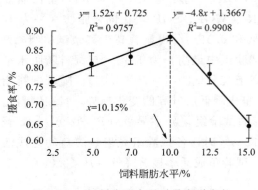

图 3-153　饲料脂肪水平对异齿裂腹鱼
摄食率的影响

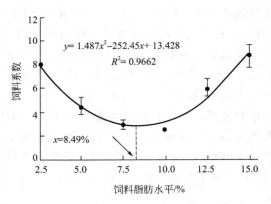

图 3-154　饲料脂肪水平对异齿裂腹鱼
饲料系数的影响

2. 饲料脂肪水平对异齿裂腹鱼幼鱼形体指标的影响

饲料脂肪水平对异齿裂腹鱼幼鱼形体指标的影响见表 3-145。随饲料脂肪水平升高，异齿裂腹鱼幼鱼肥满度（CF）、脏体比（VSI）、肝体比（HSI）均呈先升高后降低的变化趋势。在饲料脂肪水平为 7.5％时肥满度（CF）最大，显著高于其余各试验组（$P<0.05$）。在饲料脂肪水平为 10.0％时脏体比（VSI）最大，为 12.9％，与饲料脂肪水平为 7.5％的试验组差异不显著（$P>0.05$），显著高于其余各试验组（$P<0.05$）。在饲料脂肪水平为 12.5％时肝体比（HSI）最大，显著高于其余各试验组（$P<0.05$）。随着饲料脂肪水平的升高，异齿裂腹鱼幼鱼肠体比（VI）呈逐渐降低的变化趋势，饲料脂肪水平为 2.5％时，VI 最大，为 2.99％，与饲料脂肪水平为 5.0％的试验组差异不显著（$P>0.05$），显著高于其余试验组（$P<0.05$）。

表 3-145　饲料脂肪水平对异齿裂腹鱼形体指标的影响

脂肪水平/%	肥满度 CF/(g/cm³)	脏体比 VSI/%	肝体比 HSI/%	肠体比 VI/%
2.50	1.43±0.04[a]	9.60±0.26[a]	3.76±0.08[a]	2.99±0.12[c]
5.00	1.62±0.02[b]	10.89±0.22[b]	3.81±0.26[a]	2.71±0.24[c]
7.50	1.77±0.09[c]	12.65±0.42[d]	4.21±0.24[b]	2.21±0.19[b]
10.00	1.64±0.06[b]	12.90±0.36[d]	4.33±0.18[b]	2.03±0.17[ab]
12.50	1.53±0.05[a]	11.65±0.52[c]	5.10±0.16[d]	1.98±0.13[ab]
15.00	1.50±0.02[a]	9.93±0.30[a]	4.71±0.07[c]	1.83±0.12[a]

三、讨论

1. 饲料脂肪水平对异齿裂腹鱼幼鱼摄食、生长和饲料利用的影响

脂肪是水产动物生长和发育中重要的能量来源。饲料脂肪主要是鱼油等脂类物质，鱼油等具有很大的香味，适量增加饲料脂肪含量可提高饲料口感，增加鱼体对饲料的摄食量。从饲料中摄取的脂肪在鱼体内逐步发生分解代谢，产生的能量被各种组织、器官所利用。当鱼类摄取的脂肪不足时，蛋白质将作为能源被分解以维持鱼类正常生命活动，这将使蛋白质的合成代谢效率降低。为保证体内正常的蛋白质需求，鱼类需要摄食更多的饲料。因此，适量添加油脂可增加鱼类摄食量，降低蛋白质作为能源分解的量，提高饲料蛋白质效率，起到节约蛋白质的作用（向枭等，2013），并促进鱼类的生长（付世建等，2001）。Takeuchi 等（1991）对虹鳟（*Oncorhynchus mykiss*）的研究发现，饲料脂肪水平从 15％增加到 20％，同时饲料蛋白质水平从 48％降低到 35％对鱼类的生长无明显影响。当饲料脂肪水平过高时，过多的脂肪通过血液循环在肠系膜及肝脏中累积，加重肝脏负荷，造成鱼体肝脏病变，影响鱼体健康，降低鱼体摄食率及饲料利用率，从而影响其生长。Halver 等（1989）研究发现，饲料脂肪水平超过鱼类的需求量时，其消化利用率则会显著降低，从而抑制鱼体肌肉中脂肪酸的重新合成，降低鱼类的生长速度；此外，研究还发现，翘嘴红鲌（*Erythrocutler ilishaeformi*）摄食高脂肪饲料后造成了高血糖效应，同时诱导了葡萄糖-6-磷酸酶（G6Pase）活性及基因的表达，影响了碳水化合物的利用（刘波等，2008）。本试验中，饲料脂肪水平为 2.5％～10.0％时，异齿裂腹鱼幼鱼的 FR、SGR 显著升高，FCR 逐渐降低，饲料脂肪水平为 2.5％～7.5％时，饲料蛋白质效率显著升高，说明饲料脂肪水平一定范围内的升高能够促进鱼类摄食，提高鱼类对饲料的利用率，降低饲料系数。同时，适量饲料脂肪可为鱼类活动提供充足的能量，使蛋白质最大限度地参与动物机体的合成代谢，促进鱼类的生长。但饲料脂肪水平过高会引起饲料能量蛋白比不平衡，导致鱼体生长减慢和饲料利用率降低。本试验中，饲料脂肪水平超过 10.0％时，异齿裂腹鱼幼鱼的 SGR 逐渐降低，FCR 开始上升，进一步说明了饲料脂肪水平过高会在一定程度上抑制鱼类生长。通过一次和二次方程回归分析可知，当饲料脂肪水平在 8.49％～9.62％时可促进异齿裂腹鱼幼鱼的生长，提高其对饲料的利用效率，此结果高于鳡鱼（*Elopichthys bambusa*）（赵巧娥等，2012）、胭脂鱼（*Myxocyprinus asiaticus*）（王朝明等，2010）的需求，但低于大西洋白姑鱼（*Argyrosomus regius*）（Chatzifotis *et al*，2010）、白甲鱼（向枭等，2013）的需求，与向枭等（2009）对翘嘴红鲌、Lou 等（2010）对鲈（*Lateolabrax japonicus*）的研究结果基本一致。上述结果的差异可能与研究对象的种类、发育阶段以及饲料配方组成、试验条件等多种因素有关。

2. 异齿裂腹鱼生长速度及原因分析

本试验中，异齿裂腹鱼最大增重率为（40.19±3.24）％，最大特定生长率为（0.56±0.04）％/d。刺鲃特定生长率为 2.14～2.91％/d（吕耀平等，2009），异育银鲫 1.82～2.67％/d（何吉祥等，2014），齐口裂腹鱼 1.66～2.43％/d（向枭等，2012），大菱鲆 [*Scophthalmus maximus*（Linnaeus，1758）] 1.08～1.27％/d（蒋克勇等，2005），罗非鱼（*Oreochromis mossambicus*）2.56～3.57％/d（胡国成等，2006）。以上养殖品种生长速度均显著高于实验异齿裂腹鱼，这可能有两个原因。其一，野生异齿裂腹鱼 1 龄鱼体长 8.9cm，2 龄鱼 13.2cm，3 龄鱼 17.0cm，4 龄鱼 20.4cm，5 龄鱼 23.6cm，6 龄鱼 26.4cm（贺舟挺，2005），在野生环境下异齿裂腹鱼生长极为缓慢，这可能是鱼体生长基因决定，为生长缓慢型鱼类；其二，本试验发现，试验异齿裂腹鱼最大摄食率为 0.88％，最低饲料系数为 2.49，说明异齿裂腹鱼摄食率低，饲料利用率低，从而导致其生长缓慢。因此，开发异齿裂腹鱼养殖品种还需要在筛选种质资源、研究全价饲料、提高其摄食率和饲料利用率上做突破。

3. 饲料脂肪水平对异齿裂腹鱼形体指标的影响

一般而言，随着饲料脂肪水平的升高，鱼体摄入脂肪含量升高，脂肪被吸收后通过血液循环储存在肠系膜及肝脏中的脂肪增加，导致鱼体内脏增重，脏体比和肥满度增加；同时，饲料中的高脂可以促进肝脏脂肪数量的增多（Umino et al，1996），使脂肪细胞的体积变大（Bellardi et al，1995），从而使更多的脂肪被肝脏容纳（Nanton et al，2001），最终使肝体比增大。当饲料脂肪含量过高时，导致大量脂肪在肠系膜及肝脏中沉积，对鱼体健康造成影响，降低鱼体摄食率；鱼长期摄食率低可导致鱼体肠道萎缩，因此高脂肪饲料可降低鱼体肠体比。本试验研究结果表明，饲料脂肪水平为2.5%～7.5%时，鱼体肥满度显著升高；饲料脂肪水平为2.5%～10.0%时，鱼体脏体比显著升高；饲料脂肪水平为2.5%～12.5%时，鱼体肝体比显著升高；饲料脂肪水平大于12.5%时，鱼体肠体比显著降低。这些进一步验证了以上观点。

4. 饲料脂肪水平对异齿裂腹鱼幼鱼成活率的影响

适宜饲料脂肪水平可增加鱼体SOD和CAT等抗氧化酶的活性（朱婷婷等，2018），提高鱼体抗氧化能力；可增加鱼体血清ALT和AST的活性，强化肌肉组织或者心脏发生功能（习丙文等，2018）；可提高血清免疫球蛋白（IgM）含量，增加鱼体免疫能力（何志刚等，2016）；可提高鱼体溶菌酶（LZM）活性，增加鱼体抗应激能力（何志刚等，2016）。但当饲料脂肪水平过高时，会降低鱼体SOD和CAT等抗氧化酶的活性（朱婷婷等，2018），降低鱼体抗氧化能力；会降低鱼体血清ALT和AST的活性，导致肌肉组织或者心脏发生功能减弱（习丙文等，2018）；可降低血清免疫球蛋白（IgM）含量，降低鱼体免疫能力；可降低鱼体溶菌酶（LZM）活性，降低鱼体抗应激能力（何志刚等，2016）。本试验研究结果表明，饲料脂肪水平2.5%～7.5%时，异齿裂腹鱼幼鱼成活率升高，但差异不显著；饲料脂肪水平7.5%～15.0%时，试验鱼成活率逐渐降低；饲料脂肪水平为15.0%时，试验鱼成活率最低，为43.33%，与饲料脂肪水平为12.5%的试验组差异不显著，显著低于其余试验组。同上述研究结果一致。

第十节　异齿裂腹鱼幼鱼饲料维生素C需求研究

本节设置一系列维生素C梯度饲料养殖异齿裂腹鱼幼鱼84d，旨在研究其饲料维生素C的最适需求量，并探讨不同维生素C水平饲料对异齿裂腹鱼幼鱼生长性能和饲料利用的影响，为异齿裂腹鱼幼鱼人工配合饲料的科学配制提供理论依据，以期为异齿裂腹鱼人工集约化养殖打下基础，为异齿裂腹鱼资源合理开发及保护奠定基础。

一、材料和方法

1. 试验饲料

本试验饲料以白鱼粉、酪蛋白和南极磷虾粉为蛋白源，鱼油为脂肪源，糊化淀粉和玉米淀粉为糖源，羧甲基纤维素为黏合剂。配制6组等氮等脂等能试验饲料，饲料维生素C水平分别为0mg/kg、20mg/kg、40mg/kg、80mg/kg、160mg/kg、320mg/kg，试验饲料组成及营养水平见表3-146。饲料原料从河南中偖生物科技有限公司购买，饲料原料过60目筛，严格按照表3-146配比称重，采用逐级混匀法混合均匀，混合后的粉状饲料经制粒机制成粒径0.3cm、长度1cm左右的颗粒饲料；自然风干至含水分约10%，放入密封袋中于一4℃冰柜中保存待用。

表 3-146　基础饲料配方及营养组成（风干基础）

原料	维生素 C 含量/%					
	20	25	30	35	40	45
白鱼粉	31.60	31.60	31.60	31.60	31.60	31.60
酪蛋白	5.70	5.70	5.70	5.70	5.70	5.70
糊化淀粉	9.00	9.00	9.00	9.00	9.00	9.00
玉米淀粉	28.00	28.00	28.00	28.00	28.00	28.00
鱼油	4.10	4.10	4.10	4.10	4.10	4.10
南极磷虾粉	2.00	2.00	2.00	2.00	2.00	2.00
去维生素 C 多维	0.50	0.50	0.50	0.50	0.50	0.50
维生素 C	0.0000	0.0020	0.0040	0.0080	0.0160	0.0320
多矿	5.00	5.00	5.00	5.00	5.00	5.00
纤维素	11.100	11.098	11.096	11.092	11.084	11.068
羧甲基纤维素	3.00	3.00	3.00	3.00	3.00	3.00
合计	100.00	100.00	100.00	100.00	100.00	100.00
营养成分						
粗蛋白质 CP	29.99	30.01	29.93	29.94	30.12	30.07
粗脂肪 EE	7.03	7.06	7.08	7.10	7.03	7.05
粗灰分	5.15	5.18	5.14	5.23	5.31	5.30
总能/(MJ/kg)	15.90	15.87	15.93	15.92	15.95	15.97
水分	11.15	11.23	11.18	11.17	11.14	11.16

注：1. 饲料营养成分为实测值。

2. 多矿为每 1kg 饲料提供多矿预混料（mg/kg diet）：六水氯化钴（1%）50，五水硫酸铜（25%）10，一水硫酸亚铁（30%）80，一水硫酸锌（34.5%）50，一水硫酸锰（31.8%）45，七水硫酸镁（15%）1200，亚硒酸钠（1%）20，碘酸钙（1%）60，沸石粉 8485。

3. 多维（mg/kg diet）：盐酸硫胺素（98%）25，维生素 B_2（80%）45，盐酸吡哆醇（99%）20，维生素 B_{12}（1%）10，维生素 K（51%）10，肌醇（98%）800，泛酸钙（98%）60，烟酸（99%）200，叶酸（98%）20，生物素（2%）60，维生素 A（500000IU/g）32，维生素 D（500000IU/g）5，维生素 E（50%）240，抗氧化剂（克氧灵，100%）3，稻壳粉 1470。

2. 试验设计及饲养管理

试验所用异齿裂腹鱼于 2018 年采自雅鲁藏布江日喀则河段（29°15′55.47″N，88°56′50.90″E），试验前期试验用鱼暂养于长 5m×宽 3m×高 0.6m 的水泥池中，投喂与正式试验规格一样的商品颗粒饲料驯食 60d，待野生异齿裂腹鱼能正常抢食后，开始试验。试验开始前停食 24h，用 MS-222 溶液麻醉后称重，随机挑选 540 尾规格相似、体重为（88.07±3.04）g、健康无伤病的异齿裂腹鱼，随机分成 6 组，每组 3 个重复，每个重复 30 尾鱼，并分别放入 6 个长 3.0m×宽 0.5m×高 0.3m 平列槽中（每个平列槽用网孔为 1.5mm 的隔板分成 3 个平行养殖空间），分组后停食 24h，然后给予不同维生素 C 水平的配合饲料进行 84d 的养殖试验。每天按试验鱼体重 3%～5% 表观饱食投喂 3 次（8：30、13：30 和 18：30），投饵 1h 后吸出残饵和粪便，残饵置于恒温箱（55℃）中烘干称重并记录。前一周内各组死亡的鱼可进行补充替换，在此之后每天记录死鱼的数量，计算死亡率；每隔一天配制浓度为 2% 的盐水用于鱼体消毒，浸泡时间由鱼的耐受能力而定，一般大于 20min，并结合药物

（美婷Ⅱ）防止水霉病对鱼类的危害，以保试验的顺利进行。试验水体为 24h 循环曝气后的井水，每天对试验水体进行 3 次监测，保持水体的水温变化范围 12.1～12.3℃，溶氧≥6mg/L；pH 值变化范围 7.8～8.2，氨氮≤0.01mg/L，亚硝酸≤0.02mg/L。试验于西藏自治区农牧科学院水产科学研究所西藏土著鱼类增殖育种场内进行。

3. 样品采集及指标测定方法

养殖试验结束时，将鱼停食 24h，用 MS-222 溶液麻醉后确认每个平列槽内鱼的数量并将全部试验鱼逐一称重、测体长和全长，以分别计算异齿裂腹鱼的增重率、特定生长率、摄食率、饲料系数、蛋白质效率和成活率。

每个平列槽随机取 5 尾鱼，用干布吸干鱼体外表水分后，在冰盘上迅速解剖取其内脏并称重，然后分离出内脏、肝胰脏和肠道，再分别称重，以分别计算肥满度、脏体比、肝体比、肠体比。

各组试验配合饲料的水分（H_2O）、粗蛋白质（CP）、粗脂肪（EE）、粗灰分（Ash）均参照 AOAC（1995）的方法进行测定：饲料水分含量采用常压干燥法，于鼓风烘箱 105℃下烘干至恒重测定；饲料粗蛋白质含量采用凯氏自动定氮仪测定；饲料粗脂肪含量采用索氏抽提器测定（乙醚为溶剂）；饲料粗灰分的测定，先将样品在电炉上炭化至无烟后，再在马弗炉中灼烧 12h 后测定。

4. 计算公式

异齿裂腹鱼的增重率、特定生长率、摄食率、饲料系数、蛋白质效率、成活率、肥满度、脏体比、肝体比和肠体比参照以下公式计算：

增重率（Weight gain rate，WGR，%）$= (W_t - W_0) \times 100 / W_0$

特定生长率（specific growth rate，SGR，%/d）$= (\ln W_t - \ln W_0) \times 100 / d$

摄食率（Feeding ratio，FR，%）$= 200 \times F / [(W_t + W_0) \times d]$

饲料系数（Feed conversion ratio，FCR）$= F / (W_t - W_0)$

蛋白质效率（protein efficiency ratio，PER，%）$= (W_t - W_0) / (F \times P)$

成活率（Survival rate，SR，%）$= 100 \times N_f / N_i$

肥满度（Condition factor，CF，g/cm^3）$= 100 \times W_t / L^3$

脏体比（Viscerasomatic index，VSI，%）$= 100 \times W_v / W_t$

肝体比（Hepaticsomatic index，HSI，%）$= 100 \times W_h / W_t$

肠体比（viserosomatic index，VI，%）$= 100 \times W_{vi} / W_t$

式中，W_0、W_t 分别为试验鱼的初始体重和终末体重，g；d 为养殖天数，d；F 为饲料摄入量，g；P 为饲料粗蛋白质含量，%；N_f、N_i 分别为试验开始和结束时试验鱼的尾数；L 为体长，cm；W_v、W_h、W_{vi} 分别为试验鱼内脏团、肝脏、肠道的质量，g。

5. 数据统计

试验结果采用"平均值±标准差"（means±SD）表示。采用 SPSS 19.0 统计软件中 one-way ANOVA 进行单因素方差分析，若差异显著，则采用 Duncan 多重比较法进行多重比较，差异显著水平为 $P < 0.05$。

二、试验结果

1. 饲料维生素 C 水平对异齿裂腹鱼幼鱼摄食和生长的影响

饲料维生素 C 水平对异齿裂腹鱼幼鱼摄食和生长的影响见表 3-147。随着饲料维生素 C

水平的升高，异齿裂腹鱼摄食率（FR）、末重（FW）、增重率（WGR）、特定生长率（SGR）均呈先升高后趋于稳定的变化趋势。FR 在饲料维生素 C 水平为 160mg/kg 时取得最大值，与饲料维生素 C 水平为 40~320mg/kg 试验组差异不显著（$P>0.05$），显著高于饲料维生素 C 水平为 0~20mg/kg 试验组（$P<0.05$）。FW、WGR、SGR 均在饲料维生素 C 水平为 40mg/kg 试验组达到最大，分别为 126.96g、41.79% 和 0.42%/d；FW 与饲料维生素 C 水平为 40~320mg/kg 试验组差异不显著（$P>0.05$），显著高于饲料维生素 C 水平为 0~20mg/kg 试验组（$P<0.05$）；WGR、SGR 均与饲料维生素 C 水平为 80~160mg/kg 试验组差异不显著（$P>0.05$），显著高于饲料维生素 C 水平为 0~20mg/kg 和 320mg/kg 试验组（$P<0.05$）。当饲料维生素 C 水平低于 40mg/kg 时，随着饲料维生素 C 水平升高，试验鱼 FR、WGR、SGR 均呈线性升高，回归方程分别为 $y=0.0048x+0.6917$（$R^2=0.865$），$y=0.853x+8.18$（$R^2=0.9973$），$y=0.0083x+0.0983$（$R^2=0.9924$）。当饲料维生素 C 水平高于 40mg/kg 时，随着饲料维生素 C 水平升高，试验鱼 FR 与饲料维生素 C 水平呈抛物线关系，回归方程为 $y=-2E\text{-}06x^2+0.0009x+0.819$（$R^2=0.9434$）；WGR、SGR 均有略微降低，但差异不显著，线性回归方程分别为 $y=-0.0296x+42.801$（$R^2=0.9831$），$y=-0.0003x+0.4283$（$R^2=0.9775$）。则在异齿裂腹鱼幼鱼 WGR、SGR、FR 取得最优时，饲料维生素 C 水平分别为 40mg/kg、40mg/kg、225mg/kg（图 3-155~图 3-157）。

表 3-147　饲料维生素 C 水平对异齿裂腹鱼幼鱼生长性能的影响（平均值±标准差）

维生素 C 水平/(mg/kg)	初重/g	末重/g	摄食率/%	增重率 WGR /%	特定生长率 SGR /(%/d)
0	109.17±3.41	96.22±2.73[a]	0.67±0.01[a]	7.67±0.74[a]	0.09±0.01[a]
20	105.54±1.21	110.60±3.14[b]	0.83±0.01[b]	26.26±3.59[b]	0.28±0.03[b]
40	108.02±1.07	126.96±6.61[c]	0.86±0.01[bc]	41.79±3.47[d]	0.42±0.03[d]
80	110.22±3.27	122.38±6.65[bc]	0.87±0.03[bc]	39.86±2.36[d]	0.40±0.02[d]
160	109.66±2.09	121.56±10.15[bc]	0.90±0.04[c]	38.62±4.77[cd]	0.39±0.04[cd]
320	107.95±7.36	116.12±2.66[bc]	0.86±0.03[bc]	33.17±0.24[c]	0.34±0.01[c]

注：1. 表格中所给数据为平均数及 3 个重复标准差。
　　2. 表格中同列肩标相同小写字母或无字母表示差异不显著（$P>0.05$），不同小写字母表示差异显著（$P<0.05$）。下表同。

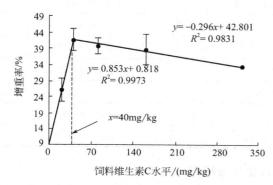

图 3-155　饲料维生素 C 水平对异齿裂腹鱼
幼鱼增重率的影响

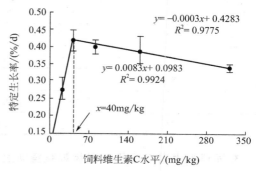

图 3-156　饲料维生素 C 水平对异齿裂腹鱼
幼鱼特定生长率的影响

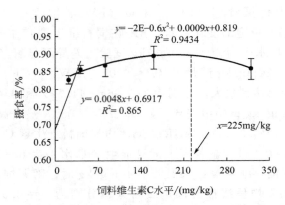

图 3-157 饲料维生素 C 水平对异齿裂腹鱼幼鱼摄食率的影响

2. 饲料维生素 C 水平对异齿裂腹鱼幼鱼饲料利用率的影响

饲料维生素 C 水平对异齿裂腹鱼幼鱼饲料利用率的影响见表 3-148。随着饲料维生素 C 水平的升高,异齿裂腹鱼幼鱼饲料系数(FCR)呈先降低后趋于稳定的变化趋势,且在饲料维生素 C 水平为 40mg/kg 时取得最小值,为 2.35,与饲料维生素 C 水平为 80~320mg/kg 试验组差异不显著($P>0.05$),显著低于饲料维生素 C 水平为 0~20mg/kg 试验组($P<0.05$)。蛋白质效率(PER)随着饲料维生素 C 水平升高呈先升高后降低的变化趋势,且在饲料维生素 C 水平为 40mg/kg 时取得最大值,与饲料维生素 C 水平为 80~160mg/kg 试验组差异不显著($P>0.05$),显著低于饲料维生素 C 水平为 0~20mg/kg 和 320mg/kg 试验组($P<0.05$)。当饲料维生素 C 水平低于 40mg/kg 时,随着饲料维生素 C 水平升高,试验鱼 FCR 呈线性降低,回归方程为 $y=-0.1565x+7.92$($R^2=0.8728$);PER 呈曲线线性升高,回归方程为 $y=-0.0002x^2+0.0342x+0.39$($R^2=1$)。当饲料维生素 C 水平高于 40mg/kg 时,随着饲料维生素 C 水平升高,试验鱼 FCR 略微升高,但各试验组差异不显著,回归方程为 $y=0.0016x+2.3248$($R^2=0.9711$);PER 略微降低,饲料维生素 C 水平高于 160mg/kg 后显著降低($P<0.05$),线性回归方程为 $y=-0.0008x+1.427$($R^2=0.9473$)(图 3-158、图 3-159)。则在异齿裂腹鱼幼鱼 FCR 和 PER 取得最优时,饲料维生素 C 水平均为 40mg/kg。

表 3-148 饲料维生素 C 水平对异齿裂腹鱼幼鱼饲料利用率的影响 (平均值±标准差)

维生素 C 水平/(mg/kg)	饲料系数 FCR	蛋白质效率 PER/%
0	8.61 ± 0.84^c	0.39 ± 0.04^a
20	3.41 ± 0.43^b	0.99 ± 0.12^b
40	2.35 ± 0.15^a	1.42 ± 0.09^d
80	2.48 ± 0.19^a	1.35 ± 0.11^d
160	2.62 ± 0.16^a	1.27 ± 0.08^{cd}
320	2.83 ± 0.09^{ab}	1.18 ± 0.04^c

3. 饲料维生素 C 水平对异齿裂腹鱼幼鱼形体指标的影响

饲料维生素 C 水平对异齿裂腹鱼幼鱼形体指标的影响见表 3-149。随着饲料维生素 C 水平的升高,异齿裂腹鱼幼鱼肥满度(CF)、肝体比(HSI)均呈先升高后降低的变化趋势;

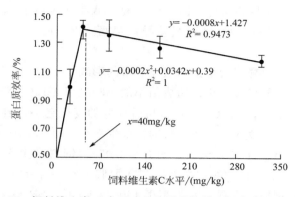

图 3-158 饲料维生素 C 水平对异齿裂腹鱼幼鱼蛋白质效率的影响

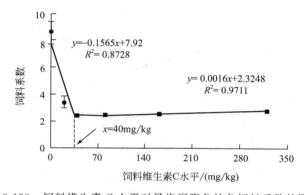

图 3-159 饲料维生素 C 水平对异齿裂腹鱼幼鱼饲料系数的影响

表 3-149 饲料维生素 C 水平对异齿裂腹鱼幼鱼形体指标的影响

维生素 C 水平/(mg/kg)	肥满度 CF /(g/cm³)	脏体比 VSI/%	肝体比 HSI/%	肠体比 VI/%	脾体比 SBR/%
0	1.26 ± 0.02^a	8.28 ± 0.23^a	1.96 ± 0.18^a	2.37 ± 0.07^a	0.45 ± 0.06^c
20	1.32 ± 0.03^{ab}	8.99 ± 0.42^b	2.85 ± 0.24^b	2.41 ± 0.12^a	0.20 ± 0.04^b
40	1.46 ± 0.04^c	9.43 ± 0.41^b	3.12 ± 0.20^b	2.49 ± 0.05^a	0.14 ± 0.01^a
80	1.37 ± 0.02^b	10.40 ± 0.34^c	4.13 ± 0.11^c	2.52 ± 0.08^a	0.13 ± 0.01^a
160	1.33 ± 0.08^{ab}	10.22 ± 0.29^c	3.98 ± 0.43^c	2.83 ± 0.12^b	0.15 ± 0.01^{ab}
320	1.30 ± 0.03^{ab}	11.15 ± 0.08^d	3.11 ± 0.32^b	3.01 ± 0.15^b	0.14 ± 0.01^a

CF 在饲料维生素 C 水平为 40mg/kg 时取得最大值，显著高于其余试验组（$P<0.05$）；HIS 在饲料维生素 C 水平为 80mg/kg 时取得最大值，与饲料维生素 C 水平为 160mg/kg 试验组差异不显著（$P>0.05$），显著高于其余试验组（$P<0.05$）。随着饲料维生素 C 水平的升高，异齿裂腹鱼幼鱼脏体比（VSI）逐渐升高，在饲料维生素 C 水平为 320mg/kg 时取得最大值，显著高于其余试验组（$P<0.05$）。随着饲料维生素 C 水平的升高，异齿裂腹鱼幼鱼肠体比（HSI）呈先升高后趋于稳定的变化趋势，且在饲料维生素 C 水平为 320mg/kg 时取得最大值，与饲料维生素 C 水平为 160mg/kg 试验组差异不显著（$P>0.05$），显著高于其余试验组（$P<0.05$）。随着饲料维生素 C 水平的升高，异齿裂腹鱼幼鱼脾体比（SBR）

呈先降低后趋于稳定的变化趋势，且在饲料维生素 C 水平为 80mg/kg 时取得最小值，与饲料维生素 C 水平为 40～320mg/kg 试验组差异不显著（$P>0.05$），显著低于其余试验组（$P<0.05$）。

4. 饲料维生素 C 水平对异齿裂腹鱼幼鱼成活率的影响

饲料维生素 C 水平对异齿裂腹鱼幼鱼成活率的影响见图 3-160。随着饲料维生素 C 水平升高，异齿裂腹鱼幼鱼成活率（SR）呈先升高后降低的变化趋势，且在饲料维生素 C 水平为 80mg/kg 时取得最大值，为 97.33%，与饲料维生素 C 水平为 40～160mg/kg 试验组差异不显著（$P>0.05$），显著高于其余试验组（$P<0.05$）。饲料维生素 C 水平低于 80mg/kg 时，SR 与饲料维生素 C 水平呈抛物线关系，二次回归方程为 $y=-0.0126x^2+1.9091x+25.508$（$R^2=0.999$）；饲料维生素 C 水平高于 160mg/kg 时，SR 显著降低，线性回归方程为 $y=-0.1488x+108.67$（$R^2=0.9983$）。则异齿裂腹鱼幼鱼成活率最高时，饲料维生素 C 水平为 75.76%。

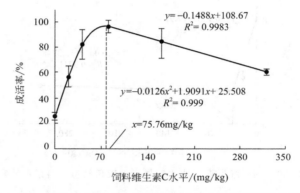

图 3-160　饲料维生素 C 水平对异齿裂腹鱼幼鱼成活率的影响

三、讨论

1. 饲料维生素 C 水平对异齿裂腹鱼幼鱼摄食的影响

维生素 C 是鱼类所必需的营养成分之一，与激素合成、矿物质的吸收、新陈代谢密切相关（罗刚等，2009），因此，适量维生素 C 可增强鱼体新陈代谢强度，从而提高鱼体摄食率。本试验研究发现，随着饲料维生素 C 水平的升高，异齿裂腹鱼幼鱼摄食率逐渐升高，进一步验证了以上观点。

2. 饲料维生素 C 水平对异齿裂腹鱼幼鱼生长和饲料利用的影响

饲料中添加一定量的维生素 C 可促进鱼类生长（Amoudi *et al*，1992），但摄食过量的维生素 C 对生长无促进作用反而有抑制作用（张良松，2001；季强，2008；张良松，2011；AOAC，1995；罗刚，2009；周岐存，2005；陈建明，2007；Ai，2004）。试验得到相似结果，饲料中添加 0～40mg/kg 维生素 C，异齿裂腹鱼幼鱼增重率和特定生长率呈线性升高趋势；然而，当维生素 C 添加量超过 40mg/kg 时，其增重率和特定生长率无显著变化；当维生素 C 添加量超过 160mg/kg 时，其增重率和特定生长率显著降低。通过折线模型分析得出，异齿裂腹鱼幼鱼获得最大增重率和特定生长率时，维生素 C 有效含量为 40mg/kg，高于点带石斑鱼（*Epinephelus coioides*）（维生素 C 有效需求量 24.5mg/kg）（周岐存，2005），低于翘嘴红鲌（*Culter alburnus*）（维生素 C 有效需求量 50.1mg/kg）（陈建明，2007）、鲈鱼（*Lateolabrax japonicas*）（维生素 C 有效需求量 70.0mg/kg）（Ai，2004）、鹦鹉鱼（*Oplegnathus fasciatus*）（维生素 C 有效需求量 118.0mg/kg）（Wang *et al*，2003）。其原因可能与不同鱼类对维生素 C 的代谢率不同从而导致对维生素 C 需求存在差异（艾庆辉等，2005），也可能与鱼种类、生长状况、鱼体大小、所处的水体环境以及维生素 C 剂型等有关（Ai *et al*，2006）。

3. 饲料维生素 C 水平对异齿裂腹鱼幼鱼成活率的影响

在机体内自由基产生和清除的平衡过程中，维生素 C 作为天然的自由基清除剂可以直接或间接清除自由基，从而可保护生物膜免遭过氧化物的损伤（陈国胜等，1997）。许多研究表明，多数鱼类体内不能或很少合成维生素 C，因而其生存与生长所需的维生素 C 主要来源于饲料（李爱杰，1996；Carr *et al*，1999），因此在饲料中添加维生素 C，提高鱼体整体抗病能力已为越来越多的研究工作者及生产者所重视。本试验中，0mg/kg 维生素 C 组试验饲料中缺乏维生素 C，长期投喂该饲料造成鱼体抗病能力差，从而导致成活率极低；随着维生素 C 添加水平升高，试验鱼成活率逐渐升高；但当维生素 C 添加水平高于 160mg/kg 时，试验鱼成活率显著降低，这可能是过量的维生素 C 添加水平破坏了鱼体代谢平衡，导致鱼体代谢紊乱，从而造成试验鱼死亡率显著升高。

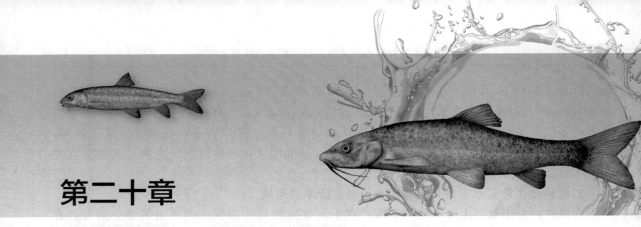

第二十章
雅鲁藏布江主要裂腹鱼类的驯化

第一节　拉萨裂腹鱼的驯养

一、材料与方法

1. 鱼种来源

野外采集拉萨裂腹鱼，充氧运输，当日运输到试验基地。

2. 驯化场地

在拉萨市国家农业科技园冷水鱼繁育基地，驯化水泥池规格宽 2m、长 5m，水深 1.5m，配备自动增氧机以及排污、遮阴等装置。养殖基地气候凉爽、空气清新，海拔为 3600m，水温为 8～21℃，pH 值为 7.5～8.5，溶氧量保持在 6mg/L 以上，水源为地下水，清新无污染，水源充足，常年四季水温变幅小，具备开展野生鱼类驯养和繁殖的各项条件。

3. 驯化前的准备

驯化鱼种下塘前，选择无病无伤，体质健壮的个体，根据体形大小，分不同规格放入不同鱼池进行驯养。所用鱼池均使用 10mg/L 的高锰酸钾泼洒池底和池壁进行消毒，曝晒 3d 后放水进池，7d 后将拉萨裂腹鱼投入水泥池中驯养，并用 3%～5%NaCl 溶液进行鱼体消毒 3～5min，以减少驯养过程中疾病的发生。

4. 投饵驯化

每天 9：00、19：00 分 2 次进行投饵驯化，拉萨裂腹鱼为广食性鱼类，主要以大型无脊椎动物为食，尤其是摇蚊幼虫，兼食着生藻类。试验驯化过程中投喂动物性饵料和人工配合颗粒饲料，循序渐进地使鱼能够定时、定点摄食人工配合饲料。

5. 日常管理

驯养期间每天测量水温、溶氧、pH 值等指标，同时巡塘观察拉萨裂腹鱼的摄食情况，驯化过程中要特别注重水质水温的调控与管理，不投喂腐败变质饲料，保持水质清洁，供氧充足。

二、结果与分析

2014 年 5 月捕获的 110 尾拉萨裂腹鱼驯化存活 43 尾，存活率为 39.09％；平均体长从投放时的 29.56cm 增长至 32.35cm，增加 2.79cm，增长 9.44％；平均体重从投放时的 281.32g 增至 364.83g，增加 83.51g，增重 29.69％。2016 年 8 月捕获 211 尾拉萨裂腹鱼驯养 1 年，驯化存活 112 尾，存活率 53.08％；平均体长从投放时的 25.36cm 增长至 28.89cm，增加 3.53cm，增长 13.9％；平均体重从投放时的 190.84g 增至 259.04g，增加 68.2g，增重 35.7％。

三、小结

1. 水温对驯养有着明显的影响

试验结果表明，由于拉萨海拔高，户外温度低，5 月水池水温在 6～10℃时，获取的野生拉萨裂腹鱼成活率低，为 39.09％。一方面可能是低温状态下鱼的代谢基本停止或代谢很慢，活力和损伤得不到恢复和自愈，最终因体质下降、消瘦、衰竭而死亡；另一方面可能是亲鱼刚刚经历过繁殖期，产卵时或人工运输时身体发生创伤，造成部分或产卵群体在产后死亡，导致病死率高。8 月捕获的野生拉萨裂腹鱼驯养成活率 53.08％，远高于 5 月，其原因可能是 7 月拉萨裂腹鱼已经过了繁殖期，机体得到了充分的恢复，且 12～18℃范围更适合开展驯化试验，从而保证了驯化鱼种的成活率。

2. 饵料的影响

在自然条件下，拉萨裂腹鱼主要摄食无脊椎动物和少量藻类，为杂食性鱼类。在驯养试验中先后分别投喂干黄粉虫、碎鱼肉、摇蚊幼虫，发现拉萨裂腹鱼最喜食活的摇蚊幼虫，尤其是小型个体的拉萨裂腹鱼摄食比较活跃。7～14d 后部分野生拉萨裂腹鱼就开始摄食人工饲料，60d 左右的时间已基本形成了定时定点摄食的条件反射。

3. 拉萨裂腹鱼生长

5 月份驯养的拉萨裂腹鱼，经过 370d 的驯养增重 29.69％，明显低于 7 月份拉萨裂腹鱼的 35.7％增重率。但与短须裂腹鱼、云南裂腹鱼相比而言，拉萨裂腹鱼的生长速度较慢，可能是因不同生境形成的食性差异导致（徐伟毅等，2002，2003）。5 月份鱼种死亡高峰主要出现在 20d 范围内，主要是因为鱼体受伤感染水霉病导致死亡，试验过程中通过降低水位及时用药后基本控制了病情。7 月份鱼种死亡的原因主要是水温升高时发生寄生虫性烂鳃病，通过使用硫酸铜加高锰酸钾全池泼洒后基本控制住了病情，后期试验过程中极少出现死亡，故严格做好水温的调控以及鱼体消毒预防是野生拉萨裂腹鱼驯化成功的关键。

第二节　两种不同模式人工驯养野生拉萨裂腹鱼试验效果比较

一、材料与方法

1. 材料的选择

选择身体健壮、无伤、发育良好、性情活泼的拉萨裂腹鱼为试验对象。此次试验共挑选 331.2kg，共 720 尾，规格 0.19～1.65kg，平均为 0.46kg，采用等重量随机分 20 组。

2. 试验设计

整个试验对样本鱼采用随机分配原则，按不同驯养模式分组为 A（静水模式）、B（流水模式）和 H，其中 H 为空白对照组，不采用任何遮光处理，A 模式和 B 模式遮光高度距离水泥池面统一为 30cm，遮光面积为 3m²、2m² 和 1.5m²，采用焊接钢架上铺盖黑色遮阳布。每一组又按照不同遮光面积进行编号，如 A11、A12 和 A13。每一组对应的一个编号驯养拉萨裂腹鱼约 17kg，并有 2 个重复组（如 A12、A13 为 A11 的重复），对照组不设置重复。拉萨裂腹鱼人工驯养不同模式处理见表 3-150。

表 3-150   拉萨裂腹鱼人工驯养不同模式处理

不同模式	编号	水泥池面积/m²	遮光面积/m²	遮光高度/cm	数量/尾	平均数量/尾	重量/kg	平均重量/kg
	A11	6（3×2）	3.0	30	33		17.5	
	A12	6（3×2）	3.0	30	30	31	17.1	17.1
	A13	6（3×2）	3.0	30	29		16.8	
	A21	6（3×2）	2.0	30	44		17.2	
静水模式	A22	6（3×2）	2.0	30	40	40	16.4	16.8
	A23	6（3×2）	2.0	30	36		16.9	
	A31	6（3×2）	1.5	30	37		17.8	
	A32	6（3×2）	1.5	30	34	34	17.4	17.1
	A33	6（3×2）	1.5	30	32		16.2	
对照组 1	H1	6（3×2）	0.0	30	37	37	17.1	17.1
	B11	6（3×2）	3.0	30	48		16.6	
	B12	6（3×2）	3.0	30	44		18.2	17.3
	B13	6（3×2）	3.0	30	40	44	17.1	
	B21	6（3×2）	2.0	30	27		16.9	
流水模式	B22	6（3×2）	2.0	30	32	31	17.5	17.2
	B23	6（3×2）	2.0	30	34		17.2	
	B31	6（3×2）	1.5	30	36		17.4	
	B32	6（3×2）	1.5	30	32	32	16.4	16.8
	B33	6（3×2）	1.5	30	29		16.7	
对照组 2	H2	6（3×2）	0.0	30	46	46	17.1	17.1

3. 试验日常管理

（1）试验准备

一是彻底消毒。提前对 20 口驯养水泥池进行彻底消毒，使用高锰酸钾（20g/m³）浸泡一周，再用清水清洗干净，曝晒 3d，加注新水；拉萨裂腹鱼入池前，再对其进行消毒，高锰酸钾使用浓度为 15mg/L，浸泡 15min。二是饵料投喂及搭建遮荫棚。拉萨裂腹鱼放养入池前三天，不进行饵料投喂，第四天开始投喂饵料；在水泥池上搭建遮荫棚，以便拉萨裂腹鱼躲避应激危害。三是残饵清理及定期消毒。每天对残饵清理一次，防止水质恶化；每周使用食盐消毒一次，用 3% NaCl 溶液进行全池泼洒，浸泡 15min。四是加强管理，采用专人负责制每天早、中、晚对拉萨裂腹鱼驯养池水质进行检测（包括水温、溶氧和 pH），认真观察拉萨裂腹鱼游泳状况、摄食情况及生活状态。

（2）精心驯养及科学投喂

选择 20 口规格 $3m×2m×1.2m$ 的长方形水泥池进行拉萨裂腹鱼驯养，面积为 $6m^2$，水深 80cm。采用静水驯养模式，放置曝气设备使水体溶氧控制在 5.5mg/L 以上，控制水温在 11～19℃；采用微流水驯养模式，溶氧控制在 5.5mg/L 以上，水温控制在 12～14℃左右，严格控制水流量，每天固定水交换量为水体总量的三分之一；饵料为黄粉虫和浮性颗粒全人工配合饲料，投喂次数为每天 3 次，9：00 投喂黄粉虫，13：00 投喂浮性颗粒饲料，18：00点投喂浮性颗粒饲料。根据拉萨裂腹鱼摄食情况，逐步增加投喂量，最后控制在鱼体重量的 3%～4%。

4. 数据统计

数据用 Excel 2007、SPSS 13.0 软件进行处理和分析。

$$死亡率＝（死亡样本数/驯养样本总数）×100\%$$
$$转食率＝（摄食样本数/驯养样本总数）×100\%$$

二、结果

两种不同模式人工驯养野生拉萨裂腹鱼试验效果比较见表 3-151 和图 3-161。由表 3-151 可知，两种不同模式人工驯养野生拉萨裂腹鱼对死亡率和转食率差异显著，其中静水模式驯养拉萨裂腹鱼，不同遮光面积处理对死亡率和转食率差异不显著，但二者均与静水模式对照

表 3-151　两种不同模式人工驯养野生拉萨裂腹鱼试验死亡率和转食率

不同模式	编号	数量/尾	死亡数量/尾	转食数量/尾	死亡率/%	转食率/%	平均死亡率/%	平均转食率/%
静水模式	A11	33	12	15	36.36	45.45	31.35±4.85[b]	38.87±5.81[b]
	A12	30	8	11	26.67	36.67		
	A13	29	9	10	31.03	34.48		
	A21	44	13	11	29.54	25.00	24.75±4.15[b]	30.28±4.59[b]
	A22	40	9	13	22.50	32.50		
	A23	36	8	12	22.22	33.33		
	A31	37	12	13	32.43	35.14	24.96±6.50[b]	38.06±4.93[b]
	A32	34	7	12	20.58	35.29		
	A33	32	7	14	21.88	43.75		
对照组 1	H1	37	13	8	35.13	21.62	35.13±0.00[c]	21.62±0.00[a]
流水模式	B11	48	5	21	10.41	43.75	13.84±3.55[a]	52.01±8.13[d]
	B12	44	6	23	13.63	52.27		
	B13	40	7	24	17.50	60.00		
	B21	27	5	14	18.52	51.85	23.31±2.55[a]	51.72±4.60[d]
	B22	32	7	18	21.87	56.25		
	B23	34	8	16	23.53	47.06		
	B31	36	4	16	11.11	44.44	15.81±4.79[a]	49.76±4.66[d]
	B32	32	5	17	15.63	53.13		
	B33	29	6	15	20.68	51.72		
对照组 2	H2	46	8	20	17.39	43.47	17.39±0.00[a]	43.47±0.00[c]

注：同列中标有不同小写字母者表示组间差异显著（$P<0.05$），标有相同小写字母者表示组间差异不显著（$P>0.05$）。

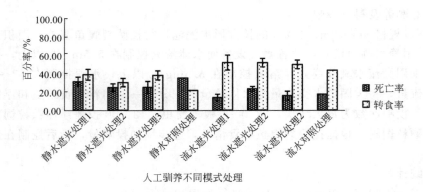

图 3-161　两种不同模式人工驯养野生拉萨裂腹鱼试验效果对比

组差异显著；流水模式条件下，不同遮光面积处理对死亡率和转食率差异不显著，与对照组死亡率差异也不显著，但与对照组转食率差异显著。

由图 3-161 可知，两种不同模式人工驯养野生拉萨裂腹鱼，死亡率由高到低顺序依次是 H1、A1、A3、A2、B2、H2、B3、B1，即静水模式对照组死亡率最高，流水模式遮光面积 $3m^2$ 处理死亡率最低。转食率由高到低顺序依次是 B1、B2、B3、H2、A1、A3、A2、H1，即流水模式遮光面积 $3m^2$ 处理转食率最高，静水模式对照组转食率最低。由此可知，在 $6m^2$（$3m\times2m$）水泥池，采用流水模式遮光面积 $3m^2$ 处理驯化拉萨裂腹鱼效果较好。

三、讨论

目前，裂腹鱼类中人工驯养技术最成熟的是青海湖裸鲤，已经在全国大部分地区推广养殖，取得了较好的效果（闫保国等，2011；史建全等，2000）。近几年，许多学者主要研究拉萨裂腹鱼生物学特性及遗传学特性，对其人工驯化研究很少，由于其野性强，人工驯养具有一定的难度。从食性分析，拉萨裂腹鱼属于广食性鱼类，主食是动物性饵料，主要以水生昆虫和底栖无脊椎动物为食，对食物的选择性较低，随着季节的变化，不同个体间的饵料选择差异较小，食物组成重叠程度较高。总之，拉萨裂腹鱼摄食消化器官的形态及其食性决定了对水生昆虫和底栖无脊椎动物的选择指数均较高，选食程度较强（季强，2008）。通过人工驯化，拉萨裂腹鱼可以摄食黄粉虫和浮性颗粒饲料，并且在流水模式遮光处理可以降低死亡率，可能原因是遮光处理拉萨裂腹鱼更容易躲避和隐藏，减少急速游泳时与水泥池壁摩擦受伤，减少因伤口感染导致死亡；拉萨裂腹鱼流水模式驯化转食率明显高于静水模式，这与其长期生活在雅鲁藏布江中游干、支流及其附属水体息息相关。通过人工驯化，能够为在西藏地区进行拉萨裂腹鱼大规模人工养殖和繁殖提供借鉴；另外，做好拉萨裂腹鱼人工驯养效益评价，有利于对雅鲁藏布江中游渔业资源保护和利用做进一步的探讨，有利于恢复急剧减少的拉萨裂腹鱼种质资源。

第三节　异齿裂腹鱼驯养条件和自然环境下生长特征比较

本节通过对驯养环境、自然环境两种不同条件下异齿裂腹鱼肥满度、体长-体重关系、肝体指数和性腺指数进行对比，以评估驯养条件下异齿裂腹鱼的营养状况、生理状态，针对驯养条件提出改善建议，并为其保护工作的开展提供建议。

一、材料与方法

1. 试验鱼

驯养条件下异齿裂腹鱼样本采自西藏雅鲁藏布江林芝江段，其中 60 尾为 2014 年 9～10 月捕获，在四面封闭的微流水池内驯养后，分别在 2015 年 11 月 27 号、2016 年 5 月 1 号进行随机捕捞所得的 60 尾体长在 350～500mm 的异齿裂腹鱼。

自然环境下异齿裂腹鱼样本为 2016 年 2～5 月在西藏雅鲁藏布江林芝江段捕捞，每月进行一次捕捞并及时解剖后，所筛选出的 106 尾体长在 350～500mm 的异齿裂腹鱼。

2. 方法

① 体长的测定　测量试验鱼吻端至尾鳍基部的直线距离，精确到 1mm。

② 体重的测定　测量试验鱼鲜重，精确到 0.1g。

③ 肥满度的测定　将测量的体长与体重代入下式计算其肥满度 K，其中 W 代表异齿裂腹鱼的体重，g；L 代表异齿裂腹鱼的体长，cm。

$$K = 100 \times (W/L^3)$$

④ 体长-体重关系拟合　利用如下幂函数进行回归分析，其中 W 代表异齿裂腹鱼的体重，g；L 代表异齿裂腹鱼的体长，mm；a、b 为常数。

$$W = a \times L^b$$

⑤ 肝脏重与性腺重的测量　将鱼解剖，完整取下性腺、肝脏，称重测得性腺重、肝脏重，精确到 0.01g。

⑥ 空壳重的测定　将鱼腹内清空后测量鱼体重量得空壳重，精确到 0.1g。

⑦ 性腺指数 GSI、肝指数 HSI　将测定的肝脏重、性腺重、空壳重代入以下公式计算得出。

$$GI(\%) = 性腺重(g)/空壳重(g) \times 100$$

$$HSI = 肝脏重(g)/空壳重(g) \times 100$$

⑧ 性别及性成熟鉴定　通过解剖后观察性腺判定异齿裂腹鱼性别，将性腺发育分为 Ⅰ 至 Ⅵ 期，性腺发育到 Ⅳ 至 Ⅵ 期为性成熟。

数据均用 IBM SPSS Statistics 22 软件进行分析、Excel 软件制图，数据均以"平均值±标准差"形式表示。

二、结果

1. 肥满度 (K)

如表 3-152 所示，驯养条件下异齿裂腹鱼平均体长为 (420.07±34.25)mm，自然环境条件下异齿裂腹鱼平均体长为 (405.72±41.83)mm，经独立样本 T 检验得 $P = 0.018$，$P < 0.05$，说明两种环境下异齿裂腹鱼体长存在显著差异；驯养条件下异齿裂腹鱼平均体重为 (1338.98±394.06)g，自然环境条件下异齿裂腹鱼平均体重为 (1232.16±411.24)g，经独立样本 T 检验得 $P = 0.105$，$P > 0.05$，说明两种环境下异齿裂腹鱼体重不存在显著差异；驯养条件下异齿裂腹鱼平均肥满度为 1.76±0.19，自然环境下异齿裂腹鱼平均肥满度为 1.76±0.33，经独立样本 T 检验得 $P=0.976$，$P>0.05$，说明两种环境条件下异齿裂腹鱼肥满度不存在显著差异。

表 3-152　异齿裂腹鱼驯养条件、自然环境下肥满度的对比

环境条件	体长/mm	体重/g	肥满度
驯养条件	420.07±34.25[Aa]	1338.98±394.06	1.76±0.19
自然条件	405.72±41.83[Ab]	1232.16±411.24	1.76±0.33

注：同列中标注大写字母不同者表示差异极显著（$P<0.01$），小写字母不同者表示差异显著（$P<0.05$）。

2. 体长与体重的关系

如图 3-162、图 3-163 所示，异齿裂腹鱼的体长-体重关系利用幂函数 $W=a\times L^b$ 进行回归分析，其中 W 代表异齿裂腹鱼的体重，单位为 g；L 代表异齿裂腹鱼的体长，单位为 mm；a、b 为常数。经协方差分析知驯养条件下异齿裂腹鱼性别对其体长-体重关系无显著性影响（$F=0.01$，$P=0.972$），自然环境中异齿裂腹鱼性别对其体长-体重关系有显著性影响（$F=11.24$，$P=0.01$），故将两种条件下异齿裂腹鱼按性别分开对比，又因驯养条件下异齿裂腹鱼无性别未辨情况，将自然环境中未辨性别的异齿裂腹鱼舍去。经回归分析得异齿裂腹鱼体长-体重关系公式如下：

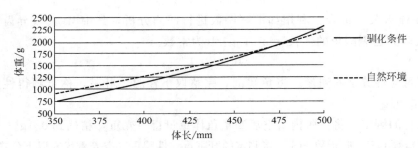

图 3-162　驯养条件与自然环境下雌性异齿裂腹鱼体长-体重关系

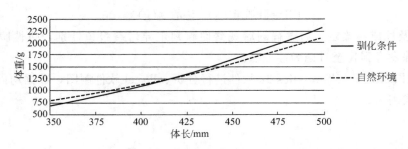

图 3-163　驯养条件与自然环境下雄性异齿裂腹鱼体长-体重关系

驯养条件下总体：$W=2.280\times10^{-6}\times L^{3.338}$

驯养条件下雌性：$W=2.611\times10^{-6}\times L^{3.315}$

自然环境中雌性：$W=1.200\times10^{-6}\times L^{2.693}$

驯养条件下雄性：$W=2.603\times10^{-6}\times L^{3.315}$

自然环境中雄性：$W=6.383\times10^{-6}\times L^{2.785}$

进行协方差分析知两种条件下雌性异齿裂腹鱼体长-体重关系无显著性差异（$F=2.04$，

$P=0.143$），两种条件下雄性异齿裂腹鱼体长-体重关系无显著性差异（$F=2.223$，$P=1.139$）。

3. 性腺指数（GSI）

经独立样本 T 检验知驯化条件下雌、雄异齿裂腹鱼的性腺指数差异极显著（$F=49.174$，$P<0.01$），自然环境中雌、雄异齿裂腹鱼的性腺指数差异极显著（$F=8.132$，$P<0.01$）。说明性别对性腺指数有影响，故将雌、雄异齿裂腹鱼的性腺指数分开进行对比。经独立样本 T 检验知两种环境条件下的雌性异齿裂腹鱼性腺指数不存在显著差异（$F=0.509$，$P=0.221$），两种环境条件下的雄性异齿裂腹鱼性腺指数不存在显著差异（$F=0.251$，$P=0.914$）（图 3-164）。

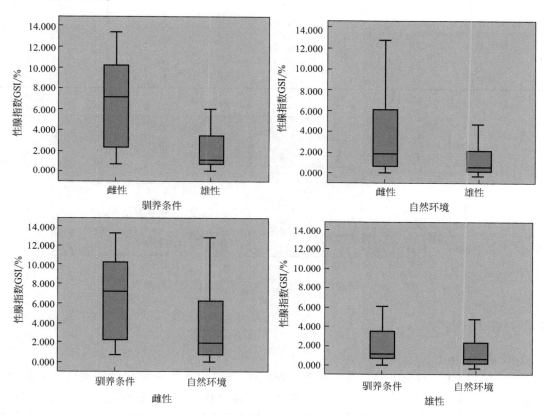

图 3-164　驯养条件与自然环境下异齿裂腹鱼性腺指数

4. 性腺发育状况

在 Excel 中对异齿裂腹鱼性腺发育状况进行统计，经 T 检验知驯养条件下雌雄比例与自然环境中雌雄比例存在极显著差异（$P<0.01$）。驯养条件下雌性异齿裂腹鱼性成熟率为 40.63%，自然环境中雌性异齿裂腹鱼性成熟率为 84.00%；驯养条件下雄性异齿裂腹鱼性成熟率为 28.57%，自然环境中雄性异齿裂腹鱼性成熟率为 40.00%。驯养条件下异齿裂腹鱼雌雄性比为 8/7，自然条件下异齿裂腹鱼雌雄性比为 1/3（表 3-153）。

5. 肝体指数（HSI）

驯养条件下异齿裂腹鱼肝体指数（HSI）为（1.28 ± 0.84）%，自然环境中异齿裂腹鱼肝体指数（HSI）为（1.09 ± 0.62）%，经独立样本 T 检验知两种环境下异齿裂腹鱼肝体指数（HSI）不存在显著性差异（$F=2.015$，$P=0.291$）（图 3-165）。

表 3-153　驯养条件和自然环境下异齿裂腹鱼性腺发育状况

环境条件	驯化条件		自然条件	
性别	性腺发育期	尾数	性腺发育期	尾数
雌性	II	9	II	2
	III	10	III	2
	IV	5	IV	
	V	7	V	8
	VI	1	VI	13
雄性	II	7	II	28
	III	13	III	17
	IV	7	IV	15
	V	1	V	14
	VI		VI	1

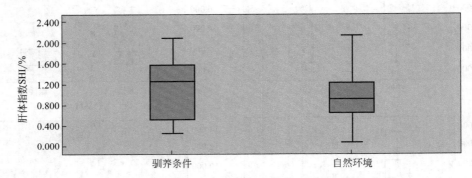

图 3-165　驯养条件与自然环境下异齿裂腹鱼肝体指数

三、分析与讨论

1. 肥满度 （K）

Fulton（1989）所提出的肥满度（Relative fatness）作为一个判定动物对环境适应性的生理状态和营养状况的综合指标，通过肥满度研究评价物种生长环境变化，可为物种保护以及开展人工繁育提供参考（李忠炉等，2011）。本试验通过对驯养环境、自然环境两种不同条件下的异齿裂腹鱼肥满度的对比发现，两种条件下异齿裂腹鱼肥满度不存在显著性差异，即驯养条件下异齿裂腹鱼生理状态和营养状况与自然环境中的异齿裂腹鱼不存在显著性差异。结果表明驯养条件下的异齿裂腹鱼已经基本适应了新的环境条件，现有的驯养条件已经基本满足了异齿裂腹鱼的生存。

2. 体长-体重关系

本试验对异齿裂腹鱼体长、体重进行回归分析知驯养条件下异齿裂腹鱼体长-体重关系为 $W = 2.28 \times 10^{-6} \times L^{b}$，相关系数为 0.931，为显著相关，其中 $b = 3.338$，体重与体长的立方成正比，经 Pauly-t 检验，总体表达式中异速生长指数 b 显著大于 3（$t = 1.9673$，$P < 0.05$），说明了该条件下异齿裂腹鱼为正异速生长鱼类，体现了该条件下异齿裂腹鱼体重的增长快于体长的增长，说明驯养条件下异齿裂腹鱼对人工饲喂的饵料不排斥，饵料对异齿裂腹鱼体重增长有正面作用，且驯养池面积有限，异齿裂腹鱼的活动受限，能量消耗减少，体

内营养物质堆积加快。

进行对比时发现两种环境条件下雄鱼的体长-体重关系不存在显著性差异，雌鱼体长-体重关系不存在显著性差异。驯养条件下的异齿裂腹鱼雌、雄鱼之间体长-体重关系不存在显著性差异，但自然环境中异齿裂腹鱼雌、雄鱼之间存在显著性差异，因为驯养条件下异齿裂腹鱼的进食条件较自然环境稳定，雌、雄鱼生活条件相同，导致雌、雄鱼之间进食习惯、营养物质堆积情况相似。

3. 性腺指数（GSI）与性成熟率

两种环境条件下的异齿裂腹鱼雌、雄鱼之间性腺指数均存在显著性差异，体现了异齿裂腹鱼雌、雄鱼之间的差异；雌性异齿裂腹鱼在两种环境条件中性腺指数无显著性差异，雄性异齿裂腹鱼在两种环境中亦不存在显著性差异，体现了驯养条件对异齿裂腹鱼性腺指数的影响不显著。但驯养条件下异齿裂腹鱼的性成熟率低于自然环境，性腺发育状况较自然环境下差，说明驯养条件对异齿裂腹鱼性腺发育有影响。鱼类生长包括营养生长与生殖生长（殷名称，1995），驯养条件下的环境状况相对稳定，异齿裂腹鱼所摄入的能量更倾向用于营养生长，导致其生殖生长受到影响。且驯养过程中养殖密度较高，影响了异齿裂腹鱼的性腺发育。

4. 肝体指数（HSI）

肝脏是鱼类重要代谢器官，对鱼类营养方式很敏感，其重量会随鱼类营养状况改变，肝体指数（HSI）也会发生相应的变化（区又君等，2006；孙婷婷，2010）。鱼类在面对不利的环境条件时，其肝体指数值会变低（Lambert & Dutil，1997）。本试验中两种环境条件下异齿裂腹鱼的肝体指数不存在显著性差异，且驯养条件下异齿裂腹鱼的肝体指数略高于自然条件，这说明驯养条件相对于自然环境条件存在一定优势，驯养条件下的异齿裂腹鱼在营养状况上不逊于自然条件下的异齿裂腹鱼，也间接说明了驯养条件相对于自然环境条件并不存在劣势。

5. 建议

经过对两种环境条件下异齿裂腹鱼生长特征的对比，发现现有驯养条件已基本满足了异齿裂腹鱼的生长需要，但还存在一定的优化空间。

鱼类人工繁殖与亲鱼培育的质量有直接关系，投喂饵料要以亲鱼性腺发育的营养需要为准，并注意定时、定量（刘筠，1993）。用微流水池暂养亲鱼会导致其性腺发生严重退化（若木等，2001）。水温过高会使裂腹鱼性腺退化（陈礼强等，2007）。对异齿裂腹鱼的人工驯养而言，为改善异齿裂腹鱼的性腺发育状况可以适当调整投喂策略，在异齿裂腹鱼繁殖期前做到定时、定量投喂；将驯养池水流速度加快以模仿自然条件下的水流环境；控制水温在一定范围内，以防止水温过高或过低引起异齿裂腹鱼的性腺出现退化。

对于任何亲鱼必须单养，裂腹鱼也不例外（若木等，2001）。现有的驯养条件对异齿裂腹鱼实行的是混养，建议对异齿裂腹鱼进行单养，即雌、雄鱼分开养殖，以便根据雌、雄异齿裂腹鱼群体差异对驯养条件做出改善。

第四节　双须叶须鱼的驯养

一、驯养池的准备

亲鱼的驯化，驯养池的布置是非常关键的，尽量采用 3 个各自独立分开的方形水泥流水池，每个流水池的面积约 $50m^2$，主要是把养殖驯化的鱼按大、中、小三种类型分池喂养。

不同规格的鱼放入不同的驯养池，有助于驯化的进行。将驯养池布置为南北向长方形水泥池，长 8m，宽 6m，面积 48m²，水深 0.97m。保证水质清新，溶氧 8.3mg/L，pH 值为 8.2，水温冷凉，保持驯养池的平均水温为 10℃。驯养池的设计在水温上要尽量维持在一个较为稳定的状态，有助于避免鱼的应激反应。驯养池的设计上每个池的进水管中有至少一个斜置，进水管位于池壁内出水口的轴线与内壁形成 5°～60° 夹角处。各斜置进水管的出水口沿内壁依次绕顺时针或逆时针旋转。所述各斜置的进水管向池内注入的水流在饲养池形成环流，通过控制注入水量及流速即能较好地在饲养池内模拟出自然河道水流状态，双须叶须鱼生活在自然的水环境中，在设计上要尽量模拟自然水环境。

二、试验方法

1. 驯化前的准备

驯养池做好后，用自来水彻底清洗水泥池，再用 10mg/L 的高锰酸钾泼洒池底和池壁进行消毒，曝晒 3d 后放水进池。放养前一个半月清除驯养池的杂质，曝晒 20d，亲鱼进池前 10d，用生石灰进行消毒。

2. 亲鱼的选取及投放

亲鱼的选取是驯化的关键，驯养试验用的双须叶须鱼为从雅鲁藏布江流域河段所收集的野生双须叶须鱼（捕捞的方式一般为电捕），经专门的运输车运至驯养场地，鱼在捕捞和长途运输过程中，难免受到碰撞以及挤压，在选取亲鱼的时候应该选择体质健壮、无病伤的鱼。将双须叶须鱼投入水泥池中驯养，投放前用 10mg/L 的高锰酸钾溶液消毒鱼体。野生双须叶须鱼运输到养殖场后遵循：调节水温—消毒处理—入池观察的原则。消毒采用高锰酸钾溶液浸泡鱼体 20min。

3. 投饵驯化

先采用试喂的方式，结合双须叶须鱼的习性使用拌料的方式，将人工饵料与其天然饲料进行搅拌，再逐日增加人工配合颗粒饲料量。投喂的饲料应为没有变质、发霉、变臭的配合饲料，先是全池少量遍撒，逐渐收缩投饵面积，随后投喂遵循"四定"原则，在相同的地点相同的时间每天早、晚进行两次投喂，投喂时敲击物体或空铁桶发出声响，驯食时间不低于 1h，然后再少量地开始投喂，开始时要求量少、速度要慢，时间要 1h 左右。随着驯养时间的增加，根据鱼类摄食的集中程度，可以采取"慢、快、慢"的方法投喂野生双须叶须鱼。

4. 日常管理

双须叶须鱼喜生活在水质清新、含氧量高的水体中，双须叶须鱼驯养的水池水质要求宁瘦勿肥，保持清新的水质和微流水。随着养殖时间的增长，投喂的饲料和鱼排泄的废物不断增多，尽管流水可冲走一部分，但还有一部分积存在网箱周围，这些剩饵和排泄物不仅污染水质，消耗氧气，而且传播鱼病，对亲鱼的培育极为不利，必须及时排除，每隔 3d 左右换水一次，每次换水量约占池水的 1/3。另外，每天要坚持巡塘，每天 9：00、16：00、21：00 分 3 次测量水温，观察水色和鱼的活动情况，尤其是天气闷热、冷暖交替的天气应做好防止鱼类浮头的工作，比如开增氧机和注入新水，使池水溶氧始终保持在 4mg/L 以上。还要观察鱼的吃食情况，用抄网在池底下面捞几尾鱼，看其是否吃饱，以此来决定是否需要添食及添食数量。在捞鱼观察吃食情况的同时，顺便查看鱼病情况，从而决定是否用药。

5. 鱼病预防

双须叶须鱼在亲鱼驯化养殖过程中以生态预防为主，尽量避免病原体感染。

① 水霉病　用 20mg/L 福尔马林消毒，驯养试验亲鱼从捕捞地运抵试验地后，及时抽样测定鱼的体长、体重并进行分池。同时进行鱼体消毒，用塑料大盆盛装浓度为 $10g/m^3$ 的孔雀石绿溶液，将鱼分别放进塑料大盆内浸泡 2～5min。在驯养过程中一旦发现有死鱼，就及时捞出，以避免影响其他鱼的健康。不定期地捞出作食台用的簸箕，及时清除残饵等废物，把簸箕洗刷干净并曝晒消毒后再沉入池底作食台用。

② 锚头鳋病　病原寄生于体表，用高锰酸钾 10～20mg/L，浸泡 15～30min。

③ 肠炎　用大蒜素粉（含大蒜素 10％）口服，用量为每千克体重 1000mg，连续投喂 4～6d。

④ 水霉病　10mg/L 高锰酸钾浸浴 1h；1％氯化钠（食盐）浸浴，1h；1.5％氯化钠（食盐）浸浴 30min；2.5％氯化钠（食盐）浸浴 10min；氯化钠、小苏打合剂浸浴 15～30min。

养殖驯化期间定期按照 10kg/亩生石灰对水池泼洒，结合定期投喂饵料，可有效地控制细菌性疾病的发生。另外，还可以用硫酸铜、硫酸亚铁合剂 1.0～1.5g/m³ 连续泼洒 2 次（隔 3d 一次），也可起到预防疾病发生的作用。

三、驯化存在的主要问题

双须叶须鱼对水质要求非常严格，在共用水源的情况下，如果周围池塘养殖的常规鱼类生病，双须叶须鱼染病的可能性就非常大。双须叶须鱼虽然是杂食性鱼类，但由于长期生活在水质清新，溶氧丰富的流水中，形成了以浮游生物、底栖动物、着生藻类为主的食性。驯化时如何及时让其摄食人工饵料是驯化成功的关键。双须叶须鱼对环境的变化比较敏感，容易受环境的影响产生应激反应，适应环境的能力比较弱，在驯化的时候，模拟双须叶须鱼自然条件下生存的环境，能提高驯化的成活率。

四、小结

双须叶须鱼作为雅鲁藏布江水域的重要鱼类，具有重要的生态以及经济价值。现阶段渔业所依赖的方式依旧是传统的捕捞，养殖规模较以前几乎没有发生任何变化，野生鱼的数量锐减，随着江河流域的经济发展，鱼类本身的生存也成了一个问题。本文旨在从探讨驯化本地鱼的基础上，利用有限的空间，提供一些基础的技术指导，以期望保证高原本地鱼种的稳定性。

根据研究现状与开展推广水产养殖的需要，在双须叶须鱼的亲鱼驯化养殖研究中未来亟需深入研究的课题主要有三方面：①驯化过程中亲鱼的营养需求以及人工饲料的配制；②在满足亲鱼存活的条件下，研究营养素对双须叶须鱼亲鱼繁殖性能的影响；③对于亲鱼驯化过程中预防药物的探究以及耐药性研究。

第五节　巨须裂腹鱼的驯养

一、材料与方法

1. 水源水质

驯化巨须裂腹鱼试验用水为林芝地区所供自来水，水温 6.0～10.0℃，pH 7.0～7.6，水质清新、无污染且保证循环供水。

2. 驯养池布置

准备规格 5m×2.5m×1.5m 的水泥池，池壁用水泥砖砌成，四周用水泥和沙抹匀，最后用水泥浆抹壁，四壁大约有 10cm 厚，池中间开一个 0.4m×0.5m 正方形槽，水泥池下埋一根直径 11cm 塑料筒，并用水泥、石子以漏斗形式将池底部铺平，以混凝土打底，池底降度系数为 1.2，将软胶塑料管固定于池底并在塑料管头端套上气泡石，最后安上充气泵，功率 1100W，充气泵为森森集团股份有限公司生产的漩涡式气泵，在驯养池的前端上布置循环水塑料管，一直充水，使其形成水循环。

3. 鱼的来源及运输

试验用鱼是从雅鲁藏布江干、支流所捕的野生巨须裂腹鱼 75 尾，规格为 1000～2500g，捕捞方式为电捕，运输方式为专门运输鱼的运鱼车长途运输。

4. 驯养所用器材、药物、饲料

滤网（为不锈钢特制三角滤网），纱网，塑料盆（6L），塑料大桶（200L），光学显微镜，体视镜，相机，玻片，充气泵，消毒液（浓度配制见表 3-154），鱼用沉性饲料（成分见表 3-155）。

表 3-154　消毒液浓度配制

种类	食盐	高锰酸钾	福尔马林
浓度/(mg/L)	160	10	9.6～12.8

表 3-155　鱼用沉性饲料成分

成分	粗蛋白质	粗脂肪	粗灰分	粗纤维	钙	总磷	赖氨酸	水分
比例/%	>10	>5	<4	<5	1.0～3.0	>0.9	>2.2	<12

5. 驯养及日常管理

将野生巨须裂腹鱼运送到提前两星期消毒的驯养池里，待鱼应激反应结束以后控制水位，循环换水。在隔 4h 以后用 8mg/L 的福尔马林溶液将驯化池里的鱼浸泡 4h，之后将水换掉，重新放入水，用 6mg/L 的福尔马林浸泡 2h 后进行水循环，从鱼进入驯养池的第二天起开始以"少喂、多次投、准时准点"的原则投喂饲料，投喂时间为早上 8：00、晚上 9：30。投喂时采用猛敲塑料盆等方式进行驯食，驯食时间为 5min。每天中午将亲鱼吃剩的饵料捞出并计数，同时将驯养池水位下降至 25cm，用 9.6～12.8mg/L 浓度的福尔马林溶液浸泡 3h，随后进行水循环。

在驯养前期，每周将鱼用纱网捕捞至 200L 塑料大桶内，无鱼情况下对池底进行反复清洗并用 10mg/L 的高锰酸钾进行浸泡消毒，时间为 25min。鱼消毒时间持续两个星期，消毒液顺序为食盐、福尔马林，相互间隔使用，随后递减为一星期三次，持续两星期，之后为一星期两次，持续两星期，最后根据鱼的摄食情况决定鱼消毒次数。在消毒期间，倘若发现病鱼应及时将其隔离出来放于空余的驯养池里。

6. 死鱼观察

将死去的鱼及时捞出，进行外观观察和解剖，并拍照记录。取出相应部位的病样在体视镜和光学显微镜下观察，判断病由，另取一份病样组织进行保存，以待后续研究使用。

二、结果

1. 习性观察

巨须裂腹鱼自然条件下主要生活在水质清新、砾石底质的河道，从体色上看巨须裂腹鱼处于水域色度较暗的地方。通过一段时间的驯养，巨须裂腹鱼基本适应了人为布置的室外循环水环境，应激反应渐渐消失。其游动水域为水的上层，并且容易受到惊吓。

2. 摄食

对捞出来的饵料进行统计后发现，在前 3d，巨须裂腹鱼未进食，随后逐步开始进食；在 4～10d 这段时间内，巨须裂腹鱼开始适应新饵料。

3. 驯化结果

巨须裂腹鱼经过 42d 便完成驯化（表 3-156）。驯化成功的标志表现为：开始主动摄食配合饲料，鱼体所受碰伤开始结疤。

表 3-156　巨须裂腹鱼驯化成活率

试验鱼种类	规格/g	实验鱼尾数/尾	投喂饲料	持续时间/d	死亡尾数/尾	成活率/%
巨须裂腹鱼	1000～2500	75	沉性配合饵料	42	7	90.7

4. 鱼死亡特征描述

巨须裂腹鱼在其驯化过程中，有少数死亡，即将死亡的巨须裂腹鱼身体部位附着有大面积水霉，水霉所分布的部位黏液消失，鱼体表粗糙并且鳞片容易脱落，裸露出苍白色的肌肉组织，肌肉组织中血管清晰可见。异齿裂腹鱼的水霉主要集中在头部、背鳍、腹鳍、尾鳍、鳃盖附近，下唇角质层磨损严重，出现红肿，磨损部位感染水霉。

前期死亡的巨须裂腹鱼腹腔内富含脂肪，后期死鱼体内脂肪渐渐消耗殆尽，胆囊肿大，肠道有黄色黏液，食道没有食物，整个腹腔有一种恶臭，胆囊附近的肌肉为褐黄色，食道开始萎缩，呈现清晰可见的毛细血管网。鳃丝感染水霉的鱼，鳃丝黏液分泌增多，所分泌的黏液已将鳃丝包裹起来。肠道黏液存有细沙，靠近胆囊肠部呈浓黄色，后期感染的鱼肠道出现水肿，肝脏上出现斑点，甚至鱼的眼睛失明，感染严重的鱼鳃丝上存在异物，异物大多覆着霉丝，异物所在的鳃丝部位严重溃烂。

三、讨论

1. 如何提高驯养成活率

本试验所用鱼规格较大，长期生活的环境及建立的天然饮食习性是驯化的最大挑战点，如何及时让巨须裂腹鱼对驯养池和投放的配合饵料适应是驯化的关键。前期鱼保留本能的捕食习性，驯养池粗糙，鱼在游动时与驯养池易发生碰撞，体表受到磨损，水霉感染磨损部位，极易引起鱼的厌食，降低驯化率。驯养池光滑在前期亲鱼的适应过程中是非常关键的。

将死去的鱼进行解剖统计，所解剖的死鱼，体表覆盖水霉的部位是头部、鳃盖附近及鳍条周围，这是机械引起的损伤，亲鱼一般体形、规格较大，在捕捞和运输过程中难免对鱼体造成损伤，要尽量做到在捕捞和运输的环节上避免鱼体受到损伤。

2. 驯养管理注意事项

本试验用鱼来自野外，平常生活的水质清晰无污染，从解剖的鱼中发现大量鱼的鳃丝中有异物，异物在显微镜下观察，上面覆着有大量霉丝，这些异物来自残余的饵料及鱼体表面脱落的霉块。在驯养的过程中，应及时将残余饵料清理干净和将感染有霉病的鱼隔离起来，做到循环水水质清晰，能在一定程度上减少霉病重复暴发。

3. 感染霉病的鱼的病变探讨

受霉病感染的鱼一般是皮肤受伤，带有白痕，背鳍条苍白，尾鳍分叉并参差不齐，体表黏液脱落，血痕严重。据相关文献报道，鱼一旦受伤，皮肤未能愈合或者黏液层异常，很容易受到水霉孢子的附着，孢子附着后，以鱼体为宿主，水霉菌丝继续侵入鱼体体表。取病样组织在体视镜下，能观察到白色棉絮状的霉块（又称白毛病）。在显微镜下检测，发现菌丝侵入机体，继续向肌肉内层分泌酶，扩大感染面积。受伤部位逐渐出现发炎、红肿、肌肉组织坏死。水霉造成鱼的鳞片脱落，进而继续加大感染面积，脱落的霉块随着鱼的呼吸侵入鱼的鳃丝，造成鱼鳃的黏液分泌加重，引起感染造成鱼鳃坏死进而引起鱼的窒息。感染水霉病的鱼，几乎不进食，鱼免疫力开始下降，消耗内源性营养物质，鱼体逐渐消瘦，自身负担逐渐加重，游动失常，最后死亡。

4. 展望

巨须裂腹鱼作为雅鲁藏布江水域重要经济鱼类，具有重要的生态及经济价值。但是目前西藏水产养殖依然是传统捕捞方式，养殖模式当前并没有发生任何变化。近年雅鲁藏布江水域鱼的数量逐年锐减，本文旨在从驯化本土鱼的基础上，利用有限的空间，提供一些驯化养殖基础数据，为后期的人工养殖提供一定的技术指导，以期望保证本地鱼种的稳定性。

第二十一章

雅鲁藏布江主要裂腹鱼类人工繁殖关键技术

第一节　异齿裂腹鱼人工繁殖关键技术

第一小节　异齿裂腹鱼人工繁育适宜时间

一、材料和方法

1. 实验鱼

实验用异齿裂腹鱼亲鱼为渔民从雅鲁藏布江日喀则段捕获，每月捕鱼 1 次（4、5 月份上旬、中旬、下旬捕鱼 3 次），每次捕获 1kg 以上雌、雄异齿裂腹鱼各不少于 30 尾。捕获的实验鱼于西藏自治区农牧科学院水产科学研究所西藏土著鱼类繁育基地暂养，暂养于规格为 4m×3m×1m 的水泥池中，供实验取样用。

2. 实验方法

每月采集雌、雄样本各 30 条，雌鱼体重 1000 g 以上，雄鱼体重 600g 以上。解剖，取性腺称重，统计各月份样本中Ⅳ期、Ⅴ期、Ⅵ期性腺比例，统计各月份异齿裂腹鱼性比。

3. 计算方法

性体指数（gonadosomaticindex，GSI，%）＝性腺重/（全鱼体重－内脏重）×100%。

4. 统计方法

数据采用 Excel 2010 进行统计和作图。

二、结果

1. 异齿裂腹鱼不同月份各性腺发育期个体的比例

异齿裂腹鱼不同性腺发育期的个体占各月样本的比例见图 3-166、图 3-167。异齿裂腹鱼雌鱼的Ⅳ期性腺个体在 1～4 月所占比例较高，其中以 2 月最高（80.0%）；Ⅴ期性腺个体集中在 3～5 月，Ⅵ期集中在 4～6 月。雄鱼不同性腺发育期所占比例与雌鱼相似；Ⅳ期性腺个体主要集中在 2～4 月中旬，Ⅴ期性腺个体集中在 3 月至 5 月中旬，Ⅵ期集中在 5～6 月。

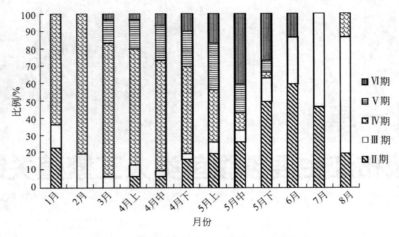

图 3-166　异齿裂腹鱼雌鱼不同月份各发育时期比例

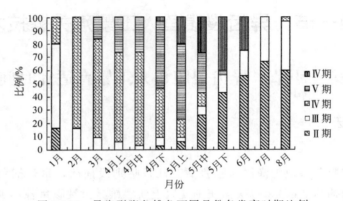

图 3-167　异齿裂腹鱼雄鱼不同月份各发育时期比例

2. 性体指数的季节变化

异齿裂腹鱼性体指数的季节变化见图 3-168、图 3-169。异齿裂腹鱼雌鱼的性体指数 GSI 在 1~4 月维持较高水平，在 3 月中旬到 5 月中旬下降最快，5 月中旬至 5 月下旬下降不明显。7 月开始 GSI 逐渐回升。其中雄鱼的性体指数随季节的变化同雌鱼较为接近，以 1~4 月的水平最高，4 月中旬到 5 月中旬 GSI 下降最快。

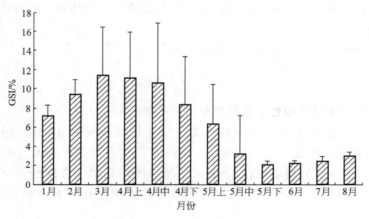

图 3-168　异齿裂腹鱼雌鱼不同月份 GSI

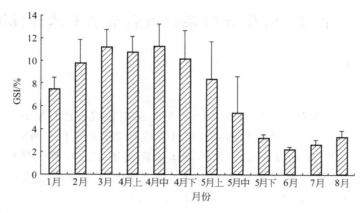

图 3-169 异齿裂腹鱼雄鱼不同月份 GSI

三、讨论

鱼类繁殖的季节和持续时间是种群在长期进化过程中形成的繁殖策略，保证仔鱼在饵料大小和丰度适当的时候孵出，使所产的后代具有最大的存活率（Wootton，1990）。鱼类的繁殖习性由内源因子和外源因子共同决定，内源因子主要是性激素起主导作用，而外源因子主要指水温、光照时间和水位等（Jobling，1995），其中，水温和昼长可能是最关键的环境信号（Lam，1983；Saundersand ＆ Henderson，1988；Shpigel et al，2004）。雅鲁藏布江12月和次年1月是水温和昼长最低点，经过低温刺激，异齿裂腹鱼性腺卵粒才能进一步长足，参加繁殖活动（张信等，2005）。从2月份开始水温和昼长持续上升，而持续上升的水温和昼长正是诱导鱼类性腺的最终成熟和繁殖活动的开始。

鱼类性体指数（GSI）的大小变化反映了性腺发育程度和鱼体能量资源在性腺发育、机体生长之间的分配比例的变化。从不同月份不同性腺发育期所占比例（图 3-166、图 3-167）、不同月份的性体指数变化（图 3-168、图 3-169）看，异齿裂腹鱼雌鱼、雄鱼的Ⅳ期性腺个体在1～4月所占比例较高，其中以2月最高（80.0%）；性体指数（GSI）在1～4月维持较高水平，在3月中旬到5月中旬下降最快，5月中旬～5月下旬下降不明显，说明异齿裂腹鱼繁殖期集中于4月中旬～5月中旬。异齿裂腹鱼繁殖活动结束于5月下旬，该时期雅鲁藏布江水温较高，光照充足，水位较低（有利于周丛生物生长），饵料充足，对其胚胎发育以及仔鱼发育和后期生长非常有利。高原地区水体的水温相对较低，卵（胚胎）发育需要较长时间，较早的产卵时间可以保证其后代在早期发育阶段有一个最佳的外部条件，有利于其仔鱼的正常生长发育（周翠萍，2007）。

异齿裂腹鱼雌鱼的性体指数在3～4月份达到峰值，呈现出明显的"单峰型"，且在4月中旬～5月中旬下降最快，综合推测其应属于同步产卵类型，应结合卵巢组织切片观察结果进一步验证。这说明异齿裂腹鱼的产卵类型与青海湖裸鲤、花斑裸鲤、极边扁咽齿鱼（武云飞，吴翠珍，1992）和高原裸裂尻鱼（万法江，2004）相似。

综上所述，雅鲁藏布江日喀则段异齿裂腹鱼繁殖期集中在4月中旬到5月中旬。因此，在每年4月中旬到5月中旬，雅鲁藏布江日喀则段异齿裂腹鱼处于繁殖期，应当实行禁渔来保护高龄个体。

第二小节　野生异齿裂腹鱼后备亲本选择标准

一、材料和方法

1. 实验鱼

实验用异齿裂腹鱼亲鱼为繁殖季节（4～5 月）从雅鲁藏布江日喀则段捕获，捕鱼方式为网捕，用活鱼运输设备充氧运输到西藏自治区农牧科学院水产科学研究所西藏土著鱼类繁育基地。一般运输密度为 $100kg/m^3$，具体依运输距离确定。暂养池规格为 $5m \times 3.4m \times 1m$，水温 10～13℃，暂养密度 $25kg/m^3$，暂养期间流水池进水口流速保证在 1.20m/s 以上，流量保证在 70L/min 以上，溶氧保证在 5mg/L 以上。

2. 实验方法

（1）后备亲本体长、体重、年龄

将捕捞的鱼测量体长、体重，解剖，统计各体长、体重的异齿裂腹鱼性腺发育时期，采用 $SL_{50\%}$ 的方法来确定异齿裂腹鱼群体体长、体重与性腺成熟度的关系（Chen and Paloheimo，1994）；分雌雄，按体长每增加 10 mm、体重每增加 100g 划分区段，将区段内成熟个体数（Ⅳ期、Ⅴ期、Ⅵ期）占区段内的全部个体数的百分数作为该区段的性成熟个体比例。

（2）各成熟度亲本催产效果比较

根据亲鱼性腺成熟情况，将雌鱼成熟度分为三个级别，分别为Ⅰ级、Ⅱ级、Ⅲ级：Ⅰ级雌鱼腹部膨大、柔软，泄殖孔突出且发红，倒提腹部下塌厉害；Ⅱ级雌鱼腹部膨大、较柔软，泄殖孔突出不明显，倒提腹部轻微下塌；Ⅲ级雌鱼腹部膨大、不柔软，泄殖孔无突出，倒提腹部无下塌。每个级别实验鱼 30 尾，注射 $10\mu g/kg$ 促黄体素释放激素（LHRH-A$_2$）、10 IU/kg 人绒毛膜促性腺激素（HCG）和 10mg/kg 地欧酮（DOM），每 12h 检查一次雌鱼。统计三种成熟度级别雌鱼效应时间、催产率及鱼卵受精率。

3. 计算方法

效应时间（h）＝注射催产药物到开始产卵的时间

催产率（％）＝产卵雌鱼数/实验雌鱼总数×100％

鱼卵受精率（％）＝原肠早期活卵数/鱼卵总数×100％

4. 统计方法

数据采用 Excel 2010 进行统计和作图。

二、结果

1. 体长、体重、年龄与性腺成熟度的关系

体长、体重与性腺成熟度的关系见图 3-170、图 3-171。亲本选择以 50％性成熟为标准，雌鱼最小体重为 1000g，体长为 42cm，对应年龄为 12 龄；雄鱼最小体重为 600g、体长为 35cm，对应年龄为 9 龄。收购的雌鱼最大体重为 2500g、体长为 56cm；雄鱼最大体重为 1500g、体长为 54cm。性成熟异齿裂腹鱼雌鱼体长、体重一般较雄鱼大。因此，异齿裂腹鱼繁殖用雌鱼体重应在 1000g 以上，体长 42cm 以上，年龄 12 龄以上；雄鱼体重 600g 以上，体长 35cm 以上，年龄在 9 龄以上。

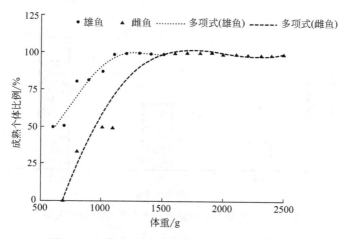

图 3-170　体重与异齿裂腹鱼成熟个体比例关系

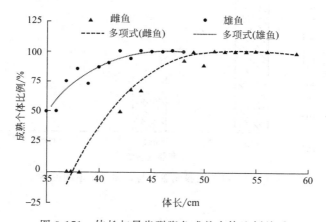

图 3-171　体长与异齿裂腹鱼成熟个体比例关系

2. 雌鱼性腺成熟度与异齿裂腹鱼催产率、效应时间及受精率的关系

雌鱼性腺成熟度与异齿裂腹鱼催产率、效应时间及受精率的关系见图 3-172～图 3-174。Ⅰ级雌鱼催产率最高为 93.3%，效应时间最短为 36h，受精率最高为 84.32%，其次为Ⅱ级雌鱼，最后为Ⅲ级雌鱼。Ⅲ级雌鱼催产率只有 6.67%，效应时间 168h，鱼卵受精率为 0。

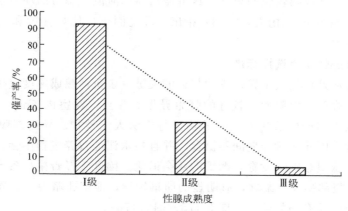

图 3-172　雌鱼性腺成熟度与催产率关系

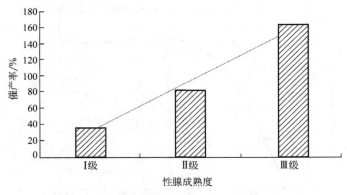

图 3-173　雌鱼性腺成熟度与催产效应时间的关系

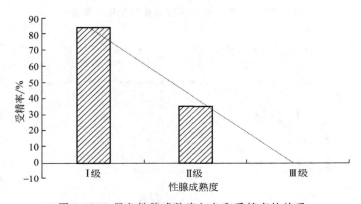

图 3-174　雌鱼性腺成熟度与鱼卵受精率的关系

三、讨论

1. 异齿裂腹鱼后备亲本体长、体重与年龄

性成熟个体大小通过影响繁殖持续的时间和繁殖群体的数量来决定一个种群的繁殖潜力（祁洪芳等，2009）。本研究结果表明，异齿裂腹鱼繁殖用雌鱼体重应在 1000g 以上，体长 42cm 以上，年龄 12 龄以上；雄鱼体重 600g 以上，体长 35cm 以上，年龄在 9 龄以上。可以看出异齿裂腹鱼是性成熟较晚的鱼类，这可能与高原河流中恶劣的环境条件（如饵料严重缺乏）有关。正如 Wotton（杨义，2003）指出，环境因子（比如温度和饵料丰度）对鱼类性成熟的影响非常大。

2. 异齿裂腹鱼雌性亲鱼选择标准

亲鱼培育的好坏是鱼类人工繁殖成功与否的关键，亲鱼性腺成熟度直接关系到卵的受精率和孵化率。实验表明，性腺发育较好的野生异齿裂腹鱼，在室内 5m×3.4m 的水泥池内短期暂养后，经人工催产能够排卵，并成功进行干法人工授精。异齿裂腹鱼从野外捕获而来，没有经过驯食，因此在暂养期间不摄食，并且在水泥池暂养过程中会有应激反应，性腺成熟度差的亲本性腺很难继续发育，严重的还会退化。因此选择野生后备异齿裂腹鱼亲本需要选择 I 级雌鱼，腹部膨大、柔软，有明显的卵巢轮廓，泄殖孔略突出、发红，倒提腹腔下塌，轻压后腹部泄殖孔有卵粒流出（图 3-175、图 3-176）。

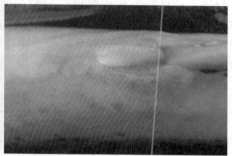

腹部膨大且有卵巢轮廓

倒提腹部下塌

泄殖孔突出且发红

图 3-175 可作为繁殖亲本的雌鱼

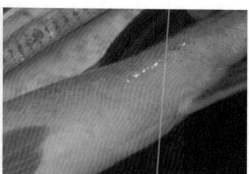

腹部平坦或凹陷

泄殖孔无突出

图 3-176 不可作为繁殖亲本的雌鱼

3. 异齿裂腹鱼雄鱼可催产亲鱼选择标准

腹部狭长，吻端出现明显追星，轻压腹部，泄殖孔有乳白色精液流出，遇水即散。

第三小节 催产药物及剂量组合

一、材料与方法

1. 亲鱼来源、暂养及选择

亲鱼从雅鲁藏布江日喀则段捕获，雄鱼体重范围 0.6～1.5kg，雌鱼体重范围 1.0～2.5kg。于西藏土著鱼类增殖育种场生产车间进行产前培育与繁殖试验，培育池为长方形水泥池（长 5.0m×宽 3.4m，水深 0.6 m）。培育池中水体溶氧维持在 5.3mg/L 以上，水温

(13.5 ± 0.5)℃，流水刺激培育，进水口流速 $1.294\sim1.449\mathrm{m/s}$，以刺激和促进亲鱼性腺发育。水源为地下水，无污染、溶氧充足且四季水温变化幅度小，具备开展野生鱼类产前培育和繁殖研究的条件。

选择健壮无伤、性腺成熟度高的雌、雄亲本各 360 尾作为实验对象。性腺成熟度好的雌鱼腹部明显膨大，手感柔软，有弹性，生殖孔红润并突出，腹部朝上时呈凹陷状，卵巢呈下垂状。性腺成熟度好的雄鱼可见吻部珠星明显，触摸有刺手感，少部分雄鱼轻压腹部能流出乳白色精液，并能在水中迅速散开。

2. 催产

根据生产过程中常用的催产药物及剂量，选用促黄体素释放激素（LHRH-A$_2$）、人绒毛膜促性腺激素（HCG）和地欧酮（DOM）三种催产药物，组成 12 种组合（见表 3-157），注射前分别溶解于一定量的生理盐水中。实验共 12 组，每组 30 尾雌鱼、30 尾雄鱼。注射部位为胸鳍基部，注射前进行麻醉处理。采取两次注射，第一次注射总剂量的 20%，第二

表 3-157　异齿裂腹鱼催产药物组合及浓度

处理组	鱼类催产药物		
	LHRH-A$_2$/μg	HCG/IU	DOM/mg
A$_1$	5	1500	—
A$_2$	10	1500	—
A$_3$	15	1500	—
B$_1$	5	—	10
B$_2$	10	—	10
B$_3$	15	—	10
C$_1$	—	1250	10
C$_2$	—	1500	10
C$_3$	—	1750	10
D$_1$	5	1500	10
D$_2$	10	1500	10
D$_3$	15	1500	10

次注射总剂量的 80%。雄鱼与雌鱼第二次注射时统一注射，雄鱼注射剂量减半。注射后置于平列槽（长 2.7m×宽 50cm×高 25cm），每个平列槽放 10 尾鱼。平列槽水用充分曝气后的井水交换，10min 交换 1 次，保证溶氧≥6mg/L，水温 12～14℃。

3. 授精

观察到亲鱼有跳跃行为或者雌鱼侧卧平列槽水底甚至全身抖动等明显发情征兆时，及时检查选出轻压腹部有卵粒流出的雌鱼以及有精液流出的雄鱼，采用干法授精。擦干雌、雄鱼体表，将卵子和精液同时挤入塑料盆，用羽毛轻轻搅动使精液、卵子充分接触。再加入适当的生理盐水，搅动 1～2min 使卵子完全受精。后加入清水清洗 2～3 次使受精卵卵膜及时吸水膨胀，并除去血污和凝结的精块，计数后置入孵化箱进行孵化。

4. 人工孵化

将受精卵散布于孵化框底（大小 50cm×35cm×5cm，底部为网孔 1.2mm 的筛网，置

于平列槽（大小 2.8m×0.5m×0.24m）水体表层，水温 12～13℃，微流水。每个孵化框放入 5000～8000 粒，用羽毛轻轻拨动使受精卵均匀平铺。孵化过程中注意防止受精卵堆积，并且及时剔除死卵及水霉卵并统计好数量。

5. 指标计算

效应时间（h）＝注射鱼类催产药物到开始发情的时间间隔

催产率（％）＝产卵雌鱼总数/催产雌鱼总数×100％

受精率（％）＝受精卵数/总卵数×100％

孵化率（％）＝出膜仔鱼数/入孵受精卵总数×100％

6. 数据统计

数据采用 Excel 2010 进行统计和作图。

二、结果

1. 12 种催产药物及剂量组合对异齿裂腹鱼催产效应时间的影响

由图 3-177 可知：12 种催产药物及剂量组合对异齿裂腹鱼催产效应时间具有显著影响（$P<0.05$）。效应时间 D＜C≈B＜A。D_1、D_2、D_3 组效应时间最短，为 40h，组间差异不显著（$P>0.05$），显著低于其他各组（$P<0.05$）；$B_1＝B_2＝B_3$ 为 64h，组间差异不显著（$P>0.05$），说明在高剂量 DOM 条件下，LHRH-A_2 注射剂量对异齿裂腹鱼催产效应时间没有显著影响；C_3（50h）＜C_2（52h）＜C_1（62h）组，组间差异显著（$P<0.05$），说明在高剂量 DOM 条件下，适当增加 HCG 注射剂量可以在一定程度上缩短异齿裂腹鱼催产效应时间，A_3（64h）＜A_2（86h）＜A_1（88h），组间差异显著，说明在 1500 IU/kg HCG 注射条件下，适当增加 LHRH-A_2 注射剂量可以在一定程度上缩短异齿裂腹鱼催产效应时间。因此，以效应时间为指标，建议异齿裂腹鱼人工催产采用 D_1、D_2、D_3 组剂量组合。

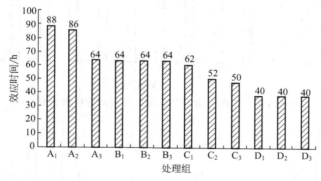

图 3-177　催产药物对异齿裂腹鱼效应时间的影响

2. 12 种催产药物及剂量组合对异齿裂腹鱼催产率的影响

由图 3-178 可知：12 种催产药物及剂量组合对异齿裂腹鱼催产率具有显著影响（$P<0.05$）。催产率 D_2（80％）＞D_1（66.60％）＝C_2（66.60％）＞D_3（60％）＝B_2（60％）＞C_1（50％）＝B_3（50％）＞C_3（47.5％）＞B_1（40％）＞A_2（20％）＞A_1（10％）＝A_3（10％）。D_2 组催产率最高，显著高于其余实验组（$P<0.05$）。异齿裂腹鱼催产率添加 DOM 实验组显著高于未添加 DOM 实验组（A_1、A_2、A_3）（$P<0.05$）。说明 DOM 对提高实验鱼催产率

有重要作用。D_1、D_2、D_3 组，D_2 催产率最高，显著高于 D_1 和 D_3 组；B_1、B_2、B_3 组中 B_2 组催产率最高，显著高于 B_1 和 B_3 组；A_1、A_2、A_3 组中 A_2 组催产率最高，显著高于 A_1 和 A_3 组。因此，在 DOM 或 HCG 注射剂量相同的情况下，LHRH-A_2 适宜注射剂量为 10ug/kg。C_1、C_2、C_3 组中 C_2 组催产率最高，显著高于 C_1 和 C_3 组；因此，在 DOM 注射剂量相同的情况下，HCG 适宜注射剂量为 1500IU/kg。

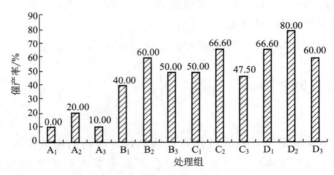

图 3-178　催产药物对异齿裂腹鱼催产率与受精率的影响

3. 12 种催产药物及剂量组合对异齿裂腹鱼鱼卵受精率和孵化率的影响

由图 3-179、图 3-180 可知：12 种催产药物及剂量组合对异齿裂腹鱼受精率和孵化率均具有显著影响（$P < 0.05$）。受精率 D_1（89.02%）> D_2（83.78%）> B_1（77.35%）>

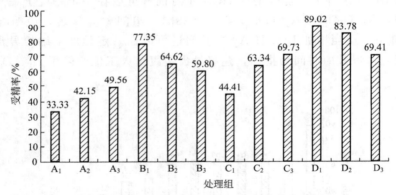

图 3-179　催产药物组合对异齿裂腹鱼受精率的影响

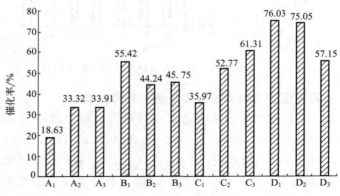

图 3-180　催产药物组合对异齿裂腹鱼孵化率的影响

C_3（69.73%）>D_3（69.41%）>B_2（64.62%）>C_2（63.34%）>B_3（59.80%）>A_3（49.56%）>C_1（44.41%）>A_2（42.15%）>A_1（33.33%）。孵化率 D_1（76.03%）>D_2（75.05%）>C_3（61.31%）>D_3（57.15%）>B_1（55.42%）>C_2（52.77%）>B_3（45.75%）>B_2（44.24%）>C_1（35.97%）>A_3（33.91%）>A_2（33.32%）>A_1（18.63%）。整体均为 D>C≈B>A，D_1 组受精率和孵化率均为最大，与 D_2 组差异不显著（$P>0.05$），显著高于其余实验组。以受精率和孵化率为指标，建议异齿裂腹鱼人工繁育采用 D_1 和 D_2 组催产药物组合。

三、讨论

1. 异齿裂腹鱼催产效果影响因素

在硬骨鱼类中，外界条件（如光照、温度、流水、异性等）刺激鱼的中枢神经系统，诱导下丘脑释放促性腺激素释放激素（gonadotropin-releasing hormone，GnRH），GnRH 直接通过神经轴突末梢作用于垂体前叶的促性腺激素细胞，进而触发雌、雄鱼的垂体分泌大量促性腺激素（GtH），GtH 再通过刺激卵巢或精巢分别合成并分泌相应的类固醇性腺激素，来调控性腺、卵泡和精子的发育及最后的性成熟（Yaron，1995）。本实验研究结果表明，亲鱼性腺成熟度是影响异齿裂腹鱼催产效果的主要因素。

2. 催产药物对异齿裂腹鱼催产效果的影响

研究表明，鱼类下丘脑除了存在 GnRH 外，还存在对其产生抑制作用的激素，即促性腺激素释放激素的抑制激素（GRIH），它们对垂体分泌和调节 GtH 起了抑制的作用（李家乐，2011）。多巴胺在硬骨鱼类中相当于这种 GRIH，对垂体的 GtH 细胞分泌活动和下丘脑分泌 GnRH 都能产生抑制作用。GtH 为一种糖蛋白激素，主要是在脊椎动物垂体前叶细胞合成与分泌的，具有诱导性细胞的生长、发育、成熟、排精及排卵的生物学功能（Kawauchi，1989；Pianas 等，2000）。硬骨鱼类脑垂体主要分泌两种 GtHs，分别为 GtH I 和 GtH II，相当于哺乳动物的促卵泡激素（follicle-stimulating hormone，FSH）和促黄体激素（luteinizing hormone，LH）（林浩然，1999；Jalabert，2005），这两种 GtH 都是糖蛋白，但化学结构不同。GtH I 主要是促进性细胞吸收、生成卵黄和磷蛋白；GtH II 主要是促进性细胞发育成熟进而排卵、排精及分泌合成性类固醇激素。虽然 GtH I 和 GtH II 都具有刺激性类固醇生成的功能，但 Gt H II 是诱导性细胞最后成熟的主要决定者。GtH 的合成与释放通过血液循环作用到性腺，促进性腺分泌合成性类固醇激素达到最后的性成熟，与此同时，性类固醇激素的分泌达到一定量后能对脑和垂体的分泌活动产生负反馈的调节作用（Feanald，1999）。

目前，鱼类的人工繁殖技术主要从以下水平开展：①从脑水平诱导鱼类性腺发育，就是代替鱼类下丘脑为生殖系统补充 GnRH，同时消除其抑制激素多巴胺（DA），达到刺激垂体释放 GtH，最终诱导性腺排卵、排精的目的。目前，在生产中广泛应用的催产激素主要是高活性促黄体素释放激素（LHRH）及其类似物（LHRH-A）、鲑鱼 GnRH（sGn RH）的类似物（sGn-RH-A），消除 DA 的催产激素主要为一种多巴胺受体拮抗物（地欧酮，DOM）（李远友，1997）；Gn RH 类似物（sGnRH-A）和 DOM 为高活性的新型鱼类催产剂，在鱼类人工催产上运用广泛，1987 年由加拿大的 R.E.Peter 和我国学者林浩然在新加坡举行的"诱导鱼类繁殖"国际学术会议上定名为"林彼方法"（Linpe Method）（Lin，1988）。②从垂体水平诱导鱼类性腺发育，代替鱼类垂体为生殖内分泌系统提供 GtH，最终促使性腺发育成熟并排卵、排精。在鱼类人工繁殖中运用最多的催产激素有：鲤、鲫鱼的脑垂体和从孕妇尿液中提取出来的一种糖蛋白，即人绒毛膜促性腺激素（hormone chorionic gonadotropin，简称 HCG）。鲤、鲫鱼脑垂体对亲缘关系近的种类催产效果好，但制备困难，头一年取出晒干，第二年才能用于生产，不能满足需求。HCG 在我国"四大家鱼"及鲶鱼等人工繁殖中运用较多，常常与 LHRH-A 结合使用效果更佳。③从性腺水平诱导鱼类性腺发育，直接给鱼体提供外源的性类固醇激素，促进性腺成熟排卵、排精，同时外源性的性激素能反馈到下丘脑和垂体，从而合成 GnRH 和 GtH，最终达到促使性腺成熟的目的。目前，该技术还处于实验研究阶段。例如，李远友（1996）发现埋植性类固醇激素甲基睾酮和雄烯二酮可以诱导日本鳗鲡性腺发育成熟。

在本实验中注射 DOM 实验组效应时间显著低于空白组，催产率显著高于空白组；同时，本实验 DOM 剂量为标准剂量 2 倍。说明野生异齿裂腹鱼亲鱼捕获转移到暂养水泥池中后，抑制激素多巴胺（DA）分泌显著升高，消除抑制激素多巴胺（DA）的 DOM 是催产药物中重要的一种药物。同时，添加 HCG 和 LHRH-A$_2$ 实验组效应时间和催产率较其余实验组高，说明野生异齿裂腹鱼亲鱼捕获转移到暂养水泥池中后，生殖内分泌中枢脑垂体受到抑制，从垂体水平诱导鱼类性腺发育具有显著效果。

3. 催产效应时间同鱼卵受精率和孵化率的影响

异齿裂腹鱼鱼卵受精率和孵化率同效应时间呈反比，效应时间越长，鱼卵受精率和孵化率越低（图 3-181）。通过线性回归得出，异齿裂腹鱼鱼卵受精率和孵化率（y）与效应时间（x）关系分别为 $y = -0.0089x + 1.1466$（$R^2 = 0.6938$），$y = -0.0095x + 1.0513$（$R^2 = 0.7831$），则在效应时间超过 111h 后鱼卵孵化率为 0，超过 129h 后鱼卵受精率为 0。

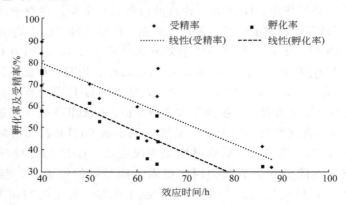

图 3-181　效应时间与孵化率及受精率关系

第四小节　人工采卵与授精

一、精液采集及镜检

对催产后的雄鱼采集精液，用灭菌后的 EP 管作为容器，4℃冰盒中保存（保温盒下面为冰袋，用干毛巾覆盖，上面放采集好的精液）。采集前用干毛巾将鱼体表擦干，尤其是泄殖孔不能有水，防止水进入精液中。在显微镜下检查精液，载玻片上滴一小滴水，蘸一点精液到水滴中，20 倍物镜观察，50s 内精子游动剧烈，则精液质量好；精子游动缓慢则质量差。

二、卵子采集

对催产后的雌鱼采集卵子，以内壁光滑的盆为容器。采集前用干毛巾将鱼体表擦干，尤其是泄殖孔不能有水，防止水进入卵子中。卵子呈圆形、饱满、淡黄色则质量好；卵子多角形、带血丝或者白色则质量差。

三、人工授精

① 精子活率激活剂的配制　将纯净水装在容器中放于培育池中浸泡 1h 之后取出，使用纯净水和 NaCl 配制精子活率激活剂。

② 精子活力延长剂的配制　将纯净水装在容器中放于培育池中浸泡 1h 之后取出，使用纯净水、NaCl 和葡萄糖配制精子活力延长剂。

③ 授精　将镜检合格的新鲜精液和成熟卵子在容器中混合，用羽毛轻轻搅拌均匀，立即将配好的精子活率激活剂沿容器壁缓慢倒入，倒入的同时使用羽毛沿"∞"字形匀速搅拌 5~7s，再加入配好的精子活力延长剂，加入的同时使用羽毛沿"∞"字形匀速搅拌 35~45s，待受精卵完全吸水膨胀后轻轻倒入孵化框中过滤得到受精卵。

四、孵化

将受精卵均匀平铺在孵化框中，将铺好的孵化框放入有进出水口的流水池中，且流水池的排水口用网布封住，避免阳光直射，经过 40h 胚胎发育到原肠中期时，捡出白色死卵，计算受精率。本方法可以将异齿裂腹鱼的受精率从原始技术的 78.59% 左右提高到 97.40% 以上，相对提高了 18.81 个百分点。

第五小节　异齿裂腹鱼适宜孵化盐度及 pH 研究

一、材料与方法

1. 试验材料

试验所用受精卵均来自野生亲鱼经人工催产、授精所得正常发育的受精卵。

2. 试验方法

（1）孵化盐度

试验梯度为 0.1%、0.21%、0.41%、0.61%、0.81%、1.01%。试验在直径为 65cm、深度为 30cm 的圆盆中进行（容量 20 L），孵化盘规格为 25 cm×25 cm；试验前用氯化钠调节好水体盐度，挑选同一条鱼发育正常的受精卵置于孵化框中，使用小网兜轻轻挑选，防止剧烈抖动造成受精卵受损死亡。每个盐度处理设两个重复组，每组 200 粒受精卵，期间每组每隔 12h 用盐度计校正一次盐度值，使其盐度保持在 ±0.2% 范围内，常温（15±0.5℃）下微充气孵育且 2d 换一次水，保证溶氧在 6mg/L 以上。试验期间记录水体水温、溶氧、死卵数，出膜后每天记录仔鱼死亡数、畸形数。试验结束后统计培育周期、孵化周期、孵化率及仔鱼第 24h、48h 和 72h 存活率及畸形率。

（2）孵化 pH

pH 试验梯度为 6.5、7、7.5、8、8.5、9。试验在直径为 65cm、深度为 30cm 的圆盆中进行（容量 20 L），孵化盘规格为 25cm×25cm；试验前利用磷酸或氢氧化钠调节水体 pH，挑选发育正常的受精卵置于孵化框中，使用小网兜轻轻挑选，防止剧烈抖动造成受精卵受损死亡。每个 pH 处理设两个重复组，每组 200 粒受精卵，期间每组每隔 12h 用 pH 计校正 pH 值，使其 pH 保持在 ±0.2 范围内，常温（15±0.5）℃下微充气孵育且 2d 换一次水，保证溶氧在 6mg/L 以上。试验期间记录水体水温、溶氧、死卵数，出膜后每天记录仔鱼死亡数、畸形数。试验结束后统计培育周期、孵化周期、孵化率及仔鱼第 24h、48h 和 72h 存活率及畸形率。

3. 计算公式

培育周期：同时受精的一批鱼卵中有 50% 孵化出膜时所用的时间。

孵化周期：同时受精的一批鱼卵从第 1 尾仔鱼孵化出膜至最后 1 尾仔鱼孵化出膜的时间间隔。

孵化率（hatching rate，HR，%）＝孵出仔鱼数/受精卵数×100%

畸形率（deformity rate，DR，%）＝孵出的畸形鱼苗/孵出仔鱼总数×100%

存活率（survival rate，SR，%）＝(N_t/N_0)×100%

式中，N_t 为最终存活尾数；N_0 为起始尾数。

4. 数据统计与分析

试验结果采用"平均值±标准差"（means±SD）表示。采用 SPSS 19.0 统计软件中 one-way ANOVA 进行单因素方差分析，若差异显著，则采用 Duncan 多重比较法进行多重比较，差异显著水平为 $P<0.05$。

二、试验结果

1. pH 对异齿裂腹鱼孵化的影响

（1）pH 对异齿裂腹鱼受精卵培育周期和孵化率的影响

pH 对异齿裂腹鱼受精卵培育周期和孵化率具有显著影响（图 3-182、图 3-183）。随着 pH 升高，异齿裂腹鱼受精卵培育周期呈现先升高后降低的变化趋势。pH 为 7.5 时，培育周期最长，为 237.92h，其次为 8.0、8.5 试验组，培育周期分别为 236.42h、237.84h，但三组差异不显著（$P>0.05$）。pH 为 6.5 时，异齿裂腹鱼受精卵培育周期最短，为 222.25h，与其他试验组差异显著（$P<0.05$），较 pH7.0、7.5、8.0、8.5、9.0 试验组培育周期分别缩短了 10.17h、15.67h、14.17h、15.59h、5.25h。因此，适当降低或者升高水体 pH 可缩短异齿裂腹鱼受精卵培育周期。各 pH 组异齿裂腹鱼受精卵孵化率均较高，且差异不显著（$P>0.05$）。

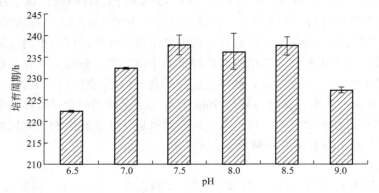

图 3-182　pH 对异齿裂腹鱼受精卵培育周期的影响

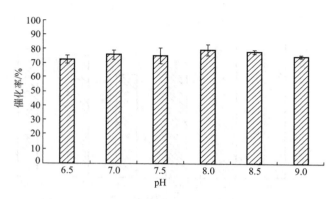

图 3-183 pH 对异齿裂腹鱼受精卵孵化率的影响

（2）pH 对异齿裂腹鱼初孵仔鱼存活率与畸形率的影响

pH 对 24h 初孵仔鱼存活率无显著影响（$P>0.05$），对 72h 初孵仔鱼存活率有显著影响（$P<0.05$）（图 3-184）。出膜 72h 时，在 pH 8.0 条件下仔鱼存活率最高，为 76.25%，显著高于其他试验组（$P<0.05$）；pH 6.5、7.5 组存活率差异不显著（$P>0.05$），但显著高于 pH 7.0、8.5、9.0 组（$P<0.05$）；在 pH 9.0 条件下仔鱼存活率最低，为 41.61%，显著低于其他试验组（$P<0.05$）。各 pH 组仔鱼畸形率接近于 0，无显著差异（$P>0.05$）。

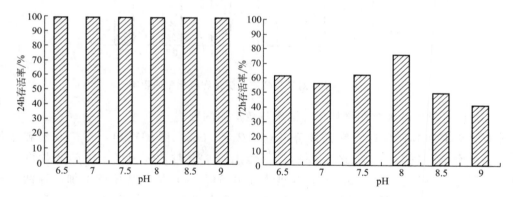

图 3-184 pH 对 24h 和 72h 异齿裂腹鱼初孵仔鱼存活率的影响

2. 盐度对异齿裂腹鱼孵化的影响

（1）盐度对异齿裂腹鱼受精卵培育周期与孵化率的影响

盐度对异齿裂腹鱼受精卵培育周期具有显著影响（图 3-185）。由图 3-185 可知，在 0.01%～0.61% 盐度范围内随着盐度的增加，培育周期逐渐缩短；盐度 0.01% 组培育周期最长，为 244.37h，显著长于其他试验组（$P<0.05$）。盐度 0.61% 组培育周期最短，为 183.33h，显著低于其他试验组（$P<0.05$），较盐度 0.01%、0.21%、0.41%、0.81%、1.01% 组培育周期分别缩短了 61.04h、51.17h、22.51h、33.92h、43.84h。盐度高于 0.61% 后，随着水体盐度升高，培育周期逐渐增加。

盐度对异齿裂腹鱼受精卵孵化率具有显著影响（图 3-186）。盐度 0.41% 组孵化率最高，为 77.49%，与盐度为 0.01%～0.61% 试验组差异不显著（$P>0.05$），显著高于其余各试验组（$P<0.05$）。盐度 1.01% 组孵化率最低，为 62.53%，显著低于其他试验组（$P<0.05$）。

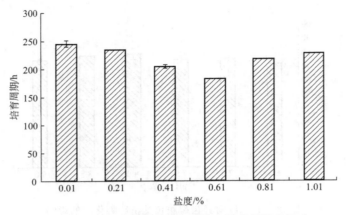

图 3-185　盐度对异齿裂腹鱼受精卵培育周期的影响

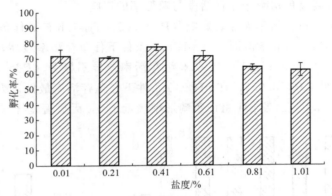

图 3-186　盐度对异齿裂腹鱼受精卵孵化率的影响

（2）盐度对异齿裂腹鱼初孵仔鱼存活率与畸形率的影响

盐度对 24h 初孵仔鱼存活率无显著影响（$P>0.05$）（图 3-187），对 72h 初孵仔鱼存活率有显著影响（$P<0.05$）（图 3-188）。仔鱼出膜 72h 时，0.01%～0.61%盐度范围内各组存活率差异不显著（$P>0.05$），盐度大于 0.61%时，随着盐度的增加，存活率显著下降，盐度 1.01%时存活率最低，为 17.93%，显著低于其他各组（$P<0.05$）。以二次曲线来拟合存活率（y）与盐度（x）的关系，得回归方程 $y=-155.83x^2+75.464x+96.335$（$R^2=0.9212$），则盐度为 0.24%时，存活率最高。

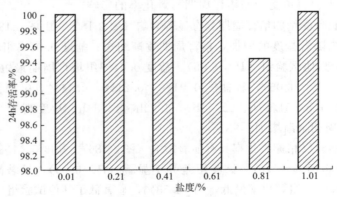

图 3-187　盐度对异齿裂腹鱼仔鱼第 24h 存活率的影响

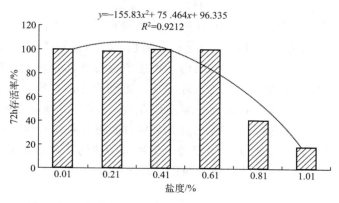

$$y=-155.83x^2+75.464x+96.335$$
$$R^2=0.9212$$

图 3-188　盐度对异齿裂腹鱼仔鱼第 72h 存活率的影响

盐度对初孵仔鱼畸形率有显著影响（$P<0.05$）（图 3-189）。盐度小于 0.61％时，各试验组初孵仔鱼畸形率差异不显著（$P>0.05$）；盐度大于 0.61％时，畸形率随着盐度升高显著升高（$P<0.05$）。盐度 1.01％组畸形率最高，为 35.31％，显著高于其他试验组（$P<0.05$）；其次为盐度 0.81％组，畸形率为 28.96％，显著高于盐度 0.01％、0.21％、0.41％、0.61％组。

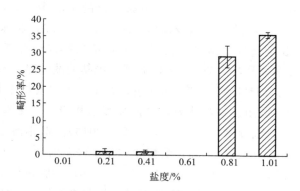

图 3-189　盐度对异齿裂腹鱼仔鱼第 72h 畸形率的影响

三、讨论

1. 盐度对异齿裂腹鱼受精卵孵化及初孵仔鱼的影响

在盐度对受精卵孵化影响的研究中，王永新等（1995）率先提出，花鲈受精卵在盐度 13‰～31‰内，均能孵出仔鱼，但低盐 13‰～16‰组与高盐 31‰组的孵化率较低而畸形率较高。黄杰斯（2015）在对花鲈受精卵的孵化研究中指出，盐度 15‰～30‰组的孵化率均大于90％；盐度 20‰～30‰组中，畸形率均低于 5％。本研究中，在盐度 0.01‰～1.01‰时，异齿裂腹鱼受精卵均能孵化，适宜孵化盐度范围为 0.01‰～0.61‰，其中盐度 0.41‰组孵化率最高，为 77.49％。对于畸形率，盐度小于 0.61‰时，各试验组初孵仔鱼畸形率差异不显著；盐度大于 0.61‰时，畸形率随着盐度升高显著升高。刘阳等（2017）对花鲈、马卓勋等（2018）对叶尔羌高原鳅研究结果表明，随着水体盐度升高，受精卵孵化率呈先升高后降低的变化趋势，与本试验结果存在一定差异，可能因为异齿裂腹鱼受精卵对低盐度耐受范围较广。同时，受精卵和初孵仔鱼新陈代谢较旺盛，对水质特别敏感，水体盐度超过其耐受范围时，都会导致异齿裂腹鱼受精卵的孵化率过低。

　　盐度高于 0.61% 的试验组中，异齿裂腹鱼受精卵孵化率显著降低，鱼苗畸形率显著升高，可能与渗透调节中受精卵失水，导致受精卵损伤有关（麦贤杰等，2005），推测异齿裂腹鱼初孵仔鱼对盐度调节范围为 0.61% 以内，将盐度保持在此范围内，可使其用于渗透调节的能量减少，并减少非正常状态下的物理损伤，更利于存活（Sampaio，2002）。各试验盐度条件下，针对胚胎发育各个时期及初孵仔鱼在 72 h 内存活情况均有研究（蔡文超等，2010；杨州等，2004），本试验采用正常孵化的初孵仔鱼进行各试验梯度的研究，结果显示，初孵仔鱼面对高盐度胁迫，SR 极低，可能是由于巨大的渗透压超过了其所能承受的调节范围所致（Johnson，1986），研究盐度对舌齿鲈（Dicentrarchus labrax）仔鱼存活、生长影响的结果相一致。

2. pH 对异齿裂腹鱼受精卵孵化及初孵仔鱼的影响

　　鱼类受精卵孵化为一复杂的生理、生化过程，受诸多因素制约，其中环境因素 pH 通过直接影响与鱼类孵化相关酶的活性，进而对孵化进程产生影响，使鱼类孵化对 pH 因素具很强的依赖性（陈楠等，2016；吴晗等，2014）。本研究中，在 pH 6.5～9.0 范围内均能孵化出异齿裂腹鱼仔鱼，但 pH 6.5 组与 9.0 组的孵化率显著低于其他组。72h 初孵仔鱼，pH 8.5～9.0 组仔鱼存活率显著低于其余试验组，以 pH 8.0 组 SR 最高，为 76.25%。在研究 pH 对斜带石斑鱼（Epinephelus coioides）受精卵孵化的影响中（张海发，2006），得出其最适 pH 范围为 6.5～7.5。本试验得出较适宜 pH 为 7.5～8.5，而养殖水体 pH 为 8.0 左右，说明这是其对环境长期适应造成的。对异齿裂腹鱼初孵仔鱼存活率影响的研究中，在 pH 8.0 条件下仔鱼存活率最高，为 76.25%，显著高于其他试验组；pH 6.5、7.5 组存活率差异不显著，但显著高于 pH 7.0、8.5、9.0 组；在 pH 9.0 条件下仔鱼存活率最低，为 41.61%，显著低于其他试验组。初步认为，异齿裂腹鱼初孵仔鱼偏喜弱碱性环境，这与大部分鱼类研究结果相似（宋振鑫等，2013；陈楠等，2016）。但张海发等（2007）研究 pH 对黄鳍东方鲀（Takifugu xanthopterus）受精卵孵化及仔鱼活力影响中，认为 pH 在 5.5～9.0 范围内，pH 变化对其仔鱼 SR 值影响不大。同时，异齿裂腹鱼精子在 pH 7.5 时具有持久的活力，因此需要对异齿裂腹鱼孵化中存在的潜在机制进行探究，使其更具科学实用性。

第六小节　5 种中草药对异齿裂腹鱼鱼卵水霉防治效果初探

　　水霉病是淡水鱼繁育过程中的常见病害之一，其病原是水霉（Saprolegnia），隶属于茸鞭生物界（Stramenopila）、水霉目（Saprolegniales）、水霉科（Sprolegniaceae）（Alexopoulos et al，2002）。水霉病是孵化效率低下的主要原因。以前孔雀石绿是治疗水霉病的有效药物，但由于该药具有高毒性、高残留等问题，2002 年被农业部列入《食品动物禁用的兽药及其它化合物清单》（Prast et al，1989；翟毓秀等，2007）。生产上虽然也使用过氧化氢、臭氧、氯化钠、福尔马林、腐植酸等化学药物，但是这些药物缺乏高效性，并且这些药物安全风险较高而未得到广泛认可（Kitancharoen et al，1997；Forneris et al，2003；Gieseker et al，2006）。中草药具有安全、有效、毒副作用小、无二次污染、不易产生耐药性等特点，中草药防治水产动物水霉病已有先例（蔺凌云等，2015；李绍戊等，2015）。本试验以异齿裂腹鱼为研究对象，选择 5 种中草药设置梯度试验，从异齿裂腹鱼鱼卵到孵化出膜，每天用不同浓度的 5 种中草药浸泡，计算出孵化率、畸形率、死卵率、水霉致死率和其他因素致死率，探讨 5 种中草药预防水霉传染效果，为异齿裂腹鱼水霉病防治提供参考。

一、材料与方法

1. 鱼卵及孵化条件

异齿裂腹鱼鱼卵取自 2017 年 4 月在西藏自治区拉萨市曲水县西藏土著鱼类增殖育种场繁殖的同一批鱼卵 5.4 万粒（两条鱼的混合鱼卵），平均受精率 87%，为非黏性卵。平均分为 27 组，每组 2 个平行，每个平行 1000 粒卵。将鱼卵放入孵化框于长 4.3m×宽 2.7m×深 0.5m 的水泥池中孵化。孵化用水为井水，井水在蓄水池中充分曝气，曝气后井水溶氧在 8.5～9.9mg/L 之间；孵化水泥池微流水，水体每 30min 交换一次，使孵化水体溶氧保持在 6mg/L 以上；井水水温恒定，孵化期间平均水温（13.3±0.2）℃。

2. 中草药的制备

5 种中草药购自重庆长圣医药有限公司中药部。分别称取 5 种中草药，加 10 倍量的水浸泡 1h，文火煎煮 1h，60 目纱布过滤，滤液保存；药渣加 10 倍重量水，进行第二次文火煎煮 45min，60 目纱布过滤，滤液保存。药渣再加 10 倍重量水，进行第三次文火煎煮 30min，60 目纱布过滤，滤液保存。将三次滤液合并，得到 5 种中草药的提取物。

3. 实验设计及日常管理

5 种中草药均设置 5 个浓度梯度，同时设置一个阴性对照（空白对照，没有任何药物浸泡）和一个阳性对照（4mg/L 孔雀石绿），分组设置见表 3-158。将药液换算为中草药重量，按照表格中的比例在孵化盆中配备好，将孵化框转移到孵化盆中浸泡 35min（张世奇等，2011），浸泡过程中曝气头增氧，使水体溶氧保持在 6mg/L 以上，浸泡结束再将孵化框转移到孵化池中。

表 3-158　实验分组情况

组别	药物	浓度梯度
对照组 1（阴性对照）	无	
对照组 2（阳性对照）	孔雀石绿	4mg/L
第 1 组	五倍子	0.7、1.1、1.5、1.9、2.4g/L
第 2 组	大黄	0.1、0.4、0.7、1.0、1.3g/L
第 3 组	山苍子	0.1、0.6、1.1、1.6、2.1g/L
第 4 组	黄芩	0.6、0.9、1.2、1.5、1.8g/L
第 5 组	苦参	0.6、0.9、1.2、1.5、1.8g/L

4. 指标测定

从鱼卵形成至出膜期间，每天浸泡 1 次（9：30～10：05）。每日药浴前进行活卵、死卵 [水霉致死（解剖镜镜检，卵膜有水霉穿透）及其他因素致死（解剖镜镜检，卵膜及胚胎没有发现水霉）] 计数，试验结束后，对每组出膜鱼苗及畸形鱼苗（身体畸形）进行计数。

孵化率＝孵化鱼苗数/孵化鱼卵总数×100%

死卵率＝死卵数/孵化鱼卵总数×100%

水霉致死率＝水霉致死卵数/孵化鱼卵总数×100%

其他因素致死率＝其他因素致死卵数/孵化鱼卵总数×100%

畸形率＝畸形鱼苗数/出膜鱼苗数×100％

注：孵化鱼卵总数为试验开始时投放鱼卵数，衡量受精率。

5. 数据处理方法

试验结果用"平均值±标准差"表示。试验数据采用 SPSS 19.0 统计软件中 one-way ANOVA 进行方差分析，若组间差异显著，再用 Duncan 多重比较法进行多重比较，差异显著水平为 $P<0.05$。

二、试验结果

1. 五倍子对异齿裂腹鱼鱼卵水霉防治效果

五倍子对异齿裂腹鱼鱼卵水霉防治效果见图 3-190。五倍子浸泡组鱼卵孵化率及鱼苗畸形率（表 3-159）均显著高于阴性对照组，低于阳性对照组（$P<0.05$）；水霉致死率均显著低于阴性对照组，高于阳性对照组（$P<0.05$）（图 3-191）。不同浓度五倍子浸泡组中，1.5g/L 五倍子组水霉致死率最低，但各五倍子组差异不显著（$P>0.05$）。0.7g/L 五倍子组孵化率最高，但各五倍子组差异不显著（$P>0.05$）。1.1g/L 五倍子组鱼苗畸形率最低，与 1.1g/L 五倍子组差异不显著（$P>0.05$），显著低于其余试验组（$P<0.05$）。综合考虑异齿裂腹鱼鱼卵水霉致死率、孵化率及鱼苗畸形率，五倍子适宜浸泡浓度为 0.7~1.5g/L。

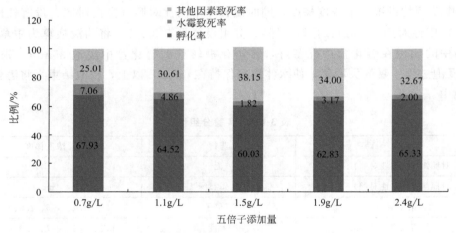

图 3-190　五倍子对异齿裂腹鱼鱼卵水霉防治效果

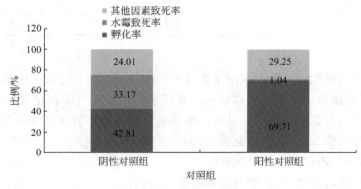

图 3-191　阴性对照组及阳性对照组异齿裂腹鱼鱼卵水霉致死率、其他因素致死率及孵化率

2. 大黄对异齿裂腹鱼鱼卵水霉防治效果

大黄对异齿裂腹鱼鱼卵水霉防治效果见图 3-192。大黄浸泡组鱼卵孵化率及鱼苗畸形率均显著高于阴性对照组（表 3-159），低于阳性对照组（$P<0.05$）；水霉致死率均显著低于阴性对照组，高于阳性对照组（$P<0.05$）（见图 3-191）。不同浓度大黄浸泡组中，0.4g/L 大黄组水霉致死率最低，与 0.7g/L 大黄组差异不显著（$P>0.05$），显著低于其余实验组（$P<0.05$）。0.4g/L 大黄组孵化率最高，与 0.1g/L 大黄组差异不显著（$P>0.05$），显著高于其余试验组（$P<0.05$）。0.1g/L 大黄组鱼苗畸形率最低，显著低于其余试验组（$P<0.05$）；其次为 0.4g/L 大黄组，显著高于 0.1g/L 大黄组（$P<0.05$），显著低于其余试验组（$P<0.05$）。综合考虑异齿裂腹鱼鱼卵水霉致死率、孵化率及鱼苗畸形率，大黄适宜浸泡浓度为 0.1～0.4g/L。

表 3-159 各试验组死卵率、孵化率及畸形率统计

组别		水霉致死率	其他因素致死率	死卵率	孵化率	畸形率
阴性对照组		33.17±3.80[a]	24.01±13.13[b]	57.19±11.79[ab]	42.81±11.79[ab]	2.18±0.19[b]
阳性对照组		1.04±1.37[c]	29.25±9.21[ab]	30.29±7.88[ab]	69.71±7.88[ab]	11.16±1.68[a]
五倍子	0.7g/L	7.06±3.98[b]	25.01±4.53[b]	32.07±4.19[ab]	67.93±4.19[ab]	2.78±0.23[b]
	1.1g/L	4.86±0.77[bc]	30.61±9.05[ab]	35.48±9.08[ab]	64.52±9.08[ab]	2.46±0.21[b]
	1.5g/L	1.82±0.13[bc]	38.15±8.13[ab]	39.97±8.17[ab]	60.03±8.17[ab]	3.35±0.44[b]
	1.9g/L	3.17±1.23[bc]	34.00±3.09[ab]	37.17±3.44[ab]	62.83±3.44[ab]	3.09±0.24[b]
	2.4g/L	2.00±1.24[bc]	32.67±7.70[ab]	34.67±6.62[ab]	65.33±6.62[ab]	3.63±0.22[b]
大黄	0.1g/L	6.67±3.16[bc]	28.92±12.98[ab]	35.60±15.97[ab]	64.40±15.97[ab]	2.41±0.07[b]
	0.4g/L	2.32±0.51[bc]	32.05±6.68[ab]	34.37±6.18[ab]	65.63±6.18[ab]	3.61±0.18[ab]
	0.7g/L	2.91±0.26[bc]	52.44±18.44[ab]	55.35±18.68[ab]	44.65±18.68[ab]	4.35±0.68[ab]
	1.0g/L	3.86±2.37[bc]	57.99±23.19[ab]	61.85±23.46[ab]	38.15±23.46[ab]	6.16±0.46[ab]
	1.3g/L	4.01±0.86[bc]	65.88±20.99[a]	69.89±21.42[a]	30.11±21.42[b]	6.88±1.42[ab]
山苍子	0.1g/L	5.26±0.4[bc]	27.73±10.49[ab]	32.99±10.12[ab]	67.01±10.12[ab]	7.31±0.92[ab]
	0.6g/L	1.75±0.54[bc]	20.87±7.59[b]	22.61±7.07[b]	77.39±7.07[a]	5.39±0.67[ab]
	1.1g/L	2.33±0.63[bc]	24.08±8.35[b]	26.41±8.90[ab]	73.59±8.90[a]	6.53±1.20[ab]
	1.6g/L	2.52±0.84[bc]	25.99±9.42[ab]	28.49±10.18[ab]	71.51±10.18[a]	7.53±1.68[ab]
	2.1g/L	3.30±1.41[bc]	29.24±5.44[ab]	32.53±5.84[ab]	67.47±5.84[ab]	10.47±1.84[a]
黄芩	0.6g/L	2.49±0.87[bc]	35.47±34.35[ab]	37.95±33.89[ab]	62.05±33.89[ab]	6.25±1.81[ab]
	0.9g/L	3.62±0.56[bc]	31.43±2.41[ab]	35.05±2.88[ab]	64.95±2.88[ab]	8.33±1.28[ab]
	1.2g/L	3.15±2.24[bc]	21.64±4.42[b]	24.79±6.64[b]	75.21±6.64[a]	13.261±3.10[a]
	1.5g/L	1.55±0.48[bc]	29.31±1.48[ab]	30.86±1.86[ab]	69.14±1.86[ab]	11.18±2.33[a]
	1.8g/L	2.46±1.37[bc]	29.56±14.07[ab]	32.02±15.42[ab]	67.98±15.42[ab]	10.91±1.32[a]
苦参	0.6g/L	5.17±2.35[bc]	25.21±19.79[b]	30.38±18.22[ab]	69.62±8.26[ab]	9.68±1.32[a]
	0.9g/L	6.08±2.29[bc]	24.64±12.43[b]	30.72±10.29[ab]	69.28±10.29[ab]	6.33±1.48[ab]
	1.2g/L	1.10±0.67[c]	27.93±14.64[ab]	29.02±15.11[ab]	70.98±15.11[ab]	7.48±1.15[ab]
	1.5g/L	3.41±3.14[bc]	22.35±8.05[b]	25.75±9.19[b]	74.25±9.19[a]	10.29±1.49[a]
	1.8g/L	2.56±2.25[bc]	24.97±4.07[b]	27.53±6.16[b]	72.47±6.16[a]	13.44±4.32[a]

注：同列相同小写字母或没有字母表示差异不显著（$P>0.05$），不同小写字母表示差异显著（$P<0.05$）。

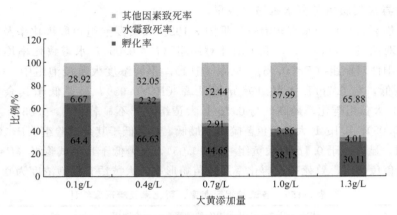

图 3-192　大黄对异齿裂腹鱼鱼卵水霉防治效果

3. 山苍子对异齿裂腹鱼鱼卵水霉防治效果

山苍子对异齿裂腹鱼鱼卵水霉防治效果见图 3-193。山苍子浸泡组鱼苗畸形率均显著高于阴性对照组（表 3-159），低于阳性对照组（$P < 0.05$）；水霉致死率均显著低于阴性对照组，高于阳性对照组（$P < 0.05$）；鱼卵孵化率部分高于阳性对照组（见图 3-191）。不同浓度山苍子浸泡组中，0.6g/L 山苍子组水霉致死率最低，与 $1.1 \sim 2.1$g/L 山苍子组差异不显著（$P > 0.05$），显著低于 0.1g/L 山苍子组（$P < 0.05$）。0.6g/L 山苍子组孵化率最高，与 $1.1 \sim 1.6$g/L 山苍子组差异不显著（$P > 0.05$），显著高于其余试验组（$P < 0.05$）。0.6g/L 山苍子组鱼苗畸形率最低，显著低于其余试验组（$P < 0.05$）。综合考虑异齿裂腹鱼鱼卵水霉致死率、孵化率及鱼苗畸形率，山苍子适宜浸泡浓度为 0.6g/L。

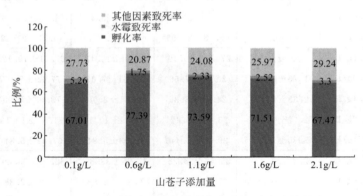

图 3-193　山苍子对异齿裂腹鱼鱼卵水霉防治效果

4. 黄芩对异齿裂腹鱼鱼卵水霉防治效果

黄芩对异齿裂腹鱼鱼卵水霉防治效果见图 3-194。黄芩浸泡组鱼卵孵化率及鱼苗畸形率均显著高于阴性对照组（表 3-159）（$P < 0.05$）；水霉致死率均显著低于阴性对照组，高于阳性对照组（$P < 0.05$）（见图 3-191）。不同浓度黄芩浸泡组中，1.5g/L 黄芩组水霉致死率最低，显著低于其余试验组（$P < 0.05$）。1.2g/L 黄芩组孵化率最高，显著高于其余试验组（$P < 0.05$）。0.6g/L 黄芩组鱼苗畸形率最低，显著低于其余试验组（$P < 0.05$）。综合考虑异齿裂腹鱼鱼卵水霉致死率、孵化率及鱼苗畸形率，黄芩适宜浸泡浓度为 $0.6 \sim 1.5$g/L。

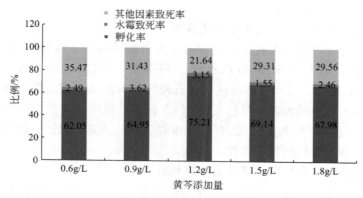

图 3-194　黄芩对异齿裂腹鱼鱼卵水霉防治效果

5. 苦参对异齿裂腹鱼鱼卵水霉防治效果

苦参对异齿裂腹鱼鱼卵水霉防治效果见图 3-195。苦参浸泡组鱼苗畸形率及鱼卵孵化率均显著高于阴性对照组（表 3-159）（$P<0.05$）；水霉致死率均显著低于阴性对照组，高于阳性对照组（$P<0.05$）（见图 3-191）。不同浓度苦参浸泡组中，1.2g/L 苦参组水霉致死率最低，显著低于其余试验组。1.5g/L 苦参组孵化率最高，但各试验组差异不显著（$P>0.05$）。0.9g/L 苦参组鱼苗畸形率最低，显著低于其余试验组（$P<0.05$）。综合考虑异齿裂腹鱼鱼卵水霉致死率、孵化率及鱼苗畸形率，苦参适宜浸泡浓度为 0.9~1.5g/L。

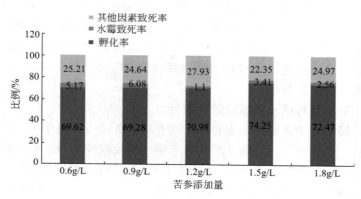

图 3-195　苦参对异齿裂腹鱼鱼卵水霉防治效果

三、讨论

1. 五倍子对异齿裂腹鱼鱼卵水霉防治效果探讨

五倍子有效成分包含鞣质、没食子酸、槲皮素、黄芩苷、芦荟大黄素、大黄素和1,8-二羟基蒽醌等（郑曙明等，2010），抑制真菌生长（梁全文，2016）。对多鳞铲颌鱼（*Varicorhinus macrolepis*）水霉病的药物筛选及其药效研究发现五倍子无论是单独用药还是联合用药，都有较好的抗水霉菌效果（杜迎春等，2015）。0.64mg/mL 的五倍子水提取物可有效抑制水霉孢子萌发（蔺凌云等，2015），对致病水霉菌的抑菌率可达 37.92%（马江耀等，2013）。在本试验中，五倍子试验组鱼卵孵化率较阴性对照组提高了 17.22%~25.12%，水霉感染致死率较阴性对照组降低了 26.11%~31.35%，并且五倍子对鱼卵影响小，鱼苗畸形率与阴性对照组差异不显著，因此五倍子在未来的抗水霉药物研发中有较大的应用潜力，可用于水霉病的防控及治疗。

2. 大黄对异齿裂腹鱼鱼卵水霉防治效果探讨

大黄有效成分提取物中含大黄素、大黄酸、大黄酚等物质（侯媛媛等，2015），具有抗病原菌、抗炎、抑制真菌生长等药理作用（刘逊等，2012）。研究发现大黄对山女鳟（*Oncorhynchus masou masou*）水霉病病原具有较好的抑制及杀灭效果。马江耀（2013）研究发现大黄对致病水霉菌的抑菌率可达40.76%。在本试验中大黄试验组鱼卵水霉致死率均显著低于阴性对照组，$0.1\sim0.4$g/L大黄组鱼卵孵化率显著高于阴性对照组。因此，大黄可作为异齿裂腹鱼鱼卵水霉防治参考药物。

3. 山苍子对异齿裂腹鱼鱼卵水霉防治效果探讨

山苍子果实可提炼出山苍子精油，其柠檬醛含量约为$60\%\sim80\%$，山苍子精油具有很好的抗氧化和抗菌性能，已被国内外较多学者证实（江涛等，1999）。沈琦（2010）在对罗非鱼（*Oreochromis* spp.）和鳗鲡（*Anguilla japonica* Temminck et Schlegel）研究发现山苍子具有较好的抑杀水霉能力。马江耀（2013）研究发现山苍子对致病水霉菌的抑菌率可达46.75%。在本试验中，山苍子试验组鱼卵孵化率较阴性对照组提高了$24.20\%\sim34.58\%$，水霉感染致死率较阴性对照组降低了$27.91\%\sim31.42\%$。因此山苍子可作为防治鱼卵水霉的特效中草药。

4. 黄芩对异齿裂腹鱼鱼卵水霉防治效果探讨

黄芩有效成分提取物中含黄芩苷、汉黄芩苷、黄芩素和汉黄芩素，具有抗病原菌、抗炎、抑制真菌生长等药理作用（侯媛媛等，2015）。蔺凌云等（2015）研究发现0.64mg/mL的黄芩水提取物可有效抑制水霉孢子萌发。甄珍（2015）研究表明黄芩对山女鳟水霉病病原具有较好的抑制及杀灭效果。在本试验中，黄芩试验组鱼卵孵化率较阴性对照组提高了$19.24\%\sim32.40\%$，水霉感染致死率较阴性对照组降低了$29.55\%\sim31.62\%$。因此黄芩可作为防治鱼卵水霉的特效中草药。

5. 苦参对异齿裂腹鱼鱼卵水霉防治效果探讨

苦参有效成分提取物中含有苦参素物质，具有抑制真菌生长的作用（刘逊等，2012；何璐等；2011）。刘荣军（2014）、沈琦（2010）等研究均发现苦参对水霉病病原具有较好的抑制及杀灭效果。在本试验中，黄芩试验组鱼卵孵化率较阴性对照组提高了$19.24\%\sim31.44\%$，水霉感染致死率较阴性对照组降低了$27.09\%\sim32.07\%$。但甄珍（2014）研究发现苦参对山女鳟水霉菌丝几乎无抑制作用。这可能是因为煎煮方法导致药液中有效成分失活，或者是水霉品种不同，而苦参对异齿裂腹鱼鱼卵水霉菌丝有抑制和杀灭作用，但对山女鳟水霉菌丝无效。

6. 五种中草药对异齿裂腹鱼鱼卵水霉防治效果比较

本试验结果发现，1.5g/L五倍子组、$0.4\sim0.7$g/L大黄组、$0.6\sim1.6$g/L山苍子组、$0.6\sim1.8$g/L黄芩组、$1.2\sim1.8$g/L苦参组鱼卵水霉致死率较低，与阳性对照组差异不显著（$P>0.05$）。0.7g/L五倍子组、$0.1\sim0.4$g/L大黄组、$0.1\sim2.1$g/L山苍子组、$1.2\sim1.8$g/L黄芩组、$0.6\sim1.8$g/L苦参组鱼卵孵化率均较高，与阳性对照组差异不显著（$P>0.05$）。$0.7\sim2.4$g/L五倍子组、$0.1\sim0.7$g/L大黄组、0.6g/L山苍子组、$0.6\sim0.9$g/L黄芩组、$0.9\sim1.2$g/L苦参组鱼苗畸形率均较低。平均孵化率苦参组＞山苍子组＞黄芩组＞五倍子组＞大黄组；鱼苗畸形率五倍子组＜大黄组＜山苍子组＜苦参组＜黄芩组。中草药成分较为复杂，可能其部分组成成分对鱼卵具有危害，导致异齿裂腹鱼鱼卵孵化率及鱼苗畸形率存在差异，其具体原因有待进一步研究。因此，为了避免中草药部分成分对异齿裂腹鱼鱼卵及鱼苗造成损伤，下一步需要对中草药成分进行分离，探索可以防治鱼卵水霉的有效成分，对鱼卵及鱼苗造成损伤的成分，从而推动异齿裂腹鱼鱼卵水霉防治特效药开发。

第二节　拉萨裂腹鱼人工繁殖关键技术

第一小节　拉萨裂腹鱼性腺周年变化规律

一、材料和方法

1. 试验鱼

试验用拉萨裂腹鱼亲鱼为渔民从雅鲁藏布江日喀则段捕获，每月捕鱼 1 次（4、5 月份上旬、中旬、下旬捕鱼 3 次），每次捕获 1kg 以上雌、雄拉萨裂腹鱼各不少于 30 尾。捕获的试验鱼于西藏自治区农牧科学院水产科学研究所繁育基地暂养，暂养于规格为 4m×3m×1m 的水泥池中，供试验取样用。

2. 试验方法

每月采集雌、雄样本各 30 条，雌鱼体重 1000g 以上，雄鱼体重 600g 以上。解剖，取性腺称重，统计各月份样本中Ⅳ期、Ⅴ期、Ⅵ期性腺比例，统计各月份拉萨裂腹鱼脏体比和肝体比。

3. 计算方法

性体指数（gonadosomaticindex，GSI，%）＝性腺重/（全鱼体重－内脏重）×100%

4. 统计方法

数据采用 Excel 2010 进行统计和作图。

二、结果

1. 拉萨裂腹鱼不同月份各性腺发育期个体的比例

拉萨裂腹鱼不同性腺发育期的个体占各月样本的比例见图 3-196、图 3-197。拉萨裂腹鱼雌鱼的Ⅳ期性腺个体在 3 月～5 月中旬所占比例较高，其中以 4 月中旬最高（73.33%）；Ⅴ期性腺个体集中在 4 月下旬至 5 月下旬，5 月下旬占比最高（73.33%）；Ⅵ期集中在 6～9 月。雄鱼不同性腺发育期所占比例与雌鱼相似：Ⅳ期性腺个体主要集中在 4 月上旬～5 月上旬，Ⅴ期性腺个体集中在 4 月下旬至 5 月下旬，Ⅵ期集中在 6～7 月。因此，推测拉萨裂腹鱼的繁殖时间为 4 月上旬至 5 月下旬，主要集中在 4 月下旬至 5 月下旬。雄鱼性腺较雌鱼先成熟。

2. 性体指数的季节变化

拉萨裂腹鱼性体指数的季节变化见图 3-198、图 3-199。拉萨裂腹鱼雌鱼的性体指数（GSI）在 1～5 月维持较高水平，在 4 月下旬到 5 月下旬下降最快，拉萨裂腹鱼产卵主要集中在 4 月下旬～5 月下旬。8 月开始 GSI 逐渐回升，性腺逐渐由产后Ⅱ期过渡到Ⅲ期。雄鱼的性体指数随季节的变化同雌鱼较为接近，但也以 1～5 月的水平最高，5 月下旬至 7 月中旬 GSI 下降最快。由此也可看出，拉萨裂腹鱼的繁殖时间从 3 月持续到 5 月，其中 4 月中旬至 5 月中旬为高峰期。

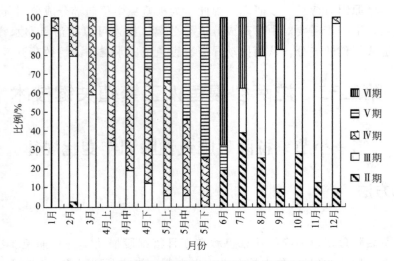

图 3-196　拉萨裂腹鱼雌鱼不同月份各发育时期比例

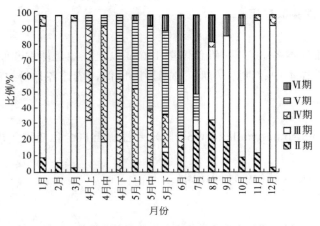

图 3-197　拉萨裂腹鱼雄鱼不同月份各发育时期比例

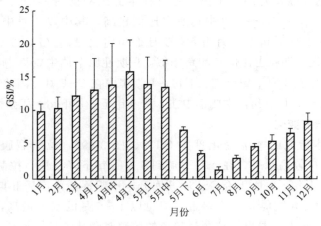

图 3-198　拉萨裂腹鱼雌鱼不同月份 GSI

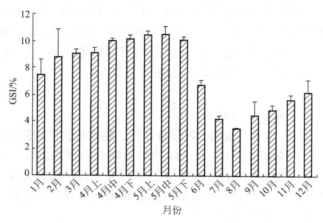

图 3-199　拉萨裂腹鱼雄鱼不同月份 GSI

三、讨论

　　鱼类繁殖的季节和持续时间是种群在长期进化过程中形成的繁殖策略，保证仔鱼在饵料大小和丰度适当的时候孵出，使所产的后代具有最大的存活率（Wootton，1990）。鱼类的繁殖习性由内源因子和外源因子共同决定，内源因子主要是性激素起主导作用，而外源因子主要指水温、光照时间和水位等（Jobling，1995），其中，水温和昼长可能是最关键的环境信号（Lam，1983；Saunders and Henderson，1988；Shpigel et al，2004）。雅鲁藏布江 12月和次年 1 月是水温和昼长最低点，经过低温刺激，拉萨裂腹鱼性腺卵粒才能进一步长足，参加繁殖活动（张信等，2005）。从 2 月份开始水温和昼长持续上升，而持续上升的水温和昼长正是诱导鱼类性腺的最终成熟和繁殖活动的开始。

　　鱼类性体指数（GSI）的大小变化反映了性腺发育程度和鱼体能量资源在性腺发育、机体生长之间的分配比例的变化。从不同月份不同性腺发育期所占比例、不同月份的性体指数变化可以看出，拉萨裂腹鱼属于同步产卵类型，并且繁殖期较短，集中于 4 月下旬至 5 月下旬（马宝珊，2011）。拉萨裂腹鱼繁殖结束于 5 月下旬，该时期雅鲁藏布江水温较高，光照充足，水位较低（有利于周丛生物生长），饵料充足，对其胚胎发育以及仔鱼发育和后期生长非常有利。高原地区水体的水温相对较低，卵（胚胎）发育需要较长时间，较早的产卵时间可以保证其后代在早期发育阶段有一个最佳的外部条件，有利于其仔鱼的正常生长发育（周翠萍，2007）。

　　拉萨裂腹鱼雌鱼的性体指数在 3～4 月份达到峰值，呈现出明显的"单峰型"，且在 4月下旬至 5 月下旬下降最快，综合推测其应属于同步产卵类型，应结合卵巢组织切片观察结果进一步验证。这说明拉萨裂腹鱼的产卵类型与青海湖裸鲤、花斑裸鲤、极边扁咽齿鱼（武云飞，吴翠珍，1992）和高原裸裂尻鱼（万法江，2004）相似。综上所述，拉萨裂腹鱼繁殖期为 3～5 月，在繁殖期应当实行禁渔来保护高龄个体。

第二小节　拉萨裂腹鱼野生后备亲本选择

一、材料和方法

1. 试验鱼

　　试验用拉萨裂腹鱼亲鱼为繁殖季节（4～5 月）从雅鲁藏布江日喀则段捕获，捕鱼方式为网捕，用活鱼运输设备充氧运输到西藏自治区农牧科学院水产科学研究所西藏土著鱼类繁育基地。一般运输密度为 $100kg/m^3$，具体依运输距离确定。暂养池规格为 $5m \times 3.4m \times 1m$，水温 $10 \sim 13℃$，暂养密度 $25kg/m^3$，暂养期间流水池进水口流速保证在 $1.20m/s$ 以上，流量保证在 $70L/min$ 以上，溶氧保证在 $5mg/L$ 以上。

2. 试验方法

（1）后备亲本体长、体重、年龄

将捕捞的鱼测量体长、体重，解剖，统计各体长、体重的拉萨裂腹鱼性腺发育时期，采用 $SL_{50\%}$ 的方法来确定异齿裂腹鱼群体体长、体重与性腺成熟度的关系（Chen and Paloheimo，1994）；分雌雄，按体长每增加 10mm、体重每增加 100g 划分区段，将区段内成熟个体数（Ⅳ期、Ⅴ期、Ⅵ期）占区段内的全部个体数的百分数作为该区段的性成熟个体比例。

（2）各成熟度亲本催产效果比较

根据亲鱼性腺成熟情况，将雌鱼成熟度分为三个级别，分别为Ⅰ级、Ⅱ级、Ⅲ级：Ⅰ级雌鱼腹部膨大、柔软，泄殖孔突出且发红，倒提腹部下塌厉害；Ⅱ级雌鱼腹部膨大、较柔软，泄殖孔突出不明显，倒提腹部轻微下塌；Ⅲ级雌鱼腹部膨大、不柔软，泄殖孔无突出，倒提腹部无下塌；每个级别试验鱼 30 尾，注射 $10\mu g/kg$ LHRH-A_2、10 IU/kg HCG 和 $10mg/kg$ DOM，每 12h 检查一次雌鱼。统计三种成熟度级别雌鱼效应时间、催产率及鱼卵受精率。

3. 计算方法

效应时间（h）＝注射催产药物到开始产卵的时间

催产率（％）＝产卵雌鱼数/试验雌鱼总数×100％

鱼卵受精率（％）＝原肠早期活卵数/鱼卵总数×100％

4. 统计方法

数据采用 Excel 2010 进行统计和作图。

二、结果

1. 体长、体重、年龄与性腺成熟度的关系

体长、体重、年龄与性腺成熟度的关系见图 3-200～图 3-202。亲本选择以 50％性成熟为标准，雌鱼最小体重为 1050g、体长为 48.5cm，对应年龄为 12 龄；雄鱼最小体重为

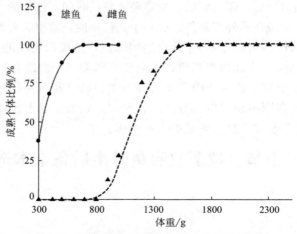

图 3-200　体重与拉萨裂腹鱼成熟个体比例关系

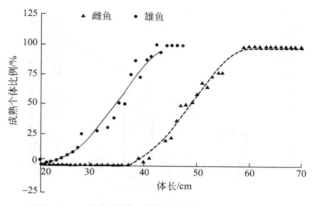

图 3-201　体长与拉萨裂腹鱼成熟个体比例关系

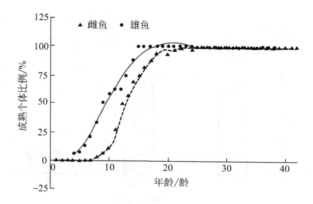

图 3-202　年龄与拉萨裂腹鱼成熟个体比例关系

346g、体长为 34cm，对应年龄为 8 龄。收购的雌鱼最大体重为 3000g、体长为 70cm、42 龄；雄鱼最大体重为 1589g、体长为 48cm、38 龄。性成熟拉萨裂腹鱼雌鱼体长、体重一般较雄鱼大。因此，拉萨裂腹鱼繁殖用雌鱼体重应在 1050g 以上，体长 48.5cm 以上，年龄 12 龄以上；雄鱼体重 346g 以上，体长 34cm 以上，年龄在 8 龄以上。

2. 雌鱼性腺成熟度与拉萨裂腹鱼催产率、效应时间及受精率的关系

雌鱼性腺成熟度与拉萨裂腹鱼催产率、效应时间及受精率的关系见图 3-203～图 3-205。

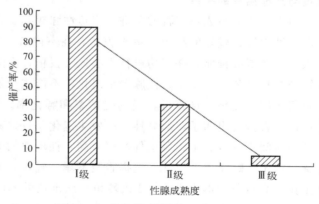

图 3-203　雌鱼性腺成熟度与催产率关系

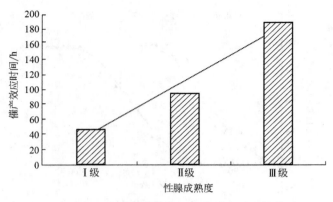

图 3-204　雌鱼性腺成熟度与催产效应时间的关系

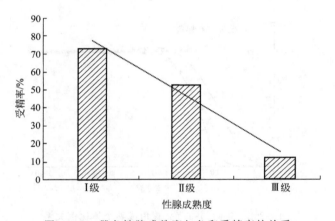

图 3-205　雌鱼性腺成熟度与鱼卵受精率的关系

Ⅰ级雌鱼催产率最高为 90%，效应时间最短为 48h，受精率最高为 73.54%，其次为Ⅱ级雌鱼，最后为Ⅲ级雌鱼。Ⅲ级雌鱼催产率只有 6.67%，效应时间 192 h，鱼卵受精率为 13.56%。

三、讨论

1. 亲鱼性腺成熟度与产卵结果的关系

亲鱼培育的好坏是鱼类人工繁殖成功与否的关键，亲鱼性腺成熟度直接关系到卵的受精率和孵化率。试验表明，性腺发育较好的野生拉萨裂腹鱼，在室内 5m×3.4m×1m 的水泥池内短期暂养后，经人工催产能够排卵，并成功进行干法人工授精，而陈礼强等（2007）认为用微流水池暂养细鳞裂腹鱼亲鱼，会使亲鱼性腺严重退化，不能成功催产；拉萨裂腹鱼亲鱼经人工催产后还能自行产卵、受精，且获得较高的受精率和孵化率。同批收集的亲鱼中，部分雌鱼未经人工催产即能直接挤出卵子，部分性腺已发生退化、过熟甚至已产空，这说明拉萨裂腹鱼在大河中产卵时间不一致。Ⅰ级雌鱼催产率最高，性成熟的雌鱼后腹部膨大、柔软，有明显的卵巢轮廓，泄殖孔略突出、发红，倒提腹腔下塌，轻压后腹部，泄殖孔有卵粒流出。因此，选择野生拉萨裂腹鱼亲本应当选择Ⅰ级雌鱼。而雄鱼可催产亲鱼选择标准为腹部狭长，吻端出现明显追星，轻压腹部，泄殖孔有乳白色精液流出，遇水即散。

2. 拉萨裂腹鱼可催产雌鱼体长、体重、年龄标准

性成熟个体大小通过影响繁殖持续的时间和繁殖群体的数量来决定一个种群的繁殖潜力。本研究结果表明，拉萨裂腹鱼繁殖用雌鱼体重应在 1050g 以上，体长 48.5cm 以上，年龄 12 龄以上；雄鱼体重 346g 以上，体长 34cm 以上，年龄在 8 龄以上。可以看出拉萨裂腹鱼是性成熟较晚的鱼类，这可能与高原河流中恶劣的环境条件（如饵料严重缺乏）有关。正如 Wootton（1990）指出，环境因子（比如温度和饵料丰度）对鱼类性成熟的影响非常大。

第三小节　拉萨裂腹鱼催产药物及剂量组合

一、材料与方法

1. 亲鱼来源与产前培育

亲鱼来源于雅鲁藏布江日喀则段所捕获的野生拉萨裂腹鱼，雄鱼体重范围 0.5～0.8kg，雌鱼体重范围 1.5～2.5kg。于西藏土著鱼类增殖育种场生产车间进行产前培育与繁殖试验，培育池为长方形水泥池（长 4.7m×宽 3.0m×高 0.6m）。培育池中水体溶氧维持在 5.3mg/L 以上，水温（13.5±0.5）℃，流水刺激培育，进水口流速 1.294～1.449m/s，以刺激和促进亲鱼性腺发育。水源为地下水，无污染、溶氧充足且四季水温变化幅度小，具备开展野生鱼类产前培育和繁殖研究的条件。

2. 亲本选择

选择健壮无伤、性腺成熟度高的鱼作为雌、雄亲鱼。性腺成熟度好的雌鱼腹部明显膨大，手感柔软，有弹性，生殖孔红润并突出，腹部朝上时呈凹陷状，卵巢呈下垂状。性腺成熟度好的雄鱼可见吻部"珠星"明显，触摸有刺手感，少部分雄鱼轻压腹部能流出乳白色精液，并能在水中迅速散开。

3. 人工催产

研究所用催产药物为促黄体素释放激素（LHRH-A_2）、人绒毛膜促性腺激素（HCG）和地欧酮（DOM），注射前分别溶解于一定量的生理盐水中，按表 3-160 所列浓度和组合配制催产激素试验处理。试验共 12 组（表 3-160），每组 30 尾雌鱼、30 尾雄鱼。注射部位为胸鳍基部，注射前进行麻醉处理。采取两次注射，雌鱼第一次注射总剂量的 20%，第二次注射总剂量的 80%。雄鱼与雌鱼第二次注射时统一注射，剂量减半，注射后置于平列槽并做好防跳措施。

4. 人工授精

观察到亲鱼有跳跃行为或者雌鱼侧卧平列槽水底甚至全身抖动等明显发情征兆时，及时检查选出轻压腹部有卵粒流出的雌鱼以及有精液流出的雄鱼，实施干法授精。擦干雌、雄鱼体表，将卵子和精液同时挤入塑料盆，用羽毛轻轻搅动使精液、卵子充分接触。再加入适当的生理盐水，搅动 1～2min 使卵子完全受精。后加入清水清洗 2～3 次使受精卵卵膜及时吸水膨胀，并除去血污和凝结的精块，计数后置入孵化箱进行孵化。

5. 人工孵化

孵化平列槽规格为 2m×0.5m×0.25m，孵化盘为木质框架，规格为 49cm×35cm×5cm，底部及四周用孔径为 1.5mm 的网布包裹，微流水。孵化盘置于平列槽中，箱底置于水下 2～3cm，每个孵化箱放入 5000～8000 粒，用羽毛轻轻拨动使受精卵均匀平铺。孵化过程中注意防止受精卵堆积，并且及时剔除死卵及水霉卵并统计好数量。

表 3-160　拉萨裂腹鱼催产药物组合及浓度

处理组	鱼类催产药物		
	LHRH-A$_2$/μg	HCG/IU	DOM/mg
A$_1$	5	1500	—
A$_2$	10	1500	—
A$_3$	15	1500	—
B$_1$	5		10
B$_2$	10		10
B$_3$	15		10
C$_1$		1250	10
C$_2$		1500	10
C$_3$		1750	10
D$_1$	5	1500	10
D$_2$	10	1500	10
D$_3$	15	1500	10

6. 孵化指标

孵化指标有效应时间（注射鱼类催产药物时间到发情时间的时间间隔，h）、催产率、受精率、孵化率，公式如下：

催产率＝产卵雌鱼总数/催产雌鱼总数×100%

受精率＝受精卵数/总卵数×100%

孵化率＝出膜仔鱼数/入孵受精卵总数×100%

二、试验结果

1. 12 种催产药物及剂量组合对拉萨裂腹鱼催产率的影响

由图 3-206 可知：12 种催产药物及剂量组合对拉萨裂腹鱼催产效应时间具有一定程度的影响。效应时间 D＜C≈B＜A。D$_1$、D$_2$、D$_3$ 组效应时间最短，分别为 55h、50h、49h，组间差异不显著（P＞0.05），显著低于其他各组（P＜0.05）。其次为 C$_1$（59h）＜C$_2$（62h）＜C$_3$（63h）组，但组间差异不显著（P＞0.05），再次为 B$_1$＞B$_2$＞B$_3$，分别为 67h、65h、63h，但组间差异不显著（P＞0.05），说明在高剂量 DOM 条件下，LHRH-A$_2$ 或 DOM 注射剂量对拉萨裂腹鱼催产效应时间没有显著影响。最后为 A$_3$（84h）＜A$_2$（86h）＜A$_1$（88h），但组间差异不显著（P＞0.05）。含 DOM 的试验组（B、C、D 组）其效应时间显著低于未含 DOM 的试验组，说明 DOM 在与其他催产药物配合使用的条件下对缩短效应时间有显著影响，并且与 LHRH-A$_2$、HCG 同时配合使用时效果更显著。因此，以效应时间为指标，建议拉萨裂腹鱼人工催产采用 D$_1$、D$_2$、D$_3$ 组剂量组合。

2. 12 种催产药物及剂量组合对拉萨裂腹鱼催产率的影响

由图 3-207 可知：12 种催产药物及剂量组合对拉萨裂腹鱼催产率具有显著影响（P＜0.05）。催产率 D$_2$（80%）＞D$_1$（68.60%）＞C$_2$（66.60%）＞D$_3$（65%）＞B$_3$（60%）＞B$_2$（50%）＞C$_1$（49.6%）＞C$_3$（49.5%）＞B$_1$（40%）＞A$_3$（20%）＞A$_2$（18%）＞A$_1$（10%）。D$_2$ 组催产率最高，显著高于其余试验组（P＜0.05）。拉萨裂腹鱼催产率添加 DOM 试验组

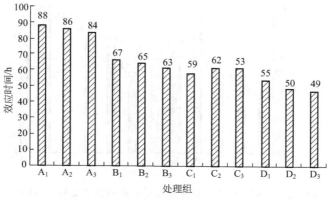

图 3-206　催产药物及剂量组合对拉萨裂腹鱼效应时间的影响

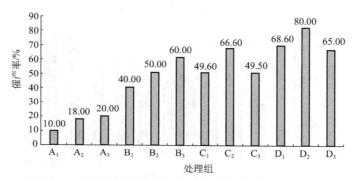

图 3-207　催产药物及剂量组合对拉萨裂腹鱼催产率的影响

显著高于未添加 DOM 试验组（A_1、A_2、A_3）（$P<0.05$）。说明 DOM 对提高试验鱼催产率有重要作用。A_1、A_2、A_3 组中 A_2 组催产率最高，显著高于 A_1 组和 A_3 组（$P<0.05$），说明在 HCG 注射剂量相同的情况下，LHRH-A_2 适宜注射剂量为 $10\mu g/kg$。B_1、B_2、B_3 组中 B_3 组催产率最高，显著高于 B_1 组和 B_2 组，说明在 DOM 注射剂量相同的情况下，适当提高 LHRH-A_2 的剂量能够提高拉萨裂腹鱼的催产率。C_1、C_2、C_3 组中 C_2 组催产率显著高于 C_1 组、C_2 组（$P<0.05$），说明在 DOM 注射剂量相同的情况下，HCG 适宜注射剂量为 1500 IU/kg。D_1、D_2、D_3 组中 D_2 组催产率最高，显著高于 D_1 组和 D_3 组（$P<0.05$）。因此，在 HCG 或 DOM 注射剂量相同的情况下，LHRH-A_2 适宜注射剂量为 $1500\mu g/kg$。

3.12 种催产药物及剂量组合对拉萨裂腹鱼鱼卵受精率和孵化率的影响

由图 3-208、图 3-209 可知：12 种催产药物及剂量组合对拉萨裂腹鱼受精率和孵化率均具有显著影响（$P<0.05$）。受精率 D_2（85.67%）＞D_1（80.33%）＞B_1（76.54%）＞C_3（70.75%）＞D_3（66.87%）＞C_2（66.52%）＞B_2（63.14%）＞B_3（58.77%）＞A_3（50.22%）＞C_1（49.51%）＞A_2（43.23%）＞A_1（34.17%）。孵化率 D_2（75.00%）＞D_1（70.20%）＞C_3（60.07%）＞B_1（56.33%）＞D_3（56.22%）＞C_2（53.70%）＞B_2（45.89%）＞B_3（44.33%）＞C_1（36.87%）＞A_3（35.33%）＞A_2（34.12%）＞A_1（17.53%）。整体均为 D＞C≈B＞A，D_2 组受精率和孵化率均为最大，与 D_1 组差异不显著（$P>0.05$），显著高于其余试验组。以受精率和孵化率为指标，建议拉萨裂腹鱼人工繁育采用 D_1 组和 D_2 组催产剂量组合。

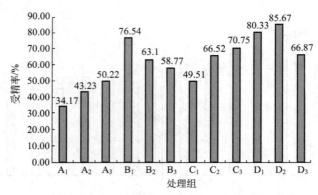

图 3-208　催产药物及剂量组合对拉萨裂腹鱼受精率的影响

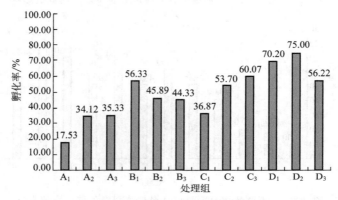

图 3-209　催产药物及剂量组合对拉萨裂腹鱼孵化率的影响

三、讨论

1. 硬骨鱼类生殖内分泌系统

在硬骨鱼类中，由下丘脑-垂体-性腺轴调节整个生殖活动（林浩然，1991）。自然条件下，外界环境（如光照、温度、流水等）对中枢神经系统产生刺激，诱导下丘脑释放促性腺激素释放激素（GnRH），GnRH 再作用于垂体，触发促性腺激素细胞释放促性腺激素（GtH），GtH 再作用于卵巢、精巢使其合成并分泌相应的性激素如雌二醇（E_2）、孕酮（P）、睾酮（T），以调控性腺发育，促进雌、雄鱼卵母细胞和精子发育成熟直至排卵排精（Yaron，1995）。

研究表明，鱼类下丘脑除了释放 GnRH，同时还释放促性腺激素释放激素抑制激素（GRIH），该激素直接抑制 GnRH 的释放，从而起到间接抑制垂体释放 GtH 的作用（李家乐，2011）。在硬骨鱼类中，多巴胺（DA）功能相当于 GRIH，既能抑制下丘脑分泌 GnRH 又能抑制垂体 GtH 细胞进行分泌活动（Peter，1991）。GtH 为垂体前叶分泌的一种糖蛋白激素，具有调节性腺发育与促进性激素合成分泌的功能（Kawauchi，1989；Yaron，1995；Planas *et al*，2000）。

性激素在鱼类生殖内分泌系统发育中发挥着关键作用，具有调控性腺发育，促进生殖细胞的发生、发育、第二性征及排卵排精的功能（游鑫，2015）。GtH 经过血液循环作用于性腺中的各种靶细胞，促使其合成不同种类的性激素，如常见的雌二醇（E_2）、孕酮（P）（魏继海，2016）。在雌鱼生殖过程中，E_2 主要促进肝脏对卵黄的合成（Wallace *et al*，1981），因此当其含量上升时表明卵黄正在大量合成，卵黄积累完成后排卵前其含量会下降（黄世蕉等，1987；Sower et al，1985）。Young（2010）通过研究表明，剥去滤膜的卵母细胞，卵子不能发育成熟，证明了只有存在性激素时，卵子才能发育成熟，P 由卵母细胞滤膜的双层细胞分泌，正是诱导卵细胞最后成熟最有效的物质（Levavisivan et al，2000），其大量分泌 P 是促进雌鱼排卵的重要条件（赵维信，1987）。同时性腺分泌的性激素会对下丘脑以及垂体产生正负反馈作用，以调节 GnRH 与 GtH 的分泌，从而保证下丘脑-垂体-性腺轴中各个器官功能的协调。

2. 环境改变对硬骨鱼类性腺发育以及生殖活动的影响

自然条件下，在硬骨鱼类繁殖周期中，雌性个体的性腺发育受环境因子（如气象水文因子、水体中化学与生物因子、产卵基质）的协调，以保证性腺发育以及生殖活动在最佳的环境下进行。与自然条件相比，室内养殖条件缺乏刺激因子，如降雨与水流、性外激素、产卵基质。研究表明，降雨与水流对要求在流水中产卵的鱼类性腺发育成熟和排卵极为重要（温海深等，2001）；性外激素属于信息素的一种，在同种个体间进行信息传递，雄鱼释放的性外激素能够有效刺激雌鱼产卵（Munro et al，1990；Resink et al，1989；Stacey et al，1991）；在适宜的条件下，增加基质（水草）可以提高金鱼（Carassius auratus）的排卵效应。因此，室内条件下亲鱼性腺成熟缓慢且难以自行排卵，必须借助于人工催产。

3. 催产药物组合及剂量对拉萨裂腹鱼催产效果的影响

目前，生产上鱼类人工催产技术主要从以下水平开展：①从性腺轴下丘脑水平诱导鱼类生殖活动，通过注射 GnRH 类似物（sGnRH-A）和 DA 受体拮抗物 DOM，既为生殖内分泌系统补充 GnRH，具有一定程度替代鱼类下丘脑的作用，同时又消除 DA 对 GnRH 的抑制作用，从而促进垂体释放 GtH，最终诱导性腺排卵、排精（李远友，1997），此方法于国际学术会议上被定名为"林彼方法"（Linpe Method）（Lin，1988）。②从垂体水平诱导鱼类生殖活动，通过注射绒毛膜促性腺激素（HCG）为生殖内分泌系统补充 GtH，具有一定程度替代鱼类垂体的作用，最终促进其性腺发育成熟进而排卵、排精。③从性腺水平诱导鱼类生殖活动，直接给鱼体注射性激素，既能够直接促进性腺发育，又能通过正反馈作用，诱导下丘脑和垂体合成 GnRH 和 GtH，最终达到性腺成熟的目的。但目前性腺水平上的催产药物研究还处于探索阶段（李远友，1996）。

研究表明，催产药物的合理选择是提高催产效果的关键（Arlati，1988；Goncharov，2001；Whitt，1973）。朱华（2014）等对俄罗斯鲟（Acipenser gueldenstaedtii）的研究中发现，GnRH 类似物与 DOM 组合催产效果最佳，显著优于单一激素催产效果。薛凌展（2018）等对大刺鳅（Mastacembelus armatus）的研究以及李瑞伟（2011）对吉富罗非鱼（Oreochromis niloticus）的研究表明，催产药物 LHRH-A$_2$、HCG 与 DOM 组合对裂腹鱼催产效果最佳，显著优于单一激素和其他激素组合。究其催产效果产生的原因，研究者从类固醇激素水平做了诠释与验证。周立斌（2003）等对长臀鮠（Cranoglanis bouderius）的研究表明，注射 GnRH 类似物与 DOM 能够显著提升血清 GtH、E$_2$ 水平，单独注射 GnRH 类似物能够一定程度提升血清类固醇激素水平，但单独注射 DOM 却对类固醇激素水平无显著影响，说明催产药物合理配合使用更能有效地提升鱼体血清类固醇激素水平。宋艳（2007）等对大鳞副泥鳅（Paramisgurnus dabryanus）类固醇激素水平与催产药物相关性的研究中发现，注射 GnRH 类似物与 DOM 后 6h，卵液中 E$_2$ 浓度显著高于单独注射组的浓度；注射后 12h，GnRH 类似物与 DOM 组卵液 P 浓度显著高于单独注射组的浓度，挤压亲鱼腹部，卵子呈喷射状流出泄殖孔且卵呈金黄色，而单独注射组亲鱼无法挤出卵子，表明催产药物的选择能够极大地影响鱼体性激素水平高低，同时又进一步说明性激素对于鱼类性腺发育与排卵排精的重要性。魏继海等对尼罗罗非鱼（*Oreochromis niloticus*）催产药物与催产效果的关系进行过深入的研究，通过设计不同的催产药物组合，根据催产后类固醇激素（GnRH、GtH、E_2、P）水平高低，筛选出了显著提升血清类固醇激素含量的催产药物组合（LHRH-A_2＋HCG＋DOM），并开展了催产试验，以验证该催产药物组合的实际生产效果，结果表明，该催产药物组合能够加速卵子成熟、提高尼罗罗非鱼获产率。表明催产药物对催产效果的好坏与催产药物对类固醇激素水平的影响程度有很大的关系，同时表明血清类固醇激素变化规律可能成为更准确的筛选催产药物的指标（宋艳等，2007）。本试验以催产率、受精率、孵化率等为指标筛选催产药物组合，结果表明 LHRH-A_2、HCG、DOM 三种药物组合催产效果最佳，杨军（2017）等对齐口裂腹鱼（*Schizothorax prenanti*）的研究、章海鑫（2017）等对黄尾鲴（*Xenocypris davidi*）的研究也发现此组合催产效果最佳，可知由于药物叠加效应（邝旭文，2004）使三种药物组合对鱼类性腺更具敏感性，表明从下丘脑水平和垂体水平共同诱导鱼类生殖活动的效果更佳。

　　研究表明，不同剂量的催产药物其催产效果会有所差别，剂量过低或过高都会导致催产效果不明显（宋艳等，2007）。魏继海通过不同剂量激素对卵巢卵黄蛋白原（Vtg）与Vtg mRNA 影响的试验发现，激素注射 24h、36h、48h、72h 后，检测到 1.5 倍剂量组 Vtg 含量显著高于其他试验组以及对照组，1.5 倍剂量组 Vtg mRNA 表达量显著高于其他试验组以及对照组。Vtg mRNA 通过表达指导 Vtg 的合成，而 Vtg 水平则是检测卵子成熟度的重要指标（任华，2005），因此说明适宜的催产药物剂量更有利于 Vtg 的合成，更有利于亲鱼卵子的成熟。本研究两两组合的试验组中，在 DOM 或 HCG 注射剂量相同的情况下，LHRH-A_2 注射剂量为 10μg/kg 时催产率最高。在 DOM 注射剂量相同的情况下，HCG 注射剂量为 1500 IU/kg 时催产率最高；三种催产药物组合试验中，在 DOM 与 HCG 注射剂量相同的情况下，LHRH-A_2 注射剂量为 10μg/kg 时催产率最高，进一步从生产的角度证明了催产药物与催产效果之间存在一个适宜的浓度，若木（2001）等对齐口裂腹鱼的研究也发现了此现象。推测其原因，当外源激素注射量过低时，鱼体血液中类固醇激素浓度不足，达不到阈值（Schoemaker *et al*，1993），造成 Vtg mRNA 表达量不足，Vtg 合成缓慢而无法启动性腺快速发育以及产卵；当外源激素浓度过高时，由于负反馈调节作用，抑制了"下丘脑-垂体-性腺"轴的分泌活动，导致鱼体血液中性激素含量不足，造成 Vtg mRNA 表达量不足，Vtg 合成缓慢从而延缓了性腺发育。该剂量组合 LHRH-A_2（10μg/kg）＋HCG（1500 IU/kg）＋DOM（10μg/kg）催产效果最好，可能该剂量是拉萨裂腹鱼内分泌活动诱导刺激的最有效水平，在该剂量组合条件下，能够显著促进类固醇激素的分泌，从而在类固醇激素的作用下 Vtg 含量显著增加，卵子成熟的速度加快、成熟卵量增多，最终提高了其催产效果。

第四小节　拉萨裂腹鱼人工采卵与授精

一、精液采集及镜检

　　对催产后的雄鱼采集精液，用灭菌后的 EP 管作为容器，4℃冰盒中保存（保温盒下面为冰袋，用干毛巾覆盖，上面放采集好的精液）。采集前用干毛巾将鱼体表擦干，尤其是泄殖孔不能有水，防止水进入精液中。在显微镜下检查精液，载玻片上滴一小滴水，蘸一点精液到水滴中，20 倍物镜观察，50s 内精子游动剧烈，则精液质量好；精子游动缓慢则质量差。

二、卵子采集

对催产后的雌鱼采集卵子，以内壁光滑的盆为容器。采集前将亲本麻醉，用干毛巾将鱼体表擦干，尤其是泄殖孔不能有水，防止水进入卵子中。卵子呈圆形、饱满、棕色则质量好，卵子多角形、带血丝或者白色则质量差。

三、人工授精

① 精子活率激活剂的配制　将纯净水装在容器中放于培育池中浸泡 1h 之后取出，使用纯净水和 NaCl 配制精子活率激活剂。

② 精子活力延长剂的配制　将纯净水装在容器中放于培育池中浸泡 1h 之后取出，使用纯净水、NaCl 和葡萄糖配制精子活力延长剂。

③ 授精　将镜检合格的新鲜精液和成熟卵子在容器中混合，用羽毛轻轻搅拌均匀，立即将配好的精子活率激活剂沿容器壁缓慢倒入，倒入的同时使用羽毛沿"∞"字形匀速搅拌 5～7s，再加入配好的精子活力延长剂，加入的同时使用羽毛沿"∞"字形匀速搅拌 35～45s，待受精卵完全吸水膨胀后轻轻倒入孵化框中过滤得到受精卵。

四、孵化

将受精卵均匀平铺在孵化框中，将铺好的孵化框放入有进出水口的流水池中，且流水池的排水口用网布封住，避免阳光直射，12℃经过 96h 胚胎发育到肌节出现期时，捡出白色死卵。本方法可以将拉萨裂腹鱼的受精率从原始技术的 68.45% 左右提高到 81.32% 以上。

第五小节　不同理化指标对拉萨裂腹鱼孵化的影响

一、材料与方法

1. 试验材料

试验所用受精卵均来自野生亲鱼经人工催产、授精所得正常发育的受精卵。

2. 试验方法

（1）不同温度下受精卵的孵化试验

试验为单因素试验法，试验梯度为 13℃、16℃、19℃、22℃、25℃、28℃。试验前利用加热棒调节好每一组圆形水盆（容量 20L）中的水温，挑选发育正常的受精卵置于孵化框中，使用小网兜轻轻挑选，防止剧烈抖动造成受精卵受损死亡。每个处理温度设两个重复组，每组 200 粒受精卵，期间每组每隔 12h 用温度计校准一次水温，使其水温保持在 ±0.5℃范围内；微充气孵育且 2d 换一次水。试验期间记录水体溶氧、出膜时间点、仔鱼出膜后仔鱼死亡数、仔鱼畸形数。试验结束时统计培育周期、孵化周期、孵化率、第 24h、72h 存活率以及第 72h 畸形率。

（2）不同盐度条件下受精卵的孵化试验

试验梯度为 0.1%、0.21%、0.41%、0.61%、0.81%、1.01%。试验前利用氯化钠调节好每一组圆形水盆（容量 20L）的盐度，挑选发育正常的受精卵置于孵化框中，使用小网兜轻轻挑选，防止剧烈抖动造成受精卵受损死亡。每个盐度处理设两个重复组，每组 200 粒受精卵，期间每组每隔 12h 用盐度计校正一次盐度值，使其盐度保持在 ±0.2% 范围内，常温（15±0.5℃）下微充气孵育且 2d 换一次水。试验期间记录水体溶氧、仔鱼出膜时间点、出膜后仔鱼死亡数、仔鱼畸形数。试验结束时统计培育周期、孵化周期、孵化率、第 24h、72h 仔鱼存活率以及第 72h 仔鱼畸形率。

（3）不同 pH 条件下受精卵的孵化试验

pH 试验梯度为 6.5、7、7.5、8、8.5、9，试验前利用磷酸或氢氧化钠调节好每一组圆形水盆（容量 20L）的 pH，挑选发育正常的受精卵置于孵化框中，使用小网兜轻轻挑选，防止剧烈抖动造成受精卵受损死亡。每个 pH 处理设两个重复组，每组 200 粒受精卵，期间每组每隔 12h 用 pH 计校正一次 pH 值，使其 pH 保持在 ±0.2 范围内，常温（15±0.5℃）下微充气孵育且 2d 换一次水。试验期间记录水体溶氧、仔鱼出膜时间点、出膜后仔鱼死亡数、仔鱼畸形数。试验结束时统计培育周期、孵化周期、孵化率、第 24h、72h 存活率以及第 72h 畸形率。

3. 计算公式

培育周期：同时受精的一批鱼卵中有 50% 孵化出膜时所用的时间。

孵化周期：同时受精的一批鱼卵从第 1 尾仔鱼孵化出膜至最后 1 尾仔鱼孵化出膜的时间间隔。

孵化率（Hatching rate，HR，%）＝孵出仔鱼数/受精卵数×100%

畸形率（Deformity rate，DR，%）＝孵出的畸形鱼苗/孵出仔鱼总数×100%

存活率（Survival rate，SR，%）＝（N_t/N_0）×100%

式中，N_t 为最终存活尾数；N_0 为起始尾数。

4. 数据统计与分析

试验结果采用 SPSS 19.0 统计软件中 one-way ANOVA 进行单因素方差分析，若差异显著，则采用 Duncan 多重比较法进行多重比较，差异显著水平为 $P<0.05$。

二、试验结果

1. 水温对拉萨裂腹鱼孵化的影响

（1）温度对拉萨裂腹鱼受精卵培育周期与孵化率的影响

温度对拉萨裂腹鱼受精卵培育周期与孵化率影响显著。由图 3-210、图 3-211 可知，随着温度的升高，培育周期逐渐缩短。28℃ 水温条件下，培育周期最短，为（134±0.1）h，与 22℃、25℃ 水温条件下差异不显著（$P>0.05$），显著高于 13℃、16℃、19℃ 试验组（$P<0.05$）。13℃ 水温条件下，培育周期最长，为 256.4h。试验鱼受精卵培育周期在水温 16℃、19℃、22℃、25℃、28℃ 条件下较 13℃ 水温条件下分别缩短了 29h、72.65h、92.1h、122.15h、122.4h。以二次曲线来拟合培育周期（y）与水温（x）的关系，得回归方程 $y=0.3932x^2-24.795x+516.1$（$R^2=0.9868$）。22℃ 水温条件下受精卵孵化率最高，为 88.55%，与 19℃ 试验组差异不显著（$P>0.05$），但显著高于其他试验组（$P<0.05$）；其次为 13℃、16℃、25℃ 试验组，受精卵孵化率分别为 66.99%、72.45%、

71.84%，且三组之间差异不显著（$P>0.05$）；28℃条件下，孵化率最低，为 11.2%，显著低于其他试验组（$P<0.05$）。以二次曲线来拟合孵化率（y）与水温（x）的关系，得回归方程 $y=-0.8308x^2+31.311x-205.01$（$R^2=0.8527$），则水温为 18.86℃时，孵化率最高。

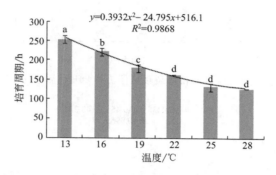

图 3-210　温度对拉萨裂腹鱼受精卵培育周期的影响

标有不同小写字母者表示组间差异显著（$P<0.05$），标有相同小写字母者表示组间无显著差异（$P>0.05$），下同

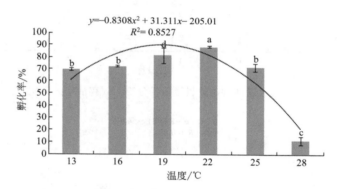

图 3-211　温度对拉萨裂腹鱼受精卵孵化率的影响

（2）温度对拉萨裂腹鱼初孵仔鱼存活率与畸形率的影响

温度对拉萨裂腹鱼初孵仔鱼存活率及畸形率影响显著（图 3-212～图 3-214）。仔鱼出膜 24h 时，28℃水温条件下存活率最低，为 11.2%，显著低于其他试验组（$P<0.05$），其他试验组之间仔鱼存活率差异不显著（$P>0.05$）。仔鱼出膜 72h 时，16℃水温条件下存活率最高，为 99.54%，显著高于其他试验组（$P<0.05$），其次为 19℃与 13℃，仔鱼存活率分别为 97.01%、94.15%，且该两组之间差异显著（$P<0.05$）；水温超过 19℃后，随着水温升高，仔鱼存活率显著降低（$P<0.05$）；水温 28℃条件下，初孵仔鱼全部死亡。以二次曲线来拟合存活率（y）与水温（x）的关系，得回归方程 $y=-0.9438x^2+30.451x-143.22$（$R^2=0.9959$），则水温为 16.19℃时，存活率最高。在 25℃水温条件下仔鱼畸形率最高，为 44.32%，显著高于其他试验组（$P<0.05$）；其次为 22℃水温条件，畸形率为 38.55%，显著高于 13℃、16℃、19℃水温试验组（$P<0.05$）。28℃水温条件下仔鱼存活率为 0，无法统计畸形率。以二次曲线来拟合畸形率（y）与水温（x）的关系，得回归方程 $y=0.3387x^2-8.6951x+54.57$（$R^2=0.8913$）。

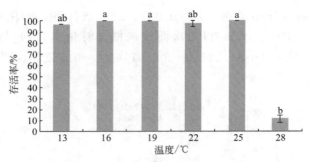

图 3-212　温度对拉萨裂腹鱼仔鱼第 24h 存活率的影响

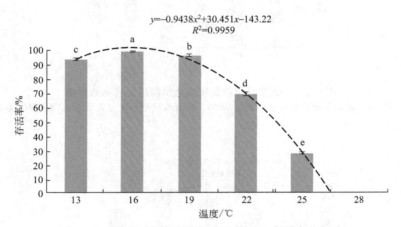

图 3-213　温度对拉萨裂腹鱼仔鱼第 72h 存活率的影响

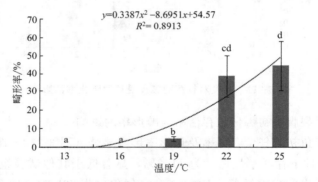

图 3-214　温度对拉萨裂腹鱼仔鱼第 72h 畸形率的影响

2. pH 对拉萨裂腹鱼孵化的影响

（1）pH 对拉萨裂腹鱼受精卵培育周期与孵化率的影响

pH 对拉萨裂腹鱼受精卵培育周期具有显著影响（图 3-215）。随着 pH 升高，拉萨裂腹鱼受精卵培育周期呈现先升高后降低的变化趋势。pH 为 7.5 时，培育周期最长，为238.67h，其次为 8.0、8.5 试验组，培育周期分别为 237.64h、234.64h，且三组差异不显著（$P>0.05$）。pH 为 6.5 时，拉萨裂腹鱼受精卵培育周期最短，为 222.35h，其次是 pH为 9.0 时，受精卵培育周期为 223.45h，且该两组之间差异不显著（$P>0.05$），但该两组与其他试验组差异显著（$P<0.05$），pH6.5 试验组较 pH7.0、7.5、8.0、8.5 试验组培育周期分别缩短了 10.19h、16.32h、15.29h、12.29h。pH9.0 试验组较 pH7.0、7.5、8.0、8.5 试

验组培育周期分别缩短了 9.09、15.22、14.19 、11.19h。因此，适当降低或者升高水体 pH 可缩短拉萨裂腹鱼受精卵培育周期。各 pH 组拉萨裂腹鱼卵孵化率无显著差异（$P >$ 0.05）（图 3-216）。pH 8.5 条件下，拉萨裂腹鱼受精卵孵化率最高为 78.54%，其次为 pH8.5 条件下，孵化率为 78.45%，但各组之间孵化率差异不显著（$P > 0.05$）。

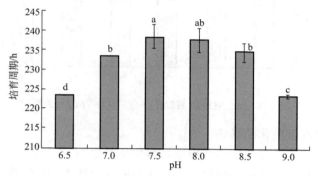

图 3-215　pH 对拉萨裂腹鱼受精卵培育周期的影响

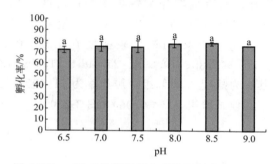

图 3-216　pH 对拉萨裂腹鱼受精卵孵化率的影响

（2）pH 对拉萨裂腹鱼初孵仔鱼存活率与畸形率的影响

pH 对拉萨裂腹鱼初孵仔鱼存活率有一定的影响（图 3-217、图 3-218），对畸形率无显著影响。仔鱼孵出 24h 时，pH6.5 与 pH9.0 条件下仔鱼存活率分别为 94.21%、92.65%，两组之间差异不显著（$P > 0.05$），但显著低于其他试验组（$P < 0.05$）。出膜 72h 时，在 pH8.0 条件下仔鱼存活率最高，为 76.45%，显著高于其他试验组（$P < 0.05$）；pH6.5、7.5 组存活率差异不显著（$P > 0.05$），但显著高于 pH7.0、8.5、9.0 组（$P < 0.05$）；在 pH9.0 条件下仔鱼存活率最低，为 41.71%，显著低于其他试验组（$P < 0.05$）。各 pH 组仔鱼畸形率接近于 0，无显著差异（$P > 0.05$）。

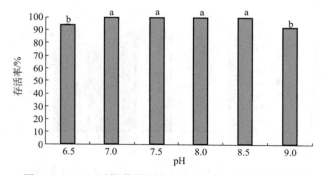

图 3-217　pH 对拉萨裂腹鱼仔鱼第 24h 存活率的影响

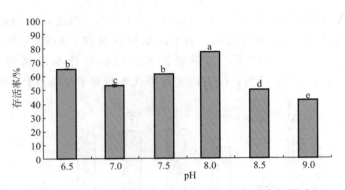

图 3-218　pH 对拉萨裂腹鱼仔鱼第 72h 存活率的影响

3. 盐度对拉萨裂腹鱼孵化的影响

（1）盐度对拉萨裂腹鱼受精卵培育周期与孵化率的影响

盐度对拉萨裂腹鱼培育周期影响显著（图 3-219）。由图 3-219 可知，在 $0.01\%\sim1.01\%$ 盐度范围内随着盐度的增加，培育周期先缩短再增长；盐度 0.01% 组培育周期最长，为 244.55h，培育周期显著长于其他试验组（$P<0.05$）。盐度 0.61% 组培育周期最短，为 185.38h，显著短于其他试验组（$P<0.05$），较盐度 0.01%、0.21%、0.41%、0.81%、1.01% 组培育周期分别缩短了 59.18h、49.29h、21.49h、31.5h、42.8h。盐度 0.41% 组孵化率最高，为 76.49%，其次为盐度 0.01% 组，孵化率为 71.49%；盐度 1.01% 组孵化率最低，为 61.44%，显著低于其他试验组（$P<0.05$）（图 3-220）。

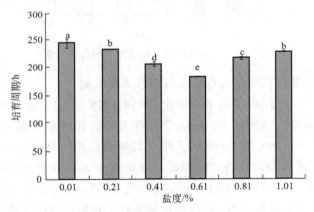

图 3-219　盐度对拉萨裂腹鱼受精卵培育周期的影响

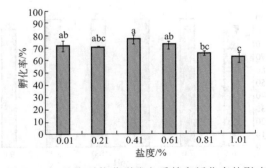

图 3-220　盐度对拉萨裂腹鱼受精卵孵化率的影响

（2）盐度对拉萨裂腹鱼初孵仔鱼存活率与畸形率的影响

盐度对拉萨裂腹鱼存活率与畸形率有一定影响（图3-221～图3-223）。仔鱼出膜24h，各组间存活率差异不显著（$P>0.05$），均为99%以上；仔鱼出膜72h，0.01%～0.61%盐度范围内各组存活率差异不显著（$P>0.05$），盐度大于0.61%时，随着盐度的增加，存活率显著下降，盐度1.01%时存活率最低，为18.83%，显著低于其他各组（$P<0.05$）。以二次曲线来拟合存活率（y）与盐度（x）的关系，得回归方程$y=-154.69x^2+75.242x+96.491$（$R^2=0.925$），则盐度为0.24%时，存活率最高。盐度1.01%组畸形率最高，为

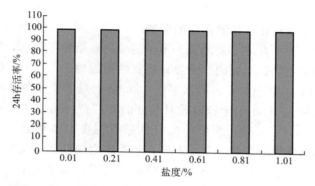

图 3-221 盐度对拉萨裂腹鱼仔鱼第24h存活率的影响

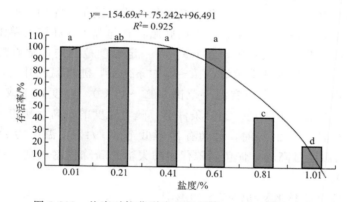

图 3-222 盐度对拉萨裂腹鱼仔鱼第72h存活率的影响

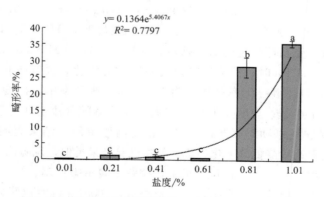

图 3-223 盐度对拉萨裂腹鱼仔鱼第72h畸形率的影响

35.77%，显著高于其他试验组（$P<0.05$）；其次为盐度0.81%组，畸形率为28.96%，显著高于盐度0.01%、0.21%、0.41%、0.61%组。0.01%～0.61%盐度范围内各盐度组畸形率低且差异不显著（$P>0.05$）。

综合温度、盐度与pH对培育周期、孵化率、存活率等指标的影响，本研究得出，在单一条件变化的前提下，适宜拉萨裂腹鱼孵化的温度范围为15～19℃，pH范围为7.5～8.5，盐度范围为0.21%～0.61%。

三、讨论

1. 温度对拉萨裂腹鱼孵化及初孵仔鱼的影响

温度是影响鱼类胚胎发育的主要因素，不同的鱼类胚胎发育要求的温度条件不同，对温度的适应范围也有很大差异。倒刺鲃胚胎发育适宜的水温为24～29℃（谢刚等，2003）；鲤鱼胚胎发育适宜的水温为20～30℃（郭永军等，2004）；尼罗罗非鱼胚胎发育适宜的温度为24～30℃（Rana，1990）。且不同生长阶段对温度的适应范围有很大的差异（Baras，2001；Likongwe，1996；Azaza，2008），而胚胎发育的适宜温度比其他各个生长阶段要窄很多。在不同温度对受精卵孵化影响的试验中，本研究采用培育周期、孵化率、畸形率作为衡量指标，以此来观察温度对受精卵孵化的影响。从试验结果看，温度对拉萨裂腹鱼受精卵孵化影响最大的是培育周期、孵化率以及存活率3项指标。在13～28℃条件下，随着温度的升高，培育周期逐渐缩短，但整体而言受精卵的培育周期较长，都在130 h以上，这可能与孵化酶的分泌和作用主要受温度的影响有关。鱼类胚胎的孵化出膜主要靠两方面的作用：胚体的机械性收缩运动和孵化酶的作用。大多数鱼类的胚胎具有起源于外胚层的单细胞孵化腺，由其分泌孵化酶，使卵膜变薄（郭永军等，2004）。在一定温度范围内，随着温度的升高，孵化酶的活力逐渐增强，培育周期就会越短。13～28℃条件下，随着温度升高，孵化率先升高后降低。拉萨裂腹鱼孵化存在一个适宜温度范围（15～19℃），温度高于或者低于这个范围，均会对其孵化率产生显著影响。13～28℃条件下，随着温度的升高，初孵仔鱼第72h的存活率先升高后降低，当温度为25℃时，仔鱼存活率低至27.94%，温度为28℃时，仔鱼存活率为0。其原因是当温度过高时，仔鱼新陈代谢酶失活，新陈代谢紊乱，从而导致死亡率上升（Blaxter，1963）。

2. 盐度对拉萨裂腹鱼孵化及初孵仔鱼的影响

盐度与水温一样是直接影响鱼类胚胎发育的主要因素。尼罗罗非鱼的胚胎在盐度高于15%时孵化率很低（Watanabe，1985）；鲇鱼（*Heterobranchus longifilis*）的受精卵孵化的适宜盐度是0%～4.5%；鲤鱼（*Cyprinus carpio*）在盐度为1%～5%内受精卵孵化较好；平鲷（*Sparus sarba*）受精卵孵化的适宜盐度为20%～36%（Mihelakakis，1998）。本研究中，在盐度0.01%～1.01%时，拉萨裂腹鱼受精卵均能孵化，适宜孵化盐度范围0.01%～0.61%，其中盐度0.41%组孵化率最高，为76.49%。畸形率中，盐度小于0.61%的试验组接近于0，且差异不显著；盐度大于0.61%时，畸形率随着盐度升高呈指数形式增长。刘阳等（2017）对花鲈、马卓勋等（2018）对叶尔羌高原鳅研究结果表明，随着水体盐度升高，鱼卵孵化率呈先升高后降低的变化趋势，与本试验结果类似，说明拉萨裂腹鱼鱼卵对低盐度耐受范围较广。盐度高于0.61%的试验组中，拉萨裂腹鱼孵化率、第72h存活率显著降低，可能与受精卵失水相关，导致受精卵损伤（麦贤杰等，2005）。说明拉萨裂腹鱼受精卵以及初孵仔鱼对水质特别敏感，水体盐度含量超过其耐受范围时，会导致拉萨裂腹鱼受精卵的孵化率降低。推测拉萨裂腹鱼初孵仔鱼对盐度的调节范围为 0.61% 以内，将盐度保持在此范围内，可使其用于渗透调节的能量减少，并减少非正常状态下的物理损伤，更利于存活。

3. pH 对拉萨裂腹鱼孵化及初孵仔鱼的影响

pH 直接影响与鱼类孵化相关的各种蛋白水解酶的活力，使鱼类孵化具有很强的 pH 依赖性（张甫英，1992）。鱼类胚胎在 pH 过低或过高的水体中都不能孵化，即使出膜，仔鱼也呈向背腹方向弯曲的畸形状（Muniz，1984）。"四大家鱼"胚胎存活的 pH 下限为 6.0（张甫英，1997），本研究中，pH6.5～9.0 均能孵化出拉萨裂腹鱼仔鱼，在此范围内，随着 pH 的升高培育周期先增长再缩短，但 pH 变化对拉萨裂腹鱼受精卵孵化率无显著影响。在对拉萨裂腹鱼初孵仔鱼存活率的研究中，第 72h 时，pH8.0 条件下仔鱼存活率最高，显著高于其他试验组，其次为 pH7.5 条件下。说明拉萨裂腹鱼适宜生存的 pH 条件为 7.5～8.0，推测可能是长期对环境的适应造成的。这与大部分鱼类研究结果相似（宋振鑫，2013；陈楠，2016），因此人工养殖条件下，建议水体偏向于弱碱性。

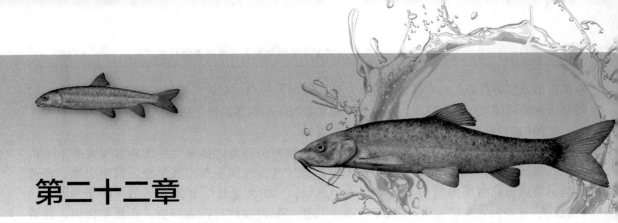

第二十二章

雅鲁藏布江主要裂腹鱼类苗种培育技术

第一节　异齿裂腹鱼苗种培育技术

第一小节　苗种开口饵料

一、材料方法

1. 试验材料

试验鱼为西藏土著鱼类繁殖育种场人工催产、孵化出膜12d后肠道贯通的仔鱼，全长（12.43±0.39)mm，体重（11.2±0.9)mg。

2. 试验饵料

试验所采用的开口饵料为蛋黄（粗蛋白质17.5%，粗脂肪32.5%）、冰冻轮虫（粗蛋白质28.0%～63.0%，粗脂肪9.0%～28.0%）、丰年虫卵（粗蛋白质60.0%，粗灰分10.0%）、螺旋藻粉（粗蛋白质60.0%～72.0%）、鳗鱼粉（粗蛋白质≥46.0%，粗脂肪≥3.0%）以及鱼苗专用微粒子配合饲料（粗蛋白质≥50.0%，粗脂肪≥8.0%）。

3. 试验方法

采用单一饵料投喂试验的方法，试验设六个处理组，分别为蛋黄组、冰冻轮虫组、丰年虫卵组、螺旋藻粉组、鳗鱼粉组以及人工配合饲料组，每个组两个平行，每个平行100尾仔鱼。选取同批次的仔鱼进行试验，试验前将仔鱼放入玻璃缸（长30cm×宽8cm×高20cm）中暂养2d。每日8：00、12：00、16：00、20：00各投喂一次，每次投喂前吸出玻璃缸中的残饵与粪便。试验过程中每天换水三分之一，所用水源为充分曝气后的地下水，水温恒定（15℃），采用充气泵保持溶氧≥5.5mg/L。冰冻轮虫解冻后投喂；蛋黄经100目筛网揉洗成蛋黄水，再用200目筛网清水冲洗后投喂；其他饵料直接投喂。

试验周期为30d，分别于试验开始前和投喂后第5d、10d、15d、20d、25d、30d随机抽取10尾仔鱼测量其全长（精确至0.01mm）以及体重（精确至0.1mg）。每天记录水温、溶氧、氨氮、亚硝酸及试验鱼摄食情况、死亡数量；试验结束后统计试验鱼开口摄食率、不同时间段存活率、不同时间段全长、日增全长、增长率。

4. 计算公式

存活率（％）＝终末尾数/初始尾数×100％

日增全长（mm）＝（终末全长－初始全长）/饲养天数

增长率（％）＝（终末全长－初始全长）/初始全长×100％

5. 数据处理与分析

采用 SPSS 19.0 统计软件中 one-way ANOVA 进行单因素方差分析，若差异显著，则采用 Duncan 多重比较法进行多重比较，差异显著水平为 $P<0.05$。

二、结果

1. 不同开口饵料对异齿裂腹鱼仔鱼开口摄食率及存活率的影响

开口饵料对异齿裂腹鱼仔鱼开口摄食率具有显著影响（图 3-224）。投喂饵料 1d 后的仔鱼开口摄食率结果表明，配合饲料组开口摄食率最高，为 95％，其次为螺旋藻粉组和冰冻轮虫组，开口摄食率分别为 90％、85％，但该三组摄食率差异不显著（$P>0.05$）；丰年虫卵组与鳗鱼粉组开口摄食率最低，均为 65％，显著低于其他试验组（$P<0.05$）。

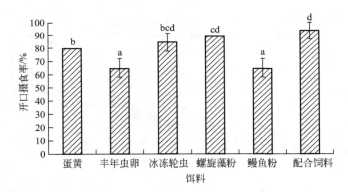

图 3-224 不同开口饵料对异齿裂腹鱼仔鱼开口摄食率的影响

不同的开口饵料对异齿裂腹鱼仔鱼的存活率存在显著影响（图 3-225）。各组仔鱼存活率均随着时间的变化而呈下降趋势。丰年虫卵组 5～10d 存活率下降明显，冰冻轮虫组 10～

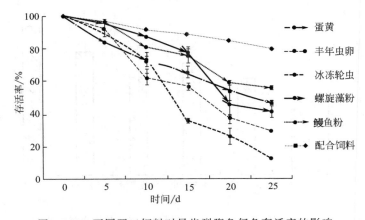

图 3-225 不同开口饵料对异齿裂腹鱼仔鱼存活率的影响

15d 存活率显著下降，螺旋藻粉组 15～20d 存活率下降明显，其他三个试验组下降得比较缓慢。试验期间，配合饲料组存活率始终显著高于其他五组（$P > 0.05$），第 25d 时，配合饲料组存活率最高，为（79.5±0.71）%，显著高于其他试验组（$P < 0.05$）；其次为鳗鱼粉组，为（56.00±1.41）%；冰冻轮虫组存活率最低，仅为（12.50±0.71）%，显著低于其他试验组（$P < 0.05$）。

2. 不同开口饵料对异齿裂腹鱼仔鱼全长增长的影响

开口饵料对异齿裂腹鱼仔鱼全长具有显著影响（图 3-226～图 3-228）。试验过程中各试验组仔鱼全长呈增长趋势，期间配合饲料组仔鱼全长始终长于其他试验组，试验结束时，配合饲料组全长最长，为 21.52mm，与其他试验组差异显著（$P < 0.05$）；蛋黄组与丰年虫卵组仔鱼全长分别为 17.54mm、17.19mm，与其他试验组差异显著（$P < 0.05$）；配合饲料组增长速度最快，日增全长为 0.29mm，显著高于其他试验组（$P < 0.05$），全长增长率为 67.71%，显著高于其他试验组（$P < 0.05$）；其次为鳗鱼粉组，日增全长为 0.24mm，全长增长率为 58.32%；蛋黄组增长速度最慢，日增全长为 0.13mm，显著低于其他试验组（$P < 0.05$），全长增长率为 30.20%，显著低于其他试验组（$P < 0.05$）。

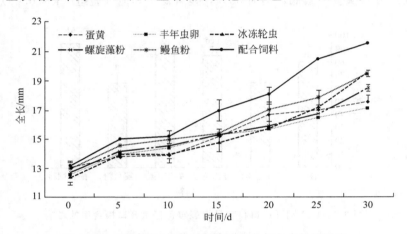

图 3-226　不同开口饵料对异齿裂腹鱼仔鱼全长的影响

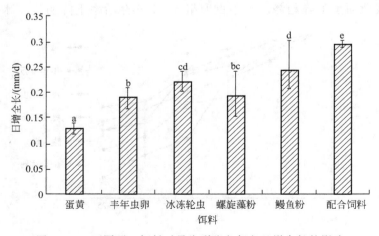

图 3-227　不同开口饵料对异齿裂腹鱼仔鱼日增全长的影响

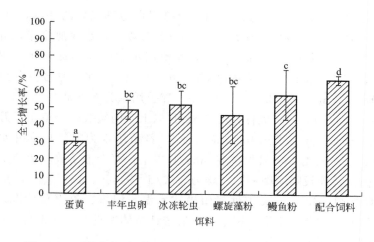

图 3-228　不同开口饵料对异齿裂腹鱼全长增长率的影响

三、讨论

　　饵料的适口性、可得性和营养成分是仔鱼开口期培育中的关键因素（朱成德，1990）。在仔鱼培育后期，投喂营养全面、适口性好和可消化性好的饵料，对仔鱼的生长和存活都起到非常重要的作用（朱成德，1986；殷名称，1995）。本试验开展了西藏地区土著鱼类仔鱼培育探索研究，试验表明 6 种饵料投喂结果不同，全长增加倍数差异显著，各组间存活率不同。

　　丰年虫作为活饵料生物，不仅是绝大多数仔鱼开口期的良好饵料，而且是大多数仔鱼发育期的优良饵料。不同来源的丰年虫卵质量不一，其中脂肪酸的结构有很大差异（Kanazawa，1985；张涛等，2009）。西藏地区的丰年虫无节幼体含有较高的 EPA 和其他地区不具有的少量 DHA（于秀玲，辛乃宏，2005）。但西藏昼夜温差大、气候干燥，丰年虫无节幼体培育周期较长，存活周期较短。在规模化生产中，若长期选用当地卤虫卵，可能存在活饵料来源无保障以及产量不稳定的情况。人工配合饲料在国内的淡水仔鱼培育中已广泛应用。本试验自配专用仔鱼料（山东升索饲料科技有限公司），能均匀地悬浮于水中，不易沉降，利于仔鱼的摄食，投喂异齿裂腹鱼仔鱼的整体效果最好，存活率高达 79.5% 以上。综合考虑仔鱼开口摄食率、存活率、全长增长率等指标，建议异齿裂腹鱼仔鱼开口采用鱼苗专用微粒子配合饲料。

第二小节　苗种适宜养殖模式

一、材料和方法

1. 试验鱼

　　试验鱼为 2018 年来自西藏自治区农牧科学院水产科学研究所西藏土著鱼类增殖育种场的同一批繁殖的鱼苗，鱼苗 3 月龄，体重 0.38～0.43g，全长 27.34～32.64mm。

2. 试验设计

　　将试验鱼苗分别于水泥池、平列槽、土塘网箱、温室大棚中养殖 30d。

水泥池长 3.2m×宽 2.8m×高 0.4m，养殖用水为曝气后的井水，每 30min 交换 1 次，使水温保持在（13.3±0.5）℃，溶氧保持在 6mg/L 以上。水泥池放养鱼苗 1000 尾。

平列槽长 2.0m×宽 0.5m×高 0.2m，养殖用水为曝气后的井水，每 5min 交换 1 次，使水温保持在（13.3±0.5）℃，溶氧保持在 6mg/L 以上。平列槽放养鱼苗 100 尾。

土塘网箱长 5.2m×宽 5.2m×高 1.1m，养殖用水为曝气后的井水，每天交换 1/9，水温保持在（20.3±1.5）℃，溶氧保持在 6mg/L 以上。网箱放养鱼苗 1.5 万尾。

温室大棚池子长 10m×宽 10m×高 0.4m，养殖用水为曝气后的井水，每天交换 1/5，水温保持在（21±0.8）℃，溶氧保持在 6mg/L 以上。每个池子放养鱼苗 1 万尾。

4 种养殖模式每天投喂频率相同，均为 3 次/d（9：00、13：00、17：00），按照鱼体重 5%～10% 饱食投喂。每天记录 4 种养殖模式水温、溶氧、鱼摄食状况，死鱼尾数。每隔 10d 称量 4 种养殖模式鱼体重量。试验结束后统计鱼体增重率、体重特定增长率及存活率。

3. 计算方法

存活率＝试验结束时鱼尾数/试验开始时鱼总尾数×100%

增重率＝（试验鱼末重－试验鱼初重）/试验鱼初重×100%

体重特定增长率＝[ln（末重）－ln（初重）]/养殖天数×100%

4. 数据统计

采用 Excel 统计数据并作图表。

二、结果

1. 4 种养殖模式对异齿裂腹鱼仔鱼生长的影响

如图 3-229～图 3-231 所示，4 种养殖模式对异齿裂腹鱼幼仔鱼生长具有显著影响。水泥池在 4 个采样时间点鱼体均重均为最大。增重率和体重特定增长率：水泥池（31.71%、0.92%/d）＞温室大棚（25.64%、0.76%/d）＞土塘网箱（22.5%、0.68%/d）＞平列槽（12.2%、0.38%/d）。

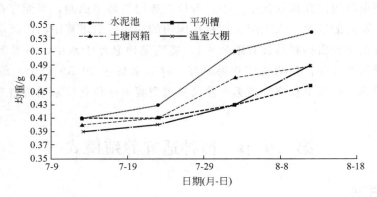

图 3-229　不同采样时间点 4 种养殖模式鱼体均重

2. 4 种养殖模式对异齿裂腹鱼存活率的影响

如图 3-232 所示，4 种养殖模式对异齿裂腹鱼仔鱼存活率具有显著影响。水泥池存活率最高，可达 91.9%；其次为温室大棚，为 89%；然后为土塘网箱，为 75%；最低为平列槽，为 70%。

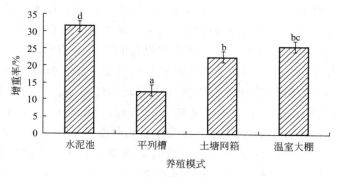

图 3-230　4 种养殖模式鱼体增重率

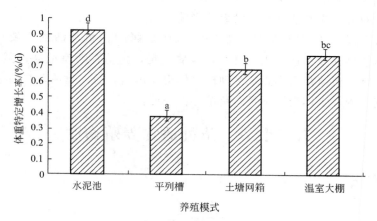

图 3-231　4 种养殖模式鱼体体重特定增长率

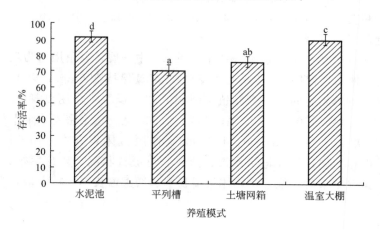

图 3-232　4 种养殖模式鱼体存活率

三、讨论

1. 养殖模式对异齿裂腹鱼仔鱼生长的影响

养殖模式是影响仔鱼生长和存活的主要因子之一。4 种养殖模式中，水泥池在 4 个采样时间点鱼体均重、增重率、体重特定增长率和存活率均为最大。Honer 等（1987）研究表明，低密度养殖的一些集群性鱼类，被分隔后个体会产生怪异和不正常的行为导致食欲下降，生长减慢；当集群生活时，仔鱼行动活泼，摄食积极，生长加速。试验中，水泥池组及温室大棚组仔鱼较其他两组表现出较强的集群行为。集群对于仔鱼摄食具有积极的意义，仔鱼群一旦发现食饵密集区，便具有停留在密集区摄食的能力（Vlymen，1977）。水泥池仔鱼进食效果明显并具有抢食行为，这可能是水泥池相对其余三组生长效果较好的原因，这也表明开放性或流水性养殖效果往往好于封闭的和小空间养殖效果。室内因养存在限制仔鱼生长、扩大长度级差和感觉丧失等一系列缺陷（殷名称，Blaxter，1989；杨学芬等，2003；殷名称，1995b）。水泥池容积最大可达 7500L，温室大棚池子水容量 50000L，而平列槽水量始终维持在 35L 左右，在同样密度下，仔鱼的活动空间较小，空间限制构成了对仔鱼集群和进食效率等产生影响的因素之一，间接地影响到仔鱼的生长情况。土塘网箱换水不便，养殖后期水质变差，影响鱼体生长速度。

2. 养殖模式对异齿裂腹鱼仔鱼存活率的影响

仔鱼在密度和人工驯食相同的情况下，水质是影响仔鱼存活的主要因素（殷名称，1995b）。水泥池水体交换迅速，水质良好，溶氧充足，鱼苗存活率最高；温室大棚水温高，水体饵料生物丰富，鱼苗存活率高；平列槽水体交换迅速，但仔鱼活动空间小，鱼苗存活率低；土塘网箱网孔密，水体交换不足，鱼苗存活率低。

第三小节　苗种适宜养殖密度

一、材料和方法

1. 试验鱼

试验鱼为 2018 年来自西藏自治区农牧科学院水产科学研究所西藏土著鱼类增殖育种场的同一批繁殖的鱼苗，鱼苗 1.5 月龄，体重 26.68～27.98mg，全长 16.78～17.17mm。

2. 试验设计与日常管理

试验在平列槽（长 2.0 m×宽 0.5m×高 20cm）中开展，养殖用水为曝气后的井水，每 30min 交换 1 次，使水温保持在（13.3±0.5）℃，溶氧保持在 6mg/L 以上。每个平列槽用隔板分为 3 个平行的养殖空间，每个养殖空间 60L 水。设置 5 个密度梯度，即每 60L 水中鱼苗数量分别为 100 尾、150 尾、200 尾、250 尾、300 尾，每个密度 3 个平行，养殖 60d。

每天投喂 3 次（9：00、13：00、17：00），按照鱼体重 5％～10％饱食投喂。投喂 30min 后吸出残饵和粪便；每天记录水温、溶氧、鱼摄食状况、死鱼尾数。每隔 5d 测量 1 次体重和体长。试验结束后，统计鱼体体长增长率、增重增长率、特定增长率、体重特定增长率及存活率。

3. 计算方法

存活率（％）＝试验结束时鱼尾数/试验开始时鱼总尾数

增重率（％）＝（试验鱼末重－试验鱼初重）/试验鱼初重×100％

体长增长率（％）＝（试验鱼末体长-试验鱼初体长）/试验鱼初体长×100％

体重特定增长率（％/d）＝[ln（末重）－ln（初重）]/养殖天数×100％

体长特定增长率（％/d）＝[ln（末体长）－ln（初体长）]/养殖天数×100％

4. 数据统计

采用 Excel 统计数据并作图表。

二、结果

如图 3-233～图 3-238 所示，养殖密度对异齿裂腹鱼幼鱼生长具有显著影响。随着养殖密度增加，鱼体体重增长率、体长增长率、体重特定增长率、体长特定增长率均呈逐渐降低的变化趋势。养殖密度为 100 尾/60L 水时，体长增长率、体重增长率、体长特定增长率、体重特定增长率均最大，分别为 29.74%、164.55%、0.54%/d、2.03%/d，显著高于其余试验组。说明密度越低，异齿裂腹鱼幼鱼生长速度越快。各试验组存活率差异不显著（$P>0.05$）。

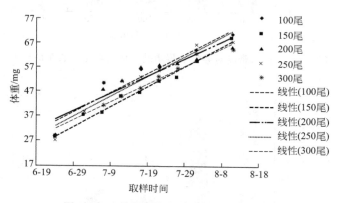

图 3-233 异齿裂腹鱼幼鱼体重变化情况

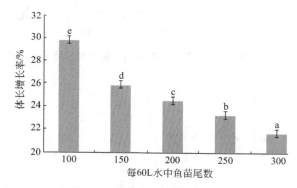

图 3-234 养殖密度对异齿裂腹鱼幼鱼体长增长率的影响

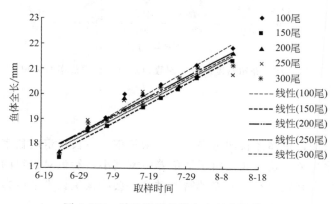

图 3-235 异齿裂腹鱼幼鱼全长变化情况

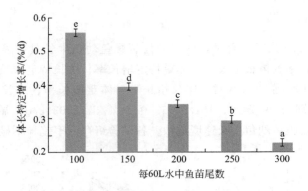

图 3-236　养殖密度对异齿裂腹鱼幼鱼体长特定增长率的影响

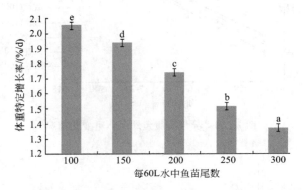

图 3-237　养殖密度对异齿裂腹鱼幼鱼体重特定增长率的影响

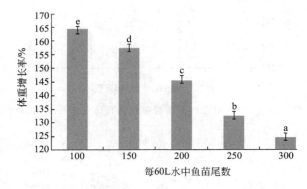

图 3-238　养殖密度对异齿裂腹鱼幼鱼体重增长率的影响

三、讨论

随着养殖密度增加，鱼体体长增重率、体重增长率、体长特定增长率、体重特定增长率均呈逐渐降低的变化趋势。这可能是由于幼鱼养殖密度小，幼鱼对饵料的摄食比较完全，利用比较充分所致。异齿裂腹鱼幼鱼的养殖密度过高，会给其生长带来压力。

第二节　拉萨裂腹鱼适宜开口饵料

一、材料和方法

1. 试验材料

试验鱼为西藏土著鱼类繁殖育种场人工催产、孵化出膜12d后肠道贯通的仔鱼，全长（12.43±0.39）mm，体重（11.2±0.9）mg。

2. 试验饵料

试验所采用的开口饵料为蛋黄（粗蛋白质17.5%，粗脂肪32.5%）、冰冻轮虫（粗蛋白质28.0%～63.0%，粗脂肪9.0%～28.0%）、丰年虫卵（粗蛋白质60.0%，粗灰分10.0%）、螺旋藻粉（粗蛋白质60.0%～72.0%）、鳗鱼粉（粗蛋白质≥46.0%，粗脂肪≥3.0%）以及鱼苗专用微粒子配合饲料（粗蛋白质≥50.0%，粗脂肪≥8.0%）。

3. 试验方法

采用单一饵料投喂试验的方法，试验设六个处理组，分别为蛋黄组、冰冻轮虫组、丰年虫卵组、螺旋藻粉组、鳗鱼粉组以及人工配合饲料组，每个组两个平行，每个平行100尾仔鱼。选取同批次的仔鱼进行试验，试验前将仔鱼放入玻璃缸（长30cm×宽8cm×高20cm）中暂养2d。每日8：00、12：00、16：00、20：00各投喂一次，每次投喂前吸出玻璃缸中的残饵与粪便。试验过程中每天换水1/3，所用水源为地下水，水温恒定（15℃），采用充气泵保持溶氧≥5.5mg/L。冰冻轮虫解冻后投喂；蛋黄经100目筛网揉洗成蛋黄水，再用200目筛网清水冲洗后投喂；其他饵料直接投喂。

试验周期为30d，分别于试验开始前和投喂后第5d、10d、15d、20d、25d、30d随机抽取10尾仔鱼测量其全长（精确至0.01mm）以及体重（精确至0.1mg）。每天记录水温、溶氧、氨氮、亚硝酸及试验鱼摄食情况、死亡数量；试验结束后统计试验鱼开口摄食率、不同时间段存活率、不同时间段全长、日增全长、全长增长率。

4. 计算公式

存活率（%）＝终末尾数/初始尾数×100%

日增全长（mm）＝（终末全长－初始全长）/饲养天数

全长增长率（%）＝（终末全长－初始全长）/初始全长×100%

5. 数据处理与分析

实验结果采用SPSS 18.0统计软件中One-way ANOVA进行单因素方差分析，若差异显著，则采用Duncan多重比较法进行多重比较，差异显著水平为$P<0.05$。

二、试验结果

1. 不同开口饵料对拉萨裂腹鱼仔鱼开口摄食率与存活率的影响

开口饵料对拉萨裂腹鱼仔鱼开口摄食率与存活率影响显著（图3-239、图3-240）。投喂饵料1d后的仔鱼开口摄食率结果表明，配合饲料组开口摄食率最高，为95%，其次为螺旋藻粉组和冰冻轮虫组，开口摄食率分别为91%、83%，但该三组摄食率差异不显著（$P>$0.05）；丰年虫卵组与鳗鱼粉组开口摄食率最低，分别为66%、68%，显著低于其他试验组（$P<0.05$）。不同的开口饵料对拉萨裂腹鱼仔鱼的存活率存在显著影响，总体而言，各组仔

鱼存活率随着时间的变化而呈下降趋势。丰年虫卵组 5～10d 存活率下降明显，冰冻轮虫组 10～15d 存活率显著下降，螺旋藻粉组 15～20d 存活率下降明显，其他三个试验组下降得比较缓慢。试验期间，配合饲料组存活率始终显著高于其他五组（$P > 0.05$），第 25d 时，配合饲料组存活率最高，为（69.5±1.41）%，显著高于其他试验组（$P < 0.05$）；其次为蛋黄组、鳗鱼粉组，存活率分别为（37.00±1.41）%、（36.00±1.41）%；冰冻轮虫组存活率最低，仅为（12.50±0.71）%，显著低于其他试验组（$P < 0.05$）。

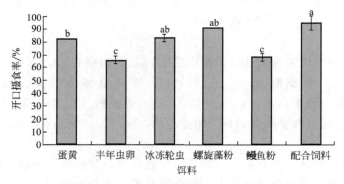

图 3-239　不同开口饵料对拉萨裂腹鱼仔鱼开口摄食率的影响

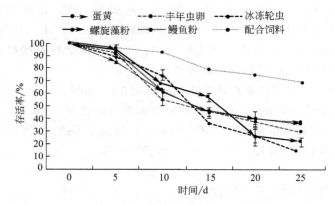

图 3-240　不同开口饵料对拉萨裂腹鱼仔鱼存活率的影响

2. 不同开口饵料对拉萨裂腹鱼仔鱼全长增长的影响

不同开口饵料对拉萨裂腹鱼仔鱼全长有一定影响（图 3-241～图 3-243）。试验过程中各试验组仔鱼全长呈增长趋势，期间配合饲料组仔鱼全长始终长于其他试验组，试验结束时，配合饲料组全长最长，为 21.72mm，与其他试验组差异显著（$P < 0.05$）；其次为冰冻轮虫组与鳗鱼粉组，仔鱼全长分别为 19.61mm、19.47mm，与其他试验组差异显著（$P < 0.05$）；配合饲料组增长速度最快，日增全长为 0.29mm，显著高于其他试验组（$P < 0.05$），全长增长率为 66.82%，显著高于其他试验组（$P < 0.05$）；其次为冰冻轮虫组，日增全长为 0.24mm，全长增长率为 56.38%；蛋黄组增长速度最慢，日增全长为 0.14mm，显著低于其他试验组（$P < 0.05$），全长增长率为 30.84%，显著低于其他试验组（$P < 0.05$）。

综合开口饵料对拉萨裂腹鱼仔鱼开口摄食率、存活率、全长增长率等指标的影响，本研究得出，拉萨裂腹鱼最适宜的开口饵料为鱼苗专用微粒子配合饲料。

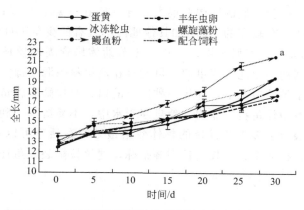

图 3-241　不同开口饵料对拉萨裂腹鱼仔鱼全长的影响

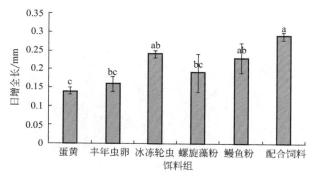

图 3-242　不同开口饵料对拉萨裂腹鱼仔鱼日增全长的影响

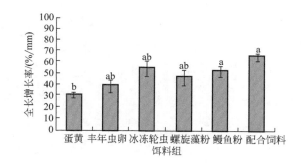

图 3-243　不同开口饵料对拉萨裂腹鱼全长增长率的影响

三、讨论

开口饵料对鱼类早期的生长和存活十分重要（汤保贵，2007）。粒径大小是仔鱼开口饵料选择的关键因素之一，而不同的鱼类由于发育速度不同，对饵料大小以及种类的选择都会有差异。本试验开展了西藏地区土著鱼类仔鱼开口饵料的探索研究，试验表明，6 种饵料投喂结果不同，全长增加倍数差异显著，各组间存活率不同。丰年虫无节幼体作为活饵料生物不仅是绝大多数仔鱼开口期的良好饵料，而且是大多数仔鱼发育期的优良饵料。不同来源的丰年虫卵质量不一，其中脂肪酸的结构有很大差异（Kanazawa，1985；张涛，2009）。西藏地区的丰年虫无节幼体含有较高的 EPA 和其他地区不具有的少量 DHA（于秀玲，辛乃宏，2005）。但西藏昼夜温差大、气候干燥，丰年虫无节幼体培育周期较长，存活周期较短。在规模化生产中，若长期选用当地丰年虫卵，可能存在活饵料来源无保障以及产量不稳定的情况，因此在天然饵料不足的情况下，寻找一种适合的饵料对拉萨裂腹鱼人工规模化繁育尤为重要。本试验使用的专用仔鱼料，能均匀地悬浮于水中，不易沉降，利于仔鱼的摄食。结果表明以专用仔鱼料投喂拉萨裂腹鱼仔鱼的整体效果最好，存活率可以达 69.5% 以上。综合考虑仔鱼开口摄食率、存活率、全长增长率等指标，建议拉萨裂腹鱼仔鱼开口采用鱼苗专用微粒子配合饲料。

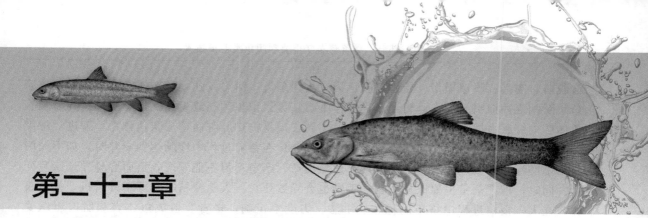

第二十三章

雅鲁藏布江主要裂腹鱼类产后护理技术

第一节　异齿裂腹鱼产后护理技术

一、材料与方法

1. 产后亲鱼来源

在异齿裂腹鱼繁殖期，收购均重 1.5kg 左右的野生亲鱼进行驯养，共 24 尾，雌雄比例 2：1，亲鱼发育成熟度良好，且体质健壮、基本无伤。对上述亲鱼相继采取人工催产，在预定的效应时间内，雌鱼均顺产，雄鱼也正常排精。

2. 护理方法

对于挤卵或采精完毕的亲鱼即刻进入护理状态。首先将产后的雌、雄亲鱼分开暂养在水质清新、水深 0.5m、面积约 12m² 的室内待用水泥池中，并不断注入清凉、溶氧充足的曝气水进行水体交换，以便水温恒定和溶氧充足，尽量使水温维持在 15℃ 以下。对于人工采卵或采精导致体表受伤的亲鱼用碘液反复涂抹伤口，受伤严重的，特别是由于挤压受内伤而悬浮于水面不能正常游动的，待其体力稍恢复，用诺氟沙星溶液浸泡鱼体。雌鱼产后体内仍有少量剩余的部分成熟卵，通过人工轻轻挤压腹部，使剩余卵粒尽早排出体外。同时，投喂其喜食的鲜活饵料。养殖水体每周用漂白粉进行消毒，整个护理过程做好详细的记录。1 个月之后统计死亡个体，计算存活率。

二、结果

上述产后亲鱼处理完毕置于室内护理池后 6h 内，均恢复较好，第 7d 部分亲鱼开口摄食饵料。随着体质状况的逐步好转，食量普遍增大。经过精心暂养护理，有 1 尾亲鱼因受伤较为严重而死亡，其余亲鱼全部存活，存活率为 95.8%。存活个体均体质健壮，活力很好。

三、讨论

1. 异齿裂腹鱼亲鱼产后死亡的原因

（1）操作不当

在亲鱼捕捞过程中，选用的网具不合理、捕捞方式不恰当，造成亲鱼鳍条撕裂和体表黏液脱落，吻端、眼球损伤；异齿裂腹鱼为冷水性鱼类，活力较强，在抓捕过程中，易造成亲鱼跳跃相互冲撞引起受伤；转运过程操作不当，导致亲鱼摔伤或者相互挤压受伤；异齿裂腹鱼体腔内肝脏占据腹腔较大空间，若注射不到位极易损伤肝脏而造成亲鱼死亡，若进针深度过大，易对心脏造成损伤而引起死亡。另外，亲鱼在蓄养过程中性腺达到成熟时，如不及时排出催产性腺就会退化，即发育过熟，过熟催产，亲鱼不但不能顺产，反而容易导致亲鱼死亡。同时，催产剂量也要保持适宜，否则也会导致死亡。人工授精时掌握不好时机，强行挤卵或在人工授精过程中挤压的位置、手法、力度不正确，轻者会造成鱼体表和肌肉组织受伤，重者会造成鱼体精、卵巢及其他内脏损伤。

（2）亲鱼的产后管理不当

产后亲鱼体质较弱，同时，由于催产过程中的运输和挤压也较易引起亲鱼的体表黏液脱落和内脏受伤等人为伤害，而繁殖季节的水温也开始回升，水体中的细菌以及寄生虫的繁殖速度也会加快，此时如果忽略了亲鱼产后的管理工作，极易导致产后亲鱼的大量死亡。

2. 预防亲鱼产后死亡的措施

（1）亲鱼的捕捞和运输过程

捕捞亲鱼时，采用对鱼体伤害较小的锦纶网，网目 1cm；拉网操作时动作要轻缓、协调，且速度均匀，拉网时使网衣和水泥池壁保持一定的距离。挑选成熟亲鱼时应做到准确、熟练、快速，尽量在水面下完成挑选过程；转运亲鱼时，数量不宜过大，应根据运输距离的远近和水温的高低确定，由于成熟亲鱼的活力较强，应在转运水箱上面加盖网片，防止亲鱼跳出。

（2）催产过程

催产地点选在催产池边，注射后的亲鱼用鱼担架转运至催产池贴水放入，切记不要隔空抛鱼或碰撞池壁。准确掌握催产时间及注射剂量、次数与方式。具体注射剂量在参考标准剂量的同时结合亲鱼的性腺发育情况，在有效剂量范围内宜低不宜高，尽量减少催产的次数。注射用器具须严格消毒，注射部位应选择在左胸鳍基部，深度为 0.3cm 左右即可，避免对内脏造成伤害。

（3）人工授精过程

异齿裂腹鱼亲鱼的催产效应时间一般为 24～48h，应密切观察亲鱼是否出现行为变化，适时、合理地检查雌鱼是否有产卵迹象，检查过程全程在水下进行。这样既不至于错过采卵时机而自产，也避免了过于频繁检查亲鱼的性腺发育情况而频繁捕捞对亲鱼造成损伤。另外，在采卵挤精时动作要轻柔，以免挤伤肝脏引起亲鱼死亡。

（4）产后亲鱼的护理过程鱼体消毒环节

由于人工授精环节很难将成熟鱼卵全部排出，应通过人工挤压鱼体腹部将其尽早排出，防止在体内腐烂，引发病变。对体表受伤的亲鱼，在体表涂抹碘液，受伤严重的体内注射青霉素，以防止水体细菌对伤口的侵害，并加速受伤部位的愈合。亲鱼恢复期间要保持水质清新、溶氧充足，并及时做好水体的消毒工作，防止水体中有害细菌和寄生虫的滋生。

① 暂养环境　选用表面相对光滑的鱼池作为亲鱼的暂养池，并用水质清新、溶氧丰富的曝气水作为暂养池的供水源，以满足产后亲鱼对水环境的较高要求。同时，要为产后的亲鱼提供一个相对安静的暂养环境。雌鱼产卵后体质比较虚弱，游动活力差，嘈杂环境容易造

成亲鱼的应激，不利于产后亲鱼的恢复。产后雌、雄鱼要分开暂养，避免雄鱼追逐雌鱼，影响受伤雌鱼的伤口愈合。

②加强营养　亲鱼产后体质较弱，刚开始的两天不摄食饲料，经过精心的护理后，第7d后便会开始少量摄食，这时，应加强亲鱼的营养供给，可选用亲鱼喜食的鲜活饵料，以保证较高的蛋白质含量和较全面的营养供给。

③消毒管理　经过暂养之后，虽然亲鱼的体质得到了恢复，但也应该及时做好消毒、杀菌、杀虫的预防工作。每隔5d用0.3mg/L二溴海因消毒。视具体情况，如果有细菌性疾病则用0.3~0.5mg/L强氯精全池泼洒；如有水霉病迹象，就用0.2mg/L硫醚沙星全池泼洒。

第二节　拉萨裂腹鱼产后护理技术

一、死亡原因分析

1. 由于操作不慎，造成严重人为、机械损伤

主要有以下四点：①人工繁殖期间，拉亲本的渔网网目稀，网结较粗，容易损伤鱼体并感染；②亲本池塘捞鱼时，水位下降太浅，较易造成亲鱼碰撞受伤和缺氧浮头；③检查亲鱼产卵情况时，产卵池抄鱼次数频繁；④错误的采卵方法与不正确的部位，使亲鱼内脏受伤。

2. 体质弱

产后亲鱼体质弱，适应环境能力差，体力无法恢复，从而引起死亡。

3. 性成熟差

性腺成熟不好，强行催产，引起难产或半产等情况，损伤机体，造成死亡。

4. 催产剂用量不当

催产剂用量过大，导致亲鱼难以适应，对亲本机体造成损伤，从而引起死亡。

二、护理措施

为了防止或减少产后亲本鱼的死亡，在每年催产过程中，要适时择机、认真细致、科学严谨做到以下几点。

1. 消毒

野生拉萨裂腹鱼亲本刚收购回来需用3‰~5‰盐水浸泡消毒3~5min，并在水里加氧气泵和放入兽用链霉素或青霉素，对体表受伤的亲鱼有较好的消毒效果。

2. 催产和检查操作要细心

选择成熟度好的亲鱼，催产剂用量要适当，新老亲鱼不能一针一剂到底，应该区别对待。检查亲本是否能产，需要麻醉和轻揉，尽量避免对亲本造成损伤。

3. 流水刺激

刚挤过卵和精液的产后亲鱼，应用框子盛放，在池塘进水口流水刺激，水流量75m³/h，流速1.2m/s。池水清新、环境安静、溶氧量高。

4. 注射葡萄糖及抗生素

对刚产空卵的亲鱼，在放入池塘前，需注射葡萄糖，以及链霉素+庆大霉素或者土霉素

等抗生素药物，或者恩诺沙星等抑菌剂。

5. 池塘灭菌

亲鱼放入池塘后，可用灭菌药物全池遍洒，如五倍子粉 4mg/L，减少细菌及真菌感染比例，减少产后亲本的死亡，达到灭菌愈伤的效果。

6. 涂抹达克宁或百多邦软膏

亲本鱼受伤较严重的，可挑选出来涂达克宁或百多邦软膏药物，同时注射消炎药或抗生素，确定不能存活的当场处理即可。

第二十四章

雅鲁藏布江主要裂腹鱼类常见疾病的防治技术

第一节　雅鲁藏布江主要裂腹鱼类疾病综合预防措施

一、彻底清池

　　清池包括清除池底污泥和池塘消毒两个内容。育苗池、养成池、暂养池或越冬池在放养前都应清池。育苗池和越冬池一般都用水泥建成。新水泥在使用前一个月左右就应灌满清洁的水，浸出水泥中的有毒物质，浸泡期间应隔几天换一次水，反复浸洗几次以后才能使用。已用过的水泥池，再次使用前只要彻底洗刷，清除池底和池壁污物后，再用 1/10000 左右的高锰酸钾或漂粉精等含氯消毒剂消毒，最后用清洁水冲洗，就可灌水使用。

　　养成池和暂养池一般为土池。新建的池塘一般不需浸泡和消毒，如果灌满水浸泡 2～3d，再换水后放养更加安全。已养过鱼的池塘，因在底泥中沉积有大量残饵和粪便等有机物质形成厚厚的一层黑色污泥。这时有机质腐烂分解后，不仅消耗溶氧，产生氨、亚硝酸盐和硫化铵等有毒物质，而且成为许多种病原体的滋生基地，因此应当在养殖的空闲季节即冬春季将池水排干，将污泥尽可能地挖掉，放养前再药物消毒。消毒时应在池底留有少量水，盖过池底，然后用漂粉精 20～30mg/L 或漂白粉 50～80mg/L、生石灰 400mg/L 左右溶于水中后均匀泼洒全池，过 1～2d 后灌入新水，再过 3～5d 后就可放养。

二、保持适宜的水深和优良的水质及水色

1. 水深的调节

　　在养殖的前期，因为养殖动物个体较小，水温较低，池水以浅些为好，有利于水温回升和饵料生物的生长繁殖。以后随着养殖动物个体长大和水温上升，应逐渐加深池水，到夏秋高温季节水深最好达 1.5m 以上。

2. 水色的调节

　　水色以淡黄色、淡褐色、黄绿色为好，这些水色一般以硅藻为主；淡绿色或绿色以绿藻为主，也还适宜。如果水色变为蓝绿色、暗绿色，则蓝藻居多；水色为红色可能甲藻占优势；水色黑褐色，则溶解或基腐的有机物质过多，这些水色对养殖动物都不利。透明度的大小，说明浮游生物数量的多少，一般以 40～50cm 为好。无论哪种浮游生物，如果繁殖过

量，会在水面漂浮一层，这叫"水华"，此时透明度一般很低，说明水质已老化，应尽快换水。

3. 换水

换水是保持优良水质和水色的最好办法，但要适时适量才利于鱼的健康和生长。当水色优良、透明度适宜时，可暂不换水或少量换水；在水色不良或透明度很低时，或养殖动物患病时，则应多换水、勤换水。在换水时应注意水源的水质情况，当水源中发现赤潮时或有其他污染物质时应暂停换水。也可用增氧机或充气泵增加池水的含氧量。

三、放养健壮的种苗和适宜的密度

放养的种苗应体色正常，健壮活泼。必要时应先用显微镜检查，确保种苗上不带有危害严重的病原。放养密度应根据池塘条件、水质和饵料状况、饲养管理技术水平等决定，密度应适当，切勿过密。

四、饵料应质优量适

质优是指饵料及其原料绝对不能发霉变质，饵料的营养成分要全，特别不能缺乏各种维生素和矿物质，应是对环境污染少的环保饲料。量适是指每天的投饵量要适宜，每天的饵料要分多次投喂。每次投喂前要检查前次投喂的摄食情况，以便调整投饵量。

五、改善生态环境

人为改善池塘中的生物群落，使之有利于水质的净化，增强养殖动物的抗病能力，抑制病原生物的生长繁殖。如在养殖水体中使用水质改良剂、益生菌、光合细菌等。

六、操作要细心

在对养殖动物捕捞、搬运及日常饲养管理过程中应细心操作，不使动物受伤，因为受伤的个体最容易感染细菌。

七、经常进行检查

在动物的饲养过程中，应每天至少到池塘上去检查 1～2 次，以便及时发现可能引起疾病的各种不良环境，尽早采取改进措施，防患于未然。

八、在日常管理工作中要防止病原传播

在日常工作中防止病原的传播主要应采取的措施：①对生病和带有病原的动物要进行隔离；②在生病的池塘中用过的工具应当用浓度较大的漂白粉、硫酸铜或高锰酸钾等溶液消毒，或在强烈的阳光下晒干，然后才能用于养殖，有条件的也可以在生病池塘中设专用工具；③病死或已无治疗价值的动物，应及时捞出并深埋他处或销毁，切勿丢弃在池塘岸边或水源附近，以免被鸟兽或雨水带入养殖水体中；④已发现有疾病的动物在治愈以前不应向外移殖。

九、药物预防

水产养殖动物在运输之前或运到之后，最好先用适当的药物将体表携带的病原杀灭，然

后放养。一般的方法是在 8mg/L 的硫酸铜或 10mg/L 的漂白粉或 20mg/L 的高锰酸钾等溶液内浸洗 15～30min，然后放养。在饲养动物的池塘中，于生病季节到来之前，针对某种常发疾病定期投喂药物或全池泼洒药物也是有效的预防方法。

十、人工免疫

对一些经常发生的危害严重的病毒性及细菌性疾病，可研制人工疫苗，用口服、浸洗或注射等方法送入鱼体，以达到人工免疫的作用。这一工作在鱼类养殖中已取得了一定的成效。

十一、选育抗病力强的种苗

利用某些养殖品种或群体对某种疾病有先天性或获得性免疫力的特点，选择和培育抗病力强的苗种作为放养对象，可以达到防止该种疾病发生的目的。最简单的办法是从生病池塘中选择始终未受感染的或已被感染但很快又痊愈了的个体，进行培养并作为繁殖用的亲本，因为这些动物本身及其后代一般都具有免疫力。

第二节　异齿裂腹鱼常用渔药的使用

在规模化养殖异齿裂腹鱼幼鱼过程中极易暴发各种病症，导致幼鱼大量死亡。且在使用渔药防治病害时，由于渔药厂家为求安全，过于保守，将推荐用量降低，导致治疗效果不明显，而养殖户盲目增加用量，用药过度又极易造成鱼类大量死亡。因此，为探究异齿裂腹鱼对几种常见渔药的安全用量，试验用 12 种常见的渔药对两种规格的异齿裂腹鱼进行毒性试验，力求掌握该规格下异齿裂腹鱼在病害防治时渔药的安全用量，进而更安全、高效地培育出鱼苗。

一、材料与方法

1. 试验用鱼

分别选用体长 5～10cm、体重 5～10g 与体长 20～30cm、体重 30～50g 两种规格的异齿裂腹鱼类。要求鱼体：活力强、无疾病、无鳞片脱落、大小均匀。

2. 试验药物

氯化钠、高锰酸钾、硫酸铜、铜铁合剂（硫酸铜：硫酸亚铁＝5：2）、硝酸亚汞、孔雀石绿、甲醛（37％～40％）均为分析纯。纤虫净购自海南嘉能生物科技有限公司，主要成分为阿维菌素和烟碱；晶体敌百虫来自西乡长江动物药品有限责任公司，主要成分30％的敌百虫；硫醚沙星、金碘均产自山西华坤生物科技有限公司，其中硫醚沙星主要成分为三硫二丙烯，含量为 20％，金碘主要成分为聚维酮碘，含量为 10％；二溴海因产自山西海克化工药业有限公司，主要成分为二溴海因，含量为 28％。戊二醛苯扎溴铵（戊二醛：苯扎溴铵＝1：1），有效含量 10％，购自无锡华诺威动物保健品有限公司。

3. 试验条件

平列槽内水体积为 0.265m³，水温为 13.5～14.2℃，pH 值为 8.20～8.30，每个平列槽加增氧泵一个，使溶氧保持在 8.0mg/L 以上。

4.试验方法

试验采用96h半静水法。试验开始前将试验用鱼放在平列槽中暂养1d，期间不投饵。

将各种药物配制成高浓度的母液，综合参考各种药物的常规用量（表3-161），进行预试验，确定96h无死亡的最高质量浓度和24h全部死亡的最低质量浓度。

将各种药物的母液稀释成试验所需的浓度，进行毒性试验。每盆放入同种规格试验用鱼30尾，每种药物设置一个空白对照，每个浓度设置3个平行。

试验开始后每8h内观察一次试验鱼的状况，并记录试验鱼的中毒症状、死亡症状，及时剔除死亡个体。

统计24h、48h、72h、96h后受试鱼的死亡数量，计算死亡率（死亡率＝死亡鱼数/受试鱼总数×100%）

表 3-161　各试验组药物浓度设计

组别	浓度梯度/(mg/L)
对照组	无
金碘	36.00、40.50、45.00、47.25
硫醚沙星	7.70、8.36、9.24、9.90
甲醛	20.00、25.00、30.00、35.00
敌百虫	1.50、2.00、2.50、3.00
高锰酸钾	1.00、1.20、1.40、1.60
硫酸铜	0.60、0.80、1.0、1.20
铜铁合剂	0.90、1.10、1.30、1.50
氯化钠	1.00、1.20、1.40、1.60
孔雀石绿	0.20、0.40、0.60、0.80
纤虫净	0.22、0.36、0.45、0.54
戊二醛苯扎溴铵	18.00、21.00、24.00、27.00
二溴海因	1.12、1.50、1.87、2.25
硝酸亚汞	0.13、0.15、0.17、0.20

5.数据处理

用直线内插法计算24h、48h、72h、96h试验鱼对各渔药的半数致死质量浓度值。

计算安全质量浓度＝96h半数致死质量浓度×0.1

二、结果

1.金碘使用浓度对异齿裂腹鱼幼鱼死亡率的影响

在本次试验中，金碘对异齿裂腹鱼的急性毒性试验结果见表3-162，以质量浓度为x轴，96h死亡率为y轴，用二项式建立回归方程得$y=0.1442x^2-4.8858x+0.0178$，$R^2=0.9981$，计算所得半数致死浓度$LC_{50}=42.35$mg/L，安全浓度$SC=4.24$mg/L。

金碘组试验鱼死亡时主要症状与缺氧相似，鱼浮头，呼吸频率加快，最后身体僵直而死，其毒性作用原理主要表现为，在高剂量的药物下，药物溶于水产生大量泡沫隔绝空气，同时水体中溶氧受其主要成分聚维酮碘氧化，导致水体溶氧急剧降低，最后导致鱼体缺氧而死。

表 3-162　金碘使用浓度对试验鱼死亡率的影响

药物浓度/(mg/L)	死亡率/%			
	24h	48h	72h	96h
36	0	0	10	16.67
40.5	10	16.67	26.67	30
45	36.67	53.33	66.67	73.33
47.25	40	63.33	86.67	93.33
对照组	0	0	0	6.33

2. 硫醚沙星使用浓度对异齿裂腹鱼幼鱼死亡率的影响

硫醚沙星对异齿裂腹鱼的急性毒性试验结果见表 3-163，以质量浓度为 x 轴，96h 死亡率为 y 轴，用二项式建立回归方程得 $y=3.5274x^2-25.262x-0.0004$，$R^2=0.9940$，计算所得半数致死浓度 $LC_{50}=8.72mg/L$，安全浓度 $SC=0.87mg/L$。

硫醚沙星组试验鱼死亡时主要症状为：体表、鳃丝黏液增多，呼吸加快，死亡时鱼鳃丝发白，其毒性作用原理主要表现为，在高剂量的药物下，药物使鱼鳃丝受损，最后导致死亡。

表 3-163　硫醚沙星使用浓度对试验鱼死亡率的影响

药物浓度/（mg/L）	死亡率/%			
	24h	48h	72h	96h
7.7	3.33	6.67	16.7	33.37
8.36	16.67	26.67	33.33	63.33
9.24	43.33	66.67	70	73.33
9.9	86.67	96.67	100	100
对照组	0	0	0	0

3. 甲醛使用浓度对异齿裂腹鱼幼鱼死亡率的影响

甲醛对异齿裂腹鱼的急性毒性试验结果见表 3-164，以质量浓度为 x 轴，96h 死亡率为 y 轴，用二项式建立回归方程得 $y=0.129x^2-1.6645x+0.0162$，$R^2=0.9993$，计算所得半数致死浓度 $LC_{50}=27.08mg/L$，安全浓度 $SC=2.71mg/L$。

甲醛组试验鱼在高浓度甲醛中，主要表现为试验鱼躁动不安，沿池壁不断游动，体表黏液增多，死亡时鳃丝发白，其死亡原因为高浓度甲醛对鱼体表、鳃具有强烈的刺激作用。

表 3-164　甲醛使用浓度对实验鱼死亡率的影响

药物浓度/(mg/L)	死亡率/%			
	24h	48h	72h	96h
20	0	6.67	13.33	20
25	10	16.67	30	36.67
30	20	36.67	50	66.67
35	33.33	50	80	100
对照组	0	0	0	0

4. 敌百虫使用浓度对异齿裂腹鱼幼鱼死亡率的影响

敌百虫对异齿裂腹鱼的急性毒性试验结果见表 3-165，以质量浓度为 x 轴，96h 死亡率为 y 轴，用二项式建立回归方程得 $y = 0.595x^2 + 20.292x - 0.118$，$R^2 = 0.9922$，计算所得半数致死浓度 $LC_{50} = 1.74mg/L$，安全浓度 $SC = 0.17mg/L$。

敌百虫组试验鱼在死亡时，主要表现为鱼体抽搐，失去平衡，无法正常游动，其死亡原因为大剂量敌百虫在水体 pH 高于 8.0 情况下，极易转变为毒性极强的敌敌畏，通过阻断神经电子传递链，干扰鱼体正常活动，引起鱼死亡。

表 3-165　敌百虫使用浓度对试验鱼死亡率的影响

药物浓度/(mg/L)	死亡率/%			
	24h	48h	72h	96h
1.5	0	10	16.7	33.33
2	30	50	63.33	66.67
2.5	40	60	66.7	80
3	50	70	90	100
对照组	0	0	0	0

5. 高锰酸钾使用浓度对异齿裂腹鱼幼鱼死亡率的影响

高锰酸钾对异齿裂腹鱼的急性毒性试验结果见表 3-166，以质量浓度为 x 轴，96h 死亡率为 y 轴，用二项式建立回归方程得 $y = 0.0594x^2 - 13.3x + 0.0428$，$R^2 = 0.9782$，计算所得半数致死浓度 $LC_{50} = 1.36mg/L$，安全浓度 $SC = 0.14mg/L$。

高锰酸钾组试验鱼在死亡时，主要表现为鱼体体表被严重氧化腐蚀成锈黄色，黏液增多，鳍条末端和嘴唇被不同程度腐蚀，鳃丝腐蚀变色，黏液增多。其死亡原因为高锰酸钾具有强烈的氧化性和腐蚀性，极易造成鱼体损伤，导致鱼死亡。

表 3-166　高锰酸钾使用浓度对试验鱼死亡率的影响

药物浓度/(mg/L)	死亡率/%			
	24h	48h	72h	96h
1	0	0	20	30
1.2	10	13.33	23.33	26.7
1.4	16.67	30	43.33	56.7
1.6	30	46.67	53.33	73.33
对照组	0	0	0	0

6. 硫酸铜使用浓度对异齿裂腹鱼幼鱼死亡率的影响

硫酸铜对异齿裂腹鱼的急性毒性试验结果见表 3-167，以质量浓度为 x 轴，96h 死亡率为 y 轴，用二项式建立回归方程得 $y = -1.2618x^2 + 78.97x + 0.0013$，$R^2 = 0.9782$，计算所得半数致死浓度 $LC_{50} = 0.64mg/L$，安全浓度 $SC = 0.06mg/L$。

硫酸铜组试验鱼在死亡时，主要表现为鱼体失衡，身体僵直，体表颜色发灰。其死亡原因是铜离子为重金属离子，对鱼体具有高毒性。

表 3-167　硫酸铜使用浓度对试验鱼死亡率的影响

质量浓度/(mg/L)	死亡率/%			
	24h	48h	72h	96h
0.6	0	30	36.67	46.67
0.8	13.33	43.33	53.33	63.33
1	30	60	73.33	76.67
1.2	50	70	80	93.33
对照组	0	0	0	0

7. 铜铁合剂使用浓度对异齿裂腹鱼幼鱼死亡率的影响

铜铁合剂对异齿裂腹鱼的急性毒性试验结果见表 3-168，以质量浓度为 x 轴，96h 死亡率为 y 轴，用二项式建立回归方程得 $y = 44.705x^2 - 8.403x + 0.0462$，$R^2 = 0.9951$，计算所得半数致死浓度 $LC_{50} = 1.15$ mg/L，安全浓度 $SC = 0.12$ mg/L。

铜铁合剂组试验鱼在死亡时症状与硫酸铜组大致相同，都表现为鱼体失衡，身体僵直，体表颜色发灰。其死亡原因同样是铜离子为重金属离子，对鱼体具有高毒性。

表 3-168　铜铁合剂使用浓度对试验鱼死亡率的影响

质量浓度/(mg/L)	死亡率/%			
	24h	48h	72h	96h
0.9	10	20	26.7	33.33
1.1	13.33	16.67	30	40
1.3	20	36.67	50	63.33
1.5	50	63.33	76.67	90
对照组	0	0	0	0

8. 氯化钠使用浓度对异齿裂腹鱼幼鱼死亡率的影响

氯化钠对异齿裂腹鱼的急性毒性试验结果见表 3-169，以质量浓度为 x 轴，96h 死亡率为 y 轴，用二项式建立回归方程得 $y = 58.971x^2 - 52.634x + 0.022$，$R^2 = 0.9967$，计算所得半数致死浓度 $LC_{50} = 1.48$ g/L，安全浓度 $SC = 0.15$ g/L。

氯化钠组试验鱼在死亡时，症状表现为鱼体僵直，失去平衡，体表黏液增多。其死亡原因为高浓度钠离子使水体渗透压升高，导致鱼体脱水，内环境紊乱引起死亡。

表 3-169　氯化钠使用浓度对试验鱼死亡率的影响

质量浓度/(mg/L)	死亡率/%			
	24h	48h	72h	96h
1	0	0	3.33	10
1.2	0	6.67	13.33	16.67
1.4	6.67	30	33.33	43.33
1.6	16.67	36.7	53.33	66.7
对照组	0	0	0	0

9. 孔雀石绿使用浓度对异齿裂腹鱼幼鱼死亡率的影响

孔雀石绿对异齿裂腹鱼的急性毒性试验结果见表 3-170，以质量浓度为 x 轴，96h 死亡率为 y 轴，用二项式建立回归方程得 $y=39.683x^2+93.813x-0.1587$，$R^2=0.988$，计算所得半数致死浓度 $LC_{50}=0.48mg/L$，安全浓度 $SC=0.05mg/L$。

孔雀石绿组试验鱼在死亡时，症状表现为反应缓慢，失衡，鳍条和鳃部被染为蓝绿色。

表 3-170　孔雀石绿使用浓度对试验鱼死亡率的影响

质量浓度/(mg/L)	死亡率/%			
	24h	48h	72h	96h
0.2	0	6.67	16.67	20
0.4	10	23.33	30	36.67
0.6	23.33	50	70	80
0.8	50	80	90	96.67
对照组	0	0	0	0

10. 纤虫净使用浓度对异齿裂腹鱼幼鱼死亡率的影响

纤虫净对异齿裂腹鱼的急性毒性试验结果见表 3-171，以质量浓度为 x 轴，96h 死亡率为 y 轴，用二项式建立回归方程得 $y=0.4513x^2+3.2361x-0.0683$，$R^2=0.9918$，计算所得半数致死浓度 $LC_{50}=0.34mg/L$，安全浓度 $SC=0.034mg/L$。

纤虫净组试验鱼 2h 后，在最高浓度 0.54mg/L 组中，异齿裂腹鱼开始表现出中毒症状，4h 后出现死亡现象。中毒初期的异齿裂腹鱼在水中横冲直撞，呼吸频率加快，张口扩鳃，表现出缺氧症状，随后身体逐渐失去平衡，头向下身体垂直于水体，对外界刺激不敏感。中毒个体体表黏液分泌正常，最后鱼体死亡时体表被染成淡黄色。

表 3-171　纤虫净使用浓度对试验鱼死亡率的影响

质量浓度/(mg/L)	死亡率/%			
	24h	48h	72h	96h
0.22	0	10	16.67	26.67
0.36	16.67	30	43.33	50
0.45	40	66.67	73.33	86.67
0.54	70	83.33	100	100
对照组	0	0	0	0

11. 戊二醛苯扎溴铵使用浓度对异齿裂腹鱼幼鱼死亡率的影响

戊二醛苯扎溴铵对异齿裂腹鱼的急性毒性试验结果见表 3-172，以质量浓度为 x 轴，96h 死亡率为 y 轴，用二项式建立回归方程得 $y=0.3247x^2-5.6269x+0.0795$，$R^2=0.9615$，计算所得半数致死浓度 $LC_{50}=23.85mg/L$，安全浓度 $SC=2.39mg/L$。

戊二醛苯扎溴铵具有较强的刺激性，试验鱼加入浓度为 27mg/L 组 3h 即出现中毒症状，试验鱼浮上水面，呼吸加快，5h 后开始出现死亡，死亡个体鳃上黏液增多，鳃丝发白。

表 3-172　戊二醛苯扎溴铵使用浓度对试验鱼死亡率的影响

质量浓度/（mg/L）	死亡率/%			
	24h	48h	72h	96h
18	0	0	6.67	13.33
21	0	10	16.67	20
24	10	23.33	36.67	40
27	43.33	76.67	86.67	93.33
对照组	0	0	0	0

12. 二溴海因使用浓度对异齿裂腹鱼幼鱼死亡率的影响

二溴海因对异齿裂腹鱼的急性毒性试验结果见表 3-173，以质量浓度为 x 轴，96h 死亡率为 y 轴，用二项式建立回归方程得 $y = 19.959x^2 + 2.536x - 0.0982$，$R^2 = 0.9758$，计算所得半数致死浓度 $LC_{50} = 1.52$ mg/L，安全浓度 SC $= 0.15$ mg/L。

二溴海因组试验鱼中毒症状为鱼群散游，行动缓慢，反应比较迟钝，最后死亡。

表 3-173　二溴海因使用浓度对试验鱼死亡率的影响

质量浓度/（mg/L）	死亡率/%			
	24h	48h	72h	96h
1.12	0	6.7	16.67	26.7
1.5	20	40	53.33	40
1.87	60	80	83.33	90
2.25	83.33	96.7	100	100
对照组	0	0	0	0

13. 硝酸亚汞使用浓度对异齿裂腹鱼幼鱼死亡率的影响

硝酸亚汞对异齿裂腹鱼的急性毒性试验结果见表 3-174，以质量浓度为 x 轴，96h 死亡率为 y 轴，用二项式建立回归方程 $y = 81.986x^2 - 64.106x - 0.0501$，$R^2 = 0.9745$，计算所得半数致死浓度 $LC_{50} = 0.16$ mg/L，安全浓度 SC $= 0.016$ mg/L。

硝酸亚汞组试验鱼在最高浓度 0.20mg/L 试验组中，4h 后开始死亡，24h 死亡率即达到 50% 以上。试验鱼死亡时，呼吸频率加快，身体失衡。

表 3-174　硝酸亚汞使用浓度对试验鱼死亡率的影响

质量浓度/（mg/L）	死亡率/%			
	24h	48h	72h	96h
0.13	0	0	10	16.67
0.15	3.3	16.7	30	33.33
0.17	43.3	60	83.33	86.67
0.20	66.7	90	100	100
对照组	0	0	0	0

三、讨论

1. 消毒药物的选择

（1）金碘

本试验所用的药物——金碘，其主要有效成分为聚维酮碘。聚维酮碘对大部分细菌、真菌和病毒等都有抑制或杀灭作用，尤其是对病毒、弧菌效果更为明显。聚维酮碘具有毒性小、溶解度高、稳定性好的特点，是一种高效、低毒、广谱、使用方便的消毒剂（王武等，2006），故在异齿裂腹鱼养殖过程中选择金碘进行消毒。

有研究表明（蔡道基等，1989），聚维酮碘对瓦氏黄颡鱼（*Pelteobagrus vachelli*）安全质量浓度为 60.65mg/L（5%聚维酮碘），赤眼鳟（*Squaliobarbus curriculus*）能在 45mg/L 聚维酮碘溶液中全部成活 96h。本试验结果表明聚维酮碘对异齿裂腹鱼的 96h 半数致死质量浓度为 42.35mg/L，安全质量浓度 4.24mg/L。其安全质量浓度远远高于聚维酮碘在养殖生产中常用的泼洒消毒质量浓度（0.2～0.5mg/L）。根据国家环境保护局 1989 年颁布的《化学农药环境安全评价试验准则》（赵明军等，2011）的标准，鱼类毒性的半数致死质量浓度 $>10.0\mu g/L$ 的为低毒，通过本试验可知金碘对异齿裂腹鱼为低毒药物。所以金碘在异齿裂腹鱼养殖生产和病害防治中可以按照常规使用浓度使用。

（2）二溴海因

二溴海因是具有高效性、广谱性、长效性、高适性、低残性的环保广谱消毒杀菌药剂，在防治水产动物烂鳃、腐皮等细菌性、病毒性疾病方面有很好的效果，在水产养殖中广泛使用，被认为是最具有前景的消毒杀菌剂。

但本试验获得的二溴海因安全质量浓度（0.15mg/L）低于其在生产上的常规施药剂量（0.3～0.4mg/L）（万全等，2005），所以不推荐使用。如在迫不得已情况下，只有二溴海因可用时，应严格把控其消毒浓度，一旦发生紧急情况，及时换水。

（3）高锰酸钾

高锰酸钾是一种强氧化剂，溶于水后可产生新生态氧，迅速氧化有机物，破坏微生物组织，从而起到杀菌、消毒作用，生产上常用于细菌性、真菌性和寄生虫类疾病的防治及设施、工具的消毒。其常用剂量为 2～5mg/L（黄志斌等，2001）。本试验中，高锰酸钾对异齿裂腹鱼的安全质量浓度为 0.14mg/L，低于其工作浓度，故不推荐使用高锰酸钾进行带鱼消毒。

（4）戊二醛苯扎溴铵

戊二醛苯扎溴铵溶液是一种新型复方消毒液，主要成分为戊二醛、苯扎溴铵。在两种成分连用的情况下，具有极强消毒杀菌作用，目前已广泛用于畜禽养殖中的消毒杀菌。目前其为水产养殖中新兴消毒剂，具有广阔的应用前景。

本试验所得戊二醛苯扎溴铵溶液对异齿裂腹鱼的安全质量浓度为 2.39mg/L，低于其常用浓度。因此可以作为异齿裂腹鱼养殖过程中的消毒剂使用。

综上，在异齿裂腹鱼养殖中，进行消毒程序时，不带鱼消毒可选用戊二醛苯扎溴铵或高锰酸钾，高锰酸钾由于其强氧化性，易造成养殖池体建筑染色，以及养殖工具腐蚀而缩短使用寿命，戊二醛苯扎溴铵则由于其为稀释溶液会导致使用成本增加；带鱼消毒可优选聚维酮碘。

2. 杀原虫药物的选择

（1）敌百虫

敌百虫是一种高效、低毒、低残留的有机磷杀虫药，通过水解产生胆碱酯酶抑制剂，能将胆碱酯酶的活性点磷酸化从而抑制其活性，使神经机能停止，对病鱼体外寄生的甲壳动物、单殖吸虫、枝角类、桡足类、蚌钩介幼虫及肠内寄生的部分蠕虫等均有良好的杀灭作用（房英春等，2003）。但在碱性条件下敌百虫可水解成毒性增加10多倍的敌敌畏。

试验可得敌百虫对异齿裂腹鱼的安全质量浓度为0.17mg/L，仅高于中华倒刺鲃的0.164mg/L（徐滨等，2017），低于光倒刺鲃的1.1mg/L（周兰，2005）、倒刺鲃的5mg/L，远低于黑脊倒刺鲃的50mg/L，说明异齿裂腹鱼对敌百虫敏感性较强。因此应谨慎使用敌百虫，池塘泼洒时应注意水温、pH值，并在用药24h后及时换水。

（2）硫酸铜

硫酸铜是鱼病防治中常用的药物。不仅对原生寄生虫，如体外寄生的鞭毛虫、纤毛虫、吸管虫、中华鱼蚤等有明显杀灭效果（张启，2008），而且对真菌和某些细菌，如水霉菌、丝状细菌、柱状纤维细菌、黏细菌等有杀灭作用（丁淑荃，2006）。

本次试验中，硫酸铜对异齿裂腹鱼的安全质量浓度为0.064mg/L，低于其常用剂量0.5～0.7mg/L（黄建荣等，2005）。说明硫酸铜在用于异齿裂腹鱼寄生虫病害的防治时有很大的危险性，故不推荐使用。

（3）铜铁合剂

铜铁合剂药效机理与硫酸铜相同，但是硫酸亚铁与硫酸铜有协同作用，两者同时使用能增强杀菌效果，所以铜铁合剂也是常用的杀灭养殖水体中原虫与藻类的渔药。

本试验所得，铜铁合剂对异齿裂腹鱼的安全质量浓度为0.12mg/L，低于生产上的常用浓度（0.5～0.7mg/L），故在使用铜铁合剂时需慎用。

（4）甲醛

甲醛为强还原剂，可通过烷基化反应使细菌等的蛋白质变性，常用于鱼、虾、蟹等水产动物的疾病防治，对寄生虫、藻类、真菌、细菌和病毒均有杀灭和控制效果，还可用于养殖鱼类车轮虫、小瓜虫及细菌性疾病防治（戴瑜来等，2015），但其强烈的还原性也会降低水体中的溶氧量，造成一定程度的水体缺氧。此外，需注意甲醛对微囊藻等浮游生物具有杀害作用，容易造成水色的改变。甲醛能与蛋白质的氨基结合而使蛋白质变性，具有强大的杀菌杀虫作用。本试验所得甲醛对异齿裂腹鱼的安全质量浓度为2.71mg/L，而甲醛在日常生产中的使用浓度为10～30mg/L，低于褐鳟鱼苗的25.89mg/L，厚颌鲂鱼苗、丁鱼岁幼鱼的7.50mg/L。因此，异齿裂腹鱼对甲醛耐受性较差，还可能会引起鱼鳃炎症，故不建议使用甲醛。

（5）纤虫净

阿维菌素作为纤虫净的主要有效成分，是由放线菌产生的一类大环内酯类抗生素，是一种高效、低毒、安全、抗虫广谱的新型驱虫药（沈和定等，1998），在异齿裂腹鱼生产实践应用上，发现其对纤毛虫类寄生虫，如钟虫、杯体虫、累枝虫有奇效。其驱虫活性主要通过引导谷氨酸通道的开放，促使Cl^-通道畅通，从而引起神经元体电位超极化，使正常的电子电位不能释放，导致神经传导受阻引起虫体麻痹死亡。

本试验可得纤虫净对异齿裂腹鱼的安全质量浓度为0.034mg/L，而生产上的常用浓度为0.0144mg/L，说明异齿裂腹鱼对纤虫净耐受性较好，但由于其对水生生物的强毒性，使用时应严格把握剂量，否则极易造成大量鱼类、浮游植物、浮游动物死亡。

（6）硝酸亚汞

硝酸亚汞是鱼种越冬保种阶段的常用药，对于防治小瓜虫病有特效，常用的遍洒浓度为

0.1～0.2mg/L，本试验中硝酸亚汞对异齿裂腹鱼的安全质量浓度为 0.016mg/L，低于生产常用浓度，且鱼类对其敏感性甚至强于孔雀石绿，加之近年来发现其有致癌作用，已被列为水产禁用药，故用此药时要格外谨慎。

综上，在进行异齿裂腹鱼体外寄生虫防治时，可首选纤虫净，但需严格注意使用浓度，进行体内驱虫时，可选用敌百虫。

3. 抗真菌水霉类药物

（1）孔雀石绿

孔雀石绿主要用于防治鱼类肤霉病，肤霉病是越冬鱼种的易发病。它是药用染料中抗菌效力强大的一类，属于三苯甲烷类染料，用于防治水霉病、烂鳍病、烂鳃病以及寄生虫病等，也可作杀虫剂，用于治疗小瓜虫病、车轮虫病、斜管虫病、三代虫病等。

试验所得孔雀石绿对异齿裂腹鱼的安全浓度为 0.05mg/L，低于生产上常用浓度0.15mg/L。说明异齿裂腹鱼对此药较敏感，且孔雀石绿有致癌和致畸作用，已被列为水产禁用药，因此要慎用此药。

（2）硫醚沙星

硫醚沙星对细菌具有杀灭和抑制作用，是一种新型的水体消毒剂，且可用于全池泼洒（万全，2006），对细菌和藻类引起的疾病具有很好的治疗效果。硫醚沙星的生产常用浓度为0.24mg/L，建议浸泡浓度为 0.1～0.15mg/L，浸泡时间为 1min。但是硫醚沙星是一种刺激性较强的药物，鱼苗对此药物反应较强烈。

本试验所得硫醚沙星对异齿裂腹鱼的安全浓度为 0.87mg/L，高于生产常用浓度，说明异齿裂腹鱼对其耐受性较好，故推荐使用。

第三节　拉萨裂腹鱼鱼苗钟形虫病的防治

一、病原体

钟形虫（*Vorticella campanula*），属原生动物门、纤毛虫纲、缘毛目、钟虫科、钟虫属。其主要危害鱼、虾、蟹的受精卵和苗种，以及龟鳖。感染此病原极易导致鱼、虾、蟹苗大量死亡，钟形虫病是拉萨裂腹鱼鱼苗人工养殖常见的一种病害，目前鲜有关于其防治方法的报道。

二、发病原因

本次发病的拉萨裂腹鱼鱼苗体长 (23.55±0.68)mm，体重 (0.12±0.011)g，养殖于土塘网箱中，网箱规格长 6m×宽 6m×深 1.2m，放养密度每个网箱 5 万尾，微流水（水体交换量 20%/d），水温 10～23℃，溶氧＞6.0mg/L，pH 7.52～7.68，氨氮≤0.05mg/L，亚硝酸≤0.01mg/L。随着鱼苗生长，养殖密度逐渐增大，水质逐渐恶化，造成钟形虫大量繁殖。钟形虫寄生在鱼苗体表，造成鱼体损伤，同时该地区水温偏低，昼夜温差大（水温10～23℃），进而导致水霉滋生，鱼苗大量死亡。

三、症状及病理变化

发病鱼苗体色发黑，浮于水面，缓慢游动。严重者出现体表溃烂、鳍条残缺、附着水霉等病症，最后死亡。发病高峰期，每天死亡 500 尾以上。

四、诊断

　　在 Nikon 体视镜下观察，鱼体体表有大量虫体，虫体透明，呈吊钟状，间歇性摆动。虫体顶部似鱼鳃盖不断张合，尾部有柄，附着于鱼体表面，鳍条上最多。用拍照软件测得其高度为 $288.6 \sim 329.7 \mu m$，鉴定该虫体为钟形虫（图 3-244 和图 3-245）。

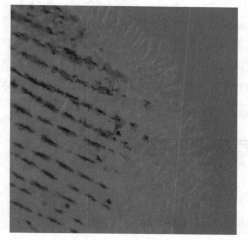

图 3-244　尾鳍上寄生的钟形虫

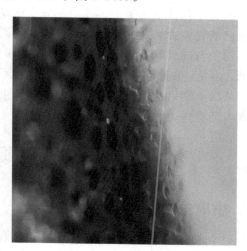

图 3-245　体表寄生的钟形虫

图 3-246　用药后虫体歪斜，失去活力

五、防治方法探究

　　据以往报道，防治此类病害常使用漂白粉、铜铁合剂、食盐、甲醛浸泡等方法，但由于以上方法操作烦琐，成本较高，毒副作用大，且杀虫效果一般，故已不推荐采用。目前，偶有报道使用阿维菌素防治小龙虾纤毛虫病具有良好效果，故决定采用阿维菌素防治引起此次病害的钟形虫。选用了一种产自海南嘉能生物科技有限公司的药物，商品名为纤虫净。其中

主要成分为阿维菌素，含量为 10%，辅助成分为烟碱。参照其使用说明：每亩池塘使用 20~30mL，稀释 300 倍后，全网箱泼洒，泼洒药物后，密切注意观察鱼苗状况。同时使用铜铁合剂（5:2）0.7g/m³，作为对比。

六、结果与讨论

在使用药物 4h 后，对患病鱼进行镜检，发现使用阿维菌素类药物的鱼体上钟形虫形态发生明显变化，虫体倒歪，仅少部分虫体尚存微弱活动；24h 后，再次检查时，鱼体表面钟形虫已彻底失去活力，但仍黏附于鱼体表面（图 3-246）；4d 后，虫体基本已脱落干净。

铜铁合剂组则在使用药物 4h 后，少部分虫体形态也发生了变化，但绝大部分虫体还在活动；24h 后虫体仍在活动，用药期间，无大量鱼苗死亡。

从以上结果可看出，阿维菌素对钟形虫的综合防治效果明显优于铜铁合剂，故首选阿维菌素类药物作为钟形虫治疗药物。

第四节 拉萨裂腹鱼鱼苗小瓜虫病防治

一、小瓜虫在水产养殖上的危害

小瓜虫是一种肉眼能见的原生动物，属纤毛虫纲、凹口科、小瓜虫属的一个种。小瓜虫是淡水寄生性原生动物，分布广泛，遍及全世界。全球小瓜虫病流行季节不同，我国每年 4~5 月、10~11 月，水温为 15~20℃时是小瓜虫病的流行盛期。小瓜虫对宿主无严格选择性，几乎能感染所有的淡水鱼类，对体表光滑的无鳞鱼、鳞片不发达的细鳞鱼以及热带鱼类的危害尤其严重。此病发病快，死亡率高。鱼种、成鱼阶段均会因此病造成大批死亡。温室内热带鱼类在 27~28℃水温条件下，也容易大量发生小瓜虫病。所有的淡水鱼类一旦有小瓜虫寄生就难以治愈，给水产养殖业造成很大的经济损失。

二、小瓜虫生活史

小瓜虫的生活史可分为 3 个阶段，即成虫期、胞囊期和幼虫期。

1. 成虫期

成虫期的虫体又称为滋养体，主要指虫体寄生在鱼表皮内成熟后及脱离鱼体而未形成胞囊前的一段时期。小瓜虫成虫身体较大，肉眼可见，大小（350~800）μm×（300~500）μm，一般椭圆形或球形，但虫体形态在游动和在原地旋转时有一定的差异。

虫体能在水中以螺旋式 S 形自由前进，但身体前端不一定指向前方，其游动忽急忽缓。游动时为椭圆形，虫体大小（300~500）μm×（300~400）μm；当停下来在原地旋转时，虫体多为球形，大小一般为 400μm×400μm。

光镜下活体观察时很容易见到一个马蹄形或香肠形大核，其细胞质均匀、色浅，没有一定的位置，常随胞质的转动而转动。虫体略呈淡黄色或暗灰色，体被整齐的纤毛，胞口位于虫体的顶端腹面，形似人的"右外耳"。成虫周身密被纤毛，排列有规则。

2. 胞囊期

（1）小瓜虫胞囊的形成过程

胞囊阶段为小瓜虫脱离鱼体后形成胞囊到胞囊破裂前的这段时期。

小瓜虫的成虫从鱼体上掉下来后，在水中自由游动 3～6h，之后停在池底或水中一些附着物上，分泌一层透明胶质膜将身体封闭起来形成胞囊。胞囊一般为圆形或卵圆形，囊壁厚薄不均。虫体在胞囊内不停转动，大核由马蹄状或香肠状逐渐缩短、变圆，小核逐渐与大核分离。胞口逐渐消失，胞囊形成 2～3h 后，身体中部出现分裂沟，二分裂期开始，随即出现四分裂期、八分裂期等细胞分裂期。但在这个过程中，胞囊一直保持两个分裂集团，中间有一明显的分裂沟，当一个集团的胞囊分裂到四分裂期或八分裂期时，胞囊又分泌一层内胞膜将左右两个集团包起来。

（2）小瓜虫胞囊的形成所需时间与水温的关系

小瓜虫成虫形成胞囊所需时间随水温升高而缩短。当水温为 5～6℃时，虫体存活率较低，约为 15%～20%，大部分虫体并不形成胞囊，有些虫体需要 3～4h 才形成胞囊；当水温为 9～12℃时，虫体形成胞囊需要 1～2h，虫体在胞囊内转动的速度较缓慢；温度为 15～20℃时，小瓜虫只需 4～12min 就能形成胞囊；水温为 22～25℃时，小瓜虫形成胞囊的时间为 20～40s；在高温 28～30℃时，成虫能在 10～15s 内形成胞囊，胞囊内 8% 的幼虫在 20min 内破囊而出，但多数虫体死在胞囊内。

3. 幼虫期

（1）小瓜虫幼虫的形成过程

在胞囊内逐渐分化成熟的幼虫，最初为圆球形，经 5～8h 后其虫体逐渐延长，前后端逐渐明显，前端较尖，具一锥形钻孔器，后端钝圆。幼虫虫体呈扁鞋底形，虫体中部凹陷，前部有一较大的伸缩泡，大、小核明显，虫体前端有一 "6" 字形的原始胞口，在 "6" 字形胞口处有一卵圆形的反光体，可见腹缝线发出的体纤毛散布全身。当幼虫从胞囊中孵化出来、钻入宿主表皮后，钻孔器逐渐萎缩、消失，胞咽逐渐形成，反光体消失，小核渐向大核靠拢，大核由圆形逐渐变为马蹄形或香肠形。

（2）小瓜虫幼虫孵化所需时间与水温关系

温度为 5～30℃时，小瓜虫从形成胞囊到孵化出幼虫所需时间随水温升高而缩短。在温度为 5～6℃时，成虫一般不形成胞囊，直接分裂，需要 144h 左右才发育出幼虫，幼虫的存活率很低，90% 的幼虫死亡；水温为 9～12℃时，需要 48h 才孵化出幼虫，但只有 70% 的成虫孵化出幼虫；在 15～20℃的条件下，100% 的成虫孵化出幼虫，孵化时间为 20～23h；在温度为 22～25℃时，只要 19～20h 就能孵化出幼虫，但有些成虫在孵化过程中死亡，只有 95% 的成虫孵化出幼虫；在水温为 28～30℃时，1% 的成虫形成胞囊，其他虫体直接分裂，只需 14～16h 就孵化出幼虫，但幼虫的存活率仅为 30%。

小瓜虫在 5～30℃的温度范围内都能分裂、繁殖，在低温（5～6℃）和高温（28～30℃）条件下，成虫分裂、孵化出来的小瓜虫幼虫数量少，存活率较低，小瓜虫的最适繁殖温度为 15～20℃，在此温度下成虫分裂、繁殖出的子代多，幼虫的存活率也高。

三、小瓜虫感染鱼体过程及症状

在水温为 15～20℃的试验条件下，感染 30min，部分小瓜虫幼虫钻入鱼的黏液里，但还没钻入鱼的表皮；感染 1h，部分小瓜虫幼虫钻入鱼体表皮，但虫体的部分身体还露在外面，没被鱼的上皮细胞包围；感染 4h，小瓜虫完全钻入鱼的表皮，被鱼的上皮细胞包围起来。从小瓜虫幼虫刚感染鱼体到开始营寄生生活以及虫体发育成熟只需要 96h 时间。

鱼体感染小瓜虫幼虫之后，72～96h 看不出什么异常现象，与正常鱼相比，病鱼显得有些活泼，看上去很有精神，在水族箱中时游时停；感染 120～168h，肉眼可见鱼体表似披了一层轻纱，尾鳍呈乳白色，病鱼在水中狂躁不安，常将身体与水族箱壁摩擦，蹿出水面，鱼体表黏附着一些食物残渣或排泄物；感染 216～240h 左右肉眼可见鱼体表从头到尾鳍均有小白点，而且白点越来越大，在深色背景的环境下，鳍条上的白点特别明显，病鱼精神不振，游动缓慢，躲在水族箱的角落不太活动，用手触摸鱼时，由于鱼体极力摆动，有小瓜虫从鱼身上掉下来。

生产实践上所说的"白点病"的白点是在鱼体发育成很大个体的小瓜虫成虫。在整个试验过程中，小瓜虫一般喜欢寄生在运动器官，如胸鳍、尾鳍、鳃上。胸鳍上寄生的虫体密度最大，往往最先发现有"白点"。另外，严重感染时在口腔、鼻腔和眼球上也寄生有小瓜虫。小瓜虫寄生在鱼的眼部时会造成眼球溃烂、塌陷、瞎眼。

小瓜虫在水温为 15～20℃ 的条件下只需 96h 左右就发育成熟，而鱼体感染小瓜虫 216h 左右肉眼才能见到其身上有"白点"，因此，在生产上发现鱼身上有"白点"时已是鱼严重感染小瓜虫了，虫体一般已寄生在鱼体深层部位，虫体被鱼的上皮细胞层层包裹，有些虫体已寄生在鱼的真皮内。

四、小瓜虫寄生症状及病理学研究

小瓜虫寄生在鱼的表皮和鳃组织中，剥取鱼上皮细胞和红细胞为生。小瓜虫寄生在鱼类的鳃丝和鳃小片之间时，吞噬鳃小片，以鳃小片的上皮细胞、红细胞、淋巴细胞等为食。小瓜虫寄生在鳃上，引起鳃上皮细胞增生、肿胀，从而影响鱼的呼吸；由于小瓜虫对表皮、鳃的破坏，引起鱼的电解液、营养物质、体液流失，造成代谢紊乱。感染小瓜虫后，鱼体内 15 种氨基酸减少，尤其是亮氨酸、赖氨酸、丝氨酸显著减少。

小瓜虫还能钻入鳃腔膜并穿过膜进入胸腺组织内部，以胸腺淋巴细胞和上皮细胞为食，使胸腺的正常组织结构紊乱，淋巴细胞明显减少。

小瓜虫在鱼的体表钻入，引起体表伤口继发感染，从而引起鱼的死亡。

五、小瓜虫的治疗

常用的杀灭小瓜虫药物不能渗透进入鱼皮肤，到达鱼体上的"白点"，不能杀死寄生在鱼身上的小瓜虫。经高渗、空气浸润或表面活性剂浸泡给药，能同时杀死裂殖体阶段和滋养体阶段小瓜虫的药物很少，仅部分药物能到达小瓜虫的寄生部位，达到杀死小瓜虫的效果，目前对小瓜虫的预防和治疗以生态防治的方法比较好。

1. 辣椒生姜法

对于辣椒生姜法，有些反映效果很好，有些反映效果很差。据观察，辣椒生姜选择得当，在每年 6 月 20 日前使用一次效果明显，关键是生姜需要选择老姜，辣椒需要选用辣度很高的朝天椒，而不能选用菜椒，加水熬制后泼洒，效果明显。辣椒生姜法对小瓜虫裂殖体阶段有一定杀灭效果，而对滋养体阶段的杀灭效果不明显。

2. 紫外线法

小瓜虫对紫外线十分敏感，紫外线对胞囊体的最小致死量约为 $100000\mu W/(cm^2 \cdot s)$。选用适合的紫外灯对养殖用水进行照射，能够杀灭外来水源携带的小瓜虫。

3. 盐酸氯苯胍粉、地克珠利预混剂内服法

盐酸氯苯胍粉、地克珠利预混剂是国家标准品种，已被批准了的水产用途的渔药。50%

盐酸氯苯胍粉，用于治疗鱼类孢子虫病，拌饵投喂，按5%投饵量计，每1kg饲料用0.8g，连用3～5d，苗种剂量减半。0.5%地克珠利预混剂，用于防治黏孢子虫引起的鲤科鱼类黏孢子虫病：每1kg饲料用8～10g，连用3～5d。

第五节　拉萨裸裂尻鱼体表点状出血病病原鉴定

一、材料与方法

1. 材料

（1）试验动物

病鱼采自西藏自治区农牧科学院水产科学研究所水产养殖示范基地，体重为 (9.5±1.6)g，体长为 (10.91±0.92)cm，具有典型的临床症状。

（2）主要试剂和仪器

普通营养琼脂培养基（Oxoid公司），细菌DNA提取试剂盒（北京天根生化科技有限公司），PCR反应体系（Takara公司），pMD-19T（Takara公司），API 20E试剂盒（Biomerieux公司），药敏纸片（杭州微生物试剂有限公司），恒温摇床（江苏省金坛市盛威实验仪器厂），生化培养箱（宁波新芝生物科技股份有限公司），核酸蛋白测量仪（德国eppendorf公司），PCR扩增仪（美国Bio-Rad公司），DYY-8C型电泳仪（北京市六一仪器厂），凝胶成像系统（美国Bio-Rad公司）等。

2. 病原菌的分离与培养

选取患病症状典型、濒临死亡的拉萨裸裂尻鱼，在无菌操作台中，用70%酒精棉球擦拭鱼体，用接种环取其肝、脾、肾和层肌肉分别于普通营养琼脂平板上进行划线，在28℃生化培养箱中培养24h，观察细菌菌落生长状况，然后挑取形态一致的单个优势菌落在营养琼脂培养基平板中，再次纯化培养24h，将纯化后的分离菌株用营养琼脂斜面培养基4℃保存备用。

3. 病原菌的形态观察

将纯化的菌株接种于营养琼脂培养基28℃培养24h，观察菌落形态特征。挑选单菌落经革兰氏染液染色后，在显微镜下观察细菌形态。

4. 病原菌生理生化特征鉴定

参照ATB系统细菌自动鉴定仪（法国Biomerieux公司）API 20E试剂盒使用说明进行细菌鉴定，鉴定结果参照参考《伯杰氏细菌鉴定手册》和《常见细菌系统鉴定手册》的标准判断细菌的种类。

5. 16S rRNA 和 gyrB 序列的扩增和测定

（1）菌株DNA提取

无菌条件下，在5.0mL的EP管中加入1.0mL普通肉汤液体培养基，将单个活化的菌群接种在其中，于恒温振荡器中28℃，慢摇6h后，4000r/min离心1min，弃上清液。参照细菌基因组DNA提取试剂盒说明书提取制备DNA。

（2）16S rRNA 和 gyrB PCR扩增

采用一对16S rRNA基因PCR扩增的通用引物F-D1/R-D1：上游引物为F-D1，即5'-AGAGTTTGATCCTGGCTCAG-3'；下游引物为R-D1，即5'-AAGGAGGTGATCCA

GCCGCA-3′。采用一对 gyrB 基因 PCR 扩增的通用引物 3F/14R：上游引物为 3F，即
5′-TCCGGCGGTCTGCACGGCGT-3′；下游引物为 4R，即 5′-TTGTCCGGGTTGTACTCGTC-3′。
PCR 用 25μL 反应体系：10×PCR Buffer 2.5μL，25mmol/L MgCl$_2$ 1.5μL，2mmol/L
dNTP 0.5μL，上、下游引物各 0.5μL，模板 DNA 1μL，rTap 酶（5U/μL）0.25μL，
ddH$_2$O 补足余下体积。基因扩增条件：94℃预变性 4min；94℃变性 30s，56℃退火 30s，
72℃延伸 1min，共 31 个循环；最后，72℃延伸 10min。1％琼脂糖凝胶电泳检测。用
TaKaRa 公司的琼脂糖凝胶 DNA 回收试剂盒进行 PCR 产物回收纯化，pMD-19T 载体连接，
转化进 DH5α 感受态细胞，挑选阳性克隆送上海英骏生物技术有限公司测序。

（3）序列分析与系统发育树的构建

将菌株的 16S rRNA 和 gyrB 基因序列在 GenBank 数据库中的 Blast 进行相似性比较。
采用 MEGA 4.0 软件构建系统发育树，通过自举分析（bootstrap）进行置信度检测，自举
数集 1000 次。

6. 药敏试验

药敏试验采用 K-B 法进行。将菌悬液制成 $1.0×10^8$ CFU/mL。用无菌棉签蘸取菌悬液
均匀涂布在营养琼脂培养基上，贴上药敏纸片，置于 28℃恒温培养箱培养 24h 测定抑菌圈
直径大小。参照说明书判断药物敏感性。

二、结果

1. 患病鱼的症状

患病鱼主要临床症状为：胸鳍、腹鳍、臀鳍和尾鳍基部充血发红，下颌、眼眶充血发
红；侧线有出血性红斑，鳃盖周围有出血性红斑，打开病鱼鳃盖，发现病鱼的鳃丝发黑（见
图 3-247）。

图 3-247　患病鱼症状

2. 细菌的分离

从濒临死亡病鱼肝、脾、肾和体表分离到病原菌，编号为 SYg01～SYg11。菌株在普通
肉汤液体培养基中生长良好，培养液浑浊均匀。在普通肉汤琼脂平板上 28℃培养 24h，形成
圆形、边缘整齐、隆起、光滑湿润、灰白色至淡黄色、直径在 1.0～1.5mm 的菌落。经革
兰氏染色镜检可见革兰氏阴性短杆菌，菌体大小为 1.50μm×0.48μm，两端钝圆或平直，多
数单个排列。

3. 病原菌生理生化鉴定

参照 ATB 系统细菌自动鉴定仪 API 20E 试剂盒使用说明进行细菌鉴定，鉴定结果参照
《伯杰氏细菌鉴定手册》和《常见细菌系统鉴定手册》的标准判断未知细菌的种类。

菌株 SYg02、SYg03、SYg04、SYg06 的 D-葡萄糖、D-甘露醇、阿拉伯糖、麦芽糖、纤维二糖、葡萄糖产气、枸橼的盐 MR 和 VP 阳性；硫化氢、鸟氨酸脱羧酶、丙二酸盐、棉子糖、木糖阴性，其生理生化特性见表 3-175。经 ATB Expression 生化自动鉴定仪（IS32 STREP）软件的分析结果，可初步鉴定分离菌株为温和气单胞菌（*Aeromonas sobria*）。

表 3-175　温和气单胞菌的生理生化特性

实验项目	结果	实验项目	结果
D-葡萄糖（D-glucose）	+	棉子糖（Raffinose）	−
D-甘露醇（D-mannitol）	+	阿拉伯糖（Arabinose）	+
硫化氢（H$_2$S）	−	木糖（Xylose）	−
鸟氨酸脱羧酶（Orn decarboxylase）	−	麦芽糖（Maltose）	+
丙二酸盐（Malonate）	−	纤维二糖（Cellobiose）	+
枸橼酸盐（Citrate）	+	葡萄糖产气（D-glucose producing gas）	+
VP（Voges-Proskauer test）	+	MR（Methyl-Red test）	+

菌株 SYg01、SYg05、SYg07、SYg08、SYg09 的 D-葡萄糖、D-甘露醇、棉子糖、阿拉伯糖、麦芽糖、纤维二糖、葡萄糖产气和 MR 阳性；硫化氢、鸟氨酸脱羧酶、丙二酸盐、枸橼酸盐、木糖和 VP 阴性，其生理生化特性见表 3-176。经 ATB Expression 生化自动鉴定仪（IS32 STREP）软件的分析结果，可初步鉴定分离菌株为中间气单胞菌（*Aeromonas media*）。

表 3-176　中间气单胞菌的生理生化特性

实验项目	结果	实验项目	结果
D-葡萄糖（D-glucose）	+	棉子糖（Raffinose）	+
D-甘露醇（D-mannitol）	+	阿拉伯糖（Arabinose）	+
硫化氢（H$_2$S）	−	木糖（Xylose）	−
鸟氨酸脱羧酶（Orn decarboxylase）	−	麦芽糖（Maltose）	+
丙二酸盐（Malonate）	−	纤维二糖（Cellobiose）	+
枸橼酸盐（Citrate）	−	葡萄糖产气（D-glucose producing gas）	+
VP（Voges-Proskauer test）	−	MR（Methyl-Red test）	+

菌株 SYg10、SYg11 的 D-葡萄糖、D-甘露醇、棉子糖、阿拉伯糖、麦芽糖、纤维二糖、葡萄糖产气、枸橼酸盐、VP 和 MR 阳性；硫化氢、鸟氨酸脱羧酶、丙二酸盐、木糖阴性，其生理生化特性见表 3-177。经 ATB Expression 生化自动鉴定仪（IS32 STREP）软件的分析结果，可初步鉴定分离菌株为异常嗜糖气单胞菌（*Aeromonas allosaccharophila*）。

4. 分子生物学鉴定

用细菌的 16S rRNA 和 gyrB 通用引物，经 PCR 扩增获得预期条带大小约为 1500bp 和 1200bp（图 3-248、图 3-249），与预期的结果相一致。对目的条带进行割胶回收、纯化、连接、转化、挑选阳性克隆测序，菌株 SY01 所获得的 16S rRNA 和 gyrB 序列片段大小分别为 1450bp 和 1084bp（图 3-248、图 3-249）。

表 3-177　异常嗜糖气单胞菌的生理生化特性

实验项目	结果	实验项目	结果
D-葡萄糖（D-glucose）	+	棉子糖（Raffinose）	+
D-甘露醇（D-mannitol）	+	阿拉伯糖（Arabinose）	+
硫化氢（H_2S）	−	木糖（Xylose）	−
鸟氨酸脱羧酶（Orn decarboxylase）	−	麦芽糖（Maltose）	+
丙二酸盐（Malonate）	−	纤维二糖（Cellobiose）	+
枸橼酸盐（Citrate）	+	葡萄糖产气（D-glucose producing gas）	+
VP（Voges-Proskauer test）	+	MR（Methyl-Red test）	+

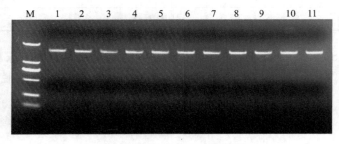

图 3-248　16S rRNA 电泳图

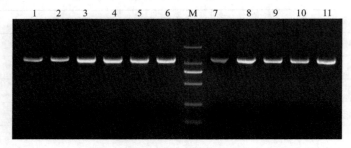

图 3-249　gyrB 电泳图

菌株 SYg01、SYg05、SYg07、SYg08、SYg09、SYg10 和 SYg11 的 16S rRNA 和 gyrB 与 GenBank 上登录的中间气单胞菌的相似性高达 99.9%，进一步鉴定为中间气单胞菌；菌株 SYg02、SYg03、SYg04 的 16S rRNA 和 gyrB 与 GenBank 上登录的温和气单胞菌的相似性高达 99%，进一步鉴定为温和气单胞菌；菌株 SYg06 的 16S rRNA 和 gyrB 与 GenBank 上登录的异常嗜糖气单胞菌的相似性高达 99%，进一步鉴定为异常嗜糖气单胞菌，见图 3-250、图 3-251。

结合形态学、生理生化鉴定和分子生物学鉴定菌株 SYg01、SYg05、SYg07、SYg08、SYg09、SYg10 和 SYg11 为中间气单胞菌；菌株 SYg02、SYg03、SYg04 为温和气单胞菌；菌株 SYg06 为异常嗜糖气单胞菌。

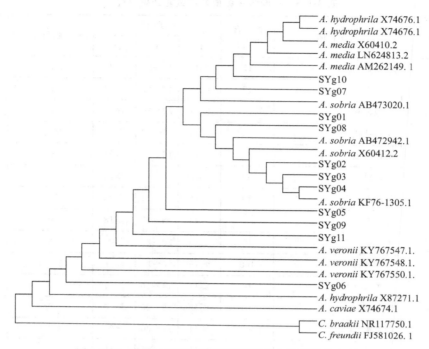

图 3-250　菌株 16S rRNA 基因序列构建的系统发育树

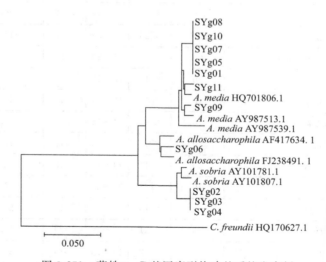

图 3-251　菌株 gyrB 基因序列构建的系统发育树

5. 药物敏感试验

选取的 34 种常见药物对中间气单胞菌的药敏试验结果见表 3-178～表 3-180。结果显示中间气单胞菌对头孢他啶、头孢哌酮、氨曲南、羧苄西林、米诺环素、呋喃唑酮、呋喃妥因、阿米卡星和庆大霉素等 13 种药物高度敏感；对氯霉素、妥布霉素 2 种药物中度敏感；对红霉素、麦迪霉素、吉他霉素和先锋霉素 V 等 19 种药物耐药。

表 3-178　中间气单胞菌药敏试验结果 (鳃盖)

抗生素种类	药物名称	纸片含量/μg	判断标准			抑菌圈直径/mm	敏感性
			R	I	S		
大环内酯类	红霉素	15	≤13	14~22	≥23	12.45	R
	麦迪霉素	15	≤13	14~22	≥23	0	R
	吉他霉素	15	≤21	22~30	≥31	12.64	R
β-内酰胺类	头孢他啶	30	≤14	15~17	≥18	26.56	S
	头孢哌酮	75	≤15	16~20	≥21	30	S
	先锋霉素Ⅴ	30	≤14	15~17	≥18	0	R
	氨曲南	30	≤15	16~21	≥22	31.34	S
	先锋霉素Ⅵ	30	≤14	15~17	≥18	0	R
	青霉素	10	≤19	20~27	≥28	0	R
	羧苄西林	100	≤19	20~22	≥23	23.37	S
	氨苄西林	10	≤13	14~16	≥17	0	R
	阿莫西林	10	≤18	19~25	≥26	0	R
四环素类	四环素	30	≤14	14~20	≥21	8.89	R
	米诺环素	30	≤14	15~17	≥18	21.16	S
硝基呋喃类	呋喃唑酮	300	≤14	15~16	≥17	19.36	S
	呋喃妥因	300	≤14	15~16	≥17	20.91	S
磺胺类	复方新诺明	23.75	≤23	24~32	≥33	15.32	R
	磺胺甲基异噁唑	250	≤14	15~23	≥24	0	R
氨基糖苷类	阿米卡星	30	≤14	15~16	≥17	14.51	R
	庆大霉素	10	≤12	13~14	≥15	16.78	S
	妥布霉素	10	≤12	13~14	≥15	13.74	I
	新霉素	30	≤12	13~16	≥17	11.51	R
	卡那霉素	30	≤13	14~17	≥18	12.19	R
喹诺酮类	培氟沙星	10	≤23	24~25	≥26	14.51	R
	左氧氟沙星	5	≤13	14~16	≥17	24.72	S
	吡哌酸	30	≤21	22~28	≥29	14.48	R
	氧氟沙星	5	≤12	13~15	≥16	23.25	S
氯霉素类	氯霉素	30	≤12	13~17	≥18	17.60	I
	氟苯尼考	30	≤12	13~17	≥18	24.91	S
林可霉素类	林可霉素	2	≤23	24~30	≥31	0	R
其他类抗生素	多黏菌素B	300	≤8	9~11	≥12	20.29	S
	利福平	5	≤16	17~19	≥20	17.49	I
	杆菌肽	10	≤8	9~12	≥13	0	R

注：S 表示高度敏感；I 表示中度敏感；R 表示耐药。

表 3-179　中间气单胞菌药敏试验结果（体表）

抗生素种类	药物名称	纸片含量/μg	判断标准			抑菌圈直径/mm	敏感性
			R	I	S		
大环内酯类	红霉素	15	≤13	14～22	≥23	12.08	R
	麦迪霉素	15	≤13	14～22	≥23	0	R
	吉他霉素	15	≤21	22～30	≥31	0	R
β-内酰胺类	头孢他啶	30	≤14	15～17	≥18	26.55	S
	头孢哌酮	75	≤15	16～20	≥21	30.43	S
	先锋霉素 V	30	≤14	15～17	≥18	12.34	R
	氨曲南	30	≤15	16～21	≥22	27.17	S
	先锋霉素 VI	30	≤14	15～17	≥18	0	R
	青霉素	10	≤19	20～27	≥28	0	R
	羧苄西林	100	≤19	20～22	≥23	0	R
	氨苄西林	10	≤13	14～16	≥17	0	R
	阿莫西林	10	≤18	19～25	≥26	0	R
四环素类	四环素	30	≤14	14～20	≥21	8.46	R
	米诺环素	30	≤14	15～17	≥18	20.64	S
硝基呋喃类	呋喃唑酮	300	≤14	15～16	≥17	8.72	R
	呋喃妥因	300	≤14	15～16	≥17	19.27	S
磺胺类	复方新诺明	23.75	≤23	24-32	≥33	0	R
	磺胺甲基异噁唑	250	≤14	15～23	≥24	0	R
氨基糖苷类	阿米卡星	30	≤14	15～16	≥17	12.86	R
	庆大霉素	10	≤12	13～14	≥15	16.28	S
	妥布霉素	10	≤12	13～14	≥15	10.53	R
	新霉素	30	≤12	13～16	≥17	15.04	I
	卡那霉素	30	≤13	14～17	≥18	14.96	I
喹诺酮类	培氟沙星	10	≤23	24～25	≥26	14.56	R
	左氧氟沙星	5	≤13	14～16	≥17	20.64	S
	吡哌酸	30	≤21	22～28	≥29	14.02	R
	氧氟沙星	5	≤12	13～15	≥16	19.62	S
氯霉素类	氯霉素	30	≤12	13～17	≥18	18.29	S
	氟苯尼考	30	≤12	13～17	≥18	19.79	S
林可霉素类	林可霉素	2	≤23	24-30	≥31	0	R
其他类抗生素	多黏菌素 B	300	≤8	9～11	≥12	15.86	S
	利福平	5	≤16	17～19	≥20	19.74	I
	杆菌肽	10	≤8	9～12	≥13	0	R

表 3-180　中间气单胞菌的药敏试验结果（脾脏）

抗生素种类	药物名称	纸片含量/μg	判断标准			抑菌圈直径/mm	敏感性
			R	I	S		
大环内酯类	红霉素	15	≤13	14～22	≥23	10.28	R
	麦迪霉素	15	≤13	14～22	≥23	0	R
	吉他霉素	15	≤21	22～30	≥31	7.62	R
β-内酰胺类	头孢他啶	30	≤14	15～17	≥18	25.94	S
	头孢哌酮	75	≤15	16～20	≥21	24.98	S
	先锋霉素 V	30	≤14	15～17	≥18	11.15	R
	氨曲南	30	≤15	16～21	≥22	33.52	S
	先锋霉素 VI	30	≤14	15～17	≥18	0	R
	青霉素	10	≤19	20～27	≥28	0	R
	羧苄西林	100	≤19	20～22	≥23	15.4	R
	氨苄西林	10	≤13	14～16	≥17	0	R
	阿莫西林	10	≤18	19～25	≥26	0	R
四环素类	四环素	30	≤14	14～20	≥21	9.59	R
	米诺环素	30	≤14	15～17	≥18	19.35	S
硝基呋喃类	呋喃唑酮	300	≤14	15～16	≥17	15.51	I
	呋喃妥因	300	≤14	15～16	≥17	17.12	S
磺胺类	复方新诺明	23.75	≤23	24～32	≥33	0	R
	磺胺甲基异噁唑	250	≤14	15～17	≥24	12.94	R
氨基糖苷类	阿米卡星	30	≤14	15～16	≥17	20.17	S
	庆大霉素	10	≤12	13～14	≥15	17.75	S
	妥布霉素	10	≤12	13～14	≥15	13.37	I
	新霉素	30	≤12	13～16	≥17	15.64	I
	卡那霉素	30	≤13	14～17	≥18	16.07	I
喹诺酮类	培氟沙星	10	≤23	24～25	≥26	16.23	R
	左氧氟沙星	5	≤13	14～16	≥17	25.17	S
	吡哌酸	30	≤21	22～28	≥29	18.76	R
	氧氟沙星	5	≤12	13～16	≥16	24.22	S
氯霉素类	氯霉素	30	≤12	13～17	≥18	23.18	S
	氟苯尼考	30	≤12	13～17	≥18	31.63	S
林可霉素类	林可霉素	2	≤23	24～30	≥31	0	R
其他类抗生素	多黏菌素 B	300	≤8	9～11	≥12	14.84	S
	利福平	5	≤16	17～19	≥20	10.72	R
	杆菌肽	10	≤8	9～12	≥13	0	R

　　选取的 34 种常见药物对温和气单胞菌的药敏试验结果见表 3-181～表 3-183。结果显示温和气单胞菌对头孢他啶、头孢哌酮、氨曲南、氨苄西林、米诺环素、呋喃唑酮、呋喃妥因、阿米卡星和庆大霉素等 12 种药物高度敏感；对先锋霉素 V、新霉素、氯霉素和氟苯尼考 4 种药物中

度敏感；对红霉素、麦迪霉素、吉他霉素、先锋霉素Ⅵ、青霉素和羧苄西林等18种药物耐药。

表 3-181　温和气单胞菌试验结果（鳃）

抗生素种类	药物名称	纸片含量/μg	判断标准			抑菌圈直径/mm	敏感性
			R	I	S		
大环内酯类	红霉素	15	≤13	14～22	≥23	14.25	I
	麦迪霉素	15	≤13	14～22	≥23	10.16	R
	吉他霉素	15	≤21	22～30	≥31	12.49	R
β-内酰胺类	头孢他啶	30	≤14	15～17	≥18	25.55	S
	头孢哌酮	75	≤15	16～20	≥21	25.75	S
	先锋霉素 V	30	≤14	15～17	≥18	15.58	I
	氨曲南	30	≤15	16～21	≥22	37.22	S
	先锋霉素 Ⅵ	30	≤14	15～17	≥18	13.27	R
	青霉素	10	≤19	20～27	≥28	0	R
	羧苄西林	100	≤19	20～27	≥23	0	R
	氨苄西林	10	≤13	14～16	≥17	30.77	S
	阿莫西林	10	≤18	19～25	≥26	0	R
四环素类	四环素	30	≤14	14～20	≥21	10.11	R
	米诺环素	30	≤14	15～17	≥18	26.53	S
硝基呋喃类	呋喃唑酮	300	≤14	15～16	≥17	22.12	S
	呋喃妥因	300	≤14	15～16	≥17	19.18	S
磺胺类	复方新诺明	23.75	≤23	24～32	≥33	15.45	R
	磺胺甲基异噁唑	250	≤14	15～23	≥24	0	R
氨基糖苷类	阿米卡星	30	≤14	15～16	≥17	17.76	S
	庆大霉素	10	≤12	13～14	≥15	11.95	R
	妥布霉素	10	≤12	13～14	≥15	10.59	R
	新霉素	30	≤12	13～16	≥17	11.51	R
	卡那霉素	30	≤13	14～17	≥18	14.29	I
	链霉素	10	≤11	12～14	≥15	0	R
喹诺酮类	培氟沙星	10	≤23	24～25	≥26	20.62	R
	左氧氟沙星	5	≤13	14～16	≥17	23.46	S
	吡哌酸	30	≤21	22～28	≥29	14.62	R
	氧氟沙星	5	≤12	13～15	≥16	18.42	S
氯霉素类	氯霉素	30	≤12	13～17	≥18	15.57	I
	氟苯尼考	30	≤12	13～17	≥18	13.56	I
林可霉素类	林可霉素	2	≤23	24～30	≥31	0	R
其他类抗生素	多黏菌素 B	300	≤8	9～11	≥12	13.48	S
	利福平	5	≤16	17～19	≥20	20.45	S
	杆菌肽	10	≤8	9～12	≥13	0	R

表 3-182　温和气单胞菌的药敏试验结果（臀鳍）

抗生素种类	药物名称	纸片含量/μg	判断标准			抑菌圈直径/mm	敏感性
			R	I	S		
大环内酯类	红霉素	15	≤13	14～22	≥23	11.32	R
	麦迪霉素	15	≤13	14～22	≥23	0	R
	吉他霉素	15	≤21	22～30	≥31	0	R
β-内酰胺类	头孢他啶	30	≤14	15～17	≥18	26.55	S
	头孢哌酮	75	≤15	16～20	≥21	29.46	S
	先锋霉素 V	30	≤14	15～17	≥18	12.34	R
	氨曲南	30	≤15	16～21	≥22	27.17	S
	先锋霉素 Ⅵ	30	≤14	15～17	≥18	0	R
	青霉素	10	≤19	20～27	≥28	0	R
	羧苄西林	100	≤19	20～22	≥23	0	R
	氨苄西林	10	≤13	14～16	≥17	0	R
	阿莫西林	10	≤18	19～25	≥26	0	R
四环素类	四环素	30	≤14	14～20	≥21	8.46	R
	米诺环素	30	≤14	15～17	≥18	20.64	S
硝基呋喃类	呋喃唑酮	300	≤14	15～16	≥17	8.72	R
	呋喃妥因	300	≤14	15～16	≥17	19.27	S
磺胺类	复方新诺明	23.75	≤23	24～32	≥33	0	R
	磺胺甲基异噁唑	250	≤14	15～23	≥24	0	R
氨基糖苷类	阿米卡星	30	≤14	15～16	≥17	12.86	R
	庆大霉素	10	≤12	13～14	≥15	16.28	S
	妥布霉素	10	≤12	13～14	≥15	10.53	R
	新霉素	30	≤12	13～16	≥17	15.04	I
	卡那霉素	30	≤13	14～17	≥18	14.96	I
喹诺酮类	培氟沙星	10	≤23	24～25	≥26	14.56	R
	左氧氟沙星	5	≤13	14～16	≥17	20.64	S
	吡哌酸	30	≤21	22～28	≥29	14.02	R
	氧氟沙星	5	≤12	13～15	≥16	19.62	S
氯霉素类	氯霉素	30	≤12	13～17	≥18	18.29	S
	氟苯尼考	30	≤12	13～17	≥18	19.79	S
林可霉素类	林可霉素	2	≤23	24～30	≥31	0	R
其他类抗生素	多黏菌素 B	300	≤8	9～11	≥12	15.86	S
	利福平	5	≤16	17～19	≥20	19.74	S
	杆菌肽	10	≤8	9～12	≥13	0	R

表 3-183　温和气单胞菌药敏试验结果（臀鳍）

抗生素种类	药物名称	纸片含量/μg	判断标准			抑菌圈直径/mm	敏感性
			R	I	S		
大环内酯类	红霉素	15	≤13	14～22	≥23	12.31	R
	麦迪霉素	15	≤13	14～22	≥23	9.40	R
	吉他霉素	15	≤21	22～30	≥31	9.06	R
β-内酰胺类	头孢他啶	30	≤14	15～17	≥18	31.94	S
	头孢哌酮	75	≤15	16～20	≥21	27.65	S
	先锋霉素 V	30	≤14	15～17	≥18	0	R
	氨曲南	30	≤15	16～21	≥22	41.43	S
	先锋霉素 VI	30	≤14	15～17	≥18	0	R
	青霉素	10	≤19	20～27	≥28	0	R
	羧苄西林	100	≤19	20～22	≥23	0	R
	氨苄西林	10	≤13	14～16	≥17	0	R
	阿莫西林	10	≤18	19～25	≥26	0	R
四环素类	四环素	30	≤14	14～20	≥21	8.83	R
	米诺环素	30	≤14	15～17	≥18	18.92	S
硝基呋喃类	呋喃唑酮	300	≤14	15～16	≥17	17.19	S
	呋喃妥因	300	≤14	15～16	≥17	24.02	S
磺胺类	复方新诺明	23.75	≤23	24～32	≥33	26.23	I
	磺胺甲基异噁唑	250	≤14	15～23	≥24	28.00	S
氨基糖苷类	阿米卡星	30	≤14	15～16	≥17	22.28	S
	庆大霉素	10	≤12	13～14	≥15	20.28	S
	妥布霉素	10	≤12	13～14	≥15	19.92	S
	新霉素	30	≤12	13～16	≥17	19.87	S
	卡那霉素	30	≤13	14～17	≥18	18.76	S
喹诺酮类	培氟沙星	10	≤23	24～25	≥26	29.28	S
	左氧氟沙星	5	≤13	14～16	≥17	33.70	S
	吡哌酸	30	≤21	22～28	≥29	30.10	S
	氧氟沙星	5	≤12	13～15	≥16	24.62	S
氯霉素类	氯霉素	30	≤12	13～17	≥18	29.19	S
	氟苯尼考	30	≤12	13～17	≥18	30.43	S
林可霉素类	林可霉素	2	≤23	24～30	≥31	0	R
其他类抗生素	多黏菌素 B	300	≤8	9～11	≥12	14.88	S
	利福平	5	≤16	17～19	≥20	9.28	R
	杆菌肽	10	≤8	9～12	≥13	0	R

选取的 34 种常见药物对异常嗜糖气单胞菌的药敏试验结果见表 3-184。结果显示异常嗜糖气单胞菌对头孢他啶、头孢哌酮、氨曲南、米诺环素、呋喃唑酮、呋喃妥因和阿米卡星等

药物高度敏感；对呋喃唑酮和卡那霉素等药物中度敏感；对红霉素、麦迪霉素、吉他霉素、先锋霉素Ⅴ、先锋霉素Ⅵ、青霉素和羧苄西林等耐药。

表 3-184　异常嗜糖气单胞菌药敏试验结果

抗生素种类	药物名称	纸片含量/μg	判断标准			抑菌圈直径/mm	敏感性
			R	I	S		
大环内酯类	红霉素	15	≤13	14～22	≥23	11.87	R
	麦迪霉素	15	≤13	14～22	≥23	0	R
	吉他霉素	15	≤21	22～30	≥31	0	R
β-内酰胺类	头孢他啶	30	≤14	15～17	≥18	24.39	S
	头孢哌酮	75	≤15	16～20	≥21	30	S
	先锋霉素Ⅴ	30	≤14	15～17	≥18	13.61	R
	氨曲南	30	≤15	16～21	≥22	28.72	S
	先锋霉素Ⅵ	30	≤14	15～17	≥18	0	R
	青霉素	10	≤19	20～27	≥28	0	R
	羧苄西林	100	≤19	20～23	≥23	0	R
	氨苄西林	10	≤13	14～16	≥17	0	R
	阿莫西林	10	≤18	19～25	≥26	0	R
四环素类	四环素	30	≤14	14～20	≥21	8.42	R
	米诺环素	30	≤14	15～17	≥18	16.05	I
硝基呋喃类	呋喃唑酮	300	≤14	15～16	≥17	15.22	I
	呋喃妥因	300	≤14	15～16	≥17	18.12	S
磺胺类	复方新诺明	23.75	≤23	24～32	≥33	0	R
	磺胺甲基异噁唑	250	≤14	15～23	≥24	0	R
氨基糖苷类	阿米卡星	30	≤14	15～16	≥17	20.60	S
	庆大霉素	10	≤12	13～14	≥15	0	R
	妥布霉素	10	≤12	13～14	≥15	11.85	R
	新霉素	30	≤12	13～16	≥17	11.88	R
	卡那霉素	30	≤13	14～17	≥18	16.26	I
	链霉素	10	≤11	12～14	≥15	0	R
喹诺酮类	培氟沙星	10	≤23	24～25	≥26	21.68	R
	左氧氟沙星	5	≤13	14～16	≥17	26.67	S
	吡哌酸	30	≤21	22～28	≥29	16.87	R
	氧氟沙星	5	≤12	13～15	≥16	31.29	S
氯霉素类	氯霉素	30	≤12	13～17	≥18	27.68	S
	氟苯尼考	30	≤12	13～17	≥18	18.34	S
林可霉素类	林可霉素	2	≤23	24～30	≥31	0	R
其他类抗生素	多黏菌素B	300	≤8	9～11	≥12	15.63	S
	利福平	5	≤16	17～19	≥20	17.05	I
	杆菌肽	10	≤8	9～12	≥13	0	R

第二十五章

雅鲁藏布江主要裂腹鱼类增殖放流评估技术

第一节　异齿裂腹鱼增殖放流评估技术

第一小节　MS-222 对异齿裂腹鱼的麻醉效果研究

目前，麻醉剂在国内外被应用于人工手术（凯赛尔江·多来提等，2013）、测量、标记等鱼类研究（严银龙等，2016；Collymore *et al*，2014），通过抑制其中枢和周围神经系统的活动来减少对鱼体的伤害，从而在渔业生产过程中提高运输存活率（刘长琳等，2007）。MS-222 具有见效快、复苏时间短、安全性高、对处理过的水产动物及人体接触无害的特点，并通过了美国食品和药物管理局的批准（Pirhone *et al*，2003）。对于高原裂腹鱼类麻醉研究来说，目前 MS-222 的使用仅限于光唇裂腹鱼（吴敬东等，2014）、短须裂腹鱼（周辉霞等，2017）、昆明裂腹鱼（王聪等，2013）。

本文通过 MS-222 对两种规格的异齿裂腹鱼进行了麻醉研究，探讨 MS-222 对不同规格异齿裂腹鱼的麻醉效果和异齿裂腹鱼麻醉及复苏行为特征，进而为高原裂腹鱼类麻醉技术的进一步应用和推广提供参考和技术支持。

一、材料与方法

1. 研究材料

（1）试验鱼

购买西藏林芝市巴宜区农贸市场健康、无疾病的体长（25.0±1.5)cm、体重（219.8±49.0)g 和体长（14.8±2.3)cm、体重（46.9±20.3)g 的两种规格的异齿裂腹鱼，饲养于西藏大学农牧学院牧场水泥池中（5m×2.5m），试验前一天停止饲喂。

（2）麻醉剂 MS-222

采用杭州动物药品厂生产的 MS-222，该品为白色粉末（精确度：0.0001g），易溶于水。

（3）试验条件

试验用水为经过充分曝气后的地下水，水温（13±1)℃，溶氧为 8.4mg/L。在麻醉容器塑料箱（高 25.1cm、长 44.2cm、宽 30.1cm）中按照不同的浓度进行麻醉试验，试验全程微充氧。

2. 研究方法

（1）MS-222 麻醉有效浓度的测定

Marking 等（1985）认为，理想的麻醉浓度的标准为：3min 之内麻醉并在 5min 之内苏醒。本试验参考其他文献（表 3-185）并结合异齿裂腹鱼的实际情况对麻醉异齿裂腹鱼的有效浓度定义为：大规格异齿裂腹鱼在 MS-222 麻醉液中，5min 之内达到 4 级麻醉状态，5min 之内苏醒恢复，且在麻醉液中浸浴 20min 后存活率为 100% 时的浓度；小规格异齿裂腹鱼在 MS-222 麻醉液中，5min 之内达到 4 级麻醉状态，7min 之内苏醒恢复，且在麻醉液中浸浴 20min 后存活率为 100% 时的浓度。

试验参考其他文献（刘长琳等，2008；何小燕等，2013；郭丰红等，2009），设计了 90mg/L、120mg/L、150mg/L、180mg/L、210mg/L、240mg/L 共 6 个浓度梯度，每个浓度梯度试验用鱼 5 尾。当鱼体表现出 Ⅳ 期特征时，记录入麻时间，然后立即从麻醉液中取出，测量体长、体重后放入地下水中复苏，记录复苏时间。

表 3-185　文献中 MS-222 麻醉有效浓度的标准

种类	麻醉时间/min	复苏时间/min	参考文献
刀鲚 *Coilia nasus* Schlegel	3	5	严银龙等（2016）
光唇裂腹鱼 *Schizothorax lissolabiatus* Tsao	5	5	吴敬东等（2014）
许氏平鲉 *Sebastes schlegelii*	3	5	官曙光等（2011）
短须裂腹鱼 *Schizothorax wangchiachii*	3	5	周辉霞等（2017）
半滑舌鳎 *Cynoglossus semilaevis* Günther	3	5	刘长琳等（2008）
赤眼鳟 *Squaliobarbus curriculus*	3	5	彭宁东等（2016）

（2）MS-222 对试验鱼呼吸频率的影响和达到麻醉各期时间及复苏时间的测定

试验设计了 60mg/L、90mg/L、120mg/L、150mg/L、180mg/L、210mg/L、240mg/L 共 7 个浓度梯度，每个浓度梯度试验用鱼 5 尾，测定鱼体达到麻醉各期的呼吸频率。将鱼放入清洁的地下水中，待鱼适应 3min 后，加入麻醉剂。以 2min 作为时间段，20s 作为时间间隔，记录不同浓度下 20min 内试验鱼的呼吸频率变化。首先每条鱼进行空白对照，然后进行该麻醉浓度的试验，5 条鱼呼吸频率的均值作为在该麻醉状态下的呼吸频率。当鱼体表现出麻醉 Ⅵ 期的特征时，立即放入清洁的地下水中进行复苏，并记录复苏时间和死亡率。

（3）空气中暴露时间对深度麻醉异齿裂腹鱼的影响

将在 180mg/L 的 MS-222 溶液中麻醉 5min 的异齿裂腹鱼从麻醉液中移出，用湿毛巾包裹鱼体，分别在空气中暴露 0min、3min、6min、9min、12min、15min 后放回清水中，记录其复苏时间，每个空气暴露时间段的试验组用鱼均 5 尾。

3. 数据分析

使用 SPSS 21 和 Excel 2016 对数据进行统计和处理，采用单因素方差分析和 Tukey 检验对数据进行显著性分析（$P < 0.05$）。

二、结果和分析

1. 异齿裂腹鱼麻醉和复苏表现的行为特征

麻醉、复苏行为特征参照刘长琳等（2007，2008）对麻醉、复苏时期的划分并结合试验过程中异齿裂腹鱼的实际行为特征进行修改（表3-186、表3-187）。

表 3-186　麻醉程度分期及鱼类行为表现

麻醉程度分期	麻醉过程行为特征
正常状态	呼吸频率正常，将鱼体侧置，能迅速反应并保持身体平衡
Ⅰ 轻度镇静期	触觉灵敏度下降，将鱼体侧置时，仍然可以迅速调整保持身体平衡，呼吸略加快
Ⅱ 深度镇静期	丧失触觉，将鱼体侧置时，挣扎后可勉强保持身体平衡，呼吸加快
Ⅲ 轻度麻醉期	将鱼体侧放，肌肉张力部分丧失，挣扎但无法恢复身体平衡，各鳍均能摆动
Ⅳ 麻醉期	将鱼体侧放，肌肉张力完全丧失，鱼体不挣扎，各鳍静止，呼吸变慢但规律
Ⅴ 深度麻醉期	鱼体侧卧静止，各鳍静止，鳃盖振动不连续，且频率和振幅不稳定
Ⅵ 延髓麻醉期	鱼体平躺，各鳍静止，进入休克状态

表 3-187　复苏过程及鱼类行为表现

复苏分期	复苏过程行为特征
Ⅰ	鱼体侧卧静止，尾部恢复摆动，出现少量不规则的呼吸
Ⅱ	开始侧游，将鱼体侧放，挣扎后无法恢复身体平衡，呼吸频率上升
Ⅲ	将鱼体侧放，挣扎后可勉强保持身体平衡，呼吸频率接近正常
Ⅳ	触觉恢复，受外力侧倒后可以迅速调整身体保持平衡，呼吸频率恢复正常

2. MS-222 对不同规格异齿裂腹鱼各麻醉时期和复苏时期呼吸频率的影响

大规格异齿裂腹鱼在麻醉时期为Ⅰ～Ⅲ期时［图3-252（a）］，呼吸频率呈上升趋势；在麻醉时期Ⅳ期以后，呼吸频率迅速下降，麻醉Ⅰ～Ⅳ期和麻醉Ⅴ期以及Ⅵ期之间存在显著差异（$P<0.05$）。大规格异齿裂腹鱼在复苏阶段［图3-252（b）］，呼吸频率逐渐上升，麻醉Ⅰ期和麻醉Ⅱ～Ⅳ之间存在显著差异（$P<0.05$）。

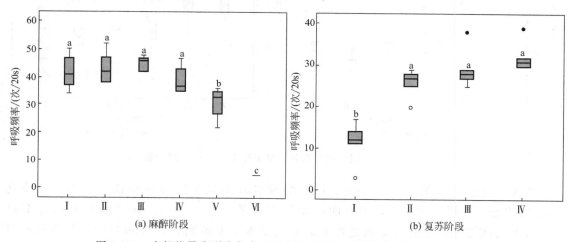

图 3-252　大规格异齿裂腹鱼在不同麻醉时期和不同复苏时期的呼吸频率

　　小规格异齿裂腹鱼在麻醉时期为Ⅰ～Ⅲ期时［图 3-253（a）］，呼吸频率保持稳定；在麻醉时期Ⅳ期以后，呼吸频率迅速下降，麻醉Ⅰ～Ⅲ期和麻醉Ⅴ、Ⅵ期以及Ⅳ期之间存在显著差异（$P < 0.05$）。小规格异齿裂腹鱼在复苏阶段［图 3-253（b）］，呼吸频率逐渐上升，随后保持稳定趋势。麻醉Ⅰ期和麻醉Ⅱ～Ⅳ之间存在显著差异（$P < 0.05$）。

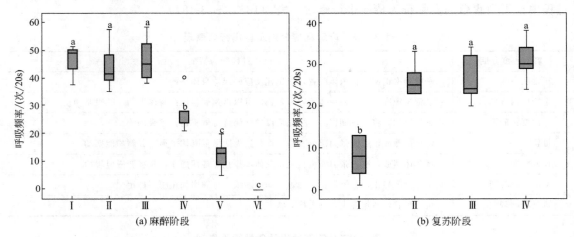

图 3-253　小规格异齿裂腹鱼在不同麻醉时期和不同复苏时期的呼吸频率

3. MS-222 麻醉异齿裂腹鱼有效浓度

（1）异齿裂腹鱼在 MS-222 中达到麻醉Ⅳ期的时间及复苏时间

　　随着麻醉液浓度的升高，大规格异齿裂腹鱼达到麻醉Ⅳ期的时间逐渐缩短（$P < 0.05$）。当 MS-222 浓度为 90mg/L 时，大部分鱼体达到麻醉Ⅳ期的时间超过 700s。当 MS-222 浓度超过 150mg/L 时，鱼体均能够在 300s 之内达到Ⅳ期麻醉状态［图 3-254（a）］。

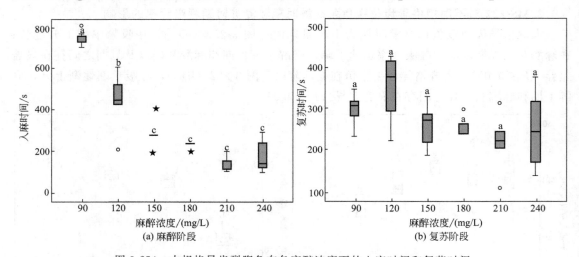

图 3-254　大规格异齿裂腹鱼在各麻醉浓度下的入麻时间和复苏时间

　　鱼体在麻醉浓度为 150～240mg/L 的溶液中麻醉到Ⅳ期后立即进行复苏，鱼体在 5min 内均能恢复到正常状态，复苏时间差异不显著（$P > 0.05$）。在浓度为 150mg/L 以后，复苏时间缩短，分析其原因是在相对应的浓度下麻醉到Ⅳ期时间较快，导致复苏时间较短［图 3-254（b）］。

　　随着麻醉液浓度的升高，小规格异齿裂腹鱼达到麻醉Ⅳ期的时间逐渐缩短（$P<0.05$），但是在浓度 210mg/L 时，麻醉时间稍微比浓度 180mg/L 时偏高，分析其原因是鱼体对该浓度应激反应强，导致麻醉所需时间增加。当 MS-222 浓度为 90mg/L 时，大部分鱼体达到麻醉Ⅳ期的时间超过 500s。当 MS-222 浓度超过 150mg/L 时，鱼体均能够在 300s 之内达到Ⅳ期麻醉状态 ［图 3-255（a）］。

　　鱼体在麻醉浓度为 150～180mg/L 的溶液中麻醉到Ⅳ期后立即进行复苏，鱼体在 400s 内均能恢复到正常状态，复苏时间差异显著（$P<0.05$）。与其他浓度相比，浓度为 180mg/L 时的复苏时间缩短，分析其原因是在相对应的浓度下麻醉到Ⅳ期的时间较短，导致复苏时间较快。而浓度 210mg/L 和 240mg/L 相比，复苏时间变长，分析其原因是麻醉浓度在 210mg/L 时，对鱼体影响较大，应激反应较强 ［图 3-255（b）］。

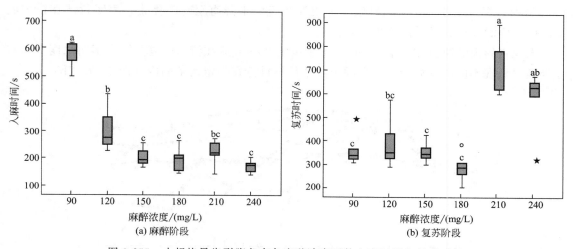

图 3-255　小规格异齿裂腹鱼在各麻醉浓度下的入麻时间和复苏时间

　　通过回归分析得到 ［图 3-256（a）］，大规格异齿裂腹鱼的麻醉浓度和麻醉时间的回归方程为 $y=-3.6328x+935.07$，$R^2=0.7226$，$P<0.01$，呈负相关；异齿裂腹鱼在不同麻醉浓度下入麻后放入清水的复苏时间的回归方程为 $y=-0.6103x+371.23$，$R^2=0.1767$，$P<0.05$，呈负相关。

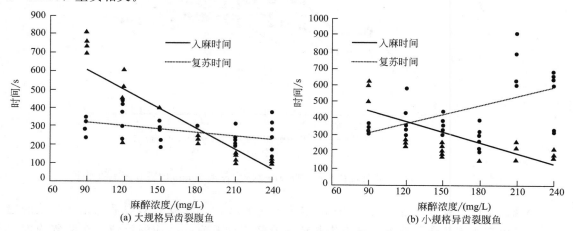

图 3-256　不同浓度下 MS-222 对大、小规格异齿裂腹鱼平均入麻时间和平均复苏时间的影响

通过回归分析得到［图 3-256（b）］，小规格异齿裂腹鱼的麻醉浓度和麻醉时间的回归方程为 $y=-2.1594x+637.94$，$R^2=0.5757$，$P<0.01$，呈负相关；异齿裂腹鱼在不同麻醉浓度下入麻后放入清水的复苏时间的回归方程为 $y=1.8196x+146.8$，$R^2=0.2956$，$P<0.01$，呈正相关。

（2）异齿裂腹鱼在 7 种不同浓度 MS-222 中浸泡 20min 内呼吸频率的变化

大规格异齿裂腹鱼在各浓度 MS-222 中浸泡 20min 内，呼吸频率均呈现先增后减的趋势，反映出在各浓度麻醉液下，异齿裂腹鱼在麻醉初期都有一些应激反应。在低浓度时（<120mg/L），异齿裂腹鱼呼吸频率呈现先增后降再保持稳定的过程，应激反应较小；在浓度为 120～180mg/L 时，异齿裂腹鱼呼吸频率呈现先增再降的渐变过程，其中在浓度为 120mg/L 时刚好在麻醉 20min 时达到麻醉Ⅵ期，对鱼体影响较小；在高浓度时（>180mg/L），异齿裂腹鱼在 2～4min 后呼吸频率迅速呈直线下降直至呼吸停止，表明鱼体在该浓度范围内，应激反应较强［图 3-257（a）］。

大规格异齿裂腹鱼在各浓度 MS-222 中浸泡 20min 后在清水中复苏，在不同浓度下，其呼吸频率呈现不同的发展趋势，但呼吸频率最终维持在一定的范围内［图 3-257（b）］。

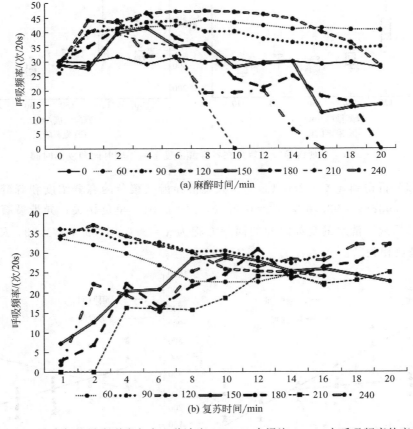

图 3-257 大规格异齿裂腹鱼在 7 种浓度 MS-222 中浸泡 20min 内呼吸频率的变化

小规格异齿裂腹鱼在各浓度 MS-222 中浸泡 20min 内，呼吸频率均呈现先增后减的趋势，反映出在各浓度麻醉液下，异齿裂腹鱼在麻醉初期都有一些应激反应。在麻醉浓度为

60mg/L 时，应激反应较小；在浓度为 90～180mg/L 时，异齿裂腹鱼呼吸频率呈现先增再降的渐变过程，其中在浓度为 90mg/L 时刚好在麻醉 20min 左右达到麻醉Ⅵ期，对鱼体影响较小；在高浓度时（＞180mg/L），异齿裂腹鱼呼吸频率在经过短暂的上升后迅速呈直线下降直至呼吸停止，表明鱼体在该浓度范围内，应激反应较强 ［图 3-258（a）］。

　　小规格异齿裂腹鱼在各浓度 MS-222 中浸泡 20min 后在清水中复苏，在不同浓度下，呼吸频率呈不同的发展趋势，但呼吸频率最终维持在一定的范围内 ［图 3-258（b）］。

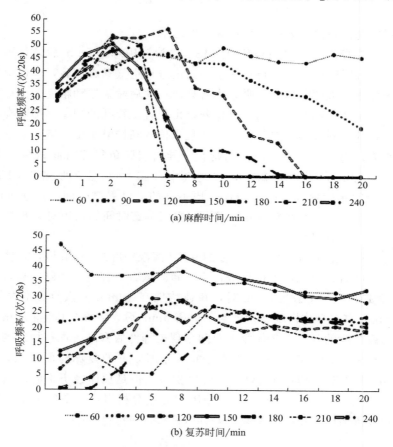

图 3-258　小规格异齿裂腹鱼在 7 种浓度 MS-222 中浸泡 20min 内呼吸频率的变化

（3）异齿裂腹鱼在 MS-222 中浸泡 20min 后的复苏时间和存活率

　　在麻醉液中麻醉 20min 后移入清水进行复苏（表 3-188）。在浓度 60～90mg/L 时，大规格异齿裂腹鱼未进入深度麻醉期，呼吸频率变慢但有规律；随着麻醉浓度的升高，大规格异齿裂腹鱼达到麻醉各期的时间逐渐缩短，在深度麻醉期之后，呼吸频率不连续且呼吸微弱，鳃盖振动幅度变小。

　　复苏时间数据表明：随着麻醉浓度增加，复苏时间也逐渐增加，在 180mg/L 以后复苏时间缩短，其原因是在浓度较高的情况下，麻醉至Ⅵ期所用时间较短，并且达到麻醉Ⅵ期后迅速转移至清水，导致入麻时间短。其中在麻醉浓度为 210mg/L 时，死亡 1 尾，存活率为 80%，在其他浓度中鱼体复苏后存活率均为 100%。综上所述，MS-222 麻醉大规格异齿裂腹鱼的有效质量浓度为 150～180mg/L。

　　随着 MS-222 浓度的升高，小规格异齿裂腹鱼达到麻醉各期的时间逐渐缩短，但是在浓度 180mg/L 时，小规格异齿裂腹鱼达到麻醉Ⅳ期、Ⅴ期和Ⅵ期的时间反而增加，其原因是异齿裂腹鱼在该浓度下应激反应较强，对鱼体刺激较大。在麻醉液中麻醉 20min 后移入清水中的复苏时间呈现不规律现象，整体上来看复苏时间呈增长趋势。其中在麻醉液浓度为 120mg/L 和 180mg/L 时，各死亡 1 尾，存活率均为 80%，在其他浓度中鱼体复苏后存活率均为 100%。综上所述，MS-222 麻醉小规格异齿裂腹鱼的有效质量浓度为 150mg/L（表 3-189）。

4. 空气中暴露时间对深度麻醉异齿裂腹鱼的影响

　　将大规格异齿裂腹鱼放入 180mg/L 的 MS-222 溶液中麻醉 5min 后，鱼体均处于Ⅳ期和Ⅴ期的麻醉状态，呼吸微弱，此时将鱼从水中捞出进行空气暴露试验，少数鱼体在进行空气暴露之初，呼吸停止，大部分鱼体呼吸频率有规律；随后鳃盖振动幅度变大，呼吸幅度增大并变快；之后一些鱼体尾部开始摆动，身体开始出现轻微挣扎的现象。随着在空气中暴露时间的延长，鱼体挣扎、呼吸频率趋于正常，并且身体逐渐恢复平衡。空气暴露试验结束后进行复苏的数据表明，随着空气暴露时间的延长，异齿裂腹鱼复苏时间减少。鱼体麻醉后立即复苏的复苏时间最长，平均为 293s；在空气中暴露 9min 复苏所需时间最短，平均为 160s，随后复苏时间稍微增加。但是鱼体经历不同的空气暴露时间后的复苏时间却相差不大 [图 3-259（a）]。经单因素方差分析得出，空气暴露时间的长短对大规格异齿裂腹鱼复苏时间的影响差异不显著（$P > 0.05$）。

　　将小规格异齿裂腹鱼放入 150mg/L 的 MS-222 溶液中麻醉 5min 后，鱼体均处于Ⅳ期和Ⅴ期的麻醉状态，此时将鱼从水中捞出进行空气暴露试验。在空气暴露之初，鱼体呼吸很微弱但呼吸频率有规律。空气暴露 0min 时，鱼体均能在 10min 内恢复；空气暴露 3min 后，大部分鱼体在 6min 左右身体恢复平衡；空气暴露 6min 后，大部分鱼体在 4min 左右身体恢复平衡。随着暴露时间的延长，鱼体复苏时间呈现先降低后升高再保持稳定的趋势。空气暴露试验结束后进行复苏的数据表明，鱼体麻醉后立即复苏的复苏时间最长，平均为 479s；在空气中暴露 9min 复苏所需时间最短，平均为 212s。但是鱼体经历不同的空气暴露时间后的复苏时间相差较大 [图 3-259（b）]。经单因素方差分析得出，空气暴露时间的长短对小规格异齿裂腹鱼复苏时间的影响存在显著差异（$P < 0.05$）。

三、讨论

1. MS-222 对不同规格异齿裂腹鱼呼吸频率的影响

　　鱼体麻醉后的呼吸频率能够反映麻醉深度，呼吸频率慢则麻醉程度深，反之则麻醉程度浅（刘长琳等，2008）。MS-222 麻醉大规格和小规格异齿裂腹鱼时，在麻醉Ⅲ期以内，呼吸频率增加但两者之间无显著差异，在麻醉Ⅳ期以后呼吸频率才开始显著下降，说明Ⅲ期作为浅度麻醉期和麻醉期的转折点，对异齿裂腹鱼有着一定程度的影响。大规格异齿裂腹鱼麻醉时间、复苏时间均与浓度呈负相关关系；与短须裂腹鱼（周辉霞等，2017）的研究结果类似，小规格异齿裂腹鱼麻醉时间与浓度呈负相关关系，复苏时间则与浓度呈正相关关系。大规格异齿裂腹鱼进入麻醉状态的时间较长（杜浩等，2007），麻醉时间与体重呈正相关，这与圆口铜鱼（Dong et al，2017）的研究结果类似，而大规格鱼复苏时间则较短（杜浩等，2007），复苏时间与体重呈负相关（Burka et al，1997）。

表3-188　大规格异齿裂腹鱼达到麻醉各期的时间、复苏时间及存活率

MS-222浓度/(mg/L)	II期/s	III期/s	IV期/s	V期/s	VI期/s	复苏时间/s	体长/cm	体重/g	存活率/%
60	288.80±80.87	732.33±185.60	809	—	—	92.4±41.64	25.00±1.62	218.20±39.68	100
90	171.20±21.62	336.6±142.01	340.33±96.76	—	—	218.20±64.26	25.98±1.96	245.30±32.54	100
120	228.75±72.84	258.40±76.11	471.60±124.66	1177.00±18.38	1208	325.00±172.32	25.28±1.24	240.10±26.59	100
150	110.80±24.44	155.40±9.53	188.20±34.26	755.75±138.32	882.25±190.00	832.40±550.05	25.44±1.71	242.80±45.19	100
180	100.00±19.27	123.60±20.00	157.00±30.94	710.00±287.49	827.40±256.88	781.00±391.32	25.56±1.79	248.80±32.36	100
210	78.40±13.37	113.00±30.00	194.80±72.79	469.80±82.65	515.60±49.10	563.50±243.35	24.48±0.37	174.60±84.62	80
240	70.20±31.04	97.80±25.10	188.60±73.94	378.25±122.31	688.80±187.77	734.60±312.39	25.20±2.54	231.70±61.44	100

注：I期特征不明显，表中未注出；"—"指时间超过20min。

表3-189　小规格异齿裂腹鱼达到麻醉各期的时间、复苏时间及存活率

MS-22浓度/(mg/L)	II期/s	III期/s	IV期/s	V期/s	VI期/s	复苏时间/s	体长/cm	体重/g	存活率/%
60	189.20±42.69	305.60±90.10	—	—	—	242.80±39.52	13.00±1.67	31.00±10.59	100
90	122.00±37.10	144.50±50.89	693.67±194.32	841.50±0.71	1126.00±63.00	835.00±755.43	16.70±3.66	97.00±3.12	100
120	74.00±21.71	99.20±24.95	461.00±129.33	641.50±202.94	764.60±180.28	486.75±217.26	15.90±2.94	55.10±25.55	80
150	69.20±25.98	88.20±20.14	274.20±78.64	345.00±109.99	435.20±78.09	423.00±133.90	14.74±1.72	44.90±12.26	100
180	67.00±19.38	87.00±15.13	312.50±11.03	418.00±51.10	567.80±201.86	787.50±201.06	16.62±1.54	59.50±20.17	80
210	51.60±15.63	70.80±10.57	257.60±47.46	305.33±17.47	371.60±7.86	1088.00±517.26	16.14±1.53	53.20±13.85	100
240	46.60±14.24	59.40±15.98	186.80±21.43	277.00±67.53	301.00±64.32	790.00±400.98	12.20±0.91	27.20±5.64	100

注：I期特征不明显，表中未注出；"—"指时间超过20min。

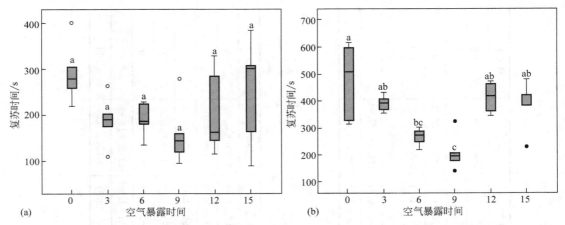

图 3-259　空气中暴露时间对大规格（a）、小规格（b）异齿裂腹鱼复苏时间的影响

MS-222 浓度越高，鱼体呼吸频率下降的速度越快，其原因是鱼体在高浓度的 MS-222 溶液中可以在短时间内通过鳃丝吸入大量麻醉液，麻醉剂在水溶液中可经鳃、皮肤等部位传导至鱼脑感觉中枢，抑制鱼的反射和活动能力，使鱼行动迟缓（田家元等，2011），从而大大减少鳃盖张合的速率，表现为鱼体呼吸频率的迅速下降，而小规格个体较大规格个体单位时间内呼吸频率较快，在单位时间里摄入麻醉剂的量偏多，所以小规格个体进入麻醉状态的时间较短。反映出麻醉剂对呼吸频率的影响，不仅具有物种个体上的差异性（杜浩等，2007；王秀华等，2009），还与麻醉剂浓度高低有关（郭丰红等，2009）。

2. 异齿裂腹鱼的麻醉有效浓度

影响麻醉效果的因素不仅与麻醉剂种类有关，还受鱼种、规格、健康状况等鱼体自身因素以及水温、溶氧等环境因素的影响（刘长琳等，2007；Popovic et al，2012）。MS-222 麻醉剂入麻时间短、复苏快、安全边界宽（赵明等，2010；Marking et al，1985），对人和鱼体无害、低残留（Marking et al，1985），可有效降低鱼体代谢强度，减少了鱼体在水体中的溶氧消耗（王秀华等，2009）和运输过程中鱼类产生的典型应激反应（Liu et al，2006），从而获得高的存活率（张朝晖等，2003）。

对于大、小规格异齿裂腹鱼的个体差异性来说，不同规格的鱼对 MS-222 的代谢和消除状况不同，体表面积的大小是影响麻醉效果的重要因素（赵明等，2010），不同规格的鱼对不同浓度麻醉剂的敏感程度不同。本文的研究结果表明，大规格异齿裂腹鱼的麻醉有效质量浓度为 150～180mg/L，小规格异齿裂腹鱼的麻醉有效质量浓度为 150mg/L。

在水温相差不大的情况下，本试验所得的麻醉有效质量浓度略低于鳜鱼（郭丰红等，2009）和圆斑星鲽（赵明等，2010）；在溶氧相差不大的情况下，本试验所得的麻醉有效质量浓度与半滑舌鳎（刘长琳等，2008）和赤眼鳟（彭宁东等，2016）较为接近，略低于鳜鱼（郭丰红等，2009）和圆斑星鲽（赵明等，2010），高于大菱鲆（孙伟红等，2015）（见表 3-190）。

高原裂腹鱼类耐氧能力较强（胡思玉等，2009，2012），水体含氧量偏高（张娜等，2009），这与低需氧鱼类比高需氧鱼类入麻时间长的结论较为一致（Hseu et al，1997），并且由于长期在较低的水温下生存，低温环境使圆斑星鲽对电感觉中枢有明显的抑制作用；自身形成了抵御不良环境的抗性机制（赵明等，2010），进而使鱼体对麻醉药物的吸收率降低，从而造成麻醉鱼体所需的浓度偏高，这与赵明等（2010）对圆斑星鲽的研究结果相似。

表 3-190　不同鱼种的 MS-222 有效质量浓度

种类	溶氧	温度	有效质量浓度	参考文献
大菱鲆 *Scophthalmus maximus*	8.0~9.0	12~13	60	孙伟红等（2015）
鳜鱼 *Siniperca chuatsi*	8.0~9.0	13~14	200~220	郭丰红等（2009）
短须裂腹鱼 *Schizothorax wangchiachii*	≥8	14.5	80	周辉霞等（2017）
圆斑星鲽 *Verasper variegates*	—	15	180~300	赵明等（2010）
光唇裂腹鱼 *Schizothorax lissolabiatus* Tsao	7.0~7.4	21.6~22.6	60	吴敬东等（2014）
半滑舌鳎 *Cynoglossus semilaevis* Günther	6	23	120~210	刘长琳等（2007）
刀鲚 *Coilia nasus* Schlegel		25	150	严银龙等（2016）
许氏平鲉 *Sebastes schlegelii*	>6	25~26	100	官曙光等（2011）
赤眼鳟 *Squaliobarbus curriculus*	≥5	26	120~180	彭宁东等（2016）
布氏鲷 *Tilapia buttikoferi* Juvenile	—	26.5	110~190	何小燕等（2013）

3. 异齿裂腹鱼的空气暴露

异齿裂腹鱼Ⅳ期麻醉后立即进行复苏所需时间最长，在空气暴露 9min 内，暴露时间越长，复苏时间越短；在空气暴露 9min 后，复苏时间稍微增加。

大规格异齿裂腹鱼在不同的暴露时间下，鱼体复苏时间相差不大；小规格异齿裂腹鱼在空气暴露 6min 和 9min 下的复苏时间与其他空气暴露时间有差异。分析其原因可能是在空气暴露试验的 MS-222 浓度随血液循环分散到身体部位（何小燕等，2013）并且代谢消减了一部分，在体内达到平衡（郭丰红，汪之和，2009），减轻了麻醉剂对大脑的抑制反应，以致鱼体在清水中复苏时间相差不大或者略有偏差。

第二小节　异齿裂腹鱼麻醉运输技术

一、材料和方法

1. 材料

选择人工驯养 2~3 龄的异齿裂腹鱼幼鱼，试验前暂养于室内流水水泥池中，水温为 12~20℃。试验鱼规格为全长 17~25cm，体重 34.1~130.3g。

2. 试验过程

本研究采用 MS-222（商品名为鱼安定，化学名称为间氨基苯甲酸乙酯甲磺酸盐）来开展麻醉模拟运输试验。预先配制 8 种不同浓度的 MS-222 麻醉液，浓度分别为 0mg/L、10mg/L、20mg/L、30mg/L、40mg/L、50mg/L、60mg/L、70mg/L。麻醉液通过将 MS-222 粉剂溶于曝气过的自来水中搅匀而成，其中 0mg/L 的 MS-222 麻醉液以曝气过的自来水代替。正式麻醉时，先将麻醉液装入双层尼龙氧气袋中以模拟运输环境。每袋装入 6L 麻醉液，每种浓度装 6 袋，同时测量麻醉液起始的温度、溶解氧、pH、氨氮含量、亚硝酸氮含量和总氮含量；然后向每个氧气袋转入试验鱼 5 尾，并立即对氧气袋进行充氧封口，保持气/水体积比为 2∶1；再把包装好的氧气袋放置于室内循环水养殖水缸中（直径 1.5 m，水深 1 m，水缸内水温 16~17℃），相同浓度组的氧气袋放置于同一个水缸中；随后，每隔 4h 解开各浓度组 2 个氧气袋，记录试验鱼的麻醉状态和存活情况，并同步测量袋内水体的温度、溶解氧、pH 和总氮。因此一共获得了 4 个时间段（0h、4h、8h、12h）的麻醉存活和水质数据。

二、结果

1. 不同浓度 MS-222 麻醉异齿裂腹鱼的水质变化特征

不同浓度 MS-222 麻醉异齿裂腹鱼的过程中，主要水质指标发生较大波动（图 3-260）。麻醉 0～4h 内，溶解氧和总氮呈上升趋势，pH 呈下降趋势；麻醉 4～8h 内，溶解氧出现下降趋势，低浓度 MS-222 组（0～20mg/L）的 pH 继续呈下降趋势，而高浓度 MS-222 组（30～70mg/L）的 pH 呈上升趋势，总氮无明显变化规律；8～12h 内，溶氧和总氮无明显变化规律，低浓度 MS-222 组（0～20mg/L）的 pH 呈上升趋势，而高浓度 MS-222 组（30～70mg/L）的 pH 呈下降趋势。

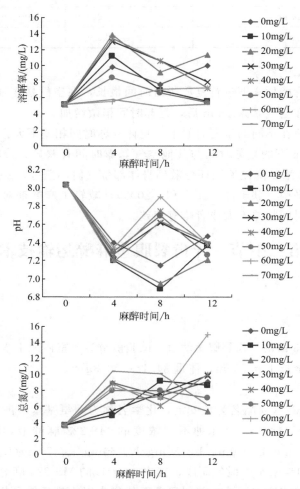

图 3-260　不同浓度 MS-222 麻醉异齿裂腹鱼的水质参数变化情况

2. 麻醉效果

表 3-191 列出了不同浓度 MS-222 异齿裂腹鱼幼鱼的行为表现。从死亡情况来看，在 12h 的模拟麻醉运输试验中，只有 MS-222 浓度在 60mg/L（死亡率 20%）和 70mg/L（死亡率 70%）时出现了死亡。从行为表现来看，当 MS-222 浓度在 20mg/L 以下时，对试验鱼

的行为没有明显抑制作用；浓度在 30mg/L 时，试验鱼仅有轻度的麻醉，且随着时间的推移，行为逐步恢复正常；浓度在 40～50mg/L 时，对试验鱼的麻醉效果较好且不会造成死亡；浓度在 60～70mg/L 以上时，试验鱼容易出现深度麻醉情况，且有死亡情况发生。综合来看，适宜异齿裂腹鱼的 MS-222 浓度为 40～50mg/L，有效麻醉时间不低于 8h。

表 3-191　不同浓度 MS-222 异齿裂腹鱼幼鱼的行为表现

MS-222 浓度/(mg/L)	行为表现		
	麻醉 4h	麻醉 8h	麻醉 12h
0	行为正常	行为正常	行为正常
10	行为正常	行为正常	行为正常
20	行为正常	行为正常	行为正常
30	反应迟钝	行为正常	行为正常
40	部分翻肚	反应迟钝	行为正常
50	部分翻肚	反应迟钝	反应迟钝
60	全部翻肚	全部翻肚	部分翻肚
70	少数死亡，全部翻肚	大部分死亡	大部分死亡

三、讨论

1. 影响运输存活率的因素

影响活鱼运输效率和存活率的因素众多，其中主要有水中溶解氧、二氧化碳浓度、温度、鱼体自身条件和监控措施。另外，需注意运输鱼的水体要与其自然生存环境水体保持高度一致。

① 溶解氧　运输过程中，为了降低成本会增加鱼在水中的密度，造成了拥挤、鱼体疲惫和缺氧，且鱼的新陈代谢等会生成有毒有害的氨氮。而水中充足的溶解氧可以大大降低水体氨氮等还原性物质的含量，所以运输鱼的水溶解氧充足时可以降低死亡率。另外，水温对溶解氧量也产生影响，所以在鱼类适合生存的温度范围内降低水温可以提高溶解氧，放置冰袋和保温材料来降温是非常方便、环保的措施。

② 二氧化碳浓度　鱼类呼吸作用产生的二氧化碳溶于水后部分变为碳酸，水中容存的碳酸和二氧化碳含量处于动态平衡状态，所以通常情况下二氧化碳分压上升不明显。活鱼运输时空间的密闭会造成鱼类血液中的二氧化碳浓度上升，刺激呼吸中枢增大氧气消耗量。但密闭空间没有空气对流和气体交换，溶氧量不足时，鱼体呼吸次数减少。在水中加入微孔性的特殊半透膜可以有效分离水中二氧化碳，并用氢氧化钙吸收除去，也可在水体中通入氧气，降低二氧化碳分压，使之随气泡扩散而排出。

③温度　大多数鱼类对温度敏感，在适宜的温度范围内，随着水温降低鱼类的代谢强度和耗氧速率也降低。在活鱼运输中一般采用降温的措施减弱新陈代谢，减少氨氮、二氧化碳和有机排泄物，保证水质始终处于良好的状态。降温后鱼的活动量也减小，减轻了鱼之间激烈运动造成的黏膜和鳞片脱落，降低了体表受伤和微生物感染的概率，保证水产品活体质量。最后，同夏季引起的水温骤变一样，如果降温太快、温差过大也会引起鱼体不适，所以应进行梯度降温，降温速度控制在每小时不大于 3℃。

④ 自身条件　在运输前期，首先要对运输环境（如距离、气温、水质、装载密度）、鱼

的耐受力进行评估，既要考虑经济效益，又要兼顾运输的安全系数；其次挑选健康的鱼进行暂养，并在运载前两天停止投饵进行清肠，使其消化道内食物及粪便排空，以减少运输中对水体的污染，降低活鱼的代谢率，避免不必要的鱼体损伤，确保产品质量。

⑤ 监控措施　现阶段，雅鲁藏布江主要裂腹鱼类运输尚处于依靠以往经验的阶段。仅仅凭借感觉而没有确切的数据便不能准确地分析出造成活鱼死亡的具体原因。因此，如果运输过程中全程监测水中的溶氧、pH 和温度等指标，便可及时采取相应的措施，改善运输条件，从而提高存活率和运输效率。

2. 常用的运输方法

目前，我国活鱼运输主要采用传统有水运输和无水运输两种方法。二者原理大致相同，都是降低鱼的代谢强度并改善运输水体的水质来提高运输效率，方法有所不同，传统有水运输以物理化学麻醉法和降温来实现，无水运输则以添加缓冲体系、防泡剂、抑菌剂和沸石等措施来实现。

雅鲁藏布江主要裂腹鱼类运输主要采用传统有水运输方法——塑料袋充氧运输法，袋中鱼、水、氧气按照 1∶1∶3 的比例存放。遇到夏季高温天气，可在箱内尼龙袋间放置冰块降温，箱子外部用保温材料包裹，起到维持鱼类生活状态稳定的作用。但尼龙袋易被尖锐物体刺破而漏水、漏气，需要及时检查并进行换袋充氧，且尼龙袋使用次数有限，无法循环使用。

一般而言，应尽量缩短鱼类的运输时间。但是在极端情况下，鱼类的运输时间可能超过12h。本研究也证实，如果麻醉浓度适宜，异齿裂腹鱼可以实现 12h 的安全运输。虽然低浓度 MS-222 麻醉甚至不麻醉也能实现异齿裂腹鱼 12h 内的模拟运输存活，也没有立即表现出明显的身体损伤，但异齿裂腹鱼很可能会因为经历了长时间的高应激状态而在运输后一段时间内陆续出现伤病甚至死亡。因此，就本研究结果来看，异齿裂腹鱼麻醉运输的时间最好控制在 8h 内。

第三小节　可见植入荧光标记和 T 型标志牌标志异齿裂腹鱼幼鱼的研究

对放流鱼类进行人工标志是评估增殖放流效果最常见和有效的方式之一。目前国内外已形成了多种适宜于鱼类的标志技术，包括物理标记、化学标记、分子标记等。但是，适宜不同鱼类的标志方法也存在差异，需要开展筛选研究。由于对西藏鱼类的研究力度有限，只有对拉萨裸裂尻鱼（Zhu et al，2016）、拉萨裂腹鱼（朱挺兵，2017）和尖裸鲤（Zhu et al，2017）等 3 种鱼类开展过标志筛选研究。因此，扩大对西藏土著鱼类的标记筛选研究是必要的。本研究在室内水泥池条件下，分别采用可见植入荧光（VIE）标记和 T 型标志牌对异齿裂腹鱼幼鱼进行短期标志，以期筛选出适宜的标志方法。

一、材料与方法

材料鱼为人工培育的异齿裂腹鱼幼鱼。试验设施为室内水泥池，长 3.6m，宽 2.9m，深 0.4m；微流水，水源为地下水。

共设置 3 个处理组，分别为 VIE 标记组、T 型标志牌组和对照组。每组处理设 2 个平行，每个平行 94 尾试验鱼。标记前，采用 40mg/L MS-222 对试验鱼进行麻醉，然后测量试验鱼的全长（精确到 0.1cm）和体重（精确到 0.1g），随后进行手工标志。其中 VIE 标记的部位为试验鱼头部表皮，T 型标志牌的标志部位为背鳍基部。试验鱼标志完成后分别放入 6 个水泥池中进行暂养，每天投喂 3 次（9：30、15：00、21：00）。试验期间的水温为 10.1～11.7℃，溶氧为 3.65～7.54mg/L。暂养 30d 后，对各水泥池的试验鱼数量、个体大小和标记保持情况进行统计测量。

采用单因素方差分析比较试验前后组间的个体大小差异。存活率和标记保持率数据先进行平方根反正弦转换，随后进行非参数检验比较组间差异。$P < 0.05$ 时，即认为差异显著。统计分析软件为 SPSS16.0。

二、结果

1. 生长

表 3-192 列出了不同标记方式下异齿裂腹鱼的生长情况。各处理组试验鱼在试验前的全长没有显著差异（$P = 0.862$），试验结束时各组间的全长也没有显著差异（$P = 0.195$）。

表 3-192　不同标记方式下异齿裂腹鱼幼鱼的生长情况

处理	重复	初始数量/尾	初始全长/cm	终末全长/cm
VIE 标记	重复一	94	28.6±3.6	28.6±3.6
	重复二	94	28.5±3.9	29.0±4.0
T 型标志牌	重复一	94	28.1±3.7	28.8±3.9
	重复二	94	28.7±3.6	29.4±3.9
对照	重复一	94	28.6±2.6	31.1±2.2
	重复二	94	28.8±2.5	29.7±2.7

2. 存活率

VIE 标记组和对照组的存活率略高于 T 型标志牌组（表 3-193）。非参数检验（Kruskal-Wallis test）显示，各组间的存活率没有显著差异（$P = 0.228$）。

表 3-193　不同标记方式下异齿裂腹鱼幼鱼的存活率

处理	重复	存活率/%
VIE 标记	重复一	93.6
	重复二	97.9
	平均	95.8
T 型标志牌	重复一	93.6
	重复二	90.4
	平均	92.0
对照	重复一	97.9
	重复二	96.8
	平均	97.4

3. 标记保持率

试验期间，VIE 组未发现标记脱落情况，平均标记保持率为 100%，T 型标志牌组的平均标记保持率为 89.0%（表 3-194）。将百分率数据反正弦转换后进行 Mann-Whitney 非参数检验，显示两种标记方式的标记保持率没有显著差异（$P = 0.102$）。

表 3-194　不同标记方式下异齿裂腹鱼幼鱼的标记保持率

处理	重复	标记保持率/%
VIE 标记	重复一	100
	重复二	100
	平均	100
T 型标志牌	重复一	93.2
	重复二	84.7
	平均	89.0

三、讨论

标志技术的发展可为鱼类的行为、增殖放流效果评估等研究提供便利，但是不同标志方式在标记效果上存在一定的差异。为了进一步支撑异齿裂腹鱼增殖放流效果评估等研究工作的开展，本研究验证并提出适宜异齿裂腹鱼的短期标志方式为 VIE 标记。

1. 不同标志方式对异齿裂腹鱼幼鱼生长与存活的影响

异齿裂腹鱼属冷水性鱼类，具有生长缓慢的特点。而本研究的试验周期仅为 30d，所以各组试验鱼都没有发生明显的生长，也即 VIE 标记和 T 型标志牌标志对异齿裂腹鱼幼鱼的生长也没有造成显著影响。这与拉萨裸裂尻鱼（Zhu et al，2016）、拉萨裂腹鱼（朱挺兵，2017）和尖裸鲤（Zhu et al，2017）等高原鱼类的同类研究结果是一致的。

不同标志方式对异齿裂腹鱼幼鱼的存活具有显著影响。本研究表明，VIE 标记组异齿裂腹鱼幼鱼存活率为 95.8%，而 T 型标志牌组异齿裂腹鱼幼鱼存活率为 92.0%。两种标志方式下试验鱼存活率的差异可能与标志造成的创伤程度有关。VIE 标记只植入于试验鱼的头部表皮层，而且注射针头非常细小（直径<0.5mm），对试验鱼造成的创伤非常小，注入的荧光染液为液体状态，不会对鱼体造成刮擦，因此不易造成死亡。而 T 型标志牌的标志针头较大（约 1mm），标志产生的创口也就相应较大，同时 T 型标志牌需要插入肌肉层，且T 型标志牌为固体，因此更容易刮擦鱼体进而引发创口感染，从而导致试验鱼死亡率上升。

2. 不同标志方式对异齿裂腹鱼幼鱼的标记保持效果

本研究显示，VIE 标记组异齿裂腹鱼幼鱼较 T 型标志牌组试验鱼的标记保持率更高。VIE 标记在很多鱼类中均表现出了很高的保持率，例如：达乌尔鲹 210d 的保持率为 95.83%（杨晓鸽等，2013），拉萨裸裂尻鱼 91d 的保持率为 100%（Zhu et al，2016），尖裸鲤 95d 的保持率为 95.2%（Zhu et al，2017）。T 型标志牌的保持率相对较低。原因可能是 T 型标志牌较大，且挂在鱼体外的部分较长，试验鱼在游动的过程中，易发生刮擦，从而导致 T 型标志牌更容易脱落。但从标记辨识度来看，T 型标志牌具有优势，只要不脱落，肉眼即可轻松识别，且可以进行编号。而 VIE 标记会随着时间的延长而模糊淡化，也无法进行个体区分。

受限于材料鱼不足、试验条件有限等因素，本研究仅对异齿裂腹鱼幼鱼开展了两种标志方式下短期的标志效果试验。为此，有必要进一步开展异齿裂腹鱼不同规格、其他标志方式及更长期限的标志研究。

第四小节 拉萨河异齿裂腹鱼增殖放流评估

2018年西藏自治区农牧科学院水产科学研究所采用T型标志牌、荧光标记方法，标记异齿裂腹鱼15.7万尾，分别在拉萨河俊巴村河段、两桥一洞河段、嘉黎县绒多乡、林周县阿郎乡、茶巴朗村河段分7次增殖放流，并开展了5次回捕工作（表3-195）。

表 3-195 珍稀特有鱼类苗种标记及放流情况表

放流时间	放流地点	放流物种	放流数量/万尾	T型标志牌标记数量/万尾	荧光标记数量/万尾	放流个体体长/cm	放流个体体重/g
2018年6月6日	拉萨河（俊巴村河段）	异齿裂腹鱼	4	0.4	0.4	7.1±0.8	3.4±0.3
2018年7月1日	拉萨河（两桥一洞河段）	异齿裂腹鱼	3	0.2	0.2	7.6±0.9	3.8±0.4
2018年7月12日	拉萨河（两桥一洞河段）	异齿裂腹鱼	3.5	0	0	7.7±0.6	4.0±0.5
2018年8月5日	拉萨河（嘉黎县绒多乡）	异齿裂腹鱼	1.02	0.48	0.54	32.1±14.3	25.6±18.3
2018年8月12日	拉萨河（林周县阿郎乡）	异齿裂腹鱼	1.28	0.6	0.88	29.0±18.3	24.6±17.6
2018年8月21日	拉萨河（曲水县两桥一洞）	异齿裂腹鱼	1.1	0.5	0.6	41.6±21.2	28.4±19.3
2018年8月23日	拉萨河（茶巴朗村河段）	异齿裂腹鱼	1.8	0.9	0.9	7.8±0.9	4.2±0.3

一、评估方法

增殖放流的效果主要通过监测回捕标志放流鱼来进行评估。

1. 数据回收方法

放流鱼类的数据回收主要有2种方法：一是主动回捕，即在放流地点上下游定期组织捕捞活动，回捕时间6~11月，每月至少捕捞一次；二是市场调查，包括走访渔民、鱼贩，甚至垂钓人员，向他们了解渔获物情况，并重点记录是否有标记鱼被捕获，以及捕获的种类、数量、个体大小、健康状况和捕捞时间、地点等信息。

2. 数据分析方法

放流鱼类数据分析主要是服务于放流效果的评估，常用的统计指标如下：

（1）回捕率 $R = n/N$

式中，n 为放流个体的回捕数量；N 为放流总数量。

（2）体重日增量 $W = (W_T - W_0)/T$

式中，W_0 为放流时的体重，单位为g；W_T 为回捕时的体重，单位为g；T 为从放流到回捕所经历的时间，单位为d。

（3）体长日增量 $L=(L_T-L_0)/T$

式中，L_0 为放流时的体长，单位为 mm；L_T 为回捕时的体长，单位为 mm；T 为从放流到回捕所经历的时间，单位为 d。

（4）迁移速度 $V=D/T$

式中，D 为回捕点到放流点的江段距离，单位为 m；T 为从放流到回捕所经历的时间，单位为 d。

二、结果

1. 回捕率

2018 年 6～8 月，回捕 5 次，其中 4 次有回捕到标记鱼，具体情况见表 3-196。在拉萨河上、中、下游共计放流异齿裂腹鱼 50.4 万尾，其中标记鱼苗 6.6 万尾。共回捕到放流鱼苗 4 尾，回捕率为 0.06‰。

表 3-196　拉萨河异齿裂腹鱼标记放流及回捕情况

回捕方式	回捕时间	地点	总回捕数量/尾	总回捕重量/kg	回捕标记个体数量/尾	回捕标记个体重量/g	回捕标记类型	体重/g	体长/cm	健康状况
委托回捕	6月15日	雅鲁藏布江曲水两桥一洞	3000	300	1	3.5	T型标	3.5	7.3	标记伤口未愈合
委托回捕	6月28日	雅鲁藏布江曲水两桥一洞	1600	200	1	3.3	T型标	3.3	6.9	标记伤口未愈合
委托回捕	7月22日	雅鲁藏布江曲水两桥一洞	1850	185	1	4.1	T型标	4.1	8.4	标记伤口未愈合
委托回捕	8月22日	雅鲁藏布江曲水两桥一洞	2800	300	1	3.4	T型标	3.4	7.1	标记伤口未愈合
自捕	9月27日	拉萨河嘉林县绒多乡	124	47	0	0	0	0	0	
自捕	9月27日	拉萨河林周县阿郎乡	233	60	0	0	0	0	0	

2. 体重日增量

放流鱼体重增长情况见表 3-197。异齿裂腹鱼平均体重日增量为 (0.0048 ± 0.0073)g/d。回捕鱼体重日增量差异较大，可能是因为初始体重采用体重平均值计算，同时野外环境较为复杂，不同鱼体对环境适应能力有差异造成的。

表 3-197　放流鱼体重日增量表

编号	种类	回捕体重/g	初始体重/g	天数/d	体重日增量/(g/d)
CZ20180506	异齿裂腹鱼	3.50	3.40	10	0.01
CZ20187137	异齿裂腹鱼	3.30	3.40	23	0.00
CZ20182015	异齿裂腹鱼	4.10	3.80	22	0.01
CZ20188327	异齿裂腹鱼	3.40	3.40	77	0.00

3. 体长日增量

放流鱼体长增长情况见表 3-198。异齿裂腹鱼平均体长日增量为 $(0.0119 \pm 0.0175)\mathrm{cm/d}$。回捕鱼体长日增量差异较大，可能是因为初始体长采用体长平均值计算，同时野外环境较为复杂，不同鱼体对环境适应能力有差异造成的。

表 3-198　放流鱼体长日增量表

编号	种类	回捕体长/cm	初始体长/cm	天数/d	体长日增量/(cm/d)
CZ20180506	异齿裂腹鱼	7.30	7.10	10	0.02
CZ20187137	异齿裂腹鱼	6.90	7.10	23	−0.01
CZ20182015	异齿裂腹鱼	8.40	7.60	22	0.04
CZ20188327	异齿裂腹鱼	7.10	7.10	77	0.00

4. 迁移速度

放流鱼体迁移速度见表 3-199，异齿裂腹鱼迁移速度为 $58.44 \sim 450\mathrm{m/d}$。迁移速度总体较慢，可能是因为放流点水流平缓，而其余地方水流湍急，放流的鱼离开放流点后很快随水流到雅鲁藏布江中下游了，而本研究采样点只在雅鲁藏布江两桥一洞处，更远的地方未设置回捕点。

表 3-199　放流鱼体迁移速度表

编号	种类	天数/d	距离/m	迁移速度/(m/d)
CZ20180506	异齿裂腹鱼	10	4500	450.00
CZ20187137	异齿裂腹鱼	23	4500	195.65
CZ20182015	异齿裂腹鱼	22	4500	204.55
CZ20188327	异齿裂腹鱼	77	4500	58.44

5. 回捕群体性腺发育情况

回捕群体性腺一般为Ⅰ期，雌雄不辨；相同大小野生个体性腺也一般为Ⅰ期，无显著差异（$P>0.05$）。放流个体性腺纯白色，较透明，同野生个体性腺无差异。

三、讨论

1. 放流鱼群体移动方向

通过回捕发现，拉萨河上游嘉黎县绒多乡、中游林周县阿郎乡均没有标记鱼苗，而雅鲁藏布江两桥一洞处有标记鱼，说明放流鱼群体是从拉萨河-茶巴朗村段（放流点）往下游进入雅鲁藏布江，而不是往拉萨河上游去。

2. 放流标记存在的问题

本次捕获标记鱼全部为 T 型标，观察发现回捕的标记鱼虽然均健康，无异常状况，但伤口均未愈合，长时间后容易造成伤口感染而死亡。可提前标记放流鱼，在养殖场内暂养一段时间，进行消毒处理，待伤口愈合后再进行人工增殖放流，从而提高增殖放流存活率。同时，可以借鉴其他标记方法，减少对鱼体的损伤，提高放流鱼苗存活率。

第二节　拉萨裂腹鱼增殖放流评估技术

第一小节　可见植入荧光标记和微金属线码标记标志拉萨裂腹鱼的研究

为保护拉萨裂腹鱼这一物种，一些科研单位已经开展了拉萨裂腹鱼的人工增殖与放流研究，但目前还没有开展比较系统的放流效果评估工作。可见植入荧光标记（Visible implant elastomer tag，VIE）和微金属线码标记（Coded wire tag，CWT）是 2 种最常见的鱼类标记方法，被广泛应用于鱼类增殖放流活动的效果评估。笔者研究了 VIE 标记和 CWT 标记对拉萨裂腹鱼的标志效果，旨在为拉萨裂腹鱼增殖放流的效果评估提供技术储备。

一、材料与方法

本研究采用的材料鱼为人工孵化的拉萨裂腹鱼幼鱼。试验前所有材料鱼暂养于封闭循环水控温养殖系统中，暂养所用的圆形水缸直径 80cm，水体积 300L，水温保持在（15±0.5）℃，溶氧保持在 8mg/L 以上。试验鱼暂养期间使用商业配合饲料（升索牌，型号 S4）进行投喂。

共设置 3 个处理组，分别为可见植入荧光标记（VIE）组、微金属线码标记（CWT）组和对照组。试验所用标记设备均由美国西太平洋公司（NMT）生产。

从试验鱼中挑选规格较为统一（5~7cm）的个体进行试验，每个处理组 200 尾试验鱼。试验时，先用 0.3mg/L 的 MS-222 将试验鱼麻醉，然后测量全长和体重，再迅速进行标志操作。使用 CWT 标记时，利用标记枪将 CWT 标记（长 1.10mm、直径 0.25mm）注入试验鱼背部肌肉，标志后用检测棒（V-Detector；NMT）进行检测，以确保标志成功。使用 VIE 标记时，使用 0.3mL 注射器将橙色荧光络合物注入试验鱼的头部皮层，并肉眼检查颜色标志是否完好。标志操作均由同一个人完成。为排除由于操作人员经验不足而造成的影响，标记的前 30 尾试验鱼不用于正式试验。标志完成后，将试验鱼放入封闭循环水控温养殖系统的水缸中，每个处理组 2 个缸，每缸放入 100 尾试验鱼，即有 2 个平行。对照组试验鱼不进行标志，但其他处理均按照与标记组相同的要求进行试验。试验期间水温控制在（15.0±0.5）℃，溶氧保持在 8mg/L 以上，光照周期 12L：12D。试验鱼每天饱食投喂 2 次，所用饲料为商业配合饲料。分别于试验开始后的第 7d 和第 40d 对试验鱼生长、存活和标志保持率进行检测。

二、结果与分析

1. 存活率与标志保持率

由表 3-200 可知，试验结束时，VIE 标记组试验鱼的存活率为 45%，明显高于 CWT 标记组（9%）和对照组（19%），说明 VIE 标记对试验鱼存活的影响要小于 CWT 标记。对照组试验鱼存活率较低的原因是试验 1 个月后对照组试验鱼突发小瓜虫病，至试验结束时病情已经得到控制。VIE 标记组和 CWT 标记组试验鱼的标记保持率都在 98% 以上，说明 2 种标记方法对拉萨裂腹鱼幼鱼的短期标志保持率都较高。

表3-200 不同标志方式下拉萨裂腹鱼幼鱼的存活率与标志保持率比较

试验时间	存活率/%			标志保持率/%	
	VIE组	CWT组	对照组	VIE组	CWT组
0	100	100	100	100	100
7	84	90	95	100	100
40	45	9	19	100	98

2. 生长情况

由表3-201可知，试验开始时，各组试验鱼的全长和体重都比较接近。试验结束时，VIE标记组试验鱼的体重增长了13.8%，CWT标记组试验鱼的体重增长了5.5%，对照组试验鱼的体重增长了7.5%，说明VIE标记对拉萨裂腹鱼生长的影响较小。

表3-201 不同标志方式下拉萨裂腹鱼幼鱼的生长情况

组别	全长/cm			体重/g		
	0d	7d	40d	0d	7d	40d
VIE组	5.1±0.4	5.1±0.4	5.2±0.5	1.09±0.30	1.11±0.28	1.24±0.42
CWT组	5.1±0.5	5.0±0.5	5.3±0.4	1.10±0.30	1.11±0.33	1.16±0.26
对照组	5.0±0.5	5.0±0.4	5.2±0.4	1.06±0.30	1.07±0.29	1.14±0.35

三、讨论与结论

在开展鱼类标记试验时，都希望尽可能减小标记操作对鱼类生长和存活的影响。该研究结果表明VIE标记和CWT标记对拉萨裂腹鱼幼鱼的生长没有显著影响，但是VIE标记组存活率明显高于CWT标记组。造成这种差异的原因可能在于标志部位的不同。VIE标记只在鱼体的表皮层操作，没有伤及更深层的体组织，因而试验鱼伤口可以快速愈合。CWT标记要插入鱼体肌肉深处，试验鱼规格又较小，可能对试验鱼造成了较大的伤害，从而最终降低了总体的存活率。

该研究结果表明VIE标记和CWT标记对拉萨裂腹鱼均具有极高的标志保持率。然而，一些研究表明VIE标记和CWT标记在不同时间尺度下对鱼类的标志效果存在较大差异。例如，采用VIE标记和CWT标记标志小鳗鲡（Anguilla anguilla）32d的标志保持率分别为100%和99%，但512d的标志保持率分别为66%和99%，说明VIE只适合短期标志，而CWT更适合长期标志。造成这种现象的原因可能在于VIE标记会随着鱼体的生长而扩散和淡化，到了一定程度肉眼将无法识别其颜色，而CWT标记是固态的金属丝，不会自行扩散，只要找准部位就能用检测棒检测到信号。由于条件所限，笔者只开展了为期40d的试验，未能进行更长时间的试验，但在更长的时间尺度下CWT标记拉萨裂腹鱼幼鱼的长期标志保持率可能会保持较高水平，而VIE标记拉萨裂腹鱼幼鱼的标志保持率可能会高于温带和热带地区的鱼类，因为西藏鱼类生长速度缓慢，VIE标记在皮层的扩散速度可能会更慢。

由于小瓜虫病的影响，该研究中各组试验鱼的最终存活率均不高。因此，该试验无法说明标记对试验鱼的存活能力是否有影响。但是，笔者同步开展的VIE和CWT对拉萨裸裂尻鱼的标志效果试验也许能说明一定的问题。拉萨裸裂尻鱼和拉萨裂腹鱼均属于裂腹鱼类，且分布区域也大体一致。Zhu等（2016）研究表明VIE和CWT对拉萨裸裂尻鱼的存活均没有显著影响。该试验中 VIE 组拉萨裂腹鱼的存活率高于对照组。据此推断，VIE 标记对拉萨裂腹鱼幼鱼的存活率没有显著影响，而 CWT 组试验鱼的存活率略低于对照组。目前，并不能确定 CWT 标记或患病是影响存活率的主因，仍需要进一步研究。

综合考虑成本、操作的便利性、损伤性和标志保持率等因素，VIE 标记是拉萨裂腹鱼幼鱼短期标志的较佳方式。

第二小节　拉萨河拉萨裂腹鱼增殖放流评估

一、评估方法

增殖放流的效果主要通过监测回捕标志放流鱼来进行评估。2018 年在拉萨河上、中、下游放流拉萨裂腹鱼 10 万尾，其中 1 万尾进行了 T 型标志牌标记或荧光标记。

1. 数据回收方法

放流鱼类的数据回收主要有 2 种方法：一是主动回捕，即在放流地点上下游定期组织捕捞活动，回捕时间 6～11 月，每月至少捕捞一次；二是市场调查，包括走访渔民、鱼贩，甚至垂钓人员，向他们了解渔获物情况，并重点记录是否有标记鱼被捕获，以及捕获的种类、数量、个体大小、健康状况和捕捞时间、地点等信息。

2. 数据分析方法

放流鱼类数据分析主要是服务于放流效果的评估，常用的统计指标如下：

（1）回捕率 $R = n/N$

式中，n 为放流个体的回捕数量；N 为放流总数量。

（2）体重日增量 $W = (W_T - W_0)/T$

式中，W_0 为放流时的体重，g；W_T 为回捕时的体重，g；T 为从放流到回捕所经历的时间，d。

（3）体长日增量 $L = (L_T - L_0)/T$

式中，L_0 为放流时的体长，mm；L_T 为回捕时的体长，mm；T 为从放流到回捕所经历的时间，d。

（4）迁移速度 $V = D/T$

式中，D 为回捕点到放流点的江段距离，m；T 为从放流到回捕所经历的时间，d。

二、结果

拉萨河拉萨裂腹鱼标记回捕情况见表 3-202。2018 年 6～8 月，共回捕了 5 次。在拉萨河上、中、下游共计放流拉萨裂腹鱼 10 万尾，其中标记拉萨裂腹鱼 1 万尾，未回捕到标记放流的拉萨裂腹鱼，回捕率为 0。

三、讨论

1. 拉萨裂腹鱼放流鱼苗群体移动方向

虽然本研究未回捕到放流的拉萨裂腹鱼，但是同期放流的异齿裂腹鱼放流后的移动方向是从拉萨河-茶巴朗村段（放流点）往下游进入雅鲁藏布江，而不是往拉萨河上游去，或可作为参考。

表 3-202　拉萨河拉萨裂腹鱼标记回捕情况表

回捕方式	回捕时间	地点	总回捕数量/尾	总回捕重量/kg	回捕标记个体数量/尾	回捕标记个体重量/g	回捕鱼标记类型	体重/g	体长/cm	健康状况
委托回捕	6月28日	雅鲁藏布江曲水两桥一洞	1600	200	0	0				
委托回捕	7月22日	雅鲁藏布江曲水两桥一洞	1850	185	0	0				
委托回捕	8月22日	雅鲁藏布江曲水两桥一洞	2800	300	0	0				
自捕	9月27日	拉萨河嘉林县绒多乡	124	47	0	0				
自捕	9月27日	拉萨河林周县阿郎乡	233	60	0	0				

2. 拉萨裂腹鱼放流标记存在的问题

本次放流的拉萨裂腹鱼标记鱼苗虽然行为表现正常，但 T 型标个体的伤口短期内均未愈合，长时间后容易造成伤口感染而死亡。可提前标记鱼苗，在养殖场内暂养一段时间，进行消毒处理，待伤口愈合后再进行人工增殖放流，从而提高增殖放流存活率。同时，可以借鉴其他标记方法，减少对鱼体的损伤，提高放流鱼苗存活率。

3. 今后需要考虑开展的工作

开展雅鲁藏布江及拉萨河渔业资源调查，摸清现有渔业资源量，这是特有鱼类增殖放流效果评估的前提。只有在现有资源量清楚的前提下，才能计算出增殖放流补充的渔业资源量。同时，增殖放流效果评估是一个长期的工作，只有长期监测才能取得较为准确和实用的数据，从而指导增殖放流工作。再者，西藏的鱼类增殖放流工作虽然起步较晚，但近几年发展迅速，每年都能达到放流几十万尾的规模，可在一定程度上恢复自然种群资源。建议加强基础研究、建立技术规范、加强放流后管理和评估以及人才队伍建设，以便更好地促进西藏鱼类增殖放流工作。

第三节　拉萨裸裂尻鱼增殖放流与效果评估

第一小节　可见植入荧光标记和微金属线码标记标志拉萨裸裂尻鱼的研究

一、试验方法

1. 材料鱼

本研究采用的材料鱼为人工繁殖的拉萨裸裂尻鱼幼鱼。试验前暂养于圆形水缸中（直径 80cm，水体积 300L），水温保持（15±0.5）℃，溶解氧保持在 8mg/L 以上。材料鱼暂养期间采用商业配合饲料（升索牌，型号 S4）进行投喂。

2. 试验设计

设置三个处理组，分别是可见植入荧光标记（VIE）组、微金属线码标记（CWT）组以及对照组。所用的标记设备均由美国西太平洋公司（NMT）生产。

挑选规格较为统一（5～7cm）的个体进行试验，因试验鱼比较宝贵，每个处理组使用200尾试验鱼。试验时，先用0.3mg/L的MS-222将试验鱼麻醉，然后测量全长和体重，再迅速进行标记操作。CWT标记时，利用标记枪（NMT）将CWT标记（长1.1mm、直径0.25mm）注入试验鱼背部肌肉，标记后用检测棒（V-Detector，NMT）进行检测，以确保标记成功。VIE标记时，利用0.3mL注射器将橙色荧光络合物注入试验鱼的头部皮层，并肉眼检查颜色标记是否完好。标记操作均由同一人完成。为排除操作人员经验不足的影响，标记的前30尾试验鱼不用于正式试验。标记完成后，将试验鱼放入封闭循环水控温养殖系统的水缸中，每个处理组2个缸，每缸放入100尾试验鱼，即有2个平行。对照组试验鱼不进行标记，但其他处理按照标记组相同的要求进行试验。试验期间水温控制为（15±0.5）℃，溶解氧保持在8mg/L以上，光照周期12L：12D。试验鱼每天饱食投喂2次，所用饲料为商业配合饲料。分别于试验开始后的第30d、63d、91d，对试验鱼进行生长、死亡和标志保持率的检测。

需要说明的是，试验一个月后，CWT组有一个水缸的试验鱼因突患细菌性疾病导致试验鱼大量死亡，经过药物治疗后控制住了病情，但是为排除疾病对试验结果的影响，该水缸试验鱼患病之后（试验第31～91d）的死亡和生长数据未纳入最终的死亡率和生长指标分析。

3. 数据处理

特定生长率（Specific growth rate，SGR）的计算如下：

$$SGR = 100\% \times (\ln W_t - \ln W_0)/t$$

式中，W_t 和 W_0 是试验开始和结束时试验鱼的平均重量，g；t 是试验持续的天数，d。死亡率数据在分析前进行反正弦平方根转换，Duncan多重比较法检验不同处理组试验鱼的个体大小差异。Kruskal-Wallis检验分析对照组和标记组的死亡率与特定生长率的差异。数据分析软件为SPSS 16.0，当 $P < 0.05$ 时认为差异显著。

二、结果

1. 死亡率

图3-261展示了试验期间各处理组试验鱼的死亡率动态。至试验结束时，CWT组试验鱼的死亡率（11.00%）略高于VIE组［（4.00±2.83）%］和对照组（2.00%）。但Kruskal-Wallis检验表明，各组试验鱼死亡率没有显著差异（$\chi^2 = 2$，$P = 0.217$）。

2. 标志保持率

除CWT组在试验第7d有1尾试验鱼掉标以外，其他标记处理试验鱼至试验结束时均未出现掉标现象，CWT组和VIE组试验鱼的标志保持率分别为99%和100%。

3. 生长

图3-262列出了试验期间试验鱼的全长生长情况。试验开始时，CWT组试验鱼的全长［（6.1±0.5）cm］显著大于VIE组［（5.9±0.5）cm］（$P > 0.05$），但两个标记处理组与对照组的全长［（6.0±0.5）cm］均没有显著差异（$P > 0.05$）。试验结束时，各处理组的全长［CWT组（9.1±0.9）cm；VIE组（9.1±0.6）cm；对照组（9.2±0.6）cm］没有显著差异

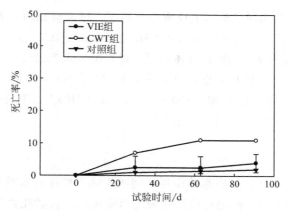

图 3-261　可见植入荧光标记（VIE）组、微金属线码标记（CWT）组和对照组
拉萨裸裂尻鱼幼鱼在试验期间的死亡率动态（平均值±标准差）

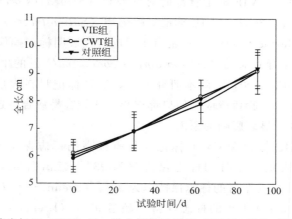

图 3-262　可见植入荧光标记（VIE）组、微金属线码标记（CWT）组和对照组拉萨裸裂尻鱼幼鱼
在试验期间的全长生长动态（平均值±标准差）

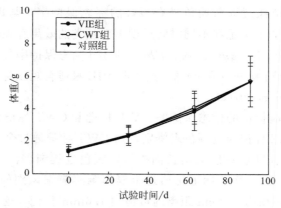

图 3-263　可见植入荧光标记（VIE）组、微金属线码标记（CWT）组和对照组拉萨裸裂尻鱼幼鱼
在试验期间的体重生长动态（平均值±标准差）

（$P > 0.05$）。Kruskal-Wallis 检验表明，各处理组试验鱼的全长特定生长率 [CWT 组 0.44％/d；VIE 组（0.49±0.05）％/d；对照组（0.46±0.03）％/d] 没有显著差异（$\chi^2 = 2$，$P = 0.301$）。

图 3-263 列出了试验期间试验鱼的体重生长情况。试验开始时，各处理组试验鱼的体重没有显著差异 ［CWT 组 （1.42±0.37）g；VIE 组 （1.35±0.30）g；对照组 （1.42±0.37）g］。试验结束时，各处理组试验鱼的体重 ［CWT 组 （5.75±1.57）g；VIE 组 （5.76±0.95）g；对照组 （5.73±1.17）g］ 也没有显著差异 （$P > 0.05$）。Kruskal-Wallis 检验表明，各处理组试验鱼的体重特定生长率 ［CWT 组 1.52；VIE 组 1.60±0.13；对照组 1.54±0.04］ 也没有显著差异 （$\chi^2 = 2$，$P = 0.949$）。

三、讨论

在开展鱼类标记试验时，往往都希望尽可能减小标记操作对鱼类生长和死亡的影响。本研究表明，VIE 标记和 CWT 标记对拉萨裸裂尻鱼幼鱼的生长和死亡没有显著影响，这与以往的很多研究结果类似。例如，CWT 标记不会显著影响淡水鳕 （*Lota lota*） 的生长和死亡率 （Ashton *et al*，2014），VIE 标记背部时对红鼓鱼 （*Sciaenops ocellatus*） 的死亡和生长影响较小 （Bushon *et al*，2007）。VIE 标记 0 龄褐鳟 （*Salmo trutta*） 的生长没有太大的不利影响 （Olsen & Vollestad，2001）。但也有少量的研究表明标记操作对鱼类的生长存在影响。例如，CWT 标记会导致海马 （*Hippocampus abdominalis*） 的生长速度下降 10% 左右 （Woods & Martin-Smith，2004）。就本研究而言，VIE 标记只在表皮层，而 CWT 标记非常微小，因此标记操作对试验鱼造成的伤口都很小，比较容易愈合，这可能是导致 2 种标记方式对生长和死亡率没有显著影响的原因。

许多研究表明，VIE 标记和 CWT 标记均具有极高的标志保持率。CWT 标记蒙古鲌 （*Culter mongolicus*） 稚鱼 1 个月的标志保持率为 98% （Lin *et al*，2012），标记红鲷鱼 （*Lutjanus campechanus*） 6 个月的标志保持率为 99% （Brennan *et al*，2007），标记锯盖鱼 （*Centropomus undecimalis*） 1 年的标志保持率超过 97% （Brennan *et al*，2005）。用 VIE 标记海马 7 个月未发生掉标现象 （Woods & Martin-Smith，2004），标记大嘴鲈 （*Micropterus salmoides*） 210d 的标志保持率为 84.4% （Catalano *et al*，2001）。本研究也发现 VIE 标记和 CWT 标记对拉萨裸裂尻鱼幼鱼具有很好的标志保持率，与以上的研究结果比较一致。但是 VIE 标记和 CWT 标记在不同时间尺度下对鱼类的效果存在较大差异。例如，采用 VIE 和 CWT 标记小鳗鲡 （*Anguilla anguilla*） 的 32d 标志保持率分别为 100% 和 99%，但 512d 的标志保持率则分别为 66% 和 99%，这表明 VIE 只适合短期标记，而 CWT 更适合长期标记 （Simon & Dorner，2011）。

有多种因素可能影响标记的标志保持率。VIE 标记和 CWT 标记都属于体内标记，但两者的辨别方法不同。VIE 标记通过颜色来辨别，而 CWT 标记通过金属感应来识别。随着鱼类的生长，VIE 标记往往随着皮肤的增长而扩散，颜色也逐渐黯淡，有时标记还可能陷入深层皮肤中而难以被识别。CWT 标记是通过金属探测感应来识别的，在约 2.5 cm 的距离内可检测 1.1mm 标记，在约 3.8 cm 距离内可检测 1.6mm 标记，这样的检测范围对于检测长期生长过后的常见淡水鱼类都是足够的，因此长期的标志保持率也能保持较高水平。由于条件所限，本研究只开展了 3 个月的试验，未能进行更长期的试验，但可以预见的是，在更长的时间尺度下，CWT 标记拉萨裸裂尻鱼幼鱼的长期标志保持率可能会保持较高水平，而 VIE 标记拉萨裸裂尻鱼幼鱼的标志保持率可能会高于温带和热带地区的鱼类，因为西藏鱼类生长速度缓慢，VIE 标记的扩散速度可能会更慢。

综合考虑成本、操作的便利性、损伤性、标志保持率等因素，VIE 标记和 CWT 标记是比较适宜拉萨裸裂尻鱼幼鱼批量标记的方式。

第二小节　拉萨河拉萨裸裂尻鱼增殖放流与效果评估

一、材料与方法

1. 材料鱼

材料鱼为人工孵化的 2 龄拉萨裸裂尻鱼幼鱼［全长（15.6±2.8）cm，体重（28.5±13.1）g］，全部暂养于林芝市异齿裂腹鱼原良种场的土池鱼塘中。引入山泉水进入池塘以保持池塘水处于 24h 不间断的流动状态，材料鱼在该环境下训练半年以上，以便提前适应自然环境的水温和流速条件。

2. 放流鱼的标记放流与回捕

材料鱼从养殖池塘中捕捞后转至室内水泥池暂养，挑选体格健壮的材料鱼作为标记试验鱼。本研究共开展了 2 次拉萨裸裂尻鱼幼鱼的野外标记放流试验。

（1）第一次放流

第一次放流试验在 2015 年 10 月展开。由于材料鱼在池塘环境下生长，存在规格分化的问题，全长在 10～20cm。共对 1607 尾试验鱼进行了人工标志，标记方式有 4 种，分别是 VIE 标记、CWT 标记、T 型标和切鳍（表 3-203）。标记时，先用 0.03g/L 的 MS-222 对试验鱼进行麻醉，随后迅速进行标记操作。标记后的试验鱼采用 4％盐水进行消毒浸泡 15min。随后转入水泥池中暂养恢复 2 周。

放流前 4h 采用单层充氧塑料袋将标记试验鱼打包，汽车运输至尼洋河林芝市江段。现场对放流点的环境特征进行了测量，放流鱼随后被放入尼洋河中。放流后，立即开始回捕程序，同时在放流点上下游、农贸市场等地进行回捕。对于回捕的个体，进行个体大小测定，以及标志的识别。

（2）第二次放流

第二次放流试验在 2016 年 6 月展开。放流方法与第一次放流基本一致。只是考虑到回捕效果，此次放流更多地采用了肉眼可见的标记，包括 VIE 标记和 T 型标。共对 2019 尾试验鱼进行人工标志。放流鱼经过一周的适应后，全部放流至尼洋河八一镇河段。放流后立即开展回捕程序，同时在放流点上下游、农贸市场等地进行回捕。对于回捕的个体，进行个体大小测定、标志的识别和健康状况的检查。

二、结果

1. 第一次放流

放流结束 2 个月内共回捕到 2 尾，且均在放流后一周内回捕，回捕率仅为 0.12％。回捕的个体无外伤、行为活跃，表明已基本适应了野外环境。

回捕率低的原因可能有两点：一是标记放流的鱼数量偏少，而放流点上下游水域广阔，一旦放流很难回捕到；二是出现了大量死亡的情况，因为此次放流的时间为 10 月底，天气渐冷，习惯在人工环境下生活的试验鱼可能无法适应野外环境，进而因出现摄食困难、患病等状况而大量死亡。

2. 第二次放流

截止到放流后 3 个月，共回捕到 17 尾放流鱼，回捕率达 0.84%。回捕个体无外伤，标志清晰，行为活跃，表明放流鱼能在野外环境中生存下来。回捕个体的平均全长（17.3cm）较放流时的平均全长（14.3cm）增长了 3cm（表 3-203），表明放流鱼在野外实现了生长。

表 3-203　西藏尼洋河拉萨裸裂尻鱼标记放流试验基本情况表

放流日期	放流品种	放流全长 /cm	标记方式	标记部位	标记尾数	回捕尾数	回捕时间	回捕率 /%	回捕全长 /cm
2015/10/23	拉萨裸裂尻鱼	15.6±2.8	T 型标	背鳍基	344	1	放流后 7 天	0.29	19.0
			VIE	头部表皮	700	1	放流后 6 天	0.14	10.0
			CWT	背部	63	0	—	—	—
			切鳍	左腹鳍	500	0	—	—	—
			合计	—	1607	2	—	0.12	14.5±6.4
2016/6/30	拉萨裸裂尻鱼	14.3±3.1	VIE	头部表皮	942	6	放流后 3 个月	0.64	13.2±0.9
			T 型标	背鳍基	1077	11	放流后 3 个月	1.02	19.6±2.7
			合计	—	2019	17	—	0.84	17.3±3.8

注：VIE 为可见植入荧光标记；CWT 为微金属线码标记。

三、讨论

2016 年度放流试验鱼的回捕情况明显要好于 2015 年度。这说明选择合适的放流时间和标记方式对于放流效果及评价非常关键。由于放流的规模较小，这两次的标记放流试验取得的结果和可靠性有限。但至少可以证明，人工增殖放流的西藏土著鱼类可以在野外环境中生长和存活，有助于其自然种群恢复，而 VIE 标记和 T 型标用于西藏鱼类的标记回捕研究是适宜的，西藏开展土著鱼类人工增殖放流是有效和值得坚持的。

第四部分
雅鲁藏布江重要裂腹鱼类养护工作
"路在何方"

一、尼洋河水生生物及环境季节变化基本特征及原因探析

水环境的稳定性随着水体中离子组成及比例的变化而变化（王鼎臣，1994），水体中离子的来源（C）有流域内岩石风化产物 C_w、人为因素贡献 C_{anth}、大气干沉降 C_{dry}、大气降水 C_{wet}、生物圈贡献 C_{bio} 和物质再循环过程中的净迁移量 C_{exch}（何敏，2009），可表示如下：

$$C = C_w + C_{anth} + C_{dry} + C_{wet} + C_{bio} + C_{exch}$$

青藏高原大部分河流是以钙离子、碳酸氢根离子为主的河流，青藏高原长江源头则以钠离子、氯离子和硫酸根离子为主（Huang et al，2009），在这样的水环境基本框架下，降水和融雪则是影响青藏高原河流径流量的主要因素（Bookhagen et al，2010）。蒲焘（2012）在对丽江盆地水环境特征研究中指出，季风期丰沛的大气降水输入对河水离子特征有较为显著的影响，Zhang（2012）指出降水对高原湖泊（纳木错）的离子和总磷的补给有着重要的作用。但是，随着青藏高原气温的逐年上升，大量冰雪融水汇入湖泊或者河流，截止到2010 年在将近 10 年的时间里，色林错湖面水位由于冰雪融水的输入上升了近 8 m（Meng et al，2012），1998～2005 年青藏高原部分湖区（兹格塘错和措那湖）面积超过了历来最大面积的 25%（Liu et al，2009）。由于冰雪中含有丰富的离子和矿物质元素（王平等，1988），也将随着涓涓细流汇入江河里，由于雪水的补给，流域 [内华达山脉（Sierra Nevada）附近流域] 中离子（硝酸根离子和硫酸根离子）的变化呈现出较为显著的时空特征（Sickman，1998）。

尼洋河是以雨水和冰雪融水混合补给的河流（关志华，陈传友，1984），水环境呈现出明显的季节特征。

到了冬季，较雨季而言，降水量或者融雪量极大地减少，河流处于枯水期，流速降低，环境较为稳定，这个阶段碳酸盐风化较为严重，周丛原生动物丰富度、总丰度、香农指数、均匀度指数、生物量这五个参数均以冬、春、夏、秋为序递减。流速会直接影响到着生藻类的群落结构，由于水体的冲刷作用，流速快的地方，着生藻类生物量较低，另外水流速度与河床的底质存在着相关性，但凡流速快的地方，底质为砂石，流速慢的地方，底质则为黏土或者细砂，往往粗糙的基质上着生的着生藻类物种丰富度较光滑的大，尼洋河底质为黏土河段的着生藻类物种丰富度和总丰度较底质为砂石的河段大。

在夏季，开始有大量的雪融水和天然降水源源不断地输入，这一阶段主要离子来源以融雪为主。春夏季比秋冬季的大型底栖动物总丰度高，虽然有营养盐的补给，但是此时水流较急，不适宜大量浮游动物生长和繁殖，导致尼洋河夏季浮游动物生物量、物种丰富度、总丰度较低，其中夏季浮游动物物种丰富度、香农指数和均匀度指数最低，而浮游动物生物量和总丰度则仅高于冬季（归咎于低温）。

二、尼洋河水生生物及环境空间变化基本特征及原因探析

资料显示，在高海拔山地地带，海拔升高会放大气候变暖效应，加速改变高山生态系统、水生态系统的生物多样性进程（Pepin，2015）。本研究区域，尼洋河河源米拉山口海拔逾 5000m，汇入雅鲁藏布江处海拔在 2900m 左右，作为高原河流，与海拔显著相关的理化因子有硬度、钙、碳酸氢根离子、硅酸盐、叶绿素 a 以及总碱度等 6 项，且均为正相关，一元直线回归方程显示直线关系显著（$P < 0.05$），研究结果未显示海拔与水温之间的显著相

关，但浮游动物的物种丰富度和生物量随尼洋河海拔不断提升呈现递减的趋势。

水温受到很多因素的综合作用。海拔和河道坡度对水温产生负面影响（Segura，2015），Sarah（2013）研究加州内华达山脉河流水温与气候变暖的关系，发现气温每升高2℃，水温将升高1.6℃，同时在春季水温升高幅度最大，气温每升高2℃水温将升高5℃。河流形态和融雪因素控制了水温对气温的依赖程度（Lisi et al，2015），融雪通过影响水体物理和化学性质，从而影响水生生物的分布和多样性（Slemmons，2013）。

尼洋河沿程浮游植物和着生藻类多样性（香农指数）特点基本一致，即：尼洋河中游藻类香农指数最大，中上游河段和中下游河段藻类香农指数呈下降趋势。相反，周丛原生动物物种丰富度、总丰度、香农指数、均匀度指数、生物量均沿着尼洋河沿程呈"V"字形分布，最低值均出现在尼洋河中游。

尼洋河下游较其他河段平缓，形成了独特的"尼洋河河谷"风景区，其河道底质以泥沙和黏土为主，具有较大的比表面积，更容易为浮游植物的生长和繁殖提供各类营养盐。同时由于河谷河段水流较其他河段平缓，减少了因水流给浮游植物带来的生存威胁。与海拔因素比较，尼洋河浮游植物物种丰富度或者总丰度对底质的响应更多一些，即泥沙和黏土为底质的河道浮游植物物种丰富度以及总丰度较砂石为底质的河道更大。

河水的交汇导致了水体不稳定，水体的侵蚀程度也较强，浮游动物香农指数和均匀度指数在两个交汇处处于低谷位置。

三、人类干扰对尼洋河水生态系统影响健康评估

尼洋河作为雅鲁藏布江五大一级支流之一，在林芝地区社会和经济发展过程中发挥着重要的作用。目前，多布水电站也已建成，林拉高速已竣工，林拉铁路工程正在有条不紊推进，由此衍生的采砂场和水泥加工基地遍地开花，如何在社会发展过程中保持水生态系统服务功能，这对尼洋河水域生态可持续发展提出了严峻的挑战。加强对尼洋河水域生态持续性监测，及时向有关部门反馈水生态演变信息，保证尼洋河流域生态可持续发展，从而推动社会和经济的区域有序发展，这也是开展尼洋河水生态系统健康评估的出发点和落脚点。

总的来说，修建多布水电站和林拉高速之前，尼洋河水生态系统表现为：水生生物群落多样性较高；水体质量参数和水体相关离子方面，表现为适中的数值；水生态系统主要表现为适中的生产力；生态系统较为稳定和健康；侵蚀程度适度；Cl^- 和 Cl^-/Na^+ 比值是适度的；碳酸盐风化、$2SO_4^{2-}/HCO_3^-$ 以及 NO_3^- 值均较高。

另外，修建多布水电站和林拉高速过程中，尼洋河水生态系统表现为：尼洋河下游（库下区）和上游（库上区）水体相关离子特征差异显著；季节之间的差异变得更为显著，丰水期、平水期和枯水期的水生态系统差异明显；侵蚀程度转为强烈；Cl^- 和 Cl^-/Na^+ 比值在丰水期转为较高，在枯水期较低。

四、雅鲁藏布江重要裂腹鱼类养护工作现状

1. 雅鲁藏布江重要裂腹鱼类养护基地建设情况

自2010年以来，共建设或提升主要裂腹鱼类原种场（站）2个，增殖放流站4个。这些场（站）或者增殖放流站的建设，为雅鲁藏布江主要裂腹鱼类繁育与增殖放流工作，提供了坚实的基础保障。

根据农计函〔2011〕191号文件精神，拟建设的"西藏林芝地区异齿裂腹鱼原种场建设项目"，投资200万元，建设地点在西藏自治区林芝市种畜场，并于2018年9月完成项目终验。该项目新建繁育车间506m²，鱼池20亩，蓄水沉淀池215m³，污水处理池1000m³，实验管理用房285m²，排水沟12m²，供水管道1200m，供气管道350m，围墙350m，购置设备12台（套）。

西藏自治区重要特有鱼类水产种质资源场建设和完善。该场位于曲水镇茶巴朗村四组鱼塘路西，原名"黑斑原鮡良种场"，总面积137亩，土地租用合同生效于2005年5月16日，期限为30年。始建于2007年，共14个水池，总占地面积31182m²，其中蓄水池1个，鱼苗培育池4个，鱼种养殖池4个，亲鱼养殖池2个，后备亲鱼培育池2个。孵化车间957.38m²。2012年，建2座机井，用于孵化用水。2017年3月16日，西藏自治区农牧科学院水产科学研究所就关于预先进入自治区黑斑原鮡良种场开展工作向西藏自治区农牧厅下属事业单位西藏自治区动物疫病预防控制中心（畜牧总站）发了公函（藏水研字〔2017〕4号），畜牧总站就这一公函向相关领导请示以及本单位班子成员沟通，同意提前进入。2017年7月4日，该场正式由畜牧总站整体移交给西藏自治区农牧科学院水产科学研究所。2018年11月14日，曲水县人民政府正式批准更名为西藏自治区重要特有鱼类水产种质资源场〔府（01）养证〔2018〕第01号〕。

基于水电开发的增殖放流站的建设和完善。伴随着雅鲁藏布江流域水电站的建设，按照环保和资源保护的基本要求，围绕藏木水电站、大古水电站、多布水电站、老虎嘴水电站，建设了藏木水电站增殖放流站、大古水电站增殖放流站、多布水电站增殖放流站、老虎嘴水电站增殖放流站等4个增殖放流站，并开展了一系列的雅鲁藏布江裂腹鱼类增殖放流活动。作为配套的雅鲁藏布江流域特有鱼类资源养护的基础设施，这些增殖放流站在雅鲁藏布江裂腹鱼类养护方面发挥着重要的作用。

2. 雅鲁藏布江主要裂腹鱼类增殖放流情况

在雅鲁藏布江主要裂腹鱼类技术不断积累和完善的基础之上，自2009年5月16日和6月9日，在林芝地区首次增殖放流裂腹鱼类（异齿裂腹鱼）鱼苗13万尾以来，截止到目前西藏共增殖放流1654.475万尾，其中裂腹鱼类1596.3万尾，其他鱼类（黑斑原鮡和亚东鲑）58.175万尾，国家二级保护动物以及自治区一级保护水生野生动物（尖裸鲤）共增殖放流97.3万尾，根据蒋志刚等（2016）统计的濒危或易危鱼类共增殖放流440万尾。依据《农业部关于做好"十三五"水生生物增殖放流工作的指导意见》内容，提出"到2020年，西藏共需增殖放流内陆经济物种1000余万，珍稀濒危物种200余万"，截止到目前，已经超额完成任务，增殖放流内陆经济物种完成率165.4%，增殖放流珍稀濒危物种完成率220%（蒋志刚等，2016）（详见图4-1）。这些增殖放流活动对雅鲁藏布江濒危或易危鱼类的修复起到了至关重要的作用，以及对雅鲁藏布江裂腹鱼类资源修复起到了实质性的保护作用。

2010年，在尼洋河放流异齿裂腹鱼鱼苗50万尾，拉萨河放流鱼苗2.5万尾，其中裂腹鱼类2.2万尾，具体来说，拉萨裸裂尻鱼0.5万尾，拉萨裂腹鱼0.5万尾，异齿裂腹鱼0.7万尾，尖裸鲤0.5万尾。

2011年，在尼洋河放流裂腹鱼类33万尾，其中异齿裂腹鱼30万尾，拉萨裂腹鱼2.5万尾，拉萨裸裂尻鱼0.5万尾，拉萨河共放流鱼苗33万尾，其中裂腹鱼类28万尾，具体来说，异齿裂腹鱼10万尾，拉萨裸裂尻鱼和拉萨裂腹鱼13万尾，尖裸鲤5万尾。

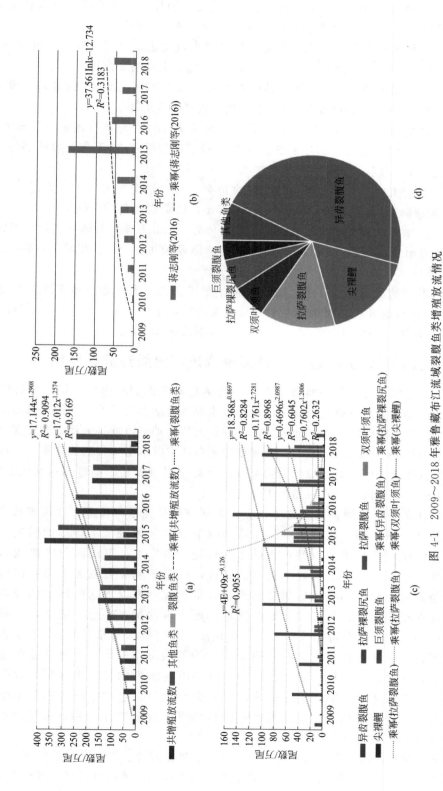

图 4-1 2009～2018 年雅鲁藏布江流域裂腹鱼类增殖放流情况

（a）表示 2009～2018 年雅鲁藏布江流域增殖放流两大类别鱼类（裂腹鱼类和非裂腹鱼类）基本情况；（b）表示根据相关文献资料判别 2009～2018 年雅鲁藏布江流域增殖放流源濒危鱼类情况；（c）表示 2009～2018 年雅鲁藏布江流域 6 种主要裂腹鱼类增殖放流情况；（d）表示 6 种裂腹鱼类累加增殖放流基本情况

2012 年，共增殖放流 128 万尾，其中裂腹鱼类 120 万尾，具体来说，异齿裂腹鱼 80 万尾，拉萨裂腹鱼 15 万尾，拉萨裸裂尻鱼 15 万尾，尖裸鲤 10 万尾。

2013 年，共增殖放流鱼苗 157.9 万尾，其中裂腹鱼类 150 万尾，具体来说异齿裂腹鱼 100 万尾，拉萨裂腹鱼 30 万尾，拉萨裸裂尻鱼 15 万尾，尖裸鲤 5 万尾。

2014 年，共增殖放流 145.5 万尾，其中裂腹鱼类 132 万尾，具体来说异齿裂腹鱼 65 万尾，拉萨裂腹鱼 40 万尾，拉萨裸裂尻鱼 22 万尾，尖裸鲤 5 万尾。

2015 年，共增殖放流 376.575 万尾，其中裂腹鱼类 370 万尾，具体来说，异齿裂腹鱼 100 万尾，双须叶须鱼 70 万尾，尖裸鲤 50 万尾，拉萨裸裂尻鱼 50 万尾，拉萨裂腹鱼 50 万尾，巨须裂腹鱼 50 万尾。

2016 年，共增殖放流 250 万尾，均为裂腹鱼类，其中异齿裂腹鱼 150 万尾，双须叶须鱼 20 万尾，尖裸鲤 10 万尾，拉萨裸裂尻鱼 40 万尾，拉萨裂腹鱼 30 万尾。

2017 年，共增殖放流 185.3 万尾，其中裂腹鱼类 182.3 万尾，具体来说异齿裂腹鱼 105 万尾，双须叶须鱼 15 万尾，尖裸鲤 9.7 万尾，拉萨裸裂尻鱼 42.6 万尾，拉萨裂腹鱼 10 万尾。

2018 年，共增殖放流 280 万尾，标记放流鱼类 15 万尾。其中雅鲁藏布江主要裂腹鱼类 265.8 万尾，具体来说异齿裂腹鱼 102.7 万尾，双须叶须鱼 2 万尾，尖裸鲤 2.1 万尾，拉萨裸裂尻鱼 93.3 万尾，拉萨裂腹鱼 50.7 万尾，巨须裂腹鱼 15 万尾。

五、尼洋河水生态时空演替特征对雅鲁藏布江鱼类养护的启示

尼洋河水生态时空特征将为雅鲁藏布江鱼类栖息地的保护和修复提供基础科学数据支撑。鱼类栖息地是鱼类进行摄食、繁殖、越冬等重要生命活动的场所。保持栖息地的功能完整性是鱼类自然种群延续的基础。而人类活动导致的栖息地破坏或丧失已成为许多鱼类受威胁的主要因素（Ruesch et al，2012）。随着雅鲁藏布江中游水电工程的陆续实施，原始的自然河道环境将发生重大改变，区域内的鱼类自然种群不可避免地面临着栖息地适宜性下降、功能衰退甚至丧失的风险，严重威胁鱼类生存。

在结合以往鱼类资源调查数据的基础上，本研究组构建了雅鲁藏布江裂腹鱼类生活史适应性理论框架（图 4-2），该框架对裂腹鱼类季节以及河段进行了详尽的描述。在空间需求方面，江河交汇处是裂腹鱼类重要的生存环境，事实上，尼洋河与雅鲁藏布江交汇处在解释尼洋河水生态特征上得到了充分的印证，这个区域有着较为丰富的饵料生物资源，可以为裂腹鱼类幼鱼和成鱼提供食物来源，鉴于此，可以将这些区域列为增殖放流点，同时，建议相关职能部门加大对这些区域的原生境保护；还有，鉴于雅鲁藏布江裂腹鱼类繁殖时间从 1 月份会持续到 5 月份，而这段时间是枯水期和丰水期的交替阶段，有足够的原生境的产卵场和育苗场是对裂腹鱼类保护的最基本保障，而这些原生境要么是洄水区，要么是浅滩，要么是沙洲（图 4-3），但是不容忽视的是，水电站建设等人为活动干扰因素已经对水生态系统产生了影响，这些影响也会通过"上行效应"影响到鱼类及其资源，比如洄水区、浅滩、沙洲等的减少将会直接导致产卵场和育苗场的缩减，从而导致裂腹鱼类种群数量下降。

因此，必须尽早摸清雅鲁藏布江主要鱼类的栖息地偏好性、分布和环境特征，以便科学设立鱼类栖息地保护区，开展人工修复或异地模拟鱼类栖息地等应对措施，减小人类活动对区域内鱼类的不利影响。

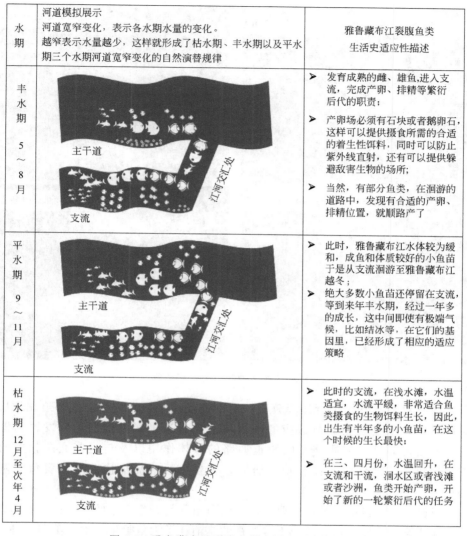

水期	河道模拟展示 河道宽窄变化，表示各水期水量的变化。 越窄表示水量越少，这样就形成了枯水期、丰水期以及平水期三个水期河道宽窄变化的自然演替规律	雅鲁藏布江裂腹鱼类 生活史适应性描述
丰水期 5～8月		➤ 发育成熟的雌、雄鱼,进入支流，完成产卵、排精等繁衍后代的职责; ➤ 产卵场必须有石块或者鹅卵石，这样可以提供摄食所需的合适的着生性饵料，同时可以防止紫外线直射，还有可以提供躲避敌害生物的场所; ➤ 当然，有部分鱼类，在洄游的道路中，发现有合适的产卵、排精位置，就顺路产了
平水期 9～11月		➤ 此时，雅鲁藏布江水体较为缓和，成鱼和体质较好的小鱼苗于是从支流洄游至雅鲁藏布江越冬; ➤ 绝大多数小鱼苗还停留在支流，等到来年丰水期，经过一年多的成长，这中间即使有极端气候，比如结冰等，在它们的基因里，已经形成了相应的适应策略
枯水期 12月至次年4月		➤ 此时的支流，在浅水滩，水温适宜，水流平缓，非常适合鱼类摄食的生物饵料生长，因此，出生有半年多的小鱼苗，在这个时候的生长最快; ➤ 在三、四月份，水温回升，在支流和干流，洄水区或者浅滩或者沙洲，鱼类开始产卵，开始了新的一轮繁衍后代的任务

图 4-2　雅鲁藏布江裂腹鱼类生活史适应性描述

六、恪守"生态红线"，努力做好高原渔业的"守护者"

西藏，高原净土、亚洲水塔、生物资源库、旅游胜地，当被冠以如此多美誉的时候，它也承受着巨大的压力，如雅鲁藏布江上第一座水电站藏木水电站已经蓄水发电，尼洋河多布水电站也开始蓄水发电，拉萨林芝高速公路全线通车，有充分的证据证明这些工程的建设缩小了河流地理化学多样性。那么，需要持续关注的是，雅鲁藏布江流域工程建设后水生态修复和恢复状况，从而及时反馈水生态信息，保证高原河流可持续发展。

另外，雅鲁藏布江海拔落差近 5500m，海拔决定了一个地区的温度和光照等环境因素的变化，属于宏观尺度的环境因子。通常情况下，由于海拔的升高，水域温度降低，冰冻期延长，物种的丰富度也随之降低。鉴于此，后期能够开展雅鲁藏布江水生态系统研究，寻找随着海拔升高雅鲁藏布江水质理化变化的规律，探索由于海拔的升高导致水环境的改变，从而影响水生生物群落结构演变的趋势。

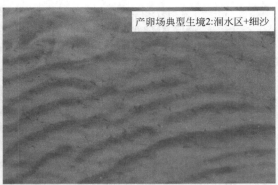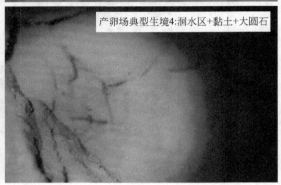

图 4-3　雅鲁藏布江裂腹鱼类产卵场典型生境

　　还有，通过对差异基因进行注释分析，得到许多在早期发育和温度胁迫相适应的调控通路和关键基因，阐述胚胎调节适应的基因特性和表达模式，挖掘早期发育和温度胁迫的相关基因和功能通路，但所涉及的胁迫通路的具体作用以及与这些通路相关的基因具体表达需要更进一步的试验验证和功能研究，并且今后仍需加快高原裂腹鱼类基因组学的研究进程。

　　并且，根据农业农村部增殖放流要求，放流鱼苗须是野生亲本的子一代，虽然这种方式有利于推动种群遗传多样性，但是，不容忽视的是消耗了大量野生亲本，不利于种质资源的保护和恢复。虽然，在雅鲁藏布江主要裂腹鱼类养护过程中，本研究组推动了子一代亲本的培育，以期为可持续渔业资源修复提供强有力的亲鱼保证，但是由于裂腹鱼类生长缓慢，初次性成熟时间晚，需要继续对子一代培养，努力推动子二代鱼类的繁育工作。

　　世界屋脊鱼翔浅底，亚洲水塔守护精灵。让我们恪守"生态红线"，努力做好高原渔业的"守护者"。

第五部分
附录

附录 1　青藏高原鱼类威胁因素和保护对策，数据来自文献（汪松和解焱，2009）

主要威胁：

1 生境退化或丧失（人为所致）；1.3 开发利用；1.3.2 渔业；1.3.2.2 群众渔业；1.3.3 木材；1.3.4 非林业植被采伐；1.4 基本建设；1.4.4 交通，陆运及空运；1.4.6 堤坝。

2 外来入侵物种（直接影响物种）；2.1 竞争者；2.2 捕食者。

3 采捕（捕猎/采集）；3.1 食物。

4 意外致死；4.1.1 与渔业有关；4.1.1.1 钩捕；4.1.1.4 炸鱼；4.1.1.5 毒鱼。

6 污染（影响生境和/或物种）；6.3 水污染。

7 自然灾害；7.1 旱灾。

9 内在因素；9.1 扩散能力有限；9.2 补充、繁殖或繁殖力弱；9.5 种群密度低；9.7 生长缓慢；9.9 分布区狭窄。

保护措施：

1 政策性保护行动；1.2 立法；1.2.1 制订；1.2.1.2 国家层次；1.2.1.3 国家以下层次；1.2.2 实施；1.3 社区管理；1.3.2 资源管理。

2 沟通与教育；2.2 科普宣传。

3 科学研究行动；3.2 种群数及分布范围；3.6 利用及采捕程度；3.8 保护措施；3.9 动态/监测。

4 生境与实地保护行动；4.1 维持/保护；4.2 恢复。

5 物种保护行动；5.4 恢复管理；5.7 异地保护行动；5.7.1 圈养或人工繁育。

濒危等级判别：CR，极危；EN，濒危；VU，易危；EW，野外绝灭。

鱼类名称	过去威胁因素	现在威胁因素	将来威胁因素	现有的保护措施	建议的保护措施	评估类别
四川哲罗鲑 Hucho bleekeri Kinura	1.3.2.2; 1.3.3; 1.3.4; 1.4.6; 4.1.1.1; 4.1.1.5; 9.1; 9.2; 9.7; 9.9	9.1; 9.2; 9.7; 9.9	9.1; 9.2; 9.7; 9.9	1.2.1.2; 3.8	1.2.2; 1.3.2; 2.2; 3.8; 4.2; 5.4	EN
拟鲶高原鳅 Triplophysa siluroides Herzenstein	1.3.2.2; 9.5	9.5	9.5	3.8	1.2; 1.3; 1.3.2; 3.8; 4.2; 5.4	VU
黄河雅罗鱼 Leuciscus chuanchicus Kessler	1.3.2.2; 1.4.6	1.3.2.2; 1.4.6		None	1.2.1.2; 1.3.2; 2.2; 3.8; 4.2; 5.4	VU
小裂腹鱼 Schizothorax parva Tsao	1.4.6; 9.1; 9.9			None	3.2; 5.7.1	EW
宁蒗裂腹鱼 Schizothorax ninglangensis Wang et al.	1.3.2.2; 2.1; 2.2; 9.1; 9.9	9.1; 9.9	9.1; 9.9	None	1.2.1.3; 1.3.2; 3.8; 4.2; 5.4	EN
小口裂腹鱼 Schizothorax microstoma Huang	1.3.2.2; 2.1; 2.2; 9.1; 9.9	9.1; 9.9	9.1; 9.9	None	1.2.1.3; 1.3.2; 3.8; 4.2; 5.4	EN
大理裂腹鱼 Schizothorax taliensis Regan	1.3.2.2; 2.1; 2.2; 7.1; 9.1; 9.9	2.1; 2.2; 7.1; 9.1; 9.9	2.1; 2.2; 7.1; 9.1; 9.9	1.2.1.2; 3.8	1.2.1.3; 1.3.2; 3.8; 4.2; 5.4	EN
厚唇裂腹鱼 Schizothorax labrosa Wang et al.	1.3.2.2; 2.1; 2.2; 9.1; 9.9	2.1; 2.2; 9.1; 9.9	2.1; 2.2; 9.1; 9.9	None	1.2.1.3; 1.3.2; 3.8; 4.2; 5.4	EN
长须裂腹鱼 Schizothorax longibarba Fang	1.3.2.2; 9.1; 9.9	9.1; 9.9	9.1; 9.9	None	1.2.1.3; 1.3.2; 3.8; 4.2; 5.4	CR
灰色裂腹鱼 Schizothorax grisea Pellegrin	1.3.2.2; 2.1; 2.2; 6.3	2.1; 2.2	2.1; 2.2	None	1.2.1.2; 1.3.2; 3.8; 4.2; 5.4	EN
澜沧裂腹鱼 Schizothorax lantsangensis Tsao	1.3.2.2; 1.4.6; 4.1.1.4; 4.1.1.5	1.3.2.2; 1.4.6; 4.1.1.4; 4.1.1.5	1.3.2.2; 1.4.6; 4.1.1.4; 4.1.1.5	None	1.2.1.2; 1.3.2; 3.8; 4.2; 5.4	EN
拉萨裂腹鱼 Schizothorax waltoni Regan	1.3.2.2	1.3.2.2	1.3.2.2	None	1.2.1.3; 1.3.2; 3.8; 4.2; 5.4	EN
西藏裂腹鱼 Schizothorax labiata McClelland	1.3.2.2; 4.1.1.4; 4.1.1.5; 9.1; 9.9	9.1; 9.9	9.1; 9.9	None	1.2.1.3; 1.3.2; 3.8; 4.2; 5.4	VU

续表

鱼类名称	过去威胁因素	现在威胁因素	将来威胁因素	现有的保护措施	建议的保护措施	评估类别
巨须裂腹鱼 Schizothorax macropogon Regan	1.3.2.2	1.3.2.2	1.3.2.2	None	1.2.1.3; 1.3.2; 3.8; 4.2; 5.4	EN
塔里木裂腹鱼 Schizothorax biddulphi Günther	1.3.2.2; 2.1; 2.2	2.1; 2.2	2.1; 2.2	3.8	1.2.1.2; 1.3.2; 3.8; 4.2; 5.4	CR
昆明裂腹鱼 Schizothorax grahana Regan	1.3.2.2; 2.1; 2.2; 6.3	2.1; 2.2	2.1; 2.2	None	1.2.1.2; 1.3.2; 3.8; 4.2; 5.4	VU
长丝裂腹鱼 Schizothorax dolichonema Herzenstein	1.3.2.2; 2.1; 2.2; 6.3	2.1; 2.2	2.1; 2.2	None	1.2.1.3; 1.3.2; 3.8; 4.2; 5.4	EN
异齿裂腹鱼 Schizothorax o'connori Llord	1.3.2.2	1.3.2.2	1.3.2.2	None	1.2.1.3; 1.3.2; 3.8; 4.2; 5.4	EN
新疆扁吻鱼 Aspiorhynchus laticeps Day	1.3.2.2; 1.4.6; 2.1; 2.2	2.1; 2.2	2.1; 2.2	1.2.1.2; 1.2.1.3; 3.8	1.2.2; 1.3.2; 3.8; 4.2; 5.4	EN
裸腹叶须鱼 Ptychobarbus kaznakori Nikolsky	1.3.2.2; 1.3.2.2; 6.3; 9.2; 9.7	9.2; 9.7	9.2; 9.7	3.8	1.2.1.3; 1.3.2; 3.8; 4.2; 5.4	VU
中甸叶须鱼 Ptychobarbus chungtienensis Tsao	2.1; 2.2; 9.1; 9.9	2.1; 2.2; 9.1; 9.9	2.1; 2.2; 9.1; 9.9	None	1.2.1.3; 1.3.2; 3.8; 4.2; 5.4	EN
厚唇裸重唇鱼 Gymnodiptychus pachycheilus Herzenstein	1.3.2.2; 4.1.1.4; 4.1.1.5	1.3.2.2; 4.1.1.4; 4.1.1.5	1.3.2.2; 4.1.1.4; 4.1.1.5	None	1.2.1.3; 1.3.2; 3.8; 4.2; 5.4	EN
全裸裸重唇鱼 Gymnodiptychus integrigymnatus Huang	1.3.2.2; 4.1.1.4; 4.1.1.5; 9.1; 9.9	9.1; 9.9	9.1; 9.9	None	1.2.1.3; 1.3.2; 3.8; 4.2; 5.4	CR
青海湖裸鲤 Gymnocypris przewalskii Kessler	1.3.2.2; 1.4.6; 4.1.1.4; 4.1.1.5	9.1; 9.9	9.1; 9.9	1.2.1.2; 3.8; 4.1; 5.4	1.2.2; 3.6; 3.9; 4.1; 4.2; 5.4	EN
斜口裸鲤 Gymnocypris scolistomus Wu et Chen	1.3.2.2; 9.2; 9.7	9.2; 9.7	9.2; 9.7	None	1.2.1.3; 1.3.2; 3.8; 4.2; 5.4	VU
高原裸鲤 Gymnocypris waddellii Regan	1.3.2.2; 9.2; 9.7	9.2; 9.7	9.2; 9.7	None	1.2.1.3; 1.3.2; 3.8; 4.2; 5.4	VU

续表

鱼类名称	过去威胁因素	现在威胁因素	将来威胁因素	现有的保护措施	建议的保护措施	评估类别
尖裸鲤 Oxygymnocypris stewartii Lloyd	1.3.2.2; 9.2; 9.7	9.2; 9.7	9.2; 9.7	None	1.2.1.3; 1.3.2; 3.8; 4.2; 5.4	EN
骨唇黄河鱼 Chuanchia labiosa Herzenstein	1.3.2.2; 4.1.1.4; 4.1.1.5; 9.2; 9.7	9.2; 9.7	9.2; 9.7	3.8	1.2.1.3; 1.3.2; 3.8; 4.2; 5.4	VU
极边扁咽齿鱼 Platypharodon extremus Herzenstein	1.3.2.2; 9.5; 9.7	1.3.2.2; 9.2; 9.5; 9.7	9.2; 9.5; 9.7	3.8	1.2.1.3; 1.3.2; 3.8; 4.2; 5.4	VU
平鳍裸吻鱼 Psilorhynchus homaloptera Hora et Mukerji	3.1; 4.1.1.1; 4.1.1.5	3.1; 4.1.1.1; 4.1.1.5	3.1; 4.1.1.1; 4.1.1.5	3.8	1.2.1.3; 1.3.2; 3.8; 4.2; 5.4	EN
黑斑原鮡 Glyptosternum maculatum Regan	1.3.2.2; 6.3	1.3.2.2; 6.3	1.3.2.2; 6.3	None	1.2.1.3; 1.3.2; 3.8; 4.2; 5.4	EN
青石爬鮡 Euchiloglanis davidi Sauvage	1.3.2.2; 1.3.4; 6.3	1.3.2.2; 1.3.4; 6.3	1.3.2.2; 1.3.4; 6.3	None	1.2.1.3; 1.3.2; 3.8; 4.2; 5.4	CR
黄石爬鮡 Euchiloglanis kishinouyei Kimura	1.3.2.2; 1.4; 6.3	1.3.2.2; 1.4; 6.3	1.3.2.2; 1.4; 6.3	None	1.2.1.3; 1.3.2; 3.8; 4.2; 5.4	EN
中华鮡 Pareuchiloglanis sinensis Hora et Silas	1.3.2.2; 6.3	1.3.2.2; 6.3	1.3.2.2; 6.3	None	1.2.1.3; 1.3.2; 3.8; 4.2; 5.4	EN
细尾鮡 Pareuchiloglanis gracilicaudata Wu et Chen	1.3.2.2; 1.4.4; 1.4.6; 4.1.1; 6.3	1.3.2.2; 1.4.4; 1.4.6; 4.1.1	1.3.2.2; 1.4.4; 4.1.1	None	1.2.1.3; 1.3.2; 3.8; 4.2; 5.4	EN

附录 2　尼洋河浮游植物种类出现频率和相对丰度

门	科	属	编号	出现频率/%	相对丰度/%
硅藻门 Bacillariophyta	圆筛藻科 Coscinodiscaceae	直链藻 *Melosira*	PB1	18.75	0.08
		小环藻 *Cyclotella*	PB2	56.25	0.61
	脆杆藻科 Fragilariaceae	针杆藻 *Synedra*	PB3	87.50	9.86
		脆杆藻 *Fragilaria*	PB4	100.00	7.31
		等片藻 *Diatoma*	PB5	100.00	7.48
		蛾眉藻 *Ceratoneis*	PB6	81.25	1.72
	舟形藻科 Naviculaceae	美壁藻 *Caloneis*	PB7	37.50	0.30
		辐节藻 *Stauroneis*	PB8	6.25	0.02
		羽纹藻 *Pinnularia*	PB9	12.50	0.17
		舟形藻 *Navicula*	PB10	93.75	10.62
	桥弯藻科 Cymbellaceae	双眉藻 *Amphora*	PB11	12.50	1.49
		桥弯藻 *Cymbella*	PB12	100.00	19.70
	异极藻科 Gomphonemaceae	双楔藻 *Didymosphenia*	PB13	12.50	0.04
		异极藻 *Gomphonema*	PB14	100.00	8.62
	曲壳藻科 Achnanthaceae	卵形藻 *Cocconeis*	PB15	37.50	0.43
		真卵形藻 *Eucocconeis*	PB16	75.00	0.94
	菱板藻科 Nitzschiaceae	菱形藻 *Nitzschia*	PB18	100.00	6.98
		波缘藻 *Cymatopleura*	PB19	6.25	0.04
		双菱藻 *Surirella*	PB20	37.50	0.52

门	科	属	编号	出现频率/%	相对丰度/%
绿藻门 Chlorophta	衣藻科 Chlamydomonadaceae	衣藻 *Chlamydomonas*	PCC1	12.50	0.13
	小椿藻科 Characiaceae	小椿藻 *Characium*	PCC2	56.25	0.47
	绿球藻科 Chlorococacceae	绿球藻 *Chlorococcum*	PCC3	18.75	0.11
	小球藻科 Chlorellaceae	小球藻 *Chlorella*	PCC4	81.25	0.58
	卵囊藻科 Oocystaceae	卵囊藻 *Oocystis*	PCC5	12.50	0.04
	栅藻科 Scenedsmaceae	十字藻 *Crucigenia*	PCC6	6.25	0.02
		栅藻 *Scenedesmus*	PCC7	12.50	0.06
	丝藻科 Ulotrichaceae	丝藻 *Ulothrix*	PCC8	31.25	0.18
	双星藻科 Zygmemataceae	链枝藻 *Ctenocladu*	PCC9	6.25	0.04
		水绵 *Spirogyra*	PCC11	6.25	0.06
	胶毛藻科 Chaetophoraceae	毛枝藻 *Stigeoclonium*	PCC10	6.25	0.04
	鼓藻科 Desmidiaceae	新月藻 *Closterium*	PCC12	12.50	0.08
		鼓藻 *Cosmarium*	PCC13	6.25	0.02
蓝藻门 Cyanophyta	色球藻科 Chroococcaceae	色球藻 *Chroococcus*	PC1	12.50	0.04
		黏球藻 *Gloeocapsa*	PC2	56.25	0.90
		微囊藻 *Microcystis*	PC3	12.50	0.06
	管孢藻科 Chamaesiphonaceae	管孢藻 *Chamaesiphon*	PC4	6.25	0.04
	胶须藻科 Rivulariaceae	胶鞘藻 *Phormidium*	PC5	37.50	0.19
	念珠藻科 Nostocaceae	念珠藻 *Nostoc*	PC6	25.00	0.19
	伪枝藻科 Scytonemataceae	织线藻 *Pleconema*	PC7	12.50	0.07
	颤藻科 Osicillatoriaceae	束藻 *Trichodesmium*	PC8	6.25	0.03

门	科	属	编号	出现频率/%	相对丰度/%
裸藻门 Euglenophyta	裸藻科 Euglenaceae	裸藻 *Euglena*	PE1	6.25	0.06
		扁裸藻 *Phacus*	PE2	12.50	0.06
		囊裸藻 *Trachelomonas*	PE3	68.75	0.37
甲藻门 Pyrrophyta	裸甲藻科 Gymnodiniaceae	裸甲藻 *Gymnodinium*	PP1	6.25	0.04
	多甲藻科 Peridiniaceae	多甲藻 *Peridinium*	PP2	6.25	0.04
隐藻门 Cryptophyta	隐鞭藻科 Cryptmonadaceae	隐藻 *Cryptomonas*	PCR	56.25	0.62
黄藻门 Xanthophyta	黄丝藻科 Tribonemataceae	黄丝藻 *Tribonena*	PXT	18.75	0.08

附录3　尼洋河着生藻类出现频率和相对丰度

门	科	属	编号	出现频率/%	相对丰度/%
硅藻门 Bacillariophyta	圆筛藻科 Coscinodiscaceae	直链藻 *Melosira*	PAB1	50.00	0.07
		小环藻 *Cyclotella*	PAB2	43.75	0.14
	脆杆藻科 Fragilariaceae	针杆藻 *Synedra*	PAB3	100.00	0.89
		脆杆藻 *Fragilaria*	PAB4	100.00	4.18
		等片藻 *Diatoma*	PAB5	100.00	5.72
		蛾眉藻 *Ceratoneis*	PAB6	93.75	0.87
	舟形藻科 Naviculaceae	双壁藻 *Diploneis*	PAB7	6.25	0.02
		美壁藻 *Caloneis*	PAB9	31.25	0.01
		羽纹藻 *Pinnularia*	PAB11	12.50	0.00
		舟形藻 *Navicula*	PAB12	93.75	3.58
	桥弯藻科 Cymbellaceae	双眉藻 *Amphora*	PAB13	37.50	0.05
		桥弯藻 *Cymbella*	PAB14	100.00	18.38

续表

门	科	属	编号	出现频率/%	相对丰度/%
硅藻门 Bacillariophyta	异极藻科 Gomphonemaceae	双楔藻 *Didymosphenia*	PAB15	43.75	0.06
		异极藻 *Gomphonema*	PAB16	100.00	7.48
	曲壳藻科 Achnanthaceae	卵形藻 *Cocconeis*	PAB17	62.50	0.14
		真卵形藻 *Eucocconeis*	PAB18	81.25	0.43
		曲壳藻 *Achnanthes*	PAB19	100.00	49.60
	窗纹藻科 Epithemiaceae	窗纹藻 *Epithemia*	PAB20	18.75	0.01
	菱板藻科 Nitzschiaceae	菱形藻 *Nitzschia*	PAB21	100.00	6.65
	双菱藻科 Surirellaceae	波缘藻 *Cymatopleura*	PAB22	6.25	0.00
		双菱藻 *Surirella*	PAB23	37.50	0.16
绿藻门 Chlorophta	衣藻科 Chlamydomonadaceae	扁孢藻 *Platymona*	PACH1	6.25	0.01
		衣藻 *Chlamydomonas*	PACH2	6.25	0.00
	小椿藻科 Characiaceae	小椿藻 *Characium*	PACH3	43.75	0.03
	绿球藻科 Chlorococaceae	绿球藻 *Chlorococcum*	PACH4	25.00	0.08
	小球藻科 Chlorellaceae	小球藻 *Chlorella*	PACH5	62.50	0.11
	栅藻科 Scenedsmaceae	栅藻 *Scenedesmus*	PACH6	12.50	0.01
	丝藻科 Ulotrichaceae	丝藻 *Ulothrix*	PACH7	56.25	0.10
		克里藻 *Klebsormidium*	PACH8	6.25	0.08
	微孢藻科 Microsporaceae	微孢藻 *Microspora*	PACH9	6.25	0.00
	胶毛藻科 Chaetophoraceae	毛枝藻 *Stigeoclonium*	PACH11	6.25	0.00
	溪菜科 Prasiolaceae	溪菜 *Prasiola*	PACH12	25.00	0.02
	鞘藻科 Oedogoniaceae	鞘藻 *Oedogonium*	PACH13	6.25	0.00

续表

门	科	属	编号	出现频率/%	相对丰度/%
绿藻门 Chlorophta	双星藻科 Zygnemataceae	链枝藻 *Ctenocladu*	PACH10	6.25	0.02
		转板藻 *Mougeotia*	PACH14	12.50	0.03
		水绵 *Spirogyra*	PACH15	12.50	0.00
	鼓藻科 Desmidiaceae	新月藻 *Closterium*	PACH16	6.25	0.03
		鼓藻 *Cosmarium*	PACH17	6.25	0.00
蓝藻门 Cyanophyta	色球藻科 Chroococcaceae	平裂藻 *Merismopedia*	PAC1	6.25	0.00
		蓝纤维藻 *Dactylococcopsis*	PAC2	31.25	0.03
	胶须藻科 Rivulariaceae	尖头藻 *Raphidiopsis*	PAC3	6.25	0.02
	颤藻科 Osicillatoriaceae	颤藻 *Oscollatoria*	PAC4	68.75	0.15
		胶鞘藻 *Phormidium*	PAC5	81.25	0.56
		微鞘藻 *Microcolus*	PAC7	6.25	0.02
	念珠藻科 Nostocaceae	念珠藻 *Nostoc*	PAC6	12.50	0.00
隐藻门 Cryptophyta	隐鞭藻科 Cryptmonadaceae	隐藻 *Cryptomonas*	PACR	43.75	0.22
黄藻门 Xanthophyta	黄丝藻科 Tribonemataceae	黄丝藻 *Tribonena*	PAX	6.25	0.00
裸藻门 Euglenophyta	裸藻科 Euglenaceae	囊裸藻 *Trachelomonas*	PAE1	43.75	0.04
	楔胞藻科 Sphenomonadaceae	楔胞藻 *Sphenomonas*	PAE2	6.25	0.00

附录 4　尼洋河各个季节各个采样点大型底栖动物密度百分比

单位:%

采样点-季节	蜉蝣 Ephemera, Eph	扁蜉 Heptageniidae, Hep	石蝇 Perla, Per	未知水生昆虫 unidentified Aquatic insects, Uni	短尾石蝇 Nemoura, Nem	摇蚊幼虫 Chironomidae larvae, Chi	纹石蛾幼虫 Hydropsychidae larvae, Hyd	石蚕幼虫 Phryganea larvae, Phr	水蚯蚓 water angleworm, Wat	尺蠖鱼蛭 Piscicola eometra, Pis	萝卜螺 Radix sp., Rad	圆扁螺属 Hippeutis sp., Hip	钩虾属 Gammarus sp., Gam	未知水生动物 unidentified zoobenthos, Unz
采样点Ⅰ-春季	60.7	0.0	0.0	3.6	14.3	7.1	3.6	3.6	0.0	0.0	7.1	0.0	0.0	0.0
采样点Ⅰ-夏季	21.4	7.1	0.0	0.0	0.0	28.6	42.9	0.0	0.0	0.0	0.0	0.0	0.0	0.0
采样点Ⅰ-秋季	0.0	82.4	2.9	0.0	0.0	0.0	0.0	11.8	0.0	0.0	0.0	0.0	0.0	2.9
采样点Ⅰ-冬季	0.0	100	0.0	0.0	0.0	0.0	0.0	0.0	0.0	0.0	0.0	0.0	0.0	0.0
采样点Ⅱ-春季	12.5	0.0	25.0	0.0	0.0	37.5	0.0	12.5	0.0	0.0	0.0	0.0	0.0	12.5
采样点Ⅱ-夏季	0.0	0.0	40.0	0.0	60.0	0.0	0.0	0.0	0.0	0.0	0.0	0.0	0.0	0.0
采样点Ⅱ-秋季	0.0	57.1	0.0	0.0	0.0	0.0	0.0	42.9	0.0	0.0	0.0	0.0	0.0	0.0
采样点Ⅱ-冬季	0.0	0.0	0.0	0.0	0.0	0.0	0.0	0.0	0.0	0.0	0.0	0.0	0.0	0.0
采样点Ⅲ-春季	0.0	0.0	0.0	0.0	0.0	0.0	0.0	0.0	3.8	0.0	57.7	3.8	7.7	26.9
采样点Ⅲ-夏季	25.0	0.0	0.0	0.0	25.0	25.0	0.0	0.0	0.0	0.0	25.0	0.0	0.0	0.0
采样点Ⅲ-冬季	0.0	0.0	0.0	0.0	0.0	100	0.0	0.0	0.0	0.0	0.0	0.0	0.0	0.0
采样点Ⅳ-春季	0.0	0.0	0.0	0.0	0.0	0.0	0.0	36.4	27.3	18.2	18.2	0.0	0.0	0.0
采样点Ⅳ-夏季	0.0	0.0	0.0	0.0	0.0	0.0	0.0	9.5	19.0	0.0	57.1	4.8	0.0	9.5
采样点Ⅳ-秋季	0.0	0.0	0.0	0.0	0.0	0.0	0.0	83.3	0.0	7.6	9.1	0.0	0.0	0.0
采样点Ⅳ-冬季	0.0	2.8	0.0	0.0	0.0	16.7	22.2	43.1	6.9	0.0	0.0	2.8	0.0	5.6
采样点Ⅳ-冬季	0.0	14.3	0.0	0.0	0.0	0.0	0.0	71.4	0.0	0.0	14.3	0.0	0.0	0.0

附录 5　尼洋河浮游动物种类出现频率和相对丰度

类	目	科	属	编号	出现频率/%	相对丰度/%
原生动物 Protozoa	表壳目 Arcellinida	砂壳科 Difflugiidae	砂壳虫 *Difflugia*	ZP1	43.75	21.70
		隐砂壳科 Cryptodifflugiidae	法帽虫 *Phryganella*	ZP2	12.50	7.00
	前口目 Prostomatida	裸口科 Holophryidae	裸口虫 *Holophrya*	ZP4	12.50	7.00
		前管科 Prorodontidae	前管虫 *Prorodon*	ZP5	6.25	2.80
		板壳科 Colepidae	板壳虫 *Coleps*	ZP6	6.25	3.50
		前管科 Prorodontidae	袋座虫 *Bursellopsis*	ZP7	6.25	6.30
	肾形目 Colpodida	肾形科 Colpodidae	肾形虫 *Colpoda*	ZP8	6.25	3.50
	管口目 Crytophorida	斜管科 Chillodonellidae	斜管虫 *Chilodonella*	ZP9	6.25	3.50
	篮口目 Nassulida	篮口科 Nassulidae	篮口虫 *Nassula*	ZP10	6.25	3.50
	全毛目 Holotricha	瞬目科 Glaucomidae	瞬目虫 *Glaucoma*	ZP11	43.75	23.80
	盾纤毛目 Scuticociliatida	纤袋虫科 Histiobalantiidae	纤袋虫 *Genus*	ZP12	6.25	3.50
		膜袋虫科 Cyclidiidae	发袋虫 *Cristigera*	ZP13	6.25	3.50
	刺钩目 Haptorida	斜口科 Enchelyidae	斜口虫 *Enchelys*	ZP14	12.50	5.25
轮虫 Rotifera	单巢目 Monogononta	旋轮科 Philodinidae	橘轮虫 *Rotaria*	ZR1	37.50	0.43
		腔轮科 Lecanidae	单趾轮虫 *Monostyla*	ZR2	25.00	0.16
		腔轮科 Lecanidae	腔轮虫 *Lecane*	ZR3	12.50	0.17
		臂尾轮科 Brachionidae	臂尾轮虫 *Brachionus*	ZR4	25.00	0.21
			龟甲轮虫 *keratella*	ZR5	6.25	0.03
		腹尾轮科 Gastropodidae	无柄轮虫 *Ascomorpha*	ZR6	6.25	0.03
		椎轮科 Notommatidae	枝胃轮虫 *Enteroplea*	ZR7	12.50	0.10

续表

类	目	科	属	编号	出现频率/%	相对丰度/%
轮虫 Rotifera	单巢目 Monogononta	晶囊轮科 Asplanchnidae	囊足轮虫 *Asplanchnopus*	ZR8	12.50	0.07
		旋轮科 Philodinidae	粗颈轮虫 *Macrotrachela*	ZR9	6.25	0.03
		腹尾轮科 Gastropodidae	同尾轮虫 *Diurella*	ZR10	6.25	0.03
		臂尾轮科 Brachionidae	须足轮虫 *Euchlanis*	ZR11	6.25	0.03
		椎轮科 Notommatidae	前翼轮虫 *Proales*	ZR12	6.25	0.03
			巨头轮虫 *Cephalodella*	ZR13	12.50	0.07
		猪吻轮科 Dicranchnidae	猪吻轮虫 *Dicranophoridae*	ZR14	6.25	0.03
		臂尾轮科 Brachionidae	叶轮虫 *Notholca*	ZR15	6.25	0.03
		晶囊轮科 Asplanchnidae	晶囊轮虫 *Asplanchna*	ZR16	6.25	0.03
		臂尾轮科 Brachionidae	水轮虫 *Epiphanes*	ZR17	6.25	0.03
枝角类 Cladocera	双甲目 Diplostraca	盘肠藻科 Chydoridae	尖额蚤 *Alona*	ZCA	6.25	0.03
桡足类 Copepoda	猛水蚤目 Harpacticoida	阿玛猛水蚤科 Ameiridae	美丽猛水蚤 *Nitocra*	ZCN	12.50	0.07
	剑水蚤目 Cyclopoida	剑水蚤科 Cyclopidae	中剑水蚤 *Mesocyclops*	ZCM	6.25	0.03

附录6　尼洋河周丛原生动物种类出现频率和相对丰度

目	科	属	编号	出现频率/%	相对丰度/%
表壳目 Arcellinida	砂壳科 Difflugiidae	砂壳虫 *Difflugia*	Dif	81.25	19.60
全毛目 Holotricha	瞬目科 Glaucomidae	瞬目虫 *Glaucoma*	Gla	37.50	20.33
前口目 Prostomatida	裸口科 Holophryidae	裸口虫 *Holophrya*	Hol	6.25	1.01
	刀口科 Spathidiidae	斜吻虫 *Enchelydium*	Encm	6.25	0.25
	前管科 Prorodontidae	袋座虫 *Bursellopsis*	Bur	6.25	5.04
	斜管科 Chillodonellidae	斜管虫 *Chilodonella*	Chi	6.25	5.04

目	科	属	编号	出现频率/%	相对丰度/%
肾形目 Colpodida	肾形科 Colpodidae	肾形虫 *Colpoda*	Cola	6.25	10.08
变形虫目 Amoebae	甲变形科 Thecamoebidae	变形虫 *Thecamoeba*	The	6.25	15.11
盾纤毛目 Scuticociliatida	膜袋虫科 Cyclidiidae	膜袋虫 *Cyclidium*	Cyc	12.50	5.28
缘毛目 Peritrichida	钟形科 Vorticellidae	钟虫 *Vorticella*	Vor	25.00	1.91
表壳虫目 Testacea	表壳科 Discamoebidae	表壳虫 *Arcella*	Arc	12.50	5.28
有壳丝足目 Teataceafilosa	鳞壳科 Euglyphidae	鳞壳虫 *Euglypha*	Eug	6.25	1.85
有壳根足虫 Testacea	盘变形科 Discamoebidae	曲颈虫 *Cyphoderia*	Cyp	6.25	0.24
		匣壳虫 *Centropyxis*	Cen	6.25	1.85
刺钩目 Haptorida	斜口科 Enchelyidae	斜口虫 *Enchelys*	Encs	18.75	7.14

附录7　全世界主要流域离子特征比较

流域	代码	$n°$	Ca^{2+}	Mg^{2+}	$K^+ + Na^+$	HCO_3^-	SO_4^{2-}	Cl^-	TDS
Yangtze River（陈静生等，2006）	S1		28.9	9.6	8.6	128.9	13.4	4.2	
Yangtze River* （Chen *et al*，2000）	S2	191	34.1	7.6	8.3	133.8	11.7	2.9	206
Yellow River（Chen，2006）	S3		39.1	17.9	46.3	162	82.6	30	
Danjiangkou Reservoir（李思悦等，2008）	S4	40	37.69	9.24	4.34	141.38	32.09	5.54	
Qingshuijiang River（吕婕梅等，2015）	S5	44	30.8	11.04	5.7	120.17	33.6	3.55	
YR @ Benzilan（Chen *et al*，2006）	S6	—	38.5	14.3	31.3	143.9	25.2	42.8	301.9
YR @ Shigu（Chen *et al*，2006）	S7	—	39.9	10.5	28.5	159.2	22.7	32.3	292.6
YR @ Dukou（Chen *et al*，2006）	S8	—	36.9	10.4	23.0	149.6	21.6	24.6	267.6
YR @ Longjie（Chen *et al*，2006）	S9	—	34.1	9.2	15.9	142.3	14.5	15.1	231.9
YR @ Huadan（Chen *et al*，2006）	S10	—	36.9	9.7	13.6	145.5	19	14.3	239.7
YR @ Pingshan（Chen *et al*，2006）	S11	—	37.2	10.0	14.9	144.6	28.9	12.3	247.9
YR @ Yibin（Chen *et al*，2006）	S12	—	37.5	8.4	10.8	140.3	22.2	8.4	227.7
YR @ Luzhou（Chen *et al*，2006）	S13	—	34.0	7.6	13.7	121.4	18.5	8.1	203.4
YR @ Zhujiatuo（Chen *et al*，2006）	S14	—	37.9	8.5	10.9	134.0	25.2	7.7	219.0

流域	代码	$n°$	Ca^{2+}	Mg^{2+}	$K^+ + Na^+$	HCO_3^-	SO_4^{2-}	Cl^-	TDS
YR @ Cuntan (Chen et al，2006)	S15	—	37.2	8.6	9.9	135.9	23.8	7.1	223.7
YR @ Yichang (Chen et al，2006)	S16	—	39.2	7.8	8.9	146.1	16.5	7.2	225.9
YR @ Wuhanguan (Chen et al，2006)	S17	—	34.7	6.7	4.6	127.3	12.3	4.3	189.3
YR @ Datong (Chen et al，2006)	S18	—	30.1	6.3	5.0	113.2	11.9	4.2	171.3
Yalung River (Chen et al，2006)	S19	4	27.3	5.7	6.6	114.4	4.5	3.5	168.9
Minjiang River (Chen et al，2006)	S20	10	32.0	7.7	5.1	118.4	16.5	2.8	181.9
Tuojiang River (Chen et al，2006)	S21	3	48.4	11.0	9.8	181.8	23.6	6.5	284.1
Jialing River (Chen et al，2006)	S22	14	41.1	9.4	6.9	143.5	26.3	4.6	231.5
Wujiang River (Chen et al，2006)	S23	20	44.0	13.3	6.2	162.2	24.0	2.1	256.5
Hanjiang River (Chen et al，2006)	S24	17	35.6	7.1	9.5	148.7	10.5	3.0	222.3
Xiangjiang River (Chen et al，2006)	S25	8	28.4	3.8	7.5	108.9	6.8	1.8	158.3
Yuanjiang (Chen et al，2006)	S26	6	20.3	7.5	6.5	102.7	3.2	1.0	144.3
Ganjiang River (Chen et al，2006)	S27	20	8.4	2.1	8.3	44.5	6.3	2.8	74.4
YR tributaries (Chen et al，2006)	S28	76	31.8	7.2	8.7	127.5	10.3	3.0	199.9
Upstream of Urumqi River，section 1 (冯芳等，2014)	S29	3	12.30	1.11	1.48	27.19	14.37	0.92	51.76
Upstream of Urumqi River，section 2 (冯芳等，2014)	S30	3	26.73	3.77	5.57	46.92	47.72	2.52	114.27
Tibet area (Tian et al，2014)	S31	57	55.25	18.69	38.02	169.67	54.68	47.67	
South Xingjiang province (Liu et al，2014；Pang et al，2010；Zhang et al，1995)	S32	154	90.1	73.78	354.84	260.28	429.08	509.41	
Tongtian River (苏春江，唐邦兴，1987)	S33	9	51.77	18.82	124.79	170.63	83.34	179.88	
Qinghai Lake watershed (Xu et al，2010b)	S34	75	37.38	16.04	38.29	183.37	39.35	47	
Huanglong Ravine (王海静等，2009)	S35	9	253.78	20.94	3.18	777.44	23.2	0.73	
Mao County (杜锦婷，2011)	S36	63	70.36	28.38	21.48	226.27	119.6	7.37	
Rangtang County (曹楠，2011)	S37	423	33.77	10.4	14.25	171.21	8.05	3.9	
Lhasa to Nyingchi of Yarlung Tsangpo (刘昭，2011)	S38	62	29.74	5.56	8.05	90.28	25.83	3.87	
Shergyla Mountain (任青山等，2002)	S39	9	1.6	3.82	0.17	33.9	62.52	7.41	
Godavari river basin (Jha et al，2009)	S40	42	31.11	10.51	31.35	137.39	18.02	25.56	214.33
Okinawa Island area (Vuai & Tokuyama，2007)	S41	115	7.45	2.76	14.26	33.16	7.14	19.97	
Ganga basin area (Rai et al，2010)	S42	22	25.99	8.97	15.67	127.30	15.93	6.82	214.45

流域	代码	$n°$	Ca^{2+}	Mg^{2+}	$K^+ + Na^+$	HCO_3^-	SO_4^{2-}	Cl^-	TDS
Upstream Amazon (Stallard & Edmond, 1983)	S43		19.1	2.3	6.4	68	7.0	6.5	122
Downsteam Amazon (Stallard & Edmond, 1983)	S44		5.2	1.0	1.5	20	1.7	1.1	38
Congo river (Meybeck, 1984)	S45		4.4	1.7	2.0	7.1	4.0	2.7	9.7
Ganga-Brahmaputra* (Sarin et al, 1989)	S46	75	28.4	11.9	14.1	163.7	14	6.0	196
Lena River* (Huh et al, 1998)	S47	24	14.4	3.4	1.7	52.9	6.9	0.9	92
Mekenzie* (Reeder et al, 1972)	S48	101	35.7	8.3	5.6	119	25.6	1.4	209
Orinoco (Nemeth et al, 1982)	S49		2.8	0.5	1.4	6.7	2.9	8.9	27
Niyang River (our research)	S50	44	11.23	2.23	4.42	41.38	10.91	3.09	95.53
Global rivers*	S51		8.0	2.4	3.7	30.5	4.9	3.9	65
Weighted mean of Global rivers	S52		13.4	3.3	5.2	51.8	8.4	5.8	99

注：1. $n°$ 表示参与指数平均值计算的样本数，—表示参考文献中没有提到的信息；2. * 表示中位值，（$K^+ + Na^+$）在同一行；3. "流域" 列中的 YR 表示长江。

参考文献

[1] Abbaspour R, Rahbar M, Karimi J M. Comparative survey of morphometric-meristic male and female Anjak fish (*Schizocypris brucei*, Annandale and Hora, 1920) of Hamoun Wetland in South East Iran [J]. *Middle-East Journal of Scientific Research*, 2013, 14 (5): 620-623.

[2] Abdel-Tawwab M, Ahmad M H, Khattab Y A E, et al. Effect of dietary protein level, initial body weight, and their interaction on the growth, feed utilization, and physiological alterations of Nile tilapia, *Oreochromis niloticus* (L.) [J]. *Aquaculture*, 2010, 298 (3): 267-274.

[3] Aberle N, Bauer B, Lewandowska A, et al. Warming induces shifts in microzooplankton phenology and reduces timelags between phytoplankton and protozoan production [J]. *Marine Biology*, 2012, 159 (11): 2441-2453.

[4] Adams P B. Life history patterns in marine fishes and their consequences for fisheries management [J]. *Fish Bulletin*, 1980, 78 (1): 1-12.

[5] Adeghate E, Adem A, Hasan M Y, et al. Medicinal chemistry and actions of dual and pan PPAR modulators [J]. *Open Medicinal Chemistry Journal*, 2011, 5 (2): 93-98.

[6] Ai Q H, Mai K S, Tan B P, et al. Effects of dietary vitamin C on survival, growth, and immunity of large yellow croaker, *Pseudosciaena crocea* [J]. *Aquaculture*, 2006, 261: 327-336.

[7] Ai Q H, Mai K S, Zhang C X, et al. Effects of dietary vitamin C on growth and immune response of Japaneseseabass, *Lateolabrax japonicas* [J]. *Aquaculture*, 2004, 242 (1-4): 489-500.

[8] Alderdice D F, Forrester C R. Effects of salinity, temperature, and dissolved oxygen on early development of the Pacific cod (*Gadus macrocephalus*) [J]. *Journal of the Fisheries Board of Canada*, 1971, 28 (6): 883-902.

[9] Ali E, Mohammad S J. Microbiological properties and biogenic amines of whole pike-perch (*Sander lucioperca*, Linnaeus 1758): a perspective on fish safety during postharvest handling practices and frozen storage [J]. *Journal of Food Science*, 2012, 77 (12): 664-668.

[10] Allan J D. Landscapes and riverscapes: The influence of land use on stream ecosystems [J]. *Annual Review of Ecology Evolution and Systematics*, 2004, 35: 257-284.

[11] Amiza M A, Apenten R K O. Urea and Heat Unfolding of Cold-Adapted Atlantic Cod (*Gadus morhua* Trypsin and Bovine Trypsin) [J]. *Journal of the Science of Food and Agriculture*, 1996, 70 (1): 1-10.

[12] Amoudi M M, Nakkadi A M N, Nourman B M. Evaluation of optimum dietary requirement of vitamin C for theirgrowth of *Oreochromis spilurus* fingerlings in water from the *Red Sea* [J]. *Aquaculture*, 1992, 105 (2): 165-173.

[13] Andrade J I, Ono E A, Menezes G C, et al. Influence oI diets supplemented with vitamins C and E on pirarucu (*Arapaima gigas*) blood parameters [J]. *Comparative Biochemistry and Physiology*, Part A, 2007, 146 (4): 576-580.

[14] Ao M, Alfred J R B, Gupta A. Studies on some lotic systems in the north-eastern hill regions of India [J]. *Limnologica*, 1984, 15 (1): 135-141.

[15] AOAC. Official methods of analysis of AOAC International [M]. 16th ed. Arlington, VA: Association of Analytical Communities, 1995: 1094.

[16] APHA, AWWA, WPCF. Standard methods for examination of water and wastewater, 19th ed [J]. *Washington D C*, 1995, 451-455.

[17] Arlati G, Bronzi P, Colombo L, et al. Induzione della riproduzione nello storione italiano (*Acipenser naccarii*) allevato in cattivita, Riv [J]. *Ital Aquacol*, 1988, (23): 94-96.

[18] Arunachalam M, Nair K C M, Vijverberg J, et al. Substrate selection and seasonal variation in densities of invertebrates in stream pools of a tropical river [J]. *Hydrobiologia*, 1991, 213 (2): 141-148.

[19] Asciutto G, Wigren M, Fredrikson G N, et al. Apolipoprotein B-100 antibody interaction with atherosclerotic plaque inflammation and repair processes [J]. *Stroke*, 2016, 47 (4): 1140-1143.

[20] Asciutto N K, Anders P J, Young S P, et al. Coded wire tag and passive integrated transponder tag implantations in

juvenile Burbot [J]. *North American Journal of Aquaculture*. 2014，34（2）：391-400.

［21］ Austoni M，Giordani G，Viaroli P，*et al*. Application of specific exergy to macrophytes as an integrated index of environmental quality for coastal lagoons [J]. *Ecological Indicators*，2007，7（2）：229-238.

［22］ Ayala MD，Santaella M，Martnez C，*et al*. Muscle tissue structure and flesh texture in gilthead sea bream，*Sparus aurata* L. fillets preserved by refrigeration and by vacuum packaging [J]. *LWT-Food Science and Technology*，2011，44（4）：1098-1106.

［23］ Azaza M S，Dhraïef M N，Kraïem M M. Effects of water temperature on growth and sex ratio of juvenile Nile tilapia *Oreochromis niloticus* (Linnaeus) reared in geothermal waters in southern Tunisia [J]. *Journal of Thermal Biology*，2008，33（2）：98-105.

［24］ 艾庆辉，麦康森，王正丽，等. 维生素 C 对鱼类营养生理和免疫作用的研究进展 [J]. 水产学报，2005，29（6）：854-861.

［25］ 艾庆辉，麦康森. 鱼类营养免疫研究进展 [J]. 水生生物学报，2007，31：425-430.

［26］ 安宝晟，程国栋. 西藏生态足迹与承载力动态分析 [J]. 生态学报，2014，34（4）：1002-1009.

［27］ 安世远，夏连琪. 青海湖第五次封湖育鱼 [N]. 中国环境报，2011-2-11（5）.

［28］ Bai J H，Cui B S，Chen B，*et al*. Spatial distribution and ecological risk assessment of heavy metals in surface sediments from a typical plateau lake wetland，China [J]. *Ecol Model*，2009，222（2）：301-306.

［29］ Bajo-Grañeras R，Sanchez D，Gutierrez G，*et al*. Apolipoprotein D alters the early transcriptional response to oxidative stress in the adult cerebellum [J]. *Journal of neurochemistry*，2011，117（6）：949-960.

［30］ Baker S C，Heidinger R C. Upper lethal temperature tolerance of fingerling black crappie [J]. *Journal of Fish Biology*，1996，48（6）：1123-1129.

［31］ Ballestrazzi R，Lanari D，Dagaro E，*et al*. The effect of dietary protein level and source on growth，body composition，total ammonia and reactive phosphate excretion of growing sea bass (*Dicentrarchus labrax*) [J]. *Aquaculture*，1994，127（2-3）：197-206.

［32］ Baras E，Jacobs B，Melard C. Effect of water temperature on survival，growth and phenotypic sex of mixed (XX-XY) progenies of *Nile tilapia Oreochromis niloticus* [J]. *Aquaculture*，2001，192（2）：187-199.

［33］ Barat A，Sahoo P K，Kumar R，*et al*. Transcriptional response to heat shock in liver of snow trout (*Schizothorax richardsonii*) -a vulnerable Himalayan Cyprinid fish [J]. *Functional and Integrative Genomics*，2016，16（2）：203-213.

［34］ Barcellos L J G，Kreutz L C，de Souza C，*et al*. Hemato-logical changes in jundiá (*Rhamida quelen* Quoy and Gaimard Pimelodidae) after acute and chronic stress caused by usual aquacultural management，with emphasis on immunosuppressive effects [J]. *Aquaculture*，2004，237（1-4）：229-236.

［35］ Barton B A，Iwama G K. Physiological changes in fish from stress in aquaculture with emphasis on the response and effects of corticosteroids [J]. *Annual Review of Fish Diseases*，1991，10（1）：3-26.

［36］ Bastianoni S，Marchettini N. Emergy/exergy ratio as a measure of the level of organization of systems [J]. *Ecological Modelling*，1997，99（1）：33-40.

［37］ Bates N R，Orchowska M I，Garley R，*et al*. Summertime calcium carbonate undersaturation in shelf waters of the western Arctic Ocean-how biological processes exacerbate the impact of ocean acidification [J]. *Biogeosciences*，2013，10（8）：5281-5309.

［38］ Beamish R J，Mcfarlane G A. The forgotten requirement for age validation in fisheries biology [J]. *Transactions of the American Fisheries Society*，1983，112（6）：735-743.

［39］ Becerril M R，Asencio F，Lopez V G，*et al*. Single or combined effects of Lactobacillus sakei and inulin on growth，non-specific immunity and IgM expression in leopard grouper (*Mycteroperca rosacea*) [J]. *Fish Physiology and Biochemistry*，2014，40（4）：1169-1180.

［40］ Bergstrom U，Englund G，Bonsdorff E. Small-scale spatial structure of Baltic Sea zoobenthos inferring processes from patterns [J]. *Journal of Experimental Marine Biology and Ecology*，2002，281（1-2）：123-136.

［41］ Billett M F，Moore T R. Supersaturation and evasion of CO_2 and CH_4 in surface waters at Mer Bleue peatland，Canada [J]. *Hydrological Processes*，2008，22（12）：2044-2054.

［42］ Björkbacka H，Alm R，Persson M，*et al*. Low levels of apolipoprotein B-100 autoantibodies are associated with increased risk of coronary events [J]. *Arteriosclerosis, thrombosis, and vascular biology*, 2016, 36 (4): 765-771.

[43] Blaxter J H S, Hempel G. The Influence of Egg Size on Herring Larvae (*Clupea harengus* L.) [J]. *J. cons. int. explor. mer*, 1963, 28 (2): 211-240.

[44] Blood D M. Embryonic development of walleye pollock, *Theragra chalcogramma*, from Shelik of Strait, Alaska [J]. *FishBull*, 1994, 92: 207-222.

[45] Blood D M. Low-temperature incubation of walleye pollock (*Theragra chalcogramma*) eggs from the southeast Bering Sea shelf and Shelikof Strait, Gulf of Alaska. Deep Sea Research Part II [J]. *Topical Studies in Oceanography*, 2002, 49 (26): 6095-6108.

[46] Bookhagen B, Burbank D W. Toward a complete Himalayan hydrological budget: Spatiotemporal distribution of snowmelt and rainfall and their impact on river discharge [J]. *Journal of Geophysical Research*, 2010, 115: 1-25.

[47] Borges P, Oliveira B, Casal S, et al. Dietary lipid level affects growth performance and nutrient utilisation of *Senegalese sole* (*Solea senegalensis*) juveniles [J]. *The British Journal of Nutrition*, 2009, 102 (7): 1007-1014.

[48] Bossel H. Real-structure process description as the basis of understanding ecosystems and their development [J]. *Ecological Modelling*, 1992, 63 (1-4): 261-276.

[49] Bowes M J, Ings N L, McCall S J, et al. Nutrient and light limitation of periphyton in the River Thames: Implications for catchment management [J]. *Science of the Total Environment*, 2012, 434 (SI): 201-212.

[50] Bradford M M. A rapid and sensitive method for the quantitation of microgram quantities of protein utilizing the principle of protein-dye binding [J]. *Analytical Biochemistry*, 1976, 72 (1): 248-254.

[51] Brady P V, Carroll S A. Direct effects of CO_2 and temperature on silicate weathering-possible implications for climate control [J]. *Geochimica et Cosmochimica Acta*, 1994, 58 (7): 1853-1856.

[52] Brennan N P, Leber K M, Blackburn B R. Use of coded-wire and visible implant elastomer tags for marine stock enhancement with juvenile red snapper *Lutjanus campechanus* [J]. *Fisheries Research*. 2007, 83 (1): 90-97

[53] Brennan N P, Leber K M, Blackburn H L, et al. Anevaluation of coded wire and elastomer tag performance in juvenile common snook under field and laboratory conditions [J]. *North American Journal of Fisheries Management*. 2005, 25 (2): 437-445.

[54] Brian D R, Ruth M, David L H, et al. Ecologically sustainable water management: managing river flows for ecological integrity [J]. *Ecological Applications*, 2003, 13 (1): 206-224.

[55] Brown J H, Gillooly J F, Allen A P, et al. Toward a metabolic theory of ecology [J]. *Ecology*, 2004, 85 (7): 1771-1789.

[56] Bucher F, Hofer R. The effects of treated domestic sewage on three organs (gills, kidney, liver) of browntrout (*Salmo trutta*) [J]. *Water Research*, 1993, 27 (2): 255-261.

[57] Bum M, Kim J. Dockko S. LSI characteristics based on seasonal changes at water treatment plant of Korea [J]. *Desalination and Water Treatment*, 2015, 55 (1): 272-277.

[58] Bunn S E, Arthington A H. Basic principles and ecological consequences of altered flow regimes for aquatic biodiversity [J]. *Environmental Management*, 2002, 30 (4): 492-507.

[59] Bunn S E, Davies P M, Biological processes in running waters and their implications for the assessment of ecological integrity [M] //Assessing the ecological integrity of running waters. Springer, Dordrecht, 2000: 61-70.

[60] Bunn S E, Davies P M, Mosisch T D. Ecosystem measures of river health and their response to riparian and catchment degradation [J]. *Freshwater Biology*, 1999, 41 (2): 333-345.

[61] Burka J F, Hammel K L, Horsberg T E, et al. Drugs in salmonid aquaculture-a review [J]. *J Vet Pharm Therap*, 1997, 20: 333-349.

[62] Bushon A M, Stunz G W, Reese M M. Evaluation of visible implant elastomer for marking juvenile red drum [J]. *North American Journal of Fisheries Management*. 2007, 27 (2): 460-464.

[63] 卞小宇, 何建民, 龚履华. 一种测定鱼类呼吸与咳嗽频率的装置及其初步试验的效果 [C] //. 鱼类学论文集 (第四集). 北京: 科学出版社, 1985, 4: 109-116.

[64] 卞晓东. 鱼卵、仔稚鱼形态生态学基础研究 [D]. 青岛: 中国海洋大学, 2010.

[65] 郏旭文. 不同外源激素对中华倒刺鲃的催产效果 [J]. 浙江海洋学院学报 (自然科学版), 2004, 23 (4): 298-301.

［66］布多，李明礼，德吉，等.拉萨河流域甲玛湿地水质净化功能研究［J］.资源科学，2010，32（9）：1650-1656.

［67］布多，李明礼，许祖银，等.西藏拉萨河流域巴嘎雪湿地水化学特征［J］.中国环境科学，2016，36（3）：793-797.

［68］布多，许祖银，吴坚扎西，等.拉萨河流域选矿厂分布及其对环境的影响［J］.西藏大学学报（自然科学版），2009，24（2）：33-38.

［69］Cailliet G M, Goldman K J. Age determination and validation in Chondrichthyan fishes. In: Carrier J, Musick J A, Heithaus M eds. The biology of sharks and their relatives ［M］. New York: CRC Press, 2004, 399-447.

［70］Caissie D. The thermal regime of rivers: a review ［J］. *Freshwater Biology*, 2006, 51 (8): 1389-1406.

［71］Callicott J B. The value of ecosystem health ［J］. *Environmental Values*, 1995, 4: 345-361.

［72］Camargo J C, Velho L F M. Longitudinal variation of attributes from flagellate protozoan community in tropical streams ［J］. *Acta Scientiarum Biological Sciences*, 2011, 33 (2): 161-169.

［73］Canals O, Serrano-Suarez A, Salvado H. Effect of chlorine and temperature on free-living protozoa in operational man-made water systems (cooling towers and hot sanitary water systems) in Catalonia ［J］. *Environmental Science and Pollution Research*, 2015, 22 (9): 6610-6618.

［74］Carr A C, Frei B. Toward a new recommended dietary allowance for vitamin C based on antioxidant and health effects in human ［J］. *Am J Clin Nutr*, 1999, 69 (6): 1086-1107.

［75］Carter A D, Wroble B N, Sible J C. Cyclin A1/Cdk2 is sufficient but not required for the induction of apoptosis in early Xenopus laevis embryos ［J］. *Cell Cycle*, 2006, 5 (19): 2230-2236.

［76］Carter J L, Schindler D E. Responses of zooplankton populations to four decades of climate warming in lakes of southwestern Alaska ［J］. *Ecosystems*, 2012, 15 (6): 1010-1026.

［77］Casselman J M. Growth and relative size of calcified structures of fish ［J］. *Transactions of the American Fisheries Society*, 1990, 119 (4): 673-688.

［78］Catacutan M R, Coloso R M. Effect of dietary protein to energy ratios on growth, survival, and body composition of juvenile Asian seabass, *Lates calcarifer* ［J］. *Aquaculture*, 1995, 131 (1-2): 125-133.

［79］Chambers R C, Trippel E A. Early life history and Recuitment in fish populations ［M］. *Chapman & Hall, London*, 1997, 25: 78-81.

［80］Chatterjee N, Pal A K, Manush S M, *et al*. Thermal tolerance and oxygen consumption of Labeo rohita and Cyprinus carpio early fingerings acclimated to three different temperatures ［J］. *Journal of Thermal Biology*, 2004, 29 (6): 265-270.

［81］Chen F J, Wang H C. Study on histological structure of intestine in Gymnocypris przewalskii with different age ［J］. *Progress in Veterinary Medicine*, 2013, 34 (1): 34-37.

［82］Chen R G, Lochmann R, Goodwin A, *et al*. Effects of dietary vitamins C and E on alternative complementactivity, hematology, tissue composition, vitaminconcentrations and response to heat stress in juvenile golden shiner (*Notemigonus crysoleucas*) ［J］. *Aquaculture*, 2004, 242 (1-4): 553-569.

［83］Chen W T, Du K, He S P. Genetic structure and historical demography of *Schizothorax nukiangensis* (Cyprinidae) in continuous habitat ［J］. *Ecology and Evolution*, 2015, 5 (4): 984-995.

［84］Chen W T, Shen Y J, Gan X N, *et al*. Genetic diversity and evolutionary history of the Schizothorax species complex in the Lancang River (upper Mekong) ［J］. *Ecology & Evolution*, 2016, 6 (17): 6023-6036.

［85］Chen Y F, Cao W X. *Schinzothoracinae*. In: Yue P Q, *et al*. (Eds.). Fauna Sinaica Osteichthyes Cypriniformes Ⅲ ［M］. Beijing: Science Press, 2000: 273.

［86］Chetelat B, Liu C Q, Zhao Z Q, *et al*. Geochemistry of the dissolved load of the Changjiang Basin rivers: Anthropogenic impacts and chemical weathering ［J］. *Geochimica et Cosmochimica Acta*, 2008, 72 (17): 4254-4277.

［87］Chevrier S, Corcoran L M. BTB-ZF transcription factors, a growing family of regulators of early and late B-cell development ［J］. *Immunology and cell biology*, 2014, 92 (6): 481-488.

［88］Chi W, Ma X, Niu J, *et al*. Genome-wide identification of genes probably relevant to the adaptation of schizothoracins (Teleostei: Cypriniformes) to the uplift of the Qinghai-Tibet Plateau ［J］. *BMC Genomics*, 2017, 18 (1): 310.

［89］Ching B, Chew S F, Wong W P, *et al*. Environmental ammonia exposure induces oxidative stress in gills andbrain of Boleophthalmus boddarti (mudskipper) ［J］. *Aquatic Toxicology*, 2009, 95 (3): 203-212.

[90] Cho C Y, Cowey C B, Watanabe T. Methodological approaches to research and development [J]. *Fin fish Nutrition in Asia*, 1985, 154-155.

[91] Chou B S, Shiau S Y. Optimal dietary lipid level for growth of juvenile hybrid tilapia, *Oreochromis niloticus* × *Oreochromis aureus* [J]. *Aquaculture*, 1996, 143 (2): 185-195.

[92] Collier M, Webb R, Schmidt J. Dams and rivers: primer on the downstream effects of dams [J]. US Geological Survey Circular 1126. US Geological Survey, Tucson, Arizona. 1997.

[93] Collymore C, Tolwani A, Lieggi C, et al. Efficacy and safety of 5 anesthetics in adult zebrafish (*Danio rerio*) [J]. *J Am Assoc Lab Anim Sci*,. 2014, 53 (2): 198-203.

[94] Conesa A, Götz S, García-Gómez J M, et al. Blast2GO: a universal tool for annotation, visualization and analysis in functional genomics research [J]. *Bioinformatics*, 2005, 21 (18): 3674-3676.

[95] Connell J H. Diversity in tropical rain forests and coral reefs-high diversity of trees and corals is maintained only in a non-equilibrium state [J]. *Science*, 1978, 199 (4335): 1302-1310.

[96] Cossins A R, Bowler K. Temperature biology of animals [J]. *Bioscience*, 1987, 39 (39).

[97] Crier H J, Linton J R, Leatherland J F, et al. Structural evidence for two different testicular types in teleost fishes [J]. *Amer J Anat*, 1980, 159: 331-345.

[98] Cullen P. Issues in the transfer of R & D outcomes to wetland management. Wetlands in a Dry Land: Understanding for Management (ed. W. D. Williams), Environment Australia [M]. *Biodiversity Group*, Canberra, 1998, 315-319.

[99] Cunningham T J, Kumar S, Yamaguchi T P, et al. Wnt8a and Wnt3a cooperate in the axial stem cell niche to promote mammalian body axis extension [J]. *Developmental Dynamics*, 2015, 244 (6): 797-807.

[100] Currie R J, Bennett W A, Beitinger T L, et al. Critical thermal minima and maxima of three freshwater game-fish species acclimated to constant temperatures [J]. *Environmental Biology of Fishes*, 1998, 51 (2): 187-200.

[101] 蔡宝玉, 王利平, 王树英. 甘露青鱼肌肉营养分析和评价 [J]. 水产科学, 2004, 23 (9): 34-35.

[102] 蔡春芳, 吴康, 潘新法, 等. 蛋白质营养对异育银鲫生长和免疫力的影响 [J]. 水生生物学报, 2001, 25 (6): 590-595.

[103] 蔡道基, 杨佩芝, 龚瑞忠, 等. 化学农药环境安全评价试验准则 [M]. 北京: 国家环境保护局, 1989: 2-13.

[104] 蔡林钢, 牛建功, 吐尔逊, 等. 伊犁裂腹鱼不同年龄鉴定材料的年轮特征比较 [J]. 水生态学杂志, 2011, 32 (03): 78-81.

[105] 蔡林钢, 牛建功, 张北平, 等. 伊犁裂腹鱼胚胎及早期仔鱼发育的观察 [J]. 淡水渔业, 2011, 41 (5): 74-78.

[106] 蔡琳琳, 朱广伟, 朱梦圆, 等. 太湖梅梁湾湖岸带浮游植物群落演替及其与水华形成的关系 [J]. 生态科学, 2012, 31 (4): 345-351.

[107] 蔡文超, 区又君, 李加儿. 盐度对条石鲷胚胎发育的影响 [J]. 生态学杂志, 2010, 29 (5): 51-956.

[108] 蔡召平. 发育相关几个重要信号通路分子的研究 [D]. 济南: 山东大学, 2009.

[109] 曹静, 张凤枰, 宋军, 等. 养殖和野生长吻鮠肌肉营养成分比较分析 [J]. 食品科学, 2015, 36 (2): 126-131.

[110] 曹楠. 壤塘县大骨节病区地质环境特征分析 [D]. 成都: 成都理工大学, 2011.

[111] 曹维勤, 张崇正, 秦少峰. FRF-1 型鱼类呼吸频率测定仪 [J]. 北京工业大学学报, 1989 (2): 34-41.

[112] 曹文宣, 陈宜瑜, 武云飞, 等. 裂腹鱼类的起源和演化及其与青藏高原隆起的关系. 见: 中国科学院青藏高原科学考察队. 青藏高原隆起的时代、幅度和形式问题 [C]. 北京: 科学出版社, 1981, 118-130.

[113] 曹文宣, 陈宜瑜, 武云飞. 青藏高原隆起的时代、幅度和形成问题 [M]. 北京: 科学出版社, 1981: 110-130.

[114] 曹振东, 谢小军. 温度对南方鲇饥饿仔鱼的半致死时间及其体质量和体长变化的影响 [J]. 西南师范大学学报: 自然科学版, 2002, 27 (05): 746-750.

[115] 曾本和, 王万良, 朱龙, 等. 饲料蛋白质水平对台湾泥鳅生长性能、形体指标和体成分的影响 [J]. 动物营养学报, 2017, 29 (09): 3413-3421.

[116] 曾本和, 张忭忭, 刘海平, 等. 饲料蛋白质水平对拉萨裸裂尻鱼幼鱼生长、饲料利用、形体指标和肌肉营养成分的影响 [J]. 动物营养学报, 2019, 31 (3): 1-9.

[117] 曾本和, 周建设, 王万良, 等. 水温对异齿裂腹鱼幼鱼存活、摄食和生长的影响 [J]. 淡水渔业, 2018, 48 (6): 77-82.

[118] 柴学军, 徐君卓. 日本黄姑鱼 *Nibea japonica* (Temminck et Schlegel) 的耐温性研究 [J]. 现代渔业信息, 2007

（02）：22-23，29．

[119] 产久林，姜华鹏，刘一萌，等．CO I 和 16S rRNA 基因在高原裂腹鱼物种鉴定中的应用 [J]．水生态学杂志，2015，36（4）：98-104．

[120] 陈本亮，张其中．水霉及水霉病防治的研究进展 [J]．水产科学，2011，30（07）：429-434．

[121] 陈炳辉，刘正文．滤食杂食性鱼类放养对浮游动物群落结构的影响 [J]．生态科学，2012，31（2）：161-166．

[122] 陈锋，陈毅峰．拉萨河鱼类调查及保护 [J]．水生生物学报，2010，34（2）：278-285．

[123] 陈凤梅，胡家会，王曰文，等．温度对玫瑰无须鲃胚胎发育的影响 [J]．淡水渔业，2013，32（1）：24-27．

[124] 陈国胜，蔡辉益．维生素 C 在家禽抗应激中的作用研究进展 [J]．动物营养学报，1997，9（4）：1-13．

[125] 陈浒，李厚琼，吴迪，等．乌江梯级电站开发对大型底栖无脊椎动物群落结构和多样性的影响 [J]．长江流域资源与环境，2010，19（12）：1462-1470．

[126] 陈建明，沈斌乾，潘茜，等．饲料蛋白和脂肪水平对青鱼大规格鱼种生长和体组成的影响 [J]．水生生物学报，2014，38（4）：699-705．

[127] 陈建明，叶金云，潘茜，等．饲料中添加维生素 C 对翘嘴鲌鱼种生长及组织中抗坏血酸含量的影响 [J]．中国水产科学，2007，14（1）：106-112．

[128] 陈进树．温度对神仙鱼（*Pterophyllum scalare*）主要消化酶活力及呼吸频率的影响 [D]．厦门：厦门大学，2007，28-30．

[129] 陈静生，王飞越，夏星辉．长江水质地球化学 [J]．地学前缘，2006，13（1）：74-85．

[130] 陈凯，肖能文，王备新，等．黄河三角洲石油生产对东营湿地底栖动物群落结构和水质生物评价的影响 [J]．生态学报，2012，24（06）：1970-1978．

[131] 陈礼强，吴青，郑曙明，等．细鳞裂腹鱼胚胎和卵黄囊仔鱼的发育 [J]．中国水产科学，2008，15（6）：927-931．

[132] 陈立婧，顾静，胡忠军，等．上海崇明明珠湖原生动物的群落结构 [J]．水产学报，2010，34（9）：1404-1413．

[133] 陈楠，高雯，张磊，等．水温、pH 值和光照对斑马鱼受精卵孵化率的影响 [J]．水产养殖，2016，37（7）：27-31．

[134] 陈庆凯．低盐胁迫对黄姑鱼幼鱼血清免疫和抗氧化性能的影响 [J]．海洋渔业，2014，36（6）：516-522．

[135] 陈全震，曾江宁，高爱根，等．鱼类热忍耐温度研究进展 [J]．水产学报，2004，（05）：562-567．

[136] 陈少莲．鲤鱼（*Cyprinus carpio* Linné）胚胎发育的观察 [J]．动物学杂志，1960，（04）：165-168．

[137] 陈生熬，王智超，宋勇，等．塔里木河流域叶尔羌高原鳅热耐受性的初步研究 [J]．甘肃农业大学学报，2011，46（05）：22-26．

[138] 陈声栋，郭宇龙，胡斌，等．施氏鲟人工配合饵料试验总结报告 [J]．黑龙江水产，1996，（3）：23-27．

[139] 陈松波，范兆廷，陈伟兴．不同温度下鲤鱼呼吸频率与耗氧率的关系 [J]．东北农业大学学报，2006，37（3）：352-356．

[140] 陈涛，于丹．野生与养殖斑鳜肌肉营养成分的比较分析 [J]．湖北农业科学，2016，55（12）：3143-3146．

[141] 陈文银，李家乐，练青平．长江刀鲚性腺发育的组织学研究 [J]．水产学报，2006，（06）：773-777．

[142] 陈小娟，潘晓洁，冯坤，等．小江回水区原生动物和轮虫群落结构特征研究 [J]．水生态学杂志，2012，33（5）：31-35．

[143] 陈小勇．云南鱼类名录 [J]．动物学研究，2013，34（04）：281-343．

[144] 陈燕琴，王基琳．青海省土著经济鱼类资源合理开发意见 [J]．青海环境，1995，1：38-39．

[145] 陈宜瑜．横断山区鱼类 [M]．北京：科学出版社，1998：29-31．

[146] 陈毅峰，曹文宣．裂腹鱼亚科．见：乐佩琦，主编．中国动物志．鲤形目（下卷）[C]．北京：科学出版社，2000．

[147] 陈毅峰，曹文宣．裂腹鱼亚科鱼类．中国动物志硬骨鱼鲤形目（下卷）[M]．北京：科学出版社，2000：273-388．

[148] 陈毅峰，陈自明，何德奎，等．藏北色林错流域的水文特征 [J]．湖泊科学，2001，13（1）：21-28．

[149] 陈毅峰，何德奎，蔡斌．色林错裸鲤的繁殖对策 [C] // 野生动物生态与管理学术讨论会．2001．

[150] 陈毅峰，何德奎，陈宜瑜．色林错裸鲤的年龄鉴定 [J]．动物学报，2002，48（04）：527-533．

[151] 陈毅峰．裂腹鱼类的系统进化及资源生物学 [D]．武汉：中国科学院水生生物研究所，2000．

[152] 陈毅峰．裂腹鱼类系统发育和分布格局的研究．I.系统发育 [J]．动物分类学报，1998，23（增刊）：17-25．

[153] 陈永祥，胡思玉，赵海涛，等．乌江上游四川裂腹鱼和昆明裂腹鱼肌肉营养成分的分析 [J]．毕节学院学报，2009，27（8）：67-71．

[154] 陈永祥，罗泉笙．四川裂腹鱼繁殖生态生物学研——Ⅳ.性腺组织学及性腺发育 [J]．毕节师专学报，1996，（01）：1-

7，81-82，84.

[155] 陈永祥，罗泉笙.乌江上游四川裂腹鱼的胚胎发育 [J].四川动物，1997，16（4）：163-167.

[156] 陈永祥，罗泉笙.乌江上游四川裂腹鱼繁殖力的研究 [J].动物学研究，1995，16（4）：324-348.

[157] 陈永祥，罗泉笙.乌江上游四川裂腹鱼繁殖力的研究 [J].动物学研究.1995，16（4）：324，342，328.

[158] 陈壮，梁萌青，郑珂珂，等.饲料蛋白质水平对鲈鱼生长，体组成及蛋白酶活力的影响 [J].渔业科学进展，2014，35（2）：51-59.

[159] 陈自明，陈毅峰.用 RAPD 技术对特化等级裂腹鱼类亲缘关系的探讨 [J].动物学研究，2000，21（4）：262-268.

[160] 程波，陈超，王印庚，等.七带石斑鱼肌肉营养成分分析与品质评价 [J].渔业科学进展，2009，30（5）：51-57.

[161] 程汉良，蒋飞，彭永兴，等.野生与养殖草鱼肌肉营养成分比较分析 [J].食品科学，2013，34（13）：266-270.

[162] 川本信之.鱼类生理 [M].日本：恒星社厚生阁，1997：294-300.

[163] 丛明.赣江流域底栖动物生态学研究 [D].南昌：南昌大学，2011.

[164] 崔丹，刘志伟，刘南希，等.金钱鱼性腺发育及其组织结构观察 [J].水产学报，2013，（5）：696-704.

[165] Dabrowski K，Matusiewica M，Blom J H. Hydrolysis，absorption andbioavailability of ascorbic acid esters in fish [J]. *Aquaculture*，1994，124：169-192.

[166] Dalai T K，Krishnaswami S，Sarin M M. Major ion chemistry in the headwaters of the Yamuna river system：Chemical weathering，its temperature dependence and CO_2 consumption in the Himalaya [J]. *Geochimica et Cosmochimica Acta*，2002，66（19）：3397-3416.

[167] Dalvi R S，Pal A K，Tiwari L R，et al. Influence of acclimation temperature on the induction of heat-shock protein 70 in the catfish Horabagrus brachysoma（Günther）[J]. *Fish physiology and biochemistry*，2012，38（4）：919-927.

[168] Das K M，Tripathi S D. Studies on the digestive enzymes of grass carp，Ctenopharyngodon idella，（Val.）[J]. *Aquaculture*，1991，92（1）：21-32.

[169] Debnath D，Pal A K，Sahu N P，et al. Digestive enzymes and metabolic profile of Labeo rohita fingerlings fed diets with different crude protein levels [J]. *Comparative Biochemistry & Physiology Part B*，2007，146（1）：107-114.

[170] Devries D R，Frie R V. Determination of age and growth. In：MurPhy B R，Willis D W eds.，Fisheries teehniques（2nd edition）[M]. Bethesda：Ameriean Fisheries Soeiety，1996：483-512.

[171] Dietrich M A，Nynca J，Adamek M，et al. Expression of apolipoprotein AI and A-II in rainbow trout reproductive tract and their possible role in antibacterial defence [J]. *Fish & shellfish immunology*，2015，45（2）：750-756.

[172] Dolan D M，El-Shaarawi A H，Reynoldson T B. Predicting benthic counts in Lake Huron using spatial statistics and quasi-likelihood 81 [J]. *Environmetrics*，2000，11（3）：287-304.

[173] Dong C，Pan L，He D，et al. The efficacy of MS-222 as anesthetic agent in Largemouth Bronze *Gudgeon Coreius guichenoti* [J]. *North american journal of aquaculture*，2017，79（1）：123-127.

[174] Du J，Zhang X，Yuan J，et al. Wnt gene family members and their expression profiling in Litopenaeus vannamei [J]. *Fish & shellfish immunology*，2018，77：233-243.

[175] Duan Y J，Xie C X，Zhou X J，et al. Age and growth characteristics of *Schizopygopsis younghusbandi Regan*，1905 in the Yarlung Tsangpo River in Tibet，China [J]. *Journal of Applied Ichthyology*，2014，30（5）：948-954.

[176] Duarte C M，Alcaraz M. To produce many small or few large eggs：a size-independent reproductive tactic of fish [J]. *Oecologia*，1989，80（3）：401-404.

[177] Dupre B，Dessert C，Oliva P，et al. Rivers，chemical weathering and Earth's climate [J]. *Comptes Rendus Geoscience*，2003，335（16）：1141-1160.

[178] 代丹，张远，韩雪娇，等.太湖流域污水排放对湖水天然水化学的影响 [J].环境科学学报，2015，35（10）：3121-3130.

[179] 代龚圆，李杰，李林，等.滇池北部湖区浮游植物时空格局及相关环境因子 [J].水生生物学报，2012，36（5）：946-956.

[180] 代应贵，肖海.裂腹鱼类种质多样性研究综述 [J].中国农学通报，2011，27（32）：38-46.

[181] 戴瑜来，王宇希，潘彬斌，等.几种常用水产药物对大鳞副泥鳅苗种的急性毒性试验 [J].淡水渔业，2015，（4）：104-107.

[182] 戴志远，崔雁娜，王宏海.不同冻藏条件下养殖大黄鱼鱼肉质构变化的研究 [J].食品与发酵工业，2008，34（8）：

188-191.

[183] 德吉，姚檀栋，姚平等.冰芯和气象记录揭示的青藏高原百年来典型冷暖时段气候变化特征 [J].冰川冻土，2013，35（6）：1382-1390.

[184] 邓君明，张曦，龙晓文，等.三种裂腹鱼肌肉营养成分分析与评价 [J].营养学报，2013，35（4）：391-393.

[185] 邓思红，陈修松，谭中林，等.黄河裸裂尻鱼胚胎发育和双头鱼形态初步观察 [J].水生态学杂志，2014，35（4）：97-100.

[186] 邓思平，吴天利，王德寿，等.温度对南方鲶幼鱼生长与发育的影响 [J].西南师范大学学报：自然科学版，2000，25（6）：674-679.

[187] 邓素贞，韩兆方，陈小明，等.大黄鱼高温适应的转录组学分析 [J].水产学报，2018，42（11）：1673-1683.

[188] 狄军艳，冯甲棣.细胞色素 P450 与体温调节 [J].锦州医学院学报，2002，（04）：74-77.

[189] 丁海容.拉萨市城区段水环境污染总量控制研究 [D].成都：四川大学，2005.

[190] 丁慧萍.茶巴朗湿地外来鱼类的生物学及其对土著鱼类的胁迫 [D].武汉：华中农业大学，2014.

[191] 丁立云，张利民，王际英，等.饲料蛋白质水平对星斑川鲽幼鱼生长，体组成及血浆生化指标的影响 [J].中国水产科学，2010，17（6）：1285-1292.

[192] 丁瑞华，李明，桂林华，等.四川甘洛县格古河水生生物群落及其生态位的分析 [J].四川动物，2010，29（6）：941-945.

[193] 丁淑荃，万全，范文张，等.五种药物对花（鱼骨）鱼苗的急性毒性试验 [J].淡水渔业，2006，36（5）：48-51.

[194] 丁兆坤，刘亮，许友卿.花生四烯酸研究 [J].中国科技论文在线，2007，（06）：410-416.

[195] 董根，杨建敏，王卫军，等.短蛸（*Octopus ocellatus*）胚胎发育生物学零度和有效积温的研究 [J].海洋与湖沼，2013，44（2）：476-481.

[196] 窦硕增.鱼类的耳石信息分析及生活史重建——理论、方法与应用 [J].海洋科学集刊，2007，48：93-113.

[197] 杜浩，危起伟，杨德国，等.MS-222、丁香油、苯唑卡因对养殖美洲鲥幼鱼的麻醉效果 [J].大连水产学院学报，2007，22（01）：20-26.

[198] 杜锦婷.茂县大骨节病病区水文地球化学研究 [D].成都：成都理工大学，2011.

[199] 杜迎春，刘宁，李博，等.多鳞铲颌鱼水霉病的药物筛选与防治 [J].北京农业，2015，8（1）：79-80.

[200] 段安民，肖志祥，吴国雄.1979-2014 年全球变暖背景下青藏高原气候变化特征 [J].气候变化研究进展，2016，12（5）：374-381.

[201] 段顺琼，王静，冯少辉，等.云南高原湖泊地区水资源脆弱性评价研究 [J].中国农村水利水电，2011，9：55-59.

[202] 段友健.拉萨裸裂尻鱼个体生物学和种群动态研究 [D].武汉：华中农业大学，武汉.2015.

[203] Eguia R V, Kamarudin M S, Santiago C B. Growth and survival of river catfish *Mystus nemurus* (Cuvier & Valenciennes) larvae fed isocaloric diets with different protein levels during weaning [J]. *Journal of Applied Ichthyology*, 2000, 16 (3): 104-109.

[204] Eid I I, Bhassu S, Goh Z H, *et al*. Molecular characterization and gene evolution of the heat shock protein 70 gene in snakehead fish with different tolerances to temperature [J]. *Biochemical systematics and ecology*, 2016, 66: 137-144.

[205] Ekvall M K, Hansson L A. Differences in recruitment and life-history strategy alter zooplankton spring dynamics under climate-change conditions [J]. *PloS one*, 2012, 7 (9): 1-8.

[206] Elliott A. A comparison of thermal polygons for British freshwater teleosts [J]. *Freshwater Forum*, 1995, 5: 178-184.

[207] Elliott J M. The energetics of feeding, metabolism and growth of brown trout (*Salmo trutta* L.) in relation to body weight, water temperature and ration size [J]. *The Journal of Animal Ecology*, 1976, 923-948.

[208] Engin K, Carter C G. Ammonia and urea excretion rates of juvenile Australian short-finned eel (*Anguilla australis australis*) as influenced by dietary protein level [J]. *Aquaculture*, 2001, 194 (1): 123-136.

[209] Eo J, Lee K J. Effect of dietary ascorbic acid on growth and non-specific immune responses of tigerpuffer, *Takifugu rubripes* [J]. *Fish & Shellfish Immunology*, 2008, 25 (5): 611-616.

[210] Esmaeili-Vardanjani M, Rasa I, Amiri V, *et al*. Evaluation of groundwater quality and assessment of scaling potential and corrosiveness of water samples in Kadkan aquifer, Khorasan-e-Razavi Province, Iran [J]. *Environmental Monito-*

ring and Assessment，2015，187（2）：53.

[211] European Food Safety Authority. Conclusion on the peer review of the pesticide risk assessment of the active substance eugenol [M]. EFSA J，2012，10（11）：2914-2960.

[212] Fabiano M，Vassallo P，Vezzulli L，et al. Temporal and spatial change of exergy and ascendency in different benthic marine ecosystems [J]. Energy，2004，29（11）：1697-1712.

[213] FAO/WHO. Energy and protein requirements [R]. Rome：FAO Nutrition Meeting Report Series [J]. 1973：40-73.

[214] Feanald R D，White R B. Gonadotropin-releasing hoemone genes：Phylogeny，structure and functions [J]. Front Neuroendocinology，1999，20：224-240.

[215] Feng X，He D，Shan G，et al. Integrated analysis of mRNA and miRNA expression profiles in Ptychobarbus dipogon and Schizothorax oconnori，insight into genetic mechanisms of high altitude adaptation in the schizothoracine fishes [J]. Gene Reports，2017，9：74-80.

[216] Ferencz B，Dawidek J. The variability of conditions of carbonate allocation on the example of a small flow-through AA (TM) czna-Wodawa lake（Eastern Poland）[J]. Environmental Earth Sciences，2015，73（4）：1601-1610.

[217] Ferraresso S，Bonaldo A，Parma L，et al. Exploring the larval transcriptome of the common sole（Solea solea L.）[J]. BMC genomics，2013，14（1）：315.

[218] Fischer J E，Rosen H M，Ebeid A M，et al. The effect of normalization of plasma amino acids on hepatic encephalopathy in man [J]. Surgery，1976，80（1）：77-91.

[219] Floury M，Usseglio-Polatera P，Ferreol M，et al. Global climate change in large european rivers：long-term effects on macroinvertebrate communities and potential local confounding factors [J]. Global Change Biology，2013，19（4）：1085-1099.

[220] Fonseca J C，Marques J C，Paiva A A，et al. Nuclear DNA in the determination of weighing factors to estimate exergy from organisms biomass [J]. Ecological Modelling，2000，126（2-3）：179-189.

[221] Fonseca J C，Pardal M A，Azeiteiro U M，et al. Estimation of ecological exergy using weighing parameters determined from DNA contents of organisms-A case study [J]. Hydrobiologia，2002，475（1）：79-90.

[222] Forneris G，Bellardi S，Palmegiano G B，et al. The use of ozone in trout hatchery to reduce saprolegniasis incidence [J]. Aquaculture，2003，221（1）：157-166.

[223] Franke F，Armitage S A O，Kutzer M A M，et al. Environmental temperature variation influences fitness trade-offs and tolerance in a fish-tapeworm association [J]. Parasites & vectors，2017，10（1）：252.

[224] Fry F E J，Brett J R，Clawson G H. Lethal limits of temperature for oung goldfish [J]. Rev. Can. Biol，1942，1：50-56.

[225] Fulton T. Rate of growth of seashes [J]. Fish Scotl. Sci. Invest. Rept，1902，20：1035-1039.

[226] 范丽卿，土艳丽，李建川，等.拉萨市拉鲁湿地鱼类现状与保护 [J].资源科学，2011，33（9）：1742-1749.

[227] 方广玲，香宝，杜加强，等.拉萨河流域非点源污染输出风险评估 [J].农业工程学报，2015，31（1）：247-254.

[228] 方琦，周仁杰，钟指挥.白氏文昌鱼幼鱼对海水温度和盐度变化的耐受力研究 [J].水产科技情报，2010，37（06）：274-278，281.

[229] 方之平，潘黔生，何瑞国，等.彭泽鲫鱼种配合饲料的初步研究 [J].水利渔业，1998，（4）：1-3.

[230] 房英春，王冲，朱延才.敌百虫对泥鳅、鲤鱼的急性毒性 [J].安徽农业科学，2003，31（4）：678 679.

[231] 费鸿年，袁蔚文译（里克著）.鱼类种群生物统计量的计算和解析 [M].北京：科学出版社，1984，175-178.

[232] 费骥慧，汪兴中，邵晓阳.洱海鱼类群落的空间分布格局 [J].水产学报，2012，36（8）：1225-1233.

[233] 冯芳，冯起，李忠勤，等.天山乌鲁木齐河流域山区水化学特征分析 [J].自然资源学报，2014，29（1）：143-155.

[234] 冯广朋，庄平，章龙珍，等.长江口纹缡虾虎鱼早期发育对生态因子的适应性 [J].生态学报，2009，29（10）：5185-5194.

[235] 冯健，刘永坚，刘栋辉，等.红姑鱼日粮脂肪水平和脂肪酸比例与脂肪肝病关系研究 [J].海洋科学，2004，28（6）：28-31.

[236] 冯祖强，王祖熊.鱼类对环境温度适应问题 [J].水产学报，1984，8（1）：79-83.

[237] 付世建，谢小军，张文兵，等.南方鲶的营养学研究：Ⅲ.饲料脂肪对蛋白质的节约效应 [J].水生生物学报，2001，25（1）：70-75.

[238] Gaillardet J，Dupré B，Allègre C J. A global geochemical mass budget applied to the Congo Basin Rivers：Erosion rates and continental crust composition [J]. *Geochimica et Cosmochimica Acta*，1995，59（17）：3469-3485.

[239] Gaillardet J，Dupré B，Louvat P，*et al*. Global silicate weathering and CO_2 consumption rates deduced from the chemistry of large rivers [J]. *Chemical Geology*，1999，159（1-4）：3-30.

[240] Galy A，France-Lanord C. Weathering processes in the Ganges-Brahmaputra basin and the riverine alkalinity budget [J]. *Chemical Geology*，1999，159（1-4）：31-60.

[241] Gaylord T G，Gatlin III D M. Dietary lipid level but not l-carnitine affects growth performance of hybrid striped bass（*Morone chrysops* ♀×*M. saxatilis* ♂）[J]. *Aquaculture*，2000，190（3-4）：237-246.

[242] Gieseker C M，Serfling S G，Reimschuessel R. Formalin treatment to reduce mortality associated with Saprolegnia parasitica in rainbow trout，Oncorhynchus my kiss [J]. *Aquaculture*，2006，253（1）：120-129.

[243] Gillooly J F，Charnov E L，West G B，*et al*. Effects of size and temperature on developmental time [J]. *Nature*，2002，417（6884），70-73.

[244] Goncharov B F，Williot P，Menn F L. Comparison of the effects of gonadotropic preparations of the carp and stellate sturgeon pituitaries on in vivo and in vitro oocyte maturation in the Siberian sturgeon Acipenser baerii Brandt [J]. *Russian Journal of DevelopmentalBiology*，2001，32（5）：320-327.

[245] Gotoh T，Shigemoto N，Kishimoto T. Cyclin E2 is required for embryogenesis in Xenopus laevis [J]. *Developmental biology*，2007，310（2）：341-347.

[246] Goudie A S，Viles H A. Weathering and the global carbon cycle：Geomorphological perspectives [J]. *Earth-science Reviews*，2012，113（1-2）：59-71.

[247] Grime J P. Competitive exclusion in herbaceous vegetation [J]. *Nature*，1973，242（5396）：344-347.

[248] Gu L，Xia C. Cluster expansion of apolipoprotein D（ApoD）genes in teleost fishes [J]. *BMC evolutionary biology*，2019，19（1）：9.

[249] Guan L，Chi W，Xiao W，*et al*. Analysis of hypoxia-inducible factor alpha polyploidization reveals adaptation to Tibet anplateau in the evolution of *schizothoracine* fish [J]. *BMC Evolutionary Biology*，2014，14（1）：192.

[250] Guijarro J A，Cascales D，García-Torrico A I，*et al*. Temperature-dependent expression of virulence genes in fish-pathogenic bacteria [J]. *Frontiers in microbiology*，2015，6：700.

[251] Gulland J A. The fish resources of the ocean [J]. *FAO Fisheries Technical Paper*，1970，97：425.

[252] Guo J H，Wang F S，Vogt R D，*et al*. Anthropogenically enhanced chemical weathering and carbon evasion in the Yangtze Basin [J]. *Scientific reports*，2015，5（1）：11941.

[253] Guo S S，Zhang G R，Guo X Z，*et al*. Genetic diversity and population structure of Schizopygopsis younghusbandi Regan in the Yarlung Tsangpo River inferred from mitochondrial DNA sequence analysis [J]. *Biochemical Systematics and Ecology*，2014，57：141-151.

[254] Guo X Z，Zhang G R，Wei K J，*et al*. Development and characterization of 20 polymorphic microsatellite loci for the Lhasa schizothoracin *Schizothorax waltoni* [J]. *Conservation Genetics Resources*，2014，6（2）：413-415.

[255] Guo X Z，Zhang G R，Yan R J，*et al*. Isolation and characterization of twenty-three polymorphic microsatellite loci in *Schizothorax macropogon* [J]. *Conservation Genetics Resources*，2014，6（2）：483-485.

[256] Gupta H，Chakrapani G J，Selvaraj K，*et al*. The fluvial geochemistry，contributions of silicate，carbonate and saline-alkaline components to chemical weathering flux and controlling parameters：Narmada River（Deccan Traps），India [J]. *Geochimica et Cosmochimica Acta*，2011，75（3）：800-824.

[257] 嘎玛.青海"护鱼"行动保护湟鱼资源 [N].西部时报，2007-12-18（5）.

[258] 甘维熊，王红梅，邓龙君，等.雅砻江短须裂腹鱼胚胎和卵黄囊仔鱼的形态发育 [J].动物学杂志，2016，51（2）：253-260.

[259] 甘小平.温度对稀有鮈鲫繁殖、胚胎发育和仔鱼生长的影响 [D].重庆：西南大学，2012.

[260] 戈志强，朱江，朱玉芳，等.不同光照、温度对大银鱼受精卵孵化率的影响 [J].淡水渔业，2003，（5）：23-24.

[261] 葛京，张耀红，高倩，等.细鳞鱼受精不同胚胎发育阶段对震动的敏感性试验 [J].河北渔业，2015，（11）：11，64.

[262] 龚晨.西藏拉萨河流域水化学时空变化及影响因素研究 [D].天津：天津大学，2015.

[263] 龚启祥，曹克驹，曾嵘.香鱼卵巢发育的组织学研究 [J].水产学报，1982，(03)：221-234.

[264] 龚启祥，倪海儿，李伦平，等.东海银鲳卵巢周年变化的组织学观察 [J].水产学报，1989，(04)：316-325.

[265] 龚世园，张训蒲，宋智修，等.寡齿新银鱼胚胎发育及其与温度的关系研究 [J].应用生态学报，1996a，(增刊1)：93-98.

[266] 龚世园，张训蒲，宋智修，等.近太湖新银鱼胚胎发育与温度的关系研究 [J].华中农业大学学报，1996b，15 (2)：163-167，205.

[267] 巩同梁.构建西藏高原水生态文明 [J].中国水利报，2008-04-03 (008).

[268] 顾若波，张呈祥，徐钢春，等.美洲鲥肌肉营养成分分析与评价 [J].水产学杂志，2007，20 (2)：40-46.

[269] 顾宪红，张宏福，李长忠，等.断奶日龄和日龄对仔猪生产性能及主要消化器官重量的影响 [J].动物营养学报，2004，16 (1)：23-29.

[270] 关志华，陈传友.西藏河流与湖泊 [M].北京：科学出版社，1984.

[271] 官曙光，关健，刘洪军，等.MS-222 麻醉许氏平鲉幼鱼的初步研究 [J].海洋科学，2011，35 (5)：100-105.

[272] 郭丰红，汪之和.MS-222 对鳜鱼成鱼麻醉效果的研究 [J].湖南农业科学，2009，(07)：150-153.

[273] 郭术津，孙军，戴民汉，等.2009 年冬季东海浮游植物群集 [J].生态学报，2012，32 (10)：3266-3278.

[274] 郭永灿.水温对鲢鱼、草鱼胚胎发育的影响 [J].淡水渔业，1982，3：35-40.

[275] 郭永军，陈成勋，李占军，等.水温和盐度对鲤鱼 (Cyprinus carpio L.) 胚胎和前期仔鱼发育的影响 [J].天津农学院学报，2004，11 (3)：5-9.

[276] 郭祖锋，李林，贺伟平，等.澜沧江上游鱼类资源研究 [J].现代农业科技，2014，(14)：228，237.

[277] 国家环保局《水和废水监测分析方法》编委会.《水和废水监测分析方法》(第四版.增补版) [M].中国环境科学出版社，2002：45-46，109，121-124.

[278] Halver J E, Harady R W. Fish nutrition [M]. London: Academic Press, 1989.

[279] Han G, Zhang S, Dong Y. Anaerobic metabolism and thermal tolerance: The importance of opine pathways on survival of a gastropod after cardiac dysfunction [J]. *Integrative zoology*, 2017, 12 (5): 361-370.

[280] Han Y Q, He A Y, Huang L, et al. Analysis on growth of released black carp and annual benefits from released fish in Yantan reservoir [J]. *Agricultural Science & Technology*, 2015, 16 (11): 2526-2530.

[281] Hanada Y, Nakamura Y, Ozono Y, et al. Fibroblast growth factor 12 is expressed in spiral and vestibular ganglia and necessary for auditory and equilibrium function [J]. *Scientific reports*, 2018, 8 (1): 11491.

[282] Handy R D, Poxton M G. Nitrogen pollution in mariculture: toxicity and excretion of nitrogenouscompounds by marine fish [J]. *Reviews in Fish Biology and Fisheries*, 1993, 3 (3): 205-241.

[283] Harare K A, Nass T, Nortvedt R et al. Macronutrient composition in formulated diets for Atlantic halibut (Hippoglossus hippoglossus, L.) juveniles-a multivariate approach [J]. *Aquaculture*, 2003, 227, 233-244.

[284] Hardy R S, Litvak M K. Effects of temperature on the early development, growth, and survival of shortnose sturgeon, Acipenser brevirostrum, and Atlantic sturgeon, Acipenser oxyrhynchus, yolk-sac larvae [J]. *Environmental Biology of Fishes*, 2004, 70 (2): 145-154.

[285] Hashim N H F, Sulaiman S, Bakar F D A, et al. Molecular cloning, expression and characterisation of Afp4, an antifreeze protein from Glaciozyma antarctica [J]. *Polar biology*, 2014, 37 (10): 1495-1505.

[286] Haugland G T, Jakobsen R A, Vestvik N, et al. Phagocytosis and respiratory burst activity in lumpsucker (Cyclopterus lumpus L.) leucocytes analysed by flow cytometry [J]. *PloS one*, 2012, 7 (10): e47909.

[287] Havelka M, Bytyutskyy D, Symonova R, et al. The second highest chromosome count among vertebrates is observed in cultured sturgeon and is associated with genome plasticity [J]. *Genetics Selection Evolution*, 2016, 48 (1): 12.

[288] He D K, Chen Y F. Biogeography and molecular phylogeny of the genus Schizothorax (Teleostei: Cyprinidae) in China inferred from cytochrome b sequences [J]. *Journal of Biogeography*, 2006, 33 (8): 1448-1460.

[289] He D K, Chen Y F. Phylogeography of *Schizothorax o'connori* in the Yarlung Tsangpo River, Tibet [J]. *Hydrobiologia*, 2009 (635): 251-262.

[290] He D K, Xiong W, Sui X Y, et al. Length-weight relationships of three cyprinid fishes from headwater of the Nujiang River, China [J]. *Journal of Applied Ichthyology*, 2015, 31 (2): 411-412.

[291] He Y F, Wang J W, Lek S, et al. Structure of endemic fish assemblages in the upper Yangtze River Basin [J]. *River*

Research and Applications, 2011, 27: 59-75.

[292] Heise K, Puntarulo S, Nikinmaa M, et al. Oxidative stress during stressful heat exposure and recovery in the North Sea eelpout Zoarces viviparus L [J]. *Journal of experimental biology*, 2006, 209 (2): 353-363.

[293] Hillestad M, Johnsen F. High-energy /low-protein diets for Atlantic salmon: effects on growth, nutrient retention and slaughter quality [J]. *Aquaculture*, 1994, 124 (1-4): 109-116.

[294] Hino H, Nakanishi A, Seki R, et al. Roles of maternal wnt8a transcripts in axis formation in zebrafish [J]. *Developmental biology*, 2018, 434 (1): 96-107.

[295] Hoenig J M. Empiricial use of longevity data to estimate mortality rates [J]. *Fishery Bulletin*, 1983, 82 (1): 898-903.

[296] Honer G, Roscnllml H, Khmer G. Growth of juvenile Sarotherodon galilaeus in laboratory aquaria [J]. *J Aquacul Tropics*, 1987, 2: 59-71.

[297] Hora S L. Comparison of the fish-faunas of the northern and the southern faces of the great Himalayan range [J]. *Rec. Ind. Mus.*, 1937, 39 (3): 241-250.

[298] Hoskonen P, Pirhonon J. Temperature effects on anesthesia with clove oil in six temperatezone fishes [J]. *Journal of The World Aquaculture Society*, 2010, 41 (4): 655-660.

[299] Hren M T, Chamberlain C P, Hilley G E, et al. Major ion chemistry of the Yarlung Tsangpo-Brahmaputra river: Chemical weathering, erosion, and CO_2 consumption in the southern Tibetan plateau and eastern syntaxis of the Himalaya [J]. *Geochimica et Cosmochimica Acta*, 2007, 71 (12): 2907-2935.

[300] Hseu J R, Yeh S L, Chu Y T, et al. Different anesthetic effects of 2-phenoxyethanol on four species of teleost [J]. *J Fish Soc*, 1997, 24 (3): 185-191.

[301] Hu M H, Stallard R F, Edmond J M. Major ion chemistry of some large Chinese rivers [J]. *Nature*, 1982, 298 (5): 550-553.

[302] Huang C H, Lin W Y, Chu J H. Dietary lipid level influences fatty acid profiles, tissue composition, and lipid peroxidation of softshelled turtle, Pelodiscus sinensis [J]. *Comparative Biochemistry and Physiology Part A: Molecular & Integrative Physiology*, 2005, 142 (3): 383-388.

[303] Huang S S O. Choline requirements of hatcheryproduced juvenile white sturgeon (*Acipenser transmontanus*) [J]. *Aquaculture*, 1989, 78 (2): 183-194.

[304] Huang W, Zhu X Y, Zeng J N, et al. Responses in growth and succession of the phytoplankton community to different N/P ratios near Dongtou Island in the East China Sea [J]. *Journal of Experimental Marine Biology and Ecology*, 2012, 434: 102-109.

[305] Huang X, Sillanpaa M, Gjessing E T et al. Water quality in the Tibetan Plateau: Major ions and trace elements in the headwaters of four major Asian rivers [J]. *Science of the Total Environment*, 2009, 407 (24): 6242-6254.

[306] Hughes L. Biological consequences of global warming: is the signal already apparent [J]. *Trends in Ecology and Evolution*, 2000, 15 (2): 56-61.

[307] Huh Y, Panteleyev G, Babich D, et al. The fluvial geochemistry of the rivers of eastern Siberia: II. Tributaries of the Lena, Omoloy, Yana, Indigirka, Kolyma, and Anadyr draining the collisional/accretionary zone of the Verkhoyansk and Cherskiy ranges [J]. *Geochimica Et Cosmochimica Acta*, 1998, 62 (12): 2053-2075.

[308] Humpesch U H. Life cycle and growth fates of Baetis spp. (Ephemeroptera: Baetidae) in the laboratory and in two stone streams in Austria [J]. *Freshwater Ecology*, 1979, 9: 467-479.

[309] Huo T B, Li L, Wang J L, et al. Length-weight relationships for six fish species from the middle of the Yalu Tsangpo River, China [J]. *Journal of Applied Ichthyology*, 2015, 31 (5): 956-957.

[310] Hutchinson G E. Ecological observations on the fishes of Kashmir and Indian Tibet [J]. *Ecol Monogr*, 1939, 9 (2): 145-182.

[311] 海萨·艾也力汗, 郭焱, 孟玮, 等. 新疆裂腹鱼类的系统发生关系及物种分化时间 [J]. 遗传, 2014, 36 (10): 1013-1020.

[312] 海萨·艾也力汗, 郭焱, 孟玮, 等. 基于线粒体控制区序列的塔里木裂腹鱼遗传多样性及种群分化分析 [J]. 中国水产科学, 2016, 23 (4): 944-954.

[313] 韩琳,冯新港.Wnt信号通路及其在动物生长发育过程中的作用[J].中国兽医寄生虫病,2008,16(3):47-52.

[314] 韩叙.白斑狗鱼人工繁育技术研究[D].保定:河北农业大学,2010.

[315] 郝弟,张淑荣,丁爱中,等.河流生态系统服务功能研究进展[J].南水北调与水利科技,2012,10(1):106-111.

[316] 郝汉舟.拉萨裂腹鱼的年龄和生长研究[D].武汉:华中农业大学,2005.

[317] 郝瑞霞,周玉文,汪明明,等.北京东南城区雨水化学特征与化学稳定性分析[J].北京工业大学学报,2007,33(10):1075-1080.

[318] 郝思平,陆天一.水温、溶氧、流速、鱼卵投放密度与团头鲂出苗率的相关[J].水产科技情报,1997,(02):25-27.

[319] 何德奎,陈毅峰,蔡斌.纳木错裸鲤性腺发育的组织学研究[J].水生生物学报,2001,25(1):1-13.

[320] 何德奎,陈毅峰,陈宜瑜,等.特化等级裂腹鱼类的分子系统发育与青藏高原隆起[J].科学通报,2003,48(22):2354-2362.

[321] 何德奎,陈毅峰,陈自明,等.色林错裸鲤性腺发育的组织学研究[J].水产学报,2001,(02):97-102,188.

[322] 何德奎,陈毅峰.高度特化等级裂腹鱼类分子系统发育与生物地理学[J].科学通报,2007,52(03):303-312.

[323] 何吉祥,崔凯,徐晓英,等.异育银鲫幼鱼对蛋白质、脂肪及碳水化合物需求量的研究[J].安徽农业大学学报,2014,41(01):30-37.

[324] 何雷.齐口裂腹鱼幼鱼对蛋白质、脂肪和糖适宜需要量的研究[D].雅安:四川农业大学,2008.

[325] 何璐,纪明山,王勇,等.一株苦参内生真菌的抑菌特性及活性成分的结构鉴定[J].中国农业科学,2011,44(15):3127-3133.

[326] 何敏.小流域风化剥蚀作用及碳侵蚀通量的初步研究[D].昆明:昆明理工大学,2009.

[327] 何舜平,曹文宣,陈宜瑜.青藏高原的隆升与鳅鮀鱼类(鲇形目:鮀科)的隔离分化[J].中国科学(C辑:生命科学),2001,31(02):185-192.

[328] 何小燕,袁显春,潘志,等.MS-222对布氏鲷幼鱼的麻醉效果研究[J].四川动物,2013,32(05):729-733.

[329] 何志刚,王金龙,伍远安,等.饲料脂肪水平对芙蓉鲤鲫幼鱼血清生化指标、免疫反应及抗氧化能力的影响[J].水生生物学报,2016,40(04):655-662.

[330] 贺桂芹.西藏高寒湿地生态系统服务功能价值评估及湿地保护对策研究[D].西安:西北农林科技大学,2007.

[331] 贺金生,陈伟烈.陆地植物群落物种多样性的梯度变化特征[J].生态学报,1996,7(l):91-99.

[332] 贺舟挺.西藏拉萨河异齿裂腹鱼年龄与生长的研究[D].武汉:华中农业大学,2005.

[333] 洪美玲.水中亚硝酸盐和氨氮对中华绒螯蟹幼体的毒性效应及维生素E的营养调节[D].上海:华东师范大学,2007.

[334] 侯水生.日粮蛋白质对早期断奶仔猪消化道与消化酶活性及相关激素分泌的调控作用[D].北京:中国农业科学研究院,1999.

[335] 侯媛媛,吴文惠,许剑锋,等.大黄抑制食源性致病菌的活性成分研究[J].食品工业科技,2015,36(18):73-76.

[336] 胡安,唐诗声,龚生兴.青海湖裸鲤繁殖生物学的研究.见:青海省生物研究所,青海湖地区的鱼类区系和青海湖裸鲤的生物学[M].北京:科学出版社,1975:49-64.

[337] 胡国成,李思发,何学军,等.不同饲料蛋白质水平对吉富品系尼罗罗非鱼幼鱼生长和鱼体组成的影响[J].饲料工业,2006,(06):24-27.

[338] 胡国宏,刘英.利用必需氨基酸指数(EAAI)评价鱼饲料蛋白源[J].中国饲料,1995,15:29-31.

[339] 胡鸿钧,李尧英,魏心印,等.中国淡水藻类[M].上海:上海科学技术出版社,1980.

[340] 胡华锐.绰斯甲河大渡裸裂尻鱼年龄与生长特性和繁殖群体生物学研究[D].武汉:华中农业大学,2012.

[341] 胡莲,潘晓洁,邹曦,等.三道河水库浮游植物群落结构特征及其渔产潜力分析[J].水生态学志,2012,33(4):90-95.

[342] 胡盼.野生、池塘及工厂化养殖牙鲆(Paralichthys olivaceus)肌肉品质及营养成分比较研究[D]大连:大连海洋大学,2015.

[343] 胡少迪,沈建忠,马徐发,等.乌伦古湖欧鳊四种年龄鉴定材料的比较分析[J].淡水渔业,2015,45(06):27-33+38.

[344] 胡思玉,肖玲远,赵海涛,等.四川裂腹鱼鱼苗耗氧率与窒息点的初步测定[J].毕节学院学报,2009,27(08):72-76.

[345] 胡思玉,詹会祥,聂祥艳,等.昆明裂腹鱼鱼苗耗氧率与窒息点的初步测定[J].毕节学院学报,2012,30(04):

80-85.

[346] 胡元林，郑文.高原湖泊流域可持续发展研究 [J].生态经济，2011，236（3）：168-171，183.

[347] 胡运华.西藏老虎嘴水电站环境影响分析 [J].水利科技与经济，2009，15（12）：1069-1070.

[348] 胡知渊，鲍毅新，程宏毅，等.中国自然湿地底栖动物生态学研究进展 [J].生态学杂志，2009，28（5）：959-968.

[349] 华元渝，石黎军，李海燕，等.暗纹东方鲀年龄鉴定的研究 [J].水生生物学报，2005，29（03）：279-284.

[350] 黄二春，万松良，陈里，等.大口鲇与土鲇、革胡子鲇肌肉营养成分的比较分析 [J].渔业致富指南，1998，18：36-39.

[351] 黄峰，严安生，张桂蓉，等.不同蛋白含量饲料对南方鲇胃蛋白酶和淀粉酶活性的影响 [J].水生生物学报，2003，27（5）：451-456.

[352] 黄福江，马秀慧，叶超，等.中国结鱼性腺发育的组织学观察 [J].四川动物，2013，32（03）：406-409.

[353] 黄建荣，查广才，周昌清，等.凡纳对虾淡化养殖池浮游纤毛虫研究 [J].水生生物学报，2005，29（3）：349-352.

[354] 黄杰斯.几种水环境理化因子对花鲈孵化与生长发育的影响及毒性试验研究 [D].青岛：中国海洋大学，2015.

[355] 黄金凤，徐奇友，王常安，等.温度和饲料蛋白质水平对松浦镜鲤幼鱼血清生化指标的影响 [J].大连海洋大学学报，2013，28（02）：185-190.

[356] 黄金凤，赵志刚，罗亮，等.水温和饲料蛋白质水平对松浦镜鲤幼鱼肠道消化酶活性的影响 [J].动物营养学报，2013，25（3）：651-660.

[357] 黄良敏，谢仰杰，吴漳德，等.条纹斑竹鲨对温度和盐度的耐受实验 [J].集美大学学报，2005，10（1）：12-17.

[358] 黄琦.基于 GIS 的三江源地区生态环境变化与人类活动影响研究 [D].北京：中央民族大学，2012.

[359] 黄权，孙晓雨，谢从新.野生与养殖花羔红点鲑肌肉营养成分的比较分析 [J].华南农业大学学报，2010，31（1）：75-78.

[360] 黄世蕉，姜仁良，赵维信，等.鲤鱼血清中促性腺激素、17β-雌二醇含量的周年变化 [J].水产学报，1987，11（1）：75-80.

[361] 黄顺友，陈宜瑜.中甸重唇鱼和裸腹重唇鱼的系统发育关系及其动物地理学分析 [J].动物分类学报，1986，11（1）：100-107.

[362] 黄薇，张忠华，施永海，等.养殖斑尾复虾虎鱼肌肉营养成分的分析和评价 [J].动物营养学报，2014，26（9），2866-2873.

[363] 黄伟，朱旭宇，曾江宁，等.氮磷比对浙江近岸浮游植物群落结构影响的实验研究 [J].海洋学报，2012，34（5）：128-138.

[364] 黄文，盛竹梅，于仕斌，等.人工养殖与野生江鳕肌肉营养成分比较分析 [J].浙江海洋学院学报（自然科学版），2015，（1）：36-39.

[365] 黄贤克，单乐州，闫茂仓，等.黄姑鱼胚胎发育及其与温度和盐度的关系 [J].海洋科学，2017，41（7）：44-50.

[366] 黄孝锋，邸旭文，陈家长.五里湖生态系统能量流动模型初探 [J].上海海洋大学学报，2012，21（01）：78-85.

[367] 黄正澜懿，陈世静，张争世，等.热应激对齐口裂腹鱼非特异性免疫功能及细胞凋亡的影响 [J].水生生物学报，2016，40（6）：1152-1157.

[368] 黄志斌，胡红.水产药物应用表解 [M].南京：江苏科学技术出版社，2001：31-65.

[369] 霍斌.尖裸鲤个体生物学和种群动态学研究 [D].武汉：华中农业大学，2014.

[370] 霍堂斌，马波，唐富江，等.额尔齐斯河白斑狗鱼的生长模型和生活史类型 [J].中国水产科学，2009，16（3）：316-323.

[371] Ihde T F，Chittenden M E. Comparison of calcified structures for aging spotted seatrout [J]. *Transactions of the American Fisheries Society*，2002，131（4）：634-642.

[372] Imran S A，Dietz J D，Mutoti G，*et al*. Modified Larsons ratio incorporating temperature，water age，and electroneutrality effects on red water release [J]. *Journal of Environmental Engineering-asce*，2005，131（11）：1514-1520.

[373] Jacobsen D，Laursen S K，Hamerlik L，*et al*. Sacred fish：on beliefs，fieldwork，and freshwater food webs in Tibet [J]. *Frontiers in Ecology and the Environment*，2013，11（1）：50-51.

[374] Jacobson A D，Blum J D，Walter L M. Reconciling the elemental and Sr isotope composition of Himalayan weathering fluxes：Insights from the carbonate geochemistry of stream waters [J]. *Geochimica et Cosmochimica Acta*，2002，66（19）：3417-3429.

[375] Jalabert B. Particularities of reproduction and oogenesis in teleost fish compared tomammals [J]. *Reproduction Nutrition Development*, 2005, 45 (3): 261-279.

[376] Jamieson D. Ecosystem health-some preventive medicine [J]. *Environmental Values*, 1995, 4: 333-344.

[377] Jauncey K. The effects of varying dietary protein level on the growth, food conversion, protein utilization and body composition of juvenile tilapias (Sarotherodon mossambicus) [J]. *Aquaculture*, 1982, 27 (1): 43-54.

[378] JECFA. Evaluation of certain food additives and contaminants: sixty-fifth report of the joint FAO/WHO Expert Committee on Food Additives [R]. Geneva, SUI: WHO Technical Report Series, 2006.

[379] Jha P K, Tiwari J, Singh U K, et al. Chemical weathering and associated CO_2 consumption in the Godavari river basin, India [J]. *Chemical Geology*, 2009, 264 (1-4): 364-374.

[380] Jiang G J, Yu R C, Zhou M J. Modulatory effects of ammonia-N on the immune system of Penaeusjaponicus to virulence of white spot syndrome virus [J]. *Aquaculture*, 2004, 241 (1-4): 61-75.

[381] Jiang X, Zhai H, Wang L, et al. Cloning of the heat shock protein 90 and 70 genes from the beet armyworm, Spodoptera exigua, and expression characteristics in relation to thermal stress and development [J]. *Cell Stress and Chaperones*, 2012, 17 (1): 67-80.

[382] Jin Y, DeVries A L. Antifreeze glycoprotein levels in Antarctic notothenioid fishes inhabiting different thermal environments and the effect of warm acclimation [J]. *Comparative Biochemistry and Physiology Part B: Biochemistry and Molecular Biology*, 2006, 144 (3): 290-300.

[383] Jobling M. Enbironmental biology of fishes [J]. london: Chapman & Hall, 1995.

[384] Johnson D W, Katavic I. Survival and growth of sea bass (Dicentrarchus labrax) larvae as influenced bytemperature, salinity, and delayed initial feeding [J]. *Aquaculture*, 1986, 52 (1): 11-19.

[385] Jordaan A, Hayhurst S E, Kling L J. The influence of temperature on the stage at hatch of laboratory reared *Gadus morhua* and implications for comparisons of length and morphology [J]. *Journal of Fish Biology*, 2006, 68 (1): 7-24.

[386] Jørgensen S E, Ladegaard N, Debeljak M. Calculations of exergy for organisms [J]. *Ecological modelling*, 2005, 185 (2-4): 165-175.

[387] Jørgensen S E, Ludovisi A, Nielsen S N. The free energy and information embodied in the amino acid chains of organisms [J]. *Ecological modelling*, 2010, 221 (19): 2388-2392.

[388] Jørgensen S E, Marques J C. Thermodynamics and eecosystem theory, case studies from hydrobiology [J]. *Hydrobiologia*, 2001, 445 (1-3): 1-10.

[389] Jørgensen S E. Application of exergy and specific exergy as ecological indicators of coastal areas [J]. *Aquatic Ecosystem Health and Management*, 2000, 3 (3): 419-430.

[390] Jørgensen S E. Development of models able to account for changes in species composition [J]. *Ecological Modelling*, 1992, 62 (1-3): 195-208.

[391] Jørgensen S E. Integration of Ecosystem Theories: A Pattern, 3rd edition [M]. Kluwer, Dordrecht, 2002.

[392] Jørgensen S E. The application of ecological indicators to assess the ecological condition of a lake [J]. *Lakes & Reservation: Research and Management*, 1995b, 1 (3): 177-182.

[393] Jørgensen S E. The growth-rate of zooplankton at the edge of chaos-ecological models [J]. *Journal of Theoretical Biology*, 1995a, 175 (1): 13-21.

[394] Jouni H, Jouni V, Outi K, et al. Effects of soybean meal based diet on growth performance, gut histopathology and intestinal microbiota of juvenile rainbow trout (Oncorhynchus mykiss) [J]. *Aquaculture*, 2006, 261 (1): 259-268.

[395] Ju J T, Zhu L P, Feng J L, et al. Hydrodynamic process of Tibetan Plateau lake revealed by grain size: Case study of Pumayum Co [J]. *Chinese Science Bulletin*, 2012, 57 (19): 2433-2441.

[396] Ju L H, Yang J, Liu L M, Wilkinson D M. Diversity and distribution of freshwater *testate amoebae* (protozoa) along latitudinal and trophic gradients in China [J]. *Microbial Ecology*, 2014, 68 (4): 657-670.

[397] 吉光荣, 虞泽苏. 引水式工程影响下的水生无脊椎动物动态 [J]. 四川师范学院学报 (自然科学版), 1992, 13 (2): 88-91.

[398] 季强. 六种裂腹鱼类摄食消化器官形态学与食性的研究 [D]. 武汉: 华中农业大学, 武汉. 2008.

[399] 季强.异齿裂腹鱼食性的初步研究 [J].水利渔业，2008 （03）：51-53，82.

[400] 冀德伟，李明云，史雨红，等.光唇鱼的肌肉营养组成与评价 [J].营养学报，2009，31 （3）：298-300.

[401] 贾超峰，徐津，张志勇，等.丁香酚对真鲷×黑鲷杂交子一代麻醉效果的研究 [J].海洋科学，2016，40 （12）：41-46.

[402] 贾翔涛，李明德.青海沿黄流域冷水鱼产业带初具规模 [N].中国食品报，2015-04-29001.

[403] 简东，黄道明，常秀岭，等.拉萨河中下游底栖动物群落结构特征分析 [J].水生态学杂志，2015，36 （1）：40-46.

[404] 江灏，季国良，师生波，等.藏北高原紫外辐射的变化特征 [J].太阳能学报，1998，19 （1）：7-13.

[405] 江辉，陈开健，邹飞跃，等.岳阳中洲渔场鳙鱼年龄与生长的研究 [J].内陆水产，2004，29 （7）：35-37.

[406] 江涛，曹煜.22 种中草药有效成分抗真菌研究及新剂型应用 [J].中华皮肤科杂志，1999，32 （5）：316-318.

[407] 江晓路，刘树青，牟海津，等.真菌多糖对中国对虾血清及淋巴细胞免疫活性的影响 [J].动物学研究，1999，20 （1）：41-45.

[408] 姜爱兰，刘俊得，丁辰龙，等.卡拉白鱼性腺发育组织学观察 [J].青岛农业大学学报 （自然科学版），2016，33 （02）：144-150.

[409] 姜爱兰，王信海，蔺玉华，等.大鳞鲃性腺发育组织学观察 [J].天津农学院学报，2016，23 （04）：9-13.

[410] 姜华鹏，张驰，王丛丛，等.软刺裸鲤和齐口裂鲹鱼 HIF1B 和 HIF2A 的克隆及低氧适应性的表达分析 [J].淡水渔业，2015，45 （5）：11-18.

[411] 姜令绪，潘鲁青，肖国强.氨氮对凡纳滨对虾免疫指标的影响 [J].中国水产科学，2004，11 （6）：537-541.

[412] 蒋克勇，李勇，李军，等.大菱鲆幼鱼蛋白质消化特征及其对水环境的影响 [J].海洋科学进展，2005，（03）：335-341.

[413] 蒋湘辉，刘刚，金广海，等.饲料蛋白质和能量水平对草鱼幼鱼生长和消化酶活性的影响 [J].水产学杂志，2013，26 （3）：34-37.

[414] 蒋志刚，江建平，王跃招，等.中国脊椎动物红色名录 [J].生物多样性，2016，24 （5）：500-551.

[415] 蒋志刚，江建平，王跃招，等.中国脊椎动物红色名录 [J].生物多样性，2016，24 （5）：615.

[416] 金方彭，李光华，高海涛，等.光唇裂腹鱼幼鱼对温度、盐度、pH 的耐受性试验 [J].水产科技情报，2016，43 （06）：303-307.

[417] Kajak Z. Chironomidae：Ecology，Systematic，Cytology and physiology // Murray D A （ed.）. Role of invertebrate predator （mainly Procladius sp.） in benthos [M]. Oxford：Pergamon Press，1980：339-347.

[418] Kanak E G，Dogan Z，Eroglu A，et al. Effects of fish size on the response of antioxidant systems of Oreochromis niloticus following metal exposures [J]. *Fish Physiology and Biochemistry*，2014，40 （4）：1083-1091.

[419] Kanazawa A. Essential fatty acid and lipid requirement of fish [J]. *In Nutrition and feeding of fish，eds. by CB Cowey*，1985. 281-298.

[420] Karr J R. Defining and measuring river health [J]. *Freshwater Biology*，1999，41 （2）：221-234.

[421] Karr J R. Ecological integrity and ecological health are not the same. Engineering Within Ecological Constraints （ed. P. C. Schulze）[M]. National Academy Press，Washington，DC，1996，pp. 97-109.

[422] Karvonen A，Kristjánsson B K，Skúlason S，et al. Water temperature，not fish morph，determines parasite infections of sympatric I celandic threespine sticklebacks （G asterosteus aculeatus）[J]. *Ecology and evolution*，2013，3 （6）：1507-1517.

[423] Kaushal S S，Groffman P M，Likens G E，et al. Increased salinization of fresh water in the northeastern United States [J]. *Proceedings of the national academy of sciences of the United States of America*，2005，102 （38）：13517-13520.

[424] Kawauchi H. Evolutionary aspects of pituitary hormones [J]. *Kitasato Arch ExpMed*，1989，62 （4）：139-155.

[425] Kelly L E，El-Hodiri H M. Xenopus laevis Nkx5. 3 and sensory organ homeobox （SOHo）are expressed in developing sensory organs and ganglia of the head and anterior trunk [J]. *Development genes and evolution*，2016，226 （6）：423-428.

[426] Khan A E，Ireson A，Kovats S，et al. Drinking water salinity and maternal health in coastal bangladesh：implications of climate change [J]. *Environmental Health Perspectives*，2011，119 （9）：1328-1332.

[427] Kildea M A，Allan G L，Kearney R E. Accumulation and clearance of the anaesthetics clove oil and AQUI-S from the

edible tissue of silver perch（*Bidyowas bidyous*）［J］. *Aquaculture*，2004，232（1/4）：265-277.

［428］ Kim K I，Grimshaw T W，Kayes T B，*et al*. Effect of fasting or feeding diets containing different levels of protein or amino acids on the activities of the liver amino acid-degrading enzymes and amino acid oxidation in rainbow trout（*Oncorhynchus mykiss*）［J］. *Aquaculture*，1992，107（1）：89-105.

［429］ Kim L O，Lee S M. Effects of the dietary protein and lipid levels on growth and body composition of bagrid catfish，*Pseudobagrus fulvidraco*［J］. *Aquaculture*，2005，243（1）：323-329.

［430］ King J，Brown C，Sabet H. A scenario-based holistic approach to environmental flow assessments for rivers［J］. *River Research and Applications*，2002，19（5-6）：619-639.

［431］ Kirkwood A E，Shea T，Jackson L J，*et al*. Didymosphenia geminata in two Alberta headwater rivers：an emerging invasive species that challenges conventional views on algal bloom development［J］. *Canadian Journal of Fisheries and Aquatic Sciences*，2007，64（12）：1703-1709.

［432］ Kitancharoen N，Ono A，Yamamoto A，*et al*. The fungistatic effect of NaCl on rainbow trout egg saprolegniasis［J］. *Fish Pathology*，1997，32（3）：159-162.

［433］ Klanderud K，Totland Ø. Simulated climate change altered dominance hierarchies and diversity of an alpine biodiversity hotspot［J］. *Ecology*，2005，86（8）：2047-2054.

［434］ Kling L J，Hansen J M，Jordaan A. Growth，survival and feed efficiency for post-metamorphosed Atlantic cod（Gadus morhua）reared at different temperatures［J］. *Aquaculture*，2007，262（2）：281-288.

［435］ Kohler T J，Heatherly T N，El-Sabaawi R W，*et al*. Flow，nutrients，and light availability influence Neotropical epilithon biomass and stoichiometry［J］. *Freshwater Science*，2012，31（4）：1019-1034.

［436］ Kong X H，Wang X Z，Gan X N，*et al*. Molecular evolution of connective tissue growth factor in Cyprinidae（Teleostei；Cypriniformes）［J］. *Progress in Natural Science*，2008，18（2）：155-160.

［437］ Kumburegama S，Wikramanayake A H. Wnt Signaling in the Early Sea Urchin Embryo，In Wnt Signaling（Jenifer C C，David R M，Elizabeth V（eds.））［M］，*Humana Press*，2009：187-199.

［438］ 凯赛尔江·多来提，古丽美热·艾买如拉，廖礼彬，等. 鱼类动眼神经的形态学研究［J］. 现代生物医学进展，2013，13（25）：4810-4813.

［439］ 匡刚桥，李评，郑曙明，等. 丁香酚对斑点叉尾鮰幼鱼的麻醉效果［J］. 中国渔业质量与标准，2013，3（2）：24-28.

［440］ 况琪军，凌晓欢，马沛明，等. 着生刚毛藻处理富营养化湖泊水［J］. 武汉大学学报（理学版），2007，53（2）：213-218.

［441］ Lackey R T. If ecological risk assessment is the answer，what is the question［J］. *Human and Ecological Risk Assessment*，1997，3（6）：921-928.

［442］ Ladson A R，White L J，Doolan J A，*et al*. Development and testing of an Index of Stream Condition for waterway management in Australia［J］. *Freshwater Biology*，1999，41（2）：453-468.

［443］ Lake J S. Rearing experiments with five species of Australian freshwater fishes. Ⅱ. Morphogenesis and ontogeny［J］. *Australian Journal of Marine & Freshwater Research*，1967，18（2）：155-176.

［444］ Lam T J. 2 Environmental influences on gonadal activity in fish［J］. *Fish Physiology*，1983，9：65-116.

［445］ Lambert Y，. Dutil J D. Can simple condition indices be used to monitor and quantify seasonal changes in the energy reserves of cod（*Gadus morhua*）？ ［J］. *Canadian Journal of Fisheries & Aquatic Sciences*，1997，54（54）：104-112.

［446］ Langelier W F. The Analytical control of anti-corrosion water treatment［J］. *American Water Works Association*，1936，28（10），1500-1521.

［447］ Laurel B J，Copeman L A，Spencer M，*et al*. Comparative effects of temperature on rates of development and survival of eggs and yolk-sac larvae of Arctic cod（*Boreogadus saida*）and walleye pollock（*Gadus chalcogrammus*）［J］. *ICES Journal of Marine Science*，2018.

［448］ Laurent A，Massé J，Omilli F，*et al*. ZFPIP/Zfp462 is maternally required for proper early Xenopus laevis development［J］. *Developmental biology*，2009，327（1）：169-176.

［449］ Lee H M，Cho K C，Lee J E，*et al*. Dietary protein requirement of juvenile giant croaker，*Nibea japonica* Temminck and Schlegel [J]. *Aquaculture Research*, 2001, 32: 112-118.

［450］ Lee S M, Park C S, Bang I C. Dietary protein requirement of young Japanese flounder Paralichthys olivaceus fed isocaloric diets [J]. *Fisheries Science*, 2002, 68 (1): 158-164.

［451］ Lee S, Cho S H, Kim K. Effects of Dietary Protein and Energy Levels on Growth and Body Composition of Juvenile Flounder *Paralichthys olivaceus* [J]. *Journal of the World Aquaculture Society*, 2000, 31 (3): 306-315.

［452］ Lemarie G, Dosdat A, Coves D, *et al*. Effect of chron-ic ammonia exposure on growth of European seabass (*Dicentrarchus—labrax*) juveniles [J]. *Aquaculture*, 2004, 229 (1-4): 471-491.

［453］ Lepage G, Mnuoz G, Chanpagne J. Preparative steps for the accurate measurement of malondialdehyde by high-performance liquid chromatography [J]. *Anal Biochem*, 1991, 197: 277-283.

［454］ Levavisivan B, Bogerd J, Mañanós E L, *et al*. Perspectives on fish gonadotropins and their receptors [J]. *General & Comparative Endocrinology*, 2010, 165 (3): 412-437.

［455］ Lewis J M, Hori T S, Rise M L, *et al*. Transcriptome responses to heat stress in the nucleated red blood cells of the rainbow trout (*Oncorhynchus mykiss*) [J]. *American Journal of Physiology-Heart and Circulatory Physiology*, 2010, 42 (3): 361-373.

［456］ Li J, He Q, Sun H, *et al*. Acclimation-dependent expression of heat shock protein 70 in Pacific abalone (Haliotis discus hannai Ino) and its acute response to thermal exposure [J]. *Chinese Journal of Oceanology and Limnology*, 2012, 30 (1): 146-151.

［457］ Li K J, Guan W B, Xu J L, *et al*. PCR-DGGE analysis of bacterial diversity of the intestinal system in eight kinds fishes from the Changjiang river esturary [J]. *Chinese Journal of Microecology*, 2007, 19 (3): 267-269.

［458］ Li L, Ma B, Zhang C, *et al*. Length-weight relationships of five fish species in Tibet, southwest China [J]. *Journal of Applied Ichthyology*, 2016, 1-3.

［459］ Li M T, Xu K Q, Watanabe M, Chen Z Y. Long-term variations in dissolved silicate, nitrogen, and phosphorus flux from the Yangtze River into the East China Sea and impacts on estuarine ecosystem [J]. *Estuarine Coastal and Shelf Science*, 2007, 71 (1-2): 3-12.

［460］ Li X Q, Chen Y F, He D K, *et al*. Otolith characteristics and age determination of an endemic *Ptychobarbus dipogon* (Regan, 1905) (Cyprinidae: Schizothoracinae) in the Yarlung Tsangpo River, Tibet [J]. *Environmental Biology of Fishes*, 2009, 86 (1): 53-61.

［461］ Li X Q, Chen Y F. Age structure, growth and mortality estimates of an endemic *Ptychobarbus dipogon* (Regan, 1905) (Cyprinidae: Schizothoracinae) in the Lhasa River, Tibet [J]. *Environmental Biology of Fishes*, 2009, 86 (1): 97-105.

［462］ Liang Y Y, He D K, Jia Y T, *et al*. Phylogeographic studies of schizothoracine fishes on the central Qinghai-Tibet Plateau reveal the highest known glacial microrefugia [J]. *Scientific Reports*, 2017, 7: 10983.

［463］ Libralato S, Torricelli P, Pranovi F. Exergy as ecosystem indicator: An application to the recovery process of marine benthic communities [J]. *Ecological Modelling*, 2006, 192 (3-4): 571-585.

［464］ Likongwe J S, Stecko T D, Jr J R S, *et al*. Combined effects of water temperature and salinity on growth and feed utilization of juvenile Nile tilapia *Oreochromis niloticus*, (Linneaus) [J]. *Aquaculture*, 1996, 146 (1): 37-46.

［465］ Lin H R, Peter R E. Induced breeding of cultured fish in China [C]. In " Fish Physiology, Fish Toxicology, and Fisheries Management: Proceedings of an International Symposium, Guangzhou, PRC, Sept. 14-16, 1988, (Robert C. Ryansed.), 34-45.

［466］ Lin M, Xia Y, *et al*. Size-dependent effects of coded wire tags on mortality and tag retention in redtail culter Culter mongolicus [J]. *North American Journal of Fisheries Management*. 2012, 32 (5): 968-973.

［467］ Lin X, Wu X, Liu X. Temperature stress response of heat shock protein 90 (Hsp90) in the clam Paphia undulata [J]. *Aquaculture and fisheries*, 2018, 3 (3): 106-114.

［468］ Lisi P J, Schindler D E, Cline T J, *et al*. Watershed geomorphology and snowmelt control stream thermal sensitivity to air temperature [J]. *Geophysical Research Letters*, 2015, 42 (9): 3380-3388.

［469］ Liu C H, Chen J C. Effect of ammonia on the immune response of white shrimp Litopenaeus vanamei and itssusceptibility to Vibrioalgi nolyticus [J]. *Fish Shellfish Immunol*, 2004, 16 (3): 321-334.

[470] Liu H B, Jiang T, Tan X C, et al. Preliminary investigation on otolith microchemistry of naked carp (*Gymnocypris przewalskii*) in Lake Qinghai, China [J]. *Environmental Biology of Fishes*, 2012, 95 (4): 455-461.

[471] Liu H P, Ye S W, Li Z J. Length-weight relationships of three *schizothoracinae* fish species from the Niyang River, the branch of the Yarlung Zangbo River, Tibet, China [J]. *Journal of Applied Ichthyology*, 2016, 32 (5): 982-985.

[472] Liu J B, Chen J H, Selvaraj K, et al. Chemical weathering over the last 1200 years recorded in the sediments of Gonghai Lake, Lvliang Mountains, North China: a high-resolution proxy of past climate [J]. *Boreas*, 2014, 43 (4): 914-923.

[473] Liu J S, Wang S Y, Yu S M, et al. Climate warming and growth of high-elevation inland lakes on the Tibetan Plateau [J]. *Global Planet Change*, 2009, 67 (3/4): 209-217.

[474] Liu W, Zhao C, Wang P, et al. The response of glutathione peroxidase 1 and glutathione peroxidase 7 under different oxidative stresses in black tiger shrimp, *Penaeus monodon* [J]. *Comparative Biochemistry and Physiology Part B: Biochemistry and Molecular Biology*, 2018, 217: 1-13.

[475] Liu X D, Chen B D. Climatic warming in the Tibetan Plateau during recent decades [J]. *International Journal of Climatology*, 2000, 20 (14): 1729-1742.

[476] Liu X L, Yan A S. Recovery of earth-pond-reared pelteobagrus fulvidracofrom transport stress in acclimatization of laboratory system [J]. *Journal of Fisheries of China*, 2006, 30 (04): 495-501.

[477] Liu X Z, Xu Y J, Ma A J, et al. Effects of salinity, temperature, light rhythm and light intensity on embryonic development of *Cynoglossus semilaevis* Günther and its hatching technology optimization [J]. *Marine Fisheries Research*, 2004, 25 (6): 1-6.

[478] Liu X, Chen B. Climatic warming in the Tibetan Plateau during recent decades [J]. *International journal of climatology*, 2000, 20 (14): 1729-1742.

[479] Liu Y L, Luo K L, Lin X X, et al. Regional distribution of longevity population and chemical characteristics of natural water in Xinjiang, China [J]. *Science of the Total Environment*, 2014, 473: 54-62.

[480] Long Y, Li L, Li Q, et al. Transcriptomic characterization of temperature stress responses in larval zebrafish [J]. *PloS one*, 2012, 7 (5): e37209.

[481] Long Y, Song G, Yan J, et al. Transcriptomic characterization of cold acclimation in larval zebrafish [J]. *BMC genomics*, 2013, 14 (1): 612.

[482] López-López S, Nolasco H, Villarreal-Colmenares H, et al. Digestive enzyme response to supplemental ingredients in practical diets for juvenile freshwater crayfish Cherax quadricarinatus [J]. *Aquaculture Nutrition*, 2015, 11 (2): 79-85.

[483] Lou G, Xu J H, Teng Y J, et al. Effects of dietary lipid levels on the growth, digestive enzyme, feed utilization and fatty acid composition of Japanese sea bass (*Lateolabrax japonicus* L.) reared in freshwater [J]. *Aquaculture research*, 2010, 41 (2): 210-219.

[484] Luz M, Spannl-Müller S, Özhan G, et al. Dynamic association with donor cell filopodia and lipid-modification are essential features of Wnt8a during patterning of the zebrafish neuroectoderm [J]. *PloS one*, 2014, 9 (1): e84922.

[485] 赖俊翔, 俞志明, 宋秀贤, 等. 利用特征色素研究长江口海域浮游植物对营养盐加富的响应 [J]. 海洋科学, 2012, 36 (5): 42-52.

[486] 乐贻荣, 杨弘, 徐起群, 等. 饲料蛋白水平对奥尼罗非鱼 (*O. niloticus* × *O. aureus*) 生长/免疫功能以及抗病力的影响 [J]. 海洋与湖沼, 2013, 44 (2): 493-498.

[487] 冷永智, 周祖清, 黄德祥. 中华裂腹鱼的生物学资料 [J]. 动物学杂志, 1984, 6 (15): 45-47.

[488] 冷云, 徐伟毅, 刘跃天, 等. 小裂腹鱼胚胎发育的观察 [J]. 水利渔业, 2006, 26 (1): 32-33.

[489] 李爱杰, 徐玮, 孙鹤田, 等. 鲤鱼营养需要的研究 [J]. 水利渔业, 1999, (5): 18-20.

[490] 李爱杰. 水产动物营养与饲料学 [M]. 北京: 中国农业出版社, 1996: 52-53, 96-97.

[491] 李爱杰. 水产动物营养与饲料学 [M]. 北京: 中国农业出版社, 1996: 8-26.

[492] 李彬, 梁旭方, 刘立维, 等. 饲料蛋白水平对大规格草鱼生长, 饲料利用和氮代谢相关酶活性的影响 [J]. 水生生物学报, 2014, 38 (2): 233-240.

[493] 李斌，徐丹丹，刘绍平，等.怒江西藏段大型底栖动物群落结构及多样性研究 [J].淡水渔业，2015，45（2）：43-48.

[494] 李岑，姜志强，刘庆坤，等.泰国斗鱼的胚胎发育及温度对胚胎发育的影响 [J].大连海洋大学学报，2011，26（5）：402-406.

[495] 李成，秦溱，李金龙，等.不同蛋白水平饲料对光倒刺鲃幼鱼生长、消化酶及体成分的影响 [J].饲料工业，2018，39（24）：34-39.

[496] 李大鹏，庄平，严安生，等.施氏鲟幼鱼摄食和生长的最适水温 [J].中国水产科学，2005，（03）：294-299.

[497] 李芳.西藏尼洋河流域水生生物研究及水电工程对其影响的预测评价 [D].西安：西北大学，2009.

[498] 李国刚，冯晨光，汤永涛，等.新疆内陆河土著鱼类资源调查 [J].甘肃农业大学学报，2017，52（3）：22-27.

[499] 李国治，鲁绍雄，严达伟，等.云南裂腹鱼肌肉生化成分分析与营养品质评价 [J].南方水产科学，2009，5（2），56-62.

[500] 李红敬，张娜，林小涛.西藏雅鲁藏布江水质时空特征分析 [J].河南师范大学学报（自然科学版），2010，38（02）：126-130.

[501] 李红敬.黑斑原鮡个体生物学及种群生态研究 [D].武汉：华中农业大学，武汉.2008.

[502] 李祎，郑伟，郑天凌.海洋微生物多样性及其分子生态学研究进展 [J].微生物学通报，2013，40（4）：655-668.

[503] 李家乐.池塘养鱼学 [M].北京：中国农业出版社，2011.

[504] 李坚明，甘晖，冯广朋，等.饲料脂肪含量与奥尼罗非鱼幼鱼肝脏形态结构特征的相关性 [J].南方水产，2008，4（5）：37-43.

[505] 李靖，刘宝良，王顺奎，等.丁香酚对大西洋鲑麻醉效果的试验研究 [J].海洋科学进展，2015，33（1）：92-99.

[506] 李金亭，王俊丽，傅山岗，等.大鼠肝再生过程中碱性磷酸酶活性变化及其超微细胞化学研究 [J].解剖学报，2004，35（4）：392-395.

[507] 李娟，张耀庭，曾伟，等.应用考马斯亮蓝法测定总蛋白含量 [J].中国生物制品学杂志，2000，13（2）：118-120.

[508] 李隽.低等真骨鱼类的分子系统发育关系研究 [D].上海：复旦大学，2011.

[509] 李柯懋，唐文家，关弘弢.青海省土著鱼类种类及保护对策 [J].水生态学杂志，2009，2（3）：32-36.

[510] 李强，安传光，徐霖林，等.崇明东滩潮沟浮游动物数量分布与变动 [J].海洋与湖沼，2010，41（2）：214-222.

[511] 李强，胡继飞，蓝昭军，等.利用鱼类钙化组织鉴定年龄的方法 [J].生物学教学，2010，35（06）：51-52.

[512] 李强.西苕溪大型底栖无脊椎动物的空间分布及生物完整性研究 [D].南京：南京农业大学，2007.

[513] 李芹，刁晓明.不同饵料对瓦氏黄颡鱼稚鱼生长和消化酶活性的影响 [J].水生态学杂志，2009，2（1）：98-102.

[514] 李瑞伟，彭俊，王辉，等.吉富罗非鱼人工催产技术研究 [J].海洋与渔业，2011，（2）：33-34.

[515] 李绍戊，刘红柏.中药方剂对哲罗鲑受精卵水霉病防治效果的比较研究 [J].江西农业大学学报，2015，37（2）：328-332.

[516] 李思忠，张世义.甘肃省河西走廊鱼类新种及新亚种 [J].动物学报，1974，20（4）：414-419.

[517] 李文祥，谢俊，宋锐，等.水体 pH 胁迫对异育银鲫皮质醇激素和非特异性免疫的影响 [J].水生生物学报，2011，35（2）：256-261.

[518] 李霄，沈建忠，龚江，等.滇池鲤 4 种年龄鉴定材料的比较 [J].水生态学杂志，2015，36（05）：89-95.

[519] 李孝珠，常艳利，康清娟，等.温度对池沼公鱼仔鱼生长发育的影响 [J].水生态学杂志，2011，32（02）：96-99.

[520] 李修峰，杨汉运，黄道明，等.池塘主养匙吻鲟商品鱼技术 [J].水利渔业，2004（06）：32-33.

[521] 李秀启，陈毅峰，何德奎.西藏拉萨河双须叶须鱼的繁殖策略 [C] //.中国鱼类学会.中国鱼类学会 2008 学术研讨会论文摘要汇编.中国鱼类学会，2008：1.

[522] 李亚莉.青藏高原三种裂腹鱼线粒体全基因组的测定及分子进化分析 [D].上海：复旦大学，2012.

[523] 李勇，孙国祥，柳阳，等.温度对高密度循环海水养殖大菱鲆摄食、生长及消化酶的影响 [J].渔业科学进展，2011，32（06）：17-24.

[524] 李有广，陈奋昌.池养鲮鱼性腺周年变化的研究 [J].水产学报，1965，（03）：59-68.

[525] 李远友.家鱼人工繁殖中存在的问题及其解决办法 [J].当代水产，1996，（2）：12-13.

[526] 李远友.鱼类人工繁殖的原理和技术 [J].水利渔业，1997，（2）：8-9.

[527] 李正伟，郑曙明.多鳞铲颌鱼肌肉氨基酸含量测定及营养分析 [J].饲料工业，2014，35（20）：65-68.

[528] 李中杰，郑一新，张大为，等.滇池流域近 20 年社会经济发展对水环境的影响 [J].湖泊科学，2012，24（6）：875-882.

[529] 李忠利，陈永祥，胡思玉，等.四川裂腹鱼和重口裂腹鱼形态差异的多元分析 [J].动物学杂志，2015，50（4）：547-554.

[530] 李忠炉，金显仕，单秀娟，等.小黄鱼体长-体质量关系和肥满度的年际变化 [J].中国水产科学，2011，（03）：602-610.

[531] 李宗栋，沈建忠，李霄，等.滇池红鳍原鲌4种年龄鉴定材料的比较 [J].水产科学，2017，36（03）：330-335.

[532] 梁琍，桂庆平，冉辉，等.野生与养殖黄颡鱼鱼卵的营养成分比较 [J].水产科学，2016，35（5）：522-527.

[533] 梁萍，秦志清，林建斌，等.饲料中不同蛋白质水平对半刺厚唇鱼幼鱼生长性能及消化酶活性的影响 [J].中国农学通报，2018，34（2）：136-140.

[534] 梁锐，张宾，李淑芳，等.鲉鱼在不同冻藏温度下品质变化的研究 [J].浙江海洋学院学报（自然科学版），2012，3（4）：345-349.

[535] 梁全文.寒潮过后水霉病预防措施 [J].海洋与渔业，2016，1（2）：70-70.

[536] 梁银铨，崔希群，刘友亮.鳜肌肉生化成分分析和营养品质评价 [J].水生生物学报，1998（4）：386-388.

[537] 梁中秋.青海湖景区工商分局查办销售湟鱼工作见成效 [N].青海日报，2010-09-24002.

[538] 廖朝兴，黄忠志.草鱼种在不向生长阶段对饲料蛋白质需要的研究 [J].淡水渔业，1987，（1）：1-5.

[539] 廖永丰，王五一，张莉，等.到达中国陆面的生物有效紫外线辐射强度分布 [J].地理研究，2007，26（4）：821-827＋860.

[540] 林鼎，毛永庆，蔡发盛.鲩鱼 Ctenopharyngodon idellus 鱼种生长阶段蛋白质最适需要量的研究 [J].水生生物学集刊，1980，（02）：207-212.

[541] 林浩然，彭纯，梁坚勇，等.鱼类生理学实验技术和方法 [M].广东高等教育出版社，2006.

[542] 林浩然.鱼类促性腺激素分泌的调节机理和高效新型鱼类催产剂 [J].生命科学，1991，（1）：24-25.

[543] 林浩然.鱼类生理学 [M].广州：广东高等教育出版社，1999.146-261.

[544] 林楠，钟俊生.伊犁裂腹鱼年龄和生长的初步研究.中国海洋湖沼动物学会鱼类学分会第七届会员代表大会暨朱元鼎教授诞辰110周年庆学术研讨会学术论文摘要集，2006.

[545] 林小植，谢小军，罗毅平.中华倒刺鲃幼鱼饲料蛋白质需求量的研究 [J].水生生物学报，2009，33（04）：674-681.

[546] 林永贺，张云，房伟平，等.投喂小杂鱼和人工配合饲料对青石斑鱼生长和肌肉营养成分的影响 [J].饲料工业，2010，31（8）：37-40.

[547] 蔺凌云，袁雪梅，潘晓艺，等.4种中草药提取物对水霉的体外抑菌试验 [J].安徽农学通报，2015，21（2）：11-12.

[548] 凌旌瑾，顾咏洁，许春梅，等.黄浦江和苏州河的着生藻类与水质因子关系的多元分析 [J].环境科学研究，2008，21（5）：184-189.

[549] 刘保元，邱东茹，吴振斌.富营养浅湖水生植被重建对底栖动物的影响 [J].应用与环境生物学报，1997，3（04）：323-327.

[550] 刘波，唐永凯，俞菊华，等.饲料脂肪对翘嘴红鲌生长、葡萄糖激酶和葡萄糖－6－磷酸酶活性与基因表达的影响 [J].中国水产科学，2008，15（6）：1024-1033.

[551] 刘春胜，陈四清，孙建明，等.狼鳗幼鱼对温度和盐度耐受性的试验研究 [J].渔业现代化，2011，38（02）：1-5.

[552] 刘东艳.胶州湾浮游植物与沉积物中硅藻群落结构演替的研究 [D].青岛：中国海洋大学，2004.

[553] 刘海平，刘孟君，刘艳超.西藏巨须裂腹鱼早期发育特征 [J].2019，43（2）：370.381.

[554] 刘海平，刘孟君，牟振波，等.西藏双须叶须鱼早期发育特征 [J].2019，43（5）：1041-1051.

[555] 刘海平，牟振波，蔡斌，等.供给侧改革与科技创新耦合助推西藏渔业资源养护 [J].湖泊科学，2018，30（1）：266-278.

[556] 刘海平，叶少文，杨雪峰，等.西藏尼洋河水生生物群落时空动态及与环境因子的关系：1.浮游植物 [J].湖泊科学，2013a，25（5）：695-706.

[557] 刘海平，叶少文，杨学峰，等.西藏尼洋河水生生物群落时空动态及与环境因子关系：2.着生藻类 [J].湖泊科学，2013b，25（6）：907-915.

[558] 刘海平，叶少文，杨学峰，等.西藏尼洋河水生生物群落时空动态及与环境因子关系：3.大型底栖动物 [J].湖泊科学，2014，26（1）：154-160.

[559] 刘海平.西藏尼洋河水生态时空异质性及演替规律 [D].北京：中国科学院大学，2015.

[560] 刘红，汲长海，施正峰，等.温度对条纹石鲷蛋白消化酶活性影响的初步研究 [J].水产科技情报，1998，（03）：7-11.

[561] 刘建康等.高级水生生物学 [M].北京:科学出版社,1999.

[562] 刘洁雅.西藏巨须裂腹鱼个体生物学和种群动态研究 [D].阿拉尔:塔里木大学,2016.

[563] 刘军.青海湖裸鲤生活史类型的研究 [J].四川动物,2005,24 (4):455-458.

[564] 刘军.色林错裸鲤生活史类型的模糊聚类分析 [J].水利渔业,2006,26 (2):17-18.

[565] 刘筠.中国养殖鱼类繁殖生理学 [M].北京:农业出版社.1993:1-155.

[566] 刘丽荣,柴春祥,鲁晓翔.冰温贮藏对鲤鱼质构的影响 [J].浙江农业学报,2015,27 (7):1239-1243.

[567] 刘美娟,龙鼎新.Hedgehog 信号通路在胚胎发育过程中的调控作用 [J].生命的化学,2017,37 (02):142-146.

[568] 刘荣军.30 种中草药提取物对多子水霉体外抑制作用研究及厚朴抗水霉活性成分初步分析 [D].雅安:四川农业大学,2014.

[569] 刘树青,江晓路,牟海津,等.免疫多糖对中国对虾血清溶菌酶、磷酸酶和过氧化物酶的作用 [J].海洋与湖沼,1999,30 (3):278-283.

[570] 刘穗华,曹俊明,黄燕华,等.饲料中不同亚麻酸/亚油酸比对凡纳滨对虾幼虾生长性能和脂肪酸组成的影响 [J].动物营养学报,2010,22 (5):1413-1421.

[571] 刘新轶,冯晓宇,谢楠,等.粗唇鮠肌肉营养成分分析 [J].江西水产科技,2008,4:24-27.

[572] 刘兴旺,谭北平,麦康森,等.饲料中不同水平 n-3 HUFA 对军曹鱼生长及脂肪酸组成的影响 [J].水生生物学报,2007,31 (2):190-195.

[573] 刘学勤.湖泊底栖动物食物组成与食物网研究 [D].武汉:中国科学院水生生物研究所,2006.

[574] 刘逊,王荻,卢彤岩,等.复方中药免疫添加剂对史氏鲟生长性能和抗氧化力的影响 [J].中国农学通报,2012,28 (14):130-134.

[575] 刘岩,江晓路,吕青,等.聚甘露糖醛酸对中国对虾免疫相关酶活性和溶菌溶血活性的影响 [J].水产学报,2000,24 (6):549-553.

[576] 刘艳.额尔齐斯河及邻近内陆河流域浮游植物生态学研究 [D].上海:上海海洋大学,2011.

[577] 刘艳超,刘海平,刘书蕴,等.温度对尖裸鲤胚胎发育及其仔稚鱼生长性状的影响 [J].动物学杂志,2018,53 (6):910-923.

[578] 刘艳超,刘海平,刘书蕴,等.MS-222 对两种规格的异齿裂腹鱼麻醉效果研究 [J].水生生物学报,2018,42 (6):1214-1223.

[579] 刘阳,温海深,李吉方,等.盐度与 pH 对花鲈孵化、初孵仔鱼成活及早期幼鱼生长性能的影响 [J].水产学报,2017,41 (12):1867-1877.

[580] 刘阳,朱挺兵,吴兴兵,等.短须裂腹鱼胚胎及早期仔鱼发育观察 [J].水产科学,2015,34 (11):683-689.

[581] 刘洋,张健,杨万勤.高山生物多样性对气候变化响应的研究进展 [J].生物多样性,2009,17 (1):88-96.

[582] 刘勇.蛋白质对幼建鲤生长性能,消化功能和蛋白质代谢的影响 [D].雅安:四川农业大学,2008.

[583] 刘长琳,陈四清,何力,等.MS-222 对半滑舌鳎成鱼的麻醉效果研究 [J].中国水产科学,2008,15 (01):92-99.

[584] 刘长琳,何力,陈四清,等.鱼类麻醉研究综述 [J].渔业现代化,2007,34 (05):21-25.

[585] 刘昭.雅鲁藏布江拉萨-林芝段天然水水化学与同位素特征研究 [D].成都:成都理工大学,2011.

[586] 刘志刚,渠晓东,张远,等.浑河主要污染物对大型底栖动物空间分布的影响 [J].环境工程技术学报,2012,2 (02):116-123.

[587] 刘足根,张柱,张萌,等.赣江流域浮游植物群落结构与功能类群划分 [J].长江流域资源与环境,2012,21 (3):375-384.

[588] 娄忠玉,秦懿,王太,等.厚唇裸重唇鱼繁殖生物学 [J].水产科学,2012,31 (1):32-36.

[589] 楼允东,组织胚胎学 [M].北京:中国农业出版社,1999:156.

[590] 鲁双庆,刘少军,刘红玉,等.Cu^{2+} 对黄鳝肝脏保护酶 SOD,CAT,GSH-PX 活性的影响 [J].中国水产科学,2002,9 (2):138-141.

[591] 陆雪莹.低温胁迫下小胸鳖甲的转录组分析及差异表达基因几丁质酶的初步研究 [D].乌鲁木齐:新疆大学,2015.

[592] 罗秉征,卢继武,兰永伦,等.中国近海主要鱼类种群变动与生活史型的演变 [J].海洋科学集刊,1993,34:123-137.

[593] 罗刚,夏先林.VC 对三文鱼生长性能的影响 [J].湖北农业科学,2009,48 (09):2221-2223.

[594] 罗晶晶,韩典峰,孙玉增,等.丁香酚对罗非鱼的麻醉效果 [J].河北渔业,2018,(3):5-8.

[595] 罗莉，叶元土，林仕梅.相同 EAA 模式下不同日粮蛋白水平对草鱼肌肉，肝胰脏蛋白周转代谢的影响 [J].动物营养学报，2002，14（3），24-28.

[596] 罗文，杨琼分，朱国宇，等.浅析西藏高原地区生活垃圾填埋场水环境影响评价 [J].能源环境保护，2013，27（5）：59-62.

[597] 罗燕萍，黄富祥，惠雯，等.中国地表紫外线指数时空变化特征分析 [A].第 34 届中国气象学会年会 S15 气候环境变化与人体健康分会场论文集 [C].中国气象学会，2017.

[598] 洛桑，布多，旦增，等.3 种淡水鱼肌肉脂质的组成及营养评价 [J].淡水渔业，2009，39（06）：74-76.

[599] 洛桑·灵智多杰.青藏高原水资源的保护与利用 [J].资源科学，2005，27（2）：23-27.

[600] 骆豫江，朱新平，潘德博，等.高体革仔稚鱼的生长和发育 [J].水产学报，2008，32（5）：697-702.

[601] 雒莎莎，童彦，Muhammad M J，等.超高压处理对鳙鱼质构特性的影响 [J].中国食品学报，2012，12（5）：182-187.

[602] 吕海燕，王群，刘欢，等.鱼用麻醉剂安全性研究进展 [J].四川动物，2010，29（5）：584-587.

[603] 吕绘倩，蒋洁兰，姜志强，等.太平洋鳕抗冻基因 AFP4 的原核表达及多克隆抗体的制备 [J].大连海洋大学学报，2017，32（02）：127-133.

[604] 吕婕梅，安艳玲，吴起鑫，等.贵州清水江流域丰水期水化学特征及离子来源分析 [J].环境科学，2015，36（5）：1565-1572.

[605] 吕宪禹，张銮光，鲍建国，等.鲤，鲫肌肉氨基酸的分析 [J].氨基酸和生物资源，1988，（3）：43-44.

[606] 吕耀平，陈建明，叶金云，等.饲料蛋白质水平对刺鲃幼鱼的生长、胴体营养组成及消化酶活性的影响 [J].农业生物技术学报，2009，17（02）：276-281.

[607] Ma B S, Xie C X, Huo B, et al. Age and Growth of a Long-Lived Fish Schizothorax o'connori in the Yarlung Tsangpo River, Tibe [J]. Zoology Study, 2010, 49（6）：749-759.

[608] Ma B S, Xie C X, Huo B, et al. Reproductive Biology of Schizothorax o'connori（Cyprinidae：Schizothoracinae）in the Yarlung Zangbo River, Tibet [J]. Zoology Study, 2012, 51（7）：1066-1076.

[609] Macqueen D J, Johnston I A. A novel salmonid myoD gene is distinctly regulated during development and probably arose by duplication after the genome tetraploidization [J]. FEBS letters, 2006, 580（21）：4996-5002.

[610] Maher K, Chamberlain C. P. Hydrologic Regulation of Chemical Weathering and the Geologic Carbon Cycle [J]. Science, 2014, 343（6178）：1502-1504.

[611] Mainali B, Pham T T N., Ngo H H, et al. Introduction and feasibility assessment of laundry use of recycled water in dual reticulation systems in Australia [J]. Science of the Total Environment, 2014, 470-471：34-43.

[612] Malhotra Y R. On the nucleolar extrusions in the oocyte development of a Kashmir fish Schizothorax niger Hechel [J]. Ichthyologica, 1963：57-60.

[613] Malhotra Y R. Seasonal variation in the morphology of the ovaries of a kashmir fish Schizothorax niger Heckel [J]. Kashmir Science, 1965, 2（1-2）：27.

[614] Marking L L, Meyer F P. Are better anesthetics needed in fisheries [J]. Fisheries, 1985, 10（6）：2-5.

[615] Marques J C, Jørgensen S E. Three selected ecological observations interpreted in terms of a thermodynamic hypothesis. Contribution to a general theoretical framework [J]. Ecological Modelling, 2002, 158（3）：213-221.

[616] Marques J C, Nielsen S N, Pardal M A. Impact of eutrophication and river management within a framework of ecosystem theories [J]. Ecological Modelling, 2003. 166（1-2）：147-168.

[617] Marques J C, Pardal M A, Nielsen S N, et al. Analysis of the properties of exergy and biodiversity along an estuarine gradient of eutrophication [J]. Ecological modelling, 1997, 102（1）：155-167.

[618] Martell D J, Kieffer J D, Trippel E A. Effects of temperature during early life history on embryonic and larval development and growth in haddock [J]. Journal of Fish Biology, 2005, 66（6）：1558-1575.

[619] Martin B T, Pike A, John S N, et al. Phenomenological vs. biophysical models of thermal stress in aquatic eggs [J]. Ecology letters, 2017, 20（1），50-59.

[620] Martínez-álvarez R M, Morales A E, Sanz A. Antioxidant defenses in fish：biotic and abiotic factors [J]. Reviews in Fish Biology & Fisheries, 2005, 15（1-2）：75-88.

[621] Martínez-Palacios C A, Ríos-Durán M G, Ambriz-Cervantes L, et al. Dietary protein requirement of juvenile Mexican

Silverside (*Menidia estor* Jordan 1879), a stomachless zooplanktophagous fish [J]. *Aquaculture Nutrition*, 2007, 13 (4): 304-310.

[622] Materna S C, Howard-Ashby M, Gray R F, et al. The C_2H_2 zinc finger genes of Strongylocentrotus purpuratus and their expression in embryonic development [J]. *Developmental biology*, 2006, 300 (1): 108-120.

[623] Matsuura Y. Egg development of scaled sardine *Harengula pensacolae* Goode & Bean (Pisces Clupeidae) [J] . *Boletim do Instituto Oceanografico*, 1972, 21: 129-135.

[624] Mayer I, Shackley S E, Ryland J S. Aspects of the reproductive biology of the bass, Dicentrarchus labrax LI An histological and histochemical study of oocyte development [J]. *Journal of Fish Biology*, 1988, 33 (4): 609-622.

[625] Mcaulife J R. Resource depression by a stream herbivore: effect on distribution and abundance of other grazers [J]. *Oikos*, 1984, 42 (3): 327-334.

[626] Mccully, P. Silenced rivers: the ecology and politics of large dams [J]. Zed Books, London, UK. 1996.

[627] Melo J F B, Lundstedt L M, Metón I, et al. Effects of dietary levels of protein on nitrogenous metabolism of *Rhamdia quelen* (Teleostei: Pimelodidae) [J]. *Comparative Biochemistry and Physiology Part A: Molecular & Integrative Physiology*, 2006, 145 (2): 181-187.

[628] Meng K, Shi X H, Wang E, et al. High-altitude salt lake elevation changes and glacial ablation in Central Tibet, 2000-2010 [J]. *Chinese Science Bulletin*, 2012, 57 (5): 525-534.

[629] Meybeck M. Les fleuves et le cycle géochimique des elements [J]. Paris, France: Univ Pierre et M arie Curie, 1984.

[630] Meyer G, Fracalossi D M. Protein requirement of jundia fingerlings, Rhamdia quelen, at two dietary energy concentrations [J]. *Aquaculture*, 2004, 240 (1-4): 331-343.

[631] Meyer J L. Stream health: incorporating the human dimension to advance stream ecology [J]. *Journal of the North American Benthological Society*, 1997, 16 (2): 439-447.

[632] Meyer-Hoffert U, Rogalski C, Seifert S, et al. Trypsin induces epidermal proliferation and inflammation in murine skin [J]. *Experimental dermatology*, 2004, 13 (4): 234-241.

[633] Mihalic K C, Vilicic D, Ahel M, et al. Periphytic algae development in the upper reach of the Zrmanja Estuary (Eastern Adriatic Coast) [J]. *Vie et Milieu-life and Environment*, 2008, 58 (3-4): 203-213.

[634] Mihelakakis A, Yoshimatsu T. Short communication Effects of salinity and temperature on incubation period, hatching rate and morphogenesis of the red sea bream [J]. *Aquaculture International*, 1998, 6 (2): 171-177.

[635] Miller T J, Crowder L B, Rice J A, et al. Larval size and recruitment mechanisms in fishes: toward a conceptual framework [J]. *Canadian Journal of Fisheries and Aquatic Sciences*, 1988, 45 (9): 1657-1670.

[636] Miñana M D, Hermenegildo C, Llansola M, et al. Car-nitine and choline derivatives containing a trimethy-lamine group prevent ammonia toxicity in mice and glutamate toxicity in primary cultures of neurons [J]. *The Journal of Pharmacology and Experimental Therapeutics*, 1996, 279 (1): 194-199.

[637] Mir F A, Mir J I, Patiyal RS, et al. Length-weight relationships of four snowtrout species from the Kashmir Valley in India [J]. *Journal of Applied Ichthyology*, 2014, 30 (5): 1103-1104.

[638] Mishra A S, Nautiyal P, Semwal P. Distributional patterns of benthic macroinvertebrate fauna in the glacier fed rivers of Indian Himalaya [J]. *Our Nature*, 2013, 11 (1): 36-44.

[639] Mitra A, Flynn K J. Promotion of harmful algal blooms by zooplankton predatory activity [J]. *Biology Letters*, 2006, 2 (2): 194-197.

[640] Mohanty S S, Samantaray K. Effect of varying levels of dietary protein on the growth performance and feed conversion efficiency of snakehead Channa striata fry [J]. *Aquaculture Nutrition*, 1996, 2 (2): 89-94.

[641] Mohapatra A, Karan S, Kar B, et al. Apolipoprotein AI in Labeo rohita: Cloning and functional characterisation reveal its broad spectrum antimicrobial property, and indicate significant role during ectoparasitic infection [J]. *Fish & shellfish immunology*, 2016, 55: 717-728.

[642] Moon S, Huh Y, Qin J H, et al. Chemical weathering in the Hong (Red) River basin: Rates of silicate weathering and their controlling factors [J]. *Geochimica et Cosmochimica Acta*, 2007, 71 (6): 1411-1430.

[643] Moore B J , Hung S S O , Medrano J F. Protein requirement of hatchery-produced juvenile white sturgeon (*Acipenser transmontanus*) [J]. *Aquaculture*, 1988, 71 (3): 235-245.

[644] Morabito G，Oggioni A，Austoni M. Resource ratio and human impact：how diatom assemblages in Lake Maggiore responded to oligotrophication and climatic variability [J]. *Hydrobiologia*，2012，698 (1)：47-60.

[645] Morin S，Duong T T，Dabrin A，*et al*. Long-term survey of heavy-metal pollution，biofilm contamination and diatom community structure in the Riou Mort watershed，South-West France [J]. *Environment Pollution*，2008，151 (3)：532-542.

[646] Mortazavi A，Williams B A，McCue K，*et al*. Mapping and quantifying mammalian transcriptomes by RNA-Seq [J]. *Nature methods*，2008，5 (7)：621-628.

[647] Muller B，Berg M，Yao Z P，*et al*. How polluted is the Yangtze River? Water quality downstream from the Three Gorges Dam [J]. *Science of the total environment*，2008，402 (2-3)：232-247.

[648] Muniz I P. The Effects of Acidification on Scandinavian Freshwater Fish Fauna [J]. *Philosophical Transactions of the Royal Society of London*，1984，305 (1124)：517-528.

[649] Munro A D，Scott A P，Lam T J. Reproductive seasonality in teleosts：environmental influences [J]. *Copeia*，1990，(4)：1192.

[650] Musick J A，Heithaus M eds. The biology of sharks and their relatives [M]. New York：CRC Press，2004，399-447.

[651] 马宝珊，谢从新，杨学峰，等.雅鲁藏布江谢通门江段着生生物和底栖动物资源初步研究 [J].长江流域资源与环境，2012，21 (8)：942-950.

[652] 马宝珊.异齿裂腹鱼个体生物学和种群动态研究 [D].武汉：华中农业大学，2011.

[653] 马国军，王裕玉，石野，等.乌苏里拟鲿稚鱼饲料中蛋白质的适宜水平 [J].动物营养学报，2012，24 (1)：176-182.

[654] 马江耀，柯浩.中草药防治水产动物水霉病研究 [J].中国水产学会鱼病专业委员会 2013 年学术研讨会论文摘要汇编，2013.

[655] 马晶晶，邵庆均，许梓荣，等.N-3 高不饱和脂肪酸对黑鲷幼鱼生长及脂肪代谢的影响 [J].水产学报，2009，33 (4)：639-648.

[656] 马莉.非洲爪蟾早期发育中的转录后调控机制及眼睛发育相关基因的表达研究 [D].昆明：中国科学院昆明动物研究所，2008.

[657] 马沛明.利用着生藻类去除 N、P 营养物质的研究 [D].武汉：中国科学院研水生生物研究所，2005.

[658] 马徐发，刘冬启，熊邦喜，等.道观河水库周丛原生动物群落结构的研究 [J].水利渔业，2005，25 (5)：61-64.

[659] 马燕武，郭焱，张人铭，等.新疆塔里木河水系土著鱼类区系组成与分布 [J].水产学报，2009，33 (6)：949-956.

[660] 马燕武，张人铭，李红，等.扁吻鱼的栖息地及其群落保护生物学研究 [J].水生态学杂志，2010，31 (01)：38-42.

[661] 马燕武，张人铭，吐尔逊，等.阿克苏河塔里木裂腹鱼生物学初步研究 [J].水生态学杂志，2009，2 (2)：148-153.

[662] 马卓勋，陈生熬，宋勇，等.叶尔羌高原鳅卵孵化条件的初探 [J].塔里木大学学报，2018 (1).

[663] 麦贤杰，黄伟健，叶富良，等.海水鱼类繁殖生物学和人工繁育 [M].北京：海洋出版社，2005：53-54.

[664] 毛东东，张凯，欧红霞，等.2 种饲料投喂下草鱼肌肉品质的比较分析 [J].动物营养学报，2018，30 (6)：1-9.

[665] 蒙景辉.青海湖连续 10 年"零捕捞" [N].中国环境报，工人日报，2011.

[666] 缪凌鸿，刘波，何杰，等.吉富罗非鱼肌肉营养成分分析与品质评价 [J].上海海洋大学学报，2010，19 (5)：635-641.

[667] 缪翼.青海湖湟鱼资源量 10 年增长 13.5 倍 [N].中国渔业报，2012-12-17004.

[668] 牟振波，刘洋，徐革锋，等.细鳞鱼摄食和生长最适水温的研究 [J].水产学杂志，2011，24 (04)：6-8，24.

[669] Naggar E，Lovell R T. L-ascorbyl-monophosphate has equal antisocorbutic activity as L-ascorbic acid but L-ascorbyl-2-sulfate is inferior toL-ascorbic acid for channel catfish [J]. *Journal of Nutrition*，1990，121 (10)：1622-1632.

[670] Nakayama F，Umeda S，Yasuda T，*et al*. Cellular internalization of fibroblast growth factor-12 exerts radioprotective effects on intestinal radiation damage independently of FGFR signaling [J]. *International Journal of Radiation Oncology Biology Physics*，2014，88 (2)：377-384.

[671] Nanton D A，Lall S P，Mcniven M A. Effects of dietary lipid level on liver and m uscle lipid deposition in juvenile haddock，*Melanogrammus aeglefinus* L [J]. *Aquaculture Research*，2001，32 (S1)：225-234.

[672] Nath A，Chaube R，Subbiah K. An insight into the molecular basis for convergent evolution in fish antifreeze proteins [J]. *Computers in biology and medicine*，2013，43 (7)：817-821.

[673] National Research Council (NRC). Nutrient Requirements of Fish [M]. National Academy Press，Washington，D

C. 1993；16，25-29，57-63.

[674] Navarro J M，Paschke K，Ortiz A，*et al*. The Antarctic fish *Harpagifer antarcticus* under current temperatures and salinities and future scenarios of climate change [M]. *Progress in Oceanography*，2018，174.

[675] Nelson J S，Grande T C，Wilson M V H Fishes of the World John Wiley & Sons，2016.

[676] Nemeth A，Paolini J，Herrera R. Carbon transport in the Orinoco River：The preliminary results [M] / /DEGENS ET，KEM PLES，SOLIM ANH. Transport of carbon and minerals in the major world rivers，Part 3 [J]. Hamburg，Germany：SCOPE/UNEP Sonderband Heft，1982，58：357-364.

[677] Newton J R，Zenger K R，Jerry D R. Next-generation transcriptome profiling reveals insights into genetic factors contributing to growth differences and temperature adaptation in Australian populations of barramundi (Lates calcarifer) [J]. *Marine genomics*，2013，11：45-52.

[678] Nie Z L，Wei J，Ma Z H，*et al*. Morphological variations of Schizothoracinae species in the Muzhati River [J] . *Journal of Applied Ichthyology*，2014，30 (2)：359-365.

[679] Noh H，Huh Y，Qin J H，*et al*. Chemical weathering in the Three Rivers region of Eastern Tibet [J]. *Geochimica et Cosmochimica Acta*，2009，73 (7)：1857-1877.

[680] Norris R H，Thoms M C. What is river health [J]. *Freshwater Biology*，1999，41 (2)：197-209.

[681] 倪海儿，杜立勤. 东海鳓卵巢发育的组织学观察 [J]. 水产学报，2001，25 (4)：317-322.

[682] 聂媛媛. 安宁河硬刺松潘裸鲤年龄、生长与繁殖特性研究 [D]. 大连：大连海洋大学，2017.

[683] 聂竹兰，魏杰，马振华，等. 渭干河塔里木裂腹鱼繁殖生物学研究. 2011 年中国水产学会学术年会论文摘要集 [C] //. 中国水产学会，2011：1.

[684] 宁平. 中国金线鱼科鱼类分类、系统发育及动物地理学研究 [D]. 北京：中国科学院研究生院，2012.

[685] 宁毅. 重口裂腹鱼幼鱼日粮中蛋白质、脂肪和碳水化合物需求量研究 [D]. 南宁：广西大学，2013.

[686] 牛玉娟. 伊犁河新疆裸重唇鱼个体生物学研究 [D]. 阿拉尔：塔里木大学，2015.

[687] Odum E P. Strategy of ecosystem development [J]. *Science*，1969，164 (3877)：262-270.

[688] Odum H T，Pinkerton R C. Time's speed regulator：the optimum efficiency for maximum power output in physical and biological systems [J]. *American Scientist*，1955，43 (2)：331-343.

[689] Ogino C，Saito K. Protein nutrition in fish. 1. The utilization of dietary protein by young carp [J]. *Bulletin of the Japanese Society of Scientific Fisheries*，1970，36 (3)：250-254.

[690] Oliman A K，Jauncey K，Roberts R J. Water-soluble vitamin requirements of tilapia：ascorbic acid requirement of *Nile Tilapia* [J]. *Aquaculture and Fisheries Management*，1994，25：269-278.

[691] Ollivier P，Hamelin B，Radakovitch O. Seasonal variations of physical and chemical erosion：A three-year survey of the Rhone River (France) [J]. *Geochimica et Cosmochimica Acta*，2010，74 (3)：907-927.

[692] Olsen E M，Vollestad L A. An evaluation of visible implant elastomer for marking age-0 brown trout [J]. *North American Journal of Fisheries Management*，2001，21 (4)：967-970.

[693] Olsvik P A，VikesÅ V，Lie K K，*et al*. Transcriptional responses to temperature and low oxygen stress in Atlantic salmon studied with next-generation sequencing technology [J]. *BMC genomics*，2013，14 (1)：817.

[694] Oren D H. The aquaculture of grey mullets [M]. Cambridge University Press，1981：102.

[695] Otterlei E，Nyhammer G，Folkvord A，*et al*. Temperature and size-dependent growth of larval and early juvenile Atlantic cod (*Gadus morhua*)：a comparative study of Norwegian coastal cod and northeast Arctic cod [J]. *Canadian Journal of Fisheries and Aquatic Sciences*，1999，56 (11)，2099-2111.

[696] Page J W，Andrews J W. Interactions of dietary levels of protein and energy on channel catfish (*Ictalurus punctatus*) [J]. *The Journal of Nutrition*，1973，103 (9)：1339-1346.

[697] Pang Z H，Huang T M，Chen Y N. Diminished groundwater recharge and circulation relative to degrading riparian vegetation in the middle Tarim River，Xinjiang，western China. [J]. *Hydrological Processes*，2010，24 (2)：147-59.

[698] Panich U，Sittithumcharee G，Rathviboon N，*et al*. Ultraviolet radiation-induced skin aging：the role of DNA damage and oxidative stress in epidermal stem cell damage mediated skin aging [J]. *Stem cells international*，2016，1-14.

[699] Papadimitriou C A，Samaras P，Zouboulis A I，*et al*. Effects of influent composition on activated sludge protozoa [J]. *Desalination and Water Treatment*，2011，33 (1-3)：132-139.

[700] Patricio J, Salas F, Pardal M A, et al. Ecological indicators performance during a re-colonisation field experiment and its compliance with ecosystem theories [J]. *Ecological Indicators*, 2006, 6 (1): 43-57.

[701] Patten B C, Fath B D, Choi J S, et al. Complex adaptive hierarchical systems. In: Constanza R, Jørgensen S E, Understanding and Solving Environmental Problems in the 21st Century [J]. Elsevier, *Amsterdam*, 2002, 41-94.

[702] Pauly D, Pullin R S V. Hatching time in spherical, pelagic, marine fish eggs in response to temperature and egg size [J]. *Environmental biology of fishes*, 1988, 22 (4): 261-271.

[703] Pauly D. Fish population dynamics in tropical water: a manual for use with programmable calculators [J]. *ICLARM Stud Rev*, 1984, 8: 325.

[704] Pauly D. On the interrelationships between natural mortality, growth parameters, and mean environmental temperature in 175 fish stocks [J]. *ICES Journal of Marine Science*, 1980, 39 (2): 175-192.

[705] Peck M A, Huebert K B, Llopiz J K. Intrinsic and extrinsic factors driving match-mismatch dynamics during the early life history of marine fishes [M] //Advances in Ecological Research. Academic Press, 2012, 47: 177-302.

[706] Peng G, Zhao W, Shi Z, et al. Cloning HSP70 and HSP90 genes of kaluga (Huso dauricus) and the effects of temperature and salinity stress on their gene expression [J]. *Cell Stress and Chaperones*, 2016, 21 (2): 349-359.

[707] Pepin N, Bradley R S, Diaz H F, et al. Elevation-dependent warming in mountain regions of the world [J]. *Nature Climate Change*, 2015, 5 (5): 424-430.

[708] Pepin P, Orr D C, Anderson J T. Time to hatch and larval size in relation to temperature and egg size in Atlantic cod (Gadus morhua) [J]. *Canadian Journal of Fisheries and Aquatic Sciences*, 1997, 54 (S1): 2-10.

[709] Pepin P. Effect of temperature and size on development, mortality, and survival rates of the pelagic early life history stages of marine fish [J]. *Canadian Journal of Fisheries and Aquatic Sciences*, 1991, 48 (3): 503-518.

[710] Perryman M E, Schramski J R. Evaluating the relationship between natural resource management and agriculture using embodied energy and eco-exergy analyses: A comparative study of nine countries [J]. *Ecological Complexity*, 2015, 22: 152-161.

[711] Peter R E. Brain regulation of reproduction in teleosts [J]. *Bull Inst Zool*, 1991, 16: 89-118.

[712] Pianas J V, Athos J, Swanson P, et al. Regulation of ovarian steroidogenesis invitro by follicle stimulating hormone- and luteinizing hormone during sexualmaturation in salmonid fish [J]. *Biol Reprod*, 2000, (625): 1262-1269.

[713] Pianka E R. On r and K selection [J]. *American Naturalist*, 1970, 940 (104): 592-597.

[714] Pielou E C. Ecological diversity [M]. New York: John Wiley, 1975, 165.

[715] Piper A M. A graphic procedure in the geochemical interpretation of water-analyses. [J]. *Transactions-American Geophysical Union*, 1944, 25 (6): 914-923.

[716] Pirhone J, Schreck C B. Effect of anaesthesia with MS-222, clove oil and CO_2 on feed intake and plasma cortisol in steelhead trout (Oncorhynchus mykiss) [J]. *Aquaculture*, 2003, 220 (1-4): 507-514.

[717] Place S P, Hofmann G E. Temperature interactions of the molecular chaperone Hsc70 from the eurythermal marine goby Gillichthys mirabilis [J]. *Journal of Experimental Biology*, 2001, 204 (15): 2675-2682.

[718] Planas J V, Athos J, Goetz F W, et al. Regulation of ovarian steroidogenesis in vitro by follicle-stimulating hormone and luteinizing hormone during sexual maturation in salmonid fish [J]. *Biology of Reproduction*, 2000, 62 (5): 1262-1269.

[719] Poff N L, Allan J D, Bain M B, et al. The natural flow regime [J]. *Bioscience*, 1997, 47 (11): 769-784.

[720] Pogozhev P I, Gerasimova T N. The role of zooplankton in the regulation of phytoplankton biomass growth and water transparency in water bodies polluted by nutrients [J]. *Water Resource*, 2011, 38 (3): 400-408.

[721] Polat N, Bostanci D, Yilmaz S. Comparable age determination in different bony structures of Pleuronectes flesus luscus Pallas, 1811 inhabiting the Black Sea [J]. *Turkish Journal of Zoology*, 2001, 25 (4): 441-446.

[722] Postel S, Richter B. Rivers for life: managing water for people and nature [M]. Island Press, USA, Washington, D C. 2003.

[723] Pottin K, Hinaux H, Rétaux S. Restoring eye size in Astyanax mexicanus blind cavefish embryos through modulation of the Shh and Fgf8 forebrain organising centres [J]. *Development*, 2011, 138 (12): 2467-2476.

[724] Pranovi F, Raicevich S, Raicevich S, et al. Trawl fishing disturbance and medium-term macroinfaunal recolonization

dynamics：A functional approach to the comparison between sand and mud habitats in the Adriatic Sea（Northern Mediterranean Sea）[J]. *Benthic Habitats and the Effects of Fishing*，2005，41：545-570.

[725] Prast H，Sopinska A. Evaluation of activity of the celluar protective process in crop with Saprolegnia infection and treatnent with mala chite green and immuno stimulant [J]. *Medycyna Weterynaryjna*，1989，45：603-605.

[726] Preston R L，Schnakenberg D D，Pfander W H. Protein utilization in ruminants：I. Blood urea nitrogen as affected by protein intake [J]. *The Journal of Nutrition*，1965，86（3），281-288.

[727] Price J L，Lyons C E，Huang R C C. Seasonal cycle and regulation by temperature of antifreeze protein mRNA in a Long Island population of winter flounder [J]. *Fish physiology and biochemistry*，1990，8（3）：187-198.

[728] Prisyazhniuk V A. Prognosticating scale-forming properties of water [J]. *Applied thermal engineering*，2007，27（8-9）：1637-1641.

[729] Puckorius P R，Brooke J M. A new practical index for calcium-carbonate scale prediction in cooling-tower systems [J]. *Corrosion*，1991，47（4）：280-284.

[730] Puigagut J，Maltais-Landry G，Gagnon V，*et al*. Are ciliated protozoa communities affected by macrophyte species，date of sampling and location in horizontal sub-surface flow constructed wetlands [J]. *Water Research*，2012，46（9）：3005-3013.

[731] 潘艳云，冯健，杜卫萍，等. 石爬鮡含肉率及肌肉营养成分分析 [J]. 水生生物学报，2009，33（5）：980-985.

[732] 裴国凤，曹金象，刘国祥. 尼洋河不同河段浮游植物群落多样性差异研究 [J]. 长江流域资源与环境，2012，21（1）：24-29.

[733] 彭宁东，汤文圣，郭栋，等. MS-222 对赤眼鳟幼鱼麻醉效果的研究 [J]. 华南师范大学学报（自然科学版），2016，48（6）：37-43.

[734] 彭淇，吴彬，陈斌，等. 野生重口裂腹鱼 [*Schizothorax*（Racoma）*davidi*（Sauvage）] 的性腺发育观察与人工繁殖研究 [J]. 海洋与湖沼，2013，44（3）：651-655.

[735] 彭士明，施兆鸿，孙鹏，等. 饲料组成对银鲳幼鱼生长率及肌肉氨基酸、脂肪酸组成的影响 [J]. 海洋渔业，2012，34（1）：51-56.

[736] 蒲焘，何元庆，朱国锋，等. 丽江盆地地表-地下水的水化学特征及其控制因素 [J]. 环境科学，2012，33（1）：48-54.

[737] Qi D，Guo S C，Chao Y，*et al*. The biogeography and phylogeny of schizothoracine fishes（Schizopygopsis）in the Qinghai-Tibetan Plateau [J]. *Zoologica Scripta*，2015，44（5）：523-533. .

[738] Qi D，Chao Y，Guo S，*et al*. Convergent，parallel and correlated evolution of trophic morphologies in the subfamily schizothoracinae from the Qinghai-Tibetan plateau [J]. *PLoS One*，2012，7（3）：e34070.

[739] Qi D，Chao Y，Zhao Y，*et al*. Molecular evolution of myoglobin in the Tibetan Plateau endemic schizothoracine fish（Cyprinidae，Teleostei）and tissue-specific expression changes under hypoxia [J]. *Fish Physiology & Biochemistry*，2017b，44（2）：557-571.

[740] Qi D，Guo S，Tang J，*et al*. Mitochondrial DNA phylogeny of two morphologically enigmatic fishes in the subfamily Schizothoracinae（Teleostei：Cyprinidae）in the Qinghai-Tibetan Plateau [J]. *Journal of Fish Biology*，2007，70：60-74.

[741] Qi D，Xia M，Chao Y，*et al*. Identification，molecular evolution of tolllike receptors in a Tibetan schizothoracine fish（*Gymnocypris eckloni*）and their expression profiles in response to acute hypoxia [J]. *Fish and Shellfish Immunology*，2017a，68：102-113.

[742] Qiu H，Chen Y F. Age and growth of *Schizothorax waltoni* in the Yarlung Tsangpo River in Tibet，China [J]. *Ichthyological Research*，2009，56（3）：260-265.

[743] Qiu S F，Zhu Z Y，Yang T，*et al*. Chemical weathering of monsoonal eastern China：implications from major elements of topsoil [J]. *Journal of Asian Earth Sciences*，2014，81：77-90.

[744] Qu X B，Pan J，Zhang C，*et al*. Sox17 facilitates the differentiation of mouse embryonic stem cells into primitive and definitive endoderm in vitro [J]. *Development，growth & differentiation*，2008，50（7）：585-593.

[745] Quinn J M. Effects of pastoral development. In New Zealand Stream Invertebrates：Ecology and Implications for Management，ed [J]. KJ Collier，MJ Winterbourn，Christchurch，NZ：Caxton. 2000，208-29.

[746] 齐遵利，张秀文，韩叙，等. 温度对白斑狗鱼胚胎发育的影响 [J]. 淡水渔业，2010，29（4）：76-79.

[747] 齐遵利，张秀文，韩叙.温度对白斑狗鱼早期发育和生长的影响[J].水产科学，2010，29（12）：708-710.

[748] 祁得林，郭松长，唐文家，等.南门峡裂腹鱼亚科鱼类形态相似种的分类学地位——形态趋同进化实例[J].动物学报，2006，52（5）：862-870.

[749] 祁洪芳，史建全.青海湖裸鲤的人工繁殖及苗种的淡水培育技术[J].水产科技情报，2009，36（3）：149-151.

[750] 钱前，罗莉，白富瑾，等.岩原鲤幼鱼的蛋白质需求量[J].动物营养学报，2013，25（12）：2934-2942.

[751] 钱雪桥，崔奕波，解绶启，等.养殖鱼类饲料蛋白需要量的研究进展[J].水生生物学报，2002，26（4）：410-416.

[752] 强俊，李瑞伟，王辉.2008.温度对奥尼罗非鱼受精卵孵化和仔鱼活力的影响[J].淡水渔业，38（4）：25-29.

[753] 强俊，杨弘，王辉，等.饲料蛋白水平对低温应激下吉富罗非鱼血清生化指标和HSP70 mRNA表达的影响[J].水生生物学报，2013，37（3）：434-443.

[754] 乔慧莹.基于线粒体基因序列分析裂腹鱼亚科的系统进化关系及中国沿海银鲳群体的遗传结构[D].上海：上海海洋大学，2014.

[755] 秦大河，陈宜瑜，李学勇，等.中国气候与环境演变（上卷）：中国气候与环境的演变与预测[M].北京：科学出版社，2005a：389-390.

[756] 秦大河，陈宜瑜，李学勇，等.中国气候与环境演变（下卷）：气候与环境变化的影响与适应、减缓对策[M].北京：科学出版社，2005b：98-109.

[757] 覃雪波，孙红文，吴济舟，等.大型底栖动物对河口沉积物的扰动作用[J].应用生态学报，2010，21（02）：458-463.

[758] 邱德全，周鲜娇，邱明生.氨氮胁迫下凡纳滨对虾抗病力和副溶血弧菌噬菌体防病效果研究[J].水生生物学报，2008，32（4）：456-461.

[759] 裴海雅，徐东坡，施炜纲.鱼类耳石与年龄关系的研究进展[J].浙江海洋学院学报（自然科学版），2009，28（03）：331-337+374.

[760] 区又君，柳琪，刘泽伟.3种笛鲷的含肉率、肥满度、比肝重和肌肉营养成分的分析[J].大连水产学院学报，2006，（03）：287-289.

[761] 渠晓东，曹明，邵美玲，等.雅砻江（锦屏段）及其主要支流的大型底栖动物[J].应用生态学报，2007，18（01）：158-162.

[762] Rai S K，Singh S K，Krishnaswami S. Chemical weathering in the plain and peninsular sub-basins of the Ganga：Impact on major ion chemistry and elemental fluxes [J]. *Geochimica et Cosmochimica Acta*，2010，74（8）：2340-2355.

[763] Rakshit D，Biswas S N，Sarkar S K，*et al*. Seasonal variations in species composition，abundance，biomass and production rate of tintinnids (Ciliata：Protozoa) along the Hooghly (Ganges) River Estuary，India：a multivariate approach [J]. *Environmental Monitoring and Assessment*，2014，186（5）：3063-3078.

[764] Rana K J. Influence of incubation temperature on *Oreochromis niloticus*，（L.）eggs and fry：I. Gross embryology，temperature tolerance and rates of embryonic development [J]. *Aquaculture*，1990，87（2）：165-181.

[765] Rasmussen J B. Effects of density and macrodetritus enrichment on the growth of chironomid Larvae in a small pond，Canadian [J]. *Journal of Fisheries and Aquatic Science*，1985，42：1418-1422.

[766] Raymo M E，Ruddiman W F，Froelich P N. Influence of late cenozoic mountain building on ocean geochemical cycles [J]. *Geology*，1988，16（7）：649-653.

[767] Reeder S W，Hitchon B，Levinson A A. Hydrogeo-chemistry of the surface waters of the Mackenzie River drainage basin，Canada-1. Factors controlling inorganic com position [J]. *Geochimica Et Cosmochimica Acta*，1972，36（8）：181-192.

[768] Reifers F，Walsh E C，Léger S，*et al*. Induction and differentiation of the zebrafish heart requires fibroblast growth factor 8 (fgf8/acerebellar) [J]. *Development*，2000，127（2）：225-235.

[769] Ren J，Liu C，Zhao D，*et al*. The role of heat shock protein 70 in oxidant stress and inflammatory injury in quail spleen induced by cold stress [J]. *Environmental Science and Pollution Research*，2018，25（21）：21011-21023.

[770] Resink J W，Voorthuis P K，Hurk R V D，*et al*. Steroid glucuronides of the seminal vesicle as olfactory stimuli in African catfish，*Clarias gariepinus* [J]. *Aquaculture*，1989，83（1）：153-166.

[771] Richards C，Johnson L B，Host G E. Landscape-scale influences on stream habitats and biota [J]. *Canadian Journal of Fisheries and Aquatic Sciences*，1996，53：295-311.

[772] Richter B D，Warner A T，Meyer J L，Lutz K. A collaborative and adaptive process for developing environmental flow

recommendations [J]. *River research and applications*，2006，22（3）：297-318.

[773] Ricker W E. Computation and interpretation of biological statistics of fish populations [J]. *Bull Fish Res Bd Can*，1975，191：1-382.

[774] Riebe C S，Kirchner J W，Granger D E，*et al*. Strong tectonic and weak climatic control of long-term chemical weathering rates [J]. *Geology*，2001，29（6）：511-514.

[775] Rissanen E，Tranberg H K，Sollid J，*et al*. Temperature regulates hypoxia-inducible factor-1（HIF-1）in a poikilothermic vertebrate，crucian carp（Carassius carassius）[J]. *Journal of experimental biology*，2006，209（6）：994-1003.

[776] Roff D A. The evolution of life histories. Theory and analysis [J]. London：Chapman and Hall，1992.

[777] Rogers J S，Hare J A，Lindquist D G. Otolith record of age，growth，and ontogeny in larval and pelagic juvenile *Stephanolepishispidus*（Pisces：Monacanthidae）[J]. *Marine Biology*，2001，138（5）：945-953.

[778] Romano N，Zeng C S. Importance of balanced Na^+/K^+ ratios for blue swimmer crabs，Portunus pelagicus，to cope with elevated ammonia-N and differencesbetween in vitro and in vivo gill Na^+/K^+-ATPaseresponses [J]. *Aquaculture*，2011，318（1-2）：154-161.

[779] Romano N，Zeng C S. Ontogenetic changes in tolerance to acute ammonia exposure and associatedgill histological alterations during early juvenile development of the blue swimmer crab，Portunuspelagicus [J]. *Aquaculture*，2007，266（1-4）：246-254.

[780] Romanov RE，Kirillov VV. Analysis of the seasonal dynamics of river phytoplankton based on succession rate indices for key event identification [J]. *Hydrobiologia*，2012，695（1）：293-304.

[781] Román-Padilla J，Rodriguez-Rua A，Manchado M，*et al*. Molecular characterization and developmental expression patterns of apolipoprotein AI in Senegalese sole（Solea senegalensis Kaup）[J]. *Gene Expression Patterns*，2016，21（1）：7-18.

[782] Root T L，Price J T，Hall K R，*et al*. Fingerprints of global warming on wild animals and plants [J]. *Nature*，2003，421（6918）：57-60.

[783] Rosenberg D M，McCully P，Pringle C M. Global-scale environmental effects of hydrological alterations：Introduction [J]. *Bioscience*，2000，50（9）：746-751.

[784] Ross N，Eyles J，Cole D，*et al*. The ecosystem health metaphor in science and policy [J]. *Canadian Geographer*，1997，41：114-127.

[785] Ruesch A S，Torgersen C E，Lawler J J，*et al*. Projected climate-induced habitat loss for salmonids in the John Day River network，Oregon，USA [J]. *Conservation Biology*，2012，26（5）：873-882.

[786] Rundle S D，Jenkins A，Ormerod S J. Macroinvertebrate communities in streams in Himalaya，Nepal [J]. *Freshwater Biology*，1993，30（1）：169-180.

[787] Ryznar J W. A new index for determining amount of calcium carbonate scale formed by a water [J]. *American Water Works Association*，1944，36（4）：472-477.

[788] 任波，任慕莲，郭焱，等. 扁吻鱼胚胎及仔鱼发育的形态学观察 [J]. 大连水产学院学报，2007，22（6）：397-402.

[789] 任华，顾建华，孙竹筠，等. RT-PCR 法检测斑马鱼（*Danio rerio*）卵黄蛋白原 mRNA 表达 [C] //上海市动物学会学术会议，2005.

[790] 任青山，王景升，张博，等. 藏东南冷杉原始林不同形态水的水质分析 [J]. 东北林业大学学报，2002，30（2）：52-54.

[791] 若木，王鸿泰，殷启云，等. 齐口裂腹鱼人工繁殖的研究 [J]. 淡水渔业，2001，（06）：3-5.

[792] Sá R，Pousoferreira P，Olivateles A. Dietary protein requirement of white sea bream（*Diplodus sargus*）juveniles [J]. *Aquaculture Nutrition*，2010，14（4）：309-317.

[793] Sakurai Y. An overview of the Oyashio ecosystem. Deep Sea Research Part II [J]. *Topical Studies in Oceanography*，2007，54（23-26）：2526-2542.

[794] Salas F，Marcos C，Neto J M，*et al*. User-friendly guide for using benthic ecological indicators in coastal and marine quality assessment [J]. *Ocean & Coastal Management*，2006，49（5-6）：308-331.

[795] Sampaio L A，Bianchini A. Salinity effects onosmoregulation and growth of the euryhaline flounderParalichthys

orbignyanus [J]. *Journal of Experimental Marine Biology and Ecology*, 2002, 269 (2): 187-196.

[796] Sanches L F, Guariento R D, Caliman A, *et al*. Effects of nutrients and light on periphytic biomass and nutrient stoichiometry in a tropical black-water aquatic ecosystem [J]. *Hydrobiologia*, 2011, 669 (1): 35-44.

[797] Santiago C B, Reyes Q S. Optimum dietary protein level of growth of big bead carp (*Aristchthyes nobilis*) fry in static water system [J]. *Aquaculture*, 1991, (93): 155-165.

[798] Sarah E N, Joshua H V, Michael L D, *et al*. Stream temperature sensitivity to climate warming in California's Sierra Nevada: impacts to coldwater habitat [J]. *Climatic Change*, 2013, 116 (S1): 149-170.

[799] Saravia L A, Giorgi A, Momo F. Multifractal spatial patterns and diversity in an ecological succession [J]. *Plos One*, 2012, 7 (3): 1-8.

[800] Sarin M M, Krishnaswami S, Dili K, *et al*. Major ion chemistry of the Ganga-Brahmaputra river system: Weathering proces ses and fluxes to the Bay of Bengal. [J]. *Geochimica Et Cosmochimica Acta*, 1989, 53 (5): 997-1009.

[801] Sarropoulou E, Moghadam H K, Papandroulakis N, *et al*. The atlantic bonito (*Sarda sarda*, Bloch 1793) transcriptome and detection of differential expression during larvae development [J]. *Plos One*, 2014, 9 (2): e87744.

[802] Saunders M W, McFarlane G A. Age and length at maturity of the female spiny dogfish, Squalus acanthias, in the Strait of Georgia, British Columbia, Canada [J]. *Environmental Biology of Fishes*, 1993, 38: 49-57.

[803] Saunders R L, Henderson E B. Effects of constant day length on sexual maturation and growth of atla. [J]. *Canadian Journal of Fisheries &. Aquatic Sciences*, 1988, 45 (1): 60-64.

[804] Schneck F, Schwarzbold A, Melo A. Substrate roughness affects stream benthic algal diversity, assemblage composition, and nestedness [J]. *Journal of the North American Benthological Society*, 2011, 30 (4): 1049-1056.

[805] Schneider E D, Kay J J. Life as a manifestation of the second law of thermodynamics. [J]. *Math. Comp. Model*, 1994, 9 (6-8): 25-48.

[806] Schneider S C, Lawniczak A E, Picinska-Faltynowicz J, *et al*. Diatoms and non-diatom benthic algae give redundant information? Results from a case study in Poland [J]. *Limnologica*, 2012, 42 (3): 204-211.

[807] Schoemaker J, Weissenbruch M M V, Scheele F, *et al*. The FSH threshold concept in clinical ovulation induction [J]. *Baillières Clinical Obstetrics&Gynaecology*, 1993, 7 (2): 297-308.

[808] Schurmann H , Steffensen J F . Effects of temperature, hypoxia and activity on the metabolism of juvenile Atlantic cod [J]. *Journal of Fish Biology*, 1997, 50 (6): 1166-1180.

[809] Sebastian W, Sukumaran S, Zacharia P U, *et al*. Isolation and characterization of Aquaporin 1 (AQP1), sodium/potassium-transporting ATPase subunit alpha-1 (Na/K-ATPase α1), Heat Shock Protein 90 (HSP90), Heat Shock Cognate 71 (HSC71), Osmotic Stress Transcription Factor 1 (OSTF1) and Transcription Factor II B (TFIIB) genes from a euryhaline fish, Etroplus suratensis [J]. *Molecular biology reports*, 2018, 45 (6): 2783-2789.

[810] Segura C, Caldwell P, Sun G *et al*. A model to predict stream water temperature across the conterminous USA [J]. *Hydrological Processes*, 2015, 29 (9): 2178-2195.

[811] Shannon E E, Wiener W. The mathematical theory of communication. [M]. London: University Illinois Press, 1949: 125.

[812] Shao J J, Shi J B, Duo B, *et al*. Mercury in alpine fish from four rivers in the Tibetan Plateau [J]. *Journal of Environmental Sciences*, 2016, 39 (1): 22-28.

[813] Shao J, Ma B S, Yang X, *et al*. Length-weight and length-length relationships of three endemic fish species from the Yarlung Tsangpo River, China [J]. *Journal of Applied Ichthyology*, 2016, 32 (6): 1337-1339.

[814] Sharma R C, Bahuguna M, Chauhan P. Periphytonic diversity in Bhagirathi: Preimpoundment study of Tehri Dam Reservoir [J]. *Journal Environment Science Engineer*, 2008, 50 (4): 255-262.

[815] Shelford V E. Physiological animal geography [J]. *Journal of Morphology*, 1911, 22 (3): 551-618.

[816] Shi X L, Liu X J, Liu G J, *et al*. An approach to analyzing spatial patterns of protozoan communities for assessing water quality in the Hangzhou section of Jing-Hang Grand Canal in China [J]. *Environmental Science and Pollution Research*, 2012, 19 (3): 739-747.

[817] Shpigel M, Mcbride S C, Marciano S, *et al*. The effect of photoperiod and temperature on the reproduction of European sea urchin Paracentrotus lividus [J]. *Aquaculture*, 2004, 232 (1): 343-355.

[818] Shu L, Wanghe K, Wang J, et al. The complete mitochondrial genomes of two schizothoracine fishes (Teleostei, Cypriniformes): A novel minisatellite in fish mitochondrial genomes [J]. *Journal of Applied Ichthyology*, 2018, 00: 1-7.

[819] Shu M A, Tu D D, Zhang P, et al. Heat shock protein 90 is a stress and immune response gene in the giant spiny frog Quasipaa spinosa [J]. *Fisheries science*, 2017, 83 (2): 251-258.

[820] Shyong W J, Huang C H, Chen H C. Effect of dietary protein concentration on growth and muscle composition of juvenile Zacco barbata [J]. *Aquaculture*, 1998, 167 (1-2): 35-42.

[821] Sickman J O, Melack J M. Nitrogen and sulfate export from high elevation catchments of the Sierra Nevada, California [J]. *Water Air and Soil Pollution*, 1998, 105 (1/2): 217-226.

[822] Silow E A, Oh I H. Aquatic ecosystem assessment using exergy [J]. *Ecological Indicators*, 2004, 4 (3): 189-198.

[823] Simberloff D. Flagships, umbrellas, and keystones-is single-species management passé in the landscape era [J]. *Biological Conservation*, 1998, 83: 247-257.

[824] Simon J, Dorner H. Growth, mortality and tag retention of small Anguilla anguilla marked with visible implant elastomer tags and coded wire tags under laboratory conditions [J]. *Journal of applied ichthyology*, 2011, 27 (1): 94-99.

[825] Simpson J, Norris R H, Barmuta L. Australian River Assessment System: National River Health Program Predictive Model Manual [J]. URL http: //enterprise. Canberra. Edu. au/AusRivAS/, 1997.

[826] Singh R K, Desai A S, Chavan S L, et al. Effect of water temperature on dietary protein requirement, growth and body composition of Asian catfish, Clarias batrachus fry [J]. *Journal of Thermal Biology*, 2009, 34 (1): 8-13.

[827] Singh S K, Sarin M M, France-Lanord C. Chemical erosion in the eastern Himalaya: Major ion composition of the Brahmaputra and delta C-13 of dissolved inorganic carbon [J]. *Geochimica et Cosmochimica Acta*, 2005, 69 (14): 3573-3588.

[828] Sinovcic G, Kec V C, Zorica B. Population structure, size at maturity and condition of sardine, *Sardina pilchardus* (Walb. , 1792), in the nursery ground of the eastern Adriatic Sea (Krka River Estuary, Croatia) [J]. *Estuarine Coastal & Shelf Science*, 2008, 76 (4): 739-744.

[829] Slemmons K E H, Saros J E, Simon K. The influence of glacial meltwater on alpine aquatic ecosystems: a review [J]. *Environmental Science-Processes & Impacts*, 2013, 15 (10): 1794-1806.

[830] Smith N G, Eyre-Walker A. Adaptive protein evolution in Drosophila [J]. *Nature*, 2002, 415: 1022-1024.

[831] Smith S, Bernatchez L, Beheregaray L B. RNA-seq analysis reveals extensive transcriptional plasticity to temperature stress in a freshwater fish species [J]. *BMC genomics*, 2013, 14 (1): 375.

[832] Sommer U, Aberle N, Lengfellner K, et al. The Baltic Sea spring phytoplankton bloom in a changing climate: an experimental approach [J]. *Marine Biology*, 2012, 159 (11), SI: 2479-2490.

[833] Song S H, Kim K, Jo E K, et al. Fibroblast growth factor 12 is a novel regulator of vascular smooth muscle cell plasticity and fate [J]. *Arteriosclerosis, thrombosis, and vascular biology*, 2016, 36 (9): 1928-1936.

[834] Song W, Jiang K, Zhang F, et al. Transcriptome sequencing, de novo assembly and differential gene expression analysis of the early development of Acipenser baeri [J]. *Plos One*, 2015, 10 (9): e0137450.

[835] Sower S A, Plisetskaya E, Gorbman A. Changes in plasma steroid and thyroidhormones and insulin during final maturation and spawning of the sea lamprey, Petromyzon marinus [J]. *Gen. Comp. Endocrinal*, 1985, 58: 259-269.

[836] Stacey N, Sorensen P. Function and evolution of fish hormonal pheromones [J]. *Biochemistry & Molecular Biology of Fishes*, 1991, 1: 109-135.

[837] Stallard R. F, Edmond J M. Geochemistry of the Amazon: 2. The influence of geology and weath ering environment on the dissolved load [J]. *Journal of Geophysical Research*, 1983, 88 (14): 9671-9688.

[838] Stancheva R, Fetscher A E, Sheath R G. A novel quantification method for stream-inhabiting, non-diatom benthic algae, and its application in bioassessment [J]. *Hydrobiologia*, 2012, 684 (1): 225-239.

[839] Stearns S C. Life-history tactics: a review of the ideas [J]. *The Quarterly review of biology*, 1976, 51 (1): 3-47.

[840] Stearns S C, Crandall R E. Plasticity of age and size at sexual maturity: a life history response to unavoidable stress. In: Potts G and Wootton RJ editors, Fish Reproduction [M]. London: Academic Press, 1984: 13-33.

［841］ Stenger K C，Lengyel E，Crossetti L O，et al. Diatom ecological guilds as indicators of temporally changing stressors and disturbances in the small Torna-stream，Hungary [J]. *Ecological Indicators*，2013，24：138-147.

［842］ Stewart J S，Wang L Z，Lyons J，et al. Influences of watershed，riparian-corridor，and reach-scale characteristics on aquatic biota in agricultural watersheds [J]. *Journal of the American Water Resources Association*，2011，37（6）：1475-1487.

［843］ Strauss S D，Puckorius P R. Cooling-water treatment for control of scaling，fouling，corrosion [J]. *Power*，1984，128（6）：S1-S24.

［844］ Su J H，Ji W H，Wei Y M，et al. Genetic Structure and Demographic History of the Endangered and Endemic Schizothoracine Fish Gymnodiptychus pachycheilus in Qinghai-Tibetan Plateau [J]. *Zoological Science*，2014，31（8）：515-522.

［845］ Su J H，Ji W H，Zhang Y P，et al. Genetic diversity and demographic history of the endangered and endemic fish（Platypharodon extremus）：implications for stock enhancement in Qinghai Tibetan Plateau [J]. *Environmental Biology of Fishes*，2015，98（3）：763-774.

［846］ Subramanian T A. Effect of processing on bacterial population of cuttle fish and crab and determination of bacterial spoilage and rancidity developing on frozen storage [J]. *Journal of Food Processing and Preservation*，2007，31（1）：13-31.

［847］ Sun N K，Sun C L，Lin C H，et al. Damaged DNA-binding protein 2（DDB2）protects against UV irradiation in human cells and Drosophila [J]. *Journal of biomedical Science*，2010，17（1）：27.

［848］ Suren A M. Macroinvertebrate communities of streams in western Nepal：effects of altitude and land use [J]. *Freshwater Biology*，1994，32（2）：323-336.

［849］ Suter G W. A critique of ecosystem health concepts and indices [J]. *Environmental Toxicology and Chemistry*，1993，12（9）：1533-1539.

［850］ 桑永明，杨瑶，尹航，等. 饲料蛋白水平对方正银鲫幼鱼生长、体成分、肝脏生化指标和肠道消化酶活性的影响 [J]. 水生生物学报，2018，42（4）：736-743.

［851］ 邵俭. 四种高原土著鱼类养殖生物学研究 [D]. 武汉：华中农业大学，2016.

［852］ 邵庆均，苏小凤，许梓荣. 饲料蛋白水平对宝石鲈增重和胃肠道消化酶活性影响 [J]. 浙江大学学报（农业与生命科学版），2004，30（5）：553-556.

［853］ 邵韦涵，樊启学，张诚明，等. 黄颡鱼、瓦氏黄颡鱼及" 黄优 1 号" 肌肉营养成分比较 [J]. 华中农业大学学报，2018，37（2）：76-82.

［854］ 邵文杰. 青海湖放流 600 万尾人工繁育湟鱼 [N]. 光明日报，2003-08-04.

［855］ 邵秀芳. 300 万尾湟鱼苗放归青海湖 [N]. 西海农民报，2010-06-29001.

［856］ 申安华，李光华，赵树海，等. 光唇裂腹鱼胚胎发育与仔鱼早期发育的研究 [J]. 水生态学杂志，2013，34（6）：76-79.

［857］ 申志新，王国杰，唐文家，等. 黄河裸裂尻鱼人工孵化及胚胎发育观察 [J]. 青海农牧业，2009，99（3）：37-38.

［858］ 沈丹舟，何春林，宋昭彬. 软刺裸裂尻鱼的年龄鉴定 [J]. 四川动物，2007，26（01）：124-241.

［859］ 沈和定，蒋宏雷. 甲醛对中华绒螯蟹各期溞状幼体及隐藻的急性毒性 [J]. 上海海洋大学学报，1998，（1）：25-32.

［860］ 沈红保，郭丽. 西藏尼洋河鱼类组成调查与分析 [J]. 河北渔业，2008，173（5）：51-54，60.

［861］ 沈建忠，曹文宣，崔奕波. 用鳞片和耳石鉴定鲫年龄的比较研究 [J]. 水生生物学报，2001，25（05）：462-466.

［862］ 沈琦. 山苍子精油对鱼类致病性水霉属真菌的抑制研究 [D]. 福建：福建师范大学，2010.

［863］ 沈永平，王根绪，吴青柏，等. 长江-黄河源区未来气候情景下的生态环境变化 [J]. 冰川冻土，2002，24（3）：308-314.

［864］ 沈永平，王国亚. IPCC 第一工作组第五次评估报告对全球气候变化认知的最新科学要点 [J]. 冰川冻土，2013，35（5）：1068-1076.

［865］ 沈韫芬，章宗涉，龚循矩，等. 微型生物监测新技术 [M]. 北京：中国建筑工业出版社，1990.

［866］ 施琅芳. 鱼类生理学 [M]. 北京：中国农业出版社，1991.

［867］ 施永彬，李钧敏，金则新. 生态基因组学研究进展 [J]. 生态学报，2012，32（18）：5846-5858.

［868］ 施兆鸿. 盐度对黑鲷卵巢发育的影响 [J]. 水产学报，1996，（04）：357-360.

[869] 石文雷.中华鳖的营养与饲料 [J].科学养鱼,1998,4:39-41.

[870] 史建全,祁洪芳,杨建新,等.青海湖裸鲤繁殖生物学的研究 [J].青海科技,2000,7 (2):12-15.

[871] 史建全,祁洪芳,杨建新,等.青海湖裸鲤人工繁殖及鱼苗培育技术的研究 [J].淡水渔业,2000,30 (2):3-6.

[872] 史建全,王基琳.青海湖渔业资源的现状及对策 [J].水产科技情报,1995,22 (1):42-43.

[873] 史建全,祁洪芳,杨建新,等.青海湖裸鲤资源评估与合理应用 [J].淡水渔业,2000,30 (11):38-40.

[874] 宋理平.宝石鲈营养需求的研究 [D].济南:山东师范大学,2009.

[875] 宋霖.黄颡鱼和中华绒螯蟹胃肠道形态和功能对投饵的响应 [D].苏州:苏州大学,2013.

[876] 宋敏红,马耀明,张宇,等.雅鲁藏布江流域气温变化特征及趋势分析 [J].气候与环境研究,2011,16 (6):760-766.

[877] 宋书群.黄、东海浮游植物功能群研究 [D].青岛:中国科学院海洋研究所,2010.

[878] 宋艳,郑虎,翁玲玲,等.鱼体内性类固醇激素水平与催产药物相关性研究 [J].西南农业学报,2007,20 (6):1369-1372.

[879] 宋郁,苏冒亮,刘南希,等.金钱鱼幼鱼低温耐受能力和饲料营养需求的研究 [J].上海海洋大学学报,2012,21 (05):715-719.

[880] 宋振鑫,陈超,吴雷明,等.盐度与 p H 对云纹石斑鱼胚胎发育和仔鱼活力的影响 [J].渔业科学进展,2013,34 (6):52-58.

[881] 苏春江,唐邦兴.通天河河水的水化学特征 [J].山地研究,1987,5 (3):143-146.

[882] 苏敏,林丹军,尤永隆.黑脊倒刺鲃胚胎发育的观察 [J].福建师范大学学报 (自然科学版),2002,18 (2):80-84.

[883] 孙海坤,韩雨哲,孙建富,等.四个不同地理鲇群体肌肉营养组成的比较分析 [J].水生生物学报,2016,40 (3):493-500.

[884] 孙翰昌,徐敬明,庞敏.饲料蛋白水平对瓦氏黄颡鱼消化酶活性的影响 [J].水生态学杂志,2010,03 (2):84-88.

[885] 孙虎山,李光友.栉孔扇贝血淋巴中 ACP 和 AKP 活性及其电镜细胞化学研究 [J].中国水产科学,1999,6 (4):6-9.

[886] 孙建华.红鳍东方鲀低温转录组基因差异表达分析及系谱认证研究 [D].上海:上海海洋大学,2017.

[887] 孙金辉,范泽,张美静,等.饲料蛋白水平对鲤幼鱼肝功能和抗氧化能力的影响 [J].南方水产科学,2017,13 (3):113-119.

[888] 孙静秋,许燕,张慧绮,等.凡纳对虾体内 ACP、AKP 酶的细胞化学定位 [J].复旦学报 (自然科学版),2007,46 (6):947-951.

[889] 孙婷婷.温度和 CO_2 驯养对南极鱼 P. brachycephalum 肝指数 (HSI) 和 Fulton's K 肥满度的影响 [J].现代农业科技,2010,(24):310-311.

[890] 孙魏.着生藻类去除微污染水体中氮磷的试验研究 [D].成都:西南交通大学,2008.

[891] 孙伟红,赵东豪,付树林,等.MS-222 对大菱鲆麻醉效果及富集消除规律研究 [J].食品安全质量检测学报,2015,6 (11):4578-4583.

[892] 孙卫青,吴晓,杨华,等.冰温贮藏对草鱼鱼糜脂肪氧化和质构变化的效应 [J].湖北农业科学,2013,52 (4):913-922.

[893] 孙卫青,吴晓,杨华,等.不同低温贮藏条件下鲢鱼鱼糜品质的变化 [J].湖北农业科学,2013,52 (16):3961-3965.

[894] 孙志景,江曙光,于燕光,等.水温对东星斑幼鱼存活、摄食及生长的影响 [J].河北渔业,2013 (05):1-4,12.

[895] Tacon A G J,Cowey C B.Protein and amino acid requirements//Fish energetics.Springer,Dordrecht,1985:155-183.

[896] Takeuchi T,Shiina Y,Watanabe T. Suitable protein and lipid levels in diet for fingerlings of red sea bream Pagrus major [J]. *The Japanese Society of Fisheries Science*,1991,57 (2):293-299.

[897] Talling J F. The relative growth rate of three plankton diatoms in relation to underwater radiation and temperature [J]. *Ann Bot*,1995,19 (2):329-341.

[898] Tan X L,Shi X L,Liu G J,*et al*. An approach to analyzing taxonomic patterns of protozoan communities for monitoring water quality in Songhua River,northeast China. [J]. *Hydrobiologia*,2010,638 (1):193-201.

[899] Tang D H,Zou X Q,Liu X J,*et al*. Integrated ecosystem health assessment based on eco-exergy theory:A case study of the Jiangsu coastal area [J]. *Ecological Indicators*,2015,48:107-119.

［900］ Tang Q, Gu Y, Zhou X, et al. Comparative transcriptomics of 5 high-altitude vertebrates and their low-altitude relatives [J]. *GigaScience*, 2017, 6 (12): gix105.

［901］ Tang Y N, Zhou C, Ziv-El M, et al. A pH-control model for heterotrophic and hydrogen-based autotrophic denitrification [J]. *Water Research*, 2011, 45 (1): 232-240.

［902］ Tao J, Chen Y F, He D K, et al. Relationships between climate and growth of Gymnocypris selincuoensis in the Tibetan Plateau [J]. *Ecology and Evolution*, 2015, 5 (8): 1693-1701.

［903］ Tao J, He D K, Kennard M J, et al. Strong evidence for changing fish reproductive phenology under climate warming on the Tibetan Plateau [J]. *Global Change Biology*, 2018, 24 (5): 2093-2104.

［904］ Tazawa H, Kuroda O, Whittow G C. Noninvasive determination of embryonic heart rate during hatching in the brown noddy (Anous stolidus) [J]. *The Auk*, 1991, 108 (3): 594-601.

［905］ Tengjaroenkul B, Smith B J, Caceci T, et al. Distribution of intestinal enzyme activities along the intestinal tract of cultured Nile tilapia, *Oreochromis niloticus* L [J]. *Aguaculture*, 2000, 182: 317-327.

［906］ Tepekoy F, Akkoyunlu G, Demir R. The role of Wnt signaling members in the uterus and embryo during pre-implantation and implantation [J]. *Journal of assisted reproduction and genetics*, 2015, 32 (3): 337-346.

［907］ Terova G, Rimoldi S, Corà S, et al. Acute and chronic hypoxia affects HIF-1α mRNA levels in sea bass (Dicentrarchus labrax) [J]. *Aquaculture*, 2008, 279 (1-4): 150-159.

［908］ Tian C, Chen X H, Ao J Q. The up-regulation of large yellow croaker secretory IgM heavy chain at early phase of immune response [J]. *Fish Physiology and Biochemistry*, 2010, 36 (3): 483-490.

［909］ Tian Q, Yang S. Regional climatic response to global warming: Trends in temperature and precipitation in the Yellow, Yangtze and Pearl River basins since the 1950s [J]. *Quaternary International*, 2017, 440: 1-11.

［910］ Tian Y, Yu C Q, Luo K L, et al. Water chemical properties and the element characteristics of natural water in Tibet, China [J]. *Acta Geographica Sinica*, (in Chinese) 2014, 69 (7): 969-982.

［911］ Tibbetts S M, Lall S P, Anderson D M. Dietary protein requirement of juvenile American eel (Anguilla rostrata) fed practical diets [J]. *Aquaculture*, 2000, 186 (1-2): 145-155.

［912］ Tingaud - Sequeira A, Forgue J, André M, et al. Epidermal transient down - regulation of retinol - binding protein 4 and mirror expression of apolipoprotein Eb and estrogen receptor 2a during zebrafish fin and scale development [J]. *Developmental dynamics*, 2006, 235 (11): 3071-3079.

［913］ Tipper E T, Bickle M J, Galy A, et al. The short term climatic sensitivity of carbonate and silicate weathering fluxes: Insight from seasonal variations in river chemistry 2014, 69 (7): 969-982 [J]. *Geochimica et Cosmochimica Acta*, 2006, 70 (11): 2737-2754.

［914］ Tong C, Fei T, Zhang C, et al. Comprehensive transcriptomic analysis of Tibetan Schizothoracinae fish *Gymnocypris przewalskii* reveals how it adapts to a highaltitude aquatic life [J]. *BMC Evolutionary Biology*, 2017a, 17: 74.

［915］ Tong C, Tian F, Zhao K. Genomic signature of highland adaptation in fish: a case study in Tibetan *Schizothoracinae* species [J]. *BMC Genomics*, 2017b, 18 (1): 948.

［916］ Tong C, Zhang C, Zhang R, et al. Transcriptome profiling analysis of naked carp (*Gymnocypris przewalskii*) provides insights into the immune-related genes in highland fish [J]. *Fish & shellfish immunology*, 2015, 46 (2): 366-377.

［917］ Townsend C R, Riley R H. Assessment of river health: accounting for perturbation pathways in physical and ecological space [J]. *Freshwater Biology*, 1999, 41 (2): 393-405.

［918］ 汤保贵, 陈刚, 张建东, 等. 饵料系列对军曹鱼仔鱼生长、消化酶活力和体成分的影响 [J]. 水生生物学报, 2007, 1 (4): 479-484.

［919］ 唐安华, 何学福. 云南光唇鱼 Acrossocheilus yunanensis (Regan) 的胚胎和胚后发育的初步观察 [J]. 西南师范学院学报 (自然科学版), 1982, 1: 91-99.

［920］ 唐洪玉, 陈大庆, 史建全, 等. 青海湖裸鲤性腺发育的组织学研究 [J]. 水生生物学报, 2006, (02): 166-172..

［921］ 唐丽君, 张筱帆, 张堂林, 等. 水温对鲢早期发育的影响 [J]. 华中农业大学学报, 2014, 33 (1): 92-96.

［922］ 唐文家, 申志新, 简生龙. 青海省黄河珍稀濒危鱼类及保护对策 [J]. 水利渔业, 2006, 26 (1): 57-60.

［923］ 唐雪, 徐钢春, 徐跑, 等. 野生与养殖刀鲚肌肉营养成分的比较分析 [J]. 动物营养学报, 2011, 23 (3): 514-520.

[924] 唐媛媛，王卫员，艾春香，等.饲料蛋白质水平对卵形鲳鲹非特异性免疫的影响 [C].世界华人鱼虾营养学术研讨会.2013.

[925] 田家元，王京树，万建义，等.MS-222 不同处理方式对史氏鲟和中华鲟麻醉效果的影响 [J].水生态学杂志，2011，32（05）：87-90.

[926] 田娟，高攀，蒋明，等.饲料蛋白能量比对草鱼幼鱼生长性能、蛋白利用和体成分的影响 [J].淡水渔业，2016，46（04）：83-90.

[927] 田怡.基于转录组数据库的橘小实蝇 sHSP 基因的挖掘及功能分析 [D].重庆：西南大学，2015.

[928] 涂志英，袁喜，王从锋，等.亚成体巨须裂腹鱼游泳能力及活动代谢研究 [J].水生生物学报，2012，36（4）：682-688.

[929] Ulanowicz R E. Growth and Development, Phenomenological Ecology for a Universal Perspective [J]. Springer, Berlin, 1986.

[930] Umasuthan N, Bathige S, Thulasitha W S, *et al.* Characterization of rock bream (Oplegnathus fasciatus) cytosolic Cu/Zn superoxide dismutase in terms of molecular structure, genomic arrangement, stress-induced mRNA expression and antioxidant function [J]. *Comparative Biochemistry and Physiology Part B: Biochemistry and Molecular Biology*, 2014, 176: 18-33.

[931] Vaerewijck M J M, Sabbe K, Bare J, *et al.* Occurrence and diversity of free-living protozoa on butterhead lettuce [J]. *International Journal of Food Microbiology*, 2011, 147 (2): 105-111.

[932] Varadarajan N, Rodriguez S, Hwang B Y, *et al.* Highly active and selective endopeptidases with programmed substrate specificities [J]. *Nature chemical biology*, 2008, 4 (5): 290-294.

[933] Vassallo P, Fabiano M, Vezzulli L, *et al.* Assessing the health of coastal marine ecosystems: A holistic approach based on sediment micro and meio-benthic measures [J]. *Ecological Indicators*, 2006, 6 (3): 525-542.

[934] Viarengo A, Canesi L, Martinez P G, *et al.* Pro-oxidant processes and antioxidant defence systems in the tissues Of the Antarctic scallop (*Adumussium colbecki*) compared with the Mediterranean scallop (*Pecten jacobaeas*) [J]. *Comp--arative Biochemistry and Physiology*, 1995, 111 (1): 119-126.

[935] Vlymen W J. A mathematical model of the relationship between larval anchovy (*Engraulis mordax*) growth, prey micro-distribution, and larval behavior [J]. *Environ Biol Fish*, 1977, 211-233.

[936] Vuai S A, Tokuyama A. Solute generation and CO_2 consumption during silicate weathering under subtropical, humid climate, northern Okinawa Island, Japan [J]. *Chemical Geology*, 2007, 236 (3-4): 199-216.

[937] Wallace R A, Selman K. Cellular and dynamic aspects of oocyte growth in teleosts [J]. *American Zoologist*, 1981, 21 (2): 325-343.

[938] Walsh C J, Roy A H, Feminella J W, *et al.* The urban stream syndrome: current knowledge and the search for a cure [J]. *Journal of the North American Benthological Society*, 2005, 24 (3): 706-723.

[939] Walther G R, Post E, Convey P, *et al.* Ecological responses to recent climate change [J]. *Nature*, 2002, 416 (6879): 389-395.

[940] Wan Linglin, Qing Xiaozeng, Zhi Weihn. Different changes in mastication between crisp grass carp (*Ctenopharyngodon Idellus* C. et V) and grass carp (*Ctenopharyngodon idellus*) after heating: the relationship between texture and ultra-structure in muscle tissue [J]. *Food Research International*, 2009, 42: 271-278.

[941] Wang A L, Wang W N, Wang Y, *et al.* Effect of dietary vitamin C supplementation on the oxygenconsumption, ammonia-N excretion and Na^+/K^+-ATPase of Macrobrachium nipponense exposed toambient ammonia [J]. *Aquaculture*, 2003, 220 (1-4): 833-841.

[942] Wang C, Xie S, Zhu X, *et al.* Effects of age and dietary protein level on digestive enzyme activity and gene expression of Pelteobagrus fulvidraco larvae [J]. *Aquaculture*, 2006, 254 (1): 554-562.

[943] Wang J, Liu F, Gong Z, *et al.* Length-weight relationships of five endemic fish species from the lower Yarlung Zangbo River, Tibet, China [J]. *Journal of Applied Ichthyology*, 2016, 32 (6): 1320-1321.

[944] Wang Q, Wang J, Wang G, *et al.* Molecular cloning, sequencing, and expression profiles of heat shock protein 90 (HSP90) in Hyriopsis cumingii exposed to different stressors: temperature, cadmium and Aeromonas hydrophila [J]. *Aquaculture and Fisheries*, 2017, 2 (2): 59-66.

[945] Wang X J, Kim K W, Bai S C C, et al. Effects of the different levels of dietary vitamin C on growth andtissue ascorbic acid changes in parrot fish (*Oplegnathus fasciatus*) [J]. *Aquaculture*, 2003, 215 (1-4): 203-211.

[946] Wang Y J, Jin Z D, Zhou L, et al. Stratigraphy and otolith microchemistry of the naked carp *Gymnocypris przewalskii* (Kessler) and their indication for water level of Lake Qinghai during the Ming Dynasty of China [J]. *Science China-Earth Sciences*, 2014, 57 (10): 2512-2521.

[947] Wanghe K, Tang Y, Tian F, et al. Phylogeography of *Schizopygopsis stoliczkai* (Cyprinidae) in Northwest Tibetan Plateau area [J]. *Ecology and Evolution*, 2017, 7 (22): 9602-9612.

[948] Ward J V, Stanford J A. Ecological Factors Controlling Stream Zoobenthos with Emphasis on Thermal Modification of Regulated Streams. The Ecology of Regulated Streams [J]. *US: Springer*, 1979.

[949] Watanabe W O, Kuo C M, Huang M C. Salinity tolerance of Nile tilapia fry (*Oreochromis niloticus*), spawned and hatched at various salinities [J]. *Aquaculture*, 1985, 48 (2): 159-176.

[950] Wei J, Gao P, Zhang P, et al. Isolation and function analysis of apolipoprotein AI gene response to virus infection in grouper [J]. *Fish & shellfish immunology*, 2015, 43 (2): 396-404.

[951] Wei Y L, Liang M Q, Zheng K K, et al. The effects of fish protein hydrolysate on the digestibility of juvenile turbot (Scophthalmus maximus L) [J]. *Acta Hydrobiologica Sinica*, 2014, 38 (5): 910-920.

[952] Wen L Y. Uplift of the Tibetan Plateau Influenced the Morphological Evolution of Animals [J]. *Journal of Agricultural Science*, 2014, 6 (12): 244.

[953] West A J, Galy A, Bickle M. Tectonic and climatic controls on silicate weathering [J]. *Earth and Planetary Science Letters*, 2005, 235 (1-2): 211-228.

[954] Wey J K, Jurgens K, Weitere M. Seasonal and Successional Influences on Bacterial Community Composition Exceed That of Protozoan Grazing in River Biofilms [J]. *Applied and Environmental Microbiology*, 2012, 78 (6): 2013-2024.

[955] Wharton D A. Cold tolerance of New Zealand alpine insects [J]. *Journal of Insect Physiology*, 2011, 57 (8): 1090-1095.

[956] While G M, Wapstra E. Are there benefits to being born asynchronously: an experimental test in a social lizard [J]. *Behavioral Ecology*, 2008, 19 (1): 208-216.

[957] White A F, Blum A E. Effects of climate on chemical weathering in watersheds [J]. *Geochimica et Cosmochimica Acta*, 1995, 59 (9): 1729-1747.

[958] Whitt G S, Childers W F, Cho P L. Allelic expression at enzyme loci in anintertribal hybrid sunfiish [J]. *Hered*, 1973, 64: 55-61.

[959] Wilson D J, Galy A, Piotrowski A M, et al. Quaternary climate modulation of Pb isotopes in the deep Indian Ocean linked to the Himalayan chemical weathering [J]. *Earth and Planetary Science Letters*, 2015, 424: 256-268.

[960] Wilson R P. Channel catfish, Ictalurus punctatus. In: Wilson R P (Editor). Handbook of Nutrient Requirements of finfish [M]. CRC Press, Boca Raton. F L, 1991: 13-22.

[961] Wilson R P. Protein and amino acid requirements of fishes [J]. *Annual Review of Nutrition*, 1986, 6 (1): 225-244.

[962] Winder M, Sommer U. Phytoplankton response to a changing climate [J]. *Hydrobiologia*, 2012, 698 (1): 5-16.

[963] Withers P J A, Lord E I. Agricultural nutrient inputs to rivers and groundwaters in the UK: policy, environmental management and research needs [J]. *Science of the total environment*, 2002, 282: 9-24.

[964] Wolgemuth D J. Function of the A-type cyclins during gametogenesis and early embryogenesis [M] //. *Cell Cycle in Development. Springer, Berlin, Heidelberg*, 2011: 391-413.

[965] Wolska A, Dunbar R L, Freeman L A, et al. Apolipoprotein C-II: new findings related to genetics, biochemistry, and role in triglyceride metabolism [J]. *Atherosclerosis*, 2017, 267: 49-60.

[966] Woods C M C, Martin-Smith K M. Visible implant fluorescent elastomer tagging of the big-bellied seahorse, *Hippocampus abdominalis* [J]. *Fisheries Research*. 2004, 66 (2-3): 363-371.

[967] Wootton R J. Ecology of teleost fishes [M]. London: Chapman and Hall, 1990.

[968] Wootton R J. The effect of size of food ration on egg production in the female three-spined stickleback, *Gasterosteus aculeatus* L [J]. *Journal of Fish Biology*, 1973, 5: 89-96.

[969] World Commission on Dams (WCD). Dams and development: a new framework for decision-making [M]. *Earthscan*, *UK*, London. 2000.

[970] Wu G, Flynn N E, Flynn S P, *et al*. Dietary protein or arginine deficiency impairs constitutive and inducible nitric oxide synthesis by young rats [J]. *The Journal of Nutrition*, 1999, 129: 1347-1354.

[971] Wu J G, Marceau D. Modelling complex ecological systems: an introduction. [J]. *Ecological Modelling*, 2002, 153 (1-2): 1-6.

[972] Wu S G, Tian J Y, Wang G T, *et al*. Composition, diversity, and origin of the bacterial community in frass carp intestine [J]. *Microbiology & Biotechnology*, 2012, 28 (5): 2165-2174.

[973] Wu W H, Xu S J, Lu H Y, *et al*. Mineralogy, major and trace element geochemistry of riverbed sediments in the headwaters of the Yangtze, Tongtian River and Jinsha River [J]. *J Asian Earth Sci*, 2011, 40 (2): 611-621.

[974] Wu W H, Xu S J, Yang J D, *et al*. Silicate weathering and CO_2 consumption deduced from the seven Chinese rivers originating in the Qinghai-Tibet Plateau [J]. *Chemical Geology*. 2008, 249 (3-4): 307-320.

[975] Wu W H, Zheng H B, Xu S J, *et al*. Geochemistry and provenance of bed sediments of the large rivers in the Tibetan Plateau and Himalayan region [J]. *Int J Earth Sci*, 2012, 101 (5): 1357-1370.

[976] Wylie A D, Fleming J A G W, Whitener A E, *et al*. Post-transcriptional regulation of wnt8a is essential to zebrafish axis development [J]. *Developmental biology*, 2014, 386 (1): 53-63.

[977] 万法江. 狮泉河水生生物资源和高原裸裂尻鱼的生物学研究 [D]. 武汉: 华中农业大学, 2004.

[978] 万全, 丁淑荃, 曹宝林, 等. 硫醚沙星等四种药物对泥鳅的急性毒性试验 [J]. 水产养殖, 2006, 27 (4): 17-20.

[979] 汪松, 解焱. 中国红色名录 (第二卷: 脊椎动物, 上册) [M]. 北京: 高等教育出版社. 2009: 1-819.

[980] 汪松, 解焱. 中国红色名录 (第一卷: 脊椎动物, 上册) [M]. 北京: 高等教育出版社, 2009.

[981] 汪锡钧, 吴定安. 几种主要淡水鱼类温度基准值的研究 [J]. 水产学报, 1994 (02): 93-100.

[982] 汪艳青, 邓欣, 罗红英. 西藏农村水环境恶化成因及治理对策 [J]. 中国西部科技, 2007, 18: 32-34.

[983] 汪益峰, 周维仁, 章世元, 等. 氨基酸平衡和外源酶对异育银鲫的生长 \ 氮代谢及血液生化指标的影响 [J]. 江苏农业学报, 2010, 26: 130-135.

[984] 王爱英. 黄颡鱼适宜蛋白能量水平的研究 [D]. 武汉: 华中农业大学, 2006.

[985] 王安琪, 黄睿, 胡晓苹. 超高压工艺优化及其对即食金鲳鱼质构的影响 [J]. 食品研究与开发, 2017, 5: 123-128.

[986] 王常安, 户国, 孙鹏, 等. 饲料蛋白质和脂肪水平对亚东鲑亲鱼生长性能、消化酶活性和血清指标的影响 [J]. 动物营养学报, 2017, 29 (2): 571-582.

[987] 王常安, 徐奇友, 唐玲, 等. 大鳞鲃幼鱼蛋白质的需求量 [J]. 华中农业大学学报, 2014, 33 (03): 90-96.

[988] 王朝晖, 胡韧, 谷阳光, 等. 珠江广州河段着生藻类的群落结构及其与水质的关系 [J]. 环境科学学报, 2009, 29 (7): 1510-1516.

[989] 王朝明, 罗莉, 张桂众, 等. 饲料脂肪水平对胭脂鱼幼鱼生长、体组成和抗氧化能力的影响 [J]. 淡水渔业, 2010, 40 (5): 47-53.

[990] 王崇, 梁银铨, 张宇, 等. 短须裂腹鱼营养成分分析与品质评价 [J]. 水生态学杂志, 2017, 38 (4): 96-100.

[991] 王川, 李斌, 谢嗣光, 等. 澜沧江大型底栖动物群落结构及分布格局 [J]. 淡水渔业, 2013, 43 (1): 37-43.

[992] 王春梅, 黄晓峰, 杨家骥. 细胞超微结构与超微机构病理基础 [M]. 西安: 第四军医大学出版社, 2004.

[993] 王聪, 蔡江燕, 陈雪梅, 等. 昆明裂腹鱼幼鱼对二氧化碳耐受性初步研究 [J]. 毕节学院学报, 2013, 31 (04): 123-128.

[994] 王鼎臣. 关于碳酸盐型水质稳定性指数判定法的讨论 [J]. 水处理技术, 1994, 20 (4): 219-229.

[995] 王海静, 刘再华, 曾成, 等. 四川黄龙沟源头黄龙泉泉水及其下游溪水的水化学变化研究 [J]. 地球化学, 2009, 38 (3): 307-314.

[996] 王红杨. 胚胎期至生长早期鸡肌肉发育及肌内脂肪沉积蛋白质组研究 [D]. 北京: 中国农业科学院, 2015.

[997] 王洪亮. 尼洋河流域水环境现状调查及保护对策研究 [D]. 拉萨: 西藏大学, 2011.

[998] 王欢, 韩霜, 邓红兵, 等. 香溪河河流生态系统服务功能评价 [J]. 生态学报, 2006, 26 (9): 2971-2978.

[999] 王家楫. 中国淡水轮虫志 [M]. 北京: 科学出版社, 1961.

[1000] 王晶, 王冰, 李纪同, 等. 斑马鱼性腺的荧光组织学观察 [J]. 南方农业学报, 2011, 42 (04): 437-440.

[1001] 王军, 周琼, 谢从新, 等. 新疆额尔齐斯河大型底栖动物的群落结构及水质生物学评价 [J]. 生态学杂志, 2014, 33

（9）：2420-2428.

[1002] 王君波，彭萍，马庆峰，等.西藏玛旁雍错和拉昂错水深、水质特征及现代沉积速率 [J].湖泊科学，2013，25（4）：609-616.

[1003] 王苗苗，王海磊，罗庆华，等.鳡鱼肌肉营养成分测定及评价 [J].食品科学，2014，（15）：238-242.

[1004] 王平，皇翠兰，刘子东.西藏希夏邦马峰地区雪冰化学特征 [J].环境科学，1988，9（1）：23-26.

[1005] 王奇，范灿鹏，陈锟慈，等.三种磺胺类药物对罗非鱼肝脏组织中谷胱甘肽转移酶（GST）和丙二醛（MDA）的影响 [J].生态环境学报，2010，19（5）：1014-1019.

[1006] 王强，王旭歌，朱龙，等.尼洋河双须叶须鱼年龄与生长特性研究 [J].湖北农业科学，2017，56（6）：1099-1102.

[1007] 王俏仪，董强，卢水仙，等.冷冻储藏对罗非鱼肌肉质构特征的影响 [J].广东海洋大学学报，2011，31（4）：86-90.

[1008] 王庆龙.金鳟和虹鳟繁殖与育种关键技术研究 [D].青岛：中国海洋大学，2013.

[1009] 王瑞霞.组织胚胎学 [M].北京：农业出版社，1994：131-134.

[1010] 王睿照.互花米草入侵对崇明东滩盐沼底栖动物群落的影响 [D].上海：华东师范大学，2010.

[1011] 王胜林，何瑞国，王玉莲，等.彭泽鲫春片鱼种适宜生长的能量、蛋白质和磷水平的研究 [J].饲料工业，2000，21（7）：23-25.

[1012] 王思宇，郑永华，唐洪玉，等.灰裂腹鱼肌肉营养分析与评价 [J].淡水渔业，2018，48（2）：80-86.

[1013] 王苏平，吴晓君，闫旭，等.Sonic Hedgehog 信号通路在胚胎发育及神经修复中的现状与进展 [J].中国组织工程研究，2015，19（46）：7523-7528.

[1014] 王万良，李宝海，周建设，等.两种不同模式人工驯养野生拉萨裂腹鱼试验效果比较 [J].西藏农业科技，2016，38（1）：16-20.

[1015] 王万良.祁连山裸鲤人工繁殖技术、胚胎发育及其耗氧规律的研究 [D].兰州：甘肃农业大学，2014.

[1016] 王文博，李爱华.环境胁迫对鱼类免疫系统影响的研究概况 [J].水产学报，2002，（04）：368-374.

[1017] 王武，石张东，甘炼.江黄颡鱼幼鱼最适蛋白质需求量的研究 [J].上海海洋大学学报，2003，12（2）：185-188.

[1018] 王武，袁琰，马旭洲.5种常用药物对瓦氏黄颡鱼急性毒性试验 [J].水利渔业，2006，26（1）：108-109.

[1019] 王晓辉，代应贵.瓣结鱼的年轮特征与年龄鉴定 [J].上海水产大学学报，2006，15（2）：247-251.

[1020] 王秀华，张烨伟，杨春志.MS-222 对牙鲆麻醉效果 [J].渔业科学进展，2009，30（03）：1-6.

[1021] 王绪祯，甘小妮，李俊兵，等.鲤亚科多倍体物种独立起源及其与第三纪青藏高原隆升的关系 [J].中国科学：生命科学，2016，46（11）：1277-1295.

[1022] 王绪祯.东亚鲤科鱼类的分子系统发育研究 [D].北京：中国科学院研究生院，2005.

[1023] 王羿廷.黄脊竹蝗转录组分析及其低温胁力适应的分子机制探讨 [D].南京：南京师范大学，2014.

[1024] 王永玲，王文娟，宋霖，等.四种植物蛋白源及其不同添加水平对异育银鲫肠道组织结构的影响 [J].饲料工业，2011，32（16）：22-25.

[1025] 王永新，陈建国，孙帼英.温度和盐度对花鲈胚胎及前期仔鱼发育影响的初步报告 [J].水产科技情报，1995，22（2）：54-57.

[1026] 王咏星，钱龙，吕艳.白斑狗鱼肌肉氨基酸含量测定及其营养评价 [J].食品科学，2010，（11），238-240.

[1027] 王妤，宋志明，刘鎣毅，等.点篮子鱼幼鱼的热耐受特征 [J].海洋渔业，2015，37（03）：253-258.

[1028] 王玉娇，金章东，周玲，等.青海湖裸鲤（湟鱼）鱼骨产出层位及其耳石微化学对明朝青海湖水位的指示 [J].中国科学：地球科学，2014，44（8）：1833-1843.

[1029] 王云松，曹振东，付世建，等.南方鲇幼鱼的热耐受特征 [J].生态学杂志，2015，27（12）：2136-2140.

[1030] 王志强，柳长顺，刘小勇，等.关于建立西藏水生态补偿机制的设想 [J].长江流域资源与环境，2015，24（1）：16-20.

[1031] 王宗兴，韦钦胜，刘军，等.乳山湾外海夏季大型底栖动物分布与环境因子的典范对应分析 [J].应用与环境生物学报，2012，18（04）：599-604.

[1032] 王宗兴.中山水栖寡毛类区系调查及底栖动物对湖泊环境定量指示初探 [D].武汉：中国科学院水生生物研究所，2007.

[1033] 韦正道，王昌燮，杜懋琴，等.孵化期温度对松江鲈鱼胚胎发育的影响 [J].复旦学报：自然科学版，1997，36（5）：577-580.

[1034] 尾崎久雄.鱼类消化生理 [M].上海：上海科学技术出版社，1983：79-83.

[1035] 尾崎久雄.鱼类消化生理（上册）[M].吴尚众,译.上海：上海科技出版社,1982：62-64.

[1036] 魏冬梅,申慧,王咏星.额尔齐斯河 5 种土著鱼肌肉氨基酸组成及营养比较 [J].新疆农业科学,2017,54（2）：377-385.

[1037] 魏国良,崔保山,董世魁,等.水电开发对河流生态系统服务功能的影响-以澜沧江漫湾水电工程为例 [J].环境科学学报,2008,28（2）：235-242.

[1038] 魏洪祥,骆小年,徐忠源,等.北方须鳅性腺发育的组织学观察 [J].水产学杂志,2016,29（05）：7-11.

[1039] 魏继海.催产激素对尼罗罗非鱼类固醇激素、卵黄蛋白原含量及 Vtg mRNA 表达的影响 [D].上海：上海海洋大学,2016：8-26.

[1040] 魏杰,聂竹兰,李杰等.塔里木裂腹鱼性腺形态学与组织学的研究 [J].大连海洋大学学报,2011,26（3）：227-231.

[1041] 魏杰,王帅,聂竹兰,等.塔里木裂腹鱼肌肉营养成分分析与品质评价 [J].营养学报,2013,35（2）：203-205.

[1042] 魏希,邓云,张陵蕾,等.雅鲁藏布江干流中游河段水温特性分析 [J].四川大学学报（工程科学版）,2015,47（增刊 2）：17-23.

[1043] 温安祥,曾静康,何涛.齐口裂腹鱼肌肉的营养成分分析 [J].水利渔业,2003,125（1）：13-15.

[1044] 温海深,林浩然.环境因子对硬骨鱼类性腺发育成熟及其排卵和产卵的调控 [J].应用生态学报,2001,12（1）：151-155.

[1045] 文航,蔡佳亮,苏玉,等.滇池流域入湖河流丰水期着生藻类群落特征及其与水环境因子的关系 [J].湖泊科学,2011,23（1）：40-48.

[1046] 文华,廖朝兴.Vc 聚磷酯作为草鱼 Vc 来源的饲养效果 [J].淡水渔业,1996,26（3）：11-13.

[1047] 文兴豪,冯怀亮,李文武,等.草鱼早期胚胎发育观察 [J].兽医大学学报,1991,11（1）：70-71.

[1048] 吴本丽,黄龙,何吉祥,等.长期饥饿后异育银鲫对饲料蛋白质的需求 [J].动物营养学报,2018,30（6）：2215-2225.

[1049] 吴晗,白俊杰,姜鹏.pH 对转红色荧光蛋白基因唐鱼孵化率和仔鱼存活的影响 [J].大连海洋大学学报,2014,29（1）：27-30.

[1050] 吴江,张泽芸.大口鲇营养需要量的研究 [J].科学养鱼,1996,（4）：9-12.

[1051] 吴敬东,刘跃天,李光华,等.MS-222 麻醉光唇裂腹鱼稚鱼的初步研究 [J].现代农业科技,2014,（11）：290,294.

[1052] 吴青,蔡礼明,陆建平,等.齐口裂腹鱼幼鱼对水温和溶解氧的耐受力研究 [J].四川畜牧兽医学院学报,2001（03）：20-22,53.

[1053] 吴青,王强,蔡礼明,等.齐口裂腹鱼的胚胎发育和仔鱼的早期发育 [J].大连水产学院学报,2004,19（3）：218-221.

[1054] 吴青,王强,蔡礼明,等.松潘裸鲤的胚胎发育和胚后仔鱼发育 [J].西南农业大学学报,2001,23（3）：276-279.

[1055] 吴生桂,简东,曾强,等.东江水库对耒水中下游原生动物的影响 [J].长江流域资源与环境,2000,9（1）：125-129.

[1056] 吴卫菊,杨凯,汪志聪,等.云贵高原渔洞水库浮游植物群落结构及季节演替 [J].水生态学杂志,2012,33（2）：69-75.

[1057] 吴晓春,史建全.基于生态修复的青海湖沙柳河鱼道建设与维护 [J].农业工程学报,2014,30（22）：130-136.

[1058] 吴永恒,王秋月,冯政夫,等.饲料粗蛋白含量对刺参消化酶及消化道结构的影响 [J].海洋科学,2012,36（1）：36-41.

[1059] 吴遵霖,李桂云,何顺清,等.鳜幼鱼配合饲料最适蛋白质含量初步研究 [J].水利渔业,1995,（5）：3-6.

[1060] 吴鸿图,施有琦.鳙鱼（Aristi chthys nobilis）的胚胎发育 [J].哈尔滨师范学院学报（自然科学版）,1964,（00）：115-126.

[1061] 伍代勇,朱传忠,杨健,等.饲料中不同蛋白质和脂肪水平对鲤鱼生长和饲料利用的影响 [J].中国饲料,2011,（16）：31-35.

[1062] 伍献文,等.中国鲤科鱼类志 [M].上海：上海科学技术出版社,1964：137.

[1063] 伍远安,梁志强,李传武,等.两种刺鳅肌肉营养成分分析及评价 [J].营养学报,2010,32（5）：499-502.

[1064] 武荣盛,马耀明.青藏高原不同地区辐射特征对比分析 [J].高原气象,2010,29（2）：251-259.

[1065] 武云飞,陈宜瑜.西藏北部新第三纪的鲤科鱼类化石 [J].古脊椎动物与古人类,1980,18（1）：15-20.

［1066］ 武云飞，康斌，门强，等.西藏鱼类染色体多样性的研究［J］.动物学研究，1999，20（4）：258-264.

［1067］ 武云飞，谭齐佳.青藏高原鱼类区系特征及其形成的地史原因分析［J］.动物学报，1991，37（2）：135-152.

［1068］ 武云飞，吴翠珍.青藏高原鱼类［M］.成都：四川科学技术出版社，1991.

［1069］ 武云飞.中国裂腹鱼亚科鱼类的系统分类研究［J］.高原生物学集刊，1984，3：119-140.

［1070］ Xia M，Chao Y，Jia J，et al. Changes of hemoglobin expression in response to hypoxia in a Tibetan schizothoracine fish，*Schizopygopsis pylzovi*［J］. *Journal of Comparative Physiology Biochemical Systemic & Environmental Physiology*，2016，186（8）：1033-1043.

［1071］ Xu F L，Jørgensen S E，Tao S，et al. Modelling the effects of ecological engineering on ecosystem health of a shallow eutrophic Chinese lake（Lake Chao）［J］. *Ecological Modelling*，1999，117（2-3）：239-260.

［1072］ Xu F L. Ecosystem health assessment of Lake Chao，a shallow eutrophic Chinese lake［J］. *Lakes & Reservoirs*：*Research and Management*，1996，2：101-109.

［1073］ Xu F，Yang Z F，Chen B，et al. Ecosystem Health Assessment of Baiyangdian Lake Based on Thermodynamic Indicators. 18Th Biennial Isem Conference on Ecological Modelling for Global Change and Coupled Human and Natural System：Procedia Environmental［J］. *Sciences*，2012，13：2402-2413.

［1074］ Xu F，Yang Z F，Chen B，et al. Ecosystem health assessment of the plant-dominated Baiyangdian Lake based on eco-exergy［J］. *Ecological Modelling*，2011，222（1）：201-209.

［1075］ Xu H L，Min G S，Choi J K，et al. Temporal population dynamics of dinoflagellate *Prorocentrum minimum* in a semi-enclosed mariculture pond and its relationship to environmental factors and protozoan grazers［J］. *Chinese Journal of Oceanology and Limnology*，2010a，28（1）：75-81.

［1076］ Xu H，Hou Z H，An Z S，et al. Major ion chemistry of waters in Lake Qinghai Catchments，NE Qinghai-Tibet Plateau，China［J］. *Quaternary International*，2010b，212（1）：35-43.

［1077］ Xu Q，Zhang C，Zhang D，et al. Analysis of the erythropoietin of a Tibetan Plateau schizothoracine fish（*Gymnocypris dobula*）reveals enhanced cytoprotection function in hypoxic environments［J］. *BMC Evolutionary Biology*，2016，16：11.

［1078］ Xu S，Cheng F，Liang J，et al. Maternal xNorrin，a canonical Wnt signaling agonist and TGF-β antagonist，controls early neuroectoderm specification in Xenopus［J］. *PLoS biology*，2012，10（3）：e1001286.

［1079］ 西藏自治区水产局.西藏鱼类及其资源［M］.北京：中国农业出版社，1995.

［1080］ 习丙文，陆春云，任鸣春，等.饲料中脂肪水平对团头鲂幼鱼生长性能、血清生化指标及黏蛋白基因表达的影响［J］.动物营养学报，2018，30（09）：3559-3566.

［1081］ 向枭，周兴华，陈建，等.日粮脂肪水平对翘嘴红鲌幼鱼生长性能和体组成的影响［J］.动物营养学报，2009，21（3）：411-416.

［1082］ 向枭，周兴华，陈建，等.饲料蛋白水平及鱼粉蛋白含量对齐口裂腹鱼生长、体组成及消化酶活性的影响［J］.中国粮油学报，2012，27（5）：74-80.

［1083］ 向枭，周兴华，陈建，等.饲料脂肪水平对白甲鱼幼鱼生长性能、体组成和血清生化指标的影响［J］.动物营养学报，2013，25（8）：1805-1816.

［1084］ 肖佰财，孙陆宇，冯德祥，等.温瑞塘河后生浮游动物群落结构及其与环境因子的关系［J］.水生态学杂志，2012，33（4）：14-20.

［1085］ 肖冰霜，马玉霞，刘畅，等.中国大陆紫外线时空分布及对人体健康的影响［A］.第32届中国气象学会年会S13气候环境变化与人体健康［C］.中国气象学会，2015.

［1086］ 肖海，代应贵.北盘江光唇裂腹鱼个体繁殖力的研究［J］.水生态学杂志，2010，3（3）：64-70

［1087］ 肖海，代应贵.北盘江光唇裂腹鱼年龄结构、生长特征和生活史类型［J］.生态学杂志，2011，30（3）：539-546.

［1088］ 肖建红，施国庆，毛春梅，等.水坝对河流生态系统服务功能影响评价［J］.生态学报，2007，27（2）：526-537.

［1089］ 肖良，徐宏光.Hedgehog 信号转导通路与软骨细胞［J］.国际骨科学杂志，2016，37（2）：98-101.

［1090］ 肖温温.饲料中脂肪与蛋白质水平对大口黑鲈生长、体组成、非特异性免疫和血液学的影响［D］.上海：上海海洋大学，2012：45-46.

［1091］ 肖长伟，何军，向飞.拉萨河水库调度模式对河流生态的影响及生态调度对策研究［J］.水利发展研究，2013，7：14-19.

[1092] 谢恩义，何学福，阳清发. 瓣结鱼的繁殖习性以及精子的活力与寿命 [J]. 动物学杂志，1999b，34（2）：5-8.

[1093] 谢恩义，何学福. 瓣结鱼的年龄和生长的研究 [J]. 动物学杂志，1999a，34（5）：8-12.

[1094] 谢恩义，阳清发，何学福. 瓣结鱼的胚胎及幼鱼发育 [J]. 水产学报，2002，26（2）：115-121.

[1095] 谢刚，陈焜慈，胡隐昌，等. 倒刺鲃胚胎发育与水温和盐度的关系 [J]. 大连海洋大学学报，2003，18（2）：95-98.

[1096] 谢虹. 青藏高原蒸散发及其对气候变化的响应（1970-2010）[D]. 兰州：兰州大学，2012.

[1097] 谢少林，陈金涛，王超，等. 珠江水系不同地理居群长臀鮠肉质品质的对比分析 [J]. 淡水渔业，2014，44（2）：20-24.

[1098] 谢忠明. 淡水良种鱼类增养殖技术 [M]. 北京：中国农业出版社，1993：445.

[1099] 熊飞，陈大庆，刘绍平，等. 青海湖裸鲤不同年龄鉴定材料的年轮特征 [J]. 水生生物学报，2006，30（02）：185-191.

[1100] 熊飞，刘红艳，段辛斌，等. 长江上游草鱼种群结构与生长特征 [J]. 湖南师范大学自然科学学报，2014，37（4）：16-22.

[1101] 熊飞. 青海湖裸鲤繁殖群体生物学. [D]. 武汉：华中农业大学，2003.

[1102] 熊晶，谢志才，张君倩，等. 傀儡湖大型底栖动物群落与水质评价 [J]. 长江流域资源与环境，2010，19（S1）：132-137.

[1103] 徐滨，聂媛媛，魏开金，等. 四种水产药物对硬刺松潘裸鲤幼鱼的急性毒性试验 [J]. 淡水渔业，2017，47（2）：86-90.

[1104] 徐钢春，万金娟，顾若波，等. 池塘养殖刀鲚卵巢发育的形态及组织学研究 [J]. 中国水产科学，2011，（03）：537-546.

[1105] 徐钢春，张呈祥，聂志娟，等. 似刺鳊鮈的性腺发育组织学观察 [J]. 淡水渔业，2014，44（01）：26-31.

[1106] 徐静. 蛋白对生长中期草鱼生产性能、肠道、机体和鳃健康及肌肉品质的作用及其作用机制 [D]. 雅安：四川农业大学，2016.

[1107] 徐梦珍，王兆印，潘保柱，等. 雅鲁藏布江流域底栖动物多样性及生态评价 [J]. 生态学报，2012，32（8）：2351-2360.

[1108] 徐伟毅，刘跃天，冷云等. 云南裂腹鱼繁殖生物学研究 [J]. 水利渔业，2002，（6）：31-32.

[1109] 徐伟毅，冷云，刘跃天等. 短须裂腹鱼驯化养殖试验研究 [J]. 水利渔业，2003，（3）：16-17.

[1110] 徐伟毅，刘跃天，冷云等. 云南裂腹鱼繁殖生物学研究 [J]. 水利渔业，2006，26（2）：32-33.

[1111] 徐晓群，曾江宁，陈全震，等. 乐清湾海域浮游动物群落分布的季节变化特征及其环境影响因子 [J]. 海洋学研究，2012，30（1）：34-40.

[1112] 徐亚飞，陈再忠，高建忠，等. 人工养殖七彩神仙鱼性腺发育的研究 [J]. 安徽农业大学学报，2015，42（01）：115-123.

[1113] 许静，谢从新，邵俭，等. 雅鲁藏布江尖裸鲤胚胎和仔稚鱼发育研究 [J]. 水生态学杂志，2011，32（2）：86-95.

[1114] 许静. 雅鲁藏布江四种特有裂腹鱼类早期发育的研究 [D]. 武汉：华中农业大学，2011.

[1115] 许强华，吴智超，陈良标. 南极鱼类多样性和适应性进化研究进展 [J]. 生物多样性，2014，22（1）：80-87.

[1116] 许源剑，孙敏，柴学军，等. 日本黄姑鱼胚胎发育及温度对其过程的影响 [J]. 浙江海洋学院学报：自然科学版，2010，29（6）：544-550.

[1117] 许梓荣. 动物维生素营养 [M]. 杭州：浙江大学出版社，1998：165-166.

[1118] 薛凌展. 外源激素、温度和亲本规格对大刺鳅人工催产及孵化的影响 [J]. 水生生物学报，2018，42（02）：333-341.

[1119] 薛美岩，张静，杜荣斌，等. 温度、盐度对绿鳍马面鲀幼鱼存活及生长的影响 [J]. 海洋湖沼通报，2012（01）：63-67.

[1120] Yang H, Flower R J. Effects of light and substrate on the benthic diatoms in an oligotrophic lake: a comparison between natural and artificial substrates [J]. *Journal of Phycology*，2012，48（5）：1166-1177.

[1121] Yang J P, Martin G J L, Gunnar G, et al. Structural composition and temporal variation of the ciliate community in relation to environmental factors at Helgoland Roads, North Sea. [J]. *Journal of Sea Research*，2015，101：19-30.

[1122] Yang J, Yang J X, Chen X Y. A re-examination of the molecular phylogeny and biogeography of the genus Schizothorax (Teleostei: Cyprinidae) through enhanced sampling, with emphasis on the species in the Yunnan-Guizhou

Plateau，China [J]. *Journal of Zoological Systematics and Evolutionary Research*，2012，50（3）：184-191.

[1123] Yang L，Sado T，Hirt M V，et al. Phylogeny and polyploidy：Resolving the classification of cyprinine fishes（Teleostei：Cypriniformes）[J]. *Molecular Phylogenetics & Evolution*. 2015a，85：97-116.

[1124] Yang L，Wang Y，Zhang Z，et al. Comprehensive transcriptome analysis reveals accelerated genic evolution in a Tibet fish，*Gymnodiptychus pachycheilus* [J]. *Genome Biology & Evolution*，2015b，7（1）：251-261.

[1125] Yang R Q，Jing C Y，Zhang Q H，et al. Identifying semi-volatile contaminants in fish from Niyang River，Tibetan Plateau [J]. *Environmental Earth Sciences*，2013，68（4）：1065-1072.

[1126] Yang R Q，Jing C Y，Zhang Q H，et al. Polybrominated diphenyl ethers（PBDEs）and mercury in fish from lakes of the Tibetan Plateau [J]. *Chemosphere*，2011，83（6）：862-867.

[1127] Yang S D，Lin T S，Liou C H，et al. Influence of dietary protein levels on growth performance，carcass composition and liver lipid classes of juvenile *Spinibarbus hollandi*（Oshima）[J]. *Aquaculture Research*，2003，34（8）：661-666.

[1128] Yang S D，Liou C H，Liu F G. Effects of dietary protein level on growth performance，carcass composition and ammonia excretion in juvenile silver perch（*Bidyanus bidyanus*）[J]. *Aquaculture*，2002，213（1-4）：363-372.

[1129] Yaron Z. Endocrine control of gametogenesis and spawning induction in the carp [J]. *Aquaculture*，1995，129（1-4）：49-73.

[1130] Yonezawa T，Hasegawa M，Zhong Y. Polyphyletic origins of schizothoracine fish（Cyprinidae，Osteichthyes）and adaptive evolution in their mitochondrial genomes [J]. *Genes and Genetic Systems*，2014，89（4）：187-191.

[1131] Young G，Kagawa H，Nagahama Y. Oocyte maturation in the amago salmon（*Oncorhynchus- rhodurus*）：in vitro effects of salmon gonadotropin，steroids，and cyanoketone（an inhibitor of 3 betahydroxy-delta 5-steroid dehydrogenase）[J]. *Journal of Experimental Zoology Part A Ecological Genetics & Physiology*，2010，224（2）.

[1132] YR M. Studies on the seasonal changes in the ovary of *Schizothorax niger* Heckel from Dal Lake in Kashmir [J]. *Japanese Journal of Ichthyology*，1970，17（3）：110-116.

[1133] Yu D，Zhang Z，Shen Z，et al. Regional differences in thermal adaptation of a cold-water fish Rhynchocypris oxycephalus revealed by thermal tolerance and transcriptomic responses [J]. *Scientific reports*，2018，8.

[1134] Yu M，Zhang D，Hu P，et al. Divergent adaptation to Qinghai-Tibetan Plateau implicated from transciptome study of *Gymnocypris dobula* and *Schizothorax nukiangensis* [J]. *Biochemical Systematics and Ecology*. 2017，71：97-105.

[1135] Yukio Y，Eizo N et al. Comparative studies on particulate phosphatases in sea urchin eggs [J]. *Comp Biochem Biophys*，1982，71B：563-567.

[1136] 鄢思利. 花斑裸鲤的生物学特性、繁殖特性、胚胎发育及人工培育的研究 [D]. 南充：西华师范大学，2016.

[1137] 闫保国，马海军，蒋燕. 青海湖裸鲤人工驯养和繁育中几个问题的初析 [J]. 水产科技情报，2011，（2）：81-83.

[1138] 严银龙，施永海，张海明，等. MS-222、丁香酚对刀鲚幼鱼的麻醉效果 [J]. 上海海洋大学学报，2016，25（02）：177-182.

[1139] 颜玲，赵颖，韩翠香，等. 粤北地区溪流中的树叶分解及大型底栖动物功能摄食群 [J]. 应用生态学报，2007，18（11）：2573-2579.

[1140] 颜文斌. 短须裂腹鱼繁殖行为生态学研究 [D]. 上海：上海海洋大学，2016.

[1141] 杨发群，周秋白，张燕萍，等. 水温对黄颡鱼摄食的影响 [J]. 淡水渔业，2003，（05）：19-20.

[1142] 杨菲. 西藏盐湖浮游植物及原生动物群落结构特征的研究 [D]. 上海：上海海洋大学，2014.

[1143] 杨国华，李军，郭履骥，等. 夏花青鱼饵料中的最适蛋白质含量 [J]. 水产学报，1981，5（1）：49-55.

[1144] 杨海军. 河流生态系统评价指标体系研究 [M]. 吉林：吉林科学技术出版社，2010.

[1145] 杨汉运，黄道明，池仕运，等. 羊卓雍错高原裸鲤（*Gymnocypris waddellii* Regan）繁殖生物学研究 [J]. 湖泊科学，2011，23（02）：276-280.

[1146] 杨汉运，黄道明. 雅鲁藏布江中上游鱼类区系和资源状况初步调查 [J]. 华中师范大学学报（自然科学版），2011，45（4）：629-633.

[1147] 杨剑，郑兰平，陈小勇，等. 伊洛瓦底江中国境内江段裂腹鱼属二新种描述及分类整理 [J]. 动物学研究，2013，34（4）：361-367.

[1148] 杨金权.鲥亚科鱼类分子系统发育、演化过程及生物地理学研究 [D].北京：中国科学院研究生院，2005.

[1149] 杨军，董舰峰，冯德品，等.鱼类催产激素对齐口裂腹鱼繁殖的影响 [J].湖北农业科学，2017，56（12）：2316-232.

[1150] 杨军山，陈毅峰，何德奎，等.错鄂裸鲤年轮与生长特征的探讨 [J].水生生物学报，2002，26（4）：378-387.

[1151] 杨凯，高银爱，袁勇超，等.赤眼鳟耗氧率、排氨率和窒息点的初步研究 [J].淡水渔业，2017，47（5）：9-13.

[1152] 杨兰，吴莉芳，瞿子惠，等.饲料蛋白质水平对洛氏鱥生长、非特异性免疫及蛋白质合成的影响 [J].水生生物学报，2018（4）.

[1153] 杨磊.蛋白质水平对鳜幼鱼生长，消化和蛋白质代谢的影响 [D].武汉：华中农业大学，2011.

[1154] 杨明生.武汉市南湖大型底栖动物群落结构与生态功能的研究 [D].武汉：华中农业大学，2009.

[1155] 杨培周，钱静，姜绍通，等.臭鳜鱼的质构特性、特征气味及发酵微生物的分离鉴定 [J].现代食品科技，2014，30（4）：55-61.

[1156] 杨品红，王志陶，夏德斌，等.黑花鲢（Aristichthys nobilis）和白花鲢肌肉营养成分分析及营养价值评定 [J].海洋与湖沼，2010，41（4）：549-554.

[1157] 杨青，王真良，樊景凤，等.北黄海秋、冬季浮游动物多样性及年间变化 [J].生态学报，2012，32（21）：6747-6754.

[1158] 杨清华，赵福利，何贤臣.鲑鳟鱼类对蛋白质、脂肪和碳水化合物的营养需求 [J].黑龙江水产，2006，（02）：32-38.

[1159] 杨天燕，孟玮，高天翔，等.塔里木裂腹鱼群体的微卫星多态性分析 [J].干旱区研究，2014，31（6）：1109-1114.

[1160] 杨天燕，孟玮，海萨，等.新疆几种裂腹鱼类系统发育关系探讨 [J].干旱区研究，2011，28（3）：555-561.

[1161] 杨天燕，孟玮，张人铭，等.2种珍稀裂腹鱼类线粒体 DNA 部分序列片段的比较分析.[J].动物学杂志，2011，46（3）：47-54.

[1162] 杨晓鸽，危起伟，杜浩，等.可见植入荧光标记和编码金属标对达乌尔鳇标志效果的初步研究 [J].淡水渔业，2013，43（2）：43-47.

[1163] 杨鑫，霍斌，段友健，等.西藏雅鲁藏布江双须叶须鱼的年龄结构与生长特征 [J].中国水产科学，2015，22（6）：1085-1094.

[1164] 杨鑫.雅鲁藏布江双须叶须鱼年龄生长、食性和种群动态研究 [D].武汉：华中农业大学，2015.

[1165] 杨学芬，谢从新，杨瑞斌.梁子湖 6 种凶猛鱼摄食器官形态学的比较 [J].华中农业大学学报，2003，22：257-259.

[1166] 杨学峰，谢从新，马宝珊，等.拉萨裸裂尻鱼的食性 [J].淡水渔业，2011，41（4）：40-44，49.

[1167] 杨学峰.拉萨裸裂尻鱼的食性及食物选择的研究 [D].武汉：华中农业大学，2011.

[1168] 杨严鸥，甘永成，姚峰.铜鱼生活史类型的模糊模式识别 [J].湖北农学院学报，1998，18（4）：340-342.

[1169] 杨义，李山友，周小宁，等.裂腹鱼的生物学及养殖 [J].水利渔业，2003，23（4）：22-23.

[1170] 杨玉霞，闫莉，张建军，等.引大济湟总干渠工程对大通河水生生态环境的影响及对策 [J].水生态学杂志，2012，33（1）：32-36.

[1171] 杨元昊，李维平，龚月生，等.兰州鲇肌肉生化成分分析及营养学评价 [J].水生生物学报，2009，33（1）：54-60.

[1172] 杨州，华洁，陈晰.盐度对暗纹东方鲀胚胎发育的影响 [J].齐鲁渔业，2004，（9）：3-5.

[1173] 姚冠荣，高全洲.河流碳循环对全球变化的响应和反馈 [J].地理科学进展，2005，24（5）：50-60.

[1174] 姚永慧，张百平.基于 MODIS 数据的青藏高原气温与增温效应估算 [J].地理学报，2013，68（1）：95-107.

[1175] 姚子亮，宓国强，练青平，等.人工养殖光唇鱼卵巢发育的组织学及周年变化 [J].水产科学，2013，32（01）：31-35.

[1176] 叶富良，陈刚.19 种淡水鱼类的生活史类型研究 [J].湛江海洋大学学报，1998，18（3）：11-17.

[1177] 叶富良.东江七种鱼类的生活史类型研究 [J].水生生物学报，1988，12（2）：107-115.

[1178] 叶文娟，韩冬，朱晓鸣，等.饲料蛋白水平对泥鳅幼鱼生长和饲料利用的影响 [J].水生生物学报，2014，38（03）：571-575.

[1179] 叶元土，林仕梅，罗莉，等.饲料必需氨基酸的平衡效果对草鱼生长的影响 [J].饲料工业，1999，（03）：39-41.

[1180] 易伯鲁.鱼类生态学讲义 [M].华中农业大学，武汉.1982.

[1181] 殷名称，Blaxter J H S.海洋鱼类仔鱼在早期发育和饥饿期的巡游速度 [J].海洋与湖沼，1989，20（1）：1-8.

[1182] 殷名称.鱼类生态学 [M].北京：中国农业出版社，1995.

[1183] 殷名称.鱼类仔鱼期的摄食和生长 [J].水产学报，1995，19（4）：335-342.

[1184] 印江平，郑永华，唐洪玉，等.小裂腹鱼肌肉营养成分分析与营养评价 [J].营养学报，2017，39（6）：610-612.

[1185] 油九菊，柳敏海，傅荣兵，等.四指马鲅仔稚鱼发育及生长特征的初步研究 [J].大连海洋大学学报，2014，29（6）：577-581.

[1186] 游鑫.温度对黄颡鱼性腺分化、性激素及早期生长的影响 [D].武汉：华中农业大学，2015，21-24.

[1187] 于琴芳，邓放明.鲢鱼、小黄鱼、鳕鱼和海鳗肌肉中营养成分分析及评价 [J].农产品加工（学刊），2012，292（9）：11-14，18.

[1188] 于晓明，崔闻达，陈雷，等.水温、盐度和溶氧对红鳍东方鲀幼鱼游泳能力的影响 [J].中国水产科学，2017，24（03）：543-549.

[1189] 于秀玲，辛乃宏.四种西藏卤虫卵的生物学特性分析 [J].海湖盐与化工，2005，35（1）：25-26.

[1190] 余连渭.黄颡鱼幼鱼蛋白质和能量需要的研究 [D].武汉：华中农业大学，2003.

[1191] 余志康.青藏高原气候舒适性与气候风险组合矩阵分析 [D].西安：陕西师范大学，2015.

[1192] 余忠水，唐叔乙，云丹尼玛.1971-2010年雅鲁藏布江中游气候生长期变化特征 [J].高原气象，2015，34（2）：338-346.

[1193] 俞梦超.通过裂腹鱼类的转录组比较分析揭示青藏高原鱼类的适应性进化 [D].上海：上海海洋大学，2017.

[1194] 袁骐，王云龙，沈新强.N和P对东海中北部浮游植物的影响研究 [J].海洋环境科学，2005，24（4）：5-8.

[1195] 袁信芳，施华宏，王晓蓉.太湖着生藻类的时空分布特征 [J].农业环境科学学报，2006，25（4）：1035-1040.

[1196] 袁兴中，陆健健，刘红.长江口底栖动物功能群分布格局及其变化 [J].生态学报，2002，22（12）：2054-2062.

[1197] 岳强，黄成，史元康，等.广东南水水库富营养化与浮游植物群落动态 [J].环境科学与技术，2012，34（8）：112-116.

[1198] Zagozewski J L, Zhang Q, Pinto V I, et al. The role of homeobox genes in retinal development and disease [J]. Developmental biology, 2014, 393（2）：195-208.

[1199] Zare P, Moodi S, Masudinodushan J, et al. Length-weight and length-length relationships of three fish species （Cyprinidae） from Chahnimeh reservoirs, Zabol, in eastern Iran [J]. Journal of Applied Ichthyology. 2011, 27（6）：1425-1426.

[1200] Zeitoun I H, Halver J E, Ullrey D E, et al. Influence of salinity on protein requirements of rainbow trout （Salmo gairdneri） fingerlings [J]. Journal of the Fisheries Board of Canada, 1973, 30（12）：1867-1873.

[1201] Zhai S, Hu W, Zhu Z. Ecological impacts of water transfers on Lake Taihu from the Yangtze River, China [J]. Ecological Engineering, 2010, 36（4）：406-420.

[1202] Zhang G R, Ji W, Shi Z G, et al. The complete mitogenome sequence of Ptychobarbus dipogon （Cypriniformes：Cyprinidae）[J]. Mitochondr DNA, 2015, 26（5）：710-711.

[1203] Zhang J, Ormala-Odegrip A M, Mappes J. Top-down effects of a lytic bacteriophage and protozoa on bacteria in aqueous and biofilm phases [J]. Ecology and Evolution, 2014, 4（23）：4444-4453.

[1204] Zhang J, Takahashi K, Wushiki H, et al. Water geochemistry of the rivers around the Taklimakan Desert （NW China）：Crustal weathering and evaporation processes in arid land [J]. Chemical Geology, 1995, 119（1-4）：225-37.

[1205] Zhang J, Zhang Z F, Liu S M, et al. Human impacts on the large world rivers：Would the Changjiang （Yangtze River） be an illustration [J]. Global Biogeochemical Cycles, 1999, 13（4）：1099-1105.

[1206] Zhang L L, Liu J L, Yang Z F, et al. Integrated ecosystem health assessment of a macrophyte-dominated lake [J]. Ecological Modelling, 2013, 252（SI）：141-152.

[1207] Zhang R Y, Zhao K. Isolation and characterization of ten polymorphic microsatellite loci from Gymnocypris chui and cross-amplification in seven highly specialized Schizothoracinae fishes [J]. Journal of Applied Ichthyology, 2016, 32（4）：718-720.

[1208] Zhang Y L, Kang S C, Li C L, et al. Wet deposition of precipitation chemistry during 2005-2009 at a remote site （Nam Co Station） in central Tibetan Plateau [J]. Journal of Atmospheric Chemistry, 2012, 69（3）：187-200.

[1209] Zhang Y L, Sillanpaa M, Li C L, et al. River water quality across the Himalayan regions：elemental concentrations in headwaters of Yarlung Tsangbo, Indus and Ganges River. [J]. Environmental Earth Sciences, 2015, 73（8）：4151-4163.

[1210] Zhang Y, Tan X, Zhang P J, et al. Characterization of muscle-regulatory gene, MyoD, from flounder （Paralichthys *olivaceus*) and analysis of its expression patterns during embryogenesis [J]. *Marine Biotechnology*，2006，8（2）：139-148.

[1211] Zhao C M，Chen W L，Tian Z Q，*et al*. Altitudinal pattern of plant species diversity in Shennongjia Mountains，central China [J]. *Journal of Integrative Plant Biology*，2005，47（12）：1431-1449.

[1212] Zhu B Q，Yang X P. Chemical characteristic and its reason for natural water in Taklimakan Desert [J]. *Chinese Science Bulletin*，2007，52（13）：1561-1566.

[1213] Zhu T B，Gan M Y，Wang X G，*et al*. An evaluation of elastomer and coded wire tag performance in juvenile Tibet fish *Oxygymnocypris stewartii*（Lloyd，1908）under laboratory conditions [J]. *Journal of Applied Ichthyology*，2017，33（3）：498-501.

[1214] Zhu T B，Wang X G，Huang J，*et al*. Length-weight relationships of three fish species from the Tibet reach of the Lancang River，China [J]. *Journal of Applied Ichthyology*，2017，34（3）：710-711.

[1215] Zhu T，Guo W，Wu X，*et al*. Effects of visible implant elastomer and coded wire tags on growth and survival of *Schizopygopsis younghusbandi* Regan，1905 [J]. *Journal of applied ichthyology*，2016，32（1）：110-112.

[1216] Zhu Y X，Chen Y，Cheng Q Q，*et al*. The complete mitochondrial genome sequence of *Schizothorax macropogon*（Cypriniformes：Cyprinidae）[J]. *Mitochondrial DNA*，2013，24（3）：237-239.

[1217] 曾本和，王万良，朱龙，等. 饲料蛋白质水平对台湾泥鳅生长性能、形体指标和体成分的影响 [J]. 动物营养学报，2017，29（09）：3413-3421.

[1218] 曾本和，张忭忭，刘海平，等. 饲料蛋白质水平对拉萨裸裂尻鱼幼鱼生长、饲料利用、形体指标和肌肉营养成分的影响 [J]. 动物营养学报，2019，31（3）：1-9.

[1219] 曾本和，周建设，王万良，等. 水温对异齿裂腹鱼幼鱼存活、摄食和生长的影响 [J]. 淡水渔业，2018，48（6）：77-82.

[1220] 翟红娟. 纵向岭谷区水电工程胁迫对河流生态完整性影响的研究 [D]. 北京：北京师范大学，2009.

[1221] 翟毓秀，郭莹莹，耿霞，等. 孔雀石绿的代谢机理及生物毒性研究进展 [J]. 中国海洋大学学报，2007，37（1）：27-32.

[1222] 詹秉义，楼冬春，钟俊生. 绿鳍马面鲀资源评析与合理利用 [J]. 水产学报，1986，10（4）：409-418.

[1223] 詹会祥，郑永华，晏宏，等. 昆明裂腹鱼繁殖生物学研究 [J]. 水生态学杂志，2017，38（5）：92-96.

[1224] 詹会祥，周礼敬，晏宏，等. 昆明裂腹鱼生物学特性和流水养殖技术 [J]. 中国水产，2011，9：29-30.

[1225] 张宝龙，高木珍，程镇燕，等. 降低饲料蛋白水平对鲤鱼生长、体成分及免疫力的影响 [J]. 饲料研究，2015，（8）：49-55.

[1226] 张本，陈国华. 四种石斑鱼氨基酸组成的研究 [J]. 水产学报，1996，20（2）：111-119.

[1227] 张本，卢子襄，章华忠，等. 石斑鱼肌肉氨基酸组成的初步研究 [J]. 海南大学学报自然科学版，1991，9（2）：35-41.

[1228] 张波，唐启升，金显仕. 黄海生态系统高营养层次生物群落功能群及其主要种类 [J]. 生态学报，2009，29（3）：1099-1111.

[1229] 张才学，龚玉艳，孙省利. 湛江港湾潜在赤潮生物的时空分布及其影响因素 [J]. 生态学杂志，2012，31（7）：1763-1770.

[1230] 张朝晖，丛娇日，王波. 麻醉剂丁香酚对黄腊鲹耗氧的影响 [J]. 海洋科学，2003，27（6）：11-14.

[1231] 张晨捷，彭士明，陈超，等. 饲料蛋白和脂肪水平对云纹石斑鱼幼鱼免疫和抗氧化性能的影响 [J]. 海洋渔业，2016，38（6）：634-644.

[1232] 张驰，李宝海，周建设，等. 西藏渔业资源保护现状、问题及对策 [J]. 水产学杂志，2014，27（02）：68-72.

[1233] 张春光，蔡斌，许涛清. 西藏鱼类及其资源 [M]. 北京：中国农业出版社，1995.

[1234] 张春光，许涛清，蔡斌，等. 西藏鱼类的组成分布及渔业区划 [J]. 西藏科技，1996，（1）：10-19.

[1235] 张帆，张文兵，麦康森，等. 饲料中豆粕替代鱼粉对大黄鱼生长、消化酶活性和消化道组织学的影响 [J]. 中国海洋大学学报（自然科学版），2012，42（s1）：75-82.

[1236] 张甫英，李辛夫. 低 pH 对鱼类胚胎发育、鱼苗生长及鳃组织损伤影响的研究 [J]. 水生生物学报，1992，（2）：175-182.

[1237] 张甫英，李辛夫. 酸性水对几种主要淡水鱼类的影响 [J]. 水生生物学报，1997，21（1）：40-48.

[1238] 张海发，刘晓春，王云新，等.温度、盐度及 pH 对斜带石斑鱼受精卵孵化和仔鱼活力的影响 [J].热带海洋学报，2006，25（2）：31-36.

[1239] 张海发，舒琥，王云新，等.盐度及 pH 对黄鳍东方鲀受精卵孵化和仔鱼活力的影响 [J].广东海洋大学学报，2007，27（3）：28-32.

[1240] 张寒野，乔振国，吴建国，等.盐度对大银鱼受精卵孵化及仔鱼生长的影响 [J].海洋渔业，1998，（02）：68-69.

[1241] 张辉，张海莲.碱性磷酸酶在水产动物中的作用 [J].河北渔业，2003（5）：12-13.

[1242] 张甲坤，苏奋振，杜云艳.东海区中上层鱼类资源与海表温度关系 [J].资源科学，2004，26（5）：147-152.

[1243] 张金平，刘远高，冯德品，等.神农架齐口裂腹鱼繁殖生物学特征与人工繁殖技术 [J].淡水渔业，2015，45（3）：52-56.

[1244] 张进军.水温对虹鳟幼苗血糖值与存活率的研究 [J].江西水产科技，2017，（02）：9-11.

[1245] 张军燕.玛曲至湖口段黄河干流浮游生物群落结构特征研究 [D].西安：西北大学，2009.

[1246] 张奎，包海蓉.零度冷藏生鲜三文鱼肉理化品质变化的研究 [J].湖南农业科学，2011，19：102-103.

[1247] 张磊，危起伟，张书环，等.饲料蛋白水平对达氏鲟幼鱼生长性能、体组成、消化酶活性以及血液生化指标的影响 [J].淡水渔业，2016，46（6）：79-85.

[1248] 张良松.异齿裂腹鱼胚胎发育与仔鱼早期发育的研究 [J].大连海洋大学学报，2011，26（3）：238-242.

[1249] 张良松.异齿裂腹鱼人工规模化繁殖技术研究 [J].淡水渔业，2011，41（05）：88-91+95.

[1250] 张林.西藏玉龙铜矿床地质特征及矿山开采对环境的影响 [D].成都：成都理工大学，2011.

[1251] 张弥曼，MIAO DeSui.青藏高原的新生代鱼化石及其古环境意义 [J].科学通报，2016，61（9）：981-995.

[1252] 张娜，李红敏，文祯中，等.西藏尼洋河水质时空特征分析 [J].河南师范大学学报（自然科学版），2009，37（06）：79-82.

[1253] 张培军.海水鱼类繁殖发育和养殖生物学 [M].济南：山东科学技术出版社，1999：1-207.

[1254] 张启，吕业坚，黄彩林，等.七种常用药物对光倒刺鲃的急性毒性试验 [J].水产科技情报，2008，35（4）：182-185.

[1255] 张强英，布多，吕学斌，等.西藏帕隆藏布江流域天然水的水化学特征 [J].环境化学，2018，37（4）：889-896.

[1256] 张人铭，马燕武，吐尔逊，等.塔里木裂腹鱼胚胎和仔鱼发育的初步观察 [J].水利渔业，2007，27（2）：27-28.

[1257] 张人铭，马燕武，吐尔逊，等.新疆扁吻鱼的胚胎发育和仔鱼发育的初步观察 [J].干旱区研究，2008，25（2）：190-195.

[1258] 张升利，孙向军，张欣，等.长吻鮠含肉率及肌肉营养成分分析 [J].大连海洋大学学报，2013，28（1）：83-88.

[1259] 张世奇，杨先乐，夏文伟.20 种中草药对水霉菌的抑菌作用研究 [C] //中国水产学会.2010 年中国水产学会学术年会论文摘要集.武汉：中国水产学会，2011：1.

[1260] 张涛，庄平，章龙珍，等.不同开口饵料对西伯利亚鲟仔鱼生长、存活和体成分的影响 [J].应用生态学报，2009，20（2）：358-362.

[1261] 张廷廷，陈超，施兆鸿，等.温度对云纹石斑鱼（Epinephelus moara）胚胎发育和仔鱼活力的影响 [J].渔业科学进展，2016，37（03）：28-33.

[1262] 张廷廷.石斑鱼早期温度、生长与摄食特性及其对高能低氮饲料的适应性研究 [D].上海：上海海洋大学，2016.

[1263] 张武学，杨长锁，庞卫东，等.青海湖裸鲤年龄与生长的研究 [J].青海畜牧兽医杂志，1993，108（6）：18-21.

[1264] 张晓华，苏锦祥，殷名称.不同温度条件下对鳜仔鱼摄食和生长发育的影响 [J].水产学报，1999，23（1）：91-94.

[1265] 张鑫磊.半滑舌鳎胚胎发育及幼鱼营养需求的研究 [D].青岛：中国海洋大学，2006.

[1266] 张信，熊飞，唐红玉，等.青海湖裸鲤繁殖生物学研究 [J].海洋水产研究，2005，26（3）：61-67.

[1267] 张艳萍，杜岩岩，娄忠玉，等.甘肃省几种裂腹鱼类系统发育关系探讨 [J].西北师范大学学报（自然科学版），2013，49（5）：91-102.

[1268] 张艳萍，娄忠玉，苏军虎，等.极边扁咽齿鱼人工繁殖技术 [J].水产学报，2010，34（11）：1698-1703.

[1269] 张艳萍，王太，焦文龙，等.厚唇裸重唇鱼胚胎发育的形态学观察 [J].四川动物，2013，32（3）：389-392.

[1270] 张耀红，高倩，葛京，等.七彩鲑受精卵不同发育阶段对外界刺激的敏感性试验 [J].河北渔业，2015，（01）：29，53.

[1271] 张耀红.振动对大银鱼胚胎发育的影响——大银鱼孵化中敏感期试验观察 [J].渔业现代化，1997，（03）：9-11.

[1272] 张勇，刘朔孺，于海燕，等.钱塘江中游流域不同空间尺度环境因子对底栖动物群落的影响 [J].生态学报，2012，32（14）：4309-4317.

[1273] 张跃群，陆德祥，王勇军.紫外线辐照对3种海洋微藻蛋白质含量的效应 [J].安徽农业科学，2009，37（20）：9350-9351.

[1274] 张云红，许长军，亓青，等.青藏高原气候变化及其生态效应分析 [J].青海大学学报（自然科学版），2011，29（4）：18-22.

[1275] 张治国，王卫民.鱼类耳石研究综述 [J].湛江海洋大学学报，2001，21（4）：77-83.

[1276] 张智，张显忠，杨骏骅.植物净化床对双龙湖水体有机污染物的去除效果分析 [J].生态环境，2006，15（4）：708-713.

[1277] 张志明，胡盼，姜志强，等.丁香酚对锦鲤麻醉效果的研究 [J].水产科学，2014，33（1）：40-45.

[1278] 张志山，朱树人，安丽，等.丁香酚对翘嘴鲌的麻醉效果研究 [J].长江大学学报：自然科学版，2016，13（27）：39-43.

[1279] 章飞军，童春富，谢志发，等.长江口潮间带大型底栖动物群落演替 [J].生态学报，2007，27（12）：4944-4952.

[1280] 章海鑫，李彩刚，李艳芳，等.不同催产剂对黄尾鲴人工繁殖效果的影响 [J].江西水产科技，2017，（04）：7-9，13.

[1281] 章龙珍，江琪，庄平，等.长鳍篮子鱼繁殖季节性腺的组织学研究 [J].海洋渔业，2009，（02）：113-119.

[1282] 赵峰，庄平，施兆鸿，等.中国鲳成鱼和幼鱼肌肉生化成分的比较分析 [J].海洋渔业，2010，32（1）：102-108.

[1283] 赵海涛，陈永祥，胡思玉，等.池塘养殖昆明裂腹鱼人工繁殖初报及胚胎发育观察 [A].中国鱼类学会2008学术研讨会论文摘要汇编 [C].中国鱼类学会.2008.

[1284] 赵凯，杨公社，李俊兵，等.黄河裸裂尻鱼群体遗传结构和Cyt b序列变异 [J].水生生物学报，2006，30（2）：129-133.

[1285] 赵凯.青海湖及其邻近水系特有裂腹鱼类的分子系统发育及系统地理学 [D].咸阳：西北农林科技大学，2005.

[1286] 赵兰英.黄河裸裂尻鱼冷适应主要相关蛋白和酶的分子进化特征及其生态学意义 [D].西宁：青海大学，2013.

[1287] 赵明，柳学周，徐永江，等.MS-222麻醉圆斑星鲽成鱼效果研究 [J].海洋科学进展，2010，28（04）：531-537.

[1288] 赵明军，张洪玉，夏磊，等.常用消毒剂对水产动物的毒性（连载三）[J].中国水产，2011，（6）：48-50.

[1289] 赵巧娥，朱邦科，沈凡，等.饲料脂肪水平对鳜幼鱼生长、体成分及血清生化指标的影响 [J].华中农业大学学报，2012，31（3）：357-363.

[1290] 赵巧娥.饲料脂肪水平对鳜幼鱼生长、血液生化指标及消化生理的影响 [D].武汉：华中农业大学，2011.

[1291] 赵书燕，林黑着，黄忠，等.不同蛋白水平对2种规格石斑鱼生长性能，血清生化及肌肉品质的影响 [J].南方水产科学，2017，13（4）：87-96.

[1292] 赵同谦，欧阳志云，王效科，等.中国陆地地表水生态系统服务功能及其生态经济价值评价 [J].自然资源学报，2003，18（4）：443-452.

[1293] 赵维信.虹鳟排卵前后血清中性类固醇激素浓度变化的研究 [J].水产学报，1987，（03）：205-213.

[1294] 赵伟华，刘学勤.西藏雅鲁藏布江雄村河段及其支流底栖动物初步研究 [J].长江流域资源与环境，2010，19（3）：281-286.

[1295] 赵兴文，毕宁阳，刘焕亮.真鲷对蛋白质和必需氨基酸需要量的研究 [J].大连海洋大学学报，1995，10（4）：13-18.

[1296] 赵艳丽，杨先乐，黄艳平，等.丁香酚对大黄鱼麻醉效果的研究 [J].水产科技情报，2002，29（4）：163-165.

[1297] 甄珍，王荻，范兆廷，等.抑制山女鳟源水霉菌菌丝及游动孢子生长的药物筛选 [J].中国农学通报，2014，30（35）：116-120.

[1298] 甄珍.山女鳟源致病性水霉菌的分离鉴定及其特性研究 [D].哈尔滨：东北农业大学，2015.

[1299] 郑丙辉，朱延忠，刘录三.长江口及邻近海域富营养化指标响应变量参照状态的确定 [J].生态学报，2013，33（9）：2768-2779.

[1300] 郑度，林振耀，张雪芹.青藏高原与全球环境变化研究进展 [J].地学前缘，2002，9（1）：95-102.

[1301] 郑度，赵东升.青藏高原的自然环境特征 [J].科技导报，2017，35（6）：13-22.

[1302] 郑金秀，胡菊香，周连凤，等.长江上游原生动物的群落生态学研究 [J].水生态学杂志，2009，2（2）：88-93.

[1303] 郑曙明，黄建军，吴青，等.复方五倍子有效成分的分离鉴定及抑菌活性研究 [J].水生生物学报，2010，34（1）：57-64.

[1304] 中国科学院动物研究所甲壳动物研究组.中国动物志 [M].北京：科学出版社，1979.

[1305] 中国预防医学科学院营养与食品卫生研究所.食物成分表（全国代表值）[M].北京：人民卫生出版社，1991：

30-82.

[1306] 钟鸿干, 马军, 姜芳燕, 等.2种养殖模式下斑石鲷肌肉营养成分及品质的比较 [J].江苏农业科学, 2017, 45 (1): 155-158.

[1307] 钟全福.黑莓鲈胚胎发育观察及温度对胚胎发育的影响 [J].福建水产, 2014, 36 (5): 333-343.

[1308] 周波, 龙治海, 何斌.齐口裂腹鱼繁殖生物学研究 [J].西南农业学报, 2013, 26 (2): 811-813.

[1309] 周翠萍.宝兴裸裂尻鱼的繁殖生物学研究 [D].成都: 四川农业大学, 2007.

[1310] 周丹, 黄川友.拉萨河流域水环境现状及污染防治对策 [J].四川水利, 2007, 2: 48-51.

[1311] 周殿凤.紫外辐射对 DNA 的损伤及其防护的拉曼光谱分析 [D].南京: 南京师范大学, 2005

[1312] 周辉霞, 邓龙君, 甘维熊, 等.不同浓度 MS-222 对短须裂腹鱼苗种的麻醉效果研究 [J].科学养鱼, 2017, (02): 54-56.

[1313] 周建设, 李宝海, 潘瑛子, 等.西藏渔业资源调查研究进展 [J].中国农学通报, 2013, 29 (05): 53-57.

[1314] 周建设, 王万良, 朱挺兵, 等.黑斑原鮡肌肉营养成分与品质评价 [J].水产科学, 2018, 37 (6): 775-780.

[1315] 周可新, 许木启, 曹宏.原生动物的捕食作用对水细菌的影响 [J].水生生物学报, 2003, 27 (2): 191-195.

[1316] 周兰, 陈昌明, 彭坤辉.四种常用药物对中华倒刺鲃的急性毒性 [J].重庆水产, 2005, (2): 38-41.

[1317] 周立斌, 刘晓春, 林浩然, 等.长臀鮠脑垂体和血清中促性腺激素的生殖周期变化 [J].动物学报: 英文版, 2003, 49: 399-403.

[1318] 周玲, 金章东, 李福春, 等.青海湖裸鲤 (湟鱼) 耳石的矿物组成及其 Sr/Ca 对洄游习性的潜在示踪 [J].中国科学: 地球科学, 2012, 42 (8): 1210-1217.

[1319] 周岐存, 刘永坚, 麦康森, 等.维生素 C 对点带石斑鱼 (*Epinephelus coioides*) 生长及组织中维生素 C 积累量的影响 [J].海洋与湖沼, 2005, 35 (2): 152-158.

[1320] 周贤君, 代应贵.喀斯特地区四川裂腹鱼肌肉营养成分分析 [J].渔业现代化, 2013, 40 (4): 32-35, 50.

[1321] 周贤君.拉萨裂腹鱼个体生物学和种群动态研究 [D].武汉: 华中农业大学, 2014.

[1322] 周兴华, 向枭, 陈建.重口裂腹鱼肌肉营养成分的分析 [J].营养学报, 2006, 28 (6): 536-537.

[1323] 周裕华, 潘桂平, 周文玉.丁香酚对鲻鱼麻醉效果研究 [J].水产科技情报, 2016, 43 (6): 332-334.

[1324] 朱成德.仔鱼的开口摄食期及其饵料综述 [J].水产养殖, 1990, (5): 30-33.

[1325] 朱成德.仔鱼的开口摄食期及其饵料综述 [J].水生生物学报, 1986, 10 (1): 86-95.

[1326] 朱成科, 黄辉, 向枭, 等.泉水鱼肌肉营养成分分析及营养学评价 [J].食品科学, 2013, 34 (11): 246-249.

[1327] 朱成科, 朱龙, 黄辉, 等.野生与养殖岩原鲤肌肉营养成分的比较分析 [J].营养学报, 2017, 39 (2): 203-205.

[1328] 朱丹实, 李慧, 曹雪慧, 等.质构仪器分析在生鲜食品品质评价中的研究进展 [J].食品科学, 2014, 35 (7): 264-269.

[1329] 朱华, 胡红霞, 董颖庆, 等.不同催产剂对俄罗斯鲟人工繁殖效果的影响 [J].水产科学, 2014, 33 (01): 1-7.

[1330] 朱蕙忠, 陈嘉佑.中国西藏硅藻 [M].北京: 科学出版社, 2000.

[1331] 朱婷婷, 金敏, 孙蓬, 李晨晨, 等.饲料脂肪水平对大口黑鲈形体指标、组织脂肪酸组成、血清生化指标及肝脏抗氧化性能的影响 [J].动物营养学报, 2018, 30 (01): 126-137.

[1332] 朱挺兵, 陈亮, 杨德国, 等.雅鲁藏布江中游裂腹鱼类的分布及栖息地特征 [J].生态学杂志, 2017, (10): 1-9.

[1333] 朱挺兵, 刘海平, 李学梅, 等.西藏鱼类增殖放流初报 [J].淡水渔业, 2017, 47 (5): 34-39.

[1334] 朱卫红, 曹光兰, 李莹, 等.图们江流域河流生态系统健康评价 [J].生态学报, 2014, 34 (14): 3969-3977.

[1335] 朱仙龙.不同蛋白、脂肪水平饲料循环投喂对两种石斑鱼生长及饲料利用的影响 [D].海口: 海南大学, 2014.

[1336] 朱鑫华, 王云峰, 刘栋.温度对褐牙鲆资源补充特征的生态效应 [J].海洋与湖沼, 1999, 30 (5): 477-485.

[1337] 朱秀芳, 陈毅峰.巨须裂腹鱼年龄与生长的初步研究 [J].动物学杂志, 2009, 44 (03): 76-82.

[1338] 竺奇慧.长牡蛎温度应激响应相关基因的初步研究 [J].海洋生物技术研发中心, 2015.

[1339] 卓立应.饲料蛋白能量比对黑鲷幼鱼生长和体组成的影响 [D].杭州: 浙江大学, 杭州.2006.

[1340] 邹棋.黄颡鱼不同生长阶段适宜营养水平的研究 [D].武汉: 华中农业大学, 2005.

[1341] 邹师哲, 王义强, 张家国.饲料中蛋白质、脂肪、碳水化合物对鲤消化酶的影响 [J].上海海洋大学学报, 1998, 7 (1): 69-74.

[1342] 邹志清, 苑福熙, 陈双喜.团头鲂饲料中最适蛋白质含量 [J].淡水渔业, 1987, (3): 21-24.

[1343] 左鹏翔, 李光华, 冷云, 等.短须裂腹鱼胚胎与仔鱼早期发育特性研究 [J].水生态学杂志, 2015, 36 (3): 77-82.

异齿裂腹鱼

巨须裂腹鱼

拉萨裂腹鱼

双须叶须鱼

拉萨裸裂尻鱼

图 1-5　雅鲁藏布江重要裂腹鱼类（刘海平　摄）

图 2-2 尼洋河采样点分布

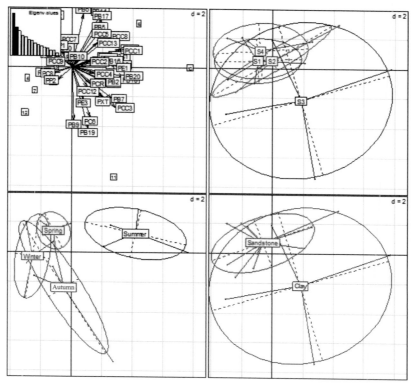

图 2-4　基于 PCA 分析尼洋河浮游植物的时空演替特征

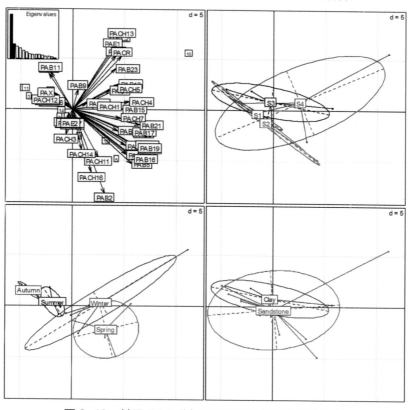

图 2-10　基于 PCA 分析尼洋河着生藻类的时空特征

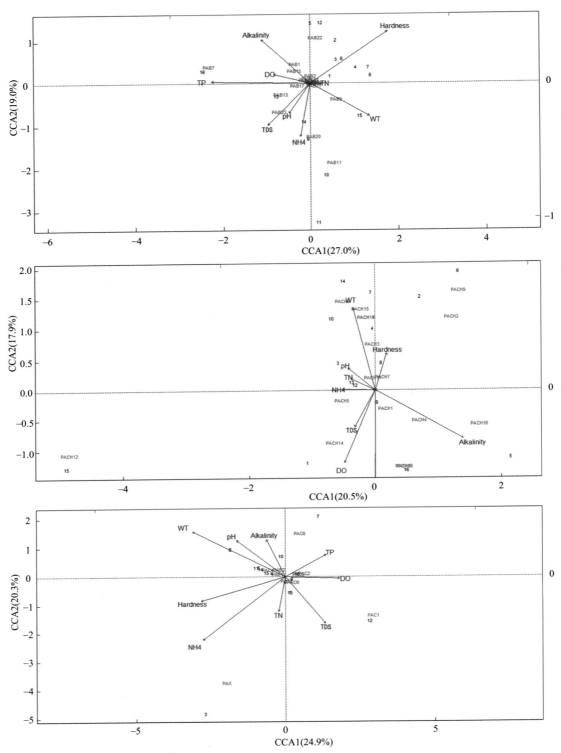

图 2-12 基于 CCA 方法分析尼洋河着生藻类的密度、环境因子、样点之间的关系

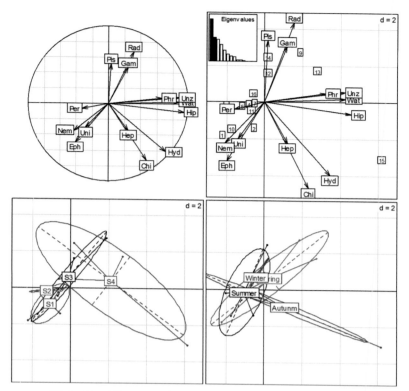

图 2-18　基于 PCA 分析尼洋河大型底栖动物的时空特征

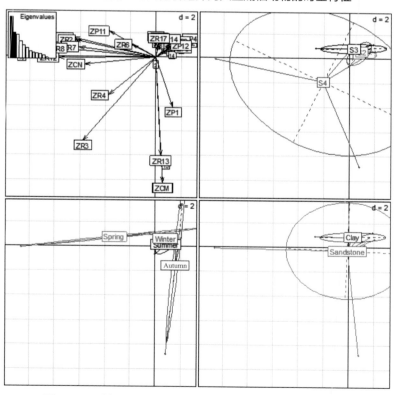

图 2-22　基于 PCA 分析尼洋河浮游动物的时空演替特征

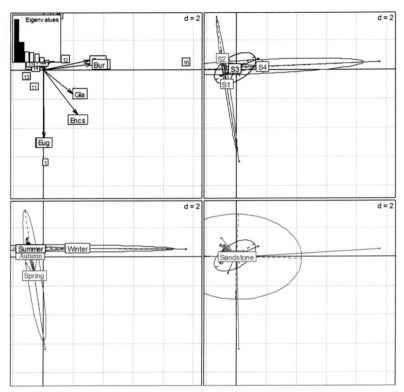

图 2-26　基于 PCA 分析尼洋河周丛原生动物的时空特征

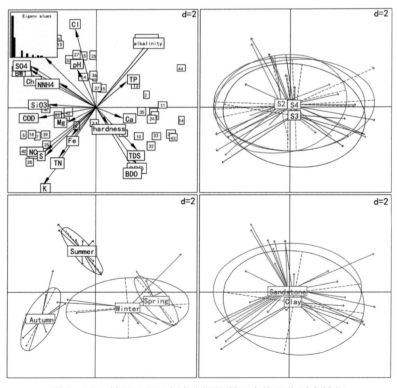

图 2-30　基于 PCA 方法分析尼洋河水体理化时空特征

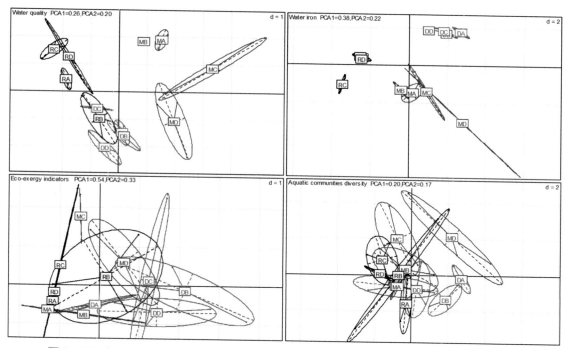

图 2-39　基于 PCA 分析尼洋河三个季节水体质量参数（2013 年 6 月至 2014 年 4 月）、
水体相关离子、能质相关参数，以及水生生物多样性参数

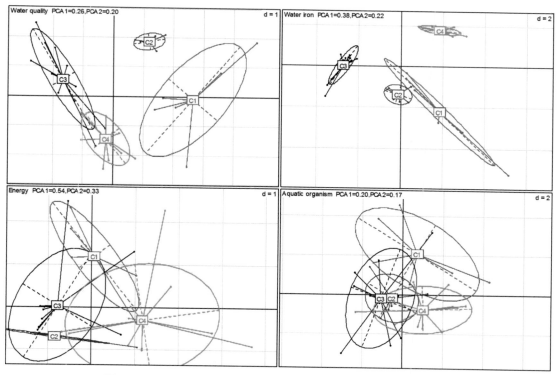

图 2-41　基于 SOM 分析尼洋河 2013 ～ 2014 年水体质量参数、
水体相关离子、生态能质相关指标、群落多样性
C1、C2、C3、C4 代表不同 SOM 聚类，详见表 2-19。

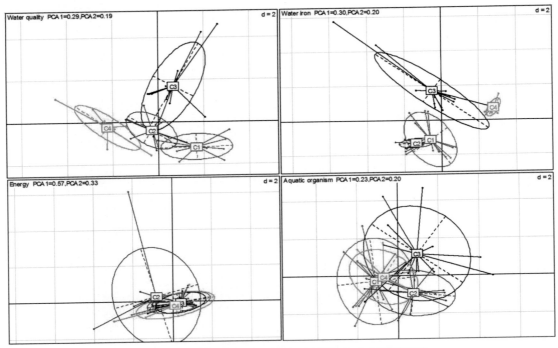

图 2-43　PCA 分析人类干扰对尼洋河生态系统的影响

图中 C1、C2、C3、C4 代表 SOM 聚类，见表 2-21 和表 2-22。对水生生物群落多样性进行 SOM 聚类，表 2-21 和表 2-22 为在尼洋河沿岸拉萨至林芝公路沿线施工前和多布水电站施工中使用 PCA 分析的情况。

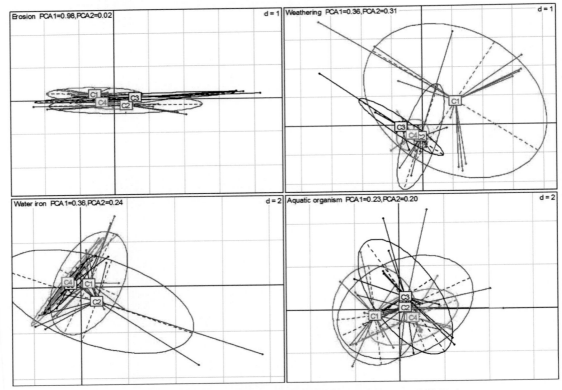

图 2-46　PCA 分析人类干扰对尼洋河生态系统侵蚀和风化的影响

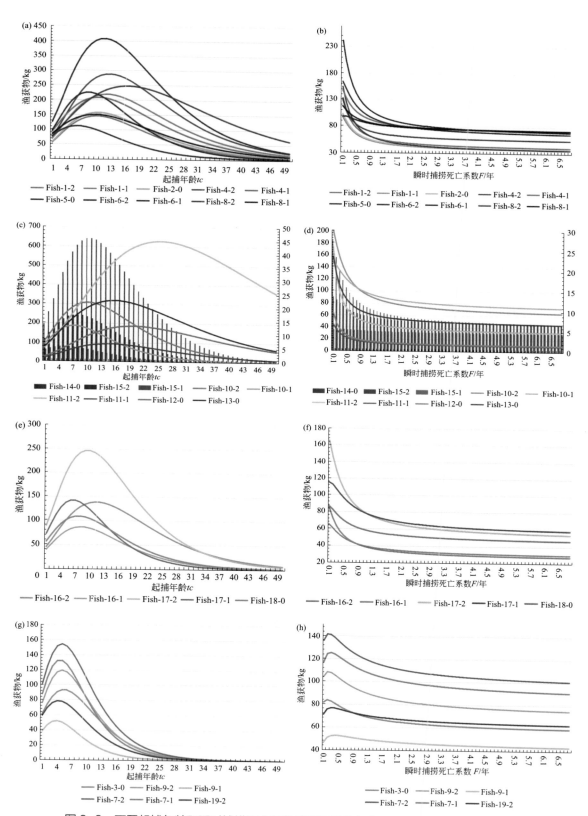

图3-3　不同起捕年龄和瞬时捕捞死亡系数情况下裂腹鱼类的产量曲线（基于表3-3）

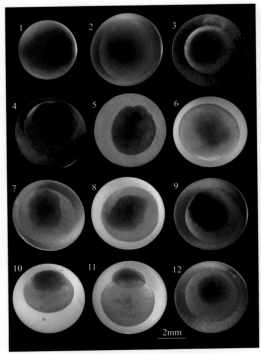

图 3-5　双须叶须鱼胚胎发育特征（1）

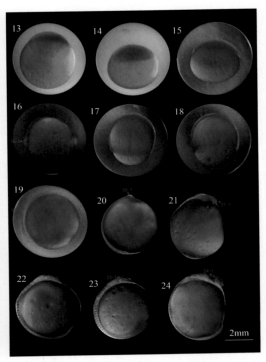

图 3-6　双须叶须鱼胚胎发育特征（2）

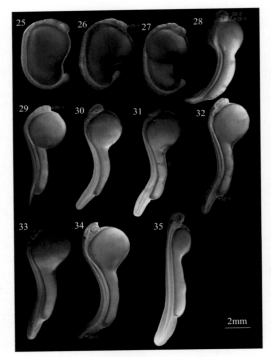

图 3-7　双须叶须鱼胚胎发育特征（3）

图 3-5～图 3-7 中代码含义

1：受精卵；2：卵黄周隙最大；3：胚盘隆起；4：2 细胞期；5：4 细胞期；6：8 细胞期；7：16 细胞期；8：32 细胞期；9：64 细胞期；10：多细胞期；11：桑葚期；12：囊胚早期；13：囊胚中期；14：囊胚晚期；15：原肠早期；16：原肠中期；17：原肠晚期；18：神经胚期；19：体节出现期；20：胚孔封闭期；21：眼原基出现期；22：眼囊期；23：听囊期；24：耳石出现期；25：尾牙期；26：眼晶体形成期；27：肌肉效应期；28：心脏原基出现期；29：嗅囊期；30：心搏期；31：胸鳍原基出现期；32：肛板期；33：血液循环；34：尾部鳍褶期；35：出膜

胚盾（16-1）；脊索（18-1）；体节（19-1）；脑泡原基（20-1）；眼原基（21-1）；听囊（23-1）；耳石（24-1）；眼晶体（26-1）；围心腔（28-1）；心脏原基（28-2）；嗅囊（29-1）；胸鳍原基（31-1）；消化道（31-2）；肛板（32-1）；尾部出现褶状结构（34-1）

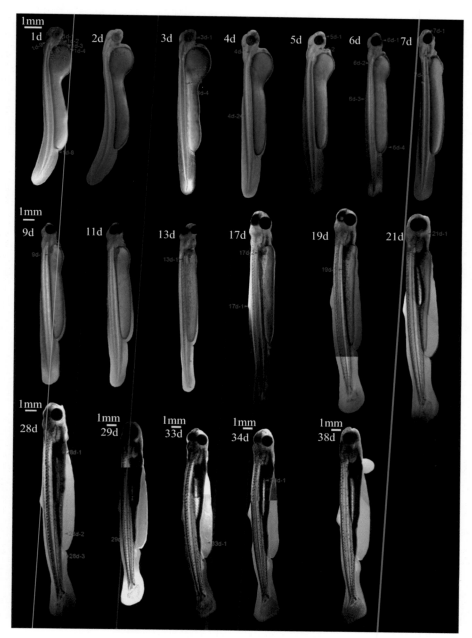

图 3-8 双须叶须鱼仔稚鱼发育特征

图 3-8 中代码含义：

1d-1：下颌原基；1d-2：心房；1d-3：心室；1d-4：血窦；1d-5：静脉窦；1d-6 鳃盖骨；1d-7：食道；1d-8：泄殖孔；1d-9：耳蜗；2d-1：鳃弓原基；3d-1：下颌；3d-2：肝胰脏原基；3d-3：消化道；3d-4：血管；4d-1：鳃耙；4d-2：体表色素细胞带；5d-1：口凹；5d-2：鳃丝；6d-1：口裂；6d-2：胸鳍褶；6d-3：背鳍褶；6d-4：腹鳍褶；7d-1：鼻凹；7d-2：星芒状色素团；9d-1：鳔前原基；13d-1：鳔一室；17d-1：背鳍原基；17-2：胸鳍鳍条；19d-1：鳔二室；21d-1：舌颌骨；28d-1：脾脏；28d-2：腹鳍原基；28d-3：臀鳍原基；29d-1：侧线；33d-1：腹鳍鳍条；34d-1：鳞片

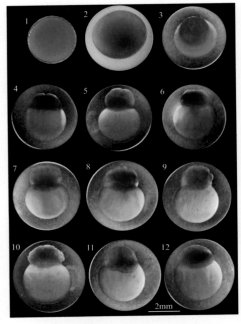

图 3-9　巨须裂腹鱼胚胎发育（1）

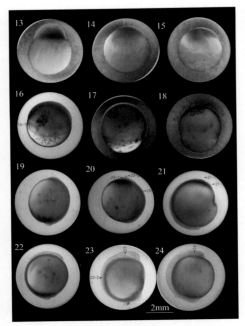

图 3-10　巨须裂腹鱼胚胎发育（2）

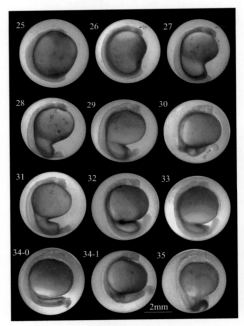

图 3-11　巨须裂腹鱼胚胎发育（3）

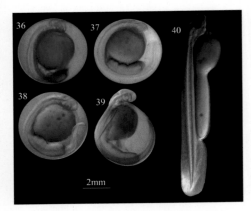

图 3-12　巨须裂腹鱼胚胎发育（4）

图 3-9～图 3-12 中代码含义

1: 受精卵; 2: 卵黄周隙最大; 3: 胚盘隆起; 4: 2 细胞期; 5: 4 细胞期; 6: 8 细胞期; 7: 16 细胞期; 8: 32 细胞期; 9: 64 细胞期; 10: 多细胞期; 11: 桑葚期; 12: 囊胚早期; 13: 囊胚中期; 14: 囊胚晚期; 15: 原肠早期; 16: 原肠中期; 17: 原肠晚期; 18: 神经胚期; 19: 体节出现期; 20: 胚孔封闭期; 21 眼原基出现期; 22: 眼囊期; 23: 听囊期; 24: 耳石出现期; 25: 尾牙期; 26: 眼晶体形成期; 27: 肌肉效应期; 28: 心脏原基出现期; 29: 嗅囊期; 30: 心搏期; 31: 胸鳍原基出现期; 32: 肛板期; 33: 血液循环; 34-0: 眼色素出现期; 34-1: 眼色素加深; 35: 出现血细胞; 36: 胸鳍上翘; 37: 尾鳍鳍褶出现; 38: 耳石斑点的颜色加深; 39: 出膜; 40: 出膜的仔鱼胚盾（16-1）; 体节（19-1）; 围心腔（20-1）; 神经沟（20-2）; 脑泡原基（20-3）; 眼原基（21-1）; 听囊（23-1）; 脊索（23-2）; 耳石（24-1）; 眼晶体（26-1）; 嗅囊原基（27-1）; 心脏原基（28-1）; 尾鳍褶皱（30-1）; 胸鳍原基（31-1）; 消化道（31-2）; 肛板（32-1）; 眼色素（34-0-1）

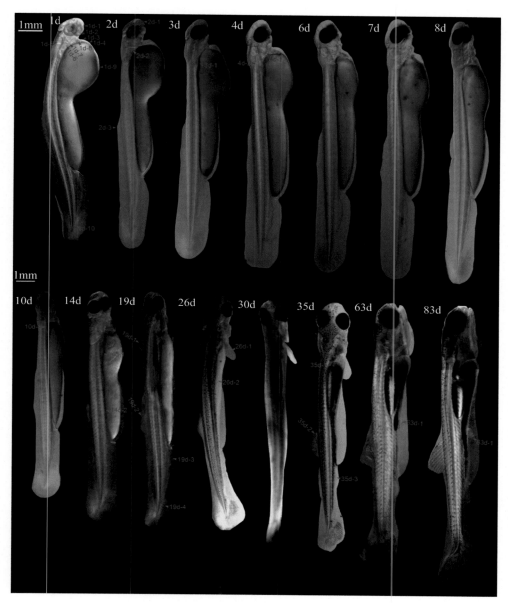

图 3-13　巨须裂腹鱼仔稚鱼发育特征

1d-1：口凹；1d-2：下颌原基；1d-3：心房；1d-4：心室；1d-5：半规管原基；1d-6：鳃盖骨；1d-7：鳃弓原基；
1d-8：静脉窦；1d-9：血窦；1d-10：尾鳍下骨原基；2d-1：鼻凹；2d-2：鳃弓；2d-3：背鳍原基；3d-1：肝胰
脏原基；4d-1：鳃耙；4d-2：肩带原基；10d-1：肩带；14d-1：鳔一室；14d-2：体侧色素带；19d-1：胸鳍条原基；
19d-2：背鳍条原基；19d-3：臀鳍；19d-4：尾鳍条；26d-1：胸鳍条；26d-2：肋骨原基；35d-1：鳔二室；35d-2：
背鳍鳍条；35d-3：臀鳍原基；63d-1：腹鳍原基；63d-2：侧线；83d-1：腹鳍鳍条原基

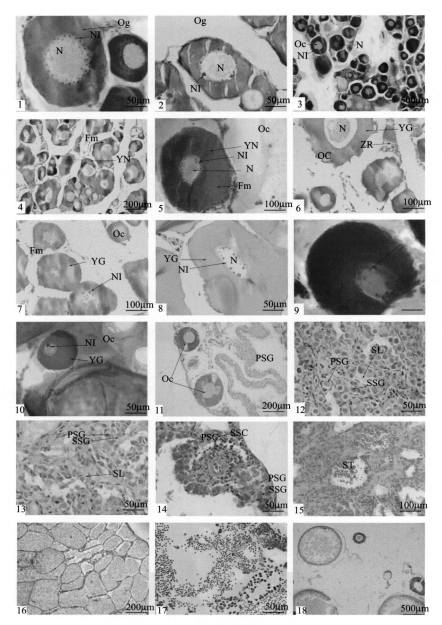

图 3-39　双须叶须鱼性腺组织切片

1，2：Ⅰ期卵巢；3，4：Ⅱ期卵巢；5，6：Ⅲ期卵巢；7，8：Ⅳ期卵巢；9：Ⅴ期卵巢；10，11：Ⅵ期卵巢；12：Ⅰ期精巢；13：Ⅱ期精巢；14：Ⅲ期精巢；15：Ⅳ期精巢；16：Ⅴ期精巢；17，18：Ⅵ期精巢

Fm：滤泡；N：细胞核；PSC：初级精母细胞；PSG：初级精原细胞；SSC：次级精母细胞；SSG：次级精原细胞；ST：精子细胞；NI：细胞核仁；YG：卵黄颗粒；Oc：卵母细胞；Og：卵原细胞；SL：精小叶；ZR：辐射带

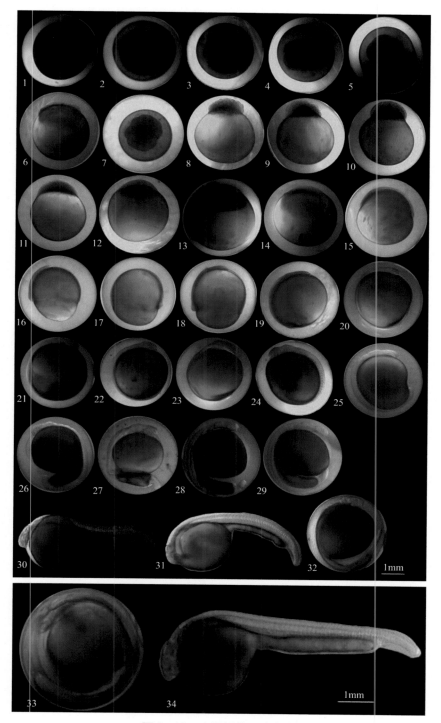

图 3-48 尖裸鲤的胚胎发育

1：卵黄周隙最大；2：胚盘形成期；3：2 细胞期；4：4 细胞期；5：8 细胞期；6：16 细胞期；7：32 细胞期；8：64 细胞期；9：多细胞期；10：桑葚期；11：囊胚早期；12：囊胚中期；13：囊胚晚期；14：原肠早期；15：原肠中期；16：原肠晚期；17：神经胚期；18：体节出现期；19：胚孔封闭期；20 眼原基期；21：眼囊期；22：听囊期；23：耳石出现期；24：尾芽出现期；25：眼晶体出现期；26：肌肉效应期；27：心原基期；28：嗅囊期；29：心搏期；30：血液循环期；31：肛板期；32：尾鳍褶期；33：胸鳍原基期；34：孵化；缺失受精卵发育图

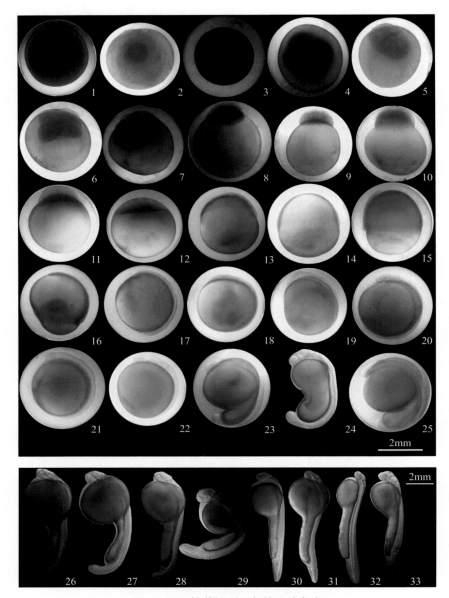

图 3-49　拉萨裸裂尻鱼的胚胎发育

1：卵黄周隙最大；2：胚盘形成期；3：2 细胞期；4：4 细胞期；5：8 细胞期；6：16 细胞期；7：64 细胞期；8：多细胞期；9：桑葚期；10：囊胚早期；11：囊胚中期；12：囊胚晚期；13：原肠早期；14：原肠中期；15：原肠晚期；16：神经胚期；17：胚孔封闭期；18：体节出现期；19：眼原基期；20：眼囊期；21：听囊期；22：耳石出现期；23：尾芽出现期；24：眼晶体出现期；25：肌肉效应期；26：心原基期；27：嗅囊期；28：心搏期；29：血液循环期；30：肛板期；31：尾鳍褶期；32：胸鳍原基期；33：孵化

其中，图 3-49-24、图 3-49-26 至图 3-49-33 均为剥去卵膜所拍，缺失受精卵时期和 32 细胞期图片

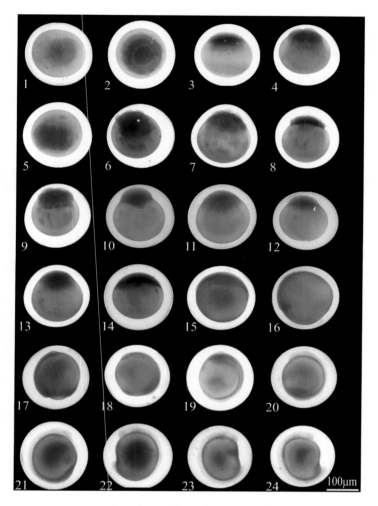

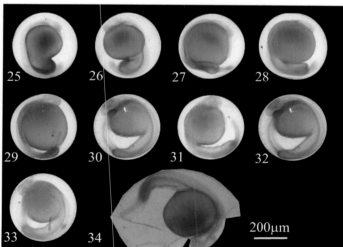

图 3-50 双须叶须鱼的胚胎发育
1: 卵黄周隙最大; 2: 胚盘形成期; 3: 2 细胞期; 4: 4 细胞期; 5: 8 细胞期; 6: 16 细胞期; 7: 32 细胞期; 8: 64 细胞期; 9: 多细胞期; 10: 桑葚期; 11: 囊胚早期; 12: 囊胚中期; 13: 囊胚晚期; 14: 原肠早期; 15: 原肠中期; 16: 原肠晚期; 17: 神经胚期; 18: 胚孔封闭期; 19: 体节出现期; 20 眼原基期; 21: 眼囊期; 22: 听囊期; 23: 耳石出现期; 24: 尾牙出现期; 25: 眼晶体出现期; 26: 肌肉效应期; 27: 心脏原基期; 28: 嗅囊期; 29: 心搏期; 30: 血液循环期; 31: 肛板期; 32: 尾鳍褶期; 33: 胸鳍原基期; 34: 出膜

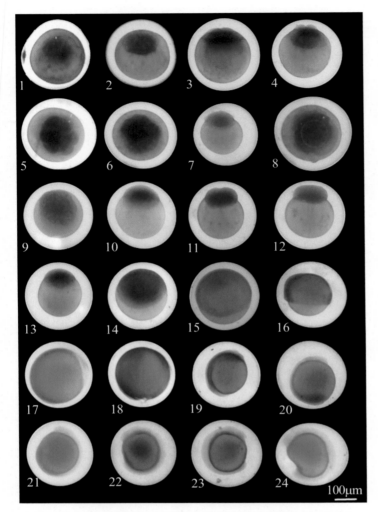

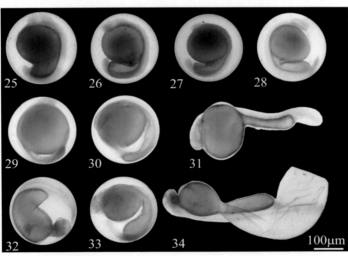

图 3-51 异齿裂腹鱼的胚胎发育
1: 卵黄周隙最大; 2: 胚盘形成期; 3: 2 细胞期; 4: 4 细胞期; 5: 8 细胞期; 6: 16 细胞期; 7: 32 细胞期; 8: 64 细胞期; 9: 多细胞期; 10: 桑葚期; 11: 囊胚早期; 12: 囊胚中期; 13: 囊胚晚期; 14: 原肠早期; 15: 原肠中期; 16: 原肠晚期; 17: 神经胚期; 18: 胚孔封闭期; 19: 体节出现期; 20 眼原基期; 21: 眼囊期; 22: 听囊期; 23: 耳石出现期; 24: 尾芽出现期; 25: 眼晶体出现期; 26: 肌肉效应期; 27: 心原基期; 28: 嗅囊期; 29: 心搏期; 30: 血液循环期; 31: 肛板期; 32: 尾鳍褶期; 33: 胸鳍原基期; 34: 出膜

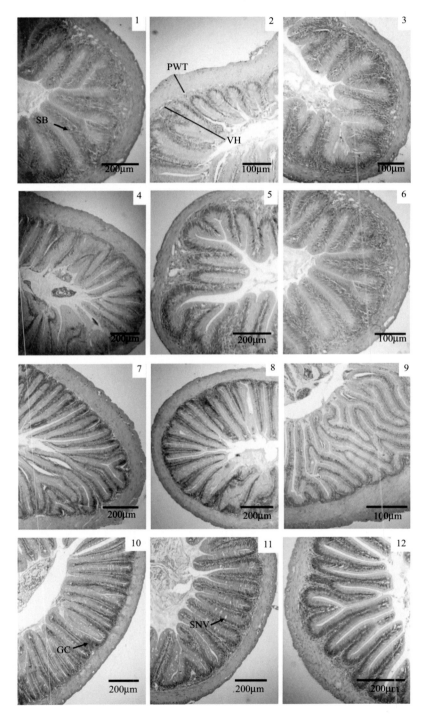

图 3-135

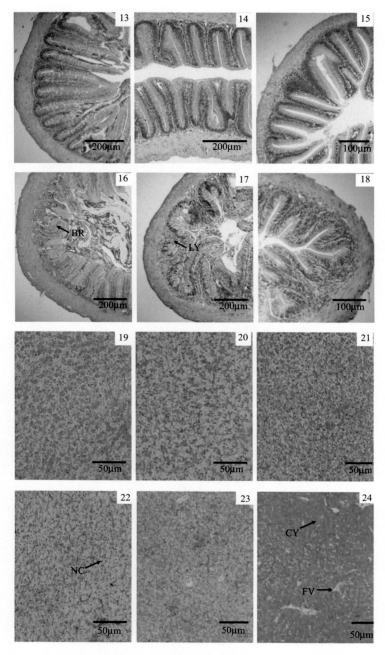

图 3-135　饲料蛋白质水平对拉萨裸裂尻鱼幼鱼消化道组织结构的影响

1 ~ 3: 20% 蛋白组前、中、后肠; 4 ~ 6: 25% 蛋白组前、中、后肠; 7 ~ 9: 30% 蛋白组前、中、后肠; 10 ~ 12: 35% 蛋白组前、中、后肠; 13 ~ 15: 40% 蛋白组前、中、后肠; 16 ~ 18: 45% 蛋白组前、中、后肠; 19 ~ 24: 依次为 20% ~ 45% 蛋白组肝脏

SB 为纹状缘; VH 为肠绒毛高度; PWT 为管壁厚度; GC 为淋巴细胞; SNV 为核上空泡; BR 为断裂状纹状缘; LY 为溶解状纹状缘; NC 为细胞核; CY 为溶解细胞; FV 为脂肪空泡

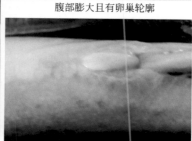

腹部膨大且有卵巢轮廓

倒提腹部下榻

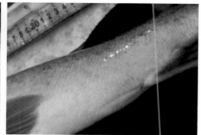

泄殖孔突出且发红

图 3-175　可作为繁殖亲本的雌鱼

腹部平坦或凹陷

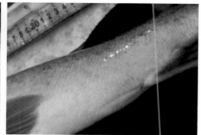

泄殖孔无突出

图 3-176　不可作为繁殖亲本的雌鱼

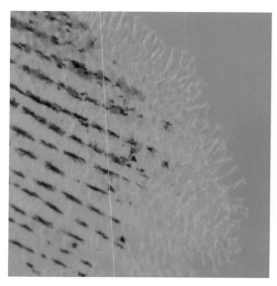

图 3-244　尾鳍上寄生的钟形虫

图 3-245　体表寄生的钟形虫

图 3-246　用药后虫体歪斜，失去活力

图 3-247　患病鱼症状

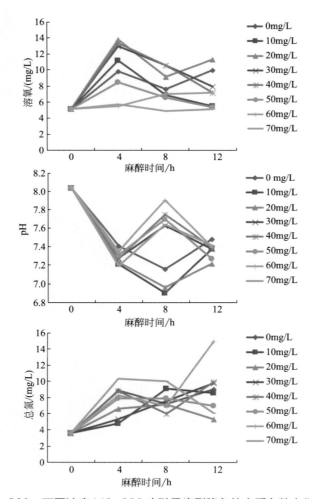

图 3-260　不同浓度 MS-222 麻醉异齿裂腹鱼的水质参数变化情况

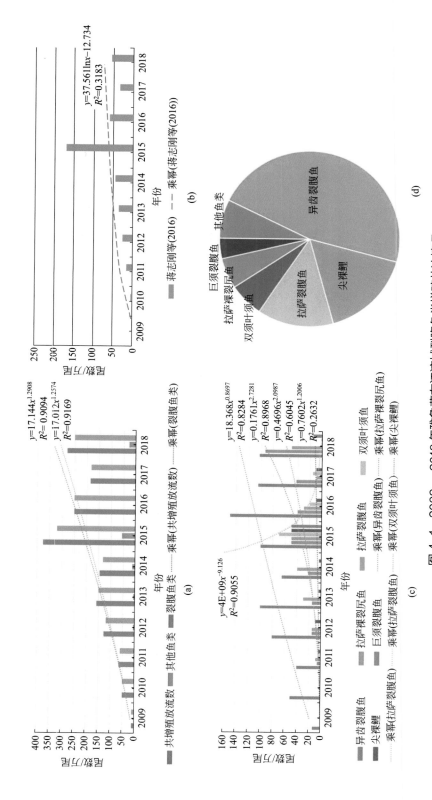

图 4-1 2009～2018 年雅鲁藏布江流域裂腹鱼类增殖放流情况

（a）表示 2009～2018 年雅鲁藏布江流域增殖放流两大类别鱼类（裂腹鱼类和非裂腹鱼类）基本情况；（b）表示根据相关文献资料判别 2009～2018 年雅鲁藏布江流域增殖放流濒危鱼类情况；（c）表示 2009～2018 年雅鲁藏布江流域 6 种主要裂腹鱼类增殖放流情况；（d）表示 6 种裂腹鱼类累加增殖放流基本情况

水期	河道模拟展示 河道宽窄变化，表示各水期水量的变化。 越窄表示水量越少，这样就形成了枯水期、丰水期以及平水期三个水期河道宽窄变化的自然演替规律	雅鲁藏布江裂腹鱼类 生活史适应性描述
非水期 5~8月	主干道 江河交汇处 支流	➤ 发育成熟的雌、雄鱼,进入支流,完成产卵、排精等繁衍后代的职责; ➤ 产卵场必须有石块或者鹅卵石,这样可以提供摄食所需的合适的着生性饵料,同时可以防止紫外线直射,还有可以提供躲避敌害生物的场所; ➤ 当然,有部分鱼类,在洄游的道路中,发现有合适的产卵、排精位置,就顺路产了
平水期 9~11月	主干道 江河交汇处 支流	➤ 此时,雅鲁藏布江水体较为缓和,成鱼和体质较好的小鱼苗于是从支流洄游至雅鲁藏布江越冬; ➤ 绝大多数小鱼苗还停留在支流,等到来年丰水期,经过一年多的成长,这中间即使有极端气候,比如结冰等,在它们的基因里,已经形成了相应的适应策略
枯水期 12月至次年4月	主干道 江河交汇处 支流	➤ 此时的支流,在浅水滩,水温适宜,水流平缓,非常适合鱼类摄食的生物饵料生长,因此,出生有半年多的小鱼苗,在这个时候的生长最快; ➤ 在三、四月份,水温回升,在支流和干流,洄水区或者浅滩或者沙洲,鱼类开始产卵,开始了新的一轮繁衍后代的任务

图 4-2　雅鲁藏布江裂腹鱼类生活史适应性描述

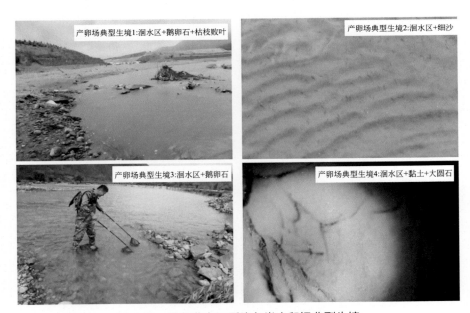

图 4-3　雅鲁藏布江裂腹鱼类产卵场典型生境